6. Brückenkolloquium
1. + 2. Oktober 2024
Technische Akademie Esslingen

Herausgegeben von
Dr.-Ing. Matthias Müller

6. Brückenkolloquium

Fachtagung über Beurteilung, Instandsetzung, Ertüchtigung und Ersatz von Brücken

Tagungshandbuch 2024

in Zusammenarbeit mit

STRASSEN- & TIEFBAU

Verkehrsblatt - Verlag

expert

TAE weiterbilden weiterkommen

Bibliografische Information der Deutschen Nationalbibliothek

Die Deutsche Nationalbibliothek verzeichnet diese Publikation in der Deutschen Nationalbibliografie; detaillierte bibliografische Daten sind im Internet über http://dnb.dnb.de abrufbar.

expert verlag
Ein Unternehmen der
Narr Francke Attempto Verlag GmbH + Co. KG
Dischingerweg 5 · D-72070 Tübingen
E-Mail: info@verlag.expert
Internet: www.expertverlag.de

Technische Akademie Esslingen e. V.
An der Akademie 5 · D-73760 Ostfildern
E-Mail: bauwesen@tae.de
Internet: www.tae.de

Printed in Germany

ISBN 978-3-381-13111-2 (Print)
eISBN 978-3-381-13112-9 (ePDF)

Vorwort

Die alternde Verkehrsinfrastruktur in Deutschland und dabei besonders die Brücken stehen derzeit besonders im öffentlichen Fokus. Dabei geht es vorrangig um das Thema Verfügbarkeit, aber auch Nachhaltigkeitsaspekte werden immer bedeutsamer und entsprechend mehr nachgefragt. Eine große Herausforderung ist dabei der Abbau des über Jahrzehnte aufgebauten Erhaltungsstaus von Ingenieur- und besonders Brückenbauwerken. Der Großteil der Brücken im Bundesfernstraßennetz wurde zwischen 1950 und 1980 geplant und gebaut. Die Verkehrslasten haben seither in einem seinerzeit nicht vorhersehbaren Maß zugenommen. Dennoch haben die Bauwerke einen Großteil ihrer geplanten Nutzungsdauer erreicht. Dies zeigt trotz vorhandener Defizite auch die beachtliche Leistungsfähigkeit der seinerzeit geplanten Bauwerke.

Die alle zwei Jahre stattfindende, zweitägige Fachtagung mit begleitender Ausstellung dient dem interdisziplinären Erfahrungs- und Wissensaustausch von Forschern, Planern, Ausführenden, Eigentümern, Betreibern und der Bauwirtschaft zu neuen und innovativen Methoden, Verfahren und Technologien im Brückenbau. Im Vordergrund stehen innovative Vorgehensweisen, Methoden, Verfahren und Baustoffe sowohl für Neu- und Ersatzbau im bestehenden Verkehrsnetz als auch für Instandsetzung und Ertüchtigung des Bestands.

Zielgruppen der Fachtagung sind Architekten, Ingenieure in Entwurfs- und Planungsbüros, Bauunternehmen, Bauverwaltungen, Behörden, Forschungseinrichtungen und Institutionen, Bauleiter, Bausachverständige, Fach- und Führungskräfte im Baugewerbe und in der Bauindustrie, Bauwerkseigentümer und -betreiber, Baustoffhersteller, Anbieter von Verfahren zum Lebenszyklusmanagement, zur Bauwerksdiagnose, der Bauwerksüberwachung, von Instandsetzungs- und Ertüchtigungsverfahren sowie Softwareanbieter.

Plattform für intensiven Wissensaustausch

Für das 6. Brückenkolloquium sind etwa 70 Plenar- und Fachvorträge von anerkannten Experten in parallelen Sitzungen zu folgenden Themenschwerpunkten geplant:

- Beurteilung und Bewertung des Zustands
- BIM und Digitalisierung
- FEM-Anwendungen
- Innovative Bauweisen, Bauverfahren und Bauprodukte
- Innovative Technologien
- Instandsetzung, Ertüchtigung, Ersatz- und Rückbau
- Messwertgestützte Tragsicherheitsbewertung
- Querkraft- und Torsionstragfähigkeit
- Schnelles Bauen
- Tragfähigkeit, Zuverlässigkeit, Nachhaltigkeit und Resilienz

Das vorliegende Tagungshandbuch enthält die vorab eingereichten Beiträge zu den Vorträgen und gibt einen Überblick über neue und innovative Methoden, Verfahren und Technologien zur Beurteilung, Planung, Bau, Instandhaltung und Betrieb von Brücken. Weitere Informationen unter: www.tae.de/50035

Inhaltsverzeichnis

TAE

Plenar

Digitale Erhaltung am Beispiel der Nibelungenbrücke bei Worms – ein Beitrag zur Nachhaltigkeit im Verkehrswegebau

Prof. Dr.-Ing. Gero Marzahn
Bundesministerium für Digitales und Verkehr, Bonn

Dipl.-Ing. Andreas Jackmuth
Landesbetrieb Mobilität Rheinland-Pfalz, Koblenz

Prof. Dr.-Ing. Steffen Marx
Technische Universität Dresden

Zusammenfassung
Brücken verbinden und überwinden Hindernisse – oft unscheinbar, manchmal spektakulär. Die Nibelungenbrücke gehört zweifellos zu jenen Bauwerken, die prägen und Maßstäbe setzen. Sie gilt als Ikone des deutschen Brückenbaus. Wie alle Brücken unterliegt auch die Nibelungenbrücke der Alterung und dem Verschleiß und muss neben anderen Einwirkungen ebenfalls permanenten statischen und dynamischen Beanspruchungen aus Verkehr standhalten. Regelmäßige Bauwerksprüfungen tragen dazu bei, Schäden frühzeitig zu erkennen, zu beheben und so nicht nur zum Substanzerhalt beizutragen, sondern auch die Verkehrssicherheit jederzeit sicherzustellen. Die Brücke wurde den Anforderungen ihrer Entstehungszeit Anfang der 1950er Jahre gemäß geplant und gebaut. Den heutigen Anforderungen wird sie damit, zumindest rechnerisch, nicht in allen Aspekten gerecht. Es verbleiben statische Defizite, die sich nur aufwendig beheben lassen. Dennoch zeigt sie keinerlei Anzeichen von Schäden, die auf eine Überbeanspruchung hindeuten würden. Grund genug, sich mit der Brücke intensiver zu befassen und anstelle eines Ersatzneubaus andere, neue Wege zu beschreiten, Defizite im Trag- und Gebrauchsverhalten geeignet zu kompensieren und somit die Brücke in ihrer alten Form weiterhin sicher nutzen zu können.
Durch neue, innovative Verfahren, die auf digitalen Datenmodellen gefüttert mit spezifischen Messwerten des Bauwerks in Echtzeit aufbauen, wird für die Nibelungenbrücke ein digitaler Zwilling geschaffen, der das reale Bauwerk virtuell dynamisch repräsentiert, seine Wirkzusammenhänge auf unterschiedlichen Ebenen darstellt und so trotz rechnerischer statischer Defizite einen weiteren Betrieb ohne Verkehrseinschränkungen ermöglichen wird. Ein digitaler Zwilling bietet die Chance, den Informationsgehalt zum Bauwerkszustand über das rein visuell Erfassbare zu steigern und in kürzeren Zeitabständen bis hin zur Echtzeitablesung Zustandsinformationen abzufragen und auszuwerten. Damit können statische Defizite kompensiert und die Grundlagen sowohl für eine bedarfsgerechte und prädiktive Instandhaltung als auch für eine kontrollierte längere Nutzung des Bauwerks über die ursprünglich geplante Nutzungsdauer hinaus gelegt werden. Dieses Ziel stärkt unmittelbar die Nachhaltigkeit von Verkehrsinfrastruktur. Damit ist der digitale Zwilling nicht nur eine digitale Technologie, sondern Wegbereiter für ein modernes, digitales Erhaltungsmanagement. Die Nibelungenbrücke dient hierfür als Validierungsobjekt und setzt wieder einmal Maßstäbe.

1. Einleitung

Die alte Nibelungenbrücke Worms ist zweifellos ein Bauwerk von besonderer ingenieurtechnischer Bedeutung. Die im Freivorbau mit zuvor noch nie erreichten Vorbaulängen von 114 m errichtete Spannbetonkonstruktion stellt eine großartige Pionierleistung des konstruktiven Ingenieurbaus dar [1]. Sie ist damit die erste Großbrücke aus vorgespanntem Ortbeton im Freivorbau und zugleich die erste Rheinquerung in Spannbetonbauweise (Abb. 1). Nur dank hervorragender Ingenieure, wie Ulrich Finsterwalder, die mit viel Innovationskraft, Kreativität und Mut die damals noch junge Spannbetonbauweise zur Standardbauweise entwickelten, war der rasche Wiederaufbau der im Krieg weitgehend zerstörten Straßeninfrastruktur sowie deren umfassender Ausbau in den 1950er bis 1980er Jahren möglich.

Abb. 1: Seitenansicht der alten Nibelungenbrücke Worms (Quelle: Marx Krontal Partner (MKP) GmbH, Weimar)

Das Bauwerk ist sowohl nach dem hessischen als auch nach dem rheinland-pfälzischen Denkmalrecht als Kulturdenkmal erfasst. Die Würdigung mit dem Titel „Historisches Wahrzeichen der Ingenieurbaukunst in Deutschland" durch die Bundesingenieurkammer [2, 3] beweist damit einmal mehr seine ingenieurhistorische Bedeutung. Die baugeschichtliche Besonderheit der alten Nibelungenbrücke als Prototyp einer in ihrer Entstehungszeit revolutionären Bauweise stellt in technischer Hinsicht die größte Herausforderung für den Erhalt des Bauwerks dar. Aus heutiger Perspektive besitzt die alte Nibelungenbrücke als Zeitzeugnis der frühen Spannbetonbauweise – typische bauzeitbedingte Defizite. Daher ist bei allen Schritten der Bauwerkserhaltung, insbesondere wenn bauliche Maßnahmen damit verbunden sind, die besondere Bedeutung der alten Nibelungenbrücke zu würdigen.

2. Grundsätze der Erhaltung

Brücken unterliegen einer stetigen Alterung, Verschleiß und Degradation. Damit die Bauwerke dennoch ihrer bestimmungsgemäßen Nutzung über die geplante Nutzungsdauer gerecht werden können, müssen regelmäßig Erhaltungsmaßnahmen durchgeführt werden. Die Verantwortung hierfür ist gesetzlich klar geregelt. Die Straßenbauverwaltungen in Deutschland haben als Träger der Straßenbaulast dafür einzustehen, dass öffentliche Straßen, also Straßen, Wege und Plätze, die dem öffentlichen Verkehr gewidmet sind, allen Anforderungen der Sicherheit und Ordnung genügen. Insbesondere haben sie dafür zu sorgen, dass Standsicherheit, Verkehrssicherheit und Dauerhaftigkeit von Ingenieurbauwerken gewährleistet sind, wozu bekanntermaßen Brücken zählen. Von diesen Bauwerken darf keine Gefahr ausgehen und sie müssen im Sinne ihrer Bestimmung sicher von jedermann nutzbar sein.
Im Rahmen der Auftragsverwaltung übernimmt der Landesbetrieb Mobilität Rheinland-Pfalz (LBM) für die Nibelungenbrücke diese verantwortungsvolle Aufgabe.

3. Die Nibelungenbrücke

3.1 Beschreibung des Bauwerks

Die B 47 quert bei Worms auf zwei separaten Brückenbauwerken mit jeweils zwei Fahrspuren den Rhein und verbindet die Bundesländer Hessen und Rheinland-Pfalz (Abb. 2).
Die Rheinquerung wird täglich von rd. 23.000 Fahrzeugen mit einem Schwerverkehrsanteil von 7 % genutzt. In Fahrrichtung Hessen (HE) wird der Verkehr über die 2008 fertiggestellte neue Rheinquerung (ASB 6316 919) und in Fahrtrichtung Rheinland-Pfalz (RP) über die historische Strombrücke (ASB 6316 873) geführt. Letztere – auch als „Alte Nibelungenbrücke" bezeichnet – ist Gegenstand dieses Beitrags.
Bei der älteren Nibelungenbrücke handelt es sich um eine Spannbetonbrücke, die zwischen den Jahren 1951 und 1953 von beidseits der Ufergewässer angeordneten Strompfeilern aus im freien Vorbau hergestellt wurde [2]. Sie gründet auf den Fundamenten des im zweiten Weltkrieg zerstörten Vorgängerbauwerks „Ernst-Ludwig-Brücke".
Beide von den Nachbarpfeilern aufwachsenden Kraghälften eines Brückenfeldes wurden in Feldmitte über vorgespannte Momentengelenke verbunden, die Kraghälften selbst sind biegesteif in die Pfeiler eingespannt. Während am linksrheinischen Bauwerksende ein kleines Endfeld als Gegengewicht für den Überbau in der ersten Flussöffnung dient, wird der Überbau am rechtsrheinischen Bauwerksende mangels Ballastierungsmöglichkeiten durch Zugglieder und Zugpfähle in der Lage gesichert (Abb. 3).

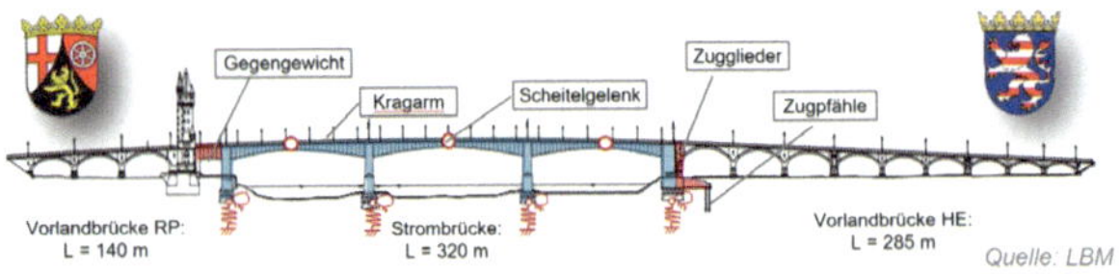

Abb. 3: Aufbau der alten Nibelungenbrücke Worms, Quelle: Landesbetrieb Mobilität Rheinland-Pfalz (LBM), Koblenz

Die drei Felder des Überbaus spannen über 101,6 m, 114,2 m und 104,2 m. Die Konstruktionshöhe beträgt über den Pfeilern 6,50 m und verjüngt sich in Feldmitte auf 2,50 m. Der Überbau besteht aus zwei Hohlkästen, die über die Fahrbahnplatte und Pfeilerquerträger miteinander verbunden sind. Die Vorspannung erfolgt in Längs- und Querrichtung mit Stabspanngliedern mit nachträglichem Verbund, zudem sind die Stege in Vertikalrichtung mit Stabspanngliedern (vorgespannte Schubnadeln) vorgespannt. Die Stabspannglieder entsprechen der Stahlgüte St 60/90 und wurden für eine beschränkte Vorspan-

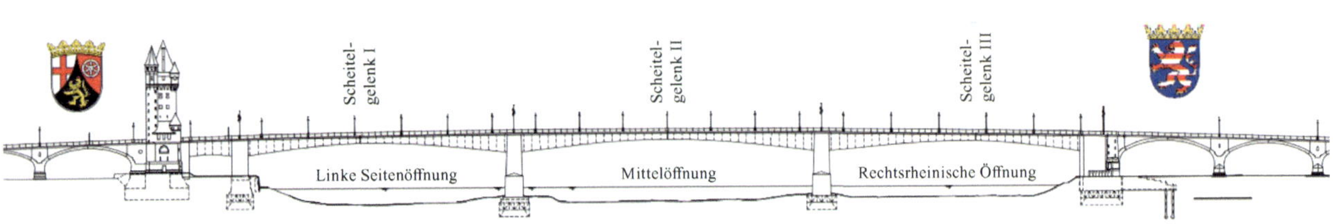

Abb. 2: Seitenansicht der alten Nibelungenbrücke Worms, Zeichnung: [2]

nung ausgelegt [3]. Der Querschnitt voutet sich zu den Pfeilern hin an. Die Zunahme an Konstruktionshöhe ist dabei so gesteuert, dass das Verhältnis zwischen Querkraft und innerem Hebelarm nahezu konstant ist.
Der Überbau besteht aus Beton der Betongüte B 450, die Unterbauten wurden in B 300 ausgeführt. Die Betonstahlgüte der Querschnittsbewehrung variiert zwischen BSt I, II, III und IVM. Aus heutiger Sicht recht ungewöhnlich ist der Konstruktionsbeton mit Kühlleitungen durchzogen, um beim Aushärten des zum Teil massigen Betons auftretende Eigenspannungen infolge abfließender Hydratationswärme zu minimieren und in gewisser Weise auch zu kontrollieren.

3.2 Baukulturelle Bedeutung

Die Alte Nibelungenbrücke Worms ist baukulturell von herausragender Bedeutung, da sie gleichzeitig als erste Großbrücke aus vorgespanntem Ortbeton im Freivorbau und als erste Rheinquerung in Spannbetonbauweise gilt. Das von Ulrich Finsterwalder (1897–1988) als Antwort auf die Stahlknappheit nach dem zweiten Weltkrieg entwickelte Bauverfahren wurde zuvor in Abstimmung mit einer innovationsfreudigen Straßenbauverwaltung an einem kleineren Testbauwerk „K 25 – Lahnbrücke Balduinstein" im kleineren Maßstab erprobt [4]. Für die Planung zum Projektstart 1951 wurde die bis dahin siebte veröffentlichte Entwurfsfassung („Gelbdruck") der DIN 4227 „Spannbeton; Richtlinien für die Bemessung und Ausführung" angewandt, die erst im Oktober 1953 als „Weißdruck" letztlich verbindlich eingeführt wurde. Nachdem die von der zeitgenössischen Fachöffentlichkeit mit großem Interesse wahrgenommene bautechnische Innovation ihre Praxistauglichkeit in Worms auch in großem Maßstab unter Beweis gestellt hatte, fand der freie Vorbau von Spannbetonbrücken weltweite Verbreitung.
Die Alte Nibelungenbrücke Worms ist sowohl nach dem hessischen als auch nach dem rheinland-pfälzischen Denkmalrecht als Kulturdenkmal erfasst. Darüber hinaus wurde die Brücke am 1. September 2022 von der Bundesingenieurkammer mit dem Titel „Historisches Wahrzeichen der Ingenieurbaukunst in Deutschland" ausgezeichnet [2, 3].

3.3 Bauzeitbedingte Defizite

Das Bauwerk ist in einer guten baulichen Verfassung. Der Beton weist eine gute Qualität auf, ist nicht porös und zeigt keine Lunker, die Betondeckung entspricht dem damaligen Normenwerk. Der Brückenquerschnitt überzeugt durch eine gute Gestaltungsqualität.
Bis zur ersten umfassenden Instandsetzung im Jahre 1974 besaß die alte Nibelungenbrücke keine wirksame Abdichtung, sondern lediglich einen Belag aus Hartgussasphalt, so dass über viele Jahre Chloride aus dem Einsatz von Tausalz in den Konstruktionsbeton eindringen konnten. Eingedrungene Chloride sind in der Lage, die im hochalkalischen Milieu des Betons vorhandene und den Bewehrungsstahl schützende Passivierungsschicht lokal zu zerstören und Korrosion zu initiieren. Dabei werden die Chloridionen nicht verbraucht, bilden auch keine Chloridfront aus, sondern verteilen sich mit der im Beton vorhandenen Feuchtigkeit und können an anderer Stelle erneut angreifen. Der gefürchtete Lochfraß ist dann oftmals die Folge.
Diese abdichtungsfreie Konstruktionsart ist u. a. dem seinerzeitigen Glauben an die allseits vorhandene Wirkung einer Vorspannung bei Beton geschuldet, die jegliche Rissbildung oder jegliches Eindringen von Schadstoffen verhindern sollte. Daher wurde auch kaum schlaffe Bewehrung eingebaut. Heute wissen wir, dass dieses Bild Lücken hat, weshalb aktuell – auch normativ gefordert – bedeutend mehr schlaffe Bewehrung in Form konstruktiver Zulagen eingelegt wird, um nicht erfasste Einflüsse ausreichend sicher abzudecken.
Der Verpresszustand der Stabspannglieder beim damaligen Spannverfahren DYWIDAG Ø26 St 60/90 ist bekanntermaßen im Vergleich zu heutigen Verpressungen ungenügend. Das Hüllrohr ist vergleichsweise eng, der lichte Spalt zwischen Spannstab und Hüllrohr ist erfahrungsgemäß zu gering, um eine zuverlässige, vollständige Verfüllung mit den damals verfügbaren und nicht ausreichend viskosen Verpressmörteln sicherzustellen. Eine vollständige Verpressung ist nicht nur eine Voraussetzung für einen wirksamen Korrosionsschutz der Stabspannglieder, sondern ist auch die Grundlage für einen wirksamen Verbund mit dem Konstruktionsbeton zur Sicherstellung der Bruchsicherheit. Stichprobenartige Kontrollbohrungen im Vorfeld der Instandsetzungsmaßnahme von 2010 ergaben für die Längsspannglieder der alten Nibelungenbrücke einen durchschnittlichen Verpressfehler von rund 20 %. Bei den Querspanngliedern lag der Verpressfehler unter 10 %. Als deutlich zu hoch wurde der Verpressfehler mit über 40 % bei den Zuggliedern zur Rückhängung des Überbaus auf der rechten Rheinseite eingeschätzt.
In den Spannglieduntersuchungen zeigte sich darüber hinaus, dass bauartbedingt der Korrosionsschutz der Stabspannglieder im Bereich von Spanngliedkopplungen als defizitär einzuschätzen sei. Die verbauten Übergangsstücke aus Holz, die einen gleichmäßigen Abstand der Stahleinlagen zur Hüllrohrwandung sicherstellen sollten, führten insbesondere bei Wasserzutritt und einsetzender Korrosion zu bedingten Querschnittsverlusten am Spannstahl (Abb. 4).

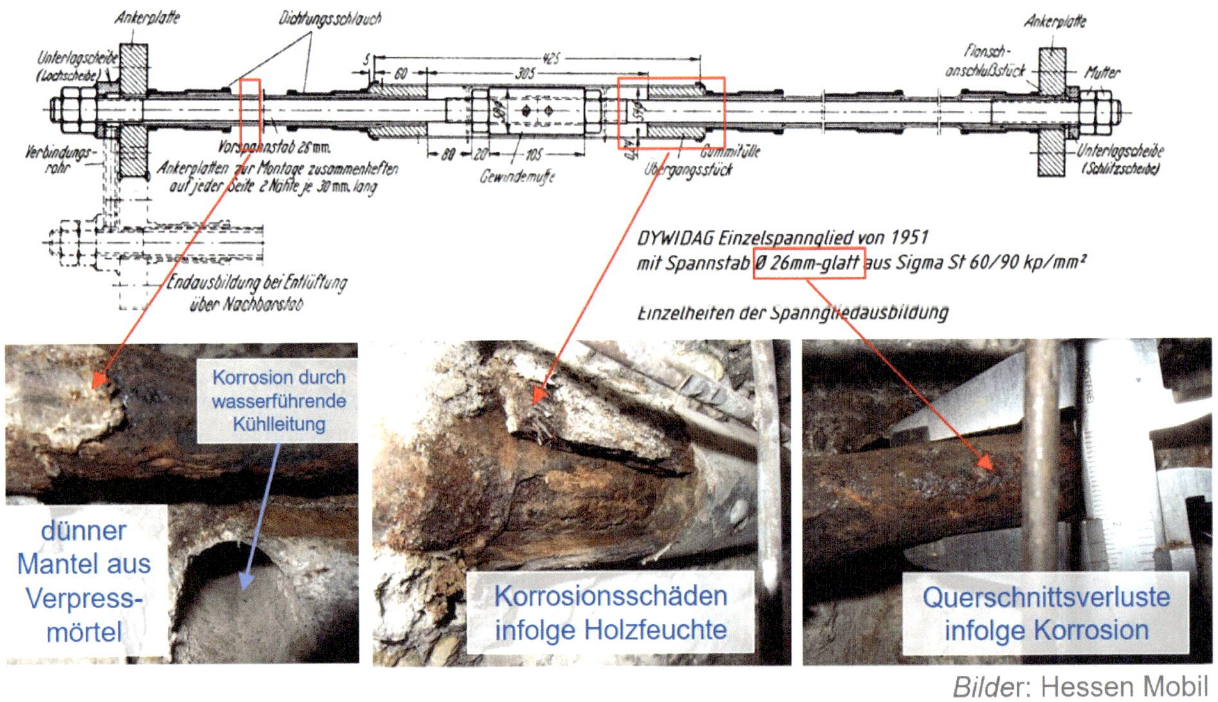

Abb. 4: Historisches Spannverfahren DYWIDAG Ø26 St 60/90 (Quelle: Hessen mobil, Wiesbaden)

Lokale Korrosionsprobleme wurden darüber hinaus auch an den Kreuzungspunkten der Stabspannglieder mit den bauzeitlich genutzten Kühlleitungen in den Überbaustegen festgestellt. Gegenüber Spannungsriss-korrosion gilt der eingebaute Spannstahl jedoch als unauffällig. Der bauliche Bauwerkszustand wird aktuell mit der Note 2,0 bewertet.

3.4 Tragfähigkeit

Die originäre Bemessung des Spannbetonüberbaus erfolgte mit der Entwurfsfassung von DIN 4227:1951 [5] (später als DIN 4227-1:1953-10 erschienen [6]) für ein Lastbild der Brückenklasse 60 nach DIN 1072:1952-06 [7].

Im Jahr 2005 wurde zur Vorbereitung der Erhaltungsmaßnahme von 2010 ff. eine Nachrechnung des Brückentragwerks auf Grundlage der jeweils letzten Fassungen der Normen DIN 1072:1985-12 [8], DIN 1045:1988-07 [9] und DIN 4227-1:1988-07 [10] durchgeführt. Der Nachrechnung wurde entsprechend dem örtlich vorhandenen Verkehrsaufkommen für das Ziellastniveau die Brückenklasse 60/30 zugrunde gelegt, d. h. unter zusätzlicher Berücksichtigung einer zweiten Schwerlastspur verglichen mit der Ursprungstatik mit der Brückenklasse 60. Diese Festlegung erfolgte, um das vorhandene Verkehrsaufkommen sicher abzuwickeln und zugleich Art und Umfang vorhandener statischer Defizite festzustellen. Im Ergebnis wurden Defizite in Bezug auf die Biegetragfähigkeit, vor allem aber in Bezug auf die Querkrafttragfähigkeit festgestellt [11, 12].

Die mangelnde Querkrafttragfähigkeit bei der Nachrechnung älterer Spannbetonbrücken ist zu wesentlichen Teilen der Umstellung der normativen Nachweiskonzepte über die verschiedenen Normengenerationen geschuldet (Abb. 5) und nicht selten ein rein rechnerisches Problem. Zur Zeit der Planung des Bauwerks wurde dem Beton eine Mitwirkung beim Querkraftabtrag zugewiesen, indem in engen Grenzen von der Zugfestigkeit des Betons Gebrauch gemacht wurde. Begrenzendes Kriterium war die Einhaltung der zulässigen Hauptzugspannungen bis zu der keine Schubbewehrung erforderlich war. Entsprechend stark wurde die Längsvorspannung gewählt, um dieses Kriterium möglichst einzuhalten. Heute übliche Mindestschubbewehrungsgrade waren seinerzeit in den Normen nicht geregelt.

Mit dem heute angewandten Fachwerkmodell unter Vernachlässigung der Tragwirkung des Betons auf Zug lassen sich die Querkraftnachweise folglich kaum erbringen. Hohe Überschreitungen im Vergleich von erforderlicher zur vorhandener Querkraftbewehrung sind meist Folge einer aus heutiger Sicht vielfach zu spärlich eingebauten Querkraftbewehrung. Jedoch zeigt die Brücke keinerlei Risse oder sonstige Schäden, die auf Schwächen im Querkrafttragverhalten hinweisen. Der Querschnitt der Brücke lebt also von seiner Betonzugfestigkeit, ein Sachverhalt, der noch von Bedeutung sein wird.

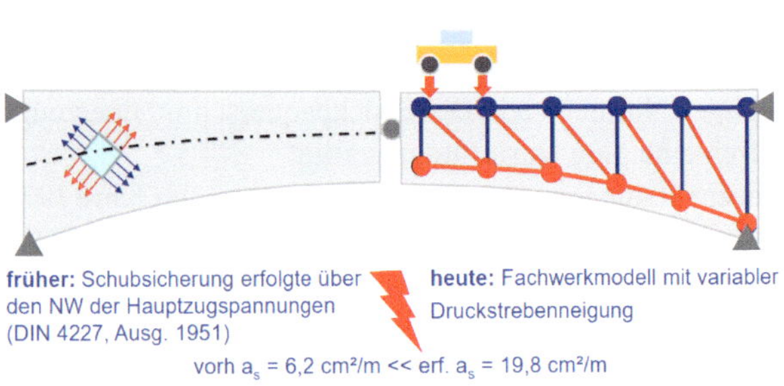

Abb. 5: Schubtragfähigkeit: historischer und neuer Normungsstand (Quelle: Landesbetrieb Mobilität Rheinland-Pfalz (LBM), Koblenz)

Zur Minimierung der Gefahr, dass die streuende Betonzugfestigkeit durch eine zu hohe Beanspruchung über-

schritten wird, wurden vorsorglich verkehrliche Entlastungsmaßnahmen ergriffen, indem bis auf Weiteres genehmigungspflichtiger Schwerverkehr von der Brücke genommen und darüber hinaus regelmäßige Sonderprüfungen zur Rissdetektion angeordnet wurden. Hilfreich erwies sich die Nachricht, dass der Anteil an vorhandener Querkraftbewehrung mindestens so groß sei, dass ein evtl. Schubbruch duktil abläuft und sich rechtzeitig durch breite Risse ankündigt, ohne dass ein schlagartiges Versagen zu erwarten sei. Bislang konnten keine signifikanten Rissbilder festgestellt werden.
Mit der Ergänzung der Nachrechnungsrichtlinie Ausgabe 04/2015 [14] wurde das Hauptzugspannungskriterium für die Nachrechnung wieder aufgegriffen, aber auch mit diesem Zugeständnis an rissschadensfreie Bestandsbauwerke gelang der Schubnachweis auf Bemessungslastniveau nicht [11]. Zusätzlich wurde das Ankündigungsverhalten anhand eines modifizierten Ingenieurmodells bei einem postulierten Schubbruch untersucht. Ein schlagartiges Bauwerksversagen konnte damit ausgeschlossen werden [12].
Unter Berücksichtigung der einschränkenden Nutzungsauflagen sowie weiterer Randbedingungen ergibt sich aktuell aus dem Vergleich zwischen Soll- und Ist-Tragfähigkeit ein relativ schlechter Traglastindex von IV, der zum Handeln aufforderte.

3.5 Bauliche Erhaltungsmaßnahmen

Aufgrund ihrer fortgeschrittenen Nutzungsdauer hat die alte Nibelungenbrücke schon mehrere Erhaltungsmaßnahmen erfahren, so wurde im Rahmen der ersten grundhaften Instandsetzung im Jahre 1974 erstmals eine wirksame Abdichtung aufgebracht. Anfang der 1980er Jahre wurden weitere Nachbesserungen am Bauwerk durchgeführt.
Im Jahr 2010 ff. erfolgte eine weitere grundhafte Instandsetzung inkl. einer Verstärkung der Biegetragfähigkeit durch Einbau zusätzlicher externer Spannglieder (Abb. 6). Darüber hinaus wurden die vertikalen Spannstäbe in den Querkraftgelenken und die Spannstähle in den verdeckten und nicht einsehbaren Zuggliedern am linksrheinischen Überbauende ersetzt. Detektierte Verpressfehler wurden beseitigt und der mit Chloriden kontaminierte Konstruktionsbeton in Teilen der Fahrbahnplatte ersetzt. Durch eine neu aufgebrachte Abdichtung wurde zudem ein weiterer Wasserzutritt in die Konstruktion wirksam verhindert, wodurch weniger stark ausgeprägte Korrosionsherde an der Fahrbahnplatte durch Feuchtigkeitsentzug zum Stillstand gebracht werden konnten.

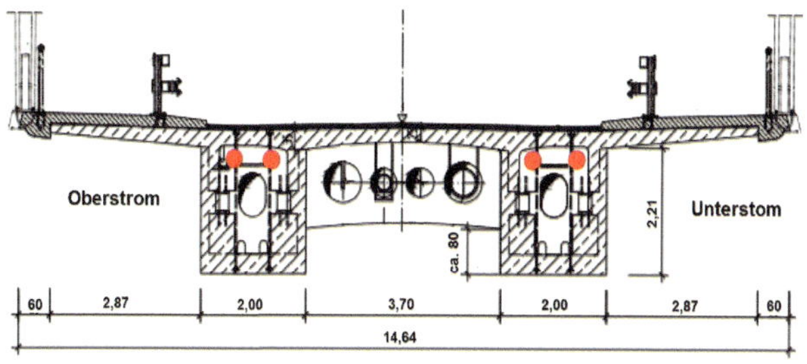

Abb. 6: Verstärkung der Biegetragfähigkeit mit je zwei externen Spanngliedern, hier als rote Punkte eingetragen (Quelle: Landesbetrieb Mobilität Rheinland-Pfalz (LBM), Koblenz)

Nachdem die alte Abdichtung aus dem Jahre 1974 ausgebaut worden war, wurde bei den weiteren Instandsetzungsarbeiten beobachtet, dass mit einer gewissen Verzögerung nach Regenereignissen ein nicht unerheblicher Wassereintritt in den Hohlkästen zu verzeichnen war. Als Ursache hierfür stellte sich schließlich heraus, dass Oberflächenwasser über die vorhandenen Kühlleitungen eindringen und sich im Konstruktionsbeton verteilen konnte. Aber auch hier bot die neue Abdichtung entsprechende Abhilfe.

3.6 Umstellung der Erhaltungsstrategie

Nach dem aktuellen Stand der Technik wird die Erhaltungsstrategie von Brückenbauwerken im Wesentlichen von drei messbaren Zielkriterien bestimmt: Der Zustandsnote, dem Traglastindex und der Wirtschaftlichkeit.
Die Zustandsnote wird im Rahmen von äußeren, meist visuellen Bauwerksprüfungen ermittelt. Dazu bewertet der Bauwerksprüfer jeden festgestellten Einzelschaden im Hinblick auf dessen Bedeutung für die Standsicherheit, Verkehrssicherheit und Dauerhaftigkeit. In der Überlagerung wird aus den Einzelschadensbewertungen schließlich eine Zustandsnote für das Gesamtbauwerk ermittelt.
Der Traglastindex ist ein relatives Maß für die Leistungsfähigkeit einer Brücke. Er wird im Wesentlichen aus der Differenz zwischen der erforderlichen Tragfähigkeit (= Ziellastniveau) zur vorhandenen Tragfähigkeit, unter Berücksichtigung bauzeitbedingter Defizite, ermittelt. Die vorhandene Tragfähigkeit wird auf Grundlage einer Nachrechnung gemäß Nachrechnungsrichtlinie [13, 14] bestimmt oder – sofern diese noch nicht vorliegt – nach Erfahrungswerten gemäß der „Grundkonzeption Traglastindex“ [15] abgeschätzt.
Die wirtschaftliche Beurteilung der objektbezogenen Erhaltungsstrategie erfolgt regelmäßig nach der „Richtlinie

zur Durchführung von Wirtschaftlichkeitsuntersuchungen im Rahmen von Instandsetzungs-/Erneuerungsmaßnahmen bei Straßenbrücken (RI-WI-BRÜ)“ [16]. Dazu werden im Sinne einer Lebenszykluskostenberechnung die innerhalb eines Bewertungszeitraums anfallenden Kosten auf das Bezugsjahr diskontiert und so die günstigste Variante identifiziert.

Innerhalb des gesetzten Rahmens wurden alle technischen Möglichkeiten zur Abhilfe der vorgefundenen statischen Defizite erörtert. Obwohl das übergeordnete Erhaltungsziel bei der Modernisierung des Bauwerksbestandes meist darin besteht, Bauwerke möglichst zu verstärken, so dass diese den heutigen und vor allem den prognostizierten zukünftigen Verkehr ausreichend zuverlässig abtragen können, sind im vorliegenden Fall die Grenzen für das Querkrafttragverhalten eng gesetzt. Technisch machbare und zudem wirtschaftliche Verstärkungsverfahren für den Querkraftabtrag stehen kaum oder nicht zur Verfügung. Das mögliche Einführen zusätzlicher äußerer vertikaler Stabspannglieder als Schubverstärkung hätte bei umfänglicher Umsetzung eine Durchlöcherung der Fahrbahnplatte und eine Gefahr der Beschädigung der Längsspannglieder in der Fahrbahnplatte bedeutet (Abb. 7), weshalb man sich dagegen entschied.

seits, sobald die Einwirkungen die Betonzugfestigkeit überschreiten und sich Schubrisse einstellen sollten, eng eingefasst. Unter Würdigung aller Aspekte wurde die sicherzustellende Restnutzungsdauer auf 15 bis 20 Jahre beziffert und letztlich ein Ersatzneubau für das Jahr 2028 avisiert.

Der noch zu leistende Erhaltungsaufwand für das Bestandsbauwerk hielte sich in Grenzen, sei aber durch verkehrliche Kompensationen und Einschränkungen geprägt. Im Rahmen einer kontrollierten Alterung werden auftretende Schäden am Bauwerk zur Minimierung der Eingriffe möglichst kumuliert, solange noch keine Gefahr von Folgeschäden besteht (Maßnahmenbündelung). Die Schadensbeseitigung erfolgt schließlich im Rahmen größerer Instandsetzungs- bzw. Modernisierungsmaßnahmen.

Der öffentliche Aufschrei ließ nicht lange auf sich warten. Nicht nur der Denkmalschutzstatus der Brücke, sondern auch der ideelle Wert der Brücke als Ikone des deutschen Brückenbaus und historisches Wahrzeichen der Ingenieurbaukunst in Deutschland führten zu der Erkenntnis, sich mit dem Bauwerk noch intensiver zu beschäftigen und die erforderliche Zuverlässigkeit ggf. auch auf unkonventionellen Wegen zu erkunden und damit ausgetretene Pfade bewusst zu verlassen.

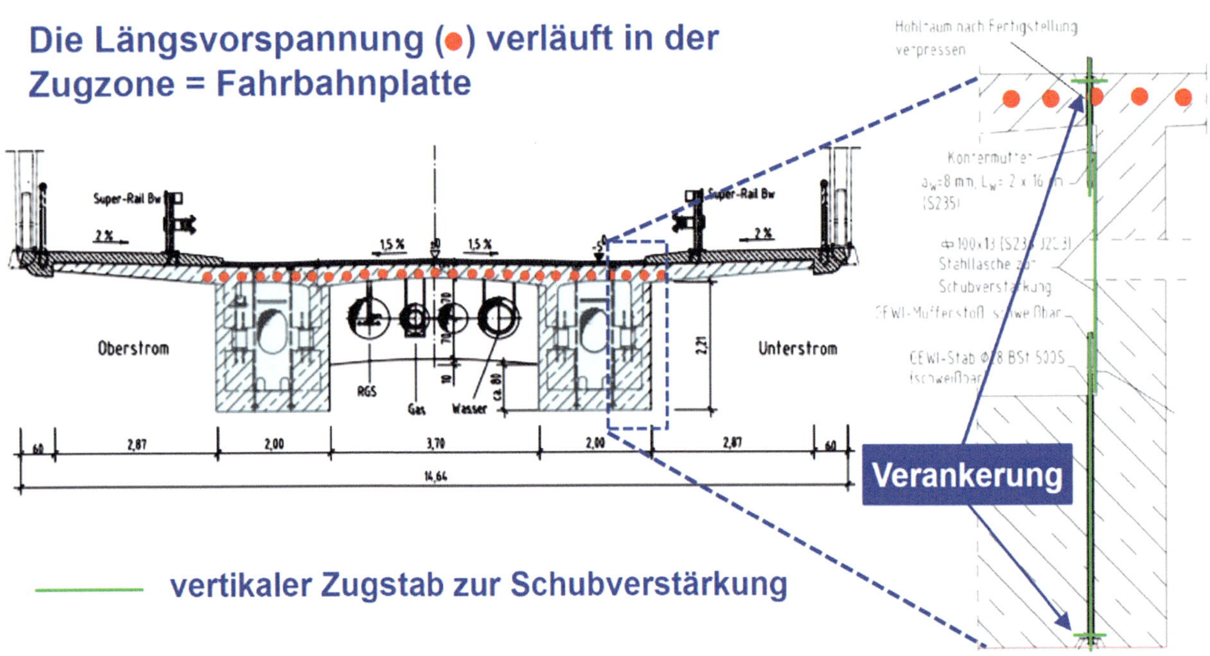

Abb. 7: Verstärkung der Querkrafttragfähigkeit mit vertikalen Stegspanngliedern (Quelle: Landesbetrieb Mobilität Rheinland-Pfalz (LBM), Koblenz)

Mit der Nichtverstärkbarkeit des Querkrafttragverhaltens wurde die alte Nibelungenbrücke in einer ersten Einschätzung 2019 vom Landesbetrieb Mobilität Rheinland-Pfalz (LBM) in technisch-wirtschaftlicher Hinsicht als nicht mehr erhaltungswürdig [17] eingestuft. Das Bauwerk sollte bis zu einem Ersatzneubau kontrolliert altern. Der verfügbare Zeitraum bis zum Ersatzneubau wurde mit dem notwendigen Planungsvorlauf für den Neubau einerseits und der Gefahr einer drohenden Vollsperrung des Bestandsbauwerks anderer-

4. Pilotprojekt „Verlängerung der Nutzungsdauer durch intelligente Digitalisierung“

4.1 Initiierung eines Pilotprojekts

Mit der Entwicklung und sich allmählich etablierender fortschrittlicher digitaler Techniken wurde die bisherige Erhaltungsstrategie zum Bauwerk im Jahr 2022 einer Revision unterzogen, neue Möglichkeiten im Umgang mit diesem Bauwerk schälten sich heraus. Nicht der aktuelle Stand der Technik sollte alleiniger Beurteilungsmaßstab für den Erhalt der Alten Nibelungenbrücke Worms sein, sondern auch der aktuelle Stand der Wissenschaft. Auf Basis neuester wissenschaftlicher Erkenntnisse, auch wenn diese noch nicht im Regelwerk verankert sind, sollte die Restnutzungsdauer neu bewertet werden. Die damit verbundene Zielstellung ist eine signifikante Verlängerung der Nutzungsdauer ohne maßgebliche Leistungseinschränkungen, wenn möglich für mehrere Jahrzehnte.

Hilfreich erwies sich in dieser Situation, dass für das DFG-Schwerpunktprogramm SPP 2388 „Hundert plus – Verlängerung der Lebensdauer komplexer Baustrukturen durch intelligente Digitalisierung" (SPP 100+), welches sich genau mit diesen Fragen von Lebensdauerverlängerung beschäftigt, ein Demonstrations- und Validierungsobjekt gesucht wurde [18, 19]. Die alte Nibelungenbrücke eignet sich insbesondere als Prüfobjekt für das Forschungsvorhaben, da dieses Pionierbauwerk der Spannbetonbauweise sowohl eine herausragende baukulturelle Bedeutung besitzt als auch typische bauzeitbedingte Defizite, mit denen weiter umzugehen ist, auf sich vereint.

Im SPP 100+ werden Methoden der Erfassung, Verknüpfung und Bewertung bauwerksbezogener Daten als Grundlage für eine vorausschauende (prädiktive) Bauwerkserhaltung erforscht. Im Zentrum steht hierbei das Konzept des digitalen Zwillings, in dem Daten eines BIM-Modells (3D-Objektmodell, BIM-Fachmodell „Schäden" etc.), des statischen Modells (am Objekt kalibrierte, nichtlineare FE-Berechnung) sowie des Bauwerkmonitorings (mit dem Schwerpunkt auf Überwachung von Querkraft- und Korrosionsmessgrößen) zusammengeführt werden, um so zukünftige Bauwerkszustände mit Hilfe eines Prognosemodells zuverlässig vorhersagen zu können. Konkret sollen aussagekräftige Zustandsindikatoren abgeleitet werden, die für einen sicheren Betrieb von Bestandsbrücken trotz baulicher Defizite verwendet werden können. Der Weg führt über eine digitale 3D-Darstellung der Brücke, welche kontinuierlich mit Echtzeitdaten aktualisiert wird. Dadurch wird der digitale Zwilling zu einer lebendigen, interaktiven digitalen Brücke und die Nibelungenbrücke hat somit beste Chancen, ein zweites Mal zu einem Pionierbauwerk zu werden. Ziel ist es, den Zustand ausgewählter Bauwerksteile in Echtzeit einzusehen und damit die Möglichkeiten digitaler Technologien für die prädiktive Erhaltung von Brückenbauwerken zu erforschen [20].

Die positiven Aussichten führten zu einer Revision der Erhaltungsstrategie zur Nibelungenbrücke. Von einem zeitnahen Ersatzneubau wurde abgerückt.

Mehr als 19 deutsche Universitäten und Forschungseinrichtungen erforschen an der Nibelungenbrücke unterschiedlichste Techniken zur Schadensdetektion, Schadensverortung, deren Visualisierung, Auswertung und Weiterverarbeitung. Sie sollen zeigen, dass eine interaktive Modellierung das Trag- und Verformungsverhaltens historischer Bausubstanz realitätsnah abgebildet und analysiert, potenzielle Tragreserven dadurch gehoben und insgesamt ein gesicherter weiterer Betrieb der Brücke garantiert werden kann.

Zur Erreichung dieses Ziels wurde parallel zum SPP 100+ gemeinsam mit dem Bundesministerium für Digitales und Verkehr und dem Landesbetrieb Mobilität Rheinland-Pfalz ein Projekt zur Nutzungsdauerverlängerung durch intelligente Digitalisierung initiiert. Im Kern beruht dieses Projekt auf folgenden Schwerpunkten:

- Detaillierte Erkundung der Konstruktion, der Materialien und des Zustandes,
- Nachrechnung nach Stufe 4 der Nachrechnungsrichtlinie (Ansatz wissenschaftlicher Methoden), unter Nutzung der Erkundungsergebnisse,
- Kalibrierung des Rechenmodells anhand messtechnisch erfasster Kenngrößen,
- Beurteilung der Dauerhaftigkeit der Spannbetonkonstruktion unter Nutzung der Erkundungsergebnisse,
- Zusammenführung und Verknüpfung aller wesentlichen Informationen des Bauwerks in einem Digitalen Zwilling,
- Dauerhafte messwertgestützte Beurteilung des Tragverhaltens und der Dauerhaftigkeit zur prädiktiven Instandhaltung und vorausschauenden Entscheidungsfindung.

4.2 Bestands- und Zustandserkundung

Die Bestands- und Zustandserkundung der Alten Nibelungenbrücke Worms bildet eine wesentliche Grundlage des Pilotprojekts zur digitalen Instandhaltung. Ziel ist es, ein präzises und umfassendes Bild des aktuellen Zustands des Bauwerks, der gebauten Konstruktion und der tatsächlichen Materialeigenschaften zu gewinnen, um die Tragfähigkeit und Dauerhaftigkeit der Konstruktion möglichst realitätsnah einzuschätzen.

Zu Beginn der Erkundung wurden bereits alle relevanten Bestandsunterlagen gesichtet und digitalisiert. Hierzu zählen historische Baupläne, frühere Instandsetzungsberichte und Dokumentationen der Bauwerksprüfungen. Diese Informationen fließen in ein BIM-Modell (Building Information Modeling) ein, das als digitales Abbild der Brücke dient und alle gesammelten Daten integriert. Die Zustandserfassung selbst erfolgt mithilfe modernster Technologien und Methoden der Geodäsie, der Bauwerksdiagnostik und des Bauwerksmonitorings. Es werden sowohl zerstörungsfreie als auch zerstörungsarme bauwerksdiagnostische Untersuchungen durchgeführt. Um die Substanz des Bauwerks möglichst wenig zu beeinträchtigen, werden flankierende Untersuchungen an der Lahnbrücke Balduinstein durchgeführt, welche aufgrund eigener Defizite zeitnah zurückgebaut wird. Der Rückbau ermöglicht es, bauwerksdiagnostische Untersuchungen umfangreich durchzuführen und die Ergebnisse aufgrund der starken Ähnlichkeit der Bauwerke auf die Nibelungenbrücke zu übertragen. Weiterhin gehören zur Zustandserfassung die geodätische Vermessung des gesamten Bauwerks, definierte Belastungsfahrten zur Messung der Bauwerksreaktionen unter zuvor festgelegten Verkehrslaststellungen sowie der Einsatz von faseroptischen Sensoren (DFOS) zur kontinuierlichen Überwachung von Dehnungen und Rissen. Diese Sensoren ermöglichen eine Echtzeitüberwachung und liefern wertvolle Daten zur strukturellen Integrität der Brücke. Neben den kurzzeitigen Messungen für die Belastungsfahrten werden dauerhafte Messungen für ein Structural-Health-Monitoring (SHM) etabliert. Auf Grundlage der Vermessung wird ein BIM-Modell „as-maintained" erstellt, aus dem auch Rückschlüsse auf das tatsächliche Eigengewicht gezogen werden können.

Ein besonderes Augenmerk liegt auf der Untersuchung des Zustandes der historischen Spannbetonbauteile und der für die Querkrafttragfähigkeit unmittelbar maßgebenden Betonzugfestigkeit ausgedrückt über eine Korrelation zur Betondruckfestigkeit des Überbaus. Durch gezielte Kontrollanbohrungen und die Analyse von Verpressfehlern wird der Zustand der Spannstähle und deren Korrosionszustand nochmals überprüft. Zudem werden lokale Korrosionsprobleme an den Kreuzungspunkten der Spannbetonglieder mit den Kühlleitungen genau dokumentiert, so dass Schwachstellen der Dauerhaftigkeit auch im Rechenmodell der Nachrechnung nach Stufe 4 berücksichtigt werden können.

4.3 Finite-Elemente-Berechnung einschließlich Modellupdate

Nach der umfassenden Bestands- und Zustandserkundung folgt die Nachrechnung der Alten Nibelungenbrücke nach Stufe 4 der Nachrechnungsrichtlinie [13, 14], um die Tragfähigkeit und Dauerhaftigkeit des Bauwerks präzise zu bewerten. Ein bereits existierendes, sehr genaues Finite-Elemente-Modell (Abb. 8) bildet die Grundlage dieser Nachrechnung. Dieses Modell, das auf den Bestandsdaten basiert, berücksichtigt jedes einzelne Stabspannglied sowie sämtliche Bauzustände, die während der Errichtung der Brücke und mit dem Einbau der externen Vorspannung auftraten. Dadurch werden auch zurückliegende Kriech- und Schwindvorgänge erfasst.

Abb. 8: Spannungsverteilung in einem Bauzustand (Quelle: Hegger + Partner, Aachen)

Die Bauwerksdiagnostik liefert detaillierte Informationen über den aktuellen Zustand der Spannglieder und die Betondruckfestigkeit. Über Belastungsfahrten zur Messung der Bauwerksreaktionen unter definierten Verkehrsbelastungen wird das Bauwerksverhalten charakterisiert. Diese Daten werden verwendet, um das bestehende FE-Modell zu kalibrieren und zu validieren, wodurch eine realitätsnahe Simulation des Bauwerksverhaltens unter verschiedenen Lastbedingungen ermöglicht wird.

Das aktualisierte FE-Modell beinhaltet eine räumliche Modellierung mit Volumenelementen, die die Spannbetonbauteile und deren Vorspannung sowie alle relevanten Bewehrungsdetails präzise abbildet. Diese detaillierte Modellierung erlaubt es, die Tragreserven der Brücke zu identifizieren und Schwachstellen, insbesondere im Hinblick auf Querkraft- und Biegetragfähigkeitsdefizite, zu lokalisieren.

Die nichtlineare Analyse liefert wichtige Erkenntnisse über das Ankündigungsverhalten von Rissen und Verformungen, wodurch potenzielle Gefahrenpunkte frühzeitig erkannt und im Monitoringsystem adressiert werden können. Diese Ergebnisse sind entscheidend für die Entwicklung prädiktiver Instandhaltungsstrategien, die darauf abzielen, die Nutzungsdauer der Brücke erheblich zu verlängern und die Sicherheit zu gewährleisten.

Durch die Integration der Ergebnisse aus Bauwerksdiagnostik und Belastungsfahrten in die Nachrechnung wird ein hochgenaues digitales Abbild der Nibelungenbrücke geschaffen. Dieses digitale Modell dient als Grundlage für zukünftige Überwachungs- und Instandhaltungsmaßnahmen und ermöglicht eine vorausschauende Planung, um die langfristige Funktionalität und Sicherheit der Brücke zu gewährleisten.

4.4 Digitaler Zwilling als zentrale Datenquelle

Der Digitale Zwilling der Alten Nibelungenbrücke fungiert als zentrale Datenquelle für alle Aspekte der Bauwerksüberwachung und -instandhaltung. Dieses digitale und dreidimensionale Abbild der Brücke integriert und verknüpft sämtliche Daten, die im Rahmen der Bestands- und Zustandserkundung, der Bauwerksdiagnostik, der Belastungsfahrten sowie der Nachrechnung nach Stufe 4 gewonnen wurden. Dazu wird die BIM-Methodik (Building Information Modeling) aufgegriffen, so dass der Digitale Zwilling auf Grundlage von BIM-Fachmodellen erstellt wird. Diese Modelle enthalten detaillierte Informationen zu verschiedenen Aspekten des Bauwerks, wie Geometrie, Materialeigenschaften und historische sowie aktuelle Zustandsdaten aus der Bestandserfassung. Durch die Nutzung von BIM-Anwendungsfällen für den Betrieb von Ingenieurbauwerken können spezifische Anforderungen und Prozesse effizient abgebildet werden.

In den Digitalen Zwilling fließen statische und dynamische Informationen zusammen (Abb. 9), was ihn von klassischen BIM-Modellen unterscheidet. Historische Daten, wie ursprüngliche Baupläne und frühere Instandsetzungsberichte, sind ebenso enthalten wie aktuelle Messdaten aus dem Structural Health Monitoring (SHM) und den durchgeführten Belastungsfahrten. Diese umfassende Datensammlung erlaubt es, den Zustand und das Verhalten der Brücke realitätsnah und in Echtzeit zu überwachen und zu analysieren.

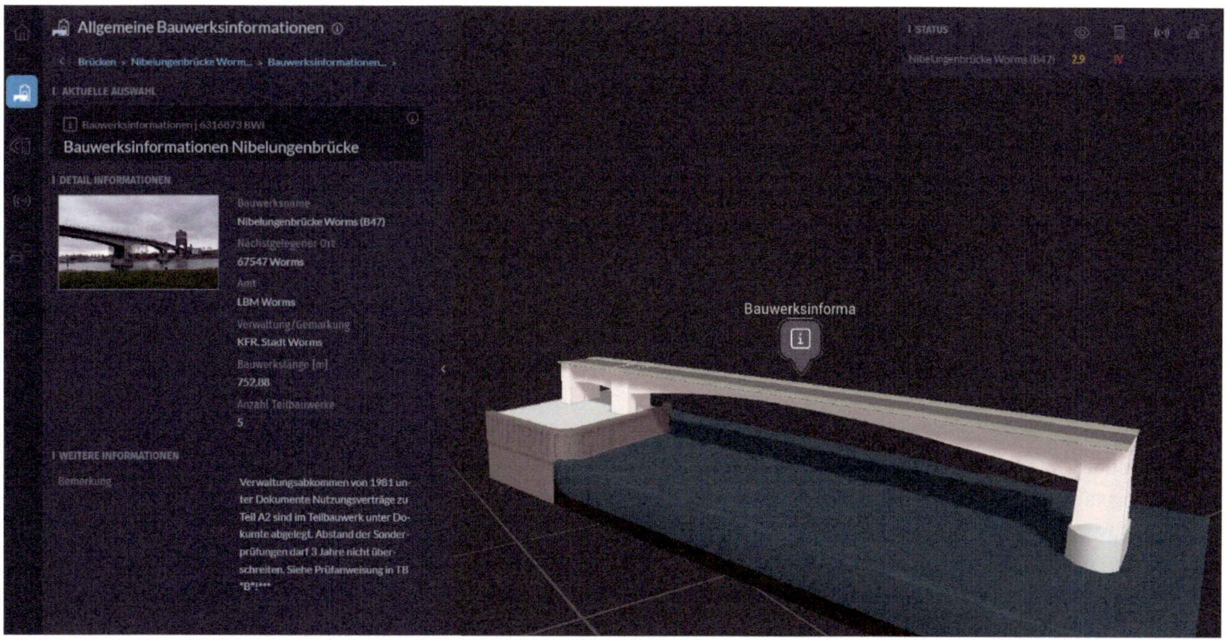

Abb. 9: Statische Bauwerksinformationen in der Digitalen-Zwilling-Plattform (Quelle: Marx Krontal Partner (MKP) GmbH, Weimar)

Durch die Integration modernster Sensortechnologien können Veränderungen im Bauwerkszustand frühzeitig erkannt und dokumentiert werden. Faseroptische Sensoren (DFOS) liefern dabei hochgenaue und detaillierte Informationen über Dehnungen und Rissbildungen. Ein wesentlicher Vorteil besteht darin, dass die Messungen nicht an örtlich begrenzten und einzelnen Stellen durchgeführt werden, sondern über die gesamte Länge der Faser erfolgen. Diese Echtzeitdaten fließen direkt in den Digitalen Zwilling ein und ermöglichen eine prädiktive Instandhaltung, bei der potenzielle Probleme bereits vor ihrem Eintreten identifiziert und behoben werden können.

Der Digitale Zwilling dient zudem als Plattform für die Zusammenarbeit aller beteiligten Akteure. Ingenieure, Planer und Bauwerksverwalter können auf eine zentrale, stets aktuelle Datenquelle zugreifen, was die Koordination und Entscheidungsfindung erheblich erleichtert. Durch diese integrative und transparente Datenverwaltung trägt der Digitale Zwilling maßgeblich dazu bei, die Instandhaltungsstrategien zu optimieren und die Lebensdauer der Alten Nibelungenbrücke nachhaltig zu verlängern

4.5 Messwertbasierte Bauwerksbewertung

Die messwertebasierte Bauwerksbewertung ist ein zentraler Bestandteil der digitalen Instandhaltung der Alten Nibelungenbrücke. Durch die kontinuierliche Erfassung und Analyse von Messdaten können präzise Aussagen über den aktuellen Zustand des Bauwerks getroffen werden. Dieser Ansatz ermöglicht es, potenzielle Schäden frühzeitig zu erkennen und gezielt Maßnahmen zur Instandhaltung und Sicherung des Bauwerks zu ergreifen. Ein wesentlicher Aspekt dieser Bewertung sind Zustandsindikatoren (Condition Indicators, CI), die auf ingenieurwissenschaftlichen Algorithmen basieren und kontinuierlich den Zustand des Bauwerks überwachen. Diese Indikatoren nutzen Daten aus verschiedenen Quellen, wie z. B. Sensormessungen und bauwerksdiagnostischen Untersuchungen, um spezifische Probleme zu identifizieren und zu bewerten. Nachfolgend sollen zwei beispielhafte Zustandsindikatoren für die Alte Nibelungenbrücke genannt werden.

4.6 Zustandsindikator zum Gleitverhalten der Fahrbahnplatte

Auf den Gewölben der Vorlandbrücken wurden im Rahmen der Instandsetzung 2010 ff. neue Fahrbahnplatten auf den vorhandenen Spandrillwänden der Gewölbe errichtet. Die Platten sind gleitend gelagert. Es ist nicht auszuschließen, dass die Gleitfähigkeit des verbauten Materials in der Verbundebene nachlässt, so dass Zwangbeanspruchungen in der Konstruktion entstehen können.

Mit einem Zustandsindikator (CI), der das Gleitverhalten der Fahrbahnplatte auf den Gewölbebogenbrücken beurteilt, soll dieser Fragestellung begegnet werden. Der CI nutzt Daten aus Sensoren, die das Bewegungsverhalten der Platten erfassen. Diese werden an maßgebenden Punkten der Fahrbahnplatte in Verbindung mit Temperatursensoren installiert. Die Sensoren erfassen klimatisch bedingte Bewegungen und Verschiebungen der Platte relativ zum Unterbau. Mit Hilfe ingenieurwissenschaftlicher Algorithmen werden diese Daten analysiert und in Bezug zu den erfassten Bauwerks- und Bauteiltemperaturen bewertet. Im Rahmen einer „Anlernphase" werden die erfassten Daten mit den erwarteten Bewegungen der Fahrbahnplatte abgeglichen. Der Zustandsindikator liefert danach klare Hinweise auf mögliche Abweichungen vom erwarteten und zurückliegend erfassten Verhalten und ermöglicht eine Reaktion auf eine sich voraussichtlich langsam einstellenden Zustandsveränderung.

4.7 Zustandsindikator zur Tauwasserbildung

Die messwertbasierte Bewertung eignet sich ebenfalls für Fragestellungen der Dauerhaftigkeit. Ein Beispiel für einen solchen Zustandsindikator ist der CI zur Tauwasserbildung. Im Rahmen der bereits zuvor genannten Instandsetzung wurde die Fahrbahnplatte der Strombrücke neu abgedichtet und die Außenseiten der Hohlkästen mit einem Oberflächenschutzsystem versehen, um einen Feuchtigkeitszutritt von außen zu unterbinden.
Im Inneren der Hohlkästen kann die Bildung von Tauwasser an den Betonoberflächen jedoch als maßgebende Feuchtigkeitsquelle betrachtet werden, welche ggf. relevant für ein Fortschreiten von Korrosionsprozessen sein kann. Der CI zur Tauwasserbildung nutzt Sensordaten, die die Temperatur und Luftfeuchtigkeit im Inneren der Brücke überwachen, so dass der sonst „unsichtbare" Prozess der Tauwasserbildung sichtbar gemacht wird. Mit Hilfe von ingenieurwissenschaftlichen Algorithmen wird die Wahrscheinlichkeit der Tauwasserbildung berechnet. Dieser Indikator berücksichtigt dabei sowohl die aktuellen Umweltbedingungen als auch die Materialeigenschaften der Brücke. Die kontinuierliche Berechnung des Zustandsindikators ermöglicht es, potenzielle Problembereiche zu identifizieren und den tatsächlichen Feuchteeintrag in die Konstruktion zu erfassen (Abb. 10). Der Bauherr erhält so stets aktuelle Informationen über den Zustand der Brücke und kann präventive Maßnahmen ergreifen, falls die Tauwasserbildung als maßgebend für den Ablauf von Korrosionsprozessen eingeschätzt wird. kontinuierliche Analyse und Aktualisierung der Indikatoren stehen dem Bauherrn jederzeit aktuelle Informationen über den Zustand des Bauwerks zur Verfügung. Eine Aggregation dieser messwertgestützten Indikatoren in Verbindung mit den Bewertungen aus der Bauwerksprüfung hin zu einer umfassenden Zustandsnote des Bauwerks ist vorstellbar.
Bei wesentlichen Zustandsveränderungen wird der Bauherr automatisch vom System des Digitalen Zwilling informiert oder alarmiert, beispielsweise per E-Mail oder SMS. In dringenden Fällen können sofortige Alarme ausgelöst werden, um eine schnelle Reaktion zu gewährleisten. In einem zuvor festgelegten Alarmplan sind dann die zu leistenden Schritte und Verantwortlichkeiten benannt. Der Digitale Zwilling gibt Handlungsempfehlungen für erwartbare und eingetretene Zustandsveränderungen, die mit Hilfe der Zustandsindikatoren bewertet werden. Diese Empfehlungen unterstützen die rechtzeitige und prädiktive Instandhaltung, indem sie konkrete Maßnahmen vorschlagen, um potenzielle Schäden zu verhindern und die Lebensdauer der Brücke zu verlängern. Die Verantwortung liegt aber nach wie vor beim verantwortlichen Personal.
Insgesamt ermöglicht die messwertebasierte Bauwerksbewertung eine präzise und zuverlässige Überwachung der Nibelungenbrücke. Durch den Einsatz modernster Sensortechnologien und ingenieurwissenschaftlicher Algorithmen können potenzielle Probleme frühzeitig erkannt und gezielt adressiert werden, was die Sicherheit und Langlebigkeit des Bauwerks nachhaltig erhöht.

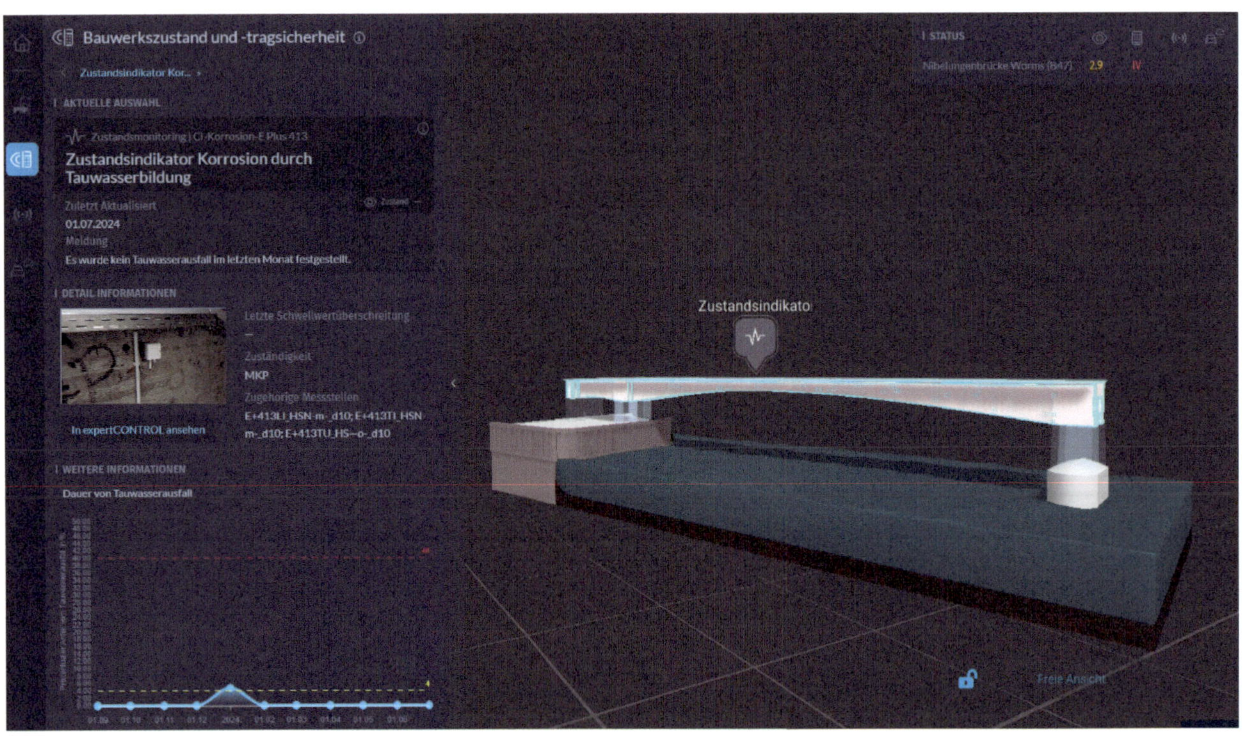

Abb. 10: Zustandsindikator Tauwasserbildung im Digitalen Zwilling eines Teilbereiches der Strombrücke (Quelle: Marx Krontal Partner (MKP) GmbH, Weimar)

4.8 Integration und Nutzen

Die Zustandsindikatoren (CI) sind integraler Bestandteil des Digitalen Zwillings der Nibelungenbrücke. Durch die Mit dem digitalen Zwilling Nibelungenbrücke als virtuelle dynamische Repräsentation des realen Systems wird die historische Nibelungenbrücke ein Reallabor, dass neben der Erarbeitung und des Ausprobierens neuer Technik außerdem für eine nachhaltige Lebensdauerverlängerung steht.

Literatur

[1] Generaldirektion Kulturelles Erbe Rheinland-Pfalz, Direktion Landesdenkmalpflege, Landesamt für Denkmalpflege Hessen, Landesbetrieb Mobilität Rheinland-Pfalz (Hrsg.): Die Nibelungenbrücke in Worms – Zur Zukunft eines bedeutenden Ingenieurbauwerks. Schriftenreihe Denkmalpflege in Rheinland-Pfalz: Aus Forschung und Praxis, Band 6, Petersberg: Michael Imhof Verlag, 2023.

[2] Decleli, C.: Die Nibelungenbrücke Worms. In: Bundesingenieurkammer (Hrsg.): Historische Wahrzeichen der Ingenieurbaukunst in Deutschland. Band 27, 2020.

[3] Homepage: https://wahrzeichen.ingenieurbaukunst.de [geprüft am 19.01.2024].

[4] Pelke, E.; Zichner, T.: Ertüchtigung der Nibelungenbrücke Worms. Beton- und Stahlbetonbau 110 (2015), Heft 2, S. 113–130.

[5] E DIN 4227:1951: Spannbeton – Richtlinien für Bemessung und Ausführung.

[6] DIN 4227-1:1953-10: Spannbeton – Richtlinien für Bemessung und Ausführung.

[7] DIN 1072:1952-06: Straßen- und Wegbrücken – Lastennahmen.

[8] DIN 1072:1985-12: Straßen- und Wegbrücken; Lastannahmen.

[9] DIN 1045:1988-07: Beton und Stahlbeton – Bemessung und Ausführung.

[10] DIN 4227:1988-07: Spannbeton – Bauteile aus Normalbeton mit beschränkter oder voller Vorspannung.

[11] König, Heunisch und Partner, Nibelungenbrücke im Zuge der B 47 über den Rhein bei Worms, ASB 6316873 B, Nachrechnung der Strombrücke gem. DIN 1072, 1045, 4227, 26.11.2005.

[12] König und Heunisch Planungsgesellschaft: Fachtechnische Stellungnahme: Beurteilung des Ankündigungsverhaltens bei Schubbruch. 13.04.2017.

[13] Nachrechnungsrichtlinie, Ausgabe 05-2011, Bundesministerium für Digitales und Verkehr, Bonn/Berlin.

[14] Nachrechnungsrichtlinie, 1. Ergänzung, Ausgabe 04-2015, Bundesministerium für Digitales und Verkehr, Bonn/Berlin.

[15] Grundkonzeption Traglastindex, Ausgabe 04-2020, Bundesministerium für Digitales und Verkehr, Bonn/Berlin.

[16] Richtlinie zur Durchführung von Wirtschaftlichkeitsuntersuchungen im Rahmen von Instandsetzungs-/Erneuerungsmaßnahmen bei Straßenbrücken (RI-WI-BRÜ), Bundesministerium für Verkehr, Bau und Stadtentwicklung, Ausgabe 12-2017.

[17] Richtlinien für die strategische Planung von Erhaltungsmaßnahmen an Ingenieurbauwerken (RPE-ING), Bundesministerium für Verkehr und digitale Infrastruktur, Ausgabe 12-2020.

[18] Kang, Ch. et al.: Die Nibelungenbrücke als Pilotprojekt der digital unterstützen Bauwerkserhaltung. Bautechnik 101 (2024) 11, S. 1-11 – https://doi.org/10.1002/bate.202300089

[19] Homepage des SPP 2388: http://spp100plus.de [geprüft am 19.01.2024].

[20] MKP GmbH, H+P Ingenieure GmbH, TU Dresden: Konzeption der digitalen Instandhaltung: Pilotvorhaben Nibelungenbrücke Worms. 28.06.2023.

Gänstorbrücke – Ersatzbauwerk für einen Meilenstein

Dr.-Ing. Thomas Klähne
KLÄHNE BUNG Beratende Ingenieure im Bauwesen GmbH, Berlin

Bastian Sweers
KLÄHNE BUNG Beratende Ingenieure im Bauwesen GmbH, Berlin

Timo Roth
Stadt Ulm, Hauptabteilung Verkehrsplanung und Straßenbau, Grünflächen, Vermessung; Sachgebiet Ingenieurbauwerke, Ulm

Prof. Henry Ripke
KRP Architektur Berlin GmbH, Berlin

Zusammenfassung
Die neue Gänstorbrücke ist ein einfeldriges integrales Verbundrahmenbauwerk über die Donau, das die alte, von Ulrich Finsterwalder geplante Brücke ersetzen wird. Mit einer lichten Weite von 86,50 m ist sie eines der längsten Rahmenbauwerke in Deutschland. Sie verbindet die Städte Ulm und Neu-Ulm und wird neben dem Auto-, Rad- und Fußgängerverkehr auch Lasten einer möglichen Straßenbahntrasse aufnehmen können. Der Entwurf geht aus einem 2019/2020 ausgeschriebenen Realisierungswettbewerb hervor. In Anlehnung an die alte, als herausragendes Beispiel für die Ingenieurbaukunst aus den frühen 50er Jahren geltende Spannbetonbrücke besticht der Entwurf durch sein schlankes Erscheinungsbild. Sowohl Rückbau des vorhandenen als auch Herstellung des neuen Bauwerks sind wegen der innerstädtischen und umwelttechnischen Randbedingungen sehr anspruchsvoll. Im Sinne der Nachhaltigkeit werden für den Abbruch des Bestandsbauwerks und die Montage des neuen Überbaus die noch vorhandenen Pfeilerfundamente eines Vorgängerbaus aus dem Jahr 1912 verwendet.

1. Einleitung

Die Gänstorbrücke überspannt die Donau und verbindet damit nicht nur die Städte Ulm und Neu-Ulm, sondern damit auch die Länder Baden-Württemberg und Bayern (Abb. 1). Sie wurde 1950 als eine der ersten Spannbetonbrücken in Deutschland errichtet – der Bauwerksentwurf stammt von keinem Geringeren als Ulrich Finsterwalder [1].

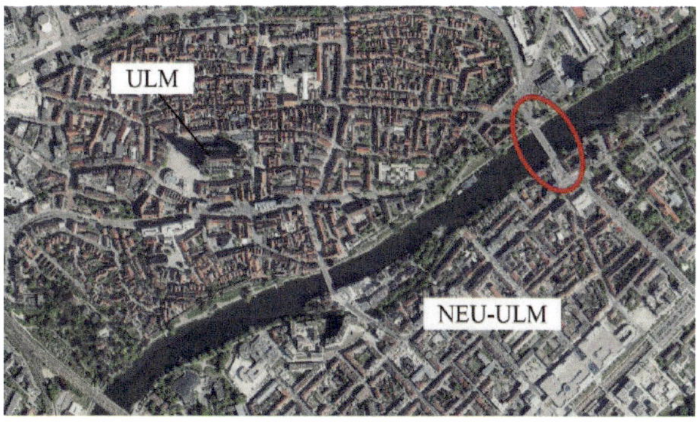

Abb. 1: Lage der Gänstorbrücke, Quelle: google maps

Die Brücke erlitt in der Vergangenheit eine Reihe von Spannstahlbrüchen und es erfolgte ein umfangreiches Monitoring, um die Verkehrssicherheit bis zur Herstellung eines Ersatzneubaus sicherzustellen [2], [3].
Für die Erneuerung der Gänstorbrücke wurde durch die Städte Ulm und Neu-Ulm 2019 ein Realisierungswettbewerb nach RPW 2013 ausgelobt, dem 2020 ein Planerauswahlverfahren nach VgV folgte [4]. Von den zehn eingeladenen Ingenieurbüros bzw. Bietergemeinschaften setzte sich ein Entwurf im Wettbewerb und im nachfolgenden Auswahlverfahren durch, der in seiner Gestaltung sehr an die „Finsterwalderbrücke“ erinnert [5]. Das neue Bauwerk wurde ebenfalls als eingespanntes Rahmenbauwerk konstruiert, wobei zur Erlangung einer möglichst geringen Bauhöhe hinsichtlich Material, Konstruktion und Herstellungsreihenfolge die Grenzen des technisch Machbaren bei Beibehaltung des Regelwerkes ausgelotet wurden.
Die Planung des Ersatzneubaus und des Rückbaus der vorhandenen Brücke erfolgte in den Jahren 2020–2023, wobei in dieser Zeit die Leistungsphasen 1-7 der HOAI vollständig bearbeitet wurden. Die Ausschreibung der Bauleistung beinhaltete damit bereits sämtliche Ausführungsunterlagen für den Abbruch und den Ersatzneubau. Im Mai 2024 wurde der Bauauftrag vergeben. Es ist vorgesehen, dass die gemäß vorgezogener Ausführungsplanung geplanten Bauabläufe des Rückbaus und des Ersatzneubaus umgesetzt werden.

2. Die Bestandsbrücke von Finsterwalder

Die Vorgängerbrücke der heutigen Brücke – eine dreifeldrige Steinbogenbrücke (1912) wurde am Ende des 2. Weltkrieges 1945 zerstört. Um einen technisch und wirtschaftlich optimalen Entwurf zu erhalten, wurde 1949 ein Wettbewerb ausgeschrieben. Von den insgesamt 38 Entwürfen wurde der Entwurf von Ulrich Finsterwalder – eine Rahmenbrücke in Bogenform – zur Ausführung ausgewählt (Abb. 2).

Abb. 2: Brücke von Finsterwalder, Quelle: Autor

Das Bauwerk war zu dieser Zeit das schlankeste seiner Art, was durch verschiedene konstruktive Maßnahmen erreicht werden konnte: Zum einen wurde erstmalig ein gelenkloser Rahmen konstruiert. Dabei wurde der Scheitel sehr schlank gemacht, um die Biegemomente zu reduzieren; zum anderen wurden die Kämpfer als schlankes Stabsystem aufgelöst, womit die Stützkraft auch bei Temperaturbeanspruchungen im Kern der Fundamentsohle verbleiben konnte und damit in der Fundamentsohle nahezu gelenkig ausgebildet wurde. Insgesamt besteht das Bauwerk aus zwei Teilbauwerken. Der Querschnitt ist je Teilbauwerk ein zweistegiger Plattenbalken mit obenliegender Fahrbahnplatte. Bei einer Spannweite von 82,40 m und einer Fahrbahnbreite von 2 × 9,00 m = 18,00 m betrug die Bauhöhe 1,20 m im Brückenscheitel und 4,28 m am Kämpfer. Wesentlich für die mögliche Schlankheit in der Brückenmitte war die Vorspannung und die damit einhergehende (nach Normenentwurf DIN 4227 von 1950 mögliche) Erhöhung der zulässigen Druckspannungen, die die enorme Schlankheit von l/f = 81,3 m/ 3,67 m = 22,1 zuließ. Die beiden Plattenbalken wurden in Längsrichtung, die Fahrbahnplatte in Querrichtung mit Spanngliedern aus St 60/90 d = 26 mm (Zugfestigkeit 90 kg/mm^2; Streckgrenze 60 kg/mm^2) vorgespannt. Die Spannglieder wurden über die Breite relativ gleichmäßig verteilt; dies entsprach einer „beschränkten Vorspannung mit nachträglichem Verbund“ [1]. Merkmal dieser Vorspannung ist, dass Zugspannungen im Beton bis zur Rissgrenzspannung zugelassen werden. Schlaffe Bewehrung ist sowohl in Längs- als auch in Querrichtung quasi gar nicht – lediglich zur Sicherung der Tragfähigkeit im noch ungespannten Zustand und zur Sicherung der Geometrie für die Hüllrohre – zum Einsatz gekommen (Abb. 3).

Wie aus Vorgenanntem deutlich wird, hatte Finsterwalder großes Vertrauen in die neue Bauweise – sowohl die später auftretenden Verkehrslasten als auch Ermüdungsprobleme der Spannbewehrung oder Unsicherheiten in der Verpressung der Hüllrohre waren nicht bekannt. Allerdings sind genau diese Themen Gründe für die spätere deutliche Verschlechterung des Zustandes der Brücke.

Zu Beginn der 1980er Jahre wurden Risse festgestellt und eine Sanierung erforderlich. Im Rahmen der Sanierung des Bauwerks wurden 1983 Daueranker parallel zu den Zugstreben des Widerlagers eingebaut. Dadurch wurden die Zugstreben noch einmal extern vorgespannt. Zusätzlich wurden die Abdecksteine der Längsfuge durch eine einzellige Fugenkonstruktion ausgetauscht. Ende der 1980er Jahre wurden in der Brückenmitte aufgetretene Risse mit einer 25 mm Spritzbetonschichtung behandelt. Im Laufe der weiteren Jahre wurden weiterhin Schäden am Bauwerk festgestellt.

In [2] wird dementsprechend auch von den Schäden berichtet, die im Zuge vertiefter Untersuchungen im Vorfeld einer Nachrechnung im Jahre 2018 festgestellt wurden. Es handelt sich im Wesentlichen um Verpressfehler bei Längs- und Quervorspannung und den Zuggliedern des Stabsystems hinter den Kämpfern, um Korrosionsschäden bei Spannstabkopplungen und Spannköpfen, aber auch der Spannbewehrung auf freier Strecke. Da die Schäden nicht mehr instandsetzbar und eine dauerhafte Verstärkung nicht möglich war, wurde die Entscheidung für einen Ersatzneubau getroffen. Neben einer deutlichen Verkehrsreduzierung durch Sperrung einer Fahrspur je Plattenbalken wurde ein Monitoring implementiert, um für die Übergangszeit einen sicheren Verkehr zu gewährleisten [3]. Das Monitoring zeigte nach Aussage des Betreibers der Anlage in der Zwischenzeit mehrere detektierte Spanngliedbrüche.

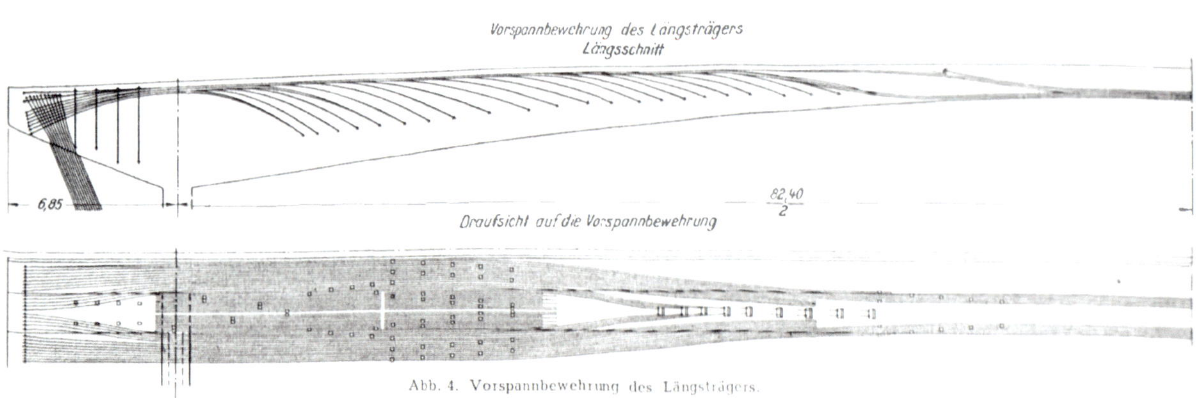

Abb. 3: Spanngliedführung, Quelle: Der Bauingenieur, 26. Jahrgang, 1951, S. 291

3. Der Wettbewerbsentwurf

Von der Ausloberin wurde ein Entwurf erwartet, der – aus der Historie und der Lage im Stadtgebiet heraus – dem „besonderen Anspruch an Gestaltung und Einbindung in die Umgebung" [4] gerecht wird, die Nutzungsansprüche erfüllt und wirtschaftlich und nachhaltig ist. Dabei sollten alle Verkehrsbeziehungen (Straße, Straßenbahn, Fuß- und Radverkehr auf und unter der Brücke, Schiffsverkehr) optimal berücksichtigt werden.

Im Rahmen des Wettbewerbs wurden 10 Entwürfe eingereicht, davon vier mit oben liegendem Tragwerk in Form von Bogentragwerken, drei mit unten liegendem Tragwerk als aufgeständerter Bogen oder Sprengwerk und drei Rahmenbrücken [5].

Abb. 4: Siegerentwurf der Gänstorbrücke, Quelle: KRP

Der Siegerentwurf war eine Rahmenbrücke, die in Zusammenarbeit zwischen Architekt und Ingenieur entstand. Diese Zusammenarbeit geschah auf Augenhöhe, wobei zunächst die maßgeblichen Überlegungen hinsichtlich Geschichte, Ort und städtebaulichem Kontext vom Architekten kamen. Das Leitbild des Siegerentwurfes bestand im Fortschreiben der Geschichte, also um die Aufnahme der Gedanken von Finsterwalder hinsichtlich des Konstruktionsprinzips, der Übernahme der Silhouette und auch der Weiterverwendung baulicher Relikte. Selbstverständlich fand dann – vornehmlich nun durch den Ingenieur – eine Übersetzung dieser Gedanken mit der Verwendung neuerer Konstruktions- und Herstellungsprinzipien, moderner Materialien und leistungsfähiger rechnerischer Methoden statt (Abb. 4).

Im Erläuterungsbericht zum Siegerentwurf wird das Bauwerk wie folgt beschrieben [6], siehe auch Abb. 5:

„Das Tragwerk der neuen Gänstorbrücke lehnt sich ganz an die alte Finsterwalderbrücke an. Es besteht aus einem eingespannten Rahmen, dessen Rahmenriegel als Stahlverbundquerschnitt ausgebildet wird. Durch die verbesserte Wegeführung der beiden zu überbrückenden, die Donau begleitenden Geh- und Radwege erhöht sich die Spannweite des Rahmens auf 86,45 m.

Wegen der erhöhten Verkehrslastanforderungen gegenüber der Entstehungszeit der Finsterwalderbrücke und der größeren Spannweite sowie dem Wunsch einer geringeren Bauhöhe an den Einspannpunkten des Rahmenriegels sind moderne konstruktive und statische Antworten erforderlich. Diese sind in der Materialwahl, der Querschnittsgestaltung und der Herstellungstechnologie zu finden.

Zunächst wird der Konstruktionsstahl S 460 NL für das Stahlteil des Rahmenriegels gewählt, um höhere Festigkeiten und damit größere Schlankheiten erzielen zu können.

Im Weiteren wird ein torsionssteifer Verbundquerschnitt gewählt, der mehrere Ziele verfolgt: Durch die Anordnung einer 25 cm dicken Stahlverbundplatte mit Beton C40/45 wird eine Steifigkeit des Gesamtquerschnitts erzielt, die ausreichend ist, um auch bei voller Verkehrsbelastung nur maximale Verformungen von ca. 1/650 in der Mitte der Brücke zu erreichen und damit auch die Schwingungsanfälligkeit ausreichend zu dämpfen. Durch einen geschlossenen 5-zelligen Kastenquerschnitt und die Anordnung von Schotten im Abstand von ca. 4 m wird eine hervorragende Querverteilung der Lasten erzielt, so dass auch bei einseitiger Verkehrsbelastung der gesamte Querschnitt mitträgt.

Zum Dritten hat der geschlossene Kasten eine ausreichende Torsionssteifigkeit und einen ausreichenden Wölbwiderstand, um auch bei einseitiger Verkehrsbelastung nur eine geringe Verwindung und in der Folge eine maximale vertikale Verformung am Querschnittsrand in Brückenmitte von ca. 6 cm zuzulassen. Die Herstellungsreihenfolge durch Herstellung der beiden Rahmenecken am Anfang führt dazu, dass das Feldmoment reduziert wird und damit in der Mitte der Brücke die Bauhöhe mit 1,75 m sehr schlank gehalten werden kann.

Die genannten drei Maßnahmen führen in der Folge zu einem sehr schlanken Querschnitt mit Bauhöhen von 3,00 m an der Einspannstelle und 1,75 m in Feldmitte.

Das entscheidende konstruktive Detail der Brücke stellt die Rahmenecke mit Übergabe der negativen Biegemomente und der Querkräfte dar. Sowohl ausführungstechnisch als auch statisch ist dieses Detail gelöst: Das Biegemoment wird aufgelöst in ein Kräftepaar; die im Obergurt zu übertragenden Zugkräfte werden einerseits durch die Biegebewehrung der Platte direkt in die Widerlagerwand geleitet und andererseits durch an den Stahlobergurt angeschlossene GEWI- Stäbe zurückgehangen und durch die Gestaltung der Widerlagerkonstruktion über Zug- und Druckstreben in die Pfahlgründung geleitet.

Die Rahmenstiele werden durch die 2,0 m dicken Widerlagerwände in Beton C50/60 gebildet. Zur Ableitung der hohen Anschlussschnittkräfte reichen diese nicht aus und werden durch eine in die Straßenbereiche fortgeführte verdickte Fahrbahnplatte sowie drei orthogonale Wände ähnlich Flügelwänden von Kastenwiderlagern verstärkt. Sowohl die Rahmenstiele als auch die Querwände sind biegesteif mit der 2,0 m dicken Pfahlkopfplatte und den darunter angeordneten Pfählen verbunden. Die Konstruktion ist dabei so austariert, dass keine Zugpfähle entstehen."

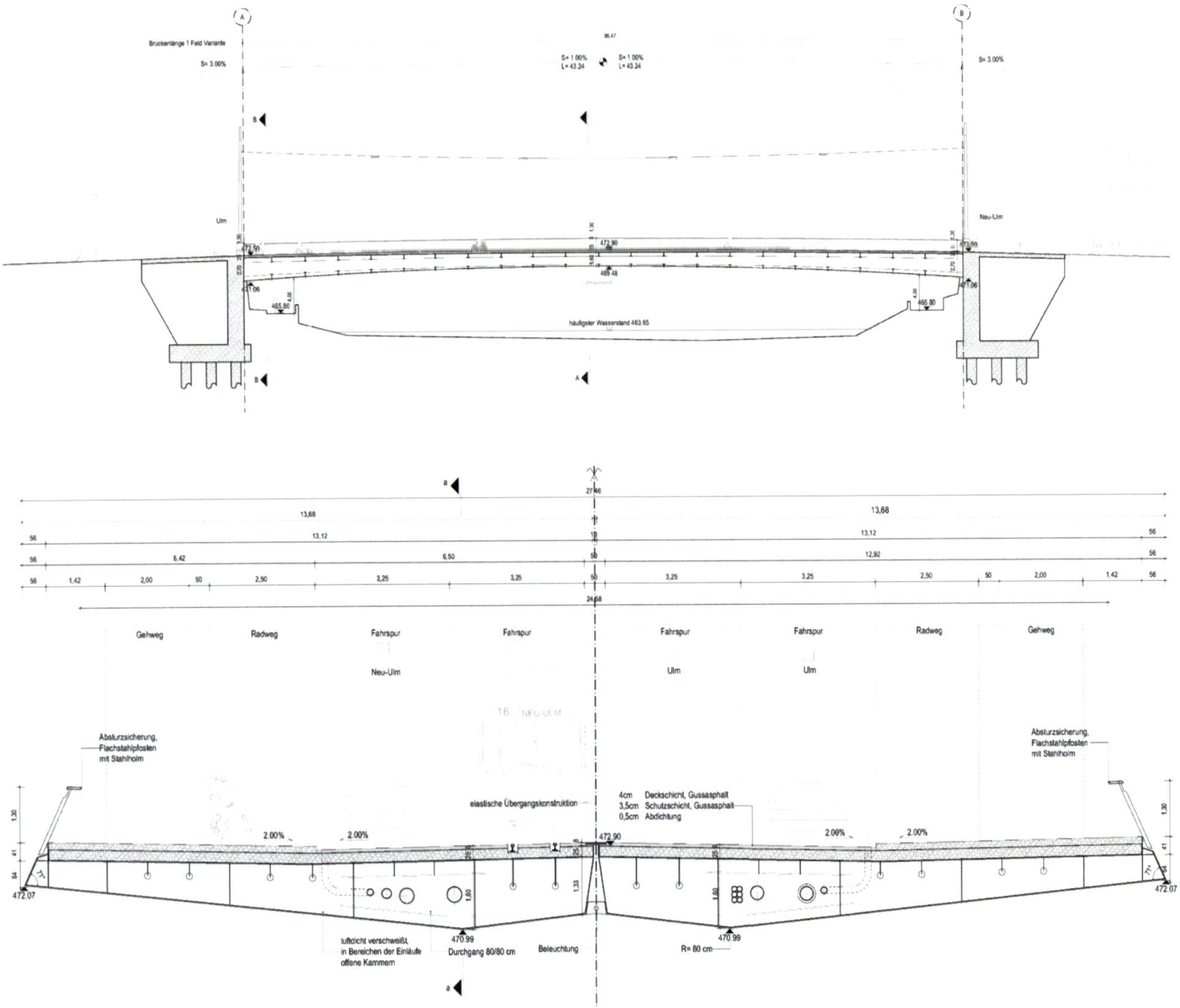

Abb. 5: Längsschnitt, Querschnitt (Brückenmitte) des Siegerentwurfs

Die Hauptbauphasen wurden im Entwurf bereits ausgearbeitet und im weiteren Planungsprozess auch nicht mehr geändert. Nach Herstellung der Hilfspfeiler auf den bestehenden Bogenfundamenten der Brücke von 1912 erfolgt zunächst der Rückbau des westlichen Brückenbauwerks und Herstellung des westlichen Ersatzneubaus sowie nachfolgend Rückbau und Neubau auf östlicher Seite. Der Verkehr wird auf dem jeweils vorhandenen Überbau geführt, also nicht unterbrochen.

Die Hauptbauphasen gliedern sich demnach wie folgt:

- Phase 1.1: Abbruch Bestand Überbau West, Verkehrsführung über Bestand Überbau Ost
- Phase 1.2: Neubau Überbau West, Verkehrsführung über Bestand Überbau Ost
- Phase 2.1: Abbruch Bestand Überbau Ost, Verkehrsführung auf Neubau Überbau West
- Phase 2.2: Neubau Überbau Ost, Verkehrsführung auf Neubau Überbau West

4. Ausführungsplanung des Ersatzneubaus

4.1 Tragverhalten

Das Tragverhalten von Rahmenbrücken ist hinreichend bekannt. Die als integrale Brücken bezeichneten Rahmenbauwerke zeichnen sich durch die gelenklose Rahmenbauweise aus, bei der die gesamte Tragwerksstruktur eine monolithische Einheit bildet [9]. Neben einer Reihe von zu klärenden Aufgabenstellungen stellen sich bei diesem Brückentypus immer wieder die Aufgaben der Berücksichtigung der Interaktion zwischen Tragwerk und Baugrund sowie die Beherrschung der Rahmenecke in statisch-konstruktiver Hinsicht.

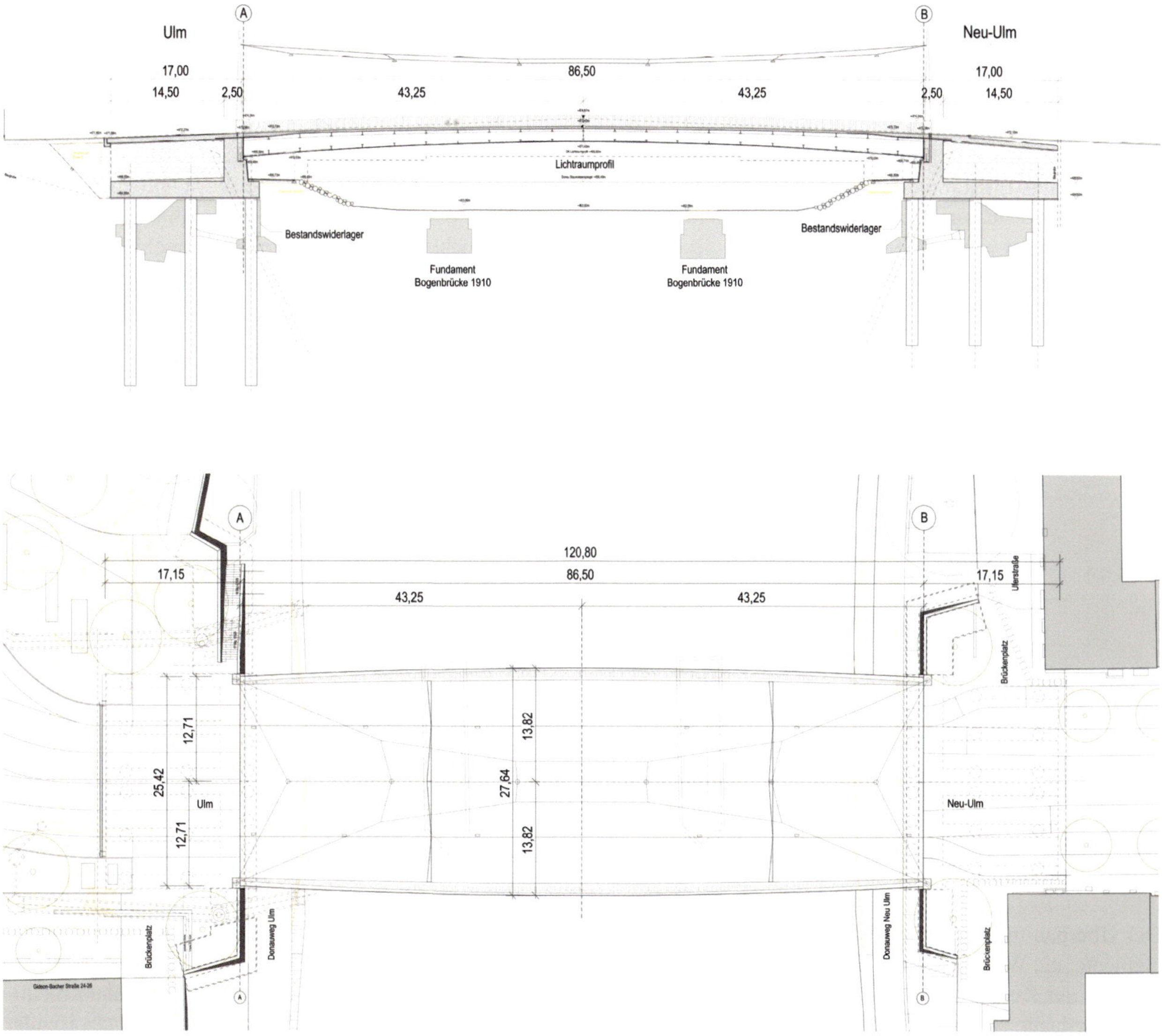

Abb. 6: Längsschnitt und Draufsicht

4.2 Beschreibung des Ersatzneubaus

Der Ersatzneubau besteht aus zwei Teilbauwerken, die durchgehend durch eine Bauwerksfuge getrennt sind. Es handelt sich um ein Rahmenbauwerk mit einer Gesamtlänge von 120,50 m zwischen den beiden Widerlagerhinterkanten und einer lichten Weite von 86,50 m sowie einer Gesamtbreite zwischen den Bauwerksaußenkanten von 27,64 m in Brückenmitte und 25,42 m am Widerlager. Der Überbau wird als Stahlverbundüberbau ausgeführt, der je Teilbauwerk aus einem 5-zelligen stählernen torsionssteifen Querschnitt mit einer 25 cm dicken Ortbetonplatte besteht. Der Querschnitt ist sowohl in seiner Höhe von 1,85 m in Brückenmitte und 2,94 m am Widerlageranschnitt als auch in seiner Breite mit 13,77 m in Brückenmitte und 12,66 m am Widerlageranschnitt variabel. Der Überbau ist in die Widerlager eingespannt, welche mit Pfählen d = 1,50 m und Pfahllängen von 23 m beim Widerlager Ulm und 18 m beim Widerlager Neu-Ulm tief gegründet sind. Die Widerlager selbst sind je Teilbauwerk als Kastenwiderlager ausgebildet, wobei im Gegensatz zu klassischen Kastenwiderlagern zwischen den beiden Flügelwänden eine weitere mittlere Wand ausgebildet wird und die im Endbereich des Überbaus aufgedickte Platte von 50 cm über die gesamte Widerlagerlänge durchgezogen wird. Das Bauwerk ist in Abb. 6 und Abb. 7 dargestellt.
Das Bauwerk wird mit seiner lichten Weite nach Kenntnis der Verfasser das Rahmenbauwerk mit der längsten Spannweite in Verbundbauweise in Deutschland sein; in [10] wird von der bisher längsten Verbundbrücke bei Merseburg mit einer Länge von 55,40 m berichtet; inzwischen wurde eine weitere Verbundbrücke mit einer lichten Weite von 69,44 m als Wirtschaftswegbrücke über die A6 errichtet.

4.3 Modellbildung für die Standsicherheitsnachweise

Die Grundlage der Standsicherheitsnachweise bildete das mit dem Programmsystem SOFISTIK erstellte Gesamtmodell. Mit diesem Modell wurden sowohl alle Schnittkräfte und Verformungen im Endzustand als auch im Bauzustand ermittelt.
Zur Verifizierung des im Standsicherheitsnachweis verwendeten Modells wurden Voruntersuchungen an einem

Einstabmodell und einem FEM-Flächenmodell durchgeführt. Es war klar, dass die Verwendung eines Flächenmodells für die Gesamtberechnung und Auswertung aller Lastzustände und -kombinationen und insbesondere aller Montagezustände hinsichtlich Datenmenge und Rechenzeiten zu aufwändig werden würde. Der Vergleich beider Modelle für ausgewählte Lastfälle zeigte aber, dass das Einstabmodell ausreichend leistungsfähig und zielgenau war, womit es für die Globalberechnung verwendet werden konnte (Abb. 8).

Der Überbau und die Pfähle wurden dabei durch Stabelemente, die Widerlager mit Flächenelementen abgebildet. Bei der Kopplung des Überbaus und der Pfähle an die Widerlager, aber auch für die Kopplung der einzelnen Widerlagerelemente, wurden die entsprechenden Querschnitte berücksichtigt. Der für die Spannungsverteilungen wichtige Bauablauf wurde über einen Construction-Stage-Manager (CSM) berücksichtigt.

Abb. 8: Verwendetes Modell für globale Berechnung

Wesentlich für die Berechnung von integralen Brücken ist die Boden-Bauwerks-Interaktion. Hierzu sind Grenzwerte für die Bettungen sowie für die anzusetzenden Erddrücke in Sommer- und Winterstellung zu berücksichtigen. Es handelt sich hierbei also nicht nur um variable Lagerungseigenschaften, sondern auch um variable Einwirkungen. Die entsprechenden Ansätze wurden auf Grundlage der RE-ING und in Abstimmung mit dem Baugrundgutachter und geotechnischen Prüfsachverständigen getroffen. Die Schnittgrößen im Überbau und in der Rahmenecke wichen für eine weiche und eine steife Bettung nur sehr gering voneinander ab. Der Vollständigkeit halber wurden dennoch beide Systeme überprüft. Für die Bohrpfähle der Tiefgründung ergaben sich jedoch große Unterschiede. So ergaben sich bei der weichen Bettung z. B. deutlich größere Auflagerkräfte.

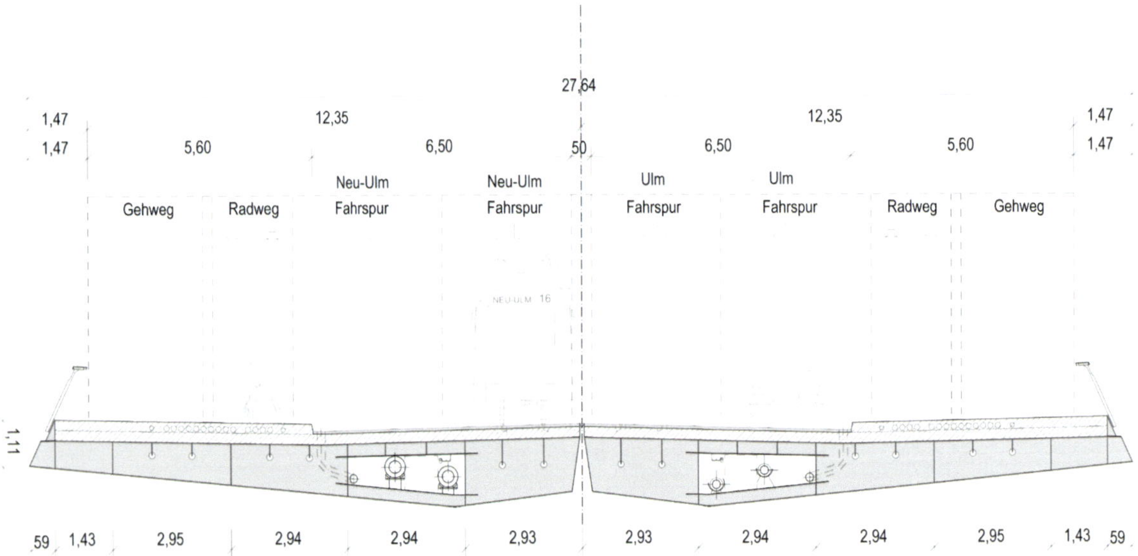

Abb. 7: Querschnitt Widerlager Brückenmitte

Im Bereich der Rahmenecke war durch die unterschiedliche Steifigkeitsverteilung des Überbaus infolge variabler Bauhöhe über die Breite und des Widerlagers infolge der drei an die Widerlagerwand anschließenden Flügelwände nicht sofort ersichtlich, ob sich das Rahmeneckmoment gleichmäßig über die Widerlagerbreite verteilt. Aus diesem Grund wurde für diesen Sachverhalt ein lokales Modell erstellt, welches aus Flächenelementen bestand, siehe Abb. 9.

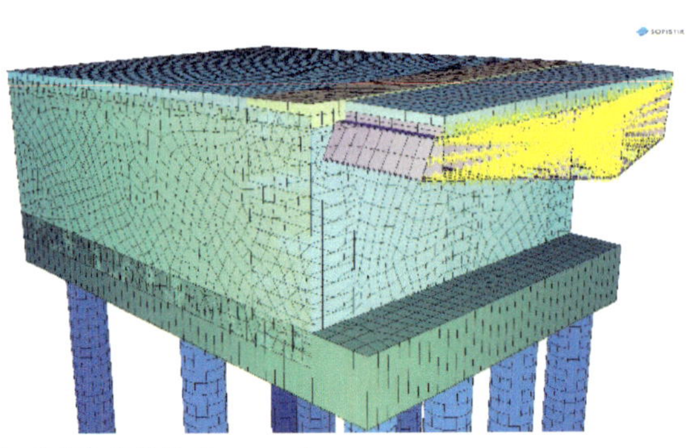

Abb. 9: Modell Rahmenecke

Die Ergebnisse zeigten, dass sich die Spannungen aus den Beanspruchungen gleichmäßig über den Querschnitt verteilten. Eine Durchlaufwirkung ergab sich nicht.

4.4 Konstruktion des Stahlverbundüberbaus

Der Stahlverbundüberbau wird durch den 5-zelligen Kastenquerschnitt und die schubfest angeschlossene Fahrbahnplatte gebildet. In Querrichtung werden zusätzlich im Abstand von 4 m Querschotte vorgesehen. Die Aufgabe, einen möglichst schlanken Überbau – in Analogie zur Vorgängerbrücke von Finsterwalder – herzustellen, führte zur Überlegung, ihn auch statisch in voller Breite mitwirken zu lassen, wodurch mehrere Längsträger mit ihren mitwirkenden Breiten entstehen.

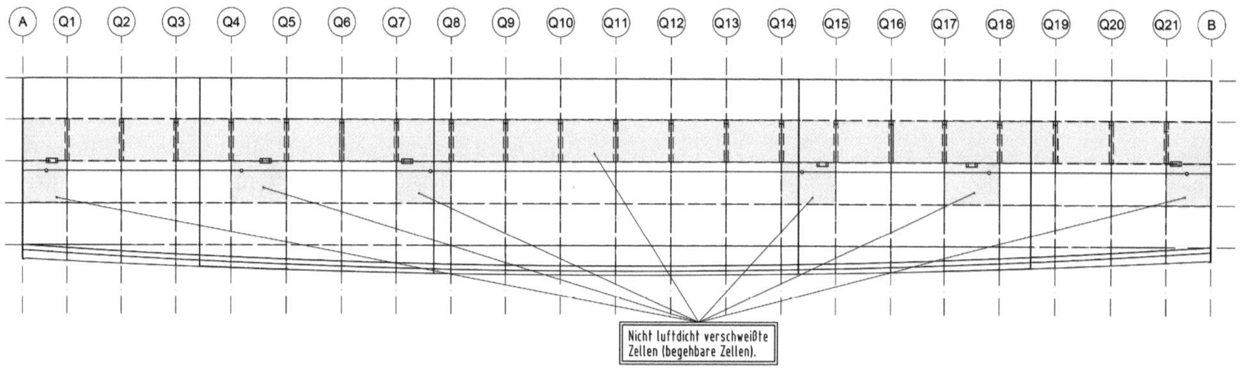

Abb. 10: Draufsicht auf den westlichen Überbau mit offenen (grau) und luftdicht verschweißten Zellen

Gleichzeitig musste der Querschnitt in Querrichtung ausreichend torsionssteif sein, um Querverdrehung infolge einseitigen Verkehrs zu verhindern – woraus die Hohlkastenlösung folgte. Um aber auch die Durchbiegungen ausreichend zu begrenzen, musste Steifigkeit geschaffen werden, woraus die Verbundlösung entstand.

Da auch Leitungen zu überführen sind und auch die Entwässerungseinläufe einsehbar sein müssen, muss die Begehbarkeit gewährleistet sein, womit eine Mindesthöhe in Brückenmitte erforderlich ist. Die Lösung hierfür bestand darin, die mittlere Zelle durchgängig und die mit den Entwässerungsöffnungen versehenen Zellen begehbar zu gestalten und ansonsten alle weiteren Zellen luftdicht zu verschweißen. In Abb. 10 ist dargestellt, welche Zellen somit begehbar und welche luftdicht verschweißt werden. Der Stahlbau wird in je 5 Segmenten je Teilbauwerk montiert. Die Segmente 1 und 5 sind 13 m lang, die Segmente 2 und 4 sind 17 m lang und Segment 3 in Brückenmitte ist 26,50 m lang.

Der Obergurt muss zur Sicherung der Geometrie beim Betonieren mit Flachsteifen versehen werden. Aus optischen Gründen wird bei der Fertigung im Werk darauf zu achten sein, dass die Herstellung der Segmente in Positivlage erfolgt, indem zunächst der Untergurt ausgelegt wird, die Stege und Querschotte aufgesetzt und verschweißt werden und dann der mit den Steifen verschweißte Obergurt in Teilstücken und mit Fenstern aufgesetzt wird, damit sowohl Stege und Schotte vollständig (und ggf. einseitig) angeschlossen werden können.

Die Konstruktion besteht in weiten Teilen aus S355 J2. Aufgrund der großen Schlankheit und der großen Beanspruchungen in der Rahmenecke werden die direkt an die Widerlager anschließenden Segmente 1 und 5, also je ca. 13 m, aus S460N hergestellt.

Die Fahrbahnplatte über den Widerlagern bis 12 m über die Widerlagervorderkante hinaus – also über den Segmenten aus S460N – wird in C50/60 ausgeführt. In Brückenmitte wird ein Beton C40/50 ausgeführt. Die Betonplatte wird vollflächig über Kopfbolzen angeschlossen. Das Raster über Segment 3 in Brückenmitte beträgt dabei 400 × 250 mm. Direkt am Widerlager beträgt das Raster über Segment 1 und 5 für 7,25 m 125 × 250 mm, im weiteren Verlauf der Segmente dann 180 × 250mm. Über den Segmenten 2 und 4 beträgt das Raster über 9 m zunächst wieder 180 × 250mm, im weiteren Verlauf zur Brückenmitte dann 250 × 125 mm. Der Abstand von 250 mm in Brückenquerrichtung bleibt über die Länge der Brücke hin konstant. An den Enden des Überbaus werden die Dübelreihen über ca. 3,5 m lange Dübelleisten in das Widerlager fortgeführt.

4.5 Nachweisführung der Rahmenecke

Die Rahmenecke bildet das Herzstück einer jeden Rahmenbrücke, ihre konstruktive Ausbildung verlangt besondere Aufmerksamkeit. Wegen der hohen Rahmeneckmomente wäre es gegebenenfalls sinnvoll gewesen, die Zugkräfte über hochfeste Spannbewehrung – ggf. sogar mit Vorspannung – aufzunehmen, wie dies z. B. bei der Rahmenbrücke Blossin erfolgte [10]. Verschiedene Gründe wie Begehbarkeit, Wartungsmöglichkeiten, statische Wirksamkeit infolge der Geometrie sprachen dagegen, sodass hierzu eine Lösung gefunden werden musste, die dauerhaft und ohne die Notwendigkeit von Inspektionen auskam.

Die konstruktive Lösung der Rahmenecke ist in Abb. 11 dargestellt. Das Rahmeneckmoment wird wie üblich in ein Kräftepaar aufgeteilt. Die Druckkräfte werden über ein 150 mm dickes Druckblech in die 2,5 m dicke Widerlagerwand eingeleitet. In der Widerlagerwand selbst wird zusätzlich eine vertikale und horizontale Spaltzugbewehrung eingebaut.

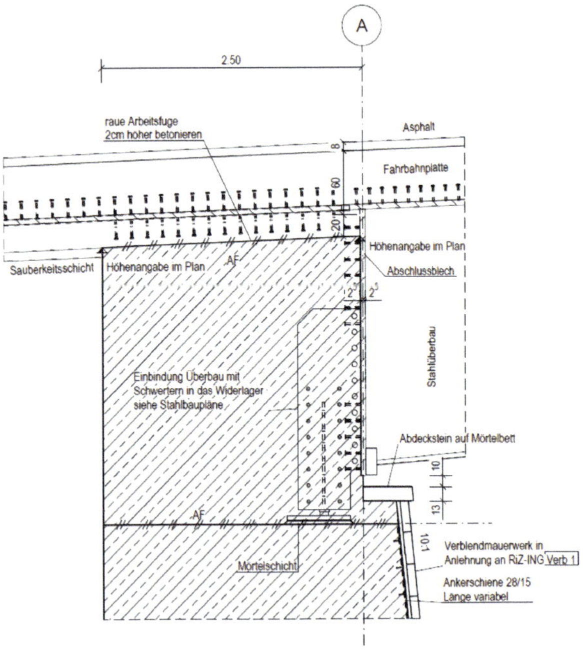

Abb. 11: Rahmenecke

Um die Zugkräfte aufzunehmen, musste von den Festlegungen der RE-ING [11] hinsichtlich der Beschränkung auf drei Bewehrungslagen abgewichen werden. Dies ist konstruktiv auch möglich, da zunächst die Betonfahrbahnplattendicke auf 50 cm erhöht wurde und damit wesentlich dicker ist als normale Fahrbahnplatten im Verbundbau. Ein Teil der Zugkraft wird noch im Bereich der Brücke in die Fahrbahnplattenbewehrung ausgeleitet, ein Teil der Zugkraft verbleibt im Obergurt des Überbaus und wird über Zahnbleche mit aufgesetzten Kopfbolzendübeln in das Widerlager geleitet und von dort über schlaffe Bewehrung aufgenommen.
Die gesamte Zugkraft wird anschließend entsprechend den Steifigkeiten der Widerlagerwand und den Flügelwänden teilweise direkt in die Widerlagerwand und teilweise in die über das Widerlager hinaus fortgeführte Fahrbahnplatte geleitet, von der sie über die Flügelwände in die Pfahlkopfplatte geleitet wird.
Wesentlich für die Bemessung der Rahmenecke war der Grenzzustand der Gebrauchstauglichkeit, nachdem die Rissbreite auf 0,2 mm zu begrenzen ist. Gegenüber dem GZT wurde die Bewehrung zur Abdeckung der Zugkraft auf um mehr als 40 % erhöht und lag bei 147,7 cm^2/m (Auslastung im GZT 70 % und im GZG 100 %). Aus Sicht der Verfasser wäre zu überlegen, ob nicht die Kombination einer erhöhten Betonüberdeckung und einer qualitativ hochwertigen langlebigen Abdichtung zu einer Abminderung der Forderung im GZG führen könnte.
Das Ergebnis der nunmehr erforderlichen Bewehrung ist schematisch in Abb. 12 dargestellt. Bei der Ausführung sind daher hohe Ansprüche an die Qualität sowie an die Betontechnologie zu stellen.
Die Abbildung ist dem aufgestellten 3D-Modell entnommen. In diesem Modell werden sowohl der Stahlbau als auch der Massivbau inklusive Bewehrung dargestellt.

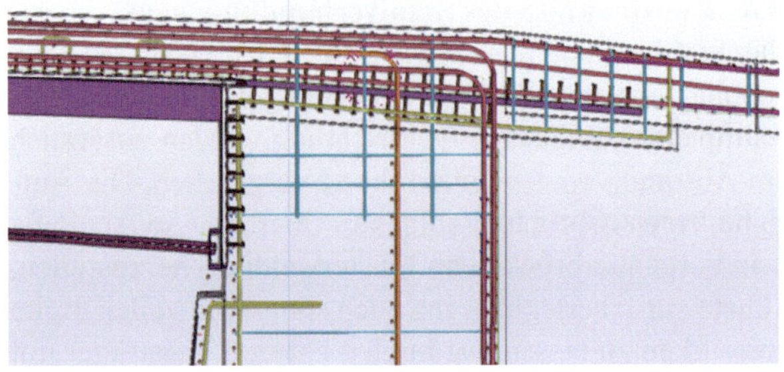

Abb. 12: Bewehrungsführung in der Rahmenecke

5. Zusammenfassung und Ausblick

Grundsätzlich kann festgehalten werden, dass Wettbewerbe insgesamt gute Ergebnisse im Hinblick auf Gestaltung und Stadtbild liefern. Auch technisch werden anspruchsvolle Bauwerke entwickelt. Der Anspruch an die Planenden besteht daher nicht allein in die Erfüllung des Alltagsgeschäfts, sondern auch in der Anwendung kreativer und innovativer Lösungsansätze.
So wurde im vorliegenden Fall durch die Wettbewerbsjury eine außergewöhnliche Rahmenbrücke gewählt, die sich in ihrer Gestaltung hervorragend in das Städtebild eingliedert, als auch konstruktiv die Grenzen des Machbaren testet. Die Gänstorbrücke hält sich in Ihrer Gestaltung deutlich zurück und besticht durch eine schlichte Form. Dennoch liefern gerade die vielen kleinen Details wie das geneigte Geländer, die Auftaktmaste oder auch die Gestaltung der Beleuchtung ein unverkennbares Bauwerk. Für die Städte Ulm und Neu-Ulm wird daher neben einer Verkehrsverbindung auch ein neuer Aufenthaltsraum mit Blick auf die Donau und die Stadtsilhouette geschaffen.
Der feierliche Baubeginn der Gänstorbrücke erfolgte am 26.07.2024 um 13:30 Uhr (Abb. 13). Mit der Fertigstellung des ersten Teilbauwerkes wird bis Anfang 2026 gerechnet. Die Fertigstellung des Gesamtbauwerkes ist für Herbst 2027 vorgesehen. Wir wünschen der Baufirma und allen Beteiligten für das Bauvorhaben viel Erfolg.

Abb. 13: Einladungskarte zur Eröffnung, Quelle: Städte Ulm/Neu-Ulm

6. Beteiligte

Bauherr: Stadt Ulm/Stadt Neu-Ulm

Planer Entwurfs- und Ausführungsplanung: KRP Architektur GmbH/KLÄHNE BUNG Beratende Ingenieure im Bauwesen GmbH

Prüfingenieure: Prof. Dr.-Ing. M. Mensinger/Dr.-Ing. A. Jähring

Baufirma: Wolff & Müller Holding GmbH & Co. KG

Bauüberwachung und Bauoberleitung: BUNG Baumanagement GmbH

Quellen

[1] Finsterwalder, U.: Die Donaubrücke beim Gänstor in Ulm. In: Der Bauingenieur 26 (1951) Heft 10.

[2] Müller, A.; Sodeikat, C.; Schänzlin, J.; Knab, F.; Albrecht, L.; Groschup, R.; Obermeier, P: Die Gänstorbrücke in Ulm – Untersuchung, Probebelastung und Brückenmonitoring. In: Beton- und Stahlbetonbau 115 (2020), Heft 3, Ernst Sohn Verlag, Berlin 2020.

[3] Knab, F.; Groschup, R.: Monitoring von Brücken – Hintergründe, technische Möglichkeiten und Umsetzung am Beispiel der Ulmer Gänstorbrücke, In: Tagungsband 4. Brückenkolloquium 8. und 9. September 2020, Technische Akademie Esslingen.

[4] Neu-Ulm; Ulm: Auslobung, Ersatzneubau Gänstorbrücke Ulm/Neu-Ulm: Planerauswahlverfahren nach VgV mit Realisierungswettbewerb nach RPW 2013; 26.09.2019.

[5] Stadt Ulm: Neubau Gänstorbrücke Ulm/Neu-Ulm, Planerauswahlverfahren nach VgV mit Realisierungswettbewerb nach RPW 2013.

[6] Bietergemeinschaft KLÄHNE BUNG/BUNG/Kolb Ripke Architekten: Wettbewerbsunterlagen zum Realisierungswettbewerb Gänstorbrücke, Erläuterungsbericht, 2019, unveröffentlicht.

[7] Klähne, T.; Owusu-Yeboah, M.; Weißbach, M.: Planung und Ausführung der neuen Extradosed-Brücke in Nürnberg. In: Bauingenieur 99 (2024).

[8] Krill, A.; Lingemann, J.; Schacht, G.: Regelungsbedarf und Ansätze einer Rückbaurichtlinie für Brückenbauwerke. In: Beton- und Stahlbetonbau 118 (2023), Sonderheft Rückbau von Betonbrücken.

[9] Geier, R.; Angelmaier, V.; Graubner, C., Kohoutek, J.: Integrale Brücken,Verlag Wilhelm Ernst & Sohn, Berlin, 2017.

[10] Pak, D.; Seidl, G.: Eine kurze Geschichte der Rahmenbücken in Deutschland. In: Stahlbau 89 (2020) .

[11] Bundesministerium für Digitales und Verkehr: RE-ING, Teil 2 Brücken, Abschnitt 5 Integrale Bauwerke, Stand 2022.

Restnutzungsdauerverlängerung von Brücken

Matthias Müller, Dieter von Weschpfennig, Iris Hindersmann, Lydia Puttkamer, Heinz Friedrich, Carl Richter
Bundesanstalt für Straßenwesen, Bergisch Gladbach

Zusammenfassung
Die alternde Verkehrsinfrastruktur in Deutschland und dabei besonders die Brücken stehen derzeit im öffentlichen Fokus. Dabei geht es vorrangig um das Thema Verfügbarkeit, aber auch Nachhaltigkeitsaspekte werden immer bedeutsamer und entsprechend mehr nachgefragt. Eine große Herausforderung ist dabei der Abbau des über Jahrzehnte durch andere Priorisierung aufgebauten Erhaltungsstaus von Ingenieur- und besonders Brückenbauwerken. Die Verlängerung der Restnutzungsdauer bestehender Bauwerke trägt dazu bei, Planungszeiträume zu vergrößern, die Verfügbarkeit der Infrastruktur sicherzustellen und gleichzeitig die Nachhaltigkeit zu optimieren. In diesem Beitrag werden unterschiedliche Maßnahmen beschrieben, um die Restnutzungsdauer der bestehenden älteren Bauwerke zu erhöhen. Sie reichen von der Entwicklung von Möglichkeiten für eine wirklichkeitsnähere Nachrechnung der Bauwerke, über innovative Verstärkungsverfahren bis hin zu den Potenzialen digitaler Hilfsmittel bei der Zustandserfassung und -bewertung.

1. Einführung

Im März 2022 erfolgte die Veröffentlichung „Brücken an Bundesfernstraßen – Bilanz und Ausblick“ durch das Bundesministerium Digitales und Verkehr (BMDV) [1]. Die darin aufgeführten Zahlen geben einen Überblick über die unter dem Begriff Modernisierung zusammengefassten erforderlichen Maßnahmen, damit die gut ausgebaute Verkehrsinfrastruktur in Deutschland auch zukünftig den Anforderungen aus der stetig steigenden Verkehrsleistung dauerhaft gerecht wird. Hinsichtlich der Modernisierung müssen ca. 8000 Teilbauwerke im Zuge der Autobahnen und ca. 3000 Teilbauwerke im Zuge der Bundesstraßen besonders priorisiert angegangen werden. Unter Modernisierung werden alle erforderlichen Maßnahmen zur Ertüchtigung und ggf. Erneuerung des Bestandes verstanden, vgl. Abb. 1.

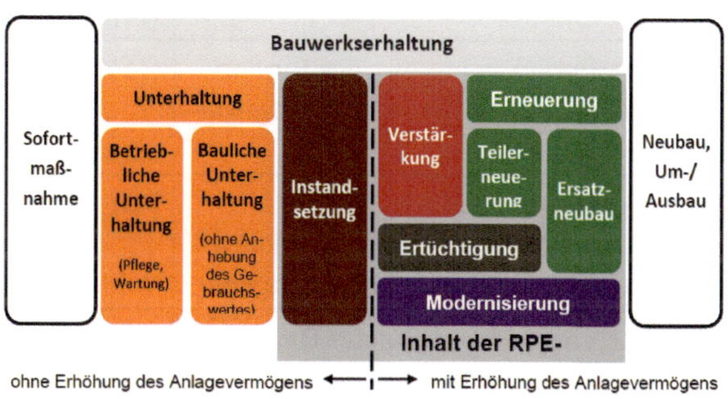

Abb. 1: Übersicht der Begriffssystematik der Bauwerkserhaltung (aus RPE-ING)

Aufgrund anders priorisierter Investitionen in der Vergangenheit liegt derzeit ein sehr hoher Erhaltungsstau bei den Brückenbauwerken vor. Aus diesem Grund gibt es eine breit angesetzte Erhaltungsstrategie des Bundes. Die Restnutzungsdauerverlängerung ist dabei ein wesentlicher Bestandteil dieser Erhaltungsstrategie und trägt zum Erhalt der Leistungsfähigkeit, zur Verfügbarkeit des Straßennetzes und zur Steigerung der Nachhaltigkeit bei.

Gemäß der Richtlinie für die Erhaltung von Ingenieurbauwerken (Ri-ERH-ING) wird die Restnutzungsdauer definiert: “Als Restnutzungsdauer ist die Anzahl der Jahre bis zur voraussichtlich nächsten Erneuerung des Bauwerks oder Bauwerksteils anzusetzen. Die Restnutzungsdauer kann auf der Grundlage einer Bauwerksprüfung festgestellt werden. Bei der Ermittlung der Restnutzungsdauer der Varianten am Ende des Bewertungszeitraums ist die theoretische Nutzungsdauer [...] um die Nutzungsdauer des Bauwerks oder Bauwerksteils am Ende des Bewertungszeitraums zu vermindern.“

Die Restnutzungsdauerverlängerung kann durch verschiedene Methoden und Verfahren, die eine wirklichkeitsnähere Beurteilung der Bauwerksbeanspruchung, also der Einwirkungsseite, sowie der Bauwerksreaktionen, also der Widerstandsseite, ermöglichen, unterstützt werden. Darüber hinaus können auch bauliche Maßnahmen zu einer Erhöhung der Restnutzungsdauer beitragen. Nachfolgend werden wesentliche Aspekte zur Restnutzungsdauerverlängerung von Brücken betrachtet.

2. Nachrechnung

2.1 Allgemeines

Ein wichtiges Werkzeug für die Restnutzungsdauerverlängerung ist die Nachrechnungsrichtlinie, die eine möglichst wirklichkeitsnahe Bewertung vorhandener rechnerischer Defizite ermöglicht. Sie umfasst alle wesentlichen Bauweisen des Brückenbaus und ermöglicht eine möglichst wirklichkeitsnahe Bewertung der bestehenden Bauwerke durch eine stufenweise Verfeinerung der Nachweiskonzepte, ohne das geforderte Zuverlässigkeitsniveau einzuschränken. Gleichzeitig steigt der Durchführungs- bzw. Rechenaufwand erheblich mit der Genauigkeit der einzelnen Stufen, insbesondere in den höheren Nachrechnungsstufen 3 und 4. Somit ist die Nachrechnungsrichtlinie ein hilfreiches Instrument, um zu modernisierende Brücken genauer zu betrachten und so die Restnutzungsdauer bei gleichbleibendem Sicherheitsniveau zu verlängern.

2.2 Weiterentwicklung der Nachrechnungsrichtlinie

Seit der Bekanntgabe der ersten Ausgabe der Nachrechnungsrichtlinie im Jahr 2011 wurden umfangreiche Forschungsprojekte zur Weiterentwicklung der Nachweismöglichkeiten sowohl für die Regelanwendung der Richtlinie als auch mit Blick auf die Anwendung genauerer wissenschaftlicher Nachweiskonzepte durchgeführt. Tabelle 1 enthält hierzu einen Überblick über ausgewählte Forschungsthemen oder Forschungscluster der Bundesanstalt für Straßenwesen (BASt).

Tab. 1: Forschungsthemen zur Nachrechnung von Brücken und wesentliche Ergebnisse

Forschungsthemen	Wesentliche Ergebnisse	Literatur
Weiterentwicklung von Verfahren zur rechnerischen Ermittlung der Schubtragfähigkeit von Betonbrücken (Querkraft, Torsion, Gurtanschluss)	– Querkrafttragfähigkeit unter Berücksichtigung eines additiven Betontraganteils für Spannbetonbauteile mit geringer Querkraftbewehrung – Nachweisverfahren für Druckgurtanschlüsse von Hohlkastenbrücken – Nachweisverfahren für Fahrbahnplatten unter konzentrierten Einzellasten – Anrechenbarkeit der Längsspannglieder auf die Torsionslängsbewehrung – Anrechenbarkeit nicht regelwerkskonformer Schubbewehrung – Handlungsempfehlungen für die Anwendung von Nachweisverfahren der Stufe 4	[2] [3] [4] [5] [6] [7] [8] [9] [10] [11]
Weiterentwicklung der Lastmodelle für die Nachrechnung von Bestandsbrücken	Lastmodelle für die Nachrechnung bestehender Bauwerke Faktorisierte Lastmodelle (f*LM1) in Abhängigkeit von Verkehrsart und Verkehrsstärke	[2] [11] [12] [34]
Mauerwerksbrücken	Regeln zum Nachweis bestehender Mauerwerksbrücken in den Grenzzuständen der Trag- und Gebrauchsfähigkeit	[2] [13] [14]
Ermüdung Koppelfugen	Vorschlag für eine genauere Berücksichtigung des Einflusses der Temperatur beim Nachweis mit dem Ermüdungslastmodell 3 (ELM 3)	[15]
Spannungsrisskorrosion	Vorschlag zur Optimierung der bestehenden Nachweisformate durch den Ansatz eines Mindestspannstahlquerschnitts in Abhängigkeit konstruktiver Randbedingungen	[15]
Stahl- und Verbundbrücken	Systematische Datenauswertung nachgerechneter Bauwerke	[16]
Betonbrücken	Systematische Datenauswertung nachgerechneter Bauwerke	[17]

Im Rahmen der Fortschreibung der Richtlinie ([18]; [19]; [2]) werden die auf die Randbedingungen und Konstruktionsprinzipien der bestehenden Brückenbauwerke optimierten Nachweisformate nach und nach für die praktische Anwendung verfügbar gemacht. Derzeit befindet sich der Entwurf der 2. Auflage der Nachrechnungsrichtlinie [2], die grundlegenden Optimierungen beim Schubnachweis von Spannbetonbrücken sowie ein ganz neues Kapitel für Mauerwerksbrücken beinhaltet, in der Länderabfrage und soll nach Berücksichtigung der Anmerkungen der Infrastrukturbetreiber bekanntgegeben werden.

3. Bauliche Maßnahmen – Verstärkung

3.1 Allgemeines

Der Festlegung baulicher Maßnahmen geht grundsätzlich eine Nachrechnung gemäß Nachrechnungsrichtlinie des Bundes voraus, um den genauen erforderlichen Umfang objektspezifisch ermitteln zu können. Möglichkeiten zur Beseitigung der Defizite sind die Instandsetzung oder die Verstärkung. Sind diese Maßnahmen zielführend und wirtschaftlich, kann somit eine Verlängerung der Restnutzungsdauer erreicht werden. Andernfalls ist ein Ersatzneubau vorzusehen. Die grundsätzliche Vorgehensweise bei der Modernisierung von Brücken ist in Abb. 2 dargestellt. Die Verstärkung von Brücken ist eine bauliche Maßnahme, mit der sich im Zuge einer Nachrechnung aufgezeigte rechnerische Defizite minimieren lassen und somit die Nutzung des Bauwerks verlängert wird.

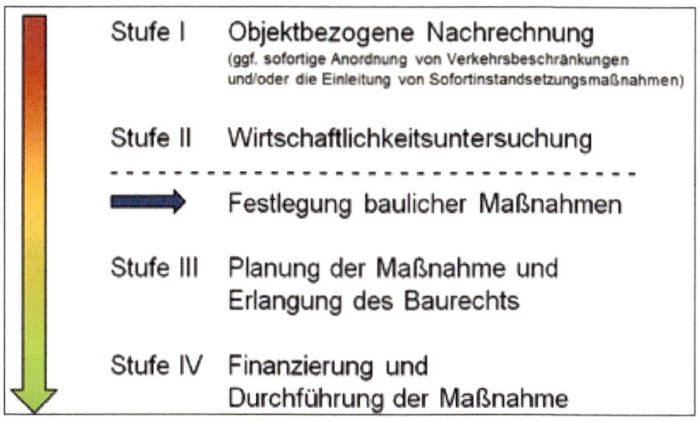

Abb. 2: Ablauf der Brückenmodernisierung

3.2 Gängige Verstärkungstechniken

Einen Überblick über die zum Verstärken von Betonbrücken geeigneten Verstärkungstechniken ist durch "Verstärkung älterer Beton- und Spannbetonbrücken, Erfahrungssammlung Dokumentation 2016" [20] gegeben. Die in der Erfahrungssammlung vorgestellten Beispiele der einzelnen Verstärkungstechniken wurden folgendermaßen gruppiert:

1. Zusätzliche Vorspannung,
2. Querkraftverstärkung mit Stabspanngliedern oder Schublaschen aus Stahl,
3. Aufbeton mit Verdübelung,
4. Zusatzbewehrung in Nuten,
5. Aufgeklebte CFK-Lamellen,
6. In Schlitze eingeklebte CFK-Lamellen,
7. Sonderlösungen (vorgespannte CFK-Lamellen, aufgeklebte Stahllaschen, Querschnittsergänzungen mit Spritzbeton bzw. Beton und zusätzlicher Betonstahlbewehrung, Stahlkonstruktionen).

Die Erfahrungssammlung steht auf der Homepage der BASt zum kostenlosen Download zur Verfügung.

Wichtig für die Ausführung der Verstärkungstechniken sind die Verwendbarkeitsnachweise für die Bauprodukte und Bauarten, die über eine allgemeine bauaufsichtliche Zulassung (abZ) bzw. eine allgemeine Bauartgenehmigung (aBg) erfolgen. In einer abZ werden die bauaufsichtlich relevanten Eigenschaften der Bauprodukte, der Verwendungsbereich sowie Herstellung, Verarbeitung, Transport, Lagerung, Kennzeichnung und Übereinstimmungsbestätigung national geregelt. In einer aBg werden die Aspekte der Planung, Bemessung und Ausführung für die Bauart berücksichtigt. Dabei können diese Genehmigungen als Einzelbescheide oder auch als Kombibescheid vorliegen.

Regelungen zum Verstärken von Betonbrücken sind in den Richtlinien für den Entwurf, die konstruktive Ausbildung und Ausstattung von Ingenieurbauwerken (RE-ING), Teil 2 Brücken, Abschnitt 2, Nr. 3 Verstärkungs- und Instandsetzungsmaßnahmen von Betonbauteilen und in den Zusätzlichen Technischen Vertragsbedingungen und Richtlinien für Ingenieurbauwerke (ZTV-ING), Teil 3 Massivbau, Abschnitt 6 Verstärken von Betonbauteilen enthalten.

Für die Verstärkung von Stahlbrücken sind die folgenden Berichte zu nennen:

1. Instandsetzung und Verstärkung von Stahlbrücken unter Berücksichtigung des Belagssystems [21]:
   Der Bericht liefert einen Überblick über die Gefährdung von stählernen Fahrbahnplatten hinsichtlich Ermüdungsschäden, ordnet diese Gefährdungen in Gefährdungskategorien ein und gibt Strategien und Verfahren zu einer nachhaltigen Instandsetzung vor allem von Deckblechschäden und Schäden an der Verbindung zwischen Längsrippe und Deckblech an.
2. Verstärkung von Stahlbrücken mit Kategorie-2-Schäden [22]:
   Dieses Projekt behandelt die Instandsetzung und Verstärkung von Stahlbrücken mit Schäden im Bereich von Anschlüssen im Längssystem orthotroper Stahlbrücken, im Speziellen bei Längssteifen aus Y-Profilen. Basierend auf Literatur und Recherche, unter anderem in Unterlagen über vorhandene Schäden an orthotropen Stahlfahrbahnen, wurden im Projekt Ermüdungsrisse, die an existierenden Stahlbrücken mit Y-Profilen beobachtet wurden, zusammengestellt und kategorisiert. Anhand von 20 Ermüdungsversuchen an Bauteilen wurden verschiedene Maßnahmen mit mechanischen Verbindungsmitteln erprobt.
3. Verstärkung von Stahlbrücken mit Kategorie-3-Schäden [23]:
   Dieses Projekt behandelt die Instandsetzung und Verstärkung von Stahlbrücken mit Schäden im Bereich von Anschlüssen im Quersystem orthotroper Stahlbrücken, Ausgewählte Maßnahmen an Brücken mit Hohlkasten- und offenem Querschnitt wurden in allgemeiner Form mit numerischen FE-Berechnungen untersucht, um Vor- und Nachteile herauszustellen. Es zeigt sich, dass eine möglichst gleichmäßige Steifigkeitsverteilung im Aussteifungssystem anzustreben ist. Aber auch mit verkehrsleitenden Maßnahmen wie eine Verlegung der Fahrstreifen ohne Eingriff in das Tragwerk lassen sich die kritischen Beanspruchungen u.U. deutlich reduzieren.
4. HANV als Verstärkung von Stahlbrücken mit Kategorie-1-Schäden [24]:
   Im Rahmen dieses Projekts wurde untersucht, ob sich durch die Verwendung eines modifizierten Asphaltbelags in Form eines hohlraumreichen Asphaltgerüst mit nachträglicher Verfüllung (HANV) die mittragende Wirkung des Fahrbahnbelags erhöhen und sich die lokalen Beanspruchungen im Deckblech dadurch reduzieren lassen. Hierfür wurden sowohl statische als auch dynamische 5-Punkt-Biegeversuche bei unterschiedlichen Temperaturen durchgeführt. Aufgrund großer Streuungen konnte keine abschließende Bewertung vorgenommen werden. Eine Tendenz, dass ein verfüllter offenporiger Asphaltbelag eine erhöhte mittragende Wirkung gegenüber herkömmlichem Gussasphalt aufweist, ist jedoch erkennbar.

3.3 Innovative Verstärkungstechniken

Für die Verstärkung von Betonbrücken sind Innovative Verstärkungstechniken entwickelt worden. Dazu zählen die Verbundankerschrauben, die für die Querkraft- und

Durchstanzverstärkung von Platten und ggf. Plattenbalkenbrücken eingesetzt werden können. Die Bemessung erfolgt nach den abZ/aBg Z-15.1-344 für die Querkraftverstärkung bzw. Z-15.1-345 für die Durchstanzverstärkung. Vorteil dieser Verstärkungstechnik ist, dass diese bei laufendem Verkehr durchgeführt werden kann. Nachteil ist, dass die Bemessung der Verstärkung aktuell für die vollen Einwirkungen erfolgen muss, da das Zusammenwirken von Verstärkung mit vorhandener Tragstruktur nicht abschließend geklärt ist. Die Aufnahme von ergänzenden Regelungen in ZTV-ING, Teil 3, Abschnitt 6 zur Anwendung dieser Technologie bei bestehenden Betonbrücken ist in Vorbereitung.

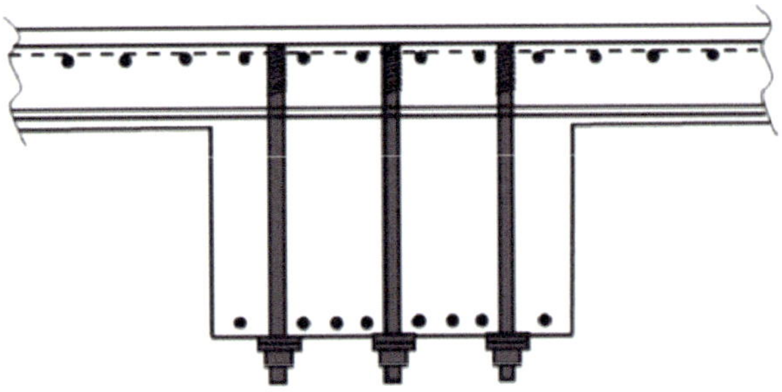

Abb. 3: Querkraftverstärkung mit Verbundankerschrauben (Auszug aus abZ/aBg Z-15.1-344)

Eine weitere innovative Verstärkungstechnik ist der Carbonbeton. Carbonbeton zur Verstärkung von Betonbauteilen besteht aus wenigen Zentimeter dicken Feinmörtelschichten, in die mehrere Lagen textiles Gelege aus Carbonbeton eingebaut werden (Abb. 4). Die Schichten können aufgesprüht oder im Handlaminierverfahren aufgebracht werden.

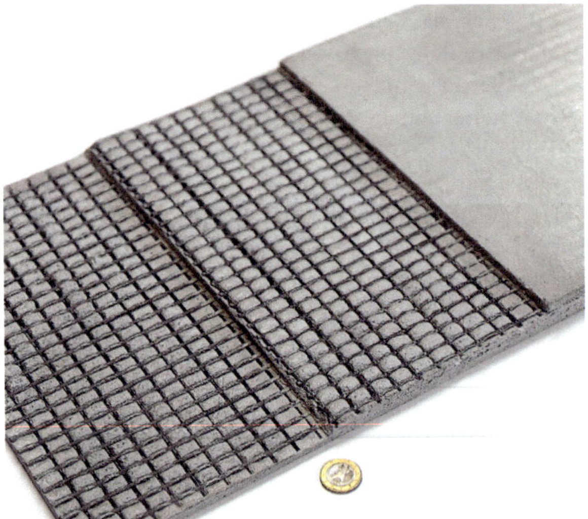

Abb. 4: Aufbau Carbonbeton

Für die Verstärkung von Betonbauteilen gibt es die abZ/aBg Z-31.10-182 „CARBOrefit® – Verfahren zur Verstärkung von Stahlbeton mit Carbonbeton". Die Festlegungen im Verwendungs- bzw. Anwendungsbereich der abZ/aBg beinhalten aktuell nicht die Anforderungen aus dem Brückenbau wie bspw. vorwiegend nicht ruhende Belastung, Verstärkung auch an Außenbauteilen. Im Rahmen der Zustimmung im Einzelfall (ZiE) bzw. einer vorhabenbezogenen Bauartgenehmigung sind wenige Verstärkungen im Brückenbau erfolgt. Der DAfStb erarbeitet die Richtlinie „Verstärken von Betonbauteilen", die den Carbonbeton thematisiert. Die Richtlinie enthält Grundregeln für den Entwurf, die Berechnung und die Bemessung von Verstärkungsmaßnahmen mit Carbonbeton für Tragwerke aus Beton und Stahlbeton.

Das Potential der Verstärkungstechnik Carbonbeton soll im Rahmen des Forschungsprojektes mit dem Titel „Sachstandsbericht Verstärken von Betonbrücken mit Carbonbeton" aufgezeigt werden. Darüber hinaus gibt es weitere Forschungsaktivitäten in diesem Bereich. Ziel ist es, die Verstärkung mit Carbonbeton als Regelverstärkung im Betonbrückenbau zu etablieren. Hierzu sind Kenntnisse zum aktuellen Stand der Erfüllung der bauaufsichtlichen Anforderungen erforderlich. Weiterhin sind fundierte Kenntnisse über mögliche Wege zur Schließung ggf. vorhandener Lücken in den Regelwerken notwendig.

Die Entwicklung von Betonen mit höherer Leistungsfähigkeit schreitet voran. Dazu gehört auch der innovative Baustoff Ultrahochfester Beton (UHPC) mit den Festigkeitsklassen > C130. Gerade bei kleineren Brücken kann die Technologie „Verstärkung mit Aufbeton" Statisch/Konstruktive Defizite des Brückenüberbaus so weit reduzieren, dass eine Verlängerung der Nutzungsdauer möglich ist. Nicht geregelt ist die Aufbetonverstärkung mit dem innovativen Baustoff Ultrahochfester Beton (UHPC), bei der auf den Einbau von Abdichtung und Belag auf der Verstärkungsschicht verzichtet werden kann und die Gradiente beibehalten werden kann. Ebenheit und Textur der direkt befahrenen Betonoberfläche werden durch Grinding hergestellt.

Ziel des Forschungsprojektes „Innovationen im Betonbrückenbau – Anforderungen an die Regelungen der ZTV-ING" ist es, die Aufbetonverstärkung mit UHPC von defizitären Brücken mit kleinen Längen zu untersuchen. Dazu ist zunächst die Verbundtragfähigkeit – insbesondere unter Ermüdungsbeanspruchung – theoretisch und experimentell unter Einhaltung des deutschen Sicherheitsniveaus zu klären. Es soll darüber hinaus die Verstärkungswirkung bei typischen Querschnitten (Platte, Plattenbalken) hinsichtlich Biegung und Querkraft aufgezeigt werden.

Die relevanten konstruktiven Details sind zu erarbeiten. Weiterhin ist die Ausführung solcher Baumaßnahmen zu untersuchen. Die Ergebnisse sind in einer Planungshilfe zur „Aufbetonverstärkung von Betonbrücken mit direkt befahrener UHPC – Schicht" zusammen zu fassen.

Hochfester Beton mit Stahlfasern wird auch zur Verstärkung von orthotropen Stahlbrücken seit vielen Jahren erfolgreich, unter anderem in den Niederlanden, angewendet. In Deutschland erfolgte die Erprobung im Pilotprojekt Beimerstetten [25]. Anschließend wurde hochfester Beton mit Stahlfasern zur Verstärkung der Rheinbrücke Maxau bei Karlsruhe (B10), der Brücke über den Elster-Saale Kanal (A9) bei Günthersdorf und der Brücke über den Rhein-Herne-Kanal (A43) verwendet.

Für die Verwendung von hochfestem Beton ab der Festigkeitsklasse C55/67 im Brückenbau wird nach ZTV-ING

Teil 3 Abschnitt 1 „Beton" über die Anforderungen der Norm (zusammengestellt in DIN-Fachbericht 100 „Beton") hinaus eine Zustimmung des Auftraggebers gefordert. Für die Verwendung von Beton der Festigkeitsklassen C90/105 und C100/115 wird auch nach DIN-Fachbericht 100 „Beton" eine abZ oder eine ZiE erforderlich. Bisher wurde für die Verstärkung von orthotropen Stahlbücken in Deutschland ein hochfester Beton mit Stahlfaserzusatz verwendet, der über eine abZ als Dichtschicht für den Umgang mit wassergefährdenden Stoffen verfügt. Für den hier beschriebenen Anwendungsbereich als Betonfahrbahn auf einer Stahlbrücke ist jedoch unabhängig von der Betonfestigkeitsklasse eine ZiE notwendig.

Die verstärkende Wirkung wird im Wesentlichen durch die Erhöhung der Steifigkeit der Stahlplatte erzielt, also Festigkeit, E-Modul, Stahlfasergehalt, Ermüdungsverhalten und die Höhe des hochfesten Betons sowie den kraftschlüssigen Verbund des Betons mit der Stahlplatte der Brücke. Der dauerhafte Korrosionsschutz der Stahlplatte erfolgt ebenfalls durch den Beton, also durch die Dichtheit gegenüber tausalzhaltigem Oberflächenwasser der Fahrbahn. Folglich ist der Einsatz von hochfestem Beton mit Stahlfasern als Verstärkungsmaßnahme von Stahlbrücken in Deutschland mit einer ZiE verbunden.

Die Planung und Ausführung von Verstärkungsmaßnahmen von Stahlbrücken mit hochfestem Beton mit Stahlfasern sind mit einer Vielzahl von Vorgaben und Herausforderungen verbunden. Im September 2022 wurde daher ein Workshop in der BASt mit dem Ziel durchgeführt, die Erfahrungen, welche bereits mit dem Einsatz von hochfestem Beton als Verstärkungsmaßnahme gemacht wurden, zusammenzutragen und für die Planung und Ausführung zukünftiger Projekte verfügbar zu machen. Hierzu wurden die an den bisherig ausgeführten Instandsetzungsmaßnahmen beteiligten Personen aus Verwaltung, Universitäten und Ingenieurbüros eingeladen.

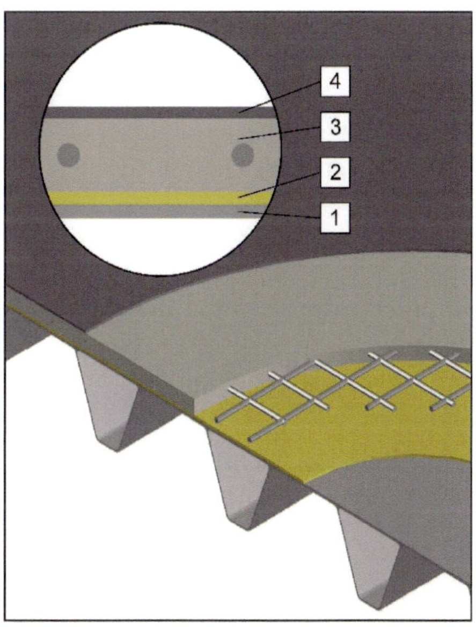

Abb. 5: Prinzip der Verstärkung von Stahlbrücken mit hochfestem Beton: (1) 12 mm Stahldeckblech (2) mit Bauxit abgestreutes Epoxidharz (3) 60 mm hochfester Beton (4) Reaktionsharzgebundener Dünnbelag

Die Herausforderungen und die bisher angedachten Lösungsmöglichkeiten wurden in Planungshilfen [26] zusammengetragen und dienen als Unterstützung für die Planung des Einsatzes von hochfestem Beton als Verstärkungsmaßnahme von Stahlbrücken sowie der Beantragung der ZiE.

Eine weitere Möglichkeit die Nutzungsdauer ermüdungsgefährdeter orthotrope Fahrbahnplatten zu erhöhen, ohne weitere Schädigungen in die bestehende Substanz mit dem Verstärkungsverfahren einzutragen, stellt das Kleben von Blechen dar. Hierbei besteht eine Möglichkeit darin, Stahlbleche auf das vorhandene Deckblech zu kleben und somit die Spannungen in den Schweißnähten zu reduzieren. Die Grundlagen hierfür wurden in [27] erforscht. Eine pilothafte Erstanwendung ist in Planung. Eine andere Möglichkeit besteht darin, mit geklebten Stahlblechen Längssteifen, Quer- und Hauptträger zu verstärken. Die Grundlagen hierfür wurden und werden im Rahmen der FOSTA Forschungsprojekte „Stress Patches" [28] und „Patch 2 Go" (FOSTA P1622: Praxisübertrag der klebtechnischen Ertüchtigung von Kerbfällen im Stahlbau; Projektende voraussichtlich 2025) untersucht. Im Rahmen eines DASt-Forschungsprojekts wird eine Verstärkungsmethode untersucht, bei der die Montage der Bleche mittels Injektionsschrauben erfolgt (AiF Nr.: 21369 Anwendung von Injektionsschrauben bei der Instandsetzung von dynamisch beanspruchten Stahlkonstruktionen).

4. Möglichkeiten der Digitalisierung

4.1 Allgemeines

Das Erhaltungsmanagement von Brücken- und Ingenieurbauwerken erfolgt derzeit bis auf wenige Ausnahmen ausschließlich reaktiv. Maßnahmen werden also erst dann ergriffen, wenn Schäden im Rahmen der Bauwerksprüfung erkennbar werden. Die Entwicklung und Einführung eines prädiktiven Lebenszyklusmanagements können zukünftig zur Erreichung einer zuverlässigen und verfügbaren Infrastruktur einen bedeutenden Beitrag leisten und sind deswegen jetzt auch schon ein Bestandteil der Forschung. Die Entwicklungen im Bereich der Digitalisierung, wie die Planung mit Building Information Modeling (BIM), Datenauswertung mit Verfahren der Künstlichen Intelligenz sowie der Einsatz von Monitoring und Digitaler Zwillinge oder der Einsatz von Augmented and Virtual Reality (VR/AR) für die periodische Zustandserfassung im Rahmen der Bauwerksprüfung können zur Unterstützung der Erhaltungsziele beitragen. Der Einsatz unterschiedlicher Verfahren ermöglicht über die Zusammenführung eine ganzheitliche Bewertung digital vorliegender Informationen.

4.2 Monitoring

Monitoring beschreibt den Gesamtprozess zur Erfassung, Analyse sowie Bewertung von Bauwerksreaktionen und/oder der einwirkenden Größen mittels eines Messsystems über einen repräsentativen Zeitraum. Eine Umfrage des BMDVs bei den Straßenbauverwaltungen der Länder und der Autobahn des Bundes 2020 hat gezeigt, dass der Ein-

satz von Monitoring auf vorhandene Schäden und Defizite beschränkt ist. Im Rahmen der Abfrage konnten 100 Monitoringmaßnahmen identifiziert werden. Der Hauptteil der Brücken mit einer durchgeführten oder laufenden Monitoringmaßnahme wurde in den 1960er bis 1980er Jahren gebaut. Der Hauptgrund für den Monitoringeinsatz ist die Erfassung der Bauwerksreaktion.
Für den bislang relativ wenig verbreiteten Einsatz von Monitoring an Brücken der Bundesfernstraßen gibt es verschiedene Ursachen. Folgende Aspekte sind von Bedeutung:

- fehlende Fachkenntnisse in Bezug auf den Einsatz von Monitoring,
- nicht bekannter Nutzen von Monitoring,
- hohe Komplexität bei der Erstellung eines objektbezogenen Monitoringkonzepts.

Abhilfe können Regelwerke und Standardisierung wie das DBV-Merkblatt „Monitoring: Planung, Vergabe und Betrieb" [29], das DGZfP-Merkblatt B 09 „Dauerüberwachung von Bauwerken" [30] und die Erfahrungssammlung „Monitoring bei Bestandsbrücken" [31] schaffen. Weiterbildungen, Einbeziehung von Ingenieurbüros und Fachplanern sowie die Darlegung der Wirtschaftlichkeit und des Nutzens von Monitoringmaßnahmen können zum vermehrten Einsatz beitragen [32].
Durch die Implementierung von Anwendungsfällen können die Grundlagen für eine vermehrte Anwendung von Monitoring in der Praxis geschaffen werden. Anwendungsfälle ermöglichen den Einsatz neuer Technologien in definierten und klar abgegrenzten Bereichen. So können Erfahrungen gesammelt und Hemmnisse abgebaut werden. Die im Bundesfernstraßenbereich vorhandenen Anwendungsfälle zeigt Abb. 6.

Neben bereits häufig vorkommenden Anwendungsfällen sind in Abb. 6 auch Anwendungsfälle mit ersten Einsatzbeispielen und mögliche zukünftige Anwendungsfälle dargestellt. Hiermit wird das Potenzial für weitere Einsatzgebiete aufgezeigt. Der Anwendungsfall „Monitoring im prädiktiven Lebenszyklusmanagement" wird im Rahmen der Umsetzung digitaler Zwillinge, welche im BIM-Masterplan angekündigt werden, eine große Bedeutung bekommen. Erste Schritte und Ideen zur Umsetzung dieses Anwendungsfalls wurden in [33] skizziert. Das Potential von Monitoring ergibt sich aus der Möglichkeit, Bauwerke über lange Zeiträume zu überwachen und Veränderungen zu erkennen.Das Anwendungsbeispiel „Geburtszertifikat" hat das Ziel, einen Referenzzustand des Bauwerks vor der Verkehrsfreigabe zu ermitteln. Damit wird eine Grundlage für die Interpretation der Auswirkungen von späteren Veränderungen geschaffen und es ist möglich, Aussagen über das zu erwartende Verhalten der Tragwerks- und Ausstattungskomponenten zu treffen. Dieser Referenzzustand kann mit Folgemessungen abgeglichen werden und somit eine Entscheidungsgrundlage für den Einsatzzeitpunkt erforderlicher Maßnahmen, wie beispielsweise ein dauerhaftes Monitoring, darstellen. Die Durchführung einer Nullmessung inkl. einer Belastungsprobe ist in der Schweiz, Italien und Frankreich vorgeschrieben. In Deutschland existiert keine Vorschrift für die Durchführung einer Nullmessung und die Erstellung eines Geburtszertifikats einer Brücke.

4.3 Digitaler Zwilling

Über die Implementierung in digitalen Zwillingen kann das Zusammenwirken unterschiedlicher Komponenten berücksichtigt werden. Ein digitaler Zwilling kann als digitales Abbild der realen Straßeninfrastruktur

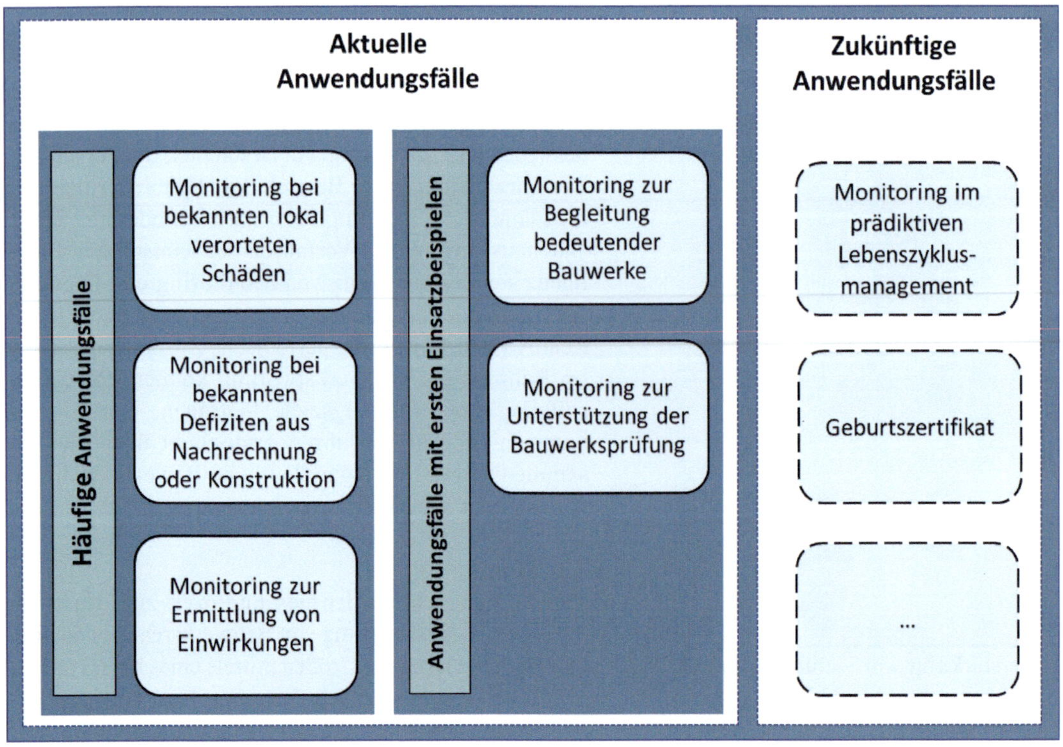

Abb. 6: Anwendungsfälle von Monitoring im Bereich der Bundesfernstraßen

verstanden werden, das in Wechselwirkung mit der realen Struktur steht, sämtliche Eigenschaften über den gesamten Lebenszyklus hinweg erfasst und aus den Daten Informationen zur Entscheidungsunterstützung erzeugt. Abb. 7 zeigt konzeptionell den Aufbau und die Möglichkeiten eines digitalen Zwillings einer Brücke.

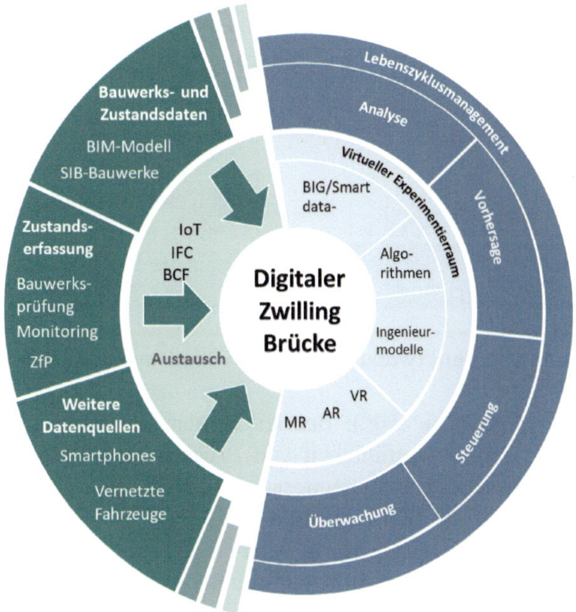

Abb. 7: Komponenten des Digitalen Zwillings

Das Monitoring und die daraus gewonnenen Informationen und Erkenntnisse sind wichtige Grundlagen für die Entwicklung und Nutzung von digitalen Zwillingen. Die Monitoringdaten geben Aufschluss zum aktuellen Zustand des Bauwerks und dienen als Eingangsdaten für die Ermittlung des zukünftigen Verhaltens. Damit ist der Monitoringeinsatz grundlegend für die im digitalen Zwilling ablaufenden Prozesse Überwachung, Analyse, Vorhersage und Steuerung.

Für die Implementation digitaler Zwillinge im Bundesfernstraßennetz kann eine Strategie zur schrittweisen Einführung sinnvoll sein. Erste Schritte können die Erstellung von dreidimensionalen Betriebsmodellen, Geburtszertifikaten, digitalisierten Bauwerksprüfungen und die Zusammenführung und Bewertung von Daten beispielsweise aus Monitoringanwendungen sein.

Im Rahmen der Forschung werden o.g. Aspekte bereits eingehend untersucht und zum Teil pilothaft umgesetzt (z. B. [35]). Eine Möglichkeit zur Nutzung digitaler Tools im Rahmen der Bauwerksprüfung ist exemplarisch in Abb. 8 dargestellt.

Abb. 8: Praxistest eines Demonstrators zur Unterstützung der Bauwerksprüfung.

Für die Verortung von Informationen aus unterschiedlichen Quellen (z. B. Monitoring, Bauwerksprüfung) sind dreidimensionale Bauwerksmodelle erforderlich, die mit semantischen Informationen angereichert werden können. Solche Modelle liegen für bestehende ältere Bauwerke jedoch in der Regel nicht vor. Eine Möglichkeit zur Generierung entsprechender Modelle stellt die (teil-) automatisierte Generierung von BIM-Modellen aus Punktwolken, die mittels 3D-Vermessungstechnologien erzeugt wurden, dar.

In einem Forschungsprojekt im Auftrag der BASt [36] wurde ein neuartiger, modularer Ansatz für die teil-automatisierte Umwandlung von Punktwolken in Ist-BIM-Modelle erarbeitet. Der Ansatz basiert auf einer Kombination von Anwendungen Künstlicher Intelligenz und heuristischen Algorithmen. Neuronale Netze wurden mit synthetischen sowie realen Datensätzen typischer Brückenelemente trainiert und an Punktwolken tatsächlicher Bauwerke getestet. Die erkannten Brückenelemente werden dabei in ein trianguliertes Oberflächennetz umgewandelt. Anschließend können Volumenelemente mittlerer geometrischer Komplexität generiert werden. Das Endergebnis ist ein Ist-BIM-Modell einer Brücke und ihrer Elemente, angereichert mit semantischen Informationen aus der Bauwerksdatenbank SIB-Bauwerke (z. B. Typ, Eigenschaft, Beziehung, Material) und BISStra, im standardisierten und offenen IFC-Format (Industry Foundation Classes) für den Austausch von Bestandsmodellen. Abb. 9 stellt den modularen Ansatz für die (teil-)automatisierte Umwandlung von Punktwolken in Ist-BIM Modelle dar.

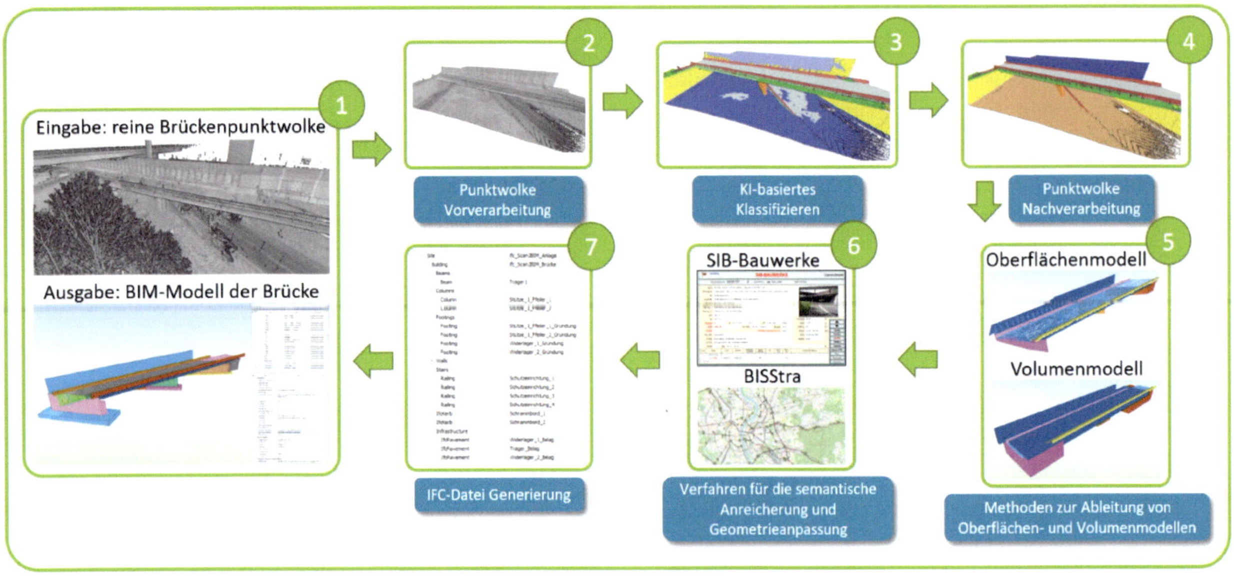

Abb. 9: Modularer Ansatz für die (teil-)automatisierte Umwandlung von Punktwolken in Ist-BIM-Modelle nach [36]

Die Zusammenführung verschiedener Module des digitalen Zwillings ermöglicht eine frühzeitige Informationsbereitstellung in einer standardisierten, objektivierten und ortsreferenzierten Form. Hierdurch können Entwicklungen, die zu einer Einschränkung des Restnutzungsdauer führen können, frühzeitig erkannt und Gegenmaßnahmen geplant werden. In diesem Zusammenhang ist die Entwicklung und Implementierung von Möglichkeiten für Entwicklungsprognosen von großer Bedeutung. Hierbei können neben analytischen oder datengetriebenen Prognosemodellen, die nicht unmittelbar zur Verfügung stehen, szenarienbasierte Untersuchungen und damit verbundene Risikobewertungen sowie Maßnahmenempfehlungen ein erster Schritt sein, um die Eintretenswahrscheinlichkeit und die Folgen etwaiger Zustandsentwicklungen zu berücksichtigen und den Infrastrukturbetreibern auf diese Weise Handlungsmöglichkeiten zu einem frühen Zeitpunkt aufzeigen.

5. Fazit

Durch die Verlängerung der Restnutzungsdauer von Brückenbauwerken wird die Nachhaltigkeit und Verfügbarkeit der Infrastruktur verbessert. In diesem Beitrag wurden verschiedene Maßnahmen zur Verlängerung der Nutzungsdauer erörtert – von der klassischen Nachrechnung der Brücken über bauliche Maßnahmen bis hin zu digitalen Möglichkeiten. In den Forschungsaktivitäten der BASt werden all diese Aspekte vorangetrieben.

Literatur

[1] Bundesministerium für Digitales und Verkehr: Brücken an Bundesfernstraßen – Bilanz und Ausblick. Bonn, 03/2022.

[2] BEM-ING Teil 2 Entwurf, 2024: Nachrechnung von Straßenbrücken im Bestand.

[3] Hegger, Josef; Herbrand, Martin; Adam, Viviane; Mauermann, Reinhard; Gleich, Philipp; Stuppak, Eva et al. (Hg.): Beurteilung der Querkraft- und Torsionstragfähigkeit von Brücken im Bestand – erweiterte Bemessungsansätze, BASt Heft B 150, Bergisch Gladbach, 2020.

[4] Hegger, Josef; Mark, Peter (Hg.) (2021): Stahlbetonbau-Fokus: Brückenbau. Beispiele zu Entwurf, Bemessung und Konstruktion. Beuth Verlag GmbH (Bauwerk). Online verfügbar unter http://search.ebscohost.com/login.aspx?direct=true&scope=site&db=nlebk&db=nlabk&AN=2910545

[5] Fischer, Oliver; Thoma, Sebastian; Hegger, Josef; Schmidt, Maximilian (Hg.) (2023): Weiterentwicklung der Nachrechnungsrichtlinie. Validierung erweiterter Nachweisformate zur Ermittlung der Schubtragfähigkeit bestehender Spannbetonbrücken, BASt Heft B 189, Bergisch Gladbach, 2023.

[6] Maurer, Reinhard; Wentzek, Linda; Hegger, Josef; Adam, Viviane; Rombach, Günter Axel; Harter, Maike et al. (Hg.): Querkraftbemessung von Brückenfahrbahnplatten. Erarbeitung einer einheitlichen Vorgehensweise zur Ermittlung der erforderlichen Querschnittsabmessungen von Fahrbahnplatten ohne Querkraftbewehrung, BASt Heft 181, Bergisch Gladbach, 2022, online verfügbar unter https://edocs.tib.eu/files/e01fn22/1818819449.pdf

[7] Müller, Matthias; Maurer, Reinhard (2020): Nachweis des Druckgurtanschlusses bei der Nachrechnung von Betonbrücken, In: Bauingenieur 95 (11), S. 446–454. DOI: 10.37544/0005-6650-2020-11-104.

[8] Müller, Matthias (Hg.): Druckgurtanschluss in Hohlkastenbrücken. Ingenieurmodelle zur wirklichkeitsnahen Ermittlung der Tragfähigkeit, BASt Heft B 162, Bergisch Gladbach, 2021.

[9] Hegger, Josef; Fischer, Oliver; Maurer, Reinhard; Dommes, Christian; Adam, Viviane; Lamatsch, Sebastian et al. (2024a): Querkraft und Torsion

– zukünftige Ansätze und Potenziale in Stufe 2 der Nachrechnungsrichtlinie, in: Bauingenieur 99 (01-02), S. 1–11. DOI: 10.37544/0005-6650-2024-01-02-23.

[10] Hegger, Josef; Fischer, Oliver; Maurer, Reinhard; Zilch, Konrad; Dommes, Christian; Adam, Viviane et al. (2024b): Nachrechnungen von Spannbetonbrücken mit Verfahren der Nachrechnungsstufe, In: Bauingenieur 99 (01-02), S. 12–21. DOI: 10.37544/0005-6650-2024-01-02-34.

[11] Bundesanstalt für Straßenwesen (Hg.) (2021): Nachrechnung bestehender Brücken – Tagungsband 2021. Unter Mitarbeit von Matthias Müller. Online verfügbar unter https://bast.opus.hbz-nrw.de/frontdoor/index/index/docId/2550, zuletzt geprüft am 01.08.2024.

[12] Freundt, Ursula; Böning, Sebastian: Priorisierung und Nachrechnung von Brücken im Bereich der Bundesfernstraßen. Einfluss der Einwirkungen aus Verkehr unter besonderer Berücksichtigung von Restnutzungsdauer und Verkehrsentwicklung; BASt Heft B 91, Bergisch Gladbach, 2013.

[13] Purtak, Frank; Möbius, Florian (Hg.): Statische Vergleichsberechnung von gemauerten Gewölbebrücken zur Validierung des Entwurfs der neuen Nachrechnungsrichtlinie (Mauerwerk), BASt Heft B 175, Bergisch Gladbach, 2022.

[14] Purtak, Frank; Marzahn, Gero; Müller, Matthias (2022): Berechnung und Bemessung bestehender Gewölbebrücken mit der Nachrechnungsrichtlinie für Straßenbrücken. In: Detleff Clemens Schermer und Eric Brehm (Hg.): Fassadengestaltung, Bauphysik, Innovationen. Berlin: Wilhelm Ernst & Sohn (Mauerwerk-Kalender, 47. Jahrgang (2022)), S. 397–442.

[15] Zilch, Konrad; Kriechbaum, Matthias; Maurer, Reinhard; Heinrich, Jens; Weiher, Hermann; Runtemund, Katrin (Hg.): Integration der Handlungsanweisungen Spannungsrisskorrosion und Koppelfugen in die Nachrechnungsrichtlinie, BASt Heft B 186, Bergisch Gladbach, 2023, online verfügbar unter https://edocs.tib.eu/files/e01fn23/1839623071.pdf

[16] Winfried Neumann, Armin Brauer: Nachrechnung von Stahl- und Verbundbrücken – Systematische Datenauswertung nachgerechneter Bauwerke, BASt Heft B 144, Bergisch Gladbach, 2018.

[17] Fischer, o., et al.: Nachrechnung von Betonbrücken – Systematische Datenauswertung nachgerechneter Bauwerke, BASt Heft B 124, Bergisch Gladbach, 2016.

[18] Nachrechnungsrichtlinie, 05/2011: Richtlinie zur Nachrechnung von Straßenbrücken im Bestand (Nachrechnungsrichtlinie).

[19] Nachrechnungsrichtlinie 1. Ergänzung, 04/2015: Richtlinie zur Nachrechnung von Straßenbrücken im Bestand (Nachrechnungsrichtlinie).

[20] Schnellenbach-Held, M., Hegger, J., et al.: Verstärkung älterer Beton- und Spannbetonbrücken – Erfahrungssammlung Dokumentation 2016, BASt, Bergisch Gladbach, 2016.

[21] Gerhard Sedlacek, Michael Paschen, Markus Feldmann, Achim Geßler, Sebastian Möller, Bernd Steinauer, Karen Scharnigg: Instandsetzung und Verstärkung von Stahlbrücken unter Berücksichtigung des Belagssystems, BASt Heft B 176, Bergisch Gladbach, 2011.

[22] Ulrike Kuhlmann, Michael Hubmann: Verstärkung von Stahlbrücken mit Kategorie-2-Schäden, BASt Heft B 127, Bergisch Gladbach, 2016.

[23] Dieter Ungermann, Bettina Brune, Pascal Giese: Verstärkung von Stahlbrücken mit Kategorie-3-Schäden, BASt Heft B 128, Bergisch Gladbach, 2016.

[24] Natalie Stranghöner, Christoph Lorenz, Vanessa Raake, Edeltraud Straube†, Marcel Knauff: HANV als Verstärkung von Stahlbrücken mit Kategorie-1-Schäden, BASt Heft B 136, Bergisch Gladbach, 2017.

[25] Mansperger T., et al.: Verstärkung von Stahlbrücken mit hochfestem Beton, BASt Heft B 137, Bergisch Gladbach, 2017.

[26] Bundesanstalt für Straßenwesen: Planungshilfen für die Verstärkung von Stahlbrücken mit hochfestem Beton, BASt (online verfügbar), (https://www.bast.de/DE/Ingenieurbau/Fachthemen/b2-planung-hfb/b2-hfb.html?nn=1816396).

[27] Friedrich, H.: Verstärkung des Deckblechs orthotroper Fahrbahnplatten durch Aufkleben von Stahlblechen, BASt Heft B 187, Bergisch Gladbach, 2023.

[28] Schuler, Ch., et al.: P 1296 Klebtechnische Ertüchtigung von Ermüdungsschäden für Konstruktionen des Stahlbaus, Forschungsvereinigung Stahlanwendungen e.V., FOSTA, 2022.

[29] DBV, 2018: Merkblatt: Monitoring: Planung, Vergabe und Betrieb.

[30] DGZfP, 2022: Merkblatt: B 09 – Dauerüberwachung von Ingenieurbauwerken.

[31] Novák, Balthasar; Stein, Franziska; Farouk, Abdelrahman; Thomas, Leonard; Reinhard, Jochen; Zeller, Tanja; Koster, Gerhard (2024): Erfahrungssammlung Monitoring für Brückenbauwerke – Dokumentation 2021. Unter Mitarbeit von Iris Hindersmann.

[32] Schubert, Matthias; Faber, Michael Havbro; Betz, Wolfgang; Niemeier, Eileen; Ziegler, Daniel; Walther, Christoph; Majka, Michal (Hg.): Wirtschaftlichkeitsuntersuchungen von Monitoringmaßnahmen. Entwicklung eines Konzepts für die Analyse von Nutzen und Kosten, BASt Heft B 156, Bergisch Gladbach, 2020.

[33] Morgenthal, Guido; Rau, Sebastian; Hallermann, Norman; Schellenberg, Kristian; Martín-Sanz, Henar; Schubert, Matthias; Kübler, Oliver (Hg.): Potenziale von Monitoringdaten in einem Lebenszyklusmanagement für Brücken. BASt Heft B 190, Bergisch Gladbach, 2023.

[34] Freundt, Ursula; Böning, Sebastian: Verkehrslastmodelle für die Nachrechnung von Straßenbrücken im Bestand, BASt Heft B 82, Bergisch Gladbach, 2011.
[35] König, M. K.; Ceik, F.; Embers, S.; Faltin, B.; Herbers, P.; Zentgraf, S.; Braun, J.-D.; Schammler, D.; Steinjan, J. Kombination von Augmented/Mixed-Reality-Systemen mit weiteren digitalen Technologien – unveröffentlichter Bericht zu 69.0008, 2024.
[36] Hajdin, Rade; Rakić, Lazar; Diederich, Holger; Tanasić, Nikola; Richter, Rico; Hildebrand, Justus; Schulz, Sebastian: Entwicklung von Verfahren zur (teil-)automatisierten Erstellung von BIM-Modellen für Straßenbrücken im Bestand, 2024.

Aktuelle und zukünftige Potenziale in Stufe 2 und 4 der Nachrechnungsrichtlinie

Univ.-Prof. Dr.-Ing. Dr.-Ing. E. h. Josef Hegger
H+P Ingenieure GmbH Aachen; ehemals Institut für Massivbau (IMB) der RWTH Aachen University

Zusammenfassung
Der Vortrag stellt die Nachweisverfahren in den Stufen 2 und 4 zur Nachrechnung von Bestandsbrücken nach aktueller BEMING Teil 2 und deren Weiterentwicklung vor. Aufbauend auf den Bemessungsmodellen der BEMING Teil 2 für Querkraft und Torsion werden weiterführende experimentelle Untersuchungen der drei Forschungseinrichtungen RWTH Aachen, TU München und TU Dortmund an großformatigen Spannbetonträgern vorgestellt, um daraus Vorschläge für erweiterte Nachweise abzuleiten, die das Tragverhalten von Spannbetonträgern noch zutreffender abbilden. Nach einem Vergleich der verfeinerten Bemessungsansätze mit neuen Versuchsergebnissen zur Querkrafttragfähigkeit wird ein reales Brückenbeispiel nachgerechnet und vorhandene Querkraftreserven identifiziert. Da einige Bestandsbauwerke trotz entscheidender Weiterentwicklungen der Nachweisformate in Stufe 2 aufgrund höherer Verkehrsbelastungen und geänderter Bemessungsgrundsätze weiterhin nur mit wissenschaftlichen Verfahren in Stufe 4 nachgewiesen werden können, wird abschließend eine FENachrechnung vorgestellt.

1. Einführung

Erhöhte Anforderungen an bestehende Brückenbauwerke, höhere Verkehrslasten und gestiegene Verkehrslastzahlen erfordern eine Bewertung der Tragfähigkeit der Brücken im Bestand. Dabei führt insbesondere der Nachweis eines ausreichenden Querkraft- und Torsionswiderstands bei älteren Spannbetonbrücken in der Praxis häufig zu hohen rechnerischen Tragfähigkeitsdefiziten, die auch auf die Änderungen der Bemessungsnormen zurückzuführen sind. Die Herausforderung einer wirklichkeitsnahen Beurteilung des Querkraft- und Torsionswiderstandes liegt daher in der zutreffenden Erfassung der Interaktion der verschiedenen Tragmechanismen. Die Fachwerktragwirkung bildet die Grundlage für die aktuellen Bemessungs- und Konstruktionsregeln für den Neubau, während in älteren Normen die Tragwirkung des ungerissenen Querschnitts der hochvorgespannten Brücken stärker berücksichtigt wurde. Bei der Übertragung der aktuellen Bemessungsansätze auf ältere Spannbetonbrückenbauwerke, die nicht nach den heutigen Regeln bemessen und konstruiert wurden, werden wesentliche Traganteile vernachlässigt.
In den letzten Jahren wurde bereits eine Reihe von großmaßstäblichen Bauteilversuchen zur Quantifizierung der Querkrafttragfähigkeit bestehender Spannbetonbrücken durchgeführt [1–3]. Die Versuche wurden hinsichtlich Vorspannung, Querkraftbewehrungsgrad, Querschnittsform und zum Teil mit der konstruktiven Durchbildung der Querkraftbewehrung entsprechend den damals üblichen Regelungen ausgeführt. Die Bemessungsansätze für die Nachrechnung von Spannbetonbrücken im Bestand konnten auf Grundlage dieser Versuche und ergänzender numerischer Untersuchungen deutlich weiterentwickelt und teilweise bereits in Stufe 2 der Nachrechnungsrichtlinie aufgenommen werden. Mit der geplanten 2. Ergänzung der Nachrechnungsrichtlinie (BEMING Teil 2) lassen sich insbesondere durch die Kombination eines additiven Betontraganteils mit dem Fachwerktraganteil rechnerisch bislang ungenutzte Reserven auf der Widerstandseite aktivieren.
Dennoch besitzen Spannbetonbrücken im Bestand tatsächlich zum Teil noch höhere Tragfähigkeiten unter Querkraft- und Torsionsbeanspruchung, wie Stufe 4 Nachrechnungen belegen [4]. Die Quantifizierung der Tragreserven für die Stufe 2 war auf Grundlage der bislang durchgeführten experimentellen Untersuchungen noch nicht in vollem Umfang möglich [1; 5]. Die vorhandenen Tragreserven umfassen vor allem die günstigen Einflüsse aus dem statischen System des Durchlaufträgers, der Querschnittsform, dem Spannungszuwachs der Vorspannung bei Rissbildung und der für Brückenbauwerke maßgebenden gleichförmigen Belastung. Die bisherigen Versuchsergebnisse zeigen, dass die Querkrafttragfähigkeit bei Bauteilen mit geringen Querkraftbewehrungsgraden, die der 0,5 bis 1,5-fachen Mindestquerkraftbewehrung entsprechen, maßgeblich durch den Traganteil des Betons gesteuert wird. Den Einflüssen aus Querschnittsform und Lastart auf den Betontraganteil werden auch bei den erweiterten Ansätzen zur Berücksichtigung von Beton- und Fachwerktraganteil noch nicht in ausreichendem Maß Rechnung getragen. Darüber hinaus ist neben dem Einfluss der Interaktion von Biegemoment und Querkraft auch die Tragwirkung unter gleichzeitiger Beanspruchung durch Querkraft, Biegung und Torsion bei Spannbetonträgern nicht abschließend geklärt [1; 5]. In diesem Beitrag werden die Ergebnisse neuer Untersuchungen an Spannbetonträgern, die im Auftrag der BASt an der RWTH Aachen, der TU München und der TU Dortmund durchgeführt wurden, vorgestellt [6].

2. Stand der Forschung: Nachrechnung mit BEMING Teil 2 Stufe 2

Grundlage für die 2. Ergänzung der Nachrechnungsrichtlinie (BEMING Teil 2) [7] bilden experimentelle und theoretische Untersuchungen zum Querkrafttragverhalten von Spannbetonträgern mit geringen Querkraftbewehrungsgraden [1; 8; 9]. Es wurden unter anderem Versuche an großformatigen Spannbetondurchlaufträgern [10–12] und kurzen Spannbetonträgerausschnitten (Substrukturversuche, [13]) durchgeführt, um das Tragverhalten von Durchlaufsystemen unter Querkraftbeanspruchung und teilweise zusätzlicher Torsion zu untersuchen. Weiterführende Informationen und Randbedingungen der experimentellen Untersuchgen können u. a. [1] entnommen werden. Dabei konnte u.a. festgestellt werden, dass sich bereits bei kleinen Querkraftbewehrungsgraden ($\rho_{w,vorh} < \rho_{w,min}$) deutlich höhere Querkrafttragfähigkeiten ergeben als rechnerisch über das Fachwerkmodell ermittelt werden. Dies konnte auch durch die Ergebnisse anderer Untersuchungen bestätigt werden [14–16]. Daher wurde ein erweitertes Fachwerkmodell mit additivem Betontraganteil hergeleitet, das die Querkrafttragfähigkeit von Spannbetonträgern mit geringem Bügelbewehrungsgrad wirtschaftlicher abbilden kann als aktuelle Ansätze mit einem Fachwerkmodell [17]. Weiterhin wurden ein Ansatz zur Anrechenbarkeit von Spanngliedern auf die Torsionslängsbewehrung formuliert [1] und die Anwendbarkeit von heute nicht mehr zulässigen Bügelformen in Bestandsbrücken erlaubt [13].

2.1 Querkraftnachweis: Erweitertes Fachwerkmodell mit additivem Betontraganteil

Bereits bei den ersten Überlegungen zu Querkraftmodellen wurde davon ausgegangen, dass die einwirkende Querkraft nicht allein von einer Querkraftbewehrung aufgenommen wird, sondern auch ein zusätzlicher Betontraganteil existiert [18]. Beobachtungen aus experimentellen Untersuchungen [19–22] belegen einen kontinuierlichen Übergang des Tragverhaltens von Trägern ohne Querkraftbewehrung zu Trägern mit geringer Querkraftbewehrung. In Anlehnung an die Regelungen in DINFB 102 [23] wurde daher für BEMING Teil 2 ein empirisches Modell für den additiven Betontraganteil vorgeschlagen [1]. Der Berechnungsablauf für Bauteile mit geringen Querkraftbewehrungsgraden entsprechend den Gln. (1) bis (5) ermöglicht einen kontinuierlichen Übergang von Bauteilen ohne zu Bauteilen mit Querkraftbewehrung. Details zu den Hintergründen und den zugrundeliegenden experimentellen Untersuchungen können [1; 10; 12] oder [24] entnommen werden. Die Gesamtquerkrafttragfähigkeit des Querschnittes ergibt sich als Summe des Betontraganteils und des Bügeltraganteils:

$$V_{Rd,sy} = V_{Rd,ct} + A_{sw}/s_w \cdot z \cdot f_{yd} \cdot \cot\beta_r \leq V_{Rd,max} \quad (1)$$

Der Bemessungswert der Querkrafttragfähigkeit $V_{Rd,ct}$ biegebewehrter Bauteile ohne Querkraftbewehrung ist wie folgt zu ermitteln:

$$V_{Rd,ct} = k_{ct}\left[0{,}15/\gamma_c \cdot \kappa \cdot \left(100\rho_l \cdot f_{ck}\right)^{1/3} - 0{,}15\sigma_{cd}\right] \cdot b_w \cdot d \quad (2)$$

$$\text{mit: } k_{ct} = 1{,}0 + 0{,}3\ \rho_{w,vorh}/\rho_{w,min} \leq 1{,}3$$

Dabei ist k_{ct} ein Duktilitätskoeffizient, $\rho_{w,vorh}$ der vorhandene Querkraftbewehrungsgrad und $\rho_{w,min}$ der Mindestwert für den Querkraftbewehrungsgrad nach DINFB 102. Durch den Faktor k_{ct} werden das duktilere Verhalten von Bauteilen mit Querkraftbewehrung berücksichtigt und die unterschiedlichen Teilsicherheitsbeiwerte für sprödes und duktiles Versagen ausgeglichen. Für ein sprödes Versagen bei einem Biegeschubbruch gilt $\gamma_c = 1{,}50$. Bei Bauteilen mit Querkraftbewehrung wird ein duktiles Versagen erwartet und der Teilsicherheitsbeiwert beträgt $\gamma_s = 1{,}15$. Der Betontraganteil $V_{Rd,ct}$ kann somit bei vorhandener Mindestquerkraftbewehrung mit einem Faktor von $\gamma_c / \gamma_S = 1{,}5 / 1{,}15 = 1{,}3$ multipliziert werden. Der resultierende Querkraftwiderstand V_{Rd} ist in Abb. 1 in Abhängigkeit des Querkraftbewehrungsgrades $\rho_{w,vorh} / \rho_{w,min}$ dargestellt. Durch die Anpassung des Teilsicherheitsbeiwerts im Bereich $\rho_{w,vorh} / \rho_{w,min} \leq 1$ steigt der Betontraganteil in diesem Bereich linear an, anschließend nimmt er für höhere Bewehrungsgrade einen konstanten Wert an. Während der Zuwachs des Fachwerktraganteils für geringe Querkraftbewehrungsgrade annähernd konstant ist, steigt die Querkrafttragfähigkeit aufgrund steilerer Schubrisswinkel βr für höhere Querkraftbewehrungsgrade langsamer. Ab einer kritischen Bügelbewehrungsmenge wird die Druckstrebentragfähigkeit $V_{Rd.max}$ maßgebend.

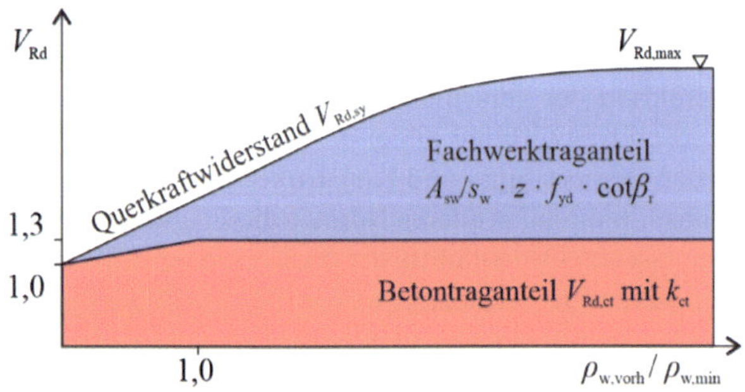

Abb. 1: Querkraftwiderstand infolge des Fachwerktraganteils mit additivem Betontraganteil

Der rechnerische Schubrisswinkel β_r darf für die Berechnung innerhalb festgelegter Grenzen nach Gleichung (3) frei gewählt werden. Somit ergibt sich für die Bemessung eine Steuerungsmöglichkeit im Falle einer unzureichenden Längsbewehrung.

$$\frac{4}{7} \leq \cot\beta_r \leq \min\left\{\begin{array}{c} 1{,}2 + f_{cd}/\left(70 \cdot \rho_{w,vorh} \cdot f_{yd}\right) - 1{,}4\,\sigma_{cd}/f_{cd} \\ 3{,}0 - 10 \cdot V_{Rd,ct}/\left(b_w \cdot z \cdot \nu \cdot f_{cd}\right) \\ 2{,}25 \end{array}\right\} \quad (3)$$

Die Begrenzung von Gl. (3) auf $3-10 \cdot V_{Rd,ct}/(b_w \cdot z \cdot v \cdot f_{cd})$ ist darin begründet, dass der rechnerische Druckstrebenwinkel cot θ beim Übergang vom Fachwerkmodell mit Betontraganteil zum Plastizitätskreis einen zu definierenden Maximalwert nicht überschreiten sollte. Der Druckstrebenwinkel cot θ zur Bestimmung der Zusatzkraft in der Längsbewehrung und der maximalen Druckstrebentragfähigkeit wird nach Gl. (4) berechnet.

$$\cot\theta = \cot\beta_r + V_{Rd,ct}/\left(A_{sw}/s_w \cdot z \cdot f_{yd}\right) \leq \sqrt{1/\omega_w - 1} \quad (4)$$

Der mechanische Querkraftbewehrungsgrad errechnet sich zu:

$$0{,}1 \leq \omega_w = \rho_{w,vorh} \cdot f_{yd}/\left(v \cdot f_{cd}\right) \leq 0{,}5 \quad (5)$$

Die Druckstrebentragfähigkeit $V_{Rd,max}$ wird nach Gl. (6) bestimmt.

$$V_{Rd,max} = b_W \cdot z \cdot v \cdot f_{cd}/(\cot\theta \cdot \tan\theta) \quad (6)$$

Weitergehende Informationen können [1; 17] entnommen werden.

2.2 Nachweis der Torsionslängsbewehrung

Abweichend von der Bemessung bei reiner Torsion nach DIN EN 19922 [25] besteht bei kombinierter Beanspruchung aus Biegung, Querkraft und Torsion die Möglichkeit, die erforderliche Torsionslängsbewehrung in den Druckgurten entsprechend den vorhandenen Druckkräften abzumindern [26]. Bei entsprechend großen Biegemomenten bleibt die Druckzone ungerissen. Überwiegt das Biegemoment, stellen sich zunächst Biegerisse ein und die geneigten Torsionsrisse bilden sich erst unter einer höheren Laststufe. Dementsprechend darf die Querschnittsfläche der Spannglieder bei überwiegender Beanspruchung durch Biegung auf die Torsionslängsbewehrung angerechnet werden. Der Nachweis darf durch Berücksichtigung der infolge Torsion entstehenden Längszugkraft $N_{Ed,T}$ beim Nachweis der Biegetragfähigkeit geführt werden, wobei die Längszugkraft $N_{Ed,T}$ im Schwerpunkt des Querschnitts angreift und der Druckstrebenwinkel cot θ wie bei der Ermittlung der Torsionsbügel anzusetzen ist. Durch Umstellung der Gleichung für die Torsionslängsbewehrung nach DIN EN 19922 ergibt sich eine äquivalente resultierende Torsionslängszugkraft $N_{Ed,T}$.

$$N_{Ed,T} = T_{Ed}/(2 \cdot A_k \cdot \tan\theta) \cdot u_k \quad (\widehat{=} A_{sl} \cdot f_{yd}) \quad (9)$$

Bei dieser Vorgehensweise werden der positive Effekt aus der überdrückten Biegedruckzone und die Tragwirkung der Spannglieder unter Berücksichtigung ihrer Lage im Querschnitt bei der Bemessung berücksichtigt und die rechnerisch erforderliche Längsbewehrung gegenüber einer Bemessung bei reiner Torsion reduziert.

3. Neue Untersuchungen an Spannbetonträgern

3.1 Querkraftversuche an vorgespannten Durchlaufträgern an der RWTH

Mit den am IMB durchgeführten Versuchen wurde das Querkrafttragverhalten von Spannbetondurchlaufträgern mit geringen Querkraftbewehrungsgraden vertiefter betrachtet. Insgesamt wurden 16 Teilversuche an acht nachträglich vorgespannten Trägern durchgeführt. Als maßgebende Parameter wurden die Querschnittsform, die Belastungsart und die Vorspannung variiert. Zusätzlich wurde in Teilversuch ① der Einfluss des Einspanngrades untersucht. Dazu wurden Einfeldträger mit Kragarm ausgebildet und durch eine separate Einzellast auf den Kragarm das Momenten-QuerkraftVerhältnis wie in einem Durchlaufträger gesteuert. Während die Lasten im Feld und am Kragarm unter Einhaltung eines konstanten Kräfteverhältnisses während eines Versuchs jeweils simultan gesteigert wurden, konnten verschiedene Einspanngrade durch eine gezielte Variation dieses Kräfteverhältnisses in den Versuchen untersucht werden. Durch diese Versuchsanordnung konnte die Spannweite des Feldes auf 13 m vergrößert werden, um im Versuch an die Praxis angelehnte Biegeschlankheiten zu realisieren. Anschließend wurde der geschädigte Teil des Trägers abgetrennt, sodass in Teilversuch ② zur Untersuchungen verschiedener Querkraftbewehrungsgrade Einfeldträger von 8 m Länge zur Verfügung standen. In **Tab. 1** findet sich eine Übersicht der Teilversuche und Untersuchungsparameter. Im Mittelpunkt der Untersuchungen standen die Fragen, wie groß die günstigen Einflüsse von gegliederten Querschnitten (T und IQuerschnitte) und von auflagernahen Streckenlasten auf die Querkrafttragfähigkeit sind und wie diese für ein Nachweisverfahren in Stufe 2 quantifiziert werden können. Weitergehende Informationen zu den Versuchen können [27] und [6; 28] entnommen werden.

3.2 Querkraftversuche an Ausschnitten von vorgespannten Balkenelementen an der TUM

In München wurden in einem neuartigen Versuchsstand (siehe **Tab. 1**) unter Applikation der an einem Durchlaufträger vorherrschenden Schnittgrößen zwölf Querkraftversuche an Balkenelementen durchgeführt. Die jeweils sechs Rechteck- und T-Träger weisen eine Höhe von 1,2 m und einen geringen Querkraftbewehrungsgrad auf. Da insbesondere der Einfluss der Vorspannung im Mittelpunkt der Untersuchungen stand, wurde einerseits der Längsbewehrungsgrad so gering gewählt, dass gerade noch ein Querkraftversagen stattfindet und andererseits große Längsverzerrungen eine maximale Aktivierung des Spannglieds hervorrufen. Durch Variation der Litzenanzahl im Spannglied wurde die nach dem Vorspannen noch mobilisierbare zusätzliche Kraft im Spannglied überprüft. Zusätzliche Tastversuche mit glatter Längsbewehrung mit Endhaken sollten das Tragverhalten alter Spannbetonbrücken mit dieser Art der konstruktiven Durchbildung untersuchen. Weitergehende Informationen zu dem Versuchsprogramm und den Erkenntnissen der experimentellen Untersuchungen können [29] und [6] entnommen werden.

3.3 Versuche mit kombinierter Torsion und Querkraft an vorgespannten Durchlaufträgern an der TU Dortmund

Das Versuchsprogramm der TU Dortmund bestand aus insgesamt sieben vorgespannten Versuchsträgern (vgl. **Tab. 1**). Zwei Versuche wurden in Anlehnung an die Versuchsträger des bereits abgeschlossenen Forschungsvorhabens FE15.0591 [1] als Durchlaufträger (DLT) ausgeführt. Mit diesen Versuchen sollte zum einen die Versuchsdatenbank für das vorgestellte Bemessungskonzept für eine kombinierte Beanspruchung aus Biegung, Querkraft und Torsion erweitert werden. Zum anderen war es Ziel, durch Variation der Torsionsbeanspruchung über eine Vergrößerung der Exzentrizität, durch Variation der Belastungsart und durch feldweise Variation der Druckstrebenneigung Anwendungsgrenzen des Bemessungsmodells abzusichern. Darüber hinaus wurde an einem der beiden Zweifeldträger der Einfluss einer von den Regelungen in DIN EN 19922/NA [30] für Torsionsbügel abweichenden Form zum Schließen der Bügel untersucht.

Bei den fünf Einfeldträgern mit Kragarm (ETK) handelt es sich um einen Referenzversuch unter reiner Querkraft- und Biegebeanspruchung sowie um vier Versuchsträger mit zusätzlicher Torsion. Jeder Versuchsträger wurde dabei jeweils in zwei Teilversuchen bis zum Versagen belastet. Im Feldbereich wurden die Einflüsse aus der Schubschlankheit, des *M/T*-Verhältnisses, der Variation der Druckstrebenneigung zur Ermittlung der Torsionslängs- und Bügelbewehrung sowie der Querschnittsform untersucht, während der Kragarm für eine Untersuchung der kombinierten Beanspruchung aus Biegung, Querkraft und Torsion im Hinblick auf ein Betonversagen in der Druckzone genutzt wurde. Detailliertere Informationen zu den Versuchsprogrammen und den Erkenntnissen der experimentellen Untersuchungen können [31] und [6] entnommen werden.

4. Neue Ansätze für eine verfeinerte Nachrechnung mit BEMING Teil 2

Die Untersuchungen in Aachen [27] und München [29] belegen eindrucksvoll, dass insbesondere bei gegliederten Trägern mit Druckgurt und bei mehrheitlich durch Streckenlasten beanspruchten Bauteilen mit direkt ins Lager geleiteten Lastkomponenten ein Verbesserungspotential im Nachweiskonzept besteht. Einflüsse aus Vorspannung, Skalierung der Bauteilhöhe, wie auch realistische Längsverzerrungen werden durch den aktuellen Entwurf der BEMING Teil 2 bereits ausreichend gut abgedeckt. Die Untersuchungen in Dortmund [31] bestätigen größtenteils die bereits in dem aktuellen Entwurf der BEMING Teil 2 enthaltenen Regelungen. Davon abweichend zeigte sich, dass die bestehende quadratische Interaktionsbedingung für Rechteckquerschnitte in DIN EN 19922/NA bei flachen Druckstrebenwinkeln zu unsicheren Ergebnissen führt und für cot $\theta > 1{,}75$ Anpassungen bei der wirksamen Betondruckfestigkeit im Druckstrebennachweis erforderlich sind. Im Folgenden wird auf die vorgeschlagenen Anpassungen eingegangen und das Vorgehen bei der Nachweisführung vorgestellt.

Tab. 1: Übersicht der experimentellen Untersuchungen

	Experimentelle Untersuchung	Versuche	Untersuchungsparameter
RWTH Aachen	Bauteilversuche (L_{ges} = 16,5 m) 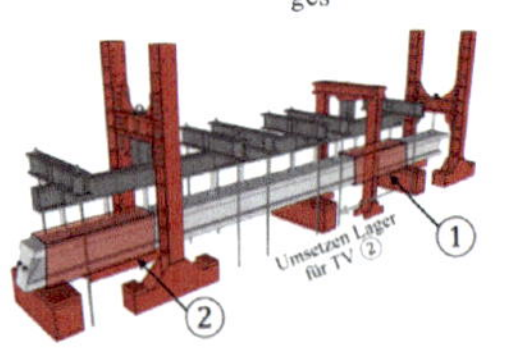	8 Träger mit je 2 Teilversuchen: Teilversuch ① am Innenauflager des 13 m Einfeldträgers mit Kragarm; Teilversuch ② am Randauflager des 8 m Einfeldträgers	Beanspruchung: $\boldsymbol{M + V}$ – Querschnittsform – Querkraftbewehrungsgrad – Vorspanngrad – Einspanngrad – Belastungsart
TU München	Substrukturversuche (L_{ges} = 4,5 m) 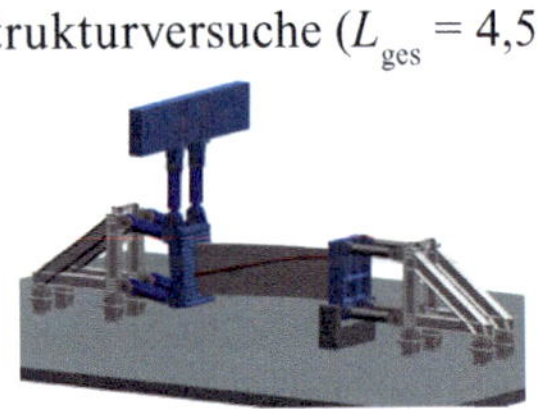	12 Träger (je 1 TV)	Beanspruchung: $\boldsymbol{M + V}$ – Querschnittsform – Querkraftbewehrungsgrad – Vorspannung – Verbundbedingung der Längsbewehrung
TU Dortmund	Bauteilversuche 5 Einfeldträger mit Kragarm ETK (L_{ges} = 11 m), 2 Durchlaufträger DLT (L_{ges} = 12 m) 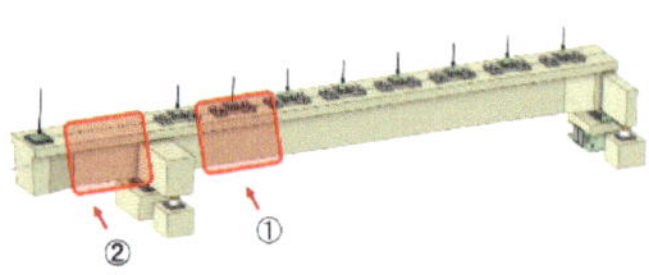	5 ETK (je 2 TV): TV ① im Feld; TV ② am Kragarm 2 DLT (je 2 TV) TV ① und ② am Innenauflager in beiden Feldern	Beanspruchung: $\boldsymbol{M + V + T}$ – Querschnittsform – *M*/*T* – Verhältnis – *M*/*T*/*V* – Verhältnis für Druckzone – Druckstrebenneigung – Konstruktion der Bügel

4.1 Berücksichtigung der am Querkraftabtrag beteiligten Druckgurtfläche über $b_{V,eff}$

Der positive Einfluss eines Druckgurtes auf die Querkrafttragfähigkeit wurde in der Literatur bereits mehrfach untersucht und fand in verschiedenen Modellen zum Querkraftabtrag Berücksichtigung [32]. Dabei hat die Druckgurthöhe neben der Druckgurtbreite einen maßgebenden Einfluss auf die Querkrafttragfähigkeit [33]. Um den abnehmenden Einfluss des Druckgurtes auf die Querkrafttragfähigkeit mit steigender Querschnittshöhe zu erfassen, wurde ein Ansatz verwendet, der die Flächenverhältnisse von Steg und Druckflansch berücksichtigt (Gln. (10) bis (12)). In Gl. (10) wurde dann die Stegbreite b_w entsprechend der Bemessung nach BEMING Teil 2 durch $b_{V,eff}$ ersetzt.

$$V_{Rd,ct} = k_{ct}\left[0{,}15/\gamma_c \cdot k \cdot \left(100\rho_l \cdot f_{ck}\right)^{1/3} - 0{,}15\sigma_{cp}\right] \cdot d \cdot b_{V,eff} \quad (10)$$

$$\text{mit: } b_{V,eff} = (b_w \cdot d + A_{G,eff}) / d \quad (11)$$

$$A_{G,eff} = 0{,}5 \cdot h_f \cdot (b_{f,1} + b_{f,2}) \text{ mit } b_{f,i} \leq b_w \text{ und } h_f = \min\{h_{Druckgurt}; h_{Druckzone}\} \quad (12)$$

Die am Querkraftabtrag beteiligte Druckgurtbreite $b_{f,i}$ wird durch Gl. (12) begrenzt, sodass die Breite der zusätzlichen Druckgurtfläche $A_{G,eff}$ bei der Querkraftbemessung höchstens die doppelte Stegbreite beträgt. In Abb. 2 sind die effektiven Schubflächen für ein positiv (links) und negativ (rechts) einwirkendes Biegemoment dargestellt.

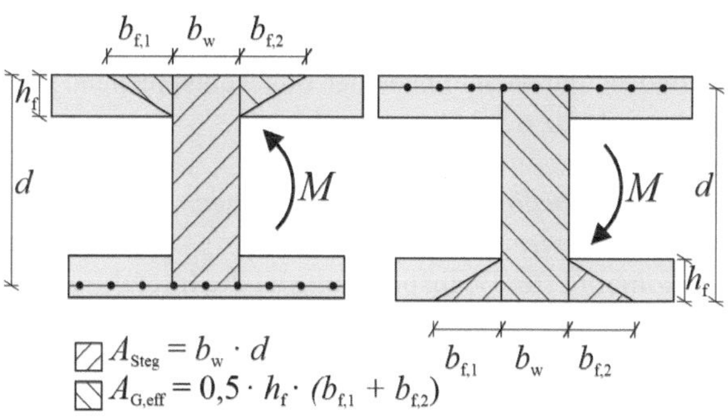

Abb. 2: Ansetzbare Druckgurtflächen $A_{G,eff}$ für den verfeinerten Querkraftnachweis nach BEMING Teil 2

Entsprechend Gl. (11) wird die zusätzlich ansetzbare Druckgurtfläche $A_{G,eff}$ mit dem Faktor 0,5 abgemindert. Die Abminderung wurde empirisch anhand von vier Datensätzen aus den DAfStb Datenbanken [34] validiert und ist in [6] dargestellt.

4.2 Reduktion der Einwirkungen infolge Streckenlasten

Ein weiterer günstiger Einfluss für die Querkrafttragfähigkeit ist die Belastung durch Streckenlasten, deren auflagernahe Anteile direkt ins Auflager geleitet werden. Daher wird eine Abminderung ΔV_{Ed} der einwirkenden Querkraft im Bemessungsschnitt vorgeschlagen. Hintergrund der Abminderung für auflagernahe Lasten ist, dass im Auflagerbereich ein Diskontinuitätsbereich (*D*-Bereich) vorliegt und nur ein Teil der auflagernahen Lasten eine Querkraftbewehrung benötigt, während der restliche Anteil direkt über geneigte Druckstreben in das Lager abgetragen wird [35]. Daher ist in [23] bereits eine Abminderung auflagernaher Einzellasten mit β-Faktoren erlaubt. Zur Herleitung der Abminderung für auflagernahe Streckenlasten wurde auf Basis der experimentellen Untersuchungen und analog zum *Flexural Shear Crack Model* [36] ein maßgebender Schubriss mit $\beta_r = 26{,}5°$ angenommen, der auf den Auflagerrand zielt (Abb. 3). Die Querkraftbeanspruchung V_{Ed} kann um alle Einwirkungen reduziert werden, die nicht über das Fachwerk abgetragen werden müssen. Dies entspricht allen Streckenlasten, die oberhalb des Schubrisses im Abstand $\leq 2d$ vom Auflagerrand wirken. Die maximale Abminderung der Querkraftbeanspruchung infolge auflagernaher Streckenlasten wird in Anlehnung an prEN 199211:2023 auf 12,5 % des Ursprungswertes begrenzt.

$$\Delta V_{Ed(q)} = q \cdot d \leq V_{Ed(q)} / 8 \quad (13)$$

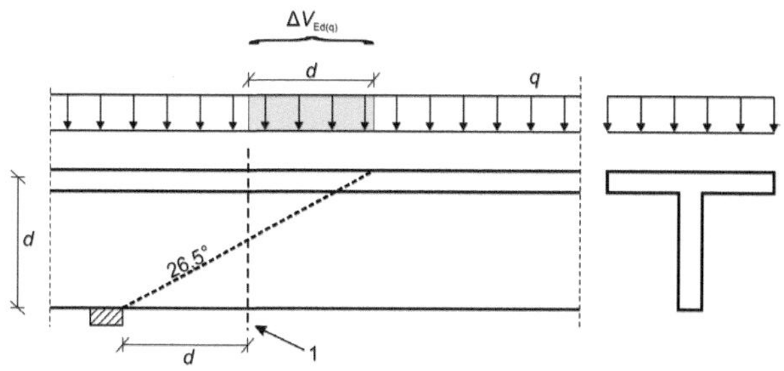

Abb. 3: Abminderung der einwirkenden Querkraftbeanspruchung V_{Ed} im Bemessungsschnitt infolge veränderlichen Streckenlasten q um $\Delta V_{Ed(q)}$

Da in realen Brückenbauwerken ein Großteil der Querkraftbeanspruchung aus dem Eigengewicht g und der Ausbaulast Δg resultiert, wurde neben der Abminderung der äußeren Lasten $\Delta V_{Ed(q)}$ auch eine Abminderung infolge $g + \Delta g$ formuliert. Dazu wurde entsprechend [35] untersucht, welcher Anteil der Beanspruchung nicht über das Fachwerk abgetragen wird, sondern über eine direkte Druckstrebe ins Auflager geleitet werden kann. Entsprechend dem idealisierten Schubriss mit $\beta_r = 26{,}5°$ wird $\Delta V_{Ed(g+\Delta g)}$ definiert. In Abb. 4 sind die Anteile des Eigengewichts $\Delta V_{Ed(g,Obergurt)}$ und $\Delta V_{Ed(g,Steg)}$, um die der Bemessungswert V_{Ed} reduziert werden darf, in Grau gekennzeichnet.

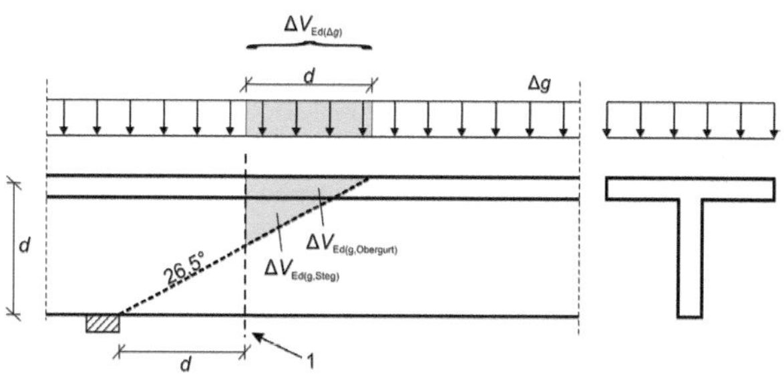

Abb. 4: Abminderung der einwirkenden Querkraftbeanspruchung V_{Ed} im Bemessungsschnitt infolge Eigengewicht g und Ausbaulast Δg um $\Delta V_{Ed(g+\Delta g)}$

Um die Verteilung des Eigengewichts über die Querschnittshöhe zu berücksichtigen, wird der Querschnitt in Obergurt und Steg unterteilt. Somit ergibt sich für die Reduktion der Beanspruchung aus Eigengewicht und Ausbaulast Gl. (14):

$$\Delta V_{Ed(g+\Delta g)} = \Delta V_{Ed(g,Obergurt)} + \Delta V_{Ed(g,Steg)} + \Delta V_{Ed(\Delta g)} \quad (14)$$

$$\text{mit: } \Delta V_{Ed(g,Obergurt)} + \Delta V_{Ed(g,Steg)} \leq (V_{Ed(g,Obergurt)} + V_{Ed(g,Steg)}) / 8 \quad (15)$$

$$\Delta V_{Ed(\Delta g)} \leq V_{Ed(\Delta g)} / 8 \quad (16)$$

Damit ergibt sich die gesamte Abminderung ΔV_{Ed} der Bemessungsquerkraft infolge Eigengewicht g, Ausbaulast Δg und an der Oberseite des Querschnitts einwirkenden veränderlichen Lasten q im Bemessungsschnitt d entsprechend Gl. (17) zu:

$$\Delta V_{Ed(g+\Delta g,q)} = \Delta V_{Ed(g+\Delta g)} + \Delta V_{Ed(q)} \quad (17)$$

Der Verbesserungsvorschlag für die rechnerische Querkrafttragfähigkeit nach BEMING Teil 2 umfasst drei Anteile: Mit $b_{V,eff}$ anstelle von b_w wird der positive Einfluss eines Druckgurtes bei gegliederten Querschnitten berücksichtigt und mit ΔV_{Ed} die Abnahme der maßgebenden Querkraft bei einer Belastung durch Streckenlasten. Als drittes darf der Spannungszuwachs des geneigten Spanngliedes in Ansatz gebracht werden [6]. Der erweiterte Bemessungsansatz wurde anhand der Versuche aus dem Forschungsvorhaben FE 15.0664, dem Vorgängerprojekt FE 15.0591 [1] und der Versuche an Spannbetonträgern aus Wien [14; 16] validiert.

4.3 Erweiterte Ansätze bei Querkraft mit zusätzlicher Torsion

Die nachfolgenden Empfehlungen für die Bemessung bei einer kombinierten Beanspruchung infolge Biegung, Querkraft und Torsion ($M + V + T$), die im Gegensatz zu den Erkenntnissen in den Kapiteln 4.1 und 4.2 noch in den aktuellen Entwurf der BEMING Teil 2 einfließen sollen, wurden aus den theoretischen und experimentellen Untersuchungen in [6] abgeleitet.

Winkel der Druckstrebe

Anhand der durchgeführten Versuche in [6] konnte gezeigt werden, dass bei einer zusätzlichen Torsionsbeanspruchung ($M + V + T$) eine Umlagerung der inneren Kräfte durch Rotation der Druckstrebe im getesteten Umfang von cot $\theta = 2{,}5$ bis cot $\theta = 1{,}75$ möglich ist. Bei der Nachrechnung bestehender Betonbrücken ermöglicht die frei wählbare Druckstrebenneigung cot θ eine Umlagerungsmöglichkeit zwischen Torsionsbügel- und Torsionslängsbewehrung und soll daher weiterhin variabel bleiben. Unabhängig davon darf der Druckstrebenwinkel wie bei der Querkraftbemessung mit dem erweiterten Fachwerkmodell mit additivem Betontraganteil gewählt werden. Grundsätzlich dürfen für die Nachweise bei Querkraft und Torsion auch unterschiedliche Druckstrebenwinkel θ angesetzt werden.

Empfehlungen für den Ansatz der wirksamen Betondruckfestigkeit

Der Bemessungswert für das Torsionsmoment $T_{Rd,max}$, der durch die Festigkeit der Betondruckstrebe begrenzt ist, ergibt sich wie folgt:

$$T_{Rd,max} = 2 \cdot v \cdot f_{cd} \cdot A_k \cdot t_{eff} \cdot \sin\theta \cdot \cos\theta \quad (18)$$

Er ist abhängig von der wirksamen Betondruckfestigkeit $v \cdot f_{cd}$. Bei Druckstrebenwinkeln entsprechend cot $\theta > 1{,}75$ bis cot $\theta = 2{,}5$ wird der Ansatz der wirksamen Betondruckfestigkeit $v \cdot f_{cd}$ auf Grundlage der durchgeführten Versuche entsprechend **Tab. 2** empfohlen:

Tab. 2: Wirksame Betondruckfestigkeiten

	Plattenbalkenbrücken	Hohlkastenbrücken
Querkraft:	$v = 0{,}6$	$v = 0{,}6$
Torsion:	$v = 0{,}525$	$v = 0{,}6$

Ansatz der effektiven Wanddicke

Der kleinste Wert für $T_{Rd,max}$ resultiert aus dem konservativen Ansatz für die Stege von Plattenbalkenbrücken. Der Ansatz wurde aufgrund des beobachteten sekundären Betonversagens bei einigen Versuchen durch Abplatzen der Betondeckung nach Fließen der Bügel entsprechend [30] NCI zu Absatz 6.3.2 (1) vorgeschlagen.

Interaktionsbedingung für Betonversagen auf Druck bei kombinierter Beanspruchung

Bei kombinierter Beanspruchung ist die Interaktion für Querkraft und Torsion ($V + T$) nach der linearen Interaktionsbedingung nachzuweisen (Gl. 19). Die quadratische Interaktionsbedingung (Gl. 20) hat sich bei den Versuchen für Winkel cot $\theta > 1{,}75$ als unsicher erwiesen.

$$V_{Ed} / V_{Rd,max} + T_{Ed} / T_{Rd,max} \leq 1 \quad (19)$$

$$(V_{Ed} / V_{Rd,max})^2 + (T_{Ed} / T_{Rd,max})^2 \leq 1 \quad (20)$$

Eine Interaktion für Biegung, Querkraft und Torsion ($M + V + T$) ist nach Auswertung der Versuche als zu konservativ einzuordnen und ist damit nicht geeignet. Die Kombination aus Biegung und Torsion ($M + T$) führte bei den Versuchen erst bei sehr hohen Torsionsbeanspruchungen $T_{Ed} / T_{Rd,max} > 0{,}7$ zu einem Abfall der Biegetragfähigkeit um bis zu 10 % bei $T_{Ed} \approx T_{Rd,max}$. Detaillierte Auswertungen und Erläuterungen zu den einzelnen Interaktionsbedingungen anhand der durchgeführten Versuche in [6] sind in [31] zu finden.

5. Querkraftbemessung nach NRR 2015, BEMING Teil 2 und den vorgeschlagenen Verfeinerungen

In Abb. 5 werden die experimentellen Querkrafttragfähigkeiten der in Aachen und München untersuchten Spannbetonträger mit Ansätzen nach NRR 2015, BEMING Teil 2 und dem erweiterten Vorschlag aus Abschnitt 4 verglichen. Dazu sind die experimentellen Querkräfte $V_{test,d}$ im Abstand d vom Auflagerrand auf der Ordinate und die rechnerischen Tragfähigkeiten $V_{calc,d}$ auf der Abszisse dargestellt. Während Punkte oberhalb der Winkelhalbierenden auf einen konservativen Berechnungsansatz hindeuten, werden für Punkte unterhalb der Winkelhalbierenden zu hohe Tragfähigkeiten berechnet. Die NRR 2015 liefert besonders konservative Ergebnisse, die für die mit sehr geringen Querkraftbewehrungsgraden durchgeführten Versuche auf die fehlende Berücksichtigung eines additiven Betontraganteils neben der Fachwerktragwirkung zurückzuführen sind. Für einzelne höher querkraftbewehrte Versuche liefert die NRR 2015 zutreffendere Tragfähigkeiten, die von dem ansonsten sehr begrenzten Streuband in Richtung der Winkelhalbierenden abweichen. Sowohl die statistische Auswertung der einzelnen Versuchsserien aus Aachen und München als auch eine kombinierte Auswertung belegen dies durch den sehr hohen Mittelwert μ der Modellsicherheit von 2,07 (siehe **Tab. 3**). Der Variationskoeffizient *CoV* von 13 % stellt für die Untersuchungen zweier Forschungsinstitute mit unterschiedlichen Untersuchungsparametern einen guten Wert dar.

Die Berücksichtigung eines additiven Betontraganteils nach der BEMING Teil 2 liefert eine wesentliche Verbesserung der Übereinstimmung von rechnerischen und experimentellen Querkrafttragfähigkeiten. Die Modellsicherheit aller dargestellten Versuche sinkt auf 1,32, während sich der Variationskoeffizient *CoV* nur geringfügig auf 12 % verringert. Die Auswertung des neuen Ansatzes BEMING Teil 2* zeigt vor allem für geringere Tragfähigkeiten eine bessere Annäherung an die Winkelhalbierende. Insgesamt ergibt sich ein Mittelwert von $\mu = 1{,}19$ bei gleichbleibendem Variationskoeffizient. Besonders im Hinblick auf die Variation der Vorspannung ergibt sich für die Versuche in München nach BEMING/T2* ein sehr geringer Variationskoeffizient von 5 % (vgl. **Tab. 3**). Die Tragfähigkeiten heben sich dabei aufgrund des fehlenden expliziten Druckgurts und der Belastung durch eine Einzellast kaum von denen nach BEMING/T2 ab. Eine deutliche Verbesserung ist vor allem bei der Nachrechnung Aachener Versuche zu erkennen. Hier konnte der Mittelwert μ bei gleichzeitig erheblich verringerter Streuung *CoV* von 1,30 auf 1,09 reduziert werden. Die über alle Versuche zutreffenderen Prognosen der Querkrafttragfähigkeiten von BEMING/T2* im Vergleich zu BEMING/T2 und NRR 2015 werden durch die linearen Regressionsgeraden (gestrichelte Linien in Abb. 5) verdeutlicht. Einzelne geringfügig unsichere Ergebnisse ergeben sich sowohl nach BEMING/T2 als auch nach BEMING/T2* für die Spannbetonträger mit Rechteckquerschnitt und Belastung durch Einzellasten.

Tab. 3: Statistische Auswertung aktueller und zukünftiger analytischen Verfahren der Nachrechnungsrichtlinie für die durchgeführten Versuche

		RWTH	TUM	Σ
		$n = 16$	$n = 12$	$n = 28$
NRR 2015		2,07	2,06	2,07
BEMING/T2	μ	1,30	1,34	1,32
BEMING/T2*		1,09	1,33	1,19
NRR 2015		0,14	0,11	0,13
BEMING/T2	*CoV*	0,15	0,05	0,12
BEMING/T2*		0,09	0,05	0,12

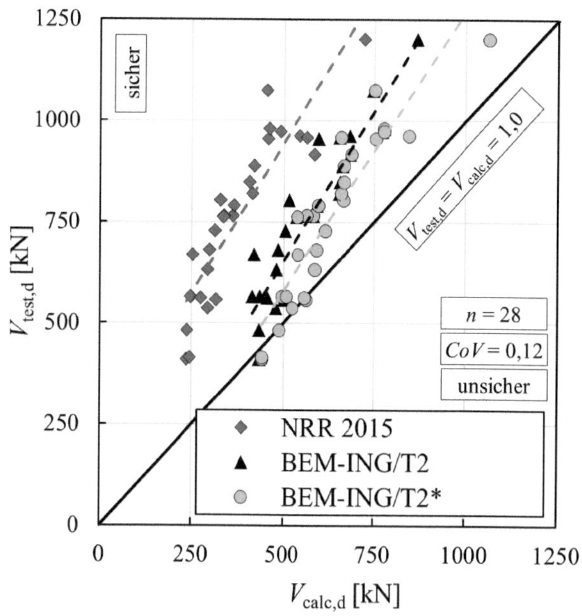

Abb. 5: Vergleich der experimentellen mit den analytischen Querkrafttragfähigkeiten verschiedener Modelle zur Nachrechnung von Spannbetonbrücken

6. Brückennachrechnungen in Stufen 2 und 4 der (verfeinerten) BEMING Teil 2

6.1 Anwendung der (verfeinerten) Stufe 2

Nachfolgend wird die Anwendung des erweiterten Bemessungsansatz BEMING/T2* bei einer Spannbetonbrücken vorgestellt. Durch den Vergleich mit der Nachrechnung nach der in Vorbereitung befindlichen BEMING/T2 sind die positiven Auswirkungen der Erweiterung leicht erkennbar.

Das im Jahr 1959 errichtete Bauwerk dient der Überführung der Bundesautobahn (BAB) über eine Eisenbahntrasse und wurde für die Brückenklasse 60 bemessen. Der schiefwinklige Ortbetonüberbau wurde als längs vorgespannter Einfeldträger mit einer Stützweite von 30,1 m ausgebildet (Abb. 6). Die Konstruktionshöhe des 13,35 m breiten sechsstegigen Plattenbalkenquerschnitts beträgt im Regelbereich 1,44 m. Der Überbau wurde in Beton B450 ausgeführt, der gemäß Nachrechnungsrichtlinie in die Festigkeitsklasse C30/37 eingestuft werden kann.

Für die Längsvorspannung wurde das Spannverfahren Holzmann SH 113/32 verwendet. Die Betonstahlbewehrung der Festigkeitsklasse St I weist eine charakteristische Streckgrenze von f_{yk} = 220 N/mm² auf.
Eine vorhergehende Nachrechnung des Bauwerks gemäß Nachrechnungsrichtlinie (NRR) in den Stufen 1 und 2 für das Ziellastniveau BK 45 mit Fahrbahneinengung ergab deutliche rechnerische Defizite der Querkraft- und Torsionstragfähigkeit der Längsträger. In **Tab. 4** sind die Querkraftnachweise für den sechsten Plattenbalkenquerschnitt im Abstand $1{,}0 \cdot d$ nach BEMING Teil 2 ohne (links) und mit Berücksichtigung von $b_{V,eff}$ und ΔV_{Ed} (rechts) tabellarisch dargestellt. Durch den geringen Längsbewehrungsgrad wird der Mindestwert des Betontraganteils $V_{Rd,ct,min}$ maßgebend. Dadurch wird der Schubrisswinkel β_r nach beiden Ansätzen zu 34° ermittelt. Nach BEMING Teil 2 ergibt sich damit für den Nachweis der Zugstrebe eine Ausnutzung von 59 % und für die Druckstrebe von 28 %. Das Bauwerk ist somit im Abstand $1{,}0 \cdot d$ nach BEMING Teil 2 für Querkraft nachgewiesen.

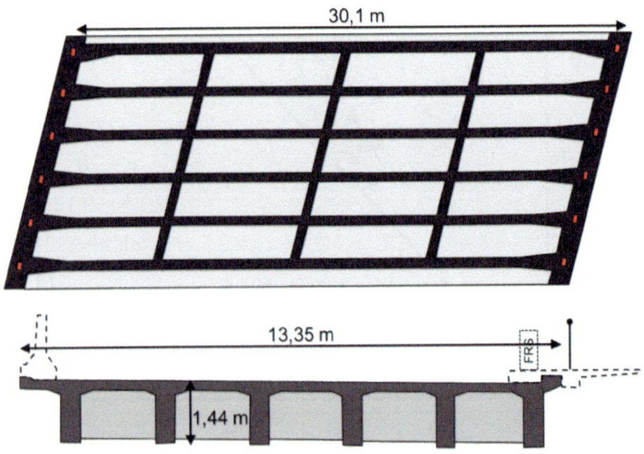

Abb. 6: Draufsicht des Überbaus mit Darstellung der Stege, Querträger und Lager (oben) und Querschnitt (unten)

Durch die Abminderung der einwirkenden Querkraft um ΔV_{Ed} = 64 kN ($\Sigma\Delta V_{Ed,i}$) wird die Bemessungsquerkraft V_{Ed} um 8,5 % reduziert. Zusätzlich erhöht sich der Betontraganteil $V_{Rd,ct}$ durch die Berücksichtigung der Druckgurtfläche um 18,0 % und der Querkraftwiderstand $V_{Rd,sy}$ aus Beton- und additivem Fachwerktraganteil um 14,8 %. Insgesamt weist der Nachweis der Zugstrebe $V_{Rd,sy}$ jetzt nur noch eine Ausnutzung von η = 47 % auf. Der Nachweis der Druckstrebe bleibt unverändert, da der Druckstrebenwinkel θ maßgeblich vom mechanischen Querkraftbewehrungsgrad abhängig ist.

6.2 Anwendung der Stufe 4

Im Rahmen der Nachrechnung von Bestandsbrücken in Stufe 2 der Nachrechnungsrichtlinie lässt sich trotz der verfeinerten Berechnungsansätze nicht immer eine ausreichende rechnerische Querkraft- und Torsionstragfähigkeit nachweisen. Zur Sicherstellung der Tragfähigkeit des Bauwerks kann eine genauere rechnerische Untersuchung der Brücke in Stufe 4 der Nachrechnungsrichtlinie erfolgen. Eine Anwendung wissenschaftlicher Verfahren in Stufe 4 erfordert die Abstimmung mit der zuständigen obersten Baubehörde. Hierzu sind entsprechende Erfahrungen des Anwenders erforderlich. Weiterhin ist sicherzustellen, dass die verfahrensspezifischen Anwendungsgrenzen eingehalten werden können und das erreichbare Sicherheitsniveau sinnvoll ermittelt werden kann.
Die Nachrechnung in Stufe 4 ist insbesondere dann sinnvoll, wenn aufgrund der verkehrlichen Bedeutung des Bauwerks im Straßennetz kompensatorische Einschränkungen bis zur Fertigstellung der Verstärkungsmaßnahme (z. B. Spursperrung, Gewichtsbeschränkung, Sperrung für Schwertransporte) nicht vertretbar sind. Darüber hinaus kann eine solche Berechnung zielführend sein, wenn eine bauliche Verstärkung bzw. ein Ersatzneubau aufgrund der örtlichen Randbedingungen (z. B. Lichtraumprofile) oder der Kombination vorhandener rechnerischer Defizite nicht ohne weiteres möglich ist.
Die Berechnung in Stufe 4 der Nachrechnungsrichtlinie umfasst die Nachweisführung unter Anwendung wissenschaftlicher Methoden. Hierzu gehören neben verfeinerten analytischen Ansätzen [37; 38] unter anderem räumliche nichtlineare Finite Elemente-Berechnungen. Da in der Regel eine Überprüfung bzw. Validierung einer Berechnung in Stufe 4 nur durch andere wissenschaftliche Methoden möglich ist, ist eine Kombination der verschiedenen Berechnungsansätze zielführend.

Tab. 4: Querkraftnachweise für den sechsten Plattenbalkenquerschnitt im Abstand $1{,}0 \cdot d$ nach BEMING/T2 und der verfeinerten BEMING/T2*

Abstand $1{,}0 \cdot d$		BEMING Teil 2			BEMING Teil 2 **mit $b_{V,eff}$ & ΔV_{Ed}**		
V_{Ed}	[kN]	756			692	→	– 8,5 %
$\Delta V_{Ed,g} + \Delta V_{Ed,\Delta g} + \Delta V_{Ed,q}$	[kN]	–			32 + 22 + 10 ≙ 50 % + 35 % + 15 %		
$V_{Rd,ct}$	[kN]	1050			1239	→	+ 18,0 %
b_w bzw. $b_{V,eff}$	[m]	0,55			0,65		
$\cot \beta_r$	[-]	1,50	→	$\beta_r = 33{,}6°$	1,50	→	$\beta_r = 33{,}6°$
$\cot \theta$	[-]	1,91	→	$\theta = 27{,}6°$	1,91	→	$\theta = 27{,}6°$

$V_{Rd,sy}$	[kN]	1277	1466	→	+ 14,8 %
$V_{Rd,max}$	[kN]	2673	2673	→	± 0 %
$\eta = (V_{Ed} - \Delta V_{Ed}) / V_{Rd,Sy}$	[-]	0,59	0,47	→	– 20,2 %
$\eta = V_{Ed} / V_{Rd,max}$	[-]	0,28	0,28	→	± 0 %

Nichtlineare Finite Elemente-Berechnungen ermöglichen eine Untersuchung des Bauteiltragverhaltens nach Schubrissbildung unter Berücksichtigung möglicher Umlagerungsreserven im Zustand II. Darüber hinaus können basierend auf der Ermittlung des rechnerischen Ankündigungsverhaltens bis zum Versagen (z. B. Rissentwicklung) gezielte Maßnahmen zur Überprüfung des Bauwerks festgelegt werden. Im Folgenden wird die Anwendung anhand eines Bauwerks mit rechnerischen Tragfähigkeitsdefiziten aufgezeigt, zu dem im Rahmen von gutachterlichen Stellungnahmen und der statischen Prüfung Brückennachrechnungen durchgeführt wurden.

6.3 Berechnung eines Plattenbalkenquerschnitts

6.3.1 Bauwerksmodellierung

Die statische Berechnung und Nachweisführung nach Stufe 4 der Nachrechnungsrichtlinie erfolgte mit Hilfe der nichtlinearen FEM-Software Limfes [39]. Dazu wurde der Überbau unter Berücksichtigung aller Voutungen und Querschnittsänderungen als räumliches Volumenmodell abgebildet. Abb. 7 zeigt einen Ausschnitt des dreidimensionalen Volumenmodells.

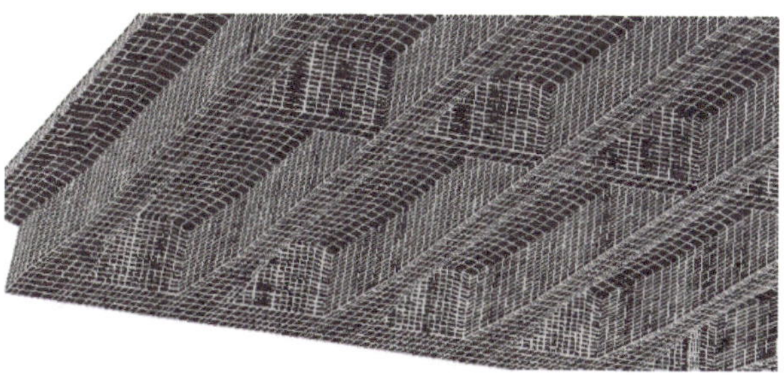

Abb. 7: Bauwerksabbildung im FE-System Limfes Grafik: H+P Ingenieure

Die vorhandene Betonstahl- und Spannstahlbewehrung wurde gemäß den Bestandsplänen diskret eingegeben (Abb. 8). Hierbei wurde neben der Längs- und der Querbewehrung der Fahrbahnplatte sowie der vorhandenen Bügelbewehrung in den Stegen auch die Spaltzugbewehrung der Spannglieder implementiert.

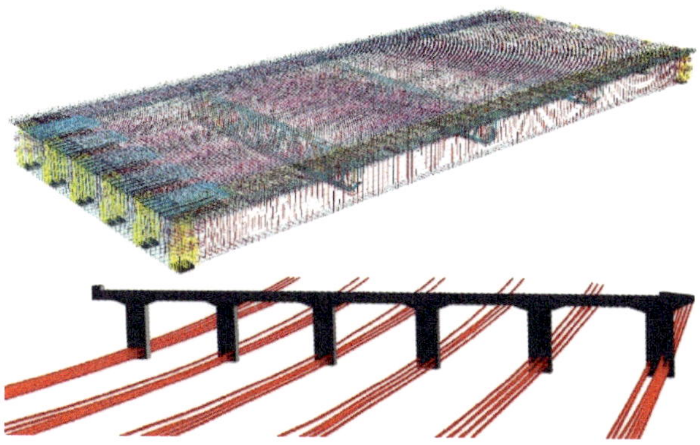

Abb. 8: Betonstahlbewehrung der gesamten Brücke (oben) und parabelförmige Spannglieder in Feldmitte (unten), Grafik: H+P Ingenieure

Das nichtlineare Werkstoffverhalten des Betons wurde unter Berücksichtigung der Betonzugfestigkeit durch das *Microplane*-Modell [40] beschrieben. Zur Abbildung der Bewehrungs- und Spannstahlelemente wurden elastisch-plastische Materialmodelle verwendet.

6.3.2 Berechnungsablauf

Ziel der Untersuchung ist es, die rechnerische Tragfähigkeit des Brückenüberbaus unter der maximalen Beanspruchung (Querkraft und Torsion mit zugehöriger Biegung) für die maßgebende Stelle nachzuweisen. Dieser Nachweis ist erbracht, wenn sich bei der Berechnung unter der maßgebenden Bemessungskombination im Grenzzustand der Tragfähigkeit (1) ein stabiles Gleichgewicht einstellt und (2) die Grenzdehnungen (Beton, Beton- und Spannstahl) eingehalten sind. Dann kann gemäß DIN-Fachbericht 102 [23] davon ausgegangen werden, dass der Widerstand des Tragwerks gegen Versagen mit ausreichender Sicherheit gegeben ist. Gemäß DINFB 102 ist für die Einwirkungen die ständige und vorübergehende Bemessungssituation in Kombination mit einem einheitlichen Teilsicherheitsbeiwert von $\gamma_R = 1{,}3$ für die Baustoffkennwerte zu betrachten (vgl. DINFB 102, Kap. A.2.1). Zur Nachweisführung in Stufe 4 werden vorab die relevanten Laststellungen auf Basis der Ergebnisse aus Stufe 2 identifiziert. Bei der nichtlinearen Systemanalyse werden alle Lasten unter Berücksichtigung der Teilsicherheitsbeiwerte in einem Lastfall betrachtet, da das Superpositionsprinzip nicht gültig ist. Die Lastaufbringung in einer nichtlinearen FE-Berechnung erfolgt hierbei schrittweise. Zunächst werden alle ständigen Lasten und die Vorspannung aufgebracht. Danach erfolgt analog zu den ständigen Lasten schrittweise die Aufbringung der Verkehrslast, sodass das Gebrauchstauglichkeitsniveau erreicht wird. In den anschließenden Lastschritten werden die ständigen Lasten und die Verkehrslast um die zugehörigen Teilsicherheitsbeiwerte von 1,35 bzw. 1,5 gesteigert. Zur Sicherstellung des nach DINFB 102 geforderten Sicherheitsniveaus muss diese Laststufe in Verbindung mit dem einheitlichen Teilsicherheitsbeiwert der Baustoffkennwerte von 1,3 erreicht werden. Diese Laststufe bildet dann das geforderte Tragfähigkeitsniveau nach DINFB [23; 41] ab. Alle weiteren Laststufen darüber hinaus dienen der Untersuchung eventueller Tragfähigkeitsreserven.

6.3.3 Ergebnisse

Im vorliegenden Beispiel wird das angestrebte Sicherheitsniveau unter Berücksichtigung des globalen Teilsicherheitsbeiwerts von $\gamma_R = 1{,}3$ erreicht. Die anschließende Steigerung der Verkehrslast bis zum Versagenszustand führte zu deutlichen Verformungen und Rissen. In Abb. 9 sind die Hauptdehnungen ε_1 in Hauptzugspannungsrichtung des Bauwerks im rechnerischen Grenzzustand der Tragfähigkeit und im Bruchzustand dargestellt. Der Hauptdehnungsverlauf kann hierbei dem Rissbild gleichgesetzt werden.

Unter den im GZT nach DINFB anzusetzenden γ-fachen Lasten stellt sich eine Biegerissbildung im Feldbereich in den Stegen ein. Hierbei weist der Randsteg die größten Hauptzugdehnungen auf. Eine beginnende diagonale Schubrissbildung im Randsteg ist im Bereich des letzten Feldquerträgers festzustellen. Die Erhöhung der Verkehrslast führt bis zum Versagen sowohl zu einem deutlichen Wachstum dieses Schubrisses als auch zur Bildung zusätzlicher Schubrisse im Randsteg und den benachbarten Innenstegen. Die zweischnittige Bügelbewehrung ($f_{yk} = 240$ N/mm²) des Randsteges erreicht im Bereich der kreuzenden Schubrisse die Streckgrenze. Die große Laststeigerung zwischen rechnerischem GZT und Versagenszustand zeigt hierbei die Umlagerungsmöglichkeiten der Einwirkungen trotz des Fließens der Bügelbewehrung. Die damit verbundenen großen Verformungen des Überbaus resultieren in hohen Betonstauchungen. Die lokale Überschreitung der zulässigen Betondruckstauchungen ($\varepsilon_c > 3{,}5$ ‰) führt letztendlich zu einem Systemversagen, wobei vorher eine ausgeprägte Versagensankündigung oberhalb des nach DINFB 102 geforderten Sicherheitsniveaus vorliegt.

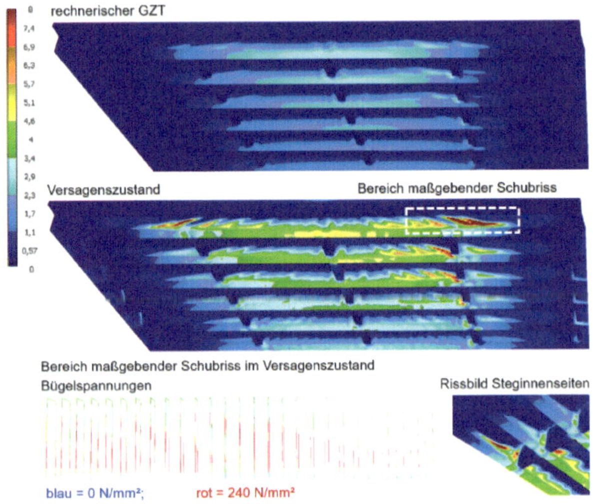

Abb. 9: Hauptdehnung ε_1 im GZT und im Versagenszustand (oben, unten rechts) und Bügelspannungen im Versagenszustand (unten links), Grafik: H+P Ingenieure

Neben dem rechnerischen Nachweis der Tragfähigkeit unter kombinierter Querkraft-, Torsions- und Biegebeanspruchung kann durch die Ermittlung des Ankündigungsverhaltens die für Brückenprüfungen relevanten Trägerbereiche mit zugehörigen, kritischen Rissbildern identifiziert werden.

6.4 Vergleich mit Nachrechnungsbeispiel

Die Ausnutzungsgrade der Nachrechnungen in den Nachweisstufen 2 und 4 für den 6. Plattenbalkenquerschnitt im Abstand 1,0 · d sind in **Tab. 5** gegenübergestellt. In der FEM Untersuchung können die Lasten im γ_RVerfahren auf $\gamma_{R,Gk} = 1{,}3 \oplus \gamma_{R,Qk} = 2{,}7$ erhöht und somit die Tragfähigkeit mit ausreichend Reserven nachgewiesen werden. Auch die analytischen Modelle nach der BEMING Teil 2 und der Verfeinerung mit $b_{V,eff}$ & ΔV_{Ed} liefern im Bemessungsschnitt eine ausreichende Querkrafttragfähigkeit. Für den Querkraftnachweis im Randträger können sowohl die verbreiterte Druckzone des Plattenbalkens mit $b_{V,eff}$ als auch die abgeminderte Belastung infolge verteilten Lasten ΔV_{Ed} im verfeinerten Ansatz in Ansatz gebracht werden. Dadurch resultierenden höhere Tragfähigkeiten als nach der aktuellen BEMING Teil 2. Insgesamt kann das Bauwerk somit neben dem Nachweis auf Stufe 4 bereits mit geringerem Aufwand auf Stufe 2 der BEMING Teil 2 nachgewiesen werden.

Tab. 5: Ausnutzungsgrade in den Stufen 2 und 4

Nachweis	Verfahren	Last-modell	Nachweis	6. Plattenbalkenquerschnitt
Stufe 2	BEMING Teil 2	LM 1	V_{Ed} / V_{Rd}	0,59
	BEMING Teil 2 mit $b_{V,eff}$ & ΔV_{Ed}		$(V_{Ed} - \Delta V_{Ed}) / V_{Rd}$	0,47
Stufe 4	LIMFES		$\gamma_{R,Gk} \cdot 1{,}35 \cdot G_k + 1{,}0 \cdot 0{,}85 \cdot P_k + \gamma_{R,Qk} \cdot Q_k$ $\gamma_{R,Gk} = 1{,}3 \oplus \gamma_{R,Qk} = 2{,}7$	

7. Zusammenfassung und Ausblick

Auf Basis der im Auftrag der BASt durchgeführten Untersuchungen [1] darf zukünftig in der BEMING Teil 2 neben dem klassischen Fachwerkmodell für die Querkrafttragfähigkeit aus der Nachrechnungsrichtlinie (NRR 2015) auch ein Fachwerkmodell mit additivem Betontraganteil in Stufe 2 angewendet werden (BEMING Teil 2). Die aktuellen Untersuchungen in [6] bestätigen das Fachwerkmodell mit additivem Betontraganteil und bilden die Grundlage für eine Weiterentwicklung des Modellansatzes, der in der nächsten Auflage der BEMING Teil 2* berücksichtigt werden soll. Die hier vorgeschlagene Modellerweiterung zur Querkrafttragfähigkeit umfasst die folgenden drei Aspekte:

- Der größere Betontraganteil von gegliederten Querschnitten (T oder IQuerschnitte), deren Gurt in der Druckzone liegt, wird durch die Einführung einer effektiven Stegbreite $b_{V,eff}$ berücksichtigt.
- Da die auflagernahen Anteile von Streckenlasten direkt in das Auflager abgeleitet werden, darf die einwirkende Querkraft um Anteile ΔV_{Ed} aus äußerer Last, Ausbaulast und Eigengewicht abgemindert werden.
- Aufgrund der Untersuchungen in [29] darf der Spannungszuwachs des geneigten Spannglieds im Bemessungsschnitt in Ansatz gebracht werden. Der Spannungszuwachs ergibt sich aus einer Querschnittsanalyse im Bemessungsschnitt für die zugehörige Lastfallkombination.

Der erweiterte Modellansatz wurde durch Vergleiche mit experimentellen Untersuchungen an großformatigen Spannbetonträgern aus der Literatur bestätigt.
Für eine kombinierte Beanspruchung aus Querkraft und Torsion sind folgende Erweiterungen für den aktuellen Entwurf der BEMING Teil 2 vorgesehen:

- Bei kombinierter Beanspruchung dürfen in den Modellen für Torsion und Querkraft unterschiedliche Druckstrebenwinkel angenommen werden.
- Für flache Druckstrebenwinkel $\cot\theta > 1{,}75$ ist der Abminderungsbeiwert für die Druckfestigkeit von gerissenem Beton auf $\nu = 0{,}6$ für Querkraft zu reduzieren.

Anschließend wurden die erweiterten Bemessungsansätze an einem Brücken im Bestand mit Plattenbalkenquerschnitt exemplarisch angewendet. Abschließend wurden die Ergebnisse in der (verfeinerten) Stufe 2 mit einer nichtlinearen FEM Untersuchungen verglichen. Der Brückenquerschnitt kann mit allen Verfahren für Querkraft nachgewiesen werden. Die hier vorgestellten Verfeinerungen führen zur Aktivierung weiterer Traganteile, die bislang nur in Stufe 4 berücksichtigt wurden. Zudem zeigt der Vergleich, dass mit erhöhtem Aufwand in Stufe 4 die höchsten Traglasten ermittelt werden können. Neben dem rechnerischen Nachweis der Tragfähigkeit lassen sich zusätzlich die für Brückenprüfungen relevanten Trägerbereiche mit zugehörigen, kritischen Rissbildern identifizieren.

Literatur

[1] Hegger, J. et al. (2020) *Beurteilung der Querkraft- und Torsionstragfähigkeit von Brücken im Bestand – erweiterte Bemessungsansätze – Fördernummer FE 15.0591/2012/FRB.* Brücken- und Ingenieurbau Heft B 150.

[2] Maurer, R. et al. (10.2015) *Untersuchungen zur Querkrafttragfähigkeit an einem vorgespannten Zweifeldträger.*

[3] Fischer, O. et al. (2023) *Weiterentwicklung der Nachrechnungsrichtlinie – Validierung erweiterter Nachweisformate zur Ermittlung der Schubtragfähigkeit bestehender Spannbetonbrücken – Forschungsprojekt BASt FE 15.0661/2018/FRB.*

[4] Kolodziejczyk, A.; Maurer, R. (2020) *Erweitertes Druckbogenmodell: Anwendungsbeispiel* in: Bauingenieur 95, H. 11, S. 440–445. https://doi.org/10.37544/0005-6650-2020-11-98

[5] Hegger, J. et al. (2014) *Beurteilung der Querkraft- und Torsionstragfähigkeit von Brücken im Bestand – Kurzfristige Lösungsansätze.* Institutsbericht 326/2013.

[6] Hegger, J. et al. (August 2023) *Experimentelle und theoretische Untersuchungen zur Querkraft- und Torsionstragfähigkeit von Betonbrücken im Bestand – Fördernummer FE 15.0664/2019/DRB.* Abschlussbericht 492/2023.

[7] Bundesministerium für Verkehr und digitale Infrastruktur (2024) *Teil 2 – Nachrechnung von Straßenbrücken im Bestand – (in Vorbereitung) in: Regelungen und Richtlinien für die Berechnung und Bemessung von Ingenieurbauten (BEM-ING) Entwurf.* Bonn.

[8] Adam, V.; Herbrand, M.; Hegger, J. (2020) *Querkrafttragfähigkeit von Brückenträgern aus Spannbeton mit geringen Querkraftbewehrungsgraden* in: Bauingenieur 95, H. 11, S. 397–407. https://doi.org/10.37544/0005-6650-2020-11-55

[9] Schramm, N.; Fischer, O. (2020) *Zur Anrechenbarkeit von nicht normgemäßen Bügelformen auf die Querkrafttragfähigkeit von Bestandsbrücken* in: Bauingenieur 95, H. 11, S. 408–418. https://doi.org/10.37544/0005-6650-2020-11-66

[10] Herbrand, M.; Classen, M.; Adam, V. (2017) *Querkraftversuche an Spannbetondurchlaufträgern mit Rechteck- und I-Querschnitt* in: Bauingenieur 92, H. 11, S. 465–473. https://doi.org/10.37544/0005-6650-2017-11-51

[11] Gleich, P.; Maurer, R. (2018) *Querkraftversuche an Spannbetondurchlaufträgern mit Plattenbalkenquerschnitt* in: Bauingenieur 93, H. 2, S. 51–61. https://doi.org/10.37544/0005-6650-2018-02-31

[12] Herbrand, M.; Adam, V.; Hegger, J. (2018) *Shear Tests on Prestressed Concrete Continuous Beams* in: Kim, Y. J.; Myers, J. J.; Nanni, A. [Eds.] *The Concrete Convention and Exposition.* Salt Lake City, UT, USA, pp. 119–134.

[13] Schramm, N.; Fischer, O.; Scheufler, W. (2019) *Experimentelle Untersuchungen an vorgespannten Durchlaufträger-Teilsystemen zum Einfluss nicht*

mehr zugelassener Bügelformen auf die Querkrafttragfähigkeit in: Bauingenieur 94, H. 1, S. 9–20. https://doi.org/10.37544/0005-6650-2019-01-55

[14] Huber, P.; Huber, T.; Kollegger, J. (2019) *Experimental and theoretical study on the shear behavior of single- and multi-span T- and I-shaped post-tensioned beams* in: Structural Concrete 25, H. 3, S. 266. https://doi.org/10.1002/suco.201900085

[15] Huber, P. et al. (2016) *Rechnerische Beurteilung der Schubtragfähigkeit einer Spannbetonbrücke mit geringem Querkraft bewehrungsgrad* in: Beton- und Stahlbetonbau 111, H. 11, S. 706–715. https://doi.org/10.1002/best.201600050

[16] Huber, P. et al. (2016) *Experimentelle Untersuchung zum Querkrafttragverhalten von Spannbetonträgern mit geringer Schubbewehrung* in: Bauingenieur 91, H. 6, S. 238–247. https://doi.org/10.37544/0005-6650-2016-06-56

[17] Herbrand, M. (2017) *Shear Strength Models for Reinforced and Prestressed Concrete Members* [Dissertation]. RWTH Aachen University.

[18] Talbot, A. N. (1909) *Tests of reinforced concrete beams: resistance to web stresses – Series of 1907 and 1908.*

[19] Herbrand, M.; Hegger, J. (2013) *Experimentelle Untersuchungen zum Einfluss einer externen Vorspannung auf die Querkrafttragfähigkeit vorgespannter Durchlaufträger* in: Bauingenieur 88, H. 12, S. 428–437.

[20] Maurer, R.; Kiziltan, H. (2013) *Zum Einfluss des Druckbogens auf den Querkraftwiderstand von Spannbetonbalken* in: Bauingenieur 88, H. 4, S. 165–176.

[21] Maurer, R. et al. (2014) *Querkraftversuch an einem Durchlaufträger aus Spannbeton* in: Beton- und Stahlbetonbau 109, H. 10, S. 654–665. https://doi.org/10.1002/best.201400054

[22] Hegger, J.; Sherif, A.; Görtz, S. (2004) *Investigation of Pre- and Postcracking Shear Behavior of Prestressed Concrete Beams Using Innovative Measuring Techniques* in: ACI Structural Journal 101, Nr. 2, pp. 183–192.

[23] DIN-Fachbericht 102:2009-03 (März 2009) *DIN-Fachbericht 102 – Betonbrücken.* Berlin: Beuth.

[24] Herbrand, M.; Adam, V.; Hegger, J. (2020) *Querkrafttragfähigkeit von Spannbetondurchlaufträgern mit geringen Bügelbewehrungsgraden* in: Krieger, J.; Isecke, B. [Hrsg.]. Ostfildern: Technische Akademie Esslingen, 157–170.

[25] DIN EN 1992-2:2010-12 (Dezember 2010) *Eurocode 2: Bemessung und Konstruktion von Stahlbeton- und Spannbetontragwerken – Teil 2: Betonbrücken – Bemessungs- und Konstruktionsregeln – Deutsche Fassung EN 1992-2:2005 + AC:2008.* Berlin: Beuth.

[26] Maurer, R.; Stakalies, E. (2020) *Versuche und Bemessungsvorschlag zur Anrechenbarkeit von Spanngliedern auf die Torsionslängsbewehrung* in: Bauingenieur 95, H. 1, S. 1–11. https://doi.org/10.37544/0005-6650-2020-01-25

[27] Dommes, C.; Hegger, J. (2024) *Ermittlung von Traglastreserven in 16,5 m Spannbetonträgern unter Querkraftbeanspruchung* in: Bauingenieur 99, 1/2, S. 22–34. https://doi.org/10.37544/0005–6650–2024–01–02–44

[28] Dommes, C.; Hegger, J. (2023) *Experimental and analytical investigations on the shear capacity of prestressed concrete bridges* in: IABSE [Ed.] *IABSE Symposium.* New Delhi, India.

[29] Lamatsch, S.; Fischer, O. (2024) *Querkraftversuche an unterschiedlich vorgespannten Balkenelementen mit baupraktischen Bauteilabmessungen* in: Bauingenieur 99, 1/2.

[30] DIN EN 1992-2/NA:2013-04 (April 2013) *Nationaler Anhang – National festgelegte Parameter – Eurocode 2: Bemessung und Konstruktion von Stahlbeton- und Spannbetontragwerken – Teil 2: Betonbrücken – Bemessungs- und Konstruktionsregeln.* Berlin: Beuth.

[31] Maurer, R.; Stakalies, E.; Lavrentyey, V. (2024) *Zum Nachweis bei einer kombinierten Beanspruchung aus Biegung, Querkraft und Torsion (M+V+T)* in: Bauingenieur 99, 1/2.

[32] Ribas González, C. R.; Fernández Ruiz, M. (2017) *Influence of flanges on the shear-carrying capacity of reinforced concrete beams without web reinforcement* in: Structural Concrete 18, H. 5, S. 720–732. https://doi.org/10.1002/suco.201600172

[33] Görtz, S. (2004) *Zum Schubrissverhalten von Stahlbeton- und Spannbetonbalken aus Normal- und Hochleistungsbeton* [Dissertation]. RWTH Aachen.

[34] Deutscher Ausschuss für Stahlbeton (2012) *DAfStb-Heft 597: Erweiterte Datenbanken zur Überprüfung der Querkraftbemessung für Konstruktionsbauteile mit und ohne Buegel.* Ernst & Sohn.

[35] Deutscher Ausschuss für Stahlbeton (2012) *Erläuterungen zu DIN EN 1992-1-1 und DIN EN 1992-1-1/NA (Eurocode 2) – DAfStb-Heft 600.* Berlin: Beuth.

[36] Huber, P. (2016) *Beurteilung der Querkrafttragfähigkeit bestehender Stahlbeton- und Spannbetonbrücken* [Dissertation]. Technische Universität Wien.

[37] Vecchio, F. J.; Collins, M. P. (1986) *The Modified Compression-Field Theory for Reinforced Concrete Elements Subjected to Shear* in: ACI Structural Journal 83, Nr. 2, pp. 219–231. https://doi.org/10.14359/10416

[38] Kiziltan, H. (2012) *Zum Einfluss des Druckbogens auf den Schubwiderstand von Spannbetonbalken* [Dissertation]. Technische Universität Dortmund.

[39] Kerkeni, N. (2009) *Programmbeschreibung LIMFES.*

[40] Bažant, Z. P. et al. (2000) *Microplane Model M4 for Concrete – Part I: Formulation with Work-Conjugate Deviatoric Stress* in: Journal of Engineering Mechanics 126, Nr. 9, pp. 944–953.

[41] DIN-Fachbericht 101:2009-03 (März 2009) *DIN-Fachbericht 101 – Einwirkungen auf Brücken.* Berlin: Beuth.

Kombinierte Beanspruchung aus Biegung, Querkraft und Torsion – Erkenntnisse aus zwei BASt-Forschungsvorhaben

Univ.-Prof. Dr.-Ing. Reinhard Maurer
Technische Universität Dortmund

Dipl.-Ing. Vladimir Lavrentyev
Technische Universität Dortmund

Eva Stakalies, M. Sc.
Technische Universität Dortmund

Zusammenfassung
Bei einer Beurteilung der Tragsicherheit bestehender älterer Spannbetonbrücken durch eine Nachrechnung auf Grundlage aktueller Normen für Neubauten, ergeben sich häufig, besonders bei der Schubtragfähigkeit infolge Querkraft und Torsion, deutliche Defizite. Da die Nachweisformate für Neubauten im Sinne einer einfachen Anwendbarkeit Vereinfachungen enthalten, beispielsweise durch vernachlässigte Traganteile, und daher häufig konservativ sind, besteht die Aufgabe genauere Nachweisformate für die Nachrechnung bestehender Bauwerke zu entwickeln, um vorhandene Tragreserven nutzen zu können.

Im Rahmen der BASt-Forschungsvorhaben wurde der Frage nachgegangen, ob durch eine genauere Nachweisführung unter Berücksichtigung der Interaktion der Schnittgrößen infolge einer kombinierten Beanspruchung mit Torsion Tragfähigkeitsreserven aktiviert werden können. Hierfür wurde ein entsprechendes Bemessungsmodell mittels der durchgeführten Großversuche verifiziert. Untersucht wurden dabei gleichzeitig eine vom aktuell gültigen NA abweichende konstruktive Ausbildung bei der Torsionsbügelbewehrung.
Bei den Großversuchen wurden Tragverhalten, maximale Tragfähigkeit (begrenzt sowohl durch die Bewehrung als auch den Beton), Anrechenbarkeit der Spannglieder auf die Torsionslängsbewehrung, Rissbildung und damit einhergehender Abfall der Torsionssteifigkeit sowie ein etwaiger Einfluss aus der konstruktiven Ausbildung der Torsionsbügel gezielt untersucht.
Die gewonnenen Erkenntnisse haben ihren Niederschlag in der 2. Ergänzung der Nachrechnungsrichtlinie gefunden, die als BEM-ING Teil 2 bauaufsichtlich eingeführt werden soll.

1. Einleitung
Eine intakte, funktionierende Verkehrsinfrastruktur ist eine notwendige Voraussetzung, nicht nur für das Zusammenleben in unserer arbeitsteiligen Gesellschaft, sondern auch zur Sicherung der Funktionsfähigkeit des Wirtschafts- und Industriestandorts Deutschland. Neuralgische Punkte der Verkehrsinfrastruktur sind die Brücken. Kritisch sind besonders die bestehenden älteren Bauwerke aus den 50er, 60er und 70er Jahren, insbesondere die Großbrücken. Dies gilt für alle Bauweisen gleichermaßen, ob Stahl-, Verbund- oder Betonbrücken. Die Ursachen für den heutigen Zustand unseres Brückenbestands, besonders im Hinblick auf die älteren Bauwerke mit Defiziten der Tragfähigkeit, sind sowohl der Belastungs- als auch der Widerstandsseite zuzuordnen:
Die heutigen Belastungen aus Verkehr sind wesentlich höher als damals angesetzt, sowohl was die Fahrzeuggesamtgewichte als auch deren Häufigkeit betrifft. Bei unseren Brücken wirkt sich dies sowohl auf die statische Tragfähigkeit als auch auf die Materialermüdung aus.
Die zeitlichen Entwicklungen auf der Widerstandsseite, sind vor dem historischen Hintergrund zu sehen. In der Wiederaufbauphase nach dem zweiten Weltkrieg ab etwa 1950 bestand in Deutschland ein sehr großer Bedarf an Brückenneubauten. Damals hat sich die noch junge Spannbetonbauweise – für die noch vergleichsweise wenige Erfahrungen vorlagen – aufgrund ihrer wirtschaftlichen Vorteile gegenüber der Stahlbauweise rasch durchgesetzt.
Die aus dem damaligen Erkenntnisstand resultierenden technischen Unzulänglichkeiten bei der Bemessung und konstruktiven Durchbildung wurden an den Bauwerken, beispielsweise in Form von Dauerhaftigkeitsschäden, oft erst nach vielen Jahren sichtbar und erkannt. Dadurch wurden über einen längeren Zeitraum Brücken gebaut, die alle die gleichen konzeptionellen Schwächen aufwiesen. Dies gilt für alle Bauweisen gleichermaßen.
Die Normen, als maßgebende Grundlage für Bemessung und Konstruktion der Brücken, werden naturgemäß nur in größeren zeitlichen Abständen auf der Grundlage neuer Erkenntnisse aus Wissenschaft und Erfahrungen in der Praxis fortgeschrieben, um Schwachstellen zu beseitigen und die Grundsätze für Bemessung und Konstruktion an neue Erkenntnisse anzupassen.
Daher weisen die bestehenden Bauwerke in Abhängigkeit von ihrem Baujahr gegenüber bestimmten Beanspruchungen de facto nicht das gleiche Sicherheitsniveau auf.

So enthalten beispielsweise die heutigen Spannbetonbrücken gegenüber den älteren deutlich mehr Bewehrung und Vorspannung.
Ein wesentliches Sicherheitselement beim Bauwerksbestand ist die periodische Brückenprüfung. Lange Zeit wurde der dabei erfasste bauliche Zustand als maßgebliches Kriterium für die Bewertung der Bauwerke angesehen. Bei gutem baulichen Zustand ging man davon aus, dass Funktionsfähigkeit und ausreichende Sicherheit einer Brücke gegeben ist.
Erst ab etwa 2005 wurden bei den älteren Bestandsbauwerken der alten Bundesländer durch **erste Nachrechnungen** auch Defizite bei der Tragfähigkeit nach aktuellem Stand der Wissenschaft und Technik festgestellt. Die Nachrechnungen erfolgten für die Brücken der A45 auf der hessischen Seite, damals allerdings noch mit den DIN-Fachberichten, also den Normen für Neubauten. Die Nachrechnungsrichtlinie gab es seinerzeit noch nicht.
Diese Nachrechnungen auf Grundlage der DIN Fachberichte für Neubauten ergaben für diese Brücken durchweg keine ausreichenden Tragsicherheiten. Bei den Spannbetonbrücken waren besonders die Schubtragfähigkeiten bei Querkraft und Torsion betroffen.
An dieser Stelle wurden Methoden und Verfahren der Sicherheits- und Zuverlässigkeitstheorie für die Beurteilung der Tragsicherheit herangezogen. Daraus folgte, dass Normen für Neubauten für Aussagen über bestehende Brücken nicht geeignet sind. Insofern waren die Ergebnisse, basierend auf den DIN-Fachberichten, nur bedingt aussagekräftig.
So wurde in der Folge **die Nachrechnungsrichtlinie** erarbeitet, die an die Besonderheiten der Bestandsbauwerke angepasst war.
Damit war es möglich, durch ein an bestehende Bauwerke **angepasstes Sicherheitskonzept** und im Rahmen mehrerer FE-Projekte entwickelter **genauerer Nachweisverfahren**, bis dahin ungenutzte **Tragreserven zu aktivieren**. Einen Schwerpunkt bildeten dabei die Nachweisverfahren bei Querkraft sowie der kombinierten Beanspruchung aus Biegung, Querkraft und Torsion. Die genaueren Nachweisverfahren für diese Schubprobleme wurden im Rahmen mehrerer Forschungsvorhaben im Auftrag der BASt erarbeitet. Dabei ging es nicht nur um Bemessungsverfahren, sondern z.B. auch darum, wie man mit seinerzeit angewendeten Konstruktionsregeln, die nicht dem heutigen Stand der Wissenschaft und Technik entsprechen, umgeht. In welchem Umfang eine derartige Bewehrung für die Tragfähigkeit angesetzt werden kann.
Nachfolgend werden zu diesen Problemen Erkenntnisse vor allem aus zwei im Auftrag der BASt durchgeführten Forschungsvorhaben mit Großversuchen an Spannbetonträgern (FE 15.0591/2012/FRB; FE 15.0664/2019/DRB), die an der RWTH Aachen, der TU Dortmund sowie der TU München durchgeführt wurden, vorgestellt. Für weitere Details siehe auch [1], [2], [3].

2. Genauere Nachweisverfahren bei Querkraft

Im Bild 1 ist beispielhaft für einen zweifeldrigen Versuchsträger die rechnerische Querkrafttragfähigkeit entsprechend dem idealisierten Fachwerkmodell mit Rissreibung nach DIN EN 1992-2/NA:2013 der experimentell ermittelten Querkrafttragfähigkeit gegenübergestellt. Die rechnerische Tragfähigkeit wurde dabei unter Ansatz der Mittelwerte der am Versuchsträger bestimmten Materialeigenschaften berechnet. Es ist deutlich zu erkennen, dass in diesem konkreten Fall die Querkrafttragfähigkeit des Versuchsträgers auf Basis des nationalen Anhangs etwa um den Faktor 2 deutlich unterschätzt wird, da das Bemessungsmodell nicht alle maßgebenden Tragmechanismen zutreffend berücksichtigt. Die Differenz kann als nicht berücksichtigter zusätzlicher Betontraganteil interpretiert werden.

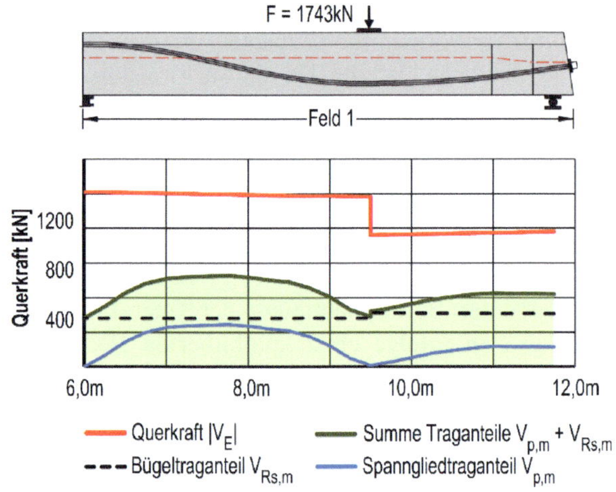

- Idealisiertes Fachwerkmodell:

$$V_R = V_{Rs,m} + V_{pm}$$

$$V_{Rs,m} = a_{sw} \cdot f_{ym} \cdot z \cdot \cot\theta$$

$$V_{pm} = \sigma_p \cdot A_p \cdot sin\varphi$$

Bild 1: Querkraftbeanspruchung vs. Querkrafttragfähigkeit nach DIN EN 1992-2/NA

Über die verschiedenen Querkrafttraganteile besteht in der Fachwelt grundsätzlich Einigkeit:
- Querkraftbewehrung $V_{R,sy}$
- Betondruckzone V_{cc}
- Vorspannwirkung V_p
- Rissverzahnung V_{cr}
- Bruchprozesszone V_{BPZ}
- Dübelwirkung der Bewehrung V_d

Gegenstand kontroverser Diskussionen ist bis heute die quantitative Bewertung und das Zusammenwirken der einzelnen Anteile bei der resultierenden Querkrafttragfähigkeit. Erschwert wird die zutreffende Abbildung der komplexen Zusammenhänge in einem mechanischen Modell durch weitere Einflüsse wie z.B. der baulichen Ausbildung des Bauteils, der Art der Belastung, der Schubschlankheit sowie dem Beanspruchungsniveau. Daher gibt es bis heute kein allgemein anerkanntes Bemessungsmodell, das eine zuverlässige Vorhersage der Querkrafttragfähigkeit in allen Fällen ermöglicht.

2.1 Erweitertes Fachwerkmodell mit additivem Betontraganteil (NRR: Stufe 2)

Für die Bewertung der Querkrafttragfähigkeit bestehender Spannbetonbrücken im Rahmen der Stufe 2 der 2. Ergänzung der Nachrechnungsrichtlinie (NRR) wurde an der RWTH Aachen das erweiterte Fachwerkmodell mit additivem Betontraganteil entwickelt. Dabei wird die Querkraftbeanspruchung nicht allein von der Querkraftbewehrung aufgenommen, sondern auch von einem zusätzlichen Betontraganteil.

$$V_{Rd,sy} = V_{Rd,ct} + z \cdot cot\beta_r \cdot a_{sw} \cdot f_{yd} \leq V_{Rd,max} \tag{1}$$

mit βr: Schubrisswinkel

Dabei entspricht $V_{Rd,ct}$ der Querkrafttragfähigkeit eines Bauteils ohne Querkraftbewehrung, also einem Mindestwert der Querkrafttragfähigkeit, wenn keine Querkraftbewehrung vorhanden wäre. Mit diesem Modell lassen sich für ältere bestehende Spannbetonbrücken in vielen Fällen ausreichende Tragfähigkeiten nachweisen, wie bisherige Anwendungen gezeigt haben.

2.2 Druckbogenmodell (NRR: Stufe 4)

Das Druckbogenmodell bzw. das erweiterte Druckbogenmodell gehört zu den Verfahren, die im Rahmen der Stufe 4 der NRR angewendet werden dürfen. Das Druckbogenmodell ist anwendbar in Bereichen im Zustand I und Zustand II mit Biegerissen, ohne ausgeprägte Schubrissbildung. Es geht vom Ebenbleiben der Querschnitte aus. Bei ausgeprägter Schubrissbildung, wenn das Ebenbleiben der Querschnitte nicht mehr gilt, kommt das erweiterte Druckbogenmodell zur Anwendung.
Das Modell wurde an der TU Dortmund entwickelt. Mit diesem anschaulichen Modell, kann der Betontraganteil für Spannbetonbalken auf Bauteilebene ermittelt werden. Nachfolgend wird die Vorgehensweise am Druckbogenmodell für den Fall ohne ausgeprägte Schubrissbildung gezeigt (Bild 2).

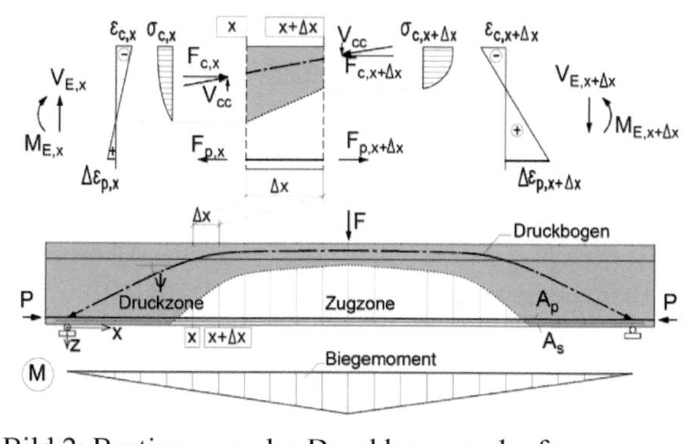

Bild 2: Bestimmung des Druckbogenverlaufs

Für die Ermittlung des Druckbogenverlaufs längs des dargestellten Balkens (Bild 2) werden in diskreten Schnitten senkrecht zur horizontalen Stabachse die Dehnungsebenen aus den zugehörigen Biegemomenten und der Vorspannwirkung bestimmt. Auf Grundlage der Dehnungsebenen werden die Druckzonenhöhe x und der Abstand der horizontalen Biegedruckkraft F_c zum Querschnittsrand berechnet. Infolge der veränderlichen Höhenlage der Spannglieder und des veränderlichen Biegemoments variiert die Lage der horizontalen Biegedruckkraft. Aus der Verbindung der Druckzonenhöhen ergibt sich der überdrückte Bereich, aus der Verbindungslinie der horizontalen Biegedruckkräfte folgt der Druckbogenverlauf. Aus der vertikalen Komponente der geneigten Kraft im Druckbogen resultiert der zusätzliche Querkrafttraganteil V_{cc} des Betons. Dieser Betontraganteil wird beim Fachwerkmodell mit Rissreibung nicht explizit in Ansatz gebracht.
Der zusätzliche Betontraganteil V_{cc} braucht nicht kleiner angesetzt zu werden als der Mindestwert $V_{Rd,ct}$ gemäß dem erweiterten Fachwerkmodell mit Betontraganteil *(NRR: Stufe 2).*
Damit gilt:

$$V_{cc} \geq V_{Rd,ct} \tag{2}$$

Der Mindestwert kommt in den Bereichen zum Tragen, in denen der Druckbogen mit nur sehr flacher Neigung verläuft (Bild 3).

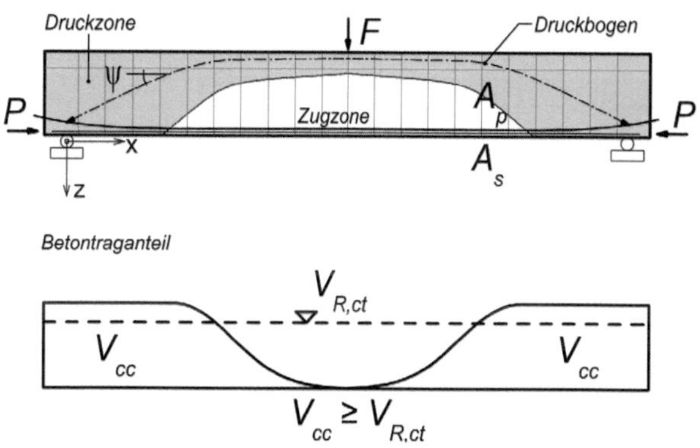

Bild 3: Zusätzlicher Betontraganteil ($V_{cc} \geq V_{Rd,ct}$) beim Druckbogenmodell (Stufe 4)

3. Nachweisverfahren bei zusätzlicher Torsion

3.1 Grundlagen

In den Stegen von Plattenbalkenbrücken tritt in den Stegen der Hauptträger im Allgemeinen zusätzlich zur Biegung mit Querkraft eine Torsionsbeanspruchung auf. Die Bemessungsformeln in EC2 bzw. DIN Fachbericht 102 gelten für eine reine Torsionsbeanspruchung. Beim Hauptträger einer Plattenbalkenbrücke wird ausschließlich der Steg für das volle Torsionsmoment bemessen. Die Nachweise im Zustand II werden dabei für einen fiktiven Ersatzhohlkasten geführt. Tatsächlich werden Anteile des Torsionsmoments auch durch die ungerissene Betondruckzone sowie die Flansche aufgenommen, Bild 4.

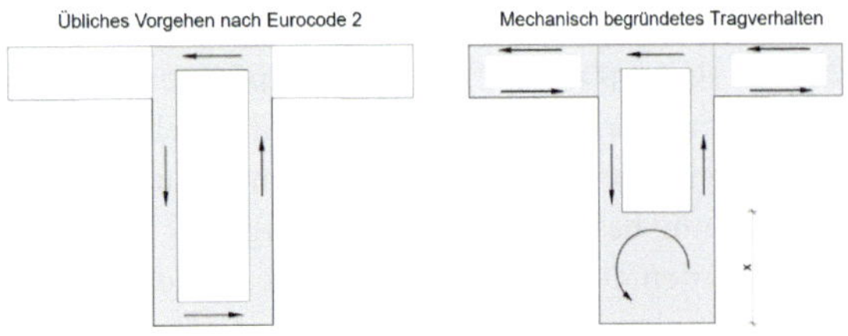

Bild 4: Aufnahme einer Torsionsbeanspruchung nach üblichem vereinfachten Ansatz (links) und genauerer Betrachtung bei kombinierter Beanspruchung (rechts)

Das Tragverhalten bei reiner Torsion im Zustand II ist dadurch charakterisiert, dass die vertikalen Komponenten der unter dem Winkel θ geneigten Druckstrebenkräfte im Beton durch die Torsionsbügel aufgenommen werden. Die horizontalen Komponenten werden durch die Torsionslängsbewehrung ins Gleichgewicht gesetzt (Bild 5a). Im Fall einer zusätzlichen Vorspannkraft wird die erforderliche Querschnittsfläche der Torsionslängsbewehrung kleiner, bei entsprechend großer Vorspannkraft werden die Längszugkräfte vollständig überdrückt, so dass rechnerisch keine Längsbewehrung mehr erforderlich ist (Bild 5b).

Bei einem Spannbetonbalken sind vergleichbare Verhältnisse gegeben, was zu einer Reduzierung der erforderlichen Torsionslängsbewehrung nach EC2 führt (Bild 5c). Auf dieser Modellvorstellung basiert das nachfolgend beschriebene Nachweisverfahren bei einer zusätzlichen Torsionsbeanspruchung.

Ermittlung der Bügelbewehrung infolge zusätzlicher Torsion (M + V + T)

Die gesamte erforderliche Bügelbewehrung ist die Summe aus Querkraftbewehrung z.B. gemäß Fachwerkmodell mit Betontraganteil oder Druckbogenmodell, plus zusätzlichem Anteil der Torsionsbügelbewehrung nach EC2 bzw. DIN Fachbericht 102:

$a_{sw,V}$ *Querkraftbügel wie Referenzversuche*

$+$

$$a_{sw,T} = \frac{T_u}{2 \cdot A_k \cdot f_{ym}} \cdot \tan\theta \tag{3}$$

mit: $\cot\theta = 2{,}5$ (aus Referenzversuchen)
$T_u = V_u \cdot e$ e: Exzentrizität der Lasten

Während bei der Querkraftbewehrung eine deutliche Reduzierung durch den zusätzlichen Betontraganteil erfolgt, ist dies bei der Torsionsbügelbewehrung nicht der Fall. Daher wird die normgemäße Torsionsbügelbewehrung bei den Nachweisen üblicherweise ohne Abminderung berücksichtigt.

Ermittlung der zusätzlichen Längsbewehrung infolge Torsion (M + V + T)

Bei der Ermittlung der zusätzlichen Längsbewehrung infolge Torsion wird zunächst von dem durch diese Bewehrung aufnehmbaren Torsionsmoment $T_{Rd,sl}$ ausgegangen.

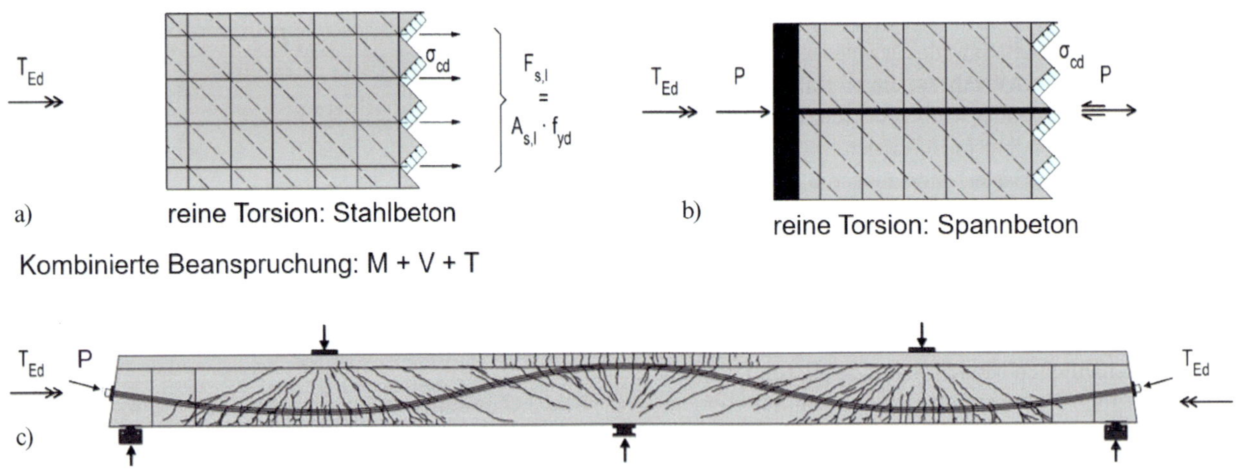

Bild 5: Beanspruchung durch reine Torsion und kombinierte Beanspruchung M + V + T

3.2 Bemessungsmodell bei zusätzlicher Torsion

Nachfolgend wird das Bemessungsmodell anhand der Bemessung der Versuchsträger mit Mittelwerten der Baustoffeigenschaften (f_{ym}) für die Schnittgrößen M_u, V_u und T_u unter der Versuchstraglast des jeweiligen Referenzträgers ohne zus. Torsion gezeigt. Bei einer Nachrechnung realer Bauwerke sind die entsprechenden Bemessungswerte (f_{yd}, M_{Ed}, V_{Ed}, T_{Ed}) anzusetzen.

$$T_u = V_u \cdot e = \frac{A_{sl}}{u_k} \cdot f_{ym} \cdot 2 \cdot A_k \cdot \tan\theta \tag{4}$$

$\Rightarrow A_{sl}$

Daraus folgt durch Umstellung de zugehörige Längskraft aus Torsion N_{Td}, die im Schwerpunkt des Querschnitts bei der Biegebemessung mit angesetzt wird (Bild 6).

$$N_{Tu} = A_{sl} \cdot f_{ym} = \frac{T_u}{2 \cdot A_k} \cdot u_k \cdot \cot\theta \qquad (5)$$

mit: $\cot\theta = 2{,}5$ (aus Referenzversuchen M + V)

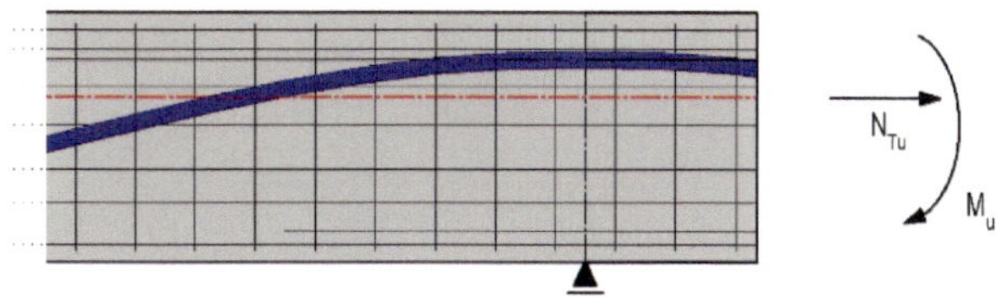

⇒ *Längsbewehrung* $A_{s(M,T)}$ *infolge M + T*

Bild 6: Erforderliche Längsbewehrung ermittelt für $M_u + N_{Tu}$

Bei dieser Vorgehensweise und überwiegender Biegebeanspruchung wird der positive Effekt aus der Überdrückung der Torsionslängszugkräfte in der Biegedruckzone infolge Biegung sowie der Tragwirkung der Spannglieder entsprechend ihrer Lage im Querschnitt bei der Bemessung automatisch mitberücksichtigt. Auf diese Weise kann die erforderliche Querschnittsfläche der Längsbewehrung optimal quantifiziert werden.

3.3 Konstruktive Durchbildung der Bügel

Die konstruktive Ausbildung von Torsionsbügeln wird in DIN EN 1992-2, 9.2.3 (1) geregelt (Bild 7).

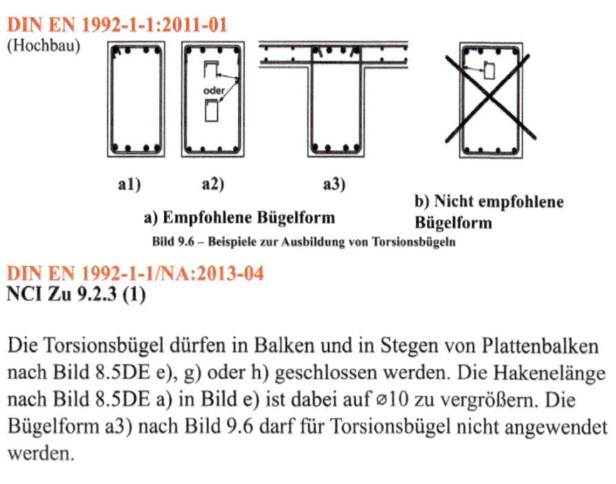

Bild 7: Beispiele zur Ausbildung von Torsionsbügeln nach DIN EN 1992-2, Bild 9.6 und zugehöriges NCI im NA

Der zugehörige deutsche NA fordert bei einer Torsionsbeanspruchung geschlossene Bügel zu verwenden. Zur Erleichterung des Einbaus der Längsbewehrung und der Spannglieder sowie zur Vereinfachung der Bewehrung und Vermeidung lokal hoher Bewehrungsgrade sind bei Plattenbalkenbrücken oben offene Bügel, die durch die Querbewehrung der Fahrbahnplatte geschlossen werden, vorteilhaft.

Da bei Plattenbalkenbrücken eine kombinierte Beanspruchung durch überwiegende Querkraftbiegung mit zusätzlicher Torsionsbeanspruchung auftritt und sich in der Fahrbahnplatte eine starke obere Querbewehrung befindet, wird ein Ausbrechen der oberen Ecken infolge der Umlenkung der Betondruckstreben durch die Bügelhaken und die Querbewehrung der Fahrbahnplatte verhindert (Bild 8). Daher wurde bei den Dortmunder Versuchen auch der Frage nachgegangen, inwieweit die Querschnitte mit geschlossenen Bügeln eine größere Tragfähigkeit gegenüber den offenen durch Querbewehrung geschlossenen Bügeln aufweisen.

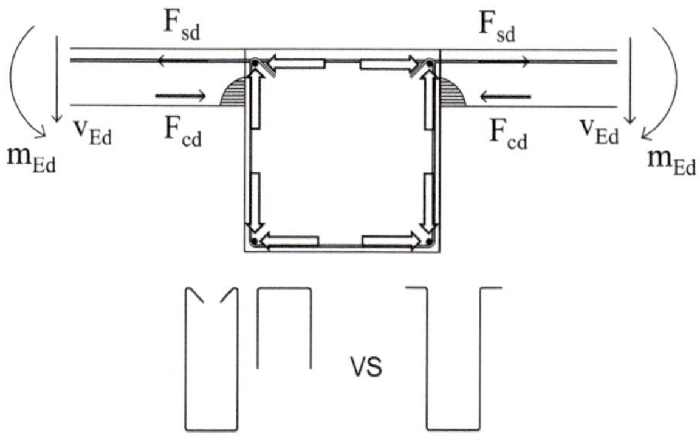

Bild 8: Konstruktive Ausbildung der Bügel bei Querkraft und Torsion bei Plattenbalkenbrücken nach DIN EN 1992-2 abweichend zum NA

Die Wirksamkeit der Verankerungselemente für die Bügel in Form von Haken und Winkelhaken wurde experimentell untersucht und nachgewiesen [4]. Die Fließkraft konnte in allen Fällen verankert werden.

4. Verifikation durch 2 Versuchsreihen mit kombinierter Beanspruchung

4.1 Versuchsreihe DLT mit zusätzlicher Torsion (M + V + T)

Der Versuchsaufbau der Versuchsreihe DLT (Durchlaufträger) mit Belastung ist Bild 9 dargestellt. Dazu standen Referenzversuche (DLT 2.1 bis DLT 2.4) mit reiner Querkraftbiegung, d.h. Exzentrizität e = 0 und Beanspruchung M + V, T = 0, zur Verfügung. Die Versuchsträger DLT 2.5 bis DLT 2.8 mit zusätzlicher Torsion wurden mit dem in Abschn. 3.2 beschriebenen mechanischen Modell bemessen und ausgelegt.

An jedem der 4 Versuchsträger (DLT5 bis DLT8) wurde je Feld ein Teilversuch durchgeführt, d.h. insgesamt waren es 8 Teilversuche. Unmittelbar vor dem Versagen, zu erkennen an den Indikatoren Rissbildung und in Echtzeit gemessenen Dehnungen, wurde das schwächer bewehrte Feld verstärkt, so dass die Belastung im stärker bewehrten Feld weiter gesteigert werden konnte, bis dort der Bruchzustand erreicht wurde.

Ein wesentliches Ziel der Versuche bestand darin, das in Abschn. 3.2 beschriebene mechanische Modell zu verifizieren.

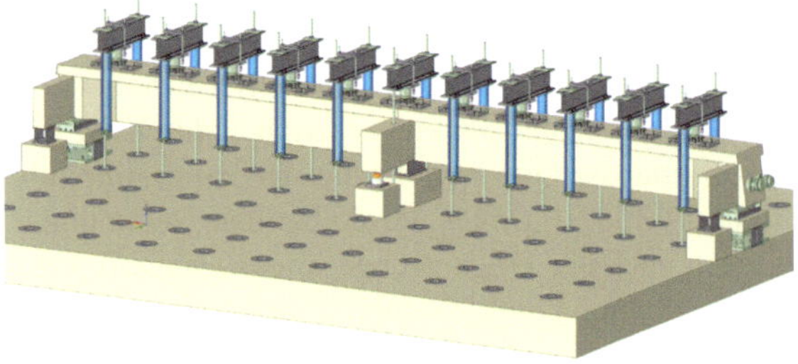

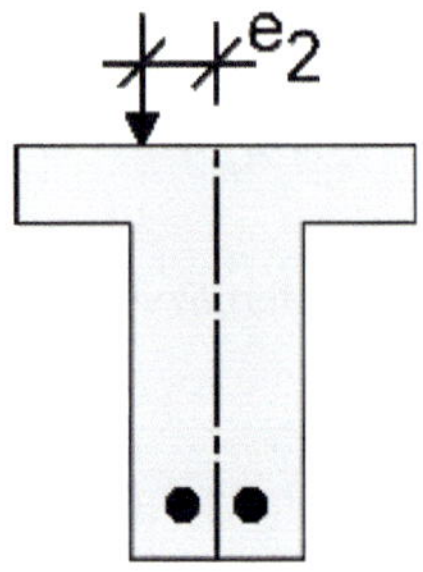

Bild 9: Versuchsaufbau mit Belastung der Versuchsreihe DLT

Versuchstraglasten
Die erzielten Versuchstraglasten sind in Tab. 1 zusammengefasst

Tab. 1 Experimentell ermittelte Versuchstraglasten DLT 2.5 bis DLT 2.8

Versuchsträger	Versuchstraglast	Referenz-versuch	Abweichung	Merkmal
DLT2.5 – Feld 1	1549 kN	1607 kN	-3,20 %	zusätzliche Torsionsbügel- und Torsionslängsbewehrung
DLT2.5 – Feld 2	1792 kN	1798 kN	-0,20 %	Exzentrizität: e = 7,5 cm
DLT2.6 – Feld 1	1453 kN	1607 kN	-9,20 %	keine zusätzliche Torsionslängsbewehrung
DLT2.6 – Feld 2	1688 kN	1798 kN	-6,10 %	Exzentrizität: e = 7,5 cm
DLT2.7 – Feld 1	1603 kN	1607 kN	-0,25 %	Bemessung: e = 11 cm Versuch: e = 11 cm
DLT2.7 – Feld 2	1379 kN	1607 kN	-14 %	Bemessung: e = 15 cm Versuch: e = 20 cm!
DLT2.8 – Feld 1	522 kN/m	413 kN/m	+26,4 %	DLT2.4: (Referenzv.) f_{cm} = 26,7 MN/m² DLT 2.8: f_{cm} = 48,9 MN/m²
DLT2.8 – Feld 2	522 kN/m	413 kN/m	+26,4 %	Exzentrizität: e = 15 cm

Bei den experimentellen Untersuchungen wurden auch einige Sensitivitätsbetrachtungen durchgeführt.

DLT 2.5:
Die zusätzliche Torsionsbügel- und Torsionslängsbewehrung wurde gemäß dem Bemessungsmodell in Abschn. 3.2 vollständig eingebaut, die Versuchstraglasten aus den Referenzversuchen wurden nahezu erreicht. Das Bemessungsmodell wurde damit bestätigt.

DLT 2.6:
Es wurde keine zusätzliche Torsionslängsbewehrung gemäß dem Bemessungsmodell eingebaut, lediglich die zusätzliche Torsionsbügelbewehrung. Auswirkung: Abfall der Versuchstraglast gegenüber den Referenzversuchen um 9.2 % in Feld 1 und 6.1 % in Feld 2.

DLT 2.7:
Teilversuch in Feld 1: Bestätigung des Bemessungsmodells
Teilversuch in Feld 2: Auslegung für e = 15 cm, im Versuch realisiert e = 20 cm. Abfall der Versuchstraglast um 14 %, d.h. keine ausreichenden Tragreserven zur Kompensation der Überschreitung der Exzentrizität um 1/3 im Versuch.

DLT 2.8:
Variiert wurde die konstruktive Ausbildung der Bügel.
Feld 1: mit Steckbügeln geschlossene Bügel
Feld 2: oben offene Bügel mit Winkelhaken nach außen, geschlossen durch obere Querbewehrung in der Platte.

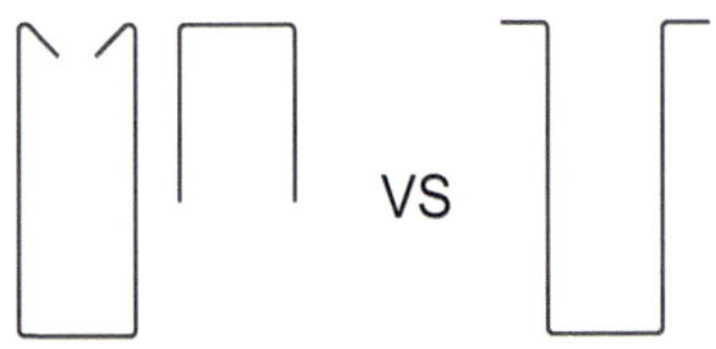

Beide Felder zeigen gleiches Trag- und Rissverhalten, erreichen die gleiche Versuchstraglast.
Der Referenzträger weist eine kleinere Versuchstraglast auf infolge Versagens der Betondruckzone an der Innenstütze als Folge der deutlich kleineren Betondruckfestigkeit (26,7 vs. 48,9 MN/m²)

Rissbildung
In Bild 10 ist die Rissbildung für DLT 2.8 im Bruchzustand zu sehen. In der Draufsicht sind in der Gurtplatte infolge Torsion schräg zur Balkenlängsachse verlaufende Risse zu erkennen. Ein Beleg dafür, dass das Torsionsmoment teilweise auch von der oberen Gurtplatte aufgenommen wird und nicht vollständig vom Steg! Dies führt zur Entlastung und Reduzierung der erforderlichen Torsionsbügel im Steg [5].

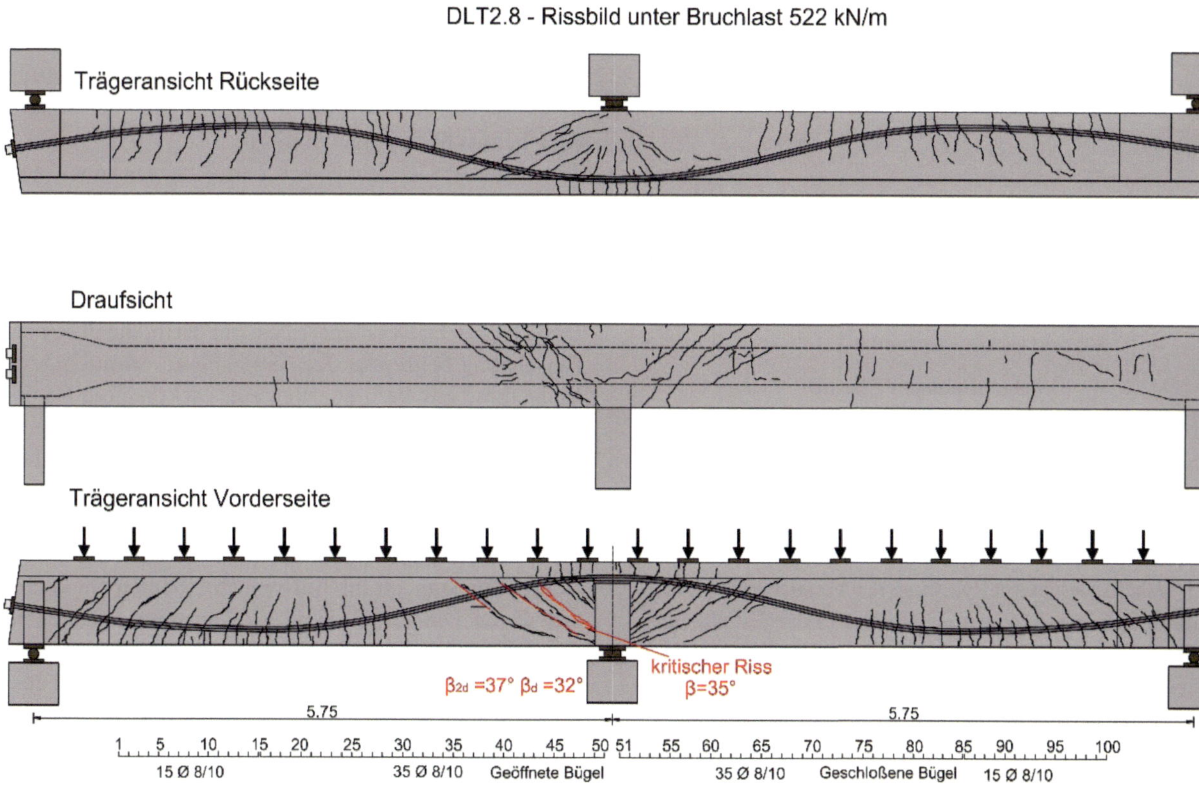

Bild 10: Rissbildung im DLT 2.8 im Bruchzustand

Rissverzahnungskräfte

$$N_{cr} = \int_r \sigma_{cr} \cdot dr = \sigma_{cr} \cdot \Delta r \cdot b_w$$

$$T_{cr} = \int_r \tau_{cr} \cdot dr = \tau_{cr} \cdot \Delta r \cdot b_w$$

Vertikalkomponente beider Kräfte:
Querkrafttraganteil infolge Rissverzahnung

$$V_{cr} = \sin\theta_{cr} \cdot T_{cr} + \cos\theta_{cr} \cdot N_{cr}$$

→ **kein bedeutender Querkrafttraganteil infolge Rissverzahnung**

Bild 11: Auswertung der Risskinematik mittels Photogrammmetrie

Eine Auswertung der Schubspannungen und Normalspannungen im Riss infolge Rissverzahnung auf Grundlage der Risskinematik *(Rissöffnung w, Rissgleitung v)* ergab im Bruchzustand keine Rissverzahnungskräfte (N_{cr}, V_{cr}) in einer für die Querkrafttragfähigkeit bedeutenden Größe, Bild 11.
Mit der Rissbildung geht ein Abfall der Torsionssteifigkeit einher (Bild 12). Dabei ist zwischen der Sekanten und Tangentensteifigkeit zu unterscheiden. In beiden Fällen fällt die Torsionssteifigkeit bei den Spannbeton Versuchsträgern unter 40 % des elastischen Wertes nach Zustand I ab. Dies bestätigt die Vorgabe in der NRR.
Für weitere Details siehe [6].

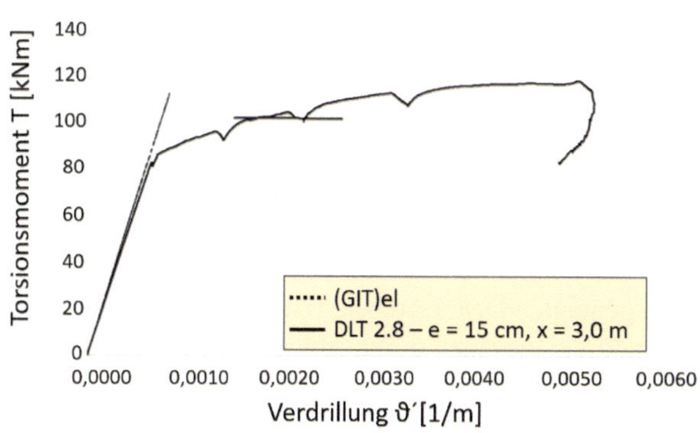

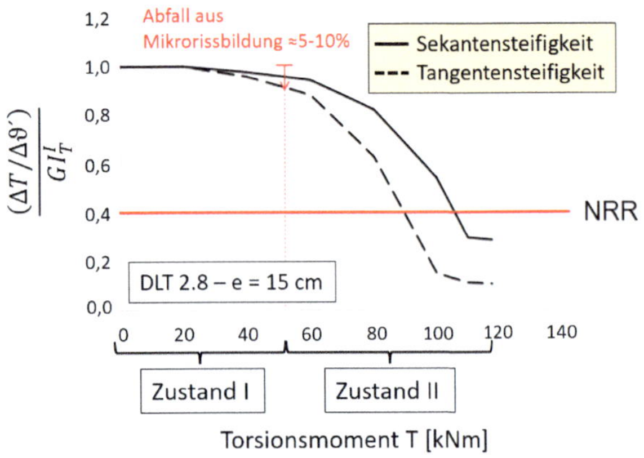

Bild 12: Torsionssteifigkeit in Abhängigkeit vom Beanspruchungsniveau (DLT 2.8)

4.2 Versuchsreihe ETK mit zusätzlicher Torsion (M + V + T)

Der Versuchsaufbau mit Belastung der Versuchsreihe ETK (Einfeldträger mit Kragarm) ist in Bild 13 dargestellt. Der Teilversuch 1 im Feldbereich diente der Verifikation des Bemessungsmodells bei zusätzlicher Torsion. Hierbei ging es um die auseichende Tragfähigkeit der Bewehrung. Der Teilversuch 2 am stark bewehrten Kragarm diente der Untersuchung der Interaktionsbedingung für eine kombinierte Beanspruchung (M + V + T) beim Versagen des Betons auf Druck. Ein Versagen der Bewehrung durch Fließen mit großen plastischen Dehnungen wurde hier durch einen entsprechend hohen Bewehrungsgrad ausgeschlossen.
Versuchsaufbau: Einfeldträger mit Kragarm

- größere Schlankheiten
- größere Spannweiten
- Streckenlast im Feld, Einzellast am Kragarm

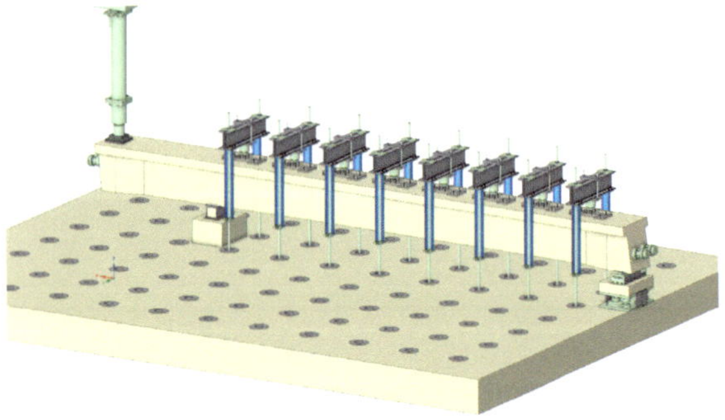

Bild 13: Versuchsaufbau mit Belastung der Versuchsreihe ETK

Referenzversuch ETK1 ohne zusätzliche Torsion (e = 0)
Teilversuch 1: Das Versagen erfolgte im Feld durch Fließen der Bügel im Bereich vor dem Innenauflager. Infolge großer plastischer Dehnungen und starker Rissbildungen kam es dort gleichzeitig zu einer deutlichen Abminderung der wirksamen Betondruckfestigkeit $\nu \cdot f_{cd}$ in den flach geneigten Druckstreben. Dadurch kam es zu einem sekundären Versagen durch Ablösen der Betondeckung über den Bügeln und schließlich einem Betonausbruch in der Biegedruckzone am Auflager. Bei den relativ kleinen Querschnittsabmessungen eines Versuchsträgers ist das gleichbedeutend mit dem Erreichen des Versagenszustands. In der Folge war keine weitere Laststeigerung mehr möglich. Allerdings wäre im Feld auch ohne dieses sekundäre Betonversagen keine deutliche Laststeigerung mehr möglich gewesen, da die Tragfähigkeit der Bewehrung bereits hoch ausgenutzt war.
Teilversuch 2: Der Teilversuch 2 am Kragarm konnte aufgrund der Betonabplatzungen nicht mehr ausgeführt werden, weil dadurch keine Laststeigerung mehr möglich war.

Versuche ETK2 bis ETK5
Das Ziel der Teilversuche 1 bestand darin, die durch die Bewehrung begrenzte Tragfähigkeit zu ermitteln. Als Maßnahme zur Verhinderung eines sekundären Betondruckversagens bei jetzt zusätzlicher Torsionsbeanspruchung wurde daher bei diesen Versuchen im kritischen Bereich eine stählerne Konstruktion zur Umschnürung der Biegedruckzone angeordnet (Bild 14). Diese ist für die Querkrafttragfähigkeit nicht wirksam, da die dargestellten Zugstangen im Teilversuch 1 oben nicht verankert waren. Die Verankerung erfolgt erst im anschließenden Teilversuch 2, der am Kragarm durchgeführt wird.
Für die Teilversuche 2 enthalten die Kragarme eine ausreichend stark bemessene Bügelbewehrung zur Vermeidung eines sekundären Druckversagens durch Fließen der Bügel mit großen plastischen Dehnungen.

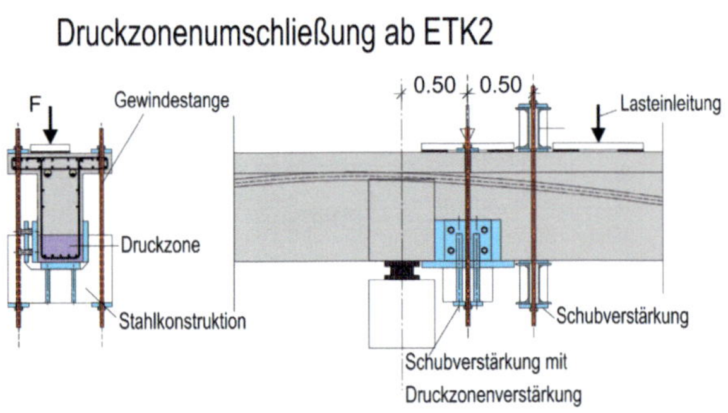

Bild 14: Konstruktion zur Umschnürung der Betondruckzone

Versuchstraglasten
Die Versuchstraglasten für ETK1 bis ETK5 sind in Tabelle 2 getrennt nach Teilversuch1 und Teilversuch 2 zusammengefasst. Daraus geht hervor, dass bei allen Teilversuchen 1 (ETK2 bis ETK5) zur Verifizierung des Bemessungsmodells in Abschn. 3.2 die Versuchstraglast des Referenzversuchs ETK1 erreicht wurde. Dadurch wurde das Bemessungsmodell bestätigt.
Als Bügelbewehrung wurden ausnahmslos oben offene Bügel mit nach außen gebogenen Winkelhaken verwendet, die entgegen dem NA lediglich durch die Querbewehrung in der Gurtplatte geschlossen wurden.
In Verbindung mit den gewählten Druckstrebenwinkeln θ für die Bemessung bei ETK3 mit cot θ = 2,5 und bei ETK4 mit cot θ = 2,0 unter sonst gleichen Randbedingungen konnte mit diesen beiden Versuchen eine entsprechende Umlagerungsfähigkeit der inneren Kräfte nachgewiesen werden. Einen Sonderfall stellte ETK5 aufgrund seines Rechteckquerschnitts dar. Er erreichte die gleiche Versuchstraglast wie der zugehörige Referenzträger ETK2 mit e = 7,5 cm.

Tab. 2: Experimentell ermittelte Versuchstraglasten ETK1 bis ETK5

Versuchsträger	Versuchstraglast	Referenz-versuch	Abweichung	Merkmal
ETK1 – Teilversuch 1	198 kN/m			Referenzversuch, Streckenlast im Feld, e = 0
ETK2 – Teilversuch 1	204 kN/m	198 kN/m (ETK1)	+3 %	Ausmitte: e = 7,5 cm cot θ: 2,5
ETK3 – Teilversuch 1	204 kN/m	198 kN/m (ETK1)	+3 %	Ausmitte: e = 15 cm cot θ: 2,5
ETK4 – Teilversuch 1	204 kN/m	198 kN/m (ETK1)	+3 %	Ausmitte: e = 15 cm cot θ: 2,0
ETK5 – Teilversuch 1	204 kN/m	204 kN/m (ETK2)	+3 %	Ausmitte: e = 7,5 cm Rechteckquerschnitt cot θ: 2,5
ETK1 – Teilversuch 2	1166 kN			Referenzversuch, Einzellast am Kragarm, e = 0
ETK2 – Teilversuch 2	1462 kN	1166 kN (ETK1)	+25 %	Ausmitte: e = 7,5 cm
ETK3 – Teilversuch 2	1397 kN	1166 kN (ETK1)	+20 %	Ausmitte: e = 15 cm
ETK4 – Teilversuch 2	1167 kN	1166 kN (ETK1)	0 %	Ausmitte: e = 26 cm
ETK5 – Teilversuch 2	1280 kN	1462 kN (ETK2)	- 13 %	Ausmitte: e = 7,5 cm Rechteckquerschnitt

Mit den Teilversuchen 2, jeweils am stark bewehrten Kragarm, wurde die Interaktion unter einer kombinierten Beanspruchung (M + V + T) im Hinblick auf das Versagen des Betons infolge der resultierenden Hauptdruckspannungen untersucht.
Die normativen Regelungen hierzu lauten:

DIN EN1992-1-1:2011-01, 6.3.2

(4) Die maximale Tragfähigkeit eines auf Torsion und Querkraft beanspruchten Bauteils wird durch die Druckstrebentragfähigkeit begrenzt. Um diese nicht zu überschreiten, sind in der Regel folgende Bedingung zu erfüllen:

$$\frac{T_{Ed}}{T_{Rd,max}} + \frac{V_{Ed}}{V_{Rd,max}} \leq 1{,}0 \qquad (6.29)$$

DIN EN 1992-1-1/NA:2013-04

NCI zu 6.3.2(4)

Für Kompaktquerschnitte darf die günstige Wirkung des Kernquerschnitts in der Interaktionsgleichung berücksichtigt werden:

$$\left(\frac{T_{Ed}}{T_{Rd,max}}\right)^2 + \left(\frac{V_{Ed}}{V_{Rd,max}}\right)^2 \leq 1{,}0 \qquad (NA.\ 6.29.1)$$

Lediglich im deutschen NA ist vorgesehen, dass bei Kompaktquerschnitten eine quadratische Interaktionsbedingung angewendet werden darf. Der original Eurocode 2 sieht sowohl für kompakte als auch für Kastenquerschnitte lediglich eine lineare Interaktionsbedingung vor.
Eine wesentliche Erkenntnis aus der Versuchsreihe ETK war, dass die quadratische Interaktionsbedingung gemäß dem NCI in DIN EN 1992-2/NA durch die Versuche nicht bestätigt werden kann (Bild 15). Darüber hinaus ist bei Anwendung der linearen Interaktionsbedingung, die wirksame Betondruckfestigkeit $v \cdot f_{cd}$ bei freier Wahl des Druckstrebenwinkels θ mit cot θ > 1,75, d.h. im Fall von sehr flachen Neigungen, wie folgt anzusetzen:

– bei Querkraft: $v = 0{,}6$
– bei Torsion: $v = 0{,}525$

Die zusätzliche Berücksichtigung des Biegemoments M in der Interaktionsbedingung hat sich bei den Versuchen als nicht zielführend herausgestellt. Für weitere Details wird auf [4] verwiesen.

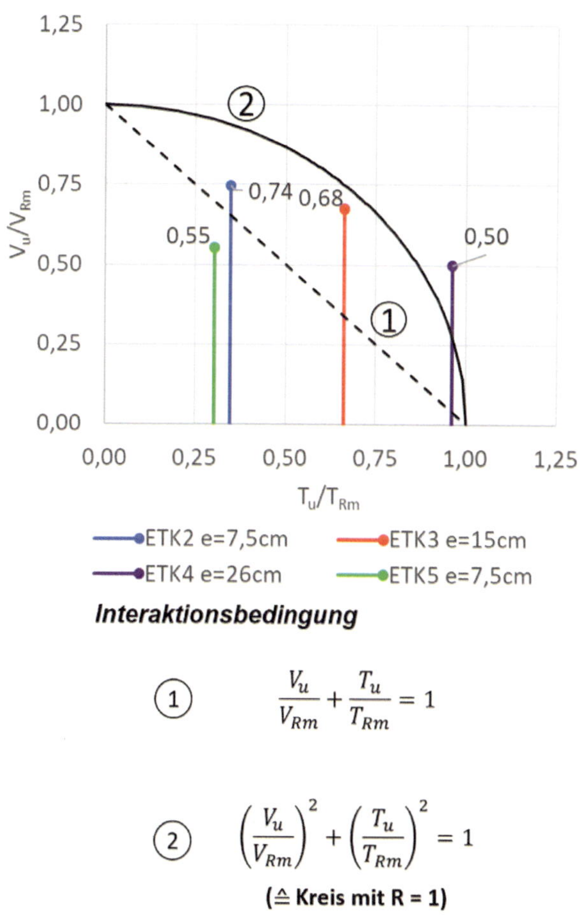

Bild 15: Interaktionsbedingung bei kombinierter Beanspruchung V+T

5. Nachrechnungsrichtlinie (2. Ergänzung)

Die neuen Erkenntnisse aus den beiden Versuchsreihen haben ihren Niederschlag in der 2. Ergänzung der Nachrechnungsrichtlinie (NRR) gefunden, die künftig als BEM-ING Teil2 bauaufsichtlich eingeführt werden soll (Bild 16).

Bundesministerium für Verkehr und digitale Infrastruktur

Regelungen und Richtlinien für die Berechnung und Bemessung von Ingenieurbauten

BEM-ING

Teil 2

Nachrechnung von Straßenbrücken im Bestand (Nachrechnungsrichtlinie)

Bild 16: Zweite Ergänzung der Nachrechnungsrichtlinie in BEM-ING, Teil 2

12.4.3.5 (1)	Die Bemessung im Grenzzustand der Tragfähigkeit für Torsion ist auf Grundlage des DIN – Fachberichts 102, II-4.3.3 durchzuführen.
12.4.3.5 (2)	Bei der Nachrechnung bestehender Betonbrücken darf für die Bemessung bei Torsion der Druckstrebenwinkel θ in den Grenzen entsprechend $1{,}0 \leq \cot\theta \leq 2{,}5$ frei gewählt werden. Grundsätzlich dürfen für die Nachweise bei Querkraft und Torsion als kombinierte Beanspruchung unterschiedliche Druckstrebenwinkel θ angesetzt werden.
12.4.3.5 (3)	Bei Druckstrebenwinkeln $1{,}75 \leq \cot\theta \leq 2{,}5$ wird der Ansatz der wirksamen Betondruckfestigkeit $\nu \cdot fcd$ wie folgt empfohlen: Plattenbalkenbrücken — Hohlkastenbrücken – Querkraft: $\nu = 0{,}6$ — $\nu = 0{,}6$ – Torsion: $\nu = 0{,}525$ — $\nu = 0{,}6$
12.4.3.5 (4)	Es wird empfohlen, die effektive Wanddicke bei Platenbalkenbrücken nicht größer anzusetzen als $t_{eff} = 2 \cdot d_l$. Für Hohlkastenbrücken gelten für t_{eff} die üblichen Regelungen wie für Neubauten gem. DIN EN 1992-1-1 Kap.6.3.2.
12.4.3.5 (5)	Die Torsionsbügelbewehrung wird ohne Abminderung nach DINFachbericht 102 ermittelt und ist zusätzlich zur Bügelbewehrung aus Querkraft vorzusehen. $T_{Ed} \leq T_{Rd,sy} = \frac{A_{sw}}{s_w} \cdot f_{yd} \cdot 2 \cdot A_k \cdot \cot\theta$ (12.45) $a_{sw} = \frac{A_{sw}}{s_w} = \frac{T_{Ed}}{f_{yd} \cdot 2 \cdot A_k} \cdot \tan\theta$ (12.46)
12.4.3.5 (6)	Bei überwiegender Biegebeanspruchung darf der Spannstahl auf die Torsionslängsbewehrung angerechnet werden. Dabei wird die infolge Torsion entstehende Längszugkraft $N_{Ed,T}$ nach Gleichung (12.47), die im Schwerpunkt des Querschnitts wirkt, bei der Biegebemessung zusätzlich berücksichtigt. Der Druckstrebenwinkel entspricht dem bei der Ermittlung der Torsionsbügelbewehrung angesetzten Wert. $N_{Ed,T} = \frac{T_{Ed}}{2 \cdot A_k} \cdot u_k \cdot \cot\theta$ (12.47)
12.4.3.5 (7)	Der Nachweis der Tragfähigkeit der Betondruckstreben bei reiner Torsion ist nach Gl. (12.48) zu führen. $T_{Ed} \leq T_{Rd,max} = 2 \cdot \nu \cdot f_{cd} \cdot A_k \cdot t_{eff,i} \cdot \sin\theta \cdot \cos\theta$ (12.48)
12.4.3.5 (8)	Bei einer kombinierten Beanspruchung aus Querkraft und Torsion ist für die maximale Tragfähigkeit, die durch die Druckstrebentragfähigkeit begrenzt wird, die folgende Interaktionsbedingung zu erfüllen: $\frac{V_{Ed}}{V_{Rd,max}} + \frac{T_{Ed}}{T_{Rd,max}} \leq 1$ (12.49) Es wird empfohlen bei $\cot\theta > 1{,}75$, die Bedingung auch bei Plattenbalkenbrücken anzuwenden. Ansonsten gilt DIN Fachbericht 102.

Literatur

[1] *Hegger, J.; Fischer, O.; Maurer, R. et al.:* Querkraft und Torsion – zukünftige Ansätze und Potenziale in Stufe 2 der Nachrechnungsrichtlinie/Shear and torsion – future approaches and potentials in stage 2 of the recalculation guideline. *In:* Bauingenieur 99 (2024), 01-02, S. 1–11. https://doi.org/10.37544/0005-6650-2024-01-02-23

[2] *Hegger, J.; Fischer, O.; Maurer, R. et al.:* Nachrechnungen von Spannbetonbrücken mit Verfahren der Nachrechnungsstufe 4/Recalculations of prestressed concrete bridges with procedures of recalculation stage 4. *In:* Bauingenieur 99 (2024), 01-02, S. 12–21. https://doi.org/10.37544/0005-6650-2024-01-02-34

[3] *Stakalies, E.; Lavrentyev, V.; Maurer, R.:* Zum Nachweis bei einer kombinierten Beanspruchung aus Biegung, Querkraft und Torsion (M + V + T)/ Verification of a combined load consisting of bending, shear force and torsion (M + V + T). *In:* Bauingenieur 99 (2024), 01-02, S. 46–59. https://doi.org/10.37544/0005-6650-2024-01-02-68

[4] *J. Hegger, O. Fischer, R. Maurer, N. Kerkeni, C. Stettner, K. Zilch, C. Dommes, V. Adam, S. Lamatsch, S. Thoma, V. Lavrentyev, E. Stakalies, F. Teworte, E. Sharei, R. Tecusan:* Experimentelle und theoretische Untersuchungen zur Querkraft- und Torsionstragfähigkeit von Brücken im Bestand – FE 15.0664.2019.DRB – Schlussbericht. Bundesanstalt für Straßenwesen, Bergisch Gladbach, 2023.

[5] *Lavrentyev, V.; Stakalies, E.; Maurer, R.:* Abschließende Forschungsergebnisse zu den experimentellen und theoretischen Untersuchungen unter der kombinierten Beanspruchung aus Biegung, Querkraft und Torsion. *In:* Tagungsband TAE (2024).

[6] *Stakalies, E.; Lavrentyev, V.; Maurer, R.:* Erkenntnisse zur Torsionstragfähigkeit bei kombinierter Beanspruchung (M + V + T) aus Versuchen an Durchlaufträgern. *In:* Tagungsband TAE (2024).

TAE

BIM und Digitalisierung

BIM-basierte Tragwerksplanung mit komplexen Randbedingungen und Bauphasen am Beispiel einer Eisenbahnbrücke im Hauptbahnhof Hannover

Gustavo Cosenza, M. Sc.
Emch+Berger GmbH Ingenieure und Planer Weimar/Bauhaus-Universität Weimar

Prof. Dr.-Ing. Christian Koch
Bauhaus-Universität Weimar Professur Intelligentes Technisches Design

Dr.-Ing. Marcus Achenbach
LGA Landesgewerbeanstalt Bayern Prüfamt für Standsicherheit Hof

Dr.-Ing. Waldemar Krakowski
Emch+Berger Projekt GmbH

Bartek Jaroszewski, M. Sc.
Emch+Berger Projekt GmbH Digitalisierung und Nachhaltigkeit

Abstract
Ein aktuelles Großprojekt für die BIM-Anwendung im Eisenbahnsektor ist die Erneuerung eines der ältesten und wichtigsten Verkehrsknotenpunkte Norddeutschlands, des Hauptbahnhofs Hannover. Die Erneuerung betrifft alle bestehenden Anlagen im Bahnsteig- und Gleisbereich, u. a. viele historische, noch in Betrieb befindliche Bauwerke. Eines davon ist eine 110 Jahre alte Brücke oberhalb eines Gepäckcenters. Für den Ersatzneubau dieses Bauwerks wurde die BIM-Methodik konsequent von der Vorplanung bis zur Ausführung angewandt. Obwohl aktuell weder anerkannte Regeln der Technik noch einheitliche Prozesse für die Erstellung von Tragwerksplanungen nach der BIM-Methodik existieren, konnte eine maßgebende Planungsoptimierung unter den komplexen Randbedingungen im Hauptbahnhof erzielt werden. Es wurde ein projektspezifischer Workflow für den Datenaustausch, die Berechnung (inkl. Bauphasen), die Nachweisführung und die Integration der Ergebnisse in das Fachmodell entwickelt. Das Fachmodell enthielt präzise, spezifische und ausführungsreife semantische und geometrische Informationen, einschließlich der gesamten 3D-Bewehrungsführung und den Stahlbauanschlüssen. In diesem Beitrag wird über die Erfahrungen einer BIM-basierten Tragwerksplanung mit komplexen Randbedingungen und Bauphasen (Eingriff in den Bestand, Gleissperrungen, Montage des Überbaus) berichtet. Abschließend werden Chancen und Risiken, Vor- und Nachteile, Voraussetzungen sowie Einschränkungen für die künftige Umsetzung dieser BIM-Anwendung diskutiert.

1. Einführung

Im Jahr 1914 wurden drei identische Stahlbrücken zur Überführung des Eisenbahnbetriebs über einen unterirdischen Raum im Hauptbahnhof (Hbf.) Hannover gebaut. Dieser Raum diente fast 100 Jahre als Gepäckcenter unterhalb von Bahnsteig A.

Abb. 1: Hbf. Hannover, Bahnsteige A, B, C und D

Im Rahmen der Erneuerung des Hbf. Hannover war der Ersatzneubau der drei alten Brücken vorgesehen. Die ersten zwei Brücken (Bauwerke 27 und 29, siehe Abb. 2) wurden bereits gebaut. Die Bauausführung der dritten Eisenbahnbrücke (Bauwerk 30 bzw. BW30) fand im Jahr 2024 auf Grundlage einer BIM-Planung statt.

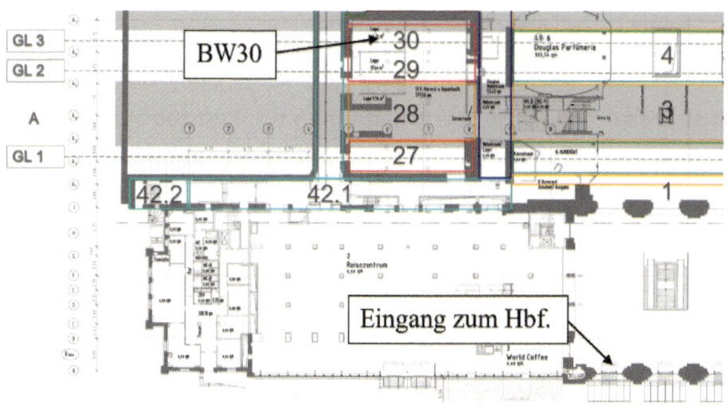

Abb. 2: Übersicht Bauwerke [1]

Die Randbedingungen für den Ersatzneubau im Hbf. Hannover sind komplex. Im Bauwerksbereich befinden sich mehrere Anlagen in Betrieb: Zwei Bahnsteige mit Dächern, drei unterirdische Personentunnel, zwei weitere Eisenbahnbrücken, Oberleitungsanlagen und weitere eisenbahnspezifische Anlagen (z. B. Leit- und Sicherungstechnik). Direkt auf dem Überbau vom BW30 stützen sich auf einer Seite der Bahnsteig im Bauwerksbereich und auf der anderen Seite ein Oberleitungsmast und eine Brückenabdeckung (siehe Abb. 3) ab. Die Abdeckung ist eine Stahlkonstruktion zwischen beiden Bauwerken (BW30 und BW29), die zugleich als Dach für das Gepäckcenter dient.

Abb. 3: Bahnsteig (links), Oberleitungsmast und Brückenabdeckung (Mitte) auf BW30

Die Vermeidung bzw. die Reduzierung des Eingriffes in den laufenden Eisenbahnbetrieb während der Bauausführung war eine grundsätzliche Voraussetzung für den Ersatzneubau von BW30. Die Unterbrechung des Eisenbahnbetriebes musste aufgrund der Bedeutung dieses Verkehrsknotenpunktes auf das absolute Minimum beschränkt werden. Im Bestand verteilte sich die Belastung aus dem Überbau auf zwei Widerlagerwände und vier Pendelstützen. Die Unterbauten wiesen eine Flachgründung auf, deren Sohle bis ca. 2,3 m unterhalb der OK-Bodenplatte des Gepäckcenters lag. Anhand des Baugrundgutachtens wurde bestätigt, dass die ersten Baugrundschichten unterhalb des Gepäckcenters für eine Flachgründung ungeeignet sind. Die Herstellung der neuen Gründung im engen Raum des Gepäckcenters stellte eine weitere Randbedingung für das Bauvorhaben dar.

Der vorliegende Beitrag ist in sechs Abschnitte gegliedert. In den Abschnitten 2 und 3 werden der aktuelle Stand der Forschung bzgl. der BIM-basierten Tragwerksplanung und die angewandte BIM-Methodik beschrieben. Im vierten Abschnitt werden die BIM-Anwendungsfälle erläutert, die maßgebend für die Planungsoptimierung von BW30 waren. Im fünften Abschnitt werden die aktuellen Voraussetzungen, Einschränkungen, Chancen und Risiken einer BIM-basierten Tragwerksplanung für öffentliche Infrastrukturprojekte diskutiert. Im letzten Abschnitt werden die wichtigsten Aspekte der BIM-Planung von BW30 zusammengefasst.

2. Aktueller Stand der Forschung zur BIM-basierten Tragwerksplanung

Die ersten Anwendungen für die Tragwerksplanung nach der BIM-Methodik fokussierten sich auf die Interoperabilität, die Kollaboration, die Automatisierung, die Datenanalyse und die Entwicklung von Verwaltungssystemen [2]. In den letzten Jahren wurden weitere BIM-Anwendungen für die statische Berechnung, die Planableitung, die Bemessungsoptimierung, das Erdbeben-Risikomanagement, die Modellierung von Randbedingungen, die Instandsetzung und das Bauwerksmonitoring aus wissenschaftlicher Sicht untersucht [3]. Die aktuellen Forschungsschwerpunkte sind Nachhaltigkeit, Lebenszyklus und Bestandsmodellierung von Denkmalen (auf Englisch *Heritage-BIM*, HBIM) [4].
In Deutschland liegt der Fokus aktuell auf der modellbasierten Baugenehmigung von Gebäuden [5], [6]. In Bezug auf die Realisierung von öffentlichen Infrastrukturprojekten wurden spezifische Anwendungsfälle zur Einführung der BIM-Methodik als Regelprozess gemäß dem *Stufenplan Digitales Planen und Bauen* [7] definiert. Die maßgebenden Anwendungsfälle für die Erstellung von statischen Berechnungen nach der BIM-Methodik sind die modellbasierte Nachweisführung und Bemessung von Bauwerken [8, 9]. Darüber hinaus sollen künftig die BIM-basierten Genehmigungs- und Freigabeprozesse von externen Behörden (z. B. Eisenbahn-Bundesamt, EBA) spezifiziert werden.
Weitere spezifische Anwendungsfälle für Straßenbrücken sind die Bauwerksprüfung, die Nachrechnung von bestehenden Bauwerken, die Berechnung von Schwertransporten (inkl. Berechnungsstufen und Lastbildern), die Instandsetzung und die Erneuerung von Bauwerken [10].

3. Methodik: Building Information Modeling

Seit der Einführung des Stufenplan Digitales Planen und Bauen [7] im Jahr 2015 gelten die Eisenbahninfrastrukturunternehmen der Deutschen Bahn AG (DB InfraGO AG) als Vorreiter der BIM-Implementierung im Infrastruktursektor. Im selben Jahr begann die Pilotierung von BIM-Anwendungen bei Großprojekten der DB InfraGO AG Personenbahnhöfe (damals DB Station&Service AG). Eins davon war die Erneuerung des Hauptbahnhof Hannover [11].
Building Information Modeling (BIM) ist eine kooperative Arbeitsmethode auf der Basis digitaler Fachmodelle zur Umsetzung spezifischer Anwendungen während des gesamten Lebenszyklus eines Bauwerks [7, 12]. Die Fach-

modelle können sowohl räumliche, zeitliche und kostenaufwändige Dimensionen als auch uneingeschränkten semantischen Informationen aufweisen [12, 13].
Durch die Umsetzung der BIM-Methodik in der Planung am Hbf. Hannover sollten die Baukosten, die Bauzeiten und die Baurisiken des Projektes reduziert werden [14]. Im Fall von BW30 wurde die gesamte Planung von der Leistungsphase 2 bis zur Leistungsphase 6 gemäß HOAI nahtlos nach der BIM-Methodik erstellt. Bei jeder neuen Leistungsphase wurden sowohl der Detaillierungsgrad der Modellierung (auf Englisch Level of Geometry, LoG) als auch die semantische Beschreibung des Fachmodells (auf Englisch Level of Information, LoI) entsprechend des projektspezifischen BIM-Abwicklungsplans (BAP) erhöht.
Der Ausarbeitungsgrad des Fachmodells (auf Englisch Level of Development, LoD) wird als Kombination der geometrischen und semantischen Detaillierungsgrade (LoG und LoI) beschrieben [15]. In der Ausführungsplanung wies das Fachmodell von BW30 ein LoD 400 auf. Das entspricht der Modellierung von Stahlbauanschlüssen (Stahlbleche und Schrauben), nachträglichen Befestigungen (Stabspanngliedern inkl. Anker) und dreidimensionaler Bewehrungsführung. Dieser Ausarbeitungsgrad lag der Ausschreibung der Leistungen für die Bauausführung zugrunde.

4. Umsetzung

4.1 Bestandsmodellierung

Aufgrund der räumlichen Einschränkungen im Bauwerksbereich war die Genauigkeit der Bestandsmodellierung für den Entwurf maßgebend. Die Grundlagen für die Bestandsmodellierung waren alten und historischen Bestandspläne, konventionelle Vermessungen, Laserscanning (Punktwolken), Baustoffuntersuchungen (Kernbohrungen), Bilder und Ortsbesichtigungen.

Abb. 4: Fachmodell Bestand BW30 [16]

Die räumlichen Schnittstellen zu den umgebenden Bauwerken, der innere Aufbau der Wände, die Tiefe der Gründungssohle und die Festigkeit spezifischer Bauteile wurden anhand von Baustoffuntersuchungen ermittelt. In Abb. 5 ist die Planableitung der Schnittstelle zu einem benachbarten Bauwerk exemplarisch als Ergebnis der Bestandsmodellierung dargestellt.

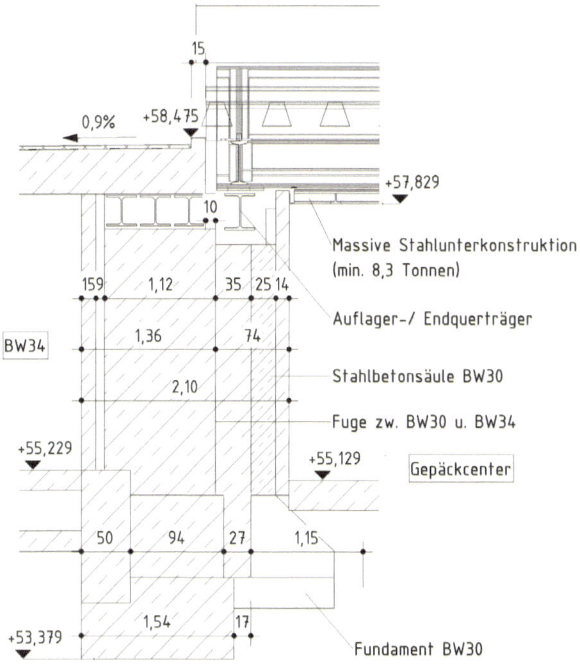

Abb. 5: Räumliche Begrenzung BW30 und BW34 [16]

4.2 Entwurf

Für die Erneuerung des Hbf. Hannover gab es bereits Studien, die als Grundlage für die BIM-Planung gelten sollten. In diesen Studien wurden zahlreiche Varianten für den Ersatzneubau der drei identischen Stahlbrücken untersucht. Für die drei Bauwerke wurde stets dieselbe Vorzugsvariante empfohlen. Die bestehenden dreifeldrigen genieteten Stahlträgerrostbrücken sollten jeweils durch zwei einfeldrige Stahltröge mit orthotropen Platten ersetzt werden. Im Bauzustand war eine Kette von drei Hilfsbrücken pro Gleis geplant, die durch Pfähle und Spundbohlen im Gleisbereich tiefgegründet werden sollten. Diese spezifische Ausführung hätte eine Zustimmung im Einzelfall erfordert. Darüber hinaus waren Maßnahmen zur Unterfangung des benachbarten Bestandes vorgesehen.
Im Rahmen der BIM-basierten Vorplanung wurde eine weitere Variante für den Ersatzneubau von BW30 identifiziert, die von der ursprünglichen Vorzugsvariante grundsätzlich abwich. Unter den spezifischen Randbedingungen von BW30 erwies sich ein einfeldriger Stahltrog mit dickem Blech gemäß Ril 804.9010, Abs. 5.4 als die optimale Lösungsvariante für den Ersatzneubau (siehe Abb. 6). Mit der Optimierung der Stützweite des neuen statischen Systems konnte sowohl auf die vom Regelwerk abweichende Hilfsbrückenkette als auch auf die Tiefgründung im Gleisbereich verzichtet werden. Die neuen Unterbauten wurden unterhalb des in Betrieb befindlichen Überbaus hergestellt.

Abb. 6: Fachmodell Objektplanung BW30 (Mikropfähle halbtransparent dargestellt) [16]

Um den Eingriff auf die benachbarten Bauwerke zu vermeiden bzw. zu minimieren, wurde ein Gründungssystem mit Mikropfählen entworfen. Mit einer nicht tief liegenden Baugrubensohle für die neuen Gründungsplatten und -balken waren aufwändige Unterfangungsmaßnahmen während der Bauausführung nicht mehr erforderlich. Darüber hinaus wurden der Bahnsteig im Bauwerksbereich, der Oberleitungsmast und die Brückenabdeckung von dem neuen Überbau entkoppelt, indem diese (außer dem Oberleitungsmast) in eine neue Stahlkonstruktion unterhalb des Überbaus integriert werden. Der Oberleitungsmast liegt im Endzustand auf dem benachbarten Bauwerk (BW29).
Aus Sicht der Objektplanung waren der modellbasierte Bauablauf und die Bausimulationen für die Realisierbarkeitsprüfung des Entwurfes maßgebend. Anhand von diesen zwei spezifischen BIM-Anwendungsfällen konnten die räumliche und die zeitliche Durchführung der Baumaßnahme innerhalb der angemeldeten Gleissperrungen mit der geplanten Bautechnologie vierdimensional dargestellt werden. Der Freigabeprozess der alternativen Variante durch die Auftraggeberin wurde beschleunigt, indem die Nachvollziehbarkeit der Planung durch die Visualisierungen erleichtert wurde. Darüber hinaus wurden spezifische Themen in virtuellen Planungsgesprächen (auf Englisch *Virtual Design Reviews*, VDR) direkt am Modell mit den Projektbeteiligten diskutiert.

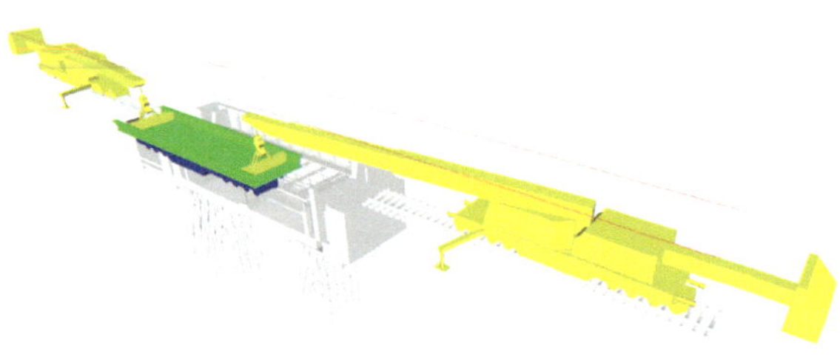

Abb. 7: Bausimulation für die Montage des Überbaus (Umgebung nicht dargestellt) [16]

Abb. 8: Montage des 80-Tonnen schweren Überbaus mittels zwei Eisenbahnkranen

4.3 Tragwerk und Bauzustände

Das neue Gründungssystem von BW30 besteht aus Mikropfählen, Gründungsplatten und -balken, die für die Kraft- und Momentübertragung miteinander verbunden sind. Die Unterbauten der Brücke bestehen aus massiven Widerlagerwänden, die vor Ort hergestellt wurden, und aus Fertigteilen für die Kammerwände, die aus räumlichen Gründen erst nach dem Rückbau des bestehenden Bauwerks montiert und an die Widerlagerwände nachträglich befestigt wurden. Die Stahlkonstruktion im Gepäckcenter (unter und neben dem Überbau) erfüllt aus statischer Sicht drei Aufgaben. Sie dient als Kragarm für die Bahnsteigdecke im Bauwerksbereich, als Unterkonstruktion für die Anlagen im Gepäckcenter (z. B. Beleuchtung, Kabel, etc.) und als Brückenabdeckung zwischen den BW30 und BW29. Zwischen der Stahlkonstruktion und dem Überbau gibt es keine konstruktive Verbindung. Der Überbau ist ein gelenkiger Einfeldträger, der *schwimmend* gelagert ist. Das bedeutet, dass die Elastomerlager keine Festhaltung in Längsrichtung aufweisen. Nur ein Anteil der horizontalen Kräfte aus dem Eisenbahnverkehr wird durch die Elastomerlager in die Unterbauten übertragen. Der restliche Anteil wird durch das Gleis aufgenommen. Die Bahnsteigdecke wurde in Verbundbauweise hergestellt. Auf die Kragarme der Stahlkonstruktion wurden Fertigteile montiert. Anschließend wurde eine neue Ebene für die Bahnsteigdecke durch Beton vor Ort hergestellt. Der Verbund zwischen den Fertigteilen und der Ortbetonergänzung wurde nach der Erhärtung des Betons durch Schubbewehrung in Form von Bügeln sichergestellt.

4.4 Datenaustausch

Aktuell liegen die technischen Voraussetzungen für die Interoperabilität zwischen BIM- und FE-Softwaren nicht ausreichend vor. Die Komplexität und Art des Tragwerks ist für die Übermittlung von statischen Informationen aus dem Fachmodell in die FE-Software maßgebend. In der Regel ist die automatische Übernahme von statischen Informationen ohne die nachträgliche Anpassung oder Ergänzung in der FE-Software nicht möglich. Darüber hinaus bietet aktuell keine Software funktionale und uneingeschränkte *Round-Trip-Workflows* an. Die Änderungen, die erst nach der Übermittlung in die FE-Software vorgenommen werden, gehen im Regelfall verloren [13].

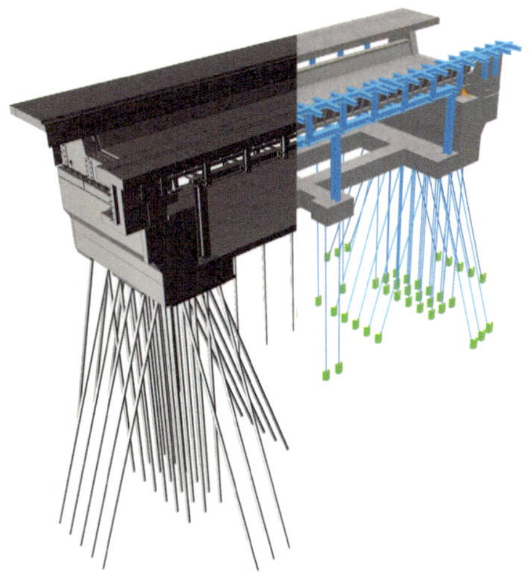

Abb. 9: Gegenüberstellung Fachmodell TWP und FEM [16]

Aufgrund der Komplexität vom BW30, der zu berücksichtigenden Bauzustände und der vorliegenden technischen Einschränkungen konnten lediglich die physikalischen Eigenschaften der tragenden Bauteile des Fachmodells (Geometrie, Materialien) übertragen werden. Die restlichen relevanten Informationen für die statische Berechnung mussten direkt in der FE-Software definiert werden. In [13] schlagen Cosenza, Koch und Achenbach drei Kategorien für die Informationen vor, die aufgrund der aktuellen technischen Einschränkungen erst nach der Übertragung in die FE-Software definiert werden können: (1) spezifische Bauprodukte, Bauarten und Bauverfahren, (2) Einwirkungen und Lastgruppen für den Brückenbau und (3) rechnerische Bauzustände. Im Fall vom BW30 sind die Lager (Randbedingungen, Feder) und die Schubkraftübertragung für den Verbundbau (kinematische Kopplungen) einige Beispiele für die erste Kategorie. Die letzte Kategorie berücksichtigt die Bauzustände, in denen sich das statische System oder die Querschnitte der Tragglieder während der Bauausführung ändern.
Die Dimensionalität der einzelnen Bauteile (1D/2D) wurde aus der BIM-Umgebung konsequent in die FE-Software übertragen. Mit Berücksichtigung der Bauphasen war ein vierdimensionales FE-Modell bestehend aus Flächen-, Stabelementen, kinematischen Kopplungen und Federn (siehe Tab. 1) die Grundlage für die numerische Simulation des Tragwerks.

Tab. 1: Modellierung der Bauteile

Element	Bauteile
Flächen	Stahlbleche des Stahlrogs und Stahlbetonbauteile
Stäbe	Mikropfähle und Stahlkonstruktion
kinematische Koppelungen	Schweißnähte des Stahlrogs und Schubbewehrunge zw. Fertigteilen und Ortbetonergänzung der Bahnsteigdecke
Feder	Lager und SPitzenwiderstand der Mikropfähle

Darüber hinaus wurden die statischen Informationen aus dem erstellten FE-Modell in eine weitere FE-Software als SAF (auf Englisch *Structural Analysis Format*) für die gesonderte Berechnung von lokalen Teilsystemen des Tragwerks (z. B. Knoten der Stahlkonstruktion) übermittelt. SAF ist ein Excel-basiertes Format für den spezifischen Austausch von relevanten Informationen für die Tragwerksplanung [17]. In der aktuellen Version können die Eigenschaften von Stab- und Flächenelementen, Auflagerbedingungen, Gelenken, Lasten, Lastgruppen, Lastfällen, Lastkombinationen und Schnittgrößen gespeichert werden [13].

4.5 Berechnung und Bemessung

Die Bautechnologie für den Ersatzneubau vom BW30 wurde maßgebend durch die vorliegenden räumlichen, zeitlichen und betrieblichen Randbedingungen im Hbf. Hannover bedingt. Zur Minimierung des Eingriffes in den Eisenbahnbetrieb wurde nach dem aktuellen Entwurf ein Teil des neuen Bauwerks unter dem in Betrieb befindlichen Überbau hergestellt. Anschließend wurden innerhalb einer Gleissperrung von wenigen Tagen das bestehende Bauwerk zurückgebaut und der Ersatzneubau fertiggestellt.
Um diesen Zweck zu erfüllen, kamen in der Bauausführung Fertigteile zum Einsatz, deren Tragwirkung unmittelbar nach der Montage zur Aufnahme bauzeitlichen Einwirkungen aktiviert wurde. Im Endzustand werden diese Fertigteile unter anderen Randbedingungen (z. B. Verbundbau) weiter belastet. Somit ergeben sich Bauzustände, die eine maßgebende Änderung im System darstellen. Ihr Einfluss auf die Bemessung wurde durch die Definition von Bauphasen (siehe Tab. 2) in der Berechnung berücksichtigt.

Tab. 2: Bauphasen (BP) für die Berechnung

BP-Nr.	Änderung im System
10	Herstellung des Grünungssystems und der Widerlagerwände
11..13	Kriechen und Schwinden (28 Tage)
20	Montage der FT für die Kammerwände, der Stahlkonstruktion, des Überbaus und der FT für die Bahnsteigdecke
21..23	Kriechen und Schwinden (28 Tage)
30	Ansatz des Erddruckes auf die Unterbauten
40	Ansatz des Eigengewichts der Ortbetonergänzung
41	Aktivierung der Steifigkeit der Ortbetonergänzung
42..44	Kriechen und Schwinden (28 Taege)
50	Ansatz der ständigen Einwirkungen
51..53	Kriechen und Schwinden (100 Jahre)

Der ausgewählte Ansatz für die numerische Simulation verfolgte in erster Linie die Optimierung des Tragwerks aus statischer und konstruktiver Sicht. Diesbezüglich gab es kritische Punkte, die im Rahmen der bautechnischen Prüfung gesondert nachgewiesen werden mussten. Der geplante Überbau weist eine außergewöhnliche Schlankheit von 1:20 (0,8/16,0) für einen Stahltrog mit dickem Blech gemäß Ril 804.9010, Abs. 5.4 auf. Die Berechnung und die Nachweisführung erfolgten auf Grundlage des erstellten FE-Teilmodells aus Flächenelementen (Stahlblechen), kinematischen Kopplungen (Schweißnähten) und Federn (Lagern).

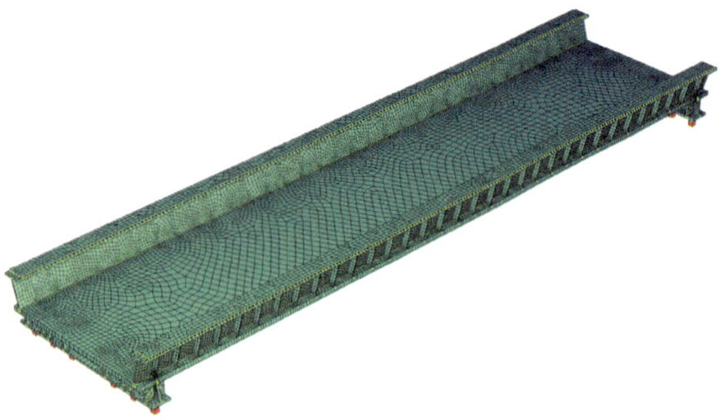

Abb. 10: FE-Teilmodell des Überbaus [16]

Darüber hinaus gab es Bedenken aus Sicht des Prüfsachverständigen, dass die punktuelle Belastung der Mikropfähle in die 80 cm dicken Gründungsplatten in Bezug auf das auftretenden Durchstanzen nicht aufgenommen werden könnte. Für den Durchstanznachweis im Pfahlkopfbereich wurde ein lokales Stabwerkmodell bestehend aus Druck- und Zugstreben gemäß DIN EN 1992, Abs. 6.5 und [18] aufgestellt (siehe Abb. 11). Die auftretende Zugkraft in den Zugstreben wird durch die entsprechende Bewehrungsführung in diesen Bereichen aufgenommen.

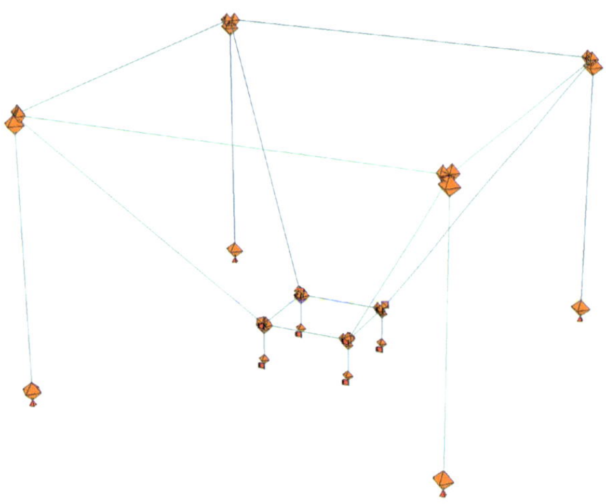

Abb. 11: Stabwerkmodell im Bereich des Pfahlkopfes [16]

Analog dazu wurden weitere Bereiche des Bauwerks nachgewiesen, in denen eine statische Diskontinuität in Form punktueller Belastung auftritt. Das ist der Fall im Bereich der nachträglichen Befestigung zwischen den Widerlagerwänden und den Fertigteilen für die Kammerwände (siehe Abb. 12). Als nachträgliche Befestigung sind 13 Stabspannglieder je Wand vorgesehen, die nach der Montage der Fertigteile im hinteren Bereich beider Bauteile eingebaut und vorgespannt werden.

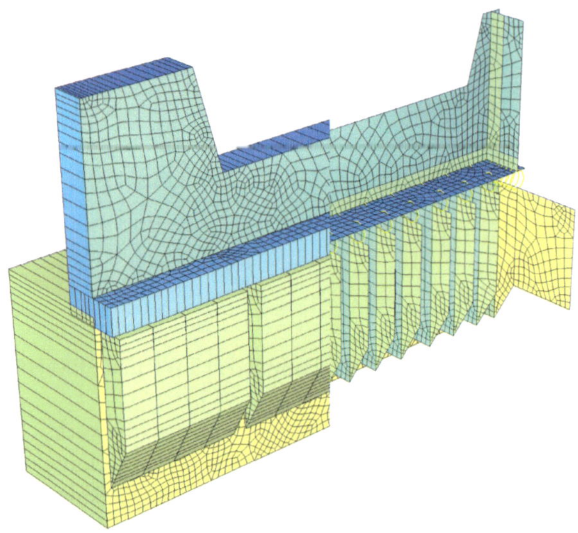

Abb. 12: FE-Teilmodell der Unterbauten inkl. FT [16]

Im globalen FE-Modell wird diese Verbindung anhand von kinematischen Kopplungen simuliert. Die Modellierung der betroffenen Diskontinuitätsbereiche im FE-Modell („Fuß" der Fertigteile und „Konsole" der Widerlagerwände) dienen lediglich dazu, die auftretenden Kräfte in den Stabspanngliedern zu ermittelt. Die Nachweisführung dieser Bereiche erfolgt getrennt in lokalen Stabwerkmodellen. Darüber hinaus wurden weitere Knoten am Modell wie die Verbindungen der Stahlkonstruktion ebenfalls als Teilmodelle gesondert bemessen (siehe Abb. 13).

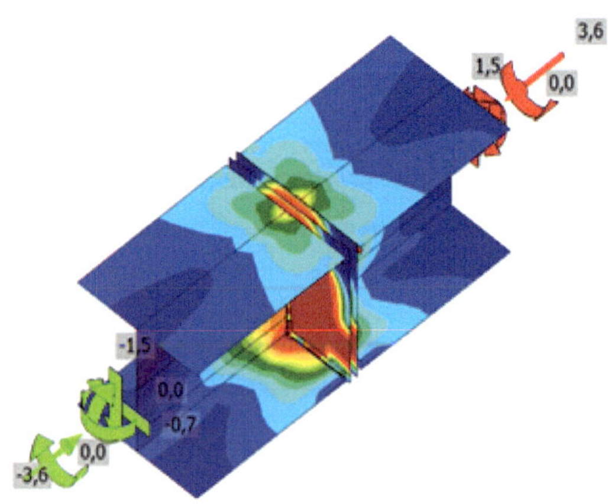

Abb. 13: Vergleichsspannung am Trägerstoß [16]

4.6 Integration der Ergebnisse in das Fachmodell

Sowohl die Berechnung der auftretenden Schnittgrößen, Spannungen und Verformungen am Tragwerk als auch die Nachweisführung in den Grenzzuständen der Tragfähigkeit und Gebrauchstauglichkeit wurden modellbasiert durchgeführt. Die Bemessungsergebnisse für die Bautei-

le aus Baustahl sind die maximalen Ausnutzungsgrade. Für die Bauteile aus Stahlbeton wird die rechnerische erforderliche Bewehrung für die Flächenelemente in Form von Höhenlinien dargestellt. Das entspricht nicht der finalen Bewehrungsanordnung in den Bauteilen.
Die weiteren Nachweise zur Einhaltung der Bewehrungs- und Konstruktionsregeln gemäß DIN EN 1992-2, Abs. 8 und 9 wurden außerhalb des FE-Modells geführt. Beispielsweise wurden die konstruktive Mindestbewehrung, die Zugkraftdeckung, die mind. Verankerungs- und Übergreifungslängen händisch bzw. tabellarisch nachgewiesen. Eine automatische Übernahme von Bemessungsergebnissen für den Stahlbeton aus der FE-Software in die BIM-Umgebung ist für Ingenieurbauwerke nach dem aktuellen Stand der Technik nicht möglich. Die dreidimensionale Bewehrungsführung für BW30 wurde auf Grundlage der Ergebnisse aus der FE-Software mit Berücksichtigung der händischen bzw. tabellarischen durchgeführten Nachweisen direkt in der BIM-Software erstellt (siehe Abb. 14).

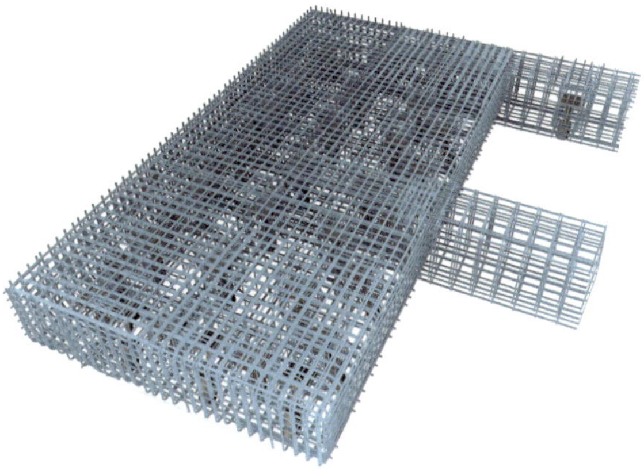

Abb. 14: Auszug aus der 3D-Bewehrungsführung der Gründungsplatte und -balken (Pfahlköpfe in Grau innerhalb des Bewehrungskörpers dargestellt) [16]

Darüber hinaus wurden die Bemessungslasten der Mikropfähle (Normalkräfte) als semantische Eigenschaften in das Fachmodell integriert (siehe Abb. 15). Auf dieser Grundlage wurde die statische Probebelastung zur Bestätigung des angenommenen Pfahlwiderstandes auf der Baustelle durchgeführt. In Bezug auf den offenen und herstellerneutralen Datenaustausch sieht das IFC-Schema eine spezifische Domäne für die Tragwerksplanung vor [13]. Mit der Entität IfcStructuralReaction können statische Informationen wie Schnittgrößen und Verformungen beschrieben werden [19].

Abb. 15: Bemessungslasten eines Mikropfahles (exemplarisch dargestellt) [16]

4.7 Weitere Anwendungsfälle

Im Rahmen der bautechnischen Prüfung wurde zusätzliche Bewehrung im Bereich der Pfahlköpfe zur Verstärkung der Gründungsplatten angeordnet. Die Realisierbarkeit der komplexen Bewehrungsführung in den 80 cm dicken Gründungsplatten wurde direkt im Fachmodell geprüft. Das stellte eine Abweichung von der konventionellen Kollisionsprüfung dar, in der die räumliche Freiheit zwischen den Bauteilen im Fachmodell regelbasiert geprüft wird. In dem spezifischen Anwendungsfall für die Tragwerksplanung wurde die räumliche Freiheit zwischen den Bewehrungsstäben und den Pfahlköpfen innerhalb der Bauteile modellbasiert geprüft.

Abb. 16: Kollisionsprüfung zwischen den Bewehrungsstäben und den Pfahlköpfen (nur ein Segment der Gründungsplatte dargestellt) [16]

Dies erwies sich auf der Baustelle als effektive Vorbeugungsmaßnahme zur Vermeidung von räumlichen Konflikten mit der Bewehrungsführung an den kritischen Stellen des Bauwerks (siehe Abb. 17).

Abb. 17: Verlegung der Bewehrung im Bereich der Pfahlköpfe (laufender Prozess) [20]

Weitere relevante Anwendungsfälle für die BIM-basierte Tragwerksplanung von BW30 waren die Planableitung (siehe Abb. 18) und die modellbasierten Qualitätsprüfungs-, Koordinations- und Abstimmungsprozesse mit den internen und externen Projektbeteiligten. Die bautechnische Prüfung fand auf Grundlage von digitalen Planunterlagen in Form von pdf-Dateien statt. Für das Prüfverfahren wurden insgesamt 79 Pläne aus dem Fachmodell abgeleitet.

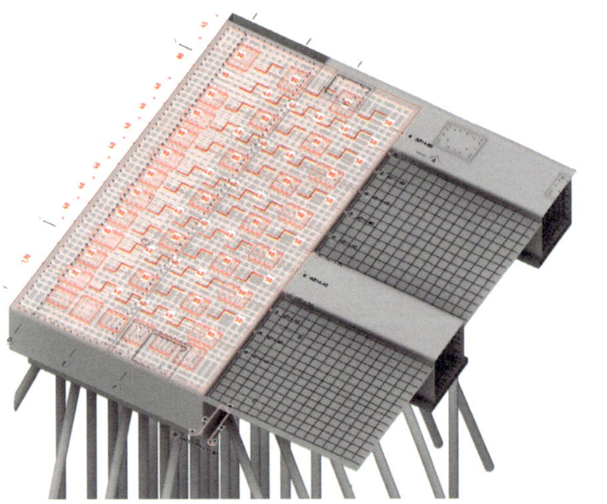

Abb. 18: Planableitung der Bewehrungsführung im Bereich der Gründungsplatten [16]

5. Diskussion

Ab dem Jahr 2025 soll die BIM-Methodik bei der Realisierung öffentlicher Infrastrukturprojekte standardmäßig angewandt werden. Dennoch ist von der Erstellung bzw. Ableitung von Planunterlagen nicht abzusehen, solange die Anwendung von Fachmodellen im Rahmen der Bauaufsicht nicht geregelt ist. Das sollte künftig im Regelwerk explizit zugelassen sein. Die Voraussetzung dafür ist die Spezifizierung der Anforderungen, der Randbedingungen, der Einschränkungen und der Prozesse für die Anwendung von Fachmodellen im Prüfverfahren [13].

Aktuell sind zweidimensionale Darstellungen des Tragwerks die Grundlagen für die bautechnische Prüfung, die Freigabe zur Bauausführung und die Übereinstimmungskontrolle vor Ort durch die Bauüberwachung. In einem BIM-basierten bauaufsichtlichen Prüfverfahren wird das Bauwerk nicht auf zwei Dimensionen reduziert. Die Freigabe und die Übereinstimmungskontrolle auf der Baustelle soll auf Grundlage von mehrdimensionalen (>2D) Fachmodellen erfolgen. Zu diesem Zweck schlagen Cosenza, Koch und Achenbach in [13] eine bauteilbezogene Freigabe im Fachmodell vor.

In Bezug auf die Integration von statischen Informationen in das Fachmodell wurden im Fall vom BW30 lediglich die Bemessungslasten der Mikropfähle als Normalkräfte in das IFC-Format gespeichert. Obwohl das IFC-Schema eine spezifische Domäne für die Tragwerksplanung anbietet, wird diese Austauschmöglichkeit wegen der aktuellen technischen Einschränkungen zwischen den BIM- und FE-Software für Ingenieurbauwerke kaum genutzt. Eine Alternative dazu ist die Anwendung des SAF (auf Englisch *Structural Analysis Format*) für den spezifischen Austausch von statischen Informationen. Aktuell gewinnt SAF bei den Tragwerksplanern wegen seines objektorientierten Aufbaus in Excel an Bedeutung, da dies die Nachvollziehbarkeit der Austauschdaten für die Anwender erleichtert. Dennoch erfüllt dieses Format aktuell nicht alle Voraussetzungen für den neutralen Datenaustausch nach dem OpenBIM-Ansatz [13].

6. Zusammenfassung und Ausblick

Für den Ersatzneubau von BW30 war die konsequente Anwendung der BIM-Methodik von der Vorplanung bis zur Ausführung für die Planungsoptimierung maßgebend. Anhand von spezifischen Anwendungsfällen konnten die Realisierbarkeit und die Standsicherheit des optimierten Entwurfs nachgewiesen werden.

Aktuell liegen die technischen Voraussetzungen für den reibungslosen Datenaustausch zwischen BIM- und FE-Softwaren für Ingenieurbauwerke nicht ausreichend vor. Aus dem Fachmodell vom BW30 konnten lediglich die physikalischen Eigenschaften der tragenden Bauteile (Geometrie, Materialien) übertragen werden. Die restlichen relevanten Informationen für die statische Berechnung wurden direkt in der FE-Software definiert.

Die Bauzustände, die eine maßgebende Änderung im System darstellten, wurden in der FE-Software durch numerische Bauphasen simuliert. Darüber hinaus wurden Stabwerkmodelle bestehend aus Druck- und Zugstreben gemäß DIN EN 1992, Abs. 6.5 für die Bemessung der Diskontinuitätsbereiche im System erstellt. Diese stellten Teilmodelle dar, die das globale Fachmodell mit spezifischen Informationen für die Tragwerksplanung ergänzten.

In Bezug auf die Bemessung von Bauteilen aus Stahlbeton können aktuell nicht alle Nachweise zur Ermittlung der Bewehrungsanordnung modellbasiert durchgeführt werden. Die Nachweise zur Einhaltung der Bewehrungs- und Konstruktionsregeln gemäß DIN EN 1992-2, Abs. 8 und 9 werden in der Regel händisch bzw. tabellarisch geführt. Auf Grundlage der maßgebenden Bemessungsergebnisse aus der FE-Software und den weiteren Nachweisen wurde die Bewehrungsführung für BW30 direkt in die BIM-Umgebung definiert. Zur Realisierbarkeitsprüfung der Bewehrungsführung an kritischen Stellen des Bauwerks wurde die räumliche Freiheit zwischen den Bewehrungsstäben und den Pfahlköpfen modellbasiert geprüft. Das stellte einen abweichenden Anwendungsfall der konventionellen Kollisionsprüfung zwischen Bauteilen im Fachmodell dar. Hinsichtlich der Bauaufsicht von Ingenieurbauwerken ist die BIM-Anwendung in Deutschland nicht geregelt. Solange die Voraussetzungen für ein BIM-basiertes bauaufsichtliches Prüfverfahren nicht abschließend geklärt sind, besteht nach wie vor die Notwendigkeit von zweidimensionalen Planunterlagen als Grundlage für die Realisierung von öffentlichen Infrastrukturprojekten.

Literaturangaben

[1] DB InfraGO AG: Übersicht Bauwerke Hbf. Hannover, 2016

[2] Vilutiene, T., Kalibatiene, D., Hosseini, M. R., Pellicer, E. u. Zavadskas, E. K.: Building Information Modeling (BIM) for Structural Engineering: A Bibliometric Analysis of the Literature. Advances in Civil Engineering (2019)

[3] Ciotta, V., Asprone, D., Manfredi, G. u. Cosenza, E.: Building Information Modelling in Structural Engineering: A Qualitative Literature Review. CivilEng (2021)

[4] Fernández-Mora, V., Navarro, I. J. u. Yepes, V.: Integration of the structural project into the BIM paradigm: A literature review. Journal of Building Engineering 53 (2022), S. 104318

[5] Bundesinstitut für Bau-, Stadt- und Raumforschung: Konzept für die nahtlose Integration von Building Information Modeling (BIM) in das behördliche Bauantragsverfahren. BIM-basierter Bauantrag. Abschlussbericht, 2020. https://www.bimdeutschland.de/service/downloads, abgerufen am: 28.03.2024

[6] König, M., Stepien, M., Aziz, A., Vonthron, A., Schulz-Witte, N., Walter, T., Kohlhaas, A. u. Polay, S.: Forschungsprojekt zur Digitalisierung der Musterbauordnung (MBO). Aufbereitung der MBO für BIM-basierte Prüfwerkzeuge. Abschlussbericht, 2023

[7] Bundesministerium für Verkehr und digitale Infrastruktur: Stufenplan Digitales Planen und Bauen, Berlin 2015. https://www.bundesregierung.de/breg-de/service/publikationen/stufenplan-digitales-planen-und-bauen-730980, abgerufen am: 28.03.2024

[8] Bundesministerium für Verkehr und digitale Infrastruktur: BIM4INFRA2020 Teil 6. Steckbriefe der wichtigsten BIM-Anwendungsfälle, 2019. https://www.bimdeutschland.de/fileadmin/media/Downloads/Download-Liste/BIM4INFRA/3_6_BIM4INFRA2020_AP4_Teil6.pdf, abgerufen am: 28.03.2024

[9] Bundesministerium für Verkehr und digitale Infrastruktur: Masterplan BIM Bundesfernstraßen. Rahmendokument: Steckbriefe der Anwendungsfälle - V 1.0, 2021. https://www.bmdv.bund.de/SharedDocs/DE/Anlage/StB/bim-rd-anwendungsfaelle.pdf?__blob=publicationFile, abgerufen am: 28.03.2024

[10] Seitner, M., Probst, R., Borrmann, A. u. Vilgertshofer, S.: Building Information Modeling (BIM) im Brückenbau. Berichte der Bundesanstalt für Straßenwesen. Brücken- und Ingenieurbau Heft B 182, Bremen 2022

[11] DB Engineering & Consulting GmbH u. ZPP Ingenieure AG: BIM - Building Information Modeling. Hannover Hauptbahnhof: Bauen im Bestand - digitales Bestandserfassung, -koordination und -kontrolle, 2017

[12] Borrmann, A., König, M., Koch, C. u. Beetz, J.: Die BIM-Methode im Überblick. In: Borrmann, A., König, M., Koch, C. u. Beetz, J. (Hrsg.): Building information modeling. Technologische Grundlagen und industrielle Praxis. VDI-Buch. Wiesbaden, Heidelberg: Springer Vieweg 2021, S. 1–31

[13] Cosenza, G., Koch, C. u. Achenbach, M.: Aktueller Stand der bautechnischen Prüfung von Ingenieurbauwerken nach der BIM-Methodik. In: Lochner-Aldinger, I. u. V, Technische Akademie Esslingen e. (Hrsg.): 2. Fachkongress Konstruktiver Ingenieurbau. 2024

[14] DB Station&Service AG u. Emch+Berger GmbH: BIM-Projektabwicklungsplan. Hannover Hbf, Erneuerung Bahnsteig B, 2021

[15] Abualdenien, J., Borrmann, A. u. König, M.: Ausarbeitungsgrade von BIM-Modellen. In: Borrmann, A., König, M., Koch, C. u. Beetz, J. (Hrsg.): Building information modeling. Technologische Grundlagen und industrielle Praxis. VDI-Buch. Wiesbaden, Heidelberg: Springer Vieweg 2021, S. 165–191

[16] Emch+Berger GmbH: BIM-Planung Ersatzneubau BW30. Hbf. Hannover, Bstg. B, 2024

[17] Dlubal, D.: BIM-relevante Schnittstellen in der Tragwerksplanung. In: Lochner-Aldinger, I. u. V, Technische Akademie Esslingen e. (Hrsg.): 1. Fachkongress Konstruktiver Ingenieurbau. Kompetenz-Plattform für die bautechnische Gesamtplanung. Tübingen: expert verlag 2022, S. 157–162

[18] Schlaich, J. u. Schäfer, K.: Konstruieren im Stahlbetonbau. In: Beton-Kalender 87. Berlin: Ernst & Sohn 1998, S. 721–891

[19] buildingSMART: IFC Specifications Database, 2024. https://standards.buildingsmart.org/IFC/RELEASE/IFC4/FINAL/HTML/, abgerufen am: 30.06.2024

[20] DB Engineering & Consulting GmbH: Bauüberwachungsaufnahmen der laufenden Bewehrungsverlegung für die Gründung von BW30. Baustelle: Hbf. Hannover, Bstg. B, Gepäckcenter, 2024

Moderne Stahlbauplanung als Beitrag für ein digitales Erhaltungsmanagement am Beispiel von Brücken

Ein Beitrag aus Sicht der Werkstattplanung im Stahlbau

Dr.-Ing. Nico Steffens
Gregull + Spang Ingenieurgesellschaft für Stahlbau mbH, Stahnsdorf

Dipl.-Ing. Marian Kempkes
Gregull + Spang Ingenieurgesellschaft für Stahlbau mbH, Stahnsdorf

Zusammenfassung
Im Stahlbau schließt an die Ausführungsplanung üblicherweise die Werkstattplanung an. In dieser Planungsphase erfolgt die vollständige und detaillierte Konstruktion des Tragwerks und die Erstellung der Werkstattpläne zur Herstellung aller Einzelteile im Stahlbauunternehmen. Die Werkstattplanung kann heutzutage vollständig am 3D-Modell erfolgen. Dies betrifft sowohl den Neubau wie auch die Planung im Bestand im Falle von Ertüchtigungsmaßnahmen. Nach Abschluss der Werkstattplanung liegt ein detailreiches 3D-Modell (BIM-Fachmodell) der Brücke im Maßstab 1:1 (mm-genau) vor. Im Rahmen der Bauwerkserhaltung wird im Zuge der fortschreitenden Digitalisierung angestrebt, das gesamte Dokumentenmanagement inklusive aller zur Verfügung stehenden Informationen an einem digitalen Zwilling zu gestalten. In diesem Beitrag wird gezeigt, wie durch die Fortschreibung des aus der Werkstattplanung ohnehin vorhandenen 3D-Modells ein Mehrwert für das weitere Lebenszyklusmanagements im Zuge der Bauwerkserhaltung generiert werden kann.

1. Einführung

Für die Formgebung und die Querschnittsgestaltung müssen im Stahlbau, speziell im Brückenbau, im Zuge der Fertigung zunächst Blechtafeln zugeschnitten und zusammengeführt werden. Hierfür reicht die Detailtiefe nach Abschluss der Ausführungsplanung i. d. R. nicht aus. Aussparungen, Anschlussdetails, lokale Blechverstärkungen u. ä. sind im Zuge der Ausführungsplanung noch nicht ausreichend detailliert. Im Stahlbau schließt daher an die Ausführungsplanung üblicherweise die Werkstattplanung (kurz: Werkplanung) als besondere Leistung nach HOAI an. Im Zuge der Werkstattplanung erfolgt eine detaillierte CAD-Konstruktion aller herzustellenden Bau- und Einzelteile.

2. Moderne Stahlbauplanung

2.1 Digitalisierung des Konstruktions- und Fertigungsprozesses

Vom Stahlbauunternehmen müssen große Blechtafeln geschnitten, gebohrt, gebrannt oder gestanzt werden. Die Verarbeitung erfolgt durch numerisch gesteuerte Maschinen (numerical control: NC). Diese werden mit den erforderlichen Geometriedaten gespeist. Bis Anfang der 1990er Jahre erfolgte diese Dateneingabe noch manuell auf Grundlage der in Papierform vorliegenden Werkpläne. In dieser Zeit wurden bereits erste digitale Konstruktionszeichnungen mittels CAD in 2D erstellt. Da Konstruktionszeichnungen nunmehr erstmals digital vorlagen, konnten auch die Geometriedaten direkt aus den CAD-Zeichnungen abgeleitet werden. Es entwickelte sich ein Standard-Dateiformat (NC-Daten) [1] als Schnittstelle zwischen der CAD-Konstruktion und der NC-Steuerung der Maschine. Bestandteil der Werkplanung im Stahlbau ist neben der Erstellung der Werkpläne i. d. R. auch die Übergabe der NC-Daten. Das NC-Datenformat enthält alle Informationen, die für die Verarbeitung mittels NC-gesteuerter Maschinen erforderlich sind und hat sich weltweit als Standard-Schnittstelle zwischen der CAD-Konstruktion und NC-gesteuerten Maschinen etabliert, siehe auch [2].

Anfang der 2000er Jahre wurden erste Konstruktionszeichnungen am 3D-Modell erstellt. Die Vorteile lagen u. a. in der noch besseren Kontrolle von Passgenauigkeiten, Kollisionen und Massenermittlungen. Erst seit wenigen Jahren wird quasi standardmäßig eine Detailtiefe bis hin zur Darstellung der Schweißnähte und Schraubengarnituren im 3D-Modell umgesetzt. Hierdurch können bereits im Zuge der Werkplanung auch Kollisionen zum Beispiel zwischen Schweißnähten und Schrauben(köpfen) erkannt werden. Eine grobe Einordnung der zeitlichen Entwicklung der CAD-Konstruktion und damit der Digitalisierung des Konstruktions- und Fertigungsprozesses im Stahlbau in den letzten 30 Jahren ist in Abb. 1 gegeben. Vielfach wird im Stahlbau schon seit ca. 20 Jahren standardmäßig am 3D-Modell konstruiert. In gleicher Weise, wie sich die CAD-Konstruktion entwickelt und entwickelt hat, steigern sich auch die Möglichkeiten in der Fertigung mittels NC-gesteuerter Maschinen.

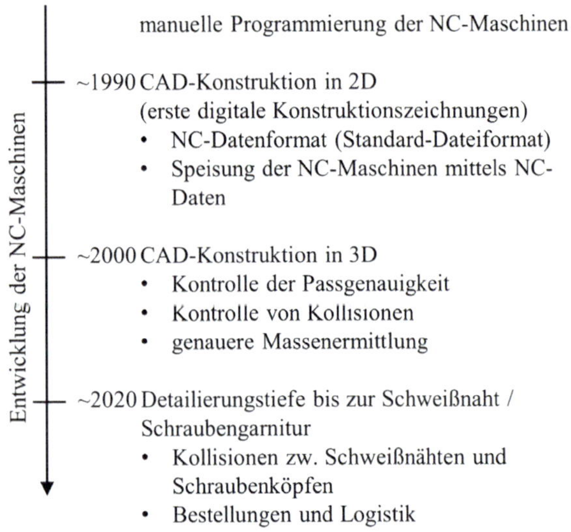

Abb. 1: Digitalisierung des Konstruktionsprozesses

Der Stahlbau ist wegen seinem hohen Vorfertigungsgrad seit jeher dadurch geprägt, Kollisionen frühzeitig zu erkennen und entsprechend die Planung mit maximalem Detailierungsgrad vorzunehmen. Aufgrund der umfangreichen Informationen des 3D-Modells findet heute vielfach die komplette Ablaufsteuerung anhand des 3D-Modells statt. dies kann den Einkauf, die Beschichtung bis hin zum Transport (Bauteillängen, exakte Gewichte etc.) betreffen.

2.2 Konstruktion am 3D-Modell

Im Falle des Neubaus liegt üblicherweise zunächst das Berechnungsmodell aus der Tragwerksplanung vor. Die gängigen Softwareprogramme bieten Schnittstellen an, um das statische Berechnungsmodell in eine Konstruktions-Software (CAD) zu übertragen. Im Falle eines Bestandsbauwerks liegt ggf. ein Berechnungsmodell z. B. aus einer Nachrechnung vor, das exportiert werden kann. Alternativ können beispielsweise mittels 3D-Laserscan die Geometriedaten als Punktwolke generiert werden [3]. Im CAD-Programm wird die Konstruktion weiter detailliert. Dies können (über das statische Berechnungsmodell hinausgehende) Detailpunkte der Tragwerksplanung oder Elemente der Objektplanung sein. Die erreichbare Detailtiefe am Ende der Werkplanung ist exemplarisch in Abb. 2 dargestellt. Eine exemplarische Zusammenstellung des Informationsgehaltes enthält Tab. 1. Plotbare 2D-Pläne werden aus diesem 3D-Modell abgeleitet.

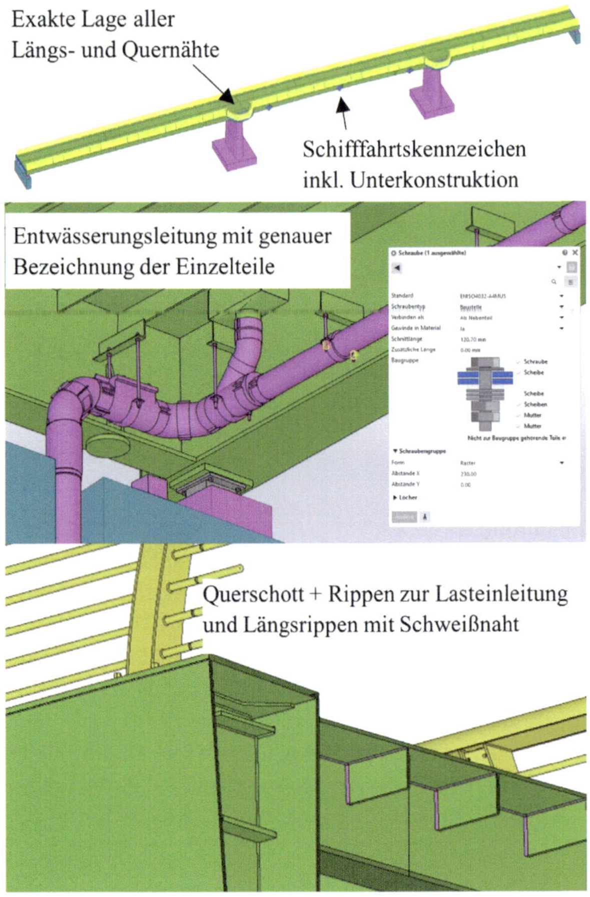

Abb. 2: Bsp. Detailierungsgrad des Konstruktionsmodells im Zuge der Werkplanung einer Fußgängerbrücke

Tab. 1: Exemplarischer Informationsgehalt des 3D-Modells am Ende der Werkplanung (Auszug)

Tragwerksplanung
– Anschlussdetails inkl. Schrauben + Schweißnaht – Rippen, z. B. Lasteinleitung, Lager etc. – Saumbleche – Querschotte
Objektplanung
– Schifffahrtszeichen inkl. Unterkonstruktion – Schwingungstilger inkl. Unterkonstruktion – Fahrbahnübergangskonstruktion inkl. Abdeckblech – Entwässerungsleitung mit genauer Bezeichnung der Einzelteile – Geländer inkl. Füllstäbe mit Zinkentlüftung – Messbolzen – Beleuchtung und Kabelführung
Montageplanung
– exakte Lage aller Längs- und Quernähte sowie aller Blechstöße – Montagestöße

Die Detailtiefe des Modells kann je nach Erfordernis variieren. Ein wesentlicher Vorteil der Modellierung in 3D aus Sicht der Werkplanung liegt im frühzeitigen Erkennen von Kollisionen. Dies spielt ganz besonders im Industrie- bzw. Kraftwerksbau eine große Rolle, wo ggf. eine Vielzahl Maschinen, Leitungen oder Arbeitsbereiche berücksichtigt werden müssen, siehe Abb. 3.

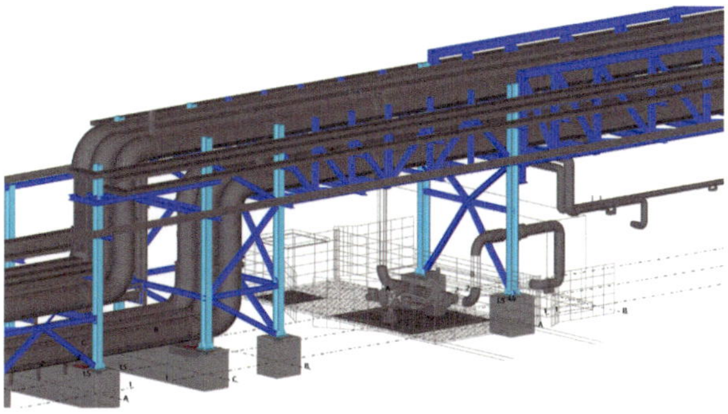

Abb. 3: Bsp. Kollisionskontrolle am Konstruktionsmodell im Zuge der Werkplanung einer Rohrbrücke

Die im Stahlbau üblichen detailreichen 3D-Modelle im Zuge der Werkplanung haben sich vor allem aus den Anforderungen hinsichtlich der Fertigung und Ausführung entwickelt. Die wesentlichen Vorteile aus Sicht der Werkplanung bzw. der Fertigung sind:

- Ableiten der NC-Daten und 2D-Pläne
- Massenermittlung, Bestellung der Blechtafeln
- exakte Schwerpunktlage des fertigen Bauwerks sowie einzelner Schüsse für die Montage, Abb. 4
- Pass- und Kollisionskontrolle von Bauteilen
- Zugänglichkeiten z. B. im Zuge der Montage, Schweißbarkeit etc., bspw. Abb. 5
- Bauteilzusammenhänge erkennen (z. B. Montagereihenfolge, Vollständigkeit der Konstruktion etc.)
- Bauteileigenschaften definieren, ändern, sortieren
- Bauabläufe steuern

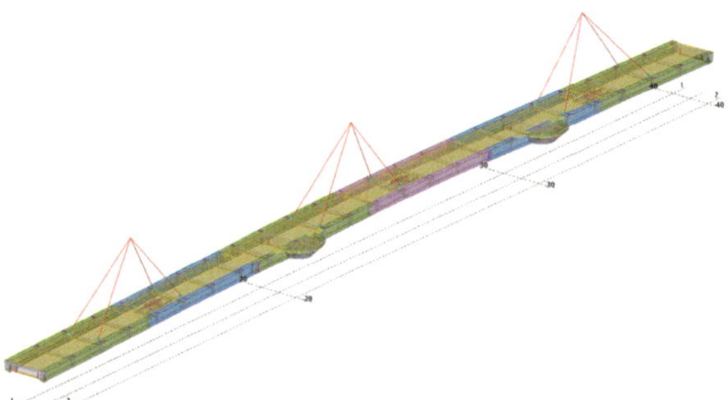

Abb. 4: Bauteilgewichte und erforderliche Seillängen einzelner Baugruppen im Zuge der Montage

Abb. 5: Passung und Zugänglichkeit von Gerüsttürmen zur Montage

2.3 Informationstiefe und Einordnung im BIM-Prozess

Die Informationstiefe eines Modells kann gemäß dem Masterplan BIM vom BMVI [4] anhand des LOIN (engl.: Level of information need) festgelegt werden. In der Handreichung BIM des BMVI [5] wird hierfür der Ausarbeitungsgrad (oder auch Fertigstellungsgrad) LOD (engl.: Level of Development) verwendet, siehe Abb. 6.

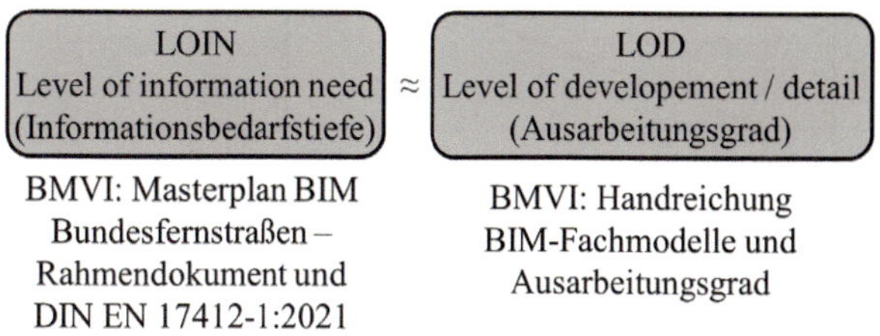

Abb. 6: Informationstiefe und Ausarbeitungsgrad

Die Informations(bedarfs)tiefe setzt sich gemäß DIN EN 17412 [6] aus dem geometrischen Detailierungsgrad (LOG, engl.: Level of Geometry) und dem alphanumerischen Detailierungsgrad (LOI, engl.: Level of Information) zusammen. Die geometrische Detailierung entspricht grundsätzlich der zunehmenden Maßstabsgenauigkeit. Die alphanumerische Detailierung beschreibt die hinterlegten Informationen zur eindeutigen Identifikation der Modellelemente.

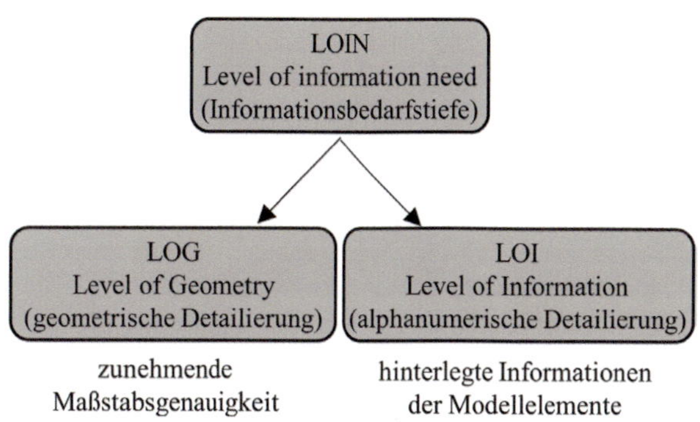

Abb. 7: Zusammensetzung des LOIN gemäß DIN EN 17412

Die Informationstiefe am Ende der Werkplanung entspricht einem LOIN 400 („as-planned"), siehe bspw. Abb. 8. Danach gibt es nur noch eine höhere Stufe LOIN 500. Hiermit wird die Dokumentation der ausgeführten Bauteile gemeint („as-built").
Am Ende der Werkplanung liegt ein 3D-Modell der Brücke (digitaler Zwilling) vor, in dem praktisch alle Bauteile mit zugehörigen Informationen vorhanden sind. Die weitere Nutzung dieses 3D-Modells im Rahmen einer digitalen Bauwerksverwaltung ist naheliegend. Das im Zuge der Werkplanung erstellte 3D-Modell stellt das Brückentragwerk oberhalb der Lager detailliert dar. Im Sinne der BIM-Definition wird dieses als BIM-Fachmodell (Brückenmodell) bezeichnet. Innerhalb eines gesamten BIM-Managements bzw. einer digitalen Bauwerksverwaltung (Abs. 3.2) stellt dieses Fachmodell nur einen Teil dar und muss durch weitere Fachmodelle (Unterbauten, Straßenbau, Umgebung etc.) z. B. ebenfalls in Form von IFC-Dateien ergänzt werden.

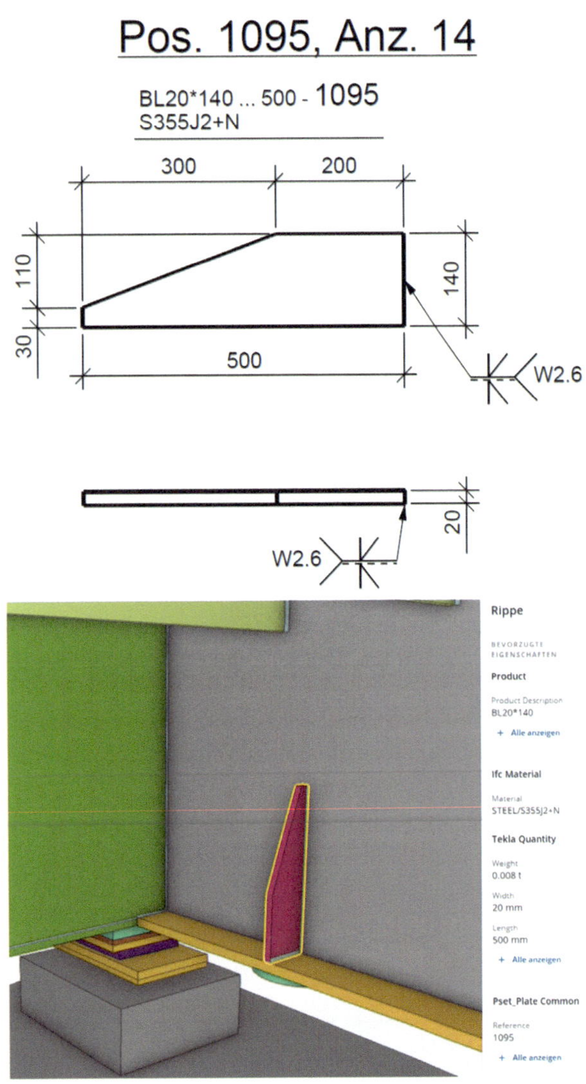

Abb. 8: oben: Auszug aus Einzelteilzeichnung, unten: Einzelteil im 3D-Modell mit Eigenschaften (Auszug)

3. Erhaltungsmanagement von Brücken

3.1 Allgemein

Das Erhaltungsmanagement von Brücken setzt sich aus verschiedenen Elementen zusammen. Folgende wesentlichen Handlungsfelder sind Teil des Erhaltungsmanagements von Brücken.

- Bauwerksprüfung im Zuge von Straßen und Wegen nach DIN 1076 [7]
- Nachrechnungen von Straßenbrücken nach Nachrechnungsrichtlinie aus dem Jahr 2011 [8] (eine Überarbeitung mit erweiterten Ansätzen z. B. zu den Lastmodellen für den Bestand als Teil 2 der BEM-ING ist in Vorbereitung) und von Eisenbahnbrücken nach Richtlinie 805 aus dem Jahr 2024 [9]
- Bauwerksmessungen liefern ergänzende Informationen für die Bewertung von Bauwerken. Messtechnische Bauwerksuntersuchungen bzw. darauf aufbauende messwertgestützte Bauwerksbeurteilungen ermöglichen i. d. R. eine realitätsnähere Bewertung bestehender Tragwerke als eine rein rechnerische Analyse, siehe z. B. [10].
- SIB-Bauwerke stellt das Software-Paket dar, in dem im Sinne einer digitalen Datenbank, alle Informationen zum Tragwerk abgelegt werden.

Ziel des Erhaltungsmanagements ist es, die vorhandenen Informationen der Bestandsbauwerke zunächst zu bündeln. Aus den vorliegenden Informationen eines konkreten Bauwerks müssen Entscheidungen getroffen werden können, ob ein Tragwerk noch in ausreichend gutem Zustand ist und für eine ausreichende Nutzungszeit als sicher eingestuft werden kann, oder ob – und wenn ja: wann – ggf. Handlungsbedarf besteht. Bauwerksübergreifend müssen die Bauwerksdaten in der Form vorliegen, dass verallgemeinerungsfähige Aussagen zum Beispiel zum erwartenden Mittelbedarf in den kommenden Jahren möglich werden.

3.2 Cloud-basiertes Erhaltungsmanagement

Aus dem Konstruktionsmodell (Datenformat je nach gewählter CAD-Software) kann eine IFC-Datei erstellt werden. Durch das IFC-Dateiformat als offener BIM-Standard ist eine Überführung bzw. Integration des 3D-Modells in übergeordnete Modelle bzw. Umgebungen jederzeit unkompliziert möglich. IFC-Dateien lassen sich durch verschiedene Viewer öffnen. Die IFC-Datei selbst ist nur noch bedingt veränderbar und stellt einen gewissen Schreibschutz dar. Der Informationsgehalt ist weiterhin vorhanden, siehe Abb. 9.

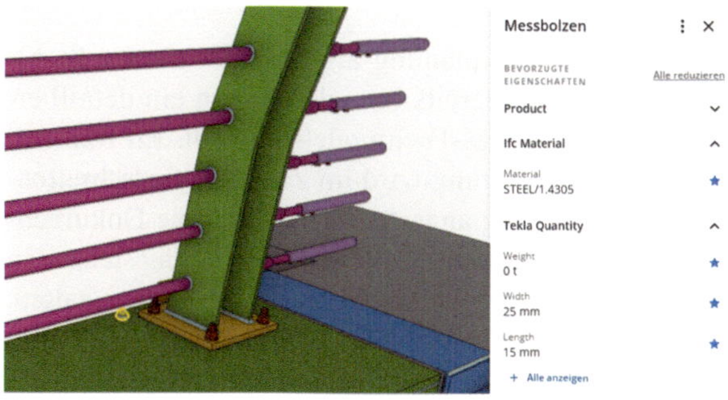

Abb. 9: Zugriff auf das IFC-Modell von der BIM-Plattform aus

Die Verwaltung verschiedener 3D-Modelle in Form von IFC-Dateien, weitere Bauwerksdokumente, wie Pläne, Bauwerksbuch etc. z. B. im PDF-Format erfolgt idealerweise in einer cloudbasierten BIM-Plattform, einer sogenannten CDE (engl.: common data environment), siehe Abb. 10. Die Bestandsdaten aus den verschiedensten Quellen können im 3D-Modell verknüpft werden. In diesem digitalen Zwilling werden alle Informationen gebündelt, übersichtlich vereint sowie die Ableitung weiterer Maßnahmen ermöglicht. In [11] ist ein Überblick über die Verknüpfung der verschiedenen Fachdisziplinen gegeben.

Alle auf der BIM-Plattform (CDE) abgelegten Dokumente können angesehen, heruntergeladen und bearbeitet oder auch mit Objekten des 3D-Models verknüpft werden. Hierdurch haben alle Beteiligten zum richtigen Zeitpunkt den erforderlichen Zugriff auf benötigte Daten.

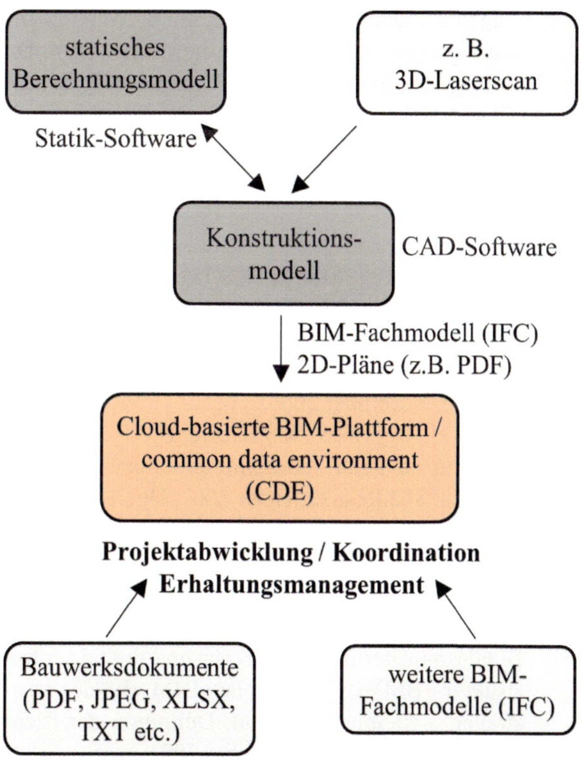

Abb. 10: Weiternutzung des BIM-Fachmodells im Lebenszyklusmanagement

4. Ausblick – Fortschreibung des BIM-Modells im Lebenszyklus

Es muss zunächst das Planungsmodell („as-planned“) in ein Bestandsmodell („as-built“) überführt werden. Dies entspricht der üblichen Überführung der Ausführungsunterlagen in die Bestandsunterlagen (Gleichstellung). Der Informationsgehalt wird von LOIN 400 auf LOIN 500 erweitert, siehe Abs. 2.3. Bei Stahltragwerken ist die wesentliche Struktur i. d. R. unverändert gegenüber der Werkplanung. Es liegen keine bzw. geringere Unsicherheiten z. B. bzgl. Geometrie vor, was an dem hohen Vorfertigungsgrad liegt. Die Überführung des as-planned- zum as-built-Modell ist daher bei Stahlbrücken etwas klarer. Dennoch sind auch bei Stahlbrücken für diese Überführung das Vorgehen und geeignete Kriterien zu definieren. Wesentliche Merkmale hierbei sind:

- Detailtiefe des Planungsmodells (Baugruppen, Bauteile, Bleche, Schweißnähte etc.)
- Umfang des Planungsmodells (Überbau, Widerlager, Gründung etc.)
- Feststellung, Relevanz und ggf. Integration von Änderungen im Zuge der Bauausführung

4.1 Dokumentenablage und Verknüpfungen mit dem 3D-Modell

In einer cloud-basierten BIM-Plattform (CDE) können alle vorhandenen IFC-Modelle sowie weitere Datenformate abgelegt werden. Dateien können mit Bauteilen in den IFC-Modellen verknüpft werden. Im Explorer der CDE können alle abgelegten Dateiformate eingesehen werden. Bei Bedarf können Unterordner und zuordbare Kennungen ergänzt sowie separate Freigaben für andere Nutzer erstellt werden. Innerhalb eines geöffneten IFC-Modells werden durch Auswählen eines Bauteils alle zugeordneten Bauteileigenschaften sowie die vorhandenen Verknüpfungen, zum Beispiel zu zugehörigen Plänen im PDF- oder Fotos im JPEG-Format, angezeigt, siehe Abb. 11. Durch weiteres Auswählen einer Datei wird diese geöffnet oder kann heruntergeladen werden. Alternativ können alle Dateien direkt aus dem Explorer der CDE (auch ordnerweise) eingesehen und heruntergeladen werden.

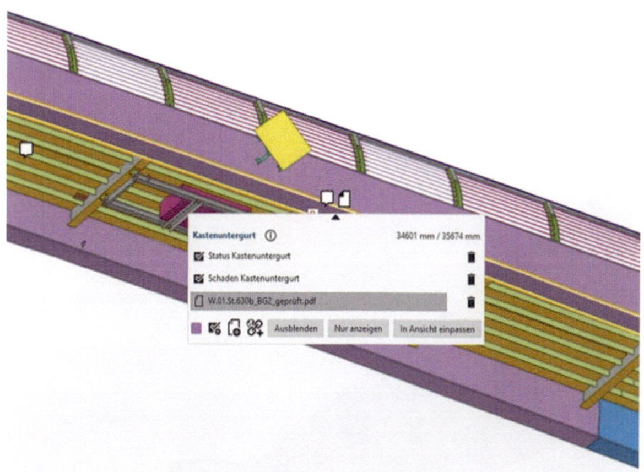

Abb. 11: Ausgewähltes Bauteil (Kastenuntergurt) mit Informationen und vorhandenen Verknüpfungen

Für Baugruppen oder Bauteile können Schäden, Messdaten, bauteilbezogene Sicherheitselemente usw. abgelegt werden. Hinterlegte Werte können im Excel-Format exportiert und importiert werden, so dass ein Informationsaustausch bzw. eine Aktualisierung der Informationen von außen möglich ist. Dies kann z. B. bei einer Schadensfortschreitung oder einem geänderten Status (Zuverlässigkeitsindex) sinnvoll sein. Sobald eingetragene Werte geändert oder neu erstellt werden, erfolgt eine Benachrichtigung per Mail an ausgewählte Nutzer.

4.2 Schadensdokumentation

Schäden können am Bauwerk dokumentiert und mit Fotos verknüpft werden. Beispielhaft ist dieses in Abb. 12 dargestellt.

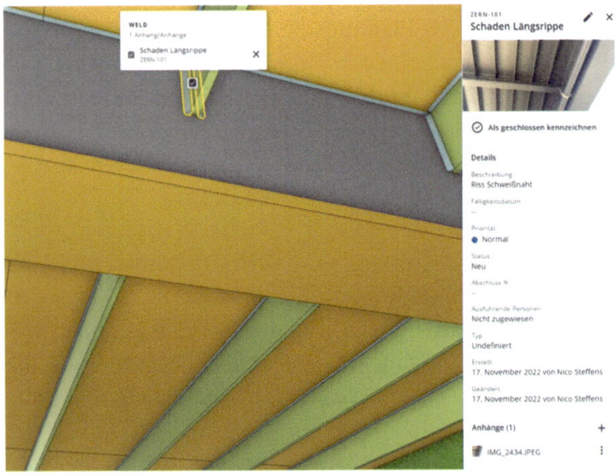

Abb. 12: Im Zuge einer Bauwerksprüfung dokumentierter Schaden (beispielhaft)

4.3 Statusinformationen

Im Zuge eines Bauwerksmonitorings können bauteil- oder bauwerksbezogene Kennwerte bzgl. des Zustandes ermittelt werden. Dies können erforderliche Sicherheitselemente, anzusetzende Verkehrslasten zur Erreichung eines ausreichenden Sicherheitsniveaus oder der Zuverlässigkeitsindex sein, siehe z. B. [10], [12]. Sofern die Messanlage dauerhaft in Betrieb ist, können diese Kennwerte über die Import-/Exportfunktion der CDE automatisch aktualisiert werden.

Abb. 13: Im Zuge eines Bauwerksmonitorings ermittelte Kennwerte für den Kastenuntergurt (beispielhaft)

5. Fazit

Im Zuge der Werkplanung als letzte Stufe der Stahlbauplanung wird bereits in vielen Fällen ein detailliertes 3D-Modell (BIM-Fachmodell) erstellt. Im Rahmen der Bauwerkserhaltung wird im Zuge der fortschreitenden Digitalisierung angestrebt, das gesamte Dokumentenmanagement inklusive aller zur Verfügung stehenden Informationen an einem digitalen Zwilling zu gestalten. Hierfür sind cloudbasierte BIM-Plattformen (CDE) geeignet, in die die jeweiligen BIM-Fachmodelle integriert werden können. Die moderne Stahlbauplanung kann für diesen Prozess einen sinnvollen Beitrag leisten. Das im Zuge der Werkplanung ohnehin erstellte BIM-Fachmodell kann im Zuge des weiteren Lebenszyklusmanagements genutzt und fortgeführt werden.

Beim Neubau kann durch die Fortschreibung dieses Modells aus der Werkplanung im weiteren Lebenszyklus der digitale Zwilling von Beginn an konsequent umgesetzt werden. Für Bestandsbauwerke kann immer dann, wenn im Zuge von Nachrechnungen ohnehin ein Berechnungsmodell erstellt wird, dieses in ein Konstruktionsmodell (BIM-Fachmodell) überführt werden, wobei an dieser Stelle der Informationsgehalt je nach Erfordernis ggf. geringer ist. Wenn Verstärkungsmaßnahmen erforderlich sind, ist ein Übertrag in ein Konstruktionsmodell je nach Umfang der Maßnahme ohnehin sinnvoll, um die gleichen Vorteile (Passgenauigkeit, Fertigung, Kollisionen etc.) wie beim Neubau zu ermöglichen.

Auf Grundlage der „Richtlinie für die Überwachung der Verkehrssicherheit von baulichen Anlagen des Bundes (RÜV)“ [13] finden auch im Hochbau i. d. R. jährliche Begehungen baulicher Anlagen statt, um notwendige Instandhaltungsmaßnahmen rechtzeitig festzustellen. Da die Stahlbauplanung auch für Hochbauten i. d. R. detailreiche 3D-Modelle als Vorarbeit für die Stahlbaufertigung liefert, lässt sich das vorgestellte Konzept auf den allgemeinen Hochbau gleichermaßen übertragen.

Literatur

[1] BFS-RL 03-105: Standartbeschreibung von Stahlbauteilen für die NC-Steuerung (XNC) – Empfehlungen des Arbeitsausschusses Informationstechnologie. Deutscher Stahlbau-Verband DSTV. 9. Auflage. November 2006.

[2] Haller, H.-W.; Thiele, K.; Batzke, H.-U.; Asam, A.: CAD im Stahlbau – Bestandsaufnahme und Ausblick. In: Stahlbau-Kalender 2007. Hg.: Kuhlmann, U. Ernst & Sohn Verlag. 2007.

[3] Mischo, H.; Seifried, J.; Thiele, K.; Schanzenbach, S.; Grassl, M.: Vom 3-D-Laserscan zum BIM-Modell. Bautechnik 96, Heft 7. Ernst & Sohn Verlag. 2019.

[4] Bundesministerium für Verkehr und digitale Infrastruktur (BMVI): Masterplan BIM Bundes-fernstraßen – Rahmendokument: Definition der Fachmodelle – Version 1.0. Oktober 2021.

[5] Borrmann, A.; Elixmann, R.; Eschenbruch, K. et al: Handreichung BIM-Fachmodelle und Ausarbeitungsgrad. Hg.: Bundesministerium für Verkehr und digitale Infrastruktur. April 2019.

[6] DIN EN 17412-1:2021-06: Bauwerksinformationsmodellierung – Informationsbedarfstiefe – Teil 1: Konzepte und Grundsätze.

[7] DIN 1076:1999: Ingenieurbauwerke im Zuge von Straßen und Wegen. Überwachung und Prüfung. November 1999.

[8] Bundesministerium für Verkehr, Bau und Stadtentwicklung (BMVBS): Richtlinie zur Nach-rechnung von Straßenbrücken im Bestand. Ausgabe 05/2011.

[9] Deutsche Bahn AG Geschäftsbereich Netz (DB Netz AG): Richtlinie 805 – Tragsicherheit bestehender Eisenbahnbrücken. Ausgabe 2024.

[10] Steffens, N.: Sicherheitsäquivalente Bewertung von Brücken durch Bauwerksmonitoring. Dissertation. Shaker Verlag. 2019.

[11] Bundesministerium für Digitales und Verkehr (BMDV): Digitaler Zwilling von Brücken – Beitrag zum Masterplan Digitaler Zwilling Bundesfernstraßen. Oktober 2023.

[12] Degenhardt, K.; Steffens, N.; Kraus, J.; Geißler, K.: Mehrstufiges Verfahren zur Festlegung des erforderlichen Ziellastniveaus für die Nachrechnung von Straßenbrücken. 4. Brückenbaukolloquium. Ostfildern 2020.

[13] Richtlinie für die Überwachung der Verkehrssicherheit von baulichen Anlagen des Bundes (RÜV). Bundesministerium für Verkehr, Bau und Stadtentwicklung. Juli 2008.

Der BIM-Anwendungsfall „digitale Bauwerksdiagnostik“

Mehrwert der BIM-Methodik bei der Nachrechnung von Ingenieurbauwerken

Kristin Kottmeier, M. Sc.
Marx Krontal Partner, Hannover

Tina Hackel
Hamburg Port Authority AöR, Hamburg

Chris Voigt, M. Eng.
Marx Krontal Partner, Weimar

Zusammenfassung
Marx Krontal Partner als Ingenieurbüro und die Hamburg Port Authority als Auftraggeber befassen sich im Forschungsprojekt openSIM gemeinsam mit anderen Partnern mit der Digitalisierung der Prozesse von bauwerksdiagnostischen Untersuchungen mit dem Ziel der Bewertung bestehender Bauwerke mithilfe der BIM-Methodik. Neben der Erfassung der Geometrie sollen zusätzlich Informationen aus dem Inneren der Konstruktion (Structural Information) berücksichtigt werden. Im Beitrag werden die wesentlichen Erkenntnisse aus dem Forschungsprojekt vorgestellt und die Chancen der konsequenten Digitalisierung im Lebenszyklus von Ingenieurbauwerken mit Schwerpunkt auf den Anwendungsfall (AwF) der digitalen Bauwerksdiagnostik (BWD) und dem Mehrwert für den Bestandserhalt aufgezeigt.

1. Einführung

Der Erhalt unserer Infrastruktur stellt eine wesentliche Aufgabe und Herausforderung unserer Zeit dar. Bei der rechnerischen Beurteilung von bestehenden Ingenieurbauwerken unterstützen uns bauwerksdiagnostische Untersuchungen dabei, realitätsnahe Aussagen zu vorhandener Konstruktion, Schäden und tatsächlichen Materialeigenschaften zu gewinnen. Die Digitalisierung der Planung, Durchführung, Auswertung und Bewertung diagnostischer Untersuchungen im Kontext der Building-Information-Modeling-Methode (BIM-Methode) bewirkt, dass Schnittstellen zwischen Bauherrn, Tragwerksplanern und Diagnostikern optimiert werden, indem eine übersichtlichere Ergebnisbereitstellung, vereinfachte Weiterverarbeitung und nachhaltigere Datenhaltung ermöglicht werden.

2. Bauwerksdiagnostik als Grundlage für die rechnerische Bewertung von Ingenieurbauwerken

Bauwerksdiagnostik ist ein essenzielles Werkzeug im Bauwesen, das dazu dient, den Zustand von Bauwerken systematisch zu erfassen, zu analysieren und zu bewerten. Diese Disziplin umfasst verschiedene Techniken und Methoden, wie visuelle Inspektionen, zerstörungsfreie Prüfverfahren (ZfP) (z. B. Ultraschall, Magnetresonanz, Thermografie), zerstörungsarme Prüfverfahren (ZaP) (Sondierungen, Probenentnahmen), Materialproben und -analysen. Ziel der Bauwerksdiagnostik ist es, den aktuellen IST-Zustand des Bauwerkes genau zu beschreiben, um eine Grundlage für das Planen im Bestand zu schaffen.

Ingenieurbauwerke, wie Brücken, Tunnel und beispielsweise Staudämme, sind komplexe Strukturen, deren sichere und effiziente Nutzung von einer regelmäßigen und genauen Bewertung abhängt. Durch die Bauwerksdiagnostik können Ingenieure detaillierte Informationen über den aktuellen Zustand eines Bauwerks gewinnen. Diese Daten sind unerlässlich, um fundierte Entscheidungen bezüglich notwendiger Instandhaltungsmaßnahmen, Reparaturen oder sogar des Abrisses und Neubaus zu treffen. Die Genauigkeit und Zuverlässigkeit der Bauwerksdiagnostik tragen somit entscheidend dazu bei, die Sicherheit und Wirtschaftlichkeit von Bauwerken zu optimieren. [Abb. 1]

Abb. 1: Endoskopische Befahrung eines Bohrkanals im Natursteinmauerwerk zur Beurteilung des Gefüges (© Marx Krontal Partner)

Ein weiterer wesentlicher Aspekt der Bauwerksdiagnostik ist die Ermittlung der tatsächlichen Materialeigenschaften eines Bauwerks. Dies umfasst die Bestimmung von Druckfestigkeiten, Zugfestigkeiten, Elastizitätsmodulen und anderen materialtechnischen Parametern. Diese Eigenschaften sind entscheidend, um die Tragfähigkeit eines Bauwerks zu beurteilen. Durch gezielte Materialproben und -analysen können Ingenieure präzise Daten über die verwendeten Baustoffe gewinnen und diese mit den ursprünglichen Planungs- und Ausführungsdaten vergleichen. Abweichungen von den erwarteten Materialeigenschaften können so frühzeitig erkannt und die sich ggf. ergebenden Reserven in die Nachrechnungen einbezogen werden.
Insgesamt leistet die Bauwerksdiagnostik einen entscheidenden Beitrag zur Verbesserung der Sicherheit, Lebensdauer und wirtschaftlichen Erhaltung von Ingenieurbauwerken. Sie ermöglicht es, den aktuellen Zustand und die tatsächlichen Materialeigenschaften von Bauwerken detailliert zu erfassen und fundierte Entscheidungen für deren Instandhaltung und Nutzung zu treffen.

3. Mehrwert der BIM-Methodik bei Planungsprozessen im Bestand

3.1 Was ist die BIM-Methodik?

Grundlage für eine erfolgreiche Zusammenarbeit und die Zielerreichung im Forschungsprojekt openSIM mittels der BIM-Methodik ist ein einheitliches Verständnis darüber, was unter BIM zu verstehen ist. Im Stufenplan Digitales Planen und Bauen wird BIM mit folgenden Worten beschrieben: „Building Information Modeling bezeichnet eine kooperative Arbeitsmethodik, mit der auf der Grundlage digitaler Modelle eines Bauwerks die für seinen Lebenszyklus relevanten Informationen und Daten konsistent erfasst, verwaltet und in einer transparenten Kommunikation zwischen den Beteiligten ausgetauscht oder für die weitere Bearbeitung übergeben werden.“, [1].
Um innerhalb des Forschungsprojektes ein gleichartiges Grundverständnis bei allen Projektbeteiligten sicherzustellen, war es zunächst notwendig, die generelle Arbeitsweise mit der BIM-Methode zu erfassen. Anhand von aktuellen Projektbeispielen wurde die Methodik unter folgenden Gesichtspunkten betrachtet:

- Mögliche Anwendungsfälle in der Betriebsphase,
- vorhandene Anwendungsfälle,
- Prozessdefinitionen,
- Modellaufbau und Datenstruktur,
- standardisierte Datenformate,
- Rollendefinitionen und Workflows,
- Prüfregeln und -software,
- kollaboratives Arbeiten in der CDE,
- Issue-Management.

Nachdem der Status Quo aus der Bearbeitung von Neubauprojekten ermittelt werden konnte, wurden die BIM-Prozesse konzeptionell auf die Betriebsphase und die sich aus der Bauwerksdiagnostik ergebenden Fragestellungen bei der Bestandsbewertung übertragen. Weiterhin wurden dabei die Rahmendokumente Auftraggeber-Informations-Anforderungen und BIM-Abwicklungs-Plan (AIA, BAP) thematisiert, in denen die projektbezogenen BIM-Anforderungen als Teil des Vertragswerks zwischen Bauherrn und Bauwerksdiagnostiker definiert werden.
In der darauffolgenden Erprobungsphase wurde an ersten Demonstratoren getestet, wie die Methodik in der BWD innerhalb der Bewertung von bestehenden Ingenieurbauwerken anzuwenden ist, welche Herausforderungen aktuell noch bestehen und welche Standards für die erfolgreiche Implementierung geschaffen werden müssen. Die hier erwähnten BIM-Begriffe werden innerhalb der folgenden Kapitel erläutert.

3.2 Zentrale digitale Datenhaltung

Um den Mehrwert der BIM-Methodik bei Planungsprozessen im Bestand nutzbar machen zu können, ist die Bereitstellung von bauwerksdiagnostischen Daten und Bestandsinformationen durch deren Digitalisierung, Strukturierung und Zentralisierung erforderlich. Aktuell liegen den Auftraggebern bzw. Anlagenverantwortlichen die Ergebnisse einer Bauwerksdiagnostik zumeist in Form von Gutachten in Berichtsform, im PDF-Format oder papiergebunden, vor. Aufgrund der Heterogenität der Diagnostikdaten sind umfangreiche Anlagen innerhalb der Berichte üblich. Liegen für ein Bestandsbauwerk Gutachten mehrerer Messkampagnen vor, stehen die einzelnen Dokumente inhaltlich häufig nicht zueinander in Bezug. Aufgrund der fehlenden inhaltlichen Verknüpfung kann auch schwerer nachvollzogen werden, welche Informationen aus der Vergangenheit bereits vorliegen. Dies steigert zudem den Aufwand herauszuarbeiten, welche weiteren Untersuchungen im Zuge einer Instandsetzungsmaßnahme erforderlich sind, oder ob die vorliegenden Gutachten den Informationsbedarf bereits abdecken. Werden die Diagnostikdaten aller Messkampagnen an einem Ingenieurbauwerk konsequent in eine digitale, maschinenlesbare und gleichzeitig strukturierte Form überführt, erleichtert dies den Prozess der Bestandsaufnahme für alle Projektbeteiligten. Mehrwerte bieten sich den Auftraggebern und Anlagenverantwortlichen, da sie die Ergebnisse in einer übersichtlicheren, zentralisierten Form bereitgestellt bekommen, Messkampagnen leichter miteinander abgleichen und diese sogar in Bezug zu anderen Fachplanungen stellen können. Auch auf der Seite der Auftragnehmer wird der Prozess der Bestandsaufnahme innerhalb der Grundlagenermittlung erleichtert und fortschrittlicher gestaltet. Dies fördert eine kollaborative Zusammenarbeit zwischen Auftraggebern, den einzelnen Fachplanern und weiteren am Projekt Beteiligten. [2]
Darüber hinaus bietet sich die Möglichkeit, zu einem frühen Zeitpunkt (bspw. vor Ausführung der bauwerksdiagnostischen Untersuchungen) in den modellbasierten Austausch zu treten. Hierdurch kann bspw. der Tragwerksplaner, der mit der Nachrechnung eines bestehenden Ingenieurbauwerks beauftragt wurde, geplante Untersuchungen einsehen und ein Feedback zu der Vollständigkeit und Verortung der Untersuchungsstellen

anhand der für ihn relevanten Erkundungsbereiche geben. Grundlage dafür ist ein zentraler, projektübergreifender Speicherort für die anfallenden Daten innerhalb des gesamten Prozesses der Bestandsbewertung (single source of truth) in Form einer Common Data Environment (CDE) und dessen vertragliche Vereinbarung. Innerhalb der BIM-Methodik erfolgt dies in den BIM-Vertragsdokumenten AIA und BAP.

4. BIM-Rahmendokumente

Die bisher entwickelten Standards der BIM-Planung sollen auf die Anforderungen, welche sich in der Bauwerksdiagnostik ergeben, angepasst und weiterentwickelt werden. Der Einsatz der BIM-Methode bietet das Potenzial, die Bewertung bestehender Bauwerke durch Digitalisierung zu vereinfachen.

BIM ermöglicht u. a. eine effektive, kooperative Zusammenarbeit der Beteiligten mithilfe von Modellen wie z. B. die datengestützte Aufbereitung von Problembeschreibungen und -kommunikationen, um gemeinsam an Lösungen zu arbeiten und diese verständlich zu vermitteln. Die direkt mit dem Bauteil verknüpften Informationen und Dokumente erleichtern das Erkennen von Zusammenhängen. Dadurch wird es gerade für projektfremde Personen erheblich einfacher, schnell in die Thematik einzusteigen.

Vom *Bundesministerium für Digitales und Verkehr (BMDV)* werden Standards bereitgestellt, um die BIM-Methode beim Bau von Bundesfernstraßen zu etablieren. Diese Rahmendokumente fassen die Rahmenbedingungen, welche bei der Arbeit mit der BIM-Methode notwendig sind, zusammen und legen Mindestanforderungen fest. Zu den Rahmendokumenten gehören u. a.:

- die Erläuterung zu den Rahmendokumenten [3],
- die Definition der Fachmodelle [4],
- die Anwendungsfälle [5],
- der Objektkatalog [6], [7], [8].

Um die Vorteile aus der BIM-Methodik nutzen zu können, werden auch die vertraglichen Grundlagen, welche die Anforderungen an die Modelle und die Zusammenarbeit beschreiben, in der Auftraggeber-Informations-Anforderung (AIA) sowie dem BIM-Abwicklungsplan (BAP) zusammengestellt. Für beide Dokumente gibt es ebenfalls Muster-Rahmendokumente.

4.1 Auftraggeber-Informations-Anforderungen (AIA)

Als Teil der Vertragsunterlagen beschreibt die Auftraggeber-Informations-Anforderung (AIA) die Vorgaben des Auftraggebers an die Informationslieferung. Im Dokument sind die Erwartungen an die Projektumsetzung mithilfe der BIM-Methode festgelegt. Dazu gehören z. B. Angaben darüber, welche Informationen in welchem Umfang, zu welchem Zeitpunkt und in welcher Qualität benötigt werden und welche Bestandsdaten bereits zur Verfügung stehen. Weitere Inhalte sind u. a. Rollenbeschreibungen, Modellierungsvorgaben und Angaben zum erforderlichen Informationsbedarf (*LoI*, Objektkatalog) [9].

Die AIA beschreibt die Anforderungen des Auftraggebers hinsichtlich des modellbasierten Bedarfs – innerhalb des Forschungsprojektes in Bezug auf die Modellierung von bauwerksdiagnostischen Untersuchungen. Dafür werden Empfehlungen für die Modellierung und die Zusammenarbeit entwickelt, welche die Umsetzung eines BIM-Anwendungsfalls im Projektgeschehen unterstützen und erleichtern sollen. Innerhalb der AIA wird zudem eine Testphase vorgesehen, welche die Durchführung der BIM-basierten Bauwerksdiagnostik für den Auftragnehmer vereinfachen soll, da ein einheitliches Verständnis an die Anforderungen des Auftraggebers sicherstellt wird. Durch die Umsetzung des Testbeispiels zum Projektstart können Auftraggeber- und Auftragnehmer-Sicht abgeglichen und kalibriert werden. Ein Testlauf könnte beispielsweise die Modellierung eines Bohrkernobjektes entsprechend des geforderten Untersuchungsverfahrens Kernbohrung sein, welches mit einer semantischen Information zu versehen ist, [2], [10], [11], [12].

4.2 BIM-Abwicklungs-Plan (BAP)

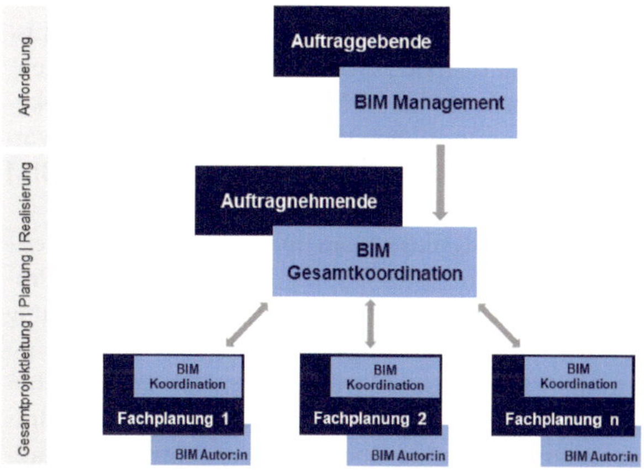

Abb. 2: Beispielhafte Organigramm-Vorlage (© BIM.Hamburg, 2023), [12]

Auf Basis der AIA wird der BAP vom Auftragnehmer erstellt. In diesem Dokument wird die BIM-Umsetzung konkret für das Vorhaben beschreiben. Dabei werden die Anforderungen des Auftraggebers berücksichtigt. Der Auftragnehmer beschreibt, wie die Umsetzung der Ziele mittels der BIM-Methode von ihm erreicht werden. Dabei liegt der Fokus auf der digitalen Umsetzung der Aufgabenstellung. Dafür werden u. a. die eingesetzten Softwarelösungen aufgeführt und der beabsichtigte Ablauf je Anwendungsfall erklärt. Die Kapitel der AIA werden aufgegriffen und mit Details versehen. Dazu gehören neben der Modellaufteilung auch die Darstellung der Verantwortlichkeiten im BIM-Prozess, [Abb. 2]. [2], [13]

Da konkrete Zielbeschreibungen bereits vor dem Projektstart sinnvoll sind, sollen die Vertragsunterlagen ebenfalls auf die spezifischen Anforderungen der BWD angepasst sein. Es werden die Informationsanforderungen und Modellierungsempfehlungen, die für die Umsetzung mittels BIM relevant sind, zusammengetragen. Die Lieferanforderungen an die Daten sollen in den Vertragsdokumenten möglichst konkret festgelegt werden. Hierbei

wird auf die unterschiedlichen Anforderungen der Prozessbeteiligten Rücksicht genommen. Durch möglichst präzise Vorgaben soll es später allen Prozessbeteiligten erleichtert werden, ihren Aufgabenteil zielgerichtet zu erfüllen und Missverständnisse zu vermeiden.
Die Zusammenstellung der Erfahrungen erfolgt anhand von Musterdokumenten, welche als Arbeitshilfen am Ende der Projektlaufzeit des Forschungsprojektes bereitgestellt werden. Diese erprobten Textbausteine und Arbeitshilfen sollen unerfahrenen Auftragnehmern im Umgang mit der BIM-Methode den Einstieg in die digitale Planung erleichtern. Die im ersten Schritt entwickelten AIA-Textbausteine enthalten eine Umsetzungsempfehlung für die modellbasierte Durchführung der bauwerksdiagnostischen Untersuchungsverfahren. Diese werden im zweiten Schritt im BAP konkretisiert. Hier wird eine Umsetzung, wie sie auf Auftragnehmer-Seite aussehen könnte, durchgespielt. Modellbeispiele werden erarbeitet und mögliche Umsetzungsschritte zum Erreichen der Ziele aufgeführt [2].

5. Anwendungsfälle (AwF)

Zu den BIM-Rahmendokumenten zählen ebenso die Dokumente „Ergänzung zu den Rahmendokumenten: Liste der standardisierten Anwendungsfallbezeichnungen“ und „Anwendungsfälle – Phase II“, [14], [5]. Beide Dokumente sollen für ein bundesweit einheitliches BIM-Verständnis sorgen und bei der Implementierung von BIM unterstützen.
„Ein Anwendungsfall beschreibt die zu erbringende Leistung und die Prozesse und Anforderungen, die in der Projektbearbeitung mit der BIM-Methodik zur Erreichung der Ziele zu berücksichtigen sind.“, [5].
Um die Projektdurchführung mittels der BIM-Methode voranzubringen und ein einheitliches Verständnis zu schaffen, wurden übergeordnete Anwendungsfallbezeichnungen zusammengetragen. Für jeden Anwendungsfall wird eine einheitliche Beschreibung in Form von Steckbriefen (inklusive Definition, Umsetzungsempfehlung, Prozessdiagramm und Lessons Learned) veröffentlicht. Aktuell sind im Dokument „Anwendungsfälle – Phase II“ folgende Anwendungsfälle erschienen [14], [5]:

AwF 010 – Bestandserfassung und -modellierung,
AwF 030 – Planungsvarianten bzw. Erstellung haushaltsbegründender Unterlagen,
AwF 040 – Visualisierung,
AwF 050 – Koordination der Fachgewerke,
AwF 060 – Planungsfortschrittskontrolle und Qualitätsprüfung,
AwF 070 – Bemessung und Nachweisführung,
AwF 080 – Ableitung von Planunterlagen,
AwF 100 – Mengen- und Kostenermittlung,
AwF 110 – Leistungsverzeichnis, Ausschreibung, Vergabe,
AwF 120 – Terminplanung der Ausführung,
AwF 130 – Logistikplanung,
AwF 140 – Baufortschrittskontrolle,
AwF 170 – Abnahme- und Mängelmanagement,
AwF 190 – Projekt- und Bauwerksdokumentation.

Weitere AwF für die Betriebsphase befinden sich in Vorbereitung. Auf Basis des noch nicht veröffentlichten Anwendungsfalls „*AwF 220 – Zustandserfassung, Prüfung und Inspektion*“ wird im Forschungsprojekt openSIM der Unteranwendungsfall „*UAwF 221 – digitale Bauwerksdiagnostik*“ bearbeitet und in den Musterdokumenten (s. Kap. 4.1 und 4.2) beschrieben.

5.1 Umsetzung der BIM-Methodik innerhalb des Anwendungsfalls „Digitale Bauwerksdiagnostik“

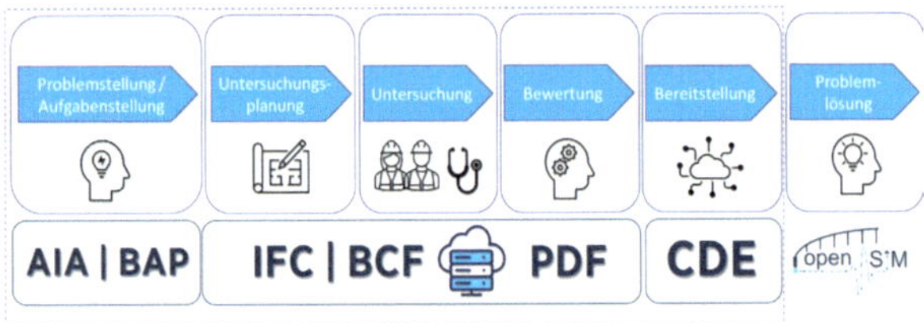

Abb. 3: Schematischer Ablauf der Prozesskette, die innerhalb des Projekts betrachtet wird (© openSIM, 2023)

Initial wurde das klassische Vorgehen der Bauwerksdiagnostik anhand von beispielhaften Projekten des Ingenieurbaus analysiert. Dabei wurden als wesentliche Prozessschritte die Aufgabenstellung und Vergabe der bauwerksdiagnostischen Leistungen, die Planung und Durchführung der bauwerksdiagnostischen Untersuchungen sowie die Aus- und Bewertung für übergeordnete Untersuchungsziele mit nachfolgender Ergebnisbereitstellung identifiziert [Abb. 3]. Diese Prozessschritte wurden anschließend in die Vorgehensweise der BIM-Methodik überführt und eine darauf aufbauende Datenstruktur als Grundlage zur Entwicklung eines BIM-fähigen Datenmodells erarbeitet: das Fachmodell Bauwerksdiagnostik (FM BWD). Die Erstellung dieses Fachmodells wird durch den *UAwF 221* beschrieben und umgesetzt.
Die Datenstruktur beinhaltet die Definition von Bezeichnungen, Eigenschaften (innerhalb der BIM-Methodik Merkmal oder in der Informatik auch Attribut genannt), Datentypen und Hierarchien für 25 ausgewählte bauwerksdiagnostische Untersuchungen an Ingenieurbauwerken aus Stahl-, Stahlbeton und Spannbeton. Das Datenmodell bildet sowohl geplante bauwerksdiagnostische Untersuchungen, deren Einzelergebnisse nach Durchführung der Bauwerksdiagnostik (Messdaten sowie deren beschreibende Metadaten) als auch bewertete Daten (Messdaten nach Datenkonvertierung und -aufbereitung) ab. Die modellierten Objekte innerhalb des Fachmodells Diagnostik entsprechen (teils fiktiven) Untersuchungsstellen oder Untersuchungsbereichen, wobei zu jedem Untersuchungsbereich-Objekt mindestens ein Untersuchungsstellen-Objekt zugehörig ist. Eine tabellarische Auflistung der möglichen Objekte ist in der Objektübersicht Bauwerksdiagnostik enthalten. Die Anforderungen an die semantische Informationstiefe enthält der Objektkatalog Bauwerksdiagnostik in Form des *Level of Information* (*LoI*), Erläuterung siehe Kapitel 6.4.

6. Datenstruktur des Fachmodells Bauwerksdiagnostik

Zur Umsetzung des *UAwF 221* werden die Anforderungen an die Modellierung und die semantische Informationstiefe der enthaltenen Objekte für das FM BWD [Abb. 4] in drei Teilmodellen (TM), dem Teilmodell Untersuchungsplanung (entspricht *UAwF 221.01*), dem Teilmodell Einzelergebnisse (entspricht *UAwF 221.02*) und dem Teilmodell Untersuchungsergebnisse (entspricht *UAwF 221.03*) definiert. Für die Umsetzung innerhalb des BIM-Prozesses ist es erforderlich, eine konsistente Datenstruktur in den einzelnen Teilmodellen vorzugeben, damit die modellierten Objekte in logischem Bezug zueinanderstehen.

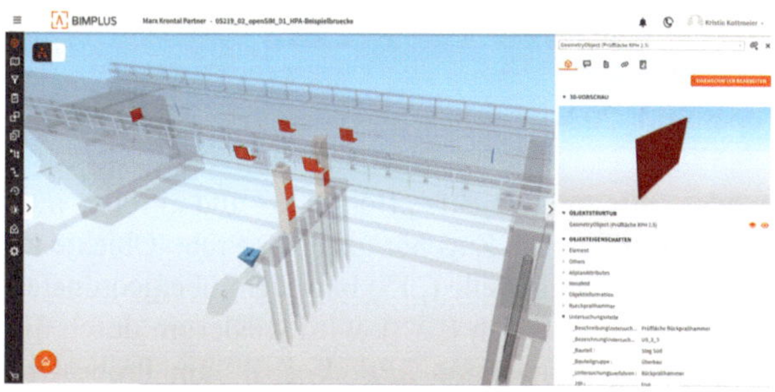

Abb. 4: Fachmodell Bauwerksdiagnostik, bestehend aus Untersuchungsstellen und -bereichen und eingeblendetes Bestandsmodell im Hintergrund (© BIM.Hamburg, 2023, © Marx Krontal Partner, 2024)

6.1 Modellbasierte Untersuchungsplanung

Innerhalb der Bauwerksdiagnostik wird, nachdem die Problem- bzw. Aufgabenstellung abgestimmt wurde und eine Beauftragung erfolgt ist, mit der Planung der durchzuführenden Untersuchungen begonnen. Die Grundlage hierfür bildet die Leistungsbeschreibung mit definierten Untersuchungszielen, die vom Auftraggeber übergeben und durch den Bauwerksdiagnostiker spezifiziert, bzw. fachlich unterlegt wird. Die Planung der Untersuchungsverfahren, mit denen die Untersuchungsziele aus der Aufgabenstellung erreicht werden können, die anschließende Verortung der Untersuchungsstellen sowie deren Eingliederung in übergeordnete Untersuchungsbereiche werden im *UAwF 221.01* innerhalb des FM BWD abgebildet. Der *UAwF 221.01* definiert demnach die modellbasierte Darstellung der Untersuchungsplanung, primär in Form von verorteten Untersuchungsstellen. Die semantische Informationstiefe ist im Wesentlichen auf Angaben zum Untersuchungsverfahren, Nennung weiterführender Baustoffuntersuchungen von zu entnehmenden Proben und Anweisungen zur Durchführung beschränkt. Eine oder mehrere Untersuchungsstellen („*Y*“) werden durch ihre Bezeichnung „*US_X_Y*“ einem Untersuchungsbereich („*X*“) zugeordnet, für den entsprechend der Leistungsbeschreibung spezifische Untersuchungsziele vorliegen.

6.2 Implementierung von Einzelergebnissen

Der *UAwF 221.02* befasst sich mit der modellbasierten Darstellung der Untersuchungsstellen nach Durchführung der Bauwerksdiagnostik. Die einzelnen Objekte werden in diesem Leistungsschritt mit Einzelergebnissen und den zugrundeliegenden Rohdaten der jeweiligen Untersuchungsverfahren inhaltlich befüllt. Beispielsweise können in diesem Leistungsschritt Beprobungsergebnisse von durchgeführten Laboruntersuchungen entnommener Proben im Modell hinterlegt werden. Die an den Objekten im Modell hinterlegten Daten ersetzen die üblicherweise im PDF-Bericht vorhandenen Anlagen mit Einzelergebnissen. Ein Bericht, der die Aufgabenstellung, die Durchführung der Untersuchungen und die vorgenommenen Bewertungen beschreibt, wird dem Auftraggeber weiterhin übergeben.

6.3 Bereitstellung von Untersuchungsergebnissen

Im letzten Schritt erfolgt die ingenieurtechnische Aus- und Bewertung der durchgeführten Untersuchungen im *UAwF 221.03*. Aus den Einzelergebnissen der Untersuchungsstellen werden Ergebnisse für übergeordnete Bereiche abgeleitet. Die Modellierungsvorgaben der Objekte werden hierbei nur in Bezug auf den semantischen Informationsgehalt definiert, die Ergebnisdarstellung des Aus- und Bewertungsprozesses soll dem Fachplaner der BWD offengehalten werden. Dies befähigt den Bauwerksdiagnostiker dazu, selbstständig eine dem Untersuchungsziel entsprechende Ergebnisdarstellung abzubilden. Beispielsweise kann in dem Teilmodell Untersuchungsergebnisse das Geometrieobjekt eines Bauteilbereiches aus dem vorliegenden Bestandsmodell übernommen werden, für das eine bewertete bauwerksdiagnostische Erkenntnis vorliegt. Durch eine entsprechende Einfärbung ist es so zum Beispiel möglich, einen Stahlbetonpfeiler in farblichen Abstufungen hervorzuheben, um unterschiedlich hohe Korrosionswahrscheinlichkeiten der erkundeten Bewehrung aufgrund zu geringer Betondeckung unter den vorliegenden Expositionsbeanspruchungen darzustellen. Dieses Modell unterstützt somit das Verständnis der im Bericht beschriebenen Bewertungen, die aus den Untersuchungen abgeleitet werden.

6.4 Objektkatalog

„Objektkataloge enthalten projektunabhängige Vorgaben für die Erstellung von Fachmodellen in BIM-Projekten und sind von allen Projektbeteiligten anzuwenden. Sie dienen der semantischen Detaillierung (*Level of Information, LoI*) der Fachmodelle und sorgen für eine einheitliche Modellstruktur, die für die Koordinierung mit anderen Fachmodellen erforderlich ist.“, [6]
Übertragen auf die Bauwerksdiagnostikobjekte innerhalb der Teilmodelle wurde die semantische Informationstiefe über den *LoI* im Objektkatalog Bauwerksdiagnostik definiert (noch nicht veröffentlicht, Ausarbeitungsgegenstand des Forschungsprojektes openSIM). Die Definition des *LoI* wurde für den Objektkatalog der Bauwerksdiagnostik wie im Folgenden beschrieben, umgesetzt.

Merkmalsgruppe "Domäne"	Untersuchungsstelle	BWD - US							V001
IFC-Klassifikation	IfcBuildingElementProxy								29.07.2024
Merkmalsliste (Propertyset)	Merkmal (Property)	IFC-Klassifikationen	Format	Einheit	Eintrag	Level of Information LoI 100	LoI 300	LoI 500	Beispiel
Pset_Untersuchungsstelle	_AnzahlProben:US	ifcLengthMeasure	Ganzzahl	ohne	erforderlich	X	-	X	1
Pset_Untersuchungsstelle	_ArtDerPruefung:US	ifcLabel	ListBox ohne Eingabe	ohne	erforderlich	X	-	X	ZaP
Pset_Untersuchungsstelle	_BaustoffuntersuchungProbe:US	ifcLabel	ListBox ohne Eingabe	ohne	erforderlich	X	-	X	Druckfestigkeitsprüfung
Pset_Untersuchungsstelle	_Bauteil:US	ifcLabel	Text	ohne	erforderlich	X	-	X	Pfeiler Nord
Pset_Untersuchungsstelle	_Bauteilgruppe:US	ifcLabel	Text	ohne	erforderlich	X	-	X	Pfeiler
Pset_Untersuchungsstelle	_Bemerkung:US	ifcLabel	Text	ohne	optional	X	-	X	
Pset_Untersuchungsstelle	_Beschreibung:US	ifcLabel	Text	ohne	optional	X	-	X	
Pset_Untersuchungsstelle	_Foto:US	ifcLabel	Text	ohne	optional	X	-	X	
Pset_Untersuchungsstelle	_Grundgesamtheit:US	ifcLabel	Text	ohne	optional	X	-	X	ungestörtes Gefüge
Pset_Untersuchungsstelle	_Merkblatt:US	ifcLabel	Text	ohne	optional	X	-	X	
Pset_Untersuchungsstelle	_Norm:US	ifcLabel	Text	ohne	optional	X	-	X	
Pset_Untersuchungsstelle	_Pruefanweisung:US	ifcLabel	Text	ohne	optional	X	-	X	
Pset_Untersuchungsstelle	_TechnischeVorschrift:US	ifcLabel	Text	ohne	optional	X	-	X	
Pset_Untersuchungsstelle	_Untersuchungsbereich:US	ifcLabel	Text	ohne	optional	X	-	X	UB_2
Pset_Untersuchungsstelle	_Untersuchungsstelle:US	ifcLabel	Text	ohne	erforderlich	X	-	X	US_2_1
Pset_Untersuchungsstelle	_Untersuchungsverfahren:US	ifcLabel	ListBox ohne Eingabe	ohne	erforderlich	X	-	X	Kernbohrung
Pset_Untersuchungsstelle	_Untersuchungsziel:US	ifcLabel	Text	ohne	erforderlich	X	-	X	Bestimmung der Betonfestigkeitsklasse

Abb. 5: Auszug aus dem Objektkatalog Bauwerksdiagnostik (© openSIM, 2024)

Für die stufenweise Implementierung der 25 Untersuchungsverfahren werden unabhängig von der Definition des *LoI* erforderliche und optionale Merkmale definiert, aus denen eine projektspezifische Auswahl erfolgen kann. Die Merkmale sind verfahrens-, objekt- oder Messkampagnen-spezifisch in Eigenschaftensets (*Propertysets, Psets*) gruppiert. Beispielsweise sind hier die *Psets Pset_DiagnostikProjekt, Pset_Untersuchungsstelle* [Abb. 5] oder *Pset_Kernbohrung* zu nennen. Das Attribuieren der Objekte mit den erforderlichen Merkmalen sichert den Bauherren dahingehend ab, dass eine ausreichende fachliche Informationstiefe in den jeweiligen Teilmodellen entsprechend der *LoI*-Vorgabe übergeben wird. Die Relevanz optionaler Merkmale obliegt dem Fachplaner Bauwerksdiagnostik. Diese Merkmale bieten Optionen für das Anhängen zusätzlicher Bemerkungen, ergänzender Fotos, Videos oder Skizzen. Die erforderlichen Merkmale der einzelnen BWD-Objekte stellen hierbei einen ausreichenden Informationsgehalt sicher. Eine höhere semantische Detaillierung der Teilmodelle – durch das Ergänzen von optionalen Merkmalen – kann für den Auftraggeber einen Mehrwert bieten, ist jedoch projektspezifisch mit fachlicher Expertise zu beurteilen und daher aus Sicht der AutorInnen nicht durch die Angabe eines höheren *LoI* in den BIM-Vertragsdokumenten abbildbar. Die Attribuierung mit ergänzenden Merkmalen kann dennoch vertragssicher durch Fortschreibung des BAP festgelegt werden.

Im herkömmlichen Planungsprozess nimmt der *LoI* fortlaufend zu. In der Bauwerksdiagnostik wird dementsprechend dem ersten Teilmodell Untersuchungsplanung der *LoI 100* zugewiesen, da innerhalb dieses Modells der Informationsumfang auf für die Kalkulation und Durchführung der BWD relevante Angaben beschränkt ist. Für jede geplante vor-Ort-Untersuchung (bspw. Kernbohrung, Ultraschallmessung, Georadar) wird ein eigenständiges Untersuchungsstellen-Objekt mit eindeutiger Bezeichnung „*US_X_Y*“ modelliert. In Bezug auf weiterführende Laboruntersuchungen entnommener Proben („*Z*“), bspw. an einem Bohrkern, besteht das Erfordernis, dass voneinander getrennte Objekte „Bohrkern“ und „Probe“ modelliert werden. Die Zugehörigkeit der Probe-Objekte zu der Untersuchungsstelle („*Y*“) bzw. dem übergeordneten Untersuchungsbereich („*X*“), wird wiederum durch die Bezeichnungskonvention „*PB_X_Y_Z*“ am Probe-Objekt vorgenommen. Wird bspw. von einem entnommenen Bohrkern an zwei Proben die Druckfestigkeit ermittelt, ohne dass zugehörige Probe-Objekte modelliert werden, müsste das *Pset_Druckfestigkeitspruefung* mit den zugehörigen Merkmalen doppelt an das Bohrkernobjekt angehangen werden. Die doppelte Merkmalsvergabe ist in der IFC-Datenstruktur (offener Standard zur Beschreibung von BIM-Modellen „*Industry Foundation Classes*“ [15]) jedoch nicht möglich. Aus diesem Grund wird dem Untersuchungsstellen-Objekt im „Ausgangs-“ *Pset_Untersuchungsstelle* bereits in Form der erforderlichen Merkmale *_AnzahlProben_US* und *_BaustoffuntersuchungProbe_US* mitgegeben, wie viele Proben zu welchem Zweck entnommen werden sollen. Diese Merkmale lösen innerhalb des Objektkataloges neu zu modellierende Objekte mit weiteren Eigenschaftensets aus: *Pset_Probe* und *Pset_Druckfestigkeitspruefung*. An dieser Stelle stellt die doppelte Vergabe wiederum kein Problem dar, da es sich um getrennt modellierte Objekte handelt.

Aufbauend auf das TM Untersuchungsplanung erfolgt die Erweiterung hin zu dem TM Einzelergebnisse. Liegen Abweichungen zur Planung vor, werden die modellierten Objekte der einzelnen Untersuchungsstellen an die tatsächlich ausgeführte Lage verschoben. Die Verortung erfolgt bei der Modellerstellung georeferenziert und/oder im Lagebezug auf eineindeutige Bauwerksteile anhand des im Hintergrund eingeblendeten Bestandsmodells. Anschließend werden die Objekte entsprechend der im Objektkatalog vorhandenen Eigenschaftensets verfahrensspezifisch mit Informationen befüllt. Die semantische Informationstiefe wird hier mit dem höchsten *LoI*, dem *LoI 500* vorgegeben, da dieses Teilmodell die größte Datenmenge und Informationstiefe innerhalb des FM BWD enthält [16].

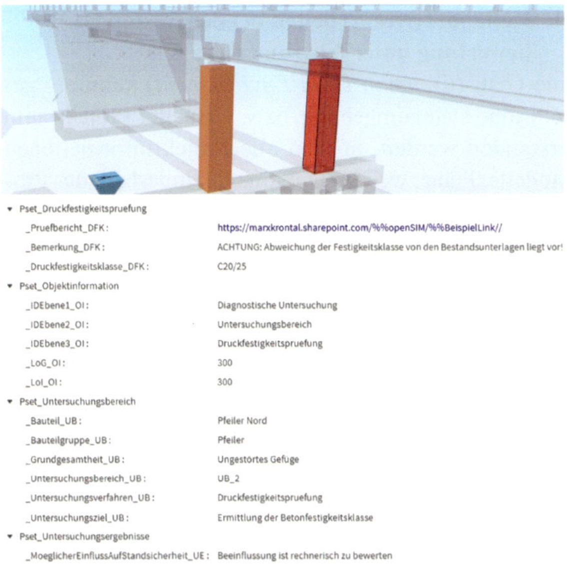

Abb. 6: Semantische Informationen eines Bewertungsergebnisses innerhalb des Teilmodells Untersuchungsergebnisse (© BIM.Hamburg, © Marx Krontal Partner, 2024)

Das Teilmodell Untersuchungsergebnisse beinhaltet wiederum die ingenieurtechnische Auswertung und Bewertung der einzelnen Untersuchungsstellen. Als Ergebnis dieses Prozesses werden Untersuchungsergebnisse für übergeordnete Untersuchungsbereiche abgeleitet. In diesem dritten Teil des Fachmodells Bauwerksdiagnostik werden anstelle der bisherigen Untersuchungsstellen die Bauteile oder Bauteilbereiche modelliert und attribuiert, denen eine Bewertung basierend auf ggf. mehreren einzelnen Untersuchungen zugewiesen wird. In dem TM Untersuchungsergebnisse werden die Objekte im *LoI 300* attribuiert. Am Beispiel der Druckfestigkeitsermittlung enthält der modellierte Untersuchungsbereich (bspw. ein oder mehrere Brückenpfeiler) nicht mehr die charakteristischen Einzelwerte der Druckfestigkeit aller Kernbohrungen, die an diesem Pfeiler beprobt wurden, sondern die abgeleitete statistisch ausgewertete Festigkeitsklasse [Abb. 6]. Es handelt sich demnach um einen rückwirkenden Detaillierungsgrad, der sich in der Angabe des *LoI 300* für das TM Untersuchungsergebnisse (abgeleitetes und bewertetes Ergebnis des übergeordneten Untersuchungsbereiches) gegenüber dem *LoI 500* im TM Einzelergebnisse (Einzelergebnisse der Untersuchungsstellen) widerspiegelt.

6.5 Objektübersicht

Für einen einheitlichen Modellaufbau ist ein einheitliches Klassifikationssystem der Modellobjekte wichtig. Die Objektübersicht gibt eine hierarchische Struktur vor, welche jedes Objekt für die 25 betrachteten Untersuchungsverfahren in sogenannte ID-Ebenen eingliedert. Dadurch können Objekte z. B. entsprechend der Inhalte gefiltert oder sortiert werden. Die Objektübersicht ist Teil des Objektkatalogs (s. Kap. 6.4), [16], [12], [6], [8]. Für die diagnostischen Untersuchungsmethoden bedeutet das z. B., dass Objekte entsprechend ihrer Untersuchungsmethode oder ihrer Zugehörigkeit zu einer Untersuchungsstelle oder einem -bereich gefiltert, gesammelt ausgewählt und visuell hervorgehoben werden können [Abb. 7].

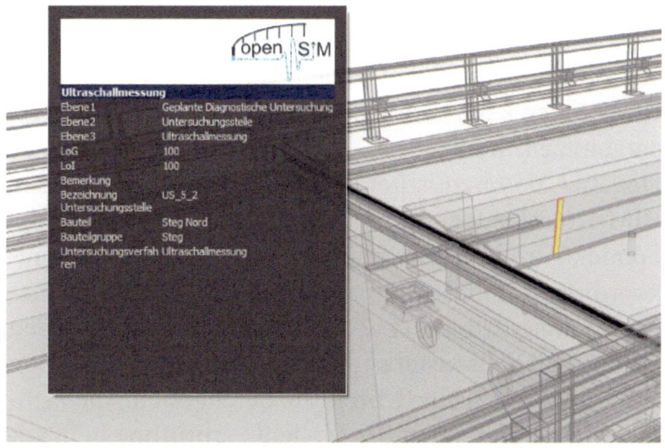

Abb. 7: Untersuchungsstelle einer zerstörungsfreien Prüfung (© BIM.Hamburg, © openSIM, 2024)

Eine besondere Herausforderung im Fachmodell Bauwerksdiagnostik besteht darin, dass nur ein Teil der diagnostischen Untersuchungen durch modellierte Objekte abbildbar ist, die auch in der Realität vorhanden sind – bspw. der Bohrkern einer zerstörungsarmen Prüfung. Andere zerstörungsfreie Prüfungen (wie bspw. Radarmessungen) können in BIM-Modellen nur in Form von fiktiven Objekten abgebildet und attribuiert werden. Der Umgang damit erfolgt, indem das FM BWD als eigenständige IFC-Datei vorliegt und nicht dauerhaft mit dem Bestandsmodell vereint werden kann. Alle im FM BWD enthaltenden Objekte (für ZfP und ZaP) stellen fiktive Untersuchungsstellen und -bereiche dar. Eine zeitlich begrenzte Überlagerung beider Modelle in einem Koordinationsmodell führt unter Umständen dazu, dass Bauteile derselben Geometrie doppelt vorhanden sind. Dies ist dann der Fall, wenn ein Bewertungsergebnis auf ein gesamtes Bauteil übertragen werden kann und aus der Auswertung der durchgeführten Untersuchungen keine abweichende Bauteilgeometrie ermittelt wurde. Anhand der Datenstruktur und den semantischen Informationen ist das Untersuchungsbereich-Objekt jedoch eindeutig von dem modellierten Bauteil zu unterscheiden.

7. Etablieren eines Workflows zur digitalisierten Ergebnisbereitstellung

Der UAwF 221 endet mit der Bereitstellung und Freigabe der Untersuchungsergebnisse innerhalb der CDE (Erläuterung in Kap. 7.1), auf die alle Projektbeteiligten zugreifen können. Der Bauwerksdiagnostiker ist dabei für die durch ihn produzierten Daten verantwortlich und alleinig dazu befähigt, die Inhalte zu ändern bzw. zu aktualisieren. Um eine kollaborative Zusammenarbeit zu ermöglichen, sind eindeutige Strukturen und Prozesse, bspw. durch die Dateinamenskonvention und Versionierung aller importierten Daten, einzuhalten [17].
Innerhalb der Erprobungsphase des Forschungsprojektes wurden mögliche Prozessschritte mit den beteilig-

ten Akteuren Bauherr, Bauwerksdiagnostiker und Tragwerksplaner sowie deren Informationsbedarf beispielhaft bearbeitet. Dabei wurden BIM-Rollen definiert und die bereits eingeführten *AwF 050* (*Koordination der Fachgewerke*) sowie *AwF 060 (Planungsfortschrittskontrolle und Qualitätsprüfung*) in Bezug auf das Fachmodell Bauwerksdiagnostik betrachtet. Anschließend wurde daraus ein Workflow abgeleitet. Eine Definition der benannten BIM-Rollen kann dem BIM-Leitfaden für die FHH [12] entnommen werden.

Der *AwF 060* beinhaltet die Eigenkontrolle durch den BIM-Koordinator des Fachplaners BWD sowie die Fremdkontrolle durch den übergeordneten BIM-Gesamtkoordinator und den auftraggeberseitigen BIM-Manager [5]. Innerhalb des *AwF 060* wird dafür in Ergänzung zu der Qualitätssicherung gemäß dem BIM-Leitfaden für die FHH [12] eine Checkliste bereitgestellt, die fachspezifische Methoden der Modellüberprüfung beinhaltet, bspw. in Bezug auf zugelassene und nicht zugelassene Kollisionen von BWD-Objekten. Außerdem werden Prüfregeln zur Vollständigkeit der semantischen Informationen und der Einhaltung vorgegebener Austauschformate berücksichtigt.

Der *AwF 050* ist durch die Rolle des BIM-Gesamtkoordinators zu erbringen. In dem durchlaufenen Beispielprozess wurde die Annahme getroffen, dass der Fachplaner BWD gleichzeitig die Rolle der BIM-Gesamtkoordination innehält. Innerhalb des AwF wird die Einhaltung der definierten Abläufe zur Informationsbereitstellung unter den vorgegebenen Lieferzeitpunkten aller Fachplaner kontrolliert und gesteuert, dass ein konsistenter Informationsaustausch unter den vorgeschrieben Austauschregeln stattfindet [5]. Außerdem erfolgt in *AwF 050* das regelmäßige Zusammenführen der Fachmodelle zu Koordinationsmodellen [Abb. 8] mit anschließender Qualitätsprüfung und systematischer Konfliktbehebung. Dafür finden in regelmäßigen Abständen modellgestützte Planungsbesprechungen zwischen den Projektbeteiligten statt, die durch den BIM-Gesamtkoordinator geleitet werden.

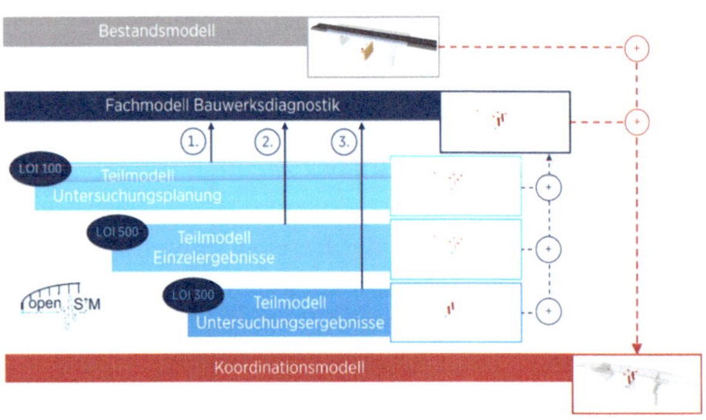

Abb. 8: Modellkonzept zur schrittweisen Erzeugung des Fachmodells Bauwerksdiagnostik und Überlagerung mit dem Bestandsmodell innerhalb eines Koordinationsmodells (© openSIM, 2024)

Die Prozessschritte zur Umsetzung der *AwF 050*, *060* und *221* werden im BAP beschrieben.

7.1 Kollaboratives Arbeiten bei der Bestandsbewertung unter Nutzung einer CDE

Eine CDE (*Common Data Environment*) kann als gemeinsame Datenumgebung, bzw. virtueller Projektraum verstanden werden, in dem alle Projektinformationen (Modelle, Pläne, weitere Dokumente) innerhalb des Projektteams geteilt, ausgetauscht und zentral verwaltet werden. [18]

Innerhalb der CDE werden Issues als zentral verwaltetes Kommunikationstool genutzt. Diese ermöglichen, festgelegte Ansichten der 3D-Modellumgebung mit optionaler Auswahl eines bestimmten Objektes zu generieren und diesen eine Aufgabe mit Priorität, Verantwortlichkeit, Ablaufdatum und Status hinzuzufügen. Ergänzend können Dokumente oder spezifische Objektmerkmale mit dem Issue verknüpft werden. Beispielsweise kann sich der Bauwerksdiagnostiker so die geplante Lage einer zerstörungsarmen Untersuchung, mit der potenziell in das Tragwerk eingegriffen wird, durch den Tragwerksplaner bestätigen lassen [Abb. 9]. Durch den Ex- und Import des Issues in einem standardisierten Dateiformat, den *BIM Collaboration Format* (*BCF*), kann der Tragwerksplaner die modellunabhängige Ansicht auch in seine eigene BIM-fähige Software überführen und damit zum Beispiel die Lage der Untersuchungsstelle auf die Überschneidung mit vorhandenen Spanngliedern überprüfen. Dies reduziert Übertragungsfehler und das Risiko, dass Abstimmungen nicht auf Grundlage von aktuellen Planungsständen stattfinden.

Abb. 9: Issue zur Abstimmung der geplanten Lage einer Untersuchungsstelle (© Marx Krontal Partner, 2024)

Mehrwerte bieten sich dem Tragwerksplaner für die Nachrechnung aber auch durch die übersichtlichere Bereitstellung der Ergebnisse aus der Bauwerksdiagnostik und daraus, dass alle vorhandenen Informationen über das Bestandsbauwerk in geprüfter Form zentralisiert und digitalisiert verwaltet sind. Durch die modellbasierte Darstellung entstehen weniger Medienbrüche zwischen und innerhalb der einzelnen Fachplanungen. In dem Fall, dass die relevanten Grundlagendokumente für die rechnerische Bewertung eines Bestandstragwerkes auch in Form von Modellen in der CDE vorliegen, können diese überlagert in einem Koordinationsmodell dargestellt und weiterverwendet werden, bspw.:

- das aus einer Bauwerksvermessung und vorhandenen Bestandsplänen/-unterlagen entwickelte Bestandsmodell mit dem Fokus auf die reale äußere Bauteilkubatur und bestandsdatenbasierte Materialangaben (*AwF 010*),
- das Fachmodell Baugrund mit geometrischer Abbildung der Baugrundschichten und Informationen aus dem Geotechnischen Bericht (*AwF 010*) [19],
- das aktuelle Fachmodell Bauwerksdiagnostik mit Informationen zum Inneren der Konstruktion (Structural Information), tatsächlich beprobten Materialeigenschaften und Aussagen zum Zustand von Bauteilen (*UAwF 221* in Entwicklung),
- weitere Fachmodelle Bauwerksdiagnostik aus zurückliegenden Messkampagnen.

Die Filterfunktion innerhalb der CDE ermöglicht, dass der Tragwerksplaner gezielt nach für ihn relevanten semantischen Bauteilinformationen innerhalb der Modelle suchen kann. Dadurch reduziert sich der Aufwand bei dem Zusammenstellen der Grundlagen für die eigene Modellierung. Die nötigen Prozessschritte, um das tatsächliche Tragwerksverhalten realitätsnah abzubilden und dadurch mögliche Tragreserven unter Aufrechterhaltung des Sicherheitsniveaus zu identifizieren, werden an dieser Stelle durch die Digitalisierung der Bauwerksdiagnostik entscheidend optimiert. Nicht zu vernachlässigen ist dafür jedoch, dass die Qualität des erzeugten Fachmodells Bauwerksdiagnostik innerhalb des Anwendungsfalls sichergestellt werden muss. Dies kann nur durch vertraglich vorgegebene Modellierungsstandards und klar definierte Prüfprozesse mit zugewiesenen Rollenverantwortlichkeiten erfolgen.

8. Ausblick und Projektziele openSIM

Das Forschungsprojekt openSIM „Integration und Bereitstellung von Structural-Information-Daten zur Bestandsbewertung von Infrastrukturbauwerken im BIM-Prozess“ hat zum Ziel, Standards zu entwickeln, welche die Nutzung und Weiterverarbeitung von Bestands- und Zustandsdaten innerhalb der BIM-Planung beschreiben. So können die bauwerksdiagnostischen Ergebnisse direkt in die BIM-Planung einfließen und gewerkeübergreifende Abstimmungen am Koordinationsmodell erfolgen. Das Bauvorhaben wird so im Gesamtkontext dargestellt und Schwierigkeiten, welche sich in Zusammenhang mit anderen Gewerken ergeben, können frühzeitig identifiziert werden. Untersuchungsergebnisse und Auswertungen können nicht nur betrachtet, sondern auch zusammenhängend untersucht, im Kontext analysiert und ausgewertet werden.

Die Praxiserfahrungen und das Expertenwissen der Projektpartner fließen in die Standards ein, sodass am Ende der Projektlaufzeit im Oktober 2025 ein anwendbarer Workflow für den UAwF 221 bereitsteht, indem die Anforderungen der Prozessbeteiligten z. B. Auftraggeber, Tragwerksplaner und Bauwerksdiagnostiker berücksichtigt wurden. Ziel ist es, vor allem die Belange der Fachplaner zu berücksichtigen und für alle Projektbeteiligten einen nutzbaren, digitalisierten, praxisbezogenen Prozess bereitzustellen, der die Zusammenarbeit fördert, strukturierte Ergebnisse in übersichtlicher Darstellungsform liefert und Schnittstellenverluste zu vermeiden. Um das Ziel zu erreichen wird der Ablauf an realen Bauwerken durchgeführt (also frühzeitig der Praxisbezug hergestellt). Parallel dazu findet fortlaufend eine Prozessoptimierung statt. So werden die Visualisierungs- und Bereitstellungsmöglichkeiten geprüft und eine digitalisierte, strukturierte und zentralisierte Arbeitsweise entwickelt.

Die AutorInnen danken Bau-Consult Hermsdorf, der MFPA Weimar, der Bauhaus-Universität Weimar und customQuake für die Zusammenarbeit sowie dem Bundesministerium für Digitales und Verkehr für die Förderung im Rahmen der Förderinitiative mFUND in dem vorgenannten Projekt.

Literatur

[1] Stufenplan Digitales Planen und Bauen: Einführung moderner, IT-gestützter Prozesse und Technologien bei Planung, Bau und Betrieb von Bauwerken, Bundesministerium für Verkehr und digitale Infrastruktur, 12/2015.

[2] Voigt, C.; Fritsch, C.; Hackel, T.: Digitalisierung der Bauwerksdiagnostik zur realitätsnahen Bewertung von Ingenieurbauwerken. 2. Fachkongress Digitale Transformation der Verkehrsinfrastruktur, 2023.

[3] Masterplan BIM Bundesfernstraßen: Erläuterung zu den Rahmendokumenten – Version 1.0, Bundesministerium für Verkehr und digitale Infrastruktur, 10/2021,
Link: stufenplan-digitales-bauen.pdf (bund.de)

[4] Masterplan BIM Bundesfernstraßen, Rahmendokument: Definition der Fachmodelle – Version 1.0, Bundesministerium für Verkehr und digitale Infrastruktur, 10/2021.

[5] Anwendungsfälle – Phase II, Rahmendokument Version 2.0, BIM Bundesfernstraßen, Bundesministerium für Digitales und Verkehr, 10/2021,
Link: Masterplan BIM Bundesfernstraßen – Rahmendokument Steckbriefe der Anwendungsfälle V 1.0 (bim-bundesfernstrassen.de)

[6] Objektkatalog Allgemein, Version V004, BIM. Hamburg, 2023,
Link: d-06-allgemein-v004-data.pdf (hamburg.de)

[7] Rahmendokumente des Bundesministeriums für Digitales und Verkehr,
Link: https://www.bim-bundesfernstrassen.de/publikationen/

[8] Objektkatalog, Rahmendokument Version 1.0, BIM Bundesfernstraßen, Bundesministerium für Digitales und Verkehr, 01/2024,
Link: Masterplan BIM Bundesfernstraßen V 1.0 (bim-bundesfernstrassen.de)

[9] Masterplan BIM Bundesfernstraßen, Bundesministerium für Digitales und Verkehr, 09/2021, Link: Masterplan BIM Bundesfernstraßen V 1.0 (bim-bundesfernstrassen.de).

[10] Masterplan BIM Bundesfernstraßen Rahmendokument: Auftraggeber-Informationsanforderungen (AIA) – Version 1.0, Bundesministerium für Verkehr und digitale Infrastruktur, 10/2021.

[11] Auftraggeber-Informations-Anforderungen (AIA), Mustervorlage Version 1, BIM.Hamburg, 2021, Link: AIA-Mustervorlage (hamburg.de).

[12] BIM-Leitfaden für die FHH, Version 4, BIM. Hamburg, 2023.

[13] Masterplan BIM Bundesfernstraßen, Rahmendokument: BIM-Abwicklungsplan (BAP) – Version 1.0, Bundesministerium für Verkehr und digitale Infrastruktur, 10/2021. Link: Masterplan BIM Bundesfernstraßen – Rahmendokument BIM-Abwicklungsplan (BAP) V 1.0 (bim-bundesfernstrassen.de).

[14] Masterplan BIM Bundesfernstraßen, Ergänzung zu den Rahmendokumenten: Liste der standardisierten Anwendungsfallbezeichnungen, Bundesministerium für Verkehr und digitale Infrastruktur, 10/2021. Link: Masterplan BIM Bundesfernstraßen – Ergänzung zu den Rahmendokumenten: Liste der standardisierten Anwendungsfallbezeichnungen (bimbundesfernstrassen.de).

[15] DIN EN ISO 16739-1:2021-11, Industry Foundation Classes (IFC) für den Datenaustausch in der Bauwirtschaft und im Anlagenmanagement – Teil 1: Datenschema.

[16] Schickert, M.; Khairtdinov, M.; Kottmeier, K.; Hackel, T.; Voigt, C.; Stark, Y.: Strukturierter Prozess zur langfristigen Speicherung von Ultraschall-Inspektionsergebnissen in digitalen Bauwerksmodellen. Zerstörungsfreie Materialprüfung. DGZfP-Jahrestagung 2024: 06.-08. Mai 2024 in Osnabrück, Link: https://doi.org/10.58286/29561

[17] DIN EN ISO 19650-1:2019-08, Organisation und Digitalisierung von Informationen zu Bauwerken und Ingenieurleistungen, einschließlich Bauwerksinformationsmodellierung (BIM) – Informationsmanagement mit BIM – Teil 1: Begriffe und Grundsätze.

[18] Rahmendokument: Datenmanagement – Version 1.0, BIM Bundesfernstraßen, Bundesministerium für Digitales und Verkehr, 10/2021, Link: Masterplan BIM Bundesfernstraßen – Rahmendokument: Datenmanagement – Version 1.0 (bim-bundesfernstrassen.de).

[19] Bauer, J., Beck, J., Clostermann, D., Henke, S., Schwabe, K. und Tilger, K. (2023), Vergleichende Untersuchung von Software zur Erstellung des Fachmodells Baugrund. Bautechnik 100, H. 9, S. 552–564. Link: https://doi.org/10.1002/bate.202300076

Mönchengladbachs erste BIM-Brücke

Erwartungen und Hoffnungen eines Eigentümers

Dipl.-Ing. Christian Lambracht
Stadt Mönchengladbach

Dipl.-Ing. Andreas Malcher
Werner Sobek AG, Berlin

Dr.-Ing. Christoph von der Haar
GRBV Ingenieure im Bauwesen GmbH & Co. KG, Münster

Zusammenfassung
Planungsprozesse optimieren, ein realitätsgetreues Abbild des Bauwerks erhalten und in der Bauunterhaltung langfristig von den Daten profitieren. Die Vorteile, die der pilothafte Einsatz von Building Information Modelling (BIM) bei einem Brückenneubau verspricht, sind zahlreich. Doch auch die Herausforderungen des damit verbundenen Change-Prozesses zeigen sich am besten in der praktischen Anwendung. Um sich mit diesen Fragen eingehender zu beschäftigen und einen ersten praktischen Schritt zu wagen, hat die Stadt Mönchengladbach zusammen mit ihren Planungspartnern entschieden, ein Infrastruktur-Pilotprojekt mit BIM zu starten. Die BIM-Methode wurde von der Leistungsphase 2 bis zum bevorstehenden Abschluss der Leistungsphase 6 nach HOAI eingesetzt. Darüber hinaus ist geplant, die BIM-Methodik auch in der Bauausführung weiterzuführen und an deren Abschluss ein As-built-Modell, also ein digitales Abbild des tatsächlich ausgeführten Bauwerks, zu erhalten, welches für die zukünftige Bauwerksunterhaltung und -instandhaltung, verwendet werden soll – also für ein datenbasiertes Erhaltungsmanagement.

1. Einführung

„Echte" Digitalisierungsprozesse begnügen sich nicht damit, Planunterlagen einzuscannen und PDF-Dateien zu erzeugen. Sie gehen darüber hinaus, transformieren Arbeitsprozesse und verändern die Formen der Zusammenarbeit. So verhält es sich auch im Bauwesen. Zur Digitalisierung von Planungs- und Arbeitsprozessen im Baubereich gehört es, sich Gedanken zu machen, welche Ziele angestrebt werden, und ob und wie diese Ziele mit welchen Digitalisierungsschritten wirtschaftlich sinnvoll erreicht werden können. Wo können Aufwände reduziert und Arbeitsschritte beschleunigt werden? Wie kann die Digitalisierung dazu beitragen, dem spürbaren Fachkräftemangel etwas entgegenzusetzen? Wie können sich digitalisierte Daten langfristig positiv auswirken – etwa, wenn Informationen und Modelle im Lebenszyklus eines Bauwerks weiterverwendet werden können?
Um sich mit all diesen Fragen eingehender zu beschäftigen und einen ersten praktischen Schritt zu wagen, hat die Stadt Mönchengladbach entschieden, ein Infrastruktur-Pilotprojekt mit BIM zu starten. Den ausgelobten Planungswettbewerb für den Neubau der Rad- und Fußwegebrücke Bettrather Straße hat die Arbeitsgemeinschaft aus der Werner Sobek AG und den GRBV Ingenieuren im Bauwesen gewonnen (Abbildung 1).

Abb. 1: Visualisierung des Siegerentwurfs des Planungswettbewerbs von Werner Sobek und GRBV

2. Von der Idee zur BIM-Planung

In einem der ersten Anlaufgespräche wurde schnell klar, dass Auftraggeber und Auftragnehmer gleichermaßen daran interessiert waren, zusammen zu lernen und die Planungsmethode BIM einzusetzen. Auch der Fördergeber, das Bundesamt für Logistik und Mobilität, unterstützte das innovative Vorgehen.
Die mit der neuen Planungsmethode einhergehenden Bedenken und Fragen: Wo liegen die Vorteile? Welche Kosten entstehen? Welche neuen Aufgaben ergeben sich? Wie fängt man an? Was benötigt man, um mit dieser Planungsmethode zu arbeiten? ließen viele Beteiligte zunächst zweifeln. Aber der Wunsch sich zu verbessern, die Neugier und nicht zuletzt der Entdeckergeist bei technischen Neuerungen, veranlassten dann doch alle Beteiligten, sich mit vollem Einsatz dieses neuen Themas anzunehmen.

3. Brückenbauwerk und Randbedingungen

Der Ersatzneubau der Brücke Bettrather Straße verbindet künftig die Innenstadt und den Hauptbahnhof mit den nördlich gelegenen Stadtteilen und dem Bunten Garten von Mönchengladbach. Die neue Brücke führt zwei Spuren für Fußgängerinnen und Fußgänger und ein separates Verkehrsband für Radfahrende über die Hermann-Piecq-Anlage. Sie ersetzt die bestehende, dreifeldrige Bogenkonstruktion aus Ziegelmauerwerk, welche mit fast 130 Jahren zu den ältesten Brücken Mönchengladbachs zählt. Aufgrund des schlechten baulichen Zustandes und der fortschreitenden Schädigungen wird das Ersatzbauwerk erforderlich.

Der neue Brückenüberbau wird in Stahlbauweise als einfeldriger, luftdicht verschweißter Trogquerschnitt ausgeführt. Die Stützweite beträgt 51,05 m, die Gesamtbreite des Überbaus misst 12,1 m. Zwischen den Hauptträgern ist der Radweg mit einer Breite von 4,0 m angeordnet, auf den Außenseiten der Hauptträger kragen jeweils die Gehwege mit einer Breite von 3,0 m aus. Die Hauptträger fungieren damit als bauliche Trennung zwischen den Gehwegen und dem Radweg. Die Höhe der Hauptträger variiert von 1,3 m in den Auflagerbereichen bis zu 2,2 m im mittleren Drittel der Stützweite. Die Formgebung der Hauptträger spiegelt damit den Kräfteverlauf wider. Die Hauptträger sind durch Querträger im Abstand von 2,5 m bis 3,35 m miteinander verbunden. Die Fahrbahnplatte bildet dabei den Obergurt, das unterste Deckblech des Überbaus den Untergurt der Querträger. Die Querträgerhöhe variiert von 0,9 m (Bauwerksanfang/-ende) bis 1,4 m (Drittelspunkte). Zwischen den Drittelspunkten ist die Bauhöhe der Querträger analog zu den Hauptträgern konstant. Die Bauhöhe der beidseitigen Kragarme ist über die Bauwerkslänge nicht veränderlich. Diese beträgt am Kragarmende 0,25 m und am Anschnitt zu den Hauptträgern 0,9 m.

Der Überbau wird zwängungsfrei auf je zwei Elastomerlagern je Lagerachse gelagert. In der Achse 20 befindet sich ein allseits festes Lager und in der Achse 10 ein querfestes Lager. Die anderen beiden Lager werden als allseits bewegliche Elastomerlager ausgeführt. Als Übergangkonstruktionen werden an beiden Bauwerksenden elastische Mattenübergänge vorgesehen.

Die Widerlager werden in Ortbetonbauweise hergestellt und jeweils mit 24 Mikropfählen tiefgegründet. Die Mikropfähle werden mit einer Neigung von 6:1 und einer Länge von ca. 12 m ausgeführt. Für die Herstellung der Widerlager und der Mikropfähle werden rückverankerte Bohlträgerverbauten in den Böschungen der Hermann-Piecq-Anlage vorgesehen.

Das Brückenbauwerk wurde für Verkehrslasten nach DIN EN 1991-2 Kapitel 5 in Verbindung mit dem ARS 22/2012 bemessen. Die Fußgängerlasten wurden dabei in Abhängigkeit von der Stützweite abgemindert. Als Dienstfahrzeug wird das Fahrzeug nach DIN EN 1991-2, 5.6.3 mit einer 40 kN und einer 80 kN Achse berücksichtigt.

Während des Planungsprozesses wurde ein besonderes Augenmerk auf die Ausstattungsdetails der Brücke gelegt. So zeigte die statische Berechnung des Überbaus, dass die 1. Biegeeigenfrequenz nahe am kritischen Frequenzbereich für Gehwegbrücken liegen wird. Um den Resonanzfall der fertig gestellten Brücke ausschließen zu können, wurden im Überbau Aussparungen für Schwingungstilger vorgesehen. Diese wurden so angeordnet, dass sie für Wartungszwecke zugänglich, aber von außen nicht sichtbar sind. Nach der Herstellung des Überbaus werden Schwingungsmessung durchgeführt. Im Bedarfsfall können die Schwingungstilger dann in die dafür vorgesehenen Aussparrungen eingebaut werden.

Abb. 2: Geländer und Bänke auf der Brücke

Die Geländer erhalten einen oberen Abschluss aus Holz und einen Handlauf aus Edelstahl. Die Füllung des Geländers besteht aus einem Edelstahlnetz in einem Edelstahlrahmen. In den hölzernen Handläufen sind LED-Lichtbänder zur Beleuchtung der Gehwege integriert. Lichtbänder sind ebenfalls in die Seitenflächen der beiden Hauptträgern eingelassen, um auch den Radweg ausreichend auszuleuchten. Dabei wurde zwischen den Beteiligten intensiv um eine wartungsfreundliche, Vandalismus sichere und ästhetisch ansprechende Lösung gerungen, die zugleich statischen und montagetechnischen Anforderungen genügt.

Im mittleren Drittel des Brückenbauwerks, in dem die Hauptträger eine konstante Bauhöhe aufweisen, werden diese so ausgeformt, dass dort großzügige Sitzmöglichkeiten für die Nutzer der Gehwege entstehen. Diese werden mit bequemen Holzflächen versehen und laden hierdurch zum Verweilen ein.

Die Böschungsbereiche, die unterhalb der Brücke liegen und durch den Brückenkörper vom Niederschlag abgeschirmt werden, werden bewässert, um eine durchgehende Begrünung der straßenbegleitenden Böschungen an der Hermann-Piecq-Anlage sicherzustellen. Das Niederschlagswasser der Bettrather Straße wird gesammelt, unter der Brücke zwischengespeichert und in den Böschungen versickert. So können große Pflasterflächen eingespart und das anfallende Niederschlagswasser direkt an Ort und Stelle dem Grundwasserhaushalt zugeführt werden. Eine Lösung ganz im Sinne der Idee einer „Schwammstadt".

Einen visuellen Überblick über den Ersatzneubau und den Bestand bietet das unter dem folgenden Link oder dem nebenstehenden QR-Code abrufbare Video:

https://link.grbv.de/bettrather

4. Von der optimierten Planung bis zum AsbuiltModell

Mit dem Einsatz der BIM-Methodik verbanden die Beteiligten folgende Erwartungen und Hoffnungen:

1. Optimierung der Planung
2. Förderungen der Transparenz im Projekt
3. Erhöhte Kostensicherheit
4. Digitale Dokumentation
5. Übergeordnete Qualitätssicherung

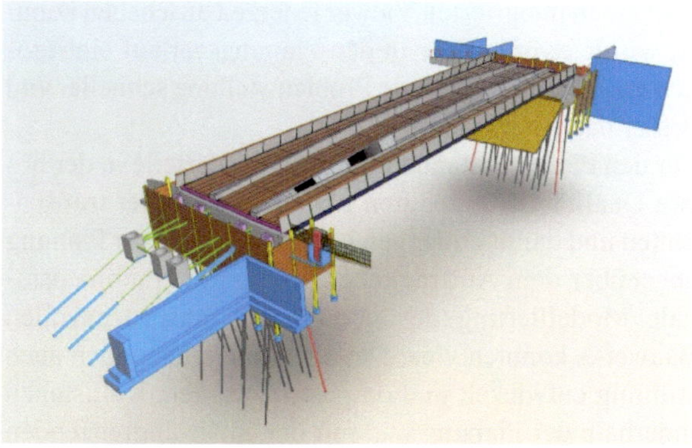

Abb. 3: BIM-Modell Neubau

Am Anfang steht immer ein guter Plan. Beim Thema BIM braucht es dementsprechend einen BIM-Abwicklungsplan (BAP). In diesem werden die projektspezifischen Anforderungen und Anwendungsfälle festgelegt. Anwendungsfälle bezeichnen dabei den jeweiligen Zweck, für den Daten und Informationen in einem Modell erstellt und verwendet werden. Im BAP für den Brückenneubau wurden 10 Anwendungsfälle definiert. Diese Anwendungsfälle sind unter anderem die Bestandserfassung, die modellbasierte Planerstellung, die modellbasierte Mengen- und Kostenermittlung, die Koordination der Fachgewerke und die digitale Prüfung und Freigabe der Planung durch den Auftraggeber.

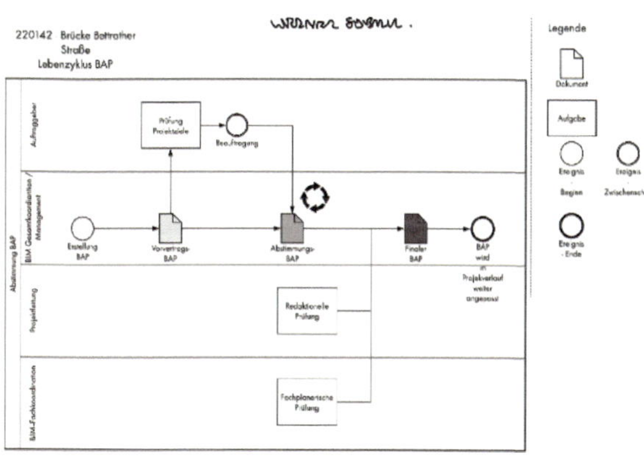

Abb. 4: Lebenszyklus des BAP

Kernstück der interdisziplinären und teamübergreifenden Zusammenarbeit ist die gemeinsame Daten- beziehungsweise Softwareumgebung. Diese im BIM-Vokabular als CDE (common data environment) bezeichnete digitale Plattform dient der gemeinsamen Datenablage, dem Datenaustausch und der Archivierung. Jeder der Projektbeteiligten hat einen Zugang zur hier verwendeten web-basierten Autodesk Construction Cloud (ACC). Hier liegen alle Protokolle, Grundlagen, Planungsergebnisse und die aktuellen 3D-Modelle für alle jederzeit und immer greifbar. Dateien werden nicht mehr als E-Mail-Anhänge versandt; stattdessen werden direkt aus der Anwendung heraus Download-Links erzeugt.

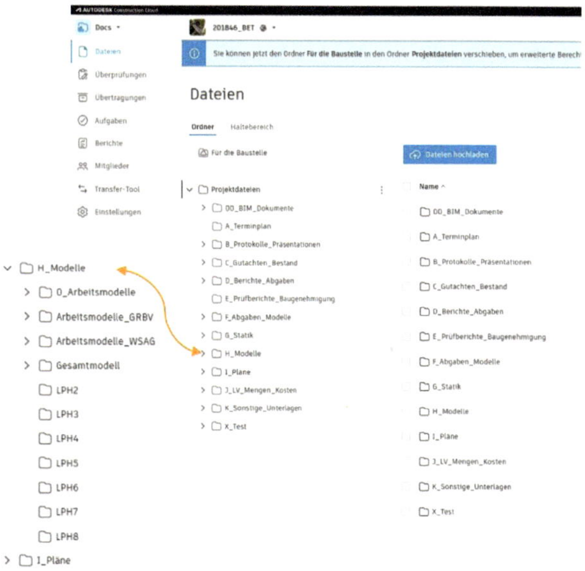

Abb. 5: Autodesk Construction Cloud

Die Planunterlagen der Ingenieurgemeinschaft werden vom Auftraggeber direkt in der CDE geprüft, mit Anmerkungen versehen und im digitalen Freigabeprozess an den Planer zurückgesendet. Nach der Überarbeitung stellen die Planer die angepasste Version der Planung erneut in die CDE ein und starten den nächsten Freigabeprozess. Über die automatische Versionierung der Dateien sind auch im Nachhinein alle einzelnen Prüf-, Bearbeitungs- und Abstimmungsprozesse nachvollziehbar und werden dauerhaft gespeichert. Somit gibt es für alle Beteiligten jeweils einen aktuellen Planstand; „alte“ Versionen werden automatisch archiviert. Die einzelnen Teil-Modelle wurden disziplinen- und anwendungsspezifisch strukturiert um zum Beispiel Bestand und Neubau klar zu trennen. Die Bestandsunterlagen aus der Vermessungstechnik wurden in die native Revit-Umgebung importiert und durch Informationen aus den Bestandsunterlagen und den umfangreichen Bestandserkundungen ergänzt. Baugrundaufschlüsse wurden gemäß ihrer Verortung eingefügt, und alle Neubaudaten wurden direkt in spezifischen Revit- und Tekla-Modellen erzeugt. Im Gesamtkoordinationsmodell flossen anschließend alle geometrischen und alphanumerischen Informationen zusammen. Der Großteil der projektrelevanten Bauteile wurde mit der Modellierungssoftware Revit modelliert. Für den Stahlüberbau wurde die auf den Stahlbau spezialisierte Software Tekla verwendet. Die Vorteile der jeweiligen Anwendung konnten so in einem Projekt vereint werden. Im BAP wurden detaillierte Qualitätssicherungsmaßnahmen definiert. Diese Qualitätssicherungsmaßnahmen waren Grundlage für alle Koordinationsprozesse im BIM-Projekt. Die für das Projekt festgelegten Quality Gates definieren Verantwortlichkeiten und Inhalte der Qualitäts-

prüfung und stehen in direktem zeitlichen Zusammenhang mit dem BIM-Projektmeilensteinplan und dem Datenlieferungsplan. Hier werden Prüfkriterien wie Kollisions-, Freiraum- und Attributprüfung festgelegt und zugeordnet; gleichzeitig wird definiert, in welchem Rahmen und in welcher Tiefe (disziplinübergreifend, stichprobenartig etc.) die Prüfung durch welche Instanzen erfolgen soll.
Den festgelegten „Quality Gates" wurden Projektverantwortliche für die Qualitätssicherung zugeteilt, die bei jedem Datenzyklus verschiedene Prüfkriterien erfüllen mussten. Der Prozess steht dabei in zeitlichem Kontext zum Datenlieferungsplan.
Die BIM-Methode wurde von der Leistungsphase 2 bis zum bevorstehenden Abschluss der Leistungsphase 6 nach HOAI, also der Erstellung der Ausschreibungsunterlagen eingesetzt. Es ist geplant, die BIM-Methodik auch in der Bauausführung weiterzuführen und an deren Abschluss ein As-built-Modell, also ein digitales Abbild des tatsächlich ausgeführten Bauwerks, zu erhalten, welches für die zukünftige Bauwerksunterhaltung und -instandhaltung, verwendet werden soll – also für ein datenbasiertes Erhaltungsmanagement. Ein Zwischenstand der Planung wurde bereits an das Team „Digitaler Zwilling" der Stadt Mönchengladbach übergeben, um auch hier zu testen, inwiefern Schnittstellen oder Datenverlust künftig eine Rolle spielen. Der erste Test verlief problemlos, und das Modell konnte bereits in ersten Ausschusssitzungen vorgeführt werden und damit der Planstand gut veranschaulicht werden.

5. BIM baut Brücken – auch zwischen den Prozessbeteiligten

Wie alle Lernprozesse benötigt auch der für viele Beteiligte neue Umgang mit der BIM Methodik einen hohen Aufwand an Motivation, Kommunikation und Verständnis. Es ist nicht immer leicht, beim Einrichten und dem ersten Durchführen eines neuen Prozesses einen höheren Aufwand zu betreiben, „nur" weil man damit beim zweiten Mal Aufwand oder Zeit spart oder an Qualität gewinnt. Je länger die Zusammenarbeit im BIM-Projekt andauerte, desto mehr haben aber ausnahmslos alle Beteiligten den Mehrwert erkannt und schätzen gelernt.

Abb. 6: Ortsbegehung des Projektteams

Die Vorteile der BIM-Arbeitsweise lagen in unterschiedlichen Gebieten. Der Auftraggeber schätzte besonders die geordnete zentrale Datenablage und die automatisierten Prüfabläufe, welche die Zusammenarbeit und die Abstimmungen mit den Planern ebenso wie im eigenen Haus, erheblich vereinfachten. Die Barriere zwischen dem Auftraggeber und den einzelnen Arbeitsschritten des Planers wurde durchlässiger. Durch die regelmäßige Ablage der Modelle in der CDE, welche der Bauherr über einen integrierten Viewer jederzeit anschauen konnte, wurde er intensiver in den Planungsverlauf einbezogen und konnte bestimmte Problemstellung schneller und besser nachvollziehen.
Für den Planer bestanden die größten Vorteile in der hohen Qualität der erzeugten Planung und in der transparenten und damit einfachen Erklärbarkeit dieser Planung gegenüber dem Auftraggeber. Durch die dreidimensionale Modellierung des geometrisch anspruchsvollen Bauwerks konnten viele Details schnell, aber eben auch stimmig entwickelt und dargestellt werden. Kollisionen innerhalb der Planung und mit der an sie angrenzenden Bebauung wurden schneller erkannt und konnten frühzeitig behoben werden. Der Abbruch des Bestands konnte mit Hilfe des Bestandsmodells genau geplant werden und die für die Kostenermittlung und Ausschreibung wichtigen Mengen wurden getrennt nach Baustoffen aus diesem exportiert. Planende und Bauherr arbeiteten direkt im Modell zusammen und fanden die beste Lösung für alle Beteiligten. Auch gegenüber dem Fördergeber konnten im Rahmen einer ersten Vorstellung sowie zur Abstimmung des Projektverlaufs in Präsentationen alle wichtigen Plandetails transparenter vermittelt werden.

Abb. 7: Visualisierung Bestandsmodell der „alten" Brücke

Eine Einführung der BIM-Methode erfordert nicht nur die Bereitschaft aller Beteiligten, sich auf diesen neuen Prozess einzulassen; sie führt auch zu höheren finanziellen Aufwänden, besonders in den ersten Leistungsphasen. Dabei liegen die Mehraufwendungen gar nicht so sehr in der reinen dreidimensionalen Modellierung, sondern eher in dem „Drumherum". Die Einrichtung, Miete und Pflege der CDE über die gesamte Projektzeit hat daran einen erheblichen Anteil. Zudem benötigt die Weiterbildung der noch nicht geübten Mitarbeiter und die Abstimmung ganz einfacher Prozesse oft viele Arbeitsstunden, weil Vorlagen und Vorgaben noch fehlen.

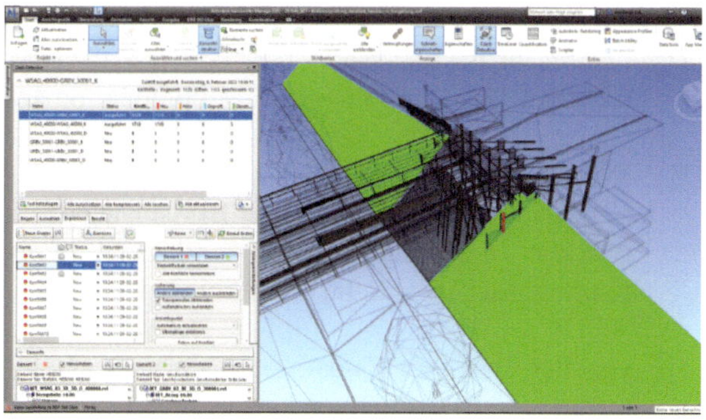

Abb. 8: Kollisionsprüfung mit dem Programm Navisworks

Dem gegenüber stehen Einsparungen, weil Planungsfehler, Nachträge in der Bauphase und Baumängel vermieden werden. Gleichzeitig wird eine hochwertige Datengrundlage für den späteren Betrieb geschaffen. Hierbei ist zu berücksichtigen, dass es bereits viel gute Ansätze zum Beispiel zur Digitalisierung in der Bauwerksprüfung bestehen, bei der die geschaffenen Datengrundlagen eingesetzt werden können. Die Entwicklung einer „echten" Digitalisierungskette, die von Anbeginn einer ersten Idee über die Planung, den Bau sowie die Unterhaltung eines Bauwerks (Bauwerks-/Verkehrsmanagement) bis hin zum Abriss den gesamten Lebenszyklus abbildet, bedarf jedoch noch einiger Entwicklungsarbeit. Hier müssen verschiedenste digitale Module geschaffen werden, die wie Zahnräder ineinandergreifen.

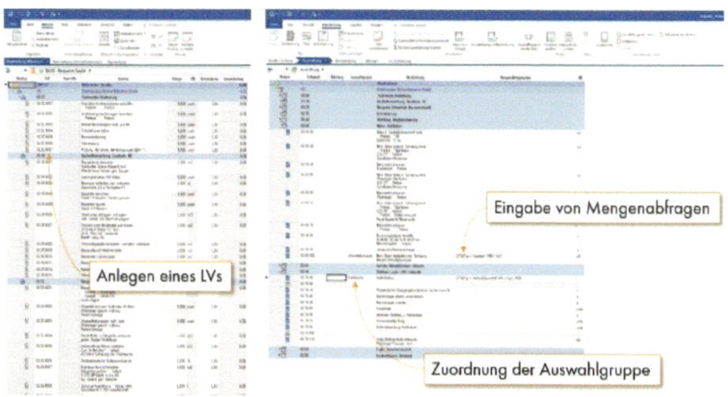

Abb. 9: Modellbasierte Erstellung des Leistungsverzeichnisses

6. Eine der spannendsten und intensivsten Aufgaben der nächsten Jahre

Für die Stadt Mönchengladbach gilt es jetzt, an die gewonnenen Erfahrungen anzuknüpfen und zu prüfen, wie diese Planungsmethode auch fachbereichsübergreifend eingesetzt werden kann. Es müssen Geoinformatiker, Planer und Ausführende zusammengebracht und unterschiedlichste Gewerke wie Hochbau, Straßenbau und Brückenbau in einem System verortet werden. Aber auch weitere Fragen gilt es, nach und nach zu klären und umzusetzen: Wie geht man mit Bestandbauwerken um? Wie kommen diese kostengünstig in ein BIM-Modell? Wie können zum Beispiel Bauwerksprüfungen oder Straßenkontrollen in BIM abgebildet werden? Und auch die Frage, inwieweit die dreidimensionalen Planungs- und Gebäudedaten in den bereits im Aufbau befindlichen Digitalen Zwilling der Stadt Mönchengladbach einfließen können, sollen und dürfen, muss beantwortet werden.
In der Planung konnte das dreidimensionale Modell zur Klärung der Herstellungsmöglichkeiten (Mehrfachverwundene Träger, die Aufstellmöglichkeiten von Schwerlastkränen), aber auch zur besseren Darstellung einzelner Schritte des Bauablaufs in politischen Gremien verwendet werden. Die folgenden Abbildungen zeigen Ausschnitte des digitalen Zwillings der Stadt Mönchengladbach, in den das Brückenmodell eingebunden wurde.

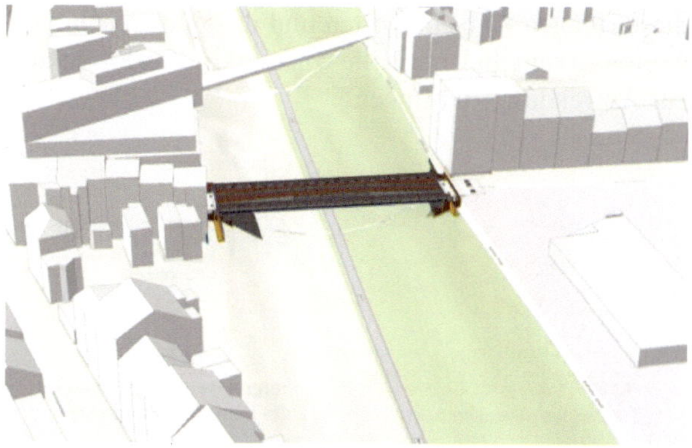

Abb. 10: Digitaler Zwilling der Stadt Mönchengladbach- Ansicht der Brücke von Osten

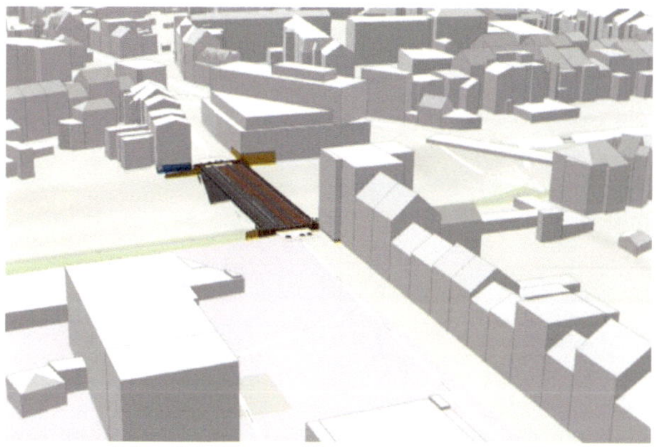

Abb. 11: Digitaler Zwilling der Stadt Mönchengladbach- Ansicht der Brücke von Norden

Nach dem Abschluss dieses Pilotprojektes ist eine kritische Diskussion des Planungs- und Bauprozesses geplant. Im Ergebnis dieser Diskussion steht im Idealfall ein validierter BIM-Prozess, mit dem die Stadt Mönchengladbach die nächsten BIM-Planungen starten kann.
Als erstes Fazit lässt sich sagen, dass die digitale Transformation ein Zug ist, der nicht nur Fahrt aufgenommen hat, sondern der ständig beschleunigt. Hier müssen alle Beteiligten mitgenommen werden. Und daraus entwickelt sich der Wunsch an die großen Bauherren wie Deutsche Bahn und Autobahn GmbH, die Normengeber und die BIM-Kompetenznetzwerke (z.B. buildingSMART) die kleineren Beteiligten im kommunalen Bereich im Blick zu behalten und nicht abzuhängen.
Bitte schaffen Sie Dokumente, Vorlagen und Handlungsanweisungen die frei zugänglich, leicht verständlich und gut umsetzbar sind!

Gerade in den Städten und Gemeinde gibt es einen großen Bedarf an integrierten BIM-Planungen. Nirgendwo sonst treffen so viele verschiedene Fachrichtungen des Bauens, wie Hochbau, Tiefbau, Technische Ausrüstung, Ingenieurbau, Verkehrswegebau auf so engem Raum direkt aufeinander.
BIM zählt für uns zu einer der spannendsten und intensivsten Aufgaben, die auf die Planer und Manager von Bauwerken in der kommunalen Familie der Stadt Mönchengladbach in den nächsten Jahren zukommt. Es besteht noch eine Menge Entwicklungsbedarf, um viele dieser Fragen zu beantworten und die gefundenen Antworten letztendlich mit Hilfe von marktreifen Produkten zur Anwendung zu bringen.

Investive MODELLVORHABEN
Radverkehrsförderung des Bundes

Gefördert durch:
Bundesministerium für Digitales und Verkehr
aufgrund eines Beschlusses des Deutschen Bundestages

Literatur

[1] Lambracht, C.; Malcher, A.; von der Haar, C.: BIM baut Brücke(n). In: Kommune21 06/2024, S. 42-43.

[2] Malcher, A.; Saliba, A; Wolgast, E.: Herausforderungen und Perspektiven bei der BIM-Planung von Brücken – das Beispiel der Geh- und Radwegüberführung Riederwald. In: Bautechnik 100 (2023) Heft 7, S. 396-405.

[3] von der Haar, C.; Gudat, A.; Thiele, D.; Göhlmann, J.: BIM-Pilotprojekte Huntebrücke und Grawiedebrücke – Erfahrungen mit dem Werkzeug BIM in der Entwurfsplanung. In: Bautechnik 99 (2022) Heft 8, S. 630-638.

Digitale Modellierung von Bestandsbrücken im Kontext des SHM

Erste Schritte zur Ontologie

Martin Köhncke, M. Sc.
Helmut-Schmidt-Universität/Universität der Bundeswehr Hamburg

Dr.-Ing. Al-Hakam Hamdan
A+S Consult GmbH, Dresden

Jens Bartnitzek
A+S Consult GmbH, Dresden

Univ.-Prof. Dr.-Ing. habil. Sascha Henke
Helmut-Schmidt-Universität/Universität der Bundeswehr Hamburg

Univ.-Prof. Dr.-Ing. Sylvia Keßler
Helmut-Schmidt-Universität/Universität der Bundeswehr Hamburg

Zusammenfassung

Brückenbauwerke sind ein unverzichtbarer Teil unserer Infrastruktur. Die Sicherstellung ihrer uneingeschränkten Verfügbarkeit und Zuverlässigkeit ist eine große Herausforderung. Die Digitalisierung ist für diese Aufgabe unter Berücksichtigung der großen Anzahl an Brückenbauwerken ein hilfreiches Tool, dessen Potenzial bisher nur unzureichend ausgeschöpft worden ist, weil eine einheitliche Methode zur Digitalisierung von Brückenbauwerken fehlt. Die Digitalisierung von Bestandsbrücken mit der Methode BIM benötigt schnelle und einfache Vorgehensweisen für die Erstellung von BIM Modellen, um die große Anzahl an Brücken schnell und effektiv abzubilden. Dazu sind die Objekte und ihre Relationen in maschinen-interpretierbaren Formen zu strukturieren. Ein Ansatz dafür ist die Entwicklung von Ontologien. Für Bestandsbrückenbauwerke ergibt sich die Besonderheit, dass diese über die Zeit Zustandsveränderungen sowie bauliche Veränderungen durch Instandsetzungsmaßnahmen erfahren. Ebenso ist es möglich, Sensoren für die Bauwerkszustandsüberwachung zu integrieren. Aufgrund der langen Nutzungsdauern von Brücken ist ein umfassendes Informationsmanagement über den Lebenszyklus unumgänglich. Die Nutzung des angesammelten Wissens eines Bauwerkes über Softwaregrenzen hinaus stellt aktuell eine große Herausforderung dar. Im Gegensatz zu einer Taxonomie, die lediglich eine Hierarchie zwischen den Objekten aufzeigt, bietet eine Ontologie den Vorteil logischer Verknüpfungen zwischen den Objekten, was wiederum Schlussfolgerungen ermöglicht. Auf einer solchen Ontologie können innovative Anwendungen aufbauen, um den Menschen bei Entscheidungsprozessen zu unterstützen. Dieser Beitrag gibt Einblick in die Entwicklung und beispielhafte Anwendung einer entsprechenden Ontologie und diskutiert deren Chancen und Herausforderungen in der Nutzung.

1. Einführung

Brückenbauwerke stellen einen integralen Bestandteil der Verkehrsinfrastruktur dar. Sie überwinden dabei geografische Hindernisse wie Flüsse, Täler oder andere Verkehrswege. Dadurch stellen diese Bauwerke auch immer einen Engpass im Netzwerk der Verkehrswege dar [1]. Vor dem Hintergrund des demografischen Wandels ist der Betrieb und Unterhaltung der Brückenbauwerke mit immer weniger Personal durchzuführen. Ein wichtiger Schritt dieser Herausforderung zu begegnen, stellt die Digitalisierung dar, deren Potenzial bisher noch nicht vollständig ausgeschöpft wird. Ein wichtiger Punkt der Digitalisierung ist die Datenhaltung und Datenstrukturierung. Im Bauwesen wird hierzu die Methode des *Building Information Modelling* (BIM) genutzt. Diese bietet mit dem offenen Dateiformat *Industry Foundation Classes* (IFC) eine Möglichkeit, bauwerksspezifische Daten über Softwaregrenzen hinaus auszutauschen. Dabei steht inzwischen auch die Maschineninterpretierbarkeit bei der Datenhaltung im Fokus, um die Informationen der Brückenbauwerke für automatisierte Ansätze nutzbar zu machen. Der Ansatz der Ontologie ist dabei von zentraler Bedeutung. Dieser Ansatz stellt ein System von Informationen und deren Beziehungen untereinander zur Verfügung. Zunächst wird aber der aktuelle Stand der Digitalisierung von Brückenbauwerken dargestellt.

2. Aktuelle Situation

Im Bauwesen werden aktuell viele unterschiedliche Schritte in Richtung der Digitalisierung unternommen. Neben der Digitalisierung von Verwaltungsabläufen und Planungsprozessen werden zunehmend auch Bauverfahren betrachtet. Eine der einflussreichsten Digitalisierungsschritte stellt wohl die Nutzung von BIM dar, da diese Methode mit der Einführung des BIM Masterplans Bundesfernstraßen im September 2021 eine klare Vorgabe für die Nutzung von BIM in Projekten des Bundesfernstraßennetzes gemacht hat [2]. Dennoch befindet sich die Digitalisierung erst am Anfang sowohl bezogen auf die Lebenszyklusphasen der Bauwerke als auch bei der Einführung und Nutzung in Bauprojekten [3]. In der Planungs- und Bauphase befinden sich bereits ein paar Brückenbauprojekte der Infrastrukturbetreiber wie der Deutschen Bahn, der Autobahn GmbH und den Wasser- und Schifffahrtsverwaltungen, in denen die Methode BIM genutzt wird. Allerdings konnten bisher nur wenige Brückenbauprojekte abgeschlossen werden, sodass die Nutzung von BIM in der Betriebsphase aktuell noch wenig erfolgt. Eine Voraussetzung dafür stellen sogenannte As-Built-Modelle dar, welche den Zustand erfassen, wie tatsächlich gebaut wurde, also inklusive von Vor-Ort-Anpassungen, Mängeln und deren Behebung. Die Erzeugung von As-Built-Modellen als Grundlage für die Betriebsphase hat bereits eine gewisse Aufmerksamkeit erfahren [4]. Dennoch stehen nur begrenzt As-Built-Modelle für Brückenbauwerke zur Verfügung. Weiterhin besteht an dieser Stelle noch Forschungsbedarf, um die genauen Forderungen der Betriebsphase zu strukturieren und zu erfassen. Die Informationen eines As-Built-Modells müssen nicht zwangsläufig den benötigten Informationen der Betriebsphase entsprechen. Zum Beispiel können Informationen des Terminplans für die Bauphase wichtig sein, während für den Betrieb nur noch das Datum der Abnahme für die Bestimmung der Gewährleistungsdauer relevant ist. Diese Aspekte hängen auch stark von den jeweiligen Infrastrukturbetreibern ab, weshalb diesbezüglich ein strukturiertes, aber auch flexibles Vorgehen sinnvoll ist.

Die Nutzung von Künstlicher Intelligenz und Digitalen Zwillingen sind weitere Möglichkeiten der Digitalisierung, die über das Potential der Methode BIM hinausgehen. Digitale Zwillinge werden teilweise mit 3D-Modellen gleichgesetzt, weshalb an dieser Stelle darauf hingewiesen wird, dass in diesem Beitrag ein Digitaler Zwilling typsicherweise drei Aspekte aufweist, von denen ein 3D-Modell nur zwei erfüllt. Neben dem physischen Objekt und seinem digitalen Abbild ist auch eine bidirektionale Verbindung zwischen den beiden Objekten notwendig [5]. Durch diese bidirektionale Verbindung können sich die beiden Objekte jeweils an den aktuellen Zustand anpassen.

3. Ziele der Digitalisierung

Die Effekte des demografischen Wandels wie die geringere Verfügbarkeit von Fachkräften stellt eine große Herausforderung für die Infrastrukturbetreiber dar. Wenn der Bedarf an Fachkräften nicht mehr gedeckt werden kann, muss den vorhandenen Fachkräften durch geeignete Maßnahmen wie Automatisierung von Routineaufgaben mehr Zeit für wichtigere Aufgaben gegeben werden. Die Digitalisierung kann durch eine Vereinfachung und Teil-Automatisierung der Verwaltung von Brückenbauwerken den allgemeinen Aufwand bei den Infrastrukturbetreibern reduzieren. Dafür sind entsprechende Strukturen in den Abläufen aber auch in der Datenhaltung notwendig, die die Digitalisierung nicht nur ermöglichen, sondern auch fördern. Der Betriebsphase als längster Phase des Lebenszyklus kommt dabei eine besondere Bedeutung zu.

4. Methodik

Die genaue Art und Menge an Informationen, die in der Betriebsphase erfasst und verarbeitet werden, sind nicht bzw. nur schwer vorhersehbar. Aus diesem Grund ist es schwierig, die betrieblichen Informationen in einer relationalen Datenbank, wie z. B. PostgreSQL zu speichern, da dessen tabellenartige Struktur starr ist und auf Veränderungen oder unstrukturierte Aufnahme von Informationen nicht flexibel reagieren kann. Wird die Nutzung einer relationalen Datenbank zur Speicherung und Verarbeitung von Informationen in der Betriebsphase angestrebt, so ist dies dementsprechend mit einem hohen administrativen Aufwand verbunden, da das übergeordnete Datenbankschema auf die unstrukturierte Eingabe von Informationen angepasst werden muss. Ansonsten würden Informationen falsch oder uneindeutig hinterlegt werden. Eine Alternative zu relationalen Datenbanken bieten sogenannte Graphdatenbanken, die sämtliche Informationen und über-geordnete Schemata in einem flexibel erweiterbaren Graphen speichern. Dabei werden Informationen in sogenannten „Knoten" gespeichert, die miteinander in Relation über „Kanten" gesetzt bzw. verknüpft werden. Es ist nicht nur möglich, Informationen in diesen Graphdatenbanken zu speichern, sondern auch zugrunde liegende Logik bzw. Wissen, wie diese Informationen semantisch zu verarbeiten sind. Wird ein Graph mit Wissen angereichert, so spricht man von einem Wissensgraphen, der auch als Ontologie [6] zu klassifizieren ist. Ontologien sind Teil der Wissensrepräsentation und somit ein Teilgebiet der Künstlichen Intelligenz. Sie ermöglichen die automatisierte Schließung von Informationslücken und Schlussfolgerung neuer implizierter Informationen anhand von vordefinierten Inferenzregeln und verhindern die Eingabe widersprüchlicher bzw. unplausibler Informationen mittels Integritätsregeln.

Zur Erstellung von Ontologien als Wissensgraphen existieren W3C-Standards, wie das Resource Description Framework (RDF) und hierauf aufbauende Erweiterungen, wie das RDF-Schema (RDFS) und die Web Ontology Language (OWL). Zur Entwicklung einer datentechnischen Lösung, die ein flexibles Verwalten von Informationen in der Betriebsphase ermöglicht, wird eine Ontologie in OWL konzipiert, die an bestehendes Fachwissen zu Schäden, Brückenbauwerken, verbauter Sensorik, Geodaten und ASB-ING anknüpft. Hierfür wird die Ontologie mit folgenden fachspezifischen OWL-basierten Ontologien gemäß anerkannter Linked Data Prinzipien verlinkt (siehe auch Abbildung 1):

- Die Bridge Topology Ontology (BROT) [7] zur Beschreibung der topologischen Beziehungen von Brückenbauteilen untereinander.
- Den BROT-Erweiterungen Bridge Information und Bridge Components zur Beschreibung konkreter Bauwerks- und Bauteilinformationen der Brücke.
- Der Digital Construction Building Materials (DICBM) Ontologie [8] zur semantischen Beschreibung von Baustoffen.
- Die ASB-ING Ontologie [9] zur verlustfreien Wiedergabe von Fachinformationen gemäß des ASB-ING Standards.
- Die Damage Topology Ontology (DOT) [10], sowie dazugehörige Erweiterungen zur semantischen Beschreibung von Bauwerksschäden.
- Die Semantic Sensor Network Ontology (SSN) [11] sowie die Erweiterung Sensor, Observation, Sample & Actuator (SOSA) [12] zur semantischen Beschreibung von Sensorik, die in der Betriebsphase von Brücken verbaut werden kann.
- GeoSPARQL und die Open Street Map Ontologie OSMonto [13] zur Beschreibung von Geodaten.

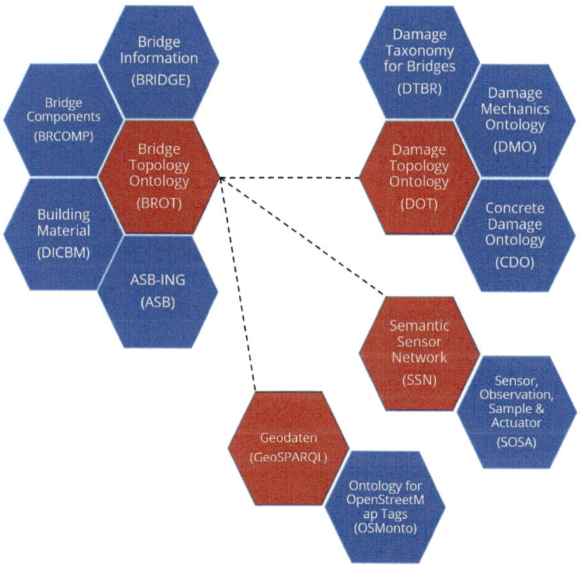

Abbildung 1 – Ontologie-Ökosystem zur Wissensrepräsentation von Brücken in der Betriebsphase

Unter Anbindung der genannten Ontologien wird ein Wissensraum aufgestellt, der zur Verarbeitung aller Informationen in der Betriebsphase genutzt werden kann. Treten in der Betriebsphase Informationen auf, die nicht von den angebundenen Ontologien unterstützt werden, so können diese Informationen zunächst ohne Wissensbezug gespeichert werden. Zu einem späteren Zeitpunkt kann dann eine unterstützende Ontologie nachträglich hinzugefügt werden, sodass die Wissensrepräsentation flexibel erweiterbar bleibt.
Die Ontologie enthält keine detaillierten geometrischen Daten zu Bauwerk, Schäden oder Umgebung. Sie ist ausschließlich auf die Verarbeitung von Semantik ausgerichtet. Die Geometrie wird in eigenen Modellen wie z. B. IFC beschrieben, deren Formate für eine Beschreibung der Geometrie optimiert sind. Über einen *Information Container for linked Document Delivery* (ICDD) gemäß ISO 21597 oder Verlinkungen innerhalb einer Datenbank können Ontologie-Komponenten mit entsprechenden Geometrien verknüpft werden. Dies ermöglicht eine effiziente Verarbeitung geometrischer Daten bei einer gleichzeitigen Anbindung konsistenter semantischer Daten.

5. Anwendungsbeispiel

Als Proof of Concept wurden zwei Modelle der Brücken „Stader Straße" (siehe Abbildung 2) und „Vahrendorfer Stadtweg" (siehe Abbildung 3) in der BIM-Software KorFin® erstellt. Beide Brücken sind Spannbetonbrücken, die sich an der A7 in Hamburg befinden. Die gesamte Geometrie der Brücken sowie der bebauten Umgebung wird innerhalb von KorFin prozessiert (siehe Abbildung 4). Hierbei werden IFC-Daten, aber auch weitere Modelle, wie das Digitale Geländemodell sowie Stadtmodell (in CityGML) geometrisch verarbeitet und in einer 3D-Planungsumgebung dargestellt.

Abbildung 2 – BIM-Modell der Stader Straße (dargestellt in KorFin®)

Abbildung 3 – BIM-Modell Vahrendorfer Stadtweg (dargestellt in KorFin®)

Üblicherweise werden in KorFin neben geometrischen auch semantische Daten in Fachobjekten zusammengefasst und verwaltet. Im Zuge des Anwendungsbeispiels ist es jedoch möglich, die Geometrie mit dem Ontologie-Framework aus Kapitel 4 zu verknüpfen, sodass die Fachinformationen dynamisch modifizierbar sind.

Abbildung 4 – Planung der Stader Straße in KorFin®

Unter Verwendung von Ontologien lassen sich z. B. implizite Informationen aus der Anbindung bestehenden Fachwissens ableiten. Hierzu ist ein veranschaulichendes Beispiel in Abbildung 5 dargestellt. Ein Fachobjekt wird hierbei als Pfeiler klassifiziert (engl. Pier) und hat einen zugewiesenen Schaden, der als Abplatzung mit freiliegender Bewehrung klassifiziert ist (engl. Spalling with Exposed Reinforcement).

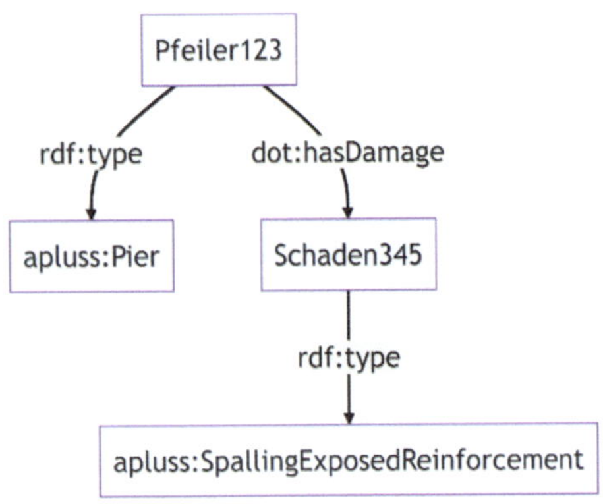

Abbildung 5 – Pfeiler und dazugehöriger Schaden als Graph

Über Verlinkungen lässt sich das Wissen über Schäden und Bauteile mit dem Normungswissen der ASB-ING Ontologie verknüpfen (siehe Abbildung 6).

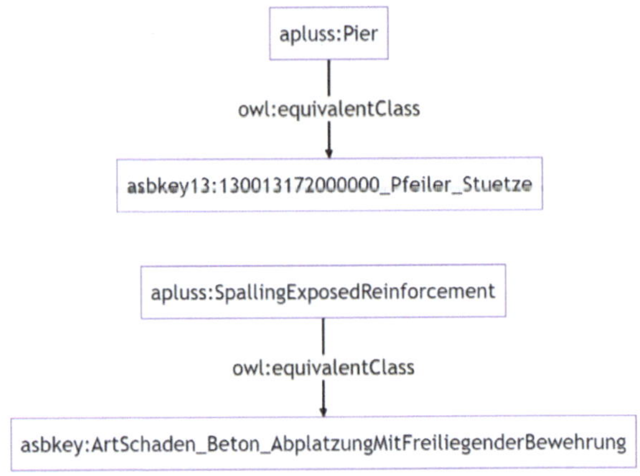

Abbildung 6 – Verknüpfung von Wissen zu Bauteilen und Schäden mit ASB-ING Ontologie

Das verknüpfte Wissen aus der ASB-ING Ontologie kann dann genutzt werden, um neue implizite Informationen über Bauteile und Schäden zu schlussfolgern. In diesem Fall würden z. B. die Schlüsselnummern nach ASB-ING automatisch dem Pfeiler und Schaden zugewiesen werden (siehe Abbildung 7).

Die Schlussfolgerung impliziter Informationen innerhalb der Ontologie erfolgt mittels einer entsprechenden Reasoning-Engine, die Axiome in OWL auf Basis von Beschreibungslogik interpretiert. Hierdurch wird gewährleistet, dass die Ontologie entscheidbar bleibt und gleichzeitig Widersprüche automatisiert aufgedeckt werden. Letzteres kann über entsprechende Fehlermeldungen und -abhandlungen im zugrundeliegenden Software-System verwaltet werden.

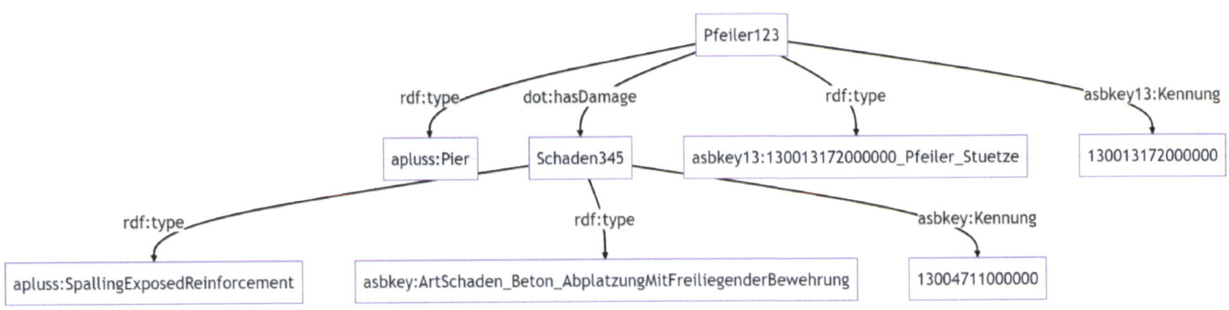

Abbildung 7 – Folgerung impliziter Informationen in Ontologie

6. Ausblick

Die Digitalisierung des Bauwesens insbesondere der Brückenbauwerke entwickelt sich aktuell schnell weiter und eröffnet viele Möglichkeiten. Allerdings fordert die schnelle Entwicklung von den Beteiligten auch eine ebenso schnelle Anpassung und Implementierung in den bestehenden Abläufen. Dieser Aufwand ist immer in Relation zu dem entstehenden Nutzen zu setzen. Dabei darf nicht vernachlässigt werden, dass diese Investitionen in neue Methoden auch die Grundlage für weitere Digitalisierungen und Effizienzsteigerungen sind. Insbesondere die Methode BIM ist eine Voraussetzung für die zukünftige Bewerbung um öffentliche Aufträge. Die Nutzung von Ontologien stellt dabei auch eine gute Ausgangsbasis für weitere Entwicklungen und engere Verknüpfung der Softwarelandschaft dar, wodurch zukünftig weitere Routinetätigkeiten automatisiert werden können. Insbesondere die Offenheit für Erweiterungen und Ergänzungen um weitere Ontologien eröffnen die notwendige Flexibilität für die Weiterentwicklung und Aufnahme von aktuell unstrukturiertem Wissen, ohne eine Erhöhung des Verwaltungsaufwands nach sich zu ziehen.

Literatur

[1] Marx, Steffen (2022): Ingenieurbau im Bestand. In: Beiträge zum 61. Forschungskolloquium mit 9. Jahrestagung des DAfStb. 61. Forschungskolloquium mit 9. Jahrestagung des DAfStb, 26./27.09.2022: TU Dresden, S. 37–38.

[2] Bundesministerium für Verkehr und digitale Infrastruktur (Hg.) (2021): Masterplan BIM Bundesfernstraßen. Digitalisierung des Planens, Bauens, Erhaltens und Betreibens im Bundesfernstraßenbau mit der Methode Building Information Modeling (BIM). Online verfügbar unter https://bmdv.bund.de/SharedDocs/DE/Anlage/StB/bim-rd-masterplan-bundesfernstrassen.pdf?__blob=publicationFile, zuletzt geprüft am 22.07.2024.

[3] Hindersmann, Iris; Haferkamp, David; Probst, Rebecca; Krenz, Lisa-Marie; Nieborowski, Sonja; Bednorz, Jennifer (2024): Modellbasierte Entwicklung und Umsetzung der digitalen Bauwerksakte. In: Bautechnik 101 (3), S. 206–214. DOI: 10.1002/bate.202400011.

[4] Bednorz, Jennifer; Hindersmann, Iris; Jaeger, Klaus; Marszalik, Monika (2020): Methoden zur Generierung von As-Built-Modellen für Bestandsbrücken. In: *Bautechnik* 97 (4), S. 286–294. DOI: 10.1002/bate.202000011.

[5] Schimanski, Christoph Paul; Sandau, Martina; Zinke, Tim; Schumann, René (2024): Digitale Zwillinge und Datenvernetzung als Grundlage für KI-Anwendungen im Bauwesen. In: Shervin Haghsheno, Gerhard Satzger, Svenja Lauble und Michael Vössing (Hg.): Künstliche Intelligenz im Bauwesen. Wiesbaden: Springer Fachmedien Wiesbaden, S. 41–61.

[6] T. Gruber, „Ontology“, Encyclopedia of Database Systems, S. 2009, 2009.

[7] A.-H. Hamdan und R. J. Scherer, „Integration of BIM-related bridge information in an ontological knowledgebase“, Linked Data in Architecture and Construction Workshop, 2020.

[8] P. Valluru, J. Karlapudi, K. Menzel, T. Mätäsniemi, und J. Shemeika, „A Semantic Data Model to Represent Building Material Data in AEC Collaborative Workflows“, IFIP Advances in Information and Communication Technology, Bd. 598, S. 133–142, 2020, doi: 10.1007/978-3-030-62412-5_11.

[9] A. Göbels und J. Beetz, „Conversion of legacy domain models into ontologies for infrastructure maintenance“, in Linked Data in Architecture and Construction Workshop 2021, 2021.

[10] A.-H. Hamdan, M. Bonduel, und R. J. Scherer, „An ontological model for the representation of damage to constructions“, in 7th Linked Data in Architecture and Construction Workshop, 2019.

[11] A. Haller u. a., „The Modular SSN Ontology: A Joint W3C and OGC Standard Specifying the Semantics of Sensors, Observations, Sampling, and Actuation“, Semantic Web – Interoperability, Usability, Applicability, 2018, Zugegriffen: 26. Juli 2024. [Online]. Verfügbar unter: https://hal.science/hal-01885335

[12] K. Janowicz, A. Haller, S. J. D. Cox, D. L. Phuoc, und M. Lefrancois, „SOSA: A Lightweight Ontology for Sensors, Observations, Samples, and Actuators“, Journal of Web Semantics, Bd. 56, S. 1–10, Mai 2019, doi: 10.1016/j.websem.2018.06.003.

[13] M. Codescu, G. Horsinka, O. Kutz, T. Mossakowski, und R. Rau, „OSMonto - An Ontology of OpenStreetMap Tags“, 2011.

Lebensdauerbewertung für Stahlbetonbrücken auf der Grundlage von XAI

Dr.-Ing. Francesca Marsili
Helmut-Schmidt-Universität/Universität der Bundeswehr Hamburg, Professur für Konstruktionswerkstoffe und Bauwerkserhaltung, Hamburg

Dr. Filippo Landi
University of Pisa, Department of Civil and Industrial Engineering, Pisa, Italien

Prof. Dr. Rade Hajdin
Infrastructure Management Consultants GmbH, Zürich, Schweiz

Prof. Dr.-Ing. Sylvia Keßler
Helmut-Schmidt-Universität/Universität der Bundeswehr Hamburg, Professur für Konstruktionswerkstoffe und Bauwerkserhaltung, Hamburg

Zusammenfassung
Dieser Artikel beschreibt ein hybrides System zur Analyse von Zustands- und Bestandsdaten, die in Brückenmanagementsystemen enthalten sind, um die Nutzungsdauer von Stahlbetonbrücken zu ermitteln. Das System integriert vier unterschiedliche Analyseansätze, die auf überwachten und unüberwachten Lerntechniken, erklärbaren Methoden der künstlichen Intelligenz und stochastischen Prozessen basieren. Dieser innovative Ansatz unterstützt die Entwicklung und kritische Bewertung von Verfallsmodellen für typische Schäden an Stahlbetonbrücken. Zur Demonstration des Ansatzes wird eine Anwendung auf die Analyse von Schrägrissen in Brückenüberbauten vorgestellt. Die Methodik ist adaptierbar und kann zur Analyse verschiedener Arten von Schäden und Infrastrukturen angewendet werden.

1. Einführung

Ein Brückenmanagementsystem (BMS) ist ein digitales Werkzeug, das die Verwaltung des Brückeninventars, einschließlich der Instandhaltungsplanung, unterstützt [1]. Ein BMS umfasst eine Datenbank und Software zur Erfassung, Speicherung und Analyse von Bestands-, Zustands- und Instandhaltungsdaten über Brücken. Viele Länder, darunter Deutschland und die Schweiz, haben vor 30 bis 40 Jahren BMS-Systeme entwickelt. Bis heute enthalten BMS die Ergebnisse von in regelmäßigen Abständen durchgeführten i. d. R. visuellen Prüfungen von Brücken. Diese Daten unterstützen die Instandhaltungsplanung und die Entwicklung von Verfallsmodellen, mit denen die Restnutzungsdauer von Brücken oder Bauteilen vorhergesagt werden kann.

Die Dauerhaftigkeit von Stahlbetonbrücken wird von vielen Faktoren beeinflusst, die die Verfallsprozesse beschleunigen oder verlangsamen können. Einige Beispiele sind Materialqualität, Einwirkungen aus der Nutzung, Herstellungsverfahren, Umweltbedingungen und Klimaveränderungen, Instandhaltungshistorie, sowie externe Faktoren wie aussergewöhnliche Ereignisse. Um die Ressourcen für die Instandhaltung optimal zu nutzen und die Lebensdauer von Brücken möglichst zu verlängern, wären Ad-hoc- Verfallsmodelle und eine individuelle Instandhaltungsplanung erforderlich. Dieser Ansatz ist jedoch in der Planungs- und Umsetzungsphase zeitintensiv. Für die Infrastrukturbetreiber ist es viel praktikabler, ein Instandhaltungsmanagement zu wählen, das auf festen Intervallen basiert, die vom Alter der Brücke oder deren Bauteile abhängen.

Zwischen einem individuellen Ansatz für die Instandhaltungsplanung, der auf den unterschiedlichen Verfallsverhalten der einzelnen Brücken basiert, und einem verallgemeinerten Ansatz, der auf vordefinierten Intervallen für die Instandhaltung beruht, können einige Zwischenstrategien entwickelt werden, die darauf abzielen, die Vorteile dieser beiden Ansätze zu kombinieren und ihre Nachteile zu begrenzen. Eine mögliche Strategie besteht darin, Objekte, die eine ähnliche Degradationstendenz aufweisen, in Gruppen zusammenzufassen, die Restnutzungsdauer und den Lebenszyklus für jede Gruppe zu bestimmen. Dabei werden die Gruppen so gewonnen in dem die Streuung innerhalb der Gruppe minimiert wird. Dies erlaubt ähnliche Instandhaltungsprogramme für die Objekte der jeweiligen Gruppe zu entwickeln. Je nachdem, wie viele Gruppen ermittelt werden können, kann diese Strategie einen Kompromiss zwischen individueller und allgemeiner Instandhaltung darstellen und die Grundlage für ein effizienteres Infrastrukturmanagement bilden.

In den letzten Jahrzehnten hat die Anwendung von unüberwachten und überwachten Lernverfahren im Bereich des Bauwesens zugenommen. Überwachte Techniken, wie z. B. Clustering-Algorithmen, können zur Erkennung von Mustern in Datensätzen verwendet werden und dienen verschiedenen Zwecken, die für die betrachtete Disziplin relevant sind. In [2] wird beispielsweise der Expectation-Maximization-Algorithmus auf die Ergebnisse von Materialabnahmeprüfungen angewandt, die in den letzten Jahrzehnten durchgeführt wurden, um Betonklassen aus den 1960er Jahren zu identifizieren. Diese Techniken können auch auf die Entwicklungszeiten von Schäden oder Zuständen angewandt werden, um Gruppen von Schäden oder Bauteilen zu identifizieren, die dem ähnlichen Verhalten unterliegen, um Verfallsmodelle auf der Grundlage der gruppierten Daten zu entwickeln. Die Anpassung des Modells an die gruppierten Daten gewährleistet eine Vorhersage der Lebensdauer, die sich durch begrenzte Unsicherheiten auszeichnet.

Die Bestimmung von Clustern in den Daten kann für Infrastrukturbetreiber entscheidend sein. Von besonderer Bedeutung ist die Fähigkeit, Cluster auf der Grundlage von Brückenbestandsdaten, Brückenmerkmalen und Umweltbedingungen vorherzusagen. Dies würde es Infrastrukturbetreibern ermöglichen, die Lebensdauer eines Bauwerks vorherzusagen, bevor ein Verfallsprozess eingesetzt hat. Zu diesem Zweck können Techniken des überwachten Lernens zur Klassifizierung von Clustern auf der Grundlage verfügbarer Brückenmerkmale eingesetzt werden. Bei diesen Techniken handelt es sich jedoch häufig um Black-Box-Modelle, so dass ihre Ergebnisse für Infrastrukturbetreiber schwer zu nachvollziehen und zu interpretieren sind. Obwohl es möglich ist, diese Techniken auf Daten anzuwenden, die in BMS gehalten werden, wären die daraus resultierenden Managementpraktiken nicht transparent.

Das Problem, datenbasierte KI-Techniken nachvollziehen zu können bzw. zu interpretieren, ist bei all ihren Anwendungen allgegenwärtig. Um hier Abhilfe zu schaffen, wurden in den letzten Jahren erklärbare KI-Techniken (explanaibale AI, XAI) entwickelt [3]. Durch die Kopplung solcher Techniken mit KI-Anwendungen erhält man einen Einblick in die Vorhersage des KI-Modells, aus dem man eine Erklärung herbeiführen kann. Es gibt verschiedene XAI-Techniken, die in Klassen eingeteilt werden können. Eine davon ist die Post-hoc-Erklärbarkeit, zu der spieltheoretische Techniken wie die SHAP-Analyse gehören [4].

Um die Lebensdauer bzw. die Restnutzungsdauer zu ermitteln, sollte ein Modell die verfügbaren Zustandsdaten integrieren. In der Literatur finden sich verschiedene Modelle, die auf unterschiedlichen Herangehensweisen beruhen. Ein Ansatz besteht darin, die physikalischen, chemischen und mechanischen Prozesse zu berücksichtigen, die der Schadensentwicklung zugrunde liegen, und diese mit den verfügbaren Daten zu kombinieren [5]. Dieser Ansatz ist jedoch nur praktikabel, wenn die Faktoren, die den Prozess beeinflussen, eindeutig identifiziert werden können, was nicht immer der Fall ist.

Ein anderer Ansatz ist die Anpassung eines stochastischen Prozesses an die Daten. Ein bekannter Prozess ist die Markov-Kette, die sich für diskrete Zustandsklasse eignet, wie sie Schäden und Brückenzuständen bei visuellen Inspektionen zugewiesen werden [6]. Die Entwicklung von Schäden oder Zuständen kann jedoch oft genauer durch einen physikalischen, kontinuierlichen Parameter beschrieben werden. Aus diesem Grund können andere stochastische Prozesse, die zeitlich und räumlich kontinuierlich sind, wie der Gamma-Prozess, in Betracht gezogen werden [7]. Dieses Verfahren wird bereits zur Modellierung von typischen Prozessen bei Stahlbetonbrücken, wie Korrosion und Ermüdung, eingesetzt.

In diesem Beitrag wird ein Ansatz zur Entwicklung von Verfallsmodellen für Stahlbetonbrücken und zur Bewertung ihrer Lebensdauer vorgestellt. Der Ansatz integriert verschiedene überwachte und nicht überwachte Lerntechniken und wendet stochastische Prozesse an. Im Einzelnen werden die folgenden Methoden eingesetzt: 1) Clustering von Zustandsdaten (Schadensübergangszeiten) mit dem k-means-Algorithmus, um Cluster von Schäden zu identifizieren, die sich mit ähnlichen Geschwindigkeiten entwickeln; 2) Anwendung des Random-Forest-Modells zur Vorhersage von Clustern auf der Grundlage von Brückenbestandsdaten; 3) Erklärung von Cluster-Vorhersagen mit Hilfe der SHAP-Analyse; 4) Entwicklung eines Verfallsmodells auf der Grundlage geclusterter Daten unter Verwendung des Gamma-Prozesses. Dieser Ansatz ist in drei Punkten innovativ: 1) Identifizierung von Schadensgruppen und zugehörigen Bauteilen durch direkte Clusterung der Zustandsübergangszeiten; 2) Bewertung der Lebensdauer mit begrenzter Unsicherheit durch Anpassung eines Gamma-Prozesses an die Cluster-Übergangszeiten; 3) Bereitstellung eines Rahmens, der die kritische Bewertung von Verfallsmodellen im Infrastrukturmanagement ermöglicht.

Kapitel 2 gibt einen Überblick über die Bestands- und Zustandsdaten von Brücken, die in den untersuchten BMS gesammelt werden. In Kapitel 3 werden die Methoden in qualitativer Hinsicht eingeführt. In Kapitel 4 werden die Ergebnisse vorgestellt, die in Kapitel 5 diskutiert werden.

2. Methode

2.1 k-means-Algorithmus

Der k-means-Algorithmus ist eine unüberwachte Lernmethode, die zur Identifizierung ähnlicher Datenelemente in einem Datensatz verwendet wird [8]. Er ist auf numerische Daten anwendbar und beruht auf der Berechnung des euklidischen Abstands zwischen Datenpunkten innerhalb von Clustern und ihren Mittelpunkten. Der Algorithmus besteht aus den folgenden Hauptschritten: 1) Zufällige Auswahl von Clusterschwerpunkten; 2) Berechnung des euklidischen Abstands zwischen Datenpunkten und Clusterschwerpunkten; 3) Zuordnung jedes Datenpunkts zu dem Cluster mit dem nächstgelegenen Schwerpunkt; 4) Berechnung des Mittelwerts des Clusters, der zum neuen Clusterschwerpunkt wird. Diese Schritte werden so lange wiederholt, bis der Algorithmus konvergiert (d. h. sich die Clusterschwerpunkte nicht mehr ändern).

Der Algorithmus hat zwei Nachteile: 1) Eine falsche Wahl der anfänglichen Schwerpunkte kann zu suboptimalen Ergebnissen führen. Dieses Problem wird durch die Verwendung des k-means++ Algorithmus entschärft. 2) Die optimale Anzahl von Clustern im Datensatz ist unbekannt. Dieses Problem wird durch die Berechnung eines Leistungsmaßes namens Silhouette-Width (SW) für jedes Clustermodell angegangen. Der SW-Wert reicht von -1 bis 1, wobei der höchste SW-Wert das beste Clustermodell angibt [9].

2.2 Random-Forest-Algorithmus

Der Random-Forest-Algorithmus ist eine überwachte Lerntechnik, die für Klassifizierungsaufgaben (Vorhersage von kategorialen Variablen) verwendet wird [10]. Er besteht aus einem Ensemble von Entscheidungsbäumen. Ein Entscheidungsbaum strukturiert einen Datensatz hierarchisch auf der Grundlage der Werte der Merkmale des Datensatzes, ähnlich wie ein Baum mit Knoten und Blättern. Diese Struktur lässt sich leicht visualisieren und macht den Entscheidungsbaum zu einem leicht zu interpretierenden White-Box-Modell. Entscheidungsbäume sind jedoch anfällig für Overfitting. Random Forest, ein Ensemble von Entscheidungsbäumen, liefert robustere Ergebnisse, die jedoch schwieriger zu erklären und zu interpretieren sind.

2.3 SHAP-Analyse

SHapley Additive exPlanations (SHAP) ist ein Ansatz zur Erklärung und Interpretation der Vorhersagen von Modellen des maschinellen Lernens [4]. Die SHAP-Analyse beruht auf den Shapley-Werten, einem Konzept aus der Spieltheorie, das die Zuweisung von Auszahlungen an die Spieler in einem kooperativen Spiel beschreibt. Beim maschinellen Lernen sind die „Spieler" die Merkmale, und die „Auszahlung" ist die Vorhersage des Modells für einen bestimmten Fall. Die SHAP-Analyse hilft dabei, den Beitrag jedes Merkmals bei der Vorhersage einzelner Instanzen zu verstehen und die Bedeutung jedes Merkmals für die Gesamtvorhersage zu bewerten.
Jede Instanz hat so viele SHAP-Werte, wie es Merkmale gibt. Ein positiver SHAP-Wert zeigt an, dass der Wert des Merkmals für diese spezifische Instanz positiv zur Vorhersage der Klasse beiträgt. Durch Aggregation der SHAP-Werte für einzelne Instanzen kann man den mittleren SHAP-Wert für jedes Merkmal berechnen. Ein höherer durchschnittlicher SHAP-Wert bedeutet eine größere Bedeutung des Merkmals für die Vorhersage.

2.4 Gamma-Prozess

Der Gamma-Prozess ist ein stochastisches Modell zur Darstellung der zeitlichen Entwicklung typischer Schäden an Bauwerken, wie Korrosion, Ermüdung und Abnutzung. Er eignet sich besonders für die Modellierung von nicht fallenden Verfallsprozesse, die durch einen kontinuierlichen Parameter, wie Korrosionstiefe oder Rissbreite, gekennzeichnet sind [7]. Es werden Daten über die Entwicklung dieses Parameters im Laufe der Zeit gesammelt, und durch Anpassung eines Gamma-Prozesses an die Daten wird die Unsicherheit in der Entwicklung des Parameters modelliert. Die Entwicklung des Parameters kann linear oder nichtlinear sein, wobei beide Varianten durch den Gamma-Prozess erfasst werden.

In einigen Fällen werden die Daten über den Verfallsprozess in umgekehrter Weise erhoben: Die Schadensniveau sind fest, während der Zeitpunkt, zu dem diese Stufen erreicht werden, zufällig ist. In diesem Szenario kann das Gamma-Prozess immer noch angewendet werden, indem die Zeit als Zufallsvariable (abhängiger Parameter) und das Schadensniveau als unabhängiger Parameter behandelt wird.

2.5 Integrierter Rahmen für die Analyse

Die vier Methoden werden in einen einheitlichen Rahmen integriert, der es Infrastrukturbetreibern ermöglicht, Degradationsmodelle kritisch zu bewerten. Im Mittelpunkt dieses Rahmens steht die Identifizierung von Clustern auf der Grundlage ähnlicher Schadens- oder Zustandsentwicklungsraten. Die Cluster werden zunächst durch Anwendung des k-means-Algorithmus auf die Übergangszeiten von Schäden oder Zuständen ermittelt. Diese Cluster werden dann mit Hilfe des Random-Forest-Algorithmus auf der Grundlage von Brückenbestandsdaten vorhergesagt. Die Vorhersagen werden durch die SHAP-Analyse erläutert, die auch die Zusammensetzung der einzelnen Cluster verdeutlicht. Schließlich wird das Gamma- Prozess an die Daten innerhalb jedes Clusters angepasst, wobei die Schadens- oder Zustandsübergangszeit als abhängiger Parameter (die Zufallsvariable) betrachtet wird.

3. Daten

SIB-Bauwerke ist im Wesentlichen eine Inventar- und Zustandsdatenbank, in der die Zustandsdaten für Stahlbetonbrücken gespeichert werden. Umfassende Prüfungen finden alle sechs Jahre statt, mit Überwachungen alle drei Jahre. Die hierarchische Datenbankstruktur umfasst drei Ebenen: die Brücke, die Bauteile der Brücke und die Schäden, die an diesen Bauteilen festgestellt wurden. Beispiele für Brückenbauteile sind der Überbau und der Unterbau.
Jedem Schaden wird eine Schadensklasse in Bezug auf Dauerhaftigkeit, Tragfähigkeit und Verkehrssicherheit zugeordnet. Ein Algorithmus aggregiert die Zustandsdaten von der Schadensebene auf die Bauteilebene und dann auf die Brückenebene. Diese Forschung konzentriert sich auf Schadensklassen, die mit der Dauerhaftigkeit zusammenhängen. Dabei wird davon ausgegangen, dass die schlechteste Schadensklasse den Gesamtzustand des Bauteils bestimmt, obwohl auch andere Faktoren wie das Ausmaß der Schäden berücksichtigt werden.
In dieser Studie wird die Lebensdauer einer Brücke definiert als die Zeit bis zum Erreichen der Schadensklasse 4 unter Berücksichtigung der geplanten Instandhaltung, aber ohne größere Instandsetzungen. Besondere Aufmerksamkeit wird den Zustandsdaten im Zusammenhang mit Rissen gewidmet.
Es werden nur Schäden berücksichtigt, die von den Schadensklassen 0 auf 1 und von 1 auf 2 übergegangen sind. Dies bedeutet, dass Schäden vernachlässigt werden, die bisher keinen oder nur einen Übergang gezeigt haben. Manchmal wurde ein Schaden behoben, d. h. er weist

eine abnehmende Schadensklasse auf. In diesem Fall werden die Zustandsdaten bis zur Durchführung der Maßnahme berücksichtigt.
Da die verfügbaren Zustandsdaten sehr umfangreich sind, lassen sich Schadensfamilien anhand ihrer Entwicklungsgeschwindigkeit identifizieren. Anschließend wird der Random-Forest-Algorithmus zur Vorhersage von Clustern auf der Grundlage von Brückenmerkmalen, insbesondere Bestandsdaten, eingesetzt. Die berücksichtigten Bestandsmerkmale sind: Baujahr, Bauart, Bautyp, Statisches System, Ziellastniveau, Traglastindex, Fläche(qm). In dieser Analyse dienen die Bestandsmerkmale als unabhängige Variablen, während das Cluster als abhängige oder Zielvariable fungiert. Da viele unabhängige Variablen kategorisch sind, werden sie mit Hilfe des One-Hot-Codierungsansatzes in numerische Arrays umgewandelt.

4. Ergebnisse

Das beschriebene Verfahren wurde auf Zustandsdaten angewandt, die sich auf viele im SIB-Bauwerke dokumentierte Schaden beziehen, darunter Netzrisse, Querrisse, Schrägrisse, Längsrisse und Abplatzungen. Schäden am Brückenüberbau wurden getrennt von denen am Brückenunterbau analysiert. In dieser Arbeit werden nur die Ergebnisse der Analyse von Schrägrissen im Überbau wiedergegeben. Die Ergebnisse zu den anderen Schadensprozessen werden am Ende dieses Abschnitts zusammengefasst. Alle Analysen wurden in Python mit den Paketen Scikit-Learn [11] und SciPy durchgeführt [12].
Zunächst wird eine Clusteranalyse auf der Grundlage des k-means-Algorithmus durchgeführt, bei der ähnliche Sequenzen von Schadensübergangszeiten ermittelt wurden. Diese Analyse wurde für insgesamt 226 Datenpunkte durchgeführt. Jeder Datenpunkt ist ein Vektor, der aus zwei Elementen besteht (Verbleibzeit in Schadensklasse 1 und in Schadensklasse 2). Die Berechnung der SW zeigt, dass die besten Clustermodelle diejenigen sind, die durch 2 und 3 Cluster gekennzeichnet sind. Da die beiden Modelle fast gleich gut sind (SW von ca. 0,62), wurde das Modell mit 3 Clustern gewählt. Dieses Modell identifiziert drei Gruppen von Schäden, die durch schnelle, normale und langsame Entwicklungsraten gekennzeichnet sind. Die in den einzelnen Clustern gesammelten Datenpunkte sind jeweils 120, 84, 22 (Abb. 1). In Anbetracht der Tatsache, dass der Zustand des Bauteils durch die schlechteste Schadensklasse bestimmt wird, identifiziert die Clusteranalyse ebenfalls drei Gruppen von Bauteilen: anfällig, normal und robust. Eine visuelle Analyse der Clusterbildung zeigt, dass die Verbleibzeit in der Schadensklasse 1 hauptsächlich die Clusterdefinition beeinflusst und die Phase der Rissöffnung darstellt.
In einem zweiten Schritt wurde die Vorhersage des Clusters auf der Grundlage der Daten des Brückenbestands durch Anwendung des Random-Forest-Algorithmus durchgeführt. Während der Trainingsphase wurden die Hyperparameter des Algorithmus abgestimmt und optimiert. Der Algorithmus erreichte eine Genauigkeit von 0,92 für die korrekte Vorhersage der Cluster. Dieses Ergebnis spiegelt sich in der Konfusionsmatrix wider (Abb. 2). Der Algorithmus klassifiziert jedoch nicht korrekt den Cluster „robust". Dies ist darauf zurückzuführen, dass der Cluster lediglich eine geringe Anzahl von Datenpunkten enthält.

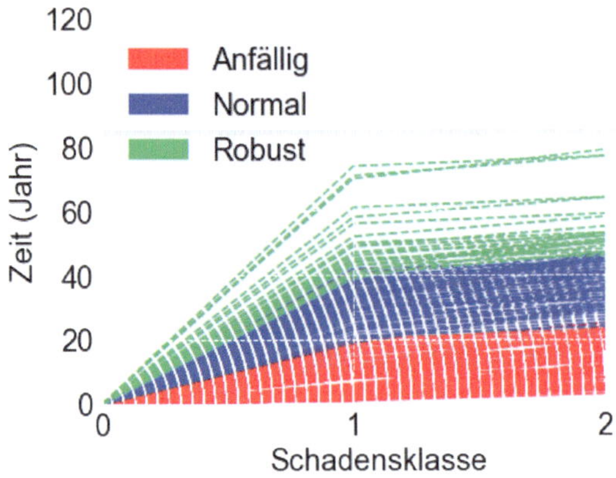

Abb. 1: Clusteranalyse auf der Grundlage des k-means-Algorithmus.

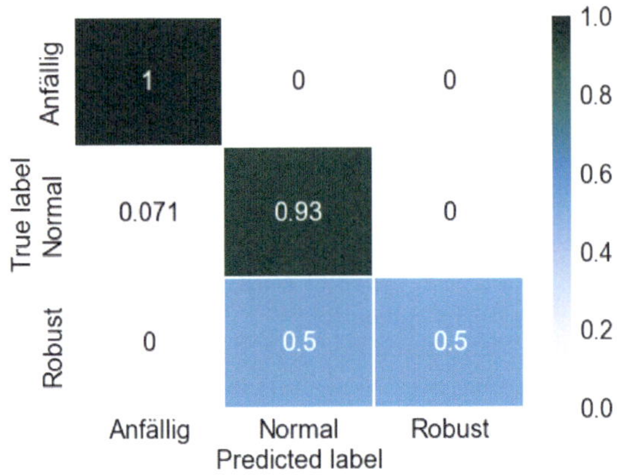

Abb. 2: Konfusionsmatrix aus dem Random Forest- Algorithmus.

Anschließend wurde eine SHAP-Analyse durchgeführt deren Ergebnisse mithilfe des Wichtigkeitsdiagramms und des Abhängigkeitsdiagramms visualisiert werden. Das Wichtigkeitsdiagramms ordnet die Merkmale nach ihren durchschnittlichen SHAP-Werten ein, was die Wichtigkeit der Merkmale widerspiegelt. Das Abhängigkeitsdiagramm gibt an, welche Werte der Merkmale zur Vorhersage welcher Cluster beitragen. Zudem zeigt es die Wechselwirkungen mit anderen Merkmalen auf. Das Wichtigkeitsdiagramms verdeutlicht die wichtigsten Merkmale: „Baujahr", gefolgt von „Ziellastniveau" und „Traglastindex" (Abb. 3). Das Abhängigkeitsdiagramm liefert zusätzliche Informationen und zeigt, dass (Abb. 4, Abb. 5, Abb. 6): 1) Schäden an kürzlich gebauten Brücken (von 1990 bis 2010) sind mit dem Cluster „fragile" assoziiert; 2) Schäden an alten Brücken (von 1940 bis 1965) sind mit dem Cluster „robust" assoziiert; 3) Schäden an Brücken, die zwischen 1965 und 1990 gebaut wurden, sind mit dem Cluster „normal" assoziiert. Das Merkmal „Baujahr" zeigt auch starke Wechselwirkungen mit den Merkmalen „Traglastindex" und „Ziellastniveau", da beide Merkmale von den im Laufe der Zeit entwickelten und veränderten Vorschriften und Normen abhängen.

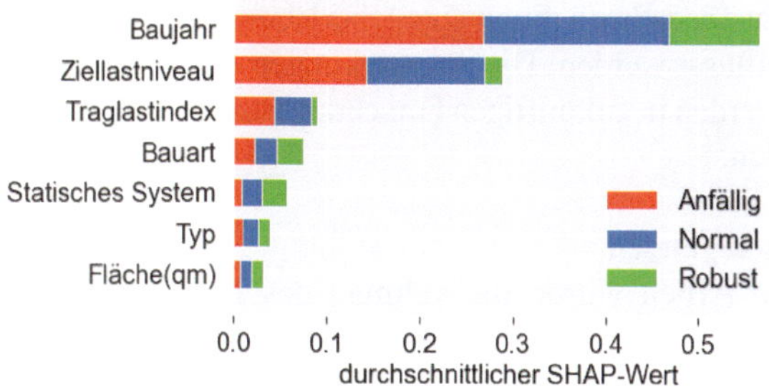

Abb. 3: SHAP-Wichtigkeitsdiagramm.

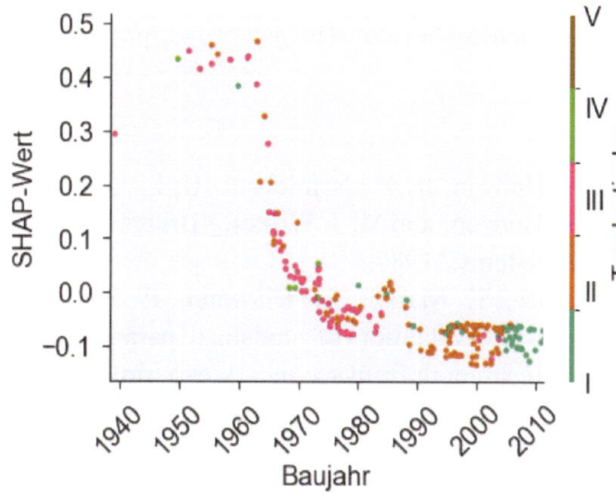

Abb. 4: SHAP-Abhängigkeitsdiagramm (Cluster „robust“).

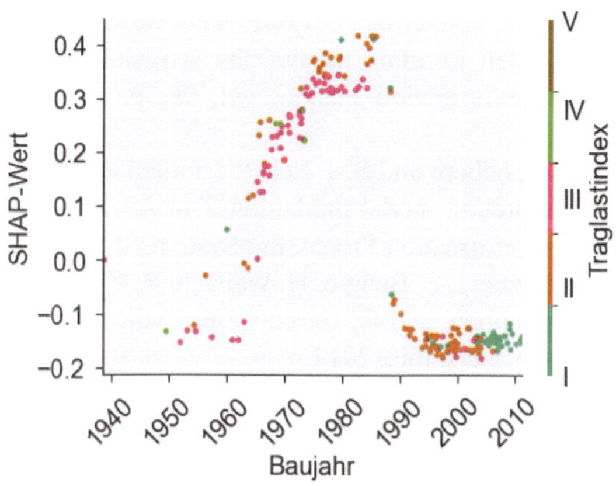

Abb. 5: SHAP-Abhängigkeitsdiagramm (Cluster „normal“).

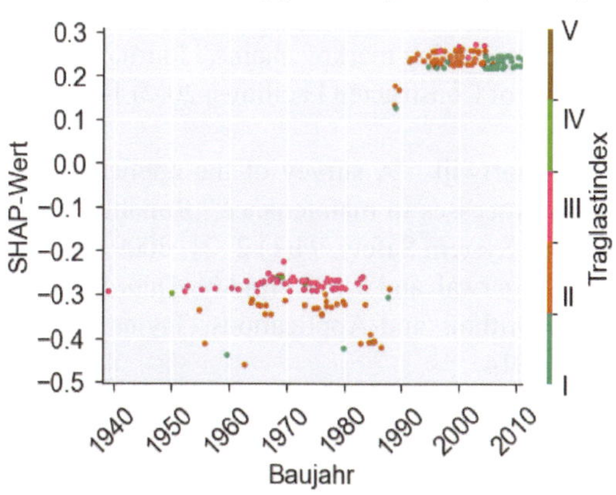

Abb. 6: SHAP-Abhängigkeitsdiagramm (Cluster „anfällig“).

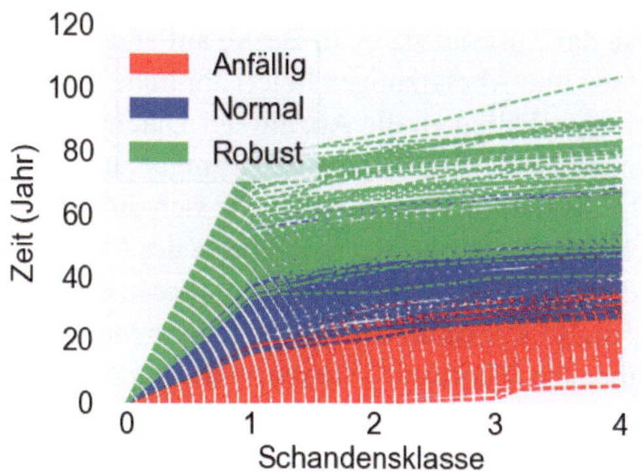

Abb. 7: Simulation der Schadensentwicklung auf der Grundlage des Gamma-Prozesses.

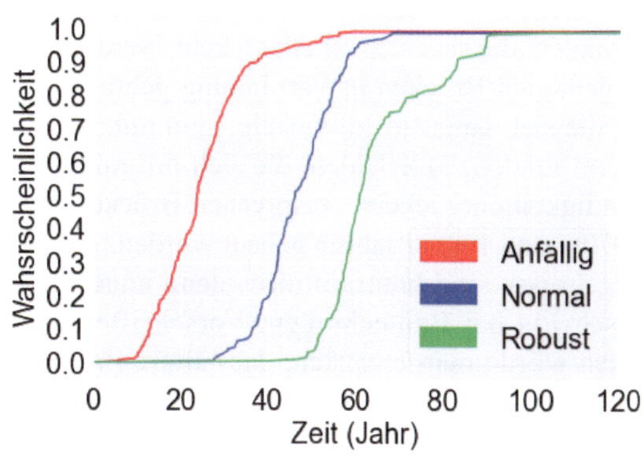

Abb. 8: Kumulative Lebenszeitverteilungsfunktion, die sich aus der Simulation des Gamma-Prozesses ergibt.

Schließlich wird die Analyse auf der Grundlage des Gamma-Prozesses durchgeführt. Dieser Schritt ermöglicht die Entwicklung von Verfallsmodellen auf der Grundlage der in den einzelnen Clustern gruppierten Zustandsdaten (Abb. 7, Abb. 8). Die Abfolge der Übergangszeiten in Schadensklasse 1 und 2 wird durch eine Stichprobe aus der Wahrscheinlichkeitsdichtefunktion der Übergangszeiten in Schadensklasse 3 ergänzt. Obwohl diese Daten für die Einbeziehung in die Clusteranalyse nicht ausreichen, können sie in diesem Stadium berücksichtigt werden, um die Robustheit des entwickelten Degradationsmodells zu erhöhen. Durch die Durchführung einer Monte-Carlo-Simulation mit dem abgeleiteten Degradationsmodell kann das Alter, in dem die Brückenschäden in die Schadensklasse 4 übergehen, abgeschätzt werden: Dies entspricht 24.0 Jahren *für anfällige Bauteile,* 47.9 Jahren *für normale Bauteile und* 67.0 Jahren *für robuste Bauteile* (Tabelle 1).

Tabelle 1. Durchschnittliche Verbleibzeit en (Jahre) in jeder Schadensklasse (Schäden: Schrägrisse).

	1	2	3	4
Anfällig	7,0	12,4	17,9	24,0
Normal	31,6	38,8	43,8	47,9
Robust	51,7	58,9	63,5	67,0

5. Interpretation der Ergebnisse

Die Analyse der Zustandsdaten in Bezug auf andere Arten von Rissen und Abplatzungen liefert ähnliche Ergebnisse. In einigen Fällen ist die Anzahl der Datenpunkte jedoch geringer, so dass die Ergebnisse weniger zuverlässig sind. Das Merkmal „Baujahr" erweist sich durchweg als der wichtigste Faktor bei der Vorhersage des Clusters. Ähnliche Bereiche von Merkmalswerten werden mit den Clustern „fragil", „normal" und „robust" assoziiert. Allerdings haben die Merkmale „Ziellastniveau" und „Traglastindex" eine geringere Bedeutung, was zu einer größeren Ungenauigkeit bei der Vorhersage von Clustern auf der Grundlage der ausgewählten Merkmale führt.

Das entwickelte hybride KI-System, das sich aus vier verschiedenen Analysen zusammensetzt, zeigt Beziehungen zwischen Brückenalter und Schadensclustern auf: 1) Schäden, die sich schnell entwickeln, werden mit kürzlich gebauten Brücken in Verbindung gebracht; 2) Schäden, die sich langsam entwickeln, sind mit älteren Brücken verbunden; 3) Schäden, die sich mit mittlerer Geschwindigkeit entwickeln, entsprechen Brücken, die in den 1970er und 1980er Jahren gebaut wurden.

Diese Ergebnisse sind kontraintuitiv, denn angesichts des Fortschritts bei Bautechniken, Vorschriften und Materialien würde man erwarten, dass ältere Brücken schneller Risse entwickeln, während neuere Brücken diese langsamer entwickeln. Die Datenbank, die erst vor 30-40 Jahren erstellt wurde, dokumentiert jedoch keine sich schnell entwickelnden Schäden an älteren Brücken. Einige dieser Schäden wurden bereits behoben, und in einigen Fällen wurden anfällige Brücken und Bauteile vor der Entwicklung der Datenbank ersetzt. Folglich deuten die Analysen, insbesondere die SHAP-Analyse, darauf hin, dass die Daten von einer Überlebensverzerrung betroffen sind.

Die Analysen zeigen auch, dass eine Vorhersage von Schadensgruppen auf der Grundlage der im BMS gespeicherten Brückenbestandsdaten derzeit nicht möglich ist. Ein weiteres wertvolles Forschungsthema ist die Untersuchung von Faktoren, die den Zeitpunkt der Schadensentstehung und -entwicklung beeinflussen und somit das Schadenscluster bestimmen. Wenn Daten über diese Faktoren gesammelt werden können, würde dies die Vorhersage der Lebensdauer von Bauteilen und die Bewertung der Schadensentwicklung erheblich verbessern.

6. Fazit

In diesem Artikel wird ein Verfahren zur Entwicklung von Degradationsmodellen für Stahlbetonbrücken vorgeschlagen. Das Verfahren basiert auf Zustands- und Bestandsdaten aus Brückenmanagementsystemen. Die Daten von SIB-Bauwerken, wurden mit dem vorgeschlagenen Ansatz analysiert. Der Ansatz besteht aus vier verschiedenen Analysen, die überwachte und unüberwachte Lerntechniken, erklärbare Methoden der künstlichen Intelligenz und stochastische Prozesse beinhalten. Die Integration dieser vier Analysen ermöglicht die Entwicklung von Verfallsmodellen mit begrenzen Unsicherheiten. Darüber hinaus verdeutlicht der Rahmen die Merkmale der Daten, aus denen die Degradationsmodelle entwickelt werden, insbesondere die Population der Schäden und Bauteile der Brücke. Dieses Ergebnis zeigt, dass die Zustandsdaten durch eine Überlebenden-Verzerrung beeinflusst werden. Die Auswirkungen dieses Umstandes werden in zukünftigen Forschungsstudien untersucht werden.

Danksagungen

Diese Arbeit wurde im Rahmen des DACH-Projekts „ENDURE – Entwicklung und Erprobung hybrider Modelle zur Abschätzung der Restnutzungsdauer von Brücken" durchgeführt. Dieser Artikel stellt einen Teil der Projektergebnisse vor. Ausführliche Details finden sich im Abschlussbericht (https://projekte.ffg.at/projekt/4213294).

Literatur

[1] S. W. Hudson, R. F. Carmichael III, L. O. Moser, W. R. Hudson, and W. J. Wilkes, "Bridge management systems," 1987.

[2] P. Croce, F. Marsili, F. Klawonn, P. Formichi, F. Landi, "Evaluation of statistical parameters of concrete strength from secondary experimental test data," Construction and Building Materials. 2018; 163: 343–359.

[3] S. Ali, T. Abuhmed, S. El-Sappagh, K. Muhammad, J. M. Alonso-Moral, R. Confalonieri, R. Guidotti, J. Del Ser, N. Diaz-Rodriguez, F. Herrera, "Explainable artificial intelligence (xai): What we know and what is left to attain trustworthy artificial intelligence," Information Fusion, vol. 99, p. 101805, 2023.

[4] S. M. Lundberg and S.-I. Lee, "A unified approach to interpreting model predictions," in Advances in Neural Information Processing Systems, I. Guyon, U. V. Luxburg, S. Bengio, H. Wallach, R. Fergus, S. Vishwanathan, and R. Garnett, Eds., vol. 30. Curran Associates, Inc., 2017.

[5] N. Lethanh, J. Hackl, B.T. Adey, "Determination of Markov Transition Probabilities to be Used in Bridge Management from Mechanistic-Empirical Models," J. Bridge Eng. 2017;22(10): 04017063.

[6] G. Morcous, "Performance prediction of bridge deck systems using markov chains," Journal of Performance of Constructed Facilities, 20(2) 146–155, 2006.

[7] J. van Noortwijk, "A survey of the application of gamma processes in maintenance," Reliability Engineering System Safety, 94(1) 2–21, 2009.

[8] C. C. Aggarwal and C. K. Reddy, Data Clustering, Algorithms and Applications. Taylor Francis Group, 2014.

[9] P. J. Rousseeuw, "Silhouettes: A graphical aid to the interpretation and validation of cluster analysis," Journal of Computational and Applied Mathematics, 20, 53–65, 1987.

[10] L. Breiman, "Random forests," Machine Learning, 45, 5–32, 2001.

[11] F. Pedregosa, G. Varoquaux, A. Gramfort, V. Michel, B. Thirion, O. Grisel, M. Blondel, P. Prettenhofer, R. Weiss, V. Dubourg et al., "Scikit-learn: Machine learning in python," Journal of machine learning research, vol. 12, no. Oct, pp. 2825–2830, 2011.

[12] P. Virtanen, R. Gommers, T. E. Oliphant, M. Haberland, T. Reddy, D. Cournapeau, E. Burovski, P. Peterson, W. Weckesser, J. Bright, S. J. van der Walt, M. Brett, J. Wilson, K. J. Millman, N. Mayorov, A. R. J. Nelson, E. Jones, R. Kern, E. Larson, C. J. Carey, I. Polat, Y. Feng, E. W. Moore, J. VanderPlas, D. Laxalde, J. Perktold, R. Cimrman, I. Henriksen, E. A. Quintero, C. R. Harris, A. M. Archibald, A. H. Ribeiro, F. Pedregosa, P. van Mulbregt, and SciPy 1.0 Contributors, "SciPy 1.0: Fundamental Algorithms for Scientific Computing in Python," Nature Methods, vol. 17, pp. 261–272, 2020.

TAE Beurteilung und Bewertung des Zustands

Brückenerhaltung in Baden-Württemberg – Zustandsentwicklung, Strategien und Innovationen

Dipl.-Ing. Gundula Peringer
Ministerium für Verkehr Baden-Württemberg, Leiterin Referat 24 Erhaltungsmanagement und Ingenieurbau

Dr.-Ing. Tim Weirich
Ministerium für Verkehr Baden-Württemberg, Brückenreferent im Referat 24

Zusammenfassung
Trotz des im Jahr 2011 In Baden-Württemberg vollzogenen Paradigmenwechsels („Erhaltung vor Um-, Aus- und Neubau“) und der damit verbundenen Fokussierung auf Erhaltungsmaßnahmen befindet sich der Brückenbestand mit Blick auf die Substanz und die Tragfähigkeit in erheblichem Umfang in einem instandsetzungs- bzw. ertüchtigungswürdigen Zustand. In der Summe ist derzeit für rund jede zehnte Brücke in Baden-Württemberg eine Erhaltungsmaßnahme einzuleiten. Um der fortschreitenden Verschlechterung der Brückensubstanz effektiv entgegenzuwirken, müssen mittelfristig pro Jahr landesweit bis zu 100 Brücken im Bundes- und Landesstraßennetz grundhaft instandgesetzt, ertüchtigt bzw. neugebaut werden. Allerdings reichen die aktuell zur Verfügung stehenden Investitionsmittel, v. a. im Landeshaushalt, sowie personellen Ressourcen nicht aus, um die Anzahl an Erhaltungsmaßnahmen im erforderlichen Umfang zu erhöhen. Daher hat die Straßenbauverwaltung des Landes bereits verschiedene Maßnahmen angeschoben, um die Auswirkungen aus den fehlenden Ressourcen abzumindern. Ziel der Maßnahmen ist insbesondere die Planungs- und Bauzeit zu reduzieren und so die Zahl an Erhaltungsmaßnahmen insgesamt zu steigern. Der vorliegende Artikel gibt einen Überblick über den aktuellen Brückenzustand in Baden- Württemberg, sowie über die Strategien und Innovationen im Rahmen des Brückenerhaltungsmanagements.

1. Einführung

Aufgrund der topographischen Randbedingungen befinden sich in Baden-Württemberg rd. 4.000 Brücken im Zuge von Bundes- und rd. 3.300 Brücken im Zuge von Landesstraßen. Die Brücken stellen die Achillesferse der Straßeninfrastruktur dar und bekommen die in den letzten Jahrzehnten gestiegenen Verkehrslasten in besonderem Maße zu spüren. Der Brückenbestand befindet sich mit Blick auf die Substanz und die Tragfähigkeit in erheblichem Umfang in einem instandsetzungs- bzw. ertüchtigungswürdigen Zustand. Die Grundlage für die Bewertung des Brückenbestandes bilden dabei sowohl die Zustandsnote, die den baulichen Zustand der Brücke widerspiegelt, als auch der Traglastindex, durch den die Tragfähigkeitseigenschaften bewertet werden.

Für die Berechnung der Zustandsnote werden im Zuge der alle drei Jahre durchgeführten Bauwerksprüfung die Schäden und Mängel aufgenommen und der Zustand unter Berücksichtigung der Standsicherheit, Verkehrssicherheit sowie Dauerhaftigkeit beurteilt. Die Ergebnisse werden zu einer Zustandsnote zwischen 1,0 (sehr gut) und 4,0 (ungenügend) zusammengefasst.

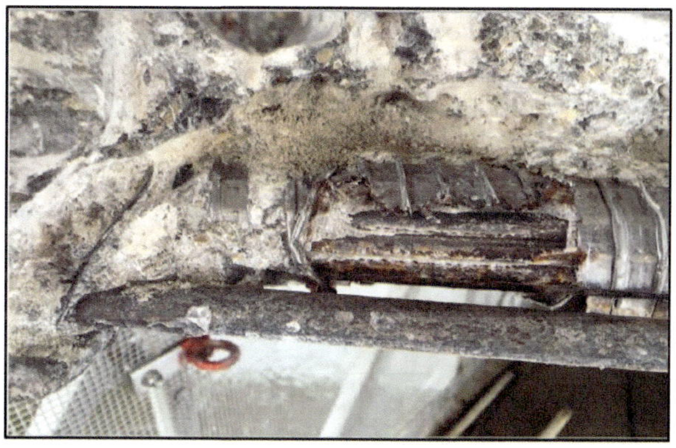

Abb. 1: Schäden an der L 277 Donaubrücke Tuttlingen (Quelle: Regierungspräsidium Freiburg)

Der Traglastindex stellt hingegen die Diskrepanz zwischen erforderlicher Brückentragfähigkeit (Ziellastniveau) und vorhandener Tragfähigkeit dar. Die Klassifizierung der Bauwerke erfolgt in fünf Bewertungsstufen von I bis V, wobei Stufe I jene Bauwerke kennzeichnet, welche die geforderten statischen und konstruktiven Anforderungen erfüllen. In der Stufe V sind die Brücken vertreten, die mit einem Alter von 50 Jahren und mehr den Zenit ihrer geplanten Nutzungszeit überschritten haben, nicht nach aktuellem Regelwerk geplant sowie gebaut wurden und bei denen aufgrund des seinerzeitigen Stands der Technik im Vergleich zu den heutigen Anforderungen die meisten statisch-konstruktiven Defizite auftreten.

Während die Zustandsnote insbesondere ein Instrument für die kurzfristige Priorisierung von Erhaltungsmaßnahmen darstellt, weist der Traglastindex auf die Dringlichkeit einer Erhaltungsmaßnahme hin und stellt somit ein Instrument für eine mittelfristige Prognose dar.

2. Zustand der Brücken

2.1 Zielvorgaben

Grundsätzlich ist ein Brückenzustand sicherzustellen, der die gestellten Anforderungen an die Tragfähigkeit, Gebrauchstauglichkeit und Dauerhaftigkeit mit ausreichender Zuverlässigkeit erfüllt. Hierzu sind die folgenden Zielvorgaben aus der „Richtlinien für die strategische Planung von Erhaltungsmaßnahmen an Ingenieurbauwerken (RPE-ING)" und der „Zusätzlichen Technischen Vertragsbedingungen und Richtlinien für Funktionsbauverträge von Ingenieurbauten (ZTV-Funktion-ING)" einzuhalten.

Die RPE-ING gibt vor, dass – bezogen auf die Brückenfläche,

- die mittlere Zustandsnote im Bereich von 2,0–2,4,
- der Zustandsnotenbereich „3,0 bis 4,0" unter 10 % des Gesamtbrückenbestandes,
- der Zustandsnotenbereich „3,5 bis 4,0" unter 1,0 % des Gesamtbrückenbestandes

liegen soll.

Die ZTV-Funktion-ING setzt als Randbedingung, dass

- die Zustandsnote (ZN) grundsätzlich nie schlechter als 2,9 sein darf,
- den Zustand verbessernde Maßnahmen zu planen und so rechtzeitig durchzuführen sind, dass die ZN < 2,9 jederzeit eingehalten werden kann.

Um die Forderungen an die Brückentragfähigkeit einzuhalten, steht zudem der Traglastindex als weiteres Bewertungsinstrument zur Verfügung. Ziel der Erhaltungsplanung ist ein möglichst kleiner Traglastindex. Brücken mit einem hohen Traglastindex sollten somit bevorzugt in der Erhaltungsplanung berücksichtigt werden. Bei Brückenbauwerken, die mit einem Traglastindex von IV oder V belegt sind, ist davon auszugehen, dass eine Instandsetzung kombiniert mit einer Ertüchtigung entweder technisch nicht möglich und/oder nicht wirtschaftlich ist, d. h. es ist in der Regel ein Ersatzneubau erforderlich.

2.2 IST-Zustand

Landesweit werden die Vorgaben der RPE-ING für den Zustandsnotenbereich „3,0 bis 4,0" mit einem Wert von 10,81 % im Zuge von Bundesstraßen etwas überschritten und 9,64 % im Zuge von Landesstraßen knapp eingehalten. Auch für den Zustandsnotenbereich „3,5 bis 4,0" wird die Vorgabe der RPE-ING für den Bereich der Bundesstraßen mit 0,69 % knapp eingehalten und im Zuge von Landesstraßen mit einem Wert von 1,34 % leicht verfehlt (siehe Abb. 2). Allerdings weisen 396 Brücken (Bund: 200 Brücken, Land: 196 Brücken) eine Zustandsnote schlechter als 3,0 auf, d. h. für diese Brücken sind Erhaltungsmaßnahmen einzuleiten.

Darüber hinaus weisen im Bundes- und Landesstraßennetz rund 330 Brücken (Bund: 183 Brücken, Land: 144 Brücken) den schlechtesten Traglastindex von V auf (siehe Abb. 3). Diese Brücken sind durch die Straßenbauverwaltung genauer zu untersuchen. Für die Mehrheit dieser Brücken wird jedoch ein Ersatzneubau erforderlich sein.

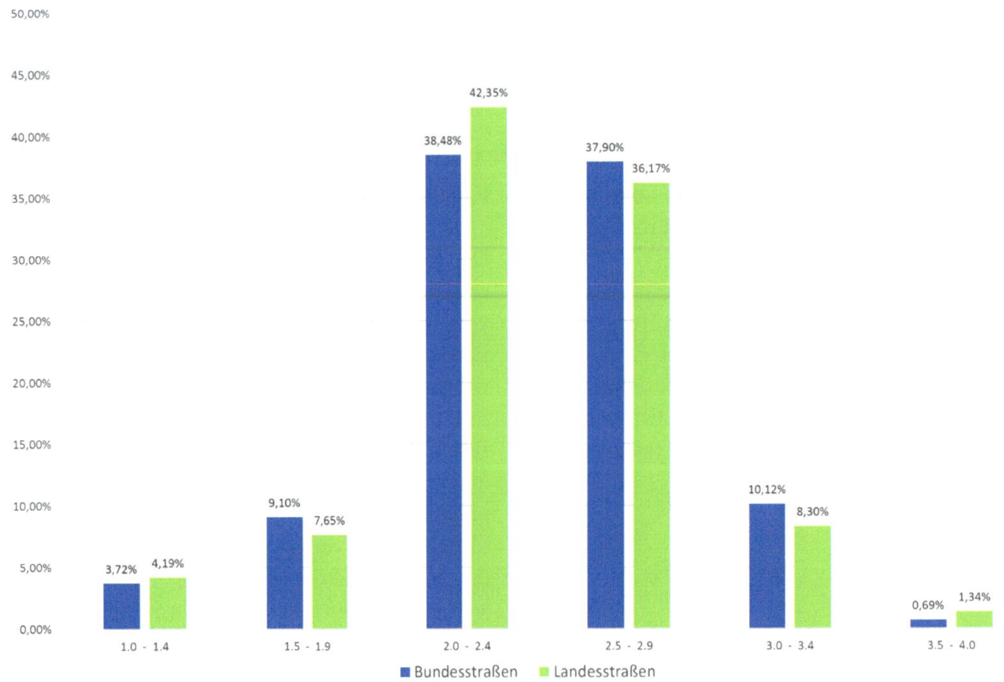

Abb. 2: IST-Zustand Zustandsnote (bezogen auf die Brückenfläche)

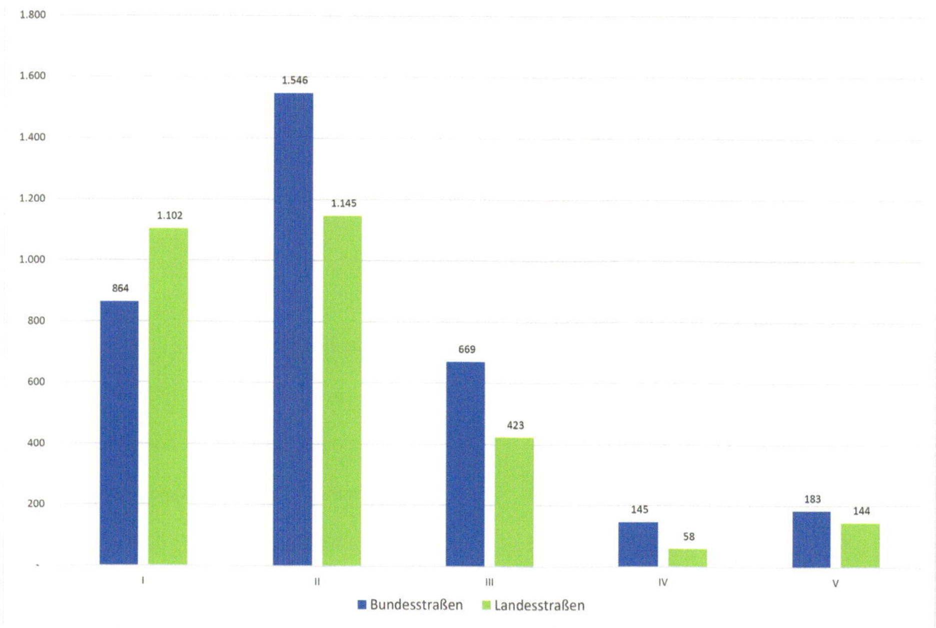

Abb. 3: IST-Zustand Traglastindex

2.3 Aktuelle Zustandsentwicklung

Trotz des im Jahr 2011 vollzogenen Paradigmenwechsels des Landes („Erhaltung vor Um-, Aus- und Neubau") und der damit verbundenen Fokussierung auf Erhaltungsmaßnahmen hat sich der Zustand der Bundes- und Landesstraßenbrücken aufgrund der vorhandenen Altersstruktur sowie der gestiegenen Anforderungen an deren Tragfähigkeit im Laufe der letzten Jahre kontinuierlich verschlechtert (siehe Abb. 4 und Abb. 5).

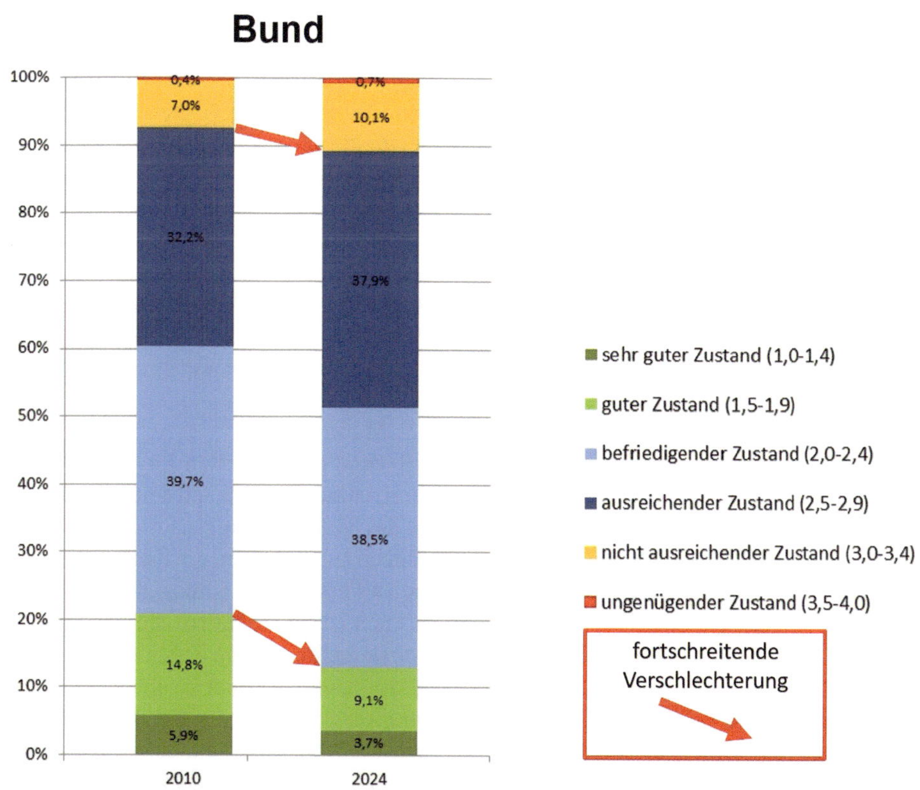

Abb. 4: Zustandsentwicklung Bundesstraßenbrücken

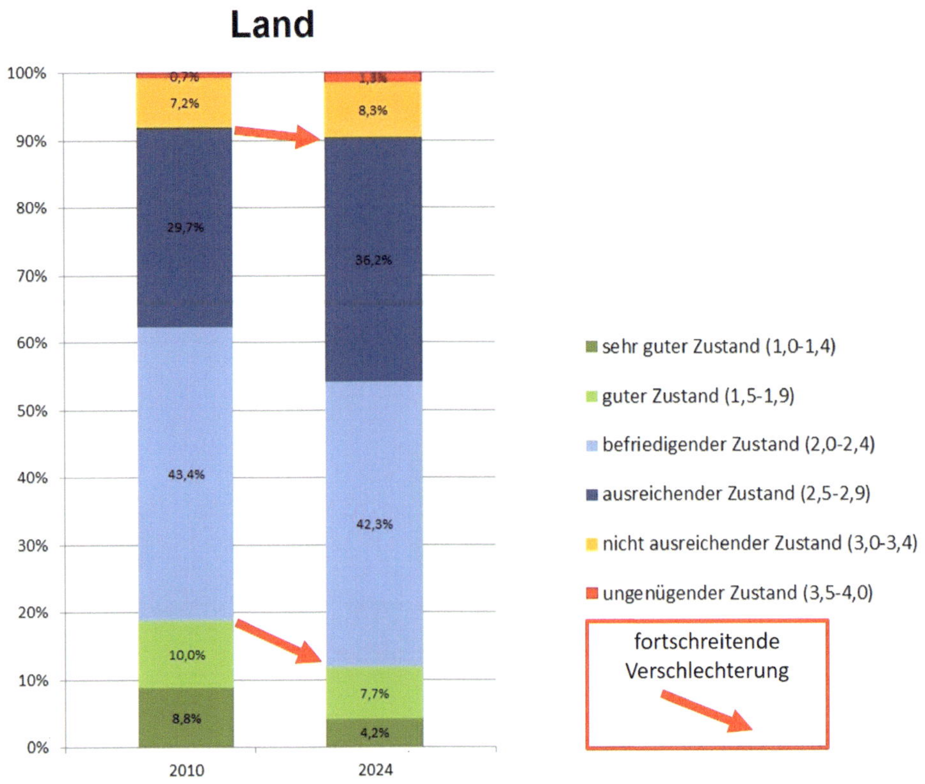

Abb. 5: Zustandsentwicklung Landesstraßenbrücken

Ein Großteil der vorhandenen Bundes- und Landesstraßenbrücken weist ein durchschnittliches Bauwerksalter von rund 50 Jahren auf. Landesweit sind rund 653 Brücken im Bundes- und Landesstraßennetz durch einen Neubau zu ersetzen oder instandsetzungs-/ertüchtigungsbedürftig. Somit ist derzeit etwa für jede zehnte Brücke in Baden-Württemberg eine Erhaltungsmaßnahme einzuleiten. Allein 70 Brücken davon weisen sogar den schlechtesten Traglastindex von V und gleichzeitig einen „kritischen Bauwerkszustand“ (Zustandsnote von 3,0 oder schlechter) auf, so dass hier ein dringender Handlungsbedarf vorliegt.

3. Strategien und Innovationen im Brückenerhaltungsmanagement

3.1 Ausgangslage

Eine nachhaltige Strategie zur Brückenerhaltung erfordert sowohl die Berücksichtigung des Brückenzustandes als auch etwaiger Tragfähigkeitsdefizite.
So ist bei Brücken in einem „kritischen Bau-werkszustand“ oder schlechter (d. h. ab Note 3,0 gem. DIN 1076) eine Erhaltungsmaßnahme einzuleiten. Tragfähigkeitsdefizite liegen insbesondere bei Brücken mit dem schlechtesten Traglastindex V vor. Diese Bauwerke sind somit prioritär zu behandeln. Zudem sind Brücken mit bauart- und materialbedingten Defiziten, wie Brücken mit spannungsrisskorrosionsgefährdetem Spannstahl, Brücken mit Verdrängungskörpern (Hohlkörperplatten), Brücken mit sprödbruchgefährdeten Edelstahl-rollenlagern, Brücken mit Koppelfugen usw. ebenfalls kurzfristig durch einen Neubau zu ersetzen.

Um der fortschreitenden Verschlechterung der Brückensubstanz entgegenzuwirken, müssen mittelfristig pro Jahr landesweit bis zu 100 Brücken im Bundes- und Landesstraßennetz grundhaft instandgesetzt, ertüchtigt bzw. neugebaut werden. Die aktuell zur Verfügung stehenden Investitionsmittel sowie personellen Ressourcen reichen hierfür allerdings nicht aus.
Neben einer Erhöhung der Investitionsmittel ist für ein zukunftsfähiges Straßennetz insbesondere ein Personalaufwuchs in den kommenden Jahren erforderlich um das aktuelle Erhaltungsdefizit in Höhe von rund 1,5 Mrd. Euro für die Brücken in Baden-Württemberg (Bund: 1,020 Mrd. Euro; Land: 0,480 Mrd. Euro) wirtschaftlich und nachhaltig zu bewältigen.

3.2 Maßnahmen

Aufgrund der aktuellen Lage am Arbeitsmarkt ist ein kurzfristiger Personalaufwuchs nicht realistisch. Daher hat das Verkehrsministerium bereits verschiedene Maßnahmen angeschoben, um die Auswirkungen aus den fehlenden Personalressourcen abzumindern. Ziel der Maßnahmen ist insbesondere die Planungs- und Bauzeit zu reduzieren und so die Zahl der notwendigen Brückenersatzneubauten spürbar zu steigern.
Vor diesem Hintergrund hat das Ministerium für Verkehr bereits am 14.12.2022 ein Schreiben veröffentlicht, wonach „Ersatzneubauten im Regelfall an Ort und Stelle unter Vollsperrung herzustellen“ sind. Durch entsprechende gesetzliche Regelungen, die zum 01.01.2021 in Kraft traten, sind für die Umsetzung derartiger Ersatzneubauten die baurechtlichen Voraussetzungen grundsätzlich gegeben, so

dass ein sehr zeitaufwendiges formelles Verfahren zur Erlangung des Baurechts (bspw. Planfeststellungs-, Plangenehmigungs- oder Bebauungsplanverfahren) oder die Feststellung der unwesentlichen Bedeutung i. d. R. entfallen und somit beschleunigt mit dem Bau begonnen werden kann. Sofern auf ein Genehmigungsverfahren nicht verzichtet werden kann, sollen klar vorgegebene Strukturen bei der Beteiligung bzw. Abstimmung mit Dritten den Planungsprozess straffen. In diesem Zusammenhang werden aktuell die „Ergänzenden Arbeitshinweise für die Planung von Brückenersatzneubauten in der Straßenbauverwaltung“ erstellt und in Abstimmung mit dem Ministerium für Umwelt eine Arbeitshilfe „Gewässerkreuzende Verkehrsanlagen“ erarbeitet.
Eine weitere Effizienzsteigerung erhofft sich die Straßenbauverwaltung durch die Verkürzung bzw. Bündelung von Vergabeverfahren z. B., indem Bauleistungen funktional ausgeschrieben oder mehrere Brückenerhaltungsprojekte in einer Sammelausschreibung gebündelt werden. Zudem soll geprüft werden, ob künftig verschiedene Ingenieurleistungen in einem Open-House-Verfahren, wie sie bei der Autobahn des Bundes bereits zum Einsatz kommen, vergeben werden können.
Der gezielte Einsatz von innovativen Bauweisen, wie z. B. der modularen Bauweise oder der „Expressbauweise“, soll zu einer wesentlichen Reduzierung der Bauzeit beitragen. Hierbei kann durch einen hohen Vorfertigungsgrad eine Minimierung sowohl der Bauzeit als auch der verkehrlichen Einschränkungen erzielt werden.

3.3 Ausblick

Eine gute Planung ist die wichtigste Voraussetzung dafür, dass ein Brückenersatzneubau rasch umsetzbar ist und im Ergebnis gut gelingt. Dazu gehört auch, dass die Maßnahme im Umfeld breite Akzeptanz erfährt, indem trotz den mit einer Baumaßnahme einhergehenden negativen Begleiterscheinungen, wie z. B. Verkehrseinschränkungen, Baulärm, sonstige Umweltauswirkungen etc., die Notwendigkeit anerkannt wird und auf diese Weise Konfliktpotential reduziert werden kann.
Ein politisches Bekenntnis für die Brückenerhaltung im Allgemeinen genügt an dieser Stelle nicht. Vielmehr bedarf es ein klares Votum für jedes einzelne notwendige Brückenbauprojekt. Vor diesem Hintergrund wird aktuell eine Projektliste erstellt, die sämtliche anhand fachlicher Kriterien ausgewählte prioritären Brückenerhaltungsmaßnahmen in Baden-Württemberg enthält. Derzeit ist davon auszugehen, dass – unter Berücksichtigung eines politischen Abstimmungsprozesses – die Liste voraussichtlich bis Jahresende veröffentlicht werden kann. Sie ist regelmäßig gemäß der aktuellen Zustandsentwicklung zu überprüfen und ggf. anzupassen.
Im Ergebnis soll die Anzahl von Brückenerhaltungsmaßnahmen, welche grundhafte Instandsetzungen, Ertüchtigungen und Ersatzneubauten umfassen, schrittweise auf rund 100 Projekte im Jahr erhöht werden.

Zentrale Datenplattform für Brücken-Monitoringsysteme

Prof. Dr.-Ing. Max Gündel
Helmut-Schmidt-Universität/Universität der Bundeswehr Hamburg

Dipl.-Phys. Wolfgang Ries
LykosTec GmbH, Alzenau

Zusammenfassung
Im dtec.bw-Projekt „Digitalisierung von Infrastrukturbauwerken zur Bauwerksüberwachung: Structural Health Monitoring" (SHM) wird die zuverlässigkeitsbasierte Zustandsbewertung von bestehenden Infrastrukturbauwerken mittels unterschiedlicher Monitoringsysteme erforscht. Die im Rahmen des Projektes installierten umfangreichen Messsysteme erzeugen sehr große Datenmengen, die erfasst, gespeichert und ausgewertet werden müssen. Hierfür wurde eine zentrale Datenplattform entwickelt und erprobt, die in diesem Beitrag vorgestellt wird.

1. Einführung

Bauwerks-Monitoringsysteme, mit denen kontinuierlich Messdaten mittels Sensoren erhoben werden, sind ein probates Mittel, um in Echtzeit Informationen über Infrastrukturbauwerke zu erhalten. Diese können genutzt werden, um das Erhaltungsmanagement des Bauwerks zu optimieren und Maßnahmen zur Verlängerung der Restlebensdauer umzusetzen.
Monitoringsysteme umfassen in der Regel verschiedenartige Sensortypen, die insbesondere bei großer Sensoranzahl und hoher Abtastrate zu großen Datenmengen führen. Die Erfassung, Speicherung, Verarbeitung und Integration dieser Daten in Echtzeit ist daher eine große Herausforderung. Bisher sind zur Datenverarbeitung bei Bauwerks-Monitoringsystemen in Deutschland sowohl in der Forschung als auch in der Praxis meist individuelle Lösung für einzelne Projekt entwickelt worden.
Im Rahmen des von der EU geförderten dtec.bw-Projektes „Digitalisierung von Infrastrukturbauwerken zur Bauwerksüberwachung: Structural Health Monitoring" (SHM) wurde eine zentrale Datenplattform für Monitoringsysteme von Verkehrsinfrastrukturbauwerken geschaffen. Ziel war, eine skalierbare Datenplattform zu entwickeln und zu erproben, in die Bauwerks-Monitoringsysteme verschiedener Anbieter projektübergreifend integriert werden können und die Daten unterschiedlichen Nutzern zur Verfügung gestellt werden können. Die Datenplattform ist in erster Linie eine Forschungsplattform, die sowohl Forschungspartnern innerhalb des Projektes als auch externen Forschungsgruppen zentral einen einfachen Zugriff auf qualitätsgesicherten Mess- und Metadaten aus einer Vielzahl laufender und abgeschlossener Monitoringprojekte ermöglicht. Darüber hinaus wird die Skalierbarkeit der Datenplattform innerhalb eines Projektes (d. h. Sensoranzahl und Abtastrate) und projektübergreifend (d. h. Anzahl der Projekte) erprobt, und zwar bezüglich der Integration von Monitoringsystemen verschiedener Anbieter, der Verarbeitung großer Datenmengen unterschiedlicher Datentypen in Echtzeit und der autonomen Datenanalyse auf der Plattform mittels eigener Funktionen. Dies dient auch dazu, Erfahrungen zur Definition von Anforderungen an eine kommerzielle, zentrale Datenplattform für Infrastrukturbauwerks-Monitoringsysteme in Deutschland zu sammeln.

2. Struktur der Datenplattform

Die Architektur der Datenplattform folgt funktional und technisch einem Schichtenmodell und ist modular aufgebaut, sodass Module ergänzt, ausgetauscht oder entfernt werden können.

2.1 Datenverarbeitung und Datenintegration

Die untere Schicht umfasst die Dateneingangsverarbeitung und Datenintegration. Die Datenerfassung erfolgt durch einer „Edge-Komponente", an welche das spezifische Monitoringsystem des jeweiligen Anbieters angeschlossen wird. Auf dieser Komponente werden die firmenspezifischen Messdaten der verschiedenen Monitoringsystem-Anbieter in ein nicht-proprietäres Dateiformat transformiert (vereinheitlicht) und als Rohdaten an den zentralen Datenspeicher gesendet. Bei geringer Bandbreite ist eine Aggregierung der Rohdaten vor dem Versand möglich. Zudem ist das Aufspielen weiterer Datenanalyse-Algorithmen auf die Edge-Komponente zentral von der Datenplattform aus möglich (z. B. zur Analyse der Datenqualität). Die Datenspeicherung erfolgt zum einen in einem skalierbaren IoT-Datenspeicher und zum anderen in einer hoch performante, multimodale und für analytische Anwendungen optimierten Datenbank. Im IoT-Datenspeicher werden Zeitreihendaten, wie Sensorrohdaten, zeitlich aggregierte Sensordaten, berechnete KPIs und Prognosedaten, gespeichert.
Die Analytics Datenbank hält alle Datenobjekte, die für eine integrierte Analyse z. B. unter Verwendung von Bauwerksmodellen, Last- und Klimadaten etc. erforderlich sind, vor und speichert die Ergebnisse aus Berechnungen und modellbasierten Prognosen oder Ereignisse aus dem Monitoring.

Für verknüpfte Analysen können Daten aus dem IoT-Speicher in die Analytics Datenbank eingelesen und dort verarbeitet werden. Die Datenplattform enthält zudem Schnittstellen zu FE-Modellen und einer BIM-Umgebung. Die Integration und Darstellung der Messdaten in einer BIM-Umgebung ist Ziel eines weiteren Teilprojektes innerhalb des Gesamtprojektes.
Die Nutzung eigener, erprobter Funktionen zur autonomen Datenverarbeitung und -analyse direkt auf der Datenplattform ist durch Container-Lösungen möglich. Beispielhaft ist dies für die Ermittlung der Bauwerks-Eigenfrequenzen auf Basis von Beschleunigungsdaten mittels einer operational modal analysis (OMA) bereits implementiert und die Ergebnisse als ausgewertete Daten auf der Datenplattform verfügbar, siehe Abb. 1.

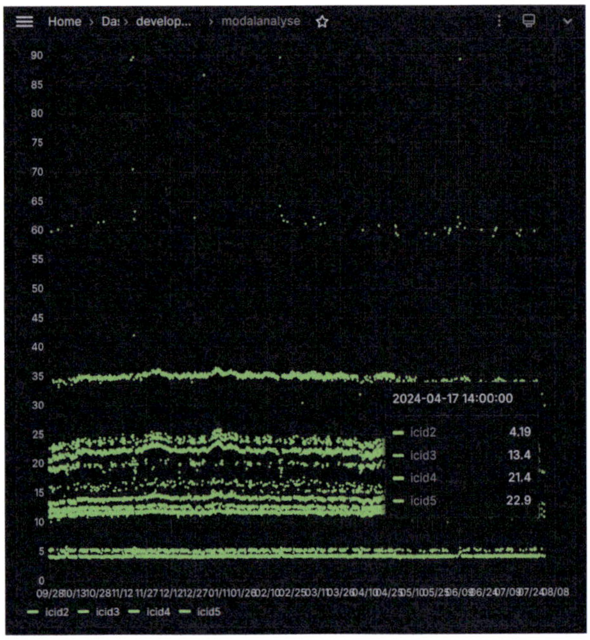

Abb. 1: Beispielhafte Darstellung der kontinuierlich mittels operational modal analysis (OMA) ermittelten Eigenfrequenzen der Autobahnbrücke Stader Straße

Relevante Ereignisse am Bauwerk, wie Baumaßnahmen oder Verkehrsumlegungen, werden in einem digitalen Bautagebuch auf der Datenplattform nachgehalten und können zu den Zeitreihen eingeblendet werden. In Abb. 2 sind beispielhaft Kalibrierfahrten zur Inbetriebnahme des Bridge-Weigh-in-Motion (B-WIM) Systems der Autobahnbrücke Stader Straße dargestellt.

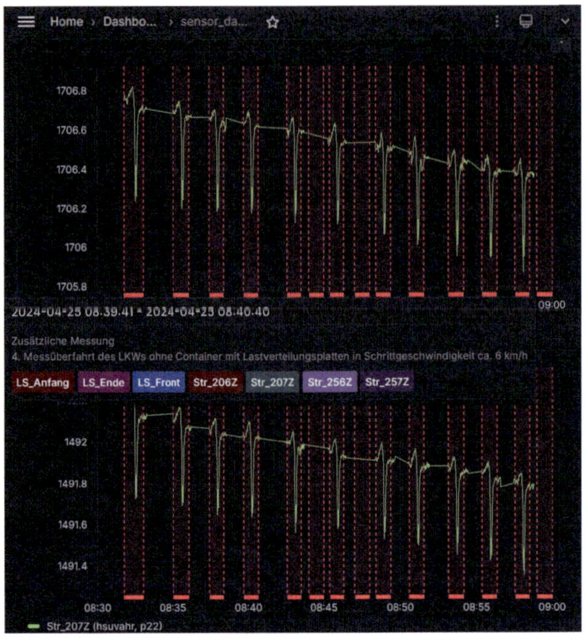

Abb. 2: Beispielhafte Darstellung von Dehnungs-Zeitverläufen und Event-Informationen (rot) bei Kalibrierfahrten des B-WIM-Systems

2.2 Datenzugriff

In der Abstraktionsschicht wird den Nutzern der Datenzugriff und die Übergabe an darüberliegenden Anwendungen durch APIs ermöglicht. Die Anwendungen (Visualisierungs-, Analyse-, Modellierungs-Werkzeuge etc.) können über Aufrufparameter die angeforderten Daten anhand von ingenieurtechnisch relevanten Attributen einschränken (z. B. Bauwerk, Teilbauwerk, Baugruppen, Sensoren, Zeiträume etc.) und erhalten die Ergebnisse in Form strukturierter Tabellen zurück. Die Visualisierung und visuelle Analyse von Zeitreihen unterstützten dabei die Auswahl von Daten für die darüberliegenden Anwendungen. Dies ist für mehrere Sensoren in hoher zeitlicher Auflösung und in (Nahe-) Echtzeit durch das Open Source Werkzeug Grafana möglich, siehe Abb 2. Zudem steht die SAP Analytics Cloud mit sehr mächtigen grafischen Analysefunktion zur Verfügung. Verschiedene parallele Grafiken können miteinander verbunden werden und durch Auswahl einzelner Datenpunkte oder Bereiche die zugehörigen Daten in anderen Visualisierungen angezeigt werden.
Das Nutzermanagement der Datenplattform ermöglicht einen sicheren Datenzugriff auch für externe Nutzer, wobei die Freigabe der Daten auf bestimmte Bauwerke, Sensoren und Zeiträume begrenzt werden kann.

3. Verfügbare Monitoringdaten auf der Datenplattform

Bisher sind Monitoringsysteme von fünf Bauwerken (z.T. aufgeteilt in mehrere Teilbauwerke) mit insgesamt 998 Kanäle in die Datenplattform integriert (Stand 31.07.2024), siehe Abb.3. Von den Monitoring-Projekte sind drei abgeschlossen und zwei aktuell in Betrieb. Gespräche zur Integration weiterer Monitoringsysteme aus anderen Forschungsprojekten (z. B. mfund-Projekt BrAssMan) werden aktuell geführt.

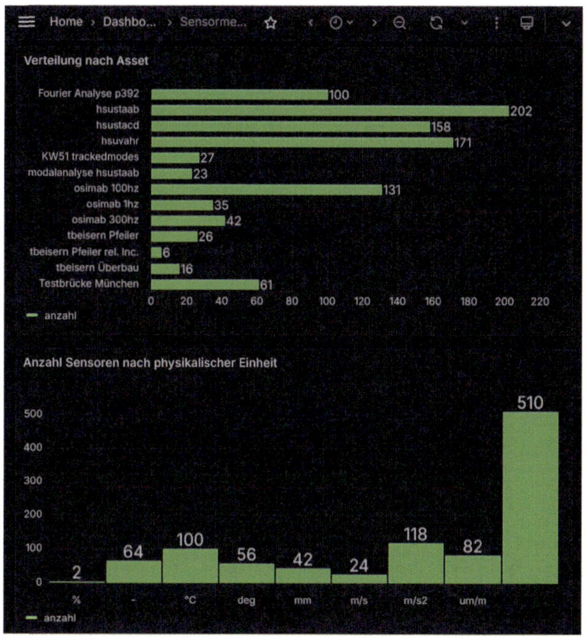

Abb. 3: Übersicht über Monitoringsysteme und Datentypen auf der Datenplattform

3.1 Autobahnbrücke Stader Straße

Die Autobahnbrücke Stader Straße im Verlauf der A7 ist eine 7-feldrige Spannbetonbrücke bei Hamburg, die zwischen 1971 und 1975 errichtet wurde. Die Überbauten bestehen aus doppelstegigen Plattenbalken und sind durch eine Längsfuge in die Teilbauwerke Ost und West getrennt. Im Rahmen des dtec.bw-Projektes SHM wurde die Brücke mit 281 Sensoren ausgestattet, die Informationen über den Zustand der Brücke liefern sollen, siehe Tabelle 1 [3]. Zudem sind Sensoren als Teil eines Bridge-Weigh-in-Motion Systems zur Ermittlung von Achslasten installiert. Ferner sind 196 Sensoren zur Überwachung der Bewehrungskorrosion installiert, deren Integration in die Datenplattform zeitnah erfolgt. Das Monitoringsystem liefert seit April 2023 Daten und wird bis mindestens Ende 2026 betrieben.

Tab. 1: Sensoren des Monitoringsystems Stader Straße (Daten seit 20.04.2023, laufend)

Sensortyp	**Anzahl Kanäle**
Dehnung	26
Verschiebung	36
Neigung	48
Beschleunigung	81
Bauteiltemperatur	85
Wetterstation	5
Summe	281

3.2 Autobahnüberführung Vahrendorfer Stadtweg

Die Brücke Vahrendorfer Stadtweg ist ein Überführungsbauwerk über die Autobahn A7 in Hamburg. Das statische System ist eine Kombination aus Zweigelenkrahmen und Bogensystem mit Kragarm, wobei der Überbau als einzelliger Hohlkasten ausgeführt ist. Die Brücke wurde 1972 erbaut. Im Rahmen des dtec.bw-Projektes SHM wurde die Brücke mit 131 Sensoren zur Zustandsüberwachung ausgestattet, siehe Tabelle 2 [4]. Das Monitoringsystem wird seit Mai 2023 bis mindestens Ende 2026 betrieben.

Tab. 2: Sensoren des Monitoringsystems Vahrendorfer Stadtweg (Daten seit 17.05.2023, laufend)

Sensortyp	**Anzahl Kanäle**
Dehnung	56
Verschiebung	4
Neigung	8
Beschleunigung	36
Bauteiltemperatur	20
Wetterstation	7
Summe	131

3.3 Talbrücke Eisern

In einer gemeinsamen Messkampagne des dtec.bw-Projektes SHM und des Forschungsprojektes ROBUST wurde die Zustandsveränderungen der Talbrücke Eisern vor und während der Rückbauarbeiten erfasst [5]. Hierbei handelt es sich um eine 7-feldrige Spannbetonbrücke im Verlauf der Autobahn A45, die 1967 errichtet und 2023 sprechtechnisch abgebrochen wurde. Im Rahmen des Sprengabbruchs wurden definierte Vorschwächungen vorgenommen, die in den Messdaten erfasst sind. Das Monitoringsystem umfasste 18 Sensoren am Überbau und 26 Sensoren an den Pfeilern, siehe Tabelle 3. Insgesamt wurden von 08.02.2023 bis 20.03.2023 Daten erhoben.

Tab. 3: Sensoren des Monitoringsystems Talbrücke Eisern (Daten von 08.02.2023 bis 20.03.2023)

Sensortyp	**Anzahl Kanäle**
Neigung	6
Beschleunigung	31
Wetterstation	7
Summe	44

3.4 Versuchsbrücke UniBw München

Zu Beginn der dtec.bw-Projekte SHM und RISK-TWIN wurde eine gemeinsame Messkampagne an der Versuchsbrücke der UniBw München durchgeführt [2]. Hierbei handelt es sich um eine zweifeldrige Verbundbrücke, bei der vordefinierte Zustandsänderungen und Schadensszenarien vorgenommen werden können. Die Messkampagne wurde mit 56 Sensoren durchgeführt und dauerte 6 Wochen. Sie umfasste verschiedene Schadensszenarien sowie eine Dauermessung über 4 Wochen zur Erfassung von Umwelteinflüssen.

Tab. 4: Sensoren des Monitoringsystems Versuchsbrücke UniBw München (Daten von 04.03.2022 bis 11.04.2022)

Sensortyp	Anzahl Kanäle
Dehnung	6
Neigung	10
Beschleunigung	32
Wetterstation	5
Kraft	2
Kamera	1
Summe	56

3.5 Talbrücke Sachsengraben

Im mfund-Forschungsprojekt OSIMAB (Online Sicherheits-Managementsystem für Brücken) wurde die Talbrücke Sachsengraben der A45 umfangreich mit Sensorik ausgestattet, siehe Tabelle 5 [1]; von Anfang 2020 bis Juli 2021 wurden Messdaten aufgenommen. Das Bauwerk hat drei Felder mit Spannweiten zwischen 30 bis 38 m und wurde 1971 erbaut.

Tab. 5: Sensoren des Monitoringsystems Talbrücke Sachsengraben (Daten seit 01.01.2020 bis 31.07.2021)

Sensortyp	Anzahl Kanäle
Dehnung	34
Verschiebung	16
Neigung	20
Beschleunigung	30
Bauteiltemperatur	16
sonstige	65
Summe	181

Literatur

[1] Bundesanstalt für Straßenwesen et al (2021): Verbundprojekt OSIMAB (Online Sicherheits-Managementssystem für Brücken): Gesamtabschlussbericht. Bundesanstalt für Straßenwesen (BASt), Abteilung Brücken- und Ingenieurbau, Bergisch Gladbach, 2021. https://doi.org/10.2314/KXP:1787930734

[2] Jaelani et al (2023): Developing a benchmark study for bridge monitoring. Steel Construction, Volume 16, Issue 4, S.215-225. https://doi.org/10.1002/stco.202200037

[3] Keßler et al (2024): A highway bridge - A database for digital methods. Structural Concrete, Early View. https://doi.org/10.1002/suco.202400119

[4] Jaelani et al (geplant 2024): Bridge Load Testing Vahrendorfer Stadtweg.

[5] Wittenberg et al (geplant 2024): Bridging the Gap: A dataset for the Eisern Viaduct before and during Deconstruction.

Anfrage Messdaten

Auf Anfrage wird externen Forschungsgruppen der Zugang zu den Messdaten auf der Datenplattform in Übereinstimmung mit den Freigabebedingungen der Infrastrukturbetreiber eingerichtet.

Danksagung

Die Autoren bedanken sich für die Förderung bei dtec.bw – Zentrum für Digitalisierungs- und Technologieforschung der Bundeswehr. dtec.bw wird von der Europäischen Union – NextGenerationEU finanziert.

Innovatives Betonmonitoring im Praxiseinsatz

Einblicke in die Nutzung kabelloser und batterieloser Korrosions- und Feuchtesensoren zur Überwachung von Betonbauwerken

Christian Steffes, M. Sc.
Infrasolute GmbH, Boppard

Zusammenfassung
Passive Sensortechnologien stellen eine Lösung zur Überwachung von Betonbauwerken dar. Die Technologie nutzt fortschrittliche Methoden, um kritische Parameter wie Feuchtigkeit, Korrosion und Temperatur im Beton zu messen. Durch den Einsatz von RFID-Technologie arbeiten die Sensoren kabellos und wartungsfrei. Mit einer Lebensdauer von über 80 Jahren ermöglichen passive Sensoren eine umfassende und effiziente Bauwerksüberwachung. Erfahren Sie mehr über die Einbauverfahren, die Vorteile der cloudbasierten Datenplattform und wie diese Technologie zur Sicherheit, Langlebigkeit und dem Erhalt der Infrastruktur beiträgt.

Abb. 1: Hochstraße Oberwerth, B327, in Koblenz

1. Einführung

1.1 Die Bedeutung präventiver Überwachung von Betonbauwerken

In der modernen Bauwerksüberwachung spielt die Früherkennung von Schäden eine zentrale Rolle. Betonbauwerke wie Brücken sind täglich extremen Belastungen und Umwelteinflüssen ausgesetzt. Eine präventive Überwachung hilft, potenzielle Schäden frühzeitig zu identifizieren und entsprechende Maßnahmen einzuleiten, bevor es zu kostenintensiven Reparaturen kommt. In diesem Kontext bietet die passive Sensortechnologie CorroDec2G von Infrasolute innovative Lösungen. Seit 2018 werden diese Sensoren in verschiedenen Stahlbetonbauwerken eingesetzt und haben sich als zuverlässiges Frühwarnsystem für Feuchtigkeit, Korrosions- und Temperaturüberwachung im Beton etabliert. In dem vorliegenden Artikel soll anhand von zwei Praxisbeispielen erläutert werden, wie die Sensortechnologie von Infrasolute funktioniert, wie der Einbau abläuft und welche Daten erfasst werden.

1.2 Ursachen für Brückenschäden und Bedeutung der Feuchtigkeitsüberwachung

Unter den Ursachen der dauerhaftigkeitsrelevanten Brückenschäden stellt die Durchfeuchtung die häufigste Ursache dar, die bei älteren Brücken zu korrosionsbedingten Schäden an Spannstählen führt (ZILCH and WEIHER, 2007). Daher sind sowohl die Bestimmung der Feuchtigkeitsmenge als auch des Feuchtigkeitszustands von großer Bedeutung, um einerseits die langfristige Funktionsfähigkeit von Bauwerken zu kontrollieren und andererseits die Richtung des Feuchtigkeitsflusses zu quantifizieren. Dies ermöglicht, rechtzeitige und wirksame Entscheidungen über erforderliche Instandhaltungsmaßnahmen zu treffen.

Die Feuchtigkeit kann direkt oder indirekt gemessen werden. Direkte Feuchtemessverfahren beruhen meist auf der Abtrennung der Wassermenge aus dem Material und deren direkter Ermittlung (Mouhasseb, 2007). Dieses Konzept ermöglicht eine sehr genaue Bestimmung, allerdings handelt es sich dabei um zerstörende Methoden, weswegen sie bei Brücken nur begrenzt einsetzbar sind (Hindersmann, 2021).

Andererseits kann der Feuchtigkeitsgehalt durch Messung einiger Stoffeigenschaften des Wassers, die in einem entsprechenden funktionsbezogenen Zusammenhang stehen, indirekt ermittelt werden. Durch die Messung der Leitfähigkeit des Wassers kann beispielsweise anhand bestimmter Kalibrierkurven auf den tatsächlichen Feuchtigkeitsgehalt geschlossen werden (Hindersmann, 2021). Die indirekten Methoden sind für kontinuierliche Messungen geeignet, allerdings können die Messungen durch verschiedene Parameter wie z. B. Temperatur, Dichte, Zusammensetzung des Materials und Leitfähigkeit beeinflusst werden (Mouhasseb, 2007).

2. Funktionsweise und Messprinzip

2.1 Passiver Sensorbetrieb

Die Sensoren von Infrasolute (CorroDec2G) basieren auf der indirekten Messmethode. Die CorroDec2G-Sensoren zeichnen sich durch ihre passive Betriebsweise aus. Im Gegensatz zu aktiven Sensoren benötigen sie keine Kabel oder Batterien, um Messwerte zu erfassen. Die notwendige Energie wird von außen mittels RFID-Technologie (Radio-Frequency Identification) induziert. RFID ist eine Technologie, die auch beim kontaktlosen Bezahlen mit Kreditkarten im Alltag zum Einsatz kommt. Diese Methode ermöglicht eine wartungsfreie Lebensdauer der Sensoren von mehr als 80 Jahren. Entwickelt in Zusammenarbeit mit dem Fraunhofer Institut, sind die Sensoren so konzipiert, dass sie über die gesamte Lebensdauer (80+ Jahre) eines Bauwerks hinweg vollständig im Beton eingeschlossen bleiben und Daten (Feuchtigkeit, Temperatur, Korrosion) aus dem Inneren des Bauwerks übertragen können.

2.2 RFID-Technologie

RFID ermöglicht eine kontaktlose und kabellose Datenübertragung. Bei einer Reichweite von bis zu 30 cm im Beton können die Sensoren zuverlässig ausgelesen werden. Durch eine spezielle Antennenkonstruktion lässt sich die Reichweite auf bis zu 100 m erweitern. Hierbei wird die Messeinheit im Beton installiert, bspw. in der Mitte der Fahrbahn, während die Ausleseeinheit an einer strategisch günstigen Stelle außerhalb des Verkehrsflusses platziert wird, um die Daten abzurufen, ohne den Verkehr zu beeinträchtigen. Auch bei dieser Variante verlässt keine Systemkomponente das Medium Beton, was ansonsten eine potentielle Schwachstelle für das Bauwerk darstellen könnte.

3. Einbaumethoden

3.1 Neubau und Instandsetzung

Der Einbau der Sensoren kann sowohl im Neubau als auch bei der Instandsetzung erfolgen. Im Neubau werden die Sensoren direkt mittels Rödeldrähten an der Bewehrung befestigt. Bei der Instandsetzung, wenn beispielsweise ein HDW-Abtrag (Hochdruckwasser) erfolgt ist, können die Sensoren ebenfalls an der freigelegten Bewehrung angebracht werden. So wird sichergestellt, dass die Sensoren während des Betonierprozesses nicht aufschwimmen oder ihre Position verändern.

Abb. 2: Feuchtesensor beim Einbau mittels Rödeldraht direkt an der Bewehrung

3.2 Nachträglicher Einbau

Nachträglich ist der Einbau per Kernlochbohrung möglich. Mit einem Kernlochdurchmesser von 100 mm können die Sensoren in den Beton eingefügt werden. Ein spezieller, mineralisch und offenporiger Ankoppelmörtel umgibt den Sensor mit einer dünnen Schicht, sodass nach Erreichen der Ausgleichsfeuchte der Ankoppelprozess an den Altbeton beginnen kann. Dieses Verfahren hat sich in der Praxis bewährt und ermöglicht präzise Aussagen über das umgebende Milieu, ohne das bestehende Bauwerk zu schwächen.

Abb. 3: Kernlochbohrung mit einem Durchmesser von 100 mm und Einbau des Sensors mittels Ankoppelmörtel

4. Sensoren und Datenübertragung im Detail

4.1 Korrosionssensor

Der Korrosionssensor ist an seinem roten Gehäuse und den umlaufenden vier Drahtebenen zu erkennen. Die Messmethodik basiert auf dem Prinzip der Stellvertreterkorrosion. Die um den Sensor laufenden Drahtebenen wurden so gewählt, dass sie den Eigenschaften des Betonstahls entsprechen. Bei Korrosion der Drähte erhält man Informationen über das Vorhandensein und den Fortschritt der Korrosion. Über die Tiefenstaffelung der Drähte wird ermittelt, auf welcher Höhe die Passivierungsfront verläuft und wie schnell sie in Richtung der Bewehrung voranschreitet. Dabei handelt es sich um ein redundantes System, bei dem zwei umlaufende Drähte eine Messebene bilden. Zudem misst der Korrosionssensor die Temperatur im Beton.

Abb. 4: Korrosionssensor

4.2 Feuchtesensor

Der Feuchtesensor misst die Feuchtigkeit und die Temperatur im Beton. Diese Messwerte werden in der Cloud-Plattform von Infrasolute aufbereitet und referenziert. Der Feuchtigkeitszustand im Beton ist ein entscheidender Parameter für die Korrosionsbildung. Durch die Kombination der Feuchtigkeits- und Temperaturdaten können detaillierte Aussagen über die Feuchteentwicklung im Beton getroffen werden. Eine frühzeitige Erkennung von Feuchtigkeitsschwankungen ermöglicht es, Schäden zu minimieren und die Lebensdauer der Bauwerke zu verlängern. Nach der Übertragung der Daten an die Datenplattform von Infrasolute werden die Messwerte referenziert.

Abb. 5: Feuchtesensor

Durch den Einsatz eines Korrosionssensors und eines Feuchtesensors, die in einem Abstand von ca. 15 cm zueinander platziert werden, können frühzeitig Informationen zu korrosiven Prozessen und Anomalien bereitgestellt werden. Zudem ermöglicht die Überwachung verschiedener Parameter eine genaue Beobachtung des Korrosionsprozesses im Beton.

4.3 Datenerfassung und -übertragung

Es gibt zwei Methoden, die Daten der Sensoren aus dem Beton zu ermitteln. Einerseits besteht die Möglichkeit, die Daten dauerhaft zu übertragen, sodass diese jederzeit remote abrufbar sind. Hierfür wird ein Gateway in der Nähe des Sensors installiert, das einerseits die Funktion hat, den Sensor mit Energie zu versorgen und andererseits die Daten direkt an die Cloud von Infrasolute via NB-IoT (Narrowband Internet of Things) überträgt. Das Gateway wird je nach Gegebenheit mit Feststrom, einer Langzeitbatterie oder per Solar mit Strom versorgt.

Abb. 6: Solarbetriebenes NB-IoT Gateway

Alternativ besteht die Möglichkeit mit einem Handlesegerät manuell die Auslesung vor Ort am Bauwerk durchzuführen. Der Vorgang, den Messwert eines Sensors zu erfassen, dauert wenige Sekunden und wird oftmals im Rahmen der Brückenprüfung durchgeführt. Die vom Handlesegerät erfassten Daten werden ebenfalls direkt per NB-IoT an die cloudbasierte Datenplattform übertragen. Damit sind eine Überprüfung und Visualisierung noch vor Ort am Bauwerk möglich.

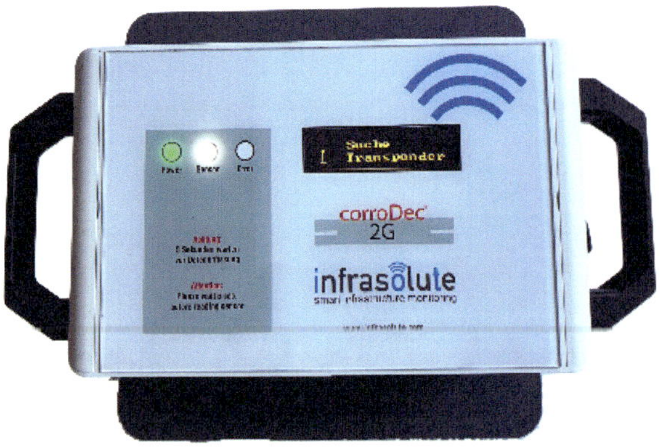

Abb. 7: IoT-Handlesegerät zur manuellen Auslesung von Sensoren

Das Gateway sowie das Handlesegerät übertragen ihre Daten nach der Sensorauslesung kabellos mittels NB-IoT an die Cloud-Plattform von Infrasolute. Diese Technologie ist für niedrige Datenübertragungsraten, geringen Stromverbrauch und hohe Gebäudedurchdringung optimiert. Die Sensordaten werden in der Cloud gespeichert, visualisiert und analysiert. Grenzwerte können definiert werden, bei deren Überschreitung automatische Alarmierungen ausgelöst werden. Die Daten können in bestehende Systeme integriert und Berichte proaktiv per E-Mail an Projektbeteiligte gesendet werden.
Die auf der Plattform generierten Daten sind benutzerfreundlich aufbereitet, sodass sie leicht verständlich sind. Diese Klarheit ermöglicht es allen Beteiligten, unabhängig von ihrem technischen Hintergrund, die Daten zu interpretieren.

5. Praxisbeispiele

5.1 Südbrücke in Koblenz

Die Südbrücke in Koblenz, erbaut zwischen 1972 und 1975, dient als wichtige Verkehrsverbindung über den Rhein und entlastet den Stadtverkehr. Mit einer täglichen Verkehrslast von etwa 45.500 Fahrzeugen, davon 3 % Schwerverkehr, ist sie Teil der kritischen Infrastruktur.

Abb. 8: Südbrücke in Koblenz

5.1.1 Sanierung und Sensoreinsatz

Seit dem Jahr 2020 wird die Südbrücke umfassend saniert. Im Rahmen dieser Maßnahmen wurden der Fahrbahnbelag, die Bauwerksabdichtung, die Schutzplanken, die Bauwerkskappen und die Entwässerungseinrichtungen erneuert. Zudem wurden alle Betonflächen instandgesetzt. Durch eine Potentialfeldmessung wurden Schadstellen lokalisiert, die als Basis für die Positionierung der Sensoren dienten.

5.1.2 Sensorinstallation

In den ersten beiden Bauabschnitten der Instandsetzung wurden insgesamt 84 Sensoren (22 Korrosions- und 62 Feuchtesensoren) installiert. Die Sensoren wurden an kritischen und repräsentativen Stellen platziert, darunter Tiefpunkte, Fahrbahnübergänge, Abdichtungen, statisch kritische Punkte, Referenzbereiche und an Korrosionshotspots, die mittels Potentialfeldmessung festgestellt und gemeinsam mit dem Planer definiert wurden. Die Sensoren wurden per Kernlochbohrungen in den Altbeton eingesetzt und die Sensoren mit einer abgesetzten Antenne ausgeführt, sodass die Ausleseeinheit im Bereich des Brückenholkastens installiert wurde. Die Datenübertragung erfolgt mittels Gateways. Die Gateways sind an die im Brückenhohlkasten existierende Stromversorgung angeschlossen und die abgesetzten Antennen von je 4 Sensoren werden von einem Gateway erfasst, das anschließend die Messwerte per NB-IoT überträgt. Diese strategische Platzierung ermöglicht eine präzise Überwachung der Sanierungsmaßnahmen und der langfristigen Zustandsentwicklung der Brücke.

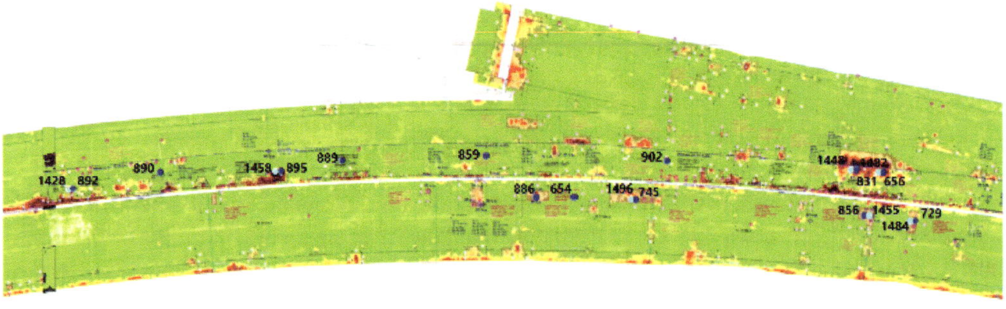

Abb. 9: Potentialfeldmessung und Positionierung der Sensoren

Abb. 10: Einbau der Sensoren mit einer abgesetzten Antenne

5.1.3 Messwerte und Analysen

Die kontinuierliche Überwachung der Brücke, seit Ende 2020, als die ersten Sensoren im ersten Bauabschnitt eingesetzt wurden, hat bisher keine korrosiven Ereignisse gezeigt. Einzige Ausnahme stellte ein Messpunkt dar, welcher drei Monate nach Einbau Korrosion an der ersten Drahtebene aufgrund einer bauablaufbedingten Schwachstelle in der Abdichtung meldete. Nach einer Nachbearbeitung der Abdichtung wurde kein weiterer Korrosionsfortschritt festgestellt. Die im betreffenden Segment eingesetzten Feuchtesensoren zeigten, dass sich die Feuchtigkeitswerte nach der Nachbearbeitung ebenfalls normalisiert haben. Die Feuchtewerte an allen anderen Sensoren haben im Verlauf der ersten 6 Monate die Ausgleichsfeuchte erreicht und im weiteren Verlauf keine Auffälligkeiten aufgezeigt.

Abb. 11: Auswertung Messergebnisse Korrosionssensor

Bei Korrosion an der ersten Ebene wird K1 nicht mehr im grünen Kreis mit einer 0, sondern im roten Kreis mit einer 1, wie in vorstehender Grafik abgebildet, dargestellt. Dies liefert die eindeutige Information, dass Korrosion an der ersten Drahtebene vorliegt. K2 zeigt den Messwert der darunterliegenden Drahtebene an. Die Werte S1 und S2 dienen der internen Systemselbstreferenzierung und gewährleisten die Korrektheit des Messergebnisses. Die Temperatur am Sensor im Beton wird unter „Temp. Sensor“ angezeigt, während die Temperatur des Gateways, das sich an der Außenseite des Betons im Brückenhohlkasten befindet, als „Temp. Gateway“ dargestellt wird.

5.1.4 Nutzen und Vorteile

Der Betreiber der Südbrücke hat durch den Einsatz der Sensortechnologie die Möglichkeit, den Erfolg der Instandsetzungsmaßnahme (kurzfristig) zu überwachen und auf langfristige Sicht Schädigungen im Inneren des Bauwerks mittels 24/7-Onlineüberwachung frühzeitig zu erkennen und proaktiv zu handeln. Die Daten sind jederzeit von überall abrufbar und ermöglichen eine effiziente Überwachung mehrerer Bauwerke gleichzeitig. Dies trägt zur Verlängerung der Nutzungsdauer, niedrigeren Instandsetzungsintervallen und langfristigen Kostenreduzierung bei.

5.2 Messkonzept Brücke in Dieblich

Die Brücke der B411 bei Dieblich dient als Autobahnzubringer und ist im Vergleich zur stark frequentierten Südbrücke weniger stark befahren. Das zweispurige Brückenbauwerk erstreckt sich über eine Länge von 92 Metern. Aufgrund erhöhter Chloridwerte im Beton wurde im Jahr 2023 eine Betoninstandsetzung mit teilweiser Erneuerung der Bewehrung durchgeführt. Dieses Projekt veranschaulicht, wie eine effiziente Feuchteüberwachung mit einem sehr geringen Budget (unter 10.000 €) implementiert werden kann.

5.2.1 Sensorposition und -installation

Im ersten Schritt wurden die kritischsten Stellen definiert. Hierbei wurde einerseits auf die im Vorfeld angefertigte Potentialfeldmessung zurückgegriffen und andererseits auf die Topologie des Bauwerks. Gemeinsam wurde die Entscheidung getroffen, dass die Feuchtesensoren im Bereich der Tiefpunkte, direkt an der Entwässerung gelegen, eingesetzt werden. Die Feuchtesensoren wurden als abgesetzte Antennen ausgeführt, sodass der Messpunkt im Bereich der Entwässerung liegt und die Ausleseeinheit an einer zentralen, verkehrsunabhängigen Position, hinter dem Schrammbord, im Bereich des Fahrbahnübergangs installiert werden konnte. Die Sensoren wurden direkt an der freigelegten Bewehrung befestigt.

Abb. 12: Installation des Feuchtesensors an der Bewehrung

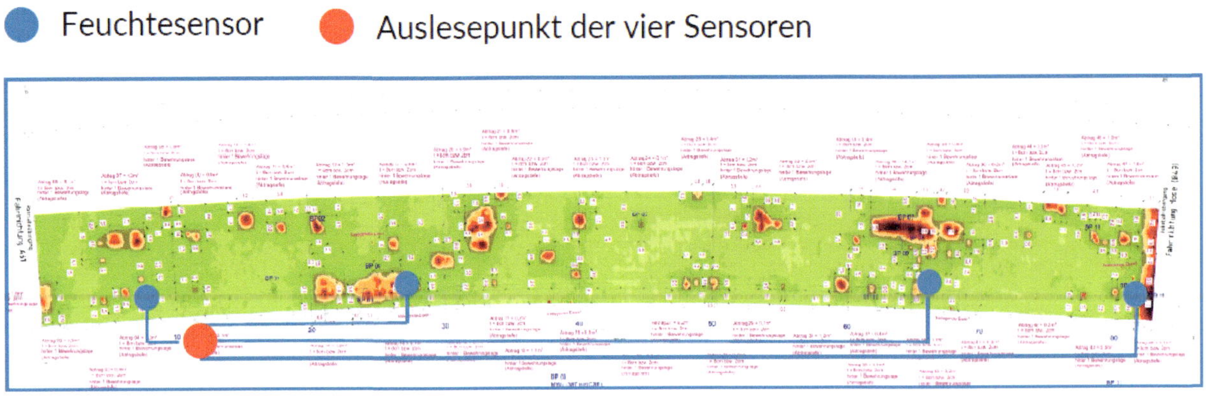

Abb. 13: Potentialfeldmessung und Positionierung der Sensoren/Auslesepunkt

Abb. 14: Installierter Sensor mit abgesetzter Antenne

5.2.2 Datenerfassung und -übertragung

Die Datenerfassung erfolgt mittels Handlesegerät. Die Auslesung dauert weniger als fünf Sekunden und kann jederzeit vor Ort an einer zentralen Position durchgeführt werden. In diesem Projekt wurde die Position am Brückenanfang hinter dem Schrammbord auf der Höhe der Brückenkappe gewählt. Über eine Einmessung und Dokumentation der Einbaupositionen auf dem Plan sowie der Vor-Ort-Markierung mittels Markierungsmarken, können die Sensoren bzw. die Auslesepunkte sehr leicht wiedergefunden werden. Die Möglichkeit, ein Gateway für eine automatische und remote Datenauslesung an dieser Position nachzurüsten, besteht ebenfalls.

Abb. 15: Markierung der Sensoreinbaupositionen hinter dem Schrammboard

5.2.3 Messwerte und Analysen

Seit der Installation zeigen die Feuchtesensoren einen kontinuierlichen Austrocknungsverlauf ohne Auffälligkeiten. Die Feuchtigkeitswerte werden in der Datenplattform visualisiert und können mit den Niederschlagsdaten der nächstgelegenen Wetterstation korreliert werden. Diese Analyse ermöglicht es, Feuchteveränderungen im Bauwerk besser zu verstehen und zu beurteilen, ob sie auf Temperaturunterschiede oder externe Faktoren wie Starkregenereignisse zurückzuführen sind.

6. Ausblick

Das Betonmonitoring mit den CorroDec2G-Sensoren von Infrasolute bietet eine zukunftsweisende Lösung für die Überwachung von Betonbauwerken. Die kabellose und batterielose Technologie, basierend auf RFID, ermöglicht eine langfristige und wartungsfreie Überwachung der Bauwerke. Die einfache Handhabung der Datenauslesung und Interpretation, die in wenigen Sekunden ohne spezielles Fachwissen durchgeführt werden kann, macht dieses System besonders benutzerfreundlich. Die klar und verständlich aufbereiteten Daten ermöglichen es, fundierte Entscheidungen zu treffen, die zur Verlängerung der Lebensdauer der Bauwerke und zur Kosteneffizienz beitragen. Insgesamt stellt das CorroDec2G-System eine kosteneffiziente und effektive Lösung dar, um die Sicherheit, die Langlebigkeit und den Erhalt von Betonbauwerken zu fördern.

Korrosionsmonitoring – Frühzeitige Erkennung von Korrosionsrisiken in Stahlbetonbauwerken zur Optimierung des Infrastrukturmanagements

Dr. Yurena Seguí Femenias
DuraMon AG, Zürich, Schweiz

Dr. Fabrizio Moro
DuraMon AG, Zürich, Schweiz

Dr. Dimitra Ioannidou
Sika Technology AG, Schweiz

Zusammenfassung
Die Aufrechterhaltung der Funktionalität und Sicherheit alternder Betoninfrastruktur stellt eine große Herausforderung dar, insbesondere in Regionen, die mit der Herausforderung alternder Betoninfrastruktur konfrontiert sind. Da finanzielle Ressourcen und Fachkräfte beschränkt verfügbar sind, gilt es, Prioritäten bei der Instandhaltung zu setzen und Instandsetzungsstrategien zu optimieren. In diesem Beitrag wird das Potenzial minimalinvasiver Instandsetzungsansätze, wie z. B. Oberflächenbehandlungen, untersucht, die erhebliche Vorteile in Bezug auf Kosten und Ressourceneffizienz bieten und gleichzeitig die Umweltbelastung verringern können. Verschiedene Instandsetzungsszenarien werden analysiert, von minimalinvasiven bis hin zu umfangreichen Ansätzen wie dem traditionellen Betonersatz, und beleuchten ihre wirtschaftlichen und ökologischen Folgen. Der Vergleich unterstreicht die Bedeutung der Einbeziehung von Monitoringlösungen zur Optimierung von Zeitpunkt und Art der Instandsetzungen. Dieser Ansatz erhöht nicht nur die Langlebigkeit des Bauwerks, sondern ermöglicht auch eine bessere Entscheidungsfindung bei der Instandhaltung der Betoninfrastruktur.

1. Die Herausforderung alternder Betoninfrastrukturen

Die Vernachlässigung der Instandhaltung der Infrastruktur wird als einer der Hauptgründe für die Einschränkung des Wirtschaftswachstums und der globalen Wettbewerbsfähigkeit genannt [1]. Industrieländer, die mit einer alternden Infrastruktur konfrontiert sind, geben bis zu 50 % ihres Infrastrukturbudgets für Instandhaltungs- und Instandsetzungsmassnahmen aus [2], Tendenz steigend.
Aufgrund begrenzter Budgets, insbesondere der öffentlichen Hand, und begrenzt verfügbarer Kapazitäten (qualifizierte Arbeitskräfte) ist es im Allgemeinen nicht möglich, die Instandsetzungsrate verschlechternder Bauwerke auf das erforderliche Niveau zu beschleunigen. Daher wird die Aufrechterhaltung des Betriebs und der Sicherheit von Betoninfrastrukturen zu einer Herausforderung, die die Sicherheit weltweit zunehmend gefährdet. Der Einsturz der Morandi-Brücke (Italien, 2018) ist eine tragische Erinnerung an die Folgen vernachlässigter Instandhaltung. Politiker weltweit haben diese große gesellschaftliche Herausforderung erkannt: Beispiele, die in den Medien oft zitiert werden, zeigen, dass aktuell erhebliche Investitionen in die Erneuerung der Infrastruktur getätigt werden, um die gesellschaftlichen Auswirkungen der alternden Infrastruktur abzumildern. US-Administration Biden hat ein umfassendes Infrastrukturprogramm zur Modernisierung der amerikanischen Infrastruktur aufgelegt. Der deutsche Verkehrsminister sagte (2022): „Bis 2030 müssen 4.000 Brücken repariert oder neu gebaut werden … Wir müssen Prioritäten setzen, denn es gibt einfach nicht die Kapazität, alle Brücken gleichzeitig zu sanieren“ [3]. In der Schweiz werden sich die Instandhaltungskosten in den nächsten 30 Jahren schätzungsweise mindestens verdoppeln [4]. Auch wenn man mit mehr finanziellen Ressourcen der Alterung der Infrastruktur begegnen und mit Priorisierung der Instandhaltung dem Engpass der Kapazitäten am Markt (z. B. Fachkräfte) entgegenwirken kann, sind wir der Meinung, dass zusätzliches Potenzial darin liegt, effizienter instand zu setzen.

2. Einsatz einer Monitoring-Lösung zur Ermöglichung prädiktiver Instandhaltung

Im Zusammenhang mit der Alterung von Betoninfrastrukturen ist die Korrosion von Bewehrungsstahl bei weitem der häufigste Schädigungsprozess, der für mehr als 70 % der langfristigen Verschlechterung von Betonbauwerken verantwortlich ist [5]. Die derzeitigen Inspektionsmethoden zur Feststellung von Korrosion sind jedoch mit großen Unsicherheiten behaftet.
Der heutige Standard zur Bestimmung des Zustands von Betonbauwerken ist in erster Linie die Sichtprüfung. Werden Anzeichen von Schäden festgestellt, folgen sowohl zerstörende als auch zerstörungsfreie Prüfungen. Bei der Sichtprüfung werden jedoch häufig Schäden übersehen, insbesondere in frühen Stadien. So macht sich die Initiierung der Korrosion im Betoninnern anfänglich nicht vi-

suell bemerkbar, sondern erst Jahre bis Jahrzehnte später, wenn an der Betonoberfläche Risse und Rostspuren sichtbar werden. Zerstörende und zerstörungsfreie Prüfungen sind zeit- und kostenaufwändig und liefern meist „Momentaufnahmen" des Bauwerkszustands zu einem bestimmten Zeitpunkt und an einem bestimmten Ort, so dass Schäden nicht vorher erkannt werden können. Daher wird die Entstehung von Schäden oft „übersehen", und in vielen Fällen werden Schäden erst entdeckt, wenn sie bereits fortgeschritten sind, was zu hohen Kosten führt, d. h. größere Instandsetzungen, welche rund das Fünffache dessen kosten, was eine frühzeitige Instandhaltung gekostet hätte (Abbildung 1) [6].
Ein neuer Ansatz kann dieser Problematik entgegenwirken: die prädiktive Instandhaltung. Dieser Ansatz basiert auf der Vorhersage von Schäden, so dass die richtige Instandhaltungsstrategie im Voraus festgelegt werden kann. Idealerweise erlaubt dies, Instandhaltungsmassnahmen in einem frühen Stadium des Schadensverlaufs einzusetzen. Die prädiktive Instandhaltung erfordert zuverlässige und kontinuierliche Informationen über den Zustand des Bauwerks im Laufe der Zeit. Diese kontinuierlichen Informationen ermöglichen eine rechtzeitige Bestimmung des Schadenseintritts. Sensoren und die Überwachung des Bauwerkszustands gelten als Schlüssel zur Erlangung dieser wichtigen Informationen.

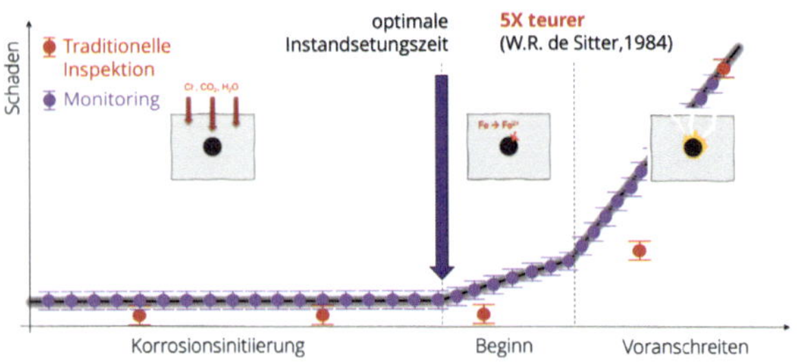

Abb. 1: Herkömmliche Inspektionsmethoden sind oft mit Unsicherheiten über den Korrosionszustand der Struktur verbunden, während kontinuierliches Monitoring eine genauere Zustandsbewertung ermöglicht.

DuraMon ist ein Schweizer Start-up, das innovative Lösungen für die Überwachung von Stahlbetonkorrosion anbietet und dabei drahtlose Sensoren und wissenschaftlich fundierte Dienste zur Datenanalyse und -interpretation kombiniert. Die Lösung von DuraMon ermöglicht die sensortechnische Überwachung aller relevanten Parameter im Zusammenhang mit Korrosion in unterschiedlichen Tiefen (z. B. von 10 bis 60 mm Tiefe): pH-Wert des Betons, Konzentration freier Chloride, elektrisches Stahlpotenzial, elektrische Impedanz des Betons, Korrosionsstrom und Temperatur. Die Messung dieser Parameter von geringen Tiefen bis zur Bewehrungstiefe ermöglicht die Überwachung des Eindringens der korrosionsauslösenden Bedingungen in den Beton und die Prognose, wann die Korrosion in der Bewehrungstiefe beginnen wird. Ausserdem gibt die umfassende Überwachung Einblick in die Ursache der Korrosionsproblematik (Chloride, Karbonatisierung, Auslaugen, tiefe Konvektionszone, Feuchteeintrag, «time of wetness» am Stahl, etc.).

Diese Frühwarnung einerseits, und der vertiefte Einblick in die Ursache des Schädigungsmechanismus andererseits, ermöglicht in Kombination die Anwendung proaktiver, sowie minimalinvasiver Instandsetzungsansätze. Solche minimalinvasiven Ansätze unterscheiden sich von der traditionellen Betoninstandsetzung, namentlich dem Entfernen und Ersetzen von beispielsweise chlorid-kontaminiertem Beton, und sind normkonform. Die Norm EN 1504-9 definiert alternative Konzepte, wie der Korrosion Einhalt geboten werden kann, beispielsweise durch eine Erhöhung des elektrischen Widerstands des Betons oder durch die Absenkung der Betonfeuchte, was in manchen Fällen mit einer Oberflächenbehandlung erreicht werden kann. Letzteres führt nicht nur zu Kosteneinsparungen, sondern hat auch Vorteile in Bezug auf die Verfügbarkeit der Infrastruktur (kürzere Sperrzeiten), Lärmimmissionen (Betonabtrag ist oft sehr lärmintensiv), und Umweltbelastung (Betonersatz und -erneuerung ist mit hohen CO_2-Emissionen verbunden). Solche innovativen, minimalinvasiven Konzepte sind im Weiteren in der «Technischen Regel – Instandhaltung von Betonbauwerken» des Deutschen Instituts für Bautechnik [7] präzisiert.
Es ist daher von entscheidender Bedeutung, Monitoringsysteme zu verwenden, um den Zeitpunkt des Korrosionsbeginns vorhersagen zu können, damit solche alternativen Instandsetzungen vermehrt eingesetzt werden können. Darüber hinaus hängt die Effizienz dieser alternativen minimalen Instandsetzungen stark von der Qualität ihrer Anwendung und ihrer Dauerhaftigkeit je nach Bauwerkstyp und Expositionsbedingungen im Laufe der Zeit ab. Die Ausführungsqualität und die Effizienz können mithilfe eines geeigneten Überwachungssystems ermittelt werden, sodass alle leistungsbezogenen Parameter (z. B. Eindringen von Chlorid und Feuchtigkeit, wie lange der Korrosionsstrom auf unerheblichem Niveau gehalten wird) überwacht werden. In der Schweiz gibt es bereits mehrere Initiativen, die mit diesem Ansatz arbeiten: mehrere Parkhäuser im Alpenraum sind mit DuraMon-Sensoren ausgestattet und wurden mittels Oberflächenbeschichtungen anstelle von großflächigem Betonersatz instandgesetzt. Darüber hinaus bauen die ETH Zürich und Sika derzeit Demonstratoren auf, um nachzuweisen, dass solche Instandhaltungsansätze sehr effizient dabei helfen können, das Korrosionsniveau niedrig zu halten.
Des Weiteren bieten Sensoren nicht nur Möglichkeiten zur frühzeitigen Schadenserkennung und Anwendung minimaler Instandsetzungsansätze, sondern auch zur Bestimmung, unter welchen Bedingungen tatsächlich Korrosion auftritt. Es ist bekannt, dass karbonatisierter Beton oder das Vorhandensein von Chloriden zu Korrosion führen kann. Es gibt hierfür jedoch keine absoluten Grenzwerte, da dies von einer Reihe von Faktoren abhängt (z. B. Expositionsbedingungen, Betonart, Wechselwirkung zwischen pH-Wert und Chlorid, Schwankungen der Betonfeuchte, usw.). Es ist zu beachten, dass, nur weil die Karbonatisierung den Stahl erreicht hat oder Chloride vorhanden sind, dies nicht bedeutet, dass Korrosion zwingend auftritt und das Bauwerk instandgesetzt werden muss. In diesem Zusammenhang können Sensoren, die den pH-Wert und die Chloridbedingungen messen, zusammen mit anderen Indikatoren

für Korrosionsaktivität (z. B. Stahlpotenzial, spezifischer Widerstand oder Korrosionsstrom) Informationen zur Identifizierung kritischer Korrosionsbedingungen liefern. Dies ermöglicht gezieltere und möglicherweise kostengünstigere Reparaturlösungen, sodass der richtige Wartungsansatz zum richtigen Zeitpunkt angewendet werden kann.

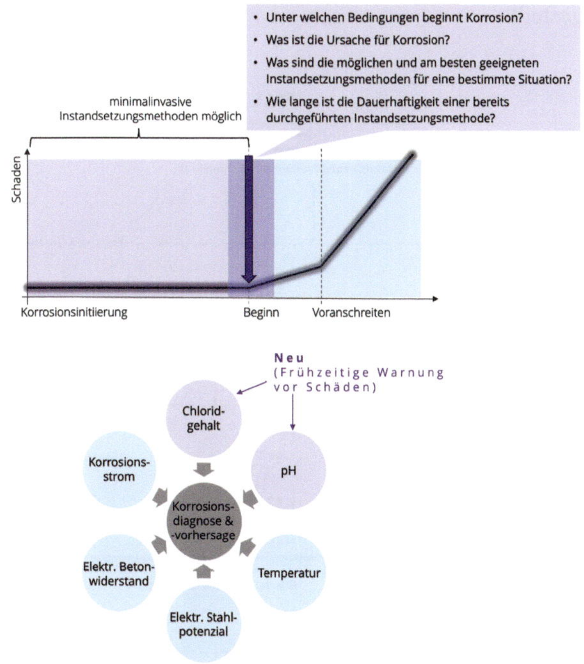

Abb. 2: Das kontinuierliche Überwachen aller korrosionsrelevanten Parameter durch die Monitoring-Lösung von DuraMon ermöglicht die Vorhersage der Korrosionsinitiierung, die Anwendung minimalinvasiver Instandsetzungsmethoden und die Beantwortung relevanter Fragen zu den Korrosionsprozessen im Bauwerk, um die geeignetsten Instandhaltungsmassnahmen zu bestimmen.

3. Diskussion der verschiedenen Instandsetzungsansätze

In diesem Artikel werden sowohl die wirtschaftlichen als auch die ökologischen Auswirkungen verschiedener Instandsetzungsansätze untersucht, von minimalinvasiven Instandsetzungen, die ausschliesslich auf dem Auftragen von Oberflächenbehandlungen basieren, bis hin zu umfangreichen Instandsetzungen, bei denen große Mengen Beton entfernt und aufgetragen werden. In den folgenden Abschnitten werden die verschiedenen betrachteten Fallbeispiele und die jeweils getroffenen Annahmen zusammengefasst. Für jeden Fall werden die Berechnung der Instandsetzungskosten und die Reduzierung der CO_2-Emissionen dargestellt.

3.1 Definition von Instandsetzungsvarianten

Die in diesem Artikel vorgestellten Berechnungen werden für vier verschiedene Instandsetzungsvarianten durchgeführt: Variante 1 basiert auf dem Aufbringen einer Oberflächenschutzsystem, die nur dann erfolgen kann, wenn sich die Korrosion noch nicht ausgebreitet hat (Norm EN 1504-9), während die Varianten 2–4 auf dem Entfernen von Beton bis zu einer bestimmten Tiefe und dem Aufbringen von neuem Frischbeton, gefolgt von der Anwendung eines Oberflächenschutzsystems, basieren. Abbildung 3 zeigt die typischen Zeitpunkte des Korrosionsprozesses, zu denen solche Instandsetzungsmassnahmen durchgeführt werden können.

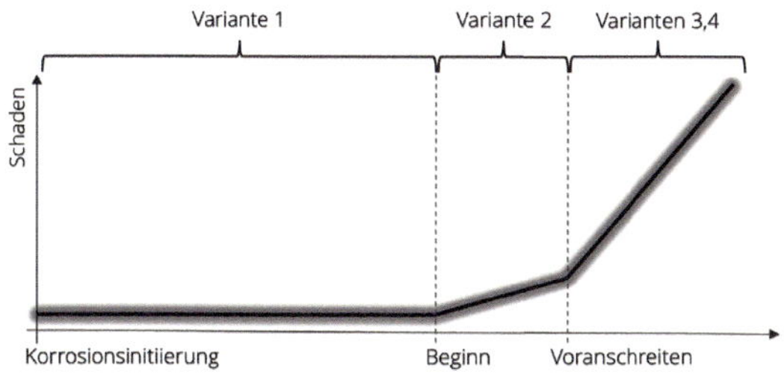

Abb. 3: Darstellung der typischen Anwendungszeit der in diesem Artikel behandelten Instandsetzungsansätze

Die verschiedenen Instandsetzungsansätze sind in Tabelle 1 zusammengefasst, zusammen mit der vom Hersteller für jedes Instandsetzungssystem garantierten Lebensdauer. Die für jede Instandsetzungsvariante berücksichtigten Produkte basieren auf kommerziellen Produkten. Bei den für Variante 4 verwendeten Produkten handelt es sich um Produkte, die auch bei herkömmlichen Instandsetzungen zum Einsatz kommen, während es sich bei den für die Varianten 1–3 verwendeten Produkten um neue und nachhaltigere Produkte (geringerer CO_2-Fußabdruck bei der Herstellung) handelt.

Tab. 1: Instandsetzungsverfahren für die Berechnung der Instandsetzungskosten und der CO_2 Emissionen, die in dieser Studie behandelt werden.

Var.	Instandsetzungsansatz
1	1. Betonuntergrund vorbereiten, Reinigung und Entfernung von maximal 1 mm Beton. 2. Grundierung 1: einkomponentiger, wasserdispergierter Haftvermittler. Verbrauch in 1 Schicht von 0,15 kg/m². 3. Oberflächenschutzsystem 1 («Antikarbonisierungsbeschichtung»): einkomponentige, elastische, rissüberbrückende, wasserdispergierte Acrylemulsionsbeschichtung. Auftragen von 2 Schichten, 0,6 kg/m² pro Schicht. Lebensdauer: 20 Jahre
2	1. Betonuntergrund vorbereiten, Reinigung und Entfernung von 40 mm Beton. 2. Reprofilierung 40 mm mit Betonreparaturmörtel 1. Verbrauch 1,9 kg/m²/mm 3. Grundierung 1: einkomponentiger, wasserdispergierter Haftvermittler. Verbrauch in 1 Schicht von 0,15 kg/m². 4. Oberflächenschutzsystem 1 («Antikarbonisierungsbeschichtung»): einkomponentige, elastische, rissüberbrückende, wasserdispergierte Acrylemulsionsbeschichtung. Auftragen von 2 Schichten, 0,6 kg/m² pro Schicht. Lebensdauer: 20 Jahre

3	1. Betonuntergrund vorbereiten, Reinigung und Entfernung von 60 mm Beton. 2. Reprofilierung 60 mm mit Betonreparaturmörtel 1. Verbrauch 1,9 kg/m²/mm 3. Grundierung 1: einkomponentiger, wasserdispergierter Haftvermittler. Verbrauch in 1 Schicht von 0,15 kg/m². 4. Oberflächenschutzsystem 1 («Antikarbonisierungsbeschichtung»): einkomponentige, elastische, rissüberbrückende, wasserdispergierte Acrylemulsionsbeschichtung. Auftragen von 2 Schichten, 0,6 kg/m² pro Schicht. Lebensdauer: 20 Jahre
4	1. Betonuntergrund vorbereiten, Reinigung und Entfernung von 60 mm Beton. 2. Reprofilierung 60 mm mit einem herkömmlichen Betonreparaturmörtel 2. Verbrauch 1,9 kg/m²/mm 3. Grundierung 2: Elastocolor verdünnt mit 15 % Wasser, Verbrauch 0,2 kg/m² 4. Oberflächenschutzsystem 2 («Antikarbonisierungsbeschichtung»): wasserbasierte Schutzbeschichtung. Auftragen von 2 Schichten im Airless-Spritzverfahren mit einem Verbrauch von 0,2 kg/m² pro Schicht. Lebensdauer: 15 Jahre

Für die Kostenberechnung und die Reduzierung der CO_2-Emissionen betrachten wir zwei Fälle (A und B). In allen Fällen gehen wir davon aus, dass zum Zeitpunkt 0 eine vollständige Instandsetzung (Tabelle 1) durchgeführt wird. Dies ist gerechtfertigt, weil wir die Auswirkungen aufeinanderfolgender Instandsetzungen über mehrere Jahre (in diesem Artikel 50 Jahre) aufzeigen wollen, wenn minimale Instandhaltungsmassnahmen wie Oberflächenschutzsysteme rechtzeitig durchgeführt werden (dank des Einsatzes von Monitoringsystemen), und das mit der Anwendung größerer Instandhaltungsmassnahmen vergleichen. Anschliessend gehen wir davon aus, dass nach Erreichen der Lebensdauer der Instandsetzung (Tabelle 1) zwei Fälle vorliegen:

- Fall A: Eine vollständige Instandsetzung wird alle 20 Jahre (Varianten 1–3) und alle 15 Jahre (Variante 4) durchgeführt; dies ist beispielsweise erforderlich, wenn die Betoninstandsetzung delaminiert. Das Monitoring ist in Instandsetzungsvariante 1 (Tabelle 1) enthalten.
- Fall B: Nur das entsprechende Oberflächschutzsystem wird alle 20 Jahre (Varianten 1–3) und alle 15 Jahre (Variante 4) ersetzt. Das Monitoring ist in allen Instandsetzungsvarianten (Tabelle 1) enthalten. Die Verwendung von Monitoring in diesem Fall ist durch die erheblichen Vorteile gerechtfertigt, die sich aus der Vermeidung zusätzlicher größerer Instandsetzungen ergeben. Monitoringlösungen können dabei helfen, den optimalen Zeitpunkt für das Erneuern des Oberflächenschutzsystems zu bestimmen, um ein Fortschreiten der Korrosion zu verhindern, das andernfalls eine Betonentfernung erforderlich machen würde.

Die oben beschriebene Situation ist in Abbildung 4 dargestellt.

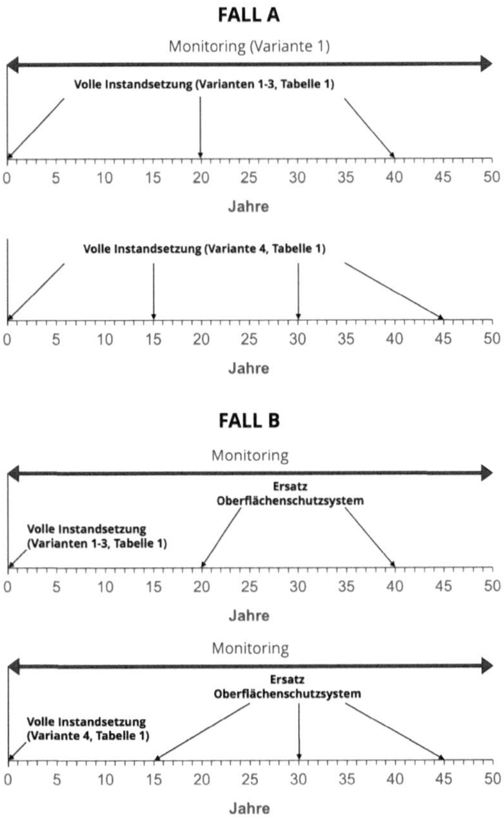

Abb. 4: Darstellung der Instandsetzungsfälle, die für die Kostenberechnung und die Berechnung der CO_2-Reduktion berücksichtigt werden.

Es wird davon ausgegangen, dass die Instandsetzungen an einer zugänglichen Brücke (Schweiz) durchgeführt werden. Die Kostenberechnungen werden für 2 verschiedene Brückengrößen durchgeführt, und die Anzahl der Sensorsysteme (und die entsprechenden Kosten für die Implementierung und dem Betrieb eines solchen Monitoringsystems) werden aus DuraMons eigener Erfahrung für eine bestimmte Brückengröße übernommen. Die wichtigsten Annahmen in dieser Hinsicht sind in Tabelle 2 dargestellt.

Es ist zu beachten, dass sich der Umfang der Instandsetzung sowie die Größe und Kosten der Monitoringsysteme in der Realität ändern werden, da dies an das jeweilige Projekt angepasst werden muss (Ausmass des Schadens, Zugänglichkeit des Bauwerks, Expositionsbedingungen usw.). Die wichtigsten Schlussfolgerungen dieses Artikels sollten jedoch bestehen bleiben.

Tab. 2 Annahmen für die Berechnung der Instandsetzungskosten unter Berücksichtigung einer Kombination aus Monitoring (System der Firma DuraMon) und den in Tabelle 1 gezeigten Instandsetzungsverfahren.

Parameter	Wert
Kleine Brücke: Brückenlänge (m)	50
Kleine Brücke: Brückenbreite (m)	15
Kleine Brücke: Anzahl der DuraMon-Sensorsysteme für das Monitoring	8
Große Brücke: Brückenlänge (m)	200
Große Brücke: Brückenbreite (m)	30
Große Brücke: Anzahl der DuraMon-Sensorsysteme für das Monitoring	20
Zeitraum (Jahre)	50

3.2 Kosten für verschiedene Instandsetzungsvarianten

Die Kostenberechnungen werden für 50 Jahre durchgeführt. Die Annahmen sind:

- Das Monitoring umfasst für die entsprechende Anzahl von Sensorsystemen (Tabelle 2) die Installationskosten (Jahr 0), gefolgt von einem Jahresabonnement (von Jahr 1 bis Jahr 50) für Analyse- und Interpretationsdienste der gesammelten Sensordaten.
- Die Instandsetzungskosten für Varianten 1–4 beinhalten die Kosten für die Reparaturprodukte (Lieferung von Mörtel, Oberflächenschutzsystem) sowie die mit deren Anwendung am Objekt verbundenen Kosten, einschliesslich der erforderlichen Ausrüstung.
- Die Kostenberechnung basiert auf den Einheitspreisen einer Schweizer Bauunternehmung, die Erfahrungen mit der Instandsetzung von Brücken ähnlicher Größe hat, wie die in diesem Artikel beschriebenen.

Diese Kosten werden für eine kleine Brücke und für eine große Brücke (Tabelle 2) in Abbildung 5 bzw. Abbildung 6 dargestellt. Die Kosten für den gesamten Zeitraum (50 Jahre) sind in Tabelle 3 angegeben.
Die Verwendung des Monitorings in Szenario 1 (Instandsetzungen = Oberflächenschutzsystem) gegenüber der Szenarien 3–4, Fall A (mehrere größere Instandsetzungen) zeigt Kosteneinsparungen von mehr als 50 % (Tabelle 3)
Es könnte notwendig sein, ein Oberflächenschutzsystem etwas früher als die vom Lieferanten angegebene Lebensdauer anzuwenden (die in der Regel die Kombination aus neuem Beton und Oberflächenschutzsystem abdeckt). Das Monitoring ermöglicht es, den genauen Zeitpunkt für den Austausch des Oberflächenschutzsystems zu bestimmen und so zu vermeiden, dass der darunter liegende Beton ebenfalls weiter kontaminiert wird. In einigen Fällen kann das Oberflächenschutzsystem sogar zu einem späteren Zeitpunkt nach Ablauf der vom Lieferanten angegebenen Lebensdauer, aufgebracht werden, wenn das Monitoring zeigt, dass es immer noch wirksam ist, um das Korrosionsrisiko gering zu halten. Dieses Mass an Präzision bei den Instandsetzungsstrategien kann nur durch ein Monitoring in-situ erreicht werden, da dies in hohem Masse von der Qualität der Ausführung beim Applizieren des Oberflächenschutzsystems und von den Expositionsbedingungen (Witterungsverhältnisse, bauliche Nutzung) im Laufe der Zeit abhängt, was die entscheidende Bedeutung der Überwachung weiter unterstreicht.
Das Monitoring erleichtert die Reduzierung großer Instandsetzungsinvestitionen zu einem bestimmten Zeitpunkt und ermöglicht es den Eigentümern, die Instandsetzungskosten über einen längeren Zeitraum zu verteilen und zu optimieren. So können beispielsweise Oberflächenschutzsysteme früher oder später als ursprünglich geplant aufgebracht werden, erfordern aber deutlich geringere Investitionen. Durch diese Flexibilität wird Liquidität für andere dringende Bedürfnisse freigesetzt.
In diesem Artikel werden zwar die Vorteile von Oberflächenschutzsystemen als minimalinvasive Instandsetzungsmethode im Vergleich zu großflächigen Instandsetzungen hervorgehoben, aber das Monitoring kann auch die Notwendigkeit umfangreicher Instandsetzungen beurteilen. Wenn beispielsweise nicht genügend kontaminierter Beton entfernt wird, können aggressive Stoffe wie Chloride von der Rückseite (wo sich der alte kontaminierte Beton befindet) in den neu reparierten Mörtel eindringen, was zu weiteren unnötigen Instandsetzungen führt, weil keine genauen Daten über den Zustand des Bauwerks vorliegen. Wird jedoch unnötigerweise zu viel Beton entfernt, führt dies ebenfalls zu unnötigen Instandsetzungskosten. Das Monitoring schliesst diese Lücke, indem sie wichtige Daten über den Zustand des Bauwerks liefert, so dass der Umfang der Instandsetzung richtig bestimmt werden kann. Dies ist von entscheidender Bedeutung, da, wie in diesem Artikel gezeigt wird, größere Instandsetzungen, einschliesslich des Ausbaus und des Aufbringens von neuem Beton, erhebliche Kosten verursachen.
Bei Produkten des Szenarios 4 kommen herkömmliche Instandsetzungen zum Einsatz (Abschnitt 3.1). Diese Produkte sind im Vergleich zu Szenarien 1–3 jedoch nicht nur weniger nachhaltig (Abschnitt 3.3), sondern auch teurer und erfordern möglicherweise häufigere Instandsetzungen. Der Einsatz von Monitoringlösungen bietet große Chancen, das Vertrauen in diese neuen Materialien zu stärken, da ihre Korrosionsbeständigkeit jederzeit gemessen werden und etwaige Materialfehler frühzeitig erkannt werden. Dies wird die Einführung dieser neuen Produkte in die Praxis beschleunigen und einen sicheren Weg in Richtung einer nachhaltigen Instandhaltung einschlagen.
Schliesslich werden in diesem Artikel Extremfälle vorgestellt: Instandsetzungen, die nur auf Oberflächenschutzsystemen beruhen, und vollständige Instandsetzungen (Entfernen von Beton, Auftragen von neuem Beton und Oberflächenschutzsystem). In der Praxis sind Zwischensituationen wahrscheinlich, je nach dem Ausgangszustand des Bauwerks. Dennoch bleiben die hier gezogenen Schlussfolgerungen gültig und zeigen, dass ein Betonausbau nicht immer notwendig ist. Wenn der Beton verunreinigt ist (z. B. durch Chloride oder Karbonatisierung), aber noch gute mechanische Eigenschaften aufweist, wäre eine Entfernung ineffizient. Durch das Aufbringen eines

Oberflächenschutzsystems kann die Korrosion verhindert werden, während die guten mechanischen Eigenschaften des vorhandenen Betons beibehalten werden können.

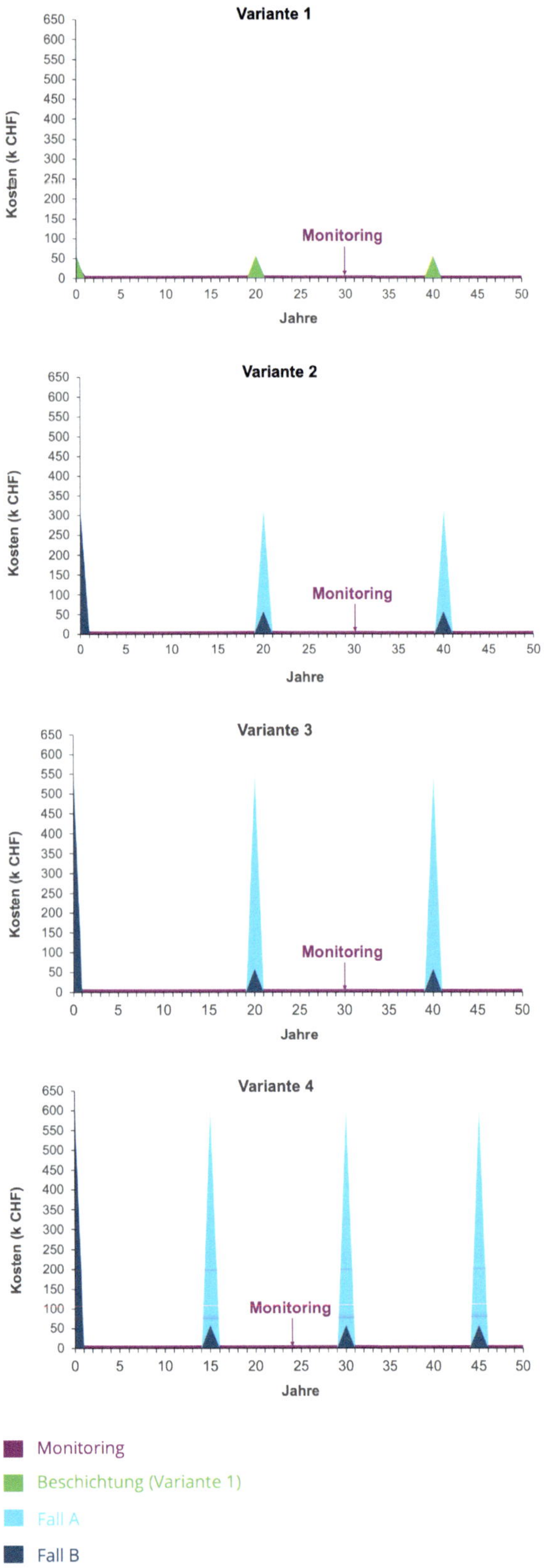

Abb. 5: Instandsetzungskosten für alle Fälle (Abschnitt 2, Abbildung 4) über 50 Jahre Zeitraum, basierend auf den in Tabelle 1 dargestellten Instandsetzungsverfahren für eine kleine Brücke, zusammen mit dem Monitoringsystem (siehe Annahmen in Tabelle 2).

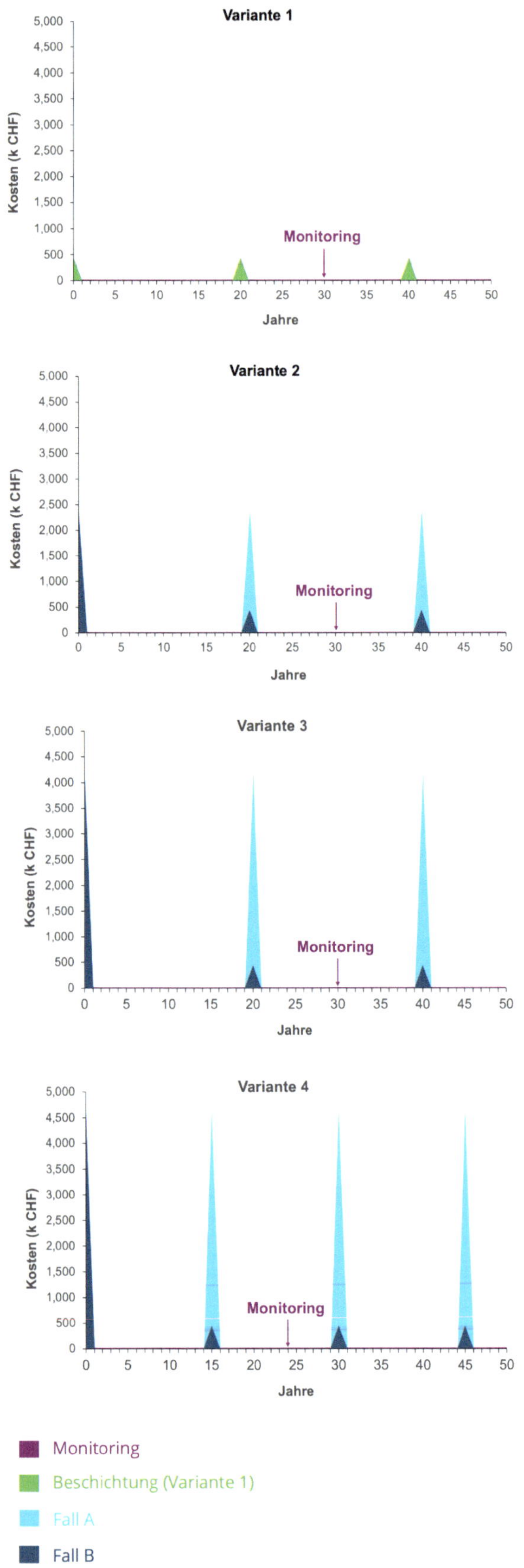

Abb. 6: Instandsetzungskosten für alle Fälle (Abschnitt 2, Abbildung 4) über 50 Jahre Zeitraum, basierend auf den in Tabelle 1 dargestellten Instandsetzungsverfahren für eine große Brücke, zusammen mit dem Monitoringsystem (siehe Annahmen in Tabelle 2).

Tab. 3: Gesamtinstandsetzungskosten nach 50 Jahren, basierend auf den in Tabelle 1 dargestellten Instandsetzungsverfahren. Vergleich Tabelle 2 für Annahmen und Abbildung 4 für die verschiedenen Fälle.

Variante	Total Kosten (k CHF)
Kleine Brücke (Variante 1)	≈ 610
Fall A, kleine Brücke: (Variante 2)	≈ 960
Fall B, kleine Brücke: (Variante 2)	≈ 870
Fall A, kleine Brücke: (Variante 3)	≈ 1'660
Fall B, kleine Brücke: (Variante 3)	≈ 1'110
Fall A, kleine Brücke: (Variante 4)	≈ 2'440
Fall B, kleine Brücke: (Variante 4)	≈ 1'220
Große Brücke (Variante 1)	≈ 2'410
Fall A, große Brücke: (Variante 2)	≈ 7'280
Fall B, große Brücke: (Variante 2)	≈ 4'390
Fall A, große Brücke: (Variante 3)	≈ 12'730
Fall B, große Brücke: (Variante 3)	≈ 6'210
Fall A, große Brücke: (Variante 4)	≈ 18'830
Fall B, große Brücke: (Variante 4)	≈ 7'130

3.3 CO_2-Emissionen für verschiedene Instandsetzungsvarianten

Die Berechnungen der CO_2-Emissionen werden für einen Zeitraum von 50 Jahren durchgeführt. Die Annahmen sind:

- Die Berechnungen berücksichtigen sowohl die verwendeten Produkte als auch die Reinigung oder Hydrodemolierung des Betons, je nach Szenario. Der Bau der Brücke ist nicht im Umfang der Studie enthalten.
- Die Ökobilanzdaten der Produkte beziehen sich nur auf die Rezeptur und schliessen Stromverbrauch und Transport aus.
- Die Grundierung ist in den ersten 3 Szenarien nicht in der Ökobilanz enthalten. Im 4. Szenario beträgt die Auswirkung der Grundierung < 0,4 % der Gesamtauswirkungen der Reparatur, daher würde die Einbeziehung der Grundierung in die ersten 3 Szenarien die Schlussfolgerungen dieser Studie nicht ändern.
- Für die Massnahmen im Zusammenhang mit dem Betonabtrag werden Hintergrunddaten aus ecoinvent v3.10, Allocation, cut-off by classification system model verwendet (Varianten 1–4 Tabelle 1). Die Daten zur Ökobilanz der in den Varianten 1–4 verwendeten Produkte (Tabelle 1) wurden von den Produktlieferanten auf der Grundlage der Methodik Sika Sustainable Portfolio Management bereitgestellt [8].

Wie in Abschnitt 3.1 erläutert, weist die in Szenario 4 betrachtete Instandsetzungsmassnahme einen größeren CO_2-Fußabdruck auf als die Instandsetzungsmassnahmen in den Szenarien 1–3 (Oberflächenschutzsystem, Mörtel). Für die in diesem Abschnitt präsentierten Ergebnisse nehmen wir Szenario 4 als Referenz und berechnen die Reduzierung der CO_2-Emissionen, die bei Anwendung der anderen Szenarien erzielt werden kann. Abbildungen 7 und 8 zeigen die Reduzierung der CO_2-Emissionen für Fall A bzw. Fall B (Abbildung 4). Abbildung 9 fasst die Reduzierung der CO_2-Emissionen bei der Umstellung von Fall A auf Fall B (Abbildung 4) zusammen.

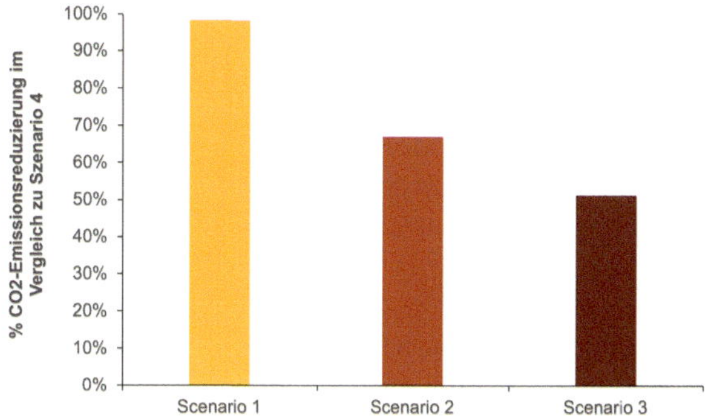

Abb. 7: Reduzierung der CO_2-Emissionen für Fall A (Abbildung 4). Referenzszenario = 4A (Tabelle 1).

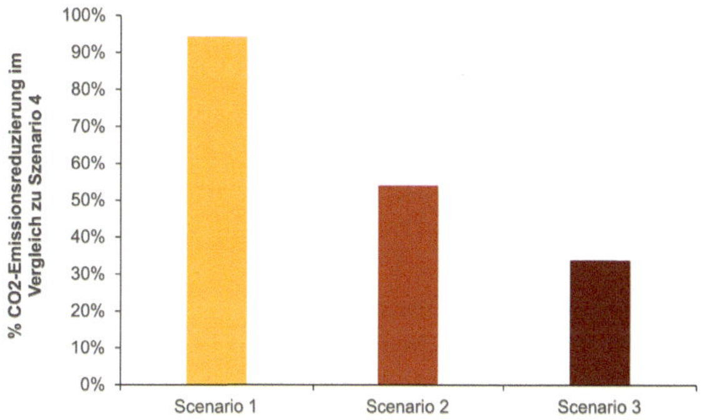

Abb. 8: Reduzierung der CO_2-Emissionen für Fall B (Abbildung 4). Referenzszenario = 4B (Tabelle 1).

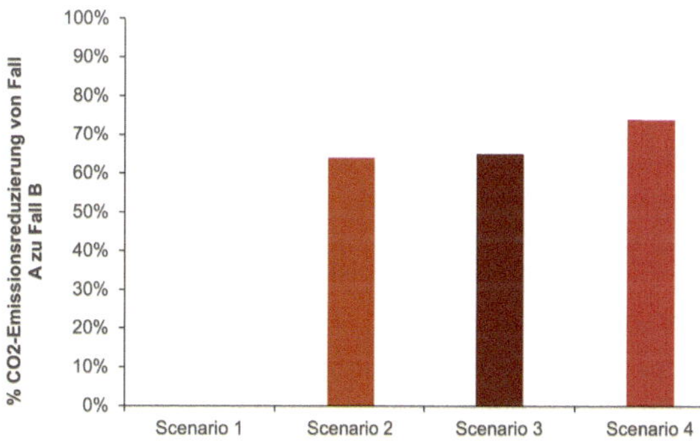

Abb. 9: Reduzierung der CO_2-Emissionen bei der Umstellung von Fall A auf Fall B (Abbildung 4).

Zusätzlich zu den in Abschnitt 3.2 aufgezeigten Kosteneinsparungen bietet die Verwendung von minimalinvasiven Instandsetzungen wie Oberflächenschutzsysteme erhebliche Möglichkeiten, die CO_2-Emissionen zu reduzieren und sich in Richtung Kohlenstoffneutralität zu bewegen. Die Abbildungen 7 und 8 zeigen, dass der Ersatz umfangreicher Instandsetzungen durch minimalinvasive

Instandsetzungen (Szenario 1, Oberflächenschutzsystem) zu einer Reduzierung der CO_2-Emissionen von bis > 90 % führt. Unter Berücksichtigung der Kosten- und Umweltaspekte ist der Einsatz von Monitoringlösungen daher von entscheidender Bedeutung. Die frühzeitige Bestimmung des Zeitpunkts des Korrosionsbeginns und das Eingreifen vor dem Fortschreiten der Korrosion sind entscheidend, damit Szenario 1 angewendet werden kann (Norm EN 1504-9). Dies kann erreicht werden, wenn der Einsatz von Monitoringsystemen bereits in der Bauphase vorgesehen wird.
Werden die Monitoringsysteme jedoch erst zu einem späteren Zeitpunkt eingesetzt, wenn das Bauwerk bereits ein gewisses Mass an Schäden aufweist und das Aufbringen von Oberflächenschutzsystemen nicht mehr möglich ist und umfangreichere Instandsetzungen erforderlich sind (Varianten 2–4, Tabelle 1), zeigt sich, dass bei Einsatz des Monitorings und anschliessenden Instandsetzungen nach der Anwendung von Oberflächenschutzsystemen (Fall B gegenüber Fall A, Abbildung 9) die CO_2-Emissionen um etwa 60 % verringert werden können.

3.4 Andere zu berücksichtigende Aspekte

Die in diesem Artikel dargestellten CO_2-Emissionen ergeben sich aus der Herstellung und der Anwendung von Materialien für die Sanierung des Bauwerks. Ein weiterer wichtiger Aspekt, der oft übersehen wird und in diesen Berechnungen nicht enthalten ist, sind die Auswirkungen der durch die Instandsetzungsarbeiten verursachten Verkehrsumleitungen. Diese Umleitungen können dazu führen, dass Autos, Busse oder Lastwagen mehrere zusätzliche Kilometer zurücklegen müssen, was zu einem erhöhten Kraftstoffverbrauch und CO_2-Ausstoss führt. Größere Instandsetzungsarbeiten ziehen längere Instandsetzungszeiten nach sich, wodurch sich die Verkehrsumleitungen weiter verlängern. Die dadurch verursachten CO_2-Emissionen sind nicht zu vernachlässigen und können beträchtliche Ausmasse annehmen [9]. Daher kann der Einsatz kosteneffizienter und nachhaltigerer Instandsetzungskonzepte, wie z. B. Oberflächenschutzsysteme, die CO_2-Emissionen erheblich reduzieren, was den neuen Netto-Null-Vereinbarungen entspricht und die ökologische Nachhaltigkeit fördert.
Ebenso wichtig ist, dass Verkehrsbehinderungen erhebliche Auswirkungen auf die Produktivität haben: längere Verkehrsunterbrechungen können zu erheblichen wirtschaftlichen Verlusten aufgrund verspäteter Waren und Dienstleistungen führen. Größere Einsparungen, nicht nur durch geringere Instandsetzungskosten, sondern auch durch die Minimierung von Produktivitätsverlusten, können daher durch minimalinvasive Instandsetzungsmassnahmen, wie z. B. Oberflächenbehandlungen, erzielt werden. Diese Massnahmen sind nur mit geeigneten Monitoringsystemen durchführbar, die eine frühzeitige Erkennung und ein schnelles Eingreifen ermöglichen und so den Bedarf an umfangreichen Instandsetzungen verringern.

4. Schlussfolgerungen und Ausblick

Dieser Artikel zeigt die Vorteile minimalinvasiver Instandsetzungsansätze, wie z. B. Oberflächenbehandlungen auf, die mit geeigneten Monitoringlösungen wirksam eingesetzt werden können. Diese Instandsetzungsansätze können nur angewandt werden, wenn die Korrosion noch nicht fortgeschritten ist. Daher ist ein Monitoringsystem, das eine frühzeitige Erkennung von Schäden ermöglicht, von entscheidender Bedeutung, sowohl für eine ordnungsgemässe Anwendung als auch für die rechtzeitige Erneuerung einer solchen Behandlung, ohne dass zusätzliche größere Instandsetzungen erforderlich sind, die eine Betonherstellung erfordern.
In dem Artikel werden sowohl die wirtschaftlichen als auch die ökologischen Vorteile verschiedener Instandsetzungsansätze vorgestellt, darunter der Einsatz von Oberflächenbehandlungen, aber auch herkömmliche Instandsetzungsmethoden, bei denen der kontaminierte Beton entfernt und neuer Beton aufgetragen wird. Insbesondere die Verwendung von Oberflächenbehandlungen in Verbindung mit Überwachungslösungen kann in den hier betrachtenden Fallbeispielen zu Kosteneinsparungen von mindestens 50 % im Vergleich zu herkömmlichen Methoden führen. Diese Zahl berücksichtigt noch nicht die indirekten Kosten, die durch Verkehrsunterbrechungen entstehen. Darüber hinaus haben diese alternativen Instandsetzungsstrategien erhebliche positive Auswirkungen auf die Umwelt, da sie zur Kohlenstoffneutralität beitragen und die Instandsetzungskosten senken.

5. Anmerkennungen

Die Autoren danken Laura López (Sika Services AG) und Timoteo Saracchi (Sika Technology AG) für die Bereitstellung der Daten, die für die Berechnung der Instandsetzungskosten relevant sind, und für die Berechnung der CO_2-Emissionen, die in diesem Artikel berichtet sind.

Literatur

[1] K. Schwab (2016), "The Global Competitiveness Report 2016–2017", World Economic Forum.
[2] Performance in service and current practice by G P Tilly and J Jacobs – Belgian Building Research Institute, 2007.
[3] V. Wissing (2022): www.welt.de/wirtschaft/article237452833/Wissing-steckt-weitere-Milliarde-in-marode-Bruecken.html
[4] Swissinfo (2018): www.swissinfo.ch/eng/society/genoa-bridge-collapse_1--of-swiss-bridges-in-critical-condition/44335866
[5] Research Report Project 38/13/21 (cc 1031), British Cement Association, UK, 1997.
[6] W.R. de Sitter (1984), CEB-RILEM Workshop on Durability of Concrete Structures, Denmark.
[7] «Technischen Regel – Instandhaltung von Betonbauwerken» (2020), Deutsches Institut für Bautechnik.
[8] Sika Sustainability Portfolio Management (SPM) Methodology: https://www.sika.com/dam/dms/corporate/media/glo-ar-2023-spm-methodology.pdf
[9] G. Habert et al. (2013), Cement & Concrete Composites 38, 1–11.

Automatisierte plan-, modell- und bauteilbasierte Fehlstellenverortung in 2D und 3D bei Brückenbauwerken

Dipl.-Ing. Stefan S. Grubinger, B. Sc., Baumeister
recordIT GmbH, Graz, Österreich

Dipl.-Ing. Sandra Hoffmann
recordIT GmbH, Graz, Österreich

Dipl.-Dipl.-Ing. Dr. techn. Matthias J. Rebhan, B. Sc., Baumeister
Technische Universität Graz, Institut für Bodenmechanik, Grundbau und Numerische Geotechnik, Graz, Österreich

Zusammenfassung
Verkehrsinfrastruktur – und hier vor allem Brücken im hochrangigen Straßen- und Schienennetz – stellt einen wesentlichen Bestandteil des öffentlichen und täglichen Lebens dar. Neben der Bedeutung für Wirtschaft und Wohlstand kommt dieser, ein erhebliches Augenmerk bezugnehmend auf die Verfügbarkeit und Sicherheit zu. Aus diesen Gründen ist ein fach- und sachgerechter sowie nachhaltig und kostenoptimierter Betrieb der Infrastruktur unerlässlich. Zufolge des Anstieges des Verkehrsaufkommens, des zunehmenden Bauwerksalters und auch durch die bereits spürbaren Auswirkungen des Klimawandels kommt es zu einer rapideren Abnahme des Erhaltungszustandes der Konstruktionen und einer Abnahme der Sicherheit und Zuverlässigkeit. Die hieraus entstehende Situation macht es unerlässlich, eine qualitativ hochwertige Inspektionsstruktur vorzuhalten, um diesen Prozessen bei vorhandenen Infrastrukturbauwerken entgegenzuwirken. Um dies zu schaffen, bedarf es oftmals einer interdisziplinaren Betrachtung der Fragestellungen in Bezug auf die erforderlichen Fach- und Sachkenntnisse. Mit dem vorliegenden Beitrag soll gezeigt werden, welche aktuellen Entwicklungen bei der digitalen Prüfung und Inspektion von Brückenbauwerken – und auch anderen Ingenieurbauwerken – zum Einsatz kommen können. Ziel hierbei ist es, durch digitale Lösungen neben einer zeitlichen und finanziellen Reduktion der Aufwände für eine Inspektionstätigkeit auch zu einem Wissenstransfer zwischen prüfenden Personen und der Einbindung neuer Technologien aufgezeigt werden.

1. Inspektion und Bauwerksprüfung

Um die Sicherheit und Zuverlässigkeit von Konstruktionen sicherzustellen, ist über die geplante Nutzungsdauer bzw. die Lebensdauer eine entsprechende Inspektion erforderlich. Prüfungen, Kontrollen und Inspektionen sind dabei ein unerlässlicher Bestandteil des Betriebes, wodurch diesen Ingenieurleistungen entsprechende Aufmerksamkeit zukommt, um die Verfügbarkeit der Konstruktionen und daraus folgend die Sicherheit für die Verkehrsteilnehmer*innen zu gewährleisten. Daraus ableitbar handelt es sich um eine herausfordernde, anspruchsvolle und mit viel Verantwortung verbundene Aufgabe. Bauwerke der Straßen- und Schienen-infrastruktur sind dabei in Österreich in den Richtlinien der Reihe RVS 13.03.xx – Überwachung, Kontrolle und Prüfung von Kunstbauten der Forschungsgesellschaft Straße – Schiene - Verkehr geregelt, wobei für Brücken im Speziellen die RVS 13.03.11 [1] anzuwenden ist. Diese stellen das österreichische Pendant zur in Deutschland geltenden Vorgaben der DIN 1076 [2] sowie die RI-EBW-PRÜF [3] dar.

Die laufende Durchführung dieser Tätigkeiten ist unerlässlich, um der Verschlechterung des Bauwerkszustandes entgegenzuwirken. Diese müssen dabei unter Anbetracht der Zunahme des Verkehrs, der Erreichung eines kritischen Bauwerksalters in Bezug auf die Erhaltung und den zunehmend stärker werdenden Auswirkungen des Klimawandels vorgenommen werden.

Abb. 1: Durchführung einer Brückenprüfung

Wie Abb. 1 erkennen lässt, sind im Zuge einer Prüftätigkeit – vor allem bei Brückenbauwerken – eine Vielzahl unterschiedlicher Randbedingungen zu beachten. Diese reichen von organisatorischen Punkten wie Straßen- oder Spursperrungen über technische Inhalte (z. B. Sonderprüfmethoden, Nutzung technischer Hilfsmittel) bis hin zu wirtschaftlichen Gesichtspunkten. Daraus folgend ist eine umfassende Planung dieser Tätigkeiten notwendig, um die Aufgabenstellung entsprechend umsetzen zu können. Zudem ist vor allem eine effiziente und straffe Umsetzung der Tätigkeiten vor Ort erforderlich, um eine Verkehrsbeeinflussung möglichst gering zu halten.

Aktuell zeigt sich, dass hier der mögliche Digitalisierungsgrad von derartigen Tätigkeiten – im Vergleich zu anderen Bereichen des Ingenieurwesens – relativ gering ist. Vor allem bei der Erfassung, Dokumentation von Schadensbildern und Berichtgenerierung – als Grundlage einer zutreffenden Beurteilung – ist hier erhebliche Potential vorhanden.

2. Aktuelle Methoden der Bauwerksprüfung

Aktuell stellt sich die Bauwerksprüfung noch sehr stark manuell und durch "Papier und Bleistift" getrieben dar. Grund hierfür sind oftmals fehlende oder nur bedingt praktikable Tools und Softwarelösungen, welche eine rasche und nachvollziehbare Erfassung von Sachverhalten im Feld ausreichend sinnvoll unterstützen und weiterführend eine Grundlage für die erforderliche Berichtslegung und die Weitergabe von Informationen bieten. Im Regelfall wird im Zuge einer Inspektion auf die „analogen" Plandaten aus vorangegangenen Prüfungen zurückgegriffen, welche durch bildliche und textliche Informationen im Zuge der Prüfung vor Ort ergänzt werden. Damit werden Schäden und Mängel erfasst, verortet und dokumentiert. Vor allem Letzteres passiert im Regelfall getrennt vom Rest– es werden Fotos und Bilder mit Kameras aufgenommen und anschließend werden Bildnummer auf Plänen, Skizzen oder Notizblöcken notiert, um eine (meist im Büro stattfindende) nachträgliche Verortung zu durchzuführen. Zudem werden wichtige Informationen wie beispielsweise die Rissbreite, die Abmessungen einer Abplatzung oder eine detaillierte Beschreibung des Schadensbildes gemeinsam mit der Bildnummer notiert, ohne diese oftmals im Feld geometrisch und objektbezogen zuzuordnen.

Abb.2: Bilder Prüftätigkeit im Feld mit Verortung auf den Plangrundlagen und Schadstellendefinition

Nach diesem Daten- und Informationsbefassungs-prozesses findet eine Zusammenstellung der erhobenen Daten statt, was im Regelfall in Form eines Berichtes umgesetzt wird. Dieser soll eine umfassende Dokumentation des Erhaltungszustandes darstellen, um darauf aufbauend eine Beurteilung des Objektes vorzunehmen und in weiterer Folge erforderliche Maßnahmen abzuleiten.

Nachfolgend – je nach Bauwerkserhalter und definierten Prozess – wird eine Einarbeitung dieser Informationen in Datenbanken und die Unterlagensammlung zum jeweiligen Bauwerk vorgenommen. Dort geführte Informationen werden auch zu einem gewissen Teil weiterverarbeitet, um beispielsweise den Erhaltungsbedarf aber auch mögliche Entwicklungen bei Streckenabschnitten bzw. einzelnen Bauwerkstypen abzuleiten und diese als Grundlage für Entscheidungen heranziehen zu können.

Der gesamte Prozess findet dabei im Regelfall in einer „semi-digitalen" Umgebung mit Medienbrüchen statt. Zwar werden Fotos mittlerweile digital aufgenommen und auch die Ablage dieser und die Weiterverarbeitung in Form eines Berichtes findet digital statt, ein durchgehender Prozess ist dies meist jedoch nicht. Vor allem, wenn Prüf- und Inspektionstätigkeiten durch externe Ingenieurbüros durchgeführt werden, kommen nur bedingt digitale und durchgängige Tools zum Einsatz, welche beispielsweise durch den Auftraggeber (Bauwerkserhalter) bereitgestellt werden müssten.

Ohne derartige Grundlagen ist eine digitale Umsetzung der Bauwerksprüfung bzw. generell einer Inspektionstätigkeit nur bedingt möglich. Vor allem, durch die einheitliche Verarbeitung der Daten, aber auch durch die Einbindung früherer Inspektionstätigkeiten könnte hier ein erhebliches Einsparungspotential ermöglicht werden. Diese wäre vor allem in Bezug auf die Prüfdauer durch die Reduktion wiederkehrender Tätigkeiten möglich und könnte zusätzlich durch eine entsprechende Weitergabe der Daten und Informationen erheblich sein. Ein hierzu denkbarer, bzw. bereits umgesetzter Workflow wird in Kapitel 3 dieses Beitrages näher beschrieben.

3. Digitale Bauwerksprüfung

In Kapitel 2 wurde versucht, den aktuellen Stand bei Bauwerksprüfung aufzuzeigen. Nachfolgend soll dieser entsprechend ergänzt werden, um eine sinnvolle Digitalisierung dieses Prozesses aufzuzeigen, und damit eine Anwendertauglichkeit und Praktikabilität sicherzustellen.

Ziel ist es, bereits bestehende, analoge bzw. „semi-digitale" Prozess zeiteffizient und digital umzusetzen. Damit soll durch die Verwendung bekannter Methoden und Vorgehensweisen, welche auf jahrlanger Erfahrung und Entwicklung des Inspektionspersonals beruhen, ein funktionierender und anerkannter Prozess lediglich, um den Bereich der Digitalisierung erweitert werden.

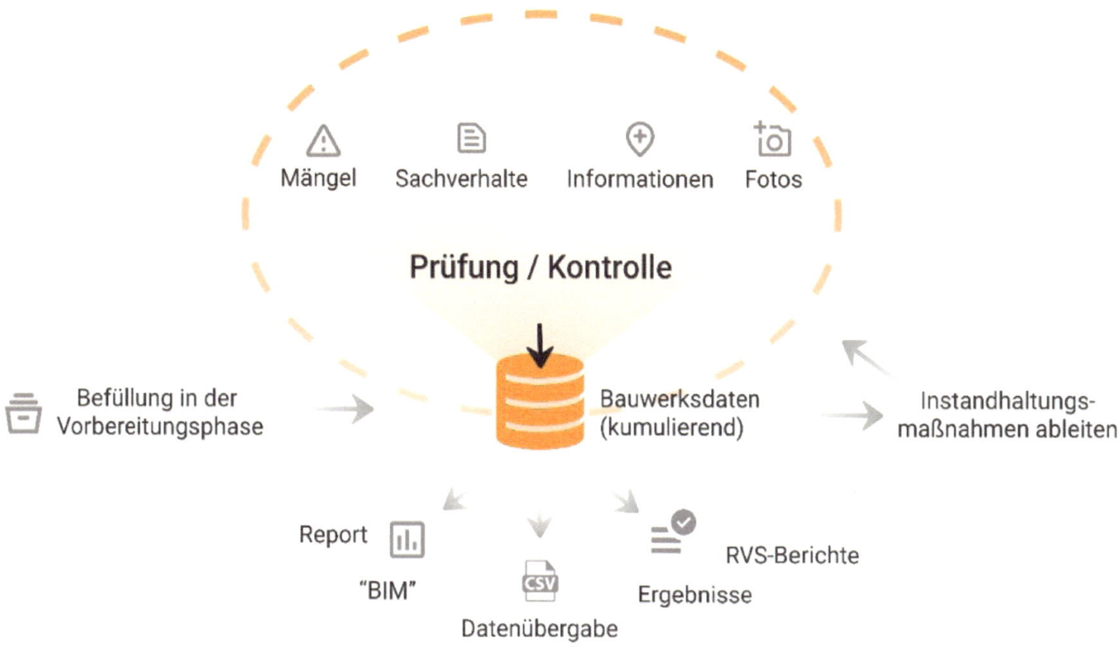

Abb. 3: Schematische Darstellung des Workflows bei einer digitalen Bauwerksprüfung [4]

Die möglichen „Bestandteile" eines derartigen Workflows sind in Abb. 3 dargestellt. Diese spannen sich um das zentrale Element einer Bauwerksdaten auf. Parallel hierzu ist ersichtlich, dass durch digitale Lösungen ein kumulierendes Generieren von Bauwerksdaten, welche als Grundlage für die Betrachtung des Lifecycles und Predictive Maintenance erforderlich sind, sichergestellt werden kann.

3.1 Vorbereitungsphase

Ident zur analogen Prüfung ist vorab eine Aufbereitung und Zusammenstellung der Unterlagen zum Prüfobjekt erforderlich. Diese Dokumente umfassen im Regelfall:

- Das Stammdatenblatt mit allen wichtigen Informationen und Kennzahlen eines Bauwerkes;
- Generelle Lagedarstellung und Position des Bauwerkes in Bezug auf die Verkehrstrasse;
- Planunterlagen und Dokumente;
- Weitere Informationen zum Bauwerk, betreffend der Zugänglichkeit und Informationen zu Messeinrichtungen
- Ergebnisse vorangegangener Inspektionstätigkeiten am Bauwerk.

Einer der größten Vorteile der Digitalisierung des Prozesses ist jedoch, dass der Vorbereitungsprozess, sofern keine Anpassungen und Änderungen am Bauwerk stattfanden, vollumfänglich lediglich einmal durchzuführen ist. Hierbei können sowohl Pläne laufend weiterverwendet werden als auch Informationen und Stammdaten auf Grund ihrer Ablage in der Bauwerksdatenbank bei periodisch wiederkehrenden Prüfungen weitergenutzt werden.

3.2 Bauwerksdatenbank

Wie bereits angeführt stellt eine Bauwerksdatenbank ein zentrales Element dar, um eine digitale Prozessabbildung bei der Bauwerksprüfung zu ermöglichen. Diese Datenbanken müssen so ausgebildet sein, dass kumulierend Daten, Informationen und Unterlagen zu Bauwerken erhoben und verarbeitet werden können. Ebenso zeigt sich, dass diese Datenbanken ohne gesonderte Schnittstellen / nur sehr gut abgestimmten Schnittstellen die zur Prüfung vor Ort, die Erstellung von Berichten und Dokumenten und auch der Ableitung von Instandhaltungs- und Instandsetzungsmaßnahmen unterstützen müssen, um eine hohe Qualität und Praktikabilität sicherzustellen.
Durch die Verwendung von Datenbanken wird der Standardisierungsgrad von Informationen automatisch gehoben, woraus eine Reduktion der Fehleranfälligkeit resultiert. Weiter kann hierbei auch eine Optimierung des Prozesses durch Vereinheitlichungen der Datengrundlagen ermöglicht werden.
Neben diesem "Datensarg", welcher durch eine Bauwerksdatenbank realisiert wird, kann vor allem in Bezug auf die Digitalisierung von Prozessen und die Nutzung und Ableitung von Informationen ein sehr dynamisches und mächtiges Tool geschaffen werden. Hierbei können sowohl das Prüfpersonal als auch der Bauwerkserhalter und dessen Experten profitieren.
Jedoch muss klar sein, dass eine lückenlose Befüllung und Weitergabe der Informationen als oberstes Ziel gelten muss. In Abb. 3 wird diese aufgrund der zentralen Positionierung und Interaktion mit der Aufnahme im Feld zur Datenbank dargestellt.

3.3 Inspektionstätigkeiten

Der Kernprozess – sowohl bei der analogen als auch bei der digitalen Durchführung einer Bauwerksprüfung ist die Inspektionstätigkeit vor Ort. Hier werden die vorhandenen Bauwerksdaten durch die Informationen, die Mängel und Schäden sowie die Änderung an bereits bekannten Schadensbildern erweitert um dies als Grundlage für die Beurteilung des Bauwerkes verwenden zu können. Wie in Abb. 4 dargestellt, kann identisch zur Erfassung der Informationen auch ein geeignetes digitales Endgerät verwendet werden.

Abb. 4: Digitaler Erfassungsprozess vor Ort

Hierbei sollte ein mehrstufiges Verfahren unterstützt werden, welches die Aufnahme von Übersichtsbildern – sowohl zum Bauwerk als auch zu Schäden und Mängeln– ermöglicht, als auch eine detaillierte Aufnahme von Einzelbereichen und schadhaften Regionen. Diese schaffen eine umfassende Datengrundlage und eine genaue Dokumentation des Erhaltungszustandes des Bauwerkes.

Zudem muss im Feld bereits die Möglichkeit gegeben werden, um Informationen zu den Schäden und Mängeln aber auch zum Bauwerk generell sehr einfach, schnell und intuitiv erfassen und abzulegen zu können. Im einfachsten Fall handelts es sich hier um eine entsprechende Annotierung der Bildinhalte, um diese entsprechend den technischen und normativen Vorgaben bezeichnen, ablegen und nachvollziehbar darstellen zu können. Zum anderen sind dies jedoch auch textliche Informationen, welche sowohl standardisiert als auch frei wählbar sein müssen, um die erforderliche Flexibilität zu ermöglichen.

Abb. 5: Verortung und Vermarkung von Informationen und Bildern auf Planunterlagen

3.4 Datenbestand aus der Inspektionstätigkeit

Neben den angeführten Stammdaten kann auch der Datenbestand vorangegangener Inspektionstätigkeiten jederzeit abgerufen und für eine Auswertungszwecke verglichen werden. Neben der Verwendung dieser Informationen in der Auswertung und Interpretation der Entwicklung des Erhaltungszustandes von Bauwerken kann hier vor allem für das Prüfpersonal ein erheblicher Mehrwert generiert werden. So müssen bereits erfasst Schäden und Mängel in einer Folgeprüfung lediglich auf ihr Veränderung hin untersucht werden, da eine „Erstaufnahme" inklusive der Verortung am Bauwerk und der Beschreibung bereits durchgeführt wurde. Das Hauptaugenmerk kann hier durch das Prüfpersonal auf die Entwicklung eines Schadens und die Entstehung neuer Schadensbilder und Mechanismen gelegt werden.

Darüber hinaus bietet eine derartige Vorgehensweise den Vorteil und Mehrwert eine Nutzung der Prüfergebnisse funktionsweise zu ermöglichen. Neben der Schaffung eines Datenpools – beispielsweise als Grundlage für die automatisierte Erkennung von Schadensbildern – kann auch eine Schadensentwicklung mit Bezug auf die Abnahme des Erhaltungszustandes abgeleitet werden. Vor allem im Hinblick auf das Erfordernis von Instandhaltungen und Instandsetzungen und die Ableitung der Restnutzungsdauer kann hieraus ein bisher nur schwierig und aufwendig umsetzbarer Prozessschritt etabliert werden, welche mit Zunahme des Bauwerksalters und Abnahme des Erhaltungszustandes sicherlich vermehrt an Interesse gewinnen wird.

3.5 Reporting & Maßnahmenableitung

Ein Herzstück – sowohl der analogen als auch der digitalen Abwicklung einer Inspektion und Bauwerksprüfung stellt das Reporting dar. In diesem werden generell die erfassten Daten und Informationen entsprechend aufbereitet, um diese dem Auftraggeber als Grundlage für darauf aufbauende Tätigkeiten (Bauwerkserhalter) zur Verfügung zu stellen zu können.

Neben einer klassischen Berichterstellung – im Regelfall basierend auf Vorgaben des Bauwerkserhalters und den technischen Regelwerken kommen hier vermehrt auch weitere technische Möglichkeiten zum Einsatz. So kann beispielsweise auch eine Datenübergabe in unterschiedlichsten Formaten und Strukturen stattfinden, um daraus folgend eine einfachere Weiterverwendung der Daten und das Importieren in Datenbanken und andere Strukturen zu ermöglichen. Weiters können auch entsprechende Schnittstellen adressiert werden, um beispielsweise Building Information Modelling Modelle mit BCF-/IFC-Standards (vgl. [5] oder IFC 4.2) zu befüllen und damit eine digitale Weiternutzung der Prüfergebnisse auch in Bauwerksmodellen zu ermöglichen.

Als abschließender Prozess und Ergebnis ist im Regelfall eine Ableitung von Maßnahmen vorzunehmen, sofern diese, basierend auf den Kontroll- und Prüfergebnissen, erforderlich sind. Hier definiert die RVS als Minimum die Festlegung des nächsten Kontroll- bzw. Prüfintervalls, generell kann diese jedoch auch Sofortmaßnahmen und kurz- bzw. mittel- und langfristig anzusetzende Maßnahmen umfassen. Diese zielen zum einen darauf ab, den aktuellen Erhaltungszustand möglichst zu konservieren und eine Abnahme zu verhindern, können jedoch auch erforderlich sein, um die Zuverlässigkeit und Verkehrstauglichkeit des Bauwerkes zu gewährleisten.

Der Workflow für die digitale Bauwerksprüfung, wie hier beschrieben und dargestellt, ist sicherlich nicht so flexibel wie jener bei einer Kontrolle und Prüfung, wie dieser aktuell zumeist noch zum Einsatz kommt. Hieraus kann jedoch generell ein großer Vorteil generiert werden. So ist eine Standardisierung, welche es vorab durch geschultes und erfahrenes Personal zu definieren gilt, eine Möglichkeit, um die Qualität dieser Tätigkeit zu erhöhen, den zeitlichen Aufwand zu reduzieren und vor allem um die Weiterverwendung/ -verarbeitung der generierten Informationen zu ermöglichen. Die Vollständigkeit der Prüfung sowie der durchgehende Datenfluss sind nur zwei Bestandteil welche die Qualität der Prüfung und die Aussagekraft heben können.

3.6 Vorteile für den Bauwerkserhalter

Die vorangegangenen Ausführungen zeigen Randbedingungen auf, welche bei einem digitalen Workflow für die Prüfung und Inspektion von Infrastrukturbauwerke vorliegen. Dort wurde bereits angeführt, dass aus einem derartigen Prozess maßgebende Vorteile und Mehrwerte aus Sicht des Bauwerkserhalters abgeleitet werden können. Diese müssen jedoch auch mit einer Reihe von Anforderungen einhergehen, um tatsächlichen einen Mehrwert ableiten zu können:

- Einheitlicher und nachvollziehbarer Prüfprozess für alle Asset-Klassen;
- Einbindung in Bauwerksdatenbanken;
- Auswertbare und vergleichbare Kontroll- und Prüfergebnisse;
- Einfache Einbindung von Kenntnissen sowie Mängeln und Schäden aus vorherigen Inspektionstätigkeiten;
- Datensammlung und automatisierte Aufbereitung von Unterlangen für zukünftig Anwendungsfälle;
- Ableitung von Maßnahmen und Empfehlungen direkt aus dem Prüfprozess;
- Einbindung interner und externer Anwender*innen der digitalen Prüflösungen.

Mit der Umsetzung der oben angeführten Anforderungen kann sichergestellt werden, dass aus Sicht des Bauwerkserhalters ein größtmöglicher Mehrwert generiert wird. Diese lassen sich wie folgt zusammenfassen:

- Vereinheitlichung des Prüfprozesses;
- Generierung eines umfassenden Datenpools und Datenbestandes zu den Bauwerken;
- Generalisierung des Datenbestandes zu Bauwerken;
- Grundlagen für ein standardisiertes Weiterverarbeiten der Informationen;
- Erhöhung des Wissensstandes über Bauwerke;
- Ableitung der Entwicklungsprozesse bei Schäden und Mängeln;
- Ableitung zutreffenderer Maßnahmen und Instandhaltungstätigkeiten bei Bauwerken.
- Kostenreduktion und Zeitreduktion durch automatisierte und standardisierte Prozesse

Neben den oben angeführten Mehrwerten kann – und muss – bei der Umsetzung eines Digitalisierungsprozesses auch von einer Optimierung ausgegangen werden. Bei einem digitalen Prüfprozess kann vor allem von einer Reduktion der Prüfzeit und Dauer ausgegangen werden, was sich direkt in Streckensperren und somit auch in den Kosten für Inspektions- und Prüftätigkeiten widerspiegelt.

3.7 Vorteile für das Prüfpersonal

Der Hauptfokus der Inspektionstätigkeit des Prüfpersonals liegt auf der umfassenden Erfassung des Erhaltungszustandes des Bauwerkes. Generell werden handnahe und visuelle Methoden eingesetzt, obwohl vermehrt alternative Methoden zum Einsatz kommen. Hierzu muss jedoch das Prüfpersonal Informationen dort zur Verfügung haben, wo diese zu diesem Zeitpunkt benötigt werden. Mit diesem Bedarf, der bei jeder Inspektionstätigkeit zu bedienen ist, und welcher als ein wesentlicher Faktor für das Gelingen einer optimierten und qualitativ hochwertigen Prüfung gilt, ergibt sich eine Grundanforderung, die durch digitale Prüflösungen auch abgedeckt werden muss.

In Kombination mit einer raschen Aufnahme und Erfassung sowie der Zuordnung von Informationen, Fotos und Sachverhalten bietet die Digitalisierung hier große Vorteile, welche zu einer deutlichen Entlastung des Prüfpersonales führt. Durch den Entfall von bisher manuell durchgeführten Prozessen wie dem nachträglichen Zuordnen von Bildern zu Fehlstellen kann der Fokus somit auf die eigentliche Prüftätigkeit gelegt werden. Zudem ist im Regelfall mit derartigen digitalen Prozessen eine Reduktion bzw. ein Wegfall möglicher Nachbearbeitungsaufgaben zu erwarten. Gemeinsam mit den angeführten Vorbereitungsarbeiten, welche in der Bauwerksdatenbank hinterlegt sind, kann hier ein enormes Zeiteinsparungspotential generiert werden.

Die im Anschluss an die Erfassung und Informationsvergabe folgenden Interpretation – in diesem Fall, die Ableitung des Erhaltungszustandes – kann zufolge der oben angeführten Vorteile ebenfalls umfassender vorgenommen werden.

So können nachträglich Sachverhalte detaillierter aufgezeigt und ausgearbeitet werden – basierend auf der Tatsache, dass die Grundlagen hierfür bereits bei der Erfassung vor Ort gelegt wurden. Ein weiterer maßgebender Vorteil der Digitalisierung ist sicherlich die Tatsache, dass eine erhöhte Anzahl an Bildern aufgenommen werden und diese mit Information versehen sind, welche umfangreichere Interpretation zulassen. Vor allem bei Bauwerken, welche schwierige Lastabtragungs-verhältnisse aufweisen, können zusätzliche Skizzen, Informationen und Bilder Rückschlüsse auf die tatsächlichen Lastableitungsmechanismen geben.
Nichtsdestotrotz muss der Erfassung vor Ort bei der Umsetzung einer digitalen Lösung zur Bauwerksprüfung das Hauptaugenmerk zukommen. Sämtliche Vorteile und Mehrwerte für die Bauwerkserhalter gehen verloren, wenn die Erfassung der Daten und Informationen nicht zielgerichtet, einfach und nachvollziehbar möglich ist. Dies kann nur durch die Akzeptanz der Softwarelösung durch das Prüfpersonal ermöglicht werden. Sind Lösungen zu komplex, erfordern diese unhandliches und nicht im Feld einsetzbares Equipment oder berücksichtigen diese nicht die Handhabbarkeit im Feld sind Softwarelösungen zum Scheitern verurteilt – und daraus folgend die nachfolgenden Prozesse.

4. Aktuelle Entwicklungen bei der Brückenprüfung

Mit den vorherigen Kapiteln wurde versucht, aufzuzeigen, wie eine Digitalisierung der Bauwerksprüfung vonstattengehen kann. Neben der reinen Nutzung von digitalen Tools zur Erfassung und Prüfung von Bauwerken können jedoch auch andere Instrumente genutzt werden, um einen Beitrag zur Digitalisierung, der Bauwerkserhaltung und Instandsetzung zu leisten.
Neben der Verwendung von 3D-Modellen und BIM bei Bestandsbauten ist hier vor allem eine nachvollziehbare sowie intuitive Datenablage erforderlich. Dies lässt sich beispielsweise durch die Anbringung von Verortungstafeln (QR-Codes) oder die Verwendung von NFC-Chips [14] als Lokalisierungs- und Verortungs-punkten ermöglichen. Erste Projekte hierzu werden bereits umgesetzt und haben gezeigt, dass damit zum einen die Ablage durch automatisierte Verortung und Speicherung von Daten direkt vor Ort einen großen Mehrwert und Zeiteffizienz aufzeigen. Wichtig hierbei ist jedoch, dass bereits in der Installations- bzw. Planungsphase die dauerhafte Nutzung derartiger Lösungen betrachtet und geplant wird. Da Ingenieurbauwerke und Kunstbauten eine geplante Nutzungsdauer von mehr als 80 Jahren aufweisen, kommt diesem Aspekt sicherlich große Beachtung zu – um die angeführten Problemstellungen zu fehlenden oder lückenhaften Bestandsunterlagen zukünftig zu unterbinden. Darüber hinaus werden Fehlerquellen, welche beispielsweise, durch Verwechslungen von Bilddokumentationen oder nicht aufgezeichneter Informationen ausgeschaltet und die Qualität kann maßgeblich gehoben werden.
Der hier beschriebene Workflow zu einer digitalen Bauwerksprüfung basiert auf dem aktuellen Stand der Technik, welcher von einer analogen Umsetzung ausgeht, und hat diesen lediglich durch den Einsatz digitaler Tools und Lösungen ergänzt und unterstützt werden. Generell wird ein zweidimensionales Problem in Form von Plänen und Bildern betrachtet, welches jedoch durch die Erweiterung um eine zusätzliche Dimension erheblich einfacher, nachvollziehbarer wird. Damit kann neben der Schaffung eines digitalen Zwillings vor allem die Unwegbarkeit bereinigt werden, dass Plandaten nicht immer dem errichteten Ist-Zustand umfassen. Zusätzlich wird ebenso eine Grundlage für bauliche Maßnahmen, wie Sanierungen, Instand-setzungen und eventuelle Bauwerksveränderungen im Zuge der Bauwerksprüfung erstellt und kann hierfür als Datenbestand eingebunden werden – Nutzung von digitalen Zwillingen über die gesamte Lebensdauer und für alle am Bauwerk erforderlichen Maßnahmen.
Der Vorteil von derartigen dreidimensionalen Modellen ist, dass diese im Regelfall den Ist-Zustand/ as-build Modell, bezugnehmend auf die augenscheinlich ersichtlichen Überprüfungsbereiche darstellen. Zudem können hier auch einheitliche Verortungen von Schadensbildern und Mängeln vorgenommen werden, was zu einer durchgehenden Datenbasis unabhängig des Prüfpersonals führt und in weiterer Folge auch die Schadensentwicklung auswertbar machen kann.
Hierzu empfiehlt sich es sich jedoch oftmals die Modelle, entsprechend dem Verwendungszweck, zu vereinfachen, um diese auch flüssig und elegant im Zuge der vor Ort Arbeit nutzen zu können. Ein Beispiel hierzu ist in nachfolgender Abb. 6 dargestellt. Das obere Modell stellt eine mit BIM geplante neu zu errichtende Ankerwand dar. Dieses Modell beinhaltet neben den Bauteilen auch das Gelände sowie beispielsweise auch die im Zuge einer Prüfung und Inspektion nicht einsehbaren Bereiche von Ankersystemen. Daraus folgend ist dieses Modell entsprechend groß und kann nur bedingt in online-viewern und digitalen Endgeräten, wie Handy und Tablet, verwendet werden.

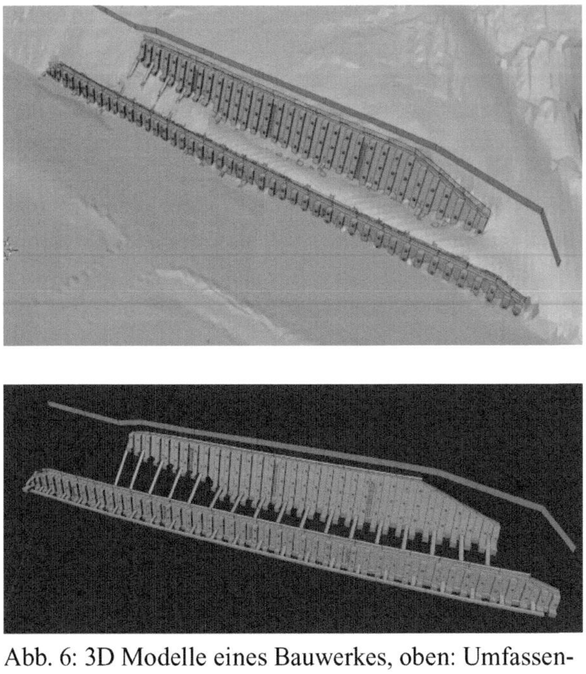

Abb. 6: 3D Modelle eines Bauwerkes, oben: Umfassendes BIM-Modell mit Gelände, unten, reduziertes 3D Modell zur Bauwerksprüfung [6]

Wird dieses Modell jedoch, wie in Abb. 6 dargestellt, auf das Wesentlich reduziert, so verringert sich die Größe auf einige MB – was die Nutzung und Anwendung auf allen Endgeräten ermöglicht. Aktuell Entwicklungen in diesem Bereich ermöglichen es zudem, eine einfachere Verortung von Schadensbildern und Schadstellen zu Folge der Nutzung eines dreidimensionalen Modelles vorzunehmen. Neben der Nutzung von Künstlicher Intelligenz zur Schadstellenerkennung kann auch die Verortung des Endgerätes im Raum und die daraus folgende Verortung des Bildes am Objekt genutzt werden um Fotos nicht mehr manuell auf Plänen verorten zu müssen. Ansätze hierzu zeigen, dass damit in der Nachvollziehbarkeit ein erheblicher Vorteil gegeben ist.

Weiters kann auch eine Detaillierung des dreidimensionalen Modells – in Bezug auf die Inspektionstätigkeit – als Mehrwert gesehen werden. Das Beispiel in Abb. 7 oben zeigt eine reale Brücke, welche modelliert wurde. Bei der Modellierung, wie in Abb. 7 unten dargestellt, wurde dabei auf die unterschiedlichen Bauteile der Brücke geachtet. So wurden Bauteile identifiziert und getrennt dargestellt. So kann beispielsweise auf signifikante Schadensbilder und deren Entwicklung bei den jeweiligen Bauteilen über unterschiedliche Bauwerke hinweg standardisiert und auswertbar ein Rückschluss gezogen werden.

Abb. 7: Digitale Modellnutzung, oben: reales Brückentragwerk; unten: Modell geclustert nach Bauteilen

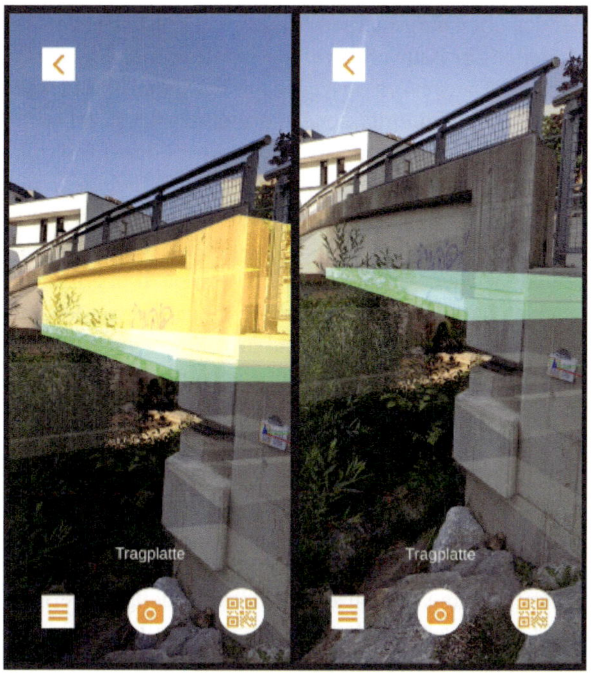

Abb. 8: Digitale Modellnutzung, Ansicht bei der vor Ort Anwendung zur Prüfung einer Brücke

Hierbei können Überlagerungen von Bauwerk im Hintergrund mit dem 3D Modell, welches eine Auswahl einzelner standardisiert definierter Bauteile ermöglicht um diese um Informationen und Bilder zu ergänzen, einen erheblichen Vorteil. Erfasste Fehlstellen und Informationen werden automatisiert am Bildschirm dargestellt werden. Derartige Modelle, wie in Abb. 8 dargestellt, ermöglichen es, Bilder bzw. erfasste Informationen direkt den jeweiligen Bauteilen zuzuordnen. Dies kann einerseits durch die Einbindung von Augmented Reality vorgenommen werden, oder auch durch simple Auswahl der jeweiligen Bauteile im Zuge der Prüfung.

Abb. 9: Überlagerung von Realität und Modell im Zuge der Bauwerksprüfung für eine bessere Verortung von Informationen

Neben einer einfacheren Verortung von Schadstellen, wie in Abb. 9 schematisch an der Entwässerung einer Brücke gezeigt, kann hieraus folgend auch eine Clusterung der Schäden – auf Bauteilebene – vorgenommen werden. In Hinblick auf mögliche Schadensentwicklungen (z. B. Rissentwicklung Tragplatte, Tausalzeinwirkung Widerlager, …) kann dies von erheblichem Mehrwert sein.

Bei den oben dargestellten Ansätzen zur Nutzung von 3D Modellen zur Bauwerksprüfung wurde immer von neu errichteten Bauwerken ausgegangen bzw. von Bauwerken, welche in einem umfassenden dreidimensionalen Datenbestand vorliegen. Auf Grund des Alters der Infrastruktur ist jedoch bei Brücken und auch anderen Ingenieurbauwerken davon auszugehen, dass eine derartig umfassende Datenlage nur bedingt vorhanden ist. Um dem zu begegnen können auch nachträglich erfasst Modell in Form von Scandaten und Punktwolken dazu verwendet werden, um 3D-Modelle zur Inspektion und Prüfung zu generieren.
Derartige Modelle können zum einen mit, wie in Abb. 10 dargestellten Mobile Mapping Systemen erfasst werden, können jedoch auch mittels Drohnen oder Mobilen Endgerät erstellt werden, um beispielsweise Bereich mit schwieriger Zugänglichkeit zu erfassen. Betrachtet man darüber hinaus die technische Entwicklung der letzten Jahre und aktuell bereits vorhandenen Möglichkeiten zur Bauwerkserfassung und anschließenden Modellgenerierung, so ist unschwer zu erkennen, dass zukünftig, auch aufgrund sinkender Kosten und Rechenleistung von mobilen Endgeräten die Nutzung von 3D Modellen für Bauwerksprüfungen Standard werden wird.

Abb. 10: Nutzung von 3D Modellen zur Bauwerksprüfung, Erfassung mit kleinen Mobile Mapping Einheiten (oben), Generiertes Modelle von Tunnel und Brücke (unten)

Ein derartiger Ansatz biete die Möglichkeit, dass neben einer umfassenden Darstellung des Bauwerkes im Zuge der Prüfung ein digitaler Zwilling generiert wird. Ebenso wird die Grundlage für eine Remote-Prüfung des Bauwerkes generiert. So kann sich beispielsweise der Bauwerkserhalter im Zuge einer Endbesprechung mit dem Prüfpersonal durch das 3D-Modell mit den darauf lagerichtig platzierten Bildern selbst ein sehr gutes Bild zum Bauwerk machen. Zum anderen kann das Prüfpersonal während der Berichterstellung diese Komponente nutzen, um eine klarere Darstellung von Schäden und Mängeln vorzunehmen.
Weiter stellt die Nutzung von Virtueller und Augmented Reality einen unumgänglichen und sinnvollen nächsten Schritt in der digitalen Bauwerksprüfung dar. Wie in Abb. 11 dargestellt können so Prüfergebnisse aus Vorprüfungen mit in die Prüfung eingebunden werden, um so neben dem Aufzeigen der bereits erfassten und dokumentierten Schäden und Mängel mit aktuellen vergleichen zu können. Vor allem beim Wissenstransfer zwischen wechselndem Prüfpersonal kann so eine laufende Informationsweitergabe sichergestellt werden. Zudem eignen sich derartige Ansätze auch, um beispielsweise eine nachträgliche Führung durch das Bauwerk und die Prüfung (vom Büro aus) zu ermöglichen und damit genauer auf einzelne Prüfbereiche und Problemstellungen einzugeben.

Abb. 11: Einbindung der VR (Virtuellen Realität), um vorhandene Prüfergebnisse darzustellen

Die obige kurze Darstellung der aktuellen Schritte und Methoden in der digitalen Bauwerksprüfung zeigt, dass hier erhebliches Potential vorhanden ist, um den Digitalisierungsgrad dieser Tätigkeit sinnstiftend zu steigern. Neben den direkten Auswirkungen in den Prüf- und Sperrzeiten kann damit aber vor allem eine nachhaltige und nachvollziehbare Dokumentation der Infrastruktur sichergestellt werden.

5. Zusammenfassung und Ausblick

Aktuell kann in Zentraleuropa beobachtet werden, dass Bauwerke aus den Zeiträumen der 1960er bis 1980er Jahre und der dort verhältnismäßig überdurchschnittlichen Bautätigkeit an die Grenzen ihrer Lebensdauer kommen.

Dies wird zudem durch ein stark gestiegenes Verkehrsaufkommen und klimawandelbedingte Einflüsse verstärkt. Daraus folgend wird neben einem entsprechenden Investitionsbedarf in der Instandhaltung und der Sanierung auch ein Mehr an Inspektionen und Prüfungen erforderlich werden, um die Sicherheit und Zuverlässigkeit der Infrastrukturbauwerke im gewohnten Ausmaß zu gewährleisten.

Um die hierfür erforderlichen Ressourcen, unabhängig ob Zeit, Verfügbarkeit oder Finanzen in ausreichendem Ausmaß und zu gegebener Zeit zur Verfügung zu stellen, bedarf es einer entsprechenden Verwaltung und Organisation sowie sicherlich neuen Strukturen. Genau hier kann Digitalisierung, wenn diese sinnvoll und unter zutun aller Beteiligten umgesetzt wird, neue Maßstäbe in Bezug auf Effizienz und Nachhaltigkeit setzen. So wird es möglich, Fehlerquellen durch strategisch sinnvolle Entscheidungen vorab auszuschließen, und dabei den Zeitbedarf für die Inspektion und eine damit einhergehende Kostenersparnis zu ermöglichen. Neben den quantitativen Vorteilen kann zudem eine qualitative Steigerung der Prüfergebnisse durch Schematisierung und Standardisierung erzielt werden.

Hieraus können Daten und Kennwerte für Langzeitbetrachtungen von Bauwerkstypen geschaffen werden und Erfahrungen weiterführend als Entscheidungsgrundlagen für geplante Sanierungen, Instandsetzungen oder auch Ersatzneubauten verwendet werden. Bei aktuellen Einsätzen an Bauwerken hat sich gezeigt, dass Berichte, Dokumentationen und Statistiken ohne eine entsprechende Datengrundlage nur bedingt sinnvoll sind. Aus diesem Grund kommt der Aufnahme von Sachverhalten und Informationen im Feld – also im Zuge der Inspektion und Prüfung vor Ort - größte Aufmerksamkeit zu. Diese sehr komplexe Aufgabe stellt Ingenieur*innen und Bauwerksprüfer*innen vor große Herausforderung, da vor allem komplexe Bauwerke mit unterschiedlichen Rahmenbedingungen wie Geologie, Tragsystem und Entwässerung sowie die Einwirkungen und Effekte auf das Bauwerk in sehr kurzer Zeit eingeschätzt und bewertet werden müssen. Weiters gilt es am Bauwerk vorhandene Schadensbilder in Hinblick auf Konsequenzen hinsichtlich der Standsicherheit, Verkehrstauglichkeit sowie Dauerhaftigkeit zu bestimmen. Hier kann, bei richtiger Umsetzung, eine Unterstützung des Prüfpersonals durch digitale Lösungen große Mehrwerte erzielen.

Im vorliegenden Beitrag wurden die oben angeführten Themenstellungen ausgeführt und betrachtet. Damit soll die gesamte Bandbreite der digitalen Bauwerksprüfung aufgezeigt werden um vorliegende Problemstellungen und Schwierigkeiten zu identifizieren. Vor allem der weite Bogen zwischen einer einfachen, raschen und intuitiven Handhabung einer Softwarelösung zur Bauwerksprüfung unter Baustellenbedingungen sowie der Nutzung dieser Daten im Büro stellt hier einen zentralen Punkt dar. Ohne Berücksichtigung derartiger Anforderungen und Einbindung des Prüfpersonals und Bauwerkserhalter wird es nur bedingt gelingen, einen nachhaltigen und kosteneffizienten Beitrag zu Bauwerksprüfung, der Sicherheit und Zuverlässigkeit der Infrastruktur und in weiterer Folge auch dem Erhaltungsaufwand erbringen zu können.

Literatur

[1] RVS 13.03.11, 2021. Überwachung, Kontrolle und Prüfung von Kunstbauten – Straßenbrücken. Richtlinien und Vorschriften für das Straßenwesen. Österreichische Forschungsgesellschaft Straße – Schiene – Verkehr (FSV). Wien.

[2] DIN 1076, 1999. Ingenieurbauwerke im Zuge von Straßen und Wegen – Überwachung und Prüfung, Deutsches Institut für Normung (DIN), Berlin.

[3] RI-EBW-PRÜF, 2017. Richtlinie zur einheitlichen Erfassung, Bewertung, Aufzeichnung und Auswertung von Ergebnissen der Bauwerksprüfungen nach DIN 1076, Bundesministerium für Verkehr und digitale Infrastruktur.

[4] Grubinger, S, Rebhan, M, Kalenjuk, S, Gruber, L, Kogelnig, A & Walcher, W 2023, Digitalisierungspotential der Prüfung geotechnischer Bauwerke mittels digitaler Zwillinge, standardisierten Prüfvorschriften und on-site-Erfassungslösungen. in R Marte & F Tschuchnigg (Hrsg.), Beiträge zum 37. Christian Veder Kolloquium: Zustandserhebung, Bewertung und Sanierung von gealterten bzw. schadhaften geotechnischen Konstruktionen. Bd. 16, 12, Technische Universität Graz, S. 179 - 198, 37. Christian Veder Kolloquium, Graz, Österreich, 13/04/23.

[5] Tanaka, Fumiki u. a. (2018). „Bridge Information Modeling based on IFC for supporting maintenance management of existing bridges." In: 17th International Conference on Computing in Civil and Building Engineering.

[6] Lackner ZT GmbH

Datenbasierte Zustandsprognose von Brückenobjekten als Grundlage für die Lebenszyklusbewertung im strategischen Erhaltungsmanagement

Dipl.-Ing. Dr. techn. Alfred Weninger-Vycudil
FH Campus Wien, Department Bauen und Gestalten, Wien, Österreich

FH-Prof. Dipl.-Ing. Dr. techn. Markus Vill
FH Campus Wien, Department Bauen und Gestalten, Wien, Österreich

Dipl.-Ing. Dr. techn. Thomas Sommerauer
FH Campus Wien, Department Bauen und Gestalten, Wien, Österreich

Jakob Quirgst, B. Sc.
FH Campus Wien, Department Bauen und Gestalten, Wien, Österreich

Zusammenfassung
Die Prognose des Objekt- bzw. Bauwerkzustands ist eine wesentliche Grundlage für eine effiziente und nachvollziehbare Lebenszyklusbewertung von Brücken im Bundes- und Landesstraßennetz in Österreich. Diese liefert die notwendigen Ergebnisse für die Festlegung von strategischen Erhaltungszielen auf Netzebene und somit die Basis für technische und budgetäre Entscheidungen. Der Beitrag gibt einen Überblick über die Möglichkeiten des Einsatzes von datenbasierten Zustandsprognosemodellen auf unterschiedlichen Bewertungs- und Entscheidungsebenen sowie deren Einsatz bei den verschiedenen Verfahren der Lebenszyklusbewertung.

1. Einleitung

1.1 Entwicklung und Zielsetzung

In Österreich wurde vor ca. 20 Jahren begonnen, die Erhaltungsmanagementsysteme der Länder um die Lebenszyklusbewertungen der Ingenieurbauwerke zu erweitern. Ein Kernelement dieser Bewertungen stellen die Zustandsbewertung und die Zustandsprognose der Brücken dar. Dabei spielen die aus den Bauwerksinspektionen gewonnen Daten, einerseits bei der Entwicklung dieser Modelle, andererseits bei der praktischen Anwendung bzw. objektbezogenen Kalibrierung eine wesentliche Rolle.
Das primäre Ziel der Zustandsprognose im Rahmen einer Lebenszyklusbewertung besteht in der Abschätzung des (optimalen) Zeitpunkts von zukünftigen Erhaltungsmaßnahmen und den damit verbundenen technischen, monetären sowie umweltrelevanten Auswirkungen. Die Art der Prognose hängt dabei einerseits von der Verfügbarkeit und der Granularität der Brückendaten ab, andererseits aber auch wesentlich von der jeweiligen Bewertungs- bzw. Entscheidungsebene (strategische Netzebene, Objektebene, Bauteilebene).

1.2 Strategisches Erhaltungsmanagement

Nachvollziehbare und objektive Ergebnisse von Lebenszyklusbewertungen sind eine wesentliche Voraussetzung für ein zukunftsorientiertes strategisches Erhaltungsmanagement.

Die zumeist knapp bemessenen Erhaltungsbudgets erfordern eine genaue und vorausschauende Planung und liefern die Grundlagen für die Prioritätenreihungen in den Bauprogrammen. Je genauer, zielgerichteter und je besser die Einwirkungen auf die Bauwerke und deren Zustand prognostiziert werden können, desto effizienter können die Finanzmittel für die Erhaltung eingesetzt werden. Durch den Einsatz von Zustandsprognosemodellen ist es aber auch möglich, die Notwendigkeit von zukünftigen Budgetmitteln, die Konsequenzen einer permanenten Unterdotierung und die Auswirkungen von neuen und innovativen Technologien darzustellen.
Aber auch die zunehmenden Forderungen von Kontrollbehörden zur Festlegung von strategischen Erhaltungszielen für Ingenieurbauwerke unterstreichen die Notwendigkeit für die Entwicklung von Prognoseverfahren und deren praktische Implementierung in Asset Management Systemen.

2. Möglichkeiten der Zustandsprognose

2.1 Allgemeines

Ist der Zustand einer Brücke zu einem bestimmten Zeitpunkt bekannt und ist darüber hinaus eine Abschätzung der zukünftigen Einwirkungen (z. B. aus Verkehrslast) möglich, kann bereits eine vereinfachte Prognose des Zustands oder zumindest möglicher Zeitpunkte für Erhaltungsmaßnahmen abgeschätzt werden. Die Modelle sollten zumindest in der Lage sein, die Art der Verschlechterung und/oder des Versagens vorherzusagen sowie den Zeitpunkt des nächsten (wahrscheinlichsten) Eingriffs im Rahmen einer Instandhaltungsmaßnahme abzuleiten. Der Modellansatz kann komplex oder einfach sein, abhängig von der notwendigen Aussagegenauigkeit, den Zielsetzungen und den zur Verfügung stehenden Daten. Zwei grundsätzliche Ansätze zur Zustandsprognose können dabei in Betracht gezogen werden:

- Technische Nutzungsdauer: Beschreibt die Lebenserwartung vom Bau bis zum nächsten baulichen Erneuerungseingriff basierend auf bewährten Branchenpraktiken und lokalen Kenntnissen. Dies kann je nach Belastungs-, Verkehrs- oder Umgebungsbedingungen variieren. In diesem Zusammenhang wird auch häufig von Standardlebenszyklen gesprochen.

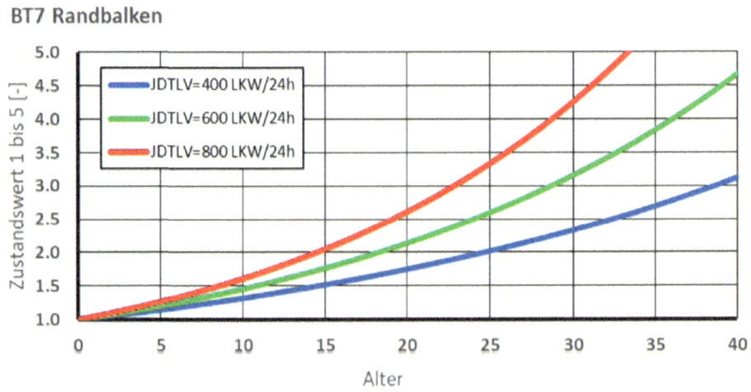

Abb. 2: Beispiel Zustandsprognosemodel Bauteil Randbalken (Kappe) nach Weninger-Vycudil (2018) [2]

Brücken – Standardintervall Brücken mit Lebensdauer ca. 80 Jahre							
Auswahlparameter (siehe Tabelle 29)		Bauweise: Beton, Stahlbeton, Spannbeton; Tragwerke mit 1 Feld Erhaltungsintervall Ausrüstung 1: Standardintervall ca. 19 Jahre					
Standardisierter Lebenszyklus (Zustandsbewertung 1 bis 5 bzw. 0 bis 5)		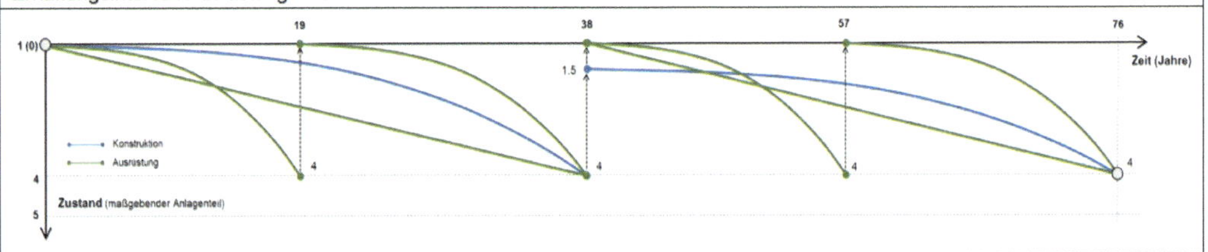					
Intervalle	V_{A1}		19 Jahre	19 Jahre	19 Jahre	19 Jahre	
	SV_{A1}		±2 Jahre	±2 Jahre	±2 Jahre		±2 Jahre
	V_{A2}		35 Jahre		33 Jahre		
	SV_2			±4 Jahre			±4 Jahre
	V_K		35 Jahre		33 Jahre		
	SV_K			±4 Jahre			±4 Jahre
Prognosemodell Z_{A1} 1)			$Z_{A,t}$=1,0+0,00831*t²	$Z_{A,t}$=1,0+0,00831*t²	$Z_{A,t}$=1,0+0,00831*t²	$Z_{A,t}$=1,0+0,0831*t²	
Prognosemodell Z_{A2} 1)			$Z_{A,t}$=1,0+0,07895*t		$Z_{A,t}$=1,0+0,07895*t		
Prognosemodell Z_K 1)			$Z_{K,t}$=1,0+0,002078*t²		$Z_{K,t}$=1,0+0,001731*t²		
Erhaltungsmaßnahme			1. Instandsetzung (Anlagenteile Ausrüstung 1)	2. Instandsetzung (alle Anlagenteile Konstruktiv und Ausrüstung 1+2)	3. Instandsetzung (Anlagenteile Ausrüstung 1)		

1) Modell bezieht sich auf eine Bewertungsskala des Zustandes von 1 bis 5
Ausrüstung 1: FÜK, sonst. Ausrüstung (Schnee-/Spritzschutz, Abwurfsicherung, Leitungen, VZ, etc.), Fahrbahnbelag, Korrosionsschutz
Ausrüstung 2: Randbalken, Abdichtung/Entwässerung, Lager, Geländer, FRS, Beleuchtungen
Konstruktion: Überbau, Unterbau

Abb. 1: Beispiel Standardlebenszyklen Brücken nach TAniA (2021) [1]

- Zustandsprognosemodelle: Verhaltensfunktionen eines Objekts oder einer Anlage können aus einer Vielzahl von Quellen bestimmt werden, einschließlich historischer Daten, lokaler Kenntnisse und/oder durch Anwendung bekannter Modelle, die für das jeweilige Objekt bzw. die Anlage geeignet sind. Sie erfordern in der Regel eine umfangreiche Datenmenge und eine potenzielle Kalibrierung, was eine komplexe und zeitaufwändige Tätigkeit sein kann. Verhaltensfunktionen werden in der Regel über statistische Verfahren ermittelt und können sich sowohl auf technische Kenngrößen als auch auf Indizes (Noten) beziehen.

2.2 Arten von Zustandsprognosemodellen

Die zeitliche Änderung des Zustands eines Brückenobjekts, eines Brückenbauteils oder eines Brückenunterbauteils (gem. Definition RVS 13.04.11 [3]) kann als physikalisches Phänomen interpretiert werden, wobei auch chemische und thermische Einflüsse vorhanden sind und daher die Entwicklung beeinflussen. Zustandsprognosemodelle können in Abhängigkeit von den verwendeten Modellgrundlagen in zwei unterschiedliche Kategorien gruppiert werden (Weninger-Vycudil et al., 2009 [2]):

- Mechanistische (analytische) Modelle basieren auf der theoretischen Ermittlung der Primärwirkungen unter äußeren Einwirkungen (Lasten, Temperatur, Karbonatisierung, etc.) und deren Anwendung auf Verhaltens- bzw. Stoffgesetze.
- Empirische Modelle hingegen basieren auf der Beobachtung des tatsächlichen Verhaltens des Brückenobjekts oder eines Bauteils und versuchen einen

kausalen Zusammenhang zwischen verschiedenen Einflussgrößen und der zeitlichen Veränderung des Zustands zu finden.

Aufgrund der Komplexität und der Vielzahl von notwendigen Eingangsgrößen erfolgt die direkte Anwendung von mechanistischen/analytischen Zustandsprognosemodelle in der Regel bei der Analyse spezieller Eigenschaften (z. B. Karbonatisierung) einzelner Bauteile oder Unterbauteile und bleibt somit auf Einzelbauwerke beschränkt. Dies bedeutet, dass für die Anwendung im strategischen Erhaltungsmanagement in erster Linie empirische Modelle in Frage kommen. Empirische Modelle benötigen einerseits für die Modellentwicklung und andererseits für die objektbezogene Kalibrierung Daten aus umfangreichen Zustandserfassungen oder aus Beobachtungen im Labor. Aufgrund der Tatsache, dass seit mehreren Jahrzehnten diese Daten systematisch im Rahmen von wiederkehrenden Kontrollen und Inspektionen erhoben werden (siehe hierzu RVS 13.03.11 [4]) und für die meisten Brücken auch entsprechende Zeitreihen zur Verfügung stehen, sind empirische Modelle für den Einsatz im strategischen Erhaltungsmanagement besonders geeignet.

2.3 Anwendungsebenen

Nicht jede Art der Zustandsprognose kann auf jeder Entscheidungsebene angewendet werden, wobei auch die notwendige Aussagegenauigkeit eine wesentliche Rolle spielt. Bei einer generellen Betrachtung auf Netzebene (z. B. als Grundlage für die Ableitung von strategischen Erhaltungszielen) sind die Verteilungen der Zustände oder sogar der aus einer technischen Nutzungsdauer der Brücken abgeleitete Erhaltungsbedarf ausreichend.
Ist hingegen eine Objektgenauigkeit eine wesentliche Randbedingung für die Festlegung von strategischen Erhaltungszielen, die dann ebenfalls die Grundlage für die Erstellung einer Prioritätenreihung sowie eines Bauprogramms liefert, muss die Zustandsprognose für jedes im Netz vorhandene Objekt individuell durchgeführt werden. Ob für das jeweilige Objekt eine „generelle“ Verhaltensfunktion zur Anwendung gelangt, oder eine Prognose auf Bauteilebene technisch erforderlich ist, hängt einerseits von der Verfügbarkeit der Daten, andererseits von den Anforderungen an die Aussagegenauigkeit, ab. Bei einer bauteilbezogenen Prognose sind bereits die Abhängigkeiten der einzelnen Bauteile untereinander speziell bei der Maßnahmenplanung zu berücksichtigen (z. B. Randbalken mit Abdichtung, Ausrüstung und Belag). Die nachfolgende Tabelle 1 gibt einen Überblick über die verschiedenen Anwendungsebenen und die Art der Modellierung wie sie heute am häufigsten zur Anwendung gelangt. Vor allem für das strategische Erhaltungsmanagement sind die ersten drei Ebenen von Relevanz.

Tab. 1: Anwendungsebenen und Art der Modellierung

Anwendungsebene	**Art der Modellierung**		
	Technische Nutzungsdauer (Standardlebenszyklen)	**Empirische Zustandsprognose**	**Analytische Zustandsprognose**
Netzebene ohne Objektgenauigkeit	X		
Netzebene mit Objektgenauigkeit	X	X	
Objektebene mit Bauteilgenauigkeit		X	X
Objektebene mit Unterbauteilgenauigkeit			X

Ob Zustandsprognosen an einem Einzelobjekt oder an einem Brückencluster (= Population von Brücken, die von der Bauweise sehr ähnlich sind und ein annährend identisches Verhalten aufweisen) vorgenommen werden können, hängt häufig von der Verfügbarkeit der Daten aber auch von der strategischen Fragestellung ab. Grundsätzlich können Modelle, die eigentlich für die Objektgenauigkeit geeignet sind auch auf Cluster angewendet werden, wenn die hierfür notwendigen repräsentativen Werte (z. B. Mittelwert, oder Verteilung bei probabilistischen Modellen) als Eingangsgrößen für den jeweiligen Cluster herangezogen werden.

3. Mathematische Modellierung

3.1 Grundlagen der Modellierung

Aufgrund der zuvor beschriebenen physikalischen Natur einer Zustandsveränderung ist es möglich, mittels funktionaler Zusammenhänge diese Änderung des Zustands auch mathematisch zu modellieren und diese Prozesse mit repräsentativen Kennwerten (z. B. Zustandswerte) zu beschreiben. Die maßgebende Voraussetzung für eine mathematische Modellierung von Zustandsprognosemodellen ist das Vorhandensein von Daten, die entweder direkt durch Beobachtungen vor Ort oder durch Beobachtungen unter Laborbedingungen erhoben werden. Die so empirisch erhobenen Daten können entweder direkt für die Entwicklung des Modells herangezogen werden oder dienen zur Kalibrierung bzw. Erweiterung vorhandener physikalischer Zusammenhänge (z. B. auch im Rahmen einer analytischen Modellierung).
In Abhängigkeit von der mathematischen Formulierung bzw. von der Art der Prognosefunktion können Zustandsprognosemodelle wie folgt unterschieden werden (Weninger-Vycudil et al., 2009 [5]):

- Deterministische Modelle: Diese versuchen die exakte Zustandsgröße bzw. den exakten Zustandswert (abhängige Variable) in Abhängigkeit von gewissen Einflussgrößen (unabhängige bzw. erklärende Variablen) zu jedem zukünftigen Zeitpunkt vorauszusagen. Der funktionelle Zusammenhang zwischen den abhängigen und unabhängigen Variablen wird dabei als „Verhaltensfunktion“ bezeichnet.

- Probabilistische Modelle: Diese sagen die Wahrscheinlichkeitsverteilung des zukünftigen Zustands voraus und nehmen somit auf Unsicherheiten und die Unschärfe von Daten Rücksicht. Das Ergebnis ist die Wahrscheinlichkeit eines bestimmten Zustands zu jedem zukünftigen Prognosezeitpunkt.

3.2 Deterministische Verhaltensfunktion

Die mathematische Formulierung von deterministischen Zustandsprognosemodellen erfolgt, wie bereits erwähnt, über einen funktionalen Zusammenhang zwischen einer oder mehreren zeitabhängigen erklärenden (unabhängigen) Variablen (Einflussparameter), evtl. zeitunabhängigen (konstanten) unabhängigen Variablen (Einflussparametern) und der abhängigen Variablen in Form eines Technischen Zustandsparameters (Zustandsgröße) oder eines normierten (dimensionslosen) Zustandsindizes (Zustandswert). In den meisten Fällen werden statistische Verfahren für die Modellentwicklung herangezogen, die entweder direkt aus den zur Verfügung stehenden Daten ein Modell ableiten (z. B. Regressionsanalysen) oder mit den Daten ein bestehendes (z. B. analytisches) Modell erweitern und verbessern. Das Ergebnis ist in beiden Fällen eine Verhaltensfunktion, die wiederum in unterschiedlichen mathematischen Darstellungen zur Verfügung stehen.
Die nachfolgende mathematische Darstellung definiert die grundlegende Definition einer Verhaltensfunktion für ein Zustandsmerkmal Z_i zum Zeitpunkt t:

$$Z_{i,t} = f\left(EP_{1,t}(t), \ldots, EP_{n,t}(t), EP_1, \ldots, EP_m\right)$$

$Z_{i,t}$ .... Zustandsmerkmal i zum Zeitpunkt t
$EP_{n(t)}$ .... Einflussparameter EP_n zum Zeitpunkt t als Funktion der Zeit t
EP_m ...... Einflussparater EP_m (konstante Größe)

In bestimmten Fällen wird auch der Zustand des Zustandsmerkmals Z_i zum Zeitpunkt t über eine inkrementelle (z. B. jährliche) Veränderung der Eigenschaft Z_i definiert, sodass folgende mathematische Formulierung gewählt werden kann:

$$Z_{i,t} = f\left(Z_{i,t-1}, \Delta Z_{i,t}\right)$$

$$\Delta Z_{i,t} = f\left(EP_{1,t}(t), \ldots, EP_{n,t}(t), EP_1, \ldots, EP_m\right)$$

$Z_{i,t}$ .... Zustandsmerkmal i zum Zeitpunkt t
$Z_{i,t-1}$ .... Zustandsmerkmal i zum Zeitpunkt t-1
$\Delta Z_{i,t}$......... inkrementelle Änderung des Zustandsmerkmal i zum Zeitpunkt t (im Vergleich zum Zeitpunkt t-1)
$EP_{n(t)}$ .... Einflussparameter EP_n zum Zeitpunkt t als Funktion der Zeit t
EP_m .... Einflussparater EP_m (konstante Größe)

Verschiedene zeit- und zeitunabhängige Einflussparameter beschreiben über eine mathematische Funktion den Zustand zu jedem beliebigen Zeitpunkt t. Vor allem Verkehrsbelastungen sind dabei die maßgebenden zeitabhängigen Größen, aber auch das Alter des Bauwerks oder einzelner Bauteile. Das nachfolgende Beispiel zeigt eine solche inkrementelle lineare deterministische Funktion für die Modellierung des Zustands für den Überbau von Brücken auf bestimmten Landesstraßen in Österreich nach Weninger-Vycudil (2018) [2]:

$$ZW_{k,i,t+1} = ZW_{k,i,t} + \left(\frac{DTV_{SV,k,t+1} - \overline{DTV_{SV}}}{20000}\right) + \\ + \frac{a+b}{N_i} + \frac{Alter_k}{N_i^c}$$

$ZW_{k,i,t+1}$ ...Zustandswert des Bauteils i des Objekts k zum Zeitpunkt t+1
$ZW_{k,i,t}$ ......Zustandswert des Bauteils i des Objekts k zum Zeitpunkt t
$DT_{SV,k,t+1}$..Durchschnittlicher Schwerverkehr am Objekt k zum Zeitpunkt t+1 in LKW/24h (max. 1000 Lkw/24h)
a...............Modellparameter a (a=3,0)
b ....Modellparameter b (b=0,5 für erhöhte Beanspruchung beim Winterdienst, sonst b=0,0)
$\overline{DTV_{SV}}$......Durchschnittlicher Schwerverkehr über das gesamte betrachtete Straßennetz in LKW/24h
N_i.............Mittlere Nutzungsdauer in Abhängigkeit vom Baumaterial des Bauteils
c...............Modellparameter c (c=2,0)
$Alter_k$.......Alter Objekt oder Bauteil in Jahren

Ein wesentlicher Nachteil dieser Art der mathematischen Modellierung liegt in einer eingeschränkten Aussage über die Eintrittswahrscheinlichkeit und die damit verbundene Streuung, sodass zur Beantwortung dieser Fragestellungen auf probabilistische Modelle zurückgegriffen werden muss.

3.3 Probabilistische Zustandsprognose

Probabilistische Modelle sind zielführender, wenn es darum geht auch die Unsicherheiten und Streuung der Eingangsparameter aber auch der Modelle selbst darzustellen. Sie ermöglichen eine differenziertere Betrachtung von Zustandsentwicklungen und erlauben auch die Entscheidungen mit Wahrscheinlichkeiten zu verknüpfen, was vor allem bei risikobasierten Betrachtungen von Vorteil ist.
Das Ziel dieser Methoden ist ebenfalls die Beschreibung des Zustandsverhaltens von Objekten in Abhängigkeit von Einflussfaktoren, jedoch mit Hilfe der Probabilistik. Bei den probabilistischen Modellen ist, neben vereinzelten Anwendungen der Survival-Analyse und dem Bayes'schen Theorem, die Anwendung von Markov-Ketten ein häufig verwendeter Ansatz. Dabei ist die über einen n-dimensionalen Vektor definierte Verteilung des Ausgangszustands die maßgebende Eingangsgröße, die über die Zeit verändert bzw. modelliert werden muss.

Der Eingangsvektor $X_{i,t=0}$ für die Zustandsprognose des Objekts i (Bauteils i) wird dabei über die Anteile x in den Zustandsnoten (diskrete Verteilung für das Objekt oder Bauteil i am Objekt) wie folgt definiert:

$$X_{i,t=0} = \{x_{i,1,t=0}; x_{i,2,t=0}; x_{i,3,t=0}; x_{i,4,t=0}; x_{i,5,t=0}\}$$

Durch Multiplikation der Übergangsmatrix PM_i des Objekts i (Bauteils i) mit dem Eingangsvektor ergibt sich für ein 1. Zeitintervall (z. B. 1 Jahr) eine Änderung der diskreten Verteilung, die wiederum durch einen Vektor $X_{i,t+1}$ beschrieben wird.

$$X_{i,t+1} = PM_i \cdot X_{i,t=0}$$

Für das 2. Zeitintervall kann nun dieser neue Vektor als Eingangsvektor verwendet werden, sodass sich für das nächste Intervall wiederum ein neuer Eingangsvektor errechnen lässt.

$$X_{i,t+2} = PM_i \cdot X_{i,t+1}$$

Für den Zeitpunkt n kann die Übergangsmatrix PM mit n potenziert werden, sodass sich die Verteilung des Zustands des Objekts i (Bauteils i) zum Zeitpunkt n wie folgt ergibt:

$$X_{i,t=n} = PM_i^n \cdot X_{i,t=0}$$

Die für die Analyse verwendeten Übergangswahrscheinlichkeiten werden dabei durch die nachfolgend dargestellten Matrizen ausgedrückt, welche auf der Grundlage der zur Verfügung stehenden Daten entwickelt werden können. Die grundlegende mathematische Formulierung schließt eine Verbesserung ohne die Durchführung von Erhaltungsmaßnahmen aus, sodass folgende generelle Matrix bei 5 Zustandsnoten zur Anwendung gelangt:

$$PM_i = \begin{bmatrix} p_{11} & p_{12} & p_{13} & p_{14} & p_{15} \\ 0 & p_{22} & p_{23} & p_{24} & p_{25} \\ 0 & 0 & p_{33} & p_{34} & p_{35} \\ 0 & 0 & 0 & p_{44} & p_{45} \\ 0 & 0 & 0 & 0 & p_{15} \end{bmatrix}$$

Aus den Anteilen der Vektorterme x_i der Verteilung des Bauteilzustands kann als repräsentative Größe z. B. der Mittelwert errechnet bzw. in eine entsprechende Note umgewandelt werden. Es können aber auch andere statistische Kennzahlen dieser Verteilung für den weiterführenden Prozess Berücksichtigung finden (Perzentilen, Mittelwert plus Standardabweichung etc.).
Abbildung 3 zeigt ein Beispiel einer homogenen Markov-Kette für die Modellierung der Zustandsentwicklung für das Bauteil „Überbau" unter Heranziehung einer Notenverteilung in 5 Kategorien bzw. Klassen.

Bauteil 2: Überbau

Zustandsnote (Quelle) \ Zustandsnote (Ziel)	1	2	3	4	5
1	0,8725	0,1212	0,0060	0,0002	0
2	0	0,9339	0,0633	0,0027	0,0001
3	0	0	0,9722	0,0277	0,0002
4	0	0	0	0,9957	0,0043
5	0	0	0	0	1

Abb. 3: Beispiel Übergangswahrscheinlichkeiten Bauteil Überbau nach TAniA (2021) [1] bzw. Weninger-Vycudil, et al. (2019) [6]

3.4 KI-Einsatz bei der Modellentwicklung

Die Modellentwicklung für die Zustandsprognose von Brückenobjekten bringt mehrere Herausforderungen mit sich, die sich aus der Komplexität der Modelle und dem großen Umfang der vorhandenen Daten, die im Zustandsprognosemodell eingebettet werden sollen, ergeben. Zum einen liegt eine große Menge an Daten wegen der großen Anzahl an verschiedenen Brücken vor. Zum anderen sind für jede Brücke wiederum eine große Anzahl an Brückenprüfberichten und weiteren für die Modellerstellung relevanten Informationen (durchgeführte Maßnahmen, Instandhaltungsintervalle und deren Auswirkungen auf die Lebensdauer) vorhanden. Diese Daten liegen oft nur unstrukturiert, verstreut und nicht digitalisiert vor. Darüber hinaus sind die Zusammenhänge zwischen den verschiedenen Einflussfaktoren wie Verkehrsbelastung, Witterungseinflüsse und Konstruktionsmethoden äußerst komplex und oft nur schwer erkennbar.
Zur Lösung der oben genannten Probleme bietet sich bei der Erstellung von datenbasierten Zustandsprognosemodellen der Einsatz von Künstlicher Intelligenz (KI) an. Dabei wird die KI einerseits bei der Gewinnung, Aufbereitung und Strukturierung von Daten eingesetzt, andererseits auch bei der Erstellung des Zustandsprognosemodells selbst.
Methoden wie Text/Data-Mining ermöglichen es, aus den vorhandenen - oft noch händisch verfassten - Brückenprüfberichten Daten zu gewinnen. Somit kann die Fragmentierung und Inhomogenität der Daten beseitigt werden. In einem weiteren Schritt wird durch Machine Learning eine KI trainiert, die historische Instandhaltungsstrategien und deren Auswirkungen analysiert. Die KI identifiziert im Zusammenhang mit der Instandhaltung versteckte Muster, die von menschlichen Analysten nicht entdecken werden und somit in der Modellbildung unberücksichtigt bleiben. Durch die Integration umfangreicher Datenmengen kann man genauere Abschätzungen treffen, die Zuverlässigkeit erhöhen und nachhaltigere Instandhaltungsstrategien entwickeln. Dies trägt nicht nur zur Verlängerung der Lebensdauer der Brücken bei, sondern unterstützt auch ein nachhaltiges Management der verfügbaren ökonomischen, ökologischen und sozialen Ressourcen.

4. Anwendungsfall Lebenszyklusbewertungen

4.1 Allgemeines

Zustandsprognosemodelle sind ein Kernbaustein von Lebenszyklusbewertungen, welche zur Beurteilung und Bewertung der technischen Nutzungsdauern von Ingenieurbauwerken herangezogen werden. Dazu werden sämtliche Aktivitäten (vom Neubau bis zum Abbruch bzw. der Außerdienststellung) abgebildet und über entsprechende Indikatoren bewertet. Vor allem die Ermittlung des zukünftigen Erhaltungsbedarfs unter bestimmten strategischen Randbedingungen (z. B. Erhaltungsbudget) steht dabei im Vordergrund. Für das strategische Erhaltungsmanagement kommen unter dem Begriff „Nachhaltigkeitsanalysen" folgende Analysen zur Anwendung:

- Lebenszykluskostenanalysen zur Beurteilung der Wirtschaftlichkeit
- Öko-Bilanzierung zur Beurteilung der Auswirkungen auf Klimakenngrößen (z. B. Global Warming Potential GWP)
- Risikobewertungen und Lebenszyklusrisikoanalysen zur qualitativen oder monetären Abschätzung des Erhaltungsrisikos während des gesamten Lebenszyklus sowie Resilienzanalysen als Bewertung der baulichen Eigenschaften von Verkehrsinfrastrukturanlagen bei unterschiedlichen Gefahren

4.2 Wirtschaftlichkeitsuntersuchung (Lebenszykluskostenanalyse)

Die Lebenszykluskostenanalyse hat sich im Bauwesen als anerkannte Methode in der Wirtschaftlichkeits- und Investitionsrechnung etabliert. So ist dieses dynamische Berechnungsverfahren auch Grundlage der RVS 13.05.11 „Lebenszykluskostenermittlung für Brücken" [7]. Das Verfahren setzt voraus, dass die Zeitpunkte für Instandhaltungsmaßnahmen innerhalb des zu betrachteten Lebenszyklus über entsprechende Zustandsprognosen geschätzt bzw. definiert werden. Diese Zeitpunkte bestimmen maßgebend den Wert der maßgebenden Wirtschaftlichkeitsindikatoren

- Barwert der gesamten Lebenszykluskosten (= Kapitalwert) und
- Annuität.

Im Gegensatz zu statischen Verfahren berücksichtigt die Kapitalwertmethode, die der Lebenszykluskostenanalyse zugrunde liegt, den Anfall-Zeitpunkt von Aufwänden respektive Erträgen in der Zukunft. Damit wird im Sinne der Kostenwahrheit der tagesaktuelle Wert künftiger Mittelflüsse zu einem beliebig gewählten Betrachtungszeitpunkt t_0 errechnet. Dieser Barwert (auch Anfangswert) künftiger Zahlungsströme wird durch „Abzinsung" mit dem Diskontierungszinssatz z_D ermittelt. Der Zinssatz setzt sich aus einem risikoarmen Basiszinssatz (beispielsweise jenem der EZB) und branchenspezifischen Risikokomponenten zusammen. Die RVS empfiehlt hier mit Bezug auf den § 1000 ABGB (Allgemeines bürgerliches Gesetzbuch in Österreich) einen Wert von 4 % und wird als jährliche Konstante angesetzt. Konkret gibt die RVS 13.05.11 [7] folgenden Algorithmus zur Berechnung des Barwerts vor:

$$LZK^{bar} = \sum_{k=1}^{z} \frac{LZK(t)_k^{val}}{\left(1 + \frac{z_D}{100}\right)^m}$$

LZK^{bar} .... Barwert Lebenszykluskosten (Anfangswert bzw. Kapitalwert) im Referenzjahr [€]
k .... Laufindex über die rechnerischen Betrachtungsjahre
$LZK(t)_k^{bar}$ ... valorisierte Lebenszykluskosten zum Zeitpunkt t (einer prognostizierten Instandhaltungsmaßnahme) [€]
m .... Differenz zwischen dem jeweiligen rechnerischen Betrachtungsjahr und dem Referenzjahr des Kostenmodells
z_D .... Diskontierungszinssatz [%]

Zusammenfassend ist festzuhalten, dass die Lebenszykluskostenanalyse ein geeignetes Werkzeug nicht nur zur Bestimmung von Lebenszykluskosten, sondern auch zu deren Optimierung darstellt. So kann in enger Abstimmung mit der Einschätzung der technischen Parameter der wirtschaftlich und technische optimale Investitionszeitpunkt für Interventionen an Bauwerken ermittelt und festgelegt werden, eine wesentliche Grundlage für das strategische Erhaltungsmanagement.

4.3 ÖKO-Bilanzierung

Eine Umwelt- oder Ökobilanz ist eine systematische Lebenszyklusanalyse der Umweltwirkungen und der Energiebilanz von Produkten während des gesamten Lebensweges. Zur Öko- oder Umweltbilanz gehören sämtliche Umweltwirkungen während der Durchführung des Baus bzw. der Errichtung, der Instandhaltung (Erhaltungsmaßnahmen), der Nutzungsphase und am Ende der technischen Nutzungsdauer (Recycling, Entsorgung bzw. Abbruch) sowie die damit verbundenen vor- und nachgeschalteten Prozesse (z. B. Herstellung der Roh-, Hilfs- und Betriebsstoffe). Zu den Umweltwirkungen werden sämtliche umweltrelevanten Entnahmen aus der Umwelt sowie die Emissionen in die gezählt.
Die Grundlagen für die Erstellung einer Umwelt- oder Ökobilanz sind in der ISO-Richtline ÖNORM EN ISO 14044 [8] verankert. Diese internationale Norm legt Anforderungen an eine Öko-Bilanz fest und liefert Anleitungen für deren Erstellung. Die Ergebnisse der Bilanz sind gemäß diesen Vorgaben messbar über das Treib-hauspotential (GWP) und Energieverbrauch (KEA).
Der einzelnen Phasen oder Module für die Bewertung von Ingenieurbauwerken können der ÖNORM EN 15643-5:2021 entnommen werden und definieren die heutigen Systemgrenzen einer Umwelt- und Öko-Bilanz. Für die Festlegungen der Maßnahmen innerhalb der „Nutzungsphase" (Phase B) werden wiederum Prognosemodelle benötigt, die den Maßnahmenzeitpunkt definieren und die

mit jenen einer Wirtschaftlichkeitsuntersuchung korrespondieren. Im Vergleich zur monetären Bewertung der Lebenszykluskostenanalyse ergeben sich die Werte für das Treibauspotential und den Energieverbrauch. Die Summe aller Werte über die technische Nutzungsdauer und auf diese bezogen liefert die ÖKO-Annuität, die als maßgebender Vergleichswert und als strategisches Erhaltungsziel definiert werden kann.

4.4 Risikoanalysen und Bewertung der Resilienz

Eine deutliche Erweiterung der Zielsetzungen im Rahmen der Umweltbewertung kann durch eine risikobasierte Beurteilung der Resilienz von Ingenieurbauwerken vorgenommen werden. Dabei geht es vor allem um die Bewertung der Widerstandsfähigkeit der Bauwerke oder einzelner Bauteile vor dem Hintergrund von Natur- und Umweltgefahren. Die Resilienz von Bauwerken basiert auf folgenden zu bewertenden Eigenschaften bzw. Kernelementen der baulichen Widerstandsfähigkeit, die eine wesentliche Zustands- und Belastungsabhängigkeit aufweisen:

- Robustheit
- Redundanz
- Wiederherstellungsfähigkeit

Für die Berechnungen und Bewertungen sind dabei die Wahrscheinlichkeiten des Eintretens von bestimmten Natur- und Umweltgefahren mit der baulichen Widerstandsfähigkeit und somit dem sich veränderten Zustand der Brücken gegenüberzustellen. Aufgrund der Tatsache, dass in Österreich die Anzahl von Naturkatastrophen (ausgelöst durch klimatische Veränderungen) deutlich zugenommen hat und auch in Zukunft zunehmen wird, kommt dieser zusätzlichen Bewertung eine hohe Bedeutung zu. Bestimmte Infrastrukturbetreiber versuchen bereits die Prioritäten der Erhaltungsmaßnahmen mit der Resilienz zu verknüpfen, sodass vor allem die Verfügbarkeit der Infrastruktur im Katastrophenfall deutlich verbessert wird. Auch die Aufnahme des Erhaltungsrisikos mit der Resilienz als weitere Dimension der Nachhaltigkeit in die strategischen Erhaltungsziele wird daher bereits diskutiert.

4.5 Ergebnisse von Lebenszyklusbewertungen

Die unterschiedlichen Anwendungsbereiche von Zustandsprognosemodellen liefern für die zuvor beschriebenen Fragestellung auch unterschiedliche Ergebnisse. Als Grundlage für die Erstellung von Bauprogrammen und Prioritätenreihungen stehen bei einer objektbezogenen Anwendung der Verfahren zum Beispiel folgende Ergebnisse zur Verfügung:

- Erhaltungsmaßnahmenstrategien (= Abfolge von Einzelmaßnahmen innerhalb des Lebenszyklus bzw. der technischen Nutzungsdauer) am Objekt in Abhängigkeit von budgetären und/oder technischen Randbedingungen mit Kosteninformationen
- Entwicklung des Objektzustandes (Gesamtobjekt und/oder Bauteil in Abhängigkeit von der gewählten Erhaltungsmaßnahmenstrategie
- Entwicklung des Treibhauspotentials (GWP) und Energieverbrauch (KEA) in Abhängigkeit von der gewählten Erhaltungsmaßnahmenstrategie
- Entwicklung des Erhaltungsrisikos und der Resilienz am Objekt in Abhängigkeit von der gewählten Erhaltungsmaßnahmenstrategie

Speziell für das strategische Erhaltungsmanagement sind die Ergebnisse auf Netzebene von wesentlicher Bedeutung. Durch den „Blick in die Zukunft" als Ergebnis der Anwendung von Prognosemodellen lassen sich folgende Ergebnisse für unterschiedliche Szenarien und Strategien über die gewählten Betrachtungs- bzw. Analyseperioden ableiten:

- Zustandsverteilungen entweder von Gesamtzuständen oder Bauteilzuständen (Beispiel siehe Abb. 4)

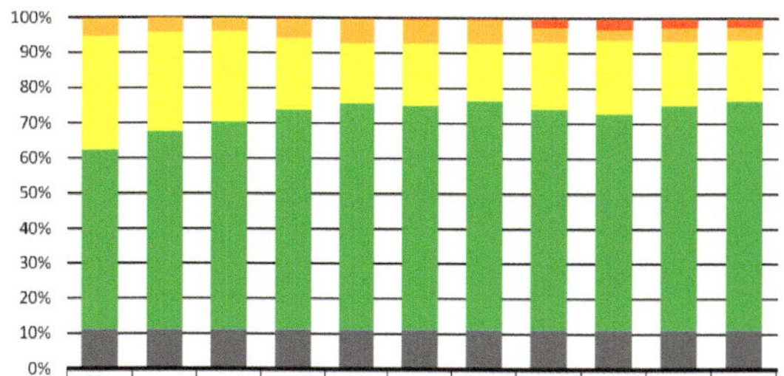

	Ausgangslage	12/2017	12/2018	12/2019	12/2020	12/2021	12/2022	12/2023	12/2024	12/2025	12/2026
Klasse 5	0.10	0.03	0.00	0.16	0.14	0.50	0.45	2.63	2.99	2.62	2.40
Klasse 4	5.20	4.06	3.68	5.69	7.05	6.69	6.95	4.23	3.30	4.03	3.83
Klasse 3	32.21	28.27	25.95	20.38	17.09	17.79	16.19	19.11	21.01	18.22	17.33
Klasse 1 & 2	51.24	56.39	59.19	62.54	64.47	63.78	65.16	62.79	61.46	63.91	65.19
Bauteil nicht vorh.	11.25	11.25	11.18	11.24	11.25	11.25	11.25	11.25	11.25	11.22	11.25

Abb. 4: Beispiel Zustandsverteilung und -entwicklung Bauteil Randbalken (Kappe) für eine gesamte Brückenpopulation und ein anonymisiertes Szenario nach Weninger-Vycudil (2018) [2]

- Kostenverteilungen als Grundlage für die Abschätzung des Erhaltungsbedarfs
- Umfang und Intensität der Instandhaltungsmaßnahmen sowie damit verbundene ökologische Wirkungen von Bauprogrammen und Prioritätenreihungen (ausgedrückt über das Treibhauspotentials (GWP) und Energieverbrauch (KEA))
- Entwicklung Erhaltungsrückstand in Abhängigkeit von der Brückenfläche
- Entwicklung des Anlagevermögens
- Entwicklung der Verteilung des Erhaltungsrisikos und der Resilienz im Netz in Abhängigkeit von unterschiedlichen Gefahren

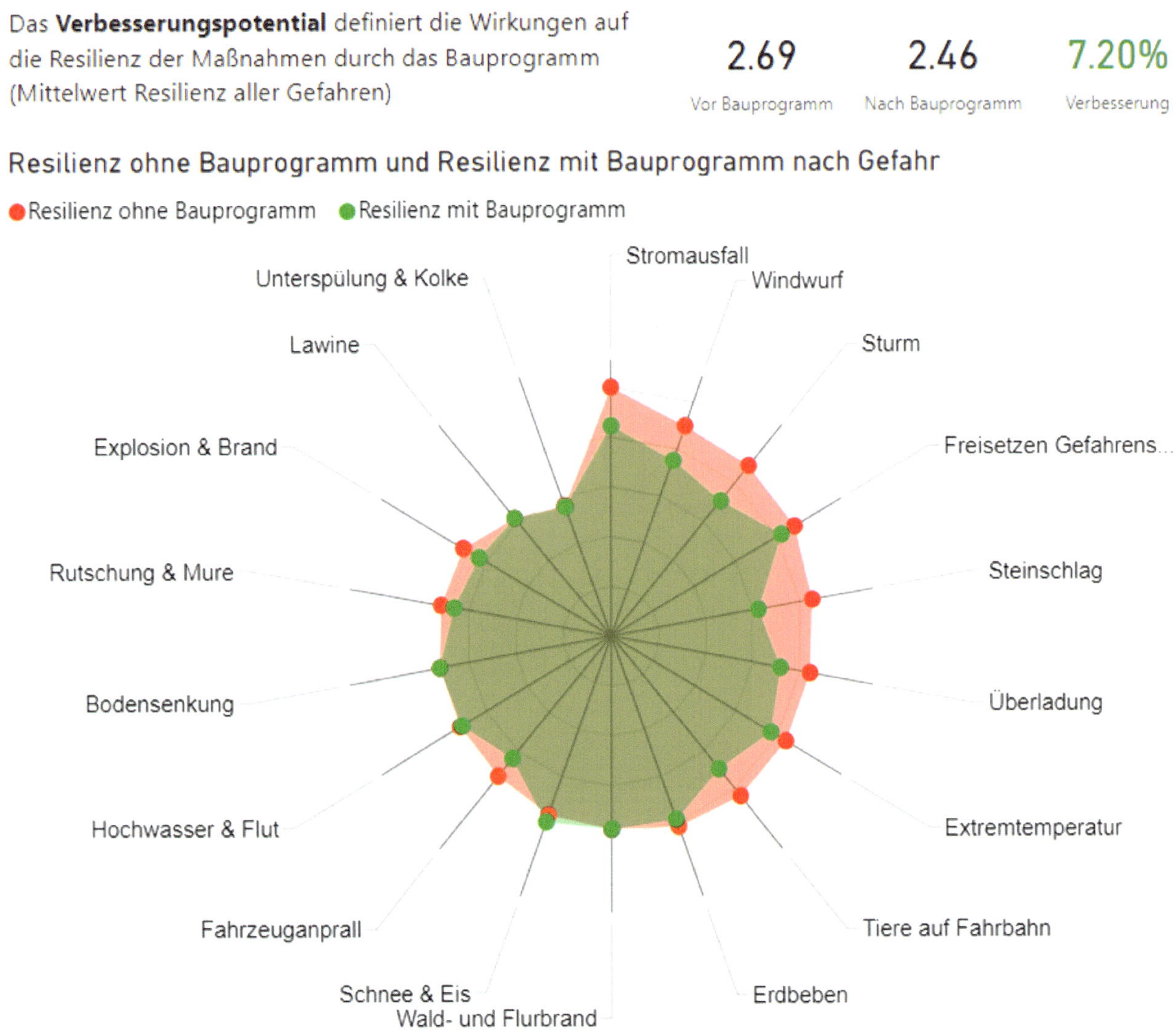

Abb. 5: Beispiel Resilienzentwicklung eines Bauprogramms auf unterschiedliche Gefahren auf einem anonymisierten Teilnetz (Eichinger-Vill E.M., et al (2022) [10])

5. Schlussfolgerung

Die datenbasierte Zustandsprognose von Brückenobjekten liefert eine wesentliche Grundlage für die Lebenszyklusbewertung im strategischen Erhaltungsmanagement. Gerade die Abschätzung des (optimalen) Zeitpunkts von zukünftigen Erhaltungsmaßnahmen und den damit verbundenen technischen, monetären sowie umweltrelevanten Auswirkungen steht dabei im Vordergrund.

Zustandsprognosemodelle für Brücken sind keine neue Entwicklung und auch die Mathematik für deren Entwicklung bzw. Verbesserung steht zur Verfügung. Auf welchen Entscheidungsebenen und in welcher Form solche Modelle angewendet werden können, ist umfassend untersucht und neben der aktuellen Literatur liefern auch die Experten auf diesem Gebiet entsprechende Empfehlungen.

Die praktische Anwendung bzw. Implementierung der Modelle ist jedoch noch nicht abgeschlossen. Neue Anwendungsbereiche wie z. B. die Umwelt- und Öko-Bilanzierung sowie Abschätzung der Auswirkungen des Klimawandels – Stichwort Resilienz – erfordern die umfassende Verwendung von Zustandsprognosemodellen für Brücken. Diese Bereiche erfordern eine zunehmende Aufmerksamkeit im strategischen Erhaltungsmanagement, da sie neben den wirtschaftlichen Aspekten die weiteren Dimensionen der Nachhaltigkeit darstellen. Speziell die Forderungen der österr. Landesrechnungshöfe zur Festlegung von strategischen Erhaltungszielen für Ingenieurbauwerke sind wesentliche Anforderungen für die umfassende Implementierung von Zustandsprognosemodelle in neue und bestehende Erhaltungsmanagementsysteme (Asset Management Systeme). Nur durch die genaue Abschätzung der Wirkungen von Bau- und Erhaltungsprogrammen im Bereich Ökonomie, Ökologie, Risiko, Resilienz und erweiterter sozio-ökonomischer Aspekte können realistische strategische Erhaltungsziele präzisiert und folglich auch umgesetzt werden.

Literatur

[1] TAniA (2021): Weninger-Vycudil A., Brozek B., Kessel T., Pasderski J., Sietas J., Chylik B., Schranz C., Prammer D., Vorwagner A., Curchellas P., and Bühlmann R.. TAniA - Technische Anlagenbewertung im Asset-Management, D-A-CH Verkehrsinfrastrukturforschung 2018, Endbericht, Wien, FFG.

[2] Weninger-Vycudil A. (2018). Lebenszyklusanalyse Brücken. PMS-Consult GmbH, Bericht zum Pilotprojekt im Auftrag des Amtes der Tiroler Landesregierung (unveröffentlicht), Wien.

[3] RVS 13.04.11: Bauwerksdatenbank – Brückenbauwerke. Österreichische Forschungsgesellschaft Straße – Schiene – Verkehr, Wien, 2016

[4] RVS 13.03.11: Straßenbrücken – Überwachung, Kontrolle und Prüfung von Kunstbauten. Österreichische Forschungsgesellschaft Straße – Schiene – Verkehr, Wien, 2021

[5] Weninger-Vycudil, A., Brozek, B., Simanek, P., Rohringer, T. u. Haberl, J. (2009) Handbuch Pavement Management in Österreich 2009. Straßenfor schung, Heft 499, Wien

[6] Weninger-Vycudil A., Leszczynska A. und Moser T. (2019). Lebenszyklusanalyse Brücken 2019, Konfigurationsdokument Aktualisierung Lebenszyklusanalyse IMT Brücken, Wien, 2020 (unveröffentlicht)

[7] RVS 13.05.11: Lebenszykluskostenermittlung für Brücken. Österreichische Forschungsgesellschaft Straße – Schiene – Verkehr, Wien, 2016

[8] ÖNORM EN ISO 14044: Umweltmanagement - Ökobilanz - Anforderungen und Anleitungen. Austrian Standards, Wien, 2021.

[9] ÖNORM EN 15643-5:2021: Nachhaltigkeit von Bauwerken - Bewertung der Nachhaltigkeit von Gebäuden und Ingenieurbauwerken - Teil 5 Leitfaden zu den Grundsätzen und den Anforderungen an Ingenieurbauwerke. Austrian Standards, Wien, 2021.

[10] Eichinger-Vill E.M., Veit-Egerer R., Vorwagener A., Weninger-Vycudil A., Litzka J., Reimoser T. und Gasser C. (2022). REMAIN - Resilient Motorway Infrastructure, Verkehrsinfrastrukturforschung 2020, Endbericht, Wien: FFG.

Anwendung der quasi-kontinuierlichen faseroptischen Dehnungsmessung an bestehenden Spannbetonbrücken

Harald Burger, M. Sc.
Technische Universität München

Prof. Dr.-Ing. Dipl.-Wirt.-Ing. Oliver Fischer
Technische Universität München

Zusammenfassung
Die quasi-kontinuierliche faseroptische Dehnungsmessung hat sich in den vergangenen Jahren zunehmend als Messverfahren an massiven Bauteilen etabliert. In der Forschung wird sie bereits standardmäßig in Laborversuchen eingesetzt und auch an Bauwerken gibt es mehrere Anwendungsfälle. Insbesondere bei Spannbetonbrücken ermöglicht dieses Messverfahren eine Beurteilung des Bauwerkszustandes auf Grundlage von Dehnungsänderungen, da durch den Nachweis der Dekompression Risse selten visuell sichtbar sind. Hinsichtlich der Anwendung kann dabei zwischen Kurzzeitmessungen zur Beurteilung der Bauwerksreaktion auf kurzzeitig geplante Einwirkungen und Langzeitmessungen zur Zustandsüberwachung unterschieden werden. Dieser Beitrag gibt einen Einblick in die Funktionsweise sowie den Anwendungsgrenzen der quasi-kontinuierlichen faseroptischen Dehnungsmessung. Darüber hinaus werden Ergebnisse aus zwei Praxisbeispielen vorgestellt, die demonstrieren, dass aussagekräftige Messdaten zur Beurteilung und Überwachung des Zustandes bestehender Spannbetonbrücken erfasst werden können.

1. Einleitung

Die messtechnische Beurteilung bzw. Überwachung des Zustandes bestehender Brücken wird in den letzten Jahren zunehmend als Ergänzung zur konventionellen handnahen Prüfung, wie sie in der der DIN 1076 [1] gefordert ist, eingesetzt. Dies kann anhand neu entwickelter Merkblätter und umfangreicher Erfahrungssammlungen beobachtet werden. So hat beispielsweise der Deutsche Beton- und Bautechnik-Verein (DBV) im Jahr 2018 ein Merkblatt zur Planung, Ausschreibung und Umsetzung von Brückenmonitoring herausgegeben [2]. Die Deutsche Gesellschaft für zerstörungsfreie Prüfung (DGZfP) veröffentlichte 2022 das Merkblatt B09 zur Dauerüberwachung von Ingenieurbauwerken [3] mit Praxisbeispielen. 2024 wurde von der Bundesanstalt für Straßenwesen (BASt) eine Erfahrungssammlung Monitoring für Brückenbauwerke im Heft B197 herausgegeben [4]. In [3] und [4] werden auch Informationen und einzelne Praxisanwendungen von verteilten faseroptischen Sensoren (engl.: distributed fiber optical sensors, kurz: DFOS) an Brücken beschrieben. Sofern die Messungen mit einem Messsystem auf Basis der Rayleigh Rückstreuung durchgeführt werden, ist es dabei möglich, quasi-kontinuierlich Dehnungen entlang eines DFOS in einem räumlichen Abstand im Millimeterbereich zu erfassen. Die Sensorlänge kann dabei bis zu 100 m betragen, wobei die Applikation in Schleifen unter Berücksichtigung von zulässiger Biegeradien die messtechnische Erfassung großer Bereiche ermöglicht.
Lokale Diskontinuitäten (z. B. einsetzende Rissbildung, Mikrorisse bis hin zu ausgeprägten Rissen, lokale Steifigkeitsunterschiede) entlang eines Sensors können im Messsignal als Abweichung von einem stetigen Dehnungsverlaufs erkannt werden. Da bei bestehenden Spannbetonbrücken in der Regel im Querschnitt keine bzw. nur geringe Zugspannungen auftreten, ist seltener mit ausgeprägter Rissbildung zu rechnen. Dennoch ist es möglich, die Spannungsverläufe auch bei temporärer Belastung nachzuvollziehen und somit eventuell durch die Vorspannung überdrückte Risse zu detektieren. Die Messtechnik kann daher an bestehenden Spannbetonbrücken als Instrument zur Optimierung einer Nachrechnung in Stufe 3 bzw. Stufe 4 der Nachrechnungsrichtlinie (NaRil) [5], zur Bewertung des Bestands für Verstärkungsmaßnahmen [6], der Überwachung während des Rückbaus oder auch zur Dauerüberwachung von Schädigungsmechanismen [7] eingesetzt werden.
Die zuverlässige Anwendung dieser Technologie erfordert eine genaue Bestimmung ihrer Anwendungsgrenzen. Um die Einflussfaktoren auf die Messergebnisse zu identifizieren und zu bewerten, wurden am Lehrstuhl für Massivbau der Technischen Universität München (TUM) Untersuchungen durchgeführt. Sowohl Laborversuche als auch praxisnahe Anwendungen an bestehenden Spannbetonbrücken bilden den Schwerpunkt dieser Studien. Erste Ergebnisse dieser Forschungsarbeiten werden im Folgenden vorgestellt.

2. Quasi-kontinuierliche faseroptische Dehnungsmessung

Bei der faseroptischen Dehnungsmessung dient eine Glasfaser als Sensor. Zur Erfassung von Dehnungen kann die Glasfaser als Punktsensor (z. B. Fabry-Perot, SOFO), quasi-verteilte Sensor (Fibre Bragg Gratings, kurz FBG) oder quas kontinuierlich verteilter Sensor (DFOS) verwendet werden [8]. Abb. 1 zeigt eine Übersicht von faseroptischen Sensoren.

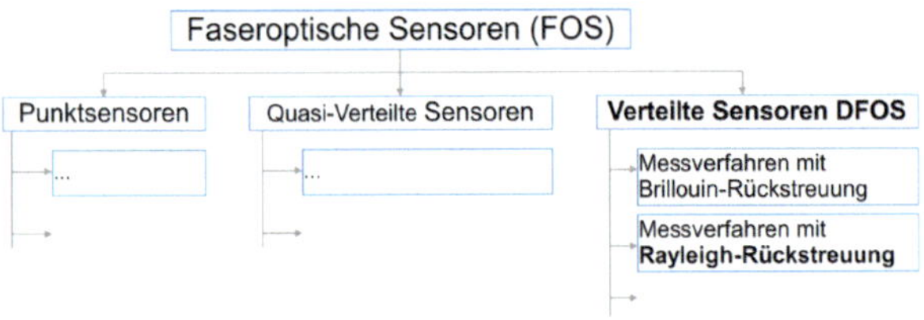

Abb. 1: Übersicht zu faseroptischen Sensoren, in Anlehnung an [9]

DFOS nutzen das vom Sensormaterial zurückgestreute Licht zur Erfassung von Dehnungsänderungen [10]. Es gibt zwei gängige Verfahren: Die Nutzung des Brillouin-Anteils und die Nutzung des Rayleigh-Anteils. Brillouin-basierte Messsysteme sind ideal für Überwachungen über große Entfernungen, da Sensoren mit Längen von bis zu 80 km eingesetzt werden können. Diese Reichweite geht jedoch auf Kosten der räumlichen Auflösung, die bei solchen Längen im Meterbereich liegt. Für kürzere Sensoren unter 2 km kann eine räumliche Auflösung von bis zu 20 cm erreicht werden [11]. Brillouin-Messungen sind jedoch auf statische Belastungen beschränkt, da jede Datenerfassung mehrere Sekunden dauert.
Messverfahren auf Basis der Rayleigh-Rückstreuung werden vorwiegend für Sensoren bis zu maximal 100 Meter eingesetzt. Dieses Messverfahren kann bei kurzen Sensoren kleiner als 2.5 m mit einer Messrate von bis zu 250 Hz Dehnungsänderungen aufzeichnen [12]. Dadurch eignet sich das System auch bei der Überwachung von Schadensmechanismen. Je nach Sensorlänge sind bei gewählter räumlicher Auflösung unterschiedliche Messraten möglich. In Deutschland stehen derzeit zwei Messsysteme zur Verfügung [13]. Das OBR von Luna Innovations Incorporate wurde ursprünglich zur Fehlersuche und -analyse an Glasfasernetzwerken konzipiert und erfordert auch entsprechende Expertise im Einsatz der Dehnungsmessung. Dieses Messgerät erlaubt Messungen bis zu einer räumlichen Auflösung von 20 µm bei unterschiedlichen Sensorlängen bis zu 70 m. Allerdings beansprucht die Datenerfassung mit dem OBR mehrere Sekunden, wodurch dann aber eine geringe Messunsicherheit von bis zu ±1.0 µm/m erzielt wird [14]. Im Gegensatz dazu dient die ODiSI Serie vom selben Hersteller rein zur Dehnungs- und Temperaturmessung. Für die Dehnungsmessung sind räumliche Auflösungen von 0.65 mm bis 5.2 mm möglich. Die Messunsicherheit ist bei großer räumlicher Auflösung minimal mit ±2.0 µm/m und beträgt bei kleinster Auflösung ±5.0 µm/m [12]. Beide Messsysteme verfügen über einen durchstimmbaren Laser (engl. tunable laser), der die Wellenlänge variieren kann, und einen kohärenten Frequenzbereichsreflektometer (engl. Coherent Optical Frequency Domain Reflectometer). Der emittierte Lichtstrahl wird mit Hilfe eines Mach-Zehnder-Interferometers in einen Referenzarm mit fester Weglänge und in den Sensor eingekoppelt. Rückgestreutes Licht aus dem Sensor wird mit der Lichtkomponente aus dem Referenzarm überlagert. Aus der Interferenz zwischen Referenz- und Messsignal lässt sich eine lokale Frequenzverschiebung ableiten. Diese Frequenzverschiebung ist proportional zur Dehnungs- oder Temperaturänderung, gemäß nachfolgender Formel (1):

$$\Delta f_{j-i} = \Delta\varepsilon_{j-i} \cdot \left(-\frac{c \cdot K_\varepsilon}{\bar{\lambda}}\right) + \Delta T_{j-i} \cdot \left(-\frac{c \cdot K_T}{\bar{\lambda}}\right) \quad (1)$$

mit:

$\Delta\varepsilon_{j-i}$	[-]	Dehnungsänderung
ΔT_{j-i}	[°C]	Temperaturänderung
$\bar{\lambda}$	[nm]	mittlere Wellenlänge des optischen Signals
c	[m/s]	Lichtgeschwindigkeit im Vakuum
K_ε	[-]	Dehnungskoeffizient
K_T	[1/°C]	Temperaturkoeffizient
Δf_{j-i}	[GHz]	Frequenzverschiebung der Rayleigh- Rückstreuung

Um Dehnungsänderungen zu ermitteln, wird Formel (1) nach $\Delta\varepsilon_{j-i}$ umgestellt. Dies zeigt, dass Temperaturänderungen entlang eines Sensors auch direkt in die gemessenen Dehnungen mit eingehen. Somit ist die Erfassung der Dehnungsänderung aus einer mechanischen Belastung nur bei konstanter Temperatur gegeben.

2.1 Verwendung von DFOS im Stahlbeton- bzw. Spannbetonbau

Für DFOS gibt es verschiedene Einsatzmöglichkeiten im Stahl- bzw. Spannbetonbau. Die Sensoren können bei Neubauten während der Betonage im Querschnitt positioniert und einbetoniert werden. Bei Bauteilen mit Vorspannung im nachträglichen Verbund können Sensoren im Hüllrohr oder an der Spannlitze vor dem Verpressen eingelegt werden [15], [16]. Ebenso ist es möglich DFOS direkt auf Bewehrungsstäbe zu kleben, um die Stahldehnungen zu messen [17]. An bestehenden Bauwerken ist vorwiegend eine oberflächige Applikation sinnvoll. Es gilt aber zu beachten, dass eventuell eine Vorbehandlung der Oberfläche mit einer Spachtelung oder mittels Schleifen notwendig ist, um eine ebene Klebefläche zu erhalten. Auch das Fräsen einer Nut gewährleistet eine ebene Klebeflächen, bietet zusätzlichen Schutz vor Umwelteinwirkungen und garantiert durch eine dreiseitige Klebefläche eine bessere Dehnungsübertragung vom Betonbauteil auf den Sensor.
Je nach Applikationsart und Zweck der Messung (Einsatzdauer, erwartbare Dehnungen, etc.) sollte die Sensorwahl getroffen werden. Der Sensor besteht immer aus einem Glasfaserkern und unterschiedlichen Ummantelungen. Somit werden Dehnungen vom Bauteil über eine Klebeschicht auf einen Außenmantel des Sensors über-

tragen. Je nach Sensoraufbau erfolgt die weitere Dehnungsübertragung direkt auf den Glasfaserkern oder auf weitere Mantelschichten bis zum Kern selbst. Grundsätzlich kann zwischen geschichteten DFOS und monolithischen DFOS unterschieden werden. Abb. 2 zeigt jeweils zwei Beispiele. Bei geschichteten DFOS sind einzelne Layer in gewisser Weise zueinander verschieblich. Lokale Dehnungsspitzen, beispielsweise aus einem Riss, verursachen bei geschichteten DFOS einen Schlupf. Dadurch ist ein Riss noch sichtbar, auch wenn sich dieser wieder schließt. Diese Eigenschaft führt aber auch zu einer Verzerrung des Messsignals, wodurch z. B. eine genaue Rissbreitenbestimmung nach mehrmaliger Rissbreitenänderung nicht mehr möglich ist. Dagegen sind mit Verbund-DFOS wieder verschlossene Risse nicht detektierbar, aber lokale Ereignisse unter Belastung werden besser aufgelöst und Rissbreiten sicherer bestimmt. Breite Risse führen allerdings aufgrund hoher Dehnungswerte zu Ausfällen im Messsignal.

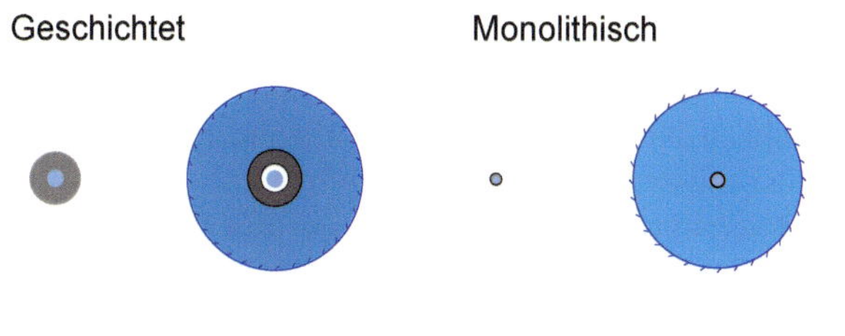

Abb. 2: Typische faseroptische Sensoren mit Angabe der Bezeichnung und des Außendurchmessers. Links: geschichtete DFOS, rechts: monolithische DFOS

2.2 Messsignal an der Bauteiloberfläche von bestehenden Spannbetonbauteilen

Bevor DFOS für eine bestimmte Anwendung eingesetzt werden, ist eine Abschätzung der zu erwartenden Dehnungen erforderlich. Dafür können näherungsweise Grenzwerte für Stauchungen und Zugdehnungen an bestehenden Spannbetonbrücken auf Grundlage normativer Regelungen für Lasten und Normalbetone bis C50/60 abgeschätzt werden.

2.2.1 Messsignal bei mechanischer Belastung

Dehnungsänderungen aus Eigengewicht, Ausbaulasten bzw. einer Vorspannung sind an bestehenden Bauwerken nicht mehr zu erwarten. Bei Spannbetonbrücken ist der Eigengewichtsanteil in der Regel hoch, wodurch in etwa bereits 40 bis 60 % der Belastung vorhanden sind. Unter Berücksichtigung der Teilsicherheitsbeiwerte nach DIN EN 1990 können rechnerisch bei reiner Biegung maximale Stauchungen in einer Höhe von 1160 µm/m (1,16 ‰) auftreten. Aus reiner Verkehrsbelastung kann demnach mit Stauchungen bis maximal 660 µm/m (0,66 ‰) gerechnet werden, wobei es in dieser Größenordnung bereits zur Mikrorissbildung kommen kann. Die Zugdehnung ist dagegen durch die Zugfestigkeit begrenzt. Bei Überschreitung kommt es zur Rissbildung. Zusätzlich ist der Vorspannzustand zu berücksichtigen. Dieser ist bei Neubauten durch die Spannungsbegrenzung aus nichtlinearem Kriechen mit einer maximale Druckspannung von $0.45 \cdot f_{ck}$ begrenzt. Vor diesem Hintergrund und unter der Annahme eines linear elastischen Materialverhaltens sind Zugdehnungen bis zu 365 µm/m (0,365 ‰) erwartbar.

Bei Rissbildung ist die maximal messbare Dehnung abhängig vom DFOS und dem Messsystem selbst. Dies führt zu einer Dehnungsspitze im Messsignal. Die Rissbreite kann aus dem Integral der Dehnung über die Einflusslänge bestimmt werden. Je nach Steifigkeit der Sensorschichten ändert sich die Einflusslänge der Dehnungsspitze. Abb. 3 zeigt Dehnungen vor, während und nach Erstrissbildung gemessen mit dem Sensor BRUSens V9 an der Unterseite einer vorgespannten Hohldielenplatte im 4-Punkt-Biegeversuch.

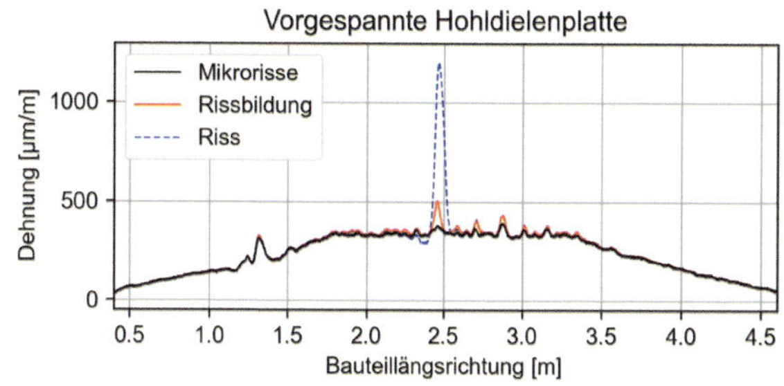

Abb. 3: Dehnungen bei Erstrissbildung an einer vorgespannten Hohldielenplatte im 4-Punkt-Biegeversuch

2.2.2 Messsignal bei thermischer Belastung

Spannbetonbrücken sind nach DIN EN 19911 für Temperaturen von 24° C bis 37° C zu bemessen. Diese Grenzwerte sind eventuell auch an Bauwerken bei Langzeitmessungen erwartbar. Neben dem Sensor muss auch der verwendete Klebstoff diese Anforderung erfüllen und einen thermischen und hygrischen Temperaturausdehnungskoeffizienten für den gesamten Temperaturbereich aufweisen. [18]. Nur bei Kenntnis des Temperaturverhaltens und der effektiven Temperaturen während der Messungen, kann eine Temperaturkompensation bei der Dateninterpretation stattfinden.

Versuche an der TUM mit dem geschichteten DFOS BRUSens V9 zeigen, dass bei einer über den Querschnitt konstanten thermischenr Belastung eines Stahlbetonbalkens die Temperaturdehnungen der inneren Mantelschicht aus Edelstahl aufgezeichnet werden. Darüber hinaus streut das Dehnungsprofil über die Sensorlänge mit zunehmender Temperaturdifferenz. In den Versuchen wurde ein Wert zwischen 15 und 19 × 10^6/K für den thermischen Ausdehnungskoeffizienten des Sensors ermittelt, wobei nach Angaben des Herstellers Solifos AG der Durchschnittswert bei 16 × 10^6/K liegt.

In Abb. 4 werden Dehnungsmessungen an einem Versuchskörper mit einem Trennriss dargestellt. Bei unterschiedlichen Temperaturen ändert sich das Dehnungssignal entlang des verklebten Sensors (grauer Bereich in Abb. 4) im Mittel gemäß den angegebenen Ausdehnungskoeffizienten Das Signal im Riss reduziert sich auf ein kritisches Maß bei der Abnahme der Temperatur um ca. 12 °C und äußert sich bei weiterer Temperaturabnahme als negative Dehnungsspitze. Ein solches Messsignal deutet meist auf das Schließen eines bereits vorhandenen Risses hin. Parallele visuelle Messergebnisse zeigen bei diesem Versuch unter Temperaturabnahme von ca. 50 °C nur eine sehr geringe Rissbreitenreduzierung und kein vollständiges Verschließen des Trennrisses.

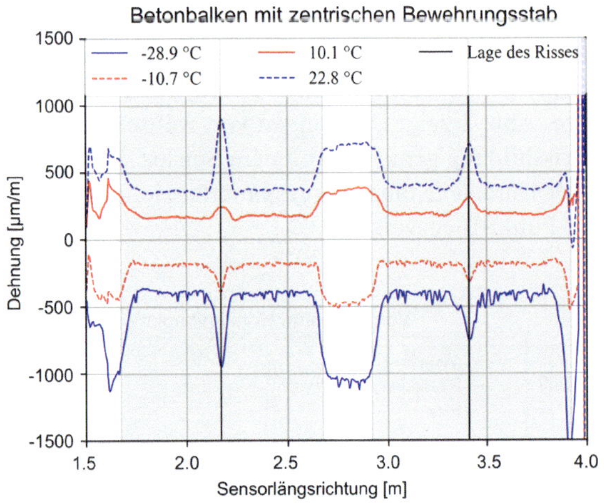

Abb. 4: Dehnungen am zentrisch bewehrten Stahlbalken mit Trennriss unter reiner Temperaturbelastung. Graue Schraffur: verklebter Bereich des DFOS in Längsrichtung

3. Zustandsbeurteilung von bestehenden Spannbetonbrücken mit DFOS

Nachfolgend wird beim Einsatz der quasikontinuierlichen Dehnungsmessung zur Zustandsbeurteilung zwischen Kurzzeit- und Langzeitmessungen unterschieden. Diese Unterscheidung erfolgt analog zu der Einteilung nach [2] und [4] in Kurzzeit- und Langzeitmonitoring, wobei Langzeitmessungen hier auch die Definition Dauermonitoring nach [2] und [4] beinhalten sollen. Je nach Messzeitraum ändern sich die Anforderungen an die Dauerhaftigkeit der Applikations- und der Messtechnik selbst. Für Kurzzeitmessungen eignen sich deshalb auch preisgünstigere Applikationstechniken und Sensorik, wie beispielsweise Kleben ohne Nut, Verwendung des Sensors SMF 28 oder Polyimid aus Abb. 2.

3.1 Kurzzeitmessungen

Kurzzeitmessungen umfassen Datenerfassungszeiträume von wenigen Minuten bis zu einigen Tagen. In diesen kurzen Zeiträumen sind die Schwankungen der Umwelteinflüsse (z. B. Temperatur, Tausalz, UV-Belastung etc.) nahezu konstant bis gering. Kurzzeitmessungen mit DFOS sind nur dann sinnvoll, wenn eine Dehnungsänderung erwartet wird oder Tätigkeiten durchgeführt werden, bei denen die Dehnungsänderung überwacht werden muss. Durch eine gezielte Probebelastung können auch solche Änderungen initiiert werden. Dabei kann das Ziel sein, die Dekompressionsbedingungen auf Querschnittebene zu überschreiten (ohne die Zugfestigkeit zu erreichen). Auf diese Weise können bereits vorhandene und überdrücke Risse erkannt werden.
Darüber hinaus können Messungen im Zuge von Instandsetzungs- oder Verstärkungsmaßnahmen dazu beitragen, die in den Nachrechnungen getroffenen Annahmen zu überprüfen und zu verifizieren. Die Einsatzmöglichkeiten sind vielfältig und hängen von den jeweiligen Randbedingungen ab. Nachfolgend sind einige Beispiele aufgeführt:

- Bestimmen von Lasten bei Belag-, Kappenerneuerung oder Verstärkung durch Aufbeton
- Beurteilung der Auswirkungen eines Lagerwechsels
- Beurteilung des Vorspanngrades beim Austausch von verbundlosen Spanngliedern
- Beurteilung der Spannungsverteilung im Verankerungsbereich
- Beurteilung der Spanngliedverankerungen während des planmäßigen Durchtrennens beim Rückbau

3.1.1 Beispielanwendung Verbundverankerung beim Rückbau

Beim Rückbau der Talbrücke in Unterrieden wurde aus baupraktischen Gründen der Überbau in Herstellrichtung abgebrochen. Abb. 5 zeigt einen Teil des Längsschnitts und den Querschnitt dieser Brücke. Bei diesem Abbruchvorgang liegen die Trennfugen der Abbruchtakte nicht an den bestehenden Koppelfugen und die Spannglieder müssen sich nach dem Durchtrennen über Verbund verankern. Die Bemessung der Rückbauzustände setzt eine konkrete Annahme zur Verankerungslänge voraus. Darüber hinaus ist eine Validierung der auftretenden Spaltzugkräfte im Verbundbereich von Interesse. Vorhandene Bemessungsansätze sind experimentell noch unzureichend untersucht. Aus diesem Grunde wurden an der Talbrücke in drei Abbruchtakten Messungen mit faseroptischen Sensoren durchgeführt, um die Dehnungsverläufe beim Durchtrennen der Spannglieder zu erfassen. Ziel ist die Ableitung von Aussagen zur effektiven Verbundlänge und den Spannungsverteilungen im Diskontinuitätsbereich.

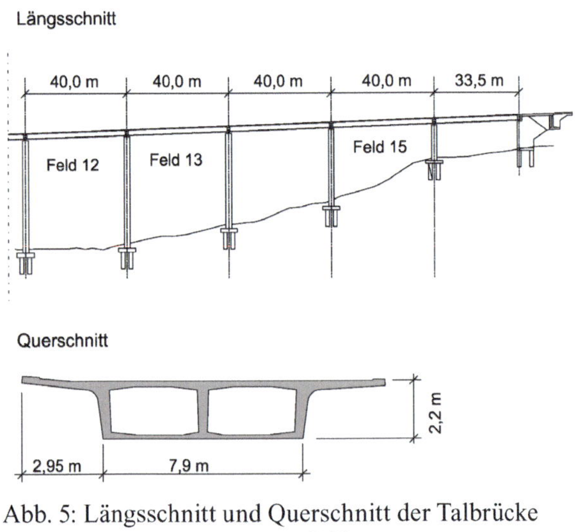

Abb. 5: Längsschnitt und Querschnitt der Talbrücke Unterrieden, entnommen aus [19]

Die Messungen und Auswertung der Messergebnisse wurden im Feld 12, Feld 13 und Feld 15 (siehe Abb. 5) in Kooperation mit der Technischen Universität Dresden, dem Ingenieurbüro MKP GmbH und dem Ingenieurbüro Büchting + Streit AG durchgeführt [19]. In den einzelnen Feldern wurden verschiedene Messlayouts mit unterschiedlichen Klebstoff- und Sensorkombinationen eingesetzt und anschließend die Ergebnisse gegenübergestellt. Die Anordnung der Sensoren kann übergreifend bei allen Messungen in eine Anordnung in Längs- und in Querrichtung unterschieden werden. Abb. 6 zeigt beispielhaft das Messlayout im Feld 13.

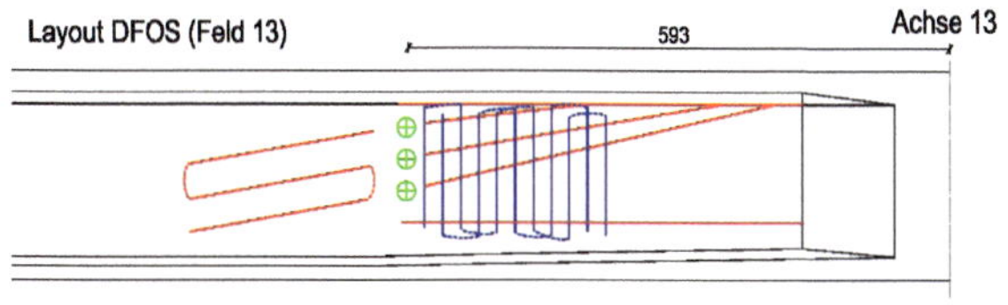

Abb. 6: Messlayout am Mittelsteg in Feld 13 zur Erfassung der Dehnungsänderung während des Durchbohrens der Spannglieder. Rot: DFOS in Längsrichtung, Blau: DFOS in Querrichtung, Grün: Lage der Kernbohrungen

In allen drei Feldern konnten vielversprechende Messergebnisse erzielt werden. Bei der Installation und der Auswertung zeigte sich jedoch, dass ein möglichst robustes Sensorsystem in Hinblick auf die verwendete Klebstoff- und Sensorkombination verwendet werden sollte. Dadurch kann auch ein Sensorbruch infolge Rissbildung vermieden werden, sofern die Dehnungsübertragung der Betonoberfläche und der optischen Faser nicht zu steif ausgebildet ist.

Die durchgeführten Messungen zeigen signifikante Stauchungen entlang der durchbohrten Spannglieder über eine Länge von ca. 1,0 m bis 2,0 m, sofern der umgebende Beton ungerissen ist. Kreuzen Risse die zu verankernden Spannglieder, zeigen die Ergebnisse Stauchungen über eine etwa ein Drittel längere Strecke. Aufgrund der geringen Betondeckung der Spannglieder kann die Verankerungslänge über die gemessenen Stauchungen abgeschätzt und den Längen mit Stauchungen gleichgesetzt werden. In Abb. 7 sind die Stauchungen in Zugdehnungen entlang der Sensoren in Feld 13 in Längsrichtung qualitativ dargestellt. Abb. 7 zeigt in Querrichtung Mikrorisse infolge Spaltzug in der Nähe der Bohrung. Diese Spaltzugrisse werden auch bei den anderen Messungen festgestellt und obwohl keine explizite Spaltzugbewehrung vorhanden war, blieben diese Risse sehr klein. Dies ist darauf zurückzuführen, dass die vorhandene Bügelbewehrung und die monolithische Bauweise der Stege mit Fahrbahn- und Bodenplatte den auftretenden Spaltzugkräften entgegenwirkten. Darüber hinaus trug der Beton in den ungerissenen Bereichen zur Lastabtragung bei.

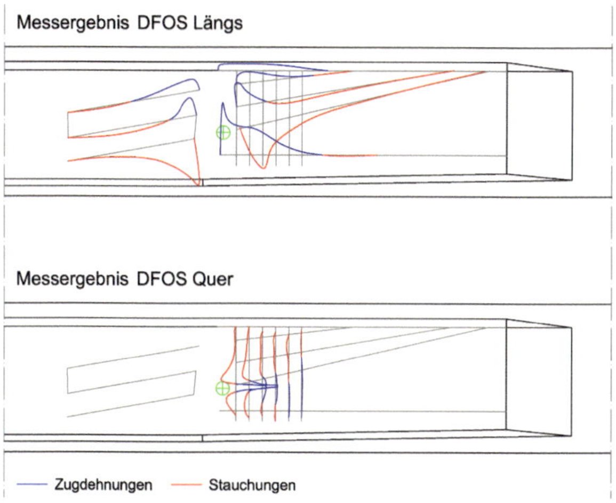

Abb. 7: Qualitative Darstellung von Stauchungen und Zugdehnungen in Feld 13 beim Durchtrennen der Spannglieder in der untersten Spanngliedachse

Durch den Einsatz von faseroptischen Messungen gemäß der hier vorgestellten Konzeption können die während des Rückbaus getroffenen Annahmen verifiziert werden. Insbesondere bei einer Nichtübereinstimmung der nachträglichen Verankerung mit den berechneten Schlupfkriterien bieten DFOS-Messungen eine detaillierte Grundlage für die Beurteilung des Rückbaufortschritts in Echtzeit und es können entsprechend geplante Maßnahmen eingeleitet werden.

3.2 Langzeitmessungen

Langzeitmessungen umfassen Datenerfassungszeiträume von mehreren Monaten bis zu mehreren Jahren, wobei das Ende der Messung nicht im Vorfeld definiert ist. Im Laufe eines Jahres treten je nach Jahreszeit unterschiedliche Umwelteinflüsse auf, die bei der Planung des Messkonzeptes im Vorfeld möglichst umfassend prognostiziert werden müssen. Allerdings können sich zu Beginn des Projekts unvorhergesehene Schwierigkeiten ergeben, die einen erhöhten Aufwand bei der Kalibrierung der Sensorik erfordern. Eine Möglichkeit der Kalibrierung besteht in der Durchführung von Probebelastungen mit bekannten Fahrzeuglasten und dem gleichzeitigen temporären Einsatz von sekundärer Messtechnik (z. B. Dehnungsmessstreifen oder Wegaufnehmer) zum Abgleich der Ergebnisse. Dabei ist es empfehlenswert, diese Probebelastungen zu verschiedenen Jahreszeiten und Umgebungsbedingungen zu wiederholen.

In Bezug auf die Erfassung der Messdaten bestehen grundsätzlich zwei Möglichkeiten: Das Messsystem kann entweder kontinuierlich betrieben werden, oder es können Intervallmessungen durchgeführt werden. Die kontinuierliche Überwachung ist mit einem relativ hohen Aufwand sowie einem erhöhten Geräteverschleiß verbunden. Ein Vorteil dieser Methode ist, dass alle auftretenden Dehnungsänderungen, auch die durch Umwelteinflüsse, kontinuierlich erfasst werden können. Jede Messung kann je nach Messrate auf eine einige Sekunden zurückliegende Messung referenziert werden. Demgegenüber sind Intervallmessungen weniger aufwendig, allerdings ist bei der Auswertung der Messdaten eine größere Unsicherheit zu berücksichtigen. Es ist zu beachten, dass beispielsweise beim Einsatz des BRUSens V9 Sensors zu Beginn mehrere Referenzmessungen bei unterschiedlichen Temperaturen erforderlich sind, um der erhöhten Streuung des Messsignals bei abweichenden Temperaturen entgegenzuwirken (vgl. Kap. 2.2.2). Darüber hinaus ist die Installation zusätzlicher Überwachungssysteme zu empfehlen. Als weitere Überwachungssysteme können beispielsweise Webcams zur Videoaufzeichnung eingesetzt werden, um etwaige Störereignisse durch Verkehr, Wetter oder ähnliches zu dokumentieren, sowie Temperatursensoren, um eine verlässliche Temperaturkompensation für die Auswertung zu gewährleisten. Von essenzieller Bedeutung ist zudem der Schutz der Messtechnik vor Diebstahl und Vandalismus, soweit dies möglich ist. Langzeitmessungen ermöglichen die Überwachung von bereits initiierten und potenziellen Schädigungsmechanismen. Letztere betreffen insbesondere Spannbetonbrücken, die trotz rechnerischer Defizite ein gutes Erscheinungsbild aufweisen. Ferner können Langzeitmessungen im Rahmen einer Brückenprüfung zum Einsatz kommen, um schwer zugängliche Bereiche ohne handnahe Sichtprüfung auf Schädigungen zu untersuchen. Im Folgenden werden einige Beispiele für den Einsatz bei bekannten Problemen aufgeführt:

- Überwachung von Rissbreiten [20]
- Überwachung von Koppelfugen mit möglichen Ermüdungsbruch [18]
- Detektion einer Erstrissbildung aus Spannstahlbrüchen
- Detektion einer Dehnungsänderung aus Spannstahlbrüchen bei fehlenden Versagensvorankündigung
- Detektion von Rissen zur Versagensvorankündigung bei Querkraftdefiziten ([15] zeigt die Tauglichkeit unter Laborbedingungen)

3.2.1 Beispielanwendung Detektion von Dehnungsänderungen und Erstrissbildung aufgrund von Spannstahlbrüchen

An den zwei Plattenbrücken „Kreuzhof“ mit spannungsrisskorrosionsgefährdeten Spannstahl im Münchner Süden ist zum sicheren Fortbetrieb ein Monitoringsystem im Einsatz [21]. Für beide Bauwerke konnte das erforderliche RissvorBruch Kriterium nach Handlungsanweisung Spannungsrisskorrosion nicht in jedem Querschnitt nachgewiesen werden [7]. Aber auch in Bereichen mit ausreichendem Ankündigungsverhalten, ist eine objektbezogene Prüfanweisung nach dieser Handlungsanweisung zu definieren. Neben einer 1,5jährigen Datenerfassung mit unterschiedlicher Sensorik zur objektspezifischen Verkehrslastermittlung (B-WIM System) und dem fortlaufenden Dauerbetrieb von akustischen Sensoren zur direkten Detektion von Spanngliedbrüchen, werden vier Mal jährlich Dehnungen entlang der Brückenlängsrichtung mit den DFOS BRUSens V9 gemessen. Ziel der DFOS ist die Detektion von Dehnungsänderungen und Rissen in Folge von Spanndrahtbrüchen. Abb. 8 zeigt den Längsschnitt und den Querschnitt eines der beiden Bauwerke. Die Platte wurde mit zylindrischen Hohlkörpern ausgeführt. In den Stegen zwischen diesen Hohlkörpern befinden sich mindestens zwei bis maximal sechs Spannglieder des Typs Sigma Oval im nachträglichen Verbund. Die DFOS sind in jedem zweiten Steg an der Unterseite des Überbaus positioniert.

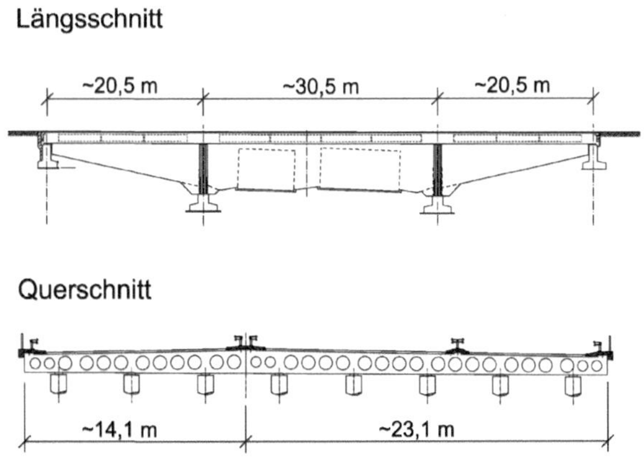

Abb. 8: Längsschnitt und Querschnitt der Brücke „Kreuzhof“ BW40/45

Nach der Inbetriebnahme des Monitoringsystems wurden Probebelastungen durchgeführt, die nach sechs Monaten wiederholt wurden. Diese Maßnahme diente der Identifikation von Umwelteinflüssen bei bekannter Belastung auf die Sensorik. Die Messergebnisse zeigen, dass bei einer Belastung mit zwei LKWs mit maximalem Fahrzeuggewicht von 42 to nur sehr geringe Dehnungsänderungen von kleiner 30 µm/m (0,03 ‰) auftreten. Dies führt dazu, dass das Messignal aus leichten Fahrzeugen vom Messrauschen der DFOS überdeckt wird. Demgegenüber manifestieren sich Dehnungsänderungen, die auf Temperaturschwankungen zurückzuführen sind, in besonders ausgeprägter Form. In Abb. 9 sind beispielhaft Messergebnisse bei Temperaturänderungen in blau dargestellt. Bei der Gegenüberstellung der Rohdaten mit berechneten Dehnungen am Stabwerk zeigt sich ein konstanter Versatz der Dehnungen, während der lineare Trend ähnliche Tendenzen aufweist. Durch die Bereinigung der Rohdaten mittels der Differenz der Ausdehnungskoeffizienten des Betons und Sensors, nähern sich die Daten den berechneten Werten an.

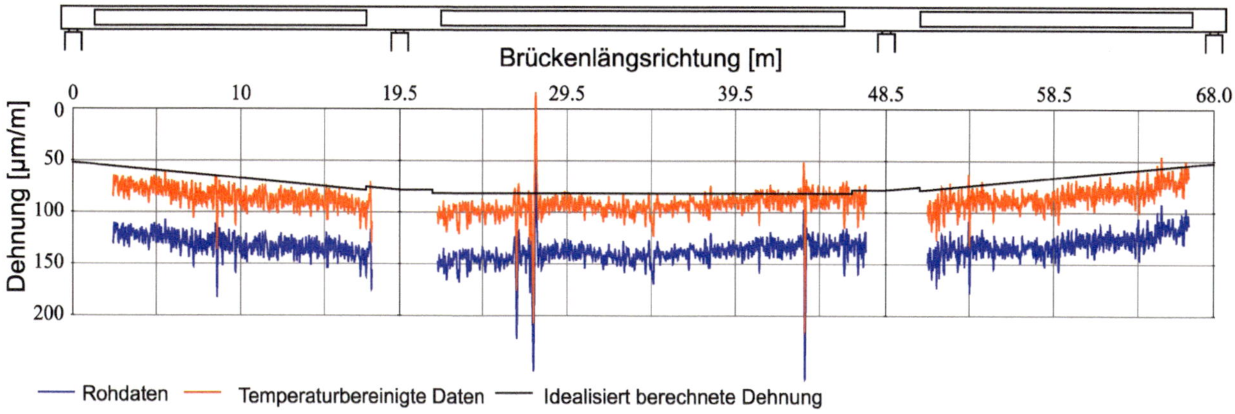

Abb. 9: Messergebnisse am BW40/45 bei geänderter Oberflächentermperatur: konstanter Anteil ΔT_N = ~7.7 K, linear veränderlicher Anteil ΔT_M = ~5.0 K (oben wärmer als unten)

Die in Abb. 9 dargestellten Dehnungsspitzen weisen eine Dominanz von ca. 200 µm/m (0,20 ‰). Im Rahmen von Laboruntersuchungen werden derartige Dehnungsspitzen üblicherweise als Indiz für das Vorliegen eines Risses gewertet. Eine visuelle Inspektion der Brücke ergab, dass der betreffende Bereich einen Versatz in der Betonoberfläche aufweist. Dies resultiert in einem Versprung des Sensors in Längsrichtung, wodurch eine lineare Dehnungsübertragung zwischen Beton und Glasfaserkern nicht möglich ist. Bei einer Betrachtung aller Messungen über mehrere Jahre hinweg, manifestieren sich die Dehnungsspitzen bei gleicher Temperatur stets an derselben Stelle. Unter der Voraussetzung, dass das Messsignal auf eine Messung bei ähnlicher Temperatur referenziert wird, sind keine Dehnungsspitzen mehr erkennbar. Dies lässt den Schluss zu, dass es sich nicht um eine neu entstandene Dehnungsänderung handelt.

4. Fazit

Dieser Beitrag zeigt anhand von Praxisbeispielen und Laboruntersuchungen, dass die quasi-kontinuierliche faseroptische Dehnungsmessung auf Basis der Rayleigh-Rückstreuung vielversprechende Ergebnisse für die Zustandsbewertung und Überwachung von bestehenden Spannbetonbrücken liefert. Der Einsatz von DFOS muss für jedes Bauwerk und jede Fragestellung individuell unter Berücksichtigung der Vor- und Nachteile der Technologie bewertet und geplant werden. Der größte Vorteil dieser Messtechnik liegt in der Erfassung von Dehnungsänderungen, die mit dem bloßen Auge nicht erkennbar sind. Somit stellt sie eine präzise Methode zur Überwachung von Bauwerkszuständen dar.

In den letzten Jahren wurde die Messtechnik zur quasikontinuierlichen faseroptischen Dehnungsmessung weiterentwickelt, was sich in einer erhöhten Zuverlässigkeit bei der Datenerfassung, einer immer einfacheren Handhabung und einer robusten Funktion in unterschiedlichsten Umgebungen widerspiegelt. Gleichzeitig wurden von verschiedenen Herstellern neue faseroptische Sensoren entwickelt. Damit besteht die Möglichkeit, unterschiedliche Sensoren einzusetzen und verschiedenste Anwendungen zu realisieren. Neben den gezeigten Beispielen existieren in der Literatur weitere zahlreiche Beispiele aus Labor- und Felduntersuchungen, die eine zuverlässige Funktionsweise von DFOS verifizieren und die Vor- und Nachteile verschiedener Sensoren und Grenzen in der Anwendung aufzeigen (z. B. [22][23][24]). Die zukünftige Herausforderung in der Anwendung bei bestehenden Spannbetonbrücken besteht in der Entwicklung von Standardlösungen für bestimmte Problemstellungen, die eine Lebensdauerverlängerung der Bauwerke ermöglichen.

Literatur

[1] DIN Deutsches Institut für Normung e.V. DIN 1076: Ingenieurbauwerke im Zuge von Straßen und Wegen. Berlin: Beuth Verlag GmbH, 1999.

[2] Deutscher Beton- und Bautechnik-Verein E.V.: Brückenmonitoring: Planung, Ausschreibung und Umsetzung. Berlin: Deutscher Beton- und Bautechnik-Verein E.V, 2018.

[3] Deutsche Gesellschaft für zerstörungsfreie Prüfung - Fachausschuss für Zerstörungsfreie Prüfung im Bauwesen - Unterausschuss Dauerüberwachung von Bauwerken: Merkblatt B 09: Dauerüberwachung von Ingenieurbauwerken. Berlin: DGZfP, 2022.

[4] Novák, B.; Stein, F.; Farouk, A.; Thomas, L.; Reinhard, J.; Zeller, T.; Koster, G.: Erfahrungssammlung Monitoring für Brückenbauwerke - Berichte der Bundesanstalt für Straßenwesen Brücken- und Ingenieurbau Heft B 197. Bergisch Gladbach: Fachverlag NW in der Carl Ed. Schünemann KG, 2024.

[5] Bundesministerium für Verkehr, Bau und Stadtentwicklung: Regelungen und Richtlinien für die Berechnung und Bemessung von Ingenieurbauwerken (BEM-ING) – Teil 2 Nachrechnung von Straßenbrücken im Bestand (Nachrechnungsrichtlinie). Bonn, 2011

[6] Deutscher Ausschuss für Stahlbeton: DAfStb-Richtlinie Verstärken von Betonbauteilen mit geklebter Bewehrung. Berlin: DAfStb, 2020.

[7] Bundesministerium für Verkehr, Bau und Stadtentwicklung: Regelungen und Richtlinien für die Berechnung und Bemessung von Ingenieurbauwerken (BEM-ING) –Handlungsanweisung Span-

nungsrisskorrosion - Handlungsanweisung zur Überprüfung und Beurteilung von älteren Brückenbauwerken, die mit vergütetem, spannungsrisskorrosionsgefährdetem Spannstahl erstellt wurden. Bonn, 2011.

[8] Monsberger, C.M.; Lienhart, W.: Distributed Fiber Optic Shape Sensing of Concrete Structures. In: Sensors (2021), 21, 6098. https://doi.org/10.3390/s21186098

[9] Lienhart, W.; Strasser, L.; Dumitru, V.: Distributed Vibration Monitoring of Bridges with Fiber Optic Sensing Systems. In: Proceedings of Experimental Vibration Analysis for Civil Engineering Structures; EVACES 2023. Lecture Notes (2023). Herausgeber: Limongelli, M. P.; Giordano, P. F.;·Quqa, S.; Gentile, C.; Cigada, A.

[10] Samiec, D.: Verteilte faseroptische Temperatur- und Dehnungsmessung mit sehr hoher Ortsauflösung. In: Photonic (2011).

[11] fibrisTerre Systems GmbH: fTB 5020 Fiber-optic sensing system for distributed strain and temperature monitoring [online] https://www.fibristerre.de/products/ [abgerufen am 11.08.2024].

[12] LUNA Innovations: ODiSI 6000 Series [online] https://lunainc.com/sites/default/files/assets/files/datasheet/Luna%20ODiSI%206000%20Data%20Sheet.pdf [abgerufen am 11.08.2024].

[13] Polytec GmbH: Systeme mit kontinuierlicher Messpunktfolge [online] https://www.polytec.com/de/optischesysteme/produkte/faseroptischemesstechnik/faseroptischedehnungsmesssysteme/systememitkontinuierlicher-messpunktfolge [abgerufen am 11.08.2024].

[14] LUNA Innovations: ODiSI 6000 Series [online] https://lunainc.com/sites/default/files/assets/files/datasheets/OBR4600_DS_REV6_111623.pdf [abgerufen am 11.08.2024].

[15] Lamatsch, S.; Fischer, O.: Querkraftversuche an unterschiedlich hoch vorgespannten Balkenelementen mit baupraktischen Bauteilabmessungen. In: Bauingenieur 99 (2024), Heft 1/2, S. 35-45.

[16] Gläser, C.: Zustandsbewertung von Spannbetonbauwerken anhand von in Spannglieder integrierten ortsauflösenden Sensoren (smart tendons). In: Tagungsband 27. Münchener Massivbau Seminar (2023). Herausgeber: Förderverein Massivbau der TU München e.V.

[17] Fröse, J.; Fischer, O.: Investigations on the bond behavior of ribbed reinforcing bars with the use of fiber-optic strain measurement. In: Proceedings of the 5th International Conference Bond in Concrete, Stuttgart, Germany, 25–27 (2022) pp. 50–61. Herausgeber: Hofmann, J.; Plizzari, G.

[18] Novák, B.; Stein, F.; Reinhard, J.; Dudonu, A.: Einsatz kontinuierlicher faseroptischer Sensoren zum Monitoring von Bestandsbrücken. In: Beton- und Stahlbetonbau Volume 116 (2021), Issue 10, S.s 718-726. https://doi.org/10.1002/best.202100070

[19] Burger, H.; Betz, B.; Richter, B.; Herbers, M.; Schramm, N.; Diers, J; Schacht, G.; Lingemann, J.; Marx, S; Fischer, O.: Untersuchungen zur Verbundverankerung von durchtrennten Spanngliedern beim Brückenrückbau. Zur Veröffentlichung in: Beton und Stahlbetonbau (2024). In Vorbereitung.

[20] Herbers, M.; Richter, B.; Gebauer, D.; Classen, M.; Marx, S.: Crack monitoring on concrete structures: Comparison of various distributed fiber optic sensors with digital image correlation method. In: Structural Concrete (2023), Volume 24, Issue 5. https://doi.org/10.1002/suco.202300062

[21] Fischer, O.; Schramm, N.; Burger, H.; Tepho, T.: Wirklichkeitsnahe Beurteilung des Brückenbestands mit innovativer Sensorik – SpRK-Monitoring der Kreuzhofbrücken München. In: Innsbrucker Bautage 2022 – Festschrift zum 60. Geburtstag von Univ.-Prof. Dr.-Ing. Jürgen Feix (2022). Herausgeber: Berger, J.

[22] Bado, M.F.; Casas, J.R.: A Review of Recent Distributed Optical Fiber Sensors Applications for Civil Engineering Structural Health Monitoring. In Sensors (2021), 21, 1818. Basel, Switzerland.https://doi.org/10.3390/s21051818

[23] Bednarski L.; Sienko R.; Howiacki T.; Zuziak K.; The Smart Nervous System for Cracked Concrete Structures: Theory, Design, Research, and Field Proof of Monolithic DFOS-Based Sensors. Sensors (2022), 22, 8713. https://doi.org/10.3390/s22228713

[24] Berrocal C.; Fernandez I; Bado, M.; Casas J.; Rempling R. (2021) Assessment and visualization of performance indicators of reinforced concrete beams by distributed optical fibre sensing. Structural Health Monitoring Volume 20, Issue 6. https://doi.org/10.1177/1475921720984431

Neue Technologien für die Inspektion von Betonbauwerken – Ein Blick in die Zukunft

Dr. Dominik Merkle
Fraunhofer-Institut für Physikalische Messtechnik IPM, Freiburg im Breisgau

Valentin Vierhub-Lorenz
Fraunhofer-Institut für Physikalische Messtechnik IPM, Freiburg im Breisgau

Jannis Gangelhoff
Fraunhofer-Institut für Physikalische Messtechnik IPM, Freiburg im Breisgau

Jan Jung
Universität Freiburg, Institut für Nachhaltige Technische Systeme – INATECH, Professur für Monitoring von Großstrukturen

Alen Nasic
Fraunhofer-Institut für Physikalische Messtechnik IPM, Freiburg im Breisgau

Prof. Dr. Alexander Reiterer
Fraunhofer-Institut für Physikalische Messtechnik IPM, Freiburg im Breisgau; Universität Freiburg, Institut für Nachhaltige Technische Systeme – INATECH, Professur für Monitoring von Großstrukturen

Zusammenfassung
Die präzise automatisierte Detektion und Vermessung von z. B. Rissen und Hohlstellen an Betonbauwerken bleibt aufgrund der Diversität von Schadensbildern, Oberflächenarten und Anforderungen an die Messgenauigkeit nach wie vor eine anspruchsvolle Aufgabe, die noch nicht vollständig gelöst ist. Dieser Beitrag bietet einen Überblick über neue Technologien im Bereich Sensorik und Autonomie, die für die automatisierte Inspektion von Betonbauwerken eingesetzt werden können. Im Rahmen des Vortrags werden aktuelle Forschungsarbeiten und Ergebnisse des Fraunhofer-Instituts für Physikalische Messtechnik IPM für die Inspektion von Betonbauwerken vorgestellt. Dies umfasst die automatisierte Detektion von oberflächigen Schäden wie z. B. Risse per Unmanned Aerial System (AUS). Hierbei wird ein Ausblick auf autonome mobile robotische Lösungen zur hochgenauen Vermessung von Rissbreiten gegeben. Zusätzlich werden aktuelle Light Detection and Ranging (LiDAR) Entwicklungen präsentiert, die durch die Verwendung von unterschiedlichen Wellenlängen die Detektion des Feuchtegehalts an Betonoberflächen ermöglichen. Darüber hinaus werden aktuelle Arbeiten zur laserbasierten Hohlstellendetektion präsentiert und gezeigt, wie ein entwickeltes Unterwasser-LiDAR System z. B. für Unterwasser-Betonstrukturen eingesetzt werden kann. Abschließend gibt der Beitrag einen Ausblick auf zukünftige Entwicklungen und Trends im Bereich Sensorik und Autonomie und Möglichkeiten für deren Integration in bestehende Inspektionsabläufe.

1. Einführung

Die Inspektion von Brückenbauwerken nach Norm DIN 1076 stellt nach wie vor eine herausfordernde Aufgabe für die große Anzahl an Betonbauwerken dar. Große zum Teil nur mit Hilfsplattformen erreichbare Flächen und zugleich feine Schadensstrukturen wie Risse oder Hohlstellen, die bisher mit dem Hammerschlag detektiert werden, erschweren automatisierte Ansätze. Hinzu kommt die Diversität der Bauwerke, Oberflächen, Schäden und Umgebungen. Kombiniert mit Verschmutzung, Vegetation, Graffiti und weiteren Artefakten ist die menschliche Expertise und Erfahrung von großer Bedeutung.

Trotz der Herausforderungen, werden immer mehr Methoden für die automatisierte Detektion und Interpretation von Schäden entwickelt. Die meisten Verfahren basieren auf optischen Verfahren. Vorwiegend werden mittels semantischer Segmentierung basierend auf Deep Learning pixelbasiert (mehrere) oberflächige Schadensklassen wie z. B. Risse oder Abplatzungen in RGB-Kamera-Daten, erkannt. Der Fokus liegt in den meisten Fällen auf der Detektion und nicht der genauen Vermessung der Abmaße. Während bei großflächigen Schäden wie Abplatzungen die Auflösung der Bilddaten gering sein kann und die Genauigkeit im Randbereich nicht essenziell ist, ist es im Falle von Rissen umgekehrt. Hier sind eine sehr hohe Auflösung und Genauigkeit erforderlich, um die sehr feinen Strukturen sicher erkennen zu können und die breiteste Stelle des Risses zu messen.

Allein die Erkennung von oberflächigen Schäden reicht jedoch nicht aus, um die vollständige Inspektion nach Norm abzudecken bzw. zu unterstützen. Für die Verkehrssicherheit sind besonders Hohlstellen und Ablösungen kritisch. Teile, die drohen abzuplatzen, werden direkt weggeschlagen. Perspektivisch ist es jedoch hilfreich im Vorfeld besonders betroffene Bereiche zu erkennen und im Nachgang nur eine Auswahl von Stellen manuell zu untersuchen. Hierfür gibt es mehrere Methoden. Passive Thermografie nutzt den Temperaturgradient der Umgebungstemperatur. Dadurch kann z. B. vormittags der warme abgelöste Bereich von der umgebenden kalten Brückenstruktur unterschieden werden. Hierbei ist das Zeitfenster jedoch limitiert und die Erkennung stark abhängig von der relativen Messgenauigkeit des Sensors. Im Gegensatz dazu, erfordert die aktive Thermografie eine ausreichende und homogene Erwärmung der Oberfläche, was schwer realisierbar ist.

Zusätzlich ist die Feuchtemessung von Betonbauwerken während dem Bau und dem Bestand relevant. Diese Information kann in RGB-Bildern oder klassischen Laserscan-Daten nicht erkannt werden. Eine Option ist die Erkennung bzw. die Messung von Feuchte indirekt über den Temperaturunterschied, Anomalien oder Verdunstungseffekte. Zusätzlich kann eine Multi- oder Hyperspektral-Kamera genutzt werden. Doch auch hier ist die Methode abhängig vom Umgebungslicht.

Für die oben beschriebenen Problemfelder – genaue Rissbreitenmessung, Hohlstellendetektion und Feuchtedetektion – soll dieser Artikel unterschiedliche Lösungsmöglichkeiten aus der aktuellen Forschung am Fraunhofer IPM präsentieren. Die Lösungen umfassen die automatisierte Detektion von z. B. Rissen per UAV. Besonderes Augenmerk wird auf die autonome mobile robotische Lösung zur hochgenauen Vermessung der Rissbreite gelegt. Darüber hinaus werden aktuelle Arbeiten zur laserbasierten Hohlstellendetektion präsentiert und gezeigt, wie ein entwickeltes System z. B. für Tunnel- oder Brückenbauwerke eingesetzt werden kann. Zur Detektion von Feuchte an Betonoberflächen wird zudem ein multispektraler Laserscanner vorgestellt, der mit zwei unterschiedlichen Wellenlängen, am gleichen Punkt im Raum die Distanz und Intensität des rückgestreuten Lichts misst und damit die Bestimmung des Feuchtegehalts erlaubt. Die Eignung eines entwickelten Unterwasser-LiDAR Systems wird zudem auf Eignung zur Detektion von Schäden untersucht. Abschließend werden zukünftige Entwicklungen und Trends im Bereich Sensorik und Autonomie und Möglichkeiten für deren Integration in bestehende Inspektionsabläufe diskutiert.

2. Methoden zur Inspektion von Betonbauwerken

2.1 Automatisierte UAS-Pfadplanung

Für die Datenerfassung bieten sich für Brückenbauwerke handgehaltene, fliegende und fahrende Sensorsysteme an. Fahrende Plattformen, wie zum Beispiel Unmanned Ground Vehicles (UGV) haben den Vorteil, dass sie beim Einsatz in abgesperrten Bereichen, zum Beispiel durch eine Teilsperrung der Straße, ein geringes Risko darstellen. Für Unmanned Aircraft Systems (UAS) gelten hingegen besonders für Brücken an Bundesfernstraßen oder Bahnanlagen gewisse rechtliche Mindestabstände. Aktuell darf ein UAS in der Kategorie A2 nach der 1:1 Regel (Flughöhe kleiner als der Abstand) bis zu 10 m nah fliegen. Andere Möglichkeiten bietet der Betrieb in der speziellen Kategorie oder wenn eine ausdrückliche Zustimmung der zuständigen Stelle oder des Betreibers vorliegt. In Zukunft könnte jedoch aufgrund zusätzlicher Sicherheitssysteme und Betriebsgenehmigungen, eine automatisierte Befliegung bei eingeschränktem Betrieb wie z. B. nachts oder mit einer Teilsperrung möglich sein. Dies hängt auch stark von der Brückengröße und der Infrastruktur ab, die die Brücke überspannt.

Aufgrund diverser Geometrien und sich verdeckenden 3D-Strukturen ist die optimierte Flugplanung essenziell zur vollständigen Erfassung mit der erforderlichen Qualität. Hierfür wurde ein Algorithmus entwickelt, um für ein UAS mit definiertem Kamerasystem, der maximal zulässigen Pixelgröße am Objekt (Ground Sampling Distance (GSD)) sowie Überlappungs- und Winkelanforderungen iterativ die optimierten Kamerapositionen zu berechnen, die eine vollständige photogrammetrische 3D-Rekonstruktion sowie eine Detektion von z. B. Sub-Millimeter-Rissen ermöglicht [1]. Als Grundlage wird ein As-Built-Modell bzw. das umhüllende 3D-Mesh mit wählbarem Detailgrad und optional eine Punktwolke der Umgebung benutzt wie in Abb. 1 dargestellt. Das 3D-Mesh dient dabei als Grundlage für die Flugplanung und die Punktwolke hilft hauptsächlich zur Verschneidung zur Identifikation von inspizierbaren Flächen. Flächen die unterirdisch liegen oder aufgrund des Bauwerks bzw. des UAS-Designs (Größe, Mindest-Sicherheitsabstand, Freiheitsgrad des Kamera-Gimbals, etc.) nicht die minimale Datenqualität erfassen können, werden automatisiert identifiziert. Als Schlussfolgerung können diese Bereiche entweder durch ein anderes UAS oder durch einen Menschen inspiziert werden. Zusätzlich kann das Tool genutzt werden, um die Eignung eines UAS für ein spezielles Bauwerk zu prüfen. Zusätzlich können Hindernisse wie z. B. Vegetation schon bei der globalen Vorplanung berücksichtigt werden. Bei dynamischen Umgebungen und einer Änderung zur 3D-Punktwolke ist eventuell eine lokale Pfadplanung in Echtzeit notwendig. Ein zusätzliches Käfig-Design kann zudem helfen, so nah wie möglich and die Oberfläche und auch in verwinkelten engen Bereichen zu fliegen.

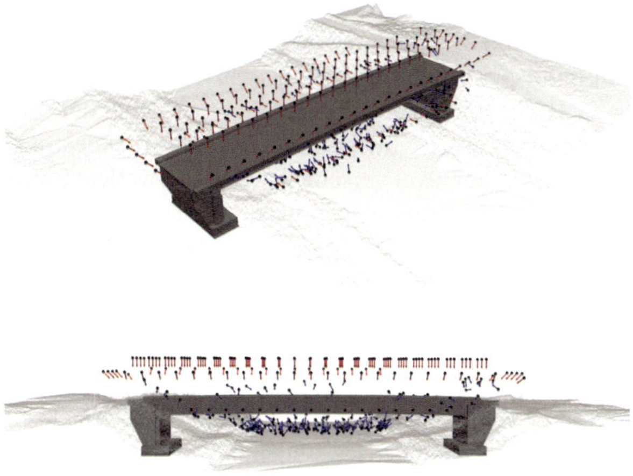

Abb. 1: Schrägansicht (oben) und Seitenansicht (unten) der automatisierten Flugplanung mit optimierten Kameraposen zur vollständigen und hochaufgelösten Erfassung von Bauwerken am Beispiel einer Brücke in Freiburg. 3D-Mesh und 3D-Punktwolke der Umgebung fließen in die Berechnung mit ein.

Bisher sind 3D-Modelle bzw. selbst ein 3D-Mesh nur selten für ein Bestandsbauwerk vorhanden. Bei neuen Bauwerken ist das selten ein Problem. Doch auch bei Bestandsbauwerken, muss dieser Aufwand nur einmal betrieben werden, da größere bauliche Änderungen selten vorkommen und diese Änderungen auch mit vergleichsweise niedrigem Aufwand angepasst werden können. Zudem gibt es viele Bemühungen der automatisierten Ableitung von 3D Modellen aus photogrammetrischen oder Laserscanning Punktwolken [2], [3]. Zusätzlich wurden bereits Methoden untersucht und entwickelt, um aus 2D-Bestandsplänen 3D Modelle zu erzeugen [4].

2.2 Rissbreitenmessung

Die Messung der Breite von Sub-Millimeter-Rissen erfordert eine ausreichend niedrige GSD. Zur Messung der Breite eines 0,2 mm Risses ist für einen Faktor 10 eine GSD von kleiner als 0,02 mm optimal. Jedoch ist oft die Unterscheidung in 0,05 mm Schritten üblich. Daher kann bereits eine GSD von ca. 0.05 mm ausreichend sein. Da jedoch erst der Riss erkannt werden muss, bevor die Breite bestimmt werden kann und die Sensorauflösung begrenzt ist, gibt es einen Konflikt zwischen notwendigem Kontext durch ein ausreichendes Sichtfeld und ausreichend niedriger GSD. Die Lösung ist entweder ein System aus zwei Kameras mit unterschiedlichen Objektiven und Brennweiten, eine optische Pan Tilt Zoom Einheit oder eine Echtzeit-Navigation, die es erlaubt, aus der Distanz einen Riss zu erkennen und aus der Nähe zu vermessen.

Aktuelle Untersuchungen mit Hilfe einer kleinen, kompakten DJI Tello Drohne zeigen erste vielversprechende Ergebnisse. Durch ihre geringe Größe und ihr geringes Gewicht von ca. 80g, hat die Drohne den Vorteil, dass sie in engen und schwer erreichbaren Bereichen fliegen kann. Zudem kann die Drohne mit Python programmiert werden, insbesondere mit der Bibliothek djitellopy [5], die es einfach macht, einen autonomen Flug zu implementieren. Mit 82,6° Field of View (FoV) und einer Auflösung von 2592 × 1936 Pixel ermöglicht eine GSD von 0,07 mm/Pixel bei einem Arbeitsabstand von 10 cm. Hiermit konnten schon erste Ergebnisse erzielt werden. Im ersten Schritt wird wie in Abb. 2 gezeigt, der Riss aus der Distanz mit Hilfe des YOLOv8-Modells [6], erkannt. Im zweiten Schritt wird der Riss gemessen, falls der Riss vollständig im FoV zu sehen ist. Andernfalls wird der Anfang des Risses autonom gesucht und bis zum Ende geflogen. Dabei werden kontinuierlich Screenshots gemacht, sobald eine Überlappung von ca. 70 % zwischen den Screenshots erreicht ist. Anschließend, werden diese Screenshots mittels Image Stitching zu einem Gesamtbild zusammengefügt. Im letzten Schritt kommt die Analyse des Rissbildes, bei der die Länge und Breite präzise berechnet wird.

Abb. 2: Links: DJI Tello Drohne im Flug über dem Boden in Richtung des Rissbildes. Rechts: Risserkennung mittels YOLOv8-Modells aus größerer Distanz.

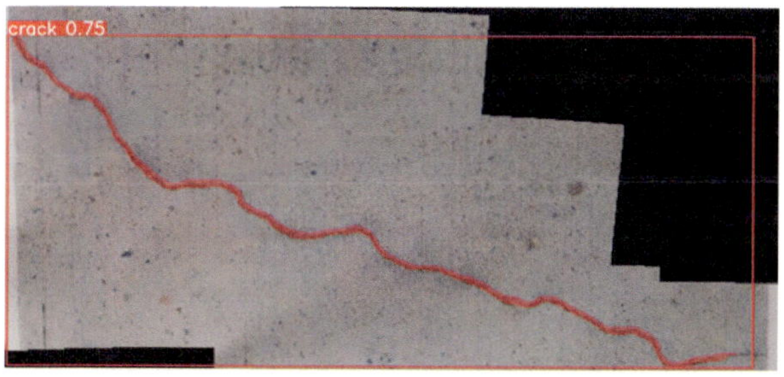

Abb. 3: Rissmessung nach der Erkennung, wenn der Riss vollständig aus der Nähe aufgenommen wurde, mittels Image Stitching. Der Riss wird zusätzlich mit YOLOv8 segmentiert.

2.3 Laser-basierte Hohlstellendetektion

Am Fraunhofer IPM wurde ein System zur Laser-basierten Hohlstellendetektion entwickelt. Hieber wird auf der Betonoberfläche durch einen starken Laserpuls ein Plasmablitz erzeugt. Die resultierende Schockwelle bringt den lokalen Bereich zum Schwingen und ersetzt somit den klassischen Schlag mit dem Hammer. Ein zweiter Laser misst per Laser-Doppler-Vibrometrie die angeregten Schwingungen mit hoher Präzision. Durch eine Abrasterung mit definierter Gitterauflösung können damit großflächig z. B. Tunnel aber perspektivisch auch Brückenbauwerke inspiziert werden. In Zukunft soll zusätzlich die räumliche Auflösung während der Messung angepasst werden, um direkt auf Anomalien zu reagieren und deren Umrisse genauer zu erfassen. Die Kombination mit Punktwolken, photogrammetrischen Modellen als auch Methoden des maschinellen Lernens für RGB-Bildinformationen kann zusätzlich die Plausibilitätsanalyse unterstützen bzw. dafür sorgen, dass die Messungen nur an geeigneten Stellen stattfinden und nicht z. B. an sonstiger Infrastruktur wie Lüftungen, Schilder, Metallstrukturen, oder auf Vegetation. Abb. 4 zeigt das System bei der Vermessung eines Probekörpers mit künstlicher Fehlstelle im Labor.

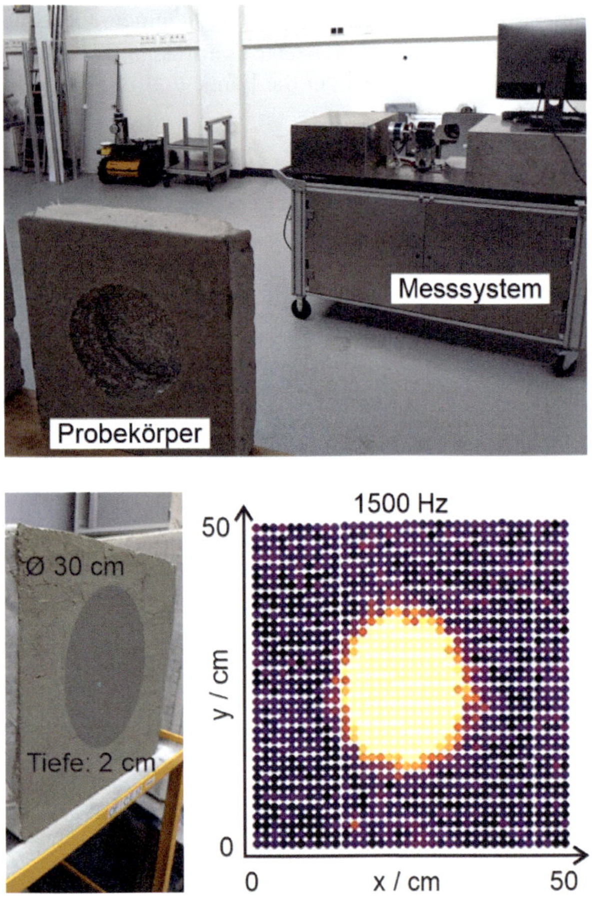

Abb. 4: Oben: System basierend auf Pulslaser und Laser-Doppler-Vibrometrie für den optischen Hammerschlag bei der Vermessung eines Betonprobekörpers mit künstlicher Hohlstelle. Unten: Farblich dargestellte gemessene Vibrationsstärke bei 1500 Hz Schwingungsfrequenz (dunkel – geringe Schwingung, hell – starke Schwingung), jeder Punkt repräsentiert einen Messpunkt auf der Oberfläche.

2.4 Multispektraler Laserscanner zur hochaufgelösten 3D-Feuchtedetektion

Ein multispektraler Laserscanner entwickelt am Fraunhofer IPM ermöglicht die simultane Erfassung der 3D-Information eines Messpunkts sowie die rückgestreute Intensität bei zwei verschiedenen Laserwellenlängen (1320 nm und 1450 nm). Durch das Wissen über das Absorptionsspektrum von Wasser kann über den Vergleich der Intensitäten des rückgestreuten Lichts für die beiden unterschiedlichen Wellenlängen die Information über den Wassergehalt der Oberfläche gewonnen werden. In Kombination mit einer mobilen Trägerplattform und einer Verortung ist das Ergebnis eine hochaufgelöste 3D-Punktwolke mit den jeweiligen Intensitätsinformationen und der Information über den Feuchtegehalt. Damit lässt sich beispielsweise wie in Abb. 5 dargestellt eintretendes Wasser in Tunneln automatisiert detektieren. Wie in Abb. 6 zu erkennen ist, lässt sich über den Wassergehalt auch Vegetation sehr einfach von der Umgebung unterscheiden.

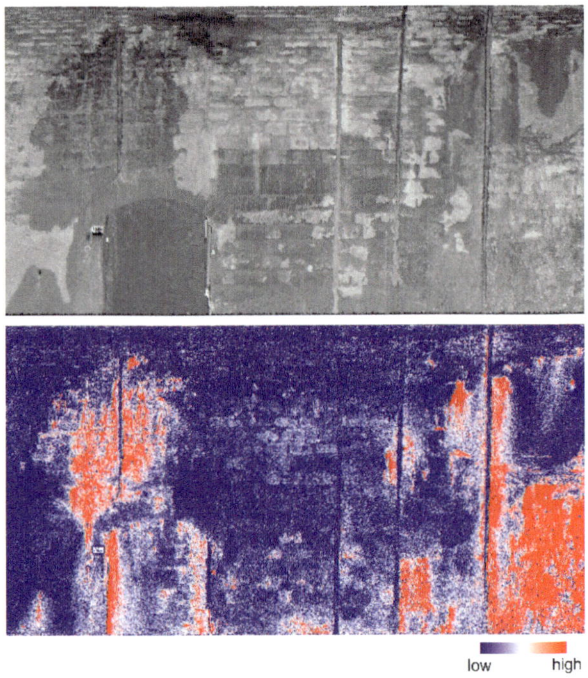

Abb. 5: Ausschnitt einer Punktwolke eines Tunnelscans. Obere 3D-Punktwolke mit Intensität des rückgestreuten Lichts als Grauwert und untere Punktwolke mit Feuchtewert von niedrig in Blau über weiß bis hoch in Rot.

Abb. 6: Ausschnitt einer Punktwolke eines Wohngebietes. Obere 3D-Punktwolke mit Intensität des rückgestreuten Lichts als Grauwert und untere Punktwolke mit Feuchtewert von niedrig in Blau über weiß bis hoch in Rot.

2.5 Unterwasser-Laserscanning zur Inspektion von Unterwasserbetonstrukturen

Zur Inspektion von Unterwasserstrukturen wurde ein Unterwasser LiDAR System (ULi) entwickelt [7]. Mit einer Wellenlänge von 532 nm und einer Pulswiederholrate von 100 kHz ist über eine rotierende Doppel-Keilprisma Optik [8] eine hochaufgelöste flächige Erfassung möglich. Unterschiedliche Scanmuster ermöglichen eine linien- und kreisförmige Erfassung aus der Bewegung oder durch die 2D-Strahlablenkung eine vollflächige Erfassung einer Szene ohne notwendige Bewegung des Messsystems.

Für Testkampagnen und zur Evaluierung der Messgenauigkeit und maximalen Messdistanz bei unterschiedlichen Wasserbedingungen wurde hierfür eine 40 m lange Unterwassermessstrecke gebaut, in der die Trübung variiert werden kann. Hier können unterschiedliche Strukturen platziert werden, die für die Unterwasserinspektion von z. B. Betonstrukturen relevant sind. Abb. 7 zeigt einen Aufbau mit Steinen, einem Rohr, einem Fass aus Kunststoff und den umliegenden Betonwänden. Die Trübung im Wasser erschwert hierbei die Sicht der Kamera.

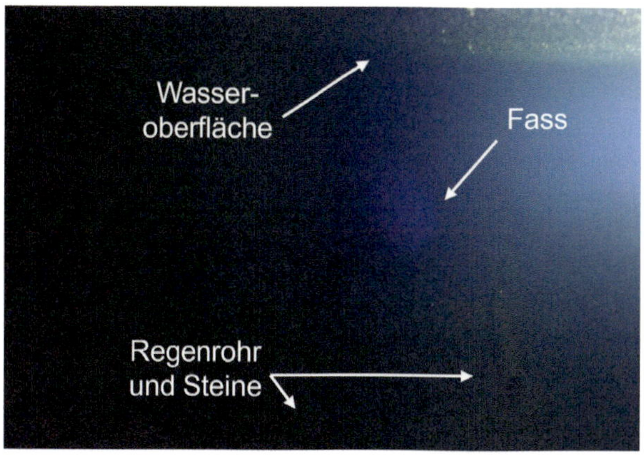

Abb. 7: Aufnahme in der Unterwassermessstrecke am Fraunhofer IPM mit einer Kamera in Kombination mit einer in 40 cm seitlichem Abstand angebrachten Taucherlampe. Die Objekte sind aufgrund der Trübheit nur noch schwer zu erkennen. Gut zu erkennen ist die Streuung des Lichtkegels und der damit einhergehenden Blendung der Kamera, welche den Kontrast im Bild weiter reduziert. Zum Größenvergleich: der Regenrohrdurchmesser beträgt ca. 10 cm.

Wie in Abb. 8 dargestellt, wurde die Szene aus Abb. 7 zeitgleich zur Kameraaufnahme mit dem Unterwasser-LiDAR System erfasst. Das System misst gleichzeitig die Intensität des rückgestreuten Lichts und die hochaufgelöste und genaue 3D-Information von Strukturen unter Wasser. Damit können z. B. Artefakte wie Fugen, Auswölbungen, Abplatzungen oder größere Risse detektiert werden. Aktuell werden Methoden des maschinellen Lernens zur automatisierten Schadens- und Objektdetektion entwickelt. Diese Information kann in Zukunft für die automatisierte Pfadplanung genutzt werden, um eine vollständige und hochaufgelöste Erfassung selbst in trübem Wasser zu ermöglichen.

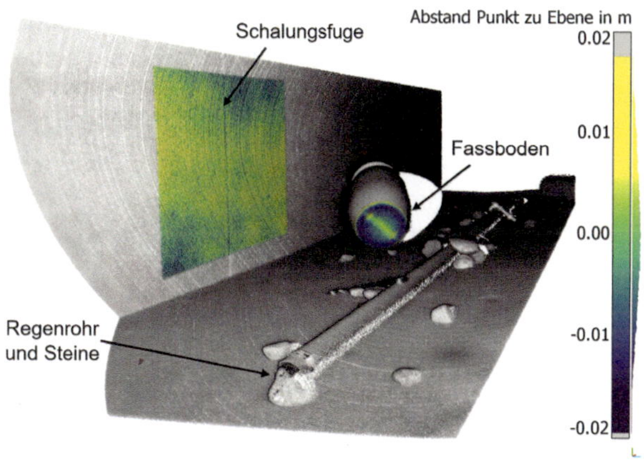

Abb. 8: Unterwasser-Punkwolke von der Unterwassermessstrecke am Fraunhofer IPM aufgenommen mit dem Unterwasser LiDAR System (ULi). Intensität des rückgestreuten Lichts in Graustufen und Unebenheiten (Abstand der Punkte zur gemittelten Ebene) an der Wand links und dem Fassboden in Viridis Farbskala-Darstellung.

3. Ausblick auf die robotische Messtechnik

In Zukunft werden die in Abschnitt 2. vorgestellten Sensorsysteme auf mobilen robotischen Plattformen integriert. Das Ziel ist es dadurch, eine vollständige und qualitäts-optimierte Erfassung zu ermöglichen. Zudem soll damit eine hohe Auflösung nur in relevanten Bereichen erreicht, Fehlmessungen z. B. in trübem Wasser erkannt und durch Optimierung der Scan-Einheit oder der angepassten Distanz zum Zielobjekt korrigiert und eine Echtzeit-Schadensinterpretation zur Submillimeter-Vermessung realisiert werden. Hierfür spielt Echtzeit-KI eine entscheidende Rolle, um z. B. die großen Datenmengen während der Operation filtern und visualisieren zu können. Letzteres ist von hoher Bedeutung, um in Zukunft Menschen in die Messabläufe stärker einzubinden.

Ein großes Potenzial bieten zudem kooperative Systeme wie Schwarmsysteme aus mehreren gleichen Systemen zur Effizienzsteigerung oder die Zusammenarbeit unterschiedlicher Plattformen zur Aufgabenteilung. Besonders für Brückenbauwerke bietet sich eine Kombination von fahrenden und fliegenden Plattformen ab. Die mobilen Plattformen umfassen z. B. robotische Hunde, Unterwasser-Rover, fahrende Rover sowie autonome UAS oder USVs. Besonders UAS werden in Zukunft durch Systeme zur Risikominderung wie Fallschirmsysteme deutlich sicherer. Hiermit ist der Betrieb in Zukunft eventuell auch trotz Unbeteiligten in anliegender Infrastruktur von Betonbauwerken möglich.

Neben der Auflösung und Genauigkeit der Sensorsysteme ist die Miniaturisierung essenziel, um kostengünstige autonome Lösungen durch den Einsatz von kompakten Plattformen bereitzustellen. Mit hoher Wahrscheinlichkeit wird in Zukunft die handnahe Prüfung weiterhin notwendig sein jedoch ergänzt und unterstützt durch automatisierte Methoden. Auch handgetragene Systeme oder sogenannte Helm-Scanning Systeme sind möglich für eine effektive Mensch-Maschine Interaktion und die Erfassung während der Ausübung anderer Aufgaben.

Eine vollautomatisierte Inspektion kann zusätzlich durch eine Multi-Sensordatenfusion robuster werden. Hierbei kann z. B. die Kombination der Interpretation von RGB-Bildinformationen und z. B. der laserbasierten Hohlstellendetektion oder Feuchtemessung ein vollständiges Verständnis ermöglichen. Zusätzlich wird dadurch die digitale Inspektion zur stichprobeartigen Überprüfung der automatisierten Ergebnisse ermöglicht, da eine realitätsnahe Darstellung zur Inspektion hilfreich ist.

4. Zusammenfassung

In dieser Arbeit wurde ein Überblick über neue Technologien im Bereich Sensorik und Autonomie für die automatisierte Inspektion von Betonbauwerken präsentiert. Lösungen für die automatisierte Detektion von oberflächigen Schäden wie z. B. Risse per UAS im autonomen Betrieb bieten hier den Vorteil, einen kostengünstigen Kompromiss zwischen Kontext und ausreichender GSD zu ermöglichen. Hierfür wurden aktuelle Untersuchungen präsentiert. Zusätzlich wurden Möglichkeiten zur Verwendung von unterschiedlichen Wellenlängen für die Detektion des Feuchtegehalts an Betonoberflächen aufgezeigt. Abgesehen von der oberflächigen Untersuchung von Betonbauwerken, wurde aufgezeigt, wie mittels Laser-Doppler-Vibrometrie Hohlstellen automatisiert detektiert werden können. Zielobjekte sind Tunnel aber perspektivisch z. B. auch Brückenbauwerke. Die Intensitäts- und 3D-Information von einem Unterwasser-LiDAR System zeigt zudem die mögliche Detektion von Unterwasserdefekten. Abschließend wurde ein Ausblick auf robotische Messtechnik zur Automatisierung von Inspektionsaufgaben diskutiert. Neben der Verwendung von Echtzeit-KI wurde herausgestrichen, dass besonders die Miniaturisierung, die erweiterten Messparameter, die Messgenauigkeit und die Integration in robuste autonome Gesamtsysteme eine entscheidende Rolle spielen.

Danksagung

Diese Arbeit ist finanziert durch das Fraunhofer-Leitprojekt „Ganzheitliches Verfahren für eine nachhaltige, modulare und zirkuläre Gebäudesanierung – BAU-DNS“.

Literaturverzeichnis

[1] J. Jung, D. Merkle und A. Reiterer, „Automated Camera Pose Generation for High-Resolution 3D Reconstruction of Bridges by Unmanned Aerial Vehicles,“ Remote Sensing, Bd. 16, Nr. 8, p. 1393, 2024. https://doi.org/10.3390/rs16081393

[2] J. J. Lin, A. Ibrahim, S. Sarwade und M. Golparvar-Fard, „Bridge Inspection with Aerial Robots: Automating the Entire Pipeline of Visual Data Capture, 3D Mapping, Defect Detection, Analysis, and Reporting,“ Journal of Computing in Civil Engineering, Bd. 35, Nr. 2, 2021. https://doi.org/10.1061/(ASCE)CP.1943-5487.0000954

[3] Z. Shang und Z. Shen, „Flight Planning for Survey-Grade 3D Reconstruction of Truss Bridges,“ Remote Sensing, Bd. 14, Nr. 13, p. 3200, 2022. https://doi.org/10.3390/rs14133200

[4] K. N. Poku-Agyemang und A. Reiterer, „3D Reconstruction from 2D Plans Exemplified by Bridge Structures,“ Remote Sensing, Bd. 15, p. 677, 2023. https://doi.org/10.3390/rs15030677

[5] D. F. Escoté, J. Löw und weitere, „DJITelloPy,“ 9. Juni 2023. [Online]. Available: https://github.com/damiafuentes/DJITelloPy

[6] University, „crack Dataset. OpenSource Dataset,“ Roboflow Universe, 2022. [Online]. Available: https://universe.roboflow.com/university-bswxt/crack-bphdr [Aufruf am 31. Juli 2024].

[7] C. S. G. Werner, J., S. Frey, D. Steiger und A. Reiterer, „Development of a compact pulsed time-of-flight LiDAR platform for underwater measurements,“ The International Hydrographic Review, Bd. 29, Nr. 2, pp. 200-207, 2023. https://doi.org/10.58440/ihr-29-2-n09

[8] „Compact, large aperture 2D deflection optic for LiDAR underwater applications,“ Proceedings Volume Remote Sensing of the Ocean, Sea Ice, Coastal Waters, and Large Water Regions 2022, p. 1226306, 2022. https://doi.org/10.1117/12.2634709

Untersuchung des Verpresszustands von Spannbetonbauten mit non- und minimal-invasiven Methoden

Einsatz von Ultraschall, Röntgen und Endoskopie

Dr.-Ing. Sebastian Schulze
bauray GmbH, Hamburg

Zusammenfassung
Für Dauerhaftigkeit und Tragfähigkeit von Spannbetonbauteilen im nachträglichen Verbund sind vollständig verpresste Hüllrohre essenziell. Ohne ausreichende Verpressung ist ein langfristiger Korrosionsschutz der Litzen nicht sichergestellt, die Lebensdauer einer Brücke durch den „Geburtsfehler" Verpressmangel ggf. deutlich reduziert. Erkannt werden derartige Mängel üblicherweise erst Jahre oder Jahrzehnte nach der Fertigstellung einer Brücke, da leere Hüllrohre und daraus folgende Schäden wie Korrosion und Litzenbrüche im Rahmen der Bauwerksuntersuchungen häufig nicht (oder zu spät) erkannt werden. Der Beitrag zeigt anhand aktueller Praxisbeispiele Einsatzmöglichkeiten zur schadfreien Untersuchung des Verpresszustands bestehender Brückenbauwerke. Insbesondere die Radiographie (Röntgen) hat dabei ihre Praxisrelevanz als direkt bildgebende, millimetergenaue Vermessung ermöglichende zerstörungsfreie Untersuchungsmethode erwiesen. Auch Ultraschall lässt sich in vielen Fällen zielführend zur Abschätzung des Verpresszustands einsetzen. In Kombination mit minimal-invasiven endoskopischen Eingriffen kann der Verpresszustand in der Regel gut bewertet werden. Das Potential der Methoden wird an Bauwerken aus ganz Deutschland mit unterschiedlichen Aufgabenstellungen erläutert.

1. Einführung

Etwa zwei Drittel der großen Fernstraßenbrücken Deutschlands sind in Spannbetonbauweise mit nachträglichem Verbund errichtet. Der Großteil dieser Brücken wiederum wurde in der Hochzeit des Spannbetonbaus in den 60er und 70er Jahren des 20. Jahrhunderts erbaut [1], und erfährt Jahrzehnt für Jahrzehnt zunehmende Belastung durch Verkehr.

Umso erstaunlicher ist es, dass die Qualität der Verpressung der Hüllrohre der allermeisten Brücken nie systematisch überprüft wurde, weder während der Herstellung noch im Zuge der Abnahme oder späterer Hauptprüfungen. Stets wurde eine – sehr einfache - Qualitätssicherung beim Einpressvorgang selbst als hinreichend für den Nachweis des Verpresserfolgs angesehen.

Dabei können die Beprobung des Verpressmörtels, der gleichmäßige Austritt von Verpressmörtel an den Entlüftungsröhrchen sowie das Anlegen von Verpressprotokollen kaum als hinreichend betrachtet werden, um die „Black Box" des Hüllrohrinnern ohne Weiteres als „vollständig verpresst" zu bewerten. In der Praxis hatte (und hat immer noch?) eine Vielzahl möglicher Faktoren einen Einfluss auf den tatsächlichen Verpresserfolg – Mörtelrezeptur, Geschwindigkeit des Einpressvorgangs, Beton-, Mörtel- und Lufttemperatur während der Verpressung, tatsächliche Lage von Einpress- und Entlüftungsöffnungen, tatsächliche Neigungen und Krümmungen im Spanngliedverlauf, Querschnitt des verwendeten Hüllrohrs, tatsächliche Lage der Litzen im Hüllrohr, usw.

Eine systematische Nachprüfung der Verpressung von Spanngliedern erfolgt unserer Erfahrung nach grundsätzlich nur in drei Fällen:

1. Bei Auftreten von Schäden, deren Ursache in Verpressmängeln vermutet wird
2. Im Zuge von Rückbaumaßnahmen mit zeitlich begrenzten, besonderen Lastzuständen (z. B. freigeschnittene Kragarme)
3. Bei Umbau/Nachrechnung/Umnutzung

Die Ambivalenz im Umgang mit Spannbeton (und mit Bauwerken im Allgemeinen) wird hier sehr deutlich: Einerseits wird, solange keine Schäden erkennbar sind, stets fehlerfreie Herstellung angenommen, andererseits wird man bei den Punkten 2 und 3 dann doch nervös und traut dem Bauwerk versteckte Mängel zu, die es zu überprüfen gilt.

In den folgenden Praxisbeispielen werden Ansätze zur zerstörungsfreien bis -armen Bewertung des Verpresszustands von Spanngliedern an Bestandsbrücken vorgestellt.

2. Bildgebende Bauwerksdiagnostik per Radiographie und Ultraschall

Radiographie bzw. Röntgen, Ultraschall und auch Endoskopie sind dem Laien als diagnostische Methoden aus der Medizin bekannt.

Das Prinzip der Radiographie ist einfach und ähnelt sehr dem der klassischen Schwarz-Weiß-Fotografie, bei der ein Film belichtet wird und über Belichtungs-, d. h. Helligkeitsunterschiede ein für das menschliche Auge interpretierbares Kontrastbild entsteht. Beim medizinischen Röntgen entsteht dieser Helligkeitsunterschied durch die unterschiedliche Absorption der auf den Körper einfal-

lenden Strahlung, die insbesondere von der Dichte der „Einbauteile" des menschlichen Körpers abhängt. So absorbieren z. B. Knochen mehr Strahlung als das umliegende Gewebe geringerer Dichte und es entsteht auf der Fotoplatte, dem Röntgenfilm bzw. dem digitalen Detektor ein Kontrastbild mit stärker und schwächer belichteten Bereichen, auf denen die Bestandteile des durchleuchteten Körperteils sichtbar werden. Das Prinzip ist dasselbe wie bei der Lichtbildfotografie, lediglich die genutzte Energie ist beim Röntgen deutlich höher, die Strahlung „härter". Bei beiden Anwendungen werden elektromagnetische Wellen genutzt – aus dem Spektrum des sichtbaren Lichts bzw. aus dem mehrere Größenordnungen höhenergetischen Spektrum der Röntgenstrahlung.
Abb. 1 zeigt ein einfaches Beispiel für den Einsatz von Röntgen bei der Untersuchung von Bauteilen. Aus dem Röntgenbild lassen sich alle Abmessungen, insbesondere die Durchmesser der eingebauten Bewehrung, ablesen.

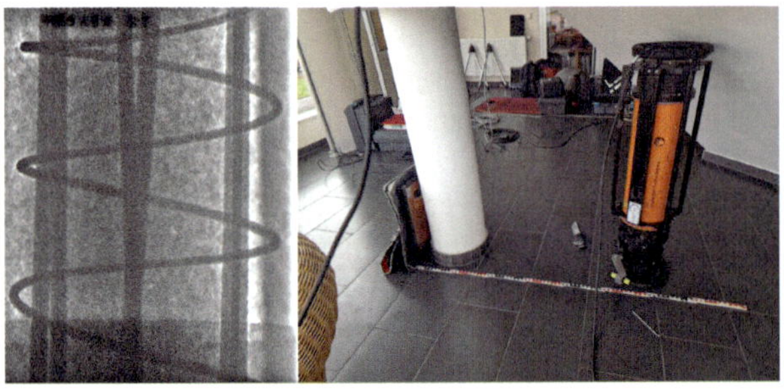

Abb. 1: Visualisierung der Bewehrung einer Rundstütze per Radiographie (Röntgen). Rechts das Bild mit der Röntgenröhre (orange) rechts von der Stütze und dem Detektor direkt links der Stütze; links das Röntgenbild des Stützenfußes mit sechs Vertikaleisen sowie der Wendelbewehrung

Beim Ultraschallechoverfahren im Bauwesen werden an der Betonoberfläche elastische Wellenimpulse durch hochfrequentes Schwingen von Erregerprüfköpfen erzeugt. Diese Signale breiten sich im Beton gemäß physikalischen Gesetzen aus, werden an Grenzflächen zu Stoffen anderer akustischer Eigenschaften reflektiert und an Empfängerprüfköpfen aufgezeichnet (Impuls-Echo-Prinzip). An Grenzschichten zu Luft erfolgt dabei stets eine Totalreflexion, zu darunterliegenden Bauteilen/Schichten kann keine Aussage getroffen werden. Über die Laufzeit des Signals kann bei bekannter Schallgeschwindigkeit die Entfernung zum Prüfkopf bestimmt werden. In Abhängigkeit des Zustandes von Oberfläche und Betonstruktur können Bauteile bis in Tiefen von ca. 100 - 150 cm untersucht werden. Bewehrung kann bei guten Randbedingungen bis in Tiefen von ca. 80 cm detektiert werden (ohne den Durchmesser feststellen zu können). Rückwände massiver Bauteile sind mit manuell einsetzbaren Messgeräten in Tiefen von bis zu ca. 250 cm detektierbar. Werden entlang einer Linie oder Fläche mehrere Signale erzeugt und empfangen, so kann mittels geeigneter Rekonstruktionsalgorithmen eine bildgebende Darstellung des Bauteilinnern erzeugt werden (vgl. Abb. 2).

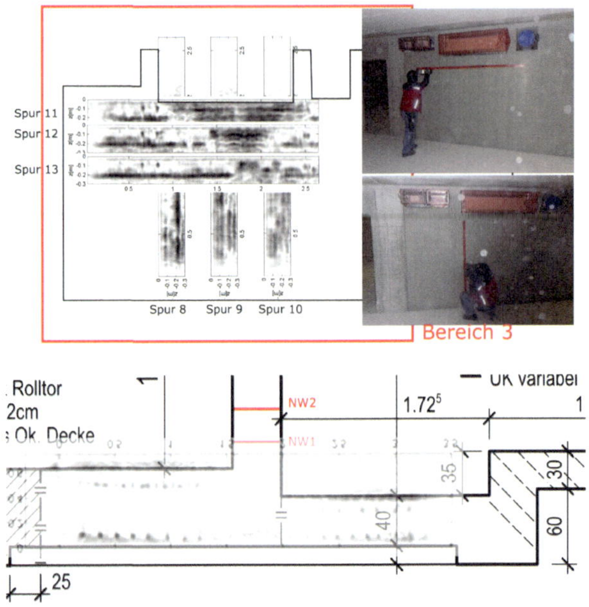

Abb. 2: Rekonstruktion eines horizontalen Wandquerschnitts per Ultraschall (exemplarische Abbildungen). Oben Ultraschallechomessung an Wandoberfläche, unten Ultraschallbild als rekonstruierter horizontaler Wandquerschnitt auf Planausschnitt.

Der wesentliche Vorteil bei Einsatz der Röntgentechnik im Bauwesen: Die direkte Bildgebung ermöglicht dem fachkundigen Baubeteiligten einen direkten, ohne Auslegungsschwierigkeiten interpretierbaren Blick ins Bauwerksinnere. Wo bei Ultraschall- oder anderen Verfahren (z. B. Radar) der Auftraggeber auf die Interpretation durch den erfahrenen Bauwerksprüfer angewiesen ist, ist dies im Falle von Spanngliedern oder schlaffer Bewehrung an Bauwerken nicht erforderlich. Die Bilder sprechen für sich, ähnlich z. B. wie beim Menschen, bei dem auch der Patient selbst den Knochen(-bruch) auf dem Röntgenbild zu erkennen vermag.
Der Nachteil der Röntgentechnik im Vergleich mit anderen Untersuchungsmethoden liegt in dem Erfordernis der beidseitigen Zugänglichkeit, handelt es sich doch um eine Durchstrahlungs- und keine Echoprüfung.

2.1 Bewertung des Verpresszustands an einer Brücke mit schadhaften Spanngliedern

Während Ausbesserungsarbeiten an Längsträgern der Hochstraße Elbmarsch im Zuge der A7 in Hamburg wurden 2022 bauseits unverpresste Spannglieder mit Litzenbrüchen vorgefunden (Abb. 1). Die Brücke wurde Anfang der 1970er erbaut, die betroffenen Hüllrohre waren demnach seit 50 Jahren völlig unverfüllt. Infolge der Verpressmängel sind irgendwann in diesem Zeitraum dann auch die festgestellten Litzenbrüche entstanden.

Abb. 3: Bauzeitlich unverfülltes Spannglied mit weitgehend abgerostetem Hüllrohr und korrosiven, teils gebrochenen Spannlitzen, festgestellt im Zuge von Betonausbesserungsarbeiten 50 Jahre nach Bau der Brücke.

Um den gesamten Schadensumfang zu erfassen und die nachträgliche Verpressung der Hüllrohre zu ermöglichen, war der Verpresszustand der Spannglieder zerstörungsfrei und minimal-invasiv zu erkunden.
Zum Einsatz kamen die Methoden Ultraschall und Radiographie (Röntgen). Ergänzend wurden minimal-invasive endoskopische Untersuchungen durchgeführt.

Abb. 4: Ultraschall- (links) und Röntgenuntersuchung (rechts; oben Detektorseite, unten Strahlerseite) am Brückenlängsträger

Die Ultraschallbilder wurden hinsichtlich der Hüllrohrrückseite bewertet, die nur dann im Ultraschallbild sichtbar sein kann, wenn das Hüllrohr mörtelverfüllt ist (Abb. 5). Anderenfalls würde das Signal von der Vorderseite des leeren Hüllrohr vollständig reflektiert werden. Dieser Ansatz funktioniert für relativ oberflächennah liegende Hüllrohre in erster Spanngliedlage, bei wenig Störanzeigen z. B. aufgrund von Betonbewehrung, und auch nur dann, wenn keine Ablösungen zwischen Verpressmörtel und Hüllrohr vorliegen.

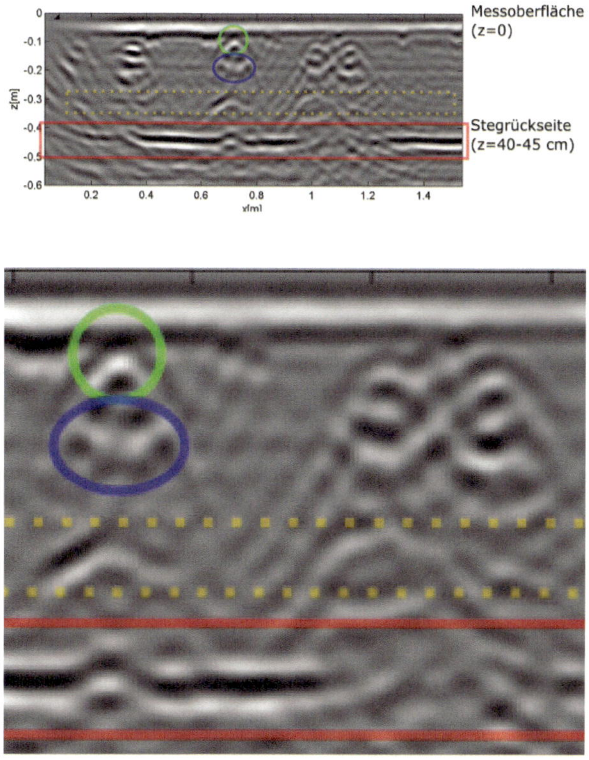

Abb. 5: Ausgewertetes Ultraschallbild der Messung aus Abb. 4 (senkrechte Messung an Steg hier horizontal dargestellt). Grün: Hüllrohrvorderseite; blau: Hüllrohrrückseite; rot: Bauteilrückseite, gelb gestrichelt: hintere/zweite Spanngliedlage (nicht bewertbar).
Abb. 5 zeigt ein Röntgenbild aus einem Bereich, in dem der Steg ca. 35 cm stark ist. Die eingesetzte Technik kommt hier an die Grenzen des technisch Möglichen, für die Durchstrahlung größerer Bauteilabmessungen wäre eine Röntgenröhre bzw. ein Beschleuniger mit höherer Energie erforderlich.

Die Grauwerte des Bildes, d. h. die Belichtungsstärke außerhalb und (abseits der Litzen) innerhalb des Hüllrohrs sind ähnlich, was hier als Nachweis des verpressten Hüllrohrs ausreicht, da Mörtel und umliegender Beton in etwa dieselbe Schwächung der Strahlung bewirken. Ein unverpresstes Hüllrohr würde eine deutlich stärkere Belichtung, d. h. ein helleres Bild, aus dem Hüllrohrinnern zeichnen, da in diesem Falle keine Schwächung der Strahlung durch den Verpressmörtel auftreten würde.

Abb. 6: Exemplarisches Röntgenbild eines Spanngliedes aus dem Trägersteg mit ca. 35 cm durchstrahlter Bauteilstärke. Sichtbar ist das Hüllwellrohr mit tangential durchstrahlter Hüllrohrwandung sowie das Litzenbündel (einzelne Litzen nicht unterscheidbar) und die außerhalb des Hüllrohrs befindliche Betonstabbewehrung.

Soweit möglich, wurde Ultraschall und Röntgen eingesetzt, um den Verpresszustand der Hüllrohre zerstörungsfrei zu untersuchen. War Röntgen nicht möglich und das Ultraschallbild nicht eindeutig, wurden ergänzend Endoskopien durchgeführt. Dafür wurde die Lage der Spannglieder per Ultraschall und Radar möglichst genau geortet und die Hüllrohre dann vorsichtig oberseitig angebohrt, um den Verpresszustand visuell zu überprüfen (Abb. 7).

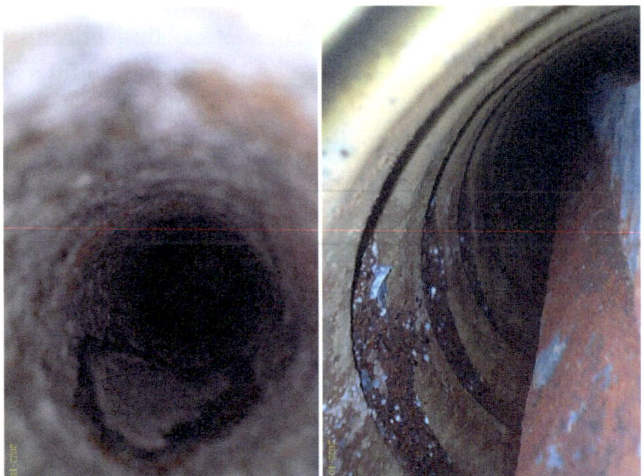

Abb. 7: Typische Ergebnisse der endoskopischen Untersuchung – links oberseitig angeschnittenes, vollverpresstes Hüllohr (Blick frontal in den Bohrkanal), rechts leeres Hüllrohr (Blick seitlich in das Hüllrohr nach Aufbohren des Hüllrohrs wie Abb.7 links).

Insgesamt wurden an diesem Bauwerk ca. 300 Spannglieder untersucht. Festgestellt wurden zwei leere Spannglieder und vereinzelte nicht voll verpresste Spannglieder, das Gros der Hüllrohre wies jedoch keine Auffälligkeiten auf, so dass der Instandsetzungsaufwand in engen Grenzen gehalten werden konnte.

2.2 Zustandsuntersuchung als Vorbereitung der Planung von Verstärkungsmaßnahmen

An einer dreifeldrigen Hohlkastenbrücke über die Agger in NRW sind Verstärkungsmaßnahmen vorgesehen. Dazu war neben der Überprüfung der Betonqualität (Druckfestigkeit) und des Planabgleichs der Lage der Quer- und Längsspannglieder auch die stichprobenartige Untersuchung des Verpresszustands der Hüllrohre von Interesse. Die Lageortung erfolgte auch hier mit Ultraschall, die zerstörungsfreie Einschätzung des Verpresszustands war aufgrund massiver Bauteilabmessungen (ungünstig für Röntgen) sowie Beton mit hohem Luftporenanteil und teilweise stark verwitterter Oberfläche (ungünstig für Ultraschall) schwierig, daher wurde vielerorts ausschließlich endoskopisch untersucht.

Abb. 8: Brücke über die Agger

Abb. 9 zeigt exemplarisch einige Ergebnisse der Sondierungen. Festgestellt wurden an etwa 20 % aller Untersuchungsstellen Verpressfehler unterschiedlichen Ausmaßes; vereinzelt waren Hüllrohre – zumindest im jeweils endoskopierten Bereich nahe der Hochpunkte des Spanngliedverlaufs – vollständig unverpresst und teilweise korrosiv (Abb.9 oben). An vielen Stellen entsprachen die Befunde Abb. 9 unten mit teilverfüllten Hüllrohren, bei denen davon auszugehen ist, dass die Hüllrohre weiter oben Richtung Hochlage noch geringer verfüllt oder unverfüllt vorliegen.

Aufgrund der festgestellten Befunde wird das Untersuchungsprogramm zum Zeitpunkt der Abgabe dieses Manuskripts noch ausgeweitet. Vorgesehen sind weitere Öffnungen insbesondere der von den Seiten aus nicht zugänglichen Hüllrohre des Spanngliedpakets an den Hochpunkten der Spanngliedverläufe von der Straßenoberseite aus.

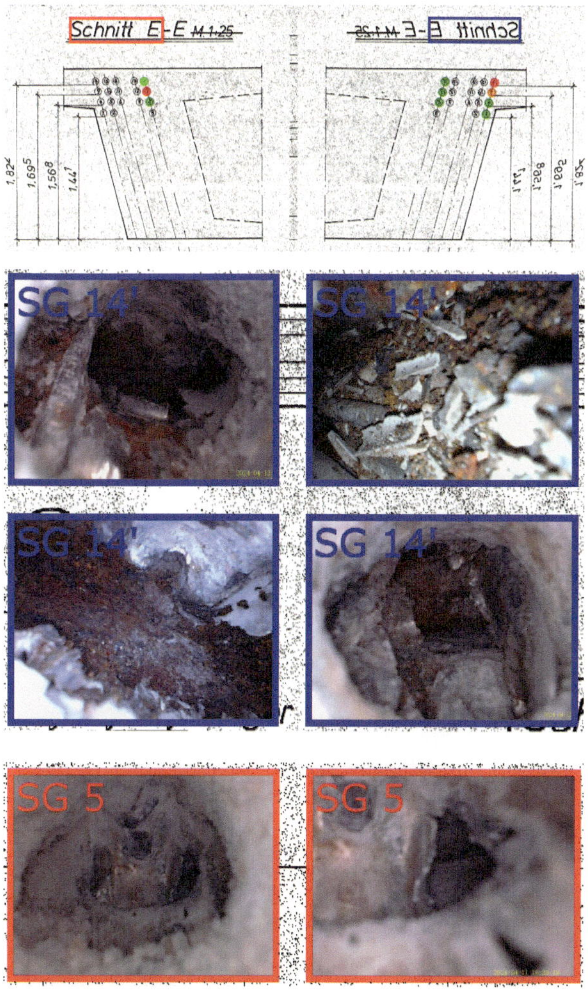

Abb. 9: stichprobenartig endoskopierte Hüllrohre (in seitlich zugänglichen Bereichen unterhalb des hier abgebildeten Schnitts der Hochlage) mit Ampelbewertung des Verpresszustands; exemplarische Endoskopien aus dem Hüllrohrinnern.

2.3 Hochauflösende Untersuchung des Verpresszustands

An einer einfeldrigen Brücke mit schlanken Fertigteilträgern konnte die Radiographie eingesetzt werden (Abb. 10 und 11), es waren keine Eingriffe in die Brückensubstanz zur Bewertung des Verpresszustands erforderlich.

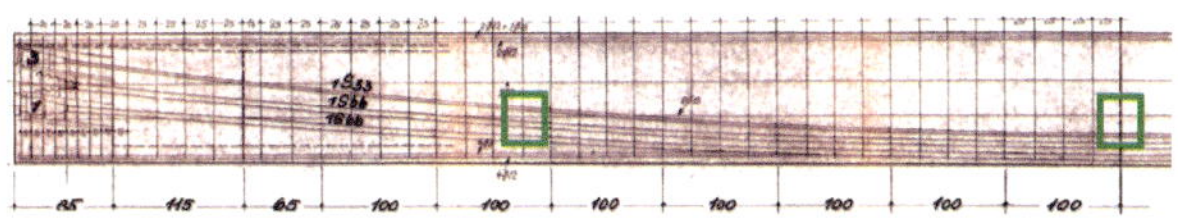

Abb. 10: Brücke über den Illerkanal; Längsschnitt mit Lage der unten abgebildeten Röntgenbilder

Abb. 11: oben mobile Röntgenkontrollstation; unten Anordnung Röntgenröhre (hinten) und Detektor (vorne, zwischen Rohrleitungen und Steg)

Der Steg weist eine Stärke von lediglich 14 cm auf, wodurch eine extrem hochauflösende Röntgenaufnahme des Bauteilinnern möglich wird, vgl. folgende Abbildungen. Sichtbar sind die Hüllrohrwindungen nicht nur im tangentialen Anschnitt, sondern umlaufend, außerdem sind die Litzen teilweise unterscheidbar, und selbst der Befestigungsdraht des Bewehrungskorbes (unter 2 mm Durchmesser) und die Rippung des bauzeitlichen Tor-Rippenstahls sind deutlich erkennbar. Die vollständige Verfüllung der Hüllrohre ist eindeutig feststellbar, selbst eine augenscheinliche Kaltfuge oder Versackung im Verpressmörtel (welche mutmaßlich keinen Einfluss auf Dauerhaftigkeit und Kraftschlüssigkeit hat) ist sichtbar.

In den Röntgenbildern ist außerdem deutlich die Kornstruktur des Betons erkennbar.

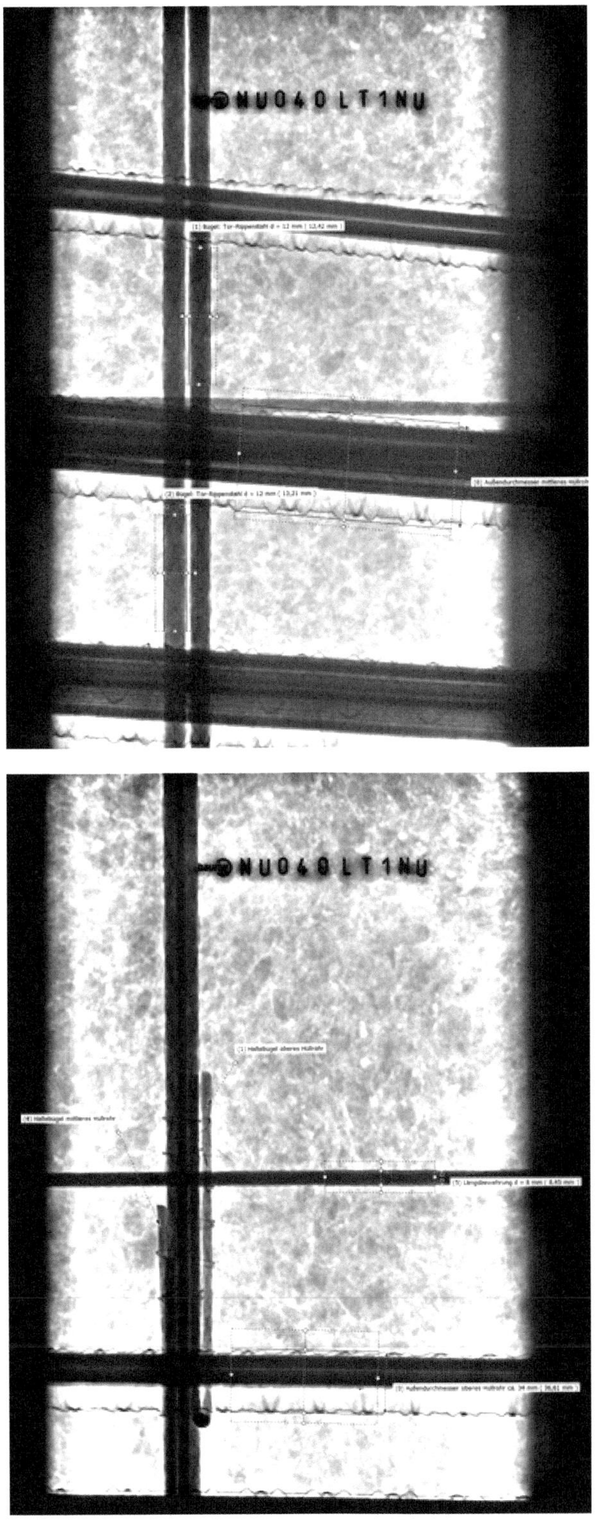

Abb. 12: Röntgenbilder der Spannglieder (vgl. Lage in Abb. 10).

Abb. 13: Vergrößerte Details aus Abb. 12: Hüllrohr und Befestigungsbügel; Kaltfuge/Versackung im Verpressmörtel unterhalb des Litzenbündels

3. Fazit und Ausblick

Insbesondere die Radiographie zeigt anhand der hier vorgestellten Praxisbeispiele eindrucksvoll ihr Potential für die Bauwerksuntersuchung, speziell für den Blick ins Innere von Spanngliedern, der ansonsten mit so hoher Aussagefähigkeit zerstörungsfrei nicht möglich ist. Zwar kann das Ultraschallverfahren in einigen Fällen bei der Bewertung des Verpresszustands helfen, aber nur per endoskopischer Sichtprüfung ist ansonsten eine gesicherte Aussage möglich – wobei auch dies stets nur für den einen Öffnungspunkt gilt, an anderen Stellen des Spanngliedverlaufs, besonders in den teils schwer zugänglichen Hochlagen oder im Bereich von Verankerungen, kann ein anderer Verpresszustand vorliegen.

Um künftig auch massivere Bauteile als die bisher möglichen ca. 35 cm bildgebend durchstrahlen zu können, laufen aktuell Machbarkeitsstudien zum Einsatz von

Elektronenbeschleunigern mit hohen Beschleunigungsenergien. Erste Ergebnisse bei der Bundesanstalt für Materialforschung und -prüfung (BAM) in Berlin deuten auf einen Einsatzbereich von bis zu etwa 80 cm Bauteilstärke hin (Abb. 14). Damit wären dann auch massivere Konstruktionen (breite Hohlkastenstege, dünne bis mittlere Plattenbalken) untersuchbar, insbesondere auch in ggf. relevanten Verankerungsbereichen.

Abb. 14: Röntgenbild der Verankerung eines Spannankers mit Gesamtbauteilstärke von 77 cm (zusammengesetzte Laborprobekörper)

Literatur

[1] Bundesministerium für Verkehr, Bau und Stadtentwicklung (BMVBS): Richtlinie zur Nachrechnung von Straßenbrücken im Bestand (Nachrechnungsrichtlinie), Mai 2011

Automatisierte Zustandserfassung mittels multivariater Inspektionssysteme und Drohnen – Stand der Entwicklung

Dipl.-Ing. Dirk Münzner
BuP. Boll Beraten und Planen Ingenieurgesellschaft mbH & Co. KG, Stuttgart

Dominik Thomas, M. Sc.
Helmut-Schmidt-Universität, Hamburg

Zusammenfassung
Die Herausforderungen beim Erhalt bestehender Infrastrukturbauwerke steigen enorm. Das MISDRO-Projekt hat sich daher zur Aufgabe genommen, die Ingenieure bei Erfassung und Bewertung entscheidend zu entlasten sowie gleichzeitig die Möglichkeiten der Bewertung zu erhöhen. Dadurch wird dem Ingenieur die Möglichkeit gegeben, die Bewertung schneller und fundierter durchzuführen und zu dokumentieren.

1. Motivation und Team

1.1 Motivation
Bei der vorhandenen Verkehrsinfrastruktur und hier insbesondere bei Ingenieurbauwerken wie Brücken ergibt sich eine immer größer werdende Lücke zwischen den personell, monetär und technisch möglichen Rahmen und den dringend notwendigen Maßnahmen zur Erhaltung.
Die gesetzlich vorgegebene Überprüfung des Ist-Zustandes des Brückenbauwerks hinsichtlich Standsicherheit und verkehrssicherer Nutzung orientiert sich methodisch noch an den bewährten technischen Möglichkeiten des vergangenen Jahrhunderts, auch wenn der Vorentwurf der neuen DIN 1076 mittlerweile vorliegt. Geschultes Personal und Experten untersuchen das Bauwerk, dokumentieren Schäden, erstellen Berichte und werten diese aus – ein Prozedere, das sich bisher an Bauwerken mit wenig Schäden und einem gutem oder befriedigenden Gesamtzustand orientieren konnte.
Mit der gleichzeitigen Annäherung vieler tausender Brückenbauwerke, die zwischen 1950 und 1980 erbaut wurden, an den Mindestsollzustand und dem damit verbundenen massiven Anstieg von zu dokumentierenden Schäden und Bewertungskriterien, stößt die bisherige Methodik an ihre Grenzen. Gleichzeitig nimmt die Personaldecke der erforderlichen Experten, wie in vielen anderen Fachbereichen, ebenfalls ab.
Das Projekt „MISDRO“ verfolgt das Ziel, die Prozesse der Zustandserfassung auf Basis der neuen technischen Möglichkeiten durch Drohnen, Sensorik, Digitalisierung und KI neu zu denken und die Zustandserfassung nicht nur zu beschleunigen, sondern auch inhaltlich wesentlich zu verbessern.
Der Einsatz innovativer Technik, um bequemer zu besseren Ergebnissen zu kommen, soll auch einen Motivationsschub auslösen, um junge Ingenieure als Nachwuchs für die Sicherstellung des Betriebs alternder Brücken zu gewinnen.

1.2 Team
Das MISDRO- Konsortium wird von Prof.- Dr. Gündel vom der Helmut-Schmidt-Universität / Universität der Bundeswehr Hamburg, Lehrstuhl für Stahlbau und Stahlwasserbau und seinen Mitarbeitern geleitet. Die Professur für Regelungstechnik der Helmut-Schmidt-Universität, BuP. Boll Beraten und Planen, Emqopter, Synergeticon und Wölfel Engineering sind als Konsortialpartner beteiligt.
Den Mitgliedern des Konsortiums sind verschiedene Arbeitspakete zugeteilt, welche im Wesentlichen den folgenden Umfang beinhalten:
Das Arbeitspaket (AP) 1 beinhaltet die Analyse und Definition der Anforderungen an ein Inspektionssystem, die sich aus den Inspektionsrichtlinien der Infrastrukturbetreiber von Wasserbauten, Straßen- und Eisenbahnbrücken ergeben. Die ermittelten Anforderungen fließen ein in das AP 2, in dem ein eigenes Drohnensystem speziell für die Bauwerksprüfung entwickelt wird. Parallel dazu behandelt das AP 3 die Zustandsanalyse mittels kontaktloser, zerstörungsfreier Prüfverfahren und Entwicklung von KI-basierten Algorithmen für eine automatische, objektive Bewertung der Bauwerksdefekte. Schlussendlich geschieht die Gesamtintegration in das AP 4, in dem das System in der Praxis erprobt wird.
Der Konsortialpartner BuP. Boll Beraten und Planen verfügt über eine langjährige Erfahrung im Bereich Bauwerksprüfung, Drohnenbefliegung und BIM und konnte diese Expertise in das MISDRO Projekt einbringen. Daher werden vornehmlich die Themenbereiche, wie vorgezogene Testbefliegung, BIM und Auswertung, nachfolgend schwerpunktmäßig erläutert.

2. Konzept „MISDRO“

2.1 Ziele
Wie bereits im Abschnitt „Motivation“ beschrieben, soll sich der Ingenieur zukünftig stärker auf die Bewertung eines Bauwerkes fokussieren können und von bisher er-

forderlichen Tätigkeiten, wie Organisation und Betrieb von Höhenzugangsgeräten, Aufnahme und spätere Verortung von Fotos, Schreiben von Berichten und Bewertungen, entlastet werden.

2.2 Darstellung bisheriger Methoden

Bisherige Inspektionsansätze gehen von dem Erfordernis einer „handnahen Prüfung" aus. Dies ist technisch richtig und bewährt, denn nur so kann das mögliche Spektrum an Schäden geprüft und erkannt werden.
Gleichzeitig ist die Methode, einen Menschen an alle möglichen Schadstellen eines Bauwerks zu befördern und ihm dort eine Prüfung sowie Dokumentation mittels Fotos und Klemmbrett zu ermöglichen, sehr aufwändig – und somit ineffizient.
In diesem hohen Aufwand und der heterogenen, subjektiven Dokumentations- und Bewertungsstrategie liegt die Problematik begründet, nur geringe Intervalle der Prüfung fahren zu können und somit die Verschlechterung des Zustandes bei Annäherung an den Mindestsollzustand nur schwer abschätzen zu können.

2.3 Neue Methodologie

Das MISDRO- Projekt möchte nicht die bestehenden Ansätze durch neue Technik graduell verbessern, sondern den gesamten Inspektionsprozess disruptiv neu entwickeln.
Hierfür werden die folgenden innovativen und technischen Ansätze verfolgt:

- Datenerfassung mittels automatisiert agierender Flugsysteme (UAS)
  - Flugwegplanung zur Erfassung relevanter Bereiche
  - Kollisionserkennung
  - Verortung
- Sensorik
  - Hochauflösende RGB- Kameras
  - Hyperspektralkameras
  - Wärmebildkameras
  - LIDAR
- Auswertung
  - Erkennung von Schäden mit Künstlicher Intelligenz
  - Bewertung und Verortung der Schäden an einem Digitalen Zwilling
- Kombination mit anderen Erfassungssystemen
  - Integration bisheriger Daten, z. B. aus SIB- Bauwerken
  - Synthese mit Daten aus SHM- Systemen (Structural- Health- Management, z. B. über Variation von Bauwerksschwingungen)

3. Stand der Umsetzung

3.1 Durchführung von Testbefliegungen

Zur Schaffung von Grundlagen für die automatisierte Flugwegplanung und Auslegung des Trägersystems und die Auswertung wurden zunächst manuell geplante Befliegungen mit kommerziellen Systemen durchgeführt.

Abb. 1: Befliegung einer Eisenbahnbrücke

Diese „Testbefliegungen" haben dem Team frühzeitig einen hohen Erkenntnisgewinn für die späteren Entwicklungen ermöglicht und die teilweisen Lücken zwischen Konzept und Realität aufgezeigt:

- Regularien / Luftraumbeschränkung
- Durch bestehende Beschränkungen ist der Betrieb von UAS in der Nähe von Infrastrukturbauwerken richtigerweise eingeschränkt. Einem engagierten Projektteam gelang es vielfach trotz hohem Vorlauf ebenfalls nicht, entsprechende zusätzliche Genehmigungen zu erlangen.

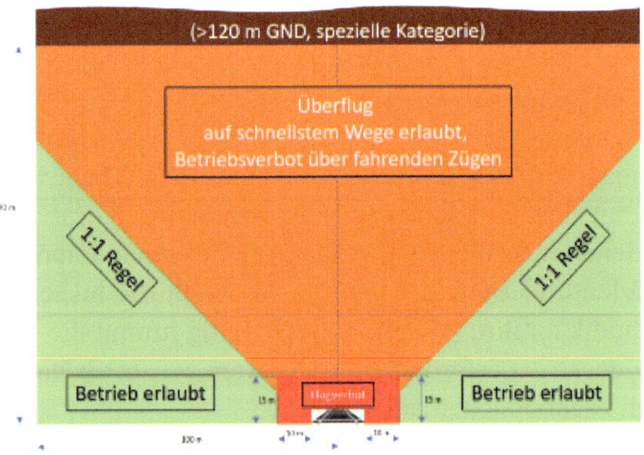

Abb. 2: Einschränkung Genehmigungsverfahren

- Erfassbare Bereiche
  Die Kombination aus Mindestabstand/UAS- Abmessungen und der vielfach sehr komplexen Oberfläche von Fachwerkbrücken, ergeben starke Einschränkungen an erfassbaren Bereichen.

Abb. 3: Einschränkung bei der Erfassung mittels Kamera-Sensorik

- Verortung
  Die erforderliche Genauigkeit der Verortung eines Schadens ist über die Verortung der Drohne selbst über RTK nicht realisierbar – hinzu kommen vielfach Verschattungseffekte, z. B. unter dem Bauwerk.
- Sensorik
  Die Möglichkeit, Schäden zu detektieren, korreliert in hohem Maße mit der Qualität der von der Drohne aufgenommenen Fotos. Diese sind in Bezug auf Belichtung/Verschattung, Gegenlicht ebenfalls höchst anspruchsvoll und nicht mit den Anforderungen z. B. an normale Geländeerfassungen zu vergleichen. Die eingesetzten Hyperspektralsysteme müssen regelmäßig auf die veränderten Belichtungssituationen neu kalibriert werden.

Abb. 4: Problematik RGB- Sensorik

3.2 Auswertungsmethodik

Für die Auswertung wurde ein mehrstufiges Verfahren entwickelt. Ziele dieses Verfahrens sind:

1. Serienaufnahme
2. Schaden auf Bild erkennen und markieren (Segmentation)
3. Transfer des Schadens als 2D- Bildinformation in ein 3D- Objekt mittels Photogrammmetrie
4. Darstellung am Digitalen Zwilling

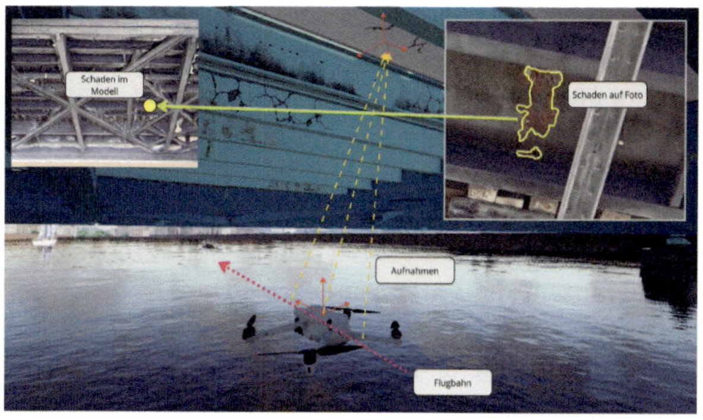

Abb. 5: Auswertungsmethodik mittels Photogrammmetrie

3.3 Digitaler Zwilling

Für die Befliegungsplanung sowie Analyse und Darstellung der Bauwerksprüfung wird auf die Modellierung durch digitale Zwillinge zurückgegriffen. Für das Building Information Modeling (BIM) von Inspektionen und deren Darstellungen existieren bisher keine standardisierten Richtlinien, weshalb eine eigene interne Richtlinie eingeführt wurde. Als Grundlage wurde als Level of Information 200 ausgewählt, wobei jedoch Verbindungsmittel wie Schrauben, Nieten, Schweißnähte und Seile für die Inspektion von besonderem Interesse sind und daher ebenfalls modelliert wurden. Zusätzlich sind die BIM-Modelle georeferenziert. Durch die aktuell bekannte Position und Orientierung der Sensorik ist es möglich, Bildpixel einen Punkt im BIM-Modell zuzuordnen und darüber weitere Bauwerksinformationen zu laden. Zudem ermöglicht es, die Lidar-Punktwolke des Drohnensystems mit dem BIM-Modell zu überlagern und as-planned und as-built-Zustände zu vergleichen. Zusätzlich wird die 3D-Geometrie für die automatische Befliegungsplanung und im Anschluss für die Analyse und Darstellung der Inspektionsergebnisse genutzt. Für die Modellierung wurde von BuP. Boll Beraten und Planen auf historische Bauwerkspläne und Photogrammetrische Aufnahmen aus eigenen Drohnenbefliegungen zurückgegriffen.

3.4 Trägersystem

Als Trägersystem wurde von der Firma Emqopter GmbH eine Inspektionsdrohne entwickelt, die in komplexen Umgebungen in Stahl-Fachwerken eingesetzt werden kann und Aufnahmen ober- und unterhalb von Trägern vornehmen kann. Hierzu wurde ein Fokus auf möglichst geringe Abmessungen der Drohne und ein C-Bügel entwickelt, der auf einer Seite ein Lidar für die Positionsbestimmung benutzt, während auf der anderen Seite je nach aktueller Inspektionsaufgabe die notwendige Sensorik installiert ist. Das System ist Plug&Play-basiert, sodass bei einer Befliegungsunterbrechung die Sensorik und die Speichermedien schnell gewechselt werden kann. Eine Live-Übertragung der Sensorik findet, aufgrund der entstehenden Datenmenge, nur bedingt statt. Durch die zentrale Positionierung der Sensorik bleibt der Schwerpunkt in der Mitte der Drohne erhalten und unterstützt einen stabilen Flug. Das System wiegt mit 10 Ah-Akkupack und Sensorik ca. 12,5 kg. Im Regelfall ist die Drohne während der Inspektion in einem größeren Abstand zum Bauwerk

(~10 m) unterwegs. Lediglich auffällige oder sonst nicht erreichbare Bereiche werden aus der Nähe aufgenommen. Der Flugpfad wird automatisch mit einem Algorithmus der Professur für Regelungstechnik der Helmut-Schmidt-Universität Hamburg aus aufgenommenen Lidardaten berechnet. Hierbei fließen die Flächenorientierungen, bereits bekannte Bauwerksschäden und aktuelle Verdachtsfälle in die Flugplanung ein. Die Drohne fliegt teilautonom, sodass ein Pilot lediglich in Gefahrensituationen intervenieren muss. Der Pilot selbst muss kein Bauwerksprüfer sein. Die aufgenommenen Daten werden vor Ort voranalysiert und auffällige Bereiche werden markiert, und mit zusätzlicher Sensorik genauer inspiziert.

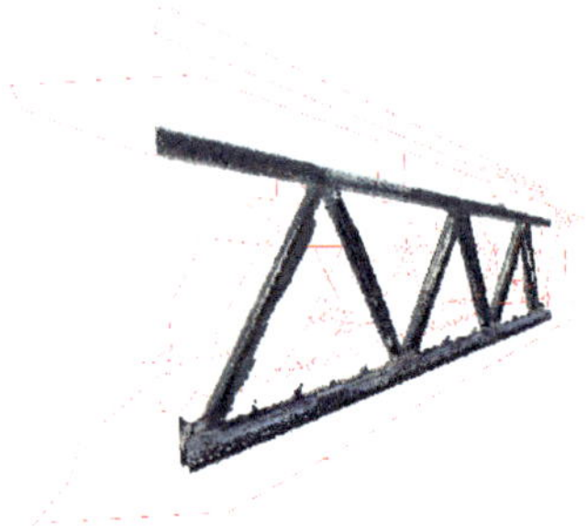

Abb. 3: Berechneter Flugpfad aus Lidardaten eines Fachwerkträgers

Die Befliegungen finden je nach Bauwerk an stark frequentierten Verkehrsachsen und in Naturschutz gebieten statt. Die Piloten sind besitzen deshalb einen EU-Fernpiloten-Zeugnis A2 und müssen ihre Befähigung durch regelmäßige Befliegungen nachweisen.

Abb. 6: Misdro-Drohne mit C-Bügel und Sensorik in Top-Konfiguration für die Inspektion von Fahrbahnunterseiten.

3.5 Sensorik

Die eingesetzte Sensorik sollte für den Drohneneinsatz ein möglichst geringes Gewicht, geringe Abmessungen, niedrige Energieaufnahme und scharfe Aufnahmen, trotz Vibrationen des Trägersystems, liefern. Aufgrund der Distanz zum Bauwerk sind viele der standardmäßig eingesetzten zerstörungsfreien Prüfverfahren der Bauwerksprüfung nicht anwendbar. Nach einer umfassenden Marktrecherche wurden klassische (RGB-)-Kameras, Wärmebildkameras, Lidar und Hyperspektralkameras als geeignete Verfahren ausgewählt.

Hauptanwendungsgebiet des Lidar ist die Detektion von Geometrieveränderungen, während die Wärmebildkamera für die Detektion loser Verbindungen eingesetzt wird, und die Hyperspektralkamera Vegetation, Feuchtigkeit und Korrosion erkennt. Beschichtungsschäden, Ermüdungsrisse und weitere Veränderungen werden per RGB-Kamera aufgenommen.

Hyperspektralkameras nehmen anstatt der Farbkanäle Rot, Grün, Blau standardmäßig eingesetzter RGB-Kameras, eine Vielzahl weiterer Wellenlängenbereiche auf, wodurch das materialabhängige Reflexionsspektrum einer Oberfläche analysiert und Veränderungen verfolgt werden können [1].

Für die Reflexionsmessung ist eine vorherige Kalibrierung mit einem Weißlichtreferenztarget notwendig, um die Belichtungssituation am Bauwerk aufzunehmen. Im MISDRO-Projekt wird eine Ultris X20 Plus-Hyperspektralkamera eingesetzt, die im Bereich von 350 bis 1000 nm unterteilt in 164 Wellenlängenbereichen aufnimmt. Eine Aufnahme hat dabei 640x640 räumliche Pixel. Zusätzlich wird ein hochaufgelöstes 1886x1886-Graustufenbild aufgenommen, mit dem die niedriger aufgelöste Hyperspektralaufnahme via "Pansharpening" hochskaliert wird. Die Größe einer Hyperspektralaufnahme beträgt 21 MB. Der Großteil der Befliegungen findet mit hochaufgelösten Vollformatkameras und einem Objektiv mit 50 mm Festbrennweite statt. Die aufgenommenen Bilder ähneln somit am meisten dem, was das menschliche Auge sieht, und künstliche Bildverzerrungen sind auf ein Minimum reduziert.

Abb. 7: Hyperspektralaufnahme korrodierter Flächen an einer Brücke. Links: Falschfarbenaufnahme der Hyperspektralkamera Rechts: Per Algorithmus segmentierte Pixel die mit dem Reflexionsspektrum von Eisenkorrosion korrelieren.

Die Aufnahmen werden mit KI-basierten Algorithmen segmentiert, wobei für jede Schadensart Feuchtigkeit, Biota, Beschichtungsschaden, Korrosion, Ermüdungsriss und Verformung eigene Detektionsalgorithmen eingesetzt werden. Für das Training der Algorithmen wird ein Datensatz gesammelt und manuell annotiert.

3.6 Dokumentationssystem

Für das Dokumentationssystem wurde der Fokus auf eine aktuelle BIM-basierte Dokumentation gerichtet, die eine genaue Schadensverortung auf dem Bauwerk erlaubt und von der Firma Synergeticon GmbH umgesetzt wird. Hierdurch können gleichzeitig die Informationen aus dem Digitalen Zwilling, wie Geometrien, Materialien, verwendeter Korrosionsschutz, genutzt werden. Die Inspektionen werden analog wie bisher als entsprechende Besichtigung, Einfachprüfung, Hauptprüfung, Objektspezifische Schadensanalyse abgelegt und jeder Defekt beinhaltet eine Zuordnung zu den Schadensbeispielen nach RI-EBW-PRÜF und eine entsprechende automatische Bewertung. Die Zustandsnote kann bei Bedarf vom Bauwerksprüfer angepasst werden. Zusätzlich ist jeder Schaden am Bauwerk verortet und es können Aufnahmen aus unterschiedlichem Blickwinkel angesehen, sowie Veränderungen über mehrere Inspektionen hinweg verfolgt werden. Ist eine Inspektion abgeschlossen, kann diese nicht mehr verändert werden.

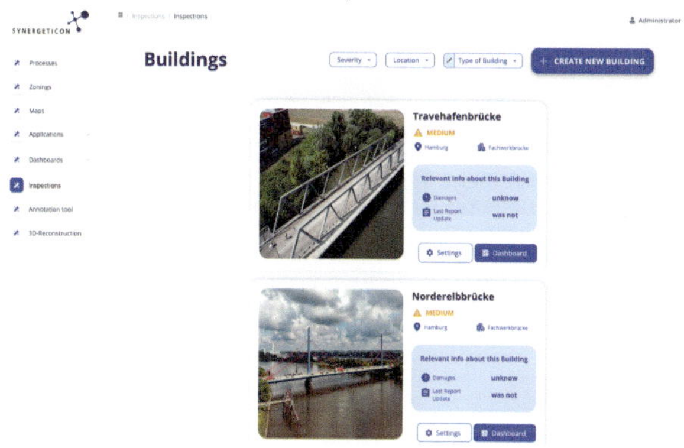

Abb. 8: Übersicht Dokumentationssystem

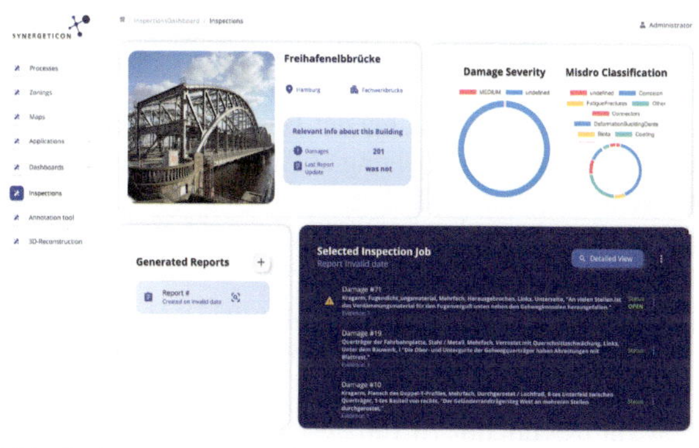

Abb. 9: Auswertung Dokumentationssystem

Zusätzliche Schnittstellen erlauben den Datenimport und –export, sodass historische Bauwerksdaten und -prüfungen aus SIB-Bauwerke geladen und verglichen, sowie die Daten abgeschlossener Inspektionen wieder abgelegt werden können. Auch die Verknüpfung der Daten mit Monitoring-Systemen wird hierdurch ermäßigt.

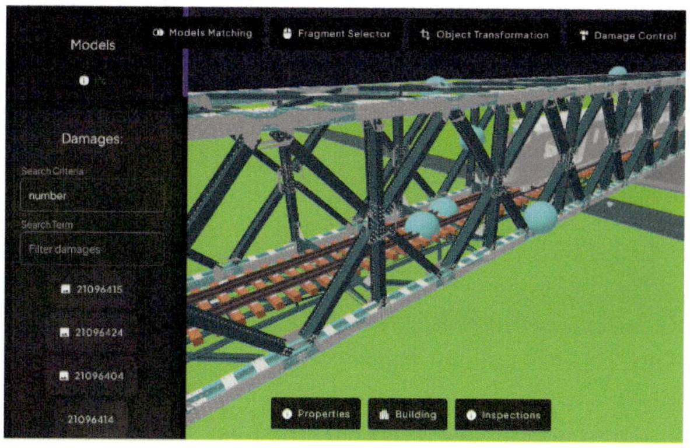

Abb. 10: Dokumentationssystem mit BIM-Modell und georeferenzierten Schäden.

3.7 Zwischenfazit

Aktuell ist das entwickelte System in Arbeitspaket 4, der Gesamtintegration aller entwickelten Untersysteme. Historische Bauwerksprüfungen sind im Dokumentationssystem mit BIM-Modell integriert und werden für die Flugpfadplanung genutzt.

Da für das entwickelte Trägersystem noch keine Fluggenehmigung vorliegt, werden Befliegungen mit einer Sondergenehmigung mit einem handelsüblichen Trägersystem durchgeführt. Die ausgewählte Sensorik wurde dafür teilweise auf dem anderen Trägersystem montiert und an realen Bauwerken getestet. Mit den aufgenommenen Daten wurde ein Trainingsdatensatz zum Anlernen von KI-Segmentierungsalgorithmen entwickelt. Für eine genaue Evaluation des Systems werden aktuell mehrere Versuchsreihen durchgeführt und zusätzlich die Systeme im Fluglabor der Professur für Regelungstechnik der Helmut-Schmidt-Universität Hamburg getestet.

4. Ausblick

4.1 Umfangreiche Datenerhebung – „Lernen"

Schwerpunkt der anstehenden Phasen ist die umfangreiche Erhebung von Daten. In allen Bereichen des Processings, von der Bild Sensorik bis hin zur Segmentierung von Bildern, ist eine möglichst umfangreiche Datengrundlage erforderlich:

- Sensorik: Welches Setup an Kamera, Bildfiltern, Belichtungs-Verhältnissen und Aufnahmewinkeln ermöglicht optimale Bildaufnahmen, das sowohl für die Photogrammetrische wie auch die Segmentierung bzgl. Schäden geeignet sind.
- Auswertung: Kategorisierung von Bildmaterial, Segmentierung, Beispielaufnahme Segmentierung/ Klassifizierung/ Training mit Roboflow

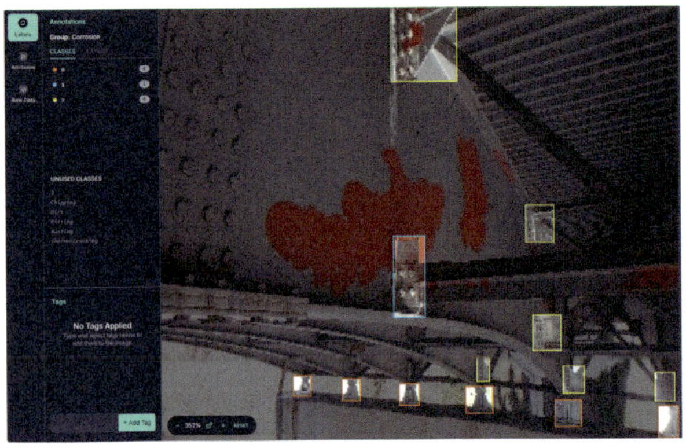

Abb. 11: Training auf Basis von gelabelten Daten

- Optimierung der Flugpfadberechnung: Maximierung des Flächendurchsatz für die Sensorik durch Minimierung des Energieverbrauchs pro Flug

5. „Ingenieurmäßiges Denken“ implementieren

Technisch erscheint es möglich, über entsprechende Erfassungssysteme die Oberfläche eines Brückenbauwerks zu 100 % mit der erforderlichen Auflösung von ca. 0,1 mm abzubilden. Der hierfür erforderliche Aufwand ist aber zunächst ähnlich oder höher als bei der handnahen Prüfung – welche eigentlich ersetzt werden sollte.
Es scheint also geboten, dem System mehr „ingenieurmäßiges Denken“ beizubringen, dies kann bereits in der Erfassung durch eine mehrstufige Granularität erreicht werden, d. h. > untersuche vor allem Bereiche:

- in denen bei ähnlichen Konstruktionen häufig Schäden auftreten
- in denen durch Verfärbungen, Spektralsignaturen, weitere Indikatoren Verdachtsmomente vorliegen
- in welchen Vorschäden am digitalen Zwilling bekannt sind

Um dieses „Verständnis“ aufbauen zu können, muss das System über eine Ontologie ein Bauwerk verstehen können und per KI die richtigen Entscheidungen treffen.

- Fachwerkträger, Feldbereich:
  - Vorwiegend auf zug-druck beanspruchtes Bauteil
  - durch Ausführungsart wenig anfällig für Korrosion durch Feuchtigkeit
  - keine Auffälligkeiten durch Rostfahnen oder Abplatzungen
  - >> Granularität 1 ausreichend
- Genieteter Fachwerkknoten
  - Durch Exzentrizitäten außerplanmäßige Momente möglich
  - Fachwerkknoten in Auflagernähe, hohe Auslastung zu vermuten
  - Bauartbedingte Staunässe möglich
  - Verfärbungen und Abplatzungen erkennbar
  - >> Granularität erhöhen, Verlust an Materialstärke oder Risse erkennbar?

>> Im einsehbaren Bereich Abplatzungen, Bereich für handnahe Prüfung vorsehen.

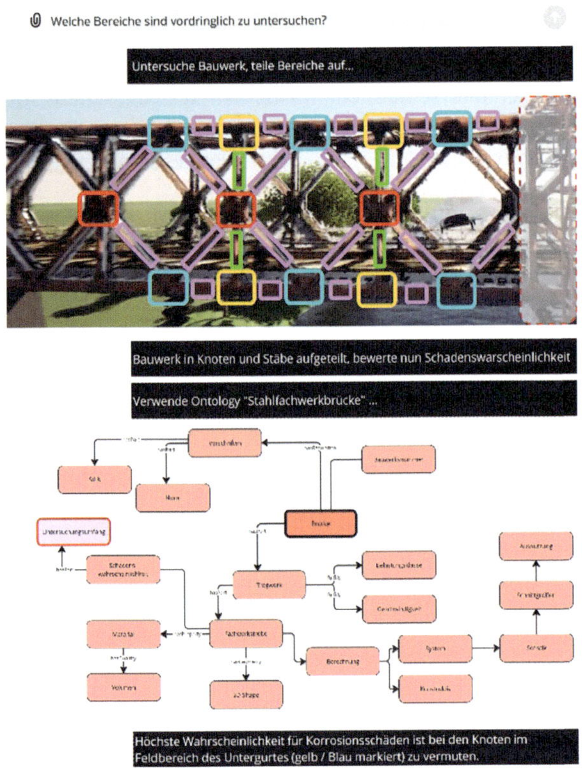

Abb. 12: Unterstützung bei der Brückenprüfung mittels ChatBot unter Einbeziehung ergänzender Datenquellen (RAG)

Literatur

[1] Thomas, D. und Gündel, M. (2023), Hyperspectral imaging systems for corrosion detection from remotely operated vehicles. ce/papers, 6: 934-938. https://doi.org/10.1002/cepa.2132

Berührungsloses Profilscanning (PLS) für den Einsatz bei Belastungsversuchen

Prof. Dr.-Ing. Florian Schill
Hochschule Mainz, i3mainz, Institut für Raumbezogene Informations- und Messtechnik

Dr.-Ing. Gregor Schacht
Marx Krontal Partner GmbH, Dresden

Dipl.-Ing. Torsten Harke
Marx Krontal Partner GmbH, Weimar

Zusammenfassung
Die Verkehrsinfrastruktur ist in die Jahre gekommen. Der heutige Zustand ist auf eine Kombination aus Alterung und damit einhergehender fortschreitender Schädigung bei weiter steigendem Verkehrsaufkommen zurückzuführen. Aber auch neuere Brücken können bereits erhebliche fertigungsbedingte Schäden aufweisen. Das Erhaltungsmanagement des Brückenbestandes gewinnt daher zunehmend an Bedeutung. Häufig fehlen jedoch aktuelle Informationen über den tatsächlichen Zustand der Bauwerke. Dies liegt daran, dass der Einsatz konventioneller taktiler Sensoren sehr zeit- und personalintensiv ist. Zudem können aufgrund der Messprinzipien nur an wenigen ausgewählten Stellen Messungen durchgeführt werden. In der Kombination dieser Probleme liegt das große Potenzial für den Einsatz des berührungslosen Profilscannings (PLS) an Brückenbauwerken. Dabei wird das Tragwerk mit einem Laserstrahl hochfrequent abgetastet, ohne dass es betreten werden muss. Durch die so sehr effizient gewonnenen räumlich verteilten Verschiebungsmessungen kann eine deutlich höhere räumliche Informationsdichte am Bauwerk erreicht werden, als dies bisher möglich war.

1. Einführung

Vor dem Hintergrund einer alternden Infrastruktur und dem deutlichen Trend zu schnelleren Zügen, höheren Streckenauslastungen und zunehmendem Güterverkehr auf der Straße wird immer häufiger über den schlechten Zustand der Verkehrsinfrastruktur, über marode Brücken und die Probleme von Stahl- oder Spannbetonbrücken aus den 1960er und 1970er Jahren berichtet. Eher selten wird über Schäden an neueren Brückenbauwerken berichtet [1], da die Planungs- und Ausführungsqualität sowie die Prüfung und Überwachung i. A. eine entsprechende Qualität sicherstellen sollten.

Um das gesamte Spektrum abzudecken, werden im Folgenden zwei völlig unterschiedliche Bauwerke betrachtet: Eine Autobahnbrücke aus den 60er Jahren, die durch den enormen Güterverkehr auf der Brennerautobahn und den Ausbau auf 3 Fahrspuren pro Richtung im Prinzip ihr Lebensende erreicht hat. Und eine wenige Jahre alte Eisenbahnbrücke, die aufgrund von Herstellungsfehlern bereits massive Schäden aufweist.

Beiden Bauwerken ist gemeinsam, dass die Zustandsbeurteilung bestehender Brücken zunehmend zu einer Herausforderung wird, wenn wichtige Entscheidungen über kostenintensive Ersatz- oder Sanierungsmaßnahmen getroffen werden müssen, insbesondere wenn diese bereits nach wenigen Jahren erforderlich werden. In diesem Zusammenhang ist die genaue Kenntnis des tatsächlichen Tragverhaltens ein wertvolles Instrument zur Zustandsbewertung, das in vielen Fällen zu einer Verlängerung der Restlebensdauer und damit zu erheblichen Vorteilen für die Brückeneigentümer und die Gesellschaft führen kann. Das tatsächliche Tragverhalten wird in der Regel durch experimentelle Untersuchungen ermittelt, die Messungen von Beschleunigungen, Geschwindigkeiten, Dehnungen, Neigungen oder Temperaturen umfassen können [2–4]. Darüber hinaus werden Wegmessungen auf der Basis linearer Wegaufnehmer (LVDT) eingesetzt, um relative Verschiebungen an Auflagern [2], zwischen benachbarten Überbauten derselben Brücke [5] oder die Breite vorhandener Risse zu ermitteln. Diese Art der Verschiebungsmessung ist prinzipiell möglich, da ein fester Referenzpunkt für die Installation des Sensors verwendet werden kann.

Ein weiterer wichtiger Parameter des Tragverhaltens wäre die absolute vertikale Verschiebung der Brücke. Diese kann direkte Informationen über die tatsächliche Steifigkeit des Tragwerks liefern, die wiederum in den Aktualisierungsprozess des Tragwerksmodells einfließen können [6, 7].

Die direkte Messung absoluter Verschiebungen mit klassischen LVDTs ist jedoch in der Regel zumindest sehr aufwendig, wenn nicht sogar unmöglich, da feste Referenzpunkte fehlen [4] bzw. die Brücke einfach zu hoch ist. Um diese Lücke zu schließen, wurden in den letzten Jahren bemerkenswerte Fortschritte auf dem Gebiet der berührungslosen Verschiebungsmessung erzielt. Entsprechende Sensoren ermöglichen die Messung von Bauwerksverschiebungen, ohne dass Sensoren am Bauwerk angebracht werden müssen.

Geeignete Technologien für berührungslose Verschiebungsmessungen sind z. B. das terrestrische Laserscanning (TLS) [8, 9, 10, 11, 12], die Laservibrometrie [13, 14], bildgestützte Totalstationen [15], und die Mikrowelleninterferometrie [10, 16, 17, 18].

Im Vergleich zu anderen berührungslosen Messtechniken, die nur Messungen an einem Punkt erlauben, können mit TLS oder Profillaserscannern (PLS) zusätzlich räumlich verteilte Messungen durchgeführt werden. Die räumliche Auflösung bietet den großen Vorteil, dass größere Bereiche der Struktur mit nur einem Sensor überwacht werden können, was ein tieferes Verständnis der Strukturantwort auf effiziente Weise ermöglicht.

Bevor in Abschnitt 3 näher auf das terrestrische Laserscanning (TLS) und insbesondere auf dessen Einsatz als PLS für dynamische bzw. statische Belastungstests eingegangen wird, werden in Abschnitt 2 die beiden untersuchten Brücken vorgestellt.

2. Brücken und Belastungstests

Wie in Abschnitt 1 erwähnt, werden im Folgenden Belastungsversuche an zwei recht unterschiedlichen Brücken vorgestellt, die in diesem Abschnitt zunächst näher betrachtet werden sollen.

2.1 Autobahnbrücke

Die österreichische Brennerautobahn ist Teil der Europastraße E45, die Europa in Nord-Süd-Richtung von Nordfinnland bis Süditalien durchquert. Die Alpenüberquerung in Österreich ist ein wichtiger Teil der Strecke und auch für den grenzüberschreitenden Güterverkehr in Europa von entscheidender Bedeutung. Die Autobahnstrecke über die Alpen wurde hauptsächlich in den 1960er Jahren gebaut, und in dieser Zeit wurde auch die untersuchte Brücke errichtet.

Abb. 1: Ansicht der Autobahnbrücke: Feld 7

Ursprünglich war die Brücke für zwei Fahrspuren je Fahrtrichtung ausgelegt, aufgrund des zunehmenden Verkehrsaufkommens wurde in den 1980er Jahren eine dritte Fahrspur eingerichtet. Die grundlegende Tragstruktur der Brücke blieb im Laufe der Jahre im Wesentlichen unverändert. Als wichtiger Bestandteil einer europäischen Transitroute muss das Bauwerk daher sorgfältig überwacht werden. Das Bauwerk selbst besteht aus einer Stahl-Beton-Verbundkonstruktion und ist als 7-feldiger Durchlaufträger ausgebildet, wobei die äußeren Felder eine Länge von 70 m und alle anderen Felder eine Länge von 84 m aufweisen. Die Gesamtlänge beträgt somit 560 m.

Teil dieser Überwachungsstrategie war ein Belastungstest, der im Mai 2023 durchgeführt wurde. Dabei wurde eine Fahrtrichtung der Autobahnbrücke temporär gesperrt, um zwei Lkw mit einem Gewicht von jeweils 50 Tonnen auf der Brücke zu platzieren und so verschiedene Belastungsszenarien zu erzeugen. Zusätzlich wurden auch noch vier quasi-statische Versuche durchgeführt,

Die Profilscannermessungen konzentrierten sich auf das Äußerste Feld (Feld 7) neben dem südlichen Brückenlager, wie in Abbildung 1 dargestellt.

Neben dem Profilscanner kamen 3D-TLS [19, 20, 21], faseroptische Sensoren [19, 21, 22], dynamisch und statisch messende Totalstationen [19, 20, 23], ein terrestrisches Mikrowelleninterferometer, modulare Digitalkamera-Tachymeter [24], GNSS [21] und Beschleunigungssensoren [21] zum Einsatz.

2.2 Eisenbahnbrücke

Bei der Eisenbahnbrücke handelt es sich um eine 370 m lange zweigleisige Eisenbahnüberführung, die als Bogenbrücke ausgeführt wurde. Die längste Spannweite beträgt 165 m. Das Gleis liegt bis zu 71 m über der Talsohle und ist im Bauwerksbereich bei einer Entwurfsgeschwindigkeit von 300 km/h gerade, siehe Abbildung 2.

Abb. 2: Ansicht der Eisenbahnbrücke

Das Brückenbauwerk steht erst seit wenigen Jahren unter Verkehr und weist bereits erhebliche, herstellungsbedingte Schäden auf. Im Zuge der Bauwerksprüfung wurden zunächst Gefügestörungen und Betonabplatzungen erkannt und entsprechende Instandsetzungsmaßnahmen geplant. Bei der Instandsetzung stellte sich heraus, dass die Kiesnester und die starke Entmischung des Gefüges nicht nur lokal begrenzt waren, sondern großflächige Bereiche von mehreren Quadratmetern betroffen sind, siehe Abbildung 3. Die Schäden sind auf Entmischungs- und Auswaschungsvorgänge während der Betonage zurückzuführen. Um das gesamte Ausmaß zu erfassen, wurden bauwerksdiagnostische Untersuchungen an der gesamten Bogenbrücke durchgeführt. Die Untersuchungen bestätigten die Vermutungen hinsichtlich der schlechten Betonqualität des Bogenbetons. Aufgrund der Ergebnisse stellten sich Fragen zur Gebrauchstauglichkeit und Standsicherheit des Bauwerks unter Verkehr.

Da eine rechnerische Bewertung der Schäden allein nicht aussagekräftig war, entschied sich der Bauherr für die Durchführung eines Belastungsversuches. Der statische Belastungsversuch wurde mit fünf Lokomotiven mit einem Gesamtgewicht von 550 Tonnen in verschiedenen Laststellungen durchgeführt. Um die Verformungen unter der aufgebrachten Last möglichst einfach und zuverlässig ermitteln zu können, wurde ein berührungslos messender Profilscanner (PLS) eingesetzt.

Abb. 3: Schadstelle mit stark entmischtem Betongefüge

3. Terrestrisches Laserscanning (TLS)

Terrestrische Laserscanner (TLS) wie der Z+F IMAGER 5016 ermöglichen die Digitalisierung der gesamten Umgebung in einem 360°-Panorama in Form einer 3D-Punktwolke. Während des Scanvorgangs lenkt ein hochfrequent rotierender Spiegel den Laserstrahl ab und der TLS rotiert zusätzlich um seine vertikale Achse. Durch dieses sequenzielle Aufnahmeverfahren entsteht eine hochaufgelöste Punktwolke der sichtbaren Umgebung, siehe Abbildung 4.

Die berührungslose Distanzmessung des Z+F IMAGER 5016 arbeitet nach dem AMCW-Verfahren (Amplitude Modulated Continuous Wave). Um den absoluten Distanzwert zu erhalten, wird die Phasenverschiebung zwischen reflektiertem und ausgesendetem Signal genutzt, die durch den Lichtweg in dem intensitätsmodulierten periodischen Signal induziert wird. Zur Auflösung der Phasenmehrdeutigkeiten und damit zur Bestimmung der absoluten Entfernung werden der Trägerwelle mehrere Wellenlängen aufmoduliert. Zusätzlich wird dem Nutzer die Amplitude (Intensität) bereitgestellt, die das Verhältnis von ausgesendeter zu empfangener Energie darstellt, siehe Graustufen in Abbildung 4.

Abb. 4: Auszug aus der 3D-Punktwolke von Feld 7 der Autobahnbrücke. Intensitätswerte sind als Graustufen dargestellt.

Das Messverfahren zeichnet sich prinzipiell durch eine sehr hohe räumliche Auflösung aus, erlaubt aber wiederum nur eine geringe zeitliche Auflösung. Zudem liegt die Einzelpunktgenauigkeit im Millimeterbereich und ist damit für die meisten Monitoringanwendungen nicht ausreichend genau.

3.1 Profilscanner (PLS) dynamisch

Ein Profilscanner (TLS im Profilmodus, 2D) [8, 10, 25, 26] verwendet dagegen nur den hochfrequent rotierenden Ablenkspiegel, es findet jedoch keine Rotation um die Stehachse statt, siehe Schema in Abbildung 5 und Ausschnitt eines Profils in Abbildung 6.

Die räumliche Auflösung innerhalb des Profils („Winkelinkrement") hängt von der Kombination der Rotationsgeschwindigkeit des Ablenkspiegels mit der gewählten Lasermessrate ab. Durch die Reduzierung der räumlichen Auflösung auf ein einzelnes Profil ist eine deutlich höhere zeitliche Auflösung möglich. Bei dem hier vorgestellten TLS liegt die wählbare Wiederholrate zwischen 14 und 55 Hz.

Ein weiterer Aspekt bei der Betrachtung der tatsächlich verfügbaren räumlichen Auflösung in praktischen Anwendungen ist, dass die Einzelpunktgenauigkeit eines Profilscanners ähnlich wie beim 3D-TLS für die Anforderungen im Monitoringbereich in der Regel nicht ausreichend ist. Um die geforderte Genauigkeit zu erreichen, wird daher eine Mittelung über benachbarte Messpunkte durchgeführt, siehe Abbildung 6, was jedoch die räumliche Auflösung des Profilscannings zugunsten einer qualitativ besseren Ableitung der Verschiebungen weiter reduziert.

Abb. 5: Schematisierte Darstellung des Profilscanning

Um eine Vorstellung von der erreichbaren räumlichen Auflösung zu bekommen, sind im Folgenden zwei Beispiele aufgeführt:

1. Bei einer Messfrequenz von 55 Hz werden pro Profil 20.000 Punkte gemessen, was einem theoretischen Winkelinkrement von 0,018° entspricht. Werden 75 benachbarte Messpunkte zusammengefasst (Klassenbildung, siehe Farbcodierung in Abbildung 6), so reduziert sich das tatsächlich verfügbare Winkelinkrement auf 1,35°, was einer räumlichen Auflösung von 0,24 m in 10 m Entfernung entspricht.
2. Wird die Messfrequenz auf 14 Hz reduziert, werden 80.000 Punkte pro Profil gemessen und eine räumliche Auflösung von 0,06 m in 10 m Entfernung erreicht.

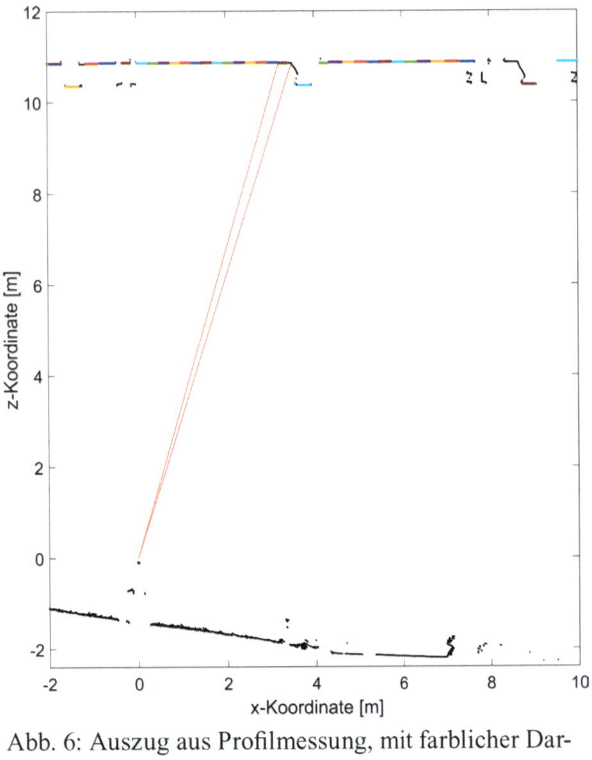

Abb. 6: Auszug aus Profilmessung, mit farblicher Darstellung der Klassenbildung.

Aus den so erzeugten räumlich verteilten Zeitreihen können je nach Messgeometrie Verformungszeitreihen mit einer Genauigkeit im Submillimeterbereich abgeleitet werden.

Im Vergleich zu anderen Messtechniken für Monitoringanwendungen, die nur Messungen an einem einzigen Punkt ermöglichen, erlauben PLS somit zusätzlich eine räumlich verteilte Erfassung der Strukturantwort. Die räumliche Auflösung bietet den Vorteil, dass größere Bereiche der Struktur mit einem einzigen Sensor überwacht und verifiziert werden können, was letztlich ein tieferes Verständnis der Strukturantwort auf sehr effiziente Weise ermöglicht.

3.2 Profilscanner (PLS) statisch

Für den Einsatz bei statischen Belastungsversuchen spielt die Zeitkomponente eine untergeordnete Rolle, jedoch kann bei statischen Profil-Laserscans durch zusätzliche zeitliche Mittelung während der Lasthaltephasen die Genauigkeit und räumliche Auflösung weiter erhöht werden. Bei einer Lasthaltephase von 5 Minuten werden mindestens 4200 Profile gemessen. D. h. im oben definierten Beispiel mit 75 Punkten pro Klasse und Profil können 315.000 Einzelmessungen für die weitere Ableitung der Messwerte verwendet werden, was eine deutliche Genauigkeitssteigerung ermöglicht.

Die größere Herausforderung bei statischen Belastungsversuchen mit Profilscannern besteht darin, die äußeren Rahmenbedingungen konstant zu halten, so dass z. B. keine Stativkippungen z. B. durch Sonneneinstrahlung oder instabilen Untergrund auftreten. Terrestrische Laserscanner sind, wie fast alle berührungslos messenden Sensoren, empfindlich gegenüber atmosphärischen Bedingungen, die im Extremfall, z. B. durch Regen oder Nebel, die Messung gänzlich verhindern können.

4. Quasi-statischer Belastungsversuch

Bei quasi-statischen Belastungsversuchen wird die Geschwindigkeit, mit der die Belastung (LKW oder Lokomotive) das Messobjekt (Brücke) überfährt, in der Regel gering gehalten, um dynamische Effekte, die das Ergebnis verfälschen könnten, zu minimieren. Dies kommt dem Einsatz von Profilscannern entgegen, da die Messrate insgesamt nicht mit konventionellen Sensoren vergleichbar ist und zudem die räumliche Auflösung bei höheren Wiederholraten reduziert wird.

Dementsprechend ist es in diesen Fällen sinnvoll, die niedrigste Wiederholrate von 14 Hz zu verwenden, da damit bis zu 80.000 Punkte pro Profil gemessen werden können und die räumliche Auflösung maximiert wird.

Für die beiden Beispielbrücken wurde ein quasi-statisches Belastungsszenario nur für die Autobahnbrücke durchgeführt, daher konzentriert sich dieser Abschnitt auf diese Messungen.

Der quasi-statische Belastungsversuch wurde mit zwei LKWs von je 50 t durchgeführt, die direkt hintereinander die gesamte Brücke mit einer Geschwindigkeit von 5 bzw. 30 km/h überquerten. Die Position und Geschwindigkeit der beiden LKWs wurde mittels GPS überwacht, so dass die auftretenden Verformungen mit der Position der LKWs synchronisiert werden konnten.

Die Messungen mit dem Profilscanner fanden in Feld 7 statt, der Scanner befand sich ca. 13 m unterhalb der Brücke, gemessen wurde ein Hauptträger. Da sich die Brücke in einer Kurve befindet, war der horizontale Messbereich am Hauptträger durch die Krümmung der Brücke auf ca. 50 m der gesamten Feldlänge von 70 m begrenzt. Pro Klasse werden in diesem Fall ca. 75 Messpunkte gemittelt, so dass letztlich 117 Klassen, d. h. 117 räumlich verteilte Verformungszeitreihen abgeleitet werden können, deren Standardabweichungen in einem Bereich um 0,1 mm liegen. Dabei nimmt die Standardabweichung aufgrund der sich verschlechternden Geometrie zum Rand hin tendenziell zu. Abbildung 7 zeigt einen Ausschnitt der Messergebnisse für eine Überfahrt mit 5 km/h. Im oberen Diagramm ist eine Zeitreihe etwa in der Mitte des Feldes in schwarz dargestellt. Zusätzlich zeigen drei farbige Markierungen die Zeitpunkte, zu denen sich die beiden Lkw in der Mitte des Feldes 5 (blau), in der Mitte des Feldes 6 (rot) und in der Mitte des Feldes 7 (gelb) befinden. Hier zeigt sich die Konstruktion der Brücke als Durchlaufträger, da das gemessene Feld (Feld 7) bereits auf die Belastungen in den anderen Feldern reagiert und sich entsprechend hebt bzw. senkt. Diese Darstellung als Zeitreihe auf Basis einer ausgewerteten Klasse entspricht dem Ergebnis, das ein LVDT liefern würde.

Im unteren Diagramm in Abbildung 7 sind die farbig markierten Zeitpunkte (LKW auf Feld 5, Feld 6, Feld 7) in voller räumlicher Auflösung mit 117 Klassen in der entsprechenden Farbe dargestellt. Der PLS ermöglicht somit zu jedem Zeitpunkt die Auswertung der Biegelinie für den gesamten gescannten Feldausschnitt. Die Begrenzung auf 50 m des 70 m-Feldes ergibt sich in diesem Fall nur durch den Krümmungsradius der Brücke.

Die Datenlücke in der Mitte der Darstellung entsteht durch eine Kombination aus eingebauter Sensorik (Verkabelung) und einem verstärkten, stark genieteten Bereich (siehe Abbildung 4 in der Mitte des Hauptträgers).

5. Statische Belastungsversuche

An beiden Bauwerken wurde ein statischer Belastungsversuch durchgeführt Dabei wurden an der Autobahnbrücke 2 LKW (insgesamt ca. 100 t) und an der Bogenbrücke 5 Lokomotiven (insgesamt ca. 550 t) in jeweils unterschiedlichen Laststellungen positioniert und die Bauwerksreaktion erfasst.

Durch das in Abschnitt 3.2 beschriebene Potenzial zur Steigerung der räumlichen Auflösung beim statischen Profilscanning konnte jeweils ein Messpunktabstand von 10 cm über den gesamten Messbereich gewählt werden, dementsprechend stehen bei der Autobahnbrücke über 400 und bei der Eisenbahnbrücke nahezu 1000 räumlich verteilte Verschiebungs-messungen zur Verfügung, siehe Abbildung 8 bzw. Abbildung 9 jeweils im oberen Diagramm. Darin sind jeweils die Verschiebungen für die einzelnen Laststellungen in unterschiedlichen Farben dargestellt. Es zeigen sich die gleichen Datenlücken durch Sensorik bzw. genietete Bereiche wie bereits in Abbildung 7.

Um das Genauigkeitspotenzial des Profilscannings für statische Belastungsversuche zu verdeutlichen, werden an den beiden Brücken zwei unterschiedliche Ansätze vorgestellt. Bei der Autobahnbrücke (Abbildung 8) wird der Vergleich von unabhängigen Realisierungen der einzelnen Laststellungen verglichen, siehe unteres Diagramm. Bei der Eisenbahnbrücke wird dagegen der Vergleich von zwei unabhängigen Nullmessungen verwendet, siehe Abbildung 9 im unteren Diagramm.

Beide Genauigkeitsmaße stellen eine Art „worst case" Abschätzung der Genauigkeit dar, da z. B eine geringfügig andere Positionierung der LKWs beim Vergleich in Abbildung 8 oder verbleibende Restverformungen beim Vergleich in Abbildung 9 sowie weitere systematische Effekte die Genauigkeitsabschätzung verzerren können.

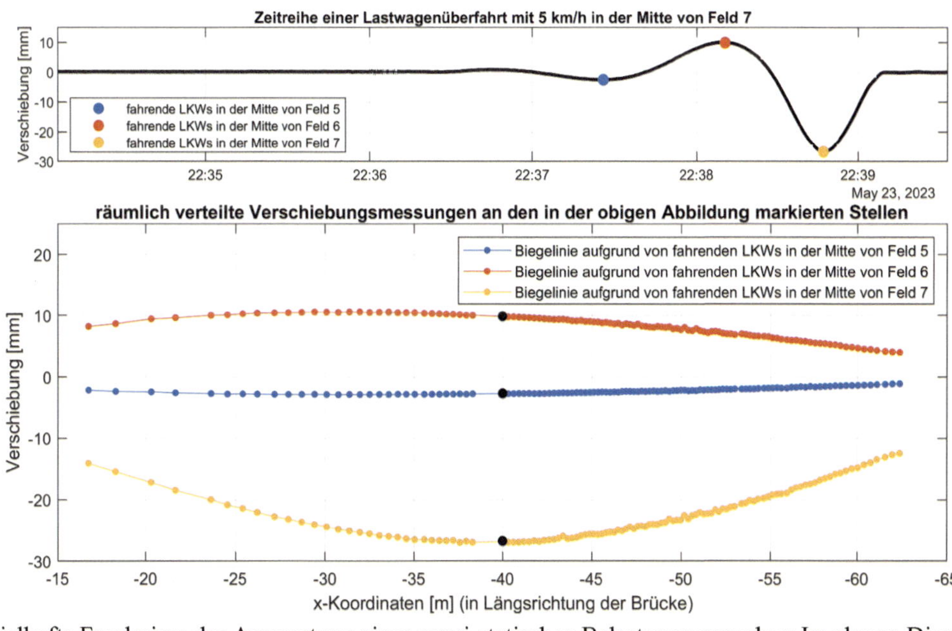

Abb. 7: Beispielhafte Ergebnisse der Auswertung eines quasi-statischen Belastungsversuches: Im oberen Diagramm ist eine reine punktuelle Zeit Verschiebungsdarstellung zu sehen, während das untere Diagramm das Potenzial des Profilscannings aufzeigt, da zu jedem Zeitpunkt eine Biegelinie über den gesamten sichtbaren Bereich ausgewertet werden kann.

Dennoch liegen die Abweichungen zwischen den Versuchen an der Brennerautobahn überwiegend unter 0,25 mm, wobei entsprechend den obigen Ausführungen ein Offset von 0,1 mm bzw. 0,05 mm vorliegt.
Bei den Messungen an der Eisenbahnbrücke war eine Genauigkeit von 0,5 mm im Bereich der Pfeiler (-60 m bis 60 m), die die Fahrbahn auf dem Bogen tragen, vorgegeben. Wie das untere Diagramm in Abbildung 9 zeigt, konnte diese Größenordnung eingehalten werden. Zum Rand hin nehmen die Abweichungen etwas größere Werte an, was einerseits durch die großen Abmessungen des Bauwerks und andererseits durch die sich zum Rand hin verschlechternde Messgeometrie zu erklären ist. Darüber hinaus ist in den Differenzen noch eine deutliche Restsystematik zu erkennen, die z. B. aus einer Restverformung des Brückenbogens resultieren kann. Unabhängig von der tatsächlichen Ursache verfälscht dies die Genauigkeitsabschätzung zusätzlich, so dass eigentlich noch bessere Ergebnisse zu erwarten wären.

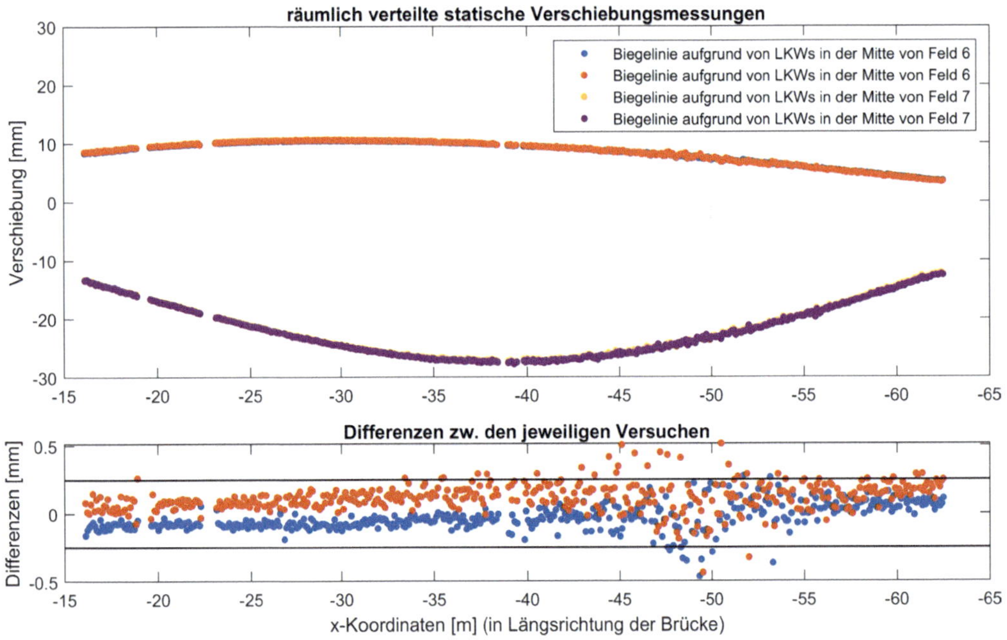

Abb. 8: Ergebnisse der Auswertung von vier statischen Belastungsversuchen: Im oberen Diagramm sind die Biegelinien der beiden Laststellungen jeweils doppelt dargestellt. Das untere Diagramm zeigt die Differenzen zw. den jeweiligen Versuchen und gibt eine Abschätzung über die erreichbare Genauigkeit der Messungen mittels Profilscanning.

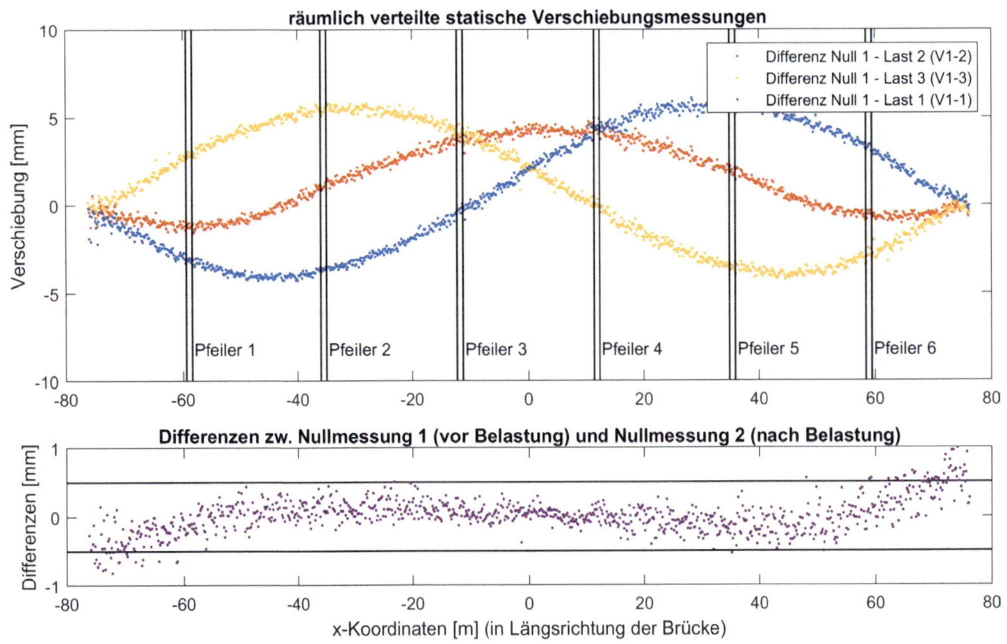

Abb. 9: Ergebnisse der Auswertung von drei statischen Laststellungen: Im oberen Diagramm sind die durch die Laststellungen induzierten Biegelinien dargestellt. Das untere Diagramm zeigt die Differenzen zw. zwei unabhängigen Nullmessungen (Brücke ohne Last) vor bzw. nach den eigentlichen Messungen.

Für das Profilscanning wurden für beide Brücken Lasthaltephasen von 5 Minuten als ausreichend erachtet, so dass ein Versuch mit 3 Lasthaltephasen und doppelter Nullmessung unter idealen Bedingungen in ca. 30 Minuten durchgeführt werden könnte. Bei den beiden statischen Belastungsversuchen musste jedoch von diesem idealen Ablauf abgewichen werden: Auf der Brennerautobahn waren aufgrund der umfangreichen eingesetzten Sensorik (siehe Abschnitt 2.1) Lasthaltephasen von 10 Minuten vorgesehen, die aufgrund von Problemen noch verlängert werden mussten. Dies führte auch dazu, dass ein Versuch wegen eines Rückstaus auf der Autobahn abgebrochen und wiederholt werden musste.

Bei der Bogenbrücke wurde nur Profilscanning eingesetzt und eine Belastungszeit von 5 Minuten geplant, die jedoch aufgrund von durchziehendem Nebel teilweise auch verlängert werden, musste.

6. Fazit

Im Vergleich zu konventionellen Sensoren kann mittels Profilscanning eine Vielzahl von räumlich verteilten Messungen mit nur einem Sensor durchgeführt werden, was eine äußerst effiziente Erfassung und darüber hinaus ein bisher ungeahntes Verständnis der Bauwerksreaktion ermöglicht.

Bereits für den quasi-statischen Belastungsversuch konnten dabei über 100 räumlich verteilte Verformungszeitreihen über einen Bereich von knapp 50 m abgeleitet werden. Dabei wurde der auswertbare Bereich der Feldlänge nicht durch den Sensor, sondern durch den Krümmungsradius der Brücke begrenzt.

Beim Übergang zu den statischen Belastungsversuchen kann die räumliche Auflösung weiter erhöht werden, da zusätzlich Messwerte über die Zeit gemittelt werden können. Dies zeigt sich eindrucksvoll an der Eisenbahnbrücke, bei der die Verformung des gesamten 160 m langen Bogens mit fast 1000 Messwerten dargestellt werden kann. Dabei konnten trotz teilweise widriger Bedingungen Genauigkeiten im unteren Submillimeterbereich erreicht werden.

Zusammenfassend betrachtet konnte das Potenzial des berührungslosen Profilscannings (PLS) für den Einsatz bei Belastungsversuchen aufgezeigt werden. Durch die Möglichkeit, eine Vielzahl absoluter vertikaler Verschiebungsmessungen zu erfassen, können direkt Informationen über die tatsächliche Steifigkeit des Tragwerks generiert werden, die bei der Aktualisierung von Tragwerksmodellen einen entscheidenden Mehrwert bieten können.

Literatur

[1] Schacht, G.; Hampel, T.; Curbach, M.: Temporärer Korrosionsschutz von Spanngliedern – Stand des Wissens und Erfahrungsbericht. Beton- und Stahlbetonbau, 109, 2014, 8, S. 524–533.

[2] Ding, Y.L.; Wang, G.X.; Sun, P.; Wu, L.Y.; Yue, Q.: Long-Term Structural Health Monitoring System for a High-Speed Railway Bridge Structure. The Scientific World Journal, 2015.

[3] Reiterer, M.; Firus, A. Dynamische Analyse der Zugüberfahrt bei Eisenbahnbrücken unter Berücksichtigung von nichtlinearen Effekten. Beton- und Stahlbetonbau, 2022, 117, S. 90–98.

[4] Ko, J.M.; Ni, Y.Q. Technology developments in structural health monitoring of large-scale bridges. Engineering Structures, 2005, 2, S. 1715–1725.

[5] Bigelow, H.; Pak, D.; Herrmann, R.; Schneider, S.; Marx, S.; Petraschek, T.; Feldmann, M.; Hoffmeister, B.: Dynamische Messungen an einer Eisenbahnbrücke als Stahlbetonverbundrahmen: Untersuchung der Eisenbahnüberführung über die Salzach bei Schwarzach/St. Veit. Stahlbau, 2017, 86, S. 778–788.

[6] Firus, A.: A Contribution to Moving Force Identification in Bridge Dynamics. Ph.D. Thesis, Technische Universität Darmstadt, Darmstadt, Deutschland, 2021.

[7] Firus, A.; Schneider, J.; Berthold, H.: Experimental validation of a moving force identification method for applications in railway bridge dynamics. In: Bridge Safety,Maintenance,Management, Life-Cycle, Resilience and Sustainability; CRC, USA, 2022.

[8] Schill, F.: Überwachung von Tragwerken mit Profilscannern. Ph.D. Thesis, Technische Universität Darmstadt, Darmstadt, Deutschland, 2018.

[9] Schill, F.; Schacht, G.: Berührungslose Überwachung von Brücken mit großer Stützweite. 11. Symposium Experimentelle Untersuchungen von Baukonstruktionen (SEUB), 2021.

[10] Schill, F.; Michel, C.; Firus, A.: Contactless Deformation Monitoring of Bridges with Spatio-Temporal Resolution: Profile Scanning and Microwave Interferometry. Sensors, 2022.

[11] Medic, T.; Ruttner, P.; Holst, C.; Wieser, A.: Keypoint-based deformation monitoring using a terrestrial laser scanner from a single station: Case study of a bridge pier. In: Proceedings of the 5th Joint International Symposium on Deformation Monitoring, JISDM2022, 2022, S. 167–175.

[12] Rashidi, M.; Mohammadi, M.; Sadeghlou Kivi, S.; Abdolvand, M. M.; Truong-Hong, L.; Samali, B.: A decade of modern bridge monitoring using terrestrial laser scanning: Review and future directions. Remote Sensing, 12(22), 2020.

[13] Firus, A.; Schneider, J.; Becker, M.; Pullamthara, J.J.: Microwave Interferometry Measurements for Railway-Specific Applications. In: Proceedings of the COMPDYN 2017, 6th ECCOMAS Thematic Conference on Computational Methods in Structural Dynamics and Earthquake Engineering, Griechenland, 2017.

[14] Nassif, H.H.; Gindy, M.; Davis, J.: Comparison of laser Doppler vibrometer with contact sensors for monitoring bridge deflection and vibration. NDT International, 2005, S. 213–218.

[15] Malekjafarian, A.; Martinez, D.; Obrien, E.J.: The Feasibility of Using Laser Doppler Vibrometer Measurements from a Passing Vehicle for Bridge Damage Detection. Shock and Vibration, 2018.

[16] Zschiesche, K.; Fitzke, M.; Schlüter, M.: Self-Calibration and Crosshair Tracking with Modular Digital Imaging Total Station. PFG – Journal of Photogrammetry, Remote Sensing and Geoinformation Science, 2022, S. 543–557.

[17] Gentile, C.; Bernardini, G.: An interferometric radar for non-contact measurement of deflections on civil engineering structures: Laboratory and full-scale tests. Structure and Infrastructure Engineering, 2009, S. 521–534.

[18] Bernardini, G.; De-Pasquale, G.; Bicci, A.; Mara, A.; Coppi, F.; Ricci, P.; Pieraccini, M.: Microwave interferometer for ambient vibration measurement on civil engineering structures: 1. Principles of the radar technique and laboratory tests. In: Proceedings of the EVACES '07 – Experimental Vibration Analysis for Civil Engineering Structures, Portugal, 2007.

[19] Lienhart, W.; Moser, T. & Strasser, L.: Large scale monitoring of a highway bridge with remote sensing and distributed fiber optic techniques during load tests. e-Journal of Nondestructive Testing, 2024.

[20] Moser, T.; Lienhart, W.; Schill, F.: Static and dynamic monitoring of bridges with contactless techniques. In: Proeedings of the 12th International Conference on Bridge Maintenance, Safety and Management (IABMAS2024), Bridge Maintenance, Safety, Management, Digitalization and Sustainability, 2024, S. 332–340.

[21] Schönberger, C.; Lienhart, W.: Drive-by Structural Monitoring using GNSS measurements at alpine bridges. e-Journal of Nondestructive Testing, 2024.

[22] Strasser, L.; Lienhart, W.; Winkler, M: Static and dynamic bridge monitoring with distributed fiber optic sensing. In Proceedings of Structural Health Monitoring 2023: Designing SHM for Sustainability, Maintainability and Reliability, 2023, S. 1745–1752.

[23] Lienhart, W.; Schill, F.; Moser, T.: Dynamic bridge monitoring with remote sensing techniques. In Proceedings of Structural Health Monitoring 2023: Designing SHM for Sustainability, Maintainability and Reliability, 2023, S.184–191.

[24] Schlüter, M.; Zschiesche, K.: Bewegungsmuster von Brückenbauwerken bei laufendem Verkehr messen und auswerten. Allgemeine Vermessungs-Nachrichten (avn), 2024, S. 9–16.

[25] Schill, F.; Sviridova, A.; Eichhorn, A: Deformation monitoring of noise barriers with profile laser scanning. In: Proceedings of the 4th Joint International Symposium on Deformation Monitoring (JISDM) Griechenland, 2019.

[26] Schill, F.; Eichhorn, A.: Deformation Monitoring of Railway Bridges with a Profile Laser Scanner. ZFV – Zeitschrift für Geodäsie, Geoinformation und Landmanagement., 2019, S. 109–118.

TAE

Tragfähigkeit,
Zuverlässigkeit,
Nachhaltigkeit und
Resilienz

Erkenntnisse aus neueren Untersuchungen zu Zugstößen durch Übergreifung bei mehrlagiger Bewehrung und alternierenden Stababständen

Dr.-Ing. Matthias Bettin
Technische Universität Dortmund

Prof. Dr.-Ing. Reinhard Maurer
ehemals Technische Universität Dortmund

Zusammenfassung
Im Rahmen eines grenzüberschreitenden internationalen Projektes – dem 18 km langen Unterwassertunnel in der Ostsee zur Verbindung der dänischen Insel Lolland mit der deutschen Insel Fehmarn – wurde deutlich, dass im internationalen Vergleich die Übergreifungslängen von Betonstahlbewehrung nach deutschem nationalen Anhang DIN EN 1992-2/NA mit Abstand am größten sind. Da der Tunnel auch auf deutschem Staatsgebiet nach dänischem technischen Regelwerk gebaut wird, kam dem Thema unter Sicherheitsaspekten sowie in wirtschaftlicher und ausführungstechnischer Hinsicht eine große Bedeutung zu. In diesem Zusammenhang wurden daher, auch aus übergeordnetem deutschen Interesse im Hinblick auf künftige Regelwerke für Bauwerke der Verkehrsinfrastruktur, sowohl im Auftrag der BASt als auch von Femern, an der TU Dortmund, sowie dem am Danish Technological Institute (DTI) in Kopenhagen, in einer Kooperation projektspezifische Versuchsreihen durchgeführt.
Nachfolgend wird lediglich auf zwei spezielle Aspekte eingegangen:

- Das Stoßen bei mehrlagiger Bewehrung von bis zu 100 % der Bewehrung in einer Lage ist nach EC2 i. A. nicht zulässig, es sei denn, dass nach deutschem NA in jeder entsprechenden Bewehrungslage die Übergreifungsstöße durch Bügel, die für die Kraft aller gestoßenen Stäbe zu bemessen sind, umschlossen werden.
- Führen bei gleichem Bewehrungsgrad alternierende größerer und kleinere lichte Stababstände zur Verbesserung der Betonierbarkeit auf die gleiche Tragfähigkeit eines Übergreifungsstoßes, wie konstante gemittelte lichte Stababstände. Hintergrund ist das spröde Materialverhalten im Hinblick auf die Zugringe im Beton. Müssen dadurch bei den alternierenden Abständen die kleineren lichten Abstände der Bemessung zugrunde gelegt werden?

Vorbemerkungen

Derzeit sind für Ingenieurbauwerke der Verkehrsinfrastruktur in Betonbauweise in Deutschland die Regelwerke DIN EN 1992-2 und DIN EN 1992-2/NA maßgebend. Die im deutschen NA gegenüber DIN EN 1992-2 enthaltenen Zuschärfungen in Form von NCIs führen teilweise dazu, dass die danach bemessenen Übergreifungslängen für die Bewehrung im internationalen Vergleich mit Abstand am größten sind. Dies gilt vor allem bei kleinen lichten Abständen zwischen den gestoßenen Stäben und großen Stabdurchmessern (Ø ≥ 16 mm). In den benachbarten europäischen Ländern, in denen die Übergreifungslängen nach dem original Eurocode 2 (EN 1992-2) bemessen werden, sind keine Schäden bekannt, die auf die teilweise deutlich geringeren Übergreifungslängen zurückzuführen sind.

Die verschärfenden deutschen Regelungen in DIN EN 1992-2/NA sollen nicht nur die Tragfähigkeit, sondern auch das Rissverhalten unter einer Dauerbelastung, besonders an den Stoßenden, in zulässigen Grenzen abdecken. Dabei gehen die Festlegungen historisch bedingt bezüglich der Betondeckung konservativ von c = 1,0 Ø aus. Der günstige Einfluss einer größeren Betondeckung darf nach DIN EN 1992-2 mit dem Faktor α_2 berücksichtigt werden, der Werte bis 0,7 annehmen kann. Dieser Faktor ist nach DIN EN 1992-2/NA generell vereinfachend in Anlehnung an DIN EN 1992-1-1/NA mit 1,0 anzusetzen. Ein weiterer wesentlicher Unterschied ergibt sich in Abhängigkeit von Stoßanteil und Stabdurchmesser aus dem Stoßfaktor α_6 bei kleinen lichten Abständen (a < 8 Ø) zwischen den gestoßenen Stäben.

Daher stellte sich die Frage nach einer Überprüfung der im internationalen Vergleich sehr konservativen Regelungen im deutschen NA. Da Ingenieurbauwerke i. A. deutlich größere Betondeckungen als c = 1,0 Ø aufweisen, können sich allein bei Anwendung des Faktors α_2 um bis zu 30 % kürzere Übergreifungslängen ergeben. Daraus resultieren konstruktiv und ausführungstechnisch günstigere Bewehrungen und Reduzierungen der Materialkosten. Nicht zuletzt wirkt sich das auch hinsichtlich der Nachhaltigkeitskriterien vorteilhaft aus.

Vor diesem Hintergrund wurde an der TU Dortmund im Auftrag der BASt ein Forschungsprojekt [1] durchgeführt, welches auch die Basis einer Dissertation [2] bildetet, um die Regelungen im original Eurocode 2 (DIN EN 1992-2) experimentell zu überprüfen. Im Ergebnis konnte in allen Versuchen mit Bemessung der Stoßausbildung nach DIN EN 1992-2, mit im Vergleich zum deutschen NA kürzeren Übergreifungslängen, eine ausreichende Tragfähigkeit und ein Rissverhalten mit Rissbreiten an den Stoßenden innerhalb der zulässigen Grenzen nachgewiesen werden. Bei den nachfolgend vorgestellten Untersuchungen wurden die Zugstöße durch Übergreifung bei allen Versuchsbauteilen basierend auf dem original EC2 bemessen.

Untersuchungen zu Zugstößen durch Übergreifung bei mehrlagiger Bewehrung

1. Problemstellung

In Ländern, wie beispielsweise Dänemark und den Niederlanden, ist bei Anordnung einer 2-lagigen Bewehrung die Ausbildung eines 100 %-Stoßes in einer Lage eine bei Tunnelbauwerken im Bereich von Arbeitsfugen praktizierte Konstruktionsweise.

In Abbildung 1 sind Möglichkeiten für die Anordnung von Übergreifungsstößen bei 2-lagiger Bewehrungsführung abgebildet. Bei allen dargestellten Stößen handelt es sich jeweils um einen 50 %-Stoß der Gesamtbewehrung in einem Querschnitt. Im Tunnelbau werden in den genannten Ländern in der Praxis bei Anwendung des original Eurocode 2 (EN 1992-2) üblicherweise diese Übergreifungsstöße entsprechend Abbildung 1 (b) und (c) ausgeführt. Dabei wird die Bewehrung in einer Lage zu 100 % gestoßen, während sie in der zweiten Lage durchläuft. Nach deutschem Regelwerk DIN EN 1992-2/NA ist eine solche Ausführung nicht grundsätzlich ausgeschlossen. Allerdings kommt diese aufgrund zusätzlicher hoher Anforderungen an die Ausbildung der Querbewehrung in Form von Bügeln im Übergreifungsbereich i. d. R. nicht zum Einsatz. In Deutschland werden die Übergreifungsstöße bei 2-lagiger Bewehrung i. d. R. entsprechend der Anordnung in Abbildung 1 (d) ausgeführt. In einer Lage werden dabei maximal 50 % der Bewehrung gestoßen.

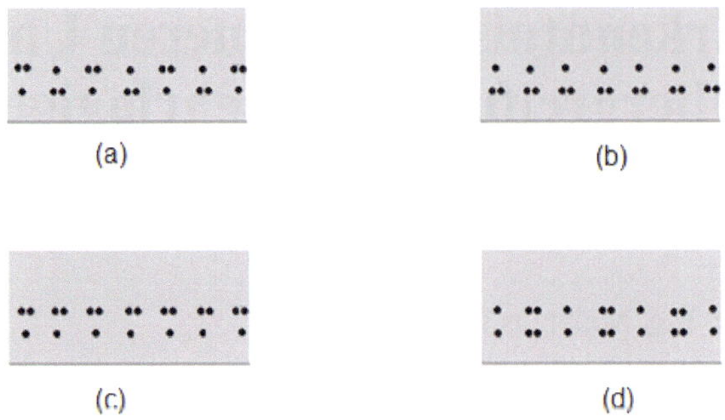

Abbildung 1: Möglichkeiten für die Anordnung von Übergreifungsstößen bei 2-lagiger Bewehrungsanordnung

Bei Ausführung nach EN 1992-2 ist die Abbildung 1 (b) dargestellte Anordnung der Übergreifungsstöße günstig für den Tunnelbau, insbesondere wenn der Tunnel in Ortbetonbauweise mit Arbeitsfugen hergestellt wird. Ein Beispiel für eine Stoßausbildung in Anlehnung an die Konfiguration (b) ist in Abbildung 2 dargestellt. An Stellen mit hoher Momentenbeanspruchung, an denen die Grundbewehrung nicht ausreicht, wird eine zusätzliche zweite Bewehrungslage (evtl. sogar eine dritte Lage) angeordnet. Die Länge, über die diese zusätzlichen Bewehrungsstäbe benötigt werden, ist normalerweise so kurz, dass in der zweiten Lage keine Stöße erforderlich sind. In den Arbeitsfugen werden alle Stäbe in der ersten, durchlaufenden Lage gestoßen. Die Stäbe in der zweiten Lage sind außerhalb dieses Stoßbereichs verankert.

Unter der Annahme, dass der Durchmesser der gestoßenen Stäbe ≥ 20 mm ist und nicht mehr als 50 % im Querschnitt gestoßen werden, darf nach EN 1992-2 i. d. R. bei der Ausbildung der Querbewehrung die Gesamtquerschnittsfläche ΣA_{st} (Summe aller Schenkel die parallel zur Lage der gestoßenen Bewehrung verlaufen) nicht kleiner sein als die Querschnittsfläche A_s eines gestoßenen Stabes ($\Sigma A_{st} \geq A_s$). Die Querbewehrung sollte an der Außenseite orthogonal zur Richtung der gestoßenen Bewehrung gemäß EN 1992-2, Bild 8.9 angeordnet werden.

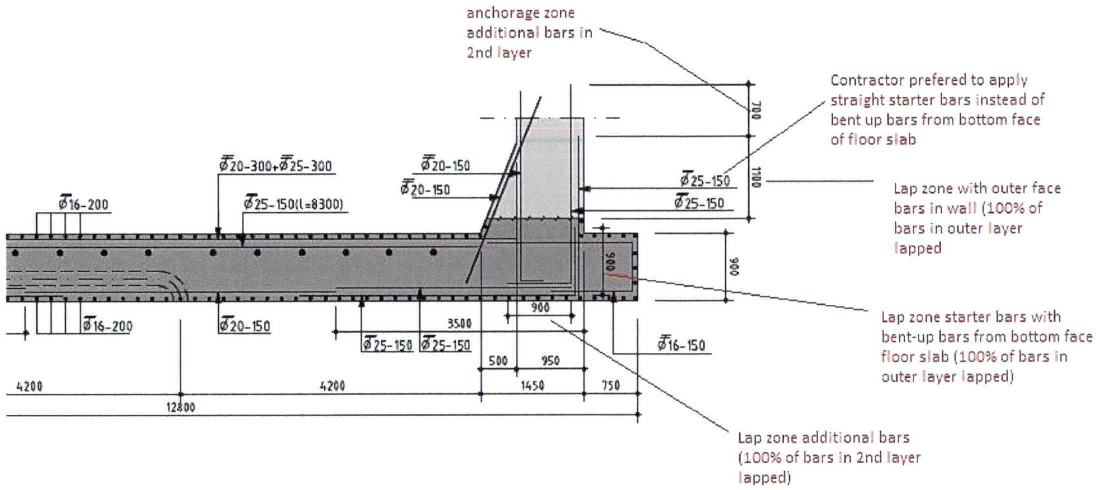

Abbildung 2: Typische Stoßausbildung bei mehrlagiger Bewehrung im Bereich der Bodenplatte und der Außenwand am Beispiel des Tunnels im Zuge der North-South Metro Linie in Amsterdam

2. Unterschiede zwischen den Regelungen der EN 1992-2 und DIN EN 1992-2/NA für die Ausbildung von Übergreifungsstößen bei mehrlagiger Bewehrung

In Abschnitt 8.7.2 in DIN EN 1992-2 sind die Grundlagen für die konstruktive Ausbildung von Übergreifungsstößen festgelegt. Danach ist nach Abschnitt 8.7.2 (4) i. d. R. für Stäbe in mehreren Lagen der Anteil der in einer Lage gestoßenen Zugstäbe auf 50 % zu reduzieren.

Ein 100 % Stoß in einer Lage bei mehrlagiger Bewehrung wird zwar nicht grundsätzlich gänzlich ausgeschlossen. Allerdings enthält der deutsche Nationale Anhang zur DIN EN 1992-2 im Abschnitt 8.7.4.1 (3) ein NCI:

Werden bei mehrlagiger Bewehrung mehr als 50 % des Querschnitts der einzelnen Lagen in einem Schnitt gestoßen, sind die Übergreifungsstöße durch Bügel zu umschließen, die für die Kraft aller gestoßenen Stäbe zu bemessen sind.

Diese Forderung nach Verbügelung ist in der Ausführung sehr aufwändig.

In flächigen Bauteilen darf die Querbewehrung nach diesem NCI auch gerade sein, wenn die Übergreifungslänge um 30 % erhöht wird oder der Abstand der Stoßmitten benachbarter Stöße in Längsrichtung etwa 0.5 l_0 beträgt. Dann ist kein bügelartiges Umfassen der Längsbewehrung erforderlich.

2.1 Stand des Wissens bei Stößen in mehrlagiger Bewehrung

In der Literatur konnten Hintergründe zu den Regelungen der DIN EN 1992-2/NA und der EN 1992-2 im Hinblick auf die Ausbildung eines 100 %-Stoßes in einer Lage bei 2-lagiger Bewehrungsanordnung (entspricht einem 50 % Stoß der Gesamtbewehrung in einem Querschnitt bei 2-lagiger Bewehrung) nicht recherchiert werden.

In DIN EN 1991-1-1/NA wird dazu auf DAfStb Heft 300 verwiesen. Hiernach fehlen für Stöße mehrlagiger Bewehrungen ausreichende Versuchserfahrungen, um weitergehende Regeln einzuführen.

Daher wurden an der TU Dortmund Versuche zu Übergreifungsstößen bei 2-lagiger Bewehrung durchgeführt [1], [3] auch aufgrund der positiven Erfahrungen in Dänemark und den Niederlanden.

Die Ergebnisse dieser Versuche werden im Folgenden vorgestellt. Die Ergebnisse zeigen eine klare Tendenz für die Einordnung und Bewertung derartiger Stöße hinsichtlich Tragfähigkeit im GZT und Einhaltung der Kriterien im GZG auf.

2.2 Entwicklung der systematischen Versuchsreihen

Definition der Randbedingungen

Für das Versuchsprogramm waren 3 Varianten für die zu stoßende Bewehrung vorgesehen. Um die zu erwartenden Streuungen ebenfalls zu erfassen wurde jede Bewehrungskonfiguration jeweils 3-mal getestet. Dementsprechend ergaben sich insgesamt neun 4-Punkt-Biegeversuche.

Die Übergreifungsstöße waren dabei im Bereich der konstanten Momentenbeanspruchung angeordnet. Im Fokus der experimentellen Untersuchungen stand neben der Bestimmung der Tragfähigkeit das Rissverhalten. Zusätzlich wurden die Verformung und der Stahlspannungsverlauf im Stoßbereich messtechnisch erfasst. Das vollständige Versuchsprogramm ist in Tabelle 1 dargestellt.

Wahl der Prüfkörperabmessungen

Alle Versuchsträger B11, B12 und B13 wurden im Feld und somit im Übergreifungsbereich mit den Querschnittsabmessungen von b/h = 64/60 cm, hergestellt. Zur Gewichtsreduktion wurden die 1,70 m langen Kragarme über eine Länge von 135 cm als T-Querschnitt mit den Abmessungen von $b/b_{Steg}/h_{Platte}$ von 64/30/25 cm ausgebildet. Der Querschnitt war so dimensioniert, dass die vorab experimentell an Proben bestimmte Streckgrenze der Biegebewehrung erreicht werden konnte, ohne dass ein Versagen der Betondruckzone zu erwarten war. Eine Verbügelung im Stoßbereich war nicht vorgesehen, da die Versuchskörper den Ausschnitt eines flächigen plattenartigen Bauteils repräsentieren sollten. Eine Übersicht der geometrischen Parameter der einzelnen Versuchskörper ist der Tabelle 2 zu entnehmen. Die Herstellung erfolgte so, dass durch Umdrehen der Versuchsbauteile gute Verbundbedingungen (η_l = 1,0) maßgebend waren. Die Übergreifungsstöße waren nicht gemäß DIN EN 1992-2/NA, NCI zu 8.7.4.1 (3) durch Bügel umschlossen.

Tabelle 1: Versuchsprogramm 4-Punkt-Biegeversuche (Übergreifungslänge l_0 auf Grundlage des Mittelwerts der Verbundfestigkeit f_{bm})

Versuch	$Ø_s$ [mm]	c_1 [mm]	α_2	α_6	l_0 [cm]	Stoßanteil	lichter Stababstand	Betonfestigkeit	Verbundbedingungen
B11	32	92	0,798	1,4	53,9	50 %	a = 15,0 cm < 8Ø	C 35/45	gut
B12	32	92	1,0	1,4	67,6		a = 6,5 cm < 8Ø		
B13	28	67	0,871	1,4	51,5		a = 10,4 cm < 8Ø		

Tabelle 2: Geometrische Parameter der Versuchsträger

Versuch	Querschnitt	Parameter
B11	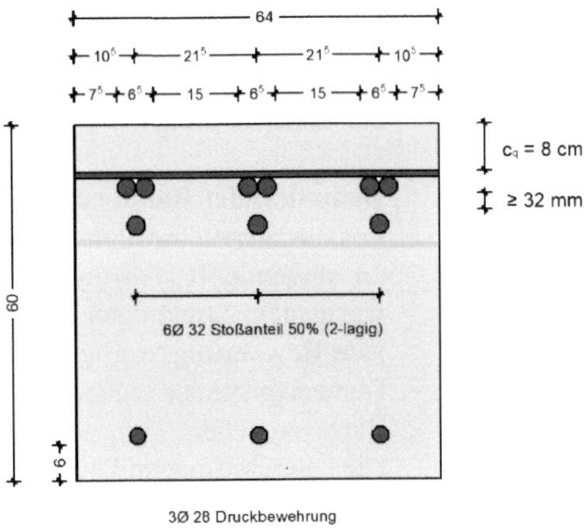	C35/45 B500 Ausführung l_0: $l_0 = l_{0,EC2}$ Stoßanteil 50 % Bewehrungsdurchmesser: $Ø_{s,l} = 32$ mm $Ø_{s,q} = 12$ mm Betondeckung: $c_l = 9{,}2$ cm $c_q = 8{,}0$ cm lichter Stababstand: a = 15,0 cm < 8Øs
B12	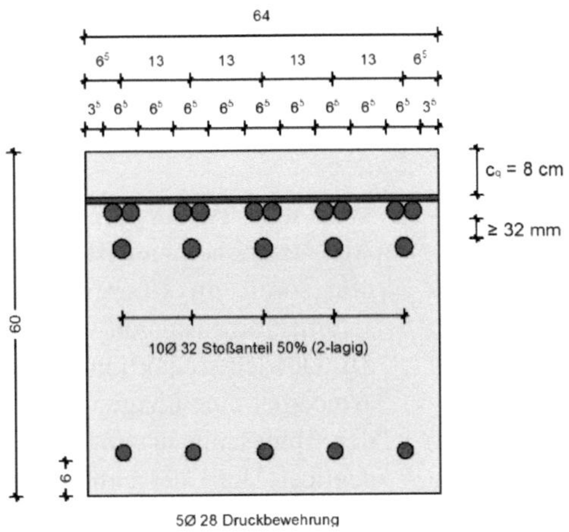	C35/45 B500 Ausführung l_0: $l_0 = l_{0,EC2}$ Stoßanteil 50 % Bewehrungsdurchmesser: $Ø_{s,l} = 32$ mm $Ø_{s,q} = 12$ mm Betondeckung: $c_l = 9{,}2$ cm $c_q = 8{,}0$ cm lichter Stababstand: a = 6,5 cm < 8Øs
B13	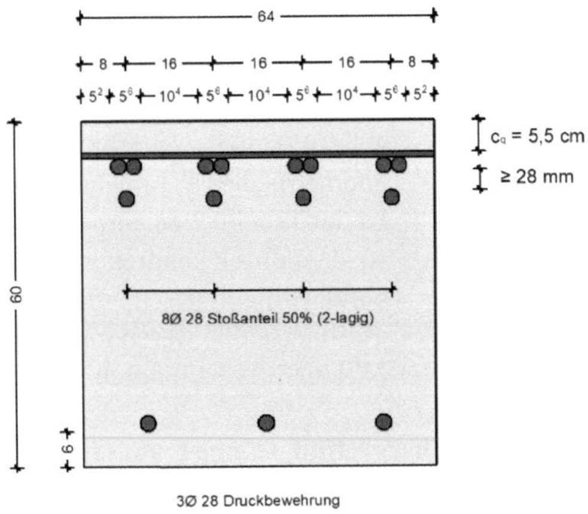	C35/45 B500 Ausführung l_0: $l_0 = l_{0,EC2}$ Stoßanteil 50 % Bewehrungsdurchmesser: $Ø_{s,l} = 28$ mm $Ø_{s,q} = 12$ mm Betondeckung: $c_l = 6{,}7$ cm $c_q = 5{,}5$ cm lichter Stababstand: a = 10,4 cm < 8Øs

Die Bemessung der Übergreifungslängen erfolgt nach DIN EN 1992-2, um zu überprüfen, ob die gegenüber DIN EN 1992-2/NA kleineren Übergreifungslängen ausreichend für ein einwandfreies Bauteilverhalten unter Gebrauchslasten sind und ausreichend tragfähig sind.

3. Versuchsergebnisse

Tragverhalten

In allen Versuchen trat ein sprödes Stoßversagens auf. Dabei entstanden vor dem Versagen zuerst die typischen breiten, senkrecht zur Balkenachse verlaufenden, Risse an den Stoßenden. Das Versagen wurde durch die Bildung von Längsrissen über den Stoßmitten parallel zur Stoßachse und der anschließenden Bildung des horizontalen Bruchrisses, an der Balkenseitenfläche in Achse der Längsbewehrung, infolge der Ringzugspannungen mit Überschreiten der Betonzugfestigkeit eingeleitet. Infolgedessen löste sich im Stoßbereich der Beton oberhalb der Bewehrung (Betondeckung) bei Erreichen der Traglast des Stoßes schlagartig und schollenartig ab (vgl. Abbildung 3).

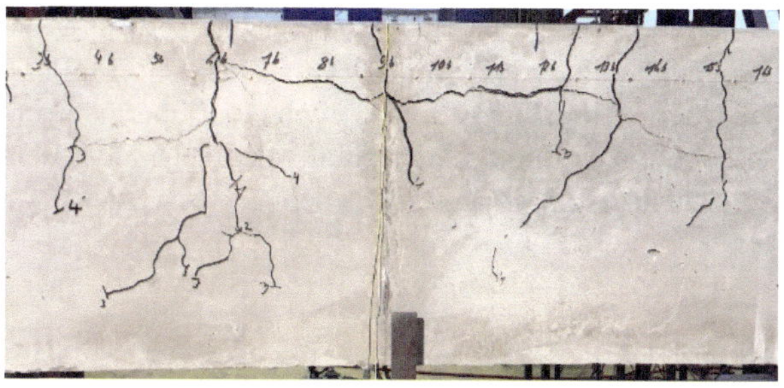

Abbildung 3: Rissbild unmittelbar beim Stoßversagen

Traglasten im Grenzzustand der Tragfähigkeit (GZT)
In Tabelle 3 sind die Versuchstraglasten F_u in Form der daraus berechneten maximalen Momentenbeanspruchung ($M_u = F_u \times 1{,}55$ m) dargestellt. Auf Grundlage der für die Versuchsbalken ermittelten tatsächlichen Betondruckfestigkeiten und des zur Bruchlast zugehörigen Biegemomentes können die zugehörigen Stahlspannungen im Zustand II unter der Bruchlast mit einem Querschnittsprogramm berechnet werden ($\sigma_{su,test}$).
Die so rechnerisch bestimmten durch den Stoß übertragenen maximalen Stahlspannungen lagen mit Werten zwischen 262–349 MN/m² ausnahmslos unter dem Wert aus der Vorbemessung basierend auf dem Mittelwert der Verbundfestigkeit f_{bm} für den angestrebten C35/45. So war bei der Vorbemessung zunächst von einer zu übertragenden Stahlspannung $\sigma_{su,cal}$= 435 N/mm² und einem Beton der Festigkeitsklasse C35/45 (f_{bm} = 7,2 N/mm²) ausgegangen worden.
Für die Überprüfung der Tragfähigkeit der Stöße ist die an die tatsächlich erreichte Betonfestigkeit angepasste übertragbare Stahlspannung $\sigma_{su,cal}$ für das l_0 im Versuchsträger in Abhängigkeit von der tatsächlich vorhandenen Verbundfestigkeit f_{bm} zu ermitteln. Die Verifizierung des Bemessungsmodells erfolgt mittels der übertragenen maximalen Stahlspannung $\sigma_{su,test}$ in der Bewehrung unter der Versuchstraglast Fu unmittelbar bevor der Verbund versagt im Vergleich zu $\sigma_{su,cal}$.

$$\sigma_{su,cal} \cdot A_s = \varnothing \cdot \pi \cdot l_0 \cdot \tau_{bm}$$

Die so ermittelten Werte für $\gamma_{mod} = \sigma_{su,test}/\sigma_{su,cal}$ sollten um den Wert 1,0 streuen. Dabei sollte die untere Grenze basierend auf dem 5 %-Quantilwert der charakteristischen Zugfestigkeit bzw. Verbundfestigkeit bei 0,7 bezogen auf den Mittelwert liegen.
Aufgrund der Bemessung der Stöße auf dem Niveau der mittleren Verbundfestigkeit f_{bm} sollte der Modellsicherheitsbeiwert $\gamma_{mod} = \sigma_{su,test}/\sigma_{su,cal}$ um 1,0 streuen und den Werte 0,7 nicht unterschreiten. Dies trifft hier für alle Einzelversuche zu (vgl. Abbildung 4). Damit wurde mit den Versuchen eine ausreichende Tragfähigkeit der unverbügelten Stöße nachgewiesen.

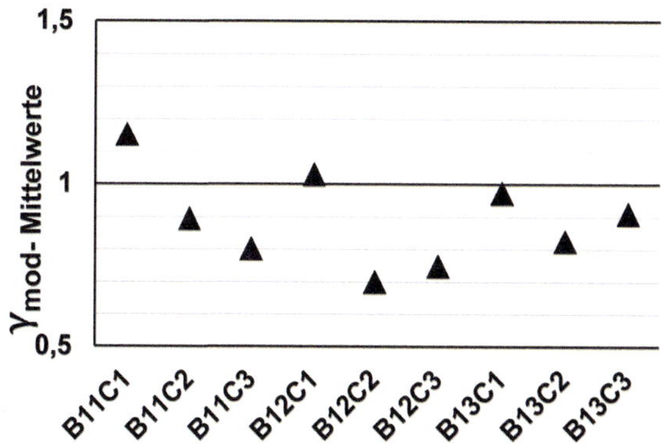

Abbildung 4: Modellsicherheitsfaktor auf Mittelwertniveau $\gamma_{mod} = \sigma_{su,test}/\sigma_{su,cal}$

Tabelle 3: Zusammenfassung der Tragfähigkeiten auf Mittelwertniveau

Versuchsträger	B11C1	B11C2	B11C3	B12C1	B12C2	B12C3	B13C1	B13C2	B13C3
$f_{cm,cube}$ [N/mm²]	25,85	39,16	40,05	25,32	39,05	39,00	29,36	39,16	40,05
$f_{cm,cyl} = 0{,}82\ f_{cm,cube}$ [N/mm²]	21,20	32,11	32,84	20,76	32,02	31,98	24,08	32,11	32,84
$f_{ck} = f_{cm,cyl}$ -4 [N/mm²]	17,20	28,11	28,84	16,76	28,02	27,98	20,08	28,11	28,84
$f_{ctm} = 0{,}30\ f_{ck}^{2/3}$ [N/mm²]	1,99	2,77	2,82	1,96	2,77	2,76	2,22	2,77	2,82
$f_{bm} = 2{,}25\ f_{ctm}$ [N/mm²]	4,50	6,24	6,35	4,42	6,23	6,22	4,99	6,24	6,35
$\sigma_{su,cal}$ [N/mm²] für l_0 mit f_{bm}	272	377	384	267	376	376	301	377	384
M_u im Versuch [kNm]	580,2	642,7	587,1	829,5	814,9	868,4	603,0	649,6	729,5
zugh $\sigma_{su,test}$ [N/mm²]	313	337	307	275	263	281	293	311	349
$\gamma_{mod} = \sigma_{su,test}/\sigma_{su,cal}$ für l_0 mit f_{bm}	1,16	0,89	0,80	1,03	0,70	0,75	0,97	0,82	0,91

Rissbreiten im Grenzzustand der Gebrauchstauglichkeit (GZG)

Im Grenzzustand der Gebrauchstauglichkeit liegen die Stahlspannungen etwa zwischen 150 bis 300 N/mm². Die Messung und Bewertung der Rissbreiten erfolgte unter Gebrauchslastniveau.

Durch das Eigengewicht und die aufgebrachte Prüfzylinderkraft entstanden zunächst Biegerisse über den Auflagern. Bei weiterer Laststeigerung entstanden weitere Biegerisse im Bereich des konstanten Momentes zwischen den Auflagern. Im unmittelbaren Bereich des Übergreifungsstoßes waren die Rissbreiten aufgrund des doppelt so großen Bewehrungsgrades sichtbar kleiner. Mit Hilfe der Setzdehnungsmessung konnte die Rissverteilung und die Rissbreitenentwicklung im Bereich des konstanten Momentes sehr akkurat erfasst und dokumentiert werden. Abbildung 5 zeigt beispielhaft die Auswertung der Rissbreitenverteilung des Trägers B13C1. In der Abbildung steht jede Farbe für einen Riss und dessen Breitenentwicklung. Die Risse, die sich an den Stoßenden einstellten sind als schwarzes Dreieck dargestellt sowie durch die gestrichelten Linien verbunden. In allen Versuchen konnte ein großer Streubereich der gemessenen Rissbreiten festgestellt werden.

Die Rissbreiten unmittelbar am Ende des Übergreifungsbereichs befanden sich tendenziell stets im oberen Streubereich. Vergleichbare Rissbreiten traten allerdings auch außerhalb des Stoßbereiches auf. Die maximalen Rissbreiten an den Stoßenden und außerhalb des Stoßes sind in der Abbildung 5 und der Tabelle 4 zusammengefasst.

Auf Grundlage der Ergebnisse unter Gebrauchslastniveau konnte bei den durchgeführten Versuchen kein Einfluss der Übergreifungslänge hinsichtlich einer übermäßigen Rissbreitenzunahme an den Stoßenden gegenüber den Bereichen außerhalb des Stoßes beobachtet werden.

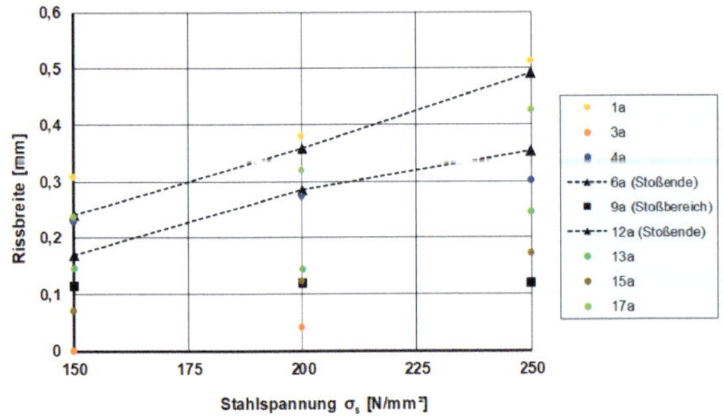

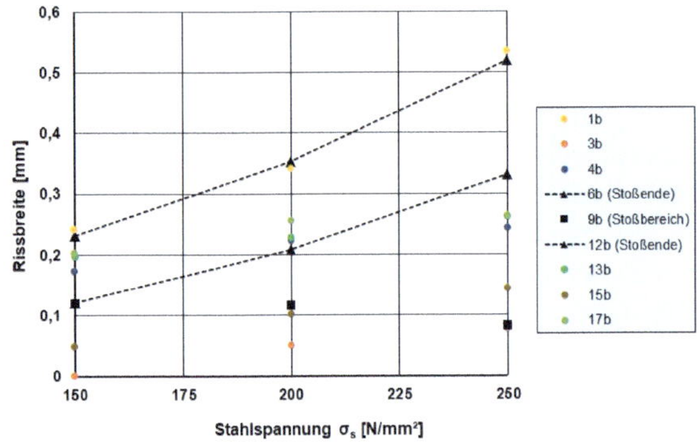

Abbildung 5: Beispielhafte Rissbreitenverteilung des Versuchsträger B13C1

Tabelle 4: Zusammenstellung der maximal gemessenen Rissbreiten auf der Balkenoberseite

Versuchsträger	σ_s = 150 [N/mm²]		σ_s = 175 [N/mm²]		σ_s = 200 [N/mm²]		σ_s = 250 [N/mm²]	
	w_{max} Stoßenden [mm]	w_{max} außerhalb Stoßbereich [mm]	w_{max} Stoßenden [mm]	w_{max} außerhalb Stoßbereich [mm]	w_{max} Stoßenden [mm]	w_{max} außerhalb Stoßbereich [mm]	w_{max} Stoßenden [mm]	w_{max} außerhalb Stoßbereich [mm]
B11C1	0,201	0,262	0,273	0,31	0,341	0,368	–	–
B11C2	0,250	0,306	0,328	0,357	0,406	0,445	0,581	0,605
B11C3	0,146	0,273	0,214	0,341	0,329	0,348	0,443	0,458
B12C1	0,398	0,348	0,482	0,428	0,565	0,467	0,843	0,568
B12C2	0,220	0,224	0,389	0,374	0,342	0,306	0,504	0,521
B12C3	0,225	0,224	0,319	0,325	0,398	0,413	0,454	0,480
B13C1	0,241	0,308	0,301	0,318	0,359	0,379	0,491	0,512
B13C2	0,243	0,227	0,373	0,382	0,317	0,323	0,462	0,482
B13C3	0,189	0,207	0,257	0,283	0,302	0,351	0,444	0,452

rot = w max, Stoßende > w max außerhalb Stoß

Bewertung der Ergebnisse

Die entscheidende streuende Materialkenngröße ist die Verbundfestigkeit. Sie kann auf Mittelwertniveau oder auf charakteristischem Niveau angegeben werden:

$$f_{bm} = 2{,}25 \cdot f_{ctm}$$

$$f_{bk} = 2{,}25 \cdot f_{ctk} = 2{,}25 \cdot (0{,}7 \cdot f_{ctm}) \quad \text{mit } \eta_1 = \eta_2 = 1{,}0$$

Bei allen Versuchen erfolgte die Bemessung der Stöße auf dem Niveau der mittleren Verbundfestigkeit f_{bm}. Der Modellsicherheitsbeiwert $\gamma_{mod.Mittelwert} = \sigma_{su,test}/\sigma_{su,cal}$ sollte daher den Werte 0,7 nicht unterschreiten. Entsprechend kann auf charakteristischem Niveau für die Stöße eine ausreichende Tragfähigkeit nachgewiesen werden, solange kein Versuchswert γ_{mod} bei Bezug auf die charakteristische Verbundfestigkeit f_{bk} unter 1,0 liegt. Beide Kriterien treffen für alle Versuche zu (vgl. Abbildung 4).

Es ist jedoch zu erkennen, dass insbesondere die Ergebnisse für die Versuchsträger der Reihe B2 (Bewehrungsstöße mit $Ø_s$ 32 mm mit minimalen Mindestabstand 2d zwischen den Stößen) jeweils am unteren Rand des zulässigen Bereichs liegen. Die Ursache lässt sich durch die sehr engen tatsächlichen lichten Abstände zwischen den Bewehrungsstäben erklären, da sich keine so großen Zugringstärken bilden konnten wie bei den anderen Versuchen. Der nominell planmäßige lichte Abstand ist mit 2d zwar normgerecht, beträgt aber bei der praktischen Ausführung mit $Ø_s = 32$ mm, wenn die Rippen des Stabstahls nicht berücksichtigt werden, praktisch nur rund 50 mm statt theoretisch 64 mm (vgl. Abbildung 6; ohne Rippen: $Ø_s = 32$ mm, mit Rippen: $Ø_A = 1{,}15 \cdot 32 = 37$ mm). Zudem befinden sich die Rissbreiten unmittelbar am Ende des Übergreifungsbereichs stets am oberen Rand des Streubereichs. Es muss allerdings angemerkt werden, dass sich bei den durchgeführten Versuchen, der Stahlspannungsbereich für den Gebrauchszustand deutlich nach unten verschiebt und die gewählten Laststufen den üblichen Grenzzustand nicht repräsentieren. Die errechneten Stahlspannungen im Bruchzustand lagen bei den Versuchen in einem Intervall von 275 N/mm² und 349 N/mm². Unter normalen Bedingungen, wenn die Tragfähigkeit auf der Streckgrenze der Bewehrung basiert, beträgt die Beanspruchung im Grenzzustand der Gebrauchstauglichkeit nur etwa 30–60 % der Beanspruchung im Grenzzustand der Tragfähigkeit. Bei einer Stahlspannung von 150 N/mm² konnten stets Risse außerhalb des Stoßbereichs gemessen werden, die maßgebend waren.

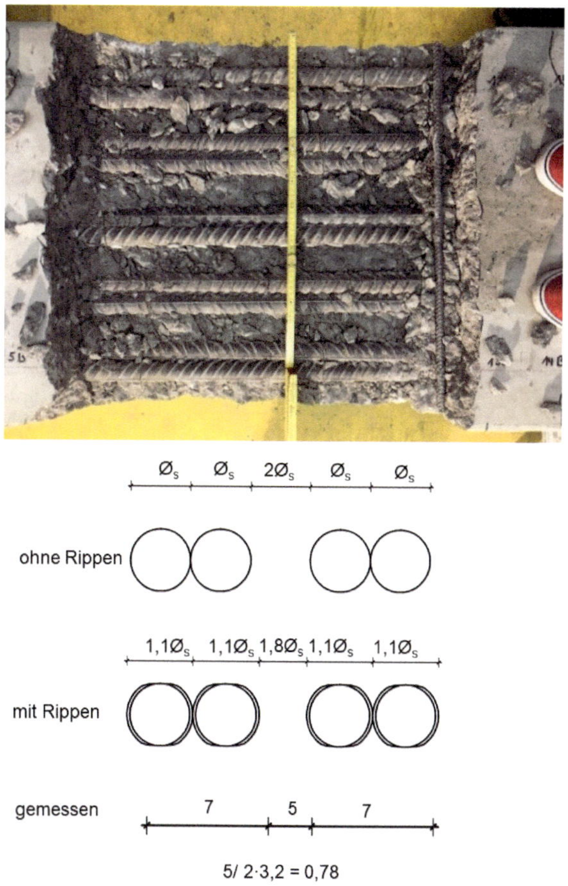

Abbildung 6: Überprüfung der tatsächlichen Stababstände unter Einfluss der Rippen (Versuchsträger B12C1)

Bei den Versuchen auf Mittelwertniveau sollten die Modellsicherheitsfaktoren $\gamma_{mod.Mittelwert}$ im Sinne der statistisch begründeten Sicherheitstheorie entsprechend der Streuung der Betonzugfestigkeit zwischen oberem und unterem Quantilwert in etwa zufällig um dem Mittelwert streuen. Dass alle Werte am unteren Rand des zulässigen Streubereichs liegen, deutet auf einen ungünstig wirksamen systematischen Einfluss hin, der plausibel mit dem zu geringen lichten Stababstand erklärt werden kann. Daher sollte bei der Ausführung eines 100 %-Stoßes der zweiten Lage aufgrund des Rissverhaltens der reale Außendurchmesser berücksichtigt werden. Der reale Außendurchmesser $Ø_A$ beträgt in der Regel: $Ø_A \approx 1{,}15\ Ø_{Nenn}$. Alternativ können die Stoßenden gemäß *EN 1992-1-1* um $0{,}5 \cdot l_0$ längs versetzt angeordnet werden oder die Übergreifungslänge l_0 um 30 % vergrößert werden.

Untersuchungen zu Zugstößen durch Übergreifung bei alternierenden Stababständen

1. Problemstellung

Die Fehmarnbelt-Querung soll Lolland (Dänemark) mit der Insel Fehmarn (Deutschland) verbinden. Der Tunnel verbindet zwei Länder, die unterschiedliche nationale Anhänge zum Eurocode 2 verwenden. Es wurde vereinbart, dass das Tunnelbauwerk nach dänischem Regelwerk gebaut wird, der auf dem dänischen Anhang zu Eurocode 2 mit spezifischen Anpassungen basiert. Die „Design Basis" wurde eigens für dieses Projekt erstellt, geprüft, genehmigt und einige projektspezifische Genehmigungen wurden in Form von ZiEs von den deutschen Behörden erteilt. Derzeit liegen Bewehrungskonzepte für eine Stoßausbildung vom Auftragnehmer vor, die zur Verbesserung der Betonierbarkeit, statt konstanter Stababstände alternierend größere und kleinere Stabstände aufweisen (vgl. Abbildung 7). Dabei stellt sich die Frage, ob die Übergreifungslängen für die gemittelten konstanten Stababstände bemessen werden können, ohne dass daraus ein Verlust der Tragfähigkeit resultiert.

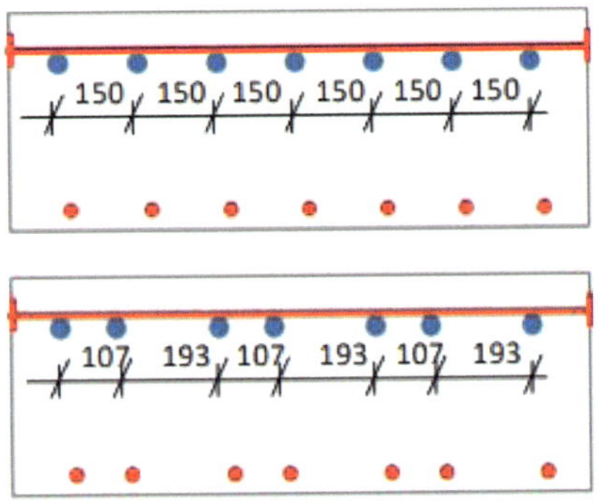

Abbildung 7: Bewehrungsprinzip außerhalb des Stoßbereiches; links regelmäßige Abstände; rechts Konstruktion des Auftragnehmers aus [3]

Ausgehend von einem regelmäßigen Raster mit konstanten Stababständen von 150 mm wurden diese zur besseren Betonierbarkeit modifiziert:

150 – 43 = 107 mm

150 + 43 = 193 mm

Diese Variation hat Auswirkungen auf die Stärke der Zugringe, welche die Verbundfestigkeit beeinflussen. Es stellt sich die Frage, ob die erforderlichen Übergreifungslängen für den mittleren Stababstand von 150 mm bemessen werden dürfen oder ob sie für den kleinsten Stababstand von 107 mm bemessen werden müssen. Kann die kleinere Zugringstärke beim minimalen Stababstand von 107 mm durch die gleichzeitig größere Zugringstärke bei 193 mm Stababstand kompensiert werden, da es sich bei Beton um ein relativ sprödes Material handelt. Das gilt besonders für die Zugfestigkeit, die mit den üblichen Betondeckungen mit Sprengrissversagen für die Verbundfestigkeit maßgebend ist.

2. Entwicklung der systematischen Versuchsreihen

Im Auftrag von Femern A/S wurden am Danish Technological Institute (DTI) in Kopenhagen sechs Großversuche durchgeführt um den Einfluss von alternierende Stababständen bei gestoßenen Stäben, die für konstante Stababstände bemessen wurden, systematisch zu überprüfen.

Das Tragverhalten von Übergreifungsstößen kann anhand von 4-Punkt- Biegeversuchen oder mithilfe von zentrischen Zugversuchen analysiert werden. Um den Effekt des Aufklappens der Biegebewehrung infolge der abgesprengten Betondeckung während des Spaltversagens zu erzeugen, wurden die Untersuchungen an 4-Punkt- Biegeversuchen durchgeführt.

Das Versuchsprogramm umfasste zwei verschiedene Bewehrungsanordnungen, die aus statistischen Gründen jeweils anhand von drei 4-Punkt-Biegeversuche getestet wurden. Die Übergreifungsstöße waren im Bereich der konstanten Momentenbeanspruchung angeordnet. Bei den drei Versuchsträgern der Versuchsreihe „Config. R" (R1-R3) betrug der Stabstand der gestoßenen Stäbe konstant 150 mm, wohingegen die drei Versuchsträger der Versuchsreihe „Config. A" (A1-A3) alternierende Stababstände von 107 mm und 193 mm aufwiesen (vgl. Abbildung 8). Der Bewehrungsgrad war bei beiden Konfigurationen identisch.

Im Vordergrund stand neben der Tragfähigkeit die Dokumentation der Rissbreitenentwicklung. Zusätzlich wurden das Verformungsverhalten, der Stahlspannungsverlaufe im Stoßbereich messtechnisch erfasst.

Im Folgenden werden die Ergebnisse der Versuche vergleichend gegenübergestellt.

Die Versuchsträger hatten eine Gesamtlänge von 5,00 m. Die Spannweite zwischen den Auflagern betrug 1,50 m (vgl. Abbildung 8), sodass der Abstand der Auflager zum Übergreifungsstoß mindestens dem zweifachen der Nutzhöhe d entsprach. Um ein Querkraftversagen auszuschließen, wurde in den Kragarmbereichen aller Träger eine Bügelbewehrung Ø16/15 cm angeordnet (vgl. Abbildung 8).

Tabelle 6: Zusammenfassung der Ergebnisse zur Tragfähigkeit

Versuchsbalken	R1	R2	R3	A1	A2	A3
$f_{cm,cyl,Test}$ [MN/m²]	63,0	62,7	61,2	63,1	62,3	64,30
$f_{ctm} = 0{,}30\, f_{ck}^{2/3}$ [MN/m²]	4,55	4,53	4,45	4,55	4,51	4,61
f_{bm} [MN/m²]	10,23	10,20	10,02	10,25	10,15	10,38
min. σ_{sd} [MN/m²] für l_0 mit f_{bk}	510,6	509,0	500,1	511,5	506,5	518,1
F_{Bruch} im Versuch [kN]	353,5	361,6	350,5	363,3	363,4	384,4
M_{Bruch} im Versuch [kNm]	506,2	518,4	501,7	521,1	521,1	552,6
zugh. $\sigma_{s,Bruch,cal}$ [MN/m²]	517,8	530,8	513,5	532,8	533,4	552,9
γ_{mod} = zugh $\sigma_{s,Bruch,cal}$/min σ_{sd} für l_0 mit f_{bk}	**1,01**	**1,04**	**1,02**	**1,04**	**1,05**	**1,07**

Tabelle 7: Maximale Rissbreite [mm], gemessen an der Oberseite und an der Stirnseite der Balken (Die Stahlspannung wird als das 0,2-, 0,3-, 0,4-, 0,5- und 0,6-fache der Streckgrenze der Bewehrung bestimmt) [3]

Beam surface	Reinforcement stress [MPa]	Beam ID					
		R1	R2	R3	A1	A2	A3
Top of beam	100	0,010	0,000	0,000	0,000	0,000	0,000
	150	0,019	0,000	0,010	0,000	0,011	0,000
	200	0,101	0,065	0,051	0,039	0,024	0,031
	250	0,236	0,218	0,196	0,215	0,210	0,212
	300	0,336	0,316	0,316	0,312	0,299	0,324
Face of beam	100	0,010	0,000	0,000	0,000	0,000	0,000
	150	0,022	0,016	0,012	0,012	0,000	0,013
	200	0,087	0,063	0,051	0,026	0,013	0,020
	250	0,218	0,185	0,173	0,196	0,182	0,186
	300	0,294	0,281	0,276	0,282	0,265	0,292

4. Zusammenfassung

Bei der Fehmarnbelt-Querung ist für die Bewehrung ein mittleres Stabraster von 150mm vorgesehen. Aus ausführungstechnischen Gründen soll das Stabraster hinsichtlich einer besseren Betonierbarkeit mit alternierend größeren und kleineren Stababständen modifiziert ausgeführt werden:

150 – 43 = 107 mm
150 + 43 = 193 mm

Daraus folgte vor dem Hintergrund des spröden Materialverhaltens von Beton die Frage, ob die Übergreifungsstöße bei strenger Auslegung des Eurocode 2 für den kleineren Stababstand bemessen werden müssen, aufgrund der damit einhergehenden kleineren Stärke der Zugringe (bei kleinerem c_d größerer α_2-Wert und damit größere erforderliche Übergreifungslänge). Die Tragfähigkeit der Zugringe sind für die Verbundfestigkeit maßgebend. Oder reicht eine Bemessung der Zugstöße näherungsweise für den konstanten gemittelten Achsabstand 150 mm aus, um die gleiche Tragfähigkeit zu erzielen?

Da diese Frage auf theoretischem Weg nicht mit ausreichender Zuverlässigkeit beantwortet werden konnte, wurden gezielte Versuche durchgeführt. Dabei wurden drei Versuchsbauteile mit Zugstößen und konstantem Achsabstand der Stäbe von 150 mm, und drei auf gleiche Weise für einen mittleren Stababstand von 150 mm bemessenen Versuchsbauteile mit Zugstößen und alternierenden Achsabständen der Stäbe von 107 und 193 mm getestet. Die Übergreifungslängen waren bei allen sechs Versuchsbauteilen gleich groß. Das Ziel bestand darin festzustellen, ob die Versuchsbauteile mit alternierenden Achsabständen (Konfiguration A) im Stoßbereich systematisch kleinere Tragfähigkeiten aufweisen als die Versuchsbauteile mit konstanten Achsabständen (Konfiguration R) der Bewehrung.

Im Ergebnis lieferten die Versuche für beide Konfigurationen A und R etwa die gleichen Tragfähigkeiten für die Zugstöße. Auch im Hinblick auf die Gebrauchstauglichkeit (Rissverhalten) erwiesen sich beide Bewehrungs-Konfigurationen als gleichwertig.
Unter der Voraussetzung eines vollkommen spröden Zugtragverhaltens des Betons wäre dieses Ergebnis nicht zu erwarten gewesen. Allerdings verfügt der Beton beim Zugversagen durch den abfallenden Ast in der Spannungs Verformungs-Beziehung (vgl. Abbildung 9) über eine gewisse Duktilität, die offensichtlich ausreicht, um die geringere Tragfähigkeit der Zugringe bei den kleinen Stababständen durch die größere Tragfähigkeit der Zugringe bei den größeren Abständen durch innere Spannungsumlagerungen zu kompensieren.

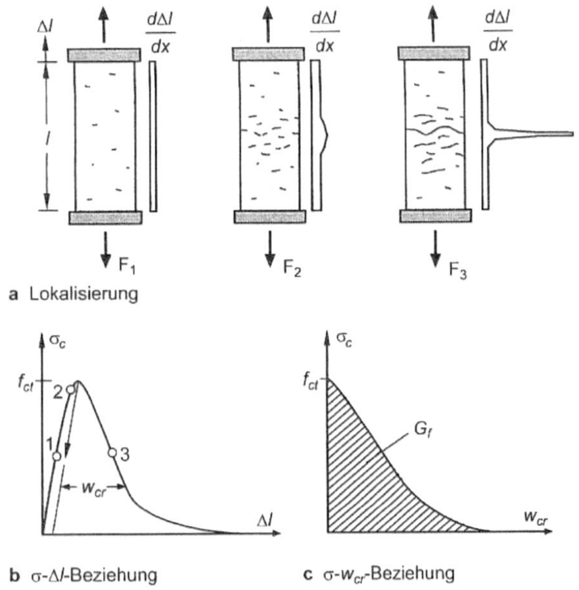

Abbildung 9: Beton unter Zugbeanspruchung – Lokalisierung der Rissbildung [4]

Literaturverzeichnis

[1] Maurer, R; Bettin, M.: Übergreifungslängen von Betonstahlbewehrung BASt-Bericht B 148, Technische Universität Dortmund, Fakultät Architektur und Bauingenieurwesen, Lehrstuhl Betonbau, 2020.

[2] M. Bettin: Zum Zugstoß der Bewehrung bei Bauwerken der Verkehrsinfrastruktur mit großer Betondeckung, Dissertation, Universitätsbibliothek Dortmund, Dortmund, 2023. doi: 10.17877/de290r-24053.

[3] DTI76-UJO-051-ATR 51 Testing of reinforcement lapping in beams cast by FLC. Final Report, Femern A/S. Danish Technological Institute 09.02.2024 (nicht veröffentlicht).

[4] Zilch, K.; Zehtemaier, G.: Bemessung im konstruktiven Betonbau, 2., neu bearbeitete Auflage, Springerverlag, 2017.

System zur Verwendung von Mobilkranen für Belastungsversuche an Brückenbauwerken kleinerer Stützweite

Maximilian Schnieders
Ingenieurgesellschaft Experimentelle Statik mbH, Bremen

Prof. Dr.-Ing. Marc Gutermann
Institut für Experimentelle Statik, Hochschule Bremen

Zusammenfassung
Die Brückenbauwerke in der Verantwortung des Bundes weisen bekanntermaßen einen schlechten Erhaltungszustand auf. Gleichzeitig verzeichnet auch die kommunale Infrastruktur erhebliche Mängel. Neben den üblichen Herausforderungen im Erhaltungsbereich treten hier oft weitere Schwierigkeiten auf, da Bestandsunterlagen erfahrungsgemäß häufig nicht vollständig sind. Diese Lücken können eine präzise Bewertung der Tragsicherheit zusätzlich erschweren und dazu führen, dass rechnerische Untersuchungen der Tragsicherheit zu schlechten Ergebnissen führen. Alternativ kann der Nachweis einer ausreichenden Tragsicherheit durch Belastungsversuche erfolgen. Zur wirtschaftlichen Umsetzung solcher Versuche an Brücken mit geringerer Stützweite wurde ein neues Belastungssystem entwickelt und in einem Forschungsprojekt eingehend untersucht. Erste Ergebnisse dieser Erprobung wurden bereits 2018 in der Bautechnik [1] veröffentlicht. Nach mehreren Jahren praktischer Anwendung und verschiedenen Einsätzen des Belastungssystems „SyMoB" wird in diesem Bericht das Verfahren anhand ausgewählter Beispiele erläutert. Es wird aufgezeigt, wie die Restnutzungsdauer kleinerer Straßenbrücken auch mit Erhöhung der Verkehrslasten verlängert.

1. Einführung

Das Straßennetz hat für Deutschland einen hohen Stellenwert. Für eine intakte Verkehrsinfrastruktur sind Brückenbauwerke ebenso wichtig wie die Straße an sich. Der eher schlechte Erhaltungszustand der Straßenbrücken in der Baulast des Bundes ist hinlänglich bekannt. Der Zustand der Straßenbrücken in kommunaler Baulast steht jedoch eher im Hintergrund, obgleich dieser für die jeweiligen Regionen ebenfalls einen hohen Stellenwert bezüglich der sozialen und wirtschaftlichen Entwicklung hat [2].
Aus einer Studie des Deutschen Instituts für Urbanistik aus dem Jahr 2013 geht hervor, dass etwa die Hälfte der Brücken in kommunaler Baulast einen schlechten Zustand aufweisen, etwa 15 % der kommunalen Straßenbrücken weisen sogar einen Ersatzneubaubedarf auf. Bezogen auf die Brückenfläche machen kleinere Brücken dabei den größten Anteil aus [2]. Treten bezüglich der Tragsicherheit bestehender Brücken Fragen auf, oder ist eine Nutzlasterhöhung erforderlich, kann der Nachweis oft rechnerisch nicht erbracht werden. Dann besteht die Möglichkeit, einen Tragsicherheitsnachweis experimentell zu führen. In der Vergangenheit wurden bereits zahlreiche Brücken auf diese Weise nachgewiesen. Besonders kleinere Brücken haben ein hohes Potential für Nutzlasterhöhungen wie eine Auswertung von durchgeführten Belastungsversuchen an Brückenbauwerken mit dem Belastungssystem BELFA zeigt (Abb. 1).

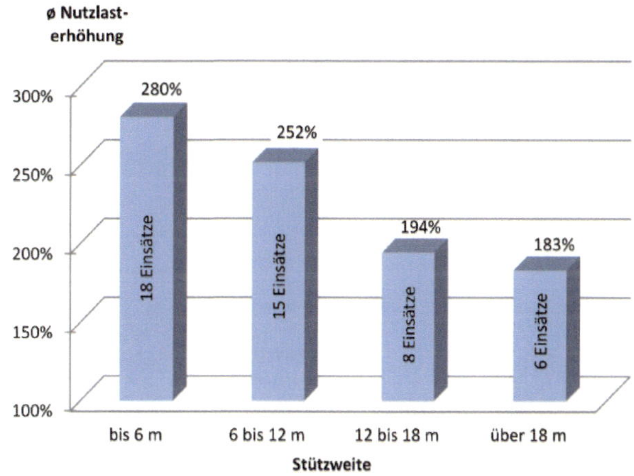

Abb. 1: Statistische Auswertung der erreichten mittleren Nutzlasterhöhungen [3]
(100 % = rechnerische Prognose)

Die verschiedenen Möglichkeiten zur Erzeugung der Versuchslasten für Belastungsversuche an Brückenbauwerken sind in [4] ausführlich beschrieben. Der zeitliche und wirtschaftliche Aufwand für eine solche Untersuchung ist aufgrund der Komplexität der Lasterzeugung meist hoch, was zur Folge hat, dass kleinere Kommunen, deren Haushalt verhältnismäßig gering ist, diese Möglichkeit nicht wahrnehmen können oder wollen.
Motoviert durch eine Anfrage zu Belastungsversuchen an einer Reihe von Brücken kleinerer Stützweite wurde am Institut für Experimentelle Statik der Hochschule Bremen ein Verfahren entwickelt, um den Aufwand für die Lasterzeugung und somit die Kosten für einen Belastungsversuch stark zu reduzieren. Unter der Num-

mer 10 2017 118 041.9 wurde das „System zur Verwendung von Mobilkranen für die Durchführung von Belastungsversuchen an Straßenbrücken kleinerer Stützweite" (SyMoB) patentiert.
Über die ersten Erfahrungen mit dem neuen Prototyp wurde bereits in [1] berichtet. Zwischen Februar 2020 und August 2021 wurde das neue Verfahren in einem WIPANO-Forschungsprojekt (Wissenstransfer durch Patente und Normen), gefördert vom Bundesministerium für Wirtschaft und Energie, bearbeitet [5]. Anhand einer Defizitanalyse der bereits durchgeführten Belastungsversuche wurde ein Pflichtenheft für die Entwicklung einer neuen Konstruktion erarbeitet. Durch verschiedene Erprobungen konnten Möglichkeiten und Grenzen sowie Eigenschaften des neuen Prototyps untersucht werden. In diesem Artikel wird über die wesentlichen Ergebnisse des Forschungsprojektes berichtet. Im Anschluss werden System und Verfahren anhand von Beispielen aufgezeigt.

2. Verfahren des Belastungsversuchs

Mit dem Belastungssystem SyMoB können Versuchslasten durch die entwickelte Prüfvorrichtung mit integrierter Prüfhydraulik fein regelbar gegen die Masse eines Mobilkrans in das zu untersuchende Bauwerk eingeleitet werden. Durch zwei integrierte Kraftmessdosen oberhalb der Hydraulikzylinder ist die Versuchslast jederzeit bekannt. Die Einleitung der Versuchslasten in das zu untersuchende Bauteil erfolgt unterhalb der Lasttraverse über definierte Platten. Dies ermöglicht neben der Erzeugung der Normlastbilder der DIN 1072 auch eine individuelle Wahl der Lastbilder. Der Aufbau der Belastungstraverse mit den integrierten Bestandteilen ist in Abb. 2 dargestellt.

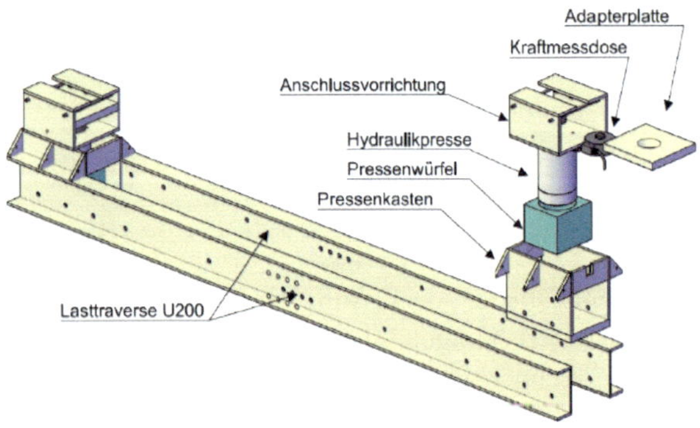

Abb. 2: Aufbau und Bestandteile der im Forschungsprojekt überarbeiteten Konstruktion

Der erforderliche Mobilkran kann in der Nähe des Einsatzortes für die Dauer der Untersuchung angemietet werden. Die Prüfvorrichtung wird vor Ort zusammen- und angebaut und kann über eine flexible Anschlussfunktion an diverse gängige Mobilkrantypen angeschlossen werden. In Abb. 3 ist der Anschluss an einen Mobilkran *Liebherr LTM 1070-4.2* dargestellt.

Abb. 3: Links: neuer Prototyp im Einsatz mit ausgefahrener Prüfhydraulik;
rechts: Detail Anschluss an Mobilkran

Aufgrund des hohen Eigengewichts des Mobilkrans ist ein direktes Befahren der zu untersuchenden Brücke nicht möglich. Ein schrittweises Verfahren dient dazu, die Tragfähigkeit des Bauwerks für das Vorrücken des Mobilkrans auf das Bauwerk sicherzustellen, bis die Zielposition für den Belastungsversuch erreicht ist. Hierbei befindet sich der Mobilkran zum Start der Messung außerhalb des Einflussbereichs der Brücke und fährt in Zwischenschritten von etwa ~50 cm rückwärts auf die Brücke auf. In jedem Zwischenschritt wird durch eine messtechnisch überwachte Probebelastung die Tragfähigkeit der Brücke für den nächsten Schritt sichergestellt. Zu berücksichtigende Laststellungen sind vor dem Widerlager, auf dem Auflager, im Viertelspunkt und in Feldmitte (Abb. 4).
Das Bauwerk wurde vorher mit Messtechnik ausgestattet. Das Messkonzept wird jeweils individuell an die Problemstellung angepasst, damit eine Zustandsänderung rechtzeitig erkannt und die Last reduziert werden kann.

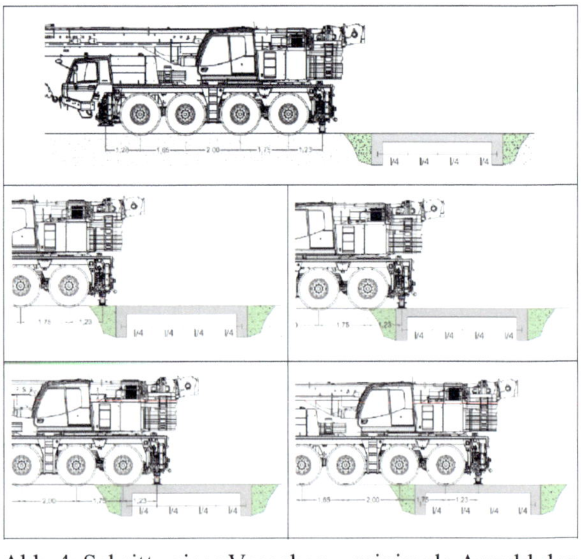

Abb. 4: Schrittweises Vorgehen – minimale Anzahl der Laststellungen

3. Anwendungsbeispiele

3.1 Wegebrücke über ein Sielbauwerk

Das zu untersuchende Sielbauwerk aus Stahlbeton regelt den Wasserstand zwischen Hinterland und Ostsee, wobei das landseitige Ende von einer zweispurigen Straße überquert wird, die für den Lieferverkehr (BK 30/30) und Militärtransporte (MLC 100) nachgewiesen werden sollte. In Abb. 5 ist der Längsschnitt des Sielbauwerks dargestellt.

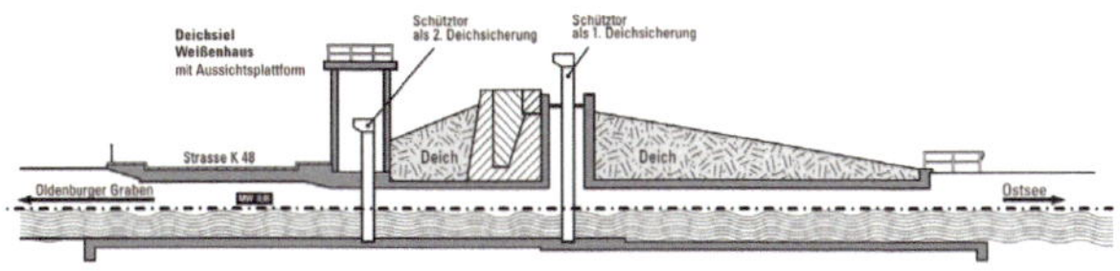

Abb. 5: Längsschnitt des Sielbauwerks

Der Querschnitt des landseitigen Sielbauwerks stellt somit den Längsschnitt der Brücke dar, siehe Abb. 6.

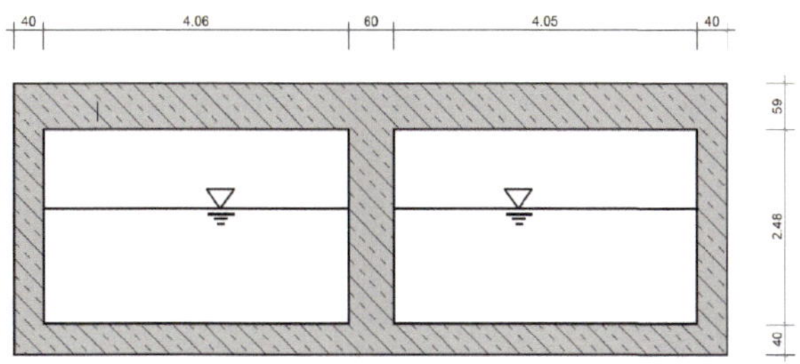

Abb. 6: Querschnitt des Sielbauwerks = Längsschnitt der Stahlbetonbrücke

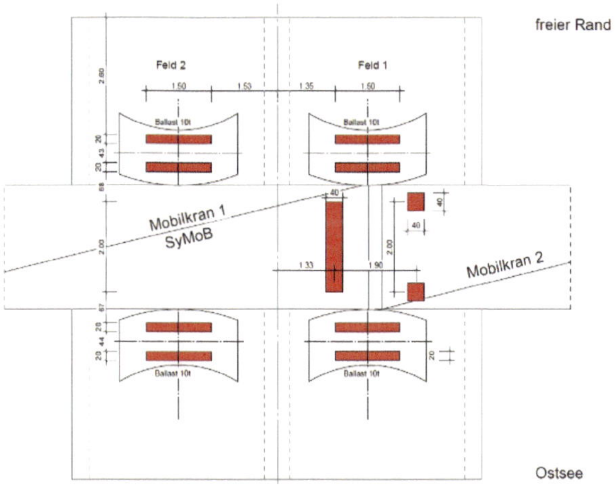

Abb. 7: Lasteinleitung Nachweis Stützmoment (rot: Lasteinleitungsflächen)

Da keine statischen Unterlagen vorhanden waren, wurde vorgeschlagen, die Tragsicherheit durch Belastungsversuche nachzuweisen. Aufgrund der Fahrbahnbreite von 6,0 m musste für die Brückenklasse 30/30 die Haupt- und Nebenspur mit dem Lastbild SLW30 berücksichtigt werden. Eine FE-Vergleichsrechnung zur Versuchslastermittlung ergab für den Nachweis der Brücke Versuchslasten in Summe von F_{Ziel} = 970 kN. Zur Erzeugung dieser Versuchslasten wurden zwei Mobilkrane mit der Belastungskonstruktion SyMoB ausgestattet und 40t zusätzlicher Ballast eingesetzt. Exemplarisch ist der Lasteinleitungsplan zur Erzeugung des minimalen Stützmoments in Abb. 7 dargestellt.

Um die Tragfähigkeit der Brücke für das Auffahren der Mobilkrane und die Ablage des Ballasts nachzuweisen, gliederte sich der Versuchsablauf in die folgenden 5 Schritte:

1. Auffahrt Mobilkran 1 und Belastungsversuch für den Nachweis ‚20t Ballast' auf Feld 1 und 2
2. Abfahren des Krans und Ablage von je 20t Ballast auf Feld 1 und 2
3. Schrittweise Auffahrt Mobilkran 1 und 2 und Belastungsversuch für den Nachweis des Stützmomentes $M_{Stütz}$
4. Abfahren der Krane und Umlegen des Ballast von Feld 1 auf Feld 2 (40t Ballast auf Feld 2)
5. Abfahren Mobilkran 1 und Belastungsversuch für Nachweis max. M_{Feld} in Feld 2

Durch das schrittweise Vorgehen bei der Lastaufbringung konnten die Versuchslasten aus den Mobilkranen sowie aus dem zusätzlichen Ballast abgesichert auf der Brücke eingeleitet werden.

Abb. 8: Lagerung der Messbasis (1), Durchbiegungsmessung (2), integrale Dehnungsmessung (3) und Neigungsmessung (4)

Vor den Versuchen wurde das Bauwerk mit Messtechnik ausgestattet um die notwendigen Informationen zur Zustandsbewertung während des Versuches beobachten zu können. Aufgenommen wurden neben den eingeleiteten Kräften aus den Mobilkranen auch die Durchbiegung des Überbaus relativ zu den Wänden und Betondehnungen an der Brückenunterseite. Neigungssensoren überwachten Verdrehungen an den Außenwänden (Quer zur Fahrbahn) und der Mittelwand. Zur Ermittlung einer möglichen Durchlaufwirkung wurden während der Belastungen zwei Neigungssensoren jeweils ca. 50 cm vom Mittelauflager eingesetzt.
Während der Versuche konnten die Bauteilreaktionen in Abhängigkeit der aufgebrachten Versuchslasten beobachtet und analysiert werden. Insgesamt wurden nur sehr geringe Bauteilreaktionen gemessen, welche vorwiegend im linear-elastischen Bereich blieben und nur geringe bleibende Verformungen hervorgerufen haben. Eine Einstufung in die Brückenklasse 30/30 und in die militärische Lastklasse MLC 100 konnte durch die Belastungsversuche nachgewiesen werden. In Abb. 9 sind die aufgenommenen Vertikalverschiebungen in Feldmitte (Feld 2) in Abhängigkeit des erzeugten Feldmoments dargestellt.

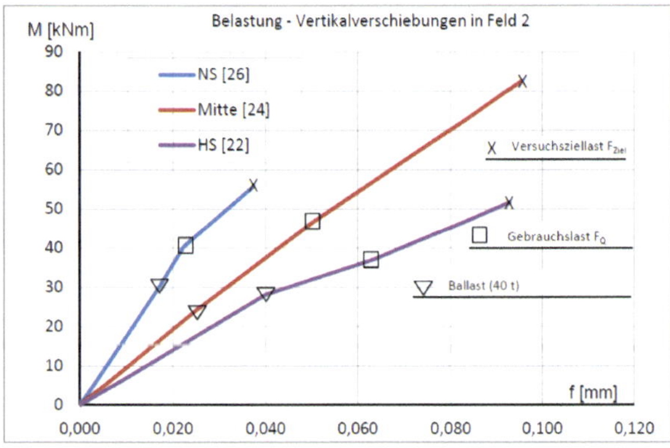

Abb. 9: Vertikalverschiebung in Feldmitte in Abhängigkeit des erzeugten Feldmoments (Nachweis max. Feldmoment in Feld 2)

Abb. 10: Mobilkrane und Ballast zum Nachweis des Stützmoments

3.2 WIB-Brücken in Apelern

In der Gemeinde Apelern lagen für zwei Wegebrücken keine aussagekräftigen Bestandsunterlagen vor. Gutachterliche Stellungnahmen bezüglich der Tragfähigkeit der Brücke reduzierte die zulässigen Nutzlasten aufgrund von Korrosionsschäden an den Stahlträger in die Brückenklassen BK12 und BK9. Durch experimentelle Tragsicherheitsbewertungen an Überbau und Gründung sollte für beide Brücken überprüft werden, ob eine Einstufung in die Brückenklasse BK30 möglich ist. Bei den Brücken handelt es sich um WIB-Brücken (Walzträger in Beton). Die kleinere der beiden Brücken ist besonders schiefwinklig (~41 gon), siehe Abb. 11. Die lichte Weite zwischen den Auflagern beträgt 3,42 m. Die Gesamtbreite der Brücke beträgt etwa 5,37 m mit einer Fahrbahnbreite von 4,5 m. Bei der Besichtigung der Brücke war ein eher schlechter Erhaltungszustand sowie augenscheinlich starke Korrosion ersichtlich (Abb. 12, links). Auffällig war zudem, dass einer der Stahlträger „liegend" eingebaut worden ist (Abb. 12, rechts).

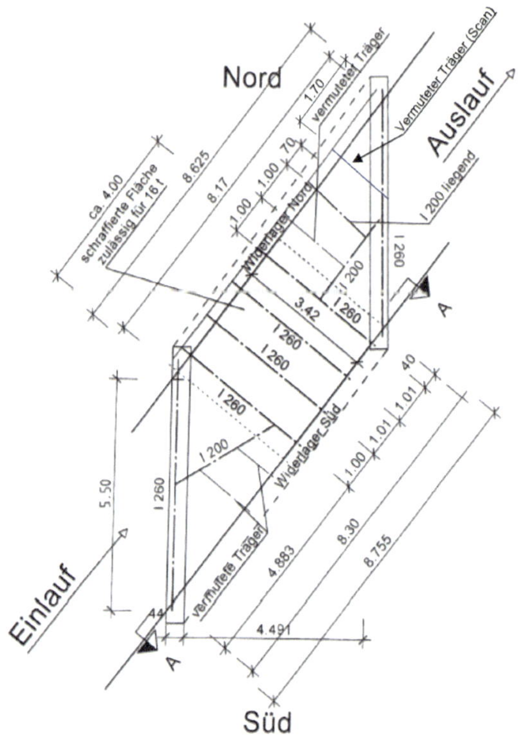

Abb. 11: Draufsicht der WIB-Brücke mit eingezeichneten Stahlträgern

Abb. 12: Links: Brückenuntersicht mit augenscheinlich starker Korrosion; rechts: Detail des „liegend" eingebauten Stahlträgers

Aufgrund der Fahrbahnbreite von 4,5 m musste für die Berechnung der maßgebenden Schnittgrößen nur eine Fahrspur mit den Lastbildern des SLW30 bzw. der schweren Einzelachse der BK30 berücksichtigt werden. In einer FE-Vergleichsrechnungen wurden die extremen Schnittgrößen und Lagerkräfte unter den Lastbildern der Brückenklasse BK30 nach DIN 1072 ermittelt und die Versuchslasten so bestimmt, dass die maximalen Schnittgrößen an sämtlichen Trägern und Plattenbereichen erzeugt werden. Dadurch konnte auf einen Übertragungsbeiwert auf nicht getestete Bereiche verzichtet werden und die erforderlichen Versuchslasten von $F_{ext} \leq 300$ kN alleine durch einen Mobilkran erzeugt werden. Dieser tastete sich, begonnen mit Laststellung 1, schrittweise über die Brücke. Die acht verschiedenen Laststellungen sind in Abb. 13 dargestellt. In den Laststellungen 1 und 5 wurden die Brückenwiderlager untersucht.

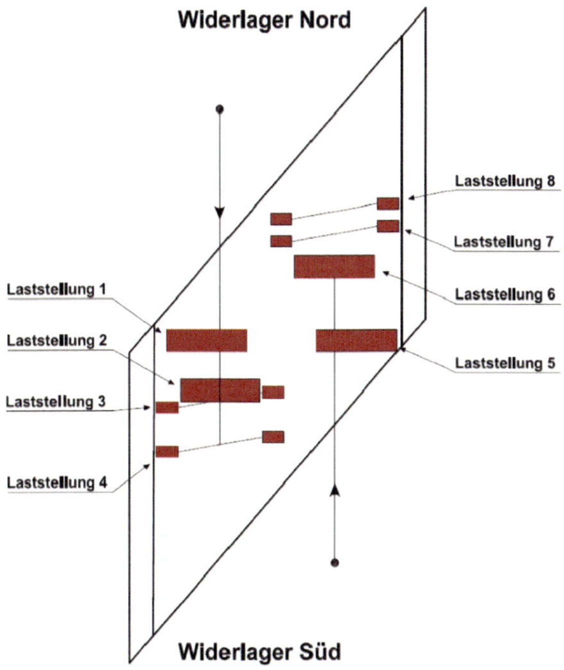

Abb. 13: Versuchslaststellungen im Belastungsversuch

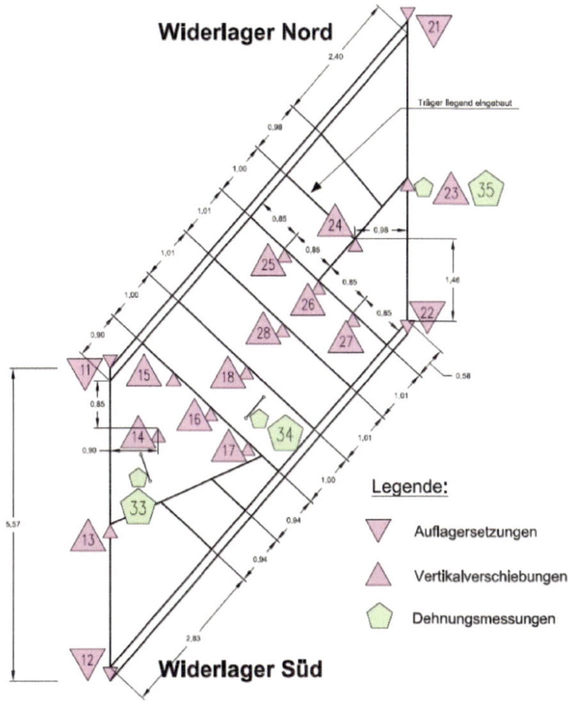

Abb. 14: Messstellenplan

Zur Zustandsbewertung während des Versuchs wurden wesentliche Bauteilreaktionen wie die Durchbiegung der Stahlträger, Dehnungen an den Feldbereichen, die Setzungen der Widerlager und die erzeugte Kraft aufgenommen und konnten zur zeitgleichen Zustandsbewertung am Bildschirm analysiert werden. Zur messtechnischen Ausstattung siehe Abb. 14.

Abb. 15: Links: Durchbiegungsmessung der Stahlträger und integrale Dehnungsmessung an den Feldern zwischen den Trägern; rechts: Detail Durchbiegungs- und Dehnungsmessung

Die Versuchslasten konnten kontrolliert bis zum Erreichen der Versuchsziellast gesteigert werden, womit die Brücke erfolgreich in die Brückenklasse BK30 eigestuft werden konnte. Bis zum Gebrauchslastniveau zeigten alle gemessenen Bauteilreaktionen ein linear-elastisches Verhalten auf. Oberhalb dieser Last zeigte sich in den Randträgern ein nichtlineares Tragverhalten (Abb. 16).

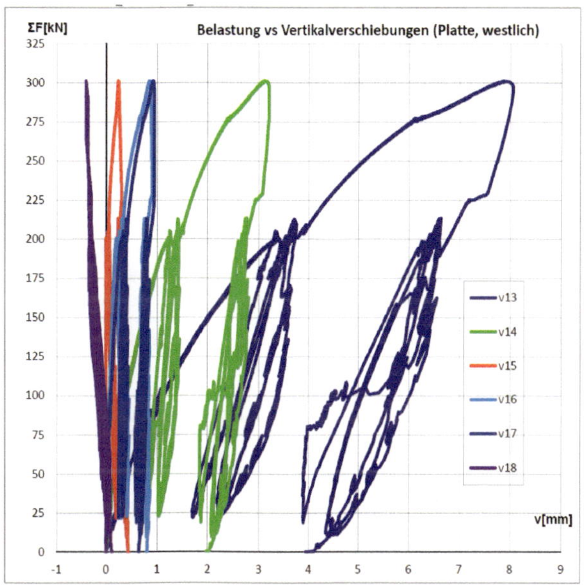

Abb. 16: Belastung vs. Vertikalverschiebung in Laststellung 4

Bei der zweiten untersuchten Brücke in der Gemeinde Apelern handelte es sich ebenfalls um eine WIB-Brücke. Die lichte Weite der Brücke beträgt ~7,0 m bei einer Fahrbahnbreite von ~5,5 m. In Abb. 17 sind Querschnitt und Grundriss der Brücke dargestellt.

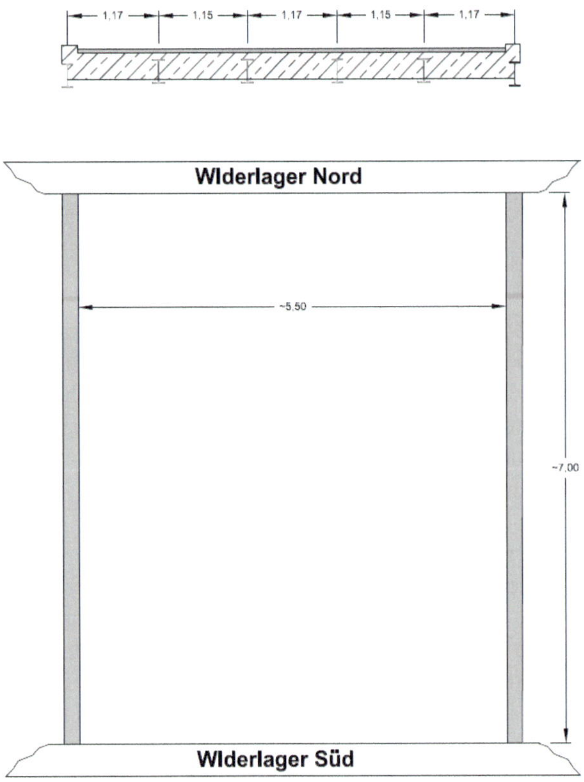

Abb. 17: Querschnitt und Grundriss der WIB-Brücke

Bei einem Ortstermin wurde auch hier Korrosion an den Stahlträgern festgestellt, der Gesamteindruck war jedoch besser als bei der vorherigen Brücke. Eine Ansicht der Brücke von unten ist in Abb. 18 dargestellt.

Abb. 18: Brückenuntersicht

Die erforderlichen Versuchslasten wurden ebenfalls durch einen Schnittgrößenvergleich mithilfe einer FE-Berechnung ermittelt. Bei einer Fahrbahnbreite von 5,50 m musste nur eine Spur mit einem SLW30 berücksichtigt werden. Aufgrund der Spannweite der Brücke reichten die Versuchslasten allein aus der Belastungsvorrichtung jedoch nicht aus, weshalb neben der regelbaren Versuchslasteinleitung zusätzlicher Ballast auf der Brücke abgestellt wurde.

Die Tragfähigkeit der Brücke wurde für das Abstellen des Ballasts vorher durch regelbare Belastungen mit der Belastungsvorrichtung erprobt. Insgesamt ergaben sich 4 Laststellungen, siehe Abb. 19.

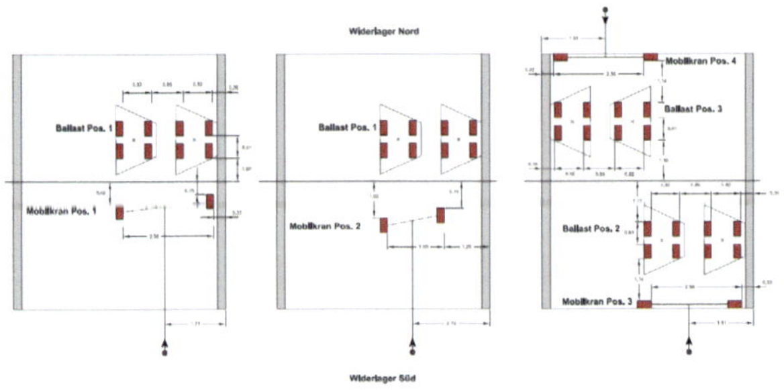

Abb. 19: Versuchslaststellungen; links: Nachweis max M_y des Randträgers; mitte: Nachweis max m_y des Plattenbereichs zwischen den Trägern; rechts: Nachweis der max. Auflagerkräfte

Die am Bauwerk installierte Messtechnik ist in Abb. 20 dargestellt. Aufgenommen wurden:

- Vertikalverschiebungen der Stahlträger (13–17, 23–26)
- Betondehnungen an der Unterseite (18, 27)
- Dehnungen am Stahlträger (101)
- Verdrehungen am Auflager (33–36)
- Setzungen (11, 12, 21, 22)
- Kraftmessung (31, 32)

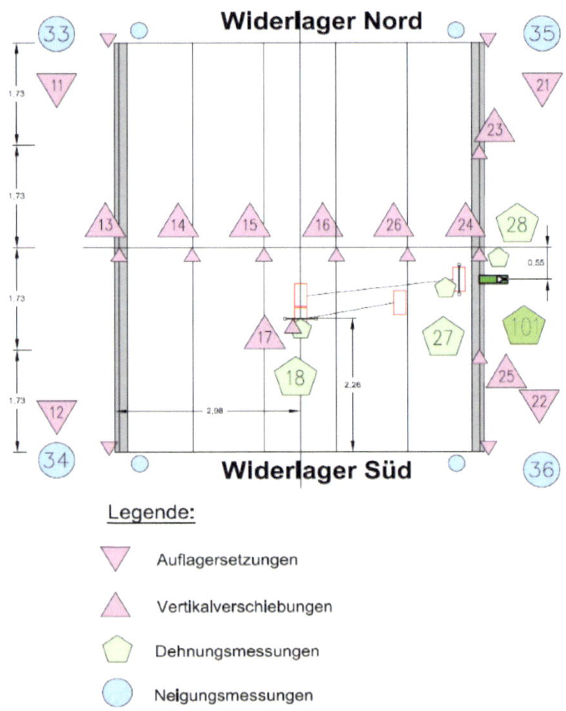

Abb. 20: Messstellenplan

Die Bauwerksreaktionen waren bis zur Versuchsziellast in einen vorwiegend linear-elastischen Bereich.
In Abb. 21 sind die Vertikalverschiebungen der Stahlträger in Feldmitte dargestellt, hier ist auch eine geringe bleibende Verformung zu erkennen, welche im Wesentlichen auf die Lagersetzungen zurückzuführen ist.

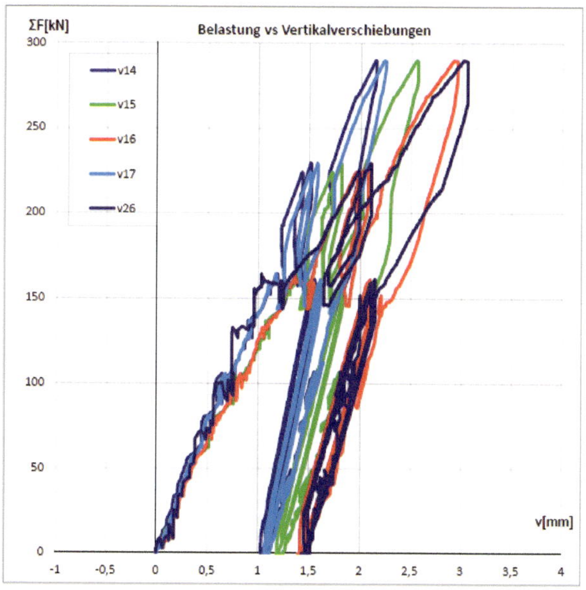

Abb. 21: Belastung vs. Vertikalverschiebung an den Stahlträgern

4. Zusammenfassung

Die Brückenbauwerke des Bundes sowie der kommunalen Infrastruktur zeigen einen schlechten Erhaltungszustand und weisen teils erhebliche Mängel auf. Um dieser Problematik zu entgegnen, wurde ein neues Belastungssystem namens „SyMoB" entwickelt, das Belastungsversuche an Brücken mit geringerer Stützweite wirtschaftlich ermöglicht.

Das System wurde im Rahmen eines Forschungsprojekts entwickelt und erprobt. Es ermöglicht die Feinregelung und zuverlässige Bestimmung aufgebrachter Lasten sowie die Anpassung an verschiedene Mobilkrane. Die Belastungsversuche erfolgen schrittweise, um die Tragfähigkeit des Bauwerks sicherzustellen. Anhand ausgewählter Beispiele, wie einer Wegebrücke über ein Sielbauwerk und WIB-Brücken in Apelern, wurde die Anwendung des Verfahrens demonstriert.

Die Versuche zeigten, dass das Belastungssystem erfolgreich eingesetzt werden kann, um die Tragsicherheit von Brücken zu prüfen und die zulässigen Nutzlasten gegebenenfalls zu erhöhen. Die ermittelten Bauteilreaktionen blieben überwiegend im linear-elastischen Bereich, was auf eine gute Tragfähigkeit der untersuchten Brücken hinweist. Das SyMoB-System bietet somit eine effektive Möglichkeit, Tragreserven zu erschließen und so die Restnutzungsdauer kleinerer Straßenbrücken zu verlängern sowie die zulässige Nutzlast zu erhöhen.

Literatur

[1] Gutermann, M., Schröder, C., Böhme, C., 2018: Nachweis von Straßenbrücken kleiner Stützweite am Beispiel von Wegebrücken in der Eilenriede, Hannover in: Bautechnik 95, H. 7, S. 477–484.

[2] Deutsches Institut für Urbanistik gGmbH (DIfU) [Hrsg.], 2013: Ersatzneubau Kommunale Straßenbrücken. Verfügbar unter: https://www.bauindustrie.de/fileadmin/bauindustrie.de/Themen/Verkehr_Infrastruktur/Studie_Ersatzneubau-Bruecken.pdf

[3] Gutermann, M.; Schröder, C. 2011: 10 Jahre Belastungsfahrzeug BELFA in: Bautechnik 88, H. 3, S. 199–204.

[4] Bretschneider, N.; Fiedler, L.; Kapphahn, G.; Slowik, V.,2012: Technische Möglichkeiten der Probebelastung von Massivbrücken in: Bautechnik 89, H. 2, S. 102–110.

[5] WIPANO-Forschungsprojekt 03THW04K04, 2020: 1. Zwischenbericht SyMoB. Hochschule Bremen, unveröffentlicht.

Seilkraftbestimmung über Eigenfrequenzmessungen am Beispiel der Hänger der Rheinbrücke Emmerich

Sicherstellung der korrekten Spannkraft beim Tausch aller Hänger

Dr.-Ing. Axel Greim
Dr. Schütz Ingenieure PartG mbB, Kempten

Zusammenfassung
Beim Tausch der Hängerseile der Rheinbrücke Emmerich wurden zur Planung der neu einzuspannenden Kräfte, aber auch zur Zwischen- und Endkontrolle die Hängernormalkräfte mit Hilfe von Eigenfrequenzmessungen bestimmt. Dazu wurde ein parametrisches, rechnerisches Stabmodell für die Hänger aufgebaut, an welchem die Normalkraft so iteriert wurde, dass die rechnerischen und gemessenen Eigenfrequenzen übereinstimmen. Im Falle von kurzen Seilen haben dabei die schwer zu bestimmenden Parameter Biegesteifigkeit des Seils und die Einspannsteifigkeiten einen großen Einfluss auf die Genauigkeit der Normalkraftermittlung. Auf Basis der Hängerkraftverteilung im Bestand werden für den Tausch einzuspannende Differenzvorspannkräfte berechnet. Der Projekterfolg wird durch einen Vergleich der Hängerkraftverteilung vor und nach dem Tausch der Hängerseile bewiesen.

1. Projektbeschreibung

Mit einer Hauptspannweite von 500 m stellt die Rheinbrücke Emmerich (Abb. 1) Deutschlands größte Hängebrücke dar. Sie wurde dem Verkehr im Jahr 1965 übergeben und steht seit 2002 unter Denkmalschutz. In den Jahren 2019 bis 2023 wurden am Bauwerk Instandsetzungsarbeiten durchgeführt, die unter anderem den Austausch aller Seilhängerstränge beinhalteten (insgesamt 400 Stück).

Abb. 1: Die Rheinbrücke Emmerich mit der Einrüstung zur Sanierung der oberstromseitigen Tragseilebene (2020)

Da die Bestandshänger aus dem ursprünglichen Bauablauf und teilweisen korrosionsbedingten Querschnittsschwächungen starke Normalkraftumlagerungen erfahren hatten, war die exakte Vorgabe der neu einzuspannenden Kräfte beim Hängertausch unter Berücksichtigung des Bauablaufs erforderlich. Dazu mussten die Hängerkräfte im Bestand möglichst exakt ermittelt werden. Auch zur Kontrolle der Hängerkräfte im Endzustand war ein effizientes Verfahren erforderlich.

Die Brücke hat insgesamt 50 Hängerachsen. Je Achse und Brückenseite verbinden vier nahezu parallele Seilstränge das Haupttragkabel mit den Längsträgern. Jeweils zwei dieser Seilstränge sind aus einem Seil gefertigt, welches über das Haupttragkabel geschlagen wurde (Abb.2). Die Verankerung der beiden Seilenden erfolgt jeweils auf der Unterseite des Obergurts der Fachwerk-Hauptträger mit vergossenen Seilköpfen mit Außengewinde und einer sphärischen Mutter. Zur Durchführung der Seile durch den Hohlkasten des Obergurts werden in diesen Rohre eingeschweißt (Abb. 3).

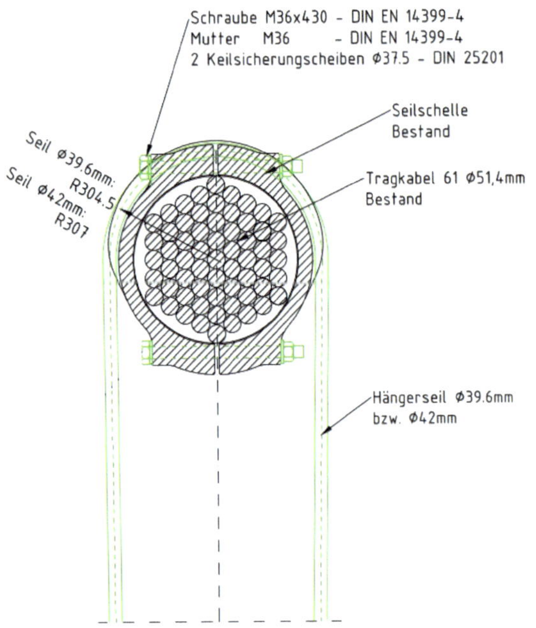

Abb. 2: Hängeranschluss an das Haupttragkabel, Ausschnitt aus [1]

Die Ausbildung der neuen Hänger erfolgte aufgrund des Denkmalschutzes stark in Anlehnung an den Bestand.

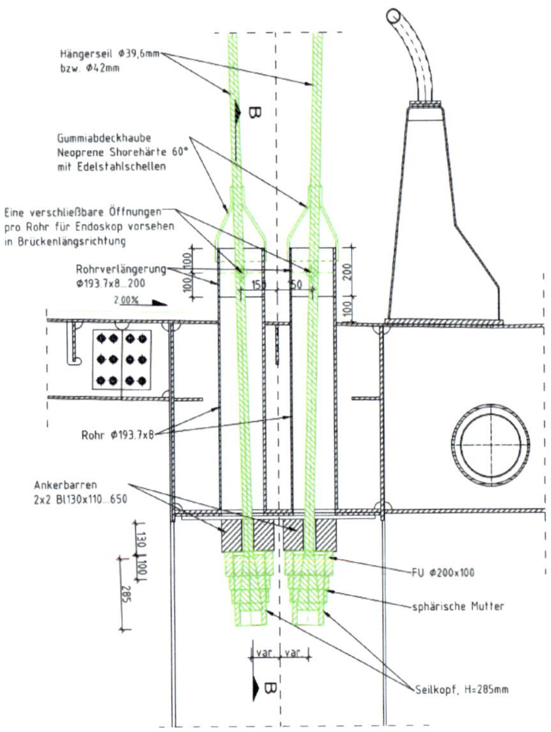

Abb. 3: Hängeranschluss an den Obergurt des Versteifungsträgers, Ausschnitt aus [1]

2. Dynamische Grundlagen

Der Zusammenhang zwischen Normalkraft und . Eigenfrequenz eines biegeschlaffen Seils mit gelenkiger Auflagerung wird mit der sog. Saitenformel beschrieben [2]:

$$f_k = \frac{k}{2l}\sqrt{\frac{N}{\mu}} \qquad \text{(Gl. 1)}$$

Wobei die Massebelegung (Gewicht/Länge) und die Länge des Seils ist. Das bedeutet, dass ein linearer Zusammenhang zwischen den Ordnungen der Eigenfrequenzen besteht.

Reale Brückenseile haben allerdings eine Biegesteifigkeit, was die Anwendbarkeit der Saitenformel insbesondere für kurze Seile einschränkt. Die Seilbiegesteifigkeit setzt sich aus den Biegesteifigkeiten der Einzeldrähte, der (Haft-)Reibung zwischen den Einzeldrähten (und damit verbundenen Steineranteilen der Einzeldrähte) und aus Einspanneffekten durch den Verguss in den Seilköpfen zusammen. Aus eigenen Erfahrungen wirken auch Gabelseilköpfe erst bei relativ großen Auslenkungen (nach Überwindung der Haftreibung am Bolzen) als Gelenk.

Ist das Seil ausreichend lang, kann die Biegesteifigkeit in den Seilen in guter Näherung vernachlässigt werden. Erfahrungen an der Rheinbrücke Emmerich ergaben beispielweise für ein Verhältnis von Seillänge zu Seildurchmesser von l/D = 725 keinen messbaren Einfluss der Biegesteifigkeit auf die ersten drei Eigenfrequenzen von vollverschlossenen Seilen mit Ø 39,6 mm mehr.

In [3] wird folgende Näherungslösung für die Eigenfrequenzen eines Seils mit Biegesteifigkeit , präsentiert:

$$f_k = \frac{k}{2l}\sqrt{\frac{N}{\mu}} \cdot \left(1 + 2 \cdot \sqrt{\frac{EI}{N \cdot l^2}} + \left(4 + \frac{k^2\pi^2}{2}\right) \cdot \frac{EI}{N \cdot l^2}\right) \qquad \text{(Gl.2)}$$

Es besteht damit kein linearer Zusammenhang mehr zwischen den Ordnungen der Eigenfrequenzen. Da die Biegesteifigkeit eines eingebauten Bestandsseils nur schwer exakt zu bestimmen ist, wird in [3] versucht, diese durch Vergleich von der 1. bis 10. berechneten und gemessenen Eigenfrequenz zu bestimmen. Es wird sozusagen die gemessene Frequenzgangkurve mit der berechneten Frequenzgangkurve verglichen. Dieses Verfahren berücksichtigt allerdings keine Steifigkeiten an der Einspannstelle (welche besonders bei kurzen Seilen dominieren können) und gerät an die Grenzen, wenn die Biegesteifigkeit selbst von der Ordnung der Eigenfrequenz oder der Amplitude der Anregung abhängt. So kann ein Seil z. B. durch Überwindung der Haftreibung zwischen den Drähten bei größeren Amplituden oder höheren Eigenformen „weicher" werden.

Um Anschlusssteifigkeiten von Zuggliedern bei der Kraftermittlung aus gemessenen Eigenfrequenzen zu berücksichtigen, eignen sich prinzipiell Stabwerksmodelle der Zugglieder mit Drehfedern an den Auflagern. Die Eigenfrequenzberechnung erfolgt an diesen nach Th. II. Ordnung. Programmtechnisch geschieht dies z. B. im Softwarepaket Sofistik durch Berücksichtigung eines sog. Primärlastfalls (zur Erzeugung der Normalkraft) im Eigenwertsolver. Die Normalkraft kann dann so lange iteriert werden, bis gemessene und berechnete Eigenfrequenz übereinstimmen.

Die Genauigkeit dieser Methode hängt wiederum davon ab, wie exakt die Seilsteifigkeit und die Einspannsteifigkeiten bekannt sind.
Um die Drehfedersteifigkeit der Auflagerpunkte nicht abschätzen zu müssen, können prinzipiell die gesamten Verankerungskonstruktionen inkl. der anschließenden Brückenbauteile mit Finiten Elementen modelliert werden. Ein solches Vorgehen eignet sich besonders im Falle von Stabbogenbrücken mit Flachstahlhängern, wie sie im Eisenbahnbrückenbau eingesetzt werden, da dann auch die Hänger selbst gut mit Finiten Schalenelementen abgebildet werden können. Dieses Verfahren wurde zum Beispiel an der EÜ ü. d. B428 in Bad Kreuznach in [4] erfolgreich angewendet.

3. Normalkraftbestimmung an den Hängern der Rheinbrücke Emmerich

Da an der Rheinbrücke Emmerich Seilhänger verbaut sind, genügt das genaue Modellieren der Hängeranschlussbereiche der Brücke nicht, um alle Biegeeffekte korrekt abzubilden. Das Seil selbst müsste (zumindest im Anschlussbereich mit seinen Einzeldrähten und der Vergussmasse) mit modelliert werden. Da aber die Normalkraft an der großen Anzahl von Hängern während des Projekts (Hängertausch) mehrmals iteriert werden musste war zudem der numerische Aufwand zu begrenzen. Daher wurden in diesem Projekt die Hänger mittels Stabelementen mit Drehfedern in den Anschlusspunkten modelliert. Folgende Parameter mussten daher möglichst exakt bestimmt werden, um eine zuverlässige Normalkraftbestimmung aus gemessenen Eigenfrequenzen zu ermöglichen:

- Massebelegung
- Seilbiegesteifigkeit
- Obere und untere Drehfederkonstanten und
- Seillänge

In den folgenden Unterkapiteln wird auf die Bestimmung dieser Parameter eingegangen.
Die 400 Hängerseilstränge der Rheinbrücke Emmerich haben eine Länge von 7,1 m bis 57,8 m. Die Durchmesser der VVS betrugen im Bestand 37,0 mm bzw. 42,0 mm und nach dem Tausch 39,6 mm bzw. 42,0 mm.

3.1 Bestimmung der Massebelegung

Abb. 4: Exakt 1,00 m lange Probestücke zum Wiegen. Links: Bestandshänger, rechts neuer Hänger

Die Massebelegung (in kg/m) muss neben dem reinen metallischen Querschnitt auch die Seilfüllung und den Korrosionsschutz berücksichtigen. Am einfachsten wird diese durch Wiegen von exakt abgelängten Probestücken bestimmt (Abb. 4).

3.2 Bestimmung der Seillänge

Die Bestandspläne sind wenig hilfreich zur Bestimmung der exakten Seillänge, da in der Bauausführung von diesen wohl teilweise abgewichen wurde. Das Nachmessen von Hand ist unersetzbar. Im Falle der Rheinbrücke Emmerich wurde dies durch einen 3D Laserscan der Brücke unterstützt.
Die neuen Seile wurden exakt nach Plan gefertigt. Der Längenausgleich von Montagetoleranzen erfolgte durch Unterlegen von Futterblechen unter die vergossenen Seilköpfe. Dadurch ist die freie Schwinglänge des Seils unabhängig von der tatsächlichen Einbaulänge.

3.3 Bestimmung der Biegesteifigkeit der Seile

Die vollverschlossenen Spiralseile wurden an einem exemplarischen Hänger mittels des parametrischen Seilmodells aus [5] modelliert (Abb. 5). In diesem Modell sind die einzelnen Drähte des Seils mit Stabelementen, welche an den Berührpunkten der Drahtlagen mit nichtlinearen Federelementen verbunden sind, abgebildet.

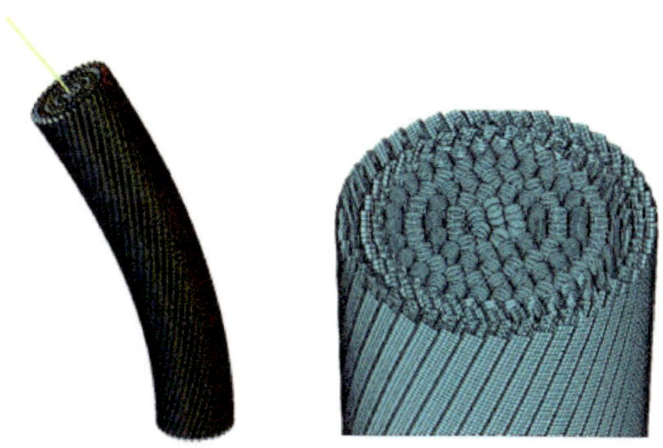

Abb. 5: Seilmodell mit Abbildung der Einzeldrähte

Der gleiche Hänger wurde auch mittels Stabelementen mit einem Ersatzquerschnitt modelliert. Die Biegesteifigkeit dieser Stabelemente wurde dann so angepasst, dass die Biegelinien in den ersten drei Eigenformen der Hänger bei einer bestimmten Normalkraft übereinstimmen (Abb. 6)

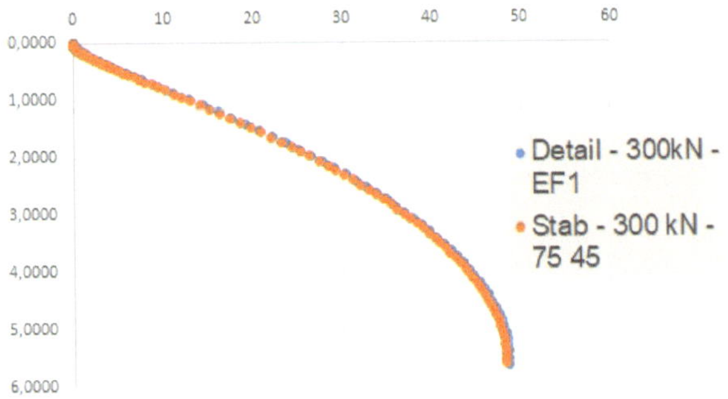

Abb. 6: Exemplarischer Vergleich der Biegelinien des Detail-Seilmodells (blau) mit einem angepasstem Stabmodell (orange). Die Einspannung des Seils in die Vergussmasse ist oben in der Grafik.

3.4 Bestimmung der Federsteifigkeit der Anschlusspunkte

Insbesondere die Anschlusssteifigkeit an das Haupttragkabel ist schwierig zu berechnen, da dort die Seile über eine Nut in einer großen Seilschelle geschlagen sind. Die Seile sind in diesem Bereich mit einem Aluminiumblechstreifen umwickelt (Abb. 2 und Abb. 7).

Abb. 7: Verbindungsschelle von Hängern und Haupttragkabel

Da dies der letzte unbekannte Parameter des Modells war, konnte er gut durch einen Versuch bestimmt werden. Die Seilkräfte eines Hängerbündels (bestehend aus vier Seilsträngen) wurden mittels Hydraulikpressen bestimmt (Abb. 8). Unmittelbar vor dem Anspannen der Hydraulikpressen wurden auch die Eigenfrequenzen der vier Seilstränge gemessen. In dem Stabmodell des Hängers wurde die Steifigkeit der oberen Drehfeder dann so iteriert, dass bei der vorgegebenen Normalkraft die gemessenen und berechneten Eigenfrequenzen übereinstimmten.

Abb. 8: Pressenstuhl mit Hydraulikpressen eingeschraubt in die Seilköpfe am Obergurt des Versteifungsträgers

3.5 Messung der Eigenfrequenzen der Hängerseile

An die Hänger wurde der Reihe nach jeweils ein Beschleunigungsaufnehmer geklemmt und das Seil in Schwingung versetzt. Dies gelingt bei kurzen Seilen gut mit einem gedämpften Hammerschlag. Bei langen Seilen eignet sich das Aufschaukeln von Hand besser zur Anregung der ersten Eigenfrequenzen.

Es wurden jeweils die ersten drei Eigenfrequenzen durch Peak-Picking in der Fouriertransformation des Ausschwingvorgangs bestimmt.

Die Messungen erfolgten unter Verkehr. Es wurde allerdings drauf geachtet, dass sich kein LKW auf der Brücke während einer Messung befand. Durch Ampeln an beiden Enden der Brücke und die generell eher geringe Schwerverkehrsdichte war das gut möglich. Durch den gleichzeitigen Einsatz von zwei Beschleunigungsaufnehmern und die Verwendung einer akkubetriebenen Messanlage konnten die 200 Hängerseile einer Brückenseile in ca. 12 Arbeitsstunden gemessen werden. Der Bauablauf des Hängertauschs war dadurch nicht beeinträchtigt. Es wurden Messungen im Bestand vor Beginn der Arbeiten, während eines Zwischenstandes und nach dem Tausch aller Hänger durchgeführt.

3.6 Iteration der Normalkraft für alle Hängerseile

Um die Iteration der Normalkraft im Rechenmodell weitestgehend zu automatisieren, wurde das Stabmodell der Hänger parametrisiert. Die Übergabe der Parameter (Länge und Seilart Bestand/neu) erfolgte direkt aus dem Messprotokollen mit Hilfe von Excelmakros. Die Iteration im Softwarepaket Sofistik wurde ebenfalls durch eine Excel Makro gestartet. Sie erfolgte mit Hilfe eines Optimierungsalgorithmus der als Optimierungsziel die Minimierung der prozentualen Abweichungen zwischen Messung und Berechnung der ersten drei Eigenfrequenzen hat. Die Rückgabe der iterierten Normalkraft in die Messprotokolle erfolgte ebenfalls automatisiert. Durch die Berücksichtigung von drei Eigenfrequenzen werden kleine Messungenauigkeiten (z. B. Aufgrund einer begrenzten Messzeit) herausgemittelt. Ferner fallen Zahlendreher beim Übertragen von Messwerten sofort auf.

3.7 Verfikation des Verfahrens

Die Verifikation erfolgte durch den Vergleich der Summe der Hängerkräfte einer Seilebene. Da sich das Eigengewicht der Brücke nicht ändert, muss diese immer gleich sein. Zudem wurde das Eigengewicht des Überbaus aus dem Materialverteilungsplänen möglichst exakt ermittelt.

4. Vorgabe von neu einzuspannenden Kräften beim Hängertausch.

Sinn der Normalkraftmessungen der Hängerseile war, nach dem Tausch der Hänger in diesen eine Kraftverteilung entsprechend der statischen Berechnung zu erhalten. Da die Hängerkräfte während des Tauschs durch unbekannte Baustellen- und Gerüstlasten größer als während der Urmessung im Bestand sind, ist das Vorschreiben von absolut einzuspannenden Kräften nicht zielführend. Allerdings ist die Hängerkraft zum Zeitpunkt des Tauschs sehr gut mit der Hydraulik zur Entlastung der Hänger bestimmbar.

Grundgedanke ist also, dass beim Ausbau eines Hängers die Kraft wieder eingespannt wird, die beim Ausbau gemessen wurde. Abweichungen von den Sollkräften im Bestand werden durch das Vorschreiben von Differenzvorspannkräften ausgeglichen. Diese Differenzkräfte werden an einem Gesamtmodell der Brücke berechnet, um die Auswirkungen auf die Nachbarhänger beurteilen zu können.

Das Ergebnis des Projekts ist in Abb. 9 für die Unterstromseite zusammengefasst. In orange sind die Kräfte in einer Hängerachse, wie sie sich aus einer Nachrechnung ergeben, dargestellt. Im Bestand (violett) gibt es v.a. in Brückenmitte deutliche Abweichungen. Nach dem Tausch sind die Kräfte deutlich vergleichmäßigt. Die maximale Überschreitung einer Hängerkraft (laut Nachrechnung) beträgt 10,6 %. Diese Überschreitung ist durch eine Reduktion des lastseitigen Teilsicherheitsbeiwerts für die ständigen Lasten nachweisbar. Die Reduktion wird dadurch begründet, dass das Gewicht der Brücke nun gemessen ist und daher diesbezüglich keine Unsicherheiten mehr bestehen.

Dank

An der Bearbeitung des Projekts haben im Wesentlichem Maße mitgewirkt: Prof. Dr.-Ing. habil. Karl G. Schütz, Dr.-Ing. Michael Schmidmeier, M. Sc. Andreas Riedl.

Literatur

[1] Leonhardt, Andrä und Partner AG: Ausschreibungsplan Nr. S-06: Rheinbrücke Emmerich – Instandsetzung, Strombrücke Austausch Hängerseile, Schnitte Details Bestand und Neubau, 13.06.2017 (unveröffentlicht)

[2] Christian Petersen: Dynamik der Baukonstruktionen, Vieweg & Sohn Verlagsgesellschaft mbH Braunschweig/Wiesbaden 1996

[3] Schimetta Consult Ziviltechniker Ges.m.b.H: Elbauenbrücke Schönebeck, Abschlussbericht Kabelkraftbestimmungnen 2013 & 2017, 31.01.2018 (unveröffentlicht)

[4] Dr. Schütz Ingenieure PartG mbB: Gutachten über die Schwingungsmessungen an den Hängern der Stabbogenbrücke EÜ ü. d. B428 in Bad Kreuznach, 22.12.2022 (unveröffentlicht)

[5] Michael Schmidmeier: Zur Ermüdungssicherheit vollverschlossener Seile unter Biegung, BAW Mitteilungen Nr. 102, Karlsruhe 2016

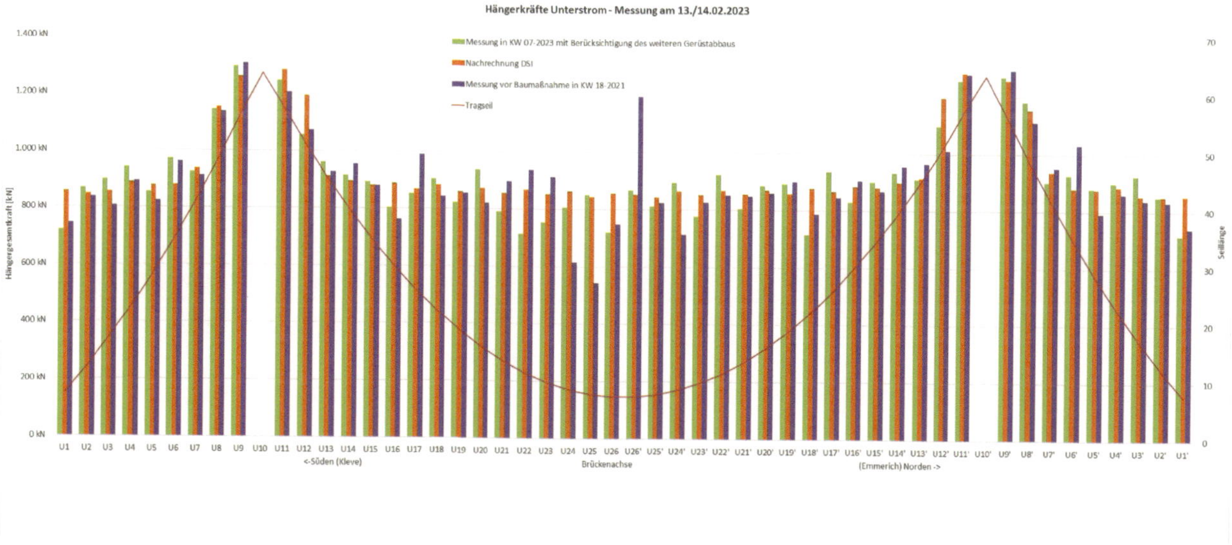

Abb. 9: Vergleich der Hängerkräfte je Achse (= jeweils Summe aus 4 Seilsträngen) in der unterstromseitigen Tragseilebene. Orange: Sollkräfte laut Statik; Violett: Kräfte im Bestand; Grün: Abschlussmessung.

Spannungsrisskorrosion in konzentrierten Spanngliedern – Erfahrungen aus einem gesamtheitlichen Bewertungsansatz für zwei Bauwerke in Döbeln (Sachsen)

Dr.-Ing. Steffen Müller
Landesamt für Straßenbau und Verkehr, Dresden

Dipl.-Ing. Max Käding
MKP GmbH – Marx Krontal Partner, Dresden

Dr.-Ing. Gregor Schacht
MKP GmbH – Marx Krontal Partner, Dresden

Dipl.-Ing. Andreas Gruner
Landesamt für Straßenbau und Verkehr, Dresden

Dipl.-Ing. Ralf Seifert
Landesamt für Straßenbau und Verkehr, Dresden

Zusammenfassung
Spannungsrisskorrosion stellt eine signifikante Bedrohung für die Standsicherheit älterer Spannbetonbrücken dar. Besonders gefährdet sind Bauweisen mit konzentrierten Spanngliedern, bei denen i. d. R. eine hohe Anzahl von Spanndrähte stegweise in nur einem Spanngliedkasten geführt werden. Diese konstruktive Besonderheit, verringert die Redundanz und erhöht die Anfälligkeit für tragsicherheitsrelevante Schäden bspw. im Fall unzureichender Verpressung oder bei elektrolytischem Angriff. Ein markantes Beispiel für die gravierenden Auswirkungen dieser Besonderheit bot die Brücke über den Altstädter Bahnhof in Brandenburg a. d. Havel, dessen dramatische Zustandsverschlechterung zu einer unmittelbaren Sperrung und schlussendlich einem Abbruch des Bauwerks durch Sprengung führte. Als Reaktion darauf forderte das Bundesministerium (BMVI) durch ein Obmannschreiben die Straßenbauverwaltungen auf, betroffene Bauwerke unverzüglich genaueren Untersuchungen zu unterziehen.
Im Zuge dieser Entwicklungen hat das sächsische Landesamt für Straßenbau und Verkehr (LASuV) als Baulastträger mit seinem Partner, dem Ingenieurbüro Marx Krontal Partner (MKP GmbH), einen ganzheitlichen Bewertungsansatz für zwei besonders betroffene Bauwerke im Stadtgebiet Döbeln implementiert. Die betreffenden Bauwerke überführen einerseits die Anlagen der DB AG mit einer Schrägstielrahmenbrücke und den Fluss Freiberger Mulde mit einer 3-feldrigen Durchlaufträgerkonstruktion. Beide Bauwerke sind mit dem gefährdet eingestuften Hennigsdorfer Spannstahl im Spannblockverfahren hergestellt und die Baudokumentation ist nur noch lückenhaft vorhanden. Der Informationsmangel über den konstruktiven Zustand und den Zustand der Spannglieder führt bei einer ersten statischen Überprüfung dazu, dass zahlreiche Bauwerksabschnitte eine unzureichende Vorankündigung eines möglichen Versagens aufweisen. Um einen Ersatzneubau vor Ende der geplanten Nutzungsdauer zu vermeiden, bzw. hinreichende Planungszeit zu erhalten, wurden gezielte bauwerksdiagnostische Untersuchungen, statische Nachrechnungen und ein messtechnisches Monitoring implementiert. Die Ergebnisse dieses Vorgehens werden vorgestellt und die strategischen Schlussfolgerungen diskutiert, die aus den umfassenden Bewertungsmaßnahmen gezogen wurden. Diese Erkenntnisse leisten einen wesentlichen Beitrag zur Sicherung der beiden untersuchten Brücken und bieten zusätzlich wertvolle Einsichten für das Risikomanagement ähnlicher Bauwerke unter der Bedrohung durch Spannungsrisskorrosion und möglicher Instandhaltungspotentiale.

1. Einleitung und Problemstellung

Die sich seit den 50er Jahren schnell entwickelnde Spannbetontechnologie ermöglichte Brückenbauwerke bis dahin unbekannter Schlankheit, was eine völlig neue Formensprache ermöglichte. Gleichzeitig wurde ein deutlicher Anstieg des Individual- und Güterverkehrs beobachtet und weitere Steigerungen prognostiziert. Auf Basis dieser Entwicklungen entstanden die ersten Ortsumgehungen im Gebiet der damaligen DDR. Eine dieser Verbindungen ist die heutige B169 im Bereich der sächsischen Stadt Döbeln. Verkehrstechnisch stellt die B169 zudem ein Überlandverbindung der A4 (Chemnitz – Dresden) zur A14 (Leipzig – Dresden) dar und wird mit einem täglichen Verkehrsaufkommen von ca. 11.500 Fahrzeugen bei 14 % Schwerlastverkehr genutzt.
Der Bereich der Ortsumgehung Döbeln ist planfrei ausgelegt, was mit der räumlichen Nähe zum Stadtrand und unten liegenden baulichen Anlagen die Errichtung der

Bauwerke 55a bis 55f erforderlich machte. Dabei bilden die Bauwerke 55b und 55e jeweils eine Besonderheit, da sie mit größeren Spannweiten und somit im Spannbetonverfahren erstellt wurden.
Beide Bauwerke sind mit dem gefährdet eingestuften Hennigsdorfer Spannstahl im Spannblockverfahren hergestellt und die Baudokumentation ist nur noch lückenhaft vorhanden. Der Mangel an Informationen zum konstruktiven Zustand, sowie zum Zustand der Spannglieder sorgt in einer ersten statischen Überprüfung für eine Vielzahl an Bauwerksabschnitten, welche über eine nicht hinreichende Versagensvorankündigung verfügen. Die restlichen Bauwerkszustände sind dem Alter entsprechend gut, weshalb ein Ersatz der Bauwerke keine wirtschaftliche und ressourceneffiziente Option darzustellen scheint. Zur Wiederherstellung des gewünschten Sicherheitsniveaus bei gleichzeitigem Erhalt der Bauwerksstruktur wurde ein umfassendes Untersuchungs- und Monitoringprogramm ausgeführt. Der Fokus dieser deutlich über die normale Bauwerksprüfung hinausgehenden Untersuchungen lag auf der Ortung und Bestimmung der Lage und Zustände der schlaffen Bewehrung. Weiterhin wurden die Spannstahlkästen geöffnet und Materialzustände visuell als auch mechanisch (Rückdehnungsmessung, direkter Zugversuch einzelner Spannglieder etc.) geprüft. Zur Gewinnung ergänzender Informationen wurde ein Schallemissionsmonitoringsystem installiert, was Zustandsänderungen seit dem Installationsbeginn detektiert und zielorientierte Erhaltungsplanung und Meldeketten ermöglicht. Im Bereich der Bahnbrücke wurden ergänzend durchgehende faseroptische Dehnungssensoren angebracht um zusätzliche Information im möglichen Schadensfall auch ohne neu Bahnsperrpause erhalten zu können. Zum Zeitpunkt der Tagung wird das Monitoringsystem des Bauwerks 55e fast ein vollständiges Betriebsjahr durchlaufen haben und vorgestellt werden, wobei die aktuell vorliegenden Ergebnisse eine langjährige Weiternutzung der Bauwerke bei vollumfänglichen Sicherheiten möglich erscheinen lassen.

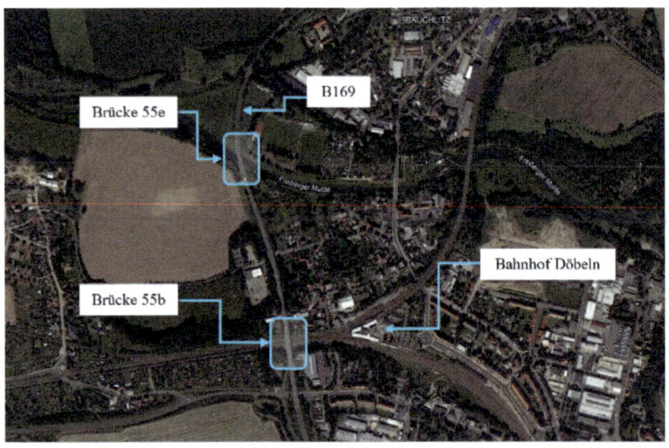

Abb. 1: Lage der Bauwerke im entlang der B169 im Stadtgebiet von Döbeln (Sachsen).

2. Bauwerke

2.1 Hennigsdorfer Spannstahl und Spannblockverfahren

Zum Zeitpunkt der Errichtung der Bauwerke waren im Staatsgebiet der DDR nur drei Spannbetonverfahren zulässig und durch die TGL 0-4227 [1] geregelt. Dies wären Einstab-, Spannblock- und Bündelspanngliedverfahren. Aufgrund wirtschaftlicher Einschränkungen wurden fast alle Spannstähle, die in der DDR zum Einsatz kamen, im brandenburgischen Stahlwerk Hennigsdorf hergestellt. Sie haben eine ovale Grundform und sind gerippt ausgeführt. An den betrachteten Bauwerken wurden jeweils SSG-800 Spannglieder analog TGL 173-33 [2] mit 224 Einzellitzen à $40 mm^2$ Querschnitt in 16 Ebenen ausgeführt.
Das Spannblockverfahren ähnelt anderen Verfahren mit konzentriertem Spannstahlverlauf, etwa dem BaurLeonhardt-Verfahren [3]. Grundlegend wird in der Schalung ein metallischer Spannkasten eingelegt und dieser lagenweise mit Einzellitzen gefüllt. Die Positionstreue innerhalb des Kastens wird über Abstandshalterbleche sichergestellt. Nach der Betonage wird der Kasten mit Mörtel verpresst und nach dessen Aushärtung mit hydraulischen Pressen gegen den Spannblock vorgespannt. Die Vorteile des Spannblockverfahrens gegenüber anderen Methoden wurden nach [4] folgendermaßen gewertet:

- Relativ geringer Aufwand für die Einleitung der großen Vorspannkräfte
- Geringer Platzbedarf des Spannglieds im Querschnitt, hierdurch Material- (Beton) und Gewichtseinsparung
- Vereinfachung der Bautechnologie für Vorspannen und Auspressen und dadurch geringerer Aufwand für die Überwachung dieser relevanten Arbeitsschritte
- Ökonomische Vorteile durch geringeren Spannstahlbedarf

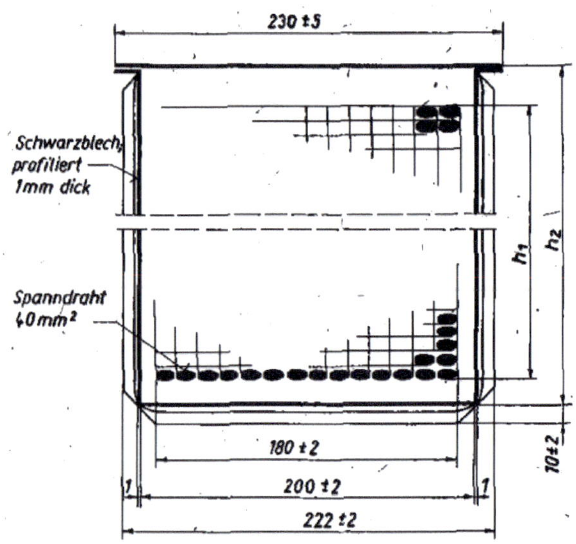

Abb. 2: Darstellung des Kastenspanngliedes [2].

Hennigsdorfer Spannstahl gilt gegenüber der Spannungsrisskorrosion als besonders anfällig. Spannungsrisskorrosion ist eine lokal auftretende Korrosion am Spannstahl, welche durch einen plötzlichen und spröden Bruch gekennzeichnet ist [5]. Wesentliche Voraussetzungen für die Spannungsrisskorrosion sind die folgenden [6]:

- Dauerhafte Zugspannung im Material, ist für Spannstähle immer erfüllt
- Anfälligkeit des Spannstahles, hierzu zählen Kristallgefüge, Materialzusammensetzung etc.
- Angebot an verfügbarem Wasserstoff

Neben der Materialzusammensetzung und der Vergütungsart, wobei vergütete Stähle aufgrund ihrer anderen Kristallstruktur als anfälliger im Vergleich zu kaltgezogenen Stählen gelten, ergeben sich verschärfende Effekte zur Auslösung dieser für Spannbetonbauwerke schwer direkt nachzuweisenden Korrosionsart [7] häufig auch aus den Baustellenbedingungen, die vielfach nicht mehr nachvollziehbar sind. So spielen zum Beispiel Witterung und freie Bewitterungszeiten, Transportrollendurchmesser und Verlegegüte eine entscheidende Rolle für die Anzahl und Größe oberflächiger Vorschädigungen. Bauwerke mit konzentrierten Spanngliedern sind für diese bauzeitbedingten Einflussfaktoren wegen der speziellen Bauweise besonders anfällig. Aufgrund der oben skizzierten prinzipiellen Anfälligkeit des Spannbetonbauwerks und häufig fehlendem Versagensankündigungsverhaltens sind alle Bauwerke dieser Zeit und Fertigungsmethode als gefährdet eingestuft und die Betreiber der Bauwerke durch ein Obmannschreiben des BMVI [8] und dem Verweis auf die entsprechende Handlungsanweisung [9] dazu aufgefordert die Bauwerke detaillierter zu untersuchen und das Gefahrenpotential durch geeignete Maßnahmen zu senken.

Abb. 3: Bauwerksansicht und -untersicht der Straßenüberführung über die Anlagen der DB AG.

2.2 BW 55b – Brücke über Anlagen der Bahn

Die Straßenbrücke 55b führt die B169 über die Anlagen der Deutschen Bahn AG bei Döbeln und wurde 1966 auf einem Traggerüst hergestellt. Bei dem Bauwerk handelt es sich um einen geradlinigen, gevouteten 3-feldrigen-Schrägstielrahmen mit einer Gesamtlänge von ca. 67,0 m (siehe Abb. 3). Die Stützweiten betragen 17,50 m–37,40 m–11,92 m. Der Überbau besteht aus einem nicht begehbaren zweizelligen Hohlkasten. Er weist eine Breite von ca. 14,55 m und ein konstantes Quergefälle von 2 % sowie ein konstantes Längsgefälle von 6 % auf.
Im Spannbetonüberbau liegt eine exzentrische, interne Längsvorspannung als Kastenspannglied in den Stegen der Hohlkästen vor. Das Bauwerk ist in die Brückenklasse BK 60/30 eingestuft.

Abb. 4: Bauwerksansicht der Straßenüberführung über die Freiberger Mulde.

2.3 BW 55e – Brücke über die Freiberger Mulde

Die Straßenbrücke 55e führt über den Fluss Freiberger Mulde bei Döbeln und wurde 1966 als gevouteter 3feldriger-DLT auf einem Traggerüst mit einer Gesamtlänge von 84,60 m hergestellt (siehe Abb. 4).

Die Stützweiten des dreizelligen nicht begehbaren Hohlkastens, betragen 25,52 m–33,57 m–25,52 m. Der Überbau weist eine Breite von 11,50 m und eine konstantes Quergefälle von 4 % auf wobei der Grundriss unter einem Bauwerkswinkel von 56 gon gekrümmt ist. Die Vorspannung des Überbaus ist ebenfalls als exzentrische, interne Längsvorspannung als Kastenspannglied in den Stegen der Hohlkästen ausgeführt.

3. Untersuchungs- und Bewertungskonzept

Die Bewertung spannungsrisskorrosionsgefährdeter Bauwerke ist prinzipiell in der Handlungsanweisung Spannungsrisskorrosion geregelt [9]. Diese bildete die Grundlage für das an den Brücken in Döbeln angewandte Untersuchungs- und Bewertungskonzept. Es kamen darüberhinausgehend jedoch innovative Methoden zur zerstörungsfreien Bestandserfassung und messtechnischen Dauerüberwachung zum Einsatz. Dies war erforderlich, da einerseits der aktuelle Stand der technischen Möglichkeiten zur Bewertung gefährdeter Bauwerke in der Handlungsanweisung nicht umfassend repräsentiert wird [10], und andererseits zum Bauwerk kaum Bestandsunterlagen vorlagen. Die schlussendlich angewandte Vorgehensweise untergliederte sich in folgende Arbeitspakete:

1. Bauwerksdiagnostische Untersuchungen:
   (a) Flächige zerstörungsfreie Radar-Untersuchungen zur Aufnahme der Bewehrungsmengen und -verteilungen, sowie der tatsächlichen Lage der Spannkästen in mehreren Messflächen an den Stegseitenflächen und der Überbauunterseite;
   (b) Erfassung des Zustands des Kastenspanngliedes, Spannstahls und Einpressmörtels durch Probenentnahme am Bauwerk mit vorgelagerte Erfassung des Verpresszustands mittels Ultraschallmessung zur Identifikation risikobehafteter Bereiche, chemische und metallografische Untersuchungen im Labor, Ermittlung des mechanischen Verhaltens des Spannstahls in Zugversuchen
2. Statische Betrachtung:
   Erstellung eines numerischen Modells des Bauwerks und Beurteilung des Tragwerks hinsichtlich seines Vorankündigungsverhaltens, Ermittlung von Tragfähigkeitsreserven zur Definition eines Grenzwerts einer zulässigen Drahtbruchanzahl bei konzentrierter Ereignishäufung für die messtechnische Dauerüberwachung (Schallemissionsmonitoring)
3. Messtechnisches Monitoring:
   (a) Installation und Betrieb eines Schallemissionsmonitorings zur Detektion und Lokalisierung von Spanndrahtbrüchen;
   (b) Installation von faseroptischer Sensorik (DFOS – distributed fiberoptical sensor) zur Rissdetektion und -beobachtung, Anwendung nur am BW 55b im schwer zugänglichen Bereich über den Hauptgleisen der Bahnanlagen.

Das methodische Vorgehen wurde bei beiden Bauwerken – mit Ausnahme der Installation faseroptischer Sensorik – einheitlich angewendet. Aufgrund der baulichen Ähnlichkeit der Bauwerke waren die Anordnung und Anzahl der Messflächen und Untersuchungsbereiche für die bauwerksdiagnostischen Untersuchungen, sowie die Randbedingungen für die Umsetzung des Schallemissionsmonitorings, beispielsweise in Hinblick auf die Sensorverteilung, weitgehend identisch. Da der Zustand und die Ergebnisse des Bauwerks 55e über die Freiberger Mulde insgesamt einen besseren Eindruck vermittelten, wird in den folgenden Abschnitten detailliert auf die Umsetzung und Ergebnisse des Bauwerks 55b über die Anlagen der DB AG eingegangen. Auf die Ergebnisse des Bauwerks 55e wird nur dann kurz Bezug genommen, wenn relevante Abweichungen vorliegen.

In Abb. 5 ist eine Übersicht über das Bauwerk 55b gegeben. Hierin sind die Messfelder und Untersuchungsbereiche für die bauwerksdiagnostischen Untersuchungen sowie die Lage der Sensorik dargestellt und bezeichnet

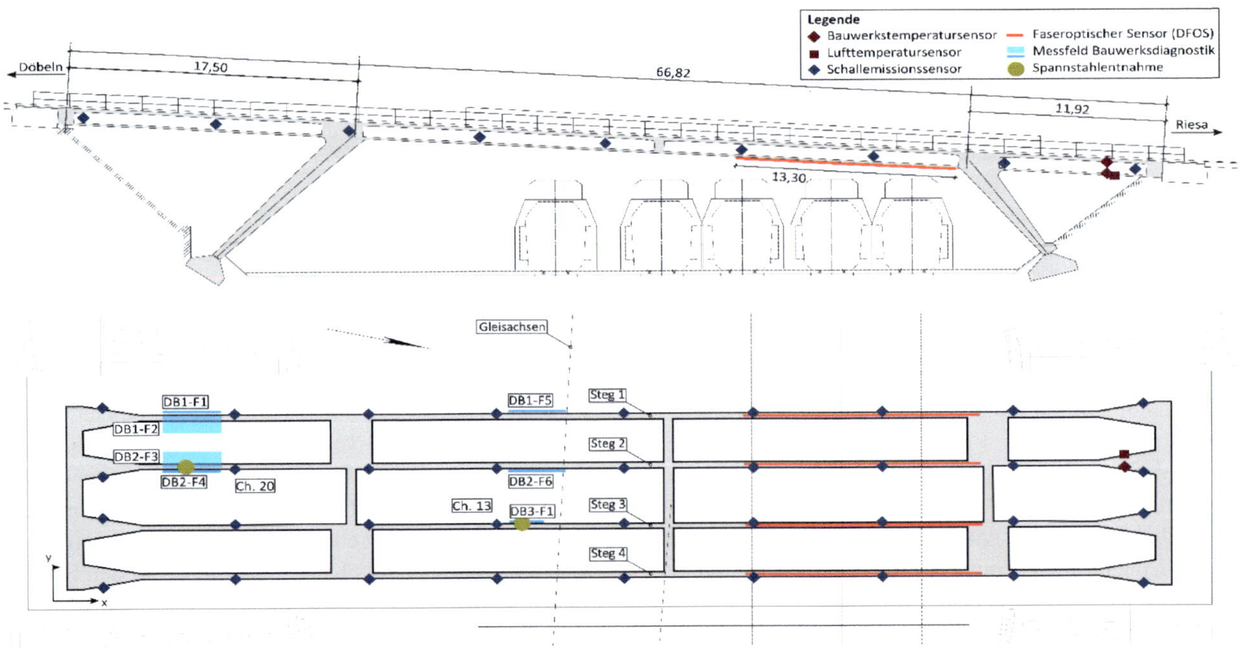

Abb. 5: Bauwerk 55b in Längsschnitt und Grundriss mit Übersicht der Messfelder und Untersuchungsbereiche für die bauwerksdiagnostischen Untersuchungen und der Messstellen für das messtechnische Monitoring

4. Untersuchungsergebnisse

4.1 Zerstörungsfreie Prüfung

Mit Hilfe zerstörungsfreier Prüfung wurden die Bewehrungsmenge und -verteilung in ausgewählten Messflächen aufgenommen. Die Messflächen hatten jeweils eine Länge von ca. 3 m und wurden in einem Messraster von 10×10 cm mit einer Radarsonde abgefahren (siehe Abb. 6).
Die bildgebenden Ergebnisse der Radaruntersuchungen sind auszugsweise in Abb. 7 dargestellt. Das Messfeld DB1-F2 zeigt die Aufnahmen der Bodenplatte in zwei Tiefen von 5,0 cm und 14,0 cm. Hier ist die konstruktive Bewehrung im Raster von 15×20 cm bis 15×30 cm ungleichmäßig verlegt. Es sind teilweise Fehlstellen in der Bewehrung der Bodenplatte festzustellen. Mit diesen Aufnahmen wurde die Längsbewehrung in der Bodenplatte für die Nachrechnung abgeschätzt.

Abb. 6: Messflächen für die zerstörungsfreie Prüfung mit Georadar und Ultraschall.

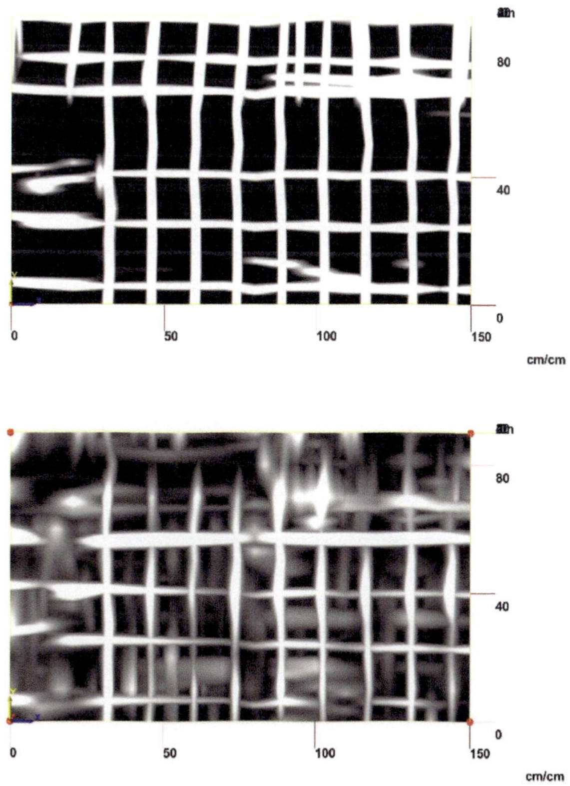

Abb. 7: Untersuchungsergebnis Georadar an der Unterseite Feld DB1-F2 in den Tiefen 5,0 cm und 14,0 cm.

Die Betondeckung wurde sowohl am Steg als auch an der Bodenplatte unregelmäßig vorgefunden und schwankte zwischen min. 11 mm bis 63 mm (Mittel 38 mm). Die Betondeckung der Kastenspannglieder betrug 91–98 mm. Die Lage des Kastenspanngliedes konnte durch die Radaruntersuchungen deutlich identifiziert werden. Beispielhaft ist diese in Abb. 8 als Projektion der Messflächen in ein 3D-Visualisierung des Bestands aus einem Laserscan dargestellt. Die vorgefundene Höhenlage des Kastenspanngliedes entspricht den Angaben im Bestandsplan.
Die Ultraschallmessungen wurde herangezogen, um u. a. Hohllagen zu ermitteln. Am Bauwerk 55b konnte kein nennenswertes Verdachtsmoment im Bereich der Öffnungsstellen gefunden werden. Am Bauwerk 55e wurden hingegen vermutliche Hohllagen identifiziert, die auf konstruktionsbedingte Spannkastenstöße zurückgeführt werden.
Am Bauwerk 55e wurde eine gleichmäßig verlegte Bewehrung vorgefunden. Das Raster betrug hier im Regelfall 20×20 cm. Die Bewehrung der Bodenplatte war durchgängig über die gesamte Breite verlegt, wobei an den Stegen drei zusätzliche Stäbe mit 15 cm Abstand angeordnet waren. Die Höhenlage des Kastenspanngliedes entsprach auch hier dem Bestandsplan.

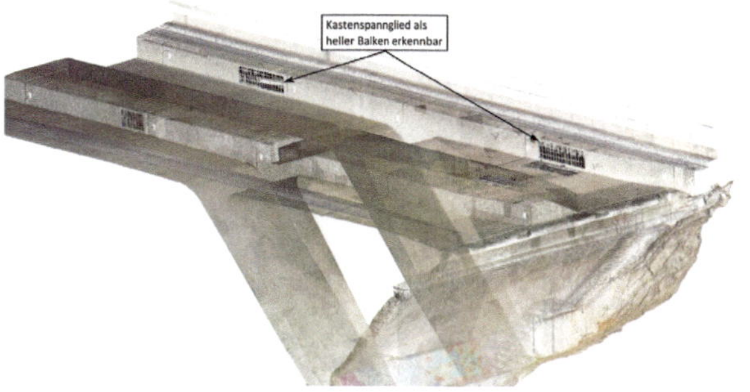

Abb. 8: Ergebnisse der Untersuchungen mit Georadar projiziert in die 3D-Visualisierung eines Laserscans; Bewehrungsverteilung und Lage des Kastenspanngliedes sind deutlich erkennbar.

4.2 Spannstahlentnahme

Im Ergebnis der zerstörungsfreien Untersuchungen wurden die Kastenspannglieder geortet und markiert. Anschließend wurden sie über eine Länge von ca. 60 cm freigelegt. Beim Öffnen des Kastenspanngliedes wurden die Innenfläche des Kastens und der Einpressmörtel begutachtet. Es wurden nur vereinzelte Rostflecken und eine vollvolumige Verpressung vorgefunden. Das visuelle Erscheinungsbild des Einpressmörtels nach Öffnung des Kastenspanngliedes zeigte einen guten Zustand. Auffällig war eine intensive Schwarzfärbung des Einpressmörtels (siehe Abb. 9), die wahrscheinlich auf einen hohen Anteil an Hochofenschlacke zurückzuführen ist. Die Alkalität des Mörtels wurde an frischen Bruchflächen mit Phenolphthalein getestet und nachgewiesen (siehe Abb. 10).
Für die Spanndrahtentnahme und Rückdehnungs-messung wurden die unteren Spanndrahtlagen ausgewählt. Die Rückdehnungsmessung erfolgte mittels Dehnungs-

messtreifen (DMS). Für die Messungen wurde ein DMS auf die vorbereitete Oberfläche des Spanndrahts aufgeklebt und dieser anschließend durchtrennt.
Während des Trennschnittes wurde die Dehnung des DMS mit einer hohen Abtastrate aufgezeichnet. Der Messdatenverlauf zum Zeitpunkt des Bruchs ist in Abb. 11 dargestellt. Die Restvorspannung ergibt sich an der Öffnung DB3-F1 im Mittel zu 801 N/mm² und für DB2-F4 zu 889 N/mm². Die gemessene Vorspannung überschreitet damit die in der TGL 173-33 [2] angegebene zulässige Nennvorspannung von 800 N/mm² für das SSG 800 und die zulässige Vorspannung für den Spannstahl mit 40 mm² von 788 N/mm². Die Einzelwerte zeigen jedoch auch eine signifikante Streuung im Bereich von 717–967 N/mm². Es wird daher vermutet, dass ungleichmäßiges Verlegen der einzelnen Drähte zu den Spannungsunterschieden beim Anspannen führten und nicht die Spannkraft für den gesamten Block grundsätzlich überschritten wurde.

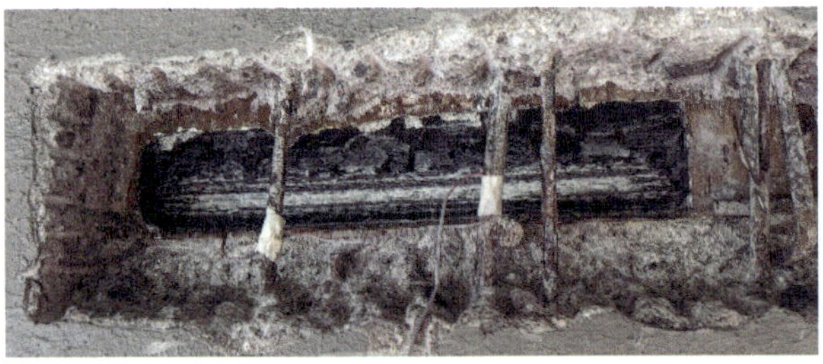

Abb. 9: Bauteilöffnung (DB3-F1), Einpressmörtel mit intensiver Schwarzfärbung und dritte Spannstahlprobe mit voraplliziertem DMS vor dem Trennschnitt.

Abb. 10: Reaktionsergebnis des Phenolphtalein-Test im Bereich der Schnittenden der entnommenen Spannstahlproben.

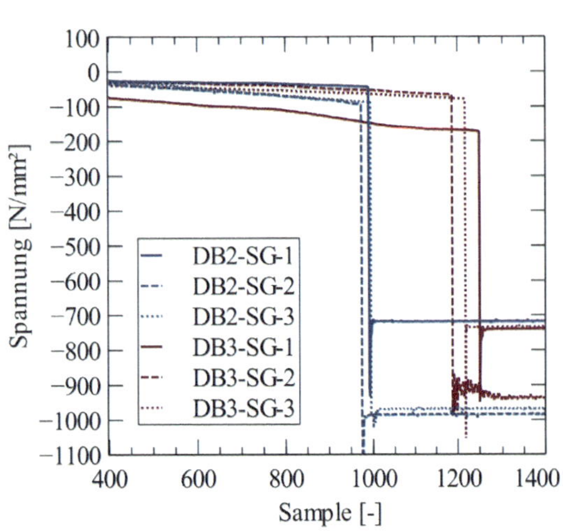

Abb. 11: Ermittlung der Restvorspannung durch Rückdehnungsmessung mittels DMS.

Die heterogene Vorspannungsverteilung zwischen einzelnen Drähten führt wiederum zu einer individuell erhöhten Gefährdung einzelner Drähte gegenüber dem Spannungsrisskorrosionsprozess.
Am Bauwerk 55e wurde ein ähnlicher Zustand des Kastenspanngliedes angetroffen. Die Verpressung war auch hier vollvolumig und die Färbung des Mörtels auffällig. In diesem Fall wurden zwei Schichten festgestellt, die untersten 2–3 cm des Einpressmörtels wiesen eine intensive Schwarzfärbung mit weißen Schichtgrenzenlinien auf und der darüberliegende Einpressmörtel zeigte eine klassische Graufärbung. Die gemessene Restvorspannung betrug im Mittel an den Öffnungen 750 N/mm² und 768 N/mm². Die Ergebnisse waren einheitlicher und lagen innerhalb der zulässigen Werte [2].

4.3 Materialbeprobung

Die entnommenen Proben des Spannstahls und Einpressmörtels wurden im Labor weiteren Untersuchungen unterzogen. Die Oberfläche des Spannstahls wurde makroskopisch untersucht. Die Proben wiesen vereinzelte Korrosionsprodukte und Grübchen auf. Die Oberfläche war durch Verquetschungen der Rippung bzw. an den Kanten teilweise mechanisch beschädigt. Alle sechs Proben zeigten eine einheitliche Oberflächenstruktur. Bei keinem der Prüfstücke konnten visuell Risse festgestellt werden. Die Oberflächenzustandsnote wurde mit 1,5 bis 2,5 bewertet; die schlechteste Probe mit 3,0. Der visuelle Zustand war demnach unauffällig (siehe Abb. 12). Die Beschaffenheit des Stahls wurde weiterhin durch Mikroschliffuntersuchungen analysiert (siehe Abb. 13). Hierbei konnten Oberflächenrisse und Grübchen mit bis zu 95 µm bzw. 138 µm Tiefe an der schlechtesten Probe ermittelt werden. Bei den anderen Proben waren derartige Schädigungen kleiner. Im Feinschliff wurde ein feinnadeliges Vergütungsgefüge mit einer Vielzahl nichtmetallischer Einschlüsse aus Silizium und Sauerstoff beobachtet. Die Einschlüsse sind nahezu homogen über Längs- und Querschliff verteilt und ergaben keinen relevanten Einfluss auf die mechanischen Eigenschaften. Die Zugversuche zeigten deutliche Einschnürungsbereiche, Bruchdehnungen von durchschnittlich 5,5 % und unauffällige Bruchbilder.

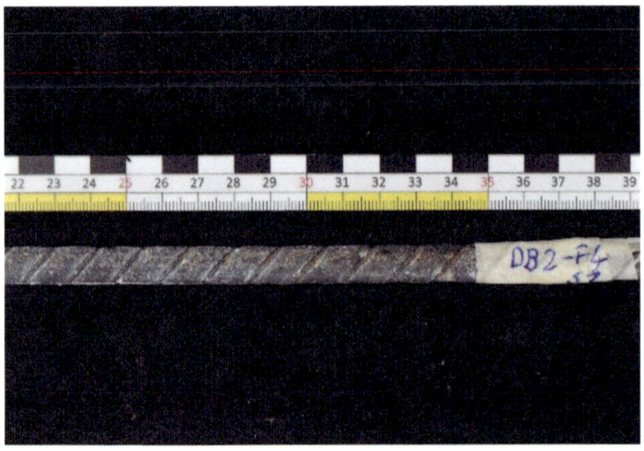

Abb. 12: Charakteristische Oberflächenbeschaffenheit der Spannstahlproben, ersten Probe aus Öffnung DB2F4 mit visuell schlechtestem Zustand.

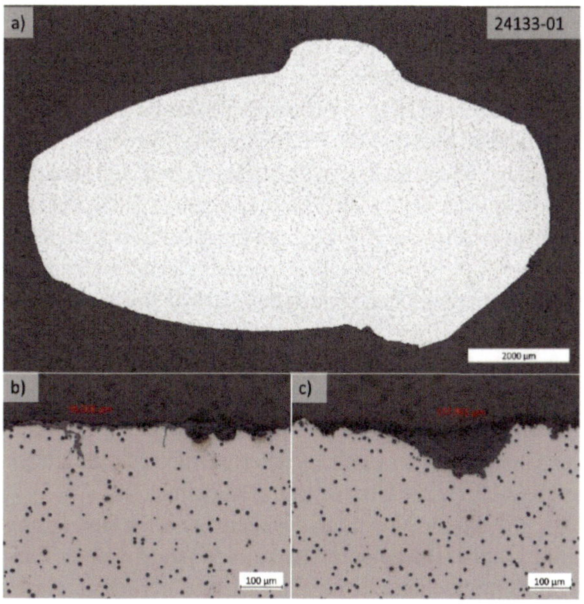

Abb. 13: Mikroschliffuntersuchung des Gefüges der ersten Spannstahlprobe aus der Öffnung DB2-F4 (schlechtester visueller Zustand).

Der Spannstahl und der Verpressmörtel wurden auf die jeweilige chemische Zusammensetzung untersucht. Die Ergebnisse der Funkenemissionsspektroskopie sind in Tab. 1 aufgeführt. Zwischen den Proben waren keine nennenswerten Unterschiede festzustellen. Die Werte der Spannstahlproben liegen innerhalb der damals zulässigen Grenzen [11]. Der Anteil an Silizium ist im Vergleich zu heutigen Standards deutlich erhöht. Die Anteile weiterer unbeabsichtigter Beimengungen (P, S, Cr, Cu, Ni) liegen deutlich unter den jeweiligen Grenzwerten. Eine weiterführende Diskussion des Einflusses der chemischen Zusammensetzung des Stahls ist auch in [7] zu finden.

Tab. 1: Chemische Zusammensetzung des Spannstahls: Vergleich der zulässigen Massenprozentanteile gemäß TGL 101-036 und den entnommenen Stahlproben.

	Chemisches Element in [M.-%]		
	C	**Si**	**Mn**
TGL 101-036 [11]	0,58–0,67	0,90–1,20	1,00–1,20
Spannstahl BW 55b	0,54–0,59	0,96–1,01	1,03–1,11

Abb. 14: Materialprobe des Schichtsystems.

Die chemische Zusammensetzung des Einpressmörtels, sowie die Feuchtigkeit, der pH-Wert und die Anteile wichtiger Anionen wurden bestimmt. Die Werte sind für beide Bauteilöffnungen unkritisch.

Bei der Herstellung der Bauteilöffnung wurden Bruchproben der Bauwerksoberfläche mit Beschichtungssystem entnommen und im Labor genauer analysiert (siehe Abb. 14). Die Beschichtung ist dreilagig aufgebaut. Direkt auf der Betonoberfläche ist ein 12 mm dicker Feinmörtel/Feinspachtel aufgetragen; darauf befindet sich eine etwa 2–3 mm dicke, sehr flexible Beschichtung, möglicherweise eine mineralische Dichtungsschlämme ohne Fasern; und darüber eine flexible graue Beschichtung von etwa 0,10,2 mm Dicke. Die visuelle Detektion von Rissen ist durch diesen Aufbau stark eingeschränkt bzw. unmöglich, wodurch Bauwerksreaktionen auf Spanndrahtbrüche nicht im Rahmen von optischen Beobachtungen/Bauwerksprüfungen erkannt werden können. Aus diesem Grund wurde eine messtechnische Überwachung mit Schallemissionssensoren und faseroptischen Sensoren erforderlich und letztlich implementiert.

Die Laborergebnisse zum Spannstahl und Verpressmörtel spiegeln einen unbedenklichen und unauffälligen Zustand wider. Es sind keine Hinweise auf eine vorhandene oder voranschreitende Spannungsrisskorrosion und Versprödung vorzufinden. Die Untersuchungen der Proben des Bauwerks 55e ergaben ähnliche Ergebnisse. Auch hier wurden keine signifikanten Anrisse, Versprödung oder bedenkliche chemische Zusammensetzung festgestellt.

4.4 Statische Betrachtung der Ergebnisse

Zur statischen Beurteilung wurde ein numerisches Modell gebildet. Dieses wurde als Trägerrostmodell erstellt (siehe Abb. 15). Jeder Hohlkasten wurde in zwei einzelne Längsträger mit zugehöriger mitwirkender Plattenbreite zerlegt und an den Querträgern miteinander verbunden. Die Schrägstile sind monolithisch mit dem Überbau verbunden und gelenkig im Baugrund verankert. Am WL Döbeln ist der Endquerträger auf Rollen gelagert. Am WL Riesa sind keine beweglichen Lager vorhanden. Durch die Schrägstile in der Böschung des Widerlagers entsteht eine Rahmenecke.

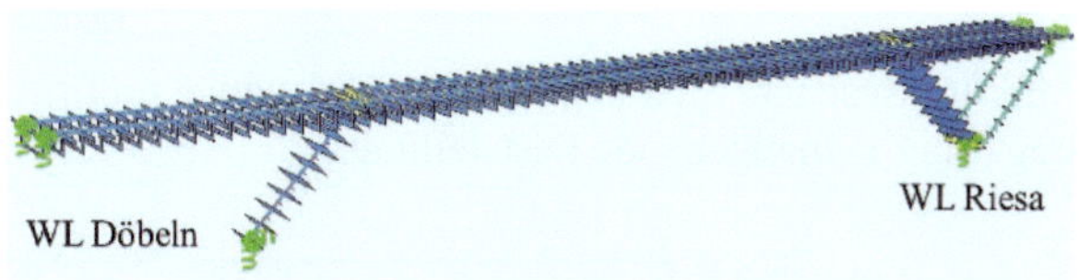

Abb. 15: Statisches Modell der Brücke über die Anlagen der DB AG.

Es wurde ein Beton der Festigkeitsklasse B450 verbaut und angesetzt. Auf Grundlage der bauwerksdiagnostischen Untersuchungen wurden die Mengen für die Betonstahlbewehrung am unteren und oberen Querschnittsrand für den Feld- und Stützbereich abgeschätzt. Die Lage des Spanngliedes wurde für das Modell abgeschätzt, konnte jedoch durch die Erkenntnisse aus den Untersuchungen vor Ort verifiziert werden. Für die Berechnung wurden die Lasten entsprechend der Handlungsanweisung [9] angesetzt. Die Verkehrseinwirkungen wurde für die Brückenklasse 60/30 gewählt.

Im ersten Schritt wurde der Nachweis auf Querschnittsebene für jeden Hauptträger geführt. Die Felder wurden in den Zehntelspunkten unterteilt. Das Ergebnis der querschnittsweisen Restsicherheit ist in Abb. 16 dargestellt. Deutliche Defizite sind in den Randfeldern zu erkennen. Diese sind aufgrund der Rahmenbauweise im Vergleich zum Hauptfeld verhältnismäßig kurz, wodurch die Vorspannung zentrisch wirkt. Dies führt zu einer ungünstigen Ausgangssituation für den Nachweis (Biegenachweis). So haben am Steg 1 nur 12 von 31 Querschnitten eine Restsicherheit größer 1,1. Am Steg 2 sind es hingegen 18 Querschnitte, die den Nachweis erfüllen.

Die Anwendungsgrenzen des stochastischen Nachweises sind nicht erfüllt, da jeder Hauptträger nur ein Kastenspannglied enthält. Somit kann kein Ankündigungsverhalten nachgewiesen werden. Dieses Ergebnis wurde bereits so erwartet. Jedoch bieten das statische Modell und die erstellten Berechnungen die Möglichkeit, die Reserve am Bauwerk zu quantifizieren und eine Grundlage für die Definition eines Grenzwertes zulässiger Drahtbrüche für das messtechnische Monitoring zu ermitteln. Hierzu wird ein Vorgehen verwendet, welches bereits in [12] beschrieben wurde. Im Gegensatz zur Sichtprüfung, für die ein äußerlich erkennbarer Riss vorausgesetzt werden muss, wird beim Schallemissionsmonitoring der Spanndrahtbruch direkt detektiert. Für diese Überwachungsmethode ist die verbleibende Drahtanzahl bei Rissbildung $n_{cr,i}$ und damit verbundene visuelle Feststellbarkeit der inneren Schädigung nicht relevant. Entscheidend ist, dass an keiner Stelle die erforderliche Drahtanzahl $n_{br,i}$ zur Gewährleistung einer ausreichenden Restsicherheit von $\gamma_p = 1{,}1$ unterschritten wird.

Der stochastische Nachweis wurde daher mit veränderten Eingangsparameter geführt und jeder Spanndraht individuell angesetzt. Das Ergebnis ist in Abb. 17 dargestellt. In den Randbereichen ist zu erkennen, dass die erforderliche Drahtanzahl nbr,i die bei Rissbildung verbleibende Drahtanzahl $n_{cr,i}$ überschreitet. In diesen Bereichen liegt kein Ankündigungsverhalten vor. Die maßgebende Stelle liegt jedoch im Bereich der Zwischenstützung am Schrägstil. Hier beträgt $n_{br,max} = 150$ Spanndrähte. Gegenüber den vorhandenen 224 Spanndrähten können demnach an der ungünstigsten Stelle $n_{DB,max} = 75$ Spanndrähte ausfallen, ohne dass die geforderte Restsicherheit von $\gamma_p = 1{,}1$ unterschritten wird. Unter Berücksichtigung der Ergebnisse der Bauwerksdiagnostik ist diese Anzahl hinreichend groß, um den zulässigen Grenzwert für örtlich korrelierte Drahtbruchereignisse mit $n_{DB} = 3$ für die Überwachung zu definieren.

Das vorgestellte Vorgehen der rechnerischen Bewertung sollte möglichst immer im Zusammenhang mit einer Bauwerksuntersuchung erfolgen. Es ist zu berücksichtigen, dass der Zustand im Inneren der Spannglieder nur stichprobenartig überprüft werden kann. Wie auch in diesem Anwendungsfall liegen die Eindrücke zum Zustand des Spannstahls und Einpressmörtel von nur zwei Bauteilöffnungen vor. Die Ergebnisse wiesen jedoch keine besonderen Auffälligkeiten auf, so dass grundlegend davon ausgegangen wird, dass dieser Zustand in vergleichbarer Weise auch in den übrigen Bereichen vorliegt. Mit einem Grenzwert von $n_{DB} = 3$ wird, in Anbetracht der Ergebnisse, kein unangemessenes Risiko eingegangen.

Am Bauwerk 55e wurde die erforderliche Drahtanzahl zu $n_{br,i} = 120$ berechnet. Die theoretisch mögliche Anzahl an Bruchereignissen ist für diese Bauwerk demnach größer und liegt bei $n_{DB,max} = 124$ Spanndrahtbrüchen. Der Grenzwert ist bei diesem Bauwerk in gleicher Weise gültig.

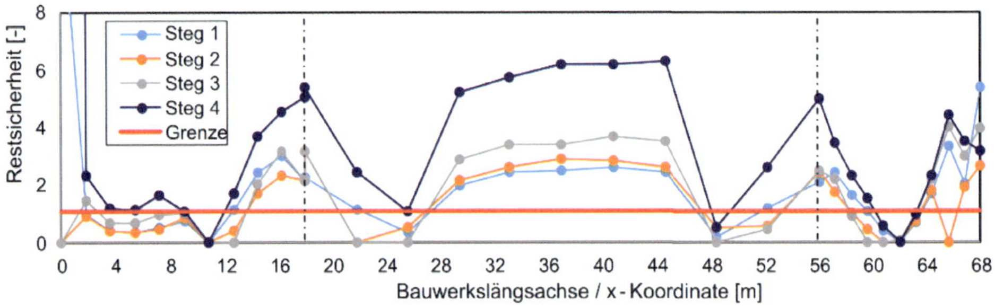

Abb. 16: Restsicherheit über die Bauwerkslänge im Ergebnis des Nachweises auf Querschnittsebene für die am Außensteg (Steg 1) maßgebende Laststellung.

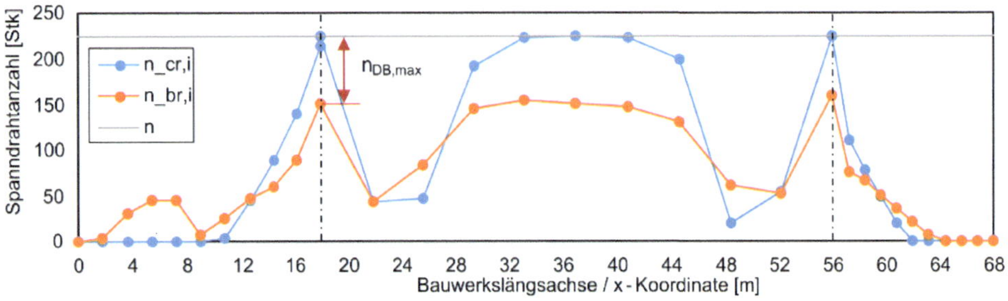

Abb. 17: Ergebnis der statischen Berechnung nach [9] für den maßgebenden Hauptträger; vorhandene Drahtanzahl n, verbleibende Drahtanzahl bei Rissbildung $n_{cr,i}$ und der erforderlichen Drahtanzahl zur Gewährleistung einer ausreichenden Restsicherheit von $\gamma_p = 1{,}1$ $n_{br,i}$.

4.5 Monitoring

Zur Kompensation des fehlenden Ankündigungsverhaltens wurde ein umfassendes Monitoringkonzept für das Bauwerk 55b entwickelt. Dieses beinhaltet 36 Schallemissionssensoren, einen Lufttemperatursensor, zwei Bauwerkstemperatursensoren und vier faseroptische Sensoren mit jeweils einer Länge von 13,3 m. Die Anwendung der Schallemissionsanalyse zur Detektion von Spanndrahtbrüche wurde erst kürzlich in der Richtlinie SE05 der DGZfP geregelt [13]. Die Schallemissionssensoren wurden parallel zur Längsrichtung in neun Messquerschnitten seitlich an den Stegflanken der Hauptträger appliziert. Die Sensoren wurden nach einer Oberflächenvorbereitung durch Schleifen an die Betonoberfläche mit Heißkleber akustisch gekoppelt und mittels einer Magnethalterung an einer im Beton verschraubten Metalplatte fixiert (siehe Abb. 18, oben). Durch die Sensorhalterung ist eine dauerhafte Befestigung und eine konstante Anpresskraft zwischen Sensor und Bauteil zur zuverlässigen Signalübertragung gewährleistet. Jeder Sensor und seine Halterung ist zusätzlich mit einer Schutzabdeckung aus Blech eingehaust (siehe Abb. 18, unten). Der Sensorabstand wurde äquidistant mit 8 m gewählt. Die Luft- und Bauwerkstemperaturen sind im Bereich des Endquerträgers des Widerlagers Riesa appliziert (siehe Abb. 18, unten).

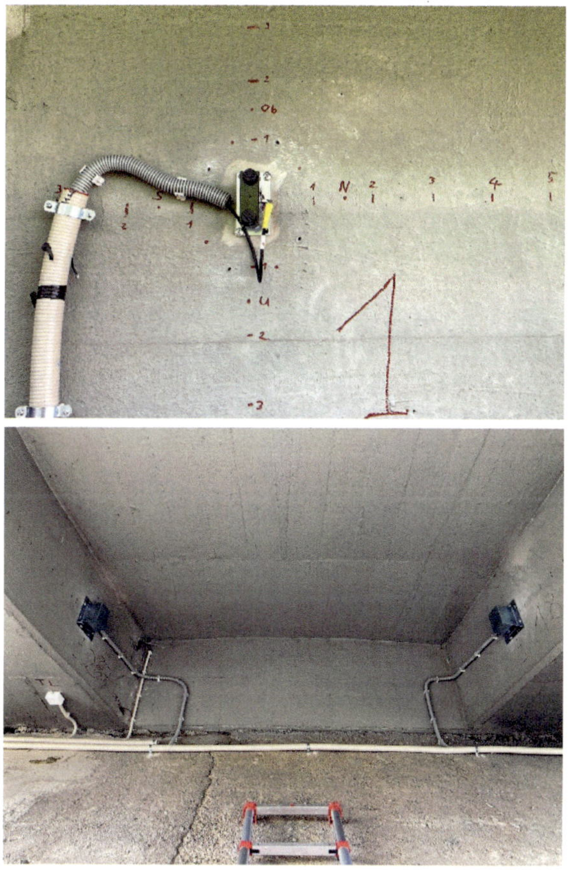

Abb. 18: Messstelle eines Schallemissionssensor ohne (oben) und mit Abdeckung (unten). Temperatursensoren zur Erfassung der Luft- und Bauwerkstemperatur (unten).

Die Inbetriebnahme der Schallemissionssensorik umfasst mehrere Schritte, in denen die Gleichwertigkeit der Ankopplung und die Funktionsfähigkeit des Sensornetzwerks nachgewiesen werden [13]. Hierzu werden beispielsweise Bleistiftminenbrüche in unmittelbarer Sensornähe erzeugt, oder Signale mit dem Rückprallhammer als Referenzquelle für einen Drahtbruch in die Struktur eingeleitet. Im vorliegenden Fall konnten zusätzlich die akustischen Emissionen der Drahtbrüche mit der abschließend installierten Schallemissionsanlage mitgemessen werden. Die Drahtbrüche wurden an den Bauteilöffnungen erzeugt, während die Anlage in der Regelbetriebskonfiguration lief. Die Bauteilöffnung DB3-F1 befand sich in der Nähe des Sensors 13 (siehe Abb. 19). Der Anstand zwischen der Bruchstelle und Sensor betrug ca. 1,7 m. Dieser Sensor wurde durch das Drahtbruchereignis zuerst getroffen und zeigte ein deutlich übersteuertes Signal. Darüber hinaus wurden bei jedem Drahtbruch jeweils noch sechs weitere Sensoren getroffen und erfassten ein signifikantes Signal mit einer PeakAmplitude von bis zu 120 dB. Die Bauteilöffnung DB2-F4 lag zentraler zwischen den benachbarten Sensoren mit einem Abstand von ca. 3,25 m zum Sensor 20. Die Intensität dieses zuerst getroffenen Sensors war erwartungsgemäß geringer, jedoch immer noch sehr hoch. Auch in diesem Fall wurden vier bis sechs weitere Sensoren mit einer Peak-Amplitude von bis zu 124 dB getroffen. Das Sensornetzwerk ist somit hinreichend redundant aufgestellt und die Vielzahl an Detektionen können zur Plausibilisierung potenzieller Ereignisse herangezogen werden. Es ist eine hohe Detektionswahrscheinlichkeit gegeben [14].

Die Ergebnisse der Lokalisierung dieser Drahtbrüche und die Genauigkeit ihrer Lokalisierung ist in Tab. 3 zusammengefasst. Zur Vereinheitlichung wurden jeweils nur vier der getroffenen Sensoren für die Berechnung des Quellortes herangezogen. Es sind die Soll- und IstKoordinaten gegenübergestellt und die jeweiligen Fehler berechnet. Unter Berücksichtigung aller Ereignisse wurde zusätzlich die Wurzel des mittleren quadratischen Fehlers (RMSE) angegeben. Insbesondere entlang der x-Koordinate ist die Genauigkeit der Lokalisierung mit einem RMSE von 44 cm für die baupraktische Anwendung sehr hoch einzuschätzen. Bezogen auf den Sensorabstand von 8 m beträgt die Abweichung 5,5 %. In Querrichtung liegen größere Abweichungen vor. Dies ist darauf zurückzuführen, dass keine anisotrope Ausbreitungsgeschwindigkeit hinterlegt wurde.

Abb. 19: Lage der Bauteilöffnung DB3-F1 und des Trennschnitts in Bezug auf den SE-Sensor.

Tab. 3: Lokalisierungsergebnisse der Drahtbrüche; Soll- und Ist-Koordinaten, berechnete Fehler und Wurzel des mittleren quadratischen Fehlers (RMSE).

Draht-bruch	Soll [cm]		Ist [cm]		Fehler [cm]		
	x	y	x	y	x	y	Dist.
DB3-F1	2570	365	2477	310	93	55	108
	2570	365	2579	296	-9	69	70
	2570	365	2574	253	-4	112	112
DB2-F4	535	760	567	837	-32	-77	83
	535	760	569	857	-34	-97	103
	535	760	560	832	-25	-72	76
RMSE					44	83	93

Das Schallemissionsmesssystem des Bauwerks 55b wurde im April 2024 in Betrieb genommen. Seither erfolgt eine kontinuierliche und automatisierte Datenauswertung. Bisher wurden keine auffälligen Ereignisse detektiert. Am Bauwerks 55e wurde das Messsystem bereits im September 2023 installiert und in Betrieb genommen. Bei diesem Bauwerk wurden 44 Schallemissionssensoren verbaut. Auch bei dieser Überwachung wurden bisher keine auffälligen Ereignisse detektiert.

Die verteilte faseroptische Sensorik (DFOS) wurde nur am Bauwerks 55b installiert, um Rissbreitenänderungen oder die Neubildung von Rissen zu detektieren. Die unterführten Bahnanlagen erschweren außerdem die Zugänglichkeit im Fall einer erforderlichen Sonderprüfung und das elastische Beschichtungssystem machen eine Rissdetektion nahezu unmöglich. Zum Einbau der faseroptischen Sensoren wurden in den Beton ca. 5 mm tiefe Nuten gefräst (siehe Abb. 20). Die Nuten wurden gründlich gereinigt, anschließend die Sensoren eingelegt und dann mit einem Injektionsmörtel festgeklebt. Die Enden der Fasern (sog. „Pigtail") wurden in Leerrohren zu einem Messschrank geführt, wo sie für Messeinsätze an den Interrogator angeschlossen werden können. Nach der Installation wurde die Nullmessung durchgeführt. Eine erste Folgemessung wurde bisher noch nicht vorgenommen.

Abb. 20: Verteilte faseroptische Sensorik (DFOS); Herstellung der Längsschlitze an der Überbauunterseite.

Zusammenfassung und Fazit

Spannungsrisskorrosion stellt eine signifikante Bedrohung für die Standsicherheit älterer Spannbetonbrücken dar. In Reaktion auf das Obmannschreiben zur Spannungsrisskorrosion und die bekanntgewordenen Problemlagen mit Hennigsdorfer Spannstahl in Kastenspanngliedern wurde für zwei Bauwerke im Zuge der B169 in der Ortsumfahrung Döbeln (Sachsen) ein umfassender Bewertungsansatz implementiert, der bauwerksdiagnostische Untersuchungen, statische Nachrechnungen und ein messtechnisches Monitoring umfasste. Die Ergebnisse zeigten, dass trotz anfänglicher Bedenken keine aktive Spannungsrisskorrosion nachgewiesen werden konnte. Die intensive Bewertung und der Einsatz innovativer Methoden haben sich gelohnt und zu einer präzisen Einschätzung des tatsächlichen Zustands geführt. Die vorgestellten Beispiele zeigen, dass nicht alle Bauwerke mit Kastenspanngliedern gravierende Probleme aufweisen und ein Weiterbetrieb bei vollumfänglicher Sicherheit möglich ist. Im ersten Schritt ergeben sich dadurch deutlich umsetzungsfreundlichere Zeithorizonte für die Planung und Vorbereitung eines entsprechenden Ersatzneubaus. Jedoch erscheint auch der Verbleib der Bauwerke im Netz bis zum planmäßigen Lebensende möglich. Das vorgestellte Vorgehen bietet somit die Chance nicht nur Kosten, sondern auch Ressourcen zu sparen.

Literatur

[1] TGL 0-4227, Spannbeton – Berechnung und Ausführung, Mai 1963.

[2] TGL 173-33: Spannblockverfahren, Spannglieder mit Nennspannkraft 600 bis 1600 Mp. 1967.

[3] Leonhardt, F.: Vorspannung mit konzentrierten Spanngliedern: Verfahren Baur-Leonhardt. Richtlinien für Entwurf und Bauausführung. Berlin: W. Ernst, 1956.

[4] Lippold, P.: Konzentrierte Spannglieder im Straßenbrückenbau. Bauplanung – Bautechnik, Heft 4/1969, S. 172.

[5] Nürnberger, U.: Korrosion und Korrosionsschutz im Bauwesen. Wiesbaden und Berlin: Bauverlag, 1995. ISBN: 37625319

[6] Hickling, J.: Dehnungsinduzierte Rißkorrosion: Spannungsrißkorrosion oder Schwingungsrißkorrosion. In: Der Maschinenschaden 55 (1982) Nr. 2, S. 95–105

[7] Wilhelm, T.: Wasserstoffinduzierte Spannungsrisskorrosion, Dissertation, TU Dresden, 2014.

[8] Obmannschreiben 2021-13, Gero Marzahn, Bundeministerium für Verkehr und digitale Infrastruktur, 2021.

[9] Bundesministerium für Verkehr, Bau und Stadtentwicklung: Handlungsanweisung zur Überprüfung und Beurteilung von älteren Brückenbauwerken, die mit vergütetem, spannungsrisskorrosionsgefährdetem Spannstahl erstellt wurden (Handlungsanweisung Spannungsriss-korrosion), Ausgabe 06/2011.

[10] Schacht, G., Käding, M., Bolle, G. and Marx, S.: Konzepte für die Bewertung von Brücken mit Span-

nungsrisskorrosionsgefahr. Beton- und Stahlbetonbau, 114: 85–94, 2019. https://doi.org/10.1002/best.201800087
[11] TGL 101-036 Blatt 1: Spannstahl St 140/160, ölschlussvergütet, oval gerippt. 1962.
[12] Käding, M.; Schacht, G.; Marx, S.: Schallemissionsmonitoring im Spannbetonbrückenbau – Herausforderungen und Möglichkeiten. In: Isecke, B.; Krieger, J. (Hrsg.): 4. Brückenkolloquium, 8./9.09.2020 in Esslingen, S. 549–560.
[13] Deutsche Gesellschaft für zerstörungsfreie Prüfung: Richtlinie SE05 – Detektion von Spanndrahtbrüchen mit Schallemissionsanalyse, Berlin, 2024.
[14] Käding, M., Marx, S. and Schacht, G. (2022). Schallemissionsmonitoring zur Spanndrahtbruchdetektion. In 2023 BetonKalender (eds K. Bergmeister, F. Fingerloos and J.-D. Wörner). https://doi.org/10.1002/9783433611180.ch15

Ein neuer Algorithmus zur Erstellung realistischer Verkehrslastmodelle für Straßenbrücken

Ergebnisse des FFG-VIF DACH Projekts REALLAST

DI Dr. Alois Vorwagner
AIT Austrian Institute of Technology, Wien, Österreich

DI Marian Ralbovsky, PhD
AIT Austrian Institute of Technology, Wien, Österreich

Prof. Dr.-Ing. Ursula Freundt
Ingenieurbüro Prof. Dr. U. Freundt, Weimar

Dipl.-Math. Rolf Kaschner
Ingenieurbüro Prof. Dr. U. Freundt, Weimar

Omar Bisia Castillo Chang, M. Sc.
Ingenieurbüro Prof. Dr. U. Freundt, Weimar

Prof. DI Dr. Andreas Taras
Eidgenössische Technische Hochschule Zürich, Institut für Baustatik und Konstruktion, Zürich, Schweiz

Stefan Martinolli, M. Sc.
Eidgenössische Technische Hochschule Zürich, Institut für Baustatik und Konstruktion, Zürich, Schweiz

Prof. Dr. Alain Nussbaumer
École Polytechnique Fédérale de Lausanne, Lausanne, Schweiz

FH-Prof. DI Dr. Markus Vill
VILL ZT-GmbH, Wien, Österreich

Zusammenfassung
In den vergangenen Jahrzehnten ist ein signifikanter Anstieg des Schwerverkehrsaufkommens auf den Straßen Europas zu verzeichnen. Gleichzeitig wurden zahlreiche Ingenieurbauwerke errichtet, die bereits über 40 Jahre alt sind. Ihre Konzeption erfolgte unter Berücksichtigung der damaligen Normen, Verkehrszahlen sowie Lasten. Eine wesentliche Herausforderung bei der Nachrechnung von Bestandsbrücken besteht darin, dass aktuelle Lastmodelle für den Brückenneubau und künftige Lasten konzipiert wurden und können daher nicht unmittelbar für die Nachrechnung von Bestandsbrücken bei geringerer Restnutzungsdauer herangezogen werden. Zwar bieten aktuelle Regelwerke die Möglichkeit konservative Pauschalfaktoren oder Verkehrsmessdaten in einem stufenweisen Konzept zu verwenden, aber gerade diese Vorgehensweise findet in der Praxis kaum Anwendung. Messdaten gestützte Verfahren werden als zu komplex erachtet, wobei aber die Weigh-In-Motion (WIM)-Technologie ein großes Potenzial für eine spezifische Bewertung unter Berücksichtigung der realen Achslastverteilung bietet. Aus diesem Grund wurde im Rahmen des FFG-VIF DACH-Projekts REALLAST ein Algorithmus zur Kalibrierung von Lastmodellen für streckenspezifische Autobahnabschnitte vom Konsortium, bestehend aus der ETH Zürich, der EPFL Lausanne, dem Ingenieurbüro Freundt, der VILL-ZT GmbH sowie dem AIT Austrian Institute of Technology GmbH, entwickelt.
Die Analyse von Verkehrsdaten im D-A-CH raum zeigt, dass es streckenweise zu starken Schwankungen der Belastungen kommt. Die streckenspezifische Kalibrierung von Anpassungsfaktoren des LM1 nach EN1991-2 erlaubt eine orts- und verkehrsspezifische Optimierung der Lasten für bestehende Brücken auf bis zu 30 km langen Strecken. Während bei geringen Brückenspannweiten der Fließverkehr dominiert, ist bei Spannweiten von über 30 Metern der Stau maßgeblich. Es wurde ein Potenzial für eine Reduzierung der Lastansätze um 20 bis 50 % im Vergleich zu den in der EN 1991-2 definierten Lastmodellen identifiziert. Die Methodik leistet damit einen direkten Beitrag zur Verlängerung der Restnutzungsdauer von Bestandsbrücken und damit zur Verbesserung der Nachhaltigkeit.

1. Einführung

Die EU-weite Einführung des Lastmodells nach EN 1991-2 [1] (LMx) wurden auf Basis von Daten hoch belasteter Abschnitte entwickelt, das charakteristische Niveau entspricht einer Wiederkehrperiode von 1.000 Jahren. Damit sollen künftige Anforderungen für neu zu errichtende Brücken enthalten sein. Folglich ergeben sich Herausforderungen bei der Anwendung für Nachrechnung auf bereits nach den alten Normen errichteten Brücken. Die drei D-A-CH-Länder haben auf diese Problematik reagiert und entsprechende Nachrechnungsnormen für Bestandsbrücken entwickelt. Diese enthalten abgestufte Nachweiskonzepte, welche auch moderne Nachweismethoden wie probabilistische Untersuchungen und die Einbeziehung von Messdaten erlauben. Diese finden jedoch nur selten Anwendung, deshalb werden meist konservative pauschal angesetzte Faktoren verwendet. Als Gründe hierfür werden die Komplexität der Aufgabenstellung sowie der erforderliche hohe Spezialisierungsgrad vermutet. Zudem sind in der dazu benötigten EN 1990 (noch) nicht alle Details vollständig geregelt, sodass Expertenannahmen getroffen werden müssen.

Bei der Verwendung realer Messdaten ist die prognostizierte Zunahme des Verkehrsaufkommens zu berücksichtigen. Des Weiteren sind Entwicklungen in der Fahrzeugtechnik zu bedenken. Als Beispiele für mögliche Veränderungen der Lastprofile sind neue LKW-Verbände wie Truck-Platooning, Lang-LKWs oder mit einer Batterie zusätzlich beladene E-LKWs zu nennen. Die Diskussion wird zudem durch die EU-weiten Überlegungen zum „Green Freight Traffic“ intensiviert. So wird seitens der Europäischen Kommission die Möglichkeit einer Erhöhung des zulässigen Gesamtgewichts für E-LKWs in Betracht gezogen (vgl. hierzu auch [2]).

Aus diesem Grund wurde im Rahmen des FFG-VIF DACH-Projekts REALLAST ein Algorithmus zur streckenspezifischen Kalibrierung von Lastmodellen für Autobahnabschnitte, vom Konsortium bestehend aus der ETH Zürich, der EPFL Lausanne, dem Ingenieurbüro Freundt, der VILL-ZT GmbH sowie dem AIT Austrian Institute of Technology GmbH, entwickelt [3]. Die Grundzüge der Methodik, die Integration von Verkehrsdaten und Messungen in die Lastermittlung für bestehende Brücken sowie die Anwendung werden in diesem Beitrag vorgestellt.

2. Hintergründe zu Lastmodellen

Die Bemessung von neuen Straßenbrücken erfolgt gemäß dem in der Norm EN 1991-2 [1] definierten Modell. Die Ableitung dieses Verkehrslastmodells erfolgte auf der Grundlage von Achslastmessungen, welche unter anderem ab dem Jahr 1986 insbesondere in der Nähe der französischen Stadt Auxerre durchgeführt wurden [4]. Als Grundlage dienten Strecken mit einer sehr hohen LKW-Belastung, welche durch zusätzliche Annahmen über das zukünftige Verkehrsaufkommen ergänzt wurden. Das in den Eurocodes etablierte Sicherheitskonzept unter Betrachtung von Grenzzuständen war Gegenstand folgender wissenschaftlicher Untersuchungen, welche 1994 mit der Dissertation von Merzenich [5] eine europäische Normbasis erreichten. Die Forschungsarbeiten fokussierten sich auf den Entwurf neuer Brücken und umfassten sowohl die bis dato vorliegenden deutschen und europäischen Verkehrsdaten aus Messungen als auch die EDV-gestützte Verarbeitung. Sie entsprechen dem Stand der 1990er-Jahre und führten zu weiterführenden Arbeiten, beispielsweise von Böning [6] und Kraus [7]. Alle genannten Ansätze basieren auf gemessenen oder abgeleiteten Verkehrsdaten. Diese verwenden als Alternative für die Brückennachrechnung die ortsspezifischen Beanspruchungen aus dem Straßenverkehr über Bauwerksmessdaten. Allen Ansätzen ist eine Datengrundlage gemein, die eine Extrapolation für lange Betrachtungszeiträume (100-1000 Jahre) erlaubt und ein Optimierungspotenzial für den Grenzzustand der Traglast aufzeigen.

Die aktuell in Europa implementierten Ermüdungslastmodelle basieren ebenfalls auf Messungen aus dem Jahr 1986 [4]. Die Eignung dieser Modelle für den gegenwärtigen Verkehr auf Bestandsbrücken wurde in mehreren Studien evaluiert und mit WIM-Datenbanken verglichen. Auch hier besteht weiterhin signifikantes Verbesserungspotenzial (siehe Croce [8], Maljaars [9], oder Nussbaumer et al. [10]).

Die Schaffung eines EU-weit hohen Belastungsniveaus ist eine zielführende und nachhaltige Strategie für den Neubau von Straßenbrücken. Vor allem unter dem Standpunkt, dass Brücken für eine lange Lebensdauer ausgelegt sind. Dies steht jedoch im Widerspruch zum vorhandenen Brückenbestand sowie deren möglichen Verlängerung der Restnutzungsdauer. Aufgrund der Tatsache, dass die tatsächlichen Verkehrslasten sowohl in örtlicher als auch in zeitlicher Hinsicht Schwankungen unterliegen, besteht bei der Nachrechnung älterer Bestandsbrücken die Möglichkeit, diese Abweichungen von den aktuell geltenden Normen zu berücksichtigen, und damit länger zu Nutzen ohne das Sicherheitsniveau zu verletzten. Des Weiteren ist bekannt, dass die Verkehrsbelastung maßgebliche Faktoren in der Alterung der Straßeninfrastruktur darstellen. Von entscheidender Bedeutung ist der Einfluss der Achslast auf die Materialermüdung, insbesondere von Beton, Stahl und Asphalt, welcher mitunter mit der vierten Potenz einhergeht. Eine orts- und objektbezogene Erfassung stellt einen wesentlichen Aspekt dar, um eine verlängerte Restnutzungsdauer von Bestandsbrücken zu ermöglichen.

Die in den Nachrechnungsrichtlinien aufgeführten Verfahren der messwertgestützten Bemessung der höheren Stufen finden in der praktischen Anwendung noch zu wenig Berücksichtigung. Ein Grund hierfür ist, dass die Verfahren als sehr komplex wahrgenommen werden und deshalb derzeit meist nur im ingenieurwissenschaftlichen Umfeld Anwendung finden. Eine wesentliche Verbesserung könnte erzielt werden, wenn bekannte Lastmodelle wie das LM1 mit dem Anpassungsfaktor α auf tatsächlich gefahrene Lasten, Achsabstände, Fahrzeugabstände etc. sowie auch mögliche Verkehrsszenarien kalibriert würden (siehe Schema in Abb. 1).

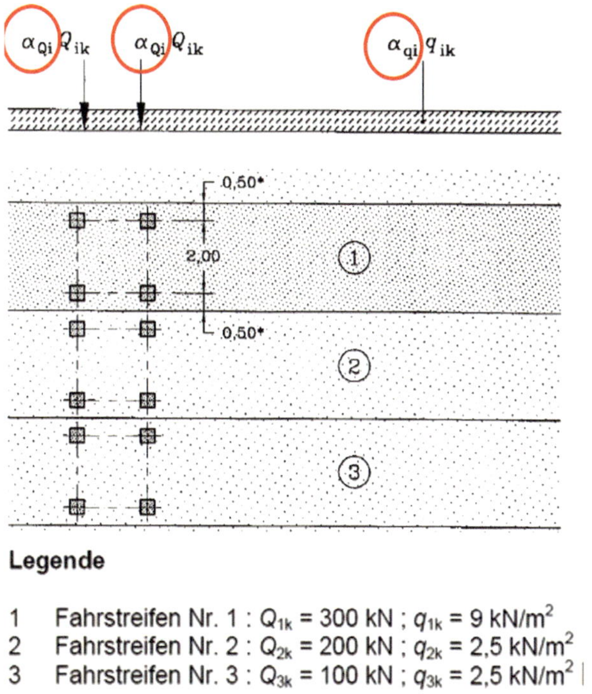

Abb. 1: Schematische Tandem Achsen des LM1 nach EN 1991-2 [1].

3. Reallast Algorithmus

Der Reallastalgorithmus ermöglicht die Nutzung von Verkehrsmessdaten für die Nachrechnung von Brücken. Er basiert auf der Verwendung von streckenspezifischen Daten unterschiedlicher Quellen, anhand derer Lastmodelle in der Grundform gemäß dem Eurocode Modell kalibriert werden. Damit sollen spezifische Nachrechnungen von Brücken ohne wissenschaftliche Methoden oder probabilistische Berechnungen einfacher möglich werden. Der Algorithmus ist unterteilt in vier Module. Verkehrs- und Brückendaten werden zunächst getrennt aufbereitet und verarbeitet (Module 1–3), bevor sie zum Schluss wieder miteinander kombiniert werden (Modul 4). Der Reallast Algorithmus besteht aus:

- Modul 1 Verkehrsdatenfusion
- Modul 2 Verkehrssimulation
- Modul 3 Brückenanalyse
- Modul 4 Lastmodell Kalibrierung

Die Aufbereitung maßgeblicher Verkehrskenngrößen erfolgt im Modul 1 auf Basis von Daten aus unterschiedlichen Quellen und mit verschiedenen Verfügbarkeiten von Verkehrsdatensätzen. Dazu zählen beispielsweise Zähl- und WIM- sowie Videodaten. In die Betrachtung einbezogen werden unterschiedliche Stauhäufigkeiten (von 1–9 %), Szenarien für einen Verkehrszahlenzuwachs, eine Erhöhung der Achslasten für E-LKW sowie Verkehr mit und ohne dauergenehmigten Schwerverkehr (mGSV, oGSV). Eine Übersicht der angenommenen Parameter ist in Abb. 2 bzw. in der Tab. 1 enthalten.
Vorhandene ortspezifische verfügbare Verkehrsdaten (Zähldaten, WIM-Daten, Videodaten etc.) werden im Modul 1 entsprechend aufbereitet. Zu diesem Zweck wurden entsprechende Filteralgorithmen entwickelt. Ein erster Schwerpunkt war die Datenfusion, vor allem wie im Falle einer unzureichenden Datenverfügbarkeit zu verfahren sei. Insbesondere bei Nichtvorliegen von Achslastmessungen müssen die Lasten hinreichend genau angenommen werden. In diesem Zusammenhang wurden in umfassender statistischer Aufbereitung [3] Vorschläge für die Komplementierung von Verkehrsdaten ausgearbeitet sowie ein Algorithmus zur Datenfusion aus unterschiedlichen Mess- und Aufzeichnungsstellen entwickelt. Auf diese Weise liegen länderspezifische Verkehrsdaten vor, die um ortsspezifische Besonderheiten und Prognoseszenarien (Tab.1) für eine Restnutzungsdauer erweitert werden. Die fusionierten Daten sind nach Merkmalen in Abb. 2 – Ergebnis- beschrieben und dienen als Basis für die darauffolgende Verkehrssimulation.

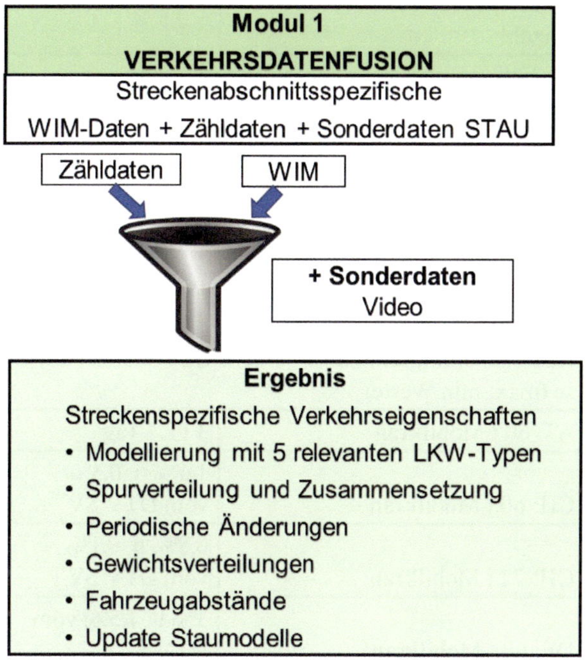

Abb. 2: Modul 1- Datenfusion & streckenspezifische Verkehrseigenschaften.

Eingangsgrößen im Modul 2 sind Verteilungsfunktionen welche anhand der Messdaten entsprechend angepasst wurden. Dabei wurden die Parameter auf fünf als maßgebende identifizierte LKW-Typen reduziert (vgl. Abb. 3) auf denen das gesamte Verkehrsaufkommen entsprechend aufgeteilt wurde. Der Verkehr in den erstellten Verkehrsszenarien wurde getrennt für Fließ- und Stauverkehr über mehrere Jahre simuliert (Abb. 3). Für Verkehrssituationen und Szenarien, die sich nicht mit hinreichender Sicherheit aus verfügbaren Verkehrsdaten ableiten lassen, beispielsweise Daten des dauergenehmigten Schwerverkehrs, Verkehrsentwicklung in den nächsten 25 Jahre, Achslaständerungen aufgrund von E-Lkw oder Abstände des Schwerverkehrs im Stau, wurden zusätzliche Untersuchungen durchgeführt und begründete Annahmen nach Tab. 1 getroffen.
Alle nicht dauergenehmigten Sondertransporte werden stets gesondert untersucht und werden im Reallast Al-

gorithmus nicht weiter betrachtet. Das Ergebnis sind auf Messdaten basierende errechnete Achslastfolgen (Verkehrsbänder). Die Verkehrsbänder werden dann zur Ermittlung von Schnittgrößen verschiedener Brückensysteme in der Brückenanalyse (Modul 3 und 4) genutzt. Es entstehen somit Verkehrsschnittgrößen – Zeitfolgen für ausgewählte Brücken der Streckenabschnitte.

Tab. 1: Eingangsdaten für künftige Verkehrsereignisse in Modul 1 und Modul 2.

Zeithorizont der Betrachtung	25 Jahre
Jährlicher Zuwachs der LKW-Anzahl	+ 1,25 %
Kumulierter Zuwachs der LKW-Anzahl	+ 36,42 %
Jährlicher Zuwachs der PKW-Anzahl	+ 0,5 %
Kumulierter Zuwachs der PKW-Anzahl	+ 13,28 %
Erhöhung vom LKW-Gesamtgewicht, LKW bis zu 5 Achsen	+ 1 t
Erhöhung vom LKW-Gesamtgewicht, LKW mit mehr als 5 Achsen	+ 2 t
Dauergenehmigter Schwerverkehr GSV - länderweise (max, min Werte)	
AT: 60 t Mobilkran	3 FZ / Tag
CH: 60 t Mobilkran	1,6‰ u. 0,3‰ vom DTV SV*)
CH: 72 t Mobilkran	0,8‰ u. 0,1‰ vom DTV SV*)
DE: 60 t Mobilkran	3‰ u. 1,5‰ vom DTV SV*)

*) Die maximale und minimale Annahmen stehen für verschiedene Verkehrsfälle

Im Rahmen der durchgeführten Untersuchung wurden Einflusslinien und Einflussflächen für verschiedene Brücken in mehreren 30-km-Autobahnabschnitten ermittelt (Modul 3), wobei die realen Brücken den zu untersuchenden Gegenstand bildeten. Neben dem System und der Geometrie spielten auch Randbedingungen wie dynamische Lasterhöhung oder probabilistische Einflüsse wie das Verhältnis von Eigengewicht im Vergleich zur Nutzlast eine wesentliche Rolle. Das Ziel der ermittelten, nachweisrelevanten Verkehrsschnittgrößen im Modul 4 besteht in einem Vergleich mit den normativen Verkehrsschnittgrößen, woraufhin eine Anpassung des LM 1 aus EN 1991-2 erfolgen kann. Die Anpassung des LM 1 wird durch eine geeignete Kalibration der -Werte vorgenommen (siehe Abb. 4).

Damit können die Anpassungsfaktoren (α-Faktoren) für Moment und Querkraft für die Traglast LM1 und Ermüdung ELM (λ-Faktoren) für ortsspezifischen Verkehr und Brücken gefunden werden (Abb. 4). Diese Anpassungsfaktoren können für den ULS Semi- oder Vollprobabilistisch ermittelt werden, für Ermüdung wurde eine Kalibrierung über die Schädigung gewählt.

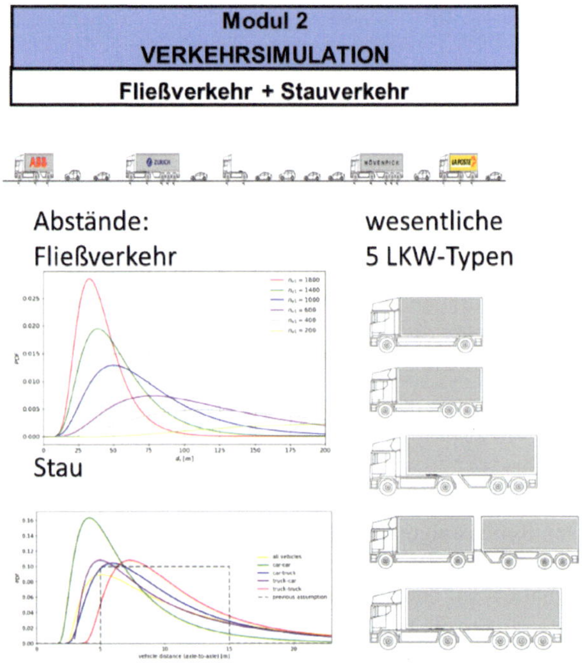

Abb. 3: Modul 2- Verkehrssimulation.

In Übereinstimmung mit den Empfehlungen und Festlegungen der Europäischen Normen (EN 1990 und EN 1991-2) für Nachweise der Standsicherheit und der Gebrauchstauglichkeit werden auf zwei Wegen die nachweisrelevanten Werte definierter Kenngrößen aus Verkehr (Biegemomente, Querkräfte, Auflagerkräfte usw.) unter Beibehaltung des definierten Sicherheitsniveaus im Modul 4 bestimmt.

Der eine Weg folgt der statistischen Auswertung von Verkehrsschnittgrößen-Zeitfolgen gemäß der Definition der charakteristischen Werte nach EN 1991-2 im Abschnitt 2.2 [1] mit der Festlegung einer Wiederkehrperiode von 1/1000-mal in einem Jahr. Der zweite Ansatz basiert auf zuverlässigkeitstheoretischen Untersuchungen, wobei zunächst die Versagenswahrscheinlichkeiten sowie die Bemessungswerte und Wichtungsfaktoren für streuende Basisvariablen, im vorliegenden Fall die Kennwerte des Verkehrs, ermittelt werden. Auch hier bildet die Verkehrsschnittgrößen-Zeitfolge die Grundlage. Für die Versagenswahrscheinlichkeit sind in der EN 1990 (Anhang C) Zielwerte definiert, wobei bei diesen Vorgaben ein minimaler Sicherheitsindex angegeben wird.

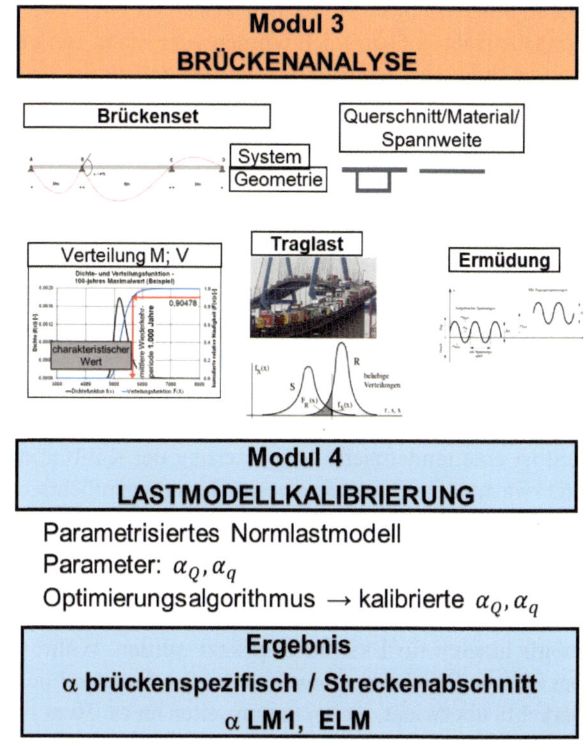

Abb. 4: Modul 3 Brückenanalyse und Modul 4 Lastmodellkalibrierung.

4. Anwendung des Reallast Algorithmus

Im Rahmen der Untersuchung wurden drei Anwendungsfälle in den jeweiligen D-A-CH Länder betrachtet. Einer davon befindet sich in Österreich an einer 30 km Strecke an der A2 Südautobahn (von Wien nach Graz) in der Nähe von Gleisdorf (vgl. Abb. 5). Dieser Streckenabschnitt wird hier näher präsentiert. Er verfügt über zwei Fahrstreifen mit einer WIM-Anlage im rechten Fahrstreifen bei Ilz sowie drei Zählstellen mit den Nummern 354, 361 und 373. Die Daten zu Verkehr und Brücken wurden auf Basis übermittelter Betreiberdaten aufbereitet und der Reallast-Algorithmus mit allen vier Modulen angewandt.

Abb. 5: Übersicht Use Case Österreich.

Das Modul 1- Sensorfusion wurde für vier unterschiedliche Fälle der Datenverfügbarkeit getestet, welche wie folgt definiert sind:

- **Fall 1- Keine Daten:**

In diesem Fall wird die User-Vorgabe der Verkehrsaufkommensstufe (gering, mittel, stark) verwendet. Alle weiteren notwendigen Verkehrsparameter (Spurverteilung und Zusammensetzung, periodische Änderung, Gewichtsverteilungen, Abstände und Staumodelle) werden aus der statistischen Aufbereitung aller verfügbaren Zähldaten abgeleitet. Die Gewichtsverteilung (leicht, mittel, schwer) wird aus den länderspezifischen WIM-Daten in diesem Fall AT verwendet, wobei per Vorgabe konservativ die schwerste Ländergewichtsverteilung gewählt wird.

- **Fall 2: Bekanntes Verkehrsaufkommen – Anzahl der LKWs und PKWs:**

Es folgt die Sensorfusion für das bekannte Verkehrsaufkommen kombiniert mit der Annahme des Gesamtgewichts (leicht, mittel, schwer). Dieses wird wieder wie im Fall 1 konservativ mit der Stufe schwer des jeweiligen Landes vorgeben.

- **Fall 3 Bekannte lokale Zähldaten:**

Die Sensorfusion der Verkehrsparameter erfolgt aus den vorliegenden lokalen Zähldaten. Die Annahme des Gesamtgewichts (leicht, mittel, schwer) erfolgt wieder länderspezifisch mit der Stufe schwer, abgeleitet aus den WIM-Daten.

- **Fall4 Bekannt lokale WIM+Zähldaten:**

Im Rahmen von Fall 4 werden zusätzlich zu den Zähl- auch die lokalen WIM-Daten einbezogen. Dieser Fall stellt den besten Stand der Datenverfügbarkeit dar.
Für die Sensorfusion wurden alle 4 unterschiedliche Fälle der Datenverfügbarkeit aufbereitet, in der weiteren Betrachtung der Verkehrssimulation (siehe [11]) und Lastmodellkalibrierung jedoch nur mehr die Fälle 2 und 4 miteinander verglichen.

Die Ergebnisse der Anpassungsfaktoren für das LM1 sind für den Use-Case Österreich in Abb. 6 und Abb. 7 übersichtlich dargestellt. Dabei wurden die -Werte für den Fall 2 (bekannt nur das Verkehrsaufkommen) und Fall 4 (bekannte Zähl+WIM Daten) als semiprobabilistische Modellkalibrierung ausgewertet. Zur besseren Übersicht wurden die Einwirkungsgrößen Biegung und Querkraft getrennt voneinander abgebildet. Unterschieden wurde außerdem, ob der genehmigungspflichtige Schwerverkehr (mGSV-Abb. 6) oder nicht (oGSV-Abb. 7) nach Tab. 1 einbezogen worden ist. Es ist klar erkennbar, wenn im Fall 4 mehr und genauere Verkehrsdaten vorliegen, sich die - Faktoren von auf reduzieren. Auch der Einfluss des dauergenehmigten Schwerverkehr (mGSV), ist trotz der geringen prozentuellen Anteile aufgrund der Extremwertableitungen maßgebend. Ohne dauergenehmigte Schwerfahrzeuge betragen die Werte bzw. , und sind nochmals nahezu 20 % geringer. Auffallend ist, dass kurze Stützweiten tendenziell höhere a-Faktoren aufweisen, was zum einen auf die höheren dynamischen Effekte zurückzuführen ist. Zum anderen sind in diesem betrachteten Streckenabschnitt Durchlaufträger (DLT) mit kurzen Stützweiten vorhanden. Hier bildet das Lastmodell - mit der Grundform der Tandemachse mit Gleichlast- die unter realen Verkehrssituationen auftretenden Stützmomente weniger konservativ ab als es im Falle des Feldmomentes. Während bei kleinen Brückenspannweiten der Einfluss des Fließverkehrs überwiegt, ist bei Spannweiten ab ca. 30 m der Einfluss von Staus maßgeblich.

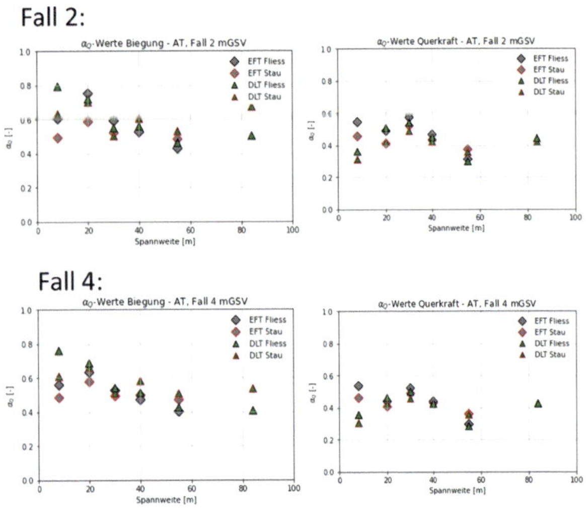

Abb. 6: Ergebnisse der semiprobabilistischen Lastmodell-Kalibrierung: Use Case Österreich mit Berücksichtigung des dauergenehmigten Schwerverkehrs für Biegemomente (links) und Querkräfte (rechts). Im Fall 2 ist nur das Verkehrsaufkommen und im Fall 4 sind WIM und Zähldaten bekannt.

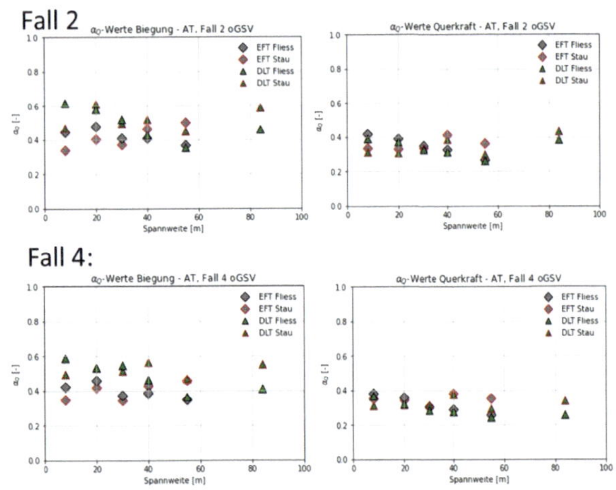

Abb. 7: Ergebnisse der semiprobabilistischen Lastmodell-Kalibrierung: Use Case Österreich ohne Berücksichtigung des dauergenehmigten Schwerverkehrs. Im Fall 2 ist nur das Verkehrsaufkommen und im Fall 4 sind WIM und Zähldaten bekannt.

5. Zusammenfassung & Schlussfolgerungen

Im Rahmen des VIF-DACH-Forschungsprojekts REAL-LAST wurde ein Algorithmus entwickelt, der eine Anpassung der Verkehrsbelastungsmodelle der Autobahnen an das real gemessene Verkehrsaufkommen sowie gemessene Achslasten ermöglicht. Wesentliche Merkmale der entwickelten Methodik, das Grundschema zur Einbindung von gemessenen Verkehrsdaten in die Belastungsanalyse bestehender Brücken sowie ein Anwendungsbeispiel in Österreich wurden vorgestellt. Bei der Entwicklung des Algorithmus wurden zudem die Auswirkungen des zukünftigen Verkehrsaufkommens sowie mögliche leichte Erhöhung der Achslasten in Bezug auf batteriebetriebenen E-LKWs berücksichtigt.

Die Ermittlung charakteristischer Verkehrslasten kann sowohl streckenspezifisch als auch brückenspezifisch erfolgen, sofern die entsprechenden Verkehrs- und Brückendaten verfügbar sind. Im Rahmen des Projekts wurde ein Sensorfusion-Ansatz entwickelt, der die Verkehrsdaten im Falle ihrer Nichtverfügbarkeit durch statistische Grundannahmen länderweise „schätzen" kann. Mit einer Zunahme des Kenntnisstandes und der Datenverfügbarkeit ist eine tendenzielle Verbesserung der Kalibration zu erwarten. Der Einfluss des genehmigungspflichtigen Schwerverkehrs und schwerer Sattelschlepper war insbesondere bei Brücken mit kurzen Spannweiten signifikant. Eine Überladung ist die Ursache für große Belastungen, daher müssen Gewichtskontrollen bzw. Überwachungsmöglichkeiten für Lkw durchgesetzt werden. Während bei kleinen Brückenspannweiten der Einfluss des Fließverkehrs überwiegt, ist bei Spannweiten ab ca. 30 m der Einfluss von Staus maßgeblich.

Die grundlegende Regelung des voll-probabilistischen Nachweises findet sich in der EN 1990, allerdings fehlen darin spezifische Informationen und Faktoren für Brückenlasten auf Basis von WIM-Daten. Empfehlungen zur Lastseite sind im REAL-LAST-Bericht [3] enthalten.

Die Methodik ist ebenfalls für eine semiprobabilistische Kalibrierung anwendbar, wobei eine Nachrechnung gemäß diverser Nachrechnungsrichtlinien, insbesondere im Sinne der Stufe 3, möglich wäre. Eine mögliche Integration umfasst die Verwendung charakteristischer Verkehrslasten aus ortsspezifischen Untersuchungen, während alle anderen Faktoren mit Teilsicherheitsbeiwerten gemäß der geltenden Norm behandelt werden könnten, und somit auch für die Praxis leicht anwendbar sind.

Danksagung

Die vorliegenden Arbeiten wurden im Rahmen des FFG-VIF-Dach-Projekts „Reallast" zur Förderung von Realen Verkehrslastmodellen von Brückenbauwerken im Rahmen der D-A-CH-Kooperation Verkehrsinfrastrukturforschung DACH 2021 unterstützt. Die Autoren möchten sich bei den Auftraggebern (BMVD, BMK, Bundesamt für Straßen ASTRA) sowie auf Betreiberseite ASFiNAG, BASt und ASTRA der drei D-A-CH Länder sowie der FFG für die exzellente Zusammenarbeit, ergebnisorientierte Diskussionen und Unterstützung und Förderung des Projekts bedanken.

Literatur

[1] DIN EN 1991-2/NA:2012-08, Nationaler Anhang_- National festgelegte Parameter_- Eurocode_1: Einwirkungen auf Tragwerke_- Teil_2: Verkehrslasten auf Brücken". Beuth Verlag GmbH. doi: 10.31030/1884309.

[2] DIRECTIVE OF THE EUROPEAN PARLIAMENT AND OF THE COUNCIL amending Council Directive 96/53/EC. 2023.

[3] A. Vorwagner et. al, Reale Verkehrslastmodelle von Brückenbauwerken, Ergebnisbericht Projekt REAL-LAST, DACH Kooperation 2021 Verkehrsinfrastrukturforschung, 2024. https://projekte.ffg.at/projekt/4213287

[4] G. Sedlacek u. a., Background document to EN 1991- Part 2 - Traffic loads for road bridges - and consequences for the design. 2008. [Online]. Verfügbar unter: https://scribd.com/document/253441678/06-Manus-Sedlacek-1-Background-Document-to-en-1991-Part-2-Traffic-Loads-for-Road-Bridges

[5] G. Merzenich, „Entwicklung eines europäischen Verkehrslastmodells für die Bemessung von Straßenbrücken", RWTH Aachen, 1994. [Online]. Verfügbar unter: https://publications.rwth-aachen.de/record/78308

[6] S. Böning, Entwicklung einer geschlossenen Vorgehensweise zur Ermittlung von Beanspruchungen von Brückenbauwerken infolge Straßenverkehr. In Berichte aus dem Bauwesen. Aachen: Shaker, 2013.

[7] J. K. Kraus, Zur analytischen Herleitung von Verkehrslastmodellen für die Tragfähigkeit und Ermüdung von Straßenbrücken. in Heftreihe des Instituts für Bauingenieurwesen, no. 30. Düren: Shaker, 2021.

[8] P. Croce, „Impact of Road Traffic Tendency in Europe on Fatigue Assessment of Bridges", Applied Sciences, Bd. 10, Nr. 4, S. 1389, Feb. 2020, doi: 10.3390/app10041389.

[9] J. Maljaars, „Evaluation of traffic load models for fatigue verification of European road bridges", Engineering Structures, Bd. 225, S. 111326, Dez. 2020, doi: 10.1016/j.engstruct.2020.111326.

[10] Nussbaumer, A., Oliveira Pedro, J., Pereira Baptista, C.A., Duval, M. (2019). Fatigue Damage Factor Calibration for Long-Span Cable-Stayed Bridge Decks. In: Correia, J., De Jesus, A., Fernandes, A., Calçada, R. (eds) Mechanical Fatigue of Metals. Structural Integrity, vol 7. Springer, Cham. https://doi.org/10.1007/978-3-030-13980-3_47

[11] U. Freundt u. a., „REAL-LAST: generierte Daten zur Verkehrsbelastung von Brückenbauwerken". 30. April 2024. doi: 10.5281/zenodo.11072646.

Rezyklierte Gesteinskörnungen im Anwendungsbereich der ZTV-ING

Wolfgang Breit, Robert Adams, Syamak Tavasoli
Rheinland-Pfälzische Technische Universität Kaiserslautern-Landau (RPTU), Kaiserslautern

Maria Teresa Alonso Junghanns, Matthias Müller
Bundesanstalt für Straßenwesen (BASt), Bergisch Gladbach

Zusammenfassung
Die Zusätzlichen Technischen Vertragsbedingungen und Richtlinien für Ingenieurbauten (ZTV-ING) gelten für den Bau und die Erhaltung von Ingenieurbauwerken nach DIN 1076. Während die Verwendung von rezyklierter Gesteinskörnung mit Einführung der ZTV-ING:2023-12 untersagt wird, enthielten die vorherigen Ausgaben der ZTV-ING (zuletzt 2022-10) kein explizit formuliertes Anwendungsverbot. Hier wurde festgelegt, dass alle Bauwerke im Bereich der Bundesfernstraßen der Feuchtigkeitsklasse WA nach DAfStb-Alkali-Richtlinie zuzuordnen sind. Mit dieser Regelung wurde die Verwendung von rezyklierter Gesteinskörnung zwar nicht verboten, die Einstufung in die Feuchtigkeitsklasse WA kam aber unter Berücksichtigung der notwendigen Nachweise einem praktischen Anwendungsverbot gleich.
Vor dem Hintergrund der Veröffentlichung und zu erwartenden Einführung von DIN 1045:2023-08, die im Teil 2 umfangreiche Änderungen bezüglich der Verwendung von rezyklierter Gesteinskörnung aufweist, sollte das Fachgebiet Werkstoffe im Bauwesen der Rheinland-Pfälzischen Technischen Universität Kaiserslautern-Landau im Auftrag der Bundesanstalt für Straßenwesen (BASt) die Frage der Anwendbarkeit von rezyklierter Gesteinskörnung im Anwendungsbereich der ZTV-ING neu bewerten. Die Analyse bezieht sich auf das Ausgabedatum der ZTV-ING von Oktober 2022. Auf Basis der im laufenden Projekt vorgelegten Ergebnisse, hat sich der zuständige Arbeitskreis des Koordinierungsausschusses Bau (KOA Bau) des Bundesministeriums für Digitales und Verkehr (BMDV) noch vor Abschluss des Vorhabens für ein Anwendungsverbot in der aktuellen Fassung der ZTV-ING:2023-12 ausgesprochen.

1. Ausgangssituation

Mineralische Bauabfälle sind der mengenmäßig bedeutendste Stoffstrom der Abfallwirtschaft in Deutschland, wie auch in den Nachbarstaaten [1]. In einigen Ländern werden mineralische Bauabfälle auch in der täglichen Praxis für die Betonherstellung verwendet, wohingegen der Werkstoff „Beton mit rezyklierter Gesteinskörnung“, kurz auch R-Beton genannt, in Deutschland bislang nur in wenigen Transportbetonwerken zum Standardlieferprogramm zählt.

Die statistisch erfasste Menge mineralischer Bauabfälle im Jahr 2020 (Anfall insgesamt 220,6 Mio. t) geht aus Abb. 1 hervor. Nach [1] betrug der Anfall mineralischer Abfälle der Fraktionen Bauschutt und Straßenaufbruch im Jahr 2020 insgesamt 76,9 Mio. t, aus denen 63,0 Mio. t Recycling-Baustoffe hergestellt wurden. Rechnet man den Anteil der rezyklierten Gesteinskörnungen aus der Aufbereitung der Fraktion Boden und Steine sowie der Fraktion Baustellenabfälle mit hinzu, so wurden im Jahr 2020 insgesamt 76,9 Mio. t Recycling-Baustoffe hergestellt. Das entspricht einem Anteil von 13,2 % des Bedarfs an Gesteinskörnungen (Gesamtbedarf in 2020: 584,6 Mio. t). Die Verwertungsquote liegt damit in 2020 bei 89,5 %. Die durchschnittliche Verwertungsquote über den Zeitraum von 25 Jahren bezogen auf den Anfall der ungefährlichen mineralischen Bauabfälle einschließlich der Fraktion Boden und Steine beträgt 88,7 Prozent.

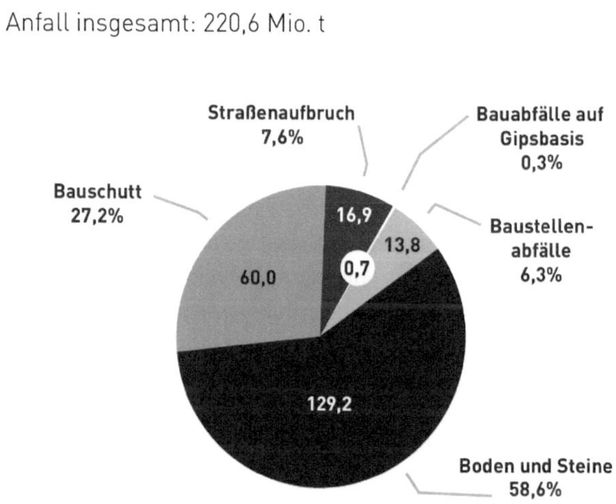

Abb. 1: Statistische erfasste Menge mineralischer Bauabfälle 2020 (in Mio. t) [1]

Abb. 2 zeigt die Gesteinskörnungsproduktion in Europa im Jahr 2022 [2]. Dabei nimmt Deutschland den ersten Rang hinsichtlich der Gesamtgesteinskörnungsproduktion ein. Obwohl die Anteile an rezyklierter Gesteinskörnung absolut gesehen in Deutschland am höchsten liegen, liegt Deutschland im Verhältnis zur Gesamtmenge der produzierten Gesteinskörnung nur auf dem fünften Platz, hinter Belgien, Niederlande, Großbritannien und Frankreich.

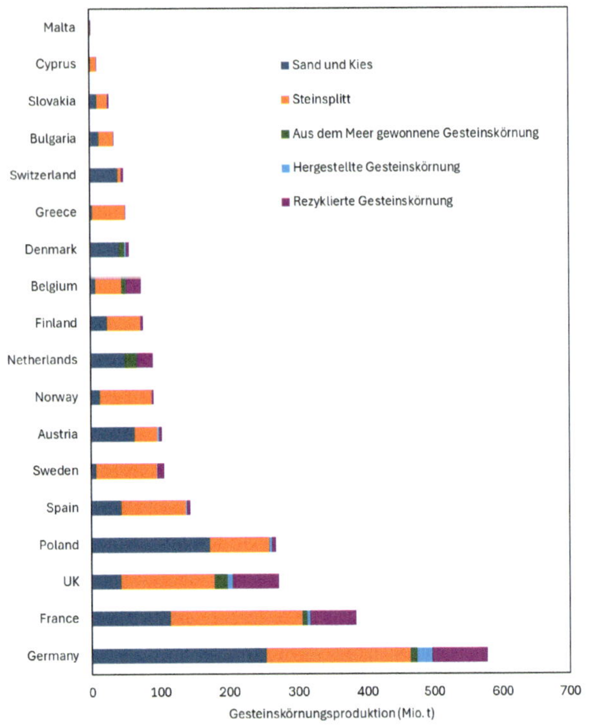

Abb. 2: Gesteinskörnungsproduktion 2022 in Europa (in Mio. t); zusammengestellt aus [2]

Die Verwendung von rezyklierter Gesteinskörnung erfordert aufgrund der von natürlichen Gesteinskörnungen abweichenden Eigenschaften und deren Einfluss auf die damit hergestellten Betone besondere Regelungen. Hierbei zu nennen sind im Vergleich zur natürlichen Gesteinskörnung, die für rezyklierte Gesteinskörnung charakteristische inhomogenere stoffliche Zusammensetzung, ein erhöhtes Wasseraufnahmevermögen aufgrund höherer Porosität, eine verringerte Rohdichte sowie nach dem Aufbereitungsprozess verbleibende Zementanhaftungen, die ursächlich für die beiden vorgenannten Parameter sind. Daraus können sich z. T. veränderte Frisch- und Festbetoneigenschaften ergeben, welche bei der Herstellung und Bemessung von Bauteilen aus Beton mit rezyklierter Gesteinskörnung Berücksichtigung finden müssen [3], [4].

In allen Ländern Europas existieren Vorgaben, die ein Recycling mineralischer Bauabfälle regeln. Trotz der Einführung europäischer Normen sind jedoch zum Teil deutliche Unterschiede in der Handhabung rezyklierter Gesteinskörnung zwischen den einzelnen Ländern festzustellen. Welche Rolle Beton mit rezyklierter Gesteinskörnung in der Praxis eines einzelnen Landes spielt, hängt dabei sowohl von der jeweiligen Gesetzgebung und Regelwerksituation als auch von den geologischen und geografischen Randbedingungen ab.

In Deutschland ist die Verwendung rezyklierter Gesteinskörnungen zurzeit noch über eine Richtlinie des Deutschen Ausschusses für Stahlbeton (DAfStb) [5] geregelt. Die neu veröffentlichte DIN 1045:2023 [6]-[10] wird die Anwendungsmöglichkeiten demgegenüber erweitern. Dies war Anlass, die Frage der Anwendbarkeit rezyklierter Gesteinskörnungen im Regelungsbereich der ZTV-ING [11] im Auftrag der Bundesanstalt für Straßenwesen (BASt) zu untersuchen und zu bewerten.

2. Regelwerke

2.1 DAfStb-Richtlinie

In Deutschland ist zurzeit die Verwendung von Beton mit rezyklierter Gesteinskörnung über die Richtlinie des Deutschen Ausschusses für Stahlbeton (DAfStb) „Beton nach DIN EN 206-1 und DIN 1045-2 mit rezyklierten Gesteinskörnungen nach DIN EN 12620“ mit Ausgabedatum September 2010 geregelt [5].

Diese deckt den Festigkeitsbereich bis Betondruckfestigkeitsklasse C30/37, unter Einschränkung der möglichen Expositionsklassen und der höchstzulässigen Anteile der rezyklierten Gesteinskörnung > 2 mm, bezogen auf das gesamte Volumen der Gesteinskörnung, ab. Die DAfStb-Richtlinie lässt neben der Verwendung von Betonsplitt (Typ 1) auch die Verwendung von Bauwerksplitt (Typ 2) zu. Darüber hinaus sind bei der Verwendung rezyklierter Gesteinskörnungen die Richtlinie „Vorbeugende Maßnahmen gegen schädigende Alkalireaktion im Beton (Alkali-Richtlinie)“, Ausgabe Oktober 2013 [12] und DIN 4226-101 „Rezyklierte Gesteinskörnungen für Beton nach DIN EN 12620 - Teil 101: Typen und geregelte gefährliche Substanzen“ Ausgabe 2017-08 [13] zu beachten.

2.2 DIN 1045:2023-08

2.2.1 Zuordnung von Beton mit rezyklierter Gesteinskörnung in Betonklassen

Im Zuge der Novellierung der DIN 1045 [6]-[10], die mit Datum August 2023 veröffentlicht ist, wurde die Richtlinie des Deutschen Ausschusses für Stahlbeton (DAfStb) „Beton nach DIN EN 206-1 und DIN 1045-2 mit rezyklierten Gesteinskörnungen nach DIN EN 12620“ [5] in DIN 1045-2:2023-08 [8] integriert. Die Regelungen zu Anforderungen an die stoffliche Zusammensetzung, die Verwendung und Prüfung rezyklierter Gesteinskörnungen wurden dabei dem Stand von Wissenschaft und Technik angepasst.

Mit der novellierten Fassung der DIN 1045 wird durch die Einführung von Betonbauqualitätsklassen (BBQ-Klassen) ein neues Konzept im Hinblick auf umfassende und konsistente Festlegungen von bauteilspezifischen Anforderungen an Planung, Baustoffe, Ausführung und Qualitätssicherung (BBQ-Konzept) umgesetzt. Dabei werden mit Hilfe definierter BBQ-Klassen zum einen technische Anforderungsniveaus definiert und zum anderen wird der erforderliche Abstimmungsbedarf zwischen den Bereichen Planung, Beton (Herstellung) und Bauausführung festgelegt, indem in Abhängigkeit von der Komplexität einer Bauaufgabe Betonfachgespräche und ein Betonbaukonzept in der Planungs- und Ausführungsphase gefordert werden [14].

Mit der zukünftigen DIN 1045-2:2023-08 werden insbesondere auch umfangreiche Änderungen für die Verwendung rezyklierter Gesteinskörnungen etabliert und das Anwendungsspektrum erweitert. Betone mit rezyklierten

Gesteinskörnungen ≤ 25 % Volumenanteil Austausch der groben Gesteinskörnung (bezogen auf die gesamte Gesteinskörnung) und Einhaltung der allgemeinen Anforderungen an rezyklierte Gesteinskörnungen nach DIN 1045-2:2023-08, Anhang E.3.1 werden in die Betonklasse BK-N (normale Anforderungen) eingestuft. Für diese Betone gelten die Regelungen nach Tab. 1.
Betone mit rezyklierten Gesteinskörnungen > 25 % Volumenanteil Austausch der groben Gesteinskörnung (bezogen auf die gesamte Gesteinskörnung) oder Feuchtigkeitsklasse WA und Einhaltung der allgemeinen Anforderungen an rezyklierte Gesteinskörnungen nach DIN 1045-2:2023-08, Anhang E.3.1 und der besonderen Anforderungen nach DIN 1045-2:2023-08, Anhang E.3.2 werden in die Betonklasse BK-E (erhöhte Anforderungen) eingestuft.
Betone mit rezyklierten Gesteinskörnungen abweichend von BK-N und BK-E werden der Betonklasse BK-S (Betone mit speziell festzulegenden Anforderungen) zugeordnet. Für diese Betone ist ein Verwendbarkeitsnachweis erforderlich.

Tab. 1: Regelungen für Betone der Betonklasse BK-N mit rezyklierter Gesteinskörnung nach DIN 1045-2:2023-08, Abschnitt 5.2.3.4

bei sortenreiner Verwendung (Typ 1 und Typ 2) Verwendung für die Druckfestigkeitsklassen bis einschließlich C50/60 zulässig
Verwendung für die Feuchtigkeitsklassen WO und WF zulässig
Anwendung des Prinzips der Betonfamilien zulässig
Verwendung feiner rezyklierter Gesteinskörnungen des Typs 1 zulässig, wenn – Herkunft aus einer Produktion von grober rezyklierter Gesteinskörnung Typ 1, mit Nachweis der Anforderungen an die stoffliche Zusammensetzung nach DIN EN 933-11 – Gesamtvolumen rezyklierter Gesteinskörnung darf 25 % Volumenanteil nicht übersteigen – Anteil der feinen rezyklierten Gesteinskörnung bezogen auf den Anteil der groben rezyklierten Gesteinskörnung darf nicht größer sein, als der Anteil der gesamten feinen Gesteinskörnung bezogen auf den Anteil der gesamten groben Gesteinskörnung
Verwendung feiner rezyklierter Gesteinskörnung des Typs 2 unzulässig

Eine Deklarationspflicht der rezyklierten Gesteinskörnung bis 25 % Volumenanteil in der Betonklasse BK-N besteht nicht. Bei der Ersatzmenge über 25 % Volumenanteil ist die Verwendung von rezyklierter Gesteinskörnung zu deklarieren.
Bei Beachtung der Anforderungen für die stoffliche Zusammensetzung und die Verwendung nach DIN 1045-2:2023-08 können die Bemessungsansätze nach DIN EN 1992-1-1 (EC2) [16], [17] uneingeschränkt verwendet werden.

Die Verwendung rezyklierter Gesteinskörnungen für Spannbeton, Leichtbeton und in den Expositionsklassen XM, XA2, XA3 und XD3 ist generell nicht zulässig. Diese Verwendungsausschlüsse finden sich nicht in der aktuellen Ausgabe von DIN 1045-2:2023-08, diese werden aber Bestandteil der kommenden MVV TB sein.

2.2.2 Allgemeine Anforderungen an rezyklierte Gesteinskörnung und deren Verwendung

Für rezyklierte Gesteinskörnungen gelten die allgemeinen Anforderungen nach DIN 1045-2:2023-08, Anhang E.3.1 im Hinblick auf die stoffliche Zusammensetzung, die Verwendung, die Prüfung der Wasseraufnahme, den Widerstand gegen Alkali-Kieselsäure-Reaktion (AKR) und die Auswirkungen auf Boden und Grundwasser (s. Tab. 2).

Tab. 2: Allgemeine Anforderungen nach DIN 1045-2:2023-08, Anhang E.3.1

Stoffliche Zusammensetzung für die Kategorien Typ 1 und Typ 2 nach DIN 1045-2:2023-08, Tabelle E.2 [a)]
Begrenzung der Wasseraufnahme nach 10 min, bestimmt nach E.3.3.2, für grobe rezyklierte Gesteinskörnungen nach DIN 1045-2:2023-08, Tabelle E.4
Verwendbarkeitsnachweis im Hinblick auf mögliche Auswirkungen auf Boden und Grundwasser erforderlich durch – Nachweis zum Gehalt und zur Freisetzung von gefährlichen Stoffen gemäß Anhang 10 (ABuG) der Muster-Verwaltungsvorschrift Technische Baubestimmungen (MVV TB), – Leistungserklärung auf der Grundlage einer Europäischen Technischen Bewertung (ETA) oder – Bewertung der Leistung auf Grundlage von DIN 4226-101 unter Beachtung von DIN 4226-102 in einer technischen Dokumentation unter Einschaltung einer entsprechend Art. 43 BauPVO qualifizierten Stelle.
Nachweis der Alkaliempfindlichkeitsklasse E I-S nach DAfStb-Richtlinie „Vorbeugende Maßnahmen gegen schädigende Alkalireaktion im Beton (Alkali-Richtlinie)“ erforderlich oder Einstufung in E III-O, E III-OF oder E III-S
a) Für bestimmte Expositionsklassen oder Arten der Verwendung können andere Anforderungen maßgebend sein.

Rezyklierte Gesteinskörnungen, die aus Beton von Bauwerken aus dem in der DAfStb-Alkali-Richtlinie festgelegten eiszeitlichen Ablagerungsgebiet in Norddeutschland hergestellt werden, sind in die Alkaliempfindlichkeitsklasse E III-O bzw. E III-OF, rezyklierte Gesteinskörnungen, die aus Beton von Bauwerken außerhalb des in der Alkali-Richtlinie festgelegten eiszeitlichen Ablagerungsgebiets in Norddeutschland hergestellt werden, in die Alkaliempfindlichkeitsklasse E III-S einzustufen.
Vorbeugende Maßnahmen gegen eine schädigende AKR im Beton sind in Abhängigkeit von der Alkaliempfind-

lichkeitsklasse der rezyklierten Gesteinskörnung und der Feuchtigkeitsklasse nach DAfStb-Richtlinie „Vorbeugende Maßnahmen gegen schädigende Alkalireaktion im Beton (Alkali-Richtlinie)“ [12] anzuwenden.

2.2.3 Besondere Anforderungen an Beton mit rezyklierten Gesteinskörnungen > 25 % Volumenanteil oder Feuchtigkeitsklasse WA

Für Betone der Betonklasse BK-E mit rezyklierten Gesteinskörnungen > 25 % Volumenanteil oder Feuchtigkeitsklasse WA werden besondere Anforderungen gestellt (s. Tab. 3). Bei diesen Betonen wird der zulässige Anteil grober rezyklierter Gesteinskörnungen, bezogen auf die ge-samte Gesteinskörnung (% Volumenanteil), nach DIN 1045-2:2023-08, Tabelle E.5 begrenzt. Die Feuchtigkeitsklasse WA darf nur für rezyklierte Gesteinskörnung mit nachgewiesener Alkaliempfindlichkeitsklasse E I-S nach DAfStb-Alkali-Richtlinie verwendet werden.

Tab. 3: Besondere Anforderungen nach DIN 1045-2:2023-08, Anhang E.3.2

Verwendung sortenreiner grober rezyklierter Gesteinskörnungen des Typs 1 und des Typs 2 zur Herstellung und Verarbeitung von Beton bis zu einer Druckfestigkeitsklasse C30/37 zulässig
Begrenzung der Anteile in Abhängigkeit von der Feuchtigkeitsklasse und der Expositionsklasse nach DIN 1045-2:2023-08, Tabelle E.5 a)
Bauteile aus Beton unter den vorgenannten Voraussetzungen dürfen nach DIN EN 1992-1-1 bemessen werden.
Verwendung von rezyklierten Gesteinskörnungen für Spannbeton und Leichtbeton unzulässig
Anwendung des Prinzips der Betonfamilien jeweils für die Typen 1 und 2 getrennt zulässig
Erweiterte Erstprüfung nach DIN 1045-2:2023-08, E.3.2.3 erforderlich
Zusätzliche Prüfungen im Rahmen der Produktionskontrolle nach DIN 1045-2:2023-08, E.3.2.4 erforderlich
a) Die Feuchtigkeitsklasse WA darf nur für rezyklierte Gesteinskörnung mit nachgewiesener Alkaliempfindlichkeitsklasse E I-S nach DAfStb-Alkali-Richtlinie verwendet werden

Ergänzend zu den allgemeinen Anforderungen an rezyklierte Gesteinskörnung und deren Verwendung geltend ergänzend besondere Anforderungen im Hinblick auf die Herstellung des Betons, die zulässigen Anteile grober rezyklierter Gesteinskörnungen, die Durchführung einer erweiterten Erstprüfung sowie die Produktionskontrolle.

3. Rezyklierte Gesteinskörnung im Anwendungsbereich der ZTV-ING

3.1 Allgemeines

Das Regelwerk für den Brücken- und Ingenieurbau im Bereich der Bundesfernstraßen umfasst eine Vielzahl einzelner Regelwerke in den Sachgebieten Entwurf, Bauausführung und Erhaltung. Zentrale Bedeutung im Bereich der Bauausführung kommt den Zusätzlichen Technischen Vertragsbedingungen und Richtlinien für Ingenieurbauten (ZTV-ING) zu. Diese nehmen das bauaufsichtlich eingeführte Regelwerk für die Betonherstellung (DIN EN 206-1:2001-07 [18] in Verbindung mit DIN 1045-2:2008-08 [19], zusammengefasst in DIN-Fachbericht 100:2010-03 [20]) und die Bauausführung (DIN EN 13670.2011-03 [21] in Verbindung mit DIN 1045-3:2012-03 [22]) an verschiedenen Stellen in Bezug.
Für Ingenieurbauwerke nach DIN 1076:1999-11 [23] im Bereich des Fernstraßennetzes enthält ZTV-ING über das Regelwerk hinausgehende ergänzende Regelungen.
Die Anwendung rezyklierter Gesteinskörnungen ist in ZTV-ING:2022-10 [11] nicht explizit geregelt, so dass für diesen Fall die Vorgaben des aktuellen Regelwerks gelten. Konsequenzen für eine mögliche Verwendung rezyklierter Gesteinskörnungen im Anwendungsbereich der ZTV-ING ergeben sich insbesondere daraus, dass ZTV-ING die Zuordnung von Bauteilen zu den Expositionsklassen abweichend von DIN-Fachbericht 100 regelt (s. Tab. 4). Bauteile im Sprühnebelbereich sind im Sinne der ZTV-ING als tausalzbeansprucht anzusehen. Aus diesem Grund sind alle Bauwerke im Bereich der Bundesfernstraßen der Feuchtigkeitsklasse WA zuzuordnen.

3.2 Anforderungen an Gesteinskörnungen in ZTV-ING

Die ZTV-ING [11] stellt ergänzend zu DIN-Fachbericht100 [20] zusätzliche Anforderungen an Gesteinskörnung und deren Verwendung (s. Tab. 5).
Hinsichtlich einer möglichen AKR gelten nach ZTV-ING die Regelungen des DIN-Fachberichts 100 sowie der DAfStb-Richtlinie „Vorbeugende Maßnahmen gegen schädigende Alkalireaktion im Beton (Alkali-Richtlinie)“.

Tab. 4: Zuordnung von Bauteilen zur Expositionsklasse XF und XD nach ZTV-ING [11]

Bauwerk	Bauteil	Expositionsklasse	
Brücke	vorwiegend horizontale und direkt mit tausalzhaltigem Wasser oder Schnee beaufschlagte Betonflächen a)	XF4	XD3
	nicht vorwiegend horizontale Betonflächen im Spritzwasserbereich a)	XF2	XD2
	Betonflächen ausschließlich im Sprühnebelbereich a) z. B. Überbauten oder Pfeiler und Widerlager unterhalb von hohen Talbrücken	XF2	XD1
	Betonschutzwände a)	XF4	XD3
	Gründungen a)		XD2
	partiell freiliegende Gründungsbauteile b)	XF2	XD2

Trogbauwerke	Trogsohlen mit Fahrbahn auf einem Aufbau nach der Richtlinie für die Standardisierung des Oberbaus von Verkehrsflächen (RStO) als Weiße Wanne a)		XD2
	Trogsohlen mit Fahrbahn auf einem Aufbau nach der Richtlinie für die Standardisierung des Oberbaus von Verkehrsflächen (RStO) mit außenliegender Folienabdichtung a)		XD1
Tunnel	Einfahrtbereiche von Tunneln in geschlossener Bauweise und in offener Bauweise a)	XF2	XD2
	Tunnelinnenschalen von zweischalig ausgeführten Tunneln in geschlossener Bauweise a)	XF2	XD1
	Tunnelwände und -decken in offener Bauweise ohne Wasserdruck mit außenliegender Folie a)	XF2	XD1
	Tunnelwände in offener Bauweise als WU-Konstruktion a)	XF2	XD2
	Bereich zwischen Einfahrtsbereichen von Tunneln	XF2 (XF1e))	XD1
	Tunnelsohlen als Weiße Wanne a)		XD2
	Tunnelsohlen mit außenliegender Folienabdichtung a)		XD1
Becken	alle Bauteile (ggf. höhere Einstufung) c)	XF4 (XF3f))	XD2
Sonstige	Schlitzrinnen d)	XF4	XD2
a) Teil 3, Abschn. 1, 4 (13)			
b) Teil 3, Abschnitt 1, Anmerkung 4 (15)			
c) Teil 3, Abschnitt 8, 3 (2)			
d) Teil 3, Abschnitt 7, 5.2.5 (7)			
e) [24]			
f) Zu einer möglichen Einstufung in XF3 vgl. [25]			

4. Anwendungsmöglichkeiten von rezyklierten Gesteinskörnungen im Bereich der ZTV-ING

4.1 Allgemeine Anforderungen an rezyklierte Gesteinskörnungen

Die Anforderungen an rezyklierte Gesteinskörnungen sind in DIN 1045-2:2023-08, Anhang E beschrieben (vgl. Tab. 2 und Tab. 3). Diese unterscheiden sich teilweise von den bisherigen Anforderungen der DAfStb-Richtlinie „Beton nach DIN EN 206-1 und DIN 1045-2 mit rezyklierten Gesteinskörnungen nach DIN EN 12620" [5].

Tab. 5: Anforderungen an Gesteinskörnungen und deren Verwendung nach ZTV-ING [11]

nach DIN EN 12620 oder DIN EN 13055-1
für grobe Gesteinskörnungen zusätzlich zu den Anforderungen nach DIN EN 206-1/DIN 1045-2: – Anteil leichtgewichtiger organischer Verunreinigungen ≤ 0,05 M.-% – bei gebrochenem Korn mindestens SI_{20} – enggestufte Kornzusammensetzung – Korngemische und natürlich zusammengesetzte Gesteinskörnungen 0/8 dürfen nicht verwendet werden
für feine Gesteinskörnungen zusätzlich zu den Anforderungen nach DIN EN 206-1/DIN 1045-2: – Anteil leichtgewichtiger organischer Verunreinigungen ≤ 0,25 M.-%
Größtkorn ≤ 8 mm: mindestens 2 Korngruppen verwenden
Größtkorn > 8 mm: mindestens 3 Korngruppen verwenden
Auswahl Größtkorn der Gesteinskörnung unter Berücksichtigung der Betondeckung, der kleinsten Querschnittsabmessung und des kleinsten Abstandes der Bewehrungsstäbe auswählen
Ergänzend zur Alkali-Richtlinie „Vorbeugende Maßnahmen gegen schädigende Alkalireaktion im Beton (Alkali-Richtlinie)" des DAfStb sind alle Bauwerke im Bereich von Bundesfernstraßen der Feuchtigkeitsklasse WA zuzuordnen
Frost-Tau-Widerstand der Gesteinskörnung mindestens Kategorie F_2
Nachweis des Frost-Tausalz-Widerstandes bei XF2 und XF4: Masseverlust ≤ 8 M.-% nach DIN EN 1367-6 (NaCl-Verfahren)
Bei grober Gesteinskörnung und Masseverlust > 8 M.-%: Betonprüfung nach DIN V 18004 (Platten- oder CDF-Verfahren), wobei – Abwitterungen ≤ 500 g/m² – keine Hinweise auf Verwitterung bei visueller Prüfung erkennbar Höhere Abwitterungen als 500 g/m² können im Einzelfall dann vereinbart werden, wenn ein ausreichender Frost-Tausalz-Widerstand in Expositionsklasse XF4 durch ergänzende Untersuchungen bestätigt wird.

Die in ZTV-ING zusätzlich gestellten Anforderungen an Gesteinskörnungen (s. Tab. 5) stellen für eine Verwendung im Regelungsbereich der ZTV-ING kein Hindernis dar.
Die Einschränkung auf ausschließlich eng gestufte grobe Gesteinskörnung stellt kein technisches Hindernis für rezyklierte Gesteinskörnungen dar. Diese entspricht den bisherigen Regelungen der DAfStb-Richtlinie „Be-

ton nach DIN EN 206-1 und DIN 1045-2 mit rezyklierten Gesteinskörnungen nach DIN EN 12620".

Die höheren Anforderungen an die Kornform von groben Gesteinskörnungen können grundsätzlich auch von rezyklierten Gesteinskörnungen erfüllt werden, stellen aber produktionstechnisch und wirtschaftlich einen höheren Aufwand dar.

Die geforderten geringeren Grenzwerte bezüglich der Anteile an die leichtgewichtigen organischen Verunreinigungen sowohl bei den groben als auch den feinen Gesteinskörnungen können auch von rezyklierten Gesteinskörnungen eingehalten werden.

Aus dem Verzicht auf weitgestufte grobe Gesteinskörnung, natürlich zusammengesetzte Gesteinskörnung 0/8 und Korngemische ergeben sich keine anwendungsspezifischen Probleme.

4.2 Anforderungen bei Verwendung im Beton

4.2.1 Allgemeines

Mit DIN 1045-2:2023-08 wird auch eine Vielzahl weiterer Neuerungen in Bezug auf Betonausgangsstoffe, Betonzusammensetzung, Betonherstellung und Verarbeitung eingeführt, die auch für Betone mit rezyklierten Gesteinskörnungen von Bedeutung sein können. Diese sind nicht Gegenstand der vorliegenden Veröffentlichung (weitere Ausführungen hierzu siehe [31]).

Aus den Regelungen der ZTV-ING [11] bezüglich der Betonausgangsstoffe Zement, Zugabewasser, Zusatzstoff, Zusatzmittel ergeben sich keine Anwendungsbeschränkungen im Hinblick auf die Anwendung von Beton mit rezyklierter Gesteinskörnung.

Bezüglich der Kontrollen im Rahmen der Ausführung von Beton ergeben sich ebenfalls keine Anwendungsbeschränkungen im Hinblick auf die Anwendung von Beton mit rezyklierter Gesteinskörnung. Die in ZTV-ING, Teil 3, Abschnitt 5 (1) vorgegebene Ermittlung des Wassergehalts durch Darren ist bei Beton mit rezyklierter Gesteinskörnung nicht zielführend, wenn mit diesem Verfahren eine Kontrolle des Wassergehaltes bzw. des Wasserzementwertes erfolgen soll.

Bei der Prüfung des Wassergehalts beim Darren des Betons bei Verwendung von saugenden Gesteinskörnungen, wie leichte oder rezyklierte Gesteinskörnung, werden auch Anteile des Saugwassers abgedampft und somit der Wert des Wassergehalts unkontrolliert verändert. Diese Prüfverfahren liefern lediglich Informationen zum Gesamtwassergehalt als Summe aus wirksamem Wasser und Kernfeuchte. Nur bei nicht saugender Gesteinskörnung entspricht das Ergebnis der Prüfung durch Darren hinreichend genau dem Wassergehalt im Zementleim. Möglichkeiten zur Berücksichtigung dieser Zusammenhänge in der Praxis sind aus [4] zu entnehmen.

4.2.2 Anforderungen im Zusammenhang mit Expositions- und Feuchtigkeitsklassen

Unter Beachtung der in der aktuell (noch) gültigen DAfStb-Richtlinie „Beton nach DIN EN 206-1 und DIN 1045-2 mit rezyklierter Gesteinskörnung nach DIN EN 12620" [5] festgelegten Anforderungen, dürfen rezyklierte Gesteinskörnungen in den Feuchtigkeitsklassen WO, WF und WA entsprechend der DAfStb-Alkali-Richtlinie verwendet werden.

Die Verwendung einer rezyklierten Gesteinskörnung für Beton in feuchter Umgebung mit Alkalizufuhr von außen, entsprechend der Klasse WA der Alkalirichtlinie, ist jedoch nur dann erlaubt, wenn vorbeugende Maßnahmen gegen AKR ergriffen werden und zusätzlich ein Gutachten durch eine besonders fachkundige Person einen ausreichenden Widerstand des Betons gegen eine schädigende AKR bestätigt.

Nach DIN 1045-2:2023-08 müssen rezyklierte Gesteinskörnungen in eine Alkaliempfindlichkeitsklasse nach DAfStb-Richtlinie „Vorbeugende Maßnahmen gegen schädigende Alkalireaktion im Beton (Alkali-Richtlinie)" eingestuft werden. Wenn ein Nachweis der Alkaliempfindlichkeitsklasse E I-S nicht möglich ist oder nicht durchgeführt wird, sind sie in Abhängigkeit von ihrem Gewinnungsort (Lage des Bauwerks, aus dem die rezyklierte Gesteinskörnung gewonnen wird) in die Alkaliempfindlichkeitsklasse E III-O, E III-OF bzw. E III-S einzustufen. Die vorbeugenden Maßnahmen gegen eine schädigende Alkalireaktion im Beton sind nach DAfStb-Alkali-Richtlinie jeweils in Abhängigkeit von der Alkaliempfindlichkeitsklasse der rezyklierten Gesteinskörnung zu treffen.

Rezyklierte Gesteinskörnungen Typ 1 und Typ 2 dürfen für Beton der Betonklasse BK-N bei Einhaltung der allgemeinen Anforderungen mit ≤ 25 % Volumenanteil Austausch der groben Gesteinskörnung (bezogen auf die gesamte Gesteinskörnung) in den Feuchtigkeitsklassen WO und WF verwendet werden.

Für Betone der Betonklasse BK-E mit rezyklierten Gesteinskörnungen > 25 % Volumenanteil Austausch der groben Gesteinskörnung (bezogen auf die gesamte Gesteinskörnung) oder Feuchtigkeitsklasse WA und Einhaltung der allgemeinen Anforderungen an rezyklierte Gesteinskörnung nach DIN 1045-2:2023-08, Anhang E.3.1 und der besonderen Anforderungen nach DIN 1045-2:2023-08, Anhang E.3.2 ist zukünftig auch die Verwendung rezyklierter Gesteinskörnungen in der Feuchtigkeitsklasse WA (Expositionsklassen XD1, XD2, XS1, XS2, XF2 und XF4) möglich, unter der Vor-aussetzung, dass für die rezyklierte Gesteinskörnung die Alkaliempfindlichkeitsklasse E I-S nachgewiesen ist (s. Abb. 3).

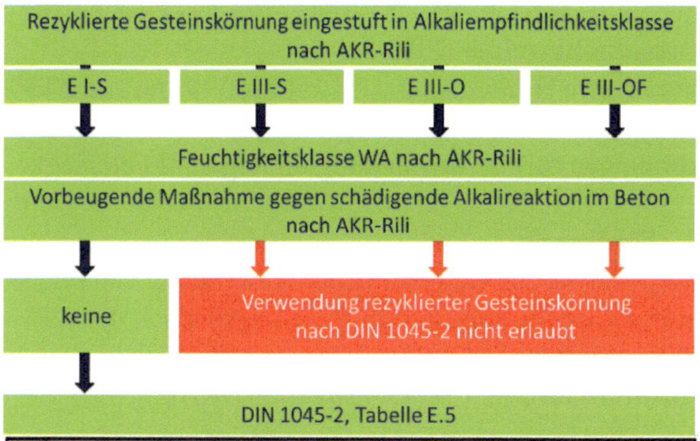

	1	2	3	4
	Anwendungsbereich		Kategorie der Gesteinskörnung	
	Alkalirichtlinie[a]	DIN EN 206 und DIN 1045-2	Typ 1	Typ 2
7	WA[c]	XD1 und XD2 XS1 und XS2 XF2 und XF4	≤ 30	≤ 20

Abb. 3: Verwendung von rezyklierter Gesteinskörnung in der Betonklasse BK-E oder Feuchtigkeitsklasse WA, nach DIN 1045-2:2023-08 und DAfStb-Alkali-Richtlinie

Auf Basis der Festlegung der Feuchtigkeitsklasse WA für alle Bauteile nach ZTV-ING:2022-10 [11] ergibt sich in Kombination mit der Festlegung der Alkaliempfindlichkeitsklasse der rezyklierten Gesteinskörnung im Regelungsbereich der ZTV-ING damit nur eine Anwendungsoption für die Verwendung von Beton mit rezyklierter Gesteinskörnung, nämlich dann, wenn die Alkaliempfindlichkeitsklasse E I-S nachgewiesen wird.

4.3 Offene Fragestellungen und Forschungsbedarf

Während auf Grundlage von DIN 1045:2023-08 die Verwendung rezyklierter Gesteinskörnungen für Betone in den Expositionsklassen XC0, XC1 bis XC4, XF1, XF3 und XA1, sowie bei Nachweis der Alkaliempfindlichkeitsklasse E I-S in XD1, XD2, XS1, XS2, XF2 und XF4 grundsätzlich möglich ist, liegen für die Verwendung von rezyklierten Gesteinskörnungen in den Expositionsklassen XM, XA2, XA3, XD3 und XS3 bisher keine ausreichenden wissenschaftlichen Erkenntnisse und somit auch keine Regelungen vor.

Die Verwendung von rezyklierten Gesteinskörnungen in diesen Expositionsklassen ist damit nicht möglich. Gleiches gilt für Leichtbeton und Spannbeton. Für derartige Anwendungsbereiche liegen ebenfalls keine ausreichend gesicherten Kenntnisse vor.

Untersuchungen von Beton mit rezyklierter Gesteinskörnung zu dynamischen Belastungen bzw. zum Ermüdungsverhalten sind aus der Literatur nicht bekannt und sind daher von der Anwendung auszuschließen. Gleiches gilt z. B. auch für weit gespannte Bauteile mit hoher Biegebeanspruchung, verformungsempfindliche Bauteile oder wenn das Kriechverhalten nicht vernachlässigt werden darf.

Fragen zu Dauerhaftigkeitsbetrachtungen größer 50 Jahre wurden bislang ebenfalls nicht untersucht.

Für eine Anpassung der Regelungen der DIN 1045-2:2023-08 an die Belange der ZTV-ING, z. B. durch Begrenzung der Mengen auf x % Volumenanteil sowie die Vorgabe ergänzender qualitätssichernder Maßnahmen liegen derzeit keine wissenschaftlichen Untersuchungen bzw. Nachweise vor.

Über die genannten technischen Fragestellungen hinaus ist zudem im Hinblick auf die Verwendung in Ingenieurbauwerken bzw. Bauwerken der Infrastruktur auch die Frage nach der Verfügbarkeit von rezyklierter Gesteinskörnung zu stellen. Nach aktuellen Schätzungen kann davon ausgegangen werden, dass derzeit ca. 10 %, zukünftig ggf. bis zu 30 % der natürlichen Gesteinskörnung im Betonbau durch rezyklierte Gesteinskörnung ersetzt werden kann.

4.4 Zusammenfassende Bewertung

Die in ZTV-ING:2022-10 zusätzlich zu DIN 1045:2023-08 gestellten Anforderungen an Gesteinskörnungen (s. Tab. 5) stellen für eine Verwendung im Regelungsbereich der ZTV-ING kein Hindernis dar.

Für die Anwendung im Beton stellen die Anforderungen im Hinblick auf die Vermeidung einer schädigenden AKR die größte Herausforderung dar, da für die Verwendung in der Feuchtigkeitsklasse WA die Alkaliempfindlichkeitsklasse E I-S nachgewiesen sein muss.

Für den erforderlichen Nachweis stehen zwar ausreichend anerkannte Prüfinstitute zur Verfügung, die Dauer der unterschiedlichen Prüfverfahren für den Nachweis nach DAfStb-Alkali-Richtlinie betragen jedoch zwischen 15 Tagen und neun Monaten und sind damit zum einen zeitintensiv und zum anderen auch kostspielig.

Für die Anwendung rezyklierter Gesteinskörnung im Regelungsbereich der ZTV-ING ist die Erstellung eines Gutachtens für den Nachweis der Alkaliempfindlichkeitsklasse E I-S zwar grundsätzlich möglich und könnte im Fall einer größeren Abbruchmaßnahme sinnvoll sein. In der üblichen Praxis ist aber davon auszugehen, dass die Herkunft der rezyklierten Gesteinskörnung nicht bekannt ist und somit in die Alkaliempfindlichkeitsklassen E III-S oder E III-O bzw. E III-OF einzustufen ist.

Die in Abschnitt 4.3 thematisierten offenen technischen Fragestellungen, insbesondere auch die Fragen nach der Qualitätssicherung sowie einer ausreichenden Verfügbarkeit stellen weitere Herausforderungen für eine Anwendung im Regelungsbereich der ZTV-ING dar.

Da zu diesen Fragen keine wissenschaftlichen Untersuchungen bzw. Nachweise vorliegen, können diese nur im Rahmen weiterer Forschung bzw. bei der Durchführung von Pilotprojekten geklärt werden. Die pilothafte Anwendung im Regelungsbereich der ZTV-ING erfordert eine Zustimmung im Einzelfall (ZiE).

Vor diesem Hintergrund ist davon auszugehen, dass die Verwendung von rezyklierter Gesteinskörnung im Anwendungsbereich der ZTV-ING im Regelfall nicht zielführend ist.

5. ZTV-ING:2023-12

Die letzte und damit aktuelle Fassung der ZTV-ING wurde im Dezember 2023 veröffentlicht. Mit Einführung von ZTV-ING:2023-12 [32] wird die Verwendung von rezyklierten Gesteinskörnungen vor dem Hintergrund der durchgeführten Analyse und erläuterten Sachverhalte untersagt (ZTV-ING:2023-12, Teil 3, Abschnitt 1-3.1 (8)).

6. Zusammenfassung

In Deutschland ist die Verwendung rezyklierter Gesteinskörnungen zurzeit noch über eine Richtlinie des Deutschen Ausschusses für Stahlbeton [5] geregelt. Mit der zukünftigen DIN 1045:2023-08 werden umfangreiche Änderungen für die Verwendung rezyklierter Gesteinskörnungen etabliert und das Anwendungsspektrum erweitert. Dies war Anlass, die Frage der Anwendbarkeit rezyklierter Gesteinskörnungen im Regelungsbereich der ZTV-ING:2022-10 [11] im Auftrag der Bundesanstalt für Straßenwesen (BASt) zu untersuchen und zu bewerten.
Aus den Regelungen bezüglich der Betonausgangsstoffe Zement, Zugabewasser, Zusatzstoff, Zusatzmittel ergeben sich keine Anwendungsbeschränkungen im Hinblick auf die Anwendung von Beton mit rezyklierter Gesteinskörnung. Bezüglich der Kontrollen im Rahmen der Ausführung von Beton ergeben sich ebenfalls keine Anwendungsbeschränkungen im Hinblick auf die Anwendung von Beton mit rezyklierter Gesteinskörnung.
Rezyklierte Gesteinskörnungen müssen im Hinblick auf mögliche AKR in eine Alkaliempfindlichkeitsklasse nach DAfStb-Alkali-Richtlinie eingestuft werden. In der üblichen Praxis ist davon auszugehen, dass die Herkunft der rezyklierten Gesteinskörnung nicht bekannt ist und diese somit in die Alkaliempfindlichkeitsklassen E III-S oder E III-O bzw. E III-OF einzustufen ist. In diesen Fällen ist die Verwendung rezyklierter Gesteinskörnungen in der Feuchtigkeitsklasse WA nach DIN 1045-2:2023-08 unzulässig.
Auf Basis der Festlegung der Feuchtigkeitsklasse WA für alle Bauteile nach ZTV-ING:2022-10 ergibt sich in Kombination mit der Festlegung der Alkaliempfindlichkeitsklasse der rezyklierten Gesteinskörnung im Regelungsbereich der ZTV-ING:2022-10 nur eine Anwendungsoption für die Verwendung von Beton mit rezyklierter Gesteinskörnung, wenn die Alkaliempfindlichkeitsklasse E I-S nachgewiesen wird.
Für die Verwendung von rezyklierten Gesteinskörnungen in den Expositionsklassen XM, XA2, XA3, XD3 und XS3, sowie für Leicht- und Spannbeton liegen keine gesicherten Erkenntnisse und damit auch keine Regelungen vor. Der Einsatz von rezyklierter Gesteinskörnung in diesen Fällen ist demnach nur im Rahmen einer Zustimmung im Einzelfall möglich.
Über die Regelungen von DIN 1045-2023-08 hinaus, bestehen im Hinblick auf die Verwendung rezyklierter Gesteinskörnungen offene Fragestellungen im Hinblick auf dynamische Belastungen bzw. zum Ermüdungsverhalten, auf weit gespannte Bauteile mit hoher Biegebeanspruchung, verformungsempfindliche Bauteile oder wenn das Kriechverhalten nicht vernachlässigt werden darf, Dauerhaftigkeitsanforderungen größer 50 Jahre und die Verfügbarkeit. Diese können nur im Rahmen weiterer Forschung bzw. bei der Durchführung von Pilotprojekten geklärt werden können. Die pilothafte Anwendung im Regelungsbereich der ZTV-ING erfordert eine Zustimmung im Einzelfall (ZiE).
Vor diesem Hintergrund wird mit Einführung von ZTV-ING:2023-12 die Verwendung von rezyklierten Gesteinskörnungen für die Anwendung im Regelfall untersagt.

7. Förderung

Die Analyse zur Bewertung der Anwendung von rezyklierter Gesteinskörnung im Regelungsbereich der ZTV-ING wurde von der Bundesanstalt für Straßenwesen (BASt) beauftragt (FE 15.0696/2021/DRB).

Literatur

[1] Bundesverband Baustoffe – Steine und Erden e.V.: Mineralische Bauabfälle Monitoring 2020- Bericht zum Aufkommen und zum Verbleib von mineralischen Bauabfällen, https://kreislaufwirtschaft-bau.de/Download/Bericht-13.pdf (Zugriff 2024-01-10)
[2] https://www.aggregates-europe.eu/facts-figures/figures/Zugriff 01.06.2024
[3] Etxeberria, M.; Vazquez, E.; Mari, A.; Barra, M.: Influence of amount of recycled coarse aggregates and production process on properties of recycled aggregate concrete, Cement and Concrete Research 37 (2007), S. 735-742
[4] Scheidt, J.: Ermittlung des erforderlichen Gesamtwassers zur Herstellung von R-Beton mit definiertem Wasserzementwert, Dissertation, Technische Universität Kaiserslautern, 2020
[5] Deutscher Ausschuss für Stahlbeton: DAfStb-Richtlinie „Beton nach DIN EN 206-1 und DIN 1045-2 mit rezyklierter Gesteinskörnung nach DIN EN 12620", 2010-09 und Berichtigung B1, 2019-09, Beuth, Berlin
[6] DIN 1045-1000:2023-08 Tragwerke aus Beton, Stahlbeton und Spannbeton - Teil 1000: Grundlagen und Betonqualitätsklassen (BBQ)
[7] DIN 1045-1:2023-08 Tragwerke aus Beton, Stahlbeton und Spannbeton - Teil 1: Planung, Bemessung und Konstruktion
[8] DIN 1045-2:2023-08 Tragwerke aus Beton, Stahlbeton und Spannbeton - Teil 2: Beton
[9] DIN 1045-3:2023-08 Tragwerke aus Beton, Stahlbeton und Spannbeton - Teil 3: Bauausführung
[10] DIN 1045-4:2023-08 Tragwerke aus Beton, Stahlbeton und Spannbeton - Teil 4: Betonfertigteile – Allgemeine Regeln
[11] Bundesministerium für Digitales und Verkehr: Zusätzliche Technische Vertragsbedingungen und Richtlinien für Ingenieurbauten (ZTV-ING), 2022-10
[12] Deutscher Ausschuss für Stahlbeton: DAfStb-Richtlinie „Vorbeugende Maßnahmen gegen schädigende Alkalireaktion im Beton (Alkali-Richtlinie)", 2013-10, Beuth, Berlin
[13] DIN 4226-101:2017-08 Rezyklierte Gesteinskörnungen für Beton nach DIN EN 12620 - Teil 101: Typen und geregelte gefährliche Substanzen

[14] Breit, W.; Adams, R.: Auswirkungen der Anforderungen des BBQ-Konzeptes (Beton Bau Qualitätsklassen) für Ingenieurbauwerke nach ZTV-ING, Bundesanstalt für Straßenwesen (BASt), FE 15.0690/2021/DRB, 2024

[15] DIN EN 933-11 Prüfverfahren für geometrische Eigenschaften von Gesteinskörnungen – Teil 11: Einteilung der Bestandteile in grober rezyklierter Gesteinskörnung

[16] DIN EN 1992-1-1:2011-01, Änderung A1:2015-03 Eurocode 2: Bemessung und Konstruktion von Stahlbeton- und Spannbetontragwerken – Teil 1-1: Allgemeine Bemessungsregeln und Regeln für den Hochbau

[17] DIN EN 1992-1-1/NA:2013-04, Änderung NA/A1:2015-12 Nationaler Anhang - National festgelegte Parameter - Eurocode 2: Bemessung und Konstruktion von Stahlbeton- und Spannbetontragwerken - Teil 1-1: Allgemeine Bemessungsregeln und Regeln für den Hochbau

[18] DIN EN 206-1:2001-07 Beton - Teil 1: Festlegung, Eigenschaften, Herstellung und Konformität

[19] DIN 1045-2:2008-08 Tragwerke aus Beton, Stahlbeton und Spannbeton - Teil 2: Beton - Festlegung, Eigenschaften, Herstellung und Konformität - Anwendungsregeln zu DIN EN 206-1

[20] DIN-Fachbericht 100:2010-03 Beton - Zusammenstellung von DIN EN 206-1 Beton - Teil 1: Festlegung, Eigenschaften, Herstellung und Konformität und DIN 1045-2 Tragwerke aus Beton, Stahlbeton und Spannbeton - Teil 2: Beton; Festlegung, Eigenschaften, Herstellung und Konformität

[21] DIN EN 13670:2011-03 Ausführung von Tragwerken aus Beton

[22] DIN 1045-3:2012-03, Berichtigung B1:2013-07 Tragwerke aus Beton, Stahlbeton und Spannbeton - Teil 3: Bauausführung - Anwendungsregeln zu DIN EN 13670

[23] DIN 1076:1999-11 Ingenieurbauwerke im Zuge von Straßen und Wegen – Überwachung und Prüfung

[24] Großmann, F.: Das "neue" Regelwerk für den Ingenieurbau und die Regelungen für Beton, beton (2004), Heft 5, S. 234-239

[25] Alonso Junghanns, M.T.; Breitenbücher, R.; Günther, M.; Haist, M.; Haus J.: Becken aus Beton in Entwässerungsanlagen nach ZTV-ING, Beton- und Stahlbetonbau 118 (2023), Heft 3, S. 192-200

[26] DIN EN 12620:2008-07 Gesteinskörnungen für Beton

[27] DIN EN 13055-1:2002-08 Leichte Gesteinskörnungen - Teil 1: Leichte Gesteinskörnungen für Beton, Mörtel und Einpressmörtel

[28] DIN EN 1367-6:2008-12 Prüfverfahren für thermische Eigenschaften und Verwitterungsbeständigkeit von Gesteinskörnungen - Teil 6: Beständigkeit gegen Frost-Tau-Wechsel in der Gegenwart von Salz (NaCl)

[29] DIN V 18004:2004-04 Anwendungen von Bauprodukten in Bauwerken - Prüfverfahren für Gesteinskörnungen nach DIN V 20000-103 und DIN V 20000-104 (zurückgezogen, ersetzt durch [30]

[30] DIN/TS 18004:2022-10 Anwendungen von Bauprodukten in Bauwerken - Prüfverfahren für Gesteinskörnungen für Beton nach DIN 1045-2

[31] Breit, W.; Adams, R.; Tavasoli, S.: Ressourcenschonender Beton (R-Beton) in Brückenbauwerken: Machbarkeitsstudie und notwendige Verfahren zur Sicherstellung der Betonqualität, Bundesanstalt für Straßenwesen (BASt), FE 15.0696/2021/DRB, 2024

[32] Bundesministerium für Digitales und Verkehr: Zusätzliche Technische Vertragsbedingungen und Richtlinien für Ingenieurbauten (ZTV-ING), 2023-12

Handlungsanleitung: Umgang mit asbesthaltigen Hilfsbauteilen in Brücken aus Stahlbeton

Erkenntnisse aus dem Forschungsprojekt „Konzeption zur Bestimmung von Lage und Anzahl asbesthaltiger Abstandhalter in Betonbrücken und Trennung vom Konstruktionsbeton“

Dr. Martin Hönig
Wessling Consulting & Engineering GmbH & Co. KG

Hans-Dieter Bossemeyer
Wessling Consulting & Engineering GmbH & Co. KG

Dr.-Ing. David Sanio
Ruhr-Universität Bochum, Lehrstuhl für Massivbau

Dr. rer. nat. Volker Thome
Fraunhofer Institut für Bauphysik

Zusammenfassung
Bei Abbrucharbeiten von Infrastrukturbauwerken aus Stahlbeton besteht die Notwendigkeit, die oft verdeckten Abstandhalter, die in den Jahren zwischen 1960 und 1993 verbaut wurden, zu erkennen und sicher auszubauen. So kann der Stoffstrom des mineralischen Bauschutts vor Asbest abgesichert werden, um ein Recycling zu ermöglichen. Abstandhalter kommen in verschiedenen Materialien (z. B. Beton, Kunststoff, Asbestzement) und Formen vor. Sie wurden in Brücken mit einer Dichte von ca. 4 Stk. /m², in einem Abstand von ca. 50-100 cm zueinander verbaut. Das Vorgehen bei der Erkundung erfolgt in drei Schritten: historische Recherche, Vorprüfung und Vollprüfung. Bei der Vorprüfung wird die Brücke visuell nach Abstandhaltern abgesucht und es werden ggf. erste Materialproben zur Analyse im Labor entnommen. Bei der Vollprüfung kommen zur Sichtbarmachung der Abstandhalter Maschinen zum Abtrag der Oberfläche zum Einsatz. Die Ausschleusung asbesthaltiger Abstandhalter erfolgt idealerweise entweder durch Abtrennung vorab des Rückbaus oder durch Abtrennung aus dem Bauschutt nach dem Abbruch.

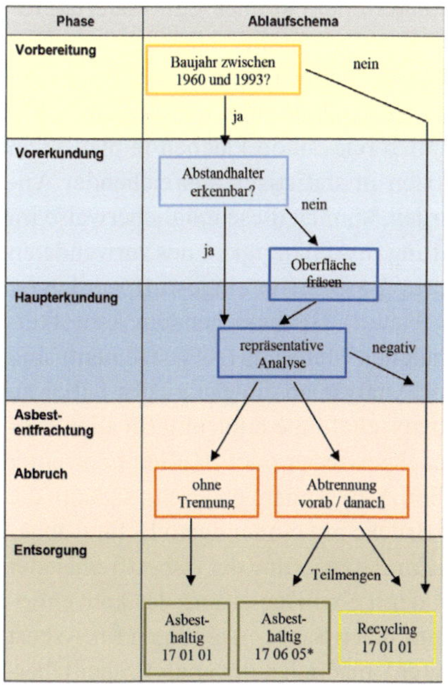

Abb. 1: Vorschlag eines Bearbeitungsablaufes bei Abstandhaltern im Stahlbeton. Abfallschlüssel gem. Abfallverzeichnis-Verordnung AVV (17 01 01 „geringfügig asbesthaltig“: Beton mit asbesthaltigen Abstandhaltern; 17 06 05*: asbesthaltige Baustoffe; 17 01 01: Beton).

1. Einführung

Der Baustoff Asbest wurde bis zu seinem Verbot 1993 in Deutschland sehr häufig eingesetzt und ist daher in nahezu jedem Gebäude aus der Zeit zwischen 1950 und 1993 vorhanden. In Stahlbetonbauwerken kommen besondere Einbauteile in Form von Abstandhaltern oder Wandstärken („Spannhülsen“) vor, welcher Asbest enthalten können. Die Lokalisierung, Beprobung und (bei nachgewiesener Asbestbelastung) der sichere Ausbau dieser Bauteile in Stahlbeton stellen eine große Herausforderung dar. Bisher fehlen Normen oder Handlungsanweisungen für die Erkundung im Bestand, die es dem Sachverständigen/Gutachter/Planer ermöglichen, mit ausreichender Sicherheit eine diesbezügliche Asbestfreiheit im Stahlbeton zu attestieren. Abbruchmaterial aus Beton ist eine wichtige Ressource im Bausektor. Jährlich fallen in Deutschland ca. 20 Mio. Tonnen dieses Materials an, aufgrund von Sanierungsdringlichkeit großer Infrastrukturbauwerke mit steigender Tendenz. Um die Verwertbarkeit dieses Stoffs im Sinne der Kreislaufwirtschaft abzusichern, bedarf es der Identifizierung und insbesondere der Ausschleusung von asbesthaltigen Abstandhaltern im Brückenbestand. Im Rahmen eines im Auftrag des Bundesministeriums für Digitales und Verkehr, vertreten durch die Bundesanstalt für Straßenwesen, durchgeführten Forschungsvorhabens [1] wurde eine Handlungsanleitung für den Umgang mit asbesthaltigen Hilfsbauteilen, insbesondere Abstandhalter, in und an Brückenbauwerken aus Beton entworfen. Diese umfasst die folgenden Stufen der Planung und Durchführung einer Sanierung oder eines Rückbaus: a) die historische Recherche (Sichtung Bestandsunterlagen, etc.); b) die Erkundung des Bauwerkes vor Ort; c) die Begleitung der Sanierung/des Rückbaus sowie d) den Umgang mit den anfallenden Baurestmassen.

2. Erkundung

Erste Hinweise auf konkrete Produkte für Abstandhalter aus Asbestzement finden sich in Form von Patentanmeldungen ab 1966. Diese legen eine Verwendung schon einige Zeit vorher nahe, da Patente oftmals einen bereits bestehenden Sachverhalt abbilden. In den 1970er Jahren herrschte in der Baubranche Konsens über die hervorragenden Eigenschaften von Abstandhaltern aus Asbestzement. Es ist von einer breiten Verwendung auszugehen. Die Wahrscheinlichkeit für die Verwendung asbesthaltiger Abstandhalter ist im Zeitraum zwischen ca. 1965 und 1991 hoch, zwischen 1970 und 1985 (DDR bis ca. 1989) besonders hoch. Eine Verwendung davor und danach kann jedoch nicht ausgeschlossen werden. Ab Oktober 1993 waren Herstellung und Verwendung gem. der Gefahrstoffverordnung [2] verboten. Das Vorhandensein von Asbest im Bauwerk hat großen Einfluss auf den Ablauf einer Rückbaumaßnahme. Es empfiehlt sich daher, die Erkundung nach Asbest und anderen Schadstoffen so früh wie möglich im Planungsprozess durchzuführen. Vorab eines Eingriffs in die Bausubstanz (Rückbau, Teilrückbau, Teilerneuerung, etc.) ist das Vorhandensein von Asbest zu prüfen. Die Erkundung sollte grundsätzlich in drei Stufen erfolgen. Wenn in einer Stufe ein eindeutiger Befund (Abstandhalter mit Asbest ja/nein) erreicht wird, können die nachfolgenden Stufen entfallen. Im ersten Schritt erfolgt die historische Recherche, dann die Vorprüfung (nicht invasiv, evtl. mit Probenahme) und als dritte Stufe die invasive Vollprüfung des Bauwerks.

2.1 Historische Recherche

Das wichtigste Kriterium bildet die Ermittlung der Bauzeit. Die Datierung der Baupläne liefert hier meist das erste entscheidende Kriterium. Die Haupteinsatzzeit für asbesthaltige Abstandhalter in Deutschland liegt zwischen 1963 und 1983. Nach heutigen Erkenntnissen wurden asbesthaltige Abstandhalter von 1960 bis 1993 eingesetzt. Für Bauwerke mit Bauzeit außerhalb dieses Zeitraums ist die Verwendung nicht gänzlich auszuschließen, ist jedoch als unwahrscheinlich anzusehen. Bei Bauwerken von vor 1960 gilt es zu ermitteln, ob in der Zeit möglicher Verwendung asbesthaltiger Abstandhalter (1960 bis 1993) größere Um- oder Anbaumaßnahmen stattgefunden haben, bei denen möglicherweise Betonbauteile mit asbesthaltigen Abstandhaltern nachträglich eingebracht wurden. Die Planunterlagen liefern darüber hinaus weitere nützliche Informationen, wenn die Betonüberdeckung angegeben ist. Daraus ergibt sich beispielsweise, dass Abstandhalter in geeigneter Größe eingesetzt worden sein müssten. Ab 1980 sind Hinweise zum Verlegeraster und geeigneten Typen in den Bewehrungsplänen wahrscheinlicher. Die tatsächliche Ausführung (Material, Form, Anordnung, Anzahl oder Verlegemuster) der Abstandhalter wird in aller Regel auch in Bewehrungsplänen nicht zuverlässig beschrieben.

2.2 Vorprüfung

Bei der Vorprüfung handelt es sich um die visuelle Prüfung auf Abstandhalter und eine visuelle Bestandsaufnahme des gesamten Bauwerks. Dabei werden alle Bauwerksteile der Brücke, ggf. an auszuwählenden, durch die Erreichbarkeit vorgegebenen, aber dennoch repräsentativen Teilflächen durch eine handnahe Sichtprüfung untersucht. Insbesondere bei größeren Brücken gilt zu beachten, dass sie u. U. in mehreren Betonierabschnitten, über mehrere Wochen oder Monate hinweg, evtl. mit veränderten Materialien oder sogar wechselnden Auftragnehmern, errichtet wurden. Diese Betonierabschnitte sind dann separat zu betrachten. Soweit die Abstandhalter den Kontakt zur Schalung nicht beim Betongießen und -verdichten verloren haben, können an offenen Sichtseiten des Betonbauwerkes bestimmte Muster erkannt werden. Die Asbestzement-Abstandhalterfabrikate zeigen charakteristische Kontaktmuster an den Untersichten oder Seitensichten (Schlangen oder Stangen mit dreieckigem Querschnitt, stumpfe Pyramiden, Knochen). Bei visuell erkennbaren (bei genauer Betrachtung; mit einem Arbeitsabstand von ca. 70 cm) asbestverdächtigen Materialien (Verdachtsmaterialien) können ggf. Materialproben entnommen werden. Bei guter Erreichbarkeit und Erkennbarkeit von Abstandhaltern kann hiernach ggf. die Untersuchung der Brücke abgeschlossen werden. Wenn Abstandhalter an allen relevanten Flächen in plausiblen Abständen und Arten in statistisch ausreichender Anzahl gefunden wurden, können diese möglicherweise im Zuge der Sichtprüfung in Abhängigkeit des verwendeten Materials als eindeutig asbestfrei eingestuft werden (z. B. Kunststoff oder Metall). Bei bestehendem Asbestverdacht des vorgefundenen Materials (Asbestzement) sind Materialproben zur Analyse an ein geeignetes Labor zu geben. Sind die Analysebefunde eindeutig (in allen Proben kein Asbest nachgewiesen oder in allen bzw. einer Mehrzahl der Proben Asbest nachgewiesen), so kann die Untersuchung der Brücke mit eindeutigem Befund abgeschlossen werden. Zur Attestierung der Asbestfreiheit der Baurestmassen ist dann eine Begleitung des konventionellen Rückbaus durch den Sachverständigen für Asbest durchzuführen, unter Umständen mit analytischer Überprüfung nach VDI 3876 [3]. Ergibt die Laboranalyse ein diffuses Bild (einige Proben Asbest nachgewiesen, einige

Proben kein Asbest nachgewiesen), so ist im Einzelfall zu entscheiden, ob eine erneute Prüfung der Brücke mit Probenahme durchgeführt wird, oder die Abstandhalter insgesamt gemäß VDI 6202-3 [4] als asbesthaltig eingestuft werden. Können in der nicht-invasiven Vorprüfung keine Abstandhalter in ausreichendem Maße gemäß VDI 6202-3 erkundet werden, ist für die weitere Erkundung eine invasive Vollprüfung notwendig. Alternativ kann für das weitere Vorgehen (z. B. der Rückbau der Brücke) auch generalisiert von asbesthaltigen Abstandhaltern ausgegangen werden.

2.3 Vollprüfung

Beschichtungen, wie z. B. Sanierputze, Anstriche, Graffiti, Algenbewuchs, Zementleim und Zement-ausblühungen sowie Schalungsmuster mit Nägeln, Hammerschlägen, Fugen, Holzmaserungen und Astlöcher, verhindern oder behindern die Erkennung soweit, dass zur Erfassung aller verwendeten Arten von Abstandhaltern eine Freilegung notwendig wird. Die Freilegung einer Prüffläche kann überwiegend erfolgreich durch Abfräsen der ersten 1-3 mm der Oberflächen mit einem geeigneten Verfahren mittels handgeführter Fräse mit direkter Absaugung erfolgen. Die freigelegten bzw. bereits leicht angefrästen Abstandhalter fallen danach durch ihre regelmäßigen, charakteristischen Formen, im Gegensatz zu den natürlichen Betonzuschlägen, auf. Durch Benässen der gefrästen Fläche kann die Erkennbarkeit weiter verbessert werden. Da im Zuge des Erkundungsprozesses von asbesthaltigen Abstandhaltern auszugehen ist, sind nur solche Verfahren einzusetzen, die für die Bearbeitung asbesthaltiger Materialien geeignet sind (z. B. emissionsarme Verfahren). Verschiedentlich liegen Verkleidungen mit Steinen, Klinkern und Fliesen vor. Diese Verkleidungen müssen vorab der Entschichtung entfernt werden (hier sind ggf. Schadstoffe zu beachten). Es muss im Einzelfall entschieden werden, welches Verfahren zur Sichtbarmachung eingesetzt werden kann. Dies hängt zum Beispiel von den projektspezifischen Parametern, wie der Zugänglichkeit, der Verkehrssituation und -sicherung, der freizulegenden Fläche, etc. ab. Bei hoher Abtragstärke bis zur Bewehrung muss ggf. mit einem Stemmverfahren gearbeitet werden. Die technischen Lösungen in diesem Bereich entwickeln sich zurzeit rasant. So kann beispielsweise bei größeren Flächen ein fahrbarer Roboter mit Schienensystem und Frästechnik sinnvoll sein. Zerstörungsfreie Prüfverfahren, wie Röntgentechnik, Radar oder Thermografie, ermöglichen nach heutigem Stand nicht das Erkennen von überdeckten Abstandhaltern. Durch Röntgen können unter Umständen die Bindedrähte zur Fixierung der Abstandhalter als sehr dünne Linien sichtbar gemacht werden, welche wiederum einen Hinweis auf die Position der Abstandhalter geben können. Sie sind jedoch von den Bindedrähten der Bewehrung kaum unterscheidbar. Um die Art der Abstandhalter zu erkennen und eine Beprobung zu ermöglichen, ist ein Freilegen notwendig. Bei Spannhülsen ist auf dem Röntgenbild der Hohlraum im Inneren der Hülsen deutlich als heller Fleck erkennbar.

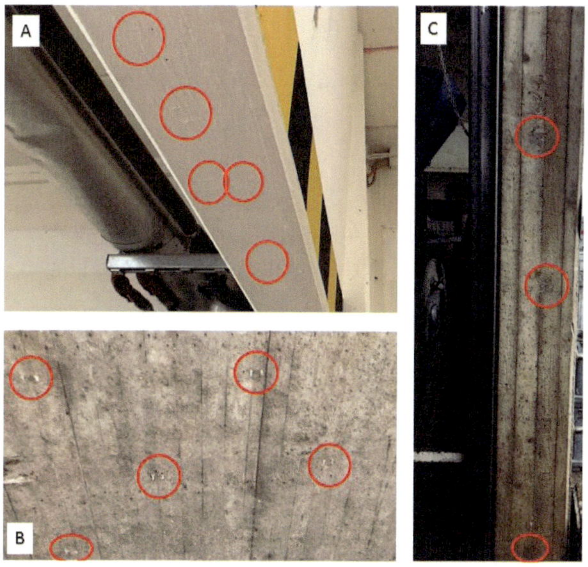

Abb. 2: Visuell erkennbare Abstandhalter. A: Beschichteter Unterzug. Abstandhalter durch zwei parallele, dünne Striche erkennbar. Material ohne Weiteres nicht zu erkennen. B: Untersicht mit regelmäßigem Verlegemuster. Abstandhalter durch zwei parallele, dicke Striche erkennbar. Material ohne Weiteres nicht zu erkennen. C: Abstandhalter in Knochenform sichtbar. Material augenscheinlich Faserzement.

2.4 Beprobung

Vor Ort kann dazu eine erste visuelle Bestimmung durchgeführt werden. Es müssen nur zementäre, potentiell asbesthaltige Abstandhalter beprobt werden. Oftmals lässt eine genaue visuelle Inaugen-scheinnahme eine Vorbestimmung zu. Kunststofffasern und –schnüre können allerdings auch in einer Mischung mit Asbestfasern vorhanden sein. Die asbesthaltigen Abstandhalter zeichnen sich im Quer-schnitt durch eine etwas dunklere Matrix und eine feine Körnung, im Gegensatz zu asbestfreien Be-tonabstandhaltern, aus. Sie enthalten zumeist keinen groben Sand. An den Bruchflächen sind zum Teil sehr feine Asbestbündel zu erkennen, die an Rasierpinsel erinnern (wenn vorwiegend die Asbestart Anthophyllit enthalten ist). Liegt hingegen die Asbestart Chrysotil vor, fallen die Bündel eher länger und gewundener aus. Abstandhalter aus Bruchstücken von Steinen, Holz, Kunststoff oder Metall gelten als asbestfrei und müssen nicht beprobt bzw. analysiert werden.

Abb. 3: Gebrochener Abstandhalter (länglich) mit sichtbaren Asbestfaserbüscheln (Chrysotil) und langen Kunststofffäden

Jeder vorgefundene Typ asbestverdächtiger Abstandhalter je Tragelement ist als ein Verdachtsmoment im Sinne der VDI 6202-3 anzusehen. In dieser VDI-Richtlinie wird die Anzahl der zu entnehmenden Proben asbestverdächtiger Materialien geregelt. Ein Verdachtsmoment ist hier ein „möglicherweise schadstoffhaltiges Material oder Produkt, das an einem oder mehreren Bauteilen gleichartig lokalisiert wird". Werden also in einem Tragelement der Brücke augenscheinlich gleichartige Abstandhalter in plausiblen Abständen und Arten festgestellt, können sie zu einem Verdachtsmoment zusammengefasst werden. Entsprechend wird die Anzahl der zu entnehmenden Proben ermittelt. Diese wird wiederum beeinflusst von der sogenannten angenommenen Trefferwahrscheinlichkeit (ein Richtwert für die Wahrscheinlichkeit, dass bei der Untersuchung eines Verdachtsmoments ein einheitlicher Analysenbefund zu beobachten ist, also ein Indikator für die angenommene Homogenität innerhalb eines Verdachtsmoments). Die VDI 6202-3 gibt in ihrem Standartuntersuchungsumfang für Abstandhalter eine sehr hohe angenommene Trefferwahrscheinlichkeit von 98 % an (vermutlich, da sie zu einer Zeit mit relativ wenigen Erfahrungen zu diesem Thema entstand). Die VDI 6202-3 sieht allerdings auch vor, angenommene Trefferwahrscheinlichkeiten in begründeten Fällen anzupassen und entsprechend die Anzahl der zu entnehmenden Proben zu erhöhen oder zu verringern. Aufgrund von Erfahrungswerten empfiehlt sich zurzeit eine angenommene Trefferwahrscheinlichkeit für Abstandhalter von maximal 80 % (analog zu Faserzement in der VDI 6202-3), insbesondere auch, um das Risiko eines falsch-negativen Befundes (Asbest nicht nachgewiesen, obwohl Asbest vorhanden ist) aufgrund einer zu geringen Probenanzahl zu minimieren. Da nicht nur das Äußere der Abstandhalter, sondern auch ein abweichender Asbestbefund ein Unterscheidungsmerkmal der Varietäten sein kann, kann sich die notwendige Anzahl zu untersuchende Proben auch im Nachgang zu einer Erstbeprobung erhöhen. Bei der Ermittlung der Anzahl der zu entnehmenden Proben ist das Berechnungstool der VDI 6202-3 einzusetzen.

Bei einer angenommenen, niedrig angesetzten, Verlegedichte von zwei Abstandhaltern pro m² ist in einem Tragelement mit 100 m² Sichtfläche von 200 Abstandhaltern auszugehen. Geht man davon aus, dass diese alle typengleich sind, so müssen vier Proben zur Laboruntersuchung entnommen werden (Standarduntersuchungsumfang VDI 6202-3 für punktuelle Anwendungen, angenommene Trefferwahrscheinlichkeit 80 %, Aussagesicherheit des Befundes „kein Asbest nachgewiesen" > 99 %). Bei der Untersuchung der Abstandhalter von Brücken ist eine Aussagesicherheit von mindestens 95 % für den Befund „Asbest nicht nachgewiesen" anzustreben. Bei größeren Bauwerken verändert sich die Anzahl der zu entnehmenden Proben statistisch bedingt nicht. Werden beispielsweise bei 1.000 m² Sichtfläche 10 m², verteilt auf fünf Einzelflächen von je 2 m², freigelegt und ein regelmäßiges Verlegemuster von typengleichen Abstandhaltern aus Faserzement wird festgestellt, so genügt es ebenfalls, vier einzelne Abstandhalter zur Analyse zu beproben.

Die Proben werden gem. VDI 6202-3 nicht an einer Stelle, sondern möglichst verteilt entnommen. Es genügt also z. B. nicht, auf einem Quadratmeter erkennbare vier Abstandhalter zu beproben, sondern es kann an dieser Stelle nur eine Probe entnommen werden und die übrigen drei Proben jeweils in anderen Teilbereichen. Entsprechend viele Flächen sind freizulegen. Voraussetzung ist die getrennte Betrachtung je vorgefundenem Tragelement und je vorgefundenem Abstandhaltertyp.

Die Abstandhalter werden gem. VDI 3866-1 [5] sicher beprobt. Größere Proben können gewonnen werden, wenn im nebenliegenden Beton ein Schnitt mit einem Trennschleifer angesetzt wird oder eine Kernbohrung entnommen wird, ohne dabei den Abstandhalter zu zerstören. Die Proben des asbestverdächtigen Materials werden dann analog zum emissionsarmen BT-32-Verfahren („Stemmverfahren", DGUV-Information 201-012) mittels Beutel als Schleuse gewonnen. Die Probe ist so zu entnehmen, dass sie die Zusammensetzung des Materials gemäß VDI 3866-1 ausreichend repräsentiert.

2.5 Analytik

Die Proben der Abstandhalter sind an ein akkreditiertes Prüflabor zu übergeben. Die Analyse erfolgt nach den Vorgaben der VDI 3866-5 [6] mittels Raster-elektronenmikroskop (REM) und energiedispersiver Röntgenspektroskopie Analyse (EDXA). Der Negativbefund (kein Asbest nachgewiesen) ist ausschließlich mit diesem Verfahren möglich. Eine erste Abschätzung vor Ort und insbesondere einen Positivbefund (Asbest nachgewiesen) können Handgeräte, beispielsweise mittels Röntgen-fluoreszenzsanalyse (pXRF) oder Infrarotspektroskopie (IR) liefern.

3. erfahren zur Ausschleusung und Behandlung

Ziel der Ausschleusung von Asbest aus dem Stoffkreislauf ist die Absicherung von Recyclingmaterial. Beim Abbruch von Stahlbeton-brücken ist im Vorfeld eines Rückbaus eine Abwägung über vorherige oder nachheri-

ge Trennung notwendig. Hier spielen viele Faktoren eine Rolle und Entscheidungen sind für jeden Einzelfall neu zu treffen. Im Zuge der Planung des Rückbaus ist ein Sanierungs- und Entfrachtungskonzept zu erstellen, dass die Asbestbelastungen beschreibt und die Möglichkeiten der Entfrachtung darlegt. Grundsätzlich sollte das Entfernen von asbesthaltigen Abstandhaltern aus einem Brückenbauwerk, wenn möglich, einem Rückbau mit Asbest vorgezogen werden.
Für das Entfernen asbesthaltiger Abstandhalter und Rohrhülsen vorab des Rückbaus sind erprobte und noch in der Erprobung befindliche Verfahren verfügbar.
Auch nach dem Abbruch können die asbesthaltigen Abstandhalter aus Beton-Bauschutt abgetrennt werden, was ebenfalls einen technisch asbestfreien Bauschutt mit Eignung zum Recycling gemäß LAGA-M 23 [6] liefert. Alternativ besteht bei einem Asbestbefund die Möglichkeit, den gesamten anfallenden Bauschutt als asbesthaltig zu entsorgen. Dies gilt es im Sinne der Abfallhierarchie des Kreislaufwirtschaftsgesetzes (KrWG), der Ressourcenschonung und aufgrund begrenzter Deponiekapazitäten zu vermeiden.

3.1 Sanierung und Entfrachtung

Bei jedem Brückenrückbau mit Asbest ist durch einen sachverständigen Planer ein Konzept aufzustellen, in welchem alle Maßnahmen beschrieben werden, mit denen das Entfernen von Asbest durchgeführt werden kann. Folgende Themen sollten als Mindestumfang enthalten sein: Ergebnisse der Erkundung der asbesthaltigen Abstandhalter, Beschreibung und Dokumentation der Sichtbarkeit an der Oberfläche, Dokumentation der Verortung der Abstandhalter, eingesetzte Methoden zur Sichtbarmachung, Beschreibung möglicher Abtrennungsverfahren, Auswahl eines empfohlenen Abtrennungsverfahrens anhand der Randbedingungen des Projektes, Konzept zur gutachterlichen Überwachung der Entfrachtung und des Bauschutts, Anforderung an den Arbeitsschutz, Beschreibung der Entsorgungswege.

3.2 Abtrennung vorab Rückbau

Die Trennung der Asbestbauteile kann vorab des Abbruches erfolgen. Dabei kann weitgehend ohne Freisetzung von Asbestfasern gearbeitet werden. Für die Separierung vorab ist die Lage aller Abstandhalter, ggf. durch Sichtbarmachung mittels Abfräsens, zu ermitteln. Anschließend können die Abstandhalter per „Überbohren“, „Ausstrahlen“ oder „Ausschlitzen“ beseitigt werden. Vorab des großflächigen Eingriffs in das Bauwerk ist ein Statiker zu konsultieren, unter anderem deshalb, da es zu Beschädigungen an der Bewehrung kommen kann.
Beim Überbohren wird eine nasse Kernbohrung angesetzt. Der Durchmesser des Bohrkerns ist so groß anzusetzen, dass der Abstandhalter selbst nicht berührt wird. Es wird nur die Betonüberdeckung durchbohrt, die Bewehrung bleibt erhalten. Die Kernbohrung findet also nicht in oder durch asbesthaltiges Material statt. Der Kern mit dem Abstandhalter kann sodann in eine angesetzte Beutelschleuse, analog zum emissionsarmen Verfahren BT 32, oder unter direkter Absaugung ausgestemmt werden. Das Verfahren kann auch für Rohrhülsen angewendet werden, wobei die Ausrichtung von Rohrhülse und Bohrung sehr genau beachtet werden muss. Dabei werden allerdings die Bewehrungsstähle regelmäßig mit durchtrennt.
Beim Ausstrahlen wird eine Wasserhochdruck-Strahllanze in einer abgesaugten Glocke eingesetzt. Der entstehende Asbest- und Betonschlamm wird abgefiltert. Das Verfahren schont die Bewehrung. Es ist insbesondere für Rohrhülsen beim Bauwerkserhalt geeignet. Erste Erprobungen wurden durchgeführt, breitere praktische Erfahrungen stehen jedoch noch aus.
Beim Ausschlitzen werden zuerst zwei parallele Schlitze auf zwei Seiten des Abstandhalters mittels eines Trennschleifers gesetzt. Die Schlitze werden durch einen Höhenbegrenzer ca. 5 mm vor den Stahleinlagen gestoppt. Danach kann, wie beim Überbohren der Abstandhalter, in einer Beutelschleuse ausgestemmt werden. Das Verfahren eignet sich auch für lineare Abstandhalter, jedoch nicht für Rohrhülsen.
Beim direkten Ausstemmen von Abstandhaltern werden diese in der Regel zu stark zerstört. Erste Arbeitsplatzmessungen in einem geschlossenen Bereich zeigten hier Faserbelastungen deutlich über der Toleranzkonzentration von 100.000 Fasern/m³. Aufgrund dieser Hinweise ist das bereits an Be-tonwänden im Hochbau erprobte Abschälverfahren der gesamten Betonüberdeckungsschicht kritisch zu betrachten, auch wenn mit Wasser gearbeitet wird. Mit dem Abschälen der Betonüberdeckung kann, im Gegensatz zur Deponierung des gesamten Bauschutts, auch die Menge an zu entsorgendem asbesthaltigem Abfall reduziert werden, es entstehen aber weiterhin erhebliche Mengen an zu deponierendem Bauschutt. Die ausgebauten Abstandhalter werden der Entsorgung (als asbesthaltiger Abfall) zugeführt und das entfrachtete Bauwerk kann maschinell zurückgebaut werden. Nach Entfernung der Abstandhalter mit Asbest vorab des Rückbaus mit gutachterlicher Abnahme ist anschließend von technisch asbestfreiem Bauschutt auszugehen, der auch einer nachgeschalteten Überprüfung nach VDI 3876 standhalten sollte.

3.3 Abtrennung aus Bauschutt

Der Abbruch ist gemäß LAGA-M 23 auch mit den asbesthaltigen Abstandhaltern möglich. Die nach-folgende Trennung muss als Sanierung konzipiert und angemeldet werden, da aktuell Abfallbehand-lungsverfahren für Asbest nicht zugelassen sind. Entsprechend sollte die Faserfreisetzung in die Um-gebungsluft und in das Abbruchmaterial anhand von Prüfungen aus vergleichbaren Projekten oder von vorhergehenden Probesanierungen bekannt sein und bewertet werden. Dabei ist die Betrachtung der mechanischen Abbruchverfahren mitentscheidend und es ist stets von einer Faserfreisetzung in das Abbruchgut und die Umgebungsluft, wenn auch in geringerem Maße, auszugehen. Erste Studien in diesem Bereich zeigen, dass Abbruchmaterial mit asbesthaltigen Abstandhaltern in den Feinfraktionen Asbest enthält, wenn auch zumeist unter 0,005 % (Nachweisgrenze des Analyseverfahrens VDI 3876). Erfahrungen haben außerdem gezeigt, dass Abstandhalter oftmals an Phasengrenzen zum Beton brechen und charakteristische Formen und Bruchstücke entstehen, welche wiederum relativ gut zu erkennen sind. Bei ähnlichen Vermischungen von Schutt und asbesthaltigen Bauteilen wurden händische Sortierverfahren erfolgreich eingesetzt, sodass bei genügender Umsicht auch hier die Trennung erprobt werden sollte. Für die Abtrennung wird das Abbruchmaterial mit geringer Beladungsdichte (ohne Überlagerungen, z. B. einige Stücke pro m^2) auf ein ausreichend langsam laufendes Förderband gegeben und Abstandhalter oder deren Bruchstücke werden händisch durch unterwiesene Personen aussortiert. Das Aussortieren sollte gutachterlich begleitet werden. Die aussortierten Abstandhalter werden entsorgt und das entfrachtete Abbruchmaterial kann dem Recycling zugeführt werden. Bei vollständiger Entfernung aller Abstandhalter mit Asbest ist dann von technisch asbestfreiem Bauschutt auszugehen. Dies ist durch analytische Kontrollen des aufbereiteten Bauschutts gem. VDI 3876 nachzuweisen. Perspektivisch erscheint eine Abfallbehandlung von Abbruchmassen aus Beton und asbesthaltigen Abstandhaltern in speziell hierfür konzipierten und zugelassenen Anlagen möglich, vergleichbar beispielsweise mit der Sanierung von Nachtspeicherheizungen mit Asbest. Zurzeit arbeiten verschiedene Institutionen an der Entwicklung von Aufbereitungstechnik für Abbruchmaterial aus Beton und asbesthaltigen Abstandhaltern. Geplant ist es, verschiedene Erkennungsmethoden mit Aufbereitungs- und Sortiertechnik zu kombinieren, um die asbesthaltigen Abstandhalter bzw. deren Bruchstücke automatisiert auszusortieren.

3.4 Untersuchung von Bauschutt

Wenn Bauschutt unbekannter Zusammensetzung oder Herkunft bzw. generell mit möglichen Asbest-kontaminationen vorliegt, ist eine Untersuchung des Materials und eine Einstufung des Abfalls ent-sprechend den Vorgaben der LAGA-M 23 mittels VDI 3876 durchzuführen. Das gesamte Haufwerk wird zunächst durch eine qualifizierte Person einer Sichtprüfung unterzogen. Sichtbare asbestverdächtige Bestandteile werden als Hot-spots beprobt und im Labor nach VDI 3866-5 auf Asbest untersucht. Die Anzahl der zu entnehmenden Einzelproben je Verdachtsmoment obliegt dem qualifizierten Probenehmer. Es empfiehlt sich zurzeit die Orientierung an den Vorgaben der VDI 6202-3. Voraussichtlich wird das Vorgehen bei der Hot-spot-Beprobung asbestverdächtiger Haufwerke in naher Zukunft normativ geregelt werden. Wenn Asbest nachgewiesen wird, ist das gesamte Haufwerk als asbesthaltig einzustufen. Wird bei der Hot-spot-Untersuchung kein Asbest ermittelt, so ist das gesamte Haufwerk nach den Vorgaben der LAGA PN 98 [7] zu beproben. Diese regelt die Menge und die Anzahl der zu entnehmenden Proben, die anschließend einer Analyse nach VDI 3876 zuzuführen sind. Wird dabei in allen Laborproben kein Asbest nachgewiesen bzw. liegt das Untersuchungsergebnis unter dem durch die LAGA-M 23 festgelegten Beurteilungswert von 0,010 Masse-%, so gilt das Haufwerk als technisch asbestfrei und kann dem Recycling zugeführt werden.

3.5 Rückbau

Beim Rückbau von Brücken werden verschiedene Verfahren, oft in Kombination, eingesetzt. Diese lassen sich grob in zwei Kategorien einteilen. Zum einen werden vorbereitende Rückbaumethoden angewendet, bei denen es zu einem Ausbau ganzer Brückenelemente oder einzelner Felder kommt (z. B. Ausschwimmen, Absenken mit Litzen). Hier ist ein besonderes Augenmerk auf die dafür notwendigen Trennverfahren (Sägeschnitte, o. Ä.) zu legen. Durch ihre Anordnung in asbestfreien Bereichen und durch nasse Verfahren mit Absaugung kann hier die Faserfreisetzung weitgehend vermieden oder zumindest reduziert werden. Zum anderen werden Maßnahmen eingesetzt, bei denen es zur kompletten Zerkleinerung des Stahl-betons kommt (z. B. Sprengen, konventioneller Rückbau mittels Abbruchzange). Auch hier kann durch gezielte Maßnahmen die Faserfreisetzung zumindest reduziert, aber nicht gänzlich vermieden werden.

Das Rückbauverfahren ist so zu wählen, dass Asbestfaserfreisetzung vermieden wird. Gemäß LAGA M-23 sollte aus abfallwirtschaftlicher Sicht auf einen Sprengabbruch verzichtet werden. Der selektive Rückbau ist zu bevorzugen und sollte nach Teilbauwerken untergliedert erfolgen.

Bei der Planung des Rückbaus mit asbesthaltigen Abstandhaltern ist die Abstimmung aller Schritte im Rückbauprozess entscheidend. Ist ein Ausbau der Abstandhalter vorab des Rückbaus möglich, kann anschließend ein konventioneller Rückbau erfolgen und die anfallenden Baurestmassen können dem Recycling zugeführt werden. Bei einem Ausschwimmen einzelner Tragelemente der Brücke kann die Separierung der Abstandhalter in geordneter Form an einem dafür geeigneten Ort stattfinden. All dies sollte in enger Abstimmung mit allen Beteiligten beim Planungsprozess erfolgen. Grundsätzlich ist kein Verfahren gänzlich ungeeignet, da jeder Vor- und Nachteil in Bezug auf das Vorkommen asbesthaltiger Abstandhalter hat.

3.6 Hochleistungsimpulsverfahren zur Fragmentierung

Allein mithilfe von mechanischen Aufbereitungsmethoden, welche Verbundwerkstoffe lediglich zerkleinern aber nicht selektiv trennen können, lässt sich üblicherweise keine selektive Auftrennung in die Einzelkomponenten und damit auch kein hochwertiges Recycling erzielen. Es werden daher neue Trennverfahren gesucht, um Verbundwerkstoffe, wie z. B. asbesthaltige Betone, in die Bestandteile Gesteinskörnung, Zementstein und Asbest(fasern) aufzutrennen. Eine potentielle innovative Trenn-Technologie ist die sog. elektrodynamische Fragmentierung (EDF). Dabei werden durch einen Hochleistungsimpulsgenerator elektrische Unterwasser-Entladungen erzeugt, welche bevorzugt durch einen Festkörper hindurch entlang von Korngrenzen verlaufen. Kommt es

zu einem elektrischen Durchschlag zwischen den beiden Elektroden, wird ein Plasmakanal erzeugt, welcher den Verbundwerkstoff durch eine Elektroexplosion schließlich auseinandersprengt. Diese Methode fand für Altbeton bislang keine großtechnische Anwendung, da trotz effektiver Auftrennung die Durchsatzraten von 1 t/h zu gering und die Energiekosten zu hoch waren.
In diesem Projekt wurde nun erstmalig untersucht, ob sich mittels der EDF-Technologie Abstandhalter aus Beton selektiv freilegen lassen. Es konnte gezeigt werden, dass bei geeigneten Generatorenparametern und Elektrodenkonfigurationen eine selektive Freilegung von Abstandhaltern aus einer Betonmatrix möglich ist. In nachfolgenden Projekten sollte die EDF-Anlage speziell für die Aufbereitung von asbesthaltigen Betonteilen angepasst werden.

3.7 Umwandlung/Behandlung

Die Deponierung von asbesthaltigen Abfällen ist die weit verbreitetste Methode zur Entsorgung as-besthaltiger Abfälle. Es handelt sich hier nicht um eine Behandlungsmethode, sondern um eine Entledigung und Verwahrung der Altlast Asbest. Es werden aber gemäß TRGS 519 [8] und LAGA-M 23 bei Bedarf Verfahren zur Sicherung, Bindung oder Verfestigung der asbesthaltigen Abfälle angewendet, um das Freisetzen von Fasern zu verhindern. Darüber hinaus sind zurzeit vier Verfahrenstypen zur Umwandlung bzw. Behandlung von asbesthaltigen Materialien bekannt.
a) Thermische Behandlung: Die Methode ist technisch ausgereift und wird für Metalle mit Asbestanhaftungen eingesetzt. Bei hohen Temperaturen zersetzen sich die Asbestfasern und verschiedene Prozesse wie Dehydrierung und Verglasung setzen ein. Die Mineralien werden umgewandelt und verlieren ihre gefährliche Faserstruktur. Der Energiebedarf ist jedoch hoch, sodass die Methode aktuell aus wirtschaftlichen Gründen und aufgrund hoher CO_2-Emissionen nicht für andere asbesthaltige Abfälle eingesetzt wird.
b) Biologische Behandlung: Bestimmte Bakterien und Pilze bestimmter Böden produzieren Chemikalien oder beinhalten Chemikalien, welche den asbesthaltigen Materialien bestimmte Elemente entziehen. Somit wird Asbest durch die Produktion und Reaktion mit diesen Chemikalien umgewandelt und unschädlich gemacht. Der Energieverbrauch sowie der CO_2-Fußabdruck dieser Methoden sind minimal. Die Techniken befinden sich allerdings noch in der Entwicklungs- und Erprobungsphase und sind somit von der Marktreife weit entfernt.
c) Chemische Behandlung: Es finden bei der chemischen Behandlung Umwandlungsprozesse statt. Säuren oder Basen zerstören die kristalline Faserstruktur. Dies wird im vorgroßtechnischen Maßstab bereits für Asbestzement angewendet. Zur Anwendung kommen Säuren, bei denen es sich ebenfalls um Abfälle handelt. Aktuell fehlt es unter anderem an ankerkannten Nachweisen für die sichere Zerstörung der Asbestfasern. Außerdem sind Vorgehensweisen zur sicheren Handhabung der asbesthaltigen Abfälle vorab der eigentlichen Behandlung nicht abschließend geregelt.
d) Mechanische Behandlung: Mittels Hochleistungsmühlen wird Asbest zermahlen. Hier entstehen hohe Energien, sodass die Asbestfasern zerfallen bzw. umgewandelt werden. Diese Methode wird daher auch als mechanisch-physikalisch-chemische Behandlung kategorisiert, wobei aber keine Chemikalien oder andere Zusätze verwendet werden. Die Technik ist relativ weit fortgeschritten und benötigt verhältnismäßig wenig Energie. Die Marktreife ist aufgrund fehlender großtechnischer Erprobung und noch ungeklärter Prozesse bei der Handhabung der asbesthaltigen Abfälle noch nicht erreicht.
Es ist aktuell kein Verfahren etabliert, das unter Einbeziehung aller technischen und ökonomischen Kriterien sowie in Bezug auf Energieverbrauch und CO_2-Emissionen bzw. Klimaneutralität universell zur Behandlung asbesthaltiger Abfälle im großtechnischen oder industriellen Maßstab einsetzbar ist.

4. Entsorgung

Der Umgang mit asbesthaltigen Abfällen wird in der LAGA-M 23 geregelt. Generell gilt, dass asbesthaltige Abfälle der Entsorgung zuzuführen sind und nicht im Stoffkreislauf verbleiben dürfen. Sie sind so zu lagern und zu handhaben, dass keine Asbestfasern freigesetzt werden und somit keine Gefahr von ihnen ausgeht. Betonabbruchabfälle, welche asbesthaltige Abstandhalter enthalten, müssen nicht zwingend staubdicht verpackt werden. Durch Befeuchten, Abdecken oder Ähnliches ist das Freisetzen von Asbestfasern zu verhindern. Das Zerkleinern asbesthaltiger Abfälle ist nicht zulässig, das geordnete Zerlegen ist jedoch gestattet. Dies ist mit der zuständigen Aufsichtsbehörde abzustimmen.
Des Weiteren ist der Umgang mit asbesthaltigen Abfällen streng reglementiert. Es gelten besondere Vorschriften für die Handhabung und die Verpackung der Abfälle. Es empfiehlt sich generell, im Zuge der Entfrachtungs- und Rückbauplanung eine detaillierte Planung der Entsorgungswege und eine Abstimmung mit dem zuständigen Entsorger. In vielen Regionen sind Entsorgung und Deponierung asbesthaltiger Abfälle durch Andienungspflichten geregelt. Für die gefährlichen Abfälle besteht gemäß Nachweisverordnung eine Nachweispflicht mittels elektronischem Abfallnachweisverfahren (eANV). Für die nicht gefährlichen Abfälle (hier Abfallschlüssel AVV 17 01 01 – geringfügig asbesthaltig) wird die Durchführung des eANV empfohlen. Gemäß LAGA-M 23 sind die wichtigsten Abfallschlüssel für den Rückbau von Stahlbetonbauwerken zur Deponierung die 17 01 01 – geringfügig asbesthaltig für asbesthaltigen Betonbruch und die 17 06 05* für asbesthaltige Baustoffe sowie zur möglichen Weiterverwertung die 17 01 01.

5. Arbeitssicherheit

Der Umgang mit Asbest ist verboten, mit Ausnahmen in Form bestimmter Tätigkeiten, die in der TRGS 519 geregelt sind. Für den Schutz Dritter gilt ein Grenzwert von 1.000 Fasern/m^3. Für Beschäftigte, welche mit Asbest arbeiten, gilt zurzeit in Deutschland eine Akzeptanzkonzentration von 10.000 Fasern/m³. Wird dieser Wert nicht sicher eingehalten, sind geeignete Maßnahmen zu treffen. Für den Umgang mit schwach gebundenem Asbest sind ausschließlich zugelassene Fachunternehmen zu beauftragen. Tätigkeiten, die den Umgang mit Asbest betreffen, sind in der Gefahrstoffverordnung geregelt. In der TRGS 519 werden die Regelungen der GefStoffV zum Thema Asbest konkretisiert. Generell sind zugelassene emissionsarmes Verfahren zu bevorzugen und es empfiehlt sich, Verfahren mit staubmindernden Maßnahmen, wie direkter Absaugung und Bewässerung, zur Staubbindung einzusetzen. Beim händischen Separieren ist geeignete PSA zu tragen. Das Abbruchmaterial ist feucht zu halten, um das Freisetzen von Fasern zu verhindern. Gemischter Bauschutt aus Beton und asbesthaltigen Abstandhaltern sind bis zum Abtransport feucht zu halten oder abzudecken. Für den Abbruch von Bauwerken ist ein Abbruch- und Entsorgungskonzept notwendig, das bei der Anlieferung des Bauschuttes an den Abfallannahmestellen als Zertifikat für ein asbestfreies Material akzeptiert wird. Generell ist davon auszugehen, dass bei einer nicht-invasiven Prüfung (kein Eingriff in ein potentiell asbesthaltiges Produkt) keine Asbestfasern freigesetzt werden. Sobald eine invasive Erkundung mittels Abtrags der Oberflächen und potentiellen Eingriff in asbesthaltige Materialien erfolgt, ist das Faserfreisetzungspotential vorab zu prüfen und geeignete Schutzmaßnahmen zu ergreifen.

Wird eine Brücke mit enthaltenden asbesthaltigen Abstandhaltern zurückgebaut, ist für die geplanten Arbeitsschritte (Zerlegen, Trennschnitte, etc.) die jeweilige Asbestfaserexposition individuell vorab abzuschätzen und bei der Ausführung zu ermitteln.

6. Handlungsanleitung

Für die Handhabung bei der Umsetzung der Vorgaben dieses Forschungsprojekts wurde eine Handlungs-anleitung erstellt. Es werden Randparamater abgefragt und für jeden Schritt im Projektablauf Aufgaben definiert und erläutert. Zunächst gilt es, im Rahmen der Vorbereitung zu prüfen, ob das zu bearbeitendes Bauwerk in einem relevanten Baujahr errichtet wurde, bzw. Bauteile, mit deren Errichtung zwischen 1960 und 10/1993 begonnen wurde, enthält, in denen Asbest zum Einsatz gekommen sein könnte. Wenn dies nicht der Fall ist, kann die Maßnahme ohne die Berücksichtigung von Asbest fortgeführt werden. Wird im Rahmen der Vorbereitung der Asbestverdacht erhärtet (relevantes Baujahr), so ist zunächst das Vorhandensein von Asbest als wahrscheinlich anzunehmen. Diese Annahme besteht solange, bis nach Abschluss einer Erkundung (bestehend aus Vor- und Haupterkundung), belastbar und durch einen Sachverständigen, die Asbestfreiheit attestiert wird. Wird im Zuge der Erkundung Asbest festgestellt, so empfiehlt es sich, diesen vorab des eigentlichen Rückbaus des kompletten Bauwerks auszubauen. Nachdem die asbesthaltigen Komponenten entsorgt wurden, kann das entfrachtete Bauwerk konventionell, asbestfrei, abgebrochen werden. Die dabei entstehenden Abbruchmaterialien können dem Recycling zugeführt werden. Alternativ kann das Bauwerk mit Asbest zurückgebaut werden. Es können dann im Rahmen einer Sanierung die Ab-bruchmaterialien von Asbest befreit werden, um den Großteil des Abbruchmaterials anschließend dem Recycling zuzuführen. Wird Asbest weder vor noch nach dem Abbruch entfernt, so ist der gesamte anfallende Bauschutt als asbesthaltig zu entsorgen.

Anmerkung

Diesem Bericht liegen Teile des im Auftrag des Bundesministeriums für Digitales und Verkehr, vertreten durch die Bundesanstalt für Straßenwesen, unter 15.0717/2023/DRB laufenden Forschungs-vorhabens zugrunde. Die Verantwortung für den Inhalt liegt allein bei den Autoren.

Literatur

[1] Konzeption zur Bestimmung von Lage und Anzahl asbesthaltiger Abstandhalter in Betonbrücken. Handlungsanweisung für den Umgang mit asbesthaltigen Hilfsbauteilen in Brückenbauwerken aus Stahlbeton. Berichte der Bundesanstalt für Straßenwesen Heft B 200, Bergisch Gladbach 2024

[2] Verordnung zum Schutz vor Gefahrstoffen (Gefahr stoffverordnung – GefStoffV), 11/2010

[3] VDI 3876: Messen von Asbest in Bau- und Abbruchabfällen sowie aus daraus gewonnenen Recyclingmaterialien – Probenaufbereitung und Analyse, 11/2018

[4] VDI 6202-3: Schadstoffbelastete bauliche und technische Anlagen – Asbest – Erkundung und Bewertung, 09/2021

[5] VDI 3866-1,-5: Bestimmung von Asbest in technischen Produkten – Entnahme und Aufbereitung der Proben, 12/2021; – Rasterelektronenmikroskopisches Verfahren, 06/2017

[6] LAGA M-23: Bund/Länder-Arbeitsgemeinschaft Abfall (LAGA): Mitteilung 23: Vollzugshilfe zur Entsorgung asbesthaltiger Abfälle, 11/2022

[7] LAGA PN 98: Bund/Länder-Arbeitsgemeinschaft Abfall (LAGA): Richtlinie für das Vorgehen bei physikalischen, chemischen und biologischen Untersuchungen im Zusammenhang mit der Verwertung/Beseitigung von Abfällen, 12/2001

[8] TRGS 519: Technische Regel für Gefahrstoffe – Asbest – Abbruch-, Sanierungs- oder Instandhaltungsarbeiten, 01/2014

Von der Zustandsnote 3 zur erfolgreichen Instandsetzung des Bauwerkes

Von Bauwerksuntersuchung, Instandsetzungsplanung bis zur Instandsetzungsmaßnahme

Dipl.-Ing. Helena Eisenkrein-Kreksch
Kiwa GmbH, Mülheim a.d.R.

Dipl.-Ing. Christian Kotz-Pollkläsener
dcon GmbH, Dortmund

Zusammenfassung
In Deutschland werden zurzeit viele Brückenbauwerke, ob in kommunalem Bereich oder Bundesstraßen und Autobahnen einer Instandsetzung oder Ertüchtigung unterzogen. Eine sorgfältige Untersuchung der Schäden sowie ein bauwerksbezogenes Instandsetzungskonzept sorgen für die wirtschaftliche und dauerhafte Ausführung der Instandsetzungsmaßnahmen. Die vorangestellte ausführliche Bauwerksuntersuchung muss als Grundlage für eine qualifizierte Planung der Maßnahme zugrunde gelegt werden. In diesem Aufsatz werden anhand von einigen Bespielen die Untersuchungsmethoden für die Bestimmung des Bauwerkszustandes sowie der Weg zur erfolgreichen Instandsetzung der Brücken, sowohl im Spannbeton- als auch in Stahlbetonbauweise, aufgezeigt.

1. Einführung

Für eine wirtschaftliche, schnelle und qualitative Instandsetzung der Brückenbauwerke, sei es als Präventivmaßnahme oder auch zur Schadensbehebung und Wiederherstellung der Dauerhaftigkeit müssen viele einzelne Schritte zusammengefügt werden. Im Folgenden werden diese einzelnen Schritte auf dem Weg zu einem standsicheren, dauerhaften und verkehrssicheren Bauwerk anhand einiger Beispiele aufgezeigt.
Zu den einzelnen Schritten gehören neben den verpflichtenden Begehungen nach DIN 1076 [1] die

- Auswertung der Ergebnisse des Prüfberichtes [1]
- Vorabbegehung des Bauwerkes vor der Erstellung eines Untersuchungskonzeptes
- Erstellung eines Untersuchungskonzeptes
- Untersuchung des Bauwerkes und Feststellung des Bauwerkszustandes
- Erstellung eines Instandsetzungskonzeptes auf der Grundlage des Prüfberichtes und der Untersuchungsergebnisse
- Erstellung von Ausschreibungsunterlagen und Vergabe
- Instandsetzungsmaßnahme mit qualitätssichernder Überwachung der einzelnen Schritte

Diese einzelnen Schritte ergeben eine Gesamtmaßnahme, führen zu erfolgreicherer Instandsetzung des Bauwerks und werden im Folgenden einzeln beschrieben.
Es werden anhand von einer Spannbeton- und einer Stahlbetonbrücke die Vorgehensweise exemplarisch aufgezeichnet.

2. Vorgehen bei Untersuchung und Instandsetzungsplanung

2.1 Vorabbegehung

Es hat sich bewährt, vor der Vorabbegehung das Bauwerk bei Google Maps [2] anzuschauen. Mittlerweile kann durch die Begehung in einem Kartenprogramm eine recht gute Vorstellung von der Örtlichkeit im Vorfeld gewonnen werden. Es empfiehlt sich trotzdem im Vorfeld der Bauwerksuntersuchung eine erste Ortsbegehung durchzuführen, um

- die Begebenheiten vor Ort, wie die Zugänglichkeit der Brücke,
- Einwirkungen aus der Umgebung und daraus resultierende Beanspruchungen und Belastungen
- eingetretene Veränderungen zu der letzten Bauwerksbegehung (Prüfbericht nach DIN 1076)

festzustellen und zu bewerten. Dabei können hilfreiche Fotografien erstellt werden, die eine Verortung der Untersuchungsstellen erleichtern.
Bei der Erstbegehung können auch bereits Befunde zu möglichen schadstoffhaltigen Elementen, notwendigen Untersuchungsstellen und benötigten Untersuchungsmethoden pro Bauwerk digital (mit z. B. PlanRadar [3], Fieldwire [4], M2Ing. [5] etc.) oder analog eingetragen werden.
In den Prüfberichten der Brücke stehen die Bewertungen der einzelnen Befunde. Jedoch wird die Untersuchung überwiegend auf visueller Basis erstellt und beinhaltet keine Bewertung der Kontamination des Betons

mit Chloriden oder daraus resultierende Bewehrungskorrosion. Ferner können im Prüfbericht z. B. nur Risse und nicht deren Ursache bewertet werden. Aus diesem Grund muss bei der Planung der Untersuchung auch die Ursache einiger Schäden sowie der zu erwartender Schadensbildung betrachtet werden.

2.2 Konzept der Bauwerksuntersuchung

2.2.1 Allgemeines zum Beprobungskonzept

Anhand der Vorabbegehung kann ein Beprobungskonzept erstellt werden. Dieser muss die notwendigen Untersuchungen und deren Verortung am Bauwerk in Bildern oder Zeichnungen beinhalten.
Für die Ermittlung des Istzustandes von Verkehrsbauwerken liegend zwingend erforderliche sowie notwendige Prüfungen und welche, die bei Bedarf angewendet werden sollen, vor. Im Folgenden werden diese Bauwerksuntersuchungen in Kürze beschrieben.

2.2.2 zwingend erforderliche Untersuchungen

Dabei handelt es sich um Untersuchungen, welche bei Betonbauwerken standardmäßig abgefragt werden müssen, um die Substands und den Zustand des Betons zu ermitteln. Dabei handelt es sich um die Erstidentifikation mittels zerstörungsfreier oder minimalinvasiver Prüfungen:
- Bestimmung der Betondeckung nach Merkblatt B2 [6]
- Bestimmung der Carbonatisierungstiefe nach DIN EN 14630:2007-01 [7]
- Entnahme des Bohrmehls zur Bestimmung der Chloridkontamination gemäß [8]

2.2.3 notwendige Untersuchungen

Bei der Ermittlung des Istzustandes wird es häufig erforderlich, die einzelnen Bereiche des Betons oder der Bewehrung näher zu untersuchen. Das Ergebnis unterstütz die Erkenntnis zur tatsächlichen Schädigung des Bauwerks bei nicht sichtbaren Schäden, wie chloridinduzierte Bewehrungskorrosion und deren Wahrscheinlichkeit, etc.
- Anlegen von Sondierungsöffnungen gemäß Merkblatt SIA 2006-02 [9]
- Entnahme von Bohrkernen zur Bestimmung der Betondruckfestigkeit gemäß DIN EN 12504-1 [10]
- Bestimmung der Abreißfestigkeit nach DIN EN 1542 [11]
- Bestimmung der Potentialfeldmessung in chloridkontaminierten Bereichen nach Merkblatt 03 [12]
- Bestimmung des Gitterschnittes an vorhandener Beschichtung nach DIN EN ISO 2409 [13]

2.2.4 bei Bedarf anzuwendenden Bauwerksuntersuchungen (Sonderuntersuchungen)

Diese Untersuchungen sind sehr speziell und können nur von wenigen Experten durchgeführt werden. An jeder Brücke sollte im Vorfeld überlegt werden, ob solche Untersuchungen zur Ermittlung des Zustandes zielführend sind. Es handelt sich dabei meist um Untersuchungen, welche zerstörungsfrei den Zustand des Spannstahls ermitteln, da die Spannstähle im besten Fall nicht freigelegt werden sollen. Ferner sollen, je nach Alter des Bauwerks, schadstoffkontaminierte Bauteile, wie beispielsweise Fugen oder alte, schadhafte Instandsetzungsstellen auf Schadstoffgehalt untersucht werden.
- Ermittlung der Bewehrungsverläufe mittels Radar [14]
- Feststellung der Spanngliedschädigung mittels Röntgen [15] und [16]
- Untersuchung der Bewehrung mittels Spanngliedbruchortung [17]
- Ermittlung von Schadsoffen an vermeintlich kontaminierten Bauteilen

2.3 Durchführung der Untersuchungen

Es ist zu beachten, dass die meisten Untersuchungen während des Brückenbetriebes, also während der Befahrung ober- und unterhalb der Brücke stattfinden. Somit gehört eine Verkehrssicherung und Wahl des Untersuchungszeitpunktes als ein entscheidendes Kriterium zu der Planung und Durchführung der Bauwerksuntersuchung dazu.
Die Untersuchungen sind durch fachkundiges Personal und die Laborprüfungen in zertifizierten und akkreditierten Labors durchzuführen, um die Fehlerquote zu minimieren und die Qualität der Aussagen zu sichern.

2.4 Instandsetzungsplanung

Zur Planung der Instandsetzungsmaßnahme muss der Prüfbericht der Brücke mit entsprechender Bewertung als erster Anhaltpunkt hinzugezogen werden. Daraus wird ersichtlich, welche Bereiche der Brücke eine schlechte Bewertung bekommen haben und somit einer Instandsetzung unterzogen werden müssen. Im Zusammenhang mit der ermittelten Schadensursache, kann der Zustand der Brücke verbessert werden. Zu Inhalten eines Instandsetzungskonzeptes stehen zahlreiche Literaturstellen zur Verfügung sowie das WTA Merkblatt [18]. Auf die Konzeption wird nicht näher eingegangen.

2.5 Ausschreibung und Vergabe

Die Ausschreibung und Vergabe muss unteranderem nach ZTV ING [19] und gemäß den Bestimmungen der RI-ERH-ING [20] der BAST erfolgen. Hier wird dieser Vorgang nicht näher beschrieben.

2.6 Ausführung

Für die qualitative Ausführung von Betoninstandsetzungsarbeiten muss das Unternehmen teilweise speziellen Kenntnisse wie SIVV-Schein, Nachweis über die Kenntnisse in Betonverstärkung oder Düsenführerschein etc. nachweisen. Diese Kenntnisse werden bei der ausführenden Firma vorausgesetzt, sowie die Einhaltung der Vorgaben der Instandsetzungsrichtlinie des DAfStb [21] in Verbindung mit der TR-Instandhaltung [22] in Bezug auf die Anforderungen an die qualifizierte Führungskraft, den Bauleiter und das Baustellenfachpersonal. Eine weitere Grundvoraussetzung ist die fortlaufende Weiterbildung der qualifizierten Führungskraft, des Bauleiters sowie des Baustellenfachpersonals.
Eine qualitätssichernde Überwachung der Maßnahme ist obligatorisch.

3. Vorgehensweise der Zustandserhebung anhand von Beispielen

3.1 Allgemeines

In den Prüfberichten der unten exemplarisch beschriebenen Brücken wurden einige Schadstellen diagnostiziert, die eine schlechte Zustandsnote bescheinigten. In diesem Zusammenhang sollten Bauwerksuntersuchungen und Instandsetzungsplanung durchgeführt werden, welche die Zustandsnote anheben und das Bauwerk dauerhaft und verkehrssicher ausstatten.
Zur Orientierung in den Angaben der Untersuchungsstellen und Untersuchungsart wurden Kürzel vereinbart und festgehalten. Diese sind in der Tabelle 1 und 2 zu finden.

Tab. 1: Kürzel der einzelnen Bauteile

Bauteile	Abkürzung
Widerlager	W (Himmelsrichtung: N, O, S, W)
Flügelwand	F (Himmerlsrichtung: N, O, S, W)
Pfeiler	P
Überbau Brückenplatte	ÜBB
Überbau Kappen	ÜBK
Geländer	G

Tab. 2: Abkürzungen zu Untersuchungsbeschriftung

Untersuchung	Abkürzung
Messung der Betondeckung	BD
Bestimmung der Carbonatisierungstiefe	CT
Entnahme Bohrmehlproben zur Chloridbestimmung	BM
Messung des Korrosionspotential mittels Potentialfeldmessung	PFM
Anlegen von Sondierungsöffnungen	SÖ
Spanngliedbruchortung	SBO
Radarmessung	RM
Röntgenmessung	RÖ
Entnahme von Bohrkernen im Beton	BKB
Entnahme von Bohrkernen im Asphalt	BKA
Bestimmung der Abreißfestigkeit/Haftzug	HZ
Ermittlung der Schadstoffe:	
auf Asbest	SA
bei Instandsetzungs-/Fugenmörtel: Asbest, PAK, PCB	SM
Arsen & Schwermetalle	SS

3.2 Beispiel Stahlbetonbrücke

3.2.1 Konzeption der Untersuchung

Bei der Begehung einer Stahlbetonbrücke, die im Abb. 1 exemplarisch dargestellt ist, wurden Betonabplatzungen, alte und defekte Instandsetzungsstellen und Verschleiß des Asphaltes vorgefunden. Ferner traten an einigen Stellen Risse auf, die näher zu untersuchen waren.

Abb. 1: Beispiel einer Stahlbetonbrücke

Somit mussten die zwingend erforderlichen und die notwendigen, jedoch keine Sonderuntersuchungen (siehe Kapitel 2.2.1-2.2.3) geplant und an die Erstbefunde angepasst und berücksichtigt werden.
Die Messungen der Betondeckung und der Carbonatisierungstiefe sollten zeigen, wie weit die Bewehrung noch im alkalischen Bereich liegt und vor Korrosion geschützt ist.
Die Bestimmung der Chloridkontamination und die Potentialfeldmessung, vor allem an dem Mittelpfeiler, zeigte die Wahrscheinlichkeit der Bewehrungskorrosion und in diesem Zusammenhang auch ein späteres Auftreten eines Standsicherheitsproblems.
Bei den bereits instandgesetzten Stellen (Abb. 2), die aus den 80-er Jahren entstanden, musste der Mörtel auf Schadstoffe wie z. B. Asbest untersucht werden, da die Baumaterialien aus den Jahrzehnten häufig Schadstoffe enthalten.
Ähnlich verhält es sich bei Fugen oder Asphalt. Hier ist abhängig vom Einbaujahr mit Schadstoff zu rechnen.

Abb. 2: in früheren Jahren instandgesetzte Bereiche

Durch die bereits vorhandene Betonabplatzungen und freiliegende Bewehrung, muss der Beton instandgesetzt werden. Für die Planung dieser Maßnahme müssen die Kennwerte des Betons für die Einstufung des vorhandenen Betons in die Altbetonklasse ermittelt werden. Dazu gehört die Bestimmung der Druck- und der Abreißfestigkeit, die an den betroffenen Bauteilen zu ermitteln sind.
Alle Überlegungen zu den Untersuchungsstellen werden in den Plänen oder/und Zeichnungen (Abb. 3 und 4) aufgenommen und nummeriert. Alle Untersuchungen können in einer Entnahmecheckliste (Tab 3) zusammengestellt werden.

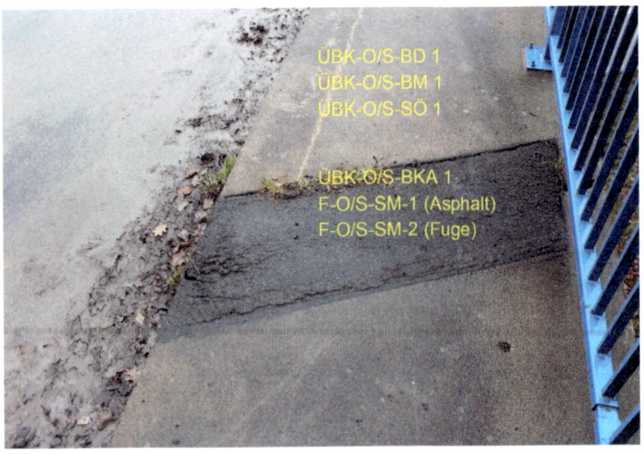

Abb. 3: Fuge defekt

Diese Dokumente werden dann dem Untersuchungsteam ausgehändigt, damit alle Prüfungen durchgeführt werden können und die Auswertung zur Ermittlung des gesamten Ist-zustandes des Bauwerks führt.

Abb. 4: Pfeiler unbeschichtet, Chlorideintrag möglich

3.2.2 Durchführung der Untersuchung

Die Untersuchung durch ein renommiertes Unternehmen läuft anhand den vom Planer vorgegebenen Stellen und mithilfe der Checkliste ab. Zusätzlich kann und soll der Planer bei unvorhergesehenen Befunden in die Untersuchung eingreifen und den Untersuchungsumfang verändern und ergänzen können. Somit muss der Planer bei der Bauwerksuntersuchung hinzugezogen werden.

Die Untersuchungsergebnisse aus dem Bauwerk und die Prüfungsergebnisse der Laboruntersuchungen werden in einem detaillierten Bericht zusammengestellt und dem Planer anschließend übergeben.

In der folgenden Abbildung ist eine Sondierungsöffnung mit Beschreibung des Ergebnisses dargestellt.

Abb. 5: Sondierungsöffnung zum Zustand der Bewehrung, leichte chloridinduzierte Korrosion an Stellen mit hohen Chloridwerten

Tab. 3: Entnahmecheckliste

Untersuchung	Stellen								
BD	F-N/W-BD	F-S/O-BD	W-W-BD	W-O-BD	P-O-BD	P-W-BD	ÜBB-S-BD 1-2	ÜBK-N-BD 1-3	ÜBK-O/S-BD 1	ÜBK-S-BD 2
CT	F-N/W-CT	F-S/O-CT	W-W-CT	W-O-CT	P-O-CT	P-W-CT				
BM			W-W-BM		P-O-BM	P-W-BM	ÜBB-S-BM 1-2	ÜBK-N-BD 1-3	ÜBK-O/S-BM 1	ÜBK-S-BM 2
SÖ		F-S/O-SÖ	W-W-SÖ		P-O-SÖ	P-W-SÖ	ÜBB-S-SÖ	ÜBK-N-SÖ 1-2	ÜBK-O/S-SÖ	
BKB			W-W-BKB	W-O-BKB	P-O-BKB					
BKA								ÜBK-N-BKA 1-2	ÜBK-O/S-BKA 1	ÜBK-S-BKA 1
HZ			W-W-HZ	W-O-HZ		P-W-HZ				
Gt	F-N/W-Gt	F-S/O-Gt	W-W-Gt	W-O-Gt						
S		ÜBK-S/O-SM					ÜBB-N-SM	F-O/S-SM-1	F-O/S-SM-2	ÜBK-S-SA

3.2.3 Instandsetzungsplanung

Mit den Ergebnissen der Untersuchung und den Erkenntnissen aus dem Prüfbericht kann dann ein Instandsetzungskonzept und Ausschreibungsunterlagen erstellt werden.

In diesem Fall lag keine Kontamination mit Schadstoffen vor, so dass die schadhaften Stellen und die Betonausbrüche standardmäßig reprofiliert werden konnten. Der stark carbonatisierte Beton konnte durch die Applikation eines Oberflächenschutzsystems geschützt werden. Der chloridkontaminierte Mittelpfeiler konnte, aufgrund hoher Chloridwerte jedoch geringer Korrosion und Korrosionswahrscheinlichkeit der Bewehrung mittels Prinzip 2 der TR Instandhaltung [22] und zusätzlichem Einsatz eines kathodischen galvanischen Systems geschützt werden.

3.3 Beispiel Spannbetonbrücke

3.3.1 Konzeption der Untersuchung

Die Spannbetonbrücke, wie die Abb. 6 zeigt, wies sehr ähnliche Schädigungen, wie im zuvor genannten Beispiel, auf. Somit wird hier auf die Beschreibung der zwingend erforderlichen und notwendigen Untersuchungen verzichtet und auf das vorherige Beispiel verwiesen.

An dieser Brücke traten zusätzlich im Bereich der Spannglieder Risse auf, welche senkrecht durch die Spannglieder verliefen. Somit musste eine Untersuchung des Zustandes der Spannbewehrung durchgeführt werden. Ferner lagen bereits einige Spanngliedhüllrohre (Abb. 7) frei. Es wurden also zusätzlich zu standardisierten Untersuchungen gemäß Kapitel 2.2.1 und 2.2.2 auch zerstörungsfreie Sonderuntersuchungen veranlasst.

Abb. 6: Beispiel einer Spannbetonbrücke

Abb. 7: Spannglieder teilweise bereits freiliegend

Auf der Grundlage der Auswertung des Prüfberichtes (DIN 1076 [1]) und der Erstbegehung konnte ein Untersuchungsplan erstellt werden. In mehreren Zeichnungen (exemplarisch in der Abb. 8) wurden die Untersuchungsstellen markiert und in einer Entnahmecheckliste (Tab. 4) zusammengefasst.

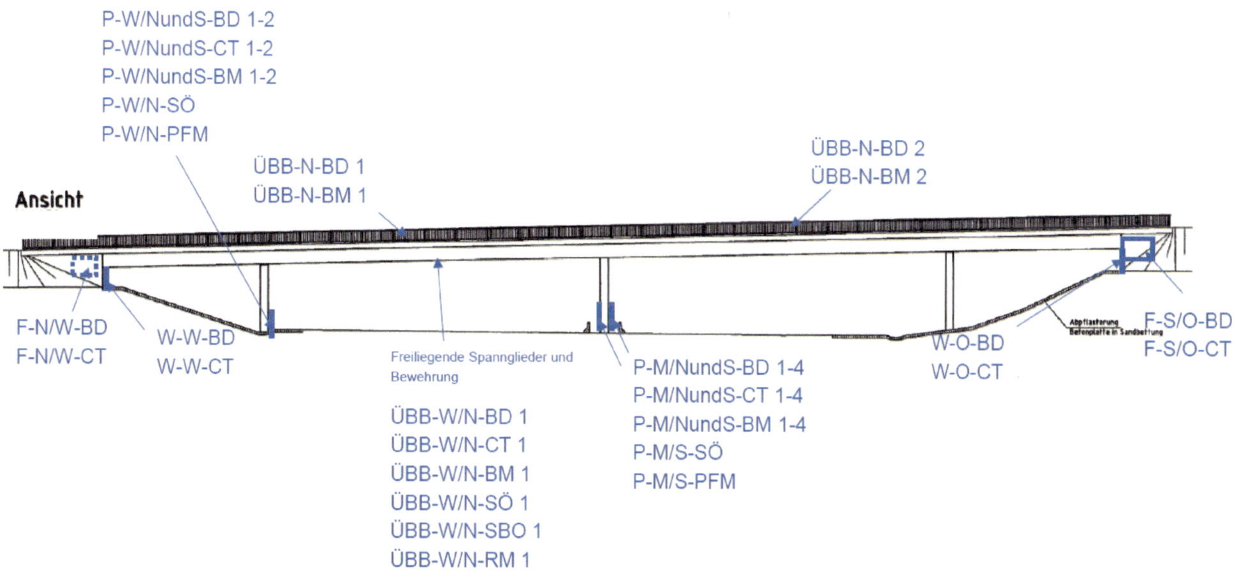

Abb. 8: exemplarische Zusammenstellung der Untersuchungen

Tab. 4: Auszug einer Entnahmecheckliste

Untersuchung	Stellen							
BD	P-M/N-BD 1-2	P-M/S-BD 1-2	ÜBB-W/N-BD 1	ÜBB-W/N-BD 2	ÜBB-W/N-BD 2	ÜBT-W/N-BD	ÜBB-W/S-BD	ÜBB-OS-BD
CT	P-M/N-CT 1-2	P-M/S CT 1-2	ÜBB-W/N-CT 1	ÜBB-W/N-CT 2	ÜBB-W/N-CT 2	ÜBT-W/N-CT	ÜBB-W/S-CT	ÜBB-O/S-CT
BM	P-M/N-BM 1-2	P-M/S-BM 1-2	ÜBB-W/N-BM 1	ÜBB-W/N-BM 2	ÜBB-W/N-BM 2	ÜBT-W/N-BM	ÜBB-W/S-BM	ÜBB-O/S-BM
PFM	P-M/N-PFM 1-2	P-M/S-PFM 1-2					ÜBB-W/S-PFM	
SÖ	P-M/N-SÖ 1-2	P-M/S-SÖ 1-2				ÜBT-W/N-SÖ	ÜBB-W/S-SÖ	ÜBB-O/S-SÖ
SBO			ÜBB-W/N-SBO 1	ÜBB-W/N-SBO 2	ÜBB-W/N-SBO 2	ÜBT-W/N-SBO	ÜBB-W/S-SBO	ÜBB-O/S-SBO
RM			ÜBB-W/N-RM 1	ÜBB-W/N-RM 2	ÜBB-W/N-RM 2	ÜBT-W/N-RM	ÜBB-W/S-RM	ÜBB-O/S-RM
RÖ			ÜBB-W/N-RÖ 1-4					

3.3.2 Durchführung der Untersuchung

Die Untersuchung der Spannglieder erfolgte mittels magnetischer Streufeldmessung [22] an Rissen im Beton, welche die Spannglieder kreuzten. Abb. 9 zeigt den Messvorgang, welcher durch Radarmessung zur Ermittlung der Bewehrungsverläufe unterstützt wird.

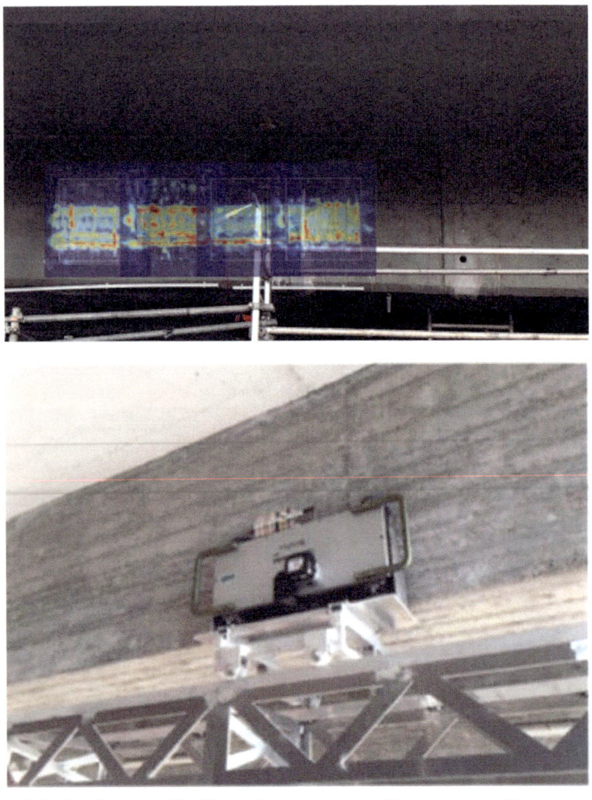

Abb. 9: Spanngliedbruchortung am Riss, unten Darstellung des Gerätes

3.3.3 Instandsetzungsplanung

Die Untersuchungsergebnisse ergaben ein zu erwartendes Schädigungs- und Kontaminationszustand der Brücke. Ein Bruch oder Schädigung der Spannglieder wurde nicht diagnostiziert. Somit musste eine Instandsetzung an dem Beton um die Spannglieder herum zwar berücksichtigt, jedoch keine Ertüchtigung der Spannglieder vorgenommen werden.

4. Fazit

Durch die detaillierte und vor allem objektbezogene Planung sowohl der Untersuchung als auch der Instandsetzung, konnte mit geringem Umfang und Kosten eine gezielte Instandsetzung der Bauteile der Brücke durchgeführt werden, um die Schäden zu beseitigen und somit die Zustandsnote des Bauwerks dauerhaft zu heben. Sowohl die Dauerhaftigkeit als auch die Verkehrssicherheit und nicht zuletzt die Standsicherheit der Brücke konnten größtenteils wiederhergestellt werden und sogar die Bauteile präventiv geschützt werden.

Eine gut vorbereitete Konzeption der Ausführung sorgt für eine schnelle, erfolgreiche und wirtschaftliche Instandsetzung nicht nur von Brücken- sondern auch anderen Bauwerken.

Literatur

[1] DIN 1076:1999-11, DIN1076EErlÄndErl HE 2011:2011-10-18: Ingenieurbauwerke im Zuge von Straßen und Wegen – Überwachung und Prüfung, Berlin: Beuth Verlag, 18.10.2011.

[2] https://www.google.de/maps oder ähnliche kartendarstellende Webseiten.

[3] https://www.planradar.com/de/; Dienstleistungen in der automatischen Datenverarbeitung und Informationstechnik; 1010 Wien.

[4] https://www.fieldwire.com/de/; Fieldwire by Hilti, Das All-in-one Tool für die Baustelle, San Francisco, CA 94105.

[5] https://m2ing.com; Herstellung und Vertrieb von Anwendersoftware für den B2B und B2G Bereich; 81379 München.

[6] Deutsche Gesellschaft für Zerstörungsfreie Prüfung e.V. (DGZfP), „Merkblatt B2 für Bewehrungsnachweis und Überdeckungsmessung bei Stahl- und Spannbeton," Berlin, 1990.

[7] DIN EN 14630:2007-01 „Produkte und Systeme für den Schutz und die Instandsetzung von Betontragwerken – Prüfverfahren – Bestimmung der Karbonatisierungstiefe im Festbeton mit der Phenolphthalein-Prüfung; Deutsche Fassung EN 14630:2006.

[8] DIN EN 14629:2007-06 „Produkte und Systeme für den Schutz und die Instandsetzung von Betontragwerken – Prüfverfahren – Bestimmung des Chloridgehaltes in Festbeton; Deutsche Fassung EN 14629:2007".

[9] SIA-Merkblatt, „Planung, Durchführung und Interpretation der Potenzialmessung an Stahlbetonbauten – Anhang VIII: Korrosionsgrad der Bewehrung"," Fassung 2006.

[10] DIN EN 12504-1:2019-09 „Prüfung von Beton in Bauwerken – Teil 1: Bohrkernproben – Herstellung, Untersuchung und Prüfung der Druckfestigkeit; Deutsche Fassung EN 12504-1:2019".

[11] DIN EN 1542:1999-07 „Prüfverfahren – Messung der Haftfestigkeit im Abreißversuch" Deutsche Fassung EN 1542: 1999.

[12] DGZfP Merkblatt B 03, „Elektrochemische Potentialmessung zur Detektion von Bewehrungskorrosion". Veröffentlicht vom DGZfP-Fachausschuss für Zerstörungsfreie Prüfung im Bauwesen – Unterausschuss Korrosionsnachweis für Stahlbeton, Berlin: DGZfP, April 2021.

[13] DIN EN ISO 2409: 2020-12, Beschichtungsstoffe – Gitterschnittprüfung (ISO 2409:2020), Berlin: Beuth, 2020-12.

[14] ETSI EN 302 066-1 V1.2.1 (2008-02) Electromagnetic compatibility and Radio spectrum Matters (ERM); Ground- and Wall- Probing Radar applications (GPR/WPR) imaging systems; Part 1: Technical characteristics and test methods.

[15] DIN EN ISO 9712:2022-09, „Zerstörungsfreie Prüfung – Qualifizierung und Zertifizierung von Personal der zerstörungsfreien Prüfung," Beuth Verlag, Berlin, Deutsche Fassung EN ISO 9712:2022.

[16] Redmer, B.; Likhatchev, A.; Weise, F.; Ewert, U. , „ Location of Reinforcement in Structures by Different Methods of Gamma-Radiography.," International Symposium Non-Destructive Testing in Civil Engineering (NDT-CE) 2003, Deutsche Gesellschaft für Zerstörungsfreie Prüfung e. V. (DGZfP) [Hrsg.], Berlin 2003.

[17] Deutsche Gesellschaft für zerstörungsfreie Prüfung e. V., Fachausschuss ZfP im Bauwesen: UA Magnetische Verfahren zur Spannstahlbruchortung: Positionspapier – Magnetische Verfahren zur Spannstahlbruchortung, 2017.

[18] WTA Merkblatt 5-17-21/D: Schutz und Instandsetzung von Beton: Instandsetzungskonzepte; Deutsche Fassung. Stand April 2021, Fraunhofer IRB Verlag, ISBN 9783738806465.

[19] Bundesministerium für Digitales und Verkehr; Zusätzliche Technische Vertragsbedingungen und Richtlinien für Ingenieurbauten [ZTV-ING], Dezember 2023.

[20] Bundesministerium für Verkehr und digitale Infrastruktur: Richtlinien für die Erhaltung von Ingenieurbauten [RI-ERH-ING].

[21] Deutscher Ausschuss für Stahlbeton im DIN e.V. (Hrsg): DAfStb-Richtlinie Schutz- und Instandsetzung von Betonbauteilen (Instandsetzungsrichtlinie), Teil 3: Ausführung. Berlin: Oktober 2001.

[22] DEUTSCHES INSTITUT FÜR BAUTECHNIK, „Technische Regel – Instandhaltung von Betonbauwerken (TR Instandhaltung): Teil 1 – Anwendungsbereich und Planung der Instandhaltung", und Teil 2:" Merkmale von Produkten oder Systemen für die Instandsetzung und Regelungen für deren Verwendung" Berlin, 05.2020.

[23] Andrei Walther et all; Der Bausachverständige; Zerstörungsfreies Untersuchen von Spannbetonbauteilen; Fraunhofer IRB Verlag, 6/2017.

Schiffsanprall auf Brücken – für Planung, Bauzeit und Bestand

Dipl.-Ing. Claus Kunz
Bundesanstalt für Wasserbau, Karlsruhe

Zusammenfassung
Schiffsstoßkräfte auf Brücken über Wasserstraßen basieren seit langem auf stochastischen Grundlagen und Überlegungen, womit nach aktuellem Zuverlässigkeitskonzept sichere und wirtschaftliche Bemessungen bei der Planung neuer Brückenbauwerke ermöglicht wird. Einige Hintergründe für die aktuellen Regelungen im Eurocode und dem zugehörigen Nationalen Anhang werden dargestellt. Neben der Planung neuer Brücken mussten in der Vergangenheit auch bestehende Brücken hinsichtlich Schiffsanprall bewertet werden. Hierfür wurde durch die Bundesanstalt für Wasserbau ein Konzept der Restnutzungsdauer etabliert, das unter Zuverlässigkeitsbetrachtungen für die Gesamt-Nutzungsdauer einer Brücke eine Reduzierung der Stoßlasten in Abhängigkeit der Restnutzungsdauer zulässt, sofern die Brücke hinsichtlich Schiffsanprall unauffällige ist. Die Methodik wird erläutert. Zwischen Planung (Neubau) und Bestand (Betrieb) einer Brücke liegt der Bau einer Brücke mit Baugruben und Baubehelfen (Hilfsstützen), die im Fahrwasser einer Wasserstraße angeordnet sind. Hierfür wird im Sinne temporärer Bauwerke auf der Methodik der Restnutzungsdauer aufgebaut und eine für eine spätere Normung beabsichtigte Vorgehensweise vorgestellt.

1. Einführung

Schiff-Brückenkollisionen mit festen Brücken sind im deutschen Wasserstraßensystem sehr seltene Ereignisse und die Folgen für die getroffenen Brücken beschränken sich bisher auf kleinere Schäden, wie z. B. lokale Schäden an Brückenpfeilern oder Überbauten. Dennoch können Kollisionen von Schiffen mit Brücken über Wasserstraßen die Tragfähigkeit von Brücken verletzen und zu einer Bedrohung für die Brückennutzer werden.

Für neue Brücken sind in den Regelwerken, z. B. [1], Anprallkräfte als dynamische Bemessungslasten angegeben. Diese Schiffstoßlasten genügen in der Regel der mit den Eurocodes eingeführten (semi-)probabilistischen Vorgehensweise, die eine sichere und wirtschaftliche Bemessung ermöglichen. Für bestehende Brücken über Wasserstraßen, die mit Unterbauten in der Fahrrinne theoretisch schiffsstoßgefährdet sind, in Deutschland gibt es etwa 750 an der Zahl, existiert ebenfalls ein Merkblatt [2]. Ältere Brücken sind häufig nicht auf Schiffsanprall nachgewiesen.. Eine Instandsetzung wäre zudem teuer und angesichts der Seltenheit des Anprallereignisses möglicherweise ineffizient, weshalb in [2] Zuverlässigkeitsaspekte für eine ebenfalls sichere und wirtschaftliche Bewertung bestehender Brücken hinsichtlich Schiffsanprall verankert wurden.

Für Baugruben oder Baubehelfe im Zusammenhang mit dem Bau neuer Brücken, häufig auch über externe Sicherungskonstruktionen bewerkstelligt, gibt es derzeit keine Regelungen. Vielmehr liegen gutachtliche Untersuchungen vor, die mit dem Ziel einer normativen Regelung künftig verallgemeinert werden sollen.

Der Beitrag zeigt für Binnenwasserstraßen die mechanischen und probabilistischen Hintergründe und Regelungen für Schiffsanprallasten für die Planung von neuen Brücken sowie davon abgeleitete Hintergründe und Regelungen für Schiffsanprallasten für Unterbauten bestehender Brücken, die auf dem Konzept der Restnutzungsdauer basieren, auf. Folgerichtig werden auch Regelungen für Bauzustände über die Zuverlässigkeit entwickelt, so dass der Schiffsanprall für Planung, Bauzeit und im Bestand auf einer konsistenten zuverlässigkeits-theoretischen Grundlage beruhen wird. Sinngemäß können auch Seeschifffahrtsstraßen behandelt werden. Anprall auf Überbauten wird nachfolgend nicht behandelt, ist aber in [1] und [2] behandelt.

2. Schiffsanprall als außergewöhnliche Einwirkung

2.1 Theoretischer Hintergrund des Schiffsanpralls

Die Modellierung von außergewöhnlichen Einwirkungen durch ungünstige deterministische Werte wurde kaum genutzt, da bei der Größe der Kräfte immer auch Aspekte des Risikos und der Wirtschaftlichkeit berücksichtigt werden sollten [3]. Später wurden stochastische Methoden für die Behandlung von Schiffskollisionen auf deutschen Binnenwasserstraßen entwickelt [4], [5]. Die Anprallbelastung bzw. Anprallenergie unterliegt streuenden natürlichen und verkehrsbedingten Einflüssen, weshalb die Auswirkungen durch Verteilungen beschrieben werden. Für die Behandlung des Schiffsanpralls wurde ein probabilistisches Belastungsmodell mit einem probabilistischen Kollisionsmodell verknüpft, um eine Verteilung der wahrscheinlichen Anpralllasten zu erhalten, mit der der Bemessungswert unter Verwendung von genormten oder akzeptablen Risikokriterien bestimmt wird.

2.1.1 Lastmodell

Umfassende Studien zur Last-Verformung für Binnenschiffe wurden durch physikalische, analytische und numerische Untersuchungen durchgeführt [6], [7]. Der Unterbau einer Brücke, d. h. die Brückenpfeiler, können durch einen Frontalstoß „FF", meist parallel zur Pfeilerlängsachse und parallel zur Fahrtrichtung der Schiffe, und durch einen Flanken Stoß „FL", meist senkrecht zur Pfeilerlängsachse und senkrecht zur Fahrtrichtung der Schiffe, getroffen werden. Für beide Aufprallszenarien wurde eine bi-lineare elastisch-plastische Last-Verformungs-Funktion ermittelt, die die Verformung des Schiffes beim Aufprall auf eine starre Struktur beschreibt (harter Stoß).

Die Lastgrößen beruhen im Allgemeinen auf einer Deformationsenergie E_{def}. Zur Ermittlung der dynamischen Lasten für Frontal- und Flankenstoß sowie des Last-Zeit-Verlaufs wird die Impulsgleichung verwendet, wobei kinetische Energie, Reibungsenergie und Verformungsenergie getrennt behandelt werden.

Die dynamische Stoßbelastung F_{dyn} in MN kann für ein $E_{def} \leq 0{,}21$ MNm (elastischer Stoß) durch:

$$F_{dyn} = 10{,}95 * \sqrt{E_{def}} \qquad [1]$$

und für $E_{def} > 0{,}21$ MNm (plastischer Stoß) durch:

$$FF_{dyn} = 5{,}0 * \sqrt{1 + 0{,}128 * E_{def}} \qquad [2]$$

bestimmt werden. E_{def} ist dabei die entsprechende Verformungsenergie für Frontal- und/oder Flankenstoß in MNm. Für die Verwendung in dynamischen Berechnungen wurden charakteristische Last-Zeit-Verlaufsfunktionen des kollidierenden Schiffes entwickelt. Die durch die BAW entwickelte Vorgehensweise war europäisch in [1] übernommen worden.

2.1.2 Kollisionsmodell

Die Wahrscheinlichkeit einer Kollision auf Brückenpfeiler wird durch ein Kollisionsmodell bestimmt, das die Geometrie der Wasserstraße und der getroffenen Struktur, die Fahrrinne sowie das Unfallverhalten und das Bremsvermögen der Schiffe berücksichtigt. Ein spezifisches Kollisionsmodell für Wasserstraßen ist in Abbildung 1 dargestellt und wird mathematisch beschrieben durch:

$$\lambda = \Sigma N_i * \int (d\lambda x/ds) * W_1(s) * W_2(s)\, ds \qquad [3]$$

mit:

λ	die Kollisionsrate pro Jahr
ΣN_i	die jährliche Anzahl der passierenden Schiffe, ggf. nach Klassen unterteilt
$(d\lambda x/ds)$	die streckenbezogene Unfallrate
$W_1(s)$	$= F_\phi(\varphi_1) - F_\phi(\varphi_2)$, die bedingte Wahrscheinlichkeit eines Kollisionswegs,
$W_2(s)$	$= 1 - F_x(s)$, die bedingte Wahrscheinlichkeit, dass die Kollision nicht vermieden werden kann.

Die streckenbezogene Unfallrate wird aus Aufzeichnungen statistisch ausgewertet, wobei z. B. nur Kollisionen, die für Brückenunfälle relevant sind, berücksichtigt werden. Die Vermeidung einer Kollision hängt wesentlich vom Stoppverhalten der Schiffe ab, das aufgrund von Zulassungstests in Abhängigkeit von der Antriebsleistung und der technischen Ausrüstung ermittelt werden kann.

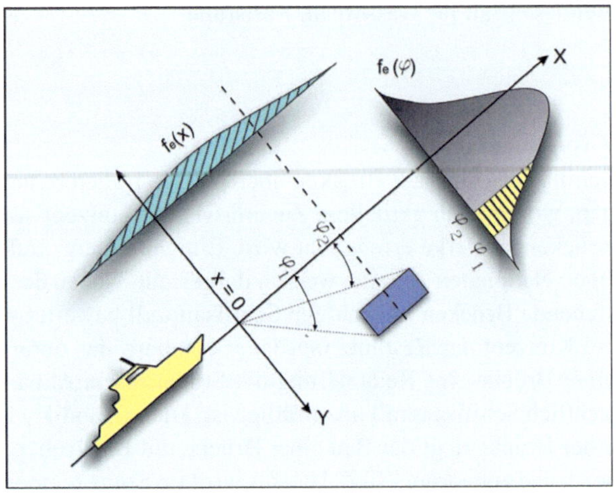

Abb 1: Kollisionsmodell für Wasserstraßen

2.1.3 Verknüpfung von Last- und Kollisionsmodell

Da Unfälle generell einer POISSON-Verteilung unterliegen, die auch als zutreffend für Schiffsunfälle nachgewiesen wurde [8], und die Zeitintervalle zwischen Unfällen negativ – exponentiell – verteilt sind, gilt

$$f_X(t \mid \lambda) = \lambda * exp\,[\lambda * t] \qquad [4]$$

$$F_T(t \mid \lambda) = 1 - exp\,[\lambda * t] \qquad [5]$$

Die Wahrscheinlichkeit der Stoßbelastung während eines Zeitintervalls wird durch die Verteilungsfunktion der Zeitintervalle zwischen den Ereignissen beschrieben. Mit $F_P(F)$ als der Verteilungsfunktion der Anprallbelastung ergibt sich

$$F_T(t) = 1 - \exp[-\{1 - F_P(F)\}\int_O^t \lambda(t)\,dt] \qquad [6]$$

$$F_T(t \mid \lambda) = 1 - \exp\left[-t/t_R\right] \qquad [7]$$

wobei

$$t_R = (\lambda * \{1 - F_P(F)\})^{-1} \qquad [8]$$

die Wiederkehrperiode einer speziellen Stoßbelastung ist, [11]. Die Umformung in eine dimensionslose Form liefert

$$\lambda \cdot t_R = \frac{1}{1 - F_P(F)} \qquad [9]$$

und ermöglicht eine einseitige dimensionslose Funktion, Abbildung 2. Abbildung 2 zeigt beispielhaft die Funktion für den Frontalstoß für ein untersuchtes Bauwerk in einer Wasserstraße der Klasse Vb, wie z. B in Main oder Mosel.

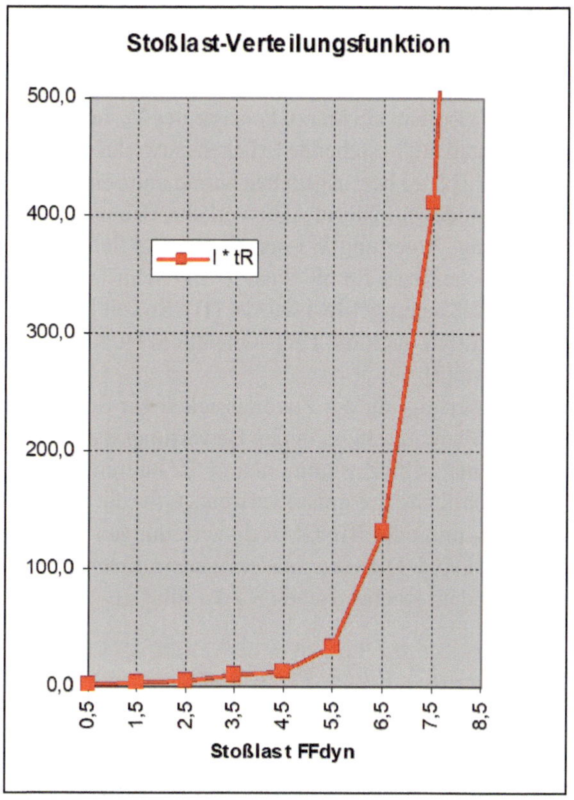

Abb. 2: Stoßlastverteilungsfunktionen für den Frontalstoß „FF_{dyn}" in [MN] in Abhängigkeit von $\lambda^* t_R$

Nach der Bestimmung der objektspezifischen Kollisionsrate λ und der Festlegung der Wiederkehrperiode zwischen den unerwünschten Versagensereignissen t_R wird die dynamische Anprallbelastung über $\lambda^* t_R$ für die Bemessung oder Bewertung ermittelt.

2.1.4 Normative Regelung für die Planung

Eine Vielzahl von untersuchten Brücken an deutschen Binnenwasserstraßen, für die von der Bundesanstalt für Wasserbau probabilistische Anpralllasten ermittelt wurden, führte zur generalisierten Analyse der daraus resultierenden Daten. Die europäische Klassifizierung der Binnenwasserstraßen nach CEMT-Klassen bot eine pragmatische Möglichkeit, typische Anpralllasten aus verschiedenen Untersuchungen an Wasserstraßen zusammenzufassen. Für jede relevante Wasserstraßenklasse wurden Stoßlasten ermittelt, Tabelle 1. Hierbei wurde auf eine für außergewöhnliche Einwirkungen einschlägig etablierte mittlere Wiederkehrperiode zwischen den unerwünschten Ereignissen t_R = 10.000 Jahren zurückgegriffen, die einer Überschreitungs-Wahrscheinlichkeit $p_ü = 10^{-4}$ pro Jahr entspricht und im Nationalen Anhang zu DIN EN 1991-1-7 als Bestimmungs-Wahrscheinlichkeit angegeben ist [1]. Dieser Überschreitungs-Wert lässt sich im Übrigen auch mittels „Direct Value Method" aus dem Sicherheitskonzept für CC-2-Bauwerke nach [9] ermitteln.

Die Überschreitungs-Wahrscheinlichkeit der Stoß-Einwirkung als außergewöhnliche Einwirkung liegt näherungsweise in der Größenordnung der Versagens-Wahrscheinlichkeit des gestoßenen Bauwerks. Durch Sicherheiten auf der Widerstandsseite ist das Bauwerk jedoch sicherer, als hat eine Versagens-Wahrscheinlichkeit $p_f < 10^{-4}$ /a.

Tab. 1: Entwicklung von dynamischen Stoßkräften, hier Frontalstoß, für typische Verhältnisse in Binnenwasser-straßen

Wasserstraßen-klasse (CEMT)	Beispiel-Wasserstraße	Unfallrate [U/(Pass.*km)]	Kollisionsrate λ [1/a]	FF_{dyn} [MN]
Va	Neckar	$3{,}9 * 10^{-5}$	0,025	8,2
Vb / VIa	Mosel	$1{,}9 * 10^{-5}$	0,019	9,2
	Main	$3{,}5 * 10^{-5}$	0,024	8,7
VI b	Donau	$7{,}7 * 10^{-5}$	0,032	14,0
VI c	Mittel-Rhein	$2{,}6 * 10^{-5}$	0,022	15,5
VII	Nieder-Rhein	$1{,}0 * 10^{-5}$	0,019	17,6

Mit ingenieurmäßigen Ergänzungen für die unteren Wasserstraßenklassen wurden die in Tabelle 1 dargestellten Untersuchungen und Werte europäisch in [1] übernommen, dort Tabelle C.3, Tabelle 2. Die normativen Kraftgrößen wurden dabei in der Regel auf der sicheren Seite gegenüber Tabelle 1 aufgerundet.

Tab. 2: Schiffstoßkräfte für Binnenschiffsverkehr, gemäß [1]

Wasserstraßen-Klasse (CEMT)	Dynamische Stoßkräfte Frontalstoß FF_{dyn} in [MN]	Flankenstoß FL_{dyn} in [MN]
I	2,0	1,0
II	3,0	1,5
III	4,0	2,0
IV	5,0	2,5
Va	8,0	3,5
Vb/VIa	10,0	4,0
VIb	14,0	5,0
VIc	17,0	8,0
VII	20,0	10,0

Die ermittelten Stoßkräfte wurden seinerzeit mit zum Teil auch lokal geltenden Regelungen in europäischen Nachbarländern mit Binnenschifffahrt plausibilisiert.

3. Schiffsstoß für bestehende Brücken

3.1 Sicherheitskonzept der Eurocodes

Grundlage der Eurocodes für die Bemessung von Bauwerken und Bauteilen ist ein bauart-übergreifendes Sicherheitskonzept nach [9]. Hintergrund des Sicherheitskonzeptes ist ein lebensdauerorientiertes Sicherheitskonzept, bei dem die Sicherheit von Bauwerken oder Bauteilen durch eine angestrebte Zuverlässigkeit β über die Bemessungslebensdauer T_N gewährleistet werden muss, [10] und Abbildung 3. Die Sicherheit wird durch die Unsicherheiten der verwendeten Modelle (d. h. Modell für die Einwirkungsermittlung, für das statische System, für den Widerstand) und der streuenden Basisgrößen für Einwirkungen und Widerstände als zeitinvariante Einflüsse beschrieben, Abbildung 3.

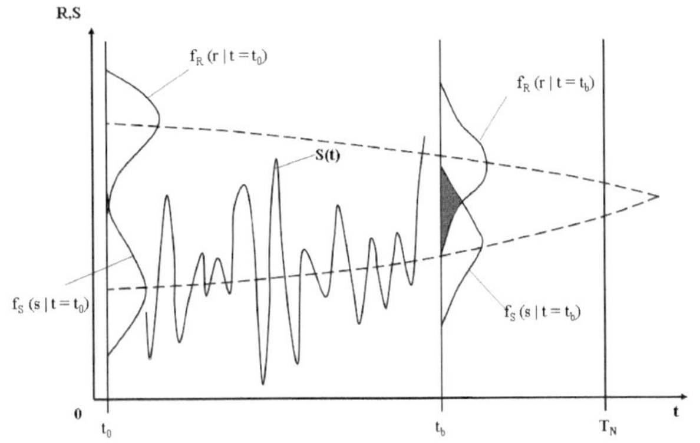

Abb. 3: Lebensdauerorientierte Zuverlässigkeit, aus [10]

[9] gibt Empfehlungen für die übliche Zielzuverlässigkeit β und die geplante Nutzungsdauer T_N von Infrastrukturbauwerken, wie Brücken, an. Die geplante Nutzungsdauer für brücken liegt bei T_N = 100 Jahren, Wird die Überschreitungs-Wahrscheinlichkeit für die Stoß-Einwirkung in den spezifischen Regelwerken [1] mit $p_ü = 10^{-4}$ pro Jahr als angenäherte Versagens-Wahrscheinlichkeit interpretiert und mit der geplanten Nutzungsdauer T_N = 100 Jahre zuverlässigkeits-theoretisch kombiniert, so ergibt sich nach [11] für Brücken die Gesamt-Versagenswahrscheinlichkeit $P_f = 0{,}01$ während der geplanten Nutzungsdauer.

3.2 Restnutzungsdauerkonzept

Unter Berücksichtigung des Zuverlässigkeitskonzeptes von [9] und [10] kann gefolgert werden, dass für die Bewertung eines bestehenden Bauwerks die verbleibende Zeit vom Bewertungszeitpunkt bis zum Ende der Nutzungsdauer betrachtet werden muss. Sofern zum Bewertungszeitpunkt in der vergangenen Betriebsdauer kein Versagen aufgetreten ist, die Brücke hinsichtlich Schiffsanprall unauffällig war, kann die geforderte Zuverlässigkeit für die verbleibende Nutzungsdauer unter Berücksichtigung der Streuungen der relevanten Einwirkungen angesetzt werden. Diese Zuverlässigkeit entspricht in etwa der für ein neues Bauwerk für die geplante Nutzungsdauer T_N = 100 Jahre, die jetzt für weniger Jahre angesetzt wird. Die Methode entspricht dem Instandhaltungskonzept, dass Bauwerke innerhalb der Nutzungsdauer bis zum Zustand einer Grenz- oder kritischen Zuverlässigkeit (Ende der Nutzungsdauer) altern dürfen, ohne dass sie wesentlich instandgesetzt werden müssen. In Konsequenz des Zuverlässigkeitskonzeptes nach [9] und [10] muss dies zu niedrigeren charakteristischen Werten für zeitinvariante Einwirkungen, d. h. veränderliche und außergewöhnliche Einwirkungen führen. Im Falle eines Versagens in der verbleibenden Nutzungsdauer würde die ursprünglich angestrebte Zuverlässigkeit nicht verletzt werden. Das Ergebnis wäre auch im Falle eines Versagens sozial angemessen.

3.3 Schiffseinwirkung bei bestehenden Brücken während ihrer Restnutzungsdauer

Einschlägige Regelwerke zur Berücksichtigung von Schiffsstößen als außergewöhnliche Einwirkungen für Neubauten und grundlegenden Instandsetzungen sind [1] und sein Nationaler Anhang. Im Nationalen Anhang werden ergänzende Betrachtungen für bestehende Bauwerke empfohlen, wenn die grundlegenden Methoden und Ziele der Grund-Norm erfüllt sind. Daher hat die Bundesanstalt für Wasserbau ein hierzu konsistentes Verfahren für Schiffsanprall auf bestehende Brücken entwickelt, das als Merkblatt [2] 2013 herausgegeben wurde und vom seinerzeitigen Bundesministerium für Verkehr, Bau und Stadtentwicklung, Abteilung Wasserstraßen und Schifffahrt, als technische Regel für die Wasser- und Schifffahrtsverwaltung (WSV) eingeführt wurde, [11]. Soweit bekannt, orientieren sich auch die Fach-Öffentlichkeit außerhalb der WSV an [2].

Bei der Übertragung der Zuverlässigkeit für Schiffsanprall vom Planungsstatus in den Bewertungsstatus wird der mathematische Zusammenhang für begrenzte oder außergewöhnliche Ereignisse verwendet, für die typische POISSON- und/oder BINOMIAL-Verteilungen bekannt und erprobt sind. Die Gesamt-Versagenswahrscheinlichkeit P_f aus dem stochastischen Risiko führt zu

$$P_f = (1 - e^{-(T_{NR}/t_R)}) \qquad [10]$$

mit T_{NR} als Restnutzungsdauer und t_R als Wiederkehrperiode zwischen den (unerwünschten) Ereignissen, die reziprok zur Überschreitungswahrscheinlichkeit $p_ü$ ist, [4]. Die Umrechnung ergibt

$$t_R = \frac{-T_{NR}}{ln(1-P_f)} \qquad [11]$$

und ermöglicht die Bestimmung von Wiederkehrperioden (reziprok zu Überschreitungswahrscheinlichkeiten) entsprechend einer bestimmten Restnutzungsdauer.

Im Weiteren wurden die Schiffsstoßkräfte herangezogen, die bereits für die Kalibrierung der dynamischen Anpralllasten für [1] ermittelt worden waren, vgl. Tabelle 1. Abbildung 4 zeigt die typische Schiffsstoßkraftverteilung für die deutsche Wasserstraßenklasse Vb, die etwa 70 % aller deutschen Wasserstraßen abdeckt. Für diese typische Bedingung wurden von der Bundesanstalt für Wasserbau repräsentative Kollisionsraten aus verschiedenen Gutachten analysiert. Ein exponierter Brückenpfeiler für eine typische Brücke wurde mit einer mittleren numerischen Kollisionsrate λ von $\lambda_{FF} = 0{,}0115$ [1/a] für den Frontalstoß und $\lambda_{Fl} = 0{,}00276$ [1/a] für den Flankenstoß analysiert.

Mit der oben erwähnten Gesamt-Versagenswahrscheinlichkeit über die Nutzungsdauer von $P_f = 0{,}01$ als stochastischem Risiko, für die zuvor Anprallkräfte für geplante Bauwerke während der geplanten Nutzungsdauer bestimmt wurden, wurden dann mit Hilfe von Gleichung [11] Anprallkräfte für bestehende Bauwerke und ihre Restnutzungsdauer ermittelt. Für verschiedene Restnutzungsdauern $T_{RN} < 100$ Jahre ergeben sich angepasste, reduzierte Anprallkräfte, die in Tabelle 3 für Frontal- und Flankenstoß dargestellt sind.

Die Verringerung der Wiederkehrperiode in Abhängigkeit von der verbleibenden Restnutzungsdauer führt zu einer reduzierten Anprallkraft $F = f(T_{NR})$ bei gleicher Kollisionsrate λ, Abbildung 5.

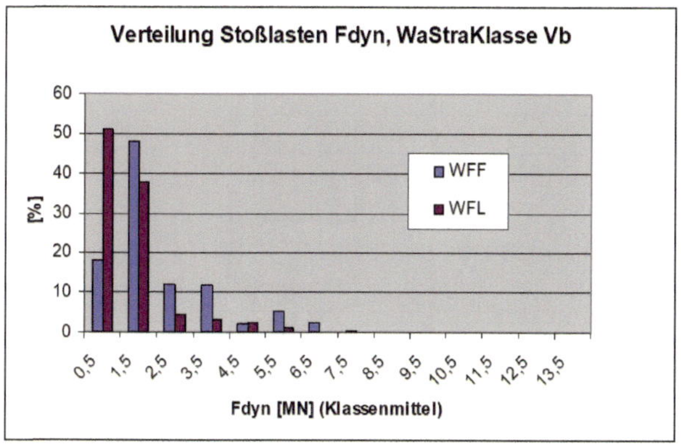

Abb. 4: Wahrscheinlichkeitsverteilungen für Schiffsstoßkräfte für die Wasserstraßenklasse Vb, Frontalstoß (WFF) und Flankenstoß (WFL)

Tab. 3: Dynamische Frontal- und Flankenstoßlasten in Abhängigkeit von der Restnutzungsdauer, [2] und [11]

T_{NR} [a]	t_R [a]	λ_{FF}* t_R [-]	FF_{dyn} [MN]	[%]	λ_{FL}* t_R [-]	FL_{dyn} [MN]	[%]
100	10.000	115	6,3	100	27,6	3,3	100
75	7.500	86	6,0	95	20,6	2,9	88
50	5.000	58	5,75	91	13,9	2,3	70
25	2.500	29	5,3	84	7,0	1,2	36
10	1.000	12	4,4	70	2,9	0,63	19
1	100	1,2	0,5	8	0,3	0,17	5

Diese Schiffsstoß-Verteilungsfunktionen verhalten sich für die verschiedenen Wasserstraßenklassen ähnlich, so dass sich auch die verbleibende Restnutzungsdauer-abhängige Reduzierung der Anprallkräfte ähnlich verhält. Zur Verallgemeinerung wurden die Kräfte mit Prozentsätzen dargestellt. Aus Sicherheitsgründen wurde als untere Grenze ein Verhältnis von 40 % festgelegt, das für den Frontalstoß den Stoßkräften für eine Restnutzung von ca. 3 Jahren und für den Flankenstoß den Stoßkräften für eine Restnutzung von ca. 25 Jahre entspricht, Abbildung 5.

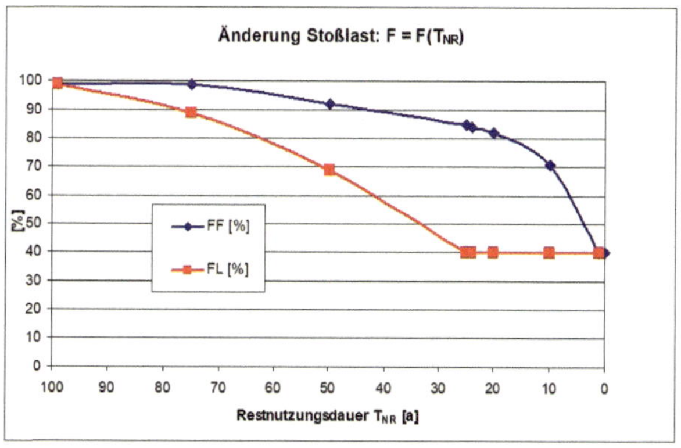

Abb. 5: Anpassung der Schiffsstoßlasten $F = f(T_{NR})$, [2]

Für die praktische Anwendung im Rahmen einer Bewertung einer bestehenden Brücke hinsichtlich des Schiffsanpralls wird die wasserstraßenklassenbezogene dynamische Stoßkraft aus [1], Tabelle 2, entnommen und mit dem verbleibenden Restnutzungsdauer-bezogenen prozentualen Anteil nach [2], hier auch Abbildung 5, verrechnet. Das Ergebnis wurde damit für die Anwendung mit tabellierten Stoßkraft-Größen verallgemeinert. Das Ergebnis sind an die Restnutzungsdauer angepasste dynamische Anprallkräfte. Für alte Brücken, bei denen die geplante Nutzungsdauer in früheren Regelwerken nicht definiert war, wird nachträglich eine ursprüngliche Nutzungsdauer von $T_N = 100$ Jahren angenommen.

Neben den an die Nutzungsdauer angepassten dynamischen Anprallkräften gibt [2] für bestehende Brücken zusätzlich Empfehlungen für den Tragfähigkeitsnachweis, für Teilsicherheitsbeiwerte, für die Ermittlung von Kennwerten für ältere Materialien und für eine Risikobewertung, z. B. über Nutzen-Kosten-Analysen, die in Abhängigkeit von einem Erfüllungsgrad durchgeführt werden kann. Hierbei lehnt sich [2] an [12] an, die hinsichtlich Straßenfahrzeug-Anprall eine plausible Methodik für die letztendliche Bewertung von Verstärkungsmaßnahmen an anprallgefährdeten Bauwerken in Abhängigkeit eines Erfüllungsfaktors enthält. Dadurch könnten einige oft teure und ineffiziente Instandsetzungen, die durch Schiffsanprallbewertungen induziert würden, zurückgestellt werden, während Sicherheitsdefizite priorisiert werden.

4. Schiffsstoß auf Baugruben oder deren Sicherung

4.1 Problemstellung

Für den Bau einer neuen Brücke sind Baugruben für Brückenpfeiler oder auch Hilfsstützen erforderlich, die als Behelfskonstruktionen mitunter eine deutlich kürzere Nutzungsdauer haben als das eigentliche Brückenbauwerk. Eine Bemessung dieser Baubehelfe für eine Anpralllast wie bei einer Brücke mit langer Nutzungsdauer wäre unwirtschaftlich und in manchen Fällen auch nicht durchführbar, [13]. Die Sicherung von Baugruben oder Hilfskonstruktionen kann durchaus 5 % der Baukosten der geplanten neuen Brücke kosten. Daher ist eine entsprechende Aufmerksamkeit angeraten.

Hierzu wird ein Konzept zur Bemessung von Baugruben und auch Schutzkonstruktionen gegen Schiffsanprall benötigt. Oftmals ist es nicht möglich, die eigentliche Baugrube gegen Schiffsanprall auszulegen, sondern ein vorgelagertes Schutzbauwerk muss diese Funktion übernehmen, das der gleichen Problematik unterworfen ist. Abbildung 6 zeigt ein Beispiel für eine solche Baugrube und deren Sicherung. Gezeigt wird als Beispiel eine Draufsicht mit einer gepunkteten Baugrube für einen neuen Brückenpfeiler und einer umgebenden polygonalen Schutzstruktur auf der rechten Seite. Der bestehende Brückenpfeiler der alten Brücke befindet sich auf der linken Seite. Die Baugrube befindet sich in der Fahrrinne.

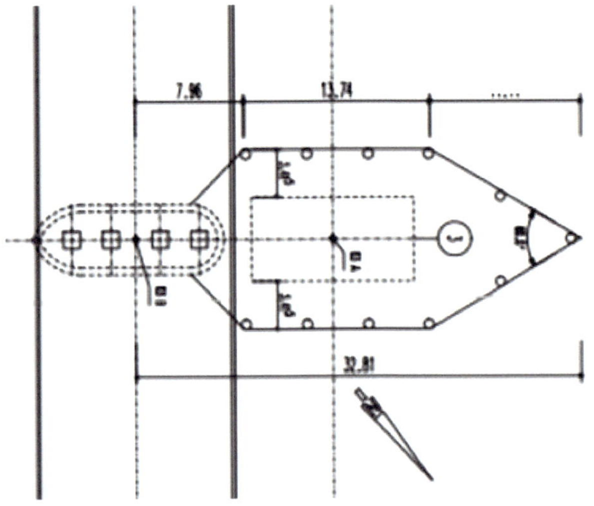

Abb. 6: Beispiel einer Baugrube für einen Brückenpfeiler in der Fahrrinne, [13]

4.2 Konzept Schiffsstoß für Baugruben

Dem Konzept für bestehende Brücken folgend kann für die kürzeren Standzeiten von Baugruben die Wiederkehrperiode standortspezifisch angepasst werden. Die Anwendung von Gl. [11] ermöglicht die Bestimmung von Wiederkehrperioden (reziprok zu jährlichen Überschreitungswahrscheinlichkeiten), die einer bestimmten bauzeiten-abhängigen Nutzungsdauer TN_{spec} entsprechen. Aus Projekt-Erfahrung der Vergangenheit mit dem Neubau von Brücken über deutsche Wasserstraßen haben Baugruben für Brückenpfeiler oder für temporäre Hilfspfeiler oft eine Nutzungsdauer von bis zu 5 Jahren, was für eine probabilistische Behandlung sehr kurz ist. Aus Sicherheitsgründen wurde daher in den Gutachten der Bundesanstalt für Wasserbau (BAW) ein Erweiterungsfaktor von „4" als Multiplikationsfaktor auf die vorgegebene temporäre Bauzeit TN_{temp} verwendet. Dadurch wird mit Blick auf Gl. [11] $TN_{spec} = (4 * TN_{temp})$.

4.3 Schutzvorrichtung für den Rückbau eines Pfeilers der ehemaligen Rheinbrücke Wesel

Im Jahr 2016 wurde ein alter Brückenpfeiler der ehemaligen Straßenbrücke über den Rhein in Wesel bei Rheinkilometer 814 zurückgebaut, nachdem 2009 eine neue, parallel dazu verlaufende Brücke in der Wasserstraße errichtet worden war. Für den Rückbau des alten Pfeilers wurde eine temporäre Spundwandbaugrube mit L x B = 47 × 21 m oberstrom vor Kopf des Pfeilers im Wasser errichtet, die durch ein Bauwerk geschützt werden musste, Abbildung 7, [14]. Der abzubrechende Brückenpfeiler grenzt an die Fahrrinne und wäre im Falle eines Schiffsunfalls direkt anprallgefährdet. Die Spundwandbaugrube reichte bis in eine Tiefe von 4,5 m unter das Rheinbett. Die Menschen, die in der späteren trockenen Baugrube arbeiten sollten, mussten vor einer Schiffskatastrophe mit unkontrollierbaren Wassereinbrüchen ohne Vorwarnung geschützt werden.

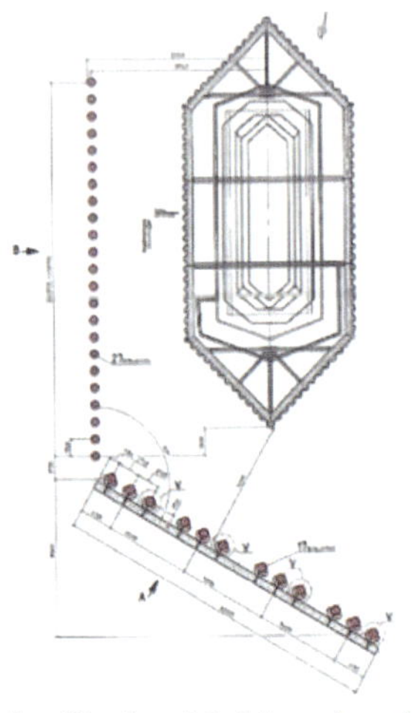

Abb. 7: Baugrube für den Rückbau des alten Pfeilers der Rheinbrücke Wesel und Sicherungsbauwerke, eines vor Kopf und eines seitlich, [14]

Das Sicherungsbauwerk vor Kopf wurde als Pfahl-Riegel-Konstruktion konzipiert, während das seitliche Sicherungsbauwerk mit Einzelpfählen errichtet wurde. Die dynamische Anpralllast von Schiffen für den Frontalaufprall wurde durch die BAW mit $FF_{dyn} = 6$ MN bestimmt, was einer Aufprallenergie von $E_{def} = 3{,}4$ MNm entspricht. Für den Flankenstoß wurden nur $FL_{dyn} = 0{,}5$ MN ermittelt, was einer Anprallenergie von $E_{def} = 0{,}02$ MNm entspricht. Grundlage waren die Daten von etwa 1.000 vorbeifahrenden Schiffen pro Tag, eine Unfallrate von $1 * 0^{-5}$ [Unfälle/(km*Schiff)], Massen der Schiffe bis zu 15.000 Tonnen und eine mittlere Geschwindigkeit von 20 km/h bei stromabwärts gerichteter Fahrt mit einer Standardabweichung von 2 km/h. Die Fahrrinne hat eine Breite von etwa 150 m und die Baugrube befindet sich direkt neben der Fahrrinne. Es wurde ein TN_{spec} mit 10 Jahren angenommen und die Wiederkehrperiode t_R wurde zu $t_R = 1.000$ Jahre bestimmt, Gleichung [11]. Der Rhein ist in diesem Abschnitt der Wasserstraßenklasse VII zugeordnet.

Das Sicherungsbauwerk vor Kopf wurde mit 12 Stahlrohren mit einem Durchmesser von 1220 mm und einer Wandstärke von 36 mm realisiert [14], Abbildung 8. Die Rohre sind jeweils 28 m lang und haben ein Einzelgewicht von 29 t. Die Riegelkonstruktion besteht aus 5 horizontalen Kastenprofilen 750 × 690 mm mit einer Wandstärke von 25 mm, Abbildung 8. Das seitliche Sicherungsbauwerk besteht aus 22 Stahlrohren mit einer Wandstärke von 12,5 mm. Sie sind 22 m lang und haben ein Einzelgewicht von 22 Tonnen. Bei der Planung und Konstruktion musste der hydrologisch stark schwankende Wasserstand des Rheins von etwa 11 Metern berücksichtigt werden.

Abb. 8: Einbau der unteren Riegelschicht für die Vor-Kopf-Sicherungskonstruktion; [14]

5. Schlussfolgerung

Der Schiffsstoß ist nicht nur für den Entwurf neuer Brücken oder die Nachrechnung bestehender Brücken von Bedeutung, sondern auch für die temporäre Bemessung von Brückenpfeiler-Baugruben oder Hilfsstützen in Wasserstraßen. Die probabilistisch basierte Methodik zur Ermittlung von Einwirkungen für die Planung neuer Bauwerke nach [1] und dessen Zuverlässigkeitskonzept wurde auch auf die Nachrechnung bestehender Brücken, [2], [8], dort für Restnutzungsdauern, und auch für weit kürzere bauzeit-bedingte Nutzungsdauern, wie sie für Baugruben gegeben sind, angepasst, [14]. Neben der probabi-listischen Behandlung schiffseinwirkungsrelevanter Daten, wie Schiffsmassen, Schiffsgeschwindigkeiten, Strömungsgeschwindigkeiten, Anprallwinkel, Kolli-sionsraten usw. ist die akzeptable Risikogrenze von großer Bedeutung. Die Risikogrenze in Form einer zulässigen Gesamt-Versagenswahrscheinlichkeit beim Schiffsanprall für den Entwurf neuer Brücken, die sich zu $P_f = 0{,}01$ für die geplante Nutzungsdauer errechnet, wurde auf das Problem der kürzeren (Rest-)Nutzungsdauern übertragen. Eine normative Regelung für die Bestimmung von Schiffsstoßkräften auf Baugruben bzw. deren Sicherungen ist in Arbeit.

Eine Priorisierung von sicherheitsgefährdeten Tragwerken an sich, auch mit weitergehenden risikoanalytischen Methoden, ist seit langem fester Bestandteil der modernen Sicherheitsphilosophie. In einem Gesamtsystem „Bauwerksbestand“ oder auch „temporäre Bauwerke“ lässt sich so bei begrenzten Ressourcen eine optimale Entscheidung treffen und damit insgesamt zu einem Mehr an Gesamt-Sicherheit verhelfen, vgl. auch [15].

Literatur

[1] DIN EN 1991-1-7 (2010): Einwirkungen auf Tragwerke – Teil 1-7: Allgemeine Einwirkungen – Außergewöhnliche Einwirkungen, einschließlich Nationalem Anhang (2019). Beuth-Verlag, Berlin.

[2] Bundesanstalt für Wasserbau (2013): Merkblatt: Nachweis bestehender Brücken auf Schiffsanprall (MNaBS), Karlsruhe, 2013.

[3] Krappinger, O.; Sharma, S.D. (1974): Sicherheit in der Schiffstechnik. In: Jahrbuch der Schiffbau-technischen Gesellschaft 68, 1974, p. 329–355.

[4] Kunz, C. (1990): Risikoorientierte Last-Konzeption für Schiffsstoß auf Bauwerke. In: Mitteilungsblatt der Bundesanstalt für Wasserbau Nr. 67, 1990, Karlsruhe.

[5] Kunz, C. (1998): Ship bridge collision in river traffic, analysis and design practice. In: Proceedings of the International Symposium on Advances in Ship Collision, Copenhagen/Denmark, 10–13 May 1998, Balkema, Rotterdam, 1998.

[6] Meier-Dörnberg K.-H. (1983): Schiffskolli-sionen, Sicherheitszonen und Lastannahmen für Bauwerke der Binnenwasserstraßen. In: VDI-Berichte Nr. 496, 1983, p. 1–9.

[7] Biehl F., Kunz C., Lehmann E. (2007): Collision of Inland Waterway Vessels with Fixed Structures: Load-Deformation Relations and Full Scale Simulations. In: 4th International Conference on Collision and Groundings of Ships. Hamburg, 2007.

[8] Kunz C. (1994): Beurteilung der Sicherheit von Brücken hinsichtlich Schiffsstoß. In: Zeitschrift für Binnenschiffahrt und Wasserstraßen Nr. 6, 1994, Verlag Hansa, Hamburg.

[9] DIN EN 1990 (2010): Eurocode – Grundlagen der Tragwerksplanung. Beuth-Verlag, 2010.

[10] JCSS (2001): Probabilistic Model Code, Part 1 – Basis of Design. Joint Committee on Structural Safety.

[11] Kunz, C. (2013): Bewertung von bestehenden Brücken hinsichtlich Schiffsanprall. In: Bautechnik 90 (2013), Heft 5, S. 280–285.

[12] Bundesamt für Strassen (2005): Richtlinie „Anprall von Strassenfahrzeugen auf Bauwerksteile von Kunstbauten“, Ergänzung zur Norm SIA 261, Einwirkung auf Tragwerke, ASTRA (Schweiz), 2005.

[13] Kunz, C. (2024): Ship impact loads on construction pits of bridges. In: IABSE Symposium Manchester 2024: Construction’s Role for a World in Emergency. Manchester, April 10–12, 2024.

[14] Groß T., Neuhaus H. (2016): Abbruch des rechtsrheinischen Pfeilers der Rheinbrücke Wesel. In: Schifffahrt und Technik, 5/2016.

[15] Schneider, J. (2000): „Are we, structural engineers, in effect killing people?“ In: Festschrift zum 60. Geburtstag von Prof. Dr. Lutz Sparowitz, Institut für Betonbau, Graz; 2000.

Hochwasserschäden an Brücken- und Ingenieurbauwerken

Lehren eines Katastrophenmonats in 2021

Dr.-Ing. Karin Reißen, Dipl.-Ing. Hans-Peter Doser
Doser Kempen Krause Ingenieure GmbH, Aachen

Dr.-Ing. Joerg Gallwoszus
Doser Kempen Krause Ingenieure GmbH, Brühl

Dipl.-Ing. Ralph Holst
Bundesanstalt für Straßenwesen (BASt), Bergisch-Gladbach

Zusammenfassung
Im Rahmen eines Forschungsprojektes im Auftrag der Bundesanstalt für Straßenwesen wurden die im Zuge des Hochwasserereignisses 2021 eingetretenen Schäden an Brücken, Stützbauwerken und Tunneln gesammelt und ausgewertet. Durch die Kategorisierung der erfassten Schäden in Verbindung mit den bauwerksspezifischen Konstruktionsdetails konnten konstruktive oder materialtechnische Schwachstellen erkannt und Ursachen und Wirkmechanismen herausgearbeitet werden. Zudem wurde eine umfassende Literaturrecherche zu bestehenden Richtlinien und Regelungen zu hochwasserangepassten Gestaltungsgrundsätzen und zusätzlichen baulichen Maßnahmen durchgeführt. Die Ergebnisse des Forschungsvorhabens bilden die Grundlage für die Entwicklung neuer Planungshilfen für eine hochwasserangepasste Konstruktion und Bemessung neuer Bauwerke sowie für die Planung von Schutzmaßnahmen zur Ertüchtigung bestehender Bauwerke. Hierdurch können negative Auswirkungen zukünftiger Hochwasserereignisse auf die Funktions- und Leistungsfähigkeit der Bauwerke deutlich reduziert oder vermieden werden, sodass insgesamt die Funktionsfähigkeit des Straßennetzes auch im Falle von extremen Hochwasserereignissen erhalten bleibt oder schnell wieder hergestellt werden kann.

1. Veranlassung und Zielsetzung

Seit einigen Jahrzehnten nehmen Naturkatastrophen wie Starkregenereignisse und daraus folgende Flusshochwasser zu. Das Hochwasserereignis im Juli 2021 mit seinen teils verheerenden Folgen bekräftigt die Notwendigkeit eines umfassenden Katastrophenmanagements und einer Hochwasservorsorge [4]. Teil des Hochwasserrisikomanagements ist die hochwasserangepasste Planung und Instandsetzung bzw. Verstärkung von Brücken- und Ingenieurbauwerken in überschwemmungsgefährdeten Gebieten. Hierdurch können negative Auswirkungen zukünftiger Hochwasserereignisse auf die Funktions- und Leistungsfähigkeit der Bauwerke deutlich reduziert oder vermieden werden, sodass damit insgesamt die Funktionsfähigkeit des Straßennetzes auch im Falle von extremen Hochwasserereignissen erhalten bleibt oder kurzfristig wieder auf ein Mindestmaß hergestellt werden kann.

2. Hochwasser und deren Vermeidung

2.1 Übersicht

Ursache für die Schäden an Brücken- und Ingenieurbauwerken im Zuge des Hochwasserereignisses im Juli 2021 waren Hochwasser an Flüssen und Bächen. Abb. 1 gibt eine Übersicht über den Ablauf eines Flusshochwassers und die grundlegenden Zusammenhänge. Durch den erhöhten Abfluss im Zuge eines Starkregenereignisses kommt es zu höheren Fließgeschwindigkeiten, vermehrtem Treibguteintrag und hohen Pegelständen. Übergeordnete Maßnahmen zur Verringerung des Hochwasserrisikos ist die Rückhaltung von Hochwasserabflüssen durch die Schaffung von Retentionsräumen, eine geringere Versiegelung von Flächen, Erhaltung der Speicherfähigkeit von Böden und die Verringerung des Treibguteintrags durch eine entsprechende Gewässerunterhaltung und Forstwirtschaft in angrenzenden Gebieten. An den Ingenieurbauwerken kommt es bei einem Flusshochwasser infolge des erhöhten Abflusses zu verschiedenen sogenannten lokalen Phänomenen, wie Auskolkungen und Längserosion, Anprall und Verklausung sowie Überströmung bzw. Überschwemmung (Abb. 1). Nachfolgend werden jeweils die Abläufe und Hintergründe der lokalen Phänomene kurz erläutert, die wesentlichen entstandenen Schäden an Brücken- und Ingenieurbauwerken infolge des Hochwasserereignisses 2021 vorgestellt und mögliche Maßnahmen zur Vermeidung der Phänomene und deren Folgeschäden aufgezeigt. Es wurden insgesamt 153 Bauwerke, davon 113 Brücken, 26 Stützbauwerke und 14 Tunnel/Trogbauwerke für die Aufnahme und Auswertung in der Datenbank ausgewählt. Hierbei wurde auf eine breite Streuung bezüglich der Lage, dem Bauwerkstyp, der Materialität und der betroffenen Bauteile geachtet. Bei der Datenbankauswertung werden die im Rahmen der Literaturrecherche gewonnenen Erkenntnisse zu Gestaltungsgrundsätzen (hauptsächlich aus den erst kürzlich aktualisierten Regelwerken DIN 19661 (Entwurf 2022) [2] und RE-ING (2022/2023) [8]) und zusätzlichen baulichen Maßnahmen auf ihre Umsetzung und Wirkung geprüft, sowie Zusammenhänge, Wirkungsketten und Schadensauswirkungen auf die Standsicherheit, Verkehrssicherheit und Dauerhaftigkeit herausgearbeitet.

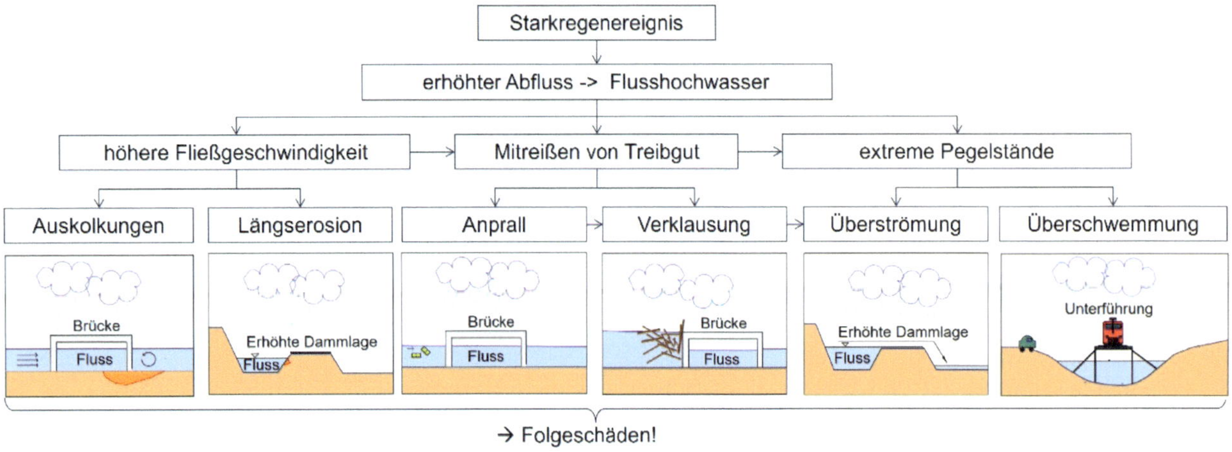

Abb. 1: Ablaufschema für ein Flusshochwasser und Auswirkungen auf Ingenieurbauwerke (eigene Darstellung, nach [5])

2.2 Auskolkung/Längserosion

Infolge des erhöhten Abflusses kommt es zu höheren Fließgeschwindigkeiten. Diese haben zur Folge, dass Sedimente und das Gelände an den Fundamenten von Pfeilern und Widerlagern ausgespült werden können [3] (Abb. 2). Durch den Bodenabtrag entlang des Flussufers entstehen Längserosionen z. B. an Dämmen und den Fundamenten von Längsbauwerken wie Stützmauern. Die oft schwerwiegenden Folgeschäden reichen vom Kippen oder Absacken eines Bauteils bis zum Verlust der Lagesicherheit (z. B. von Flusspfeilern) und dadurch zum Verlust der Gesamttragfähigkeit des Bauwerks, wie beispielsweise bei der in Abb. 3 dargestellten ursprünglich dreifeldrigen Brücke über die Erft (Friedrichstraße) nach Versagen der flach gegründeten Flusspfeiler.

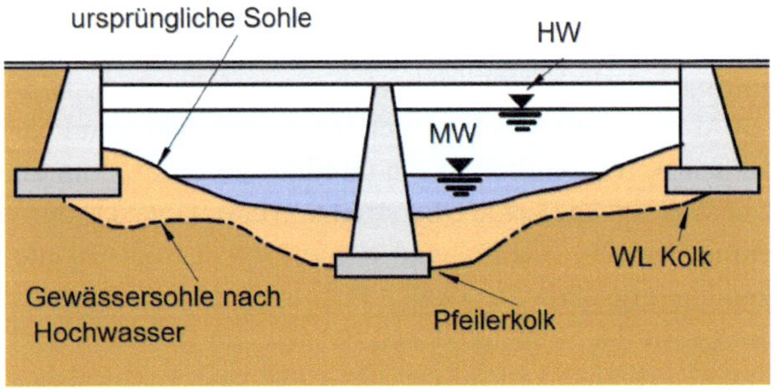

Abb. 2: Übersicht möglicher Kolkarten an einer Brücke (nach [3])

Abb. 3: Zerstörte Brücke über die Erft (Friedrichstraße)

Die meisten Tunnelbauwerke haben das Hochwasser ohne nennenswerte Schäden an der Tragstruktur überstanden. Während des Hochwasserereignisses wurden die Tunnel geflutet, sodass sie nicht mehr befahren werden konnten. Die resultierenden Schäden betreffen im Wesentlichen die Tunnelausstattung und Betriebstechnik. Zudem traten relevante Schäden hinter dem Tunnelbauwerk in Altenahr durch die Auskolkung des anschließenden Geländes auf. In Abb. 4 wird die enorme zerstörerische Wirkung des fließenden Wassers durch die Verwirbelungen im Bereich hinter dem Tunnel sichtbar. Durch die ausgeprägte Kolkbildung wurden die Straße samt anschließender Stützwand und die angrenzenden Gebäude unterspült.

Abb. 4: Auskolkungsschaden hinter dem Tunnel Altenahr

Als wichtigster Grundsatz zur Sicherstellung der Tragfähigkeit ist die Gründung stets ausreichend tief unter der maximalen Kolktiefe für das Bemessungshochwasser zu bemessen. Die maximale Kolktiefe tritt voraussichtlich nach einem extremen Niederschlagsereignis auf, da hier die größten Fließgeschwindigkeiten entstehen. Deshalb wird für die Kolkbemessung im Regelfall ein HQ_{100} (Bemessungshochwasser) angesetzt. Zusätzlich kann die Kolktiefe infolge von Verengungen des Durchflussquerschnittes (wie Verklausungen, siehe Abschnitt 2.4) begünstigt werden, da diese zu einer weiteren Erhöhung der Strömungsgeschwindigkeit führen [3]. Voraussetzung für die Entstehung eines Kolks ist die Überschreitung der kritischen Fließgeschwindigkeit, ab der ein Sedimenttransport im Gewässer stattfindet.

Anhand der in Abb. 5 dargestellten Strömungsprozesse an einem Flusspfeiler kann verdeutlicht werden, welche Parameter Einfluss auf die Entstehung eines Pfeilerkolks haben und wie sich die Form des Kolks ergibt. Bei Anströmung eines Flusspfeilers wird Wasser, das frontal auf den Pfeiler trifft, vertikal nach unten oder seitlich abgelenkt und beschleunigt. Am Fußpunkt des Pfeilers entstehen hufeisenförmige Verwirbelungen, die sich von der angeströmten Pfeilerseite aus auch seitlich am Pfeiler entlangziehen. Dadurch werden Sedimente aufgewirbelt und weggeschwemmt; es bildet sich ein Kolk. Unterstromseitig entstehen zudem Nachlaufwirbel.

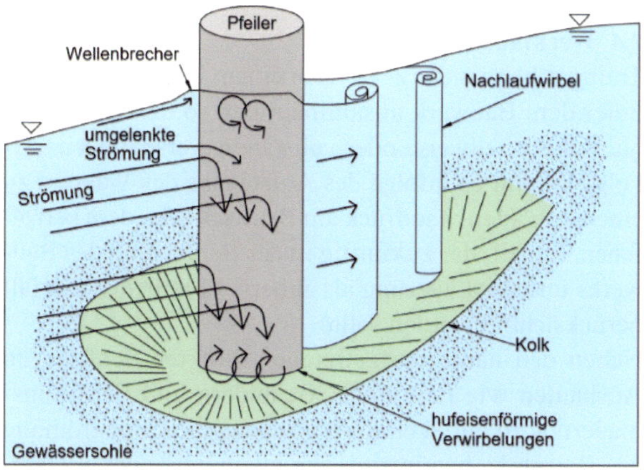

Abb. 5: Strömungen an einem Flusspfeiler, die zur Kolkbildung führen (eigene Abbildung, vgl. [3])

Die maximale Kolktiefe an einem pfahlartigen Bauteil, gemeint sind damit in der Regel Brückenpfeiler (keine Gründungsbauteile), kann nach DWA-M 529 [3] unter Berücksichtigung der verschiedenen Einflussfaktoren berechnet werden:

$$z_{max} = D \cdot k_{Fo} \cdot k_G \cdot k_V \cdot k_A \cdot k_{Fl} \cdot k_W \cdot k_U \qquad (1)$$

mit:

z_{max}	maximale Kolktiefe am Pfeiler
D	Pfeilerdurchmesser
k_{Fo}	Einflussfaktor Pfeilerform
k_G	Einflussfaktor Pfeilergruppe
k_V	Einflussfaktor Vertikale Geometrie
k_A	Einflussfaktor Winkel der Anströmung
k_{Fl}	Einflussfaktor Fließgeschwindigkeit
k_W	Einflussfaktor Wassertiefe
k_U	Einflussfaktor Ungleichförmigkeit Sohlmaterial

Mit zunehmendem Pfeilerdurchmesser (D) nimmt unter gleichbleibenden Randbedingungen die Kolktiefe zu. Für Pfeiler, die keinen runden Querschnitt haben, wird die Pfeilerbreite quer zur Strömung angesetzt. Sind die Erosionen so weit fortgeschritten, dass das Fundament freiliegt und angeströmt wird, sollten statt der Pfeilerabmessungen die Fundamentabmessungen angesetzt werden. Verklausungen können über den Ansatz eines Ersatzdurchmessers ($D_E > D$) berücksichtigt werden.
Der Einflussfaktor für die Pfeilerform (k_{Fo}, Abb. 6) berücksichtigt Randbedingungen für Pfeiler, die keinen runden Querschnitt haben. Abgerundete Formen verursachen weniger Strömungsablösungen und führen damit zu einer geringeren Kolktiefe. Elliptische Pfeiler in Strömungsrichtung weisen aufgrund ihrer allmählichen Querschnittsaufweitung den günstigsten Formfaktor auf. Allerdings ist bei länglichen Pfeilern die Anströmrichtung (Faktor k_A) besonders zu beachten. Verändert sich die Anströmrichtung, ist die projizierte Fläche quer zur Strömung deutlich größer, was zu einem größeren Kolk führt. Ideal bei wechselnder Strömungsrichtung sind kreisrunde Querschnitte ($k_A = 1$), da sie in alle Richtungen die gleiche projizierte Fläche aufweisen ([1], [8]).

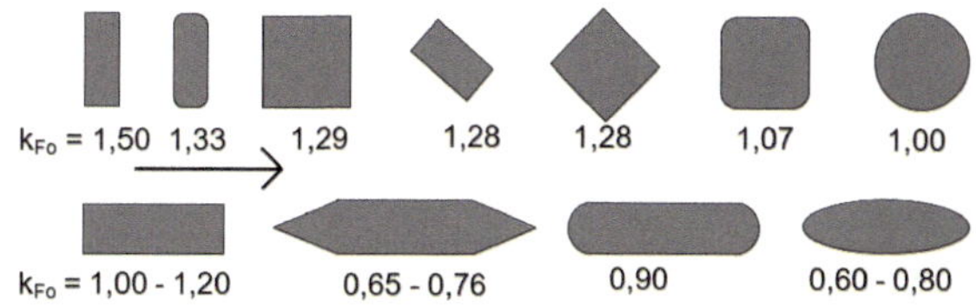

Abb. 6: Pfeilerformen (Grundriss) und zugehörige Beiwerte für die Kolkberechnung (nach [3])

Die vertikale Geometrie eines Pfeilers (Einflussfaktor k_V) bestimmt, in welchem Winkel anströmendes Wasser nach unten abgelenkt wird. Weitet sich der Pfeiler pyramidenförmig nach unten auf, wird die Ablenkung in Richtung Sohle gehemmt. Bei einer umgekehrten Pyramide wird Wasser in Richtung des Fundamentes und um einen spitzeren Winkel abgelenkt, was die Kolkbildung begünstigt. Die gegenseitige Beeinflussung von Pfeilern in Gruppen (Einflussfaktor k_G) bei einem Abstand von weniger als $8 \times D$ in Fließrichtung führt zu größeren Kolktiefen als bei Einzelpfeilern [3]. Weitere Einflussfaktoren auf die Kolktiefe sind die Fließgeschwindigkeit des Gewässers (ermittelt aus hydraulischen Berechnungen), die Wassertiefe (Einfluss bis ca. $h/D = 2{,}7$) und die Sedimenteigenschaften des Flussbetts (Ungleichförmigkeit des Sohlematerials) [3].
Zur Verringerung der Kolkgefahr können schon bei der Lage und Ausrichtung des Bauwerks und dem Bauwerksentwurf folgende Grundsätze einbezogen werden [1]–[3], [8]:

- Möglichst Lage in geraden Flussabschnitten (sonst erhöhte Kolkgefahr am Prallhang) und möglichst nicht an Engstellen (höhere Fließgeschwindigkeit)
- Ausbildung von (mind. 5 m breiten) Gewässerrandstreifen (zurückgesetzte Widerlager)
- Widerlagerwand senkrecht oder Neigung an Böschung angepasst (strömungsgünstig)
- Kanten der Widerlager abrunden oder umgelegte (und entsprechend anschließender Böschung geneigte) Flügelwände am Übergang zur Böschung (strömungsgünstig)
- Durchflussquerschnitt freihalten, möglichst auf Pfeiler verzichten
- Falls Pfeiler notwendig werden:
  - Anordnung möglichst außerhalb des Flussbereiches (Mittelwasserstand); bei erforderlicher Anordnung im Gewässer: nicht im Stromstrich (maximale Fließgeschwindigkeit)

- strömungsgünstiger Grundriss (z. B. rund/ellipsenförmig/sechseckig) und Ausrichtung in Strömungsrichtung
- vertikal gerade oder mit leichter Aufweitung zum Fußpunkt hin (günstiger Einfluss auf die Kolktiefe)

Zudem sollten zur Erhöhung der Dauerhaftigkeit und zur Verhinderung oder Verminderung von Auskolkungen zusätzliche Kolkschutzmaßnahmen an kolkgefährdeten Bauwerken vorgesehen werden [2], [3]. Gebundener Kolkschutz blieb nach dem Hochwasser oft (schollenweise) erhalten, wurde jedoch teils großflächig unterspült (Abb. 7). Daher sollte zukünftig ungebundener Kolkschutz (z. B. aus möglichst großen Wasserbausteinen) bevorzugt werden. Aus der Auswertung einzelner Beispiele können als weitere wirksame Kolkschutzmaßnahmen Wasserbausteine in Drahtgitterkörben oder die Sicherung der Gründung durch einen Spundwandkasten empfohlen werden.

Abb. 7: Unterspülung gebundener Kolkschutz

2.3 Anprall

Durch den hohen Wasserstand und die hohe Fließgeschwindigkeit in extremen Hochwasserereignissen wird viel loses Material, wie z. B. Holz oder Geröll mitgerissen. An Brückenbauwerken oder Stützbauwerken ist je nach Pegelstand der Zusammenstoß dieses Materials mit den Brückenpfeilern, Überbauten oder anderen Bauwerksteilen möglich. Dieser Anprall führt neben (kleineren) direkten Schäden am Bauwerk (z. B. Betonabplatzungen) insbesondere bei leichten Fuß- und Radwegbrücken im schlimmsten Fall zum Lageverlust oder Versagen des Bauwerks, wie das Beispiel einer leichten Schrägseilbrücke in Abb. 8 zeigt.

Zu den übergeordneten Entwurfsgrundsätzen zur Verringerung der Gefahr des Treibgutanpralls, der Verklausung und der Überströmung gehört die Schaffung eines möglichst großen Durchflussquerschnittes durch Maximierung des Freibords (i. d. R. Mindestfreibord 0,5 m, ggfs. Festlegung eines erhöhten Freibords von ≥ 1 m) und der Ausbildung von Gewässerrandstreifen. Bei der Bemessung des Bauwerks und der Lager sollte zukünftig auch bei nicht schiffbaren Gewässern ein Anprall als außergewöhnlicher Lastfall berücksichtigt werden.

Abb. 8: Zerstörter Überbau der Geh- und Radwegbrücke zwischen Reimerzhoven und Laach: Schrägseilbrücke aus Stahl aus dem Jahr 2015 [6]

2.4 Verklausung

Treibgut kann sich (z. B. nach einem Anprall) am oder unter dem Bauwerk ansammeln und so den Gewässerquerschnitt teilweise oder vollständig verschließen. Als Folge kommt es infolge des Aufstauens des Wassers zu einem erhöhten Staudruck am Bauwerk oder dem betroffenen Bauteil, der zukünftig in der Bemessung des Bauwerks und der Lagerung als außergewöhnlicher Lastfall berücksichtigt werden sollte.

Neben den häufig aufgetretenen direkten Schäden an Ausbauten wie Leitungen, Geländern und Brüstungsmauern wird durch eine Verklausung die Überströmung des Bauwerks begünstigt. Vor allem bei leichten Überbauten hat dies in einzelnen Fällen zum Lageverlust des Bauwerks geführt bzw. dazu beigetragen. Zudem wird durch die Verringerung des Durchflussquerschnitts die Fließgeschwindigkeit erhöht, wodurch wiederum die Kolkgefahr vergrößert wird.

Die Verklausungsgefahr kann durch übergeordnete technische Maßnahmen zur schadlosen Weiterleitung (Gleichrichter, Verschalungen, Druckbrücken) und/ oder zum Rückhalt (V-Rechen, Schwemmholznetze) von Treibgut verringert werden (ausführliche Beschreibung siehe [9]). Während sich Maßnahmen der schadlosen Weiterleitung an oder in unmittelbarer Nähe zum Bauwerk befinden, können Maßnahmen zum Treibgutrückhalt für Gewässerabschnitte angewendet werden und müssen sich nicht in direkter Nähe zum Bauwerk befinden. Außerdem kann durch eine Gewässerunterhaltung mit regelmäßigem Rückschnitt von Pflanzen in Ufernähe der Treibguteintrag gemindert werden.

Zur Verhinderung oder Verminderung von Verklausungen kann zudem neben der Berücksichtigung der zuvor beschriebenen allgemeinen Gestaltungsgrundsätze auf eine möglichst (über-)strömungs-günstige und verklausungsunempfindliche Ausbildung des Bauwerks geachtet werden. Günstig sind hierbei schlanke, geschlossene Querschnitte möglichst mit abgerundeter oder gevouteter Überbauunterkante (z. B. Spannbetonplatten). Gegebenenfalls kann zudem durch eine angepasste Geländer- und Kappengeometrie die Verklausungsgefahr reduziert werden. Ungünstig hingegen sind offene Querschnitte (z. B. Verbundbrücken mit offenen Trägern, siehe Abb. 9), Fachwerkbrücken oder Bogen- oder Schrägseilbrücken mit abgehängter Fahrbahn, da sich hier potenziell vermehrt Treibgut verfangen kann (siehe Abb. 10).

Abb. 9: Verklausung der offenen Querschnitte einer Verbundbrücke zur Unterführung der Olef

Abb. 10: Verklausung an der Landgrafenbrücke: Bogenbrücke mit angehängter Fahrbahn

2.5 Überströmung/Überschwemmung

Durch den erhöhten Abfluss hervorgerufene extreme Pegelstände können (oft zusätzlich begünstigt durch eine Verklausung) zu einer An- oder Überströmung des Bauwerks oder des umliegenden Geländes führen. Steigt der Pegel bei einer Überströmung über die Bauwerksoberkante, führt dies unter Anderem zu einer temporären Nutzungseinschränkung von Straßen und Brücken und den bereits genannten Folgeschäden im Zusammenhang mit Anprall und Verklausung. Wenn sich eine Verklausung löst bzw. das Bauwerk oder Teile des Bauwerks versagen, kann zudem eine Schwallwirkung entstehen, bei der die aufgestauten Wassermassen mit höherer Energie in den nachfolgenden Flussabschnitt gelangen und dort noch größere Schäden verursachen.

Becken-, Trog- und Tunnelbauwerke, deren Abflusssystem überlastet ist, werden überschwemmt, was auch bei diesen Bauwerken vorübergehend zur eingeschränkten Verkehrssicherheit, sowie selten zu weiteren Folgeschäden am Bauwerk, jedoch häufig zu Schäden an der Betriebstechnik geführt hat.

Neben der Berücksichtigung eines Lastansatzes für eine An- bzw. Überströmung sollte bei überströmungsgefährdeten Bauwerken auf eine hochwasserresiliente, robuste Bauweise geachtet werden. Während Steinbogen- und Gewölbebrücken tendenziell durch größere Bauteilflächen mehr Angriffsfläche für An- oder Überströmungen aufweisen, weisen Rahmenbrücken oder semi-integrale Bauweisen durch die monolithische Verbindung von Über- und Unterbau keine Lager als Schwachstelle oder begünstigenden Faktor für Treibgutablagerungen auf. Vorgespannte Plattenbrücken ermöglichen durch ihre geringe Überbauhöhe größere Freiborde und bieten eine kleinere Angriffsfläche bei einer Anströmung als z. B. Plattenbalken oder Verbundbauwerke.

Sollten bei überschwemmungsgefährdeten Bestandsbauwerken Kappen (nach alter Bauart) lediglich über eine Schubaufkantung in ihrer Lage gesichert sein, sollte eine Kappenverankerung nach aktueller Richtzeichnung oder eine nachträgliche Kappenverankerung ergänzt werden. Hierdurch kann ein Lageverlust der Kappe bei Überströmung, wie er in Einzelfällen auftrat, verhindert werden. Ein entscheidendes Problem bei der Hochwasserkatastrophe im Jahr 2021 bestand darin, dass insbesondere an Flussquerungen die Telekommunikation sowie die Strom- und Wärmeversorgung häufig auf einzelne Versorgungsleitungen angewiesen war. Beim Versagen der Brückenbauwerke fielen auch die entlang der Brücken verlegten Versorgungsleitungen aus, was zu schwerwiegenden Kaskadeneffekten auch für die umliegenden Bereiche führte. Daher sollte in hochwassergefährdeten Gebieten nach Möglichkeit auf eine Montage von Versorgungsleitungen an Brückenbauwerken verzichtet und die Ausführung von gedükerten Leitungen bevorzugt werden.

3. Vorschläge zur hochwasserangepassten Planung von Ingenieurbauwerken

Bei der Auswertung der Schadensbeispiele wurde deutlich, dass viele Bauwerke nicht ausreichend für den Hochwasserabfluss 2021 und voraussichtlich auch nicht für kommende Hochwasserabflüsse konstruiert, bemessen und dimensioniert sind. Um bestehende Bauwerke für den Hochwasserfall zu verstärken, Neubauten hochwasserangepasst zu planen und gleichzeitig Kosten und Verkehrsbehinderungen zu minimieren, sollte ein Leitwerk mit umfassenden Empfehlungen für hochwasserresiliente Bauweisen von Ingenieurbauwerken und gezielten Maßnahmenempfehlungen erarbeitet werden. Die Ergebnisse des Forschungsvorhabens liefern einen wichtigen Beitrag hierzu. Aufbauend auf den Erkenntnissen aus dem Stand der Wissenschaft und Technik und der Datenbankauswertung wird ein Vorschlag für ein Ablaufschema zur hochwasserangepassten Planung und Bemessung von Ingenieurbauwerken in Abb. 13 vorgestellt. Hierbei werden Vorschläge für die folgenden einzelnen Planungsschritte sowie offene Punkte aufgezeigt:

- Über eine grundsätzliche Einstufung des Hochwasserrisikos über Hochwassergefahrenkarten wird zunächst festgelegt, ob für das betrachtete Bauwerk eine hochwasserangepasste Planung verfolgt werden muss.
- Die Risikobewertung mittels der hierfür entwickelten RAINEX-Methode („Risk-based Approach for the Pro-

tection of Land Transport Infrastructure against Extreme Rainfall" [5]) ermöglicht die Bewertung der Exposition (Einwirkung) und Vulnerabilität (Verwundbarkeit) für die einzelnen möglicherweise auftretenden lokalen Phänomene. Im Langtext des Schlussberichts [9] wird das Vorgehen exemplarisch anhand der durch das Hochwasser 2021 zerstörten Ahrtorbrücke vorgestellt.

- Die Risikobewertung der lokalen Phänomene ist abhängig von den Planungsrandbedingungen wie den Eigenschaften des anstehenden Bodens (Kolkgefahr), der Trassenführung (Lage am Flusslauf) und der im Zuge des Entwurfs zu definierenden bauwerksspezifischen Merkmale der Pfeileranordnung und der verwendeten Baustoffe sowie von hydraulischen Parametern wie Hochwasserabfluss, Wasserstand/Freibordhöhe und Fließgeschwindigkeit sowie nach Möglichkeit der voraussichtliche Treibgutanfall.
- Einfluss auf die hydraulischen Berechnungen haben gegebenenfalls vorhandene zusätzliche Maßnahmen, wie Hochwasserschutzanlagen oder Retentionsräume, Maßnahmen zum Treibgutrückhalt (V-Rechen) oder sonstige Maßnahmen der Gewässerunterhaltung.
- Entsprechend der Risikobewertung für verschiedene lokale Phänomene können angepasste Entwurfsgrundsätze zur Verhinderung oder Verminderung der Auswirkung der lokalen Phänomene ausgewählt werden.
- Bei der Bemessung (und Nachrechnung) von hochwassergefährdeten Bauwerken sollten für den Hochwasserfall in der außergewöhnlichen Bemessungssituation je nach Randbedingungen und Risiko für die lokalen Phänomene Lastfälle für Treibgutanprall, An- und Überströmung sowie Staudruck infolge Verklausung berücksichtigt werden. Zudem sollte bei kolkgefährdeten Bauwerken die Gründung unterhalb der maximalen Kolktiefe erfolgen und durch einen Kolkschutz geschützt werden.

Für eine hochwasserresiliente Ausbildung betroffener Bauteile sollten Ausbildungsdetails in den Richtzeichnungen für Ingenieurbauwerke bzw. Beispiele für hochwasserangepasste Entwürfe in der RAB-ING [7] ergänzt werden. In Abb. 13 bis Abb. 14 sind entsprechende Grundsätze und zusätzliche bauliche Maßnahmen skizzenhaft dargestellt. Abb. 11 zeigt ein Beispiel für eine hochwasserresiliente Gestaltung von Brücken in der Draufsicht. In Folgende Aspekte sollten beachtet werden:

- Anordnung Brückenbauwerk nach Möglichkeit in Bereich mit geradem Flussabschnitt, Ausrichtung der Fundamente und Unterbauten möglichst parallel zur Strömung (Kreuzungswinkel mögl. 100 gon, damit gleichzeitig keine Schiefwinkligkeit entsteht)
- Anordnung zurückgesetzter Widerlager, falls möglich Ausbildung beidseitiger Gewässerrandstreifen (großer Durchflussquerschnitt)
- Kanten der Widerlager abrunden oder umgelegte (und entsprechend anschließender Böschung geneigte) Flügelwände an Übergang zu Böschung (strömungsgünstig)
- Durchflussquerschnitt freihalten, möglichst auf Pfeiler verzichten
- Falls Pfeiler notwendig werden:
  - Anordnung möglichst außerhalb des Mittelwasserstandes; bei erforderlicher Anordnung im Gewässer: nicht im Stromstrich (maximale Fließgeschwindigkeit)
  - strömungsgünstiger Grundriss (z. B. rund/ellipsenförmig/sechseckig, abgerundete Kanten) und Ausrichtung
  - vertikal gerade oder mit leichter Aufweitung zum Fußpunkt hin (günstiger Einfluss auf die Kolktiefe)
  - Pfeiler im Abflussquerschnitt des Bemessungshochwassers sollten unterhalb der maximalen Kolktiefe gegründet und zusätzlich durch einen Kolkschutz gesichert werden

In Abb. 12 sind zwei Varianten der Gestaltung von Widerlagerwand, Überbau und Gründung für eine einfeldrige hochwasserresiliente Brücke in der Ansicht zu sehen. Es sollte auf folgende Merkmale geachtet werden:

- zurückgesetzte Widerlager mit senkrechter Widerlagerwand oder an die Neigung der Böschung angepasste Widerlagerwand; die Variante mit Anpassung an die Neigung der Böschung ist strömungsgünstiger, eine senkrechte Widerlagerwand ist einfacher in Bemessung und Ausführung
- Einhaltung des Mindestfreibords (i.d.R. 0,5 m, ggfs. Festlegung eines erhöhten Freibords von $\geq$ 1 m), und Ausbildung von Gewässerrandstreifen $\geq$ 5 m, um den Durchflussquerschnitt zu maximieren und die Überströmungsgefahr herabzusetzen
- möglichst kleine Überbauhöhe (z. B. Platten als Überbauquerschnitt) oder robuste Bauweise (z. B. Rahmenbrücken oder Einsatz von Betongelenken), um Schäden infolge An- oder Überströmung vorzubeugen
- in Abhängigkeit der Kolkgefahr: Gründung unterhalb der maximalen Kolktiefe, z. B. Tiefgründung (Pfahl- oder Spundwandgründung) mit Kolkschutz oder Flachgründung im Spundwandkasten

Abb. 11 zeigt zwei Varianten für eine hochwasserresiliente Ausbildung von Überbauquerschnitten. Dabei sind folgende Planungsgrundsätze zu beachten:

- möglichst strömungsgünstige Ausbildung des Überbauquerschnitts durch Abrundung der Überbauunterkante oder Voutung des Querschnitts; die Unterkante sollte geschlossen ausgeführt werden
- strömungsgünstige Gestaltung der Kappen durch abgerundete Kanten oder komplett gerundete Kappen (Ausführungsmöglichkeit prüfen)
- Kappenverankerung nach aktuellen RiZ-ING [10] falls keine Verankerung vorhanden ist, sollte diese im Rahmen einer Instandsetzung ergänzt werden, um die Lage der Kappe bei Überströmung zu sichern
- Bei überströmungsgefährdeten Bauwerken kann ggfs. eine strömungsgünstige Ausführung des Geländers durch gebogene Formen in Erwägung gezogen werden
- Nach Möglichkeit Verzicht von (offenen, ungeschützten) Leitungsführungen am Überbau

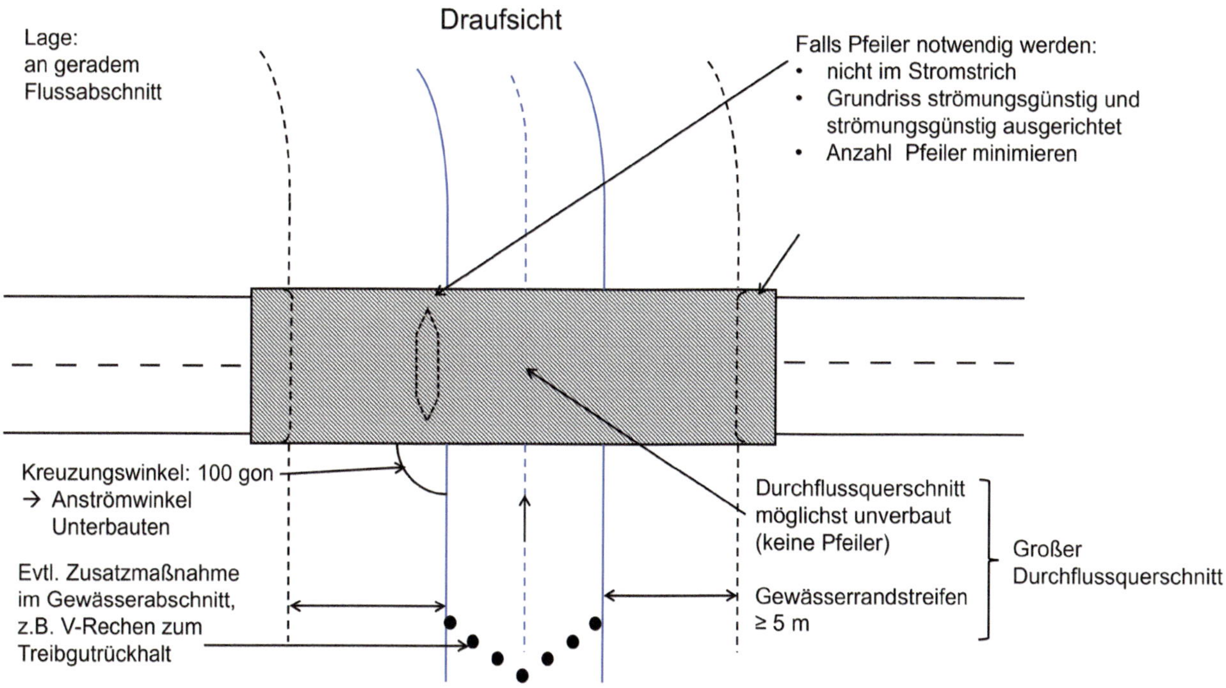

Abb. 11: Skizze Vorschläge für hochwasserangepasste Gestaltungsgrundsätze an Brücken: Draufsicht

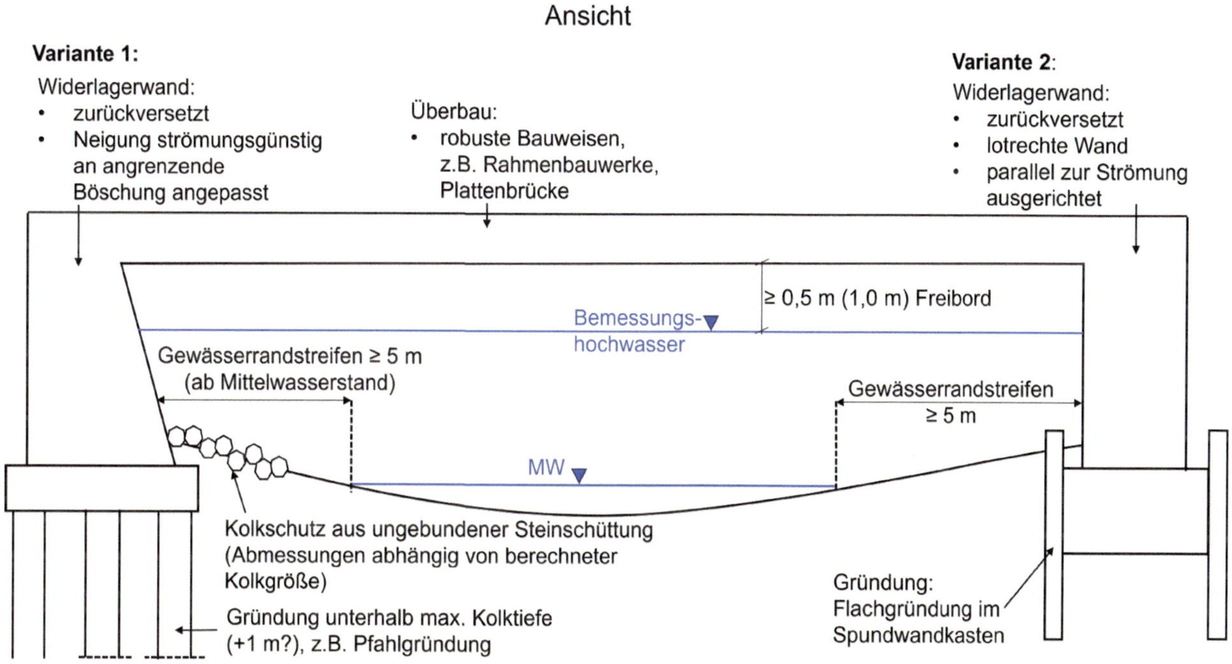

Abb. 12: Skizze Vorschläge für hochwasserangepasste Gestaltungsgrundsätze an einfeldrigen Brücken: Ansicht

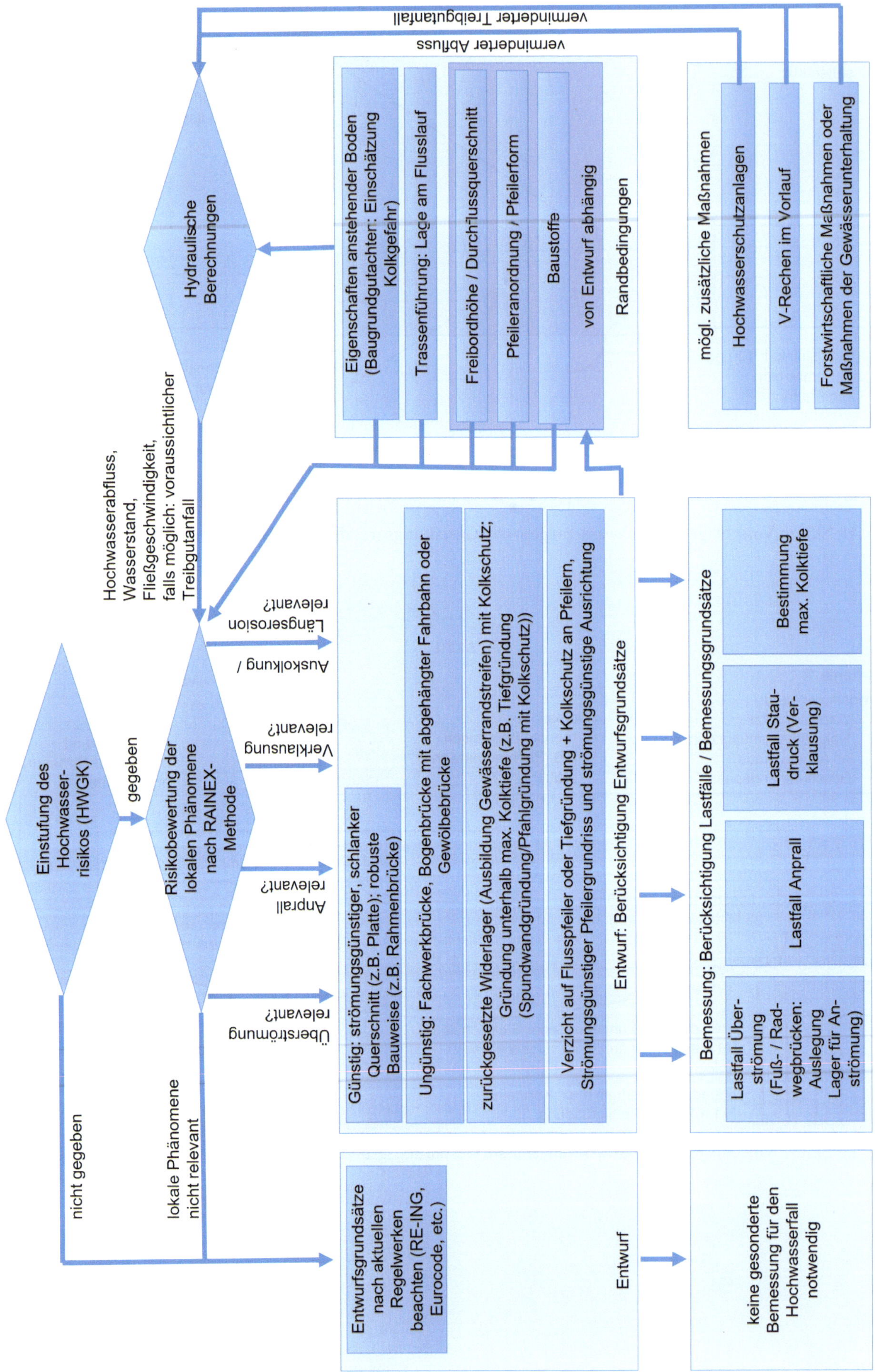

Abb. 13: Ablaufschema hochwasserangepasste Planung von Ingenieurbauwerken

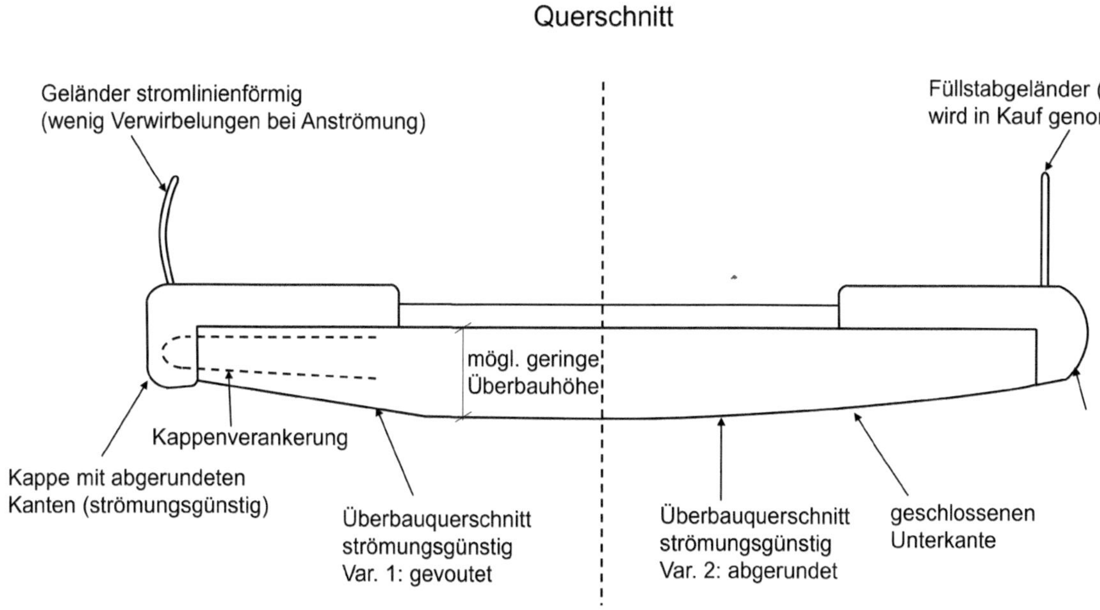

Abb. 14: Skizze Vorschläge für hochwasserangepasste Gestaltungsgrundsätze an Brücken: Querschnitt

Aufgrund der großen Anzahl an Bestandsbauwerken ist die Erarbeitung von Möglichkeiten der Verstärkung zur Steigerung der Hochwasserresilienz und die Schaffung von Rückhalteflächen für Hochwasserabflüsse von besonderer Bedeutung. Dabei sollte zunächst der Fokus auf die Wahrung der Standsicherheit von Bauwerken gesetzt werden, sodass keine Ersatzneubauten erforderlich werden und die Bauwerke im Notfall (z. B. durch Einsatzkräfte) noch genutzt werden können. Schäden an Bauteilen wie z. B. Geländern und Belägen, die die Verkehrssicherheit beeinträchtigen, sollten weniger zeit- und kostenintensiv instand zu setzen sein. In Abhängigkeit der möglicherweise auftretenden und vorzubeugenden lokalen Phänomene ergeben sich unterschiedliche Möglichkeiten/Erfordernisse der Verstärkung und/oder sonstiger baulicher Maßnahmen zur Reduzierung des Hochwasserrisikos und seiner Auswirkungen, die im Langtext des Schlussberichts [9] ausführlich beschrieben sind. Bei der nachträglichen Verstärkung von Stützmauern im Bestand kann beispielsweise eine Rückverankerung zur Lagesicherung der Wand sinnvoll sein.

4. Zusammenfassung und Ausblick

Im Rahmen eines Forschungsvorhabens im Auftrag der Bundesanstalt für Straßenwesen wurden die Schäden an Brücken- und Ingenieurbauwerken im Bundesfernstraßennetz durch das Hochwasserereignis in NRW und RLP im Juli 2021 analysiert. Der vorliegende Beitrag gibt einen Einblick in die daraus gewonnenen Erkenntnisse. Der vollständige Schlussbericht [9] inklusive der in der „Erfahrungssammlung Hochwasserschäden an Brücken- und Ingenieurbauwerken“ gesammelten Schadensbeispiele wird auf Nachfrage seitens der Bundesanstalt für Straßenwesen auf Anfrage an verlag@bast.de zur Verfügung gestellt. Im Schlussbericht werden aufbauend auf einer umfangreichen Literaturrecherche im Stand der Wissenschaft und Technik der Stand des Hochwasserrisikomanagements vorgestellt, grundlegende hydraulische Größen erläutert und Entwurfs- und Planungsgrundsätze für Ingenieurbauwerke mit Hochwasserrisiko zusammengestellt. In den derzeit gültigen Richtlinien und Regelungen sind schon viele Ansätze zu hochwasserangepassten Bauweisen enthalten. Allerdings sind viele Aspekte auf unterschiedliche Regelwerke verteilt und Hintergründe und Nutzen einzelner Regelungen werden nicht immer deutlich, was einen auf bestimmte Randbedingungen angepassten Entwurf und Bemessung im Hinblick auf eine höhere Hochwasserresilienz erschwert. Die übersichtliche Zusammenstellung vorhandener Regelungen, Gestaltungsgrundsätze und baulicher Maßnahmen zur Vermeidung der verschiedenen lokalen Phänomene und Gefahren infolge eines Hochwasserereignisses wie Auskolkung/Längserosion, Anprall, Verklausung, Überströmung und Überschwemmung sollen dem planenden Ingenieur sowie den Baulastträgern als Hilfestellung für die hochwasserangepasste Planung und Unterhaltung von Ingenieurbauwerken dienen.

In der Erfahrungssammlung „Hochwasserschäden an Brücken- und Ingenieurbauwerken“ (als Anhang zum Bericht [9]) werden repräsentative Beispiele anhand von Steckbriefen in Anlehnung an die Erfahrungssammlung „Verstärkungen älterer Beton- und Spannbetonbrücken“ [11] ausführlich vorgestellt. Hierbei wird neben den Bauwerksdaten und allgemeinen Angaben zum Schadenfall jeweils eine Beschreibung der Schäden und der möglichen Schadensursachen, Wirkmechanismen und konstruktiven, materialtechnischen oder betriebstechnischen Schwachstellen vorgestellt. Zudem werden – soweit bekannt – die Maßnahmen zur Schadensbeseitigung erläutert und mögliche Schlussfolgerungen für eine hochwasserresilientere Bauweise aufgezeigt. Die Erläuterungen werden hierbei jeweils durch aussagekräftige Bilder und Bauwerksskizzen ergänzt. Insgesamt leistet die Aufarbeitung und Analyse der Schäden einen wichtigen Beitrag für die Entwicklung einer hochwasserangepassten Planung und Bemessung von Brücken- und Ingenieurbauwerken.

Der vorgestellte Vorschlag für ein Ablaufschema für eine hochwasserangepasste Planung von Ingenieurbauwerken, die Vorschläge für hochwasserangepasste Gestaltungsgrundsätze sowie die Hinweise zu zusätzlich zu berücksichtigenden Lastfällen und Bemessungsgrundsätzen bilden die Grundlage für die Entwicklung neuer Planungshilfen für eine hochwasserangepasste Konstruktion und Bemessung neuer Bauwerke sowie für die Planung von Schutzmaßnahmen zur Ertüchtigung bestehender Bauwerke. Hierdurch können negative Auswirkungen zukünftiger Hochwasserereignisse auf die Funktions- und Leistungsfähigkeit der Bauwerke deutlich reduziert oder vermieden werden, sodass insgesamt die Funktionsfähigkeit des Straßennetzes auch im Falle von extremen Hochwasserereignissen erhalten bleibt oder schnell wieder hergestellt werden kann.

Danksagung

An dieser Stelle wird der Bundesanstalt für Straßenwesen für die Beauftragung des Projektes und den Mitgliedern des Betreuungsausschusses für die fruchtbaren Diskussionen gedankt. Weiterhin ist den Mitarbeitern der Straßenbauverwaltungen, die die Unterlagen zu den Schadensbeispielen zur Verfügung gestellt haben und bei Rückfragen gerne zur Verfügung standen, zu danken.

Literatur

[1] DIN 19961: Deutsches Institut für Normung e.V. (1998): DIN 19961 – Wasserbauwerke Teil 1: Kreuzungsbauwerke, Durchleitung- und Mündungsbauwerke.

[2] DIN 19961: Deutsches Institut für Normung e.V. (2022): DIN 19961 – Bauwerke in, an, über und unter oberirdischen Gewässern, Entwurf 2022.

[3] DWA-M 529: Deutsche Vereinigung für Wasserwirtschaft, Abwasser und Abfall e.V. (2021): Merkblatt DWA-M 529 Auskolkungen an pfahlartigen Bauwerksgründungen, 2. Auflage, Hennef.

[4] Gebekken, N., Videkhina, V., Pfeiffer E., Garsch M. und Rüdiger L. (2016): Risikobewertung und Schutz von baulichen Infrastrukturen bei Hochwasser, in Ernst & Sohn Verlag für Architektur und technische Wissenschaften GmbH & Co. KG, Bautechnik 93, Heft 4, S. 199–213.

[5] Krieger, J., Kohl, B., Mitsakis, E., (2016): Risikobasierter Ansatz zum Schutz der Landverkehrsinfrastruktur vor den Auswirkungen extremer Regenfälle (RAINEX), Handbuch, Bonn [online] https://www.rainex-project.eu/publications/rainex-handbook/ [abgerufen am: 11.01.2023]

[6] Prüfbericht Bauwerk 5408592, 2021 S4: B 267, Ahrbrücke zw. Reimerzhoven u. Laach, 17.02.2022.

[7] RAB-ING: Bundesministerium für Digitales und Verkehr (2022): Richtlinien für das Aufstellen von Bauwerksentwürfen für Ingenieurbauten RAB-ING, Teil 1–5, Stand 2022/01

[8] RE-ING: Bundesministerium für Verkehr und digitale Infrastruktur (2022/2023): Richtlinien für den Entwurf, die konstruktive Ausbildung und Ausstattung von Ingenieurbauten – RE-ING, 01-2022, 03-2023.

[9] Reißen, K. et al.: Analyse der Schäden an Brücken- und Ingenieurbauwerken im Bundesfernstraßennetz durch das Hochwasserereignis in NRW und RLP im Juli 2021. Schlussbericht FE 15.0698/2021/HRB, https://doi.org/10.60850/FV-B-15.0698, Aachen, 2023.

[10] RIZ-ING: Bundesanstalt für Straßenwesen (BASt) (2023): Richtzeichnungen für Ingenieurbauten (RIZ-ING).

[11] Schnellenbach-Held, M., Welsch, T., Fickler, S., Hegger, J., Reißen, K. (2016): Verstärkungen älterer Beton- und Spannbetonbrücken, Erfahrungssammlung. Dokumentation 2016. Bundesministerium für Verkehr und digitale Infrastruktur, Abteilung Straßenbau, Bonn.

Modellbasierte Bauwerksprüfung nach DIN 1076 zur Sicherstellung der Standsicherheit, Verkehrssicherheit und Dauerhaftigkeit

Dipl.-Ing. (FH) Birga Ziegler, M. Sc.
m2ing GmbH, München

Dipl.-Ing. Sabine Reim
m2ing GmbH, München

Zusammenfassung
Die regelmäßige Bauwerksprüfung nach DIN 1076 stellt einen entscheidenden Bestandteil der Instandhaltungsstrategie für Brücken und Infrastrukturprojekte dar. Der aktuelle Workflow ist jedoch häufig von zeitintensiven manuellen Prozessen geprägt, die die Effizienz beeinträchtigen und das Risiko von Fehlern erhöhen. Digitale Lösungen, insbesondere die modellbasierte Bauwerksprüfung, bieten vielversprechende Ansätze zur Optimierung dieser Prozesse. Dieser Artikel beleuchtet die Herausforderungen und Entwicklungen im Workflow der Bauwerksprüfung, untersucht die Rolle von Building Information Modeling (BIM) im Erhaltungsmanagement und erörtert die Vorteile der modellbasierten Schadensverortung. Es wird aufgezeigt, wie digitale Technologien die Qualität der Instandhaltung verbessern können, indem sie eine präzise Visualisierung und direkte Erfassung von Schäden ermöglichen. Zudem werden Anforderungen und Standards für BIM-Modelle im Erhaltungsmanagement diskutiert, während die praktische Anwendung und die erforderlichen Features für einen effektiven Viewer hervorgehoben werden. Abschließend wird ein Ausblick auf zukünftige Entwicklungen und die Integration von digitalen Lösungen in die Bauwerksprüfung gegeben.

1. Einführung

Die normkonforme Bauwerksprüfung nach DIN 1076 ist ein zentraler Bestandteil der Instandhaltung und Sicherheit von Ingenieurbauwerken, insbesondere von Brücken. Diese regelmäßigen Prüfungen sind notwendig, um die Standsicherheit, Dauerhaftigkeit und Verkehrssicherheit der Bauwerke zu gewährleisten. Die DIN 1076 legt klare Standards und Prüfintervalle fest, um sicherzustellen, dass mögliche Schäden rechtzeitig erkannt und behoben werden. Durch die strukturierte Erfassung von Schäden gemäß des Schadenskataloges der RI-EBW-PRÜF [1] und die Anwendung eines Bewertungsalgorithmus, der die maßgebenden Schäden und die betroffenen Bauteilgruppen berücksichtigt, wurde in Deutschland ein Standard etabliert, der international als Vorbild dient. Dieser Ansatz ermöglicht eine konsistente und objektive Bewertung des Bauwerkszustands, fördert die frühzeitige Identifikation von Sanierungsbedarf und trägt wesentlich zur Verlängerung der Lebensdauer von Ingenieurbauwerken bei. Die Einführung dieses Standards hat die Qualität und Effizienz der Bauwerksprüfungen deutlich gesteigert und zeigt, wie wichtig eine systematische Vorgehensweise in der Instandhaltung von Infrastrukturen ist.
In der Praxis ist der aktuelle Workflow jedoch häufig durch manuelle und zeitaufwendige Prozesse geprägt, die sowohl die Effizienz als auch die Genauigkeit der Prüfungen beeinträchtigen. Ingenieure und Ingenieurinnen dokumentieren Schäden während der regelmäßigen Prüfungen oft noch mit Stift und Papier. Diese traditionelle Vorgehensweise, bei der Schäden auf Plänen vermerkt und anschließend in digitale Systeme übertragen werden, birgt das Risiko von Übertragungsfehlern und beeinträchtigt die Effizienz der Prüfungen. Moderne Technologien und Programmsysteme beginnen jedoch, diesen konventionellen Ansatz zu revolutionieren. Durch die digitale Erfassung und sofortige Bewertung von Schäden vor Ort wird nicht nur die Effizienz gesteigert, sondern auch die Genauigkeit und Nachvollziehbarkeit der Prüfungen verbessert. Ein entscheidender Fortschritt stellt die modellbasierte Bauwerksprüfung dar, bei der Schäden direkt im digitalen Modell des Bauwerks erfasst und analysiert werden können. Diese Innovation führt zu einer Optimierung der Prüfprozesse und einer höheren Qualität der Instandhaltungsmaßnahmen.
In den folgenden Abschnitten wird die Rolle von Building Information Modeling (BIM) als Datengrundlage für das Erhaltungsmanagement beleuchtet. Die Vorteile der modellbasierten Schadensverortung und die aktuellen Entwicklungen im Bereich BIM werden analysiert, um zu verdeutlichen, wie digitale Bauwerksmodelle die Effizienz der Prüfungen erhöhen und gleichzeitig einen positiven Beitrag zur Nachhaltigkeit leisten können.

2. Aktueller Workflow

Der aktuelle Workflow der Bauwerksprüfung nach DIN 1076 ist oft noch stark von manuellen Prozessen geprägt. Bei der regelmäßigen Prüfung, die alle drei beziehungsweise sechs Jahre als Hauptprüfung durchgeführt wird, dokumentieren Ingenieure und Ingenieurinnen Schäden häufig noch mit Stift und Papier. Schäden werden häufig auf einem Plan mit einem zusätzlich aufgenommenen Foto dokumentiert, anschließend werden die Ergebnisse händisch in das Bauwerksprüfprogramm SIB-Bauwerke eingegeben. Das Vorgehen basiert bislang nur bedingt auf einem maschinenlesbaren Format, so ist es nicht vorgeschrieben, Schäden in BIM Methodik attributiert aufzunehmen oder georeferenziert zu verorten. Die alte Vorgehensweise in SIB-Bauwerke mit einer langwierigen Baumstruktur zur Auswahl des richtigen Schadensbeispiels ist nicht mehr zeitgemäß und kostet viel Zeit. Moderne Programmsysteme beginnen jedoch, diesen traditionellen Ansatz zu ergänzen. Diese Systeme ermöglichen es, Schäden direkt vor Ort digital zu erfassen und sofort zu bewerten, was die Effizienz und Genauigkeit der Prüfungen erheblich steigert. Der nächste Schritt in der Weiterentwicklung dieser Workflows ist die modellbasierte Bauwerksprüfung, bei der Schäden direkt im digitalen Modell des Bauwerks erfasst und analysiert werden können. Dies führt zu einer weiteren Optimierung der Prüfprozesse und einer verbesserten Qualität der Instandhaltung.

3. BIM als Datengrundlage für das Erhaltungsmanagement

3.1 Vorteile modellbasierte Schadensverortung

Die Vorteile von BIM sind weitgehend bekannt. Die modellbasierte Schadensbewertung ermöglicht eine visuelle und interaktive Darstellung der zu prüfenden Brücken. Im Gegensatz zu einer traditionellen reinen Beschreibendung der Lokalisierung oder einer 2D-Dokumentationen auf Skizzen oder Plänen bieten 3D-Modelle eine klare und präzise Visualisierung und Verortung, die Missverständnisse reduziert und Zusammenhänge zwischen Schädigungsarten und Bauteilgruppen verdeutlicht. Planer, Architekten und Ingenieure können durch die dreidimensionale Darstellung schneller Entscheidungen treffen und Änderungen effizient umsetzen. Zudem erleichtert es die Kommunikation zwischen den verschiedenen Projektbeteiligten, da alle denselben visuellen Referenzpunkt nutzen.

Eine modellbasierte Verortung von Schäden ermöglicht eine präzisere und umfassendere Analyse von Schadenszusammenhängen zwischen verschiedenen Bauteilgruppen. Durch die dreidimensionale Darstellung im Modell können Ingenieure erkennen, wie Schäden an einem Bauteil möglicherweise andere Bauteile beeinflussen und wie sich diese Zusammenhänge auf die Gesamtstruktur des Bauwerks auswirken. Diese ganzheitliche Sichtweise erleichtert die Bewertung von Schadensursachen und -folgen erheblich.

Darüber hinaus unterstützt die modellbasierte Verortung die Überwachung und Bewertung des Erfolgs von Instandsetzungsmaßnahmen.

3.2 Status BIM im Erhaltungsmanagement

BIM vereint als Methode der vernetzten Zusammenarbeit sämtliche relevanten Daten in einem digitalen Modell, dem digitalen Zwilling des Bauwerks. Da alle wesentlichen Akteure im Bauprozess mit diesen Modellen arbeiten, stehen die verarbeiteten Informationen allen Beteiligten zur Verfügung. Ändert ein Planer beispielsweise einen Querschnitt, können die anderen Projektbeteiligten ihre Fachplanungen sofort anpassen. Dadurch werden potenzielle Kollisionen frühzeitig erkannt, bevor sie während des Bauprozesses zu kostspieligen Verzögerungen führen. [12] BIM ist in der Planung von Neubaubrücken daher nicht mehr wegzudenken und seit 1. Januar 2021 besteht in Deutschland eine BIM-Pflicht bei der Vergabe öffentlicher Aufträge von Infrastrukturprojekten des Bundes, seit 2023 auch für den gesamten Bundesbau [3]. Doch wie sieht es nach Fertigstellung der Brücke aus? Im „Masterplan BIM Bundesfernstraßen" [2] bzw. bei „BIM Deutschland" wurde hierfür der BIM-Anwendungsfall 190 „Projekt und Bauwerksdokumentation" erstellt, indem As-built-Modelle (Revisionsmodelle) mit detaillierten Informationen zur Ausführung, z. B. verwendete Materialien und Produkte sowie ggf. Verweise auf Prüfprotokolle und weiteren Revisionsunterlagen erstellt werden, weiterführend wurde auch der Anwendungsfall 200 „Nutzung für Betrieb und Erhaltung" definiert [4] bzw. BIM Hamburg strukturiert dies noch weiter in die Anwendungsfälle 210 „Unterhaltungs- und Wartungsmanagement", 220 „Zustandserfassung, Prüfung und Inspektion" und 230 „Nutzungsmanagement"[5]. Auch die VDI 2552 spricht sich für BIM im Betrieb aus: „Die gewonnen Erkenntnisse über das tatsächliche Verhalten von Bauwerken im Betrieb müssen dann wieder in die Planung und der Bau der nächsten Generation von Bauwerken einfließen." [6]

Digitale Bauwerksmodelle sind ideal für das Erhaltungsmanagement von Brücken wie bereits 2016 in der Machbarkeitsstudie BIM für Bestandsbrücken beschrieben wurde. Und haben Nutzen in folgenden Teilbereichen des Erhaltungsmanagements [7]:

- Informationen bereitstellen: Dauerhafte Zugänglichkeit zu Daten wie Lokalisierung, Bauteilabmessungen und Materialien zum Zeitpunkt der Errichtung.
- Inspektion: Modelle unterstützen bei der direkten Verortung von Inspektionsergebnissen, einschließlich Schadensbeschreibungen und Fotografien.
- Zustandsbewertung: Einsatz des Modells für die Bewertung des Bauwerkszustands und die Instandsetzungsplanung.
- Zustandsprognose: Vorhersage des weiteren Zustandsverlaufs.
- Planung von Maßnahmen: Grundlage für die Planung von Ertüchtigungs-, Erneuerungs- oder Instandsetzungsmaßnahmen.
- Schadenshistorie: Visualisierung der Schadensentwicklung.

BIM in der Betriebsphase hilft dazu beizutragen, Schäden und Beanspruchungen transparenter und nachvollziehbarer zu dokumentieren. Dies ermöglicht es, frühzeitig Erhaltungsmaßnahmen zu ergreifen, was die Lebensdauer eines Bauwerks erheblich verlängern und den CO_2-Fußabdruck reduzieren kann. Eine verlängerte Lebensdauer von Brücken hat eine positive Auswirkung auf die CO_2-Bilanz, da sie die Notwendigkeit von Neubauten und umfangreichen Sanierungen verringert. Dies reduziert den Ressourcenverbrauch und die damit verbundenen CO_2-Emissionen erheblich. Die Erhaltung bestehender Brücken erfordert weniger Material und Energie als der Abriss und Neubau, was zur Schonung natürlicher Ressourcen und zur Minimierung des ökologischen Fußabdrucks beiträgt.[8]

Zudem bietet BIM im Erhaltungsmanagement die Möglichkeit, aus wiederkehrenden Schadensmustern zu lernen, um diese in zukünftigen Generationen zu vermeiden. Doch gibt es auch für Erhaltungs- bzw. Betriebsmodelle bundesweite Vorgaben oder Standardisierungen? Werden hierfür die As-built Modelle verwendet oder adaptiert? Der BIM Leitfaden für die freie Hansastadt Hamburg definiert Betriebs-/Facility Management-Modelle wie folgt: „In diesen Modellen werden alle für die Betriebsphase relevanten Informationen abgebildet. [...] Hierfür werden die betriebsrelevanten geometrischen und alphanumerischen Daten herausgefiltert und komplexe Geometrien und Informationen mit ausschließlicher Planungs- und Baurelevanz entfernt oder vereinfacht, um den modellbasierten Betrieb und die Pflege des Modells zu erleichtern. Weitere betriebsrelevante Informationen, wie Wartungsintervalle und Prüfzyklen, werden dem Modell hinzugefügt." [9]

Bisher gibt es keine einheitlichen Vorgaben, jedoch wird intensiv daran gearbeitet, durch kontinuierlichen Austausch und Zusammenarbeit Standardisierungen voranzutreiben.

3.3 Anforderungen an BIM-Modelle

Um die Vorteile von BIM auch im Erhaltungsmanagement voll ausschöpfen zu können, müssen die Modelle wie im Zitat oben beschrieben bestimmte Anforderungen erfüllen.

Als Grundlage sind unterschiedliche BIM-Modelle möglich. „As-designed" („wie geplant") bezieht sich auf Modelle, die aus der Ausführungsplanung stammen und das angestrebte Ergebnis des Bauwerks darstellen. „As-built" („wie gebaut") Modelle hingegen zeigen das tatsächlich realisierte Bauwerk und reflektieren somit den aktuellen Zustand. Unterschiede zwischen diesen Modelltypen können beispielsweise Daten zum Bauablauf, wie das Herstelldatum oder die vermessungstechnisch validierte exakte Position eines Bauteils, umfassen. „As-maintained" („wie erhalten") Modelle beinhalten zusätzlich Informationen, die im Laufe des Betriebs gesammelt werden. [7]

Unabhängig davon, welches Modell verwendet wird, ist Folgendes entscheidend: Die Standardisierung von Modellen erleichtert die Auswertung erheblich. Eine Verortung im globalen Koordinatensystem ist unerlässlich, um Schäden nachvollziehbar und präzise zu lokalisieren. Zudem ist die Vollständigkeit der Bauteile sowie deren Abgrenzung zueinander von großer Bedeutung. Fehlt beispielsweise die Böschungstreppe im Modell, kann dort kein Schaden verortet werden. Ist die Gründung im Modell sichtbar, liefert das zwar nützliche Informationen für den Prüfer, sie ist jedoch in der Realität unterirdisch und erhöht unnötig die Modellgröße. Eine Darstellung des Geländes stellt daher eine wertvolle Zusatzinformation dar, die den Prüfer bei der Navigation im 3D-Modell unterstützt. Darüber hinaus sind einige Attribute, wie das Material oder die Art des Korrosionsschutzes, wichtige Informationen für die Bauwerksprüfung.

3.4 Offlineverfügbarkeit abhängig von Dateigröße und Detaillierungsgrad

Ein häufig diskutiertes Thema im Kontext von BIM ist der erforderliche Level of Detail (LOD) für verschiedene Phasen des Bauwerks. Bei der modellbasierten Schadenserfassung spielt die Dateigröße eine entscheidende Rolle. Ein sehr hoher LOD führt zu großen IFC-Dateien und erfordert erheblichen Rechenaufwand für das Rendern detaillierter Bauteile. Vor Ort kommen mobile Endgeräte wie Tablets oder Smartphones zum Einsatz, wobei viele Bauwerke oft an Orten ohne mobiles Netzwerk liegen. Daher müssen diese Geräte und die Modelle offline für die Bauwerksprüfung funktionsfähig sein. Detaillierte Modelle großer Brücken können schnell mehrere hundert Megabyte erreichen, was bei älteren mobilen Endgeräten zu Anzeige- und Navigationsproblemen führen kann und die Performance beeinträchtigt. Ein geringerer Detaillierungsgrad kann helfen, dieses Problem zu vermeiden.

3.5 Optimiertes „As-maintained"- Modell oder Nutzung vorhandener Fachmodelle

Man unterscheidet grundsätzlich zwischen Gesamt- oder Koordinationsmodellen, Teilmodellen und Fachmodellen. Fachmodelle enthalten nur die relevanten Informationen einer bestimmten Disziplin, wie etwa der Architektur oder der Tragwerksplanung. Im Kontext des Brückenbaus sind Fachmodelle wie das Baugrund-/Umgebungsmodell inkl. Wasserspiegel und Infrastruktur, das Trassierungsmodell, das Leitungsmodell, das Brückenmodell und das Tragwerksmodell besonders sinnvoll. Teilmodelle repräsentieren einen spezifischen Abschnitt des gesamten Bauwerks, wie beispielsweise einen Überbau oder ein Teilbauwerk, und finden häufig bei großen Brücken Anwendung. Gesamt- oder Koordinationsmodelle schließlich integrieren alle Teil- und Fachmodelle. [7]

Zur Diskussion steht, ob für das Erhaltungsmanagement ein eigenes „As-maintained"-Modell erstellt wird, welches während des Betriebs stetig fortgeschrieben wird oder ob vor einer jeden Prüfung verschiedene vorhandene Fachmodelle kombiniert werden. Die Erstellung eines Betriebsmodells für die Bauwerksprüfung wird in der Praxis bisher kaum umgesetzt, auch da es keine bundesweiten Vorgaben gibt. Vorteil eines eigenen „As-maintained"-Modells wäre eine einfachere Übersicht für den Prüfer und eine userfreundlichere Navigation im Modell. Ein für die Bauwerksprüfung optimiertes „As-maintained"-Modell bietet mehrere Vorteile:

- Reduzierte Komplexität: Durch das Ausblenden nicht sichtbarer Bauteile wird die Übersichtlichkeit erhöht und die Navigation vereinfacht

- Optimierte Dateigröße: Ein geringerer Detaillierungsgrad führt zu kleineren Dateigrößen, was die Offlineverfügbarkeit auf mobilen Endgeräten und den Austausch der Modelle vereinfacht.
- Fokussierung auf relevante Informationen: Das Modell enthält nur die für die Prüfung notwendigen semantischen Informationen,
- Bündelung der Bauteile in Bauteilgruppen: Nachvollziehbarere Zustandsnotenberechnung in Analogie zur RI-EBW-PRÜF
- Bessere Integration in Prüfprozesse: Das Modell kann besser in bestehende Prüfprozesse integriert werden, auch die zeitliche Nachverfolgung und Entwicklung von Schäden wird vereinfacht

Die Erstellung eines für die Bauwerksprüfung optimierten „As-maintained"-Modells ist jedoch nicht trivial. Beispielsweise die Ausblendung unterirdischer Bauteile erfordert, dass die Widerlager mit der Geländeoberkante verschnitten werden, um ein konfliktfreies IFC-Modell zu erstellen. Es kann nicht vorausgesetzt werden, dass Bauwerksprüfer sich im Vorfeld der Prüfung intensiv mit der Struktur der verschiedenen Fachmodelle auseinandersetzen oder über die erforderlichen fachlichen und technischen Kenntnisse verfügen, um diese anzupassen. Daher stellt sich die Frage, wer für die Erstellung dieser Modelle verantwortlich ist.
Wenn kein eigenes Betriebsmodell erstellt wird und verschiedene vorhandene Fachmodelle für die Bauwerksprüfung kombiniert werden sollen, wird erwartet, dass der verwendete Viewer der für die modellbasierte Bauwerksprüfung vor Ort verwendet wird in der Lage ist, mehrere Modelle zu überlagern. Dies kann jedoch bei älteren mobilen Endgeräten schnell zu Engpässen im Arbeitsspeicher führen. Daher müssen die technischen Grenzen gegen den zusätzlichen Aufwand für die Erstellung von „As-maintained"-Modellen abgewogen werden.
Alternativ und vor allem für ältere Bauwerke, bei denen bisher kein As-built Modell existiert, ist es auch denkbar, Platzhaltermodelle zu generieren. Vor allem für die große Anzahl an Standardbrücken, wie Plattenbrücken, Plattenbalkenbrücken, Rahmenbrücken oder Rohre gibt es verschiedene Machbarkeitsstudien, aus wenigen Bauwerksdaten aus SIB-Bauwerke Platzhaltermodelle zu generieren.

4. Praxisbezug: Modellbasierte Bauwerksprüfung

4.1 Welche Features braucht ein Viewer für die modellbasierte Bauwerksprüfung

In einer 2024 durchgeführten Pilotstudie wurden Nutzer nach notwendigen Features für eine modellbasierte Bauwerksprüfung befragt. Devise war hier: eine einfache Navigation, Bedienung und Verortung von Schäden im Modell, keine überladenen Features und wie bereits oben beschrieben eine uneingeschränkte offline Anwendung am mobilen Endgerät. Es wurde sich daher auf folgende Features des in die App integrierten Viewers beschränkt:

- Zoomen, Drehen (um Nullpunkt, um Bauteil usw.)
- Highlighten von Bauteilen bei Mouseover
- Ausblenden von einzelnen Bauteilen
- Einblenden aller ausgeblendeten Bauteile
- Semantische Informationen/Attribute anzeigen
- Schäden als 3D-Objekt
- Überlagerung mehrerer Fachmodelle

4.2 Testlauf verschiedener IFC-Modelle

Für den Testlauf wurden verschiedene IFC-Modelle von Brücken unterschiedlicher Typen und Größen verwendet. Diese Modelle wiesen unterschiedliche LOD auf, was die Detailgenauigkeit und den Informationsgehalt der Modelle betrifft. Zusätzlich wurden Modelle unterschiedlicher Erstellungsjahre berücksichtigt, um die Entwicklung und die Fortschritte in der BIM-Technologie und Reglementierung zu reflektieren. Die Testobjekte basierten auch auf verschiedenen Auftraggeber-Informationsanfor-derungen (AIA), die spezifische Vorgaben für die Modellierung und die benötigten Informationen festlegten. Sowie auf unterschiedlichen BIM-Abwicklungsplänen (BAP), die die strategische Planung und Umsetzung von BIM-Prozessen innerhalb von Projekten beschreiben [2]. Neben diesen zahlreichen As-built-Modellen wurden auch einige Platzhaltermodelle von Standardplattenbrücken in den Test mit einbezogen. Durch diese umfassende Auswahl an Modellen und Anforderungen wurde sichergestellt, dass der entwickelte Viewer in der Lage ist, eine Vielzahl von Szenarien und Anforderungen zu bewältigen, was die Flexibilität und Anpassungsfähigkeit des Tools unter Beweis stellt.
Die Tests mit IFC-Modellen haben aufschlussreiche Erkenntnisse geliefert, insbesondere bezüglich der schnell erreichbaren Modellgrößen von über 150 MB. Ab dieser Größe zeigen sich erhebliche Herausforderungen bei der Handhabung und der Offlineverfügbarkeit der Modelle. Bei Tests mit mobilen Endgeräten stellte sich heraus, dass selbst das neueste iPhone von Apple beim Download solcher großen Modelle an seine Grenzen stieß und den Vorgang abbrach, eine Onlineansicht des Modells und die Navigation darin, wie auch die Schadensverortung an solch großen Modellen funktionierte tadellos und präzise bei kleineren Modellen war auch der offline-Modus voll funktionsfähig. Da die offline-Verfügbarkeit einer der wichtigsten Faktoren bei der Bauwerksprüfung ist, zeigt das die Notwendigkeit auf, große Modelle für die Betriebsphase zu optimieren, insbesondere für mobile Anwendungen.

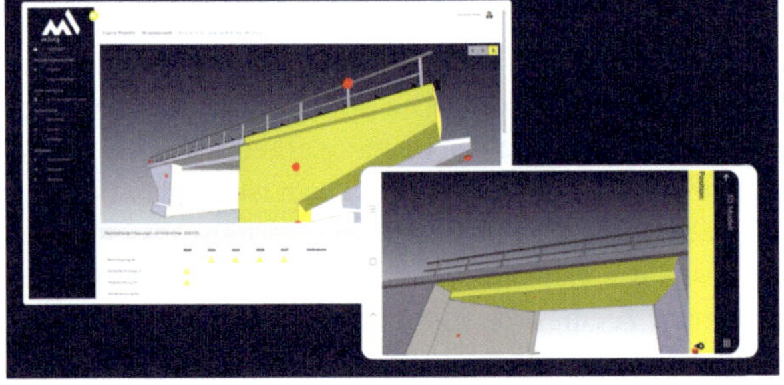

Abb. 1: Viewer Ansicht mobil und in der Webversion

Alle weiteren Erkenntnisse betrafen inhaltliche Aspekte der Modelle, die für die Durchführung der Bauwerksprüfung von großer Relevanz sind, jedoch für die IT-technische Seite der entwickelten Anwendung vernachlässigbar bleiben. In einem ersten Testlauf enthielten die Modelle keine Geländemodelle oder Informationen über Boden- und Wasseroberflächen enthielten. Auch Böschungstreppen und die Beschilderung waren fehlten. Dies führt zu einer unvollständigen Darstellung der realen Bedingungen für den Bauwerksprüfer.

Ein weiterer wichtiger Aspekt war die Erkenntnis über die Verantwortlichkeiten über die verschiedenen Phasen des Lebenszyklus eines Bauwerks hinweg. Verantwortliche für Bauwerksprüfung haben noch wenig Erfahrung mit modellbasierter Verortung und der Aufbereitung von BIM-Modellen. Planungsverantwortliche kennen die praktischen Anforderungen aus der Perspektive der Bauwerksprüfer und Erhaltungsmanager noch nicht vollständig. Zudem fehlen, wie bereits beschrieben, konkrete Vorgaben für Betriebsmodelle. Eine durchgehende Datenkonsistenz über den gesamten Lebenszyklus ist ein wichtiger Aspekt für die Zukunft. Unvollständige Abstimmungen können zu Validierungsproblemen und Fehlern in den Modellen führen. Ein Beispiel hierfür ist der Projektnullpunkt, der grundlegende Informationen zum Bauwerk speichert, aber durch Optimierungsprozesse für ein Betriebsmodell verloren gehen kann. Solche Informationen sind entscheidend für die Nachvollziehbarkeit der globalen Koordinaten. Zudem sollte das verwendete Koordinatenreferenzsystem in den semantischen Daten weiterhin dokumentiert bleiben.

Darüber hinaus gibt es verschiedene Möglichkeiten, IFC-Modelle aus nativen Programmen zu exportieren, wobei in einigen Fällen essenzielle semantische Informationen, die in den Auftraggeber-Informationsanforderungen (AIA) definiert waren, beim Export ins IFC-Modell unberücksichtigt bleiben könnten. Dies zeigt die Notwendigkeit einer sorgfältigen Aufbereitung der Modelle, um die Vollständigkeit und Konsistenz der Daten sicherzustellen und somit die Zusammenarbeit zwischen den verschiedenen Akteuren zu optimieren.

4.3 Praxistest

Nach den umfassenden Tests unterschiedlichster Modelle wurde die Praxistauglichkeit während einer Bauwerksprüfung vor Ort evaluiert. Die Prüfer konnten die Verortung der Schäden und die Navigation im Modell schnell erlernen und fanden die Bedienung intuitiv und leicht verständlich. Die Beschreibung und Bewertung von Schäden anhand der Schadensbeispiele gemäß RI-EBW-Prüf waren den Testprüfern aus der aktuellen Version der App, die auf 2D-Skizzen basiert, bereits vertraut und hatte sich in der Praxis in der Vergangenheit bereits bewährt.

Auf technischer Seite gab es nur wenige Einwände. Ein Punkt der Kritik war die Beschränkung auf etwa fünf gleichzeitig offline speicherbare Modelle, was je nach verwendetem mobilem Endgerät variieren kann. Dies stellt eine Einschränkung dar, die in zukünftigen Entwicklungen berücksichtigt werden sollte und wiederum von den Modellgrößen abhängt.

Ein größerer Entwicklungsbedarf besteht jedoch bei der Optimierung der Modelle für die Bauwerksprüfung. Hier gilt es, die Modelle so anzupassen, dass sie die spezifischen Anforderungen und Gegebenheiten der Prüfungen besser unterstützen und die Effizienz der Prozesse weiter steigern.

5. Ausblick

Es ist ein Praxistest geplant, bei dem ein As-Built-Modell einer Brücke mit einem aus den Stammdaten der SIB-Bauwerke generierten Platzhaltermodell verglichen wird. Dabei stehen die Vor- und Nachteile beider Varianten im Fokus.

Zusätzlich steht die Betaanwendung der modellbasierten Bauwerksprüfung sowohl im Web als auch in der App für Nutzer von m2ing zur Verfügung. Dadurch werden weitere Evaluationen von verschiedenen Nutzergruppen erhalten und können zu einer verbesserten Anwendung beitragen. Technische Weiterentwicklungen konzentrieren sich auf die Optimierung der Reporterstellung und der Schnittstellen sowie auf die Verbesserung des Aufgabenmanagements in Bezug auf räumlich verortete Schäden. [11]

Begrüßenswert und auch erforderlich für ein einheitliches Vorgehen sind spezifische Vorgaben für BIM-Modelle gemäß den Anwendungsfällen 190 und 200 durch weitere Schritte und Entwicklungen von Bund und Ländern und anderen Stakeholdern. Die neue Version der ASB-Ing, einschließlich des aktualisierten Datenmodells, bringt voraussichtlich auch zahlreiche Neuerungen und Impulse für die weitere Entwicklung mit sich.

Literatur

[1] RI-EBW-PRÜF (2017), Richtlinie zur einheitlichen Erfassung, Bewertung, Aufzeichnung und Auswertung von Ergebnissen der Bauwerksprüfungen.

[2] BMVI (2021) Masterplan BIM Bundesfernstraßen [online], https://bmdv.bund.de/SharedDocs/DE/Anlage/StB/bim-rd-masterplan-bundesfernstrassen.pdf?__blob=publicationFile (accessed: Aug. 12 2024).

[3] bauingenieur24 Informationsdienst [online] Available: https://www.bauingenieur24.de/artikel/bim-fuer-gesamten-bundesbau-ab-2023-pflicht (accessed: Aug. 12 2024).

[4] BIM Deutschland [online] Available: https://www.bimdeutschland.de/bim-deutschland/liste-der-standardisierten-anwendungsfallbezeichnungen (accessed: Aug. 12 2024).

[5] BIM Hamburg (2021) Was bitte ist ein Anwendungsfall? Erst virtuell planen, dann bauen [online] https://bim.hamburg.de/resource/blob/611888/f14f36bcc53772b37acff14db850fffa/d-2-3-data.pdf (accessed: Aug. 12 2024).

[6] VDI 2552 Building Information Modeling (BIM) VDI 6200, Verein Deutscher Ingenieure, Jul. 2020.

[7] Singer D., Borrmann A. (2016), Machbarkeitsstudie BIM für Bestandsbrücken [online] Available: https://bast.opus.hbz-nrw.de/frontdoor/index/index/docId/1746 (accessed: Aug. 12 2024).

[8] Görtz, S., Pham, T. K. D., Graage, F-L.: CO2-Bilanzierung und Optimierung von Hochbauwerken – Voruntersuchung. Kleinförderung durch die Gesellschaft für Energie und Klimaschutz Schleswig-Holstein GmbH, November 2020 – Februar 2022.

[9] BIM Hamburg (2923) BIM Leitfaden für die FHH [online] Available: https://bim.hamburg.de/resource/blob/611776/c6f8a78657aea6824f5163d718eaadc5/d-bim-leitfaden-fhh-v004-data.pdf (accessed: Aug. 12 2024).

[10] BIM Deutschland [online] Available: https://via.bund.de/bim/aia/landing (accessed: Aug. 12 2024).

[11] m2ing – Digitale Bauwerksdaten, m2ing – Digitale Bauwerksdaten. [Online]. Available: https://m2ing.com/ (accessed: Aug. 12 2024).

[12] Drees & Sommer (2022) BIM-Monitor 2022/2023: Ist Deutschland bereit für die Digitalisierung im Bau?

[online] Available: https://cdn.dreso.com/fileadmin/media/06_Presse/Presseinformationen/20221213_PI_BIM_Monitor22_23/20221213_PresseMeldung_BIM_Monitor_2022_23.pdf (accessed: Aug. 12 2024).

TAE

Instandsetzung, Ertüchtigung, Ersatz- und Rückbau

Verstärkung des Deckblechs orthotroper Fahrbahnplatten durch Aufkleben von Stahlblechen

Dr.-Ing. Heinz Friedrich
Bundesanstalt für Straßenwesen, Bergisch Gladbach

Zusammenfassung
Im vorliegenden Beitrag werden vier von der Bundesanstalt für Straßenwesen (BASt) initiierte und durchgeführte Projekte zur „Verstärkung des Deckblechs orthotroper Fahrbahnplatten durch Aufkleben von Stahlblechen" beschrieben. Dabei handelt es sich um ein innovatives Instandsetzungs- bzw. Verstärkungsverfahren, das darauf abzielt, die Durchbiegungen und Spannungen an den Schweißnähten zu reduzieren. Ein ausführlicher Bericht zu den durchgeführten Untersuchungen kann über die Schriftenreihe der BASt bezogen werden [1].

1. Einleitung

Ein Großteil der heute stehenden Stahlbrücken wurde in den 1960er Jahren errichtet, als man die Problematik der Materialermüdung noch nicht vorhergesehen hat. Seit Ende der 1990er Jahre ist bei diesen Bauwerken eine stetige Zunahme von Schäden zu verzeichnen, die durch die geringe Ermüdungsfestigkeit einzelner Konstruktionsdetails in Kombination mit erhöhten Beanspruchungen durch den wachsenden Schwerverkehr verursacht werden. Da Erweiterungsmaßnahmen, wie z. B. ein Ersatzneubau, sowohl mit hohen Kosten als auch mit langwierigen Genehmigungsverfahren verbunden sind, gilt es, den Bestand der vorhandenen Bauwerke nachhaltig zu sichern. In der Vergangenheit durchgeführte Reparaturen, die sich meist nur auf das Nachschweißen der schadhaften Stellen beschränkt haben, erwiesen sich im Nachhinein oft als kostspielige Maßnahmen, die in etlichen Fällen nicht zu dem erhofften Erfolg führten.
Um auch bei weiter ansteigenden Ermüdungsbeanspruchungen eine hinreichende Restlebensdauer sicherzustellen, werden wirksame Konzepte und neue Lösungen für die Erhaltung von Stahlbrücken erforderlich.

2. Ziel

Mit dem Lösungsansatz „Verstärkung des Deckblechs orthotroper Fahrbahnplatten durch Aufkleben von Stahlblechen" soll eine Reduzierung der Durchbiegungen und Spannungen an den Schweißnähten erreicht werden. Die beabsichtigte Wirkung lässt sich jedoch nur erzielen, wenn es gelingt, eine vollflächige, kraftschlüssige und dauerhafte Verbindung zwischen dem vorhandenen Deckblech und den Verstärkungsblechen herzustellen. Während klassische Fügeverfahren wie Nieten, Schrauben oder Schweißen hierfür nur bedingt geeignet sind, lässt sich mit dem „Kleben" eine gleichmäßige Spannungs- bzw. Kraftverteilung über die gesamte Klebfläche erreichen.

Die Abwicklung erfolgte in vier aufeinander bezogenen Projekten:

- Numerische Untersuchungen,
- Optimierung der Klebtechnologie,
- Dauerfestigkeitsuntersuchungen,
- Fugen- und Randausbildung.

Das Ziel war es, den klebtechnischen Prozess auf die speziellen Rahmenbedingungen abzustimmen, die bei der Verstärkung von orthotropen Fahrbahnplatten bestehen:

3. Numerische Untersuchungen

Im Rahmen des Projekts „Numerische Untersuchungen" wurden die Auswirkungen einer Verstärkung des Deckblechs von 12 mm auf 18 mm und auf 24 mm an dem Beispiel der orthotropen Platte der stählernen Rheinbrücke Duisburg-Neuenkamp numerisch untersucht. Die Modellierung der Belastung entspricht dem Ermüdungslastmodell 3 des Eurocodes 1. Für vier unterschiedliche Lastfälle wurden die örtlichen Durchbiegungen des Deckbleches zwischen den Kelchblechen, die Vergleichsspannungen im Deckblech und die Vergleichsspannung in der Schweißnaht zwischen Kelchblech und Deckblech bestimmt. Die erzielten Ergebnisse zeigen, dass die örtlichen Durchbiegungen und Spannungen der Fahrbahnplatte, sowie die Spannungen in der Schweißnaht zwischen dem Deckblech und den in Richtung der Fahrstreifen verlaufenden aussteifenden Blechen entscheidend vermindert werden können (Abb. 1).
Damit ist der rechnerische Nachweis erbracht, dass die Verstärkung des Deckblechs eine sinnvolle Maßnahme ist, die orthotropen Platten bestehender Stahlbrücken nachhaltig instand zu setzen, um Risse im Fahrbahnbelag, im Deckblech und in der untersuchten Schweißnaht zu vermindern. Voraussetzung für eine Anwendung in der Praxis ist, dass der Verbund zwischen der bestehenden Fahrbahnplatte und dem verstärkenden Blech den Belastungen des Schwerverkehrs standhält.

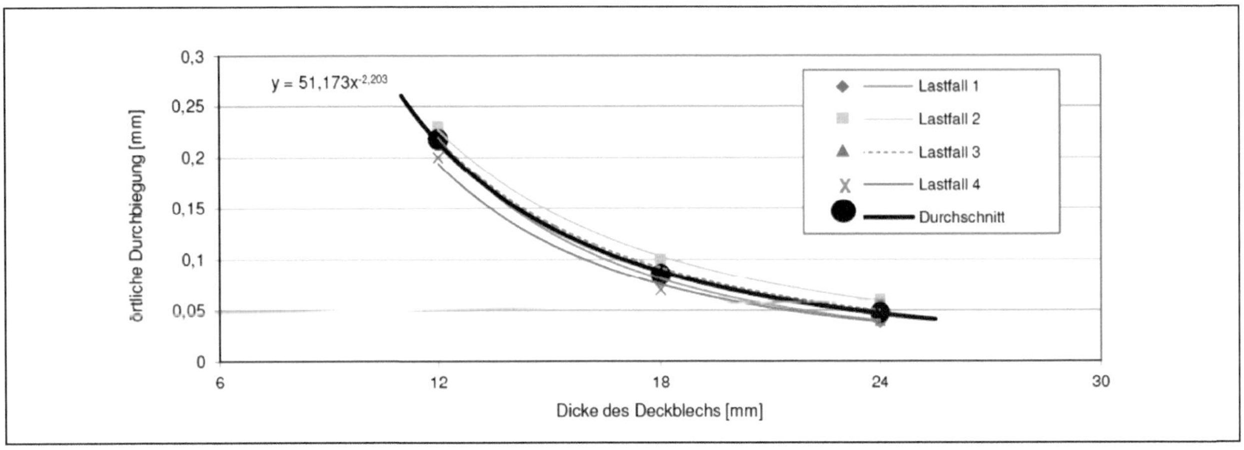

Abb. 1: Vergleich der örtlichen Durchbiegungen

4. Optimierung der Klebtechnologie

Das vorrangige Ziel des Projekts „Optimierung der Klebtechnologie“ war es, den klebtechnischen Prozess auf die speziellen Rahmenbedingungen abzustimmen, die bei der Instandsetzung von orthotropen Fahrbahnplatten vorherrschen. Sowohl Klebstoff und Applikationsverfahren als auch die aufzuklebenden Bleche müssen im Hinblick auf einen erfolgreichen Praxiseinsatz bestimmte Anforderungen erfüllen. Diese Anforderungen wurden definiert, geeignete Produkte bzw. Verfahren ausgewählt, ein Versuchsprogramm erarbeitet und die entsprechenden Klebversuche durchgeführt. Im Rahmen des Projekts wurden 24 Probekörper mit den Abmessungen 1000 mm x 500 mm x 18 mm hergestellt. Die Klebungen erfolgten mit Epoxidharz-Klebstoffen, die für die Bauteilverstärkung mit Stahllamellen zugelassen sind. Die Probekörper unterscheiden sich durch die jeweilige Kombination der Bleche, Klebstoffe und Applikationsverfahren.

Um die Klebflächen beurteilen und bewerten zu können, wurden die hergestellten Klebverbindungen nach einer ausreichend langen Aushärtezeit wieder getrennt. Anhand von Gegenüberstellung und Vergleichsbetrachtungen konnten Rückschlüsse und Empfehlungen für die Praxis abgeleitet werden. Das Hauptaugenmerk richtete sich dabei auf die Einflüsse von Blechgröße, Klebstoffen und Applikationsverfahren auf die erzielten Klebschichtdicken und die in Erscheinung getretenen Fehlstellen.

Um die optimale Blechgröße zu ermitteln, wurden bei den Versuchen Bleche unterschiedlicher Länge und Breite verwendet. Aufgrund des relativ geringen Anteils an Fehlstellen auch bei den größeren Blechen sind für den späteren Praxiseinsatz Verstärkungsbleche mit Abmessungen von etwa 900 mm x 300 mm zu empfehlen. Für potenzielle Klebstoffe wurden bestimmte Anforderungen in Bezug auf den Gebrauchszustand und die Verarbeitbarkeit definiert. Die verwendeten Klebstoffe haben sich als tauglich erwiesen und kamen auch im Rahmen der Folgeprojekte zur Anwendung finden. Durch die Applikation des Klebstoffs mit unterschiedlichen Zahnspachteln wurden sowohl die Klebschichtdicke als auch der Anteil der Fehlstellen maßgeblich beeinflusst (Abb. 2).

Die erarbeiteten Randbedingungen und Vorgaben für Bleche, Klebstoffe und Applikationsverfahren repräsentieren eine optimierte Lösung für den klebtechnischen Prozess bei der Deckblechverstärkung durch Aufkleben von Stahlblechen. Die gewonnenen Ergebnisse bilden sowohl eine wesentliche Grundlage für die Durchführung der Folgeprojekte als auch für eine Anwendung auf Stahlbrücken generell.

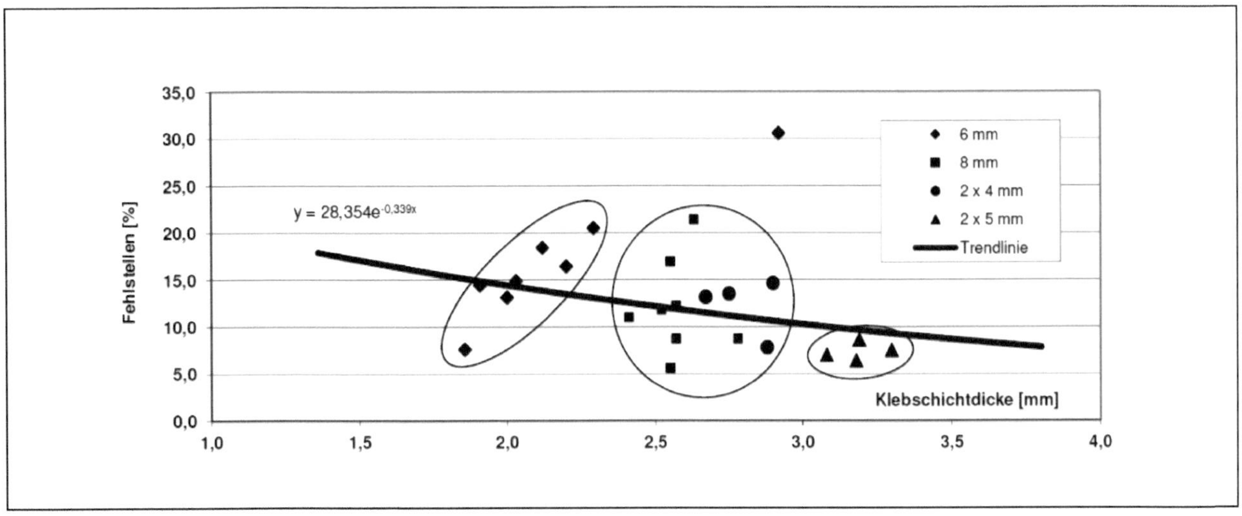

Abb. 2: Relation zwischen Klebschichtdicke und Fehlstellen

5. Dauerfestigkeitsuntersuchungen

Ziel des Projekts „Dauerfestigkeitsuntersuchungen" war es, sowohl die Existenz einer technologischen Dauerfestigkeit der für die Instandsetzung von orthotropen Fahrbahnplatten optimierten Klebverbindungen nachzuweisen als auch zu zeigen, dass das Niveau dieser Dauerfestigkeit ausreicht, um den Beanspruchungen infolge des Straßenverkehrs nachhaltig zu widerstehen.

Für eine Beurteilung der Ergebnisse der Dauerfestigkeitsversuche sind Vergleichswerte aus den tatsächlich auftretenden Beanspruchungen infolge des Straßenverkehrs von orthotropen Fahrbahnplatten erforderlich. Um die maßgeblichen Werte zu ermitteln, wurden unterschiedliche Ansätze verfolgt:

- Schlussfolgerungen aus einem Belastungskollektiv, das bei zurückliegenden Untersuchungen der BASt Projekte ermittelt wurde,
- Gegenüberstellung unterschiedlicher Lastmodelle aus den gültigen Bemessungsvorschriften (DIN-EN 1991-2),
- Betrachtung der aktuellen Entwicklung bei den Achslasten und bei den Lkw-Reifen.

Im Rahmen der Dauerfestigkeitsprüfungen wurden 35 Probekörper in 5-Punkt-Biegezugversuchen an einer Hydropulsanlage getestet. Aus den aufgezeichneten Daten lassen sich die Durchbiegungen darstellen und die kritischen Lastwechselzahlen ermitteln. Für die weitere Versuchsauswertung wurden die geklebten Bleche mit Hilfe von Hammer und Meißel getrennt. Anschließend wurden die Klebflächen der Bleche fotografiert, die tatsächliche Klebschichtdicke bestimmt und der Anteil der Fehlstellen (d. h. die nicht verklebten Flächen) ermittelt.

Anhand der gemessenen Durchbiegungen wird das große Potential der Verstärkung durch Aufkleben von Stahlblechen deutlich. Die Messwerte liegen um mehr als 60 % unter den rechnerisch ermittelten Durchbiegungen für Bleche ohne Verbund. Für alle getesteten Probekörper mit einem Fehlstellenanteil von weniger als 25 % sind die erzielten Lastwechselzahlen in einem Wöhler-Diagramm dargestellt (Abb. 3). Aufgrund der großen Spannbreite bei den erreichten Lastwechselzahlen wurde darauf verzichtet, aus diesen Werten eine Wöhler-Kurve zu generieren. Größere Abweichungen der Klebschichtdicke innerhalb eines Probekörpers scheinen sich negativ auf die Dauerfestigkeit der Klebverbindung auszuwirken. Das gleiche gilt für Probekörper mit einem hohen Anteil an Fehlstellen. Die erzielten Ergebnisse zeigen jedoch auch, dass es bei der Verwendung hinreichend ebener Bleche möglich sein sollte, die Abweichungen zu beschränken.

Unter der Voraussetzung der vorgenannten Ausführungsqualität erreichen sämtliche bei einer Oberlast von 60 kN getesteten Probekörper eine Anzahl von 10^7 Lastwechseln schadlos. Die Versuchsergebnisse liegen selbst gegenüber dem extremen, theoretischen Lastfall des Lastmodells 1 (55,5 kN) auf der sicheren Seite. Gegenüber den maximalen praxisrelevanten Werten (44 kN) beträgt der Abstand 16 kN bzw. 36 %. Gegenüber dem Ermüdungslastmodell 3 (22,2 kN) beträgt der Abstand 37,7 kN bzw. 63 %.

Im Rahmen des Projekts konnte nachgewiesen werden, dass sich mit dem Fügeverfahren Kleben dauerfeste Verbindungen herstellen lassen. Die erzielten Ergebnisse zeigen, dass sich die zwischen den Längsrippen auftretenden Durchbiegungen durch aufgeklebte Bleche signi-

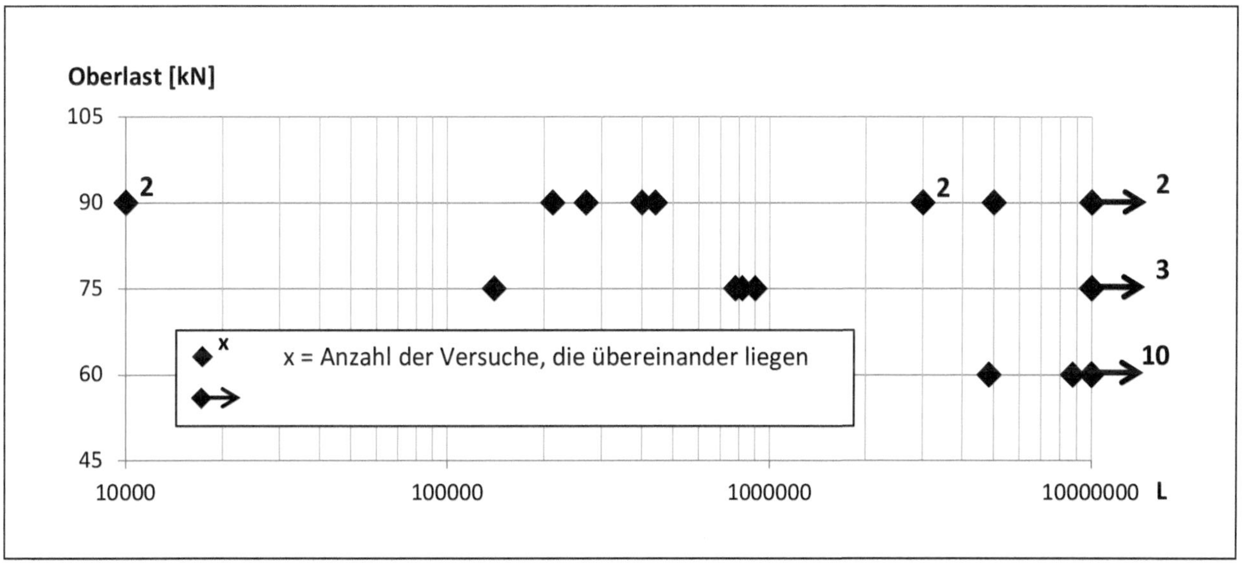

Abb. 3: Wöhler-Diagramm

fikant reduzieren lassen. Unter einer Belastung von 60 kN verringert sich die Durchbiegung bei einem 12 mm Blech von 1,3 mm durch das Aufkleben eines 6-mm-Verstärkungsblechs auf unter 0,4 mm (Abb. 4). Somit verfügt diese Verstärkungsmaßnahme über das Potential, die Entwicklung von Kategorie-1-Schäden – zumindest für einige Jahre – deutlich zu reduzieren. Zur Gewährleistung der entsprechenden Ausführungsqualität werden Grenzwerte für zulässige Toleranzen für den Anteil der Fehlstellen sowie für die Abweichungen der Klebschichtdicke vorgestellt. Damit ist die grundsätzliche Anwendbarkeit der Variante „Verstärkung durch Aufkleben von Stahlblechen" nachgewiesen.

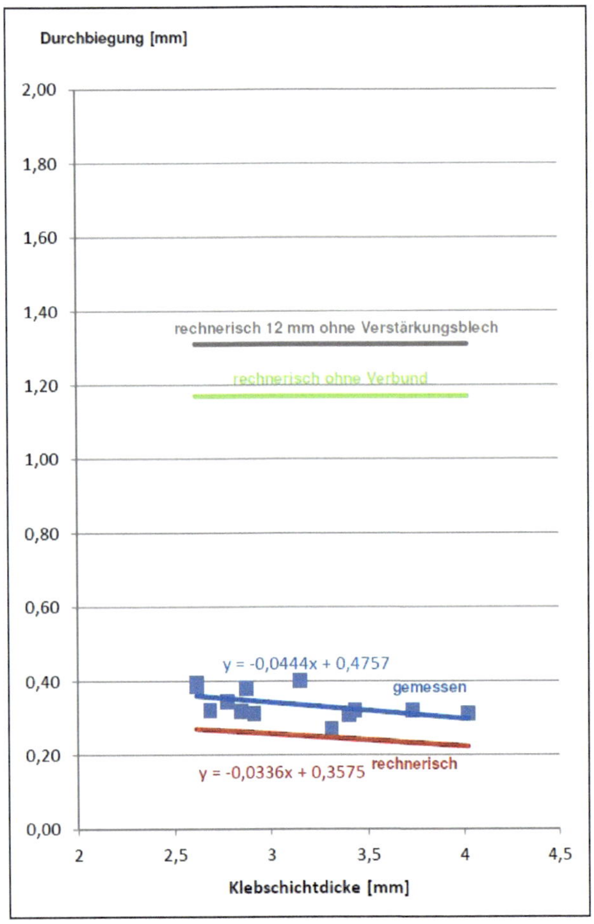

Abb. 4: Durchbiegungen bei 60 kN

6. Fugen- und Randausbildung

Gegenüber den durchgeführten Dauerfestigkeitsuntersuchungen sind in der Praxis Unstetigkeitsstellen in Form von Fugen und Randabschlüssen vorhanden, die eine gesonderten Untersuchung und Bewertung erforderlich machen (Abb. 5). Zu diesem Zweck werden verschiedene Varianten konzipiert, um deren Tauglichkeit anhand praxisnaher Dauer-Schwell-Biege-Versuche nachzuweisen. Dabei unterscheiden sich die Position der Fugen bzw. der Randabschlüsse sowie die Form der Randabschlüsse. Im Rahmen des Projekts wurden 24 Probekörper (je Variante 4 Stück) hergestellt und in 5-Punkt-Biegeversuchen getestet. Aus den aufgezeichneten Daten lassen sich die Durchbiegungen darstellen und die kritischen Lastwechselzahlen ermitteln. Für die weitere Versuchsauswertung wurden die geklebten Bleche mit Hilfe von Hammer und Meißel getrennt. Anschließend wurden die Klebflächen der Bleche fotografiert, die tatsächliche Klebschichtdicke bestimmt und der Anteil der Fehlstellen (d. h. die nicht verklebten Flächen) ermittelt.

Die erzielten Ergebnisse zeigen, dass lediglich geringfügige Unterschiede zwischen den vergleichbaren Varianten bestehen. Die bei den Probekörpern mit Fugen ermittelten Durchbiegungen passen zu den Werten, die sich für die Probekörper ohne Fugen ergeben haben. Auch die erreichten Lastwechselzahlen liegen in einem sehr ähnlichen Bereich wie die bei den fugenlosen Probekörpern im Rahmen der Dauerfestigkeitsuntersuchungen ermittelten Werten. Bei den Probekörpern mit Randabschluss werden infolge der geringeren Fläche der Verstärkungsbleche tendenziell größere Durchbiegungen und etwas niedrigere Lastwechselzahlen erreicht. Weder bei der Position, noch bei der Form des Randabschlusses lässt sich ein signifikanter Einfluss auf die erreichten Lastwechselzahlen erkennen (Abb. 6).

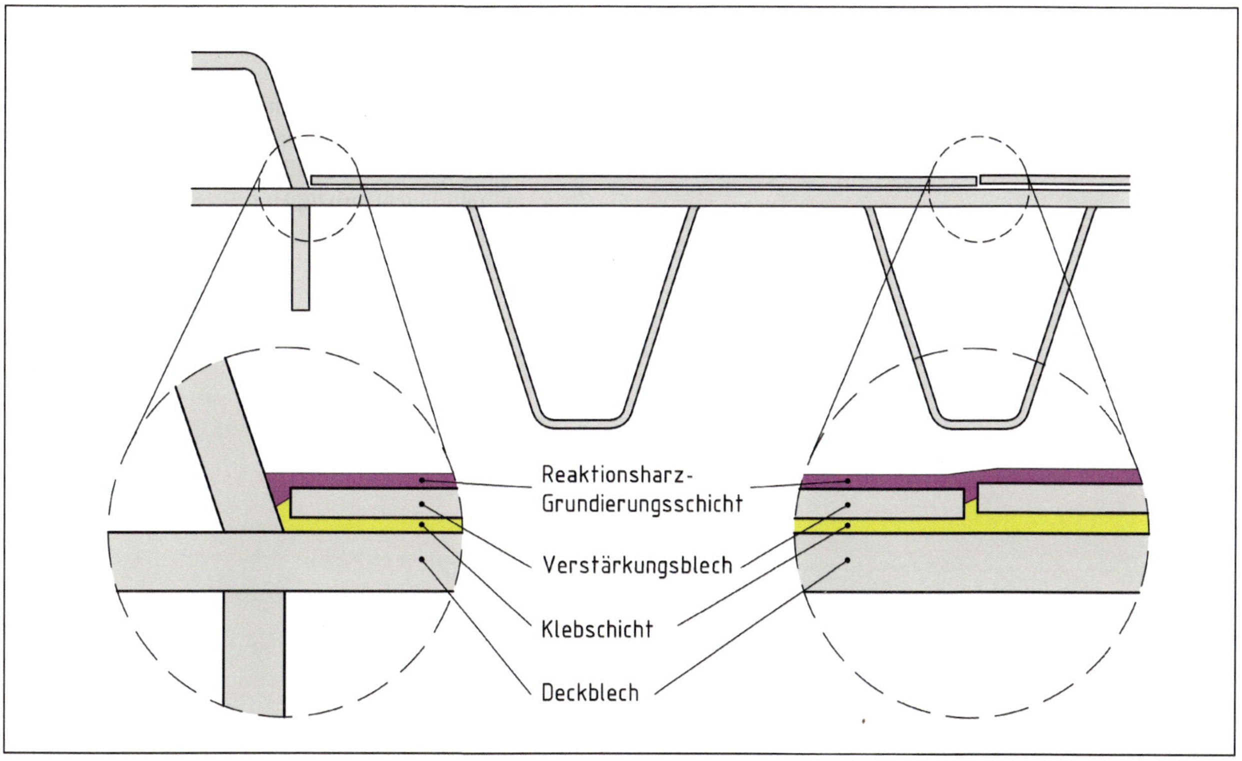

Abb. 5: Fugen- und Randausbildung: Restspalte werden mit Grundierungsmaterial gefüllt (Prinzipskizze)

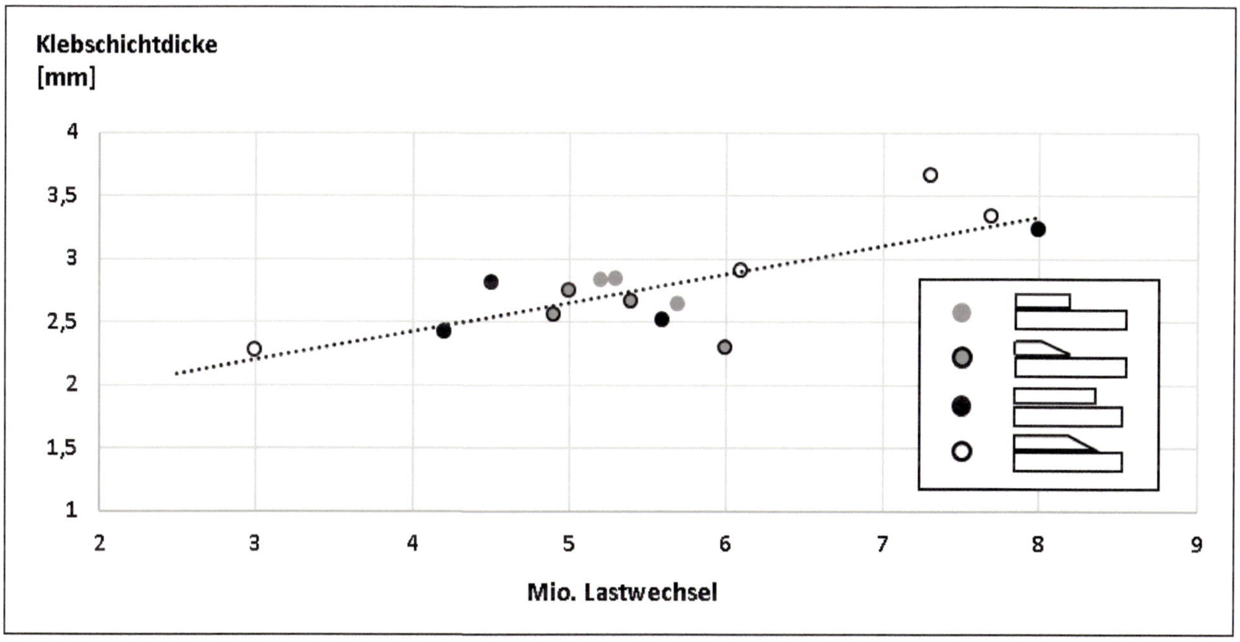

Abb. 6: Probekörper mit Randabschluss: erreichte Lastwechselzahl in Relation zur Klebschichtdicke
90° Stufe über der Steife
20° Schräge über der Steife
90° Stufe im Feldbereich
20° Schräge im Feldbereich

Die bei den Dauerfestigkeitsuntersuchungen vorgestellten Grenzwerte für den Anteil der Fehlstellen sowie für die Abweichungen der Klebschichtdicke können bestätigt werden.
Zusammenfassend betrachtet, konnte gezeigt werden, dass die Dauerhaftigkeit der Klebverbindung weder durch Fugen noch durch Randabschlüsse besonders beeinträchtigt wird. Für die Position von Fugen und Randabschluss ergeben sich keine Einschränkungen. Der Randabschluss kann ggfs. mit einer 90° Stufe erfolgen.

7. Fazit

Mit den erzielten Ergebnissen ist die Anwendbarkeit der Verstärkung des Deckblechs orthotroper Fahrbahnplatten durch Aufkleben von Stahlblechen labortechnisch nachgewiesen. Wesentliche Grundlagen und Empfehlungen für erste Pilotanwendungen stehen zur Verfügung.

Literatur

[1] Heinz Friedrich

Verstärkung orthotroper Fahrbahnplatten durch Aufkleben von Stahlblechen
Berichte der Bundesanstalt für Straßenwesen
Brücken- und Ingenieurbau; Heft B 187
Wirtschaftsverlag NW
Bergisch Gladbach
Fcbruar 2023
ISSN 0943-9293
ISBN 978-3-95606-719-8

Statisch-konstruktive Fragestellungen bei der Bewertung und dem Rückbau von Bestandsbrücken aus Spannbeton

Dr.-Ing. Jan Lingemann
Büchting + Streit AG, München

Dipl.-Ing. Stephan Sonnabend
Büchting + Streit AG, München

Zusammenfassung
Der aktuelle Brückenbestand in Deutschland zeigt u. a. aufgrund des Alters der Bauwerke, der stark gestiegenen Verkehrslasteinwirkungen, des starken Einsatzes von Salz als Taumittel und aufgrund von Abweichung heutiger Bemessungsvorschriften zu früheren Regelwerken teilweise Mängel hinsichtlich des Bauwerkszustands und teilweise auch Defizite hinsichtlich der rechnerischen Tagfähigkeit. Im Zuge des Erhalts der Verkehrsinfrastruktur wurden bereits mehrere Brücken durch Neubauten ersetzt und auch in Zukunft werden Ersatzneubauten notwendig werden. Der hierbei erforderliche Rückbau von Großbrücken stellt eine komplexe Aufgabe dar. Im vorliegenden Beitrag werden ausgewählte statische Besonderheiten beim Rückbau von Großbrücken erläutert und Erfahrungen aus zurückliegenden Projekten aufgezeigt.

1. Einführung

Ein großer Teil der im Bereich der Bundesfernstraßen bestehenden Brückenbauwerke in Deutschland hat aktuell ein Alter von 40 bis 60 Jahren erreicht [1]. Das durchschnittliche Alter der bestehenden Eisenbahnüberführungen in Deutschland ist noch höher [2]. Aufgrund des Alters der Bauwerke hat die Frage der Bewertung des Zustands sowie der Tragfähigkeit von bestehenden Brückenbauwerken in den vergangenen Jahren zunehmend an Bedeutung gewonnen.

Bei den Brücken im Bereich der Bundesfernstraßen haben unter anderem die Verkehrslasteinwirkungen seit Mitte der 1950erJahre sowohl hinsichtlich der Fahrzeuggewichte als auch hinsichtlich der Verkehrszahlen stetig zugenommen [1]. Weitere Faktoren sind der (etwa seit den 1960erJahren) verstärkte Einsatz von Salz als Taumittel, die früher teilweise unzureichende Berücksichtigung von Zwangseinwirkungen sowie nach heutigem Kenntnisstand konstruktive bzw. materialtechnische Mängel der Bestandsbauwerke. Dies schlägt sich auch in den Zustandsnoten der Bauwerke nieder. Auswertungen der Zustandsnoten des Brückenbestands im Bereich der Bundesfernstraßen zeigen, dass sich der Zustand der Bauwerke über die Zeit tendenziell verschlechtert [3]. Seit dem Jahr 2015 ist der Anteil der „sehr gut" oder „gut" bewerteten Bauwerke etwa konstant geblieben, was auf die begonnenen Maßnahmen zur Brückenmodernisierung zurückgeführt wird. Bei einzelnen, teilweise prominenten Bauwerken waren jedoch aufgrund der bei Bauwerksprüfungen und ergänzenden Nachrechnungen festgestellten Defizite bereits starke Verkehrseinschränkungen oder sogar Vollsperrungen notwendig [4, 5].

Neben dem Bauwerkszustand ist die Tragfähigkeit der entscheidende Faktor hinsichtlich der Beurteilung des Bauwerksbestands. Zur einheitlichen Bewertung wurde hierfür der Traglastindex eingeführt [6]. Dieser ergibt sich aus dem Verhältnis der Soll zur IstTragfähigkeit des jeweiligen Bauwerks. Auswertungen des Traglastindexes aus dem Jahr 2022 [7] zeigen, dass bis zum Jahr 2035 ca. 70 % des aktuellen Brückenbestands (bezogen auf die Bauwerksfläche) nachgerechnet werden müssen. Zur strukturierten Bearbeitung dieser Aufgabe wurde bereits im Jahr 2010 von der Bundesanstalt für Straßenwesen BASt eine Liste der vordringlich zu untersuchenden Bauwerke veröffentlicht [8]. Hinsichtlich der Priorisierung von Nachrechnungen löst der neu eingeführte Traglastindex die BAStListen ab. Frühere Auswertungen der BAStListen zeigen jedoch, dass es sich bei ca. 70 % der nachzurechnenden Brücken um Großbrücken handelt (Länge > 100 m). Ein Großteil dieser Bauwerke sind Spannbetonbrücken.

Vor dem Hintergrund, dass sich bei zahlreichen Bauwerken in der Nachrechnung Defizite hinsichtlich der Tragfähigkeit zeigen [9], wird deutlich, dass in Zukunft im Zuge der Erhaltung der Verkehrsinfrastruktur in Deutschland der Rückbau bzw. der Ersatzneubau von zahlreichen bestehenden Großbrücken zu erwarten ist. Die bereits vorliegenden Erfahrungen aus dem Rückbau von großen Brückenbauwerken zeigen, dass es sich hierbei um eine sehr komplexe Aufgabe handelt, bei der hohe Anforderungen an die beteiligten Bauherren, Planer sowie an die ausführenden Firmen gestellt werden [1012]. Im vorliegenden Beitrag werden daher ausgewählte, häufig auftretende statische Fragestellungen beim Rückbau von großen Spannbetonbrücken erläutert. Der vorliegende Beitrag basiert auf einem bereits in der Zeitschrift Beton- und Stahlbetonbau veröffentlichten Aufsatz [11].

2. Häufige Fragestellungen beim Rückbau von Großbrücken

2.1 Abschnittsweiser Rückbau

Der Rückbau von *kleineren Brückenbauwerken* (z. B. Straßen und Wegeüberführungen) ist heute eine fast alltägliche Aufgabe im Zuge des Unterhalts und der Erhaltung des Straßennetzes. Die Überbauten kleinerer Bauwerke werden dabei innerhalb relativ kurzer Sperrpausen (z. B. innerhalb eines Wochenendes) vollständig zurückgebaut. Eine Rückbaumaßnahme umfasst dabei im Allgemeinen die Sperrung bzw. Verkehrssicherung, die Sicherung der Fahrbahn sowie evtl. sonstiger zu erhaltender Konstruktionen, die Durchführung des Rückbaus selbst, die Bearbeitung und den Abtransport der Rückbaumaterialien sowie die Reinigung und Verkehrsfreigabe der unter dem ehemaligen Bauwerk befindlichen Fahrbahn. Sofern der untenliegende Verkehrsweg für den Rückbau nicht vollständig gesperrt werden kann oder darf, oder wenn das zurückzubauende Überführungsbauwerk zu groß ist, um es innerhalb einer vorgesehenen Sperrpause zurückzubauen, dann kann ein abschnittsweiser Rückbau des Überbaus sinnvoll sein. Hierbei wird z. B. der Teil des Bestandsbauwerks, der eine Richtungsfahrbahn überspannt, zurückgebaut, während der Abschnitt über der zweiten Richtungsfahrbahn vorerst bestehen bleibt und der Verkehr unter diesem Teil aufrechterhalten wird. Nachdem der erste Abschnitt des Bestandsbauwerks zurückgebaut ist, wird der Verkehr unter dem zweiten Abschnitt auf die nun nicht mehr überbaute erste Richtungsfahrbahn umgelegt und anschließend der zweite Abschnitt des Bestandsbauwerks zurückgebaut. In statischer Hinsicht ist hierbei zu beachten, dass für das Bauwerk im teilrückgebauten Zustand eine ausreichende Tragfähigkeit nachzuweisen ist (vgl. auch Abschn. 2.4).
Bei *Großbrücken* ist – sofern der Rückbau nicht durch Sprengung erfolgt – in der Regel ebenfalls ein abschnittsweiser Rückbau erforderlich. Beim abschnittsweisen Rückbau wird das Längssystem des Überbaus in Rückbauabschnitte unterteilt, die sukzessive zurückgebaut werden (Abb. 1). Durch die Einteilung von Rückbauabschnitten lässt sich wie auch beim Neubau eine effiziente Abwicklung der Baumaßnahmen sicherstellen und der Einsatz von evtl. erforderlichen Traggerüstkonstruktionen minimieren. Beim abschnittsweisen Rückbau müssen die jeweils noch nicht zurückgebauten Abschnitte noch eine ausreichende Tragfähigkeit aufweisen, solange sie Teil des tragenden statischen Systems sind bzw. nicht durch Hilfskonstruktionen unterstützt oder anderweitig gesichert sind. Im Zuge der Planung sind daher sämtliche relevanten Rückbauzustände zu untersuchen.
Zu beachten ist die Veränderung der Schnittgrößen des Längssystems beim abschnittsweisen Rückbau. Im Nutzungszustand ist da statische System in Längsrichtung i.d.R. ein Durchlaufträger. Beim Rückbau wird ein Innenfeld des Durchlaufträgers zum Endfeld, wobei der Überbau i.d.R. über den letzten Pfeiler auskragt. In diesem Zustand wirkt am letzten Pfeiler nur das Kragmoment. Dieses ist i.d.R. deutlich kleiner als das Stützmoment im Nutzungszustand. In der Folge können bereits in geringem Abstand zum letzten Pfeiler in Bereichen, die im Nutzungszustand negative Momente erfahren haben, bereits positive Momente auftreten. Dieser Nachweis kann im Rückbauzustand maßgebend werden.

Abb. 1: Abschnittweiser Rückbau des Überbaus der Talbrücke Unterrieden auf Vorschubrüstung

Wenn die Rückbauabschnitte so gewählt werden können, dass sie den Bauabschnitten der Herstellung des Bauwerks entsprechen, werden die damaligen Bauzustände des Bauwerks bei Rückbau in umgekehrter Reihenfolge nachvollzogen. Da das Bauwerk für die Beanspruchungen aus den ursprünglichen Bauzuständen ausgelegt ist, können die Einwirkungen aus dem Eigengewicht der Konstruktion in den Rückbauzuständen in der Regel aufgenommen werden. Einwirkungen, die in den ursprünglichen Bauzuständen nicht wirksam waren, müssen jedoch beim Nachweis der Rückbauzustände zwingend zusätzlich berücksichtigt werden. Dies ist z. B. der Fall, wenn die Kappen nicht vorlaufend zurückgebaut werden und bis zum Rückbau des Überbaus auf dem Überbau verbleiben. Da die Kappen üblicherweise erst nach der Fertigstellung des Überbaus hergestellt werden, mussten die ursprünglichen Bauzustände nicht für die Lasten aus Kappen ausgelegt werden. In diesem Fall muss sichergestellt sein, dass das Eigengewicht der Kappen in den entsprechenden Rückbauzuständen aufgenommen werden kann. Darüber hinaus können Einwirkungen aus Stützensenkungen sowie evtl. Mehrlasten aus späteren Einbauten oder Verstärkungen sowie Einwirkungen infolge von Kriechen und Schwinden sowie Systemumlagerung vorhanden sein. Auch die Belastung aus Eigengewicht der Rückbaugeräte ist in der Regel besonders zu untersuchen.
Im Zuge eines abschnittsweisen Rückbaus wird bei Talbrücken häufig zu einem bestimmten Zeitpunkt der Längsfestpunkt des Überbaus unwirksam. In diesem Fall muss unmittelbar vor der Deaktivierung des Längsfestpunkts eine temporäre Längsfesthaltung eingebaut werden.

2.2 Vorlaufende Entfernung von Teilen des Querschnitts

Im Zuge des abschnittsweisen Rückbaus werden teilweise einzelne Querschnittsteile des Überbaus vorlaufend abgetrennt. Sofern der verbleibende Teil des Überbauquerschnitts in diesem Fall noch eine tragende Funktion hat, ist zu beachten, dass sich hieraus Auswirkungen auf die Wirkung der Vorspannung ergeben können. Bei Überbauten mit Hohlkastenquerschnitt werden z. B. teilweise die Kragarme vorlaufend entfernt, um den Überbau zu leichtern. Dies hat Auswirkungen auf die Querschnittswerte des Überbauquerschnitts. So wird durch ein Entfernen der Kragarme die Querschnittsfläche reduziert, was eine höhere Normalspannung infolge Vorspannung zur Folge hat. Außerdem verschiebt sich der Schwerpunkt des Querschnitts nach unten. Die Verschiebung des Schwerpunkts hat Einfluss sowohl auf die statisch bestimmte als auch auf die statisch unbestimmte Schnittgröße aus Vorspannung und auf die Widerstandsmomente des Querschnitts.
Im Hinblick auf die Tragfähigkeit des Überbaus in Bauwerksquerrichtung ist bei einem Abtrennen der Kragarme zu berücksichtigen, dass die abgetrennten Bauteile in der Regel gesichert bzw. ausgehoben werden müssen. Sofern dies durch auf dem Überbau angeordnete Geräte erfolgt, muss die Fahrbahnplatte auch nach dem Abtrennvorgang die entsprechenden Lasten in Querrichtung aufnehmen können. Darüber hinaus ist zu beachten, dass hierdurch das Moment aus der Einspannung der Kragarme reduziert wird. In der Folge nehmen in der Regel das Feldmoment der Fahrbahnplatte zwischen den Stegen sowie das Einspannmoment der Fahrbahnplatte in die Stege zu.
Je nach Rückbauverfahren werden teilweise auch die Fahrbahnplatten zwischen den Stegen und bei Überbauten mit Hohlkastenquerschnitt evtl. auch die Bodenplatte vorlaufend entfernt. Im Zustand nach der Abtrennung von Gurtplatten muss darüber hinaus sichergestellt sein, dass ein Kippen der Längsträgerstege verhindert wird. Falls erforderlich, müssen hierfür entsprechende Sicherungsmaßnahmen vorgesehen werden.

2.3 Aussteifung des Überbauquerschnitts

In den 1960erJahren wurden die Überbauten von Talbrücken häufig als zweizellige Hohlkastenquerschnitte hergestellt. Insbesondere bei diesen Querschnitten sollte beachtet werden, dass im Zuge des Rückbaus Zustände auftreten können, in denen an einem Stützquerschnitt keine Querträgerscheibe mehr vorhanden ist. In diesem Fall ist der Querschnitt in der Regel nicht mehr ausreichend ausgesteift. Vor diesem Hintergrund sollte geprüft werden, ob die Modellierung des Überbauquerschnitts als torsionssteifer Stab hinreichend genau ist. Wenn dies nicht der Fall ist, kann die Modellierung des gesamten Überbauquerschnitts als Stab hinsichtlich der Bemessung für Biegung und Querkraft auf der unsicheren Seite liegen. In diesem Fall ist zu berücksichtigen, dass sich Lasten z. B. aus Rückbaugeräten ungleich auf die einzelnen Stege verteilen und in den direkt belasteten Stegen ungünstigere Beanspruchungen hervorrufen können.

2.4 Verankerung von Spanngliedern über Verbund

Bei Spannbetonbrücken ist die Wahl der Rückbauabschnitte entsprechend den ursprünglichen Bauabschnitten auch im Hinblick auf die Verankerungen der Längsspannglieder relevant. Sofern beim Rückbau die ursprünglichen Bauzustände nachvollzogen werden, ist am Ende eines Rückbauabschnitts in der Regel auch eine Koppelfuge mit entsprechenden Spanngliedankern vorhanden, sodass die Verankerung der benötigten Anzahl an Längsspanngliedern beim Rückbau in allen Zuständen sichergestellt ist.

Abb. 2: Rückbauzustand der Döllbachtalbrücke mit Verankerung der Längsspannglieder über Verbund

Wenn beim Rückbau nicht am Ende jedes Rückbauabschnitts Spanngliedverankerungen der Längsspannglieder in ausreichender Anzahl vorhanden sind, ist der Verankerung der Längsspannglieder bei der Planung des Rückbaus besondere Beachtung zu schenken (Abb. 2). Im Rahmen von Rückbauzuständen können sich verpresste Spannglieder im Allgemeinen über die Verbundwirkung verankern. In diesem Fall sollte eine Grenzfallbetrachtung hinsichtlich der Verankerung erfolgen, sofern keine genaueren Angaben zum Verbund der Spannglieder vorhanden sind. Für den Nachweis der Tragfähigkeit in Bauwerkslängsrichtung sollten in der Regel untere Grenzwerte der übertragbaren Verbundspannungen angenommen werden. Hiermit ergibt sich ein oberer Grenzwert der Lastübertragungslänge, was für den Nachweis der Tragfähigkeit in Bauwerkslängsrichtung im Allgemeinen ungünstig ist. Die Spaltzugbeanspruchung im Verankerungsbereich selbst sollte unter der Annahme der oberen Grenzwerte der Verbundspannungen bestimmt werden.
Während für Spaltzugbeanspruchungen in vertikaler Richtung bei Stegspanngliedern in der Regel die vorhandenen Stegbügel angesetzt werden können, ist zur Aufnahme von horizontalen Spaltzugbeanspruchungen im Bestandsüberbau in der Regel keine Bewehrung vorhanden. Häufig wird dabei die Spaltzugbeanspruchung über

die Übertragungslänge der Spannglieder verschmiert. Um auf der sicheren Seite zu liegen, sollte hierbei ein oberer Grenzwert der vom Spannglied in den Beton übertragbaren Verbundspannungen angenommen werden. Zur Aufnahme der Spaltzugbeanspruchungen wurde in einigen Fällen bereits teilweise die Betonzugfestigkeit angesetzt [13]. Hierfür existieren somit einige Erfahrungswerte, jedoch derzeit noch keine allgemein anerkannten Bemessungsansätze. Bei der Rückbauplanung sollten die Berechnungsannahmen daher entsprechend vorsichtig gewählt und mit dem Bauherrn und dem Prüfingenieur abgestimmt werden.

Zur Klärung des Tragverhaltens der Verbundverankerung von Längsspanngliedern aus Bündeln von gerippten Einzeldrähten wurden inzwischen im Zuge des Rückbaus einer Talbrücke umfangreiche Messungen durchgeführt, über die in [14] berichtet werden wird. Die Verbundverankerung von größeren Bündelspanngliedern sowie die hieraus resultierenden Spaltzugbeanspruchungen sind darüber hinaus noch Gegenstand der Forschung.

Eine notwendige Bedingung für eine Verankerung vorhandener Spannglieder über Verbund ist ein ausreichender Verpresszustand. Es ist zu beachten, dass im Einzelfall ggf. auch ein geringer Anteil nicht ausreichend verpresster Hüllrohre innerhalb eines Bauwerks zu einem Versagen während des Rückbaus führen kann, wenn diese Fälle sich z. B. ungünstig auf einen Rückbauabschnitt konzentrieren. Die Untersuchung des Verpresszustands kann z. B. erfolgen, indem die Hüllrohre freigelegt und geöffnet oder angebohrt werden. Durch die so hergestellte Öffnung kann ein punktueller Aufschluss über den lokal vorhandenen Verpresszustand gewonnen werden. Sofern erforderlich, empfiehlt es sich, mehrere dieser Aufschlüsse im Bereich einer geplanten Verbundverankerung durchzuführen. Alternativ bzw. ergänzend können Untersuchungen mit zerstörungsfreien Methoden (z. B. Ultraschall) durchgeführt werden [14]. Sofern hierbei ein ausreichender Verpresszustand festgestellt wird, ist die notwendige Voraussetzung für eine Verbundverankerung an der untersuchten Stelle gegeben.

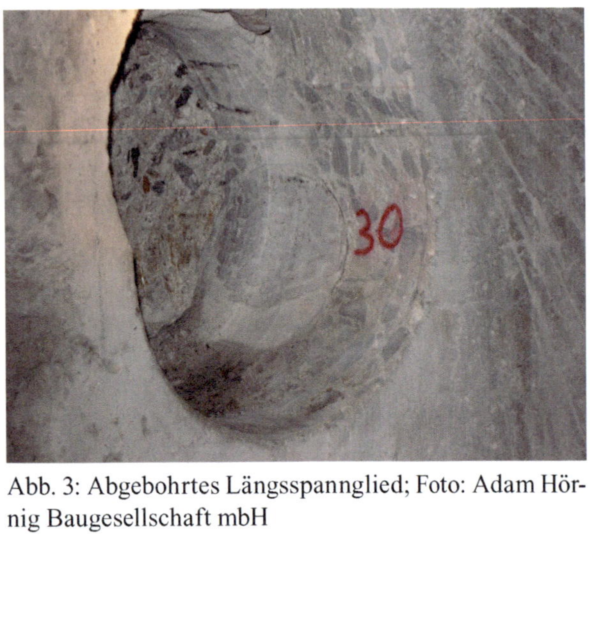

Abb. 3: Abgebohrtes Längsspannglied; Foto: Adam Hörnig Baugesellschaft mbH

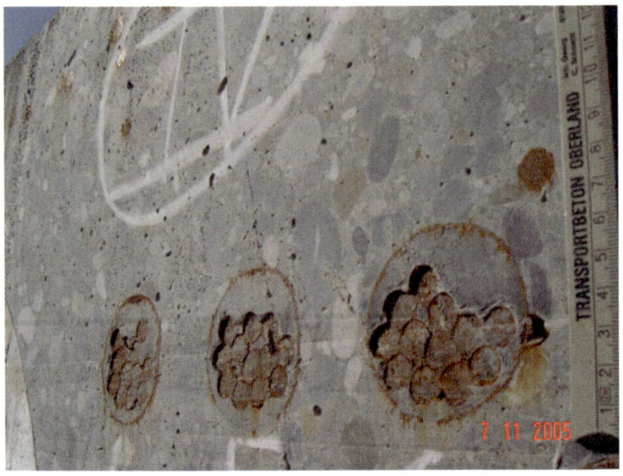

Abb. 4: Planmäßiger Einzug von durchtrennten Spanngliedern

Durch die Untersuchung des Verpresszustands ist allerdings noch nicht abschließend geklärt, ob die Qualität der Verpressung eine Verankerung der Spannglieder zulässt. Zum Nachweis der Wirksamkeit der Verankerung können Spannglieder im Zuge des Rückbaus z. B. hüllrohrweise durchtrennt werden (Abb. 3). Anschließend wird der Einzug der Spannglieder gemessen. Ausgehend von der Annahme, dass alle Spannglieder beim Bau der Brücke entsprechend vorgespannt und verpresst wurden, kann, wenn der Einzug nicht größer ist als ein rechnerisch vorab ermittelter Grenzwert, von einer erfolgreichen Verankerung ausgegangen werden (Abb. 4). Praktisch wird in der statischen Berechnung in der Regel zunächst die im jeweiligen Rückbauzustand erforderliche Anzahl an Längsspanngliedern ermittelt. Dann wird festgelegt, zu welchem Zeitpunkt und in welcher Reihenfolge die Spannglieder abzubohren sind. Beim Abbohren ist sicherzustellen, dass zu jedem Zeitpunkt eine ausreichende Anzahl noch nicht abgebohrter oder bereits erfolgreich verankerter Spannglieder vorhanden ist, sodass die Tragfähigkeit des Überbaus zu jeder Zeit gewährleistet ist [16].

Der relativ hohe Aufwand zur Sicherstellung einer erfolgreichen Verankerung von Spanngliedern über Verbund ist, abhängig von den Randbedingungen des jeweiligen Rückbaus, durch die ggf. starken Auswirkungen einer evtl. nicht erfolgreichen Verankerung auf den weiteren Rückbau begründet. Im Fall einer nicht ausreichenden Verankerung von Spanngliedern über Verbund besteht zunächst die Gefahr, dass die erforderliche Tragfähigkeit des betroffenen Rückbauzustands nicht gewährleistet ist. In diesem Zustand können sehr aufwendige Verstärkungs- oder Unterstützungsmaßnahmen erforderlich werden.

Wenn Verankerungen von Spanngliedern über Verbund vorgesehen sind, sollte auch dieses Risiko möglichst frühzeitig im Planungsprozess bedacht werden. Um das Risiko zu minimieren, sollte, sofern eine Verankerung von Spanngliedern über Verbund vorgesehen ist, der Verpresszustand der Spannglieder möglichst bereits im Zuge der Entwurfsplanung des Rückbauverfahrens untersucht werden, um Unsicherheiten bei der späteren Ausführung zu vermeiden. Beim Rückbau von Überbauten (insbesondere in Herstellrichtung) kann der Fall auftreten, dass Verankerungselemente (z. B. Spann bzw. Koppelanker) entgegen ihrer planmäßigen Wirkrichtung beansprucht werden. Sofern die Spannglieder und damit auch die Anker in diesem Fall statisch berücksichtigt werden sollen, sind hierfür zwingend weitergehende Untersuchungen erforderlich [13].

Ohne ergänzende Maßnahmen zur Sicherstellung der Verankerung wurden Verbundverankerungen von Spanngliedern bislang im Allgemeinen nur bei relativ kurzzeitigen Rückbauzuständen ohne Einwirkung von Lasten aus Straßenverkehr ausgeführt. Beim Rückbau von einteiligen Überbauten von Straßenbrücken, bei denen beide Richtungsfahrbahnen auf einem Überbau liegen, kann es erforderlich sein, den Überbau im Zuge des Rückbaus in Bauwerkslängsrichtung zu teilen, um eine Hälfte des Bauwerks temporär noch nutzen zu können. Sofern in diesem Rückbauzustand der öffentliche Verkehr auf einem Teil des Überbaus aufrechterhalten wird, wurden bislang stets besondere Vorkehrungen zur Sicherstellung der Verankerung der Quervorspannung getroffen, vgl. [17, 18]. Eine Verbundverankerung der Querspannglieder ohne zusätzliche Maßnahmen zur Sicherung der Verankerung erfolgte bislang lediglich für den im Zuge der Rückbaumaßnahme auftretenden Baustellenverkehr.

2.5 Verstärkungsspannglieder

Bei einigen bestehenden Überbauten wurden bereits während der planmäßigen Nutzung Verstärkungsmaßnahmen ausgeführt. Oft wurden in diesem Zuge zusätzliche Längsspannglieder eingebaut. Diese sind in der Regel entweder als Vorspannung mit nachträglichem Verbund ausgeführt (Spannglieder verlaufen in nachträglich hergestellten und an den Bestandsüberbau angeschlossenen Betonquerschnitten) oder als externe Vorspannung. Verstärkungsspannglieder können dabei entweder über die gesamte Länge des Überbaus durchlaufen (evtl. mit Spanngliedstoß) oder nur in einzelnen Feldern bzw. Bauabschnitten angeordnet sein.

Im Fall einer externen Verstärkungsvorspannung muss diese vor Beginn des Rückbaus desjenigen Rückbauabschnitts deaktiviert werden, in dem die Verstärkungsspannglieder verankert sind. Für den Zeitpunkt nach der Deaktivierung ist nachzuweisen, dass der Überbau ausreichend tragfähig ist. Dies sollte in der Regel bereits in der Entwurfsphase sichergestellt werden, da dieser Nachweis entscheidend für die Ausführbarkeit des Rückbaus bzw. für das Erfordernis entsprechender Verstärkungsmaßnahmen im Zuge des Rückbaus ist.

Wenn der Bestandsüberbau mit einer Vorspannung im nachträglichen Verbund verstärkt wurde, ist im Zuge der Planung zu überprüfen, ob eine Verankerung der Verstärkungsvorspannung über Verbund möglich ist (vgl. Abschn. 2.4). Hierfür sind die Lastübertragung vom Spannglied in den umgebenden Betonquerschnitt sowie die Spaltzugbeanspruchung im Betonquerschnitt nachzuweisen. Zusätzlich ist die Lastübertragung vom nachträglich ergänzten Betonquerschnitt in den Querschnitt des Bestandsüberbaus nachzuweisen. Auch wenn nachträglich hergestellte Betonquerschnitte häufig mit eingebohrter Bewehrung an den Bestand angeschlossen sind, treten bei diesem Nachweis häufig Defizite auf, da die Anschlussbewehrung in der Regel nur für den Spannungszuwachs in den Spanngliedern bei einer entsprechenden Rissbildung im Beton ausgelegt ist und nicht für den Anschluss der gesamten Vorspannkraft. Sofern bei diesen Nachweisen Defizite festgestellt werden, sollte bei der Planung des Rückbaus in der Regel eine Grenzfallbetrachtung durchgeführt werden und der Überbau sowohl unter Annahme von voll wirksamen Verstärkungsspanngliedern als auch unter Annahme eines vollständigen Ausfalls der Verstärkungsspannglieder nachgewiesen werden.

2.6 Hilfsunterstützungen und Hilfspfeiler

Beim abschnittsweisen Rückbau von Brücken mit großen Stützweiten kommen oftmals Hilfsunterstützungen zur Unterstützung des Überbaus in den Rückbauzuständen zum Einsatz. Diese werden teilweise mit Hydraulikpressen ausgestattet, durch welche die jeweilige Hilfsunterstützung zum gewünschten Zeitpunkt mit einer vorgegebenen Kraft aktiviert werden kann. Bei der Planung sollte hierbei beachtet werden, dass die im Aktivierungszustand wirkenden Gewichte des Bestandsüberbaus in der Regel nicht genau bekannt sind. Das gilt sowohl für das Eigengewicht und die evtl. noch vorhandene Ausbaulast des Überbaus als auch für die Pressenkraft selbst. Letztere kann durch den Einsatz von entsprechenden Hydraulikinstallationen mit geeichten Manometern im Optimalfall relativ genau eingestellt werden. Zur Berücksichtigung evtl. Ungenauigkeiten sollte im Zuge der Planung jedoch untersucht werden, ob es bei Ansatz unterer Grenzwerte der einwirkenden Lasten und oberer Grenzwerte der Pressenkräfte zu Überbeanspruchungen des Überbaus kommen kann (z. B. negatives Moment über der Hilfsunterstützung). Ebenso sollte ggf. untersucht werden, ob die Tragfähigkeit auch bei Ansatz des oberen Grenzwerts des Eigengewichts in Kombination mit dem unteren Grenzwert der Pressenkraft nachweisbar ist. Sofern der Überbau mit Hydraulikpressen nicht nur mit einer definierten Kraft unterstützt wird, sondern der Überbau von den Lagern freigehoben werden soll, entspricht die hierfür erforderliche Pressenkraft direkt der freizuhebenden Auflagerkraft. In diesem Fall ist der Ansatz unterschiedlicher Sicherheitsbeiwerte für die äußeren Lasten und die Pressenkraft nicht sinnvoll. Stattdessen sollten in diesem Fall für die Pressenkraft der gleiche Teilsicherheitsbeiwert wie für das Eigengewicht und die maßgeblichen Einwirkungen angesetzt werden.

Beim Freiheben des Überbaus von Bestandspfeilern ist darüber hinaus zu beachten, dass der Bestandspfeiler infolge von einwirkenden Längskräften ausgelenkt sein kann. Dies kann sowohl in einer Pfeilerachse mit längsfesten Lagern der Fall sein als auch in einer Pfeilerachse mit längsverschieblichen Lagern. Bei der Planung des Rückbaus kann dies auf zwei unterschiedliche Arten berücksichtigt werden. Wenn sich der Pfeiler

nach dem Freiheben in seine spannungslose Form „zurückverformen“ soll, sind hierfür entsprechende Bewegungsmöglichkeiten und Gleitpaarungen auf den Pressen vorzusehen. Bei der Planung ist in diesem Fall ein entsprechender Reibbeiwert zu berücksichtigen. Wenn im anderen Fall die Rückverformung des Pfeilers behindert wird, bleiben die entsprechenden Pfeilerrückstellkräfte im Rückbauzustand erhalten und müssen von der Hydraulikpresse oder von anderen Baubehelfen aufgenommen und an andere längsfest gelagerte Bauteile weitergeleitet werden.
Bei der Einleitung von Kräften aus Hilfsunterstützungen in den Überbau ist es in der Regel sinnvoll, bestehende Konstruktionen (z. B. Querträger) zu nutzen. Sofern dies nicht möglich ist, sind in der Regel sehr aufwendige Verstärkungen des Überbaus zur Ein und Weiterleitung der Hilfsstützenkraft erforderlich. Lokale Verstärkungen für die Lasteinleitung (z. B. Hilfsquerträger) sollten aufgrund der im Allgemeinen hohen Kräfte in der Regel massiv ausgeführt werden, um große Kräfte verformungsarm aufnehmen zu können (Abb. 5).

Abb. 5: Massiver Hilfspfeiler und Verstärkungen des Überbaus beim Rückbau der Döllbachtalbrücke

Abb. 6: Stahl-Hilfsstützen zur Unterstützung des Bestandsüberbaus für den bauzeitlichen 4+0-Verkehr beim Ersatzneubau der Werntalbrücke

Für die Aktivierung einer Hilfsunterstützung werden häufig Stellringpressen verwendet. Nachdem die Pressen auf die gewünschte Last angefahren wurden, werden die Stellringe angedreht, sodass der Lastabtrag über die Stellringe erfolgen kann. Anschließend kann der Öldruck abgelassen werden. Nach dem Aktivieren der Hilfsstützen und dem Andrehen der Stellringe ist zu beachten, dass ein geändertes statisches System des Überbaus vorliegt. Für alle nach der Aktivierung des Hilfspfeilers auftretenden Einwirkungen wirkt ein aktivierter Hilfspfeiler (abhängig von seiner Steifigkeit) wie eine feste Unterstützung des Überbaus in vertikaler Richtung. Hinsichtlich der Wahl der Pressen auf einem Hilfspfeiler ist zu beachten, dass die in späteren Rückbauzuständen auftretende Last am Hilfspfeiler infolge von z. B. Baustellenverkehr oberhalb der Hilfsstütze oder infolge von Systemänderungen (z. B. Entfernen eines entlastend wirkenden Feldes) deutlich größer sein kann als die Kraft, mit der der Hilfspfeiler aktiviert wird (Abb. 6). Dies ist bei der Auslegung der Pressen auf dem Hilfspfeiler und des Hilfspfeilers zwingend zu berücksichtigen. Weiterhin ist es möglich, dass die Aktivierung eines Hilfspfeilers in den nachfolgenden Rückbauabschnitten Auswirkungen auf die statisch unbestimmte Wirkung der Vorspannung hat. In diesen Fällen sollte die Wirkung der Vorspannung durch eine Berechnung unter Berücksichtigung des Bauablaufs des Rückbaus in allen Rückbauzuständen verfolgt werden.

2.7 Tragfähigkeit der Widerlager in den Rückbauzuständen

Besonderes Augenmerk sollte bereits in der Entwurfsphase auf die Rückbauzustände der Widerlager des jeweiligen zurückzubauenden Bestandsbauwerks gelegt werden. Dies ist insbesondere dann der Fall, wenn z. B. bei Autobahnbrücken mit separaten Überbauten für beide Richtungsfahrbahnen ein durchgehendes gemeinsames Widerlager ausgeführt wurde. Im Zuge eines Rückbaus eines solchen Bauwerks wird in der Regel auf dem Überbau einer Richtungsfahrbahn eine 4+0Verkehrsführung eingerichtet. Anschließend wird der verkehrsfreie Überbau zurückgebaut. Bei einteiligen Widerlagern ist, nachdem der verkehrsfreie Überbau zurückgebaut wurde, häufig ein Teilrückbau des Widerlagers erforderlich, um die Baugrube für das neue Widerlager herstellen zu können. In allen hierfür erforderlichen Bau und Aushubzuständen muss das teilrückgebaute Bestandswiderlager unter 4+0Verkehr ausreichend standsicher sein.
Wenn beispielsweise ein neu herzustellendes, flach gegründetes Widerlager eines Ersatzneubaus an gleicher Stelle errichtet werden soll wie das bestehende Widerlager, so wird häufig eine etwas tiefer liegende Gründungssohle als im Bestand gewählt, um den Neubau auf ungestörtem Baugrund gründen zu können. Sofern das Bestandswiderlager unter beiden Richtungsfahrbahnen auf einer Höhe gegründet ist, würde im Zuge des Teilrückbaus des Widerlagers und der Herstellung der Baugrube für das neue Widerlager die Gründung des verbleibenden Teils des Bestandswiderlagers evtl. unterschnitten werden. Um dies zu vermeiden und die Stand-

sicherheit des höher gegründeten Bestandswiderlagers zu gewährleisten, muss der Höhensprung durch temporäre Abfangungen wie z. B. Unterfangungen oder Verbauten gesichert werden. Sofern Verbauten ausgeführt werden, sollten diese möglichst verformungsarm ausgebildet werden, um das Tragverhalten des verbleibenden Bestandswiderlagers nicht zu beeinträchtigen.
Im teilrückgebauten Zustand eines Widerlagers ergeben sich darüber hinaus teilweise Einwirkungen, die deutlich von den planmäßigen Einwirkungen auf das Widerlager im Endzustand abweichen können. Im planmäßigen Endzustand kann beispielsweise die Horizontallast aus dem auf eine Flügelwand wirkenden Erddruck mit der Horizontallast aus dem anderen Flügel kurzgeschlossen werden. Sofern im teilrückgebauten Zustand nur noch eine Flügelwand vorhanden ist, muss das Widerlager die Horizontallast aus dem auf diese Flügelwand wirkenden Erddruck auf anderem Wege abtragen können. Alternativ kann der Flügel z. B. mit Ankern zurückgespannt werden. Bei der Planung des Rückbaus ist weiterhin ist zu beachten, dass abhängig vom gewählten Rückbauverfahren für die Montage von Baubehelfen teilweise ein Aushub vor dem Widerlager erforderlich ist. Bei großflächigen Aushüben sollte für diesen Zustand die Grundbruchsicherheit des Widerlagers überprüft werden. Sofern vor dem Widerlager tiefer ausgehoben werden muss als die Gründungssohle des Bestandswiderlagers, sind auch hier entsprechende Sicherungsmaßnahmen vorzusehen. Auch bei tiefgegründeten Widerlagern ist ein Aushub im statischen Nachweis zu berücksichtigen, da hierdurch ggf. die Mantelreibung und die horizontale Bettung der Pfähle beeinträchtigt werden kann. Zusätzlich sollte insbesondere die äußere Standsicherheit von Bestandswiderlagern im Rückbauzustand, d. h. ohne Auflast aus Überbau aber mit vollem Erddruck, grundsätzlich nachgewiesen werden. Hierbei sind evtl. ungünstige Zusatzbeanspruchungen z. B. aus Abstützlasten von hinter dem Widerlager stehenden Autokränen zu berücksichtigen.

3. Fazit

Im Zuge der Erhaltung der Verkehrsinfrastruktur in Deutschland sind der Zustand und die Tragfähigkeit zahlreicher Brückenbauwerke zu bewerten. Aufgrund des Alters der Bestandsbauwerke und der gegenüber der Bauzeit stark gestiegenen Lasteinwirkungen ist damit zu rechnen, dass in Zukunft zahlreiche Großbrücken durch entsprechende Neubauten ersetzt werden müssen. Bei den in diesem Zusammenhang erforderlichen Rückbauten von Großbrücken handelt es sich um eine in Planung und Ausführung sehr anspruchsvolle Aufgabe.
Im vorliegenden Beitrag werden ausgewählte, bei bereits durchgeführten Rückbauten von Großbrücken gesammelten Erfahrungen hinsichtlich der Planung des Rückbaus aufgeführt und erläutert. Es ist anzumerken, dass für zahlreiche dieser Fragestellungen bislang kein durchgehendes schlüssiges Regelwerk vorliegt. Es wäre wünschenswert, die Planungssicherheit durch ein entsprechendes Regelwerk für den Rückbau zu verbessern. Erste Ansätze hierzu wurden in der Vergangenheit bereits erarbeitet [19, 20].

Literatur

[1] Bundesministerium für Verkehr, Bau und Stadtentwicklung (2013) Strategie zur Ertüchtigung der Straßenbrücken im Bestand der Bundesfernstraßen, Bericht.

[2] Mölter, T. M.; Pfeifer, R. H.; Fiedler, M. (2017) Handbuch Eisenbahnbrücken. 2. Auflage, Hamburg: Eurailpress.

[3] Bundesministerium für Verkehr und digitale Infrastruktur (2020) Stand der Modernisierung von Brücken der Bundesfernstraßen, Bericht 02.12.2020.

[4] Reaktionen auf die Vollsperrung der Schiersteiner Brücke auf der BAB 643. Meldung in der Rubrik Nachrichten. Bautechnik 92 (2015), S. 237.

[5] Ersatzneubau für gesperrte Talbrücke Rahmede der A 45 bei Lüdenscheid. Meldung in der Rubrik Aktuelles. Stahlbau 91 (2022), S. 154.

[6] Bundesministerium für Verkehr und digitale Infrastruktur (2020) Allgemeines Rundschreiben Straßenbau Nr. 09/2020.

[7] Bundesministerium für Digitales und Verkehr (BMDV) (2020) Brücken an Bundesfernstraßen – Bilanz und Ausblick; Systemanalysebericht des BMDV zum 1. Brückengipfel, 03/2022.

[8] Bundesanstalt für Straßenwesen (2010) Brücken im Zuge von Bundesautobahnen – Liste der vordringlich zu untersuchenden Brücken. Stand Februar 2010.

[9] Fischer, O.; Lechner, T.; Wild, M.; Müller, A.; Kessner, K. (20116) Nachrechnung von Betonbrücken, systematische Auswertung nachgerechneter Bauwerke. Berichte der Bundesanstalt für Straßenwesen (BASt), Brücken und Ingenieurbau, Band 124.

[10] Wagner, P. (2017) Rückbau großer Talbrücken – Konzepte und Verfahren aus Sicht eines Generalunternehmers. Vortrag beim VSVI Hessen, Tagung Brücken für die Zukunft, 24.05.2017.

[11] Lingemann, J.; Sonnabend, S. (2011) Rückbau der Döllbachtalbrücke im Zuge der BAB 7 mit Vorschubrüstung. In: Fischer, O. (Hrsg.) Tagungsband zum Münchener Massivbauseminar 2011.

[12] Fischer, O.; Lingemann, J.; Jähring, A.; Sonnabend, S. (2022) Massivbrücken – Aktuelle Entwicklungen und Beispiele zu Neubau und Bestand. In: Bergmeister, K.; Fingerloos, F.; Wörner, J.D. [Hrsg.] Beton-Kalender 2022, Kapitel XV. Berlin: Ernst & Sohn, S. 805–899.

[13] Schacht, G.; Müller, L.; Kromminga, L.; Krontal, S.; Marx, S. (2018) Tragwerksplanung beim Rückbau von Spannbetonbrücken. Bautechnik 95, H. 1, S. 6–15. https://doi.org/10.1002/bate.201700093

[14] Schacht, G. (2021) Rückbau von Spannbetonbrücken – Herausforderungen für die Tragwerksplanung. VDIFachkonferenz „Rückbau von Brücken“. 5.–6. Mai 2021.

[14] Burger, H.; Betz, P.; Richter, B.; Herbers, M.; Schramm, N.; Diers, J.; Schacht, G.; Lingemann, J.; Marx, S.; Fischer, O.: Untersuchungen zur Verbundverankerung von durchtrennten Spanngliedern beim Brückenrückbau. Zur Veröffentlichung in: Beton- und Stahlbetonbau. In Vorbereitung.

[16] Lingemann, J. (2021) Erfahrungen aus der Planung und Prüfung von Brücken-Rückbauten. VDI-Fachkonferenz „Rückbau von Brücken". 5.–6. Mai 2021.

[17] Fust, C.; Wolff, M.; Mark, P.; Borowski, M. (2012) Nachträgliche Verankerung von Querspanngliedern – Klemmkonstruktion zum Ersatzneubau der Deelbögebrücke. Beton und Stahlbetonbau 107, H. 3, S. 136–145. https://doi.org/10.1002/best.201200005

[18] Sanio, D.; Alawieh, H.; Bornholt, F.; von Daake, H.; Prenting, A.; Mark, P. (2021) Nachträgliche Verbundverankerung von Stabspanngliedern. Beton und Stahlbetonbau 116, H. 10, S. 741–753. https://doi.org/10.1002/best. 202100069

[19] Krill, A. (2021) Ansätze für eine Rückbau-Richtlinie. VDIFachkonferenz „Rückbau von Brücken". 5.–6. Mai 2021.

[20] Krill, A.; Lingemann, J.; Schacht, G. (2023) Regelungsbedarf und Ansätze einer Rückbaurichtlinie für Brückenbauwerke. Beton und Stahlbetonbau 118, Sonderheft Rückbau von Betonbrücken S1, Februar 2023. https://doi.org/10.1002/best.202200097

Verstärkung der Innbrücke Obernberg-Egglfing

Gratwanderung zwischen Erhalt und Ersatzneubau

Florian Keil, M. Eng.
matrics engineering GmbH, München

Dr. Katrin Runtemund
matrics engineering GmbH, Buxtehude

Zusammenfassung
Die Innbrücke Obernberg-Egglfing ist eine wichtige Grenzbrücke zwischen Österreich (L510) und Deutschland (St 2117). Sie wurde 1963 als Spannbetonbauwerk als zweistegiger Plattenbalken im Feld bzw. einzelliger Kastenquerschnitt im Stützbereich errichtet. Charakteristisch für diese Zeit wurde die Betonstahlbewehrung zugunsten eines hohen Vorspanngrads minimiert und die Spannglieder in den Bauabschnittsfugen zu 100 % gekoppelt. Aufgrund von Rissen der Koppelfugen wurde der Bauwerkszustand durch umfassende statische sowie messtechnische Untersuchungen nach Stufe 1 bis 4 der Nachrechnungsrichtlinie bewehrt. Durch eine Ablastung des Tragwerks auf die BK30 in Kombination mit einem Koppelfugenmonitoring und durch alternative Bemessungsansätze zur Beschreibung der Querkrafttragfähigkeit, der Interaktion von Querbiegung und Längsschub sowie der Torsionssteifigkeit im Zustand 2 konnten die rechnerischen Defizite soweit eingegrenzt werden, dass eine wirtschaftliche Verstärkung des Bauwerks möglich wurde. Auch bei der Planung und Installation der verschiedenen Verstärkungselemente hielt der Bestand Herausforderungen bereit.

1. Beschreibung des Bauwerks

Das Bauwerk wurde im Jahr 1963-1965 in acht Bau-abschnitten auf einem Lehrgerüst hergestellt. Der Überbau ist ein längsvorgespannter 2-stegiger Plattenbalken mit einfachbewehrter Fahrbahnplatte. In den Stützbereichen ist eine gevoutete Druckplatte vorhanden, so dass sich an den Pfeilern ein Hohlkastenquerschnitt ergibt. Die Spannweiten betragen 35,00 – 37,00 – 40,00 – 43,50 – 52,00 – 2x 62,00 – 52,00 m bei einer Gesamtlänge von 383,50 m.

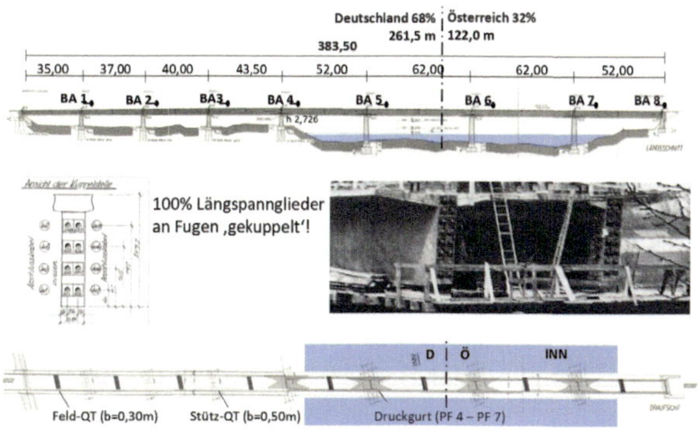

Abb. 1: Längsschnitt und Grundriss

Für die Vorspannung des Überbaus in Längsrichtung wurde das Spannverfahren „BBRV" St 150/170, 44 Einzeldrähte Ø 6 mm verwendet. Das Bauwerk wurde für das Zielastniveau BK45 bemessen.
Der Bauwerkszustand wurde gemäß Hauptprüfung nach DIN1076 mit der Zustandsnote 3,5 (S=3,0) bewertet. Es ergaben sich zwei systematische Defizite: Trennrisse in den Druckplatten < 0,35 mm und gerissene Koppel-fugen (KF). Lokal wurde zudem ein 3 m Schrägriss im Stützbereich < 0,5 mm festgestellt.

2. Nachrechnung

Das Bauwerk wurde zunächst für das Ziellastniveau BK60 nach Stufe 1 und 2 der Nachrechnungsrichtlinie (NRR) [1], [2] bewertet. Hierbei ergaben sich in Längsrichtung erhebliche Defizite über die gesamte Trägerlänge v.a. der Querkrafttragfähigkeit und der Anschlussbewehrung der Gurtanschlüsse aber auch der Ermüdungssicherheit des Spannstahls an den Koppel-fugen und in Querrichtung der Querbiegetragfähigkeit der Druckplatten, s. Abb. 2.
Da eine signifikante Schädigung des Spannstahles an den Koppelfugen nicht ausgeschlossen werden konnte, wurde zunächst ein Koppelfugenmonitoring durch-geführt. Hierbei konnten die Ermüdungsdefizite auf die KF 1 eingegrenzt werden.
Zudem wurde die Druckfestigkeit des Bestandbetons mittels Materialuntersuchungen ermittelt.
Eine umfassende Ertüchtigung zur Erfüllung aller Nachweise nach Stufe 2 wäre mit einem massiven Eingriff in das Bauwerk in Kombination mit Kompensationsmaßnahmen und einer Nutzungs-beschränkung auf 20 Jahre verbunden gewesen, s. Abb. 3. Die Maßnahme wurde letztendlich aufgrund der hohen Kosten als unwirtschaftlich verworfen.

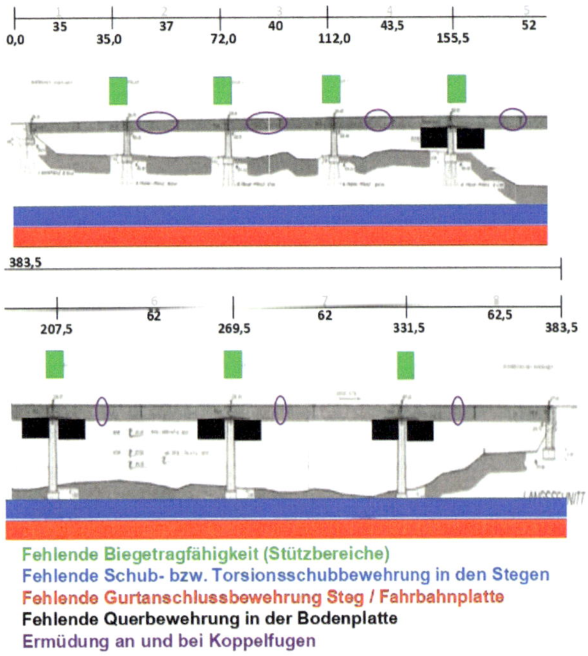

Abb. 2: Ausdehnung der rechnerischen Defizite (Lastmodell BK60) nach Stufe 2 der NRR

Abb. 3: Übersicht Ertüchtigungskonzept für BK60

Aufgrund der hohen Kosten wurde in der Folge seitens der Baulastträger statt des Erhalts des Bauwerks eine Notverstärkung bis zum Ersatzneubau unter der Vorgabe einer möglichst langen Restnutzungsdauer (≥ 20 Jahre) mit minimalem Verstärkungseingriff unter Aufrechterhaltung von Gegenverkehr und BK30 angestrebt. Zur Nachweisführung sollten hierbei insbesondere auch wissenschaftliche Methoden nach Stufe 4 der NRR zur Eingrenzung der Defizite angewendet werden.

2.1 Ansätze nach Stufe 4

Für die Bewertung der Querkrafttragfähigkeit wurde das *Querkraftmodell nach Herbrand* [3] zu Grunde gelegt, welches insbesondere bei geringem Querkraftbewehrungs-, jedoch hohem Vorspanngrad potenzielle Tragreserven aufweist. Es soll in Deutschland zukünftig auch im Rahmen der 2. Ergänzung der NRR, die in der BEM-ING Teil 2 erscheinen wird, bereits in Stufe 2 Berücksichtigung finden.

Auf Grundlage von Versuchsbeobachtungen [4] beruht das Bemessungsverfahren auf einem Fachwerkmodell (in Anlehnung an EC2) jedoch mit additivem Betontraganteil, der im Wesentlichen auf die Querkrafttragfähigkeit der ungerissenen Betondruck-zone zurückgeführt werden kann, s. Abb. 4.

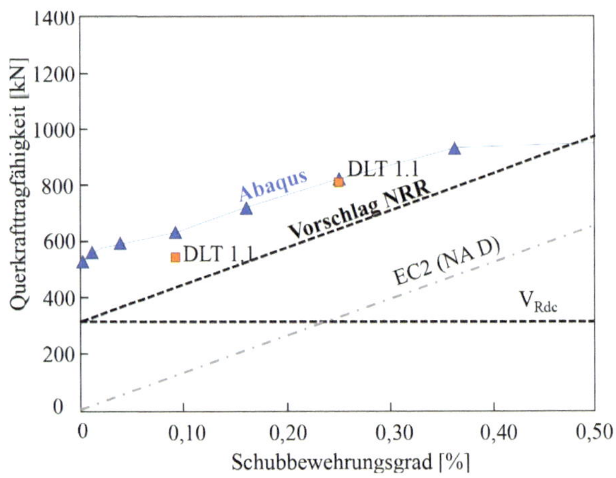

Abb. 4: Querkrafttragfähigkeit in Abhängigkeit des Schubbewehrungsgrads. FE-Parameterstudie zum Versuch DLT 1.1, [3]

Aufgrund der zur damaligen Zeit nach Norm noch nicht vorgesehenen Mindestquerkraftbewehrung führte der Nachweis zu einer erheblichen Eingrenzung der Querkraftdefizite.

Durch die Verwendung von offenen Bügelformen ergaben sich erheblich Defizite der Torsionstragfähigkeit. Die Defizite werden maßgebend von der angesetzten Torsionssteifigkeit im Zustand 2 bestimmt. Ohne genaueren Nachweis darf gemäß Stufe 2 der NRR eine Abminderung der Torsionssteifigkeit im Grenzzustand der Tragfähigkeit durch Rissbildung auf einen Wert von 40 % der Steifigkeit des ungerissenen Zustands angenommen werden. In [5] wurden im Rahmen einer Literaturstudie verschiedene Ansätze zur Abminderung der Torsionssteifigkeit durch Rissbildung für die Nachrechnung der Innbrücke Obernberg-Egglfing diskutiert. Als Wesentliche Einflussgrößen sind die Querschnittsgeometrie, der Vorspanngrad, die Druckstrebenneigung und die Belastungsart zu nennen. So ist generell der Steifigkeitsabfall bei Trägern mit Plattenbalkenquerschnitt, ohne Vorspannung und/oder reiner Torsionsbelastung deutlich ausgeprägter als bei Hohlkastenträgern, bei vorgespannten Trägern und/oder bei kombinierter Beanspruchung aus Biegung und Torsion.

Als Ergebnis wurde für die Nachrechnung nach Stufe 4 eine Abminderung der Torsionssteifigkeit des Plattenbalken- bzw. Hohlkastenquerschnitts auf einen Wert von 25 % bzw. 100 % des linear elastischen Wertes nach Zustand 1 empfohlen, wobei ein ausreichendes Umlagerungspotential der Torsionsschnittgrößen durch Querbiegung der Platte nachgewiesen werden musste. Der Ansatz führte zu einer deutlichen Reduktion der erforderlichen Torsionsbügel.

Eine weitere konstruktive Besonderheit des Bauwerks, war die unsymmetrische Anordnung der Querbewehrung der Fahrbahnplatte an der Ober- und Unterseite, s. Abb. 5.

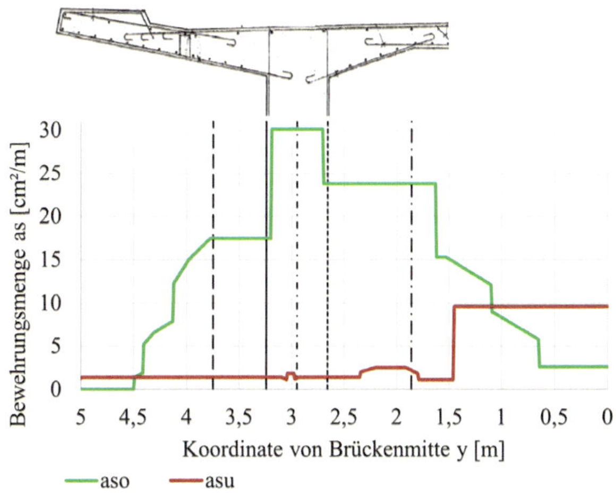

Abb. 5: Verteilung der vorhandenen oberen (grün) und unteren (rot) Gurtanschlussbewehrung

Gemäß DIN-Fachbericht 102, Abschnitt 4.3.2.5 ist (ohne genaueren Nachweis) die erforderliche Bewehrung je zur Hälfte an der Unter- und an der Oberseite anzuordnen. Diese Vorgehensweise ist für große Bereiche nicht zielführend und führte nach Stufe 2 zu erheblichen Defiziten. In Stufe 4 wurde daher das Verfahren nach Bachmann [6], [7] unter Berücksichtigung der Interaktion zwischen Längsschub und Querbiegung verwendet. Die zentrisch angreifende Querzugkraft nach dem Flanschfach-werkmodell $Z = a_{sw,erf} * f_{yd}$ und das Querbiegemoment m_{yy}, mit zugehöriger Normalkraft n_{yy} werden hierbei als gemeinsam wirkende Beanspruchung betrachtet. Dafür wird der Querschnitt bemessen. Auf der Biegedruckseite kann somit die Längsschubbewehrung entsprechend der Wirkung der Biegedruckkraft vermindert werden.

Der Nachweis des Gurtanschlusses der Fahrbahnplatte wird somit nur lokal, in Bereichen, die an die Pfeilerdruckplatten anschließen, nicht eingehalten.

Insgesamt konnten durch die Ansätze nach Stufe 4 die Defizite der Nachrechnung betragsmäßig signifikant reduziert und lokal stark eingegrenzt werden, Abb. 7.

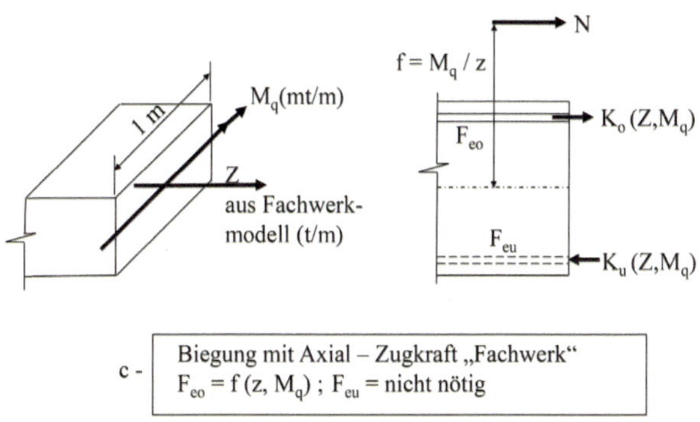

Abb. 6: Bemessungsmodell für Längsschub mit Querbiegung, [7]

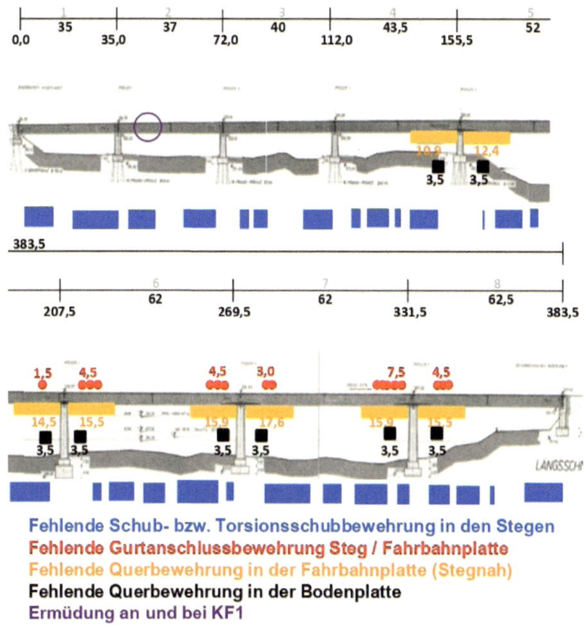

Abb. 7: Defizite der Nachrechnung nach Stufe 4

3. Ertüchtigung

Entsprechend den Ergebnissen der Nachrechnung sowie der Abstimmung mit den Bauherren aus Bayern und Oberösterreich wird das Bauwerk seit Juli 2023 bis vsl. September 2024 ertüchtigt. Die Verstärkungsmaßnahme ermöglicht die Nutzung des Bauwerks durch den normalen Verkehr (Lastmodell BK 30/30 ohne genehmigungspflichtigen Schwerverkehr) im Zeitraum bis zur Fertigstellung eines Ersatzneubaus mit einem Planungshorizont von ≥20 Jahren.

Hierzu wurde der Brückenüberbau mit zahlreichen Stabspanngliedern vorgespannt. Die Tab. 1 enthält eine Übersicht der hierfür verwendeten Elemente und deren Anzahl. Die Besonderheiten bei der Planung und dem Bau der einzelnen Elemente werden in den nachfolgenden Kapiteln erläutert.

Tab. 1: Zusammenfassung der Verstärkungselemente

Element	Verstärkung	Anzahl
Vertikale Spannglied-paare mit Traverse	Querkraft und Torsion	400
Horiz. Spannglieder durch einen Steg	Torsion durch Bügelschluss	402
Spannglieder zwischen den Stegen (oben/unten)	Gurtanschluss (Fahrbahn-/Bodenplatte)	120/56
Ankerblöke/Längs-/Querspannglieder	Verstärkung der Koppelfuge 1	8/4/16

3.1 Vertikale Spannglieder mit Traversen

Die Verstärkung der beiden Hauptträger für den Nachweis Querkraft mit Torsion erfolgt durch externe vertikale sowie interne horizontale Stabspannglieder zur Herstellung des Bügelschlusses.

Die vertikalen Spannglieder wurden paarweise links und rechts neben dem Steg in regelmäßigen Abständen zwischen 1,0 und 2,0 m angeordnet. Die dafür notwendigen Bohrungen durch die Fahrbahn- sowie in Hohlkastenbereichen durch die Druckplatten wurden von oben ausgeführt. Bauseitig wurde die Querbewehrung geortet und die Bohrungen zwischen die Stäbe gesetzt.

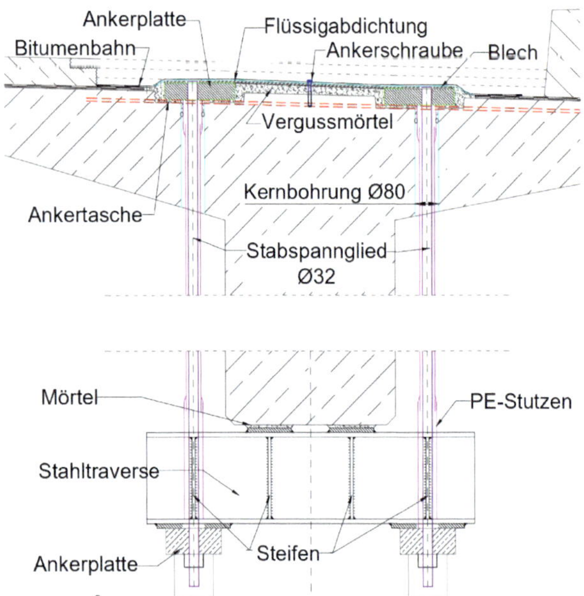

Abb. 8: Systemübersicht der vertikalen Spannglieder zur Querkraftverstärkung

Die feste Verankerungen auf der Oberseite erfolgte durch Ankerplatten mit Schraubgewinde welche auf der Oberseite der Fahrbahnplatte in gestrahlte Vertiefungen, sog. Ankertaschen, eingebaut werden. Auf der Unterseite wird die als Spannanker ausgebildete Ankerplatte an die Unterkante von Traversenkonstruktionen aus U-Profilen aufgesetzt. Diese leitet die Spannkräfte über eine Vergussmörtel in die Stegunterkante weiter. In Abb. 8 ist eine Übersicht des Systems dargestellt.
Die hohe Auslastung der oberen Querbewehrung erforderte es eventuell auftretende Zugkräfte, welche sich aus der Neigung der Druckstrebe zwischen Ankerplatte und Steg ergeben, durch ein zusätzliches Blech zwischen beiden Ankerplatten kurzzuschließen. Dieses Zugblech wurde nach Einbau der Ankerplatten passgenau mit Kehlnähten auf diese aufgeschweißt und anschließend die Ankerplatten und das Blech mit Mörtel untergossen. Da das Blech jedoch nur bei entsprechender Belastung der Brücke auch tatsächlich als Zugband aktiv wird, entstanden beim Einbau des bis zu 200°C heißen Gussasphalts starke Druckkräfte infolge der durch die beidseitige Festhaltung behinderten Wärmeausdehnung des Blechs. Um ein Ausknicken der Bleche zu verhindern, wurden diese mittels Bolzenankern nach unten gesichert. Die erforderliche Anzahl der Bolzen wurde experimentell festgelegt. Der Einbau des Gussasphalts wurde dabei durch Erwärmen der Bleche mit Brennern simuliert, siehe Abb. 9.

Abb. 9: Nach der versuchsweisen Erwärmung aufgewölbtes Verbinderblech ohne mittigen Ankerbolzen

3.2 Horizontale Spannglieder durch einen Steg

Die Schubbewehrung des Bauwerks besteht aus Mattenbewehrung sowie in Richtung der Stützbereiche zusätzlichen vertikalen Stäben mit Haken an der Ober- und Unterseite. Diese „Bügel" können für Querkraft zumindest teilweise angerechnet werden. Das Nachweismodell für Torsion geht jedoch von dem von Bügelbewehrung umschlossenen Kernquerschnitt aus, so dass formal nur die Mattenbewehrung ansetzbar war.
Um dieses Torsionsdefizit zu verstärken wurden die Stege möglichst weit unten durchbohrt und mit kurzen horizontalen Stabspanngliedern mit nachträglichem Verbund vorgespannt. Die (teilweise schrägen) Ankerplatten wurden mit einer Trennlage aus Vergussmörtel auf die Stege appliziert.
Beim gesamten Projekt erfolgte die Lasteinleitung der Stabspannglieder in den Bestand mit Ankerplatten aus Ultra-hochfestem-Beton (UHPC), sog. Hybrid-Ankern. Diese wurden entsprechend der verschiedenen erforderlichen Winkel mit einer Neigung bis zu 13,5° gefertigt und glichen somit die Winkel zwischen Bestand und Spanngliedachse aus, siehe Abb. 10. Neben dem im Vergleich zu Stahlplatten geringeren Gewicht muss bei den Hybrid-Anker-Platten auch kein Korrosionsschutz aufgetragen werden.

Abb. 10: Hybridankerplatten mit Neigung entsprechend dem Verlauf des Bestands

3.3 Horizontale Spannglieder zwischen den Stegen

In den Stützbereichen müssen zwischen Gurt und Steg hohe Schubkräfte übertragen werden. In der Nachrechnung konnte dieser Nachweis des Gurtanschlusses für den Kragarm erbracht werden, während in den Hohlkastenbereichen Defizite sowohl beim Anschluss der Fahrbahn- als auch der Bodenplatte auftreten.

Abb. 11: Blick in den Hohlkastenbereich Feld 8

Zur Verstärkung der Schubtragfähigkeit wurden beide Gurte durch externe, zwischen den Stegen verlaufende, Spannglieder vorgespannt. Der Verlauf der Kernbohrungen der Spannglieder folgt dem Bauwerkswinkel von 76,5°. Die dafür notwendigen Bohrungen durch den Steg wurden so ausgeführt, dass möglichst wenig der ohnehin defizitären Bügelbewehrung durchbohrt werden musste. Mit einem Laser wurde die Lage der Bohrung am gegenüberliegenden Steg exakt eingemessen.

3.4 Längsvorspannung an der Koppelfuge 1

Die fehlende Ermüdungsfestigkeit der Koppelfuge 1 konnte mit einer zusätzlichen zentrischen Vorspannung von 1,0 MN nachgewiesen werden. Um diese dauerhaft zu gewährleisten, wurde eine Vorspannung mit zwei externen Stabspanngliedern Ø 32 mm pro Steg aufgebracht. Die ca. 8,5 m langen Spannglieder wurden mittels Stahlbaukonstruktionen und jeweils vier Querspannglieder (analog zur Torsionsverstärkung mit Verbund) an die Stege gespannt. Aufgrund des Verlaufs der Spannglieder und der Bügelbewehrung im Bestand wurden die Spannglieder um 4,2 ° zur horizontalen geneigt eingebaut.

Abb. 12: Längsvorspannung an der Koppelfuge 1

4. Bauablauf

Sowohl statische als auch verkehrliche Notwendigkeiten beeinflussten den Bauablauf für die Verstärkungsmaßnahme. Aufgrund der hohen rechnerischen Defizite wurde der Verkehr bereits seit 2022 in Fahrbahnmitte einspurig geführt. Der relativ geringe DTV ermöglichte ein abwechselndes Befahren beider Richtungsverkehre.
Im Grundsatz wurde das Konzept der wechselweisenden Verkehrsführung innerhalb einer Fahrspur während der gesamten Bauzeit fortgeführt. Die Fahrspur verblieb zunächst in der Mitte, während in einer ersten Bauphase die kurzen horizontalen Spannglieder im unteren Stegbereich zur Verstärkung der Torsionstragfähigkeit installiert wurden. Anschließend konnte der Verkehr an einen Fahrbahnrand verschwenkt werden und die Arbeiten auf der Fahrbahnoberseite beginnen.
Zur Minimierung von statischen Risiken war insbesondere bei der Installation der Spannglieder in den Hohlkastenbereichen die Reihenfolge strikt einzuhalten. Die Bohrungen durch die Stege erfolgte dabei vor den Bohrungen durch die Fahrbahnplatte für die vertikalen Spannglieder. Diese Reihenfolge ermöglichte es die notwendigerweise exakt gegenüberliegenden Bohrungen an beiden Stegen noch so zu verschieben, dass die Bügelbewehrung weitgehend verschont werden konnte.
Beim Spannen der Spannglieder musste die Reihenfolge umgekehrt werden: die horizontalen Spannglieder erzeugen Querbiegung in den Stegen, deren Aufnahme erst nach dem Aufbringen der vertikalen Vorspannung gegeben ist.

Während gesamten Arbeiten zur Installation der Verstärkungselemente wurde das Bauwerk für den Verkehr offengehalten. Für einen reibungslosen Ablauf beim Einbau neuer Fahrbahnübergangskonstruktionen sowie einer durchgängigen Asphaltdeckschicht wurde im August 2024 die Brücke für zwei Wochen voll gesperrt.

5. Fazit

Die Innbrücke Obernberg-Egglfing wurde durch die Ertüchtigungsmaßnahme fit für die letzte Phase ihrer Nutzung gemacht. Die zusätzliche Vorspannung des Querschnitts in vertikaler und z. T. horizontaler Richtung führt zur Steigerung der Tragfähigkeit, so dass das Bauwerk für Lastmodell BK30/30 uneingeschränkt nutzbar ist. Durch das Überdrücken des Querschnitts wurden die Risse in den Druckplatten oder im Stegbereich geschlossen. Eine zukünftige Schädigung von Beton- und Spannstahl durch ermüdungsrelevante Verkehrsbelastungen und Temperaturgradienten konnte mithilfe der Maßnahme ausgeschlossen werden.

6. Beteiligte

Bauherr Deutschland und Bauleitung:
Staatliches Bauamt Passau
Bauherr Österreich:
Amt der Oberösterreichischen Landesregierung, Linz
Nachrechnung, Begutachtung und Monitoring der Koppelfugen und Planung der Ertüchtigung:
matrics engineering GmbH, München
Gutachten Torsionssteifigkeit
Prof. Jürgen Feix, Innsbruck, Österreich
Prüfingenieur:
Dipl.-Ing. Hermann Hintringer, Linz, Österreich
Bauausführung:
PORR Bau GmbH, NL Salzburg, Österreich
Vorspannung:
BBV Systems GmbH

Literaturverzeichnis

[1] Abteilung Straßenbau, Richtlinie zur Nachrechnung von Straßenbrücken im Bestand (Nachrechnungsrichtlinie), Bundesministerium für Verkehr, Bau und Stadtentwicklung, 2011.

[2] Bundesministerium für Verkehr und digitale Infrastruktur (BMVI), „1. Ergänzung zur Richtlinie zur Nachrechnung von Straßenbrücken im Bestand (Nachrechnungsrichtlinie).," Berlin, 04/2015.

[3] M. Herbrand und J. Hegger, „Erweiterte Lösungsansätze zur Beurteilung der Querkrafttragfähigkeit von Brücken im Bestand," in *Münchener Massivbau Seminar 2017.*

[4] M. Herbrand, M. Classen und V. Adam, „Querkraftversuche an Spannbetondurchlaufträgern mit Rechteck- und I-Querschnitt," *Bauingenieur 92 (2017), Heft 11,* pp. 465-473.

[5] Prof. J. Feix und J. Lechner, „Gutachterliche Stellungnahme zur Abminderung der Torsionssteifigkeit infolge von Rissbildung in der Nachrechnung der Innbrücke Obernberg-Egglfing," 30.11.2020.

[6] H. Bachmann und A. Bacchetta, Versuche über Längsschub, Querbiegung und Quervorspannung in Zugplatten von Betonträgern, Zürich: Birkhäuser Verlag Basel Boston Stuttgart, 1979.

[7] H. Bachmann und M. Badawy, Versuche über Längsschub und Querbiegung in Druckplatten von Betonträger, Zürich: Birkhäuser Verlag Basel und Stuttgart, 1977.

Verstärkung der Stahl-/Spannbetonbrücke „Kleine Schönbuschallee“ in Aschaffenburg mit Carbonbeton

Dr.-Ing. Juliane Wagner
CARBOCON GMBH, Dresden

Prof. Dr.-Ing. Alexander Schumann
CARBOCON GMBH / IU Internationale Hochschule, Dresden

Dr.-Ing. Sebastian May
CARBOCON GMBH, Dresden

Ralph-Peter Rellig, B. Sc.
Rellig Ingenieure GmbH, Bad Kissingen

Zusammenfassung
Im Sommer 2023 wurde die Fuß- und Radwegbrücke über die „Kleine Schönbuschallee“ in Aschaffenburg instandgesetzt und mit Carbonbeton verstärkt. Die Instandsetzung war nötig, da infolge einer mangelhaften Abdichtung der Überbau Schäden infolge von Chloridbelastung aufwies. Aufgrund eines neuen Geländers sowie einer Nichtberücksichtigung der Holmlast in der Ursprungsstatik wies das Bauwerk des Weiteren Defizite bei der Querbiegetragfähigkeit auf, welche mittels Carbonbetonverstärkung behoben wurden. Die Verstärkung erfolgte mit einer zweilagigen Carbonbetonschicht auf der Brückenoberseite. Die erste Carbongitterlage dient dabei der Querbiegeverstärkung. Die zweite Carbongitterlage wurde orthogonal zur ersten Lage eingebaut und dient rein konstruktiv der Erhöhung der Dauerhaftigkeit des Bauwerkes. Die Betonschichtstärken und die Betondeckung für die Carbongitter betragen jeweils 5 mm, sodass sich eine Gesamtschichtdicke von 15 mm ergibt. Die Brückengesimse wurden konstruktiv zur Erhöhung der Dauerhaftigkeit mit einer Lage Carbongitterbewehrung versehen.

1. Einleitung und Hintergrund

Die im 18. Jahrhundert in Aschaffenburg angelegte „Kleine Schönbuschallee“ dient als geradlinig verlaufender Promenadenweg zwischen dem Schloss Johannisburg und dem heutigen Landschaftspark Schönbusch. Die Allee ist von historischer, landschaftsprägender und städtebaulicher Bedeutung und ist in die Bayerische Denkmalliste eingetragen. Mit Bau der Ringstraße im Jahr 1970 wurde der Promenadenweg durchtrennt. Die zu diesem Zeitpunkt gebaute Fußgängerbrücke „Kleine Schönbuschallee“ verbindet die beiden Wegabschnitte.

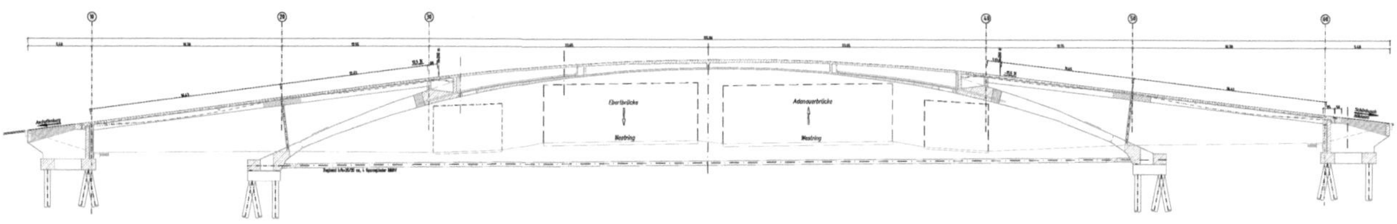

Abb. 1: Brückenlängsschnitt (Zeichnung: Rellig Ingenieure)

Das Haupttragwerk der Brücke bildet ein Zweigelenkbogen mit einer Gesamtstützweite von 69,0 m (siehe Abb. 1). An dem Bogen sind beidseitig Schleppträger monolithisch angeschlossen. Der Bogenquerschnitt ist im Bereich der Gehwegplatte als Hohlkasten ausgebildet und löst sich in Richtung Kämpfer in zwei Bogenbalken auf, an denen vorgespannte Zugbänder anschließen. Beide Schleppträger sind jeweils als 2-stegige, längs vorgespannte Plattenbalken über zwei Felder mit Stützweiten von 12,5 m und 16,5 m konzipiert.

Die Brücke wurde seinerzeit als reine Betonbrücke ohne Abdichtung oder Oberflächenschutzsystem errichtet und mit 95 cm hohen Füllstabgeländern auf einer 10 cm hohen Aufkantung ausgestattet (vgl. Abb. 2). Da in den frühen Jahren der Nutzung bereits Betonschäden an der Oberseite der Gehwegplatte infolge von Tausalzeinsatz zu Tage traten, entschied sich die Stadt Aschaffenburg als Bauherr im Jahr 1983 zu einer Betoninstandsetzung und dem Einbau eines Dünnbelags auf Teer-Epoxidharz-Polyurethan-Basis.

Abb. 2: Gehwegplatte im Bogenscheitel vor der Sanierung (Foto: Rellig Ingenieure)

Durch die höhengleiche Reprofilierung und Beschichtung konnte das Problem der zu geringen Betondeckung nicht dauerhaft gelöst werden. Immer wieder kam es zu Abplatzungen an den Stellen mit zu geringer Betondeckung, die allenfalls kurzerhand mit instandgesetzt werden konnten.

Infolge der wiederholten Feststellungen bei turnusmäßigen Bauwerksprüfungen sah sich das Tiefbauamt der Stadt Aschaffenburg zu einer Instandsetzung veranlasst, damit eine weitere Nutzung der Brücke von 25 Jahren erzielt werden kann. Wesentliche Befunde waren der Verschleiß des Dünnbettbelags sowie lokale chloridinduzierte Betonschäden sowie die zu geringe Geländerhöhe von 1,05 m, so dass das Bauwerk offiziell für den Radverkehr gesperrt wurde.

2. Planung

2.1 Vorplanung und Bestandsanalyse

Bei Überprüfung der Bestandsunterlagen wurde offensichtlich, dass das Bauwerk statisch ausgereizt ist und kaum Reserven für zusätzliche Lasten bietet. Beispielsweise wird dies an der Konstruktionshöhe des Hohlkastens im Bogenscheitel von lediglich 75 cm bei einer Breite von 80 cm und 1,70 m langen Kragplatten deutlich (siehe Abb. 3).

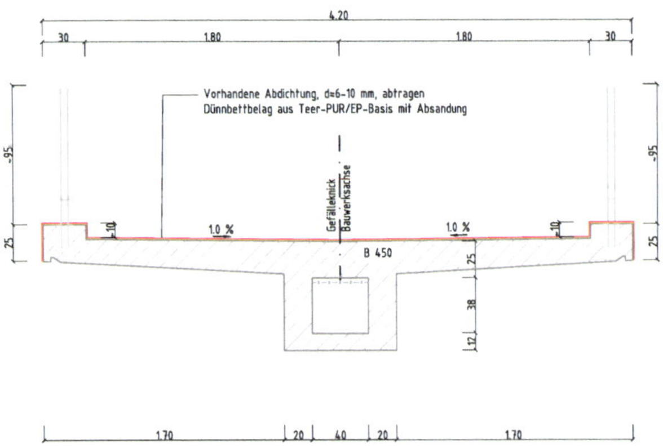

Abb. 3: Querschnitt im Brückenscheitel (Zeichnung: Rellig Ingenieure)

Als weiteres Problem stellte sich heraus, dass bei Bemessung der Kragarme nur die vertikalen Verkehrslasten von 5,0 kN/m², nicht jedoch die Holmlast von 0,8 kN/m nach der beim Bau geltenden DIN 1072 [1] angesetzt wurden.

Die Betondeckung am Überbau beträgt planmäßig nur 3,0 cm. Tatsächlich liegt die Betondeckung der oben liegenden Querbewehrung der Gehwegplatte über den Kragarmanschnitten bei durchschnittlich 4,9 cm (Schwankungsbreite zwischen 1,0 bis 9,9 cm), was sich einerseits als positiv im Hinblick auf Bewehrungskorrosion erweist, andererseits aber den Hebelarm reduziert.

Ein erster Entwurf für eine Bauwerksinstandsetzung sah eine (herkömmliche) Betoninstandsetzung mit teilweiser Erneuerung auf Grundlage von PCC-Mörtel, eine flächige Beschichtung mit OS 10 sowie die Beibehaltung des Geländers mit Ergänzung eines zweiten Geländers vor.

Zwischenzeitlich wurde auch ein Ersatzneubau als Unterführung sowie als Stabbogenbrücke untersucht, jedoch aus Kostengründen, angesichts zahlreicher unterirdischer Versorgungsleitungen, der Schwere des Eingriffs in den Verkehrsraum und den Baumbestand der denkmalgeschützten Allee verworfen.

Die Instandsetzung wurde daher weiterverfolgt: Wesentliche Vorgabe des Bauherrn war die Erneuerung der Geländer mit 1,30 m Höhe. Auf das neue Geländer sind die erhöhten, nach DIN EN 1991-2 [2] geltenden Holmlasten von 1,0 kN/m entsprechend anzusetzen.

Aufgrund der stellenweise hohen Chloridgehalte an der Überbauoberseite, den zumindest lokal zu erwartenden Querschnittsminderungen der Bewehrung und der nicht berücksichtigen Holmlast war eine Querbiegeverstärkung des Bauwerks erforderlich.

Ein mit Betonstahl bewehrter Aufbeton mit einer Mindestdicke von schätzungsweise 8 cm schied bereits wegen des Gewichts von vornherein aus, ebenso ein flächiges, tiefgreifendes Ausräumen des chloridbelasteten Altbetons mit Einbau eines Aufbetons mittels gezielten Ersatzes bzw. Ergänzung der Bewehrung. Das Aufkleben bzw. Einschlitzen von CFK-Lamellen hätte das Problem der lokalen Minderdeckungen nicht lösen können, zudem war die Dauerhaftigkeit des Verbunds unter der verschleißbeanspruchten Beschichtung über eine Dauer von 25 Jahren in Frage zu stellen.

Ziel der Planung war es, die Abtragsquerschnitte infolge chloridinduzierter Bewehrungskorrosion durch eine Potentialfeldmessung und Messung des Chloridgehalts zu identifizieren und die Betoninstandsetzung auf Hotspots zu beschränken, um größere Steifigkeitsverluste und Spannungsüberschreitungen infolge bauzeitlicher Querschnittsschwächungen zu vermeiden.

2.2 Verstärkung mit Carbonbeton

Als technische und wirtschaftliche Alternative kristallisierte sich eine Querbiegeverstärkung mit Carbonbeton in Anlehnung an die allgemeine bauaufsichtliche Zulassung (abZ) bzw. allgemeine Bauartgenehmigung (aBG, nachfolgend wird vereinfacht nur noch von abZ gesprochen) CARBOrefit® [3] heraus. Offenkundige Vorteile des Carbonbetons waren neben der Erhöhung der Querbiegetragfähigkeit bei minimalen Auftragsdicken und akzeptabler Erhöhung der ständigen Lasten um 10 % die flächige Erhöhung der Betondeckung, ein feines Rissbild mit Rissbreiten < 0,1 mm und die Verbesserung der Dichtigkeit als Rückfallebene bei eventuellen, mittelfristigen Schäden am Belag. Das CARBOrefit®-Verfahren [3] setzte sich dabei erfolgreich u. a. bei der denkmalgeschützten Thainburgbrücke in Naumburg (Saale) [4], [5] oder der Autobahnbrücke über die Nidda 0 durch.

Die weitere Feuchtigkeitszufuhr in den Altbeton sollte durch den Carbonbeton in Kombination mit dem Oberflächenschutzsystem unterbrochen bzw. abgeschlossen werden. Durch ein allmähliches Austrocknen des Altbetons können die restlichen Chloride im Brückenquerschnitt verbleiben und der bisherige Korrosionsprozesse kann zum Erliegen gebracht werden.

Gemäß statischer Berechnung war in Brückenquerrichtung eine 1-lagige Bewehrung mit dem axial abtragenden Carbongitter vom Typ 3 der abZ [3] mit einer für den Außenbereich geeigneten, temperaturbeständigen Polyacrylat-Tränkung ausreichend (siehe Abs. 3). In Abb. 4 ist das Carbongitter der Regelausführung CARBOrefit®-Typ 3 dargestellt. Die Kettrichtung ist dabei die Haupttragrichtung, welche nach [3] statisch angesetzt werden darf; weitere Informationen sind in [3], [7] und [8] gegeben.

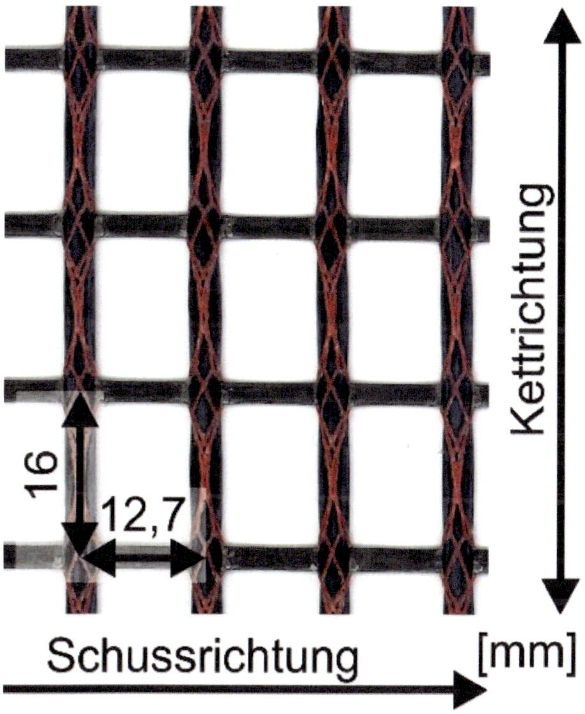

Abb. 4: Carbongitter Regelausführung CARBOrefit®-Typ 3 (Foto: CARBOCON)

Aus konstruktiven Gründen wurde eine 2. Lage mit Kettrichtung in Brückenlängsrichtung angesetzt, so dass sich eine planerische Mindestdicke des Carbonbetons von 15 mm ergab. Auf die Gesimsaufkantung wurde zum Erhöhen der Betondeckung und zum Verbessern der Dichtigkeit lediglich ein 1-lagiges, vorgeformtes Gitter als konstruktive Bewehrung aufgesetzt.

Im Vorfeld konnte durch Bauwerksuntersuchungen eine ausreichend hohe Oberflächenzugfestigkeit des Altbetons von 4,4 N/mm² im Mittelwert zum Verstärken mit Carbonbeton nachgewiesen werden; nach abZ [3] muss der Erwartungswert des Mittelwertes der Oberflächenzugfestigkeit $f_{ctm,surf}$ mindestens 1,0 N/mm² betragen.

Da jedoch wesentliche Bedingungen aus der abZ [3] (Innenbauteil, max. relative Luftfeuchtigkeit von 65 %, keine Durchfeuchtung, keine Frost-Tau-Wechsel, keine Chloridexposition) nicht eingehalten werden konnten, wurde im Hinblick auf die Erlangung der Zustimmung im Einzelfall (ZiE) / vorhabenbezogen Bauartgenehmigung (vBG) die Genehmigungsabteilung der CARBOCON GMBH als Gutachter eingeschaltet.

3. Gutachterliche Begleitung der Zustimmung im Einzelfall / vorhabenbezogene Bauartgenehmigung

In Deutschland dürfen Bauwerke seit 2014 mit einer abZ/aBG verstärkt werden. Seit 2021 läuft die Zulassung unter der Bezeichnung CARBOrefit®. In den letzten Jahren wurde die Zulassung dabei kontinuierlich erweitert und u. a. neue Materialien mit besseren Eigenschaften aufgenommen (vgl. [3], [8]). Zum Zeitpunkt der Instandsetzungsplanung und der Bauausführung lag das Bauprojekt mit den speziellen Anforderungen außerhalb des Verwendungsbereiches der CARBOrefit®-Zulassung. Im hier vorliegenden Bauvorhaben wurde vom Anwendungsbereich der abZ insbesondere im Punkt Innenbereich abgewichen, da die Fußgängerbrücke kein Innen-, sondern ein Außenbauteil mit den sich daraus ergebenden Anforderungen und Expositionen (z. B. Temperatureinwirkungen > 40 °C, Feuchtigkeits- und Chlorideinwirkung) ist. Aus diesem Grund musste für das Bauvorhaben eine Zustimmung im Einzelfall (ZiE) bzw. eine vorhabenbezogene Bauartgenehmigung (vBG) erlangt werden. Die Koordination der ZiE und das zur Erteilung erforderliche Gutachten wurden von der Genehmigungsabteilung der CARBOCON GMBH übernommen. Zu erwähnen ist, dass der ZiE-Prozess ohne zusätzliche experimentelle Versuche auskam. Stattdessen konnte auf bereits vorliegende Ergebnisse und Erkenntnisse zum Verstärken und Instandsetzen mit Carbonbeton (z. B. Dauerstandverhalten bis 60 °C (vgl. [10]), Einfluss von Feuchtigkeit, Temperatur und Chlorideinwirkungen auf die Tragfähigkeit) aus Praxisprojekten und Forschungsvorhaben zurückgegriffen werden. Somit konnte der zeitliche und monetäre Aufwand der ZiE/vBG auf ein Minimum reduziert werden.

4. Bauausführung

Die Instandsetzungsmaßnahmen wurden von der LEONHARD WEISS GmbH & Co. KG (Bauwerks-Instandsetzung und Gussasphalt; Niederlassung Langen (Rhein-Main)) wie geplant umgesetzt. Die Bauausführung der Carbonbetonverstärkung erfolgte dabei – wie in der ZiE/vBG gefordert – in Anlehnung an die abZ [3] lagenweise im Spritzverfahren. Hierzu wurde vor Beginn der Ausführungsarbeiten die ausführende Firma entsprechend [11] geschult und geprüft.

Bei der Potentialfeldmessung zu Beginn der Ausführungsarbeiten und der begleitenden Messungen des Chloridgehalts zeigten sich moderate Schäden, die im Wesentlichen dem sichtbaren Schadensbild entsprachen und auf zu geringe Betondeckung zurückzuführen waren.
Das Stellen eines Trag- und Arbeitsgerüstes erfolgte unterhalb und seitlich der Brücke (siehe Abb. 5). Da der Straßenverkehr unterhalb der Brücke weitestgehend uneingeschränkt stattfinden musste, wurden am Gerüst Schutzfolien angebracht. Mittels Hochdruckwasserstrahlen wurden die Betonflächen vorbereitet und alle losen Betonteile abgetragen sowie Schadstellen freigelegt. Anschließend konnten die maßgeblichen Instandsetzungsmaßnahmen begonnen werden.

Abb. 5: Brücke während der Instandsetzung (Foto: LEONHARD WEISS)

Zunächst wurden lokale Betonschadstellen mit einem herkömmlichen Instandsetzungsmörtel/-beton instandgesetzt und erforderliche Bereiche egalisiert. Die Rautiefe der Altbetonoberfläche wurde mittels Sandflächenverfahren [12] kontrolliert, siehe Abb. 6.

Abb. 6: Messen der Rautiefe der Altbetonoberfläche (Foto: CARBOCON)

Die Verstärkung auf der Brückenoberseite zur Behebung des Querbiegedefizites erfolgte mit der ersten Carbongitterlage (Mattenbewehrung in Abb. 7) in Querrichtung. Die zweite Carbongitterlage (Rollenbewehrung/-ware in Abb. 8) wurde orthogonal zur ersten Lage eingebaut und diente ausschließlich zur Erhöhung der Dauerhaftigkeit des Bauwerkes. Die Betonschichtstärken und die Betondeckung für die Carbongitter betrugen je 5 mm, sodass eine Gesamtschichtdicke von 15 mm angebracht wurde. Die Brückengesimse wurden ebenso konstruktiv zur Erhöhung der Dauerhaftigkeit mit einer Lage Carbongitterbewehrung versehen (10 mm Gesamtschichtdicke). Da die Ausführungsarbeiten der ersten und zweiten Carbonbetonschicht nicht an einem Tag bzw. frisch-in-frisch durchgeführt werden konnten, wurde die erste Schicht mit einem Besenstrich abgezogen, vgl. Abb. 9.

Abb. 7: Verstärkung 1. Lage in Brückenquerrichtung mit Mattenbewehrung (Foto: CARBOCON)

Abb. 8: Sanierung 2. Lage in Brückenlängsrichtung mit Rollenbewehrung (Foto: CARBOCON)

Abb. 9: Nachbehandlung der Frischbetonflächen (Foto: CARBOCON)

Der fertige Carbonbeton wurde mittels Besenstrich abgezogen und anschließend kugelgestrahlt bzw. mit festen Strahlmitteln gestrahlt. Anschließend wurde ein Beschichtungssystem OS 10 nach TR-IH [13] aufgetragen. Die erforderlichen Haftzugwerte von 1,5 N/mm² hierfür konnten eingehalten werden.
Begleitend bzw. anschließend an die Ausführung wurden entsprechend der abZ bzw. ZiE kleinteilige Prüfungen (z. B. Haftzugprüfungen an den verstärkten Flächen, Verbundprüfungen am Carbongitter im Instandsetzungsbeton) zum Nachweis der Qualität der Ausführungsarbeiten durchgeführt. Diese Prüfungen konnten abschließend das Verstärkungsverfahren für die Maßnahme bestätigen, weshalb die Brückenfreigabe am 30.10.2023 erfolgte, siehe Abb. 10 und Abb. 11.

Abb. 10: Brückenoberseite nach Instandsetzung bei Nacht (Foto: Uwe Winkler, Tiefbauamt Stadt Aschaffenburg)

5. Zusammenfassung

Bestehende Bauwerke zu erhalten, stellt einer der Schlüsselfaktoren zur Erreichung der Klimaziele dar. Neben den ökologischen Aspekten können durch den Erhalt anstelle eines Ersatzneubaus wertvolle Infrastrukturbauwerke bewahrt und für zukünftige Generationen erhalten werden. Als ein anschauliches Beispiel dient die Instandsetzung der Fußgängerbrücke „Kleine Schönbuschallee“ in Aschaffenburg. Durch den Einsatz des Verbundwerkstoffs Carbonbeton konnte das bestehende Bauwerk erhalten bleiben. Für den Erhalt der Brücke und die Wiederherstellung der Tragfähigkeit und Dauerhaftigkeit reichten 15 mm an Gesamtverstärkungsdicke auf der Oberseite und 10 mm am Brückengesims aus. Dadurch, dass nur wenige millimeterdünne Schichten aufgetragen wurden, konnte ebenso das elegante Erscheinungsbild der Fußgängerbrücke bestehen bleiben, siehe auch [14].

Anhand des vorliegenden Beitrags und des Praxisprojektes konnte das Potential des Werkstoffes Carbonbeton im Bereich des Bauens im Bestand und der Erhaltung von bestehenden Bauwerken gezeigt werden.

Die moderaten Baukosten von knapp über 800 TEUR (netto) lagen im Rahmen der Stadt Aschaffenburg für eine planmäßige Restnutzungsdauer von 25 Jahren. Das Verstärken mit Carbonbeton konnte sowohl im Planungsprozess als auch während der Ausführung mit technischen und wirtschaftlichen Vorteilen gegenüber konventionellen Maßnahmen überzeugen.

6. Danksagung

An dieser Stelle möchten wir uns stellvertretend für das gesamte Team noch einmal bei allen am Projekt Beteiligten für die gute und partnerschaftliche Zusammenarbeit bedanken. Dabei möchten wir uns speziell bei Frau Haller von der Stadt Aschaffenburg für das Engagement zum Erhalt und Sanieren des Bauwerks sowie bei der ausführenden Firma LEONHARD WEISS GmbH & Co. KG bedanken.

Literatur

[1] DIN 1072:1985-12, Straßen- und Wegbrücken; Lastannahmen [zurückgezogen].

[2] DIN EN 1991-2:2010-12: Eurocode 1: Einwirkungen auf Tragwerke - Teil 2: Verkehrslasten auf

Abb. 11: Instandgesetztes Brückenbauwerk bei Nacht (Foto: Uwe Winkler, Tiefbauamt Stadt Aschaffenburg)

Brücken; Deutsche Fassung EN 1991-2:2003 + AC:2010.

[3] Allgemeine bauaufsichtliche Zulassung/ Allgemeine Bauartgenehmigung Z-31.10-182 CARBOrefit® – Verfahren zur Verstärkung von Stahlbeton mit Carbonbeton, Stand: 05.07.2024.

[4] May, S.; Schumann, A.; Bochmann, J.; Michler, H.; Geißler, J.; Kniebel, F.; Thorwirth, F.: CARBONBETON ZUR RETTUNG VOR DEM ABRISS - die Instandsetzung der historischen Thainburgbrücke in Naumburg (Saale). Ingenieurbaukunst 2024 Made in Germany, Ernst&Sohn.

[5] Schumann, A.; May, S.; Kniebel, F.; Geißler, J.; Thorwirth, F.: Erhalt einer der ersten „Eisenbeton“-Brücken Deutschlands - dank Carbonbeton!, 5. Brückenkolloquium Fach-tagung für Beurteilung, Planung, Bau, Instandhaltung und Betrieb von Brücken, Sept. 2022, Esslingen.

[6] Steinbock, O.; Bösche, T.; Schumann, A.: Carbonbeton – Eine neue Verstärkungsmethode für Massivbrücken: Teil 2: Carbonbeton im Brückenbau und Informationen zur Zustimmung im Einzelfall für das Pilotprojekt „Brücken über die Nidda im Zuge der BAB A 648“, Januar 2021, Beton- und Stahlbetonbau 116(1), DOI: 10.1002/best.202000106

[7] May, M.; Schumann, A.; von Daake, H.: Sanieren und Verstärken mit Carbonbeton -Materialkennwerte und Anwendungsgebiete des CARBOrefit ® -Verfahrens, Dezember 2023, ce/papers 6(6), DOI: 10.1002/cepa.2856

[8] May, M.; Schumann, A.; May, S.: The new approval for the sustainable strengthening of existing structures with carbon reinforced concrete, May 2022, Civil Engineering Design 4 (1-3), DOI: 10.1002/cend.202100052

[9] Homepage CARBOrefit® (überprüft am 11.07.2024): Verstärken mit Carbonbeton | CARBOrefit®

[10] Ehlig, D.; Schumann, A.; Nietner, L.: High-Temperature Behavior of Carbon Reinforced Concrete, Januar 2024, Buildings 14(2):364, DOI:10.3390/buildings14020364

[11] DIBt – Deutsches Institut für Bautechnik: Grundsätze für den Eignungsnachweis zur Ausführung von Arbeiten zur Verstärkung von Betonbauteilen mit Carbonbeton nach den gültigen allgemeinen Bauartgenehmigungen, Stand: 9. Mai 2022.

[12] Kaufmann, N.: Das Sandflächenverfahren. Ein einfaches Verfahren zur Messung und Beurteilung der Textur von Fahrbahnoberflächen. Straßenbau-Technik (1971) H. 3, S. 131–135.

[13] DIBt – Deutsches Institut für Bautechnik: Technische Regel Instandhaltung von Betonbauwerken (TR Instandhaltung), Stand: Mai 2020.

[14] Schumann, A.; May, M.; Senckpiel-Peters, T.: Aktueller Überblick bei der Verwendung von nichtmetallischer Bewehrung im Neubau und beim Bauen im Bestand, Februar 2024, Conference: 15. Fachtagung Baustatik – Baupraxis, At: 4.-5. März 2024, Hamburg.

Partielle Verstärkung der Ulmer Wallstraßenbrücke – Rissöffnungen in Koppelfuge vor und nach dem Einbau von externen Längsspanngliedern

Dr.-Ing. Andreas Müller
Konstruktionsgruppe Bauen AG, Kempten

Zusammenfassung
Bei der Ulmer Wallstraßenbrücke handelt es sich um ein mehrfeldriges Spannbetonbauwerk, welches zwischen 1969 und 1972 im Zuge der Ortsdurchfahrt der B10 errichtet wurde. Die beiden längs und quer vorgespannten Überbauten wurden größtenteils im Freivorbau und bereichsweise auf Traggerüsten hergestellt. Die Überbauquerschnitte bestehen aus 1- bis 3-zelligen Hohlkästen mit variabler Breite. Seit 2011 werden Risse überwacht (u. a. in Koppelfugen). Ab dem Jahr 2018 wurden die Bauwerksuntersuchungen intensiviert und Nachrechnungen gemäß Nachrechnungsrichtlinie durchgeführt. Mit Hilfe eines Monitoringsystems werden seit 2020 Risse kontinuierlich überwacht. Die Messungen im Bereich der nordwestlichen Auffahrtsrampe dienten bis zur Realisierung einer Verstärkungsmaßnahme mit externen Spanngliedern als essenzielles, zusätzliches Sicherheitselement. Nach der Verstärkung wurden die dortigen Messungen fast ein Jahr lang fortgesetzt, ehe die Monitoringanlage umgebaut wurde. Im Rahmen dieses Beitrags werden schwerpunktmäßig die Hintergründe und Ergebnisse des Rissmonitorings sowie die Konzeption der Verstärkungsmaßnahme der nordwestlichen Auffahrtsrampe beleuchtet.

1. Einführung

Die 1972 fertiggestellte Wallstraßenbrücke ist für den Straßenverkehr in Ulm und Umgebung von herausragender Bedeutung. Die mehrfeldrige Spannbetonbrücke überführt die Bundesstraße 10 u. a. über die zahlreichen Gleise des benachbarten Ulmer Hauptbahnhofs. Mit einem DTV > 60.000 (u. a. 2019) handelt es sich um einen hochfrequentierten Streckenabschnitt der B10.

Aufgrund von festgestellten Schäden wurden ab dem Jahr 2018 umfangreiche Bauwerksuntersuchungen und Nachrechnungen durchgeführt. Angesichts zahlreicher, korrosionsbedingter Schädigungen an der Bewehrung, insbesondere an den oberseitig verankerten Spanngliedern, wurde von Seiten der Stadt Ulm zwischenzeitlich beschlossen, die Wallstraßenbrücke schnellstmöglich durch einen Neubau zu ersetzen. Um bis zur Realisierung des Ersatzneubaus die weitere verkehrliche Nutzung zu ermöglichen, wurden bereits mehrere Verstärkungsmaßnahmen umgesetzt (z. B. Querkraftverstärkungen).

Im Rahmen dieses Beitrags wird lediglich die im Jahr 2021 realisierte Verstärkung der nordwestlichen Auffahrtsrampe behandelt. Der Verstärkungsbedarf resultierte dort nicht aus korrosionsbedingten Schädigungen an der Bewehrung, sondern im Wesentlichen aus einer gerissenen Koppelfuge, die aus heutiger Sicht unterbemessen war.

Das im Mai 2020 in Betrieb genommene Koppelfugenmonitoring zeichnete auch noch nach dem Anspannen der externen Längsspannglieder (Anfang Dez. 2021) bis ca. November 2022 kontinuierlich Temperaturen und Rissöffnungen auf. Der Effekt der Verstärkung auf die Rissöffnungen wird in diesem Beitrag aufgezeigt.

2. Bauwerk und Historie

Mit einer Brückenfläche von ca. 10.900 m² ist die Wallstraßenbrücke eine der größten und verkehrlich wichtigsten Brücken in Ulm. Beim westlichen Teilbauwerk führen der breitere Geh- und Radweg (4,0 m statt 2,55 m) sowie die ca. 100 m lange nordwestliche Auffahrtsrampe, die monolithisch mit dem Überbau unter der westlichen Hauptfahrbahn verbunden ist, dazu, dass das westliche Teilbauwerk mit einer Brückenfläche von ca. 6100 m² etwas größer ist als das östliche Teilbauwerk.

Im Bereich der Hauptachse / Hauptfahrbahn (B10 von Achse A im Süden bis G im Norden) weist die Wallstraßenbrücke eine Gesamtlänge von ca. 264 m auf – mit Stützweiten bis zu 55 m. Die Fahrbahnbreite zwischen den Schrammborden variiert zwischen 7,50 m und 16,3 m. Je nach Überbaubreite ist der Hohlkastenquerschnitt 1- / 2- oder 3-zellig. Bei der nordwestlichen Auffahrtsrampe, die in Abbildung 1 hellblau markiert ist, handelt es sich um einen 1-zelligen Hohlkastenquerschnitt. Die Konstruktionshöhe der Überbauten beträgt konstant 2,06 m, die Dicken der Fahrbahn- und Hohlkastenbodenplatten sind variabel.

Fahrbahnübergangskonstruktionen befinden sich nur an den Überbauenden. Der Längsfestpunkt befindet sich je Überbau in Achse F. Dort ist der Rundpfeiler jeweils monolithisch mit dem Überbau verbunden. In allen anderen Lagerachsen sind in Längsrichtung verschiebliche Kalottenlager angeordnet (teilweise mit Querfesthaltung).

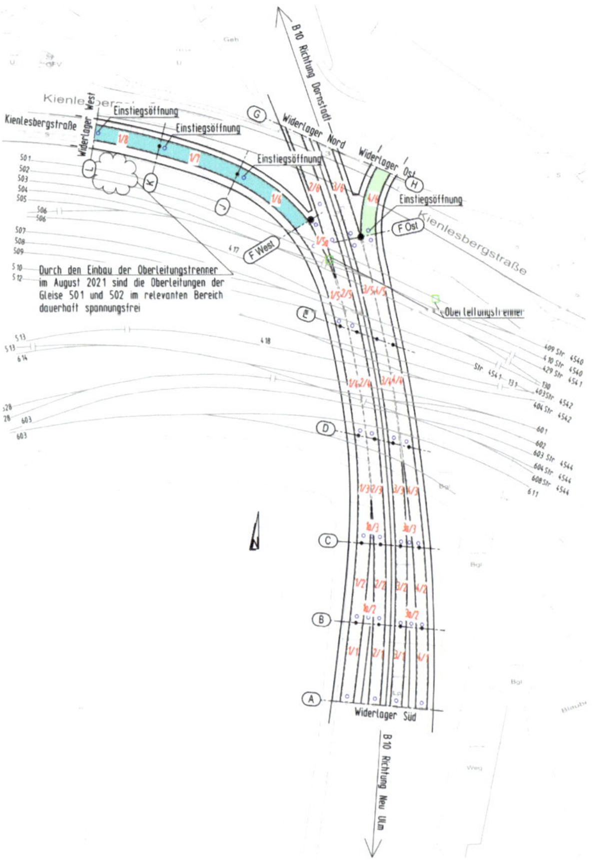

Abb. 1: Übersicht Wallstraßenbrücke (hellblauer Bereich oben links = nordwestliche Auffahrtsrampe)

Beide Überbauten wurden in Längs- und Querrichtung beschränkt vorgespannt. Es handelt sich ausschließlich um Dywidag-Stabspannglieder mit nachträglichem Verbund und einem Stabdurchmesser von 32 mm (Stahlgüte gemäß Zulassung: St 80/105). Die Einzelstäbe mit aufgerolltem Gewinde an den Stabenden sind durch Muttern an einbetonierten, glockenförmigen Verankerungskörpern verankert. Stabstöße wurden mit Hilfe von Muffenkopplungen realisiert.
Für die Herstellung der Überbauten kamen unterschiedliche Bauverfahren zum Einsatz:

- Die südlichen Randfelder zwischen Achse A und B sowie die nördlichen Rampen und die nördlichen Randfelder der Hauptfahrbahn wurden auf Traggerüsten hergestellt – die Auffahrtsrampe Nordwest in mehreren Bauabschnitten (vgl. Abbildung 2).
- Der Bereich zwischen Achse B und F wurde im Freivorbau mit Hilfspylonen errichtet. Der Lückenschluss zu den vorab auf Traggerüst hergestellten, nördlichen Überbaubereichen fand jeweils zwischen Achse E und Achse F statt (vgl. Abbildung 2).

Vor dem Jahr 2018 fanden kaum bauliche Veränderungen statt (z. B. 2011: Rückbau des horizontalen Berührschutzes über DB-Gleisen). Ab 2018 wurde die Überbauentwässerung saniert.

Zwischen August und Dezember 2021 wurde u. a. die oben erwähnte Verstärkung der nordwestlichen Auffahrtsrampe mit externen Spanngliedern realisiert.
Zwei Überbaubereiche wurden hinsichtlich der Querkrafttragfähigkeit im Juni 2022 verstärkt.
Im August und September 2022 erfolgte die Sanierung der Abdichtung und des Belages im Fahrbahnbereich beider Überbauten. Die Sanierungsmaßnahme wurde für umfangreiche, oberseitige Bauwerksuntersuchungen genutzt (vgl. Abschnitt 3). Die Ergebnisse der Untersuchungen beschleunigten die Überlegungen hinsichtlich eines raschen Ersatzneubaus. Die vorgefundenen Schäden an oben liegenden Spanngliedverankerungen erforderten eine weitere Querkraftverstärkung. Die Umsetzung fand im Jahr 2023 statt.

3. Bauwerksuntersuchungen und Nachrechnung

Aus den Unterlagen, die dem Autor dieses Beitrags vorliegen, geht hervor, dass bereits im Jahr 2011 an einer gerissenen Koppelfuge und einem ca. 1,3 m entfernten Biegeriss in der nordwestlichen Auffahrtrampe Rissmesslehren angebracht und Rissbreitenveränderungen „manuell“ kontrolliert wurden. Die Öffnungen der Risse, die sich vollflächig von der Unterseite der Bodenplatte in den Stegen bis zur Unterseite der Fahrbahnplatte erstreckten, betrugen unterseitig bis zu 1,4 mm.
Im Jahr 2018 wurde die Konstruktionsgruppe Bauen AG von der Stadt Ulm zunächst mit der Durchführung der Stufe-1-Nachrechnung beauftragt. Bereits parallel zur Nachrechnung in Stufe 1 wurde mit intensiven Bauwerksuntersuchungen begonnen. Diese wurden schwerpunktmäßig vom Ingenieurbüro Schießl – Gehlen – Sodeikat durchgeführt. Anlass für die frühzeitigen Untersuchungen waren u. a. sichtbare Korrosionsschäden an Spanngliedern. Hinzu kam, dass die Hohlkästen über kleine Öffnungen nur zellenweise zugänglich sind und der Zugang im Bereich der Bahngleise nur in angemeldeten Sperrpausen möglich ist. Die Untersuchungen zum Verpress- und Korrosionszustand der Bewehrung erstreckten sich daher über einen längeren Zeitraum.
Unabhängig von den oben erwähnten Biegerissen führten die intensiven Bauwerksuntersuchungen im Jahr 2020 zur Einschätzung, dass die Restnutzungsdauer der Wallstraßenbrücke limitiert ist und ein Ersatzneubau direkt nach der geplanten Landesgartenschau im Jahr 2030 anzustreben ist. Wesentliche Gründe für diese Schlussfolgerung waren hohe Chloridkonzentrationen im Beton im Bereich von Spanngliedern – und zwar auch im Bereich von Bodenplattenspanngliedern (undichte Entwässerungsleitungen, Tropftüllen, etc.) – in Kombination mit unvollständig verpressten Hüllrohren.
Ab Nachrechnungsstufe 2 wurden festgestellte und prognostizierte Schäden an der Spannbewehrung bei den Nachweisen zur Standsicherheit berücksichtigt.
Bereits in Nachrechnungsstufe 1 zeigten sich vergleichsweise sehr große rechnerische Defizite im Bereich der oben erwähnten Risse in der nordwestlichen Auffahrtsrampe. Bei der Biegetragfähigkeit im Grenzzustand der Tragfähigkeit ergab sich selbst bei optimistischen Ansät-

zen bzgl. der anrechenbaren Bewehrung (geneigte Spannglieder im Steg zu 100 %) eine Ausnutzung von ca. 150 % im gerissenen Querschnitt.

Die genauen Ursachen für die rechnerischen Defizite und Risse in der Auffahrtsrampe wurden angesichts lückenhafter Bestandsunterlagen (teilweise unleserlich) nicht eruiert. Die eigenen Berechnungen deuten darauf hin, dass die Risse bereits deutlich vor 2011 vorhanden waren und somit Betrachtungen zur Ermüdung von Bedeutung sind.

Da selbst mit Betriebsfestigkeitsnachweisen und rampenspezifischen Verkehrszahlen kein erfolgreicher Ermüdungsnachweis für den Betonstahl und die Spannbewehrung geführt werden konnte, wurde im Mai 2020 ein Rissmonitoring in Betrieb genommen (vgl. Abschnitt 4) und quasi gleichzeitig einer von zwei Fahrstreifen für den Verkehr gesperrt.

Auf der Basis der bis 2020 bekannten Untersuchungs- und Nachrechnungsergebnisse wurde die Verstärkung der nordwestlichen Auffahrtsrampe konzipiert und geplant (vgl. Abschnitt 5).

Bei den oberseitigen Untersuchungen zum Korrosionszustand von Spanngliedern mit oberflächennahen Verankerungen, die im August / September 2022 im Zuge der in Abschnitt 2 erwähnten Sanierungsmaßnahme durchgeführt wurden, zeigten sich erhebliche Schäden mit Auswirkungen auf die Biege- und Querkrafttragfähigkeit der Überbauten. Die Querkrafttragfähigkeit wurde auf der Basis der 2. Ergänzung der Nachrechnungsrichtlinie unter Berücksichtigung verschiedener, zeitabhängiger Schadensszenarien beurteilt [1]. Die Erkenntnisse führten letztlich zum Beschluss der Stadt Ulm, die Wallstraßenbrücke schnellstmöglich – vor 2030 – durch einen Neubau zu ersetzen.

4. Rissmonitoring (Auffahrtsrampe Nordwest)

Das hier als „Rissmonitoring“ bezeichnete System wurde vom Ingenieurbüro Schießl – Gehlen – Sodeikat geplant, installiert und betrieben. Es besteht im Wesentlichen aus folgenden Komponenten (vgl. [2]):

- Risssensoren (Messbereich ±2 mm)
- Dehnungsaufnehmern (im ungerissenen Referenzquerschnitt)
- Temperatursensoren (PT1000 Widerstandsthermometer)
- Videokamera (zur Erfassung des oberseitigen Verkehrs bei Schwellwertüberschreitungen)

Zu Beginn der Messungen (Ende April 2020) erfolgte die Nullstellung der Riss- und Dehnungssensoren. Die Absolutwerte der gemessenen Rissöffnung ermöglichen daher keine (exakten) Aussagen zur tatsächlichen Rissöffnung (vgl. Abbildung 7 und 8).

Der Hauptzweck des Rissmonitorings (siehe Sensoranordnung in Abbildung 3) bestand angesichts der in Abschnitt 3 erwähnten Ergebnisse der Ermüdungs- / Betriebsfestigkeitsnachweise darin, durch eine kontinuierliche Überwachung mit automatischer Alarmierungsfunktion, ein zusätzliches, essenzielles Sicherheitselement zu schaffen, welches zumindest die eingeschränkte verkehrliche Nutzung – mit Teilsperrung, d. h. Sperrung eines Fahrstreifens – der nordwestlichen Auffahrtsrampe ermöglichte.

Zusätzlich waren in Anlehnung an [3] verfeinerte Betrachtungen zur Betriebsfestigkeit möglich. Die Ergebnisse wurden bei der Konzeption der Verstärkungsmaßnahme berücksichtigt (vgl. Abschnitt 5). Als sehr hilfreich erwiesen sich hierbei die Aufnahmen der Videokamera, da dadurch Zusammenhänge zwischen Verkehrseinwirkungen und Rissöffnungen überprüfbar wurden (z. B. Rissöffnung bei Mobilkranüberfahrt). Da die rechnerischen Rissöffnungen tendenziell größer ausfielen als die gemessenen, verkehrslastbedingten Änderungen, musste noch nicht von Spanngliedbrüchen ausgegangen werden.

5. Partielle Verstärkung der Rampe Nordwest

5.1 Konzept

Zum Zeitpunkt der Planung der Verstärkungsmaßnahme (2020) wurde von einer Restnutzungsdauer von ca. 10 Jahren ausgegangen. Angesichts der hohen rechnerischen Schädigungssumme bei den Betriebsfestigkeitsnachweisen für den Betonstahl und den Spannstahl in den Rissquerschnitten war „Nichtstun“ keine vertretbare Option. Die bereits bei anderen Projekten bewährte Verstärkung der gerissenen Bereiche mit externen Längsspanngliedern (vgl. [4]) kam hier unter Berück-sichtigung bauwerksspezifischer Besonderheiten zur Anwendung. Aus den Abbildung 4 und 5 geht hervor, dass die externen Spannglieder außerhalb des Hohlkastens und quasi parallel zur Gradiente verlaufen. Der Einbau der Spannglieder wäre aufgrund der kleinen Zugangsöffnungen (eine Öffnung je Feld mit Durchmesser 80 cm in der Hohlkastenbodenplatte) nicht ohne Weiteres möglich gewesen. Zusätzlich war zu beachten, dass die Hohlkastenstege in den Achsen F, J und K nur indirekt gelagert sind. Bohrungen durch die vorgespannten Querträger hätten zu Schwächungen in hoch beanspruchten Zonen geführt.

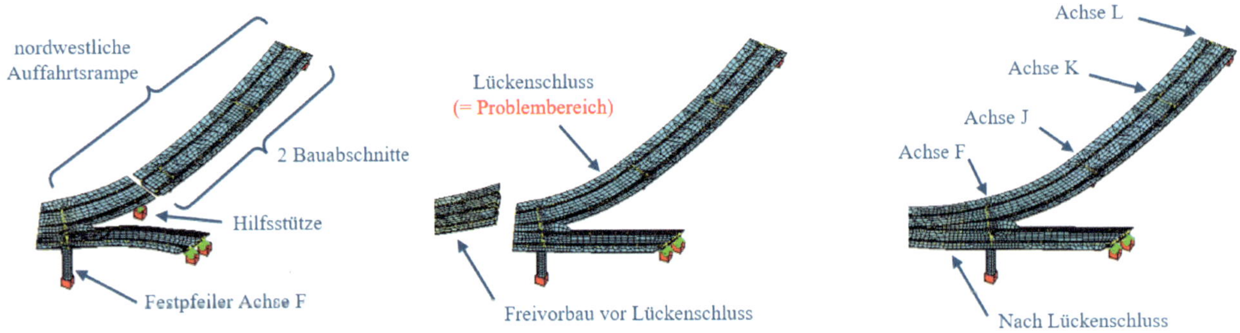

Abb. 2: Abbildung der abschnittsweisen Herstellung der nordwestlichen Auffahrtsrampe im Rechenmodell (hier: Auszüge)

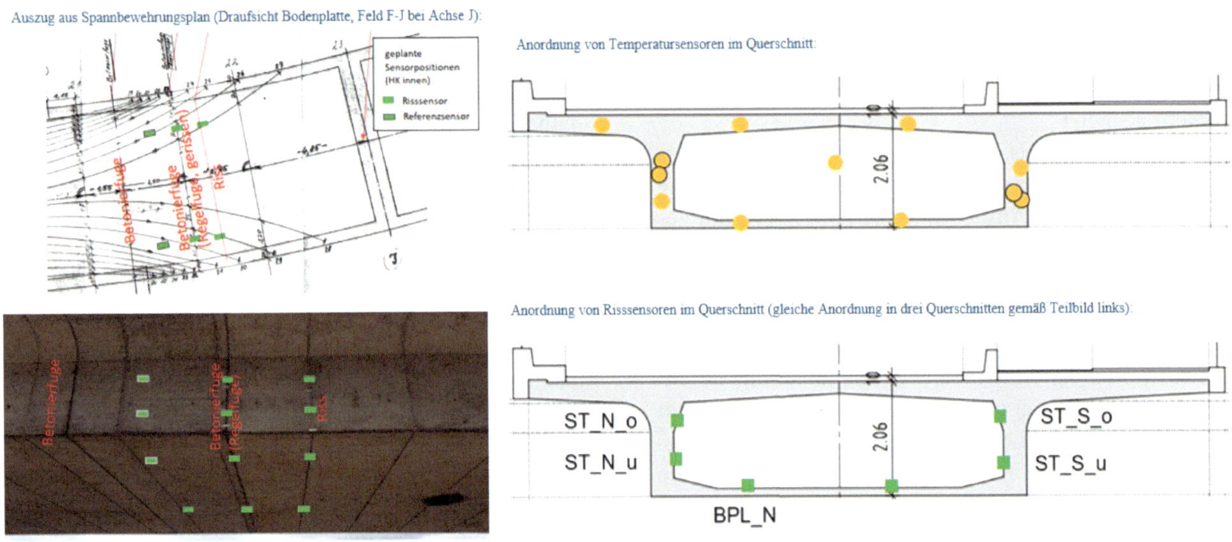

Abb. 3: Rissmonitoring: Anordnung von Sensoren (Bilder aus [2])

Abb. 4: Links: Auffahrtsrampe Nordwest vor der Verstärkung; rechts: nach der Verstärkung (Stand: 12/2021)

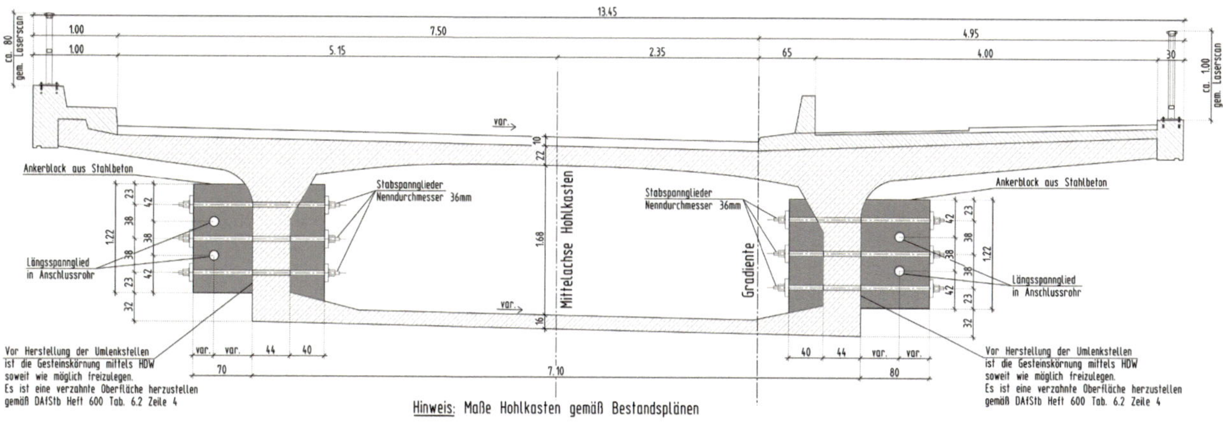

Abb. 5: Prinzipschnitt zur Verstärkung der Rampe Nordwest – hier: Schnitt im Ankerblockbereich

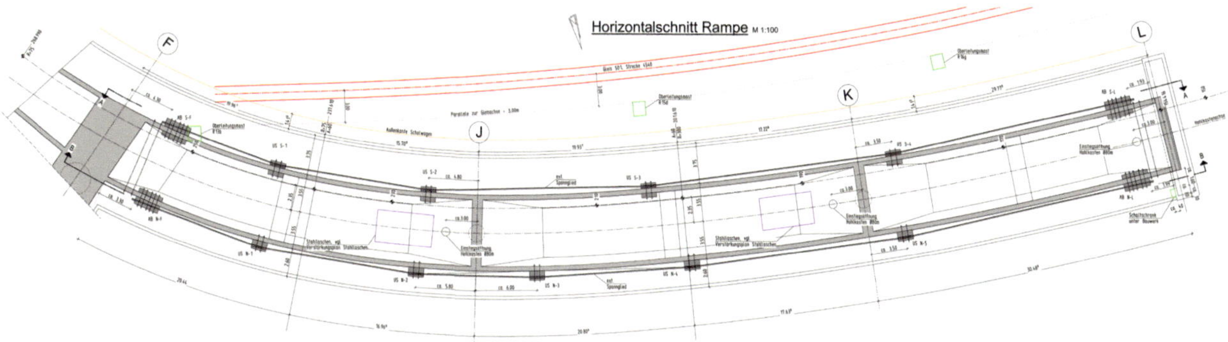

Abb. 6: Horizontaler Schnitt durch die nordwestliche Auffahrtsrampe mit Verstärkung

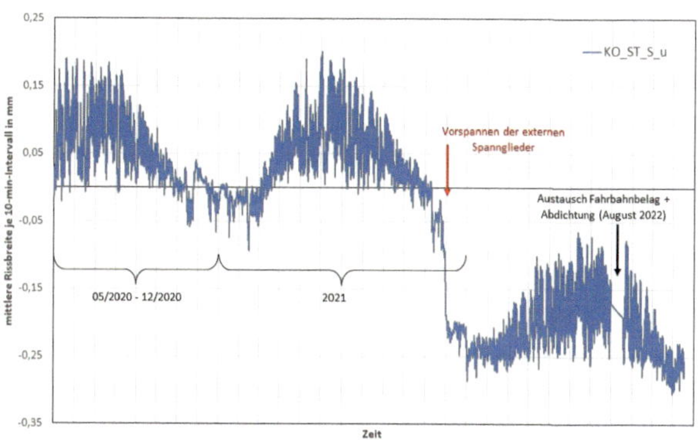

Abb. 7: Verlauf der mittleren Rissbreite (alle 10 min ein Mittelwert) an der gerissenen Koppelfuge „KO" an der Messstelle „südlicher Steg unten (ST_S_u)"

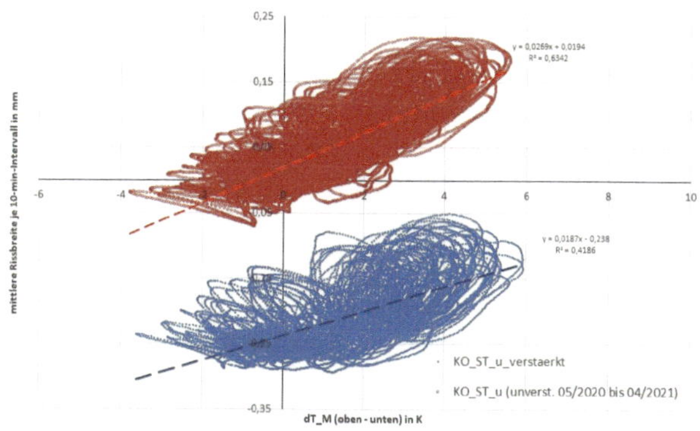

Abb. 8: Zusammenhang zwischen vertikalem Temperaturgradient (dT_M) und mittleren Rissöffnungen (im Zeitraum ohne und mit Verstärkung) an der gerissenen Koppelfuge „KO" (zwischen der Messstelle „südlicher Steg unten (ST_S_u)" und der Messstelle „nördlicher Steg unten (ST_N_u)" wurde je 10-min-Intervall ein Mittelwert gebildet)

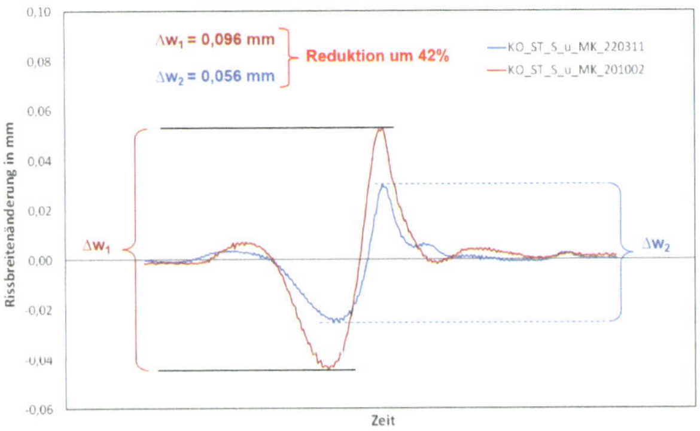

Abb. 9: Rissbreitenänderungen bei Mobilkran-Überfahrten des gleichen Krantyps vor und nach der Verstärkung (rote Linie = Überfahrt am 02.10.2020 um ca. 08h30) (blaue Linie = Überfahrt am 11.03.2022 um ca. 08h30) an der gerissenen Koppelfuge „KO“ an der Messstelle „südlicher Steg unten (ST_S_u)“

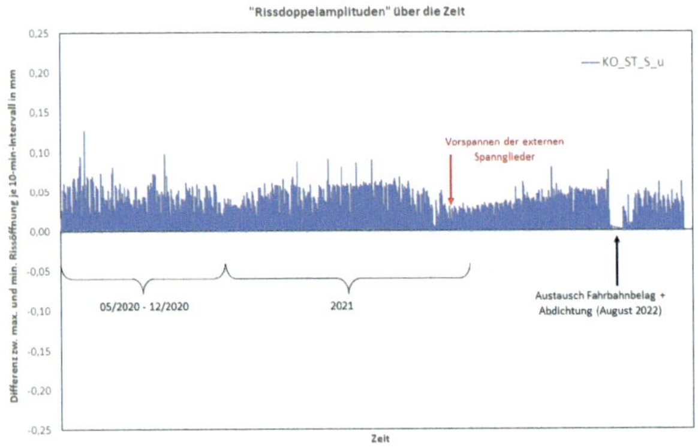

Abb. 10: Differenz je 10-min-Intervall zwischen der maximalen und der minimalen Rissöffnung an der gerissenen Koppelfuge „KO“ an der Messstelle „südlicher Steg unten (ST_S_u)“

Auch zusätzliche vertikale Umlenkungen hätten bei einem im Aufriss polygonal geführten Spanngliedverlauf zu ungünstigen Zusatzbeanspruchungen in den Querträgern geführt.

Mit dem gewählten Spanngliedverlauf parallel zur Gradiente wäre für die Einhaltung des Dekompressions-Nachweises (quasi-ständige Einwirkungskombination mit Teilsperrung) eine sehr hohe zusätzliche Längsvorspannkraft erforderlich gewesen. Durch unvermeidbare Rückhängekräfte wäre die Standsicherheit in den Stegbereichen zwischen den Ankerblöcken und dem Querträger in Achse F nicht mit vertretbarem Aufwand nachweisbar gewesen.

Die externe Längsvorspannung wurde letztlich so gewählt, dass in Nachweisstufe 2 alle lokalen und globalen GZT-Nachweise (Biegung + Querkraft) für die teilgesperrte Rampe mit dem Ziellastniveau „BK60“ erfolgreich geführt werden konnten. Da der tatsächliche, ermüdungsbedingte Schädigungszustand der Bewehrung nicht bekannt war (und ist), wurden zusätzlich in ermüdungskritischen Bereichen Stahllaschen auf und unter der Hohlkastenbodenplatte kraftschlüssig aufgeklebt.

5.2 Besonderheiten bei der Realisierung

Der Nachweis der Lasteinleitung der externen Längsvorspannkraft (beim Anspannen ca. 2 x 2 x 2,6 MN = 10,4 MN; 4 x SUSPA-Draht EX-54) ins Bestandsbauwerk erfolgte rechnerisch über Reibung jeweils unter Berücksichtigung der Normalkraft in der Kontaktfläche zwischen Ankerblock und Steg, die dauerhaft durch vorspannte Querspannglieder erzeugt wird. Vor dem Einbau der Querspannglieder mussten die Stege durchbohrt werden. Zur Vermeidung von Schäden an den zahlreich vorhandenen Spanngliedern / Bewehrungselementen wurden diese vorab geortet und georeferenziert ins 3D-Bestands- / Planungsmodell übernommen. Im 3D-Modell konnte die Lage von Querspanngliedern (auch lange Spannglieder, die durch beide Stege geführt werden) so optimiert werden, dass im Zuge der Ausführung kein Spannglied beschädigt wurde.

6. Rissöffnungen vor und nach der Verstärkung

6.1 Mittlere Rissöffnungen

Der Verlauf der mittleren Rissöffnungen (alle 10 min ein Mittelwert) von Mai 2020 bis November 2022 ist in Abbildung 7 dargestellt. Das Anspannen der externen Längsspannglieder Anfang Dez. 2021 führte zu einer deutlich erkennbaren Verkleinerung der Rissöffnung. Tendenziell führen Temperaturbeanspruchungen, z. B. vertikale Temperaturgradienten seit der Verstärkung zu etwas geringeren Rissbreitenänderungen (vgl. Abbildung 8). Im Bereich der Messstellen „Steg unten“ befindet sich der Koppelfugenquerschnitt nach wie vor im Zustand 2 (siehe Abschnitt 5.1), allerdings weniger stark ausgeprägt als vor der Verstärkung.

Der vertikale Temperaturgradient wurde anhand der zahlreichen, über die Querschnittshöhe verteilten Temperaturmessstellen ingenieurmäßig ermittelt. Da die Ermittlung immer in gleicher Weise stattfand, sind die Werte für dT_M vor und nach der Verstärkung vergleichbar.

6.2 Verkehrslastbedingte Rissöffnungen

Der Effekt der Zunahme der Biegesteifigkeit durch die Verstärkung ist in Abbildung 9 erkennbar. Die gemessenen Rissöffnungen während einer Mobilkran-Überfahrt vor und nach der Verstärkung unterscheiden sich. Bei beiden Überfahrten des gleichen Mobilkrantyps herrschten vergleichbare äußere Bedingungen, allerdings kann anhand der vorliegenden Fotos von der oberseitig installierten Kamera nicht zweifelsfrei geklärt werden, ob und in welcher Weise zusätzliche Fahrzeuge auf der Rampe (im Feld zwischen Achse L und K) die Rissöffnungen beeinflusst haben.

In Abbildung 10 sind je 10-min-Intervall extremale Rissdoppelamplituden (hier: Differenz zwischen der im 10-min-Intervall gemessenen maximalen und minimalen Rissöffnung) über den gesamten Messzeitraum dargestellt. Tendenziell fallen die Rissdoppelamplituden in den sonnenarmen Wintermonaten geringer aus als in den sonnenreichen Sommermonaten. Die Verstärkung führt tendenziell zu etwas geringeren Rissdoppelamplituden.

7. Ausblick

Durch die Verstärkung der nordwestlichen Rampe wurden vorab vorhandene statische Schwachstellen, die im Zuge der Nachrechnung quantifiziert wurden, beseitigt bzw. entschärft. Schäden, die erst im Jahr 2022 bekannt wurden, führen nun dazu, dass das westliche Teilbauwerk der Wallstraßenbrücke bereits im Jahr 2026 rückgebaut wird. Mit dem Rückbau des östlichen Teilbauwerkes wird gemäß der aktuellen Planung im Jahr 2028 begonnen.

Literatur

[1] BMVI: 2. Ergänzung der Nachrechnungsrichtlinie (Stand 01/2020)

[2] Ingenieurbüro Schießl-Gehlen-Sodeikat: Installationsbericht zum Rissmonitoring im Feld F-J (vom 05.05.2020) (unveröffentlicht)

[3] BASt: Handlungsanweisung zur Beurteilung der Dauerhaftigkeit vorgespannter Bewehrung von älteren Spannbetonüberbauten (Ausgabe 1998)

[4] Schnellenbach-Held, M. et al.: Verstärkung älterer Beton- und Spannbetonbrücken. Erfahrungssammlung Dokumentation 2016 (FE 15.0570/2012/NRB)

TAE

FEM-Anwendungen

Systemidentifikation zur realitätsnahen Abbildung von Bestandsbrücken

Überblick, Implementierung und Beispiele

Dr.-Ing. Wassim Abu Abed
InfoGraph GmbH, Aachen

Dipl.-Ing. Olaf Jüntgen
InfoGraph GmbH, Aachen

Zusammenfassung
Dieser Beitrag bietet einen Überblick über die verschiedenen Ansätze der Systemidentifikation sowie die Einsatzmöglichkeiten dieser Methodik im Bereich der Erhaltungsplanung im Brückenbau. Des Weiteren wird ein neues Verfahren zur Systemidentifikation von Finite-Elemente-Tragwerksmodellen beschrieben. Das vorgestellte Verfahren setzt eine einfache und effiziente Methode der globalen Optimierung über kontinuierliche Räume ein. Die Anwendbarkeit des Verfahrens wird anhand dreier Beispiele erprobt und demonstriert. Ziel aller drei Beispiele ist die Ermittlung der im Tragwerk vorhandenen Biegesteifigkeit. Als erstes Beispiel dient ein linear elastischer Biegebalken. Bei dem zweiten Beispiel handelt es sich um eine mit Plattenelementen modellierte Straßenbrücke. Die Systemidentifikation wird in beiden Beispielen aufgrund von Verformungsdaten durchgeführt. Im dritten Beispiel wird eine dynamische Zugüberfahrt über eine Einfeldbrücke betrachtet. Ziel ist es hierbei, den Verlauf der Biegesteifigkeit aus Beschleunigungsdaten zu ermitteln.

1. Einführung

Die Verfügbarkeit eines realitätsnahen Rechenmodells ist unverzichtbar für eine umfassende Methodik der Tragwerksdiagnostik von Bestandsbrücken. Im Rahmen einer periodischen oder dauerhaften Überwachung eines Bauwerks oder während der Durchführung von Belastungsversuchen werden lediglich die gemessenen Strukturantworten, z. B. Dehnungen und Verformungen erfasst. Die inneren Zustände des Tragwerks, die als Grundlage für die Beurteilung der Standsicherheit, Gebrauchstauglichkeit und Dauerhaftigkeit sowie für die Planung von Erhaltungsmaßnahmen dienen, bleiben aber unbekannt.

Mit Methoden der Systemidentifikation können die relevanten Parameterwerte eines Tragwerksmodells anhand von verfügbaren Messdaten so bestimmt werden, dass das Tragverhalten realitätsnah abgebildet werden kann. Erst mit dem identifizierten Tragwerksmodell können die inneren Zustände, die eine zuverlässige Beurteilung des Tragwerks erlauben, korrekt ermittelt werden. Im Folgenden wird ein Überblick über die verschiedenen Ansätze der Systemidentifikation im Bauwesen gegeben. Aus den aktuellen Regelwerken und Richtlinien werden die Einsatzmöglichkeiten postuliert. Ein neues Verfahren zum *Finite Element Model Updating* wird im Anschluss vorgestellt. Dieses Verfahren setzt die Shepard-Funktionen als kontinuierliche Interpolationen zur Effizienzsteigerung einer auf populationsbasierten Optimierungsmethode ein. Die Anwendbarkeit des Verfahrens wird anhand dreier Beispiele erprobt und demonstriert. Für die Verifizierung des Verfahrens werden die verwendeten Messdaten vorab im Rahmen numerischer Simulationen *künstlich* generiert. Ziel aller drei Beispiele ist die Ermittlung der im Tragwerk vorhandenen Biegesteifigkeit. Als erstes Beispiel dient ein linear elastischer Biegebalken von 10 m Länge. Bei dem zweiten Beispiel handelt es sich um eine mit Plattenelementen modellierte Straßenbrücke mit den Abmessungen 16,6 m Länge und 9 m Breite. Die Systemidentifikation wird in beiden Beispielen aufgrund von Verformungsdaten durchgeführt. Im dritten Beispiel wird eine dynamische Zugüberfahrt über eine Einfeldbrücke betrachtet. Die Spannweite der Brücke beträgt 32 m. Ziel ist es hierbei, den Verlauf der Biegesteifigkeit aus Beschleunigungsdaten zu ermitteln.

2. Systemidentifikation

Der Begriff der Systemidentifikation wird im Allgemeinen als die mathematische Modellierung von Systemen aus experimentellen Daten definiert [1]. Ziel der Systemidentifikation ist es, das beobachtete Phänomen zu beschreiben, dabei zu erklären und zu verstehen. Einer der Vorreiter dieser Methodik ist Galileo Galilei, der seinerzeit die Natur durch die Kombination von Experimenten, Messungen und mathematischen Analysen erforschte. Im Besonderen fasst man unter Systemidentifikation eine Sammlung von mathematischen Methoden und Techniken zusammen, die sich nach der Art der gemessenen Daten und dem Modellierungsansatz unterscheiden. Im Bauwesen können die gemessenen Daten aus geplanten Belastungsversuchen am Bauwerk oder aus Messungen während der normalen Nutzung stammen. Es wird grundsätzlich zwischen Messwerten der statischen Antwort und Messwerten der dynamischen Antwort der

Tragstruktur differenziert. Bei der Wahl des Modellierungsansatzes wird zwischen nicht-parametrischen und parametrischen Ansätzen unterschieden. Art und Umfang der Messungen und die Wahl des Modellierungsansatzes hängen von dem Ziel und der geforderten Genauigkeit der Systemidentifikation sowie dem gewünschten vertretbaren rechnerischen Aufwand ab [1].

Bezeichnendes Merkmal der Systemidentifikation ist die messdatenorientierte, iterative Herangehensweise. In Abb. 1 ist der Ablauf einer Systemidentifikation schematisch dargestellt. Bei jeder Iteration können Art und Umfang der gemessenen Daten und/oder der Modellierungsansatz erweitert werden, um sich ein besseres Verständnis des untersuchten Systems zu verschaffen.

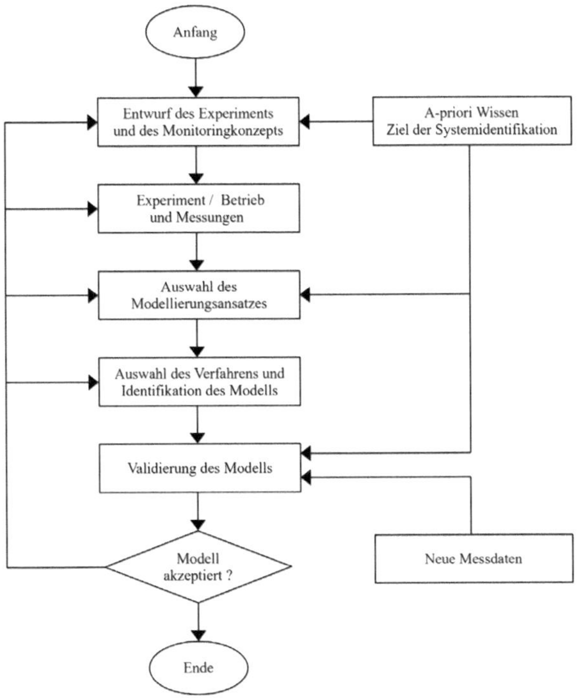

Abb. 1: Ablauf der Systemidentifikation – modifiziert aus [1]

Im Folgenden werden die Hauptmethoden der Systemidentifikation kurz zusammengefasst.

2.1 Methoden der Systemidentifikation

Die wichtigsten Methoden nicht-parametrischer Modellierungsansätze sind die transiente Analyse, die Frequenzanalyse, die Korrelationsanalyse und die Spektralanalyse. Diese Methoden werden hauptsächlich zur Systemidentifikation aus Messungen dynamischer Antworten der Tragstruktur eingesetzt. In diesem Rahmen werden grundsätzlich entweder die theoretischen Formulierungen der Systemantwort oder die verschiedenen statistischen Ansätze angewandt. Diese Methoden sind einfache Werkzeuge, die eine grobe Abschätzung des Systemverhaltens liefern können. Nicht-parametrische Modellierungsansätze können eine Kurve oder Funktion sein, wie z. B. Impuls-Antwort- und Frequenzdiagramme.

Ein parametrischer Modellierungsansatz ist ein mathematisches Modell mit einer Menge von Parametern, von denen die Ergebnisse dieses Modells abhängen. Bei parametrischen Modellen, die die Eingangswerte miteinbeziehen, wird von einer Input-Output-Parametrisierung gesprochen. Modelle ohne Bezug zu Eingangswerten werden als Output-only-Parametrisierung bezeichnet. Dabei wird zwischen Blackbox- und Graybox-Modellierungsansätzen unterschieden. Unter Blackbox-Ansätzen versteht man eine Gruppe von Modellen, deren Parameter keine physikalische Bedeutung besitzen. Vertreter dieser Ansätze sind in den Methoden der Zeitreihenanalyse zu finden. Polynome, die die Antwort des Systems in Form von Transfer-Funktionen abschätzen, werden durch deren Koeffizienten als Parametervektoren definiert. Bei den Methoden der Zeitreihenanalyse kommen hauptsächlich Messungen der dynamischen Antwort der Tragstruktur zum Einsatz. Graybox Ansätze sind Modelle, deren Parameter eine physikalische Interpretation besitzen. Wichtige Vertreter dieser Ansätze sind Modelle, die mit Differentialgleichungen das Verhalten der Tragstruktur abbilden. In der Regel wird die Methode der finiten Elemente zur Approximation der Lösung dieser Differentialgleichungen eingesetzt. Bei der Verwendung eines Graybox-Modellierungsansatzes kommen sowohl Messungen der statischen als auch Messung der dynamischen Antwort der Tragstruktur zum Einsatz.

Bei einem parametrischen Modellierungsansatz sind die Parameter des Modells so zu bestimmen, dass die Ergebnisse des Modells und die entsprechenden gemessenen Werte bis auf minimale Abweichungen übereinstimmen. Man spricht dann von einer Prediction-Error-Funktion, die die Abweichungen zwischen den errechneten und den gemessenen Werten in Relation zum gesuchten Parametervektor aufstellt. Der Parametervektor wird als der Punkt mit dem global minimalen Wert der Prediction-Error-Funktion bestimmt. Der einfachste Vertreter dieses Vorgehens ist die Methode der kleinsten Quadrate. Die Anwendung dieser Methode ist nur sinnvoll, wenn die Prediction-Error-Funktion linear vom Parametervektor abhängt. Ist aber diese Abhängigkeit nicht linear, bedarf es einer numerische Optimierungsmethode zur Bestimmung des Punkts mit dem globalen minimalen Wert. Wird ein auf Differentialgleichungen basierendes Modell mit der entsprechenden Finite-Elemente-Approximation als parametrischer Modellierungsansatz zur Systemidentifikation eingesetzt, spricht man vom *Finite Element Model Updating* (Kurz: FEM-Updating). Man unterscheidet zwischen deterministischem und stochastischem Vorgehen. Beim stochastischen FEM-Updating werden im Gegensatz zum deterministischen die Unsicherheiten, die mit der Durchführung der Experimente, der Erfassung von Messdaten und der Modellierung einhergehen, quantifiziert und zusammen mit dem Parametervektor bestimmt.

Ausführliche Beschreibungen der in diesem Abschnitt zusammengefassten Methoden und Techniken sind in [1], [2], [3] und [4] zu finden.

2.2 Regelwerke und Einsatzmöglichkeiten

Die Vorgehensweise der Systemidentifikation ist der Bauwerkszustandserfassung inhärent. Der Zustand eines Bauwerks wird durch regelmäßige visuelle Einzelprüfungen erfasst. Diese Art der Einzelprüfungen führt in der Regel zu qualitativen und meistens subjektiven Ergebnissen. Für eine quantitative und objektive Bauwerkszustandserfassung ist der Einsatz von Messungs- und Überwachungssystemen erforderlich. Diese können im Rahmen von experimentellen Belastungsversuchen oder durch regelmäßige oder dauerhafte Bauwerkszustandsüberwachung (engl. *Structural Health Monitoring*) eingesetzt werden [5][6][7][8]. Regelwerke, Leitfäden und Richtlinien, die die Erfassung und Beurteilung des Bauwerkszustands steuern, finden sich unter [9], [10], [11], [12], [13] und [14]. An deren Aktualisierung und Erweiterung wird zurzeit intensiv gearbeitet. Insbesondere wird die DIN 1076 überarbeitet, um sie hinsichtlich neuer und digitaler Prüfmethoden und -verfahren zu öffnen [15]. Des Weiteren wird in der geplanten zweiten Ausgabe der Richtlinie zur Nachrechnung von Straßenbrücken im Bestand u. a. die messwertgestützte Berechnung nach Stufe drei weiter spezifiziert [16][17].

Aus den oben angeführten Regelwerken können bereits drei Kategorien der Einsatzmöglichkeiten benannt werden. Diese sind:

- Monitoring aus besonderem Anlass als Kompensationsmaßnahme zur Gewährleistung einer ausreichenden Stand- und Verkehrssicherheit sowie Dauerhaftigkeit.
- Monitoring zur kontinuierlichen Zustands-überwachung als Ergänzung zur regulären Bauwerksprüfung.
- Messdatengestützte Tragfähigkeitsnachweise.

In [18], [19] und [20] sind Anwendungsfälle für den in Deutschland aktuellen sowie zukünftigen Einsatz von Monitoring dargestellt. Diese Einsatzmöglichkeiten sind wie im Folgendem nach drei Kategorien unterteilt.

Häufige und verbreitete Anwendungsfälle:

- Monitoring bei bekannten lokal verorteten Schäden.
- Monitoring bei bekannten Defiziten aus Nachrechnung oder Konstruktion.
- Monitoring zur Ermittlung von Einwirkungen.

Anwendungsfälle mit ersten Einsatzbeispielen:

- Monitoring zur Begleitung bedeutender Bauwerke.
- Monitoring zur Unterstützung der Bauwerks-prüfung.

Zukünftige Anwendungsfälle:

- Monitoring im prädiktiven Lebenszyklus-management
- Geburtszertifikat.

3. Ein Verfahren für das FEM-Updating

Das FEM-Updating als parametrischer Modellierungsansatz zur Systemidentifikation ist im Grunde eine Optimierungsaufgabe mit einer Prediction-Error-Funktion, die durch

$$E = E(|u - \bar{u}[x]|)$$

gegeben ist. Dabei ist u die gemessene und die berechnete Antwort des Systems. x ist der anzupassende Vektor der Modellparameter. Bei einem Vektor von Parametern x aus einem bestimmten Definitionsbereich D besteht das Ziel der Optimierung in der Minimierung des Fehlers E. Dieses Ziel kann somit wie folgt formuliert werden:

$$x_{opt} = arg\,\min_{x \in D} E(|u - \bar{u}(x)|)$$

Bei einem FEM-Updating hängt die Prediction-Error-Funktion von dem Parametervektor meistens nicht linear ab. Für die Bestimmung des Parametervektors mit dem global minimalen Wert der Prediction-Errror-Funktion ist die Anwendung einer numerischen Optimierungsmethode notwendig. Für die Lösung des vorliegenden Minimierungsproblems wird ein evolutionärer Algorithmus, die sogenannte *Differential Evolution* (Kurz: *DE*), verwendet. Die *DE* ist ein einfaches und effizientes adaptives populationsbasiertes Verfahren zur globalen Optimierung über kontinuierliche Räume [21].

Populationsbasierte Optimierungsverfahren sind berechnungsintensiv. Die Laufzeit des hier verwendeten *DE*-Algorithmus hängt von der Anzahl der FEM-Berechnungen ab, die durchgeführt werden müssen, um den optimalen Parametervektor zu finden. Diese Zeit berechnet sich aus $NUM_{fem} = N \cdot g$, wobei N die Anzahl der Vektoren in der Population und g die Anzahl der Anpassungszyklen bis zum Erreichen des Optimums ist. Eine Verringerung entweder der Anzahl der Vektoren N oder der Anzahl der Zyklen g bzw. idealerweise beider wird die Berechnungszeit effektiv reduzieren.

Bei der *DE* ist die Anzahl der Vektoren N proportional zur Dimension des Suchraums d, d. h. der Anzahl der im Parametervektor anzupassenden Werte. Somit ist eine Verringerung von d gleichbedeutend mit einer Verringerung von N. Eine oder mehrere Komponenten des Parametervektors entsprechen einem oder mehreren Parametern eines finiten Elementes im FEM-Modell der betreffenden Struktur. Durch eine Verringerung der Anzahl der finiten Elemente kann die Dimension des Suchraums ebenfalls reduziert werden. Dies kann jedoch nur bis zu einer bestimmten Grenze erfolgen, damit die Genauigkeit der FEM-Lösung akzeptabel bleibt. In der Regel muss immer noch eine beträchtliche Anzahl von Elementen und damit die entsprechenden Parameterwerte angepasst werden.

Eine Vereinfachungsmaßnahme, die die Dimension d des Suchraums reduziert, ist die Verwendung von kontinuierlichen Interpolationsfunktionen mit wenigen Stützpunkten. An den Stützpunkten werden die Werte der Parameter angepasst und dann für jedes finite Element interpoliert. Dadurch reduziert sich die Dimension des Suchraums. Die Shepard-Interpolationsmethode [22] bietet hierfür einfache netzfreie Interpolationsfunktionen. Diese Funktionen sind mindestens stetig und im allgemeinen Fall glatt, d. h. stetig differenzierbar. Für eine detaillierte Beschreibung und Diskussion von Shepard-Interpolationsfunktionen werden die Referenzen [22] und [23] empfohlen.

4. Beispiele

In diesem Abschnitt werden drei Beispiele zur Aktualisierung des Elastizitätsmoduls auf Grundlage von künstlich erzeugten Messdatensätzen vorgestellt. In den beiden ersten Fällen wird die Anwendbarkeit des Algorithmus anhand von Verformungen überprüft. Im dritten Fall erfolgt die Überprüfung auf Grundlage von Beschleunigungen.

Hierbei wird die Funktion des mittleren absoluten Fehlers verwendet:

$$E = \frac{1}{n} \sum_{i=1}^{n} \frac{|u_i - \bar{u}_i|}{\bar{u}_i}$$

u_i ist ein gemessener, ist der berechnete Wert an der gleichen Sensorposition und n ist die Anzahl der gemessenen Werte. Wie schon erläutert ist der Berechnungsaufwand des FEM-Updating-Algorithmus proportional zur Anzahl der FEM-Berechnungen NUM_{fem}. Da der größte Teil der Berechnungszeit auf die FEM-Berechnungen fällt, wird eine lineare Zeitkomplexität von $O(NUM_{fem}) = NUM_{fem}$ angenommen. Zur Beurteilung des Berechnungsaufwands für den Algorithmus wird im Folgenden der Wert von NUM_{fem} anstelle der absoluten Berechnungszeit verwendet.

4.1 Balken

In diesem Beispiel wird ein geschädigter Einfeldbalken von 10 m Länge betrachtet. Dieser hat eine Breite von 0,4 m und eine Höhe von 1,0 m und besteht aus Beton der Festigkeitsklasse C25/30. Die Schädigung wird durch eine Reduktion des E-Moduls in einem Bereich von 3 m auf der linken Seite des Trägers simuliert. Dazu wurde der E-Modul schrittweise von 31.000 MN/m² auf 27.000 MN/m² abgemindert. Abb. 2 zeigt schematisch die Größe und Lage des geschädigten Bereiches.

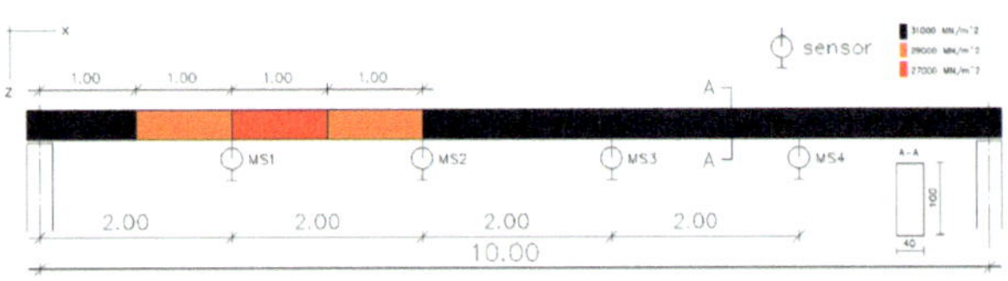

Abb. 2: Balken mit Schädigung und Position der Sensoren

Die Aufgabe besteht nun darin, den Verlauf des E-Moduls über die Balkenlänge so zu bestimmen, dass die Differenz der aufgrund einer äußeren Beanspruchung gemessenen Verformungen und die berechneten Verformungen minimiert wird.

Die ‚gemessenen' Verformungen werden zunächst mit Hilfe einer FEM-Berechnung (Einfeldbalken mit 10 Stabelementen) künstlich erzeugt. Wie in Abb. 3 dargestellt, werden dazu an den vier ‚Sensor-Orten' die Verschiebungen u_z aufgrund einer Einzellast F=100 kN ermittelt. Die dort berechneten Verformungen sind in Abb. 3 aufgetragen.

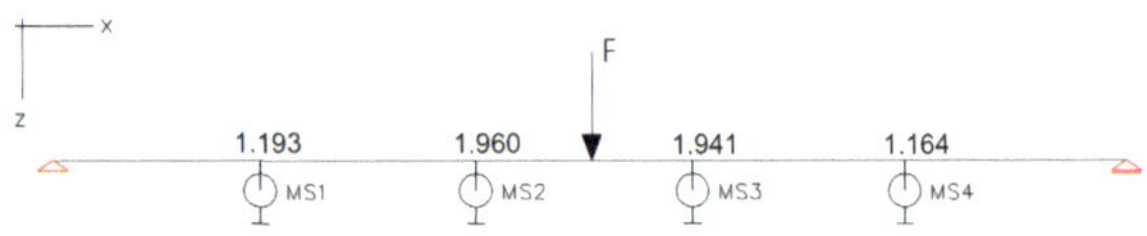

Abb. 3: Einzellast und ‚gemessene' Verformungen

In den FEM-Updating-Algorithmus gehen nun lediglich das FEM System und die 4 ‚gemessenen' Verformungen ein. Der E-Modul und dessen Verlauf werden gesucht. Abb. 4a zeigt den Verlauf des E-Moduls über die Trägerlänge wie sie durch den Algorithmus ermittelt wurde (Suchraumdimension d = 3, Shepard-Stützpunkte {0.5,2.5,4.5}). Der Mittelwert des absoluten Fehlers beträgt $E \leqslant 10^{-6}$. Die Zeitkomplexität ist $NUM_{fem} \simeq 15 \cdot 111$. Der Verlauf ist eine nahezu exakte Abbildung des gesuchten E-Modul Verlaufes.

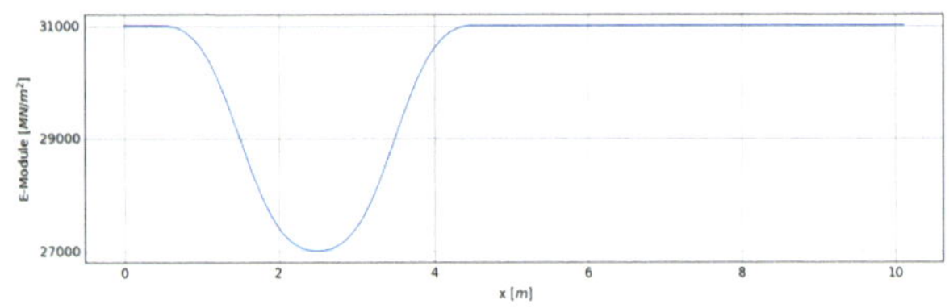

Abb. 4a: Ermittelter E-Modul mit d = 3

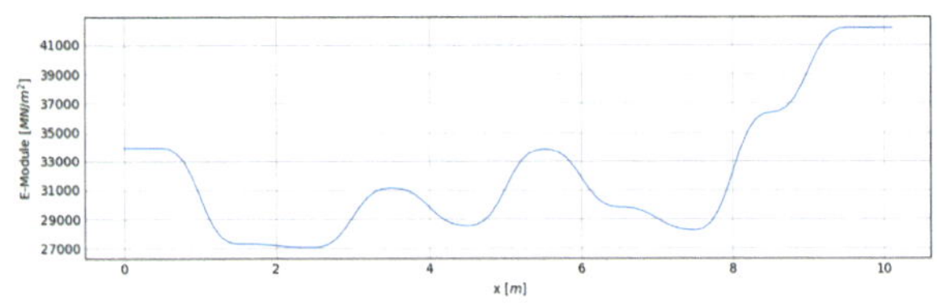

Abb. 4b: Ermittelter E-Modul mit d = 10

Die Auswirkung der Reduzierung der Suchraumdimension d wird durch die Anwendung desselben Algorithmus mit d = 10 und den Shepard-Stützpunkten {0.5, 1.5, 2.5, 3.5, 4.5, 5.5, 6.5, 7.5, 8.5, 9.5} demonstriert. Dies entspricht einem Parameter je finitem Element. Abb. 4b zeigt die resultierende Verteilung des Elastizitätsmoduls. Der Mittelwert des absoluten Fehlers beträgt ebenfalls $E \leqslant 10^{-6}$. Die Zeitkomplexität beträgt $NUM_{fem} \simeq 50 \cdot 200$. Die aktualisierte Verteilung ist nützlich, aber nicht exakt.

Für d=10 waren die Verteilungen aus wiederholten Versuchen der Aktualisierung des E-Moduls nicht eindeutig und schwankten um die erwartete Verteilung.

Im Vergleich dazu wurde der Algorithmus mit d=3 angewandt, um bei wiederholten Aktualisierungsversuchen mit deutlich geringerem Zeitaufwand dieselbe genaue Verteilung zu finden. Hieraus lässt sich schließen, dass die Verringerung der Dimension des Suchraums die Konvergenz beschleunigt und die Zuverlässigkeit der Suche nach einer genauen Lösung in diesem Fall verbessert. Um zu zeigen, dass die Erhöhung der Anzahl der gemessenen Daten die Genauigkeit der resultierenden Verteilung des aktualisierten Parameters verbessert, wird ein zweiter Lastfall betrachtet. Hierfür wird eine bewegliche Einzellast angenommen. Die Last hat die gleiche Ordinate und Richtung wie in Abb. 3. Allerdings bewegt sich der Lastangriffspunkt über die gesamte Trägerlänge. Es werden jetzt 9 Laststellungen im Abstand von 1 m betrachtet, siehe Abb. 5a. Die künstlich erzeugten ‚gemessenen' Deformationen sind in Abb. 5b für jeden Sensor in Abhängigkeit von der Position der Einzellast aufgetragen.

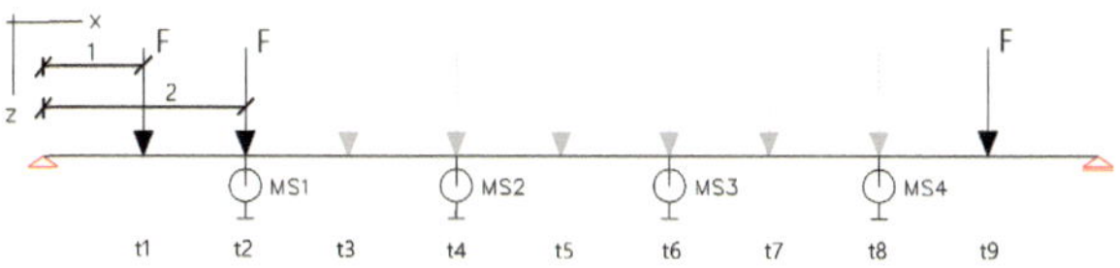

Abb. 5a: Laststellungen der Einzellast+

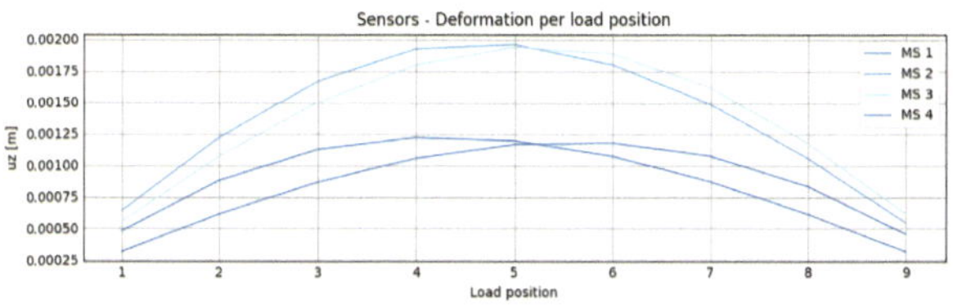

Abb. 5b: Verformungen

Auf Grundlage dieser ‚Messdaten' wird der in Abb. 6b abgebildete Verlauf des E-Moduls durch den FEM-Updating-Algorithmus mit d = 10 ermittelt. Der Verlauf ist eine exakte Abbildung der ursprünglichen Ausgangssituation. Der Mittelwert des absoluten Fehlers beträgt E $\leqslant 10^{-6}$. Die Zeitkomplexität beträgt $NUM_{fem} \simeq 50{\cdot}400$.

Hierbei ist zu erkennen, dass die Genauigkeit im Vergleich zu dem in Abb. 4b dargestellten Fall, bei dem der Update-Algorithmus ebenfalls d = 10 für die Dimension des Suchraums betrug, der aber weniger Messdaten verwendete, deutlich zugenommen hat.

Die vom Algorithmus mit d = 3 für denselben Lastfall gefundene Verteilung ist wiederum eine nahezu exakte Reproduktion der ursprünglichen Verteilung, siehe Abb. 6a. Der Mittelwert des absoluten Fehlers beträgt E $\leqslant 10^{-6}$. Die Zeitkomplexität beträgt $NUM_{fem} \simeq 15{\cdot}100$. Auch hier hat die Reduzierung der Suchraumdimension eine Beschleunigung der Konvergenz bewirkt, ohne die Zuverlässigkeit der Lösungsfindung oder deren Genauigkeit zu gefährden.

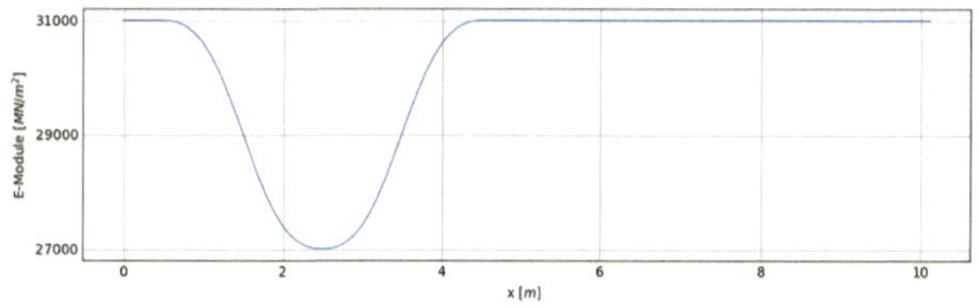

Abb. 6a: Ermittelter E-Modul mit d = 3 - Bewegliche Einzellast

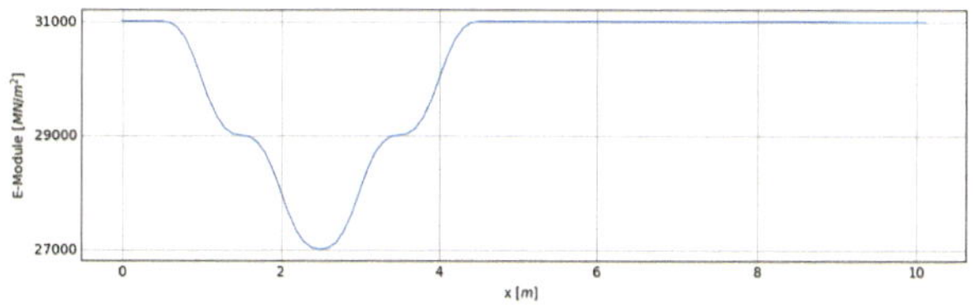

Abb. 6b: Ermittelter E-Modul mit d = 10 - Bewegliche Einzellast

4.2 Straßenbrücke

In diesem Abschnitt wird eine einfeldrige Plattenbrücke aus Beton [24] betrachtet, siehe Abb. 7. Die Fahrbahnplatte ist 14,6 m lang, 9 m breit und 0,85 m dick und ist auf vier Stützen gelagert. Sie besteht aus Beton der Festigkeitsklasse C30/37. Die Schädigung wird durch eine abschnittsweise Reduzierung des E-Moduls in einem Bereich von 2,84 m x 2,44 m simuliert. Die Lage des geschädigten Bereiches ist in Abb. 7 zu erkennen. Der E-Modul wird vom ursprünglichen Bemessungswert 33.000 MN/m² in 2 Stufen auf 30.000 MN/m² bzw. 27.000 MN/m² zur Mitte hin reduziert.

Bei einer Belastung und den daraus resultierenden Verschiebungen geht es hier wiederum um die Bestimmung und Verteilung des E-Moduls. Als Belastung wird ein Lastfall mit 8 Flächenlasten mit jeweils 0,4 x 0,4 m und der Ordinate q_z = 375 kN/m² angenommen. Die Lage und Anordnung der Lasten sind ebenfalls in Abb. 7 dargestellt.

Die sechs Sensoren, die die Verformung der Brückenplatte aufnehmen, sind auch in Abb. 7 abgebildet. Das zur Berechnung der Brücke verwendete FEM-System besteht aus 792 Plattenelementen und vier gelenkigen Lagern.

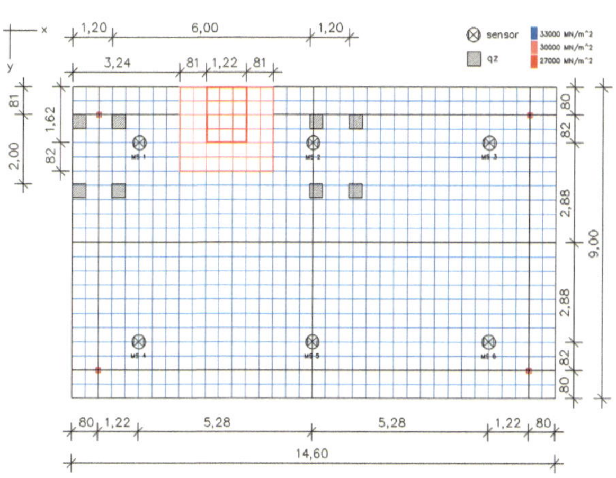

Abb. 7: Einfeldrige Straßenbrücke mit Schädigung, Belastung und Positionen der Sensoren

Die mit Hilfe der FEM-Analyse an den Sensoren ermittelten Verformungen sind in Tab. 1 in [mm] angegeben und werden als Messdaten für das nachfolgende FEM-Updating verwendet.

Tab. 1: Deformationen in [mm] an den Sensorpositionen

MS1	MS2	MS3	MS4	MS5	MS6
0.265	0.863	0.252	0.197	0.586	0.184

Die durch den Aktualisierungsalgorithmus bestimmte E-Modul-Verteilung ist in Abb. 8 dargestellt. Hierbei wurden d = 7 und die Shepard-Stützpunkte {(0.0, 0.0), (9.0, 0.0), (12.2, 0.0), (4.6, 0.0), (4.4, 3.5), (7.3, 4.5), (12.6, 4.5)} verwendet. Der Mittelwert des absoluten Fehlers beträgt $E \leqslant 10^{-9}$. Die Zeitkomplexität beträgt $NUM_{fem} = 42{\cdot}550$. Der gefundene Verlauf des E-Moduls ist auch hier eine sehr gute Reproduktion der ursprünglichen Annahme.

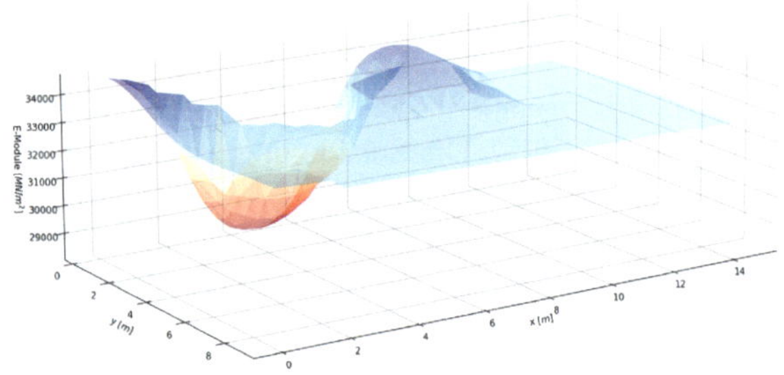

Abb. 8: Ermittelter Verlauf des E-Moduls - Straßenbrücke

4.3 Dynamische Zugüberfahrt

Zur weiteren Überprüfung des hier vorgestellten Updating-Algorithmus wird nun im Rahmen einer dynamischen Strukturanalyse eine 32 m lange, einfeldrige Eisenbahnbrücke betrachtet.

Die Brücke wird wieder als Einfeldbalken mit einem Rechteckquerschnitt von 4,5 m Breite und 1,5 m Höhe modelliert. Als Material wird Beton mit der Festigkeitsklasse C50/60 gewählt. Die fiktive Schädigung wird hier leicht ausmittig in einem Bereich von 4,8 m angenommen. Dazu wird der E-Modul wieder in 2 Schritten von 37.000 auf 27.000 MN/m² reduziert. Alle Angaben sind in Abb. 9 zu erkennen.

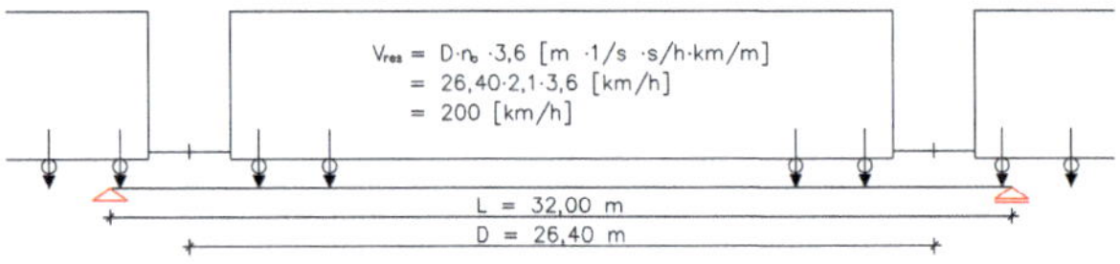

Abb. 9: Brücke mit dynamischer Zuglast (Zugüberfahrt)

Auch bei diesem Beispiel geht es um die Ermittlung des E-Modul-Verlaufes über das Tragwerk. Hier jedoch aufgrund ‚gemessener' Beschleunigungsdaten von 3 Sensoren. Das System ist mit seinen Abmessungen, der Zuglast und den Orten der Sensoren in Abb. 9 dargestellt. Für eine vollständige Spezifikation der Zuglast siehe [25].

Die Messdaten für die 3 Sensoren werden wieder mit Hilfe einer FEM-Berechnung erzeugt. Hierbei wird die Systemantwort eines ICE 1-Zuges, der die Brücke mit 200 km/h überquert, berechnet. Die bei der Simulation errechneten Beschleunigungen an den Orten der Sensoren werden als Messreihen aufgefasst. Für die FEM-Berechnung wird ein beidseitig gelenkig gelagerter Balken mit 20 Stabelementen betrachtet.

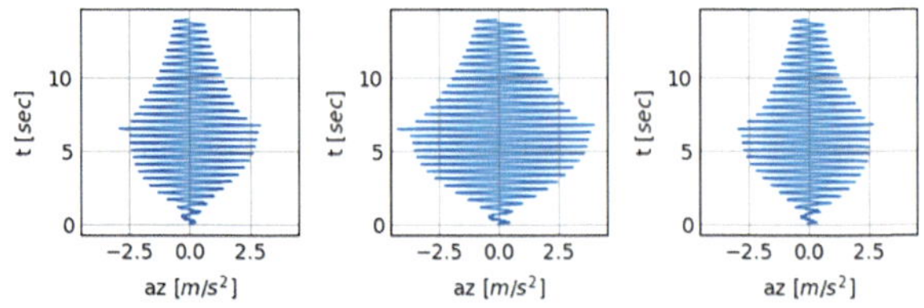

Abb. 10: Beschleunigungen an den Sensoren MS1, MS2 und MS3

Die Zugüberfahrt wird mit Hilfe der modalen Zeitschrittberechnung des Modells durchgeführt. Das Lehr'sche Dämpfungsmaß wird dabei mit D = 1,5 % angenommen. Die Masse aus dem Eigengewicht wird berücksichtigt. Die Beschleunigungsdaten werden mit einer Abtastfrequenz von 200 Hz aufgenommen. Abb. 10 zeigt die berechneten Beschleunigungen an allen drei Sensororten, die in das FEM-Updating eingehen.

Das FEM-Updating wird mit der Dimension des Suchraums d = 3 und den Shepard-Stützpunkten {12.0, 15.2, 18.4} durchgeführt. Der Mittelwert des absoluten Fehlers beträgt $E \leqslant 10^{-4}$ bei einer Zeitkomplexität von $NUM_{fem} = 15{\cdot}192$. Der hiermit berechnete Verlauf des E-Moduls ist in Abb. 11 aufgetragen. Dies zeigt eine sehr gute Übereinstimmung mit dem ursprüglichen Verlauf.

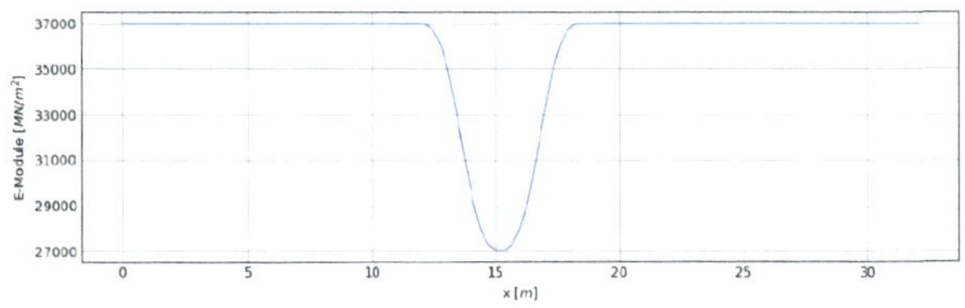

Abb. 11. Ermittelter Verlauf des E-Moduls - Zugüberfahrt

5. Fazit und weitere Entwicklung

In diesem Beitrag wurden verschiedene Ansätze der Systemidentifikation dargestellt. Die Einsatzmöglichkeiten dieser Methodik wurden aus den aktuellen Regelwerken, Richtlinien und Publikationen festgestellt.

Ein FEM-Updating-Algorithmus auf der Grundlage der *Differential Evolution* wurde vorgestellt. Die Ergebnisse der Überprüfung des Algorithmus wurden anhand von drei unterschiedlichen Studienfällen demonstriert. Dabei wurde gezeigt, dass die Reduzierung der Dimension des Suchraums durch die Verwendung von Shepard-Interpolationsfunktionen die Konvergenz beschleunigt und die Zuverlässigkeit bei der Suche nach einer genauen Lösung erhöht. Außerdem wurde erwartungsgemäß gezeigt, dass im allgemeinen Fall die Erhöhung der Menge der Eingangsdaten die Genauigkeit der Lösung verbessert. Weitere Entwicklungen werden darin bestehen, zusätzliche Varianten der Methode der *Differential Evolution* zu implementieren und die optimale Kombination der Hyperparameter des Algorithmus selbst unter Verwendung des Konzepts des Phasenportraits [21] zu finden. Dies wird letztendlich die Leistung und damit die Zuverlässigkeit und das Konvergenzverhalten nochmals verbessern.

Literatur

[1] T. Söderström und P. Stoica. System Identification. Prentice Hall International (UK) Ltd, 1989.

[2] L. Ljung. System Identification: Theory for the User. 2nd Ed, Prentice Hall, Inc. 1999.

[3] M. Brehm. Vibration-based model updating: Reduction and quantification of uncertainties. Dissertation. Bauhaus-Universität Weimar, 2011.

[4] B. Karczewski. Strukturidentifikation von Massivbrücken auf Grundlage einer Dauerüberwachung. Dissertation. Universität Duisburg-Essen, 2016.

[5] C. Siegert, A. Holst, M. Empelmann und H. Budelmann. Überwachungskonzept für Bestandsbauwerke aus Beton als Kompensationsmaßnahme zur Sicherstellung von Standsicherheit und Gebrauchstauglichkeit. BASt, Heft B 118. 2015.

[6] U. Freundt, R. Vogt, S. Böning, D. Michael, C. Könke und H. Beinersdorf. Einsatz von Monitoringsystemen zur Bewertung des Schädigungszustands von Brückenbauwerken. BASt, Heft B 106. 2014.

[7] M. Schnellenbach-Held, B. Karczewski und O. Kühn. Intelligente Brücke – Machbarkeitsstudie für ein System zur Informationsbereitstellung und ganzheitlichen Bewertung in Echtzeit für Brückenbauwerke. BASt, Heft B 105. 2014.

[8] G. Morgenthal, S. Rau, N. Hallermann, K. Schellenberg, H. Martin-Sanz, M. Schubert und O. Kübler. Potenziale von Monitoringdaten in einem Lebenszyklusmanagement für Brücken. BASt, Heft B 190. 2023.

[9] DIN 1076:1999-11: Ingenieurbauwerke im Zuge von Straßen und Wegen – Überwachung und Prüfung. Berlin: Beuth Verlag.

[10] Richtlinien für die Erhaltung von Ingenieurbauten (RI-ERH-ING) - Leitfaden: Objektbezogene Schadensanalyse (OSA). Bundesministerium für Verkehr, Bau und Stadtentwicklung.

[11] Richtlinie zur Nachrechnung von Straßenbrücken im Bestand (Nachrechnungsrichtlinie), Ausgabe 05-2011, BMVBS, Berlin/Bonn, 2011.

[12] Richtlinie zur Nachrechnung von Straßenbrücken im Bestand (Nachrechnungsrichtlinie), 1. Ergänzung, Ausgabe 2015, BMVBS, Berlin/Bonn, 2015.

[13] Merkblatt: Brückenmonitoring. DBV, 2018.

[14] Merkblatt B 09 - Dauerüberwachung von Ingenieurbauwerken. DGZfP, 2022.

[15] G. Marzahn. Überarbeitung der DIN 1076 – aktueller Sachstand. Tagungsband 32. Dresdner Brückenbausymposium, Technische Universität Dresden, 2023.

[16] G. Marzahn. Erhaltungsstrategie des Bundes – Übersicht zur Fortschreibung der Nachrechnungsrichtlinie. Nachrechnung bestehender Brücken – Tagungsband 2021. BASt, 2021.

[17] K. Geißler, J. Kraus und G. Marzahn. Lastmodelle und Ermüdungslastmodelle für Nachrechnung von Straßenbrücken in den Stufen 3 und 4. Nachrechnung bestehender Brücken – Tagungsband 2021. BASt, 2021.

[18] I. Hindersmann, M. Müller und F. Kaplan. Strategischer Einsatz von Monitoring bei Ingenieurbauwerken mit Anwendungsbeispielen. 12. SEUB, Technische Universität Dresden, 2023.

[19] I. Hindersmann. Monitoring von Straßenbrücken – aktueller Einsatz und zukünftige Anwendung. Fachtagung Bauwerksdiagnose 2024.

[20] F. Wedel, S. Pitters, R Herrmann, R. Schneider, F. Hille and I. Hindersmann. Guideline for the strategic application of Monitoring of road bridges in Germany. EWSHM 2024.

[21] K. Price, R. Storn and J. Lampinen. Differential Evolution: A Practical Approach to Global Optimization. Springer-Verlag, 2005.

[22] D. Shepard. A two-dimensional interpolation function for irregularly-spaced data. ACM '68: Proceedings of the 1968 23rd ACM national conference, Jan. 1968, pp. 517–524.

[23] P. Milbradt. Algorithmische Geometrie in der Bauinformatik, Habilitationsschrift. Institut für Bauinformatik der Universität Hannover, 2001.

[24] T. Bauer and M. Müller. Straßenbrücken in Massivbauweise nach DIN-Fachbericht - Beispiele prüffähiger Standsicherheitsnachweise. Stahlbeton- und Spannbetonüberbau nach DIN-Fachbericht 101 und 102. Bauwerk Verlag, 2003.

[25] Richtlinie 804 - Eisenbahnbrücken (und sonstige Ingenieurbauwerke) Planen, Bauen und Instandhalten. Deutsche Bahn, 2003.

TAE

Schnelles Bauen/Monitoring

Bauwerksmonitoring im Zuge des Ersatzneubaus einer Straßenbrücke in Brandenburg an der Havel

BW 19.04: Bundesstraße B1, UF-Gleisanlagen der DB

Dipl.-Ing. Ronald Stein
GMG Ingenieurgesellschaft Dresden

Felix Kaplan
Landesbetrieb Straßenwesen Brandenburg, Sachgebiet Bauwerksbewertung, Hoppegarten

Till Brauer
Landesbetrieb Straßenwesen Brandenburg, Sachgebiet Bauwerksbewertung, Potsdam

Zusammenfassung
Das Bauwerk 19.04 in Brandenburg überführt die Bundesstraße B1 am Ortsausgang von Brandenburg a. d. H. über Gleisanlagen der DB. Es handelt es sich um 2 getrennte, parallel liegende, schiefe Einfeldträgerbrücken, die jeweils aus 2 Stahlhohlkästen und orthotroper Fahrbahnplatte bestehen. Das Baujahr der Brücke ist 1971.
Im Jahr 2017 wurden bei der Bauwerksprüfung Korrosionsschäden mit massivem Querschnittsverlust an den Hauptträgern und Ermüdungsrisse an der orthotropen Fahrbahnplatte festgestellt. Zusätzlich zeigte es sich, dass die Widerlager relativ starke Verkippungen aufweisen, so dass die Rollenlager das Ende ihrer Verschiebungswege erreichen.
Zur Aufrechterhaltung des Verkehrs auf dieser wichtigen Verbindung wurden als kompensierende Maßnahmen eine Einschränkung des Verkehrs auf 2 von 4 Fahrspuren, eine Sperrung für genehmigungspflichtigen Schwerverkehr, eine jährliche Sonderprüfung und ein permanentes Bauwerksmonitoring umgesetzt. Die Monitoringanlage erfasst seit Ende 2018 die Beanspruchungen an den 4 Hauptträgern und der orthotropen Fahrbahnplatte, die Verschiebungen der Lager, Bauwerksschwingungen, Bauwerkstemperaturen und Verkehrseinwirkungen. Auf Basis der umfangreichen Daten, die auf diese Weise gewonnen wurden, konnte die Tragfähigkeit und Ermüdungssicherheit des stark geschädigten Bauwerks realitätsnah bewertet und der Verkehr gewährleistet werden.
Ab Ende 2023 erfolgt der vollständige Ersatzneubau unter Aufrechterhaltung des Straßen- und Bahnverkehrs. Besondere Herausforderungen bestehen in der geringen Bauhöhe, einem Kreuzungswinkel von ca. 45° und einem FFH-Schutzgebiet unmittelbar neben der Brücke. In der ersten Bauphase 2024/25 wird der stärker geschädigte westliche Überbau und das Widerlager halbseitig abgebrochen und der Ersatzneu errichtet. In dieser Phase wird der Verkehr wieder 2-spurig über den östlichen Überbau geführt, wofür Ertüchtigungen am Überbau und den Lagern notwendig wurden. Zur Herstellung der Baugruben werden aufwendige Verbaumaßnahmen durchgeführt, die auch in das Widerlager des befahrenen Überbaues eingreifen und die Tragfähigkeit reduzieren.
Aufgrund der guten Erfahrungen mit dem am Bauwerk installierten Monitoringsystem wurde entschieden, dieses auch in der Phase der Ersatzneubaues weiter zu betreiben und im Bereich des östlichen Teilbauwerks um weitere Sensorik zu ergänzen. Ende 2023 wurden zusätzliche Sensoren zur Erfassung der Beanspruchungen und Verkehrseinwirkungen im östlichen Überbau sowie Laserdistanzsensoren und Neigungssensoren zur Messung der Widerlagerbewegungen installiert. Mit diesem System werden die Auswirkungen der laufenden Baumaßnahme, z. B. beim Ausheben des westlichen Überbaues, beim Bohren von Pfählen durch die Widerlagerwände, beim Spannen von Rückverankerungen, beim Einrütteln von Pfählen usw. auf das bestehende geschädigte Bauwerk beobachtet. Es wurden Grenzwerte für Bauwerksverformungen definiert, bei deren Überschreiten Maßnahmen zur Sicherstellung der Sicherheit und Verfügbarkeit des Brückenbauwerks eingeleitet werden müssen. Das System dient der Unterstützung der örtlichen Bauüberwachung und der weiter fortgeführten Bauwerksprüfung.
Im Beitrag werden die Funktion und die ersten Ergebnisse des baubegleitendend eingesetzten Monitoringsystems vorgestellt. Die Erfahrungen und Erkenntnisse, die dabei gewonnen wurden, werden aus der Perspektive des Baulastträgers und des Tragwerksplaners diskutiert und daraus Empfehlungen für vergleichbare Einsatzszenarien abgeleitet.

1. Bauwerk 19.04 in Brandenburg

1.1 Tragwerk

Bei den beiden Teilbauwerken (TBW1: westlich, RiFa Potsdam, TBW2: östlich, RiFa Brandenburg) des Bauwerks 19.04 in Brandenburg an der Havel handelt es sich um 2 Balkenbrücken aus Baustahl mit Stützweiten von ca. 47 m auf massiven Widerlagern. Der Kreuzungswinkel zu den Bahngleisen beträgt ca. 45°. Im Grundriss sind die Überbauten leicht gekrümmt. Im Querschnitt bestehen die Überbauten jeweils aus 2 getrennten Hohlkästen mit einer Höhe von ca. 1,70 m. Der Querträgerabstand beträgt ca. 2,40 m. Die Längssteifen der orthotropen Fahrbahnplatte sind als Trapezhohlsteifen ausgeführt. Das Fahrbahnblech hat eine Stärke von nur 10 mm.

Das Bauwerk wurde 1971 erbaut und für die Brückenklasse 60/30 bemessen. Es wurde Baustahl St37 und St52 verwendet.

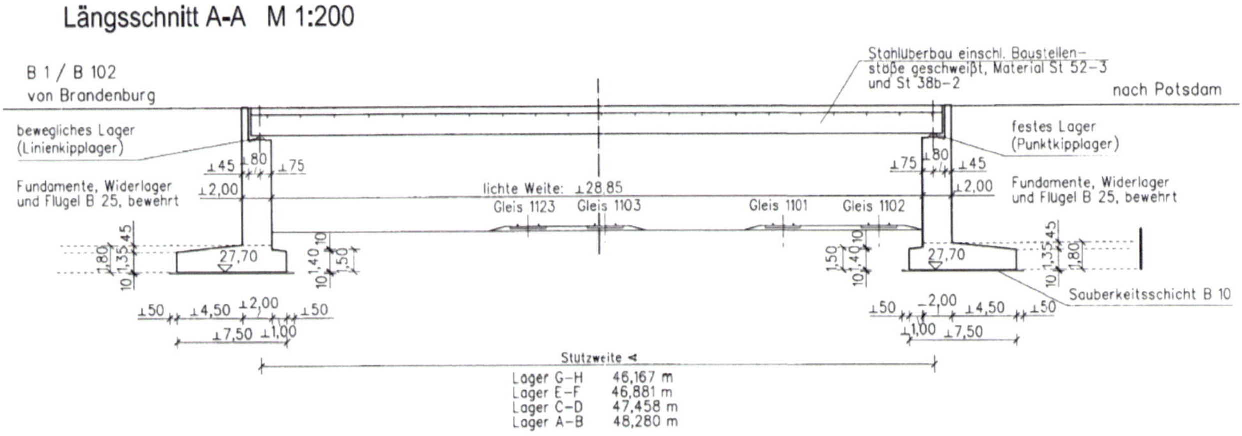

Abb. 1: Längsschnitt

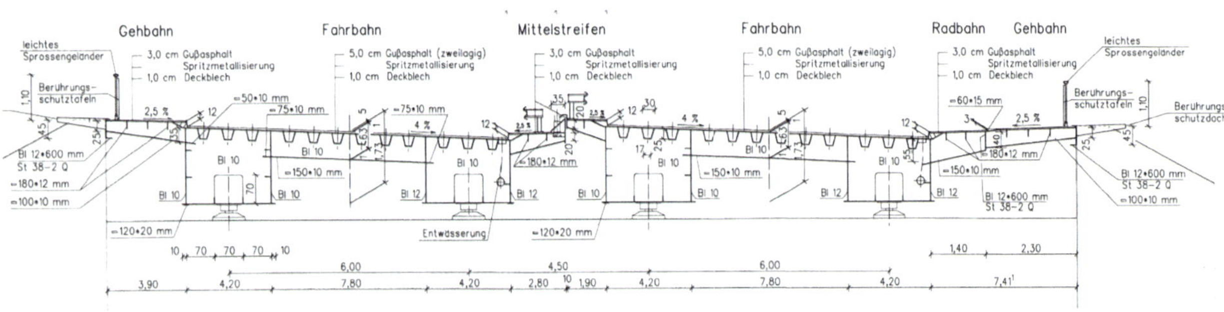

Abb. 2: Querschnitt (beide Überbauten)

Abb. 3: Ansicht Brücke BW 19.04 in Brandenburg

Beide Überbauten überführen je 2 Fahrspuren der Bundesstraße B1 am südöstlichen Stadtrand von Brandenburg a. d. Havel über Bahngleise. Das Bauwerk 19.04 ist für die verkehrstechnische Anbindung der Stadt Brandenburg in Richtung Potsdam und Berlin von höchster Bedeutung, leistungsfähige Umfahrungsmöglichkeiten bestehen nicht.

1.2 Bauwerkszustand

Nach dem Übergang der Zuständigkeit für die Baulastträgerschaft auf den Landesbetrieb Straßenwesen Brandenburg im Jahr 2017 wurde bei der Bauwerksprüfung festgestellt, dass insbesondere im äußeren Hohlkasten des TBW1 die Entwässerung defekt und der Hohlkasten bis zu einer Höhe von 10-15 cm mit Wasser gefüllt war. Infolgedessen war es zu Korrosionsschäden mit massivem Querschnittsverlust an den Hauptträgern gekommen. Vollständige Durchrostungen des Hohlkasten-Bodenblechs waren noch nicht eingetreten, von außen war der desaströse Zustand im Inneren der Hohlkästen nicht zu erkennen.

Abb. 4: Korrosionsschäden infolge defekter Innenentwässerung im Hohlkasten

Im Zuge der weiteren Prüfung wurden außerdem Schweißnahtrisse an der orthotropen Fahrbahnplatte, (Kehlnaht zwischen Fahrbahnblech und Trapezhohlsteife) und eine starke Schiefstellung der Rollenlager (ausgeprägte „Sommerstellung" im November), die auf einer Verkippung der Unterbauten hindeuten, festgestellt.

Abb. 5: Schweißnahtriss an der Trapezhohlsteife, Wasser in der Trapezhohlsteife, Lagerverkippung

Aufgrund des Ausmaßes der Schäden wurde zunächst eine vollständige Sperrung der Brücke für Schwerverkehr angeordnet. Mit einer Objektbezogenen Schadensanalyse (OSA) wurde der Umfang der Schäden genauer analysiert. Am Bodenblech und den Stegblechen wurden Stahldickenmessungen durchgeführt, es traten Abrostungsgrade von bis zu ca. 40 % auf. Unter Berücksichtigung der reduzierten Materialdicken wurde eine statische Nachrechnung des Bauwerks im geschädigten Zustand durchgeführt. Es wurde festgestellt, dass für das stark geschädigte TBW1 die Tragfähigkeit für BK30 auf einer Fahrspur über dem ungeschädigten Hohlkasten nachgewiesen werden kann. Für das weniger geschädigte TBW2 konnte die Brückenklasse 30/30 nachwiesen werden.

Dumpf klingende und teilweise ausgebeulte Trapezhohlsteifen wurden angebohrt. Dabei wurde festgestellt, dass die Steifen mit Wasser gefüllt waren. Das Eindringen des Wassers erfolgte wahrscheinlich über Ermüdungsrisse im Fahrbahnblech.

Bei den Rollenlagern zeigte es sich, dass der planmäßige Verschiebeweg der Lager nahezu aufgebraucht war und dass der Abstand zwischen Überbau und Kammerwand nur noch wenige Zentimeter betrug.

1.3 Sicherstellung der Verfügbarkeit bis zur Fertigstellung des Ersatzneubaus

Nach Feststellung des genauen Schadensausmaßes und der Bewertung der Tragfähigkeit wurde der Schwerverkehr auf der Brücke in begrenztem Ausmaß wieder frei gegeben. Die gerissenen Schweißnähte an den Trapezhohlsteifen wurden instandgesetzt. Die Funktionsfähigkeit der Entwässerung wurde wiederhergestellt, die Ansammlungen von Rost und Schmutz wurden aus den Hohlkästen entfernt.

Zur Gewährleistung der Verfügbarkeit und der sicheren Nutzung des Bauwerks bis zur Fertigstellung des Ersatzneubaus wurden folgende Maßnahmen veranlasst:

- Begrenzung auf eine Fahrspur pro Überbau
- Begrenzung auf StVZO-Verkehr – keine genehmigungspflichtigen Schwertransporte
- Durchführung einer jährlichen Sonderprüfung mit den Schwerpunkten Schweißnahtrisse und Lagerstellung
- Einrichten eines permanenten Bauwerksmonitorings als Ergänzung der Bauwerksprüfung

Insbesondere in der Ergänzung der Sonderprüfung und des Bauwerksmonitorings wurde ein großer Vorteil gesehen. Eintretende große Schäden können durch das Monitoring permanent erkannt werden. Gleichzeitig können die Ergebnisse der Messungen im Rahmen der Bauwerksprüfung vor Ort verifiziert werden. Beide Informationsquellen ergänzen sich bei der ständigen Verifizierung des Bauwerkszustands.

2. Langzeitmonitoring bis zum Beginn der Baumaßnahme

2.1 Vorüberlegungen zum Einsatz eines Monitoringsystems

Trotz der relativ umfangreichen Untersuchungen im Rahmen der OSA blieben bei der Bewertung der Tragfähigkeit des Bauwerkes Unsicherheiten. Die getroffenen Festlegungen und flankierenden Maßnahmen zur Gewährleistung der Verfügbarkeit stellten einen Kompromiss zwischen Sicherheit, Wirtschaftlichkeit und der Gewährleistung des Verkehrs dar. Eine erneute Sperrung des Bauwerks sollte auf jeden Fall verhindert werden, deshalb bestand der Wunsch, weitere Schadensentwicklungen rechtzeitig zu erkennen.

Mit der Einrichtung eines permanenten Monitoringsystems am BW19.04 sollten mehrere Ziele verfolgt werden: Das vorrangige Ziel bestand darin, das Beanspruchungsniveau der statisch bedeutsamen Bauteile permanent zu überwachen und bei Überschreitung von Grenzwerten unmittelbar Warnmeldungen zu generieren. Plötzliche gravierende Systemveränderungen sollten aus dem Signalverlauf einzelner Sensoren erkannt werden können. Neben der direkten Messung der Beanspruchungen in den rechnerisch hoch ausgelasteten Bereichen sollten auch die Einwirkungen (Verkehrslasten, Temperatur) so gut wie möglich erfasst werden. Aus der regelmäßigen Analyse der Messdaten sollten darüber hinaus langsam ablaufende Systemänderungen, z. B. infolge neu auftretender Rissschäden, festgestellt werden. Dazu sollte die Überwachung und Feststellung von prägnanten Verschiebungen in den Frequenzspektren oder in Beanspruchungskollektiven genutzt werden.

Die Anlage sollte robust und ausfallsicher konzipiert werden, Fehlmeldungen sollten weitestgehend ausgeschlossen werden. Eine unmittelbare Kopplung der Messanlage an eine Lichtsignalanlage o. ä. wurde ausdrücklich nicht vorgesehen.

Allen Beteiligten war bewusst, dass der Sicherheitsgewinn, der für den Weiterbetrieb der Brücke von der Messanlage erwartet werden kann, stark vom Schadensszenario abhängt. Die möglichen weiteren Schadensverläufe sprachen jedoch dafür die Messanlage wie o.g. zu installieren.

2.2 Konfiguration und Installation Monitoringanlage

Bei der Konzeption der Messanlage war zu beachten, dass die Zugänglichkeit des Tragwerks über den Gleisen eingeschränkt ist. Eine Installation von Sensoren war deshalb nur innerhalb der Hohlkästen und in einem Bereich vor dem Widerlager Brandenburg sinnvoll möglich. Der Zugang zu den Hohlkästen ist von der Auflagerbank Seite Brandenburg gegeben, die Durchstiegsöffnungen in den Querschotten betragen 70 × 70 cm, die Einstiegsöffnungen am Endquerträgern nur ca. 53 × 40 cm.

Für die Messung der Beanspruchungen in den Hauptträgern, Querträgern und in der Fahrbahnplatte wurden elektrische Dehnmessstreifen (DMS) verwendet.

Für die Erfassung der Verkehrseinwirkungen (Achslasten) wurden ebenfalls DMS an mehreren Trapezhohlsteifen eingesetzt.

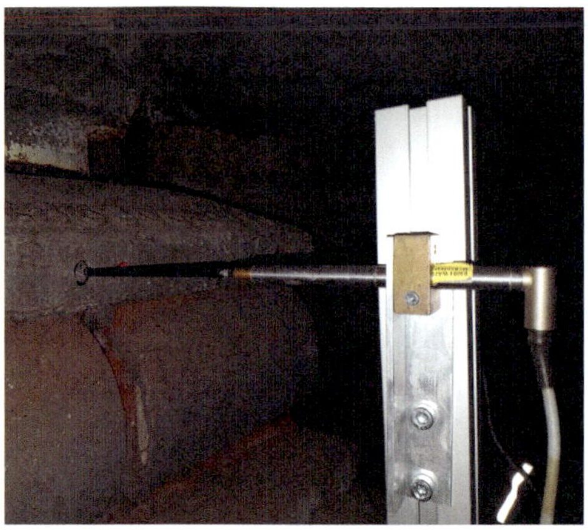

Abb. 6: Installation Dehnmessstellen an den Trapezhohlsteifen und Wegsensoren an den Lagern

Ergänzend zu den Dehnungsmessungen wurden Beschleunigungssensoren und Temperatursensoren am Tragwerk sowie Wegsensoren an den längsbeweglichen Lagern eingebaut.
Um festgestellte extremale Beanspruchungsereignisse den jeweiligen Verkehrssituationen zuordnen zu können, wurde außerdem eine Webcam eingerichtet.
In beiden Bauwerken wurden insgesamt 30 DMS, 4 Beschleunigungssensoren, 4 Wegsensoren und 11 Temperatursensoren installiert.

Der Messschrank wurde im Inneren eines Hohlkastens installiert. Zur Reduzierung elektromagnetischer Störungen aus den Oberleitungen der DB wurde 6-Leiter-Technik eingesetzt. Die Abtastung der Sensoren erfolgt je nach Frequenzgehalt der Signale bzw. Einflusslänge der Bauteile mit 20 bis 200 Hz. Die Daten werden auf einem Mess-PC vor Ort in Dateien von jeweils 1 h aufgezeichnet und per Mobilfunk auf einen externen Server übertragen.

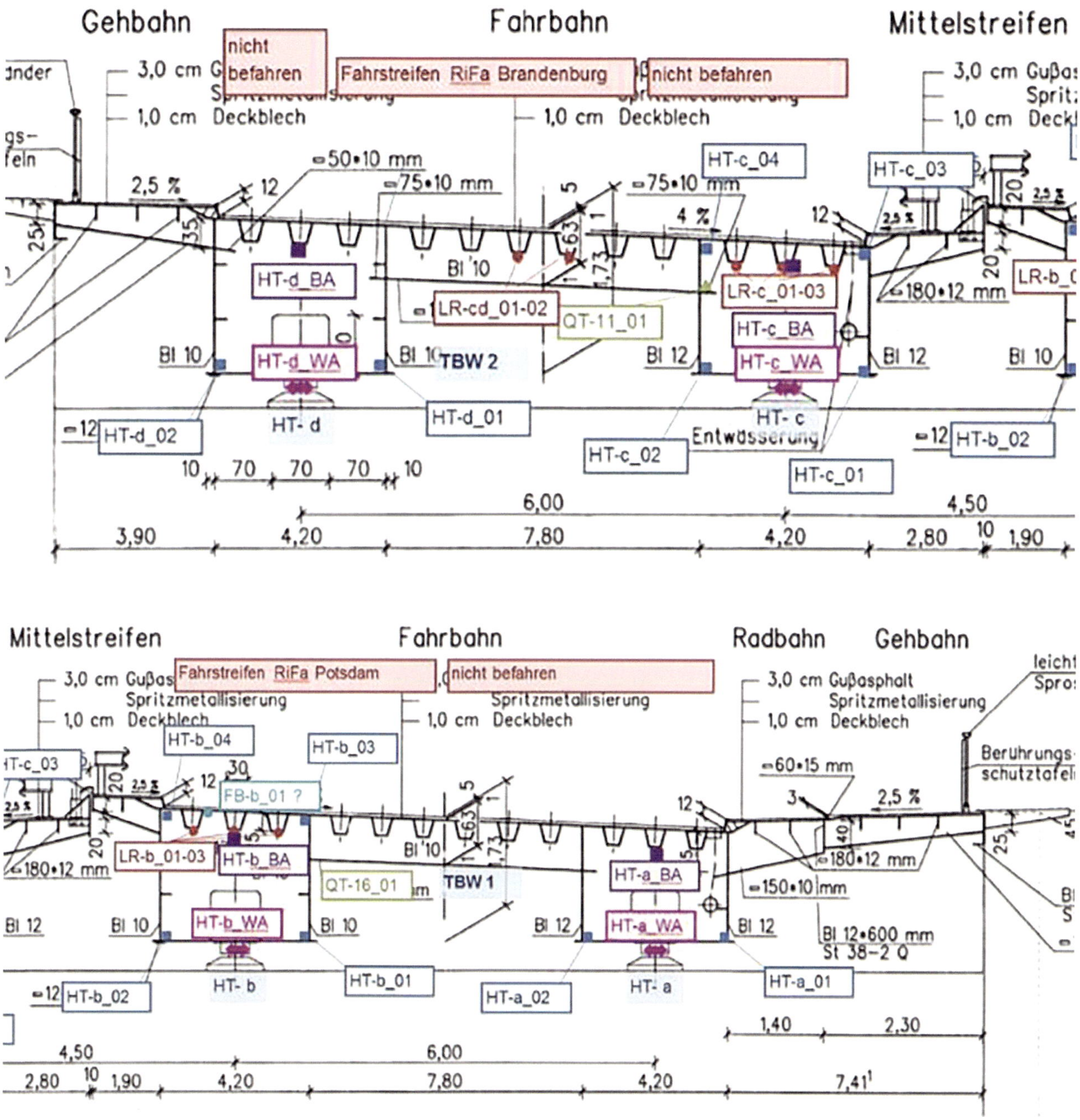

Abb. 7: Konfiguration Monitoringanlage am BW19.04 (oben: TBW2, unten: TBW1)

Die Installation erfolgte Ende 2018, seitdem läuft das Bauwerksmonitoring am BW19.04 kontinuierlich.

2.3 Ergebnisse und Erkenntnisse aus dem Betrieb der Monitoringanlage

Die maximalen Gesamtmassen der LKW (Sattelschlepper) betragen ca. 40 t. Die unter normalem Verkehr erfassten Beanspruchungen in den Hauptträgern liegen dennoch deutlich unterhalb der mit dem Lastmodell BK30 berechneten Beanspruchungen, obwohl die Straße stark frequentiert und der SV-Anteil vergleichsweise hoch ist. Der Grund für den Sicherheitsabstand zwischen Messung und Berechnung liegt in den Restflächenlasten, die aufgrund der Breite der Bauwerke rechnerisch einen relativ hohen Anteil liefern, aber in der Realität weitgehend lastfrei sind.

Trotz der Sperrung des Bauwerks für genehmigungspflichtigen Schwerverkehr traten zu Beginn des Monitorings einige Überfahrten von Kranfahrzeugen bis 6 Achsen und anderen Sondertransporten statt. Im Mai 2019 wurde eine Überfahrt eines Sondertransports mit 11 Achsen und einer Gesamtmasse von ca. 100 t über das stark geschädigte TBW1 festgestellt, die Beanspruchungen lagen etwa bei 150 % der zuvor anhand von Wochenmaximalwerten definierten Grenzwerten mehrerer Aufnehmer (DMS in Hauptträger-Mitte, Wegaufnehmer). Die Signalisierung erfolgte durch E-Mail, am folgenden Arbeitstag konnte das Ereignis analysiert werden.

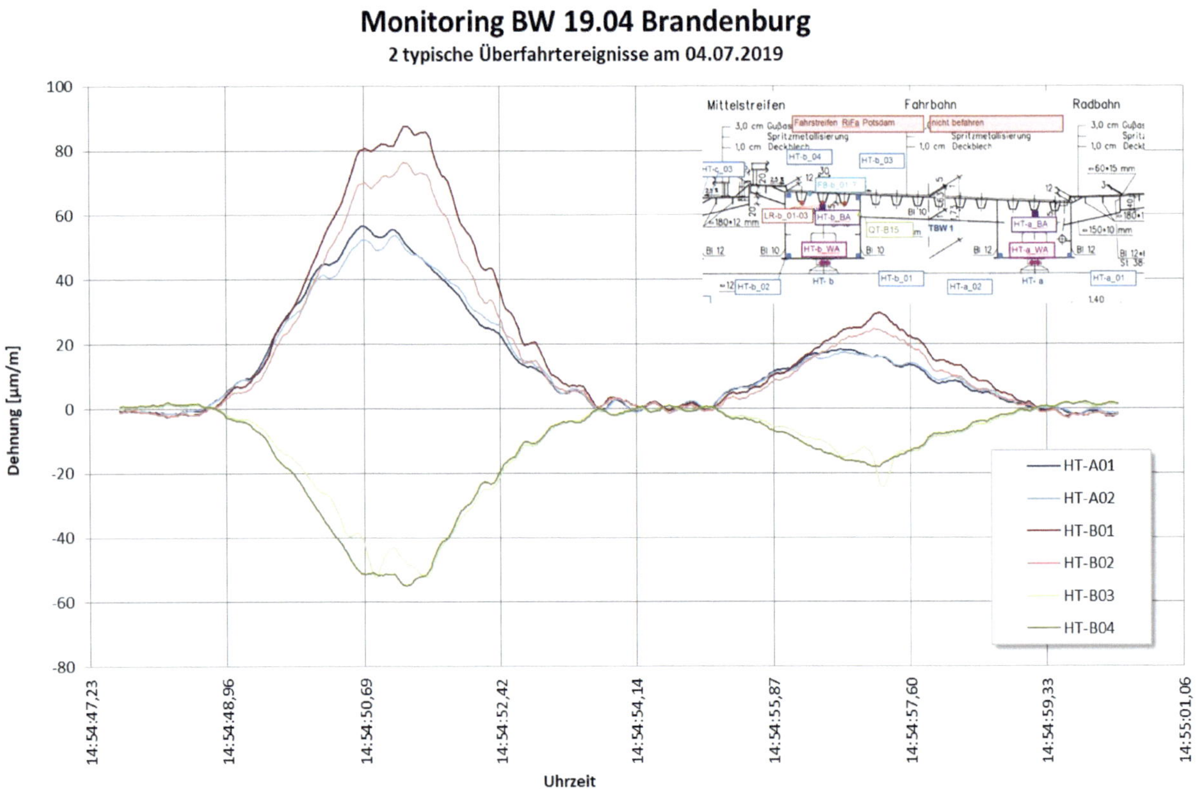

Abb. 8: Typischer Signalverlauf der Dehnungen an den Messpunkten der Hohlkästen TBW1

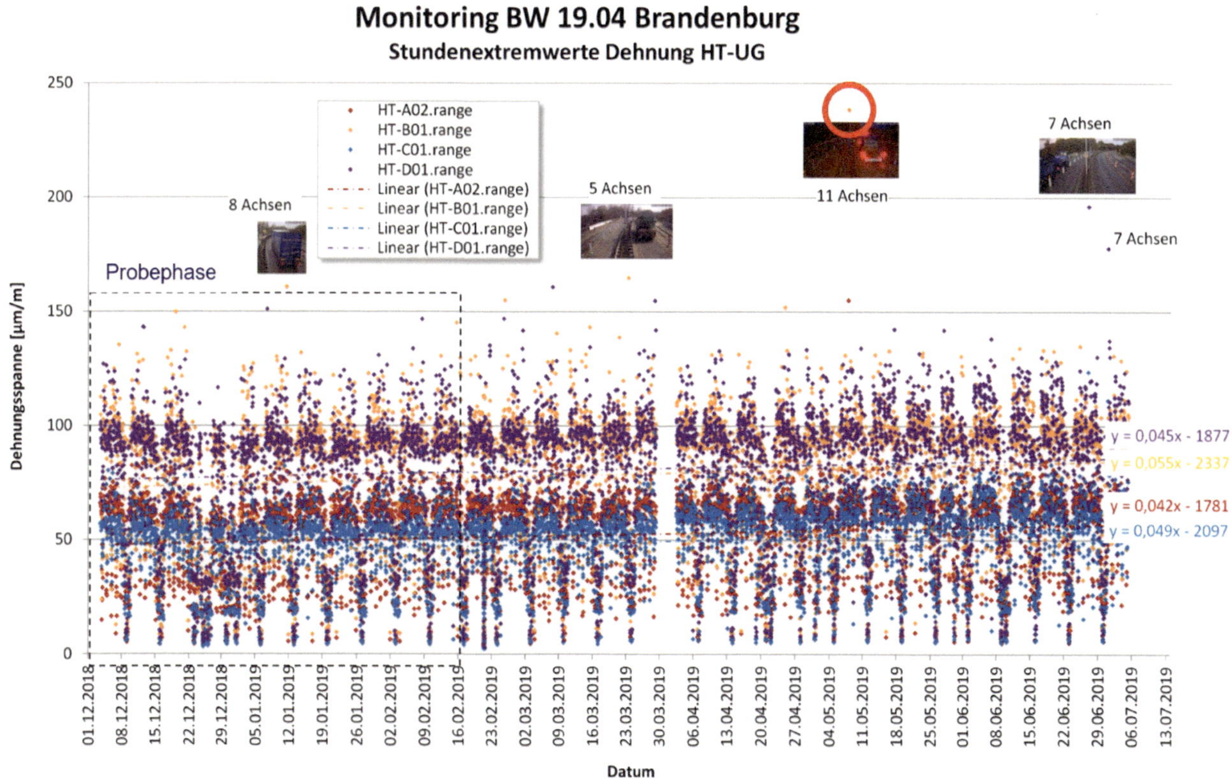

Abb. 9: Stundenextremwerte der Dehnungsspannen im Zeitraum 12.2018 bis 06.2019

Abb. 10: Sondertransport mit 11 Achsen und Gesamtgewicht von ca. 100 t auf BW 19.04, TBW1

Selbst unter dem Schwertransport mit ca. 100 t Gesamtmasse lag die maximale Beanspruchung nur relativ geringfügig über der aus BK30. Alle Signale kehrten nach der Überfahrt auf ihr ursprüngliches Niveau zurück, so dass davon ausgegangen werden konnte, dass keine bleibenden Verformungen am Tragwerk stattfanden.

Aufgrund der genannten singulären Ereignisse wurden durch den LS die Prozesse im Bereich GST-Genehmigung evaluiert. Es ist zu vermuten, dass die Transporte auf Grundlage von älteren Dauergenehmigungen durchgeführt wurden. Ein nachträglicher Widerruf dieser Genehmigungen war nicht möglich. Aus diesem Grund wurden zusätzliche verkehrliche Beschilderung am Bauwerk angeordnet. Dies war offenbar wirksam, denn seitdem wurden kaum noch Überfahrten von schweren Sondertransporten festgestellt.

Aus der Analyse der Signale der Wegtaster an den Lagern ließ sich ableiten, dass es selbst bei maximalen sommerlichen Temperaturen zu keiner nennenswerten Einschränkung der Lagerbewegungen kommt, alle gemessenen Verschiebungen liegen bezogen auf die mittlere Bauwerkstemperatur auf einer Geraden.

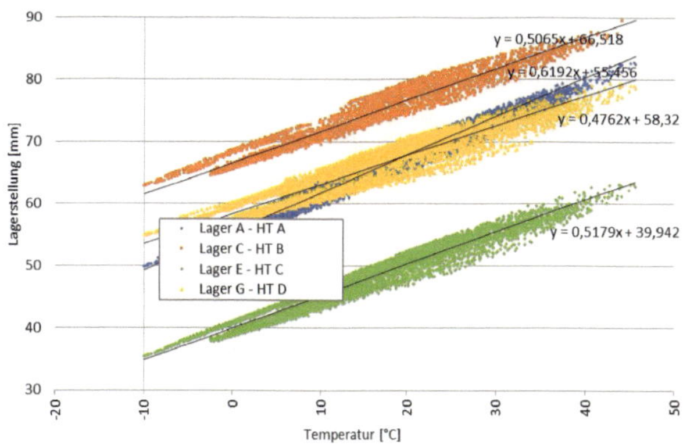

Abb. 11: Lagerstellungen in Abhängigkeit der mittleren Bauwerkstemperatur

Die Lagerbewegungen im Jahresgang (–10 °C bis +45 °C) liegen bei ca. 32 mm. An sonnigen Tagen in der warmen Jahreszeit können innerhalb eines Tages Änderungen der mittleren Bauwerkstemperatur von ca. 25 K mit Lagerbewegungen von ca. 15 mm auftreten. Die maximalen Lagerbewegungen infolge Verkehrs liegen bei ca. 5 mm. Ein im Zuge der jährlich durchgeführten Sonderprüfungen festgestellte zusätzlicher Ermüdungsriss an einer Schweißnaht der orthotropen Fahrbahnplatte konnte durch das Bauwerksmonitoring nicht erkannt werden. Die Ausprägung dieses Schadens und damit der Einfluss auf das Tragverhalten war zu gering bzw. der Abstand

der Schadensstellen von den nächstgelegenen Sensoren offenbar zu groß.
Die hohe Sensitivität der Messanlage und das Potential des Bauwerksmonitorings zum Feststellen von Systemveränderungen lässt sich jedoch z. B. daran erkennen, dass eine geringfügige Verschiebung der Fahrspur von wenigen Zentimetern auf TBW2 nach Markierungsarbeiten aus den Signalveränderungen sehr klar erkannt und anhand der Kamerabilder der Ursache zugeordnet werden konnten. Daraus lässt sich ableiten, dass die Feststellung von Änderungen von Indikatoren immer auch eine Bewertung erfordert, um Fehlinterpretationen zu vermeiden.
Der Vergleich der Eigenfrequenzen der beiden Teilbauwerke zeigte relativ deutliche Unterschiede, allerdings ohne über temperaturbedingte Schwankungen (Versteifung des Asphalts im Winter) hinausgehende Veränderungen im Messzeitraum. Folgende Eigenfrequenzen wurden durch die Messung festgestellt:
TBW1: 2,4 Hz (Biegung) – 3,6 Hz (Torsion)
TBW2: 2,6 Hz (Biegung) – 3,9 Hz (Torsion)

Aufgrund der konstruktiven Unterschiede zwischen beiden Teilbauwerken war ein unmittelbarer Vergleich der Eigenfrequenzen nicht sinnvoll. Eine dynamische Berechnung beider Teilbauwerke zeigte, dass die deutlich geringere Biegeeigenfrequenz von TBW1 nur mit einer Reduzierung der Dicke des Bodenblechs erklärt werden kann. Ein früheres Monitoring der Bauwerkseigenfrequenzen hätte also – zumindest theoretisch und bei richtiger Interpretation – die Schädigung des TBW1 anzeigen können.

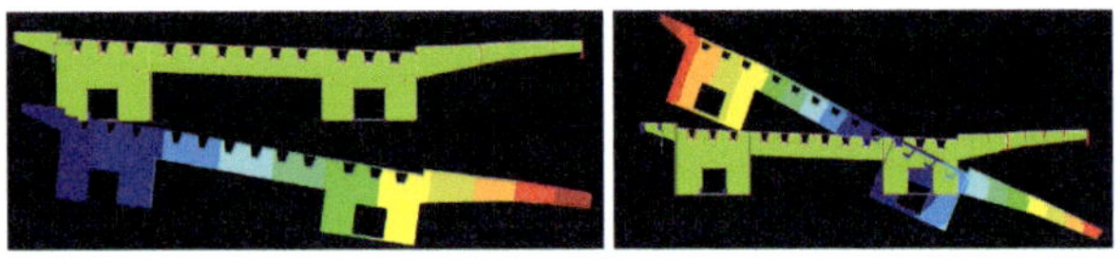

Abb. 12: Eigenformen TBW1 (links Biegung, rechts Torsion)

3. Monitoring in der Phase des Ersatzneubaus

3.1 Ziele des Monitorings

Der Ersatzneubau des BW 19.04 wird unter laufendem Straßen- und Bahnverkehr durchgeführt, es sind nur wenige Sperrpausen vorgesehen. Eine Verlegung der Straßenachse war aufgrund der unmittelbaren Nachbarschaft der Brücke an ein FFH-Gebiet nicht möglich. Lediglich in Längsrichtung wird der Neubau etwas in Richtung Potsdam verschoben, um den Abstand des südlichen Widerlagers zu den Gleisen etwas zu vergrößern. Auch die Anordnung eines danebenliegenden Behelfsbauwerks war aufgrund der o.g. Randbedingungen nicht möglich. Aus diesem Grund kam nur die komplette Verkehrsführung auf dem TBW 2 in Frage. Bis zum Abschluss der Erneuerung des TBW 1 muss das TBW 2 den Verkehr alleinig tragen. Die Möglichkeit den Verkehr für Reparaturmaßnahmen auf das TBW 1 umzulegen, gibt es in dieser Zeit nicht.

Der Ersatzneubau erfordert umfangreiche Verbaumaßnahmen, die mit Hilfe von Bohrpfählen (Längsverbau), Trägerbohlwänden (Schutzwand zu den Gleisen für den Rückbau des südlichen Widerlagers) und Spundwänden (Baugrubenverbau) realisiert werden. Es wurde davon ausgegangen, dass sich weitere Setzungen bzw. Verkippungen des Widerlagers auf Seite des TBW2 infolge der Baumaßnahmen nicht vollständig verhindern lassen.
Bei weiteren Verschiebungen der Widerlagerwände könnte bei hohen sommerlichen Temperaturen der Fall eintreten, dass die Dilation des Überbaues nicht mehr gewährleistet ist, es zum Kontakt zwischen Hauptträgern und Kammerwand, undefinierten Beanspruchungen der Überbauten, Schäden an der Fahrbahnübergangskonstruktion und ggf. an den längsfesten Lagern kommt. Um rechtzeitig vor Erreichen dieses Zustandes Maßnahmen treffen zu können, wurde eine Fortführung des laufenden Bauwerksmonitorings an TBW2 in der Phase des Rückbaues und Ersatzneubaus von TBW1 vorgesehen. Ein weiterer Aspekt war die erwartete Erhöhung der Verkehrsbeanspruchung von TBW2 aus dem 2-spurigen Verkehr und der wahrscheinlichen Staubildung auf dem Bauwerk infolge der Umleitungen aus der Baustelle.
Auf Basis des Bauablaufplans wurden Bauphasen mit hohem Risiko für das Eintreten von Bauwerksverformungen definiert, in denen eine intensivere Überwachung der Messdaten erfolgt. Als Grenzwert für zulässige gegenseitige Verschiebung der Widerlager bzw. die Verringerung der Dilatation wurde ein Wert von 10 mm festgelegt. Bei darüberhinausgehenden Bewegungen war zu erwarten, dass es bei maximalen sommerlichen Temperaturen zu einem vollständigen Schließen der Fuge in der Fahrbahnübergangskonstruktion und zu Kontakt im Bereich eines Randträgers kommen würde.
Aufgrund der bisher sehr guten Erfahrungen mit der Messanlage bestehen ein hohes Vertrauen in die Zuverlässigkeit und sowie ein hohes Bewusstsein für den Mehrwert der zusätzlichen Informationen. Da die Betrachtung der Bauzustände und der Bautechnologie gezeigt hat, dass ein risikofreies Bauen aufgrund der örtlichen Randbedingungen nicht möglich ist, sind die zusätzlichen und permanent gemessenen Informationen zwingend erforderlich. Durch die angepasste Monitoringanlage und die erforderlichen Sonderprüfungen kann auch bei diesen Risiken das hohe Sicherheitsniveau gewährleistet werden.

3.2 Anpassung der Monitoringanlage

Um den neuen Anforderungen an das Bauwerksmonitoring in der Bauphase Rechnung zu tragen, wurden folgende Anpassungen vorgenommen:

- Ergänzung von Dehnmesstreifen am bisher nicht direkt befahrenen Hohlkasten zur besseren Erfassung der Verkehrseinwirkungen
- Installation von Laserdistanzsensoren auf Widerlager Seite Brandenburg, Reflektoren auf Widerlager Seite Potsdam

- Installation von Neigungssensoren an beiden Widerlagerwänden
- Installation einer zusätzlichen Kamera unter TBW2 zur Beobachtung des Baufortschritts

Die Sensoren wurden im Herbst 2023 eingebaut. Trotz Schutzmaßnahmen wurde infolge der Bautätigkeit ein Sensor beschädigt und die Spannungsversorgung mehrfach kurzzeitig unterbrochen. Die Ausfälle konnten jedoch jeweils kurzfristig behoben und das Monitoring fortgesetzt werden. Bewegungen der Widerlager sind auch in den Signalen der Wegsensoren enthalten, die bereits seit Ende 2018 installiert sind. Allerdings sind diese durch die starken Temperaturdehnungen des Überbaues überlagert, so dass die Einrichtung zusätzlicher Messverfahren sinnvoll erschien. Da die zusätzlichen Sensoren in die bestehende Messanlage integriert werden konnten, war der erforderliche Installationsaufwand relativ gering.

3.3 Ergebnisse des Monitorings in der Bauphase

Im November 2023 wurde der Verkehr in Richtung Potsdam von TBW1 auf TBW2 verschwenkt. Die Verbauarbeiten starteten im Februar 2024 mit dem Einbau des Längsverbaues (Bohrpfahlwände) auf der Seite Brandenburg. Die Bohrpfahlwand wurde bis zur Vorderkante der Widerlagerwand geführt. Zwischen den Widerlagern von TBW1 und TBW2 befindet sich zwar eine Trennfuge, aufgrund der Schiefe der Brücke musste jedoch auf Seite Brandenburg ein Teil des luftseitigen und auf Seite Potsdam ein Teil des erdseitigen Sporns des Widerlagers TBW2 durchbohrt und damit abgetrennt werden.

Abb. 13: Einbau von Bohrpfählen als Längsverbau mit Durchtrennung der Widerlagerwand

In den Signalverläufen v. a. der Laserdistanzsensoren war nach Beendigung der Bohrarbeiten relativ klar eine Verringerung des Abstandes der Widerlagerwände (in Höhe der Auflagerbänke) von ca. 2,5 mm zu erkennen. Zu diesem Zeitpunkt war aufgrund des relativ kurzen Zeithorizonts der Messdaten die Trennung von temperaturbedingten Widerlagerbewegungen noch relativ ungenau. Die nächste als kritisch eingestufte Maßnahme war das Ausheben des Überbaues TBW1 bzw. das Aufstellen der dafür eingesetzten Mobilkrane auf beiden Seiten der Brücke.

Abb. 14: Ausheben des inneren Hohlkastens „B“ von TBW1 am 09.03.2024

Auch danach konnte eine weitere leichte Zunahme der Widerlagerverschiebungen festgestellt werden. Weitere Baumaßnahmen mit Einfluss auf die Gründung von TBW2 war das Einbringen von Verbauträgern zwischen den Gleisen und Widerlager Seite Potsdam. Eine klare Zuordnung der Widerlagerverschiebung zu den einzelnen Maßnahmen war nicht in jedem Fall erkennbar, aber der mit dem Beginn der Verbauarbeiten einsetzenden Trend war eindeutig und setzte sich fort. Offenbar traten die Widerlagerbewegungen infolge der Baumaßnahmen nicht immer sofort, sonders eher etwas zeitverzögert auf.

Abb. 15: Relative Verschiebungen der Widerlagerwände TBW2 infolge Baumaßnahmen am TBW1

Anfang Mai 2024 hatten sich die Widerlagerbewegungen auf ca. 10 mm akkumuliert. Zu diesem Zeitpunkt herrschten relativ hohe Temperaturen, so dass die maximalen Lagerbewegungen der vergangenen Jahre bereits überschritten wurden. Bei anlassbezogenen Bauwerksprüfung wurde festgestellt, dass es zum Kontakt zwischen Randträger des Überbaues und Flügelwand, Rissbildungen an Flügel- und Kammerwand sowie zum Schließen der Dilatation und Verformungen des Geländers gekommen war. Es wurde beschlossen, im Rahmen einer nächtlichen Sperrpause eine Seite der Fahrbahnübergangskonstruktion abzutrennen, den Randträger und das Geländer zu kürzen. So konnte eine zusätzliche Bewegungskapazität von ca. 15-20 mm erschlossen werden.

Um die festgestellten Verschiebungen der Widerlagerwände in einen längeren zeitlichen Kontext zu stellen, wurde die seit Ende 2018 gemessenen Lagerbewegungen noch einmal gezielt ausgewertet, indem die Überbaubewegungen so gut wie möglich gefiltert wurden.

Im Ergebnis zeigte sich während der Baumaßnahme ein ähnlicher Verlauf wie bei den Laserdistanzmessungen mit einer Zunahme von aktuell ca. 13-15 mm. Der sehr langsam ablaufende Trend in den Jahren 2019-2024 mit einer Zunahme der Verschiebung von insgesamt ca. 1 mm pro Jahr entspricht, einen gleichmäßigen Verlauf seit dem Baujahr 1971 vorausgesetzt, relativ gut den Lagerfehlstellungen von ca. 50-60 mm.

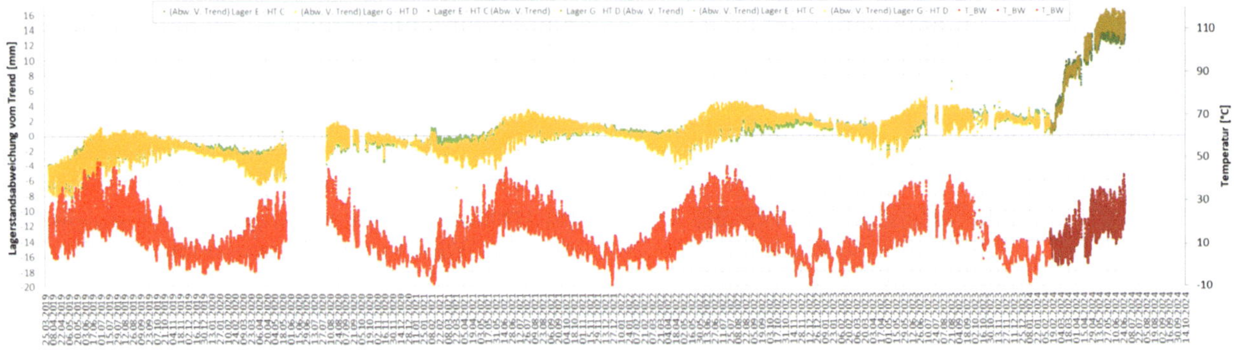

Abb. 16: Um die Überbaubewegungen bereinigte Verschiebungen der Lager im Langzeittrend

Bei der bisher letzten erfolgten Maßnahme, dem Einbau von Trägern einer Schutzwand für den Abbruch von Widerlager Seite Potsdam durch Rütteln / Vibrieren konnte eine stufenweise Zunahme der Widerlagerverformung (insgesamt ca. 1,5 bis 2,0 mm) beobachtet und die einzelnen Stufen von ca. 0,1 mm genau dem Einbau der einzelnen Träger zugeordnet werden. Die Zeitpunkte des Einsatzes des Rüttlers zum Einbau der Träger, das jeweils ca. 120 Sekunden andauerte, konnten im Frequenzspektrum am Auftauchen eines scharf abgegrenzten Peaks bei 39 Hz identifiziert werden.

2019 unter einspurigem Verkehr mit ca. 190 µm/m liegt. Von 6 zuletzt gemessenen maximalen Ereignisse mit jeweils 150-160 µm/m resultierten 5 aus der Begegnung von 2. Fahrzeugen, das Ereignis mit der höchsten Amplitude aber aus der Überfahrt eines Einzelfahrzeugs (7 Achsen, ca. 65 t).
Dies deckt sich durchaus mit Ergebnissen von Monitorings an anderen Straßenbrücken selbst mit größerer Stützweite – oft resultieren die Monats- und Jahresextremwerte aus schweren Einzelfahrzeugen.

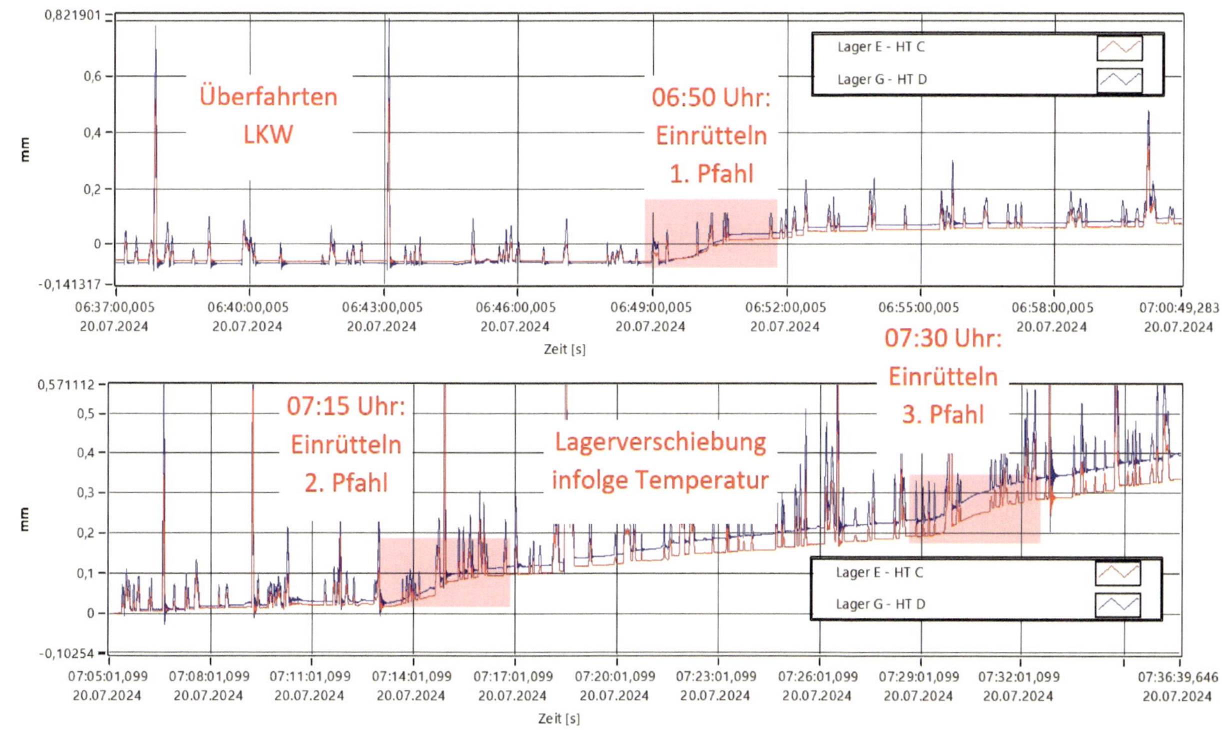

Abb. 17: Relative Verschiebungen der Widerlagerwände TBW2 infolge Baumaßnahmen am TBW1

Das Monitoring wird noch bis zum Rückbau des TBW2 im Sommer 2025 fortgesetzt. Mit dem Rückgang der Temperaturen wird sich die Situation bzgl. der Funktionsfähigkeit der Lager entspannen, so dass voraussichtlich keine weiteren Maßnahmen erforderlich werden.
Das Monitoring der Verkehrsbelastung auf TBW2 unter 2-spurigem Verkehr führte ebenfalls zu aufschlussreichen Ergebnissen. Im Zeitraum seit der Verschwenkung des Verkehrs auf TBW2 wurde im Messpunkt am Untergurt des äußeren Hohlkastens bereits mehrfach eine maximale Dehnung von 150-160 µm/m infolge Verkehrs gemessen, was noch deutlich unter dem Spitzenwert aus

Abb. 18: Verkehrsereignisse mit maximalen Beanspruchungen der Hauptträger

4. Fazit

Mit dem über mehrere Jahre laufenden Bauwerksmonitoring am BW 19.04 konnten – zusätzlich zur permanenten Überwachung der Beanspruchungen – sehr detaillierte Informationen über die Tragwerksreaktionen unter Verkehrs- und Temperaturbeanspruchungen sowie über die Verkehrseinwirkungen gewonnen werden.

Mit der Fortführung des Monitorings in der Phase des Ersatzneubaus bekam die Überwachungsfunktion der Monitoringanlage noch einmal eine deutlich größere Bedeutung. Auf Basis der aus dem Monitoring gewonnen Informationen über den Einfluss der Bautätigkeiten auf die Verschiebungen der Widerlager konnten die erforderlichen Maßnahmen zur Sicherstellung der Funktionsfähigkeit der Lager rechtzeitig getroffen und umgesetzt werden.

Anhand des Beispiels zeigt sich sehr gut, wie die Bauwerksprüfung durch Informationen aus einer Dauermessanlage ergänzt werden kann. Hierdurch wird ein deutlich höheres Zuverlässigkeitsniveau an geschädigten Bauwerken erreicht.

Literatur

[1] Richtlinie zur Nachrechnung von Straßenbrücken im Bestand, BASt, 2015.

[2] DBV-Merkblatt „Brückenmonitoring“ – Planung, Ausschreibung und Umsetzung, Deutscher Beton- und Bautechnik-Verein E.V., Berlin, 2018.

[3] Geißler, K., Steffens, N., Stein, R.: Grundlagen der sicherheitsäquivalenten Bewertung von Brücken mit Bauwerksmonitoring. In: Stahlbau 88, Heft 4, Seiten 338–353.

Brückensysteme mit geringer Verkehrsbeeinträchtigung

Bauwerksentwürfe, die Maßstäbe bei der Dauer des Verkehrseingriffs setzen können

Dipl.-Ing. Hans-Peter Doser
Doser Kempen Krause Ingenieure GmbH, Aachen

Zusammenfassung
Die hohe Anzahl an zu ersetzenden Brückenbauwerken im deutschen Straßennetz erfordern innovative und nachhaltige Lösungen für die Bauwerksentwürfe. Das BMDV hat aktuell zwei Bauwerksentwürfe genehmigt, die Maßstäbe in schnellem Bauen setzen können. Der erste Entwurf behandelt ein Bauwerk im Zuge der A1, bei dem die Autobahn eine Gemeindestraße mit einer lichten Weite von 8 m überführt. Das Bauwerk ist repräsentativ für eine Vielzahl „kleinerer" Rahmentragwerke, deren Ersatzneubau üblicherweise ca. 2 Jahre in Anspruch nimmt. Im vorliegenden Fall wird eine Bauweise gewählt, die mit einem hohen Vorfertigungsgrad Fertigteile einsetzt, die vor Ort durch ausreichend Vergussbereiche verbunden werden. Damit entsteht ein robustes Bauwerk, das alle Anforderungen an die aktuellen Regelwerke erfüllt. Die gesamte Eingriffszeit in den Verkehr kann dadurch auf rund 9 Monate reduziert werden. Ein weiterer Entwurf, bei dem der Eingriff in den fließenden Verkehr durch die Baustellentätigkeit minimiert wird, befasst sich mit dem Neubau eines Überführungsbauwerkes über eine 6-streifige Autobahn ohne Mittelstütze. Hierbei wurde erstmals die Bauweise mit Spannbeton-Fertigteilen mit Transportlängen von 45 m aus hochfestem Beton (C80/95) als Rahmentragwerk genehmigt. Damit entfällt der Verkehrseingriff in die unterführte Straße für die Herstellung der Mittelstütze. Nach der Herstellung der Widerlager können die Überbaufertigteile außerhalb des Lichtraumprofils der unterführten Straße aufgelegt werden. In Verbindung mit der Rahmentragwirkung kann zudem ein schlanker Querschnitt verwirklicht werden, der zudem eine ansprechende Formgebung erhält.

1. Einleitung

Vor dem Hintergrund der großen Anzahl an Infrastrukturobjekten mit akutem Handlungsbedarf trägt der schnelle Ersatzneubau von Brücken direkt zur Verbesserung des Verkehrsflusses, zur Förderung der wirtschaftlichen Entwicklung, zur Kosteneffizienz, zur Erhöhung der Sicherheit sowie zur Minimierung von sozialen und ökologischen Belastungen bei. Daher ist es eine gemeinsame Aufgabe von Bauherrn, Ingenieurbüros sowie den ausführenden Firmen Ersatzneubauten mit möglichst geringem Einfluss auf den fließenden Verkehr zu planen und umsetzen.

1.1 Vorteile des schnellen Bauens auf einen Blick

Wenn Bauprojekte zügig abgeschlossen werden, minimiert dies Verkehrsunterbrechungen und führt zu einer effizienteren Nutzung unserer Straßen.
Schnell gebaute Brücken gewährleisten die Erreichbarkeit von infrastrukturell relevanten Gebieten und fördern die wirtschaftliche Entwicklung von Regionen, indem der Zugang zu Märkten und Arbeitsplätzen für Pendler, Güterverkehr und auch Notdienste gewährleistet wird.
Schnellere Bauzeiten tragen zur Reduzierung der Gesamtkosten von Brückenbauprojekten bei. Einsatzzeiten von Arbeitskräften und Vorhaltung von Baustelleneinrichtung werden verkürzt und das Risiko von Kostensteigerungen durch Inflation, Materialpreisänderungen und andere unvorhergesehene Faktoren verringert sich.
Durch kürzere Bauzeiten wird die Dauer von potenziell gefährlichen Verkehrssituationen für Bauarbeiter und Verkehrsteilnehmer minimiert und somit Unfallrisiken reduziert. Der schnelle Ersatz von beschädigten oder veralteten Brücken trägt zur Beseitigung von Gefahrenstellen bei und vermindert die Gefahr von strukturellem Versagen.
Letztlich können schnelle Bauverfahren dazu beitragen, schädliche Umweltauswirkungen sowie die Beeinträchtigung von Anwohnern in Baustellennähe möglichst gering zu halten.

1.2 Moderne Brückenbaumethoden

Ein zentraler Bestandteil moderner Brückenbaumethoden ist eine modulare Bauweise mit Bauelementen, die unter kontrollierten Bedingungen in Fertigteilwerken hergestellt und „just in time" an der Baustelle angeliefert und schnell und präzise montiert werden.
Die für Planung und Koordination der Bauprozesse zum Einsatz kommenden innovative Technologien, wie die 3D-Modellierung, ermöglichen eine präzise Visualisierung und Planung der Bauprojekte, wodurch potenzielle Probleme frühzeitig erkannt und behoben werden können. Digitale Projektmanagement-Tools verbessern die Koordination und Überwachung des Baufortschritts, sorgen für eine effiziente Ressourcennutzung und helfen dabei, die Projektziele termingerecht zu erreichen.

Durch diese modernen Bauverfahren können Brückenbauprojekte nicht nur schneller und effizienter realisiert werden, sondern auch mit höherer Präzision und Qualität abgeschlossen werden.

2. Gemeindestraße über die Autobahn

2.1 Ausgangssituation

Brückenbauwerke, die Verkehrswege über eine 6-streifige Autobahn führen, müssen bei begrenztem Lichtraumprofil in der Regel mit Pfeilern im Mittelstreifen der Autobahn ausgeführt werden. Für dessen Herstellung ist die Einrichtung einer Inselbaustelle erforderlich, mit entsprechend negativen Auswirkungen auf den fließenden Autobahnverkehr. Frei spannende Systeme ohne Mittelpfeiler sind dagegen häufig deutlich teurer, da entsprechend aufwändige Bogensysteme hergestellt werden müssen, mit mehr oder weniger großem Einfluss auf den Verkehrsfluss. Stahl-Verbund-Systeme sind als Rahmentragwerke in der Lage, schlanke Überbauten ohne Mittelpfeiler zu realisieren. Durch die Vorfertigung und Verwendung von Beton-Teilfertigteilen lässt sich der Eingriff auf den fließenden Verkehr mit dieser Bauweise minimieren. Jedoch werden Stahlbauteile in Brücken nach ZTV-Ing in der Regel durch Beschichtungssysteme vor Korrosion geschützt, die über die Lebensdauer zu erneuern sind. Diese Instandsetzungsaufwände erzeugen zusätzliche Kosten mit entsprechendem Eingriff in den fließenden Verkehr. Eine Alternative stellt die Verwendung von Spannbeton-Fertigteilträgern aus hochfestem Beton dar.
Im vorliegenden Fall muss eine Bestandsbrücke ersetzt werden, die eine Gemeindestraße über eine 6-streifige Autobahn überführt. Das Bestandsbauwerk weist folgende Randbedingungen auf:

- 4-Feldbrücke mit einer Gesamtlänge von 64,22 m (11,74 – 20,37 – 20,37 – 11,74 m)
- Konstruktionshöhe: 80 cm (Schlankheit ~25)
- Breite zw den Geländern: 8,50 m
- Flachgründung
- Trassierung der Gemeindestraße mit konstantem Längsgefälle und R = ∞ in der Draufsicht
- Kreuzungswinkel: 79,1 gon

Abb. 1: Bestandsbauwerk

Für den Ersatzneubau sind die folgenden Randbedingungen einzuhalten:

- Lichte Weite zwischen den Widerlagern: ≥ 51 m (in BW-Achse: 53,9 m). Die Dammkronen der Gemeindestraße haben einen Abstand von ca. 71 m.
- Lichte Höhe ≥ 5,0 m
- Entfall des Pfeilers im Mittelstreifen
- Breite zwischen den Geländern: 9,50 m
- Baugrund: Flachgründung auf Fels möglich
- Lichtraumprofil der Autobahn für Baustellenverkehr freihalten
- Sperrung der überführten Gemeindestraße während der gesamten Bauzeit
- Bauzeit möglichst minimieren

2.2 Vorplanung – Variantenuntersuchung

Für die vorgenannten Randbedingungen sind verschiedene diverse Ausführungsvarianten denkbar, die sich am Gestaltungshandbuch des Bauherrn zum Autobahnabschnitt orientieren sollen. Die Variantenuntersuchung beschränkte sich dabei auf folgende Systeme:

1 – Stahlverbundbrücke als Rahmentragwerk

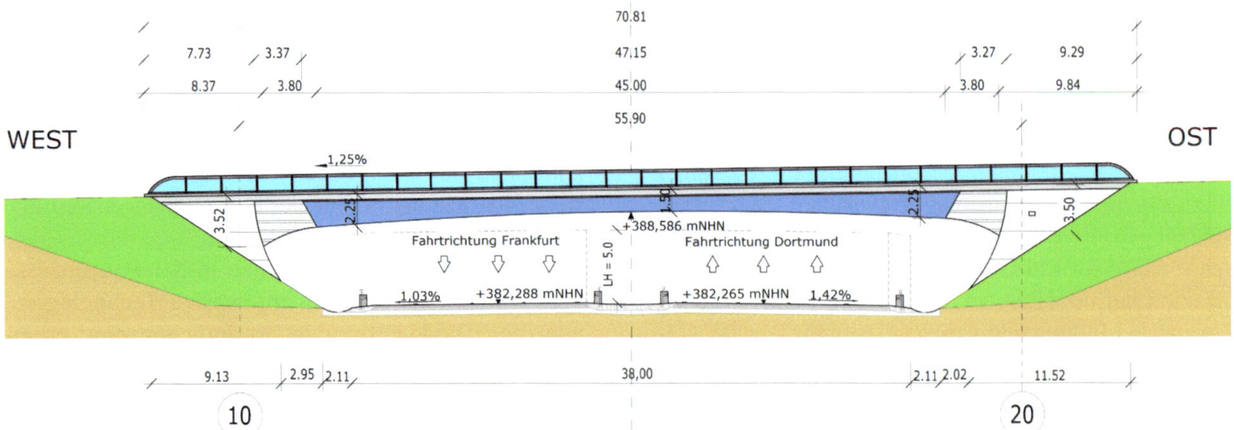

Als Überbauquerschnitt wurden ein Hohlkasten sowie mehrstegige Plattenbalken mit offenen und geschlossenen Profilen untersucht.

2 – Spannbetonbrücke als Rahmentragwerk in Ortbeton

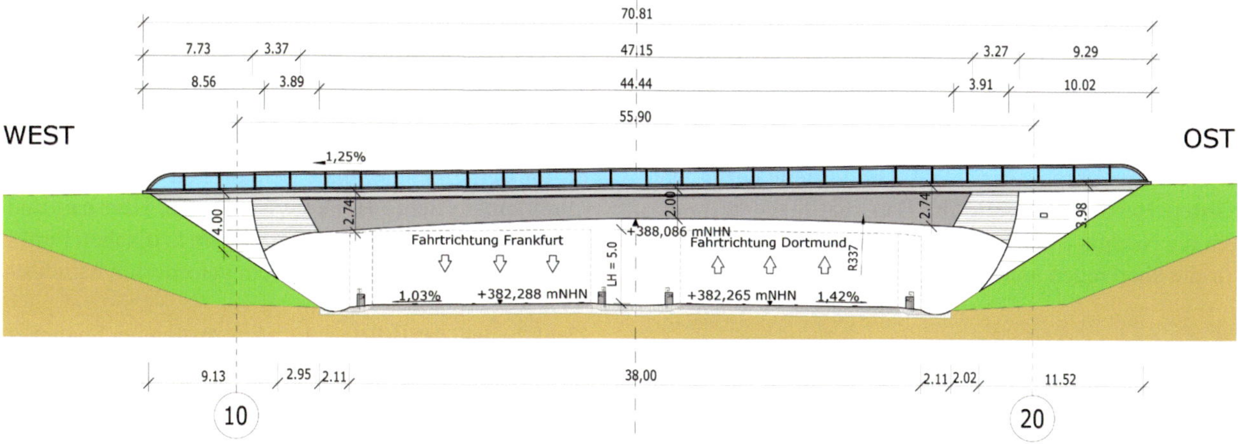

Für die Ortbetonbauweise wurde ein 2-stegiger Plattenbalken betrachtet.

3 – Stabbogen mit Stahlverbund-Überbau

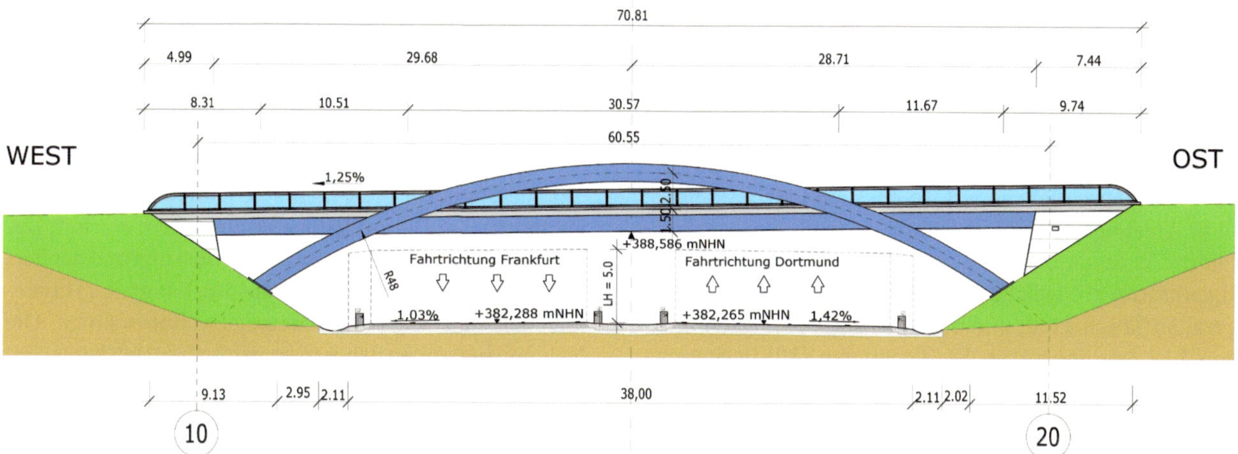

An den seitlich geführten Stahlbögen wird der Überbau aufgeständert bzw. abgehängt. Die Betonfahrbahnplatte lagert auf entsprechenden Stahlquerträgern auf.

4 – Spannbeton-Rahmentragwerk mit Betonfertigteilen

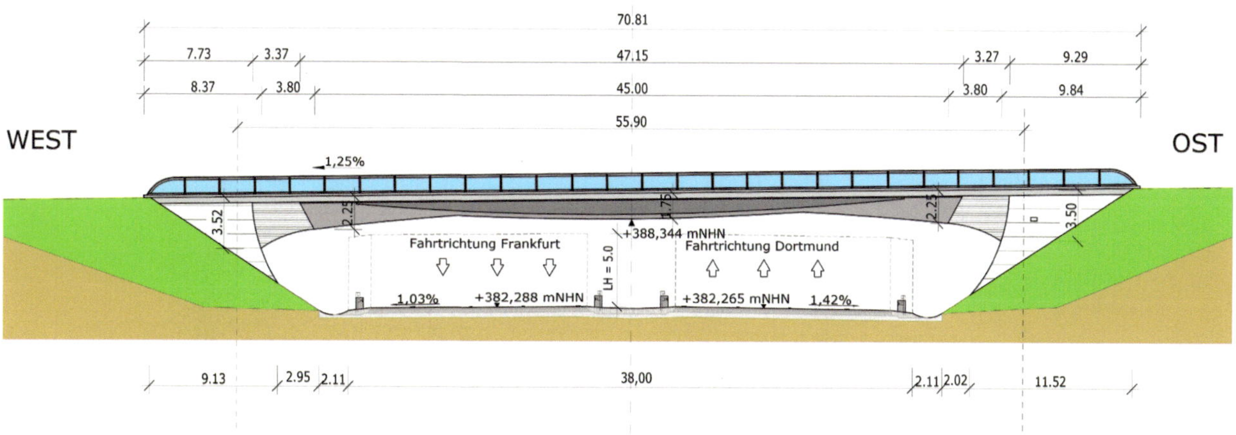

Der Querschnitt wird hier durch mehrstegige Plattenbalken gebildet.

Bei Variante 4 kommen Betonfertigteile mit einer Länge von 45 m zum Einsatz, um beim Einhub eine ausreichende Lichte Weite des Autobahnquerschnitts sicher zu stellen. Dies ist durch die aktuelle BEM-ING [1] nicht abgedeckt. Betonfertigteile dürfen demnach eine maximale Länge von 35 m aufweisen.

Die Bewertung der unterschiedlichen Varianten führte dennoch zur Vorzugsvariante 4. Die Vorteile bezüglich Kosten, Herstellungsweise und Dauerhaftigkeit überwogen die Nachteile einer Zustimmung im Einzelfall (ZiE) für die überlangen und schweren Betonfertigteile.

Abb. 2: Visualisierung der Seitenansicht

2.3 Bauwerksentwurf

Die überführte Gemeindestraße weist einen Regelquerschnitt RQ 9B gemäß RAL mit beidseitigem Gehweg mit einer Breite von 1,50 m auf. Der Ausbauquerschnitt der unterführten Autobahn stand zum Entwurfszeitpunkt noch nicht abschließend fest, so dass ein Lichtraumprofil in Anlehnung an RQ 35,5 berücksichtigt wurde.

Für die Vorzugsvariante 4 ergab sich damit ein einfeldriges Bauwerk, welches die Gemeindestraße in einer geraden Trassierung und mit einem Kreuzungswinkel von 79,1 gon überführt. Die Gradiente fällt in Stationierungsrichtung mit 1,24 % in Richtung Südwesten. Die lichte Weite zwischen den Widerlagern beträgt in Bauwerksachse 53,90 m und rechtwinklig zur BAB 51,02 m. Die Stützweite, die durch den in der statischen Berechnung zugrunde gelegten Abstand zwischen den Systemachsen der Widerlager definiert wird, beträgt 55,90 m. Unter Berücksichtigung dieser Stützweite und einer Querschnittshöhe von 1,75 m in Feldmitte ergibt sich eine maximale Schlankheit von L/H = 32. Die kleinste lichte Höhe zwischen UK Überbau und OK der jetzigen Autobahn beträgt am kritischen Punkt 5,80 m und liegt damit über dem geforderten Mindestwert von 5,00 m.

Der Überbau der Brücke wird als mehrstegiger Spannbetonquerschnitt vorgesehen.

Die Längsträger werden mit einer Länge von 45 m im Fertigteilwerk hergestellt. Die lichte Weite der Widerlager beträgt 53,9 m, so dass beidseitig Ortbetonergänzungen von je 4,45 m Länge erforderlich werden.

Die Querschnittsgestaltung der Überbaustege ist dabei in Längsrichtung an die statische Beanspruchung angepasst. Im Anschnitt an das Widerlager ist der Querschnitt 3,34 m hoch und reduziert sich über die Länge der Ortbetonergänzung von 4,45 m auf 1,75 m. Die Stegunterkante wird dabei im Radius geschalt. Im weiteren Verlauf kann sich die Steghöhe entsprechend der Momentenbeanspruchung über eine Länge von 7,84 m weiter auf 1,35 m reduzieren, bevor die Unterkante parabelförmig bis zur Feldmitte eine Querschnittshöhe von 1,75 m erzeugt. Dabei kann der Querschnitt der Fertigteile aufgrund der dort noch reduzierten Querkraftbeanspruchung als „Hundeknochen“ mit verjüngtem Steg ausgebildet werden. Die Neigungen wurden dabei so gewählt, dass sich keine verwundenen Schalflächen ergeben.

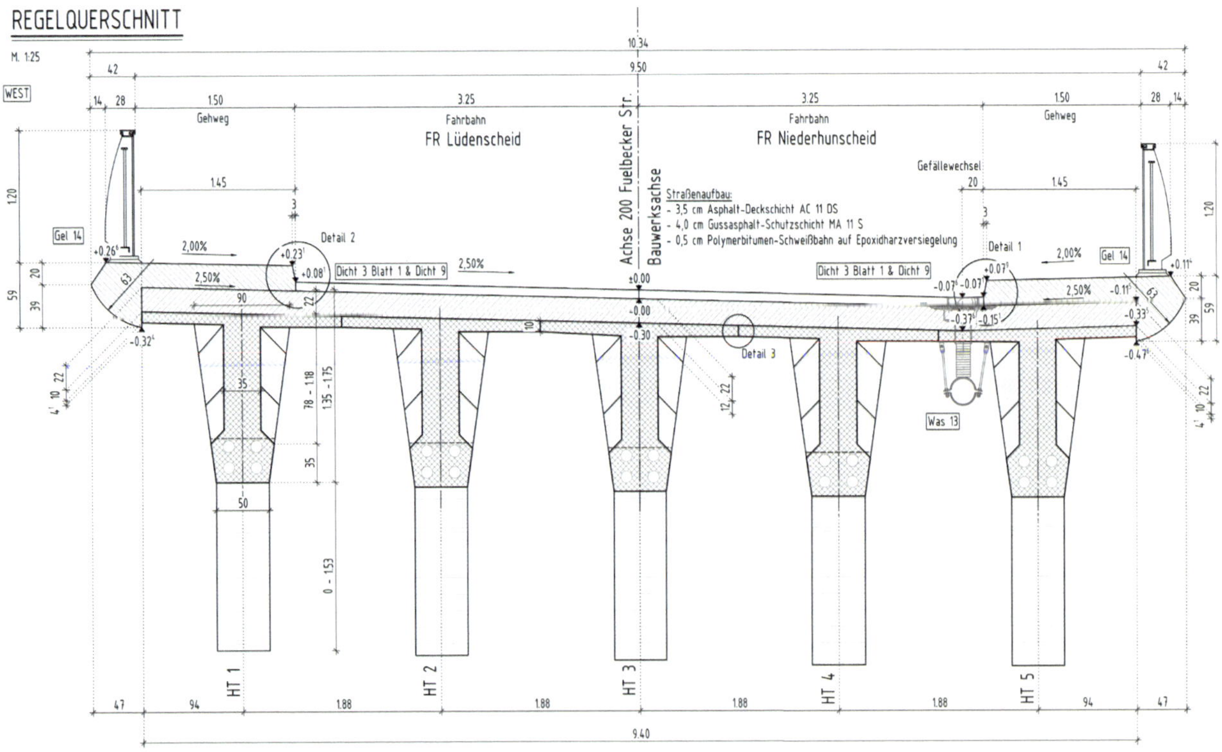

Abb. 3: Regelquerschnitt

Mit dieser Querschnittsgestaltung ergibt sich eine sehr ansprechende Bauwerksform, die hinsichtlich Transportgewichten und Ressourcenverbrauch optimiert ist. Vor diesem Hintergrund wurden auch beispielsweise die Ortbetonbereiche des Überbaus mit den vorhandenen Stegbreiten fortgeführt und nicht als Vollquerschnitt im Sinne eines Endquerträgers ausgeführt.
Der hier erhöhte Schalungsaufwand wird durch die eingesparten Betonkubaturen (und damit CO2-Einsparung) gerechtfertigt.

Die Fertigteile weisen eine werkseitige Vorspannung mit je zwei Spanngliedern auf. Zwei weitere Hüllrohre dienen der Aufnahme von Spanngliedern, die vor Ort eingebaut und hinter den Rahmenecken verankert werden. Die Dekompression des Überbauquerschnitts wird unter Berücksichtigung des Bauablaufes mit den verschiedenen Arbeitsschritten und dem unterschiedlichen Kriech- und Schwindverhalten der Betone nachgewiesen. Intensive Untersuchungen waren für die Rahmenecke und die stirnseitige Arbeitsfuge zwischen Fertigteilende und Ortbetonverlängerung erforderlich. Die Spannungsentwicklungen in der Rahmenecke wurden mit zusätzlichen Schalenmodellen verifiziert. Die Arbeitsfuge wurde für verschiedene Modelle nachgewiesen, um eine Rissbildung möglichst auszuschließen bzw. zu minimieren.

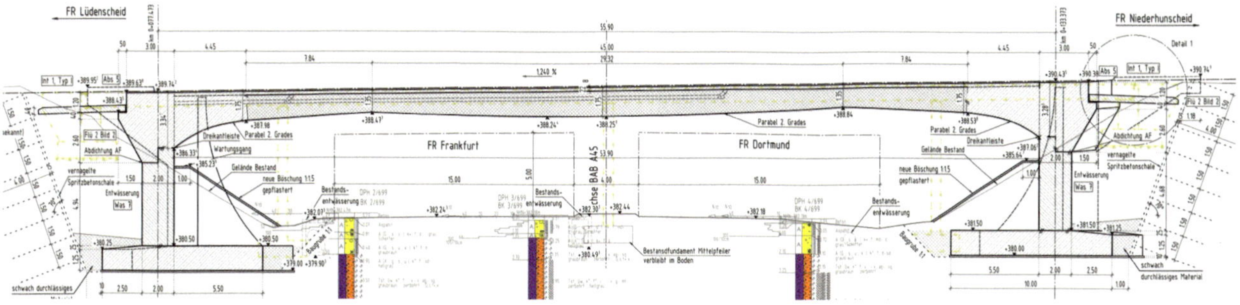

Abb. 4: Längsschnitt

Aufgrund der guten Erfahrungen des Bauherrn mit der Verwendung von höherfesten Betonen (vgl. [2]) wurde für den Überbau ein Beton der Festigkeitsklasse C50/60 gewählt. Damit können die erforderlichen Übergreifungslängen der Rahmeneckbewehrungen reduziert werden. Für die Spannbeton-Fertigteile wurde ein Beton der Festigkeitsklasse C80/95 gewählt. Pilotbauwerke mit diesem Beton zeigen eine äußerst gute Bewertung bei Bauwerksprüfungen, so dass dieser Beton auch hier zur Anwendung kommen soll. Für dessen Einsatz ist eine weitere Zustimmung im Einzelfall des BMDV erforderlich.
Im Zuge der Entwurfsbearbeitung wurden die Anforderungen der RE-ING [3] an integrale Bauwerke beachtet. Das Bauwerk muss für eine Bandbreite der Bodensteifigkeit untersucht werden. Hierfür fanden bereits in dieser Planungsphase intensive Abstimmungen mit dem Baugrundgutachter statt, um entsprechend wirtschaftliche Querschnitte erreichen zu können. Zur weiteren Reduzierung der Biegebeanspruchung des Überbaus wurden die erdseitigen Fundamentsporne minimiert und die luftseitigen deutlich verlängert, so dass das Bauwerk qausi „auf Zehenspitzen“ gründet (vgl. Abb. 4). Der verlängerte Sporn dient gleichzeitig als Auflager für das Traggerüst der Fertigteilträger und des Ortbetonbereichs.

Abb. 5: Visualisierung mit Widerlager

3. Autobahnbrücke über eine kommunale Straße

3.1 Ausgangssituation

Autobahnen queren sehr häufig Straßen des untergeordneten Netzes mit geringen Regelquerschnitten. Die Brückenbauwerke weisen entsprechend kurze Stützweiten auf. Gleichzeitig führen die Ersatzneubauten solcher Bauwerke trotz der geringen Bauwerksfläche zu einer Bauzeit von häufig über zwei Jahren. Damit geht eine entsprechend lange Beeinträchtigung des Autobahnverkehrs durch Baustellenverkehrsführungen einher. Um diese erheblich zu reduzieren und bei der Planung und Ausführung das Know-How der ausführenden Firmen zu nutzen, hat der Bauherr den Ersatzneubau über eine innerstädtische Straße funktional mit einer Gesamtbauzeit (Planung und Ausführung) von 17 Monaten ausgeschrieben. Die Aachener Bauunternehmung nesseler bau hat diese Herausforderung angenommen. Durch den Einsatz von Fertigteilen soll die Ausführungszeit erheblich verkürzt werden. Dafür darf der Ortbetonanteil im Bauwerk minimiert werden und dabei gleichzeitig ausreichend sein, dass alle Regelungen der ZTV-ING [4] eingehalten werden. Eine Zustimmung im Einzelfall ist im Verfahren ausgeschlossen.
Der Ersatzneubau überführt einen sechsstreifigen Autobahnabschnitt über eine innerstädtische Straße, die aufgrund ihrer Lage während der Baumaßnahme nicht längerfristig gesperrt werden kann. Dies ist nur kurzzeitig für den Abbruch und den Fertigteileinhub möglich. Das Bestandsbauwerk weist folgende Randbedingungen auf:

- Rahmentragwerk mit einer Lichten Weite von 8 m, Stützweite in Schiefe 10,5 m
- Konstruktionshöhe: 55 cm (Schlankheit ~19)
- Breite zw den Geländern: 39,40 m
- Flachgründung
- Trassierung der Autobahn im Radius bei konstantem Längsgefälle
- Kreuzungswinkel: 69,4 gon

Abb. 6: Bestandsbauwerk

Für den Ersatzneubau sind die folgenden Randbedingungen einzuhalten:

- Lichte Weite und Höhe entsprechend Bestandsbauwerk
- Breite entsprechend Bestandbauwerk
- Baugrund: Flachgründung auf Fels möglich
- Innerstädtische Straße muss während der Bauzeit immer passierbar bleiben
- Ersatzneubau in zwei Bauabschnitten, Trennung in BAB-Achse
- Bauzeit ab Einrichtung der Verkehrsführung: max 9 Monate

3.2 Bauwerksentwurf

Der Ersatzneubau wird analog zum Bestand als Rahmentragwerk entworfen. Der Überbau wird aus 35 cm dicken Betonfertigteilen mit einer 20 cm dicken Ortbetonergänzung gebildet. Die Widerlager bestehen aus einzelnen Vollfertigteilen in Form von Winkelstützelementen ohne luftseitigen Sporn, um die unterführte Straße nicht durch Abstützungen o.ä. zu blockieren.
Die Verbindung unter den Elementen wird durch eine Ortbetonergänzung auf dem erdseitigen Sporn und dem im Rahmeneckbereich verlaufenden Ringbalken in Verbindung mit bewehrten Vergusstaschen über die Wandhöhe hergestellt. Die Flügelelemente sind durch den Ringbalken kraftschlüssig mit der Widerlagerwand verbunden. Die Widerlagerwand ist 80 cm dick und weitet sich nach oben zur Auflagerung der Überbaufertigteile und Ausbildung des Ringankers / Rahmeneckbereiches auf 1,40 m auf. Der erdseitige Fundamentsporn ist 1 m lang und 1 m dick.
In statischer Hinsicht entstehen bei der Bauweise aufgrund der kurzen Spannweite zunächst keine besonderen Herausforderungen. Allerdings führt die Ausführung mit einem hohen Anteil an Betonfertigteilen und geringen Ortbetonbereichen in Verbindung mit der Schiefwinkligkeit des Bauwerks und dem schlanken Überbau zu erheblichen Detailüberlegungen zur Fertigteilgestaltung und Bewehrungsführung.
Bei der Planung konnte auf gemeinsame Erfahrungen von nesseler bau und dem Planer in einem Pilotprojekt [5] zurückgegriffen werden.
Im dortigen Projekt wurden die Unterbauten ebenfalls als Winkelstützelemente ausgebildet, die über den kopfseitig durchlaufenden Ringanker verbunden wurden.

Abb. 7: Winkelstützelemente

Der Überbau bestand aus eng liegenden, vorgespannten Längsträgern, die über Fahrbahnplattenelemente mit teilweiser Ortbetonergänzung zur mehrstegigen Plattenbalken verbunden wurden. Die Rahmenecke war aufgrund der sehr filigranen Bauteilabmessungen bei gleichzeitig extremer Schiefwinkligkeit konstruktiv eine erhebliche Herausforderung, Die Anforderungen an die Bewehrungsführung waren nur durch das Arbeiten mit Schablonen im Fertigteilwerk in Verbindung mit einem funktionierenden Qualitätsmanagement zu meistern.
Die Fugen zwischen den Unterbauelementen wurden dabei in Anlehnung an RIZ Fug1 als modifzierte Raumfuge ausgebildet. Analog erfolgte die Fugenausbildung beim Pilotprojekt Amselbürener Straße. Neben dem durchlaufenden Ringbalken gab es daher keine weitere konstruktive Verbindung unter den Elementen. Dies war aufgrund der sehr günstigen, da steifen Baugrundverhältnisse so umsetzbar.
Für die Übertragung auf ein Bauwerk, das den Autobahnverkehr überführen muss, waren gewisse Modifikationen für die Unterbauten erforderlich. Im Wesentlichen war eine besonders robuste Scheibenwirkung der Widerlager auszubilden. Während die vertikalen Fugen der Unterbauten im Pilotprojekt und auch bei anderen aktuellen Pilotprojekten [2] ohne durchgehende Bewehrung ausgeführt wurden, war dem Bauherrn wichtig, dass Bauwerke, die Autobahnverkehr aufnehmen müssen, auch eine durchlaufende Bewehrung für die Aufnahme unplanmäßigen Scheibenschubes aufweisen. Diese Anforderung wurde durch die Ausbildung von Fugen mit sich übergreifender Anschlussbewehrung aus den Fertigteilen erfüllt, wenngleich diese für den Abtrag der planmäßigen Scheibenbeanspruchung nicht erforderlich war.

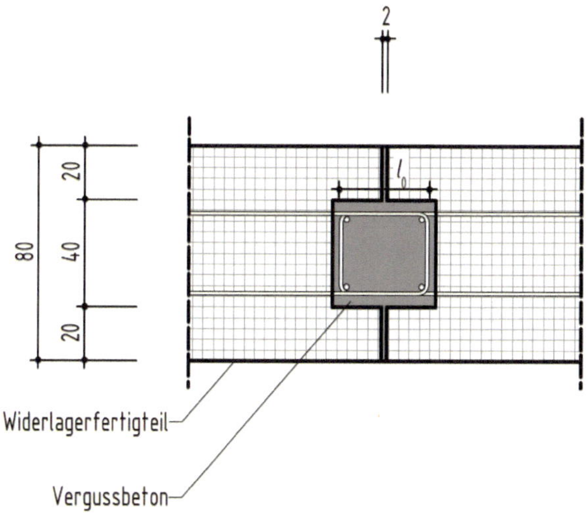

Abb. 8: Querschnitt Vergussfuge Widerlager

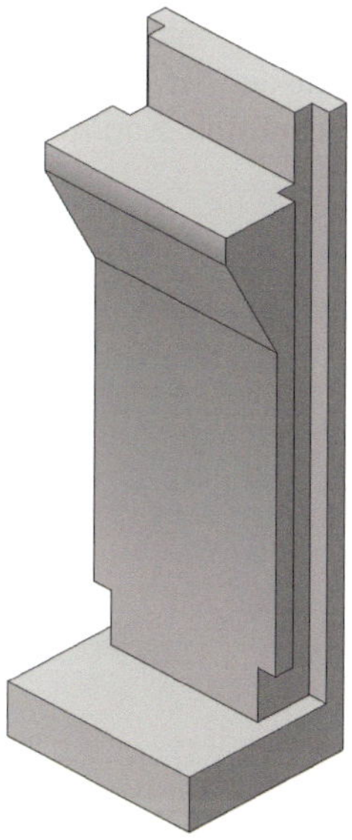

Abb. 9: Isometrie Widerlager Fertigteil

Für Entwurfsvorlage, Ausführungsplanung, Prüfung, Herstellung der Fertigteile und Ausführung auf der Baustelle wurde vom Bauherrn ein sehr ambitionierter Zeitplan vorgesehen. Grundsätzlich ist planerseits anzumerken, dass die Fertigteilbauweise enorme Vorteile für die Ausführungszeiten auf der Baustelle mit sich bringt. Gleichzeitig ist der Planungsaufwand für die Fertigteile erheblich höher. Neben der „üblichen" Planung von Einbauteilen und Bewehrungsführung müssen die einzelnen Elemente auch hinsichtlich Transport und Einhub optimiert und ausgebildet werden. Die Fertigteilbauweise sollte deshalb in funktionalen Ausschreibungen dahingehend berücksichtigt werden, dass in der Planungsphase Raum enthalten ist, um Entwurfsgrundsätze ausreichend mit dem Bauherrn diskutieren und die Planung der Fertigteile auf Basis der getroffenen Abstimmungen durchführen zu können.

Die Planungszeit ist sinnvoll investiert. Nur dann ist es möglich, die Vorteile dieser Bauweise in einen reibungslosen und zeitsparenden Ablauf vor Ort münden zu lassen. Dies sollte auch das vornehmliche Ziel der Bauweise sein: Die Verkehrseinschränkungen durch die Maßnahme zu minimieren.

3.3 Bauausführung

Der Ersatzneubau wird in zwei Bauabschnitten umgesetzt. Das Bestandsbauwerk wurde 1960 errichtet und 1988 verbreitert. Über den Bestand von 1960 liegen keine Unterlagen vor, so dass vor der Verlegung des BAB-Verkehr zu einer 5+0-Führung auf einem Überbau dieser mit einer Notunterstützung ausgestattet werden muss. Mit der Verlegung des Verkehrs auf einen Überbau beginnt die eigentliche Bauphase.

Für die Herstellung des Mittellängsverbaus, den Abbruch und die Herstellung der Gründungskote sind dabei 17 Tage vorgesehen. Die Montage der Fertigteile mit den Bewehrungsarbeiten vor Ort und der anschlie*ßenden Ortbetonergänzung nehmen für den 1. BA weitere* 25 Tage in Anspruch. Bis die Abdichtungsarbeiten ausgeführt sind und die Kappe betoniert ist, vergehen weitere 24 Tage. Für die Montage der Lärmschutzwandelemente muss die Aushärtung der Kappe abgewartet werden, so dass nach Betonage Kappe bis zur Verkehrsfreigabe wiederum 24 Tage einkalkuliert werden müssen. Die Gesamtbauzeit des 1. BA beträgt damit rund 90 Tage, der 2. BA wird mit einer vergleichbaren Bauzeit kalkuliert.

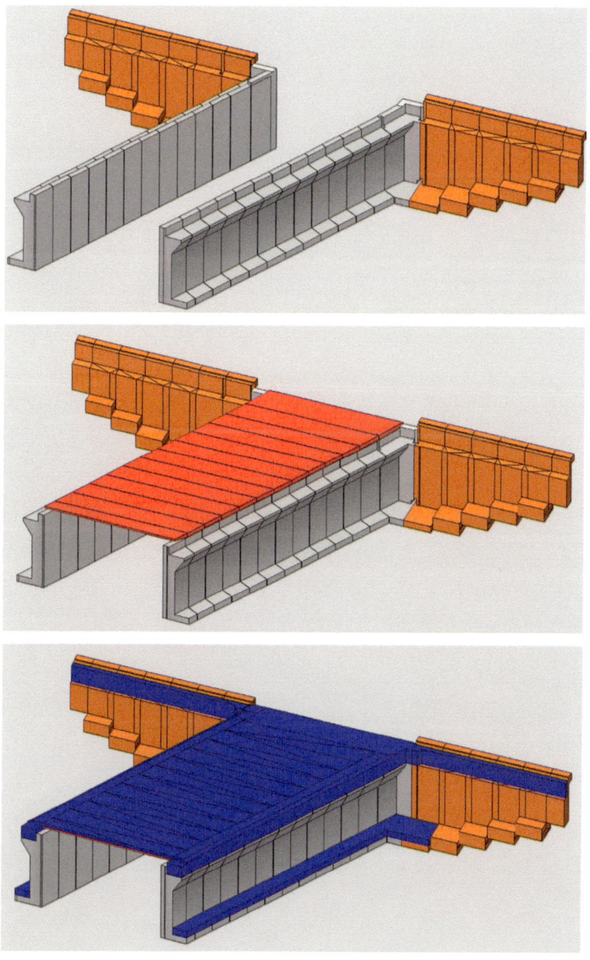

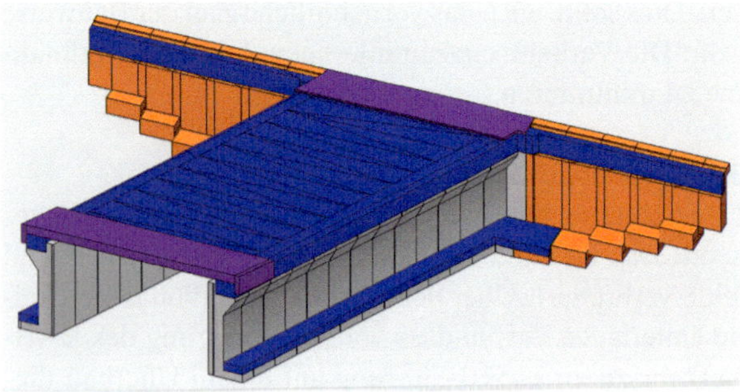

Abb. 10: Visualisierung des Bauablaufs

Im Summe stehen damit ca. 7 Monate an Bauzeit an, die zu relevanten Verkehrseinschränkungen auf der BAB durch die 5+0-Verkehrsführung führen. Diese Bauzeit führt zu erheblichen Einsparungen in den gesellschaftlichen externen Kosten.

Literatur

[1] BEM-ING: Bundesministerium für Verkehr und digitale Infrastruktur (2022): Regelungen und Richtlinien für die Berechnung und Bemessung Ingenieurbauten.

[2] Heinrich, J., Maurer, R., Reddemann, T., Schnetgöke, T., Yavuz, T.: „Schnellbauweise für Brücken mit weitgespannten Fertigteilträgern aus C80/95, Beton- und Stahlbetonbau 11/23 Seite 779f.

[3] RE-ING. Bundesministerium für Verkehr und digitale Infrastruktur (2022/2023): Richtlinien für den Entwurf, die konstruktive Ausbildung und Ausstattung von Ingenieurbauten – RE-ING, 01-2022, 03-2023.

[4] ZTV-ING: Bundesministerium für Verkehr und digitale Infrastruktur (2023): Zusätzliche Technische Vertragsbedingungen und Richtlinien für Ingenieurbauten – ZTV-ING 12-2023.

[5] nesseler bau: Die innovative n.Brücke – das Schnellbausyste aus der Fabrik. Andreas Huppertz M.Sc. MBA, Dipl.-Ing. Karl Arnolds MBA.

Typisierung von Brückenentwürfen

Dipl.-Ing. Peter Sprinke
Schüßler-Plan Ingenieurgesellschaft mbH, Düsseldorf

Zusammenfassung
Seit der industriellen Revolution zu Beginn des 19ten Jahrhunderts haben sich mittlerweile in vielen Wirtschaftszweigen systematisierte und typisierte Herstellungsmethoden durchgesetzt. Im Bauwesen und hier speziell im Brückenbau gibt es ebensolche Ansätze, welche sich aber bisher nicht etabliert haben. Insbesondere durch den heutigen enormen Bedarf der Erneuerung und die gleichzeitig schwindenden Kapazitäten, könnten gerade solche Typenentwürfe im Zuge von Ausbau- und/oder Ersatzmaßnahmen einen Beitrag leisten, den Bedarf an Erneuerung in kürzerer Zeit, mit höherer Bauqualität und zudem wirtschaftlicher abzudecken.

1. Einführung

Aufgabe und Ziel der Autobahn GmbH des Bundes ist, die Verfügbarkeit der Bundesautobahnen sicherzustellen und ein leistungsfähiges Straßennetz zu gewährleisten. Dafür sind umfangreiche Erhaltungs- und Ausbaumaßnahmen mit Neu- bzw. Ersatzneubau von Brückenbauwerken notwendig. Eine Vielzahl dieser Maßnahmen beinhaltet einfache, sich wiederholende Kreuzungsbauwerke mit gängigen über- und unterführten Straßenquerschnitten.

Die Planungs- und Ausschreibungsprozesse nehmen verfahrensbedingt einen nicht unerheblichen Zeitanteil bei der Realisierung dieser Maßnahmen in Anspruch. Es gilt Möglichkeiten zu finden, diese Prozesse zu beschleunigen und zu optimieren.

Hier stellt die Typisierung von Brückenentwürfen eine Möglichkeit dar.

Abb. 1: Visualisierung Typenentwurf

2. Typisierung: Historie und Entwicklungen

2.1 Historie

Bereits aus der Bronzezeit ca. 3.000 v.Chr. sind die ersten prähistorischen Blockhäuser bekannt, welche aus möglichst gleichförmig bearbeiteten Baumstämmen, erbaut wurden und geschichtlich als Beginn des Systembaus, des modularen Bauens und somit der Typisierung stehen. Mit dem Zeitalter der industriellen Revolution, zu Beginn des 19ten Jahrhunderts, wurde Stahlbeton erstmalig als Material im Systembau verwendet. Der Architekt Grosvenor Atterbury (1869–1956) erbaute 1910 aus standardisierten Betonpaneelen die Siedlung "Forest Hills Gardens" in New York.

In Deutschland folgte die Entwicklung später. Zwischen 1925 und 1930 entstand aufgrund akuter Wohnungsnot das Stadtplanungsprogramm "Neues Frankfurt". Der Architekt und Stadtbaurat Ernst May errichtete diese Wohnungsbauten in sogenannter "Tafelbauweise" aus Betonpaneelen.

Mit fortschreitender Industrialisierung wurde die vollständige Industrialisierung des Bauens ein zentrales Ideal der modernen Architektur (z. B. Le Corbusier, Walter Gropius). Der Gedanke der Unité d'Habitation (Wohneinheit) von Le Corbusier aus den 30er Jahren war ein Typenbau und das Vorbild zahlreicher Plattenbauten.

Abb. 2: Plattenbauten Berlin [1]

Mit der Typisierung und einer industrialisierten Fertigung sollten damals alle ökonomischen, sozialen und technischen Probleme zur Wohnraumschaffung gelöst werden.

2.2 Entwicklung im deutschen Brückenbau

Die Entwicklung der modularen Bauweise in Deutschland ist stark geprägt von der Teilung im Jahr 1949 in Ost und West. Während in der Deutschen Demokratischen Republik, auch der ideologischen Ausrichtung entsprechend, das Streben nach Vereinheitlichung und somit das

Bauen mit Typenkatalogen im Vordergrund des Bauens stand, wurden in West-Deutschland die individuelle Bauweise, insbesondere Ortbetonkonstruktionen, präferiert. Anfang der 60 Jahre wurden aus Gründen der Rationalisierung und zur Steigerung der Arbeitsproduktivität ein Typenbauelementekatalog für Spannbetonbrücken ausgearbeitet. Mit einfachen Produktionsmethoden fertigte man Betonfertigteile für Überbauten, Widerlager, Flügel und Stützwände.

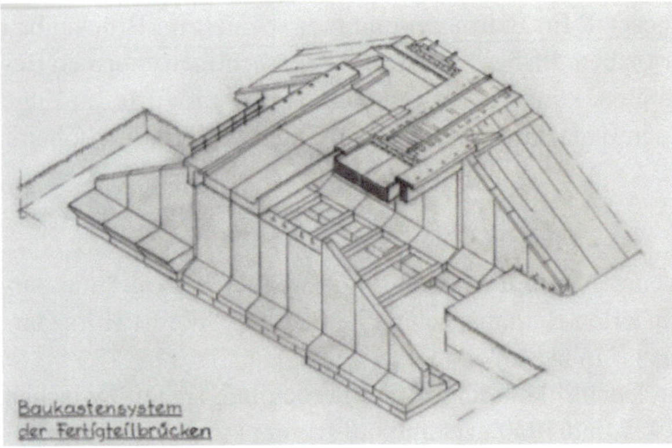

Abb. 3: Vollmontagebrücke der ehemaligen DDR

Ohne wirklichen Wettbewerb auf dem Markt wurde der Grundbedarf für die Infrastruktur hiermit zügig gedeckt. Im Westen Deutschlands stockte die Entwicklung des modularen Bauens. Im Jahr 1979 erschien eine vorläufige Richtlinie für Straßen- und Wegebrücken aus Spann- und Stahlbetonfertigteilen (R FT-Brücken).
Diese Richtlinie wurde nie offiziell eingeführt und stellte bis weit über das Jahr 2000 hinaus noch alleinige Planungsgrundlage für massive Fertigteile dar.
Mit der Wiedervereinigung von Ost- und Westdeutschland im Jahr 1989 entstanden infrastrukturelle Dringlichkeiten, welche den Beginn der Typenentwürfe der 90er Jahre einläutete.

2.3 Typenentwürfe der 90 Jahre

Im Zuge der Wiedervereinigung war der wirtschaftliche „Aufbau“ Ost und die Erneuerung der Infrastruktur die vorrangige Aufgabe.
Der Aus- und Neubau der Bundesautobahnen in den neuen Bundesländern erforderte eine Vielzahl von Neu- und Ersatzbauten von Brücken mit wiederkehrenden Planungsparametern (z. B. Stützweite, Straßenquer-schnitte).
Auch damals standen die Ingenieurbüros und die ausführenden Firmen einer immensen Herausforderung gegenüber. Zur Bewältigung dieser Aufgabe keimte der Gedanke von Typenentwürfen auf.

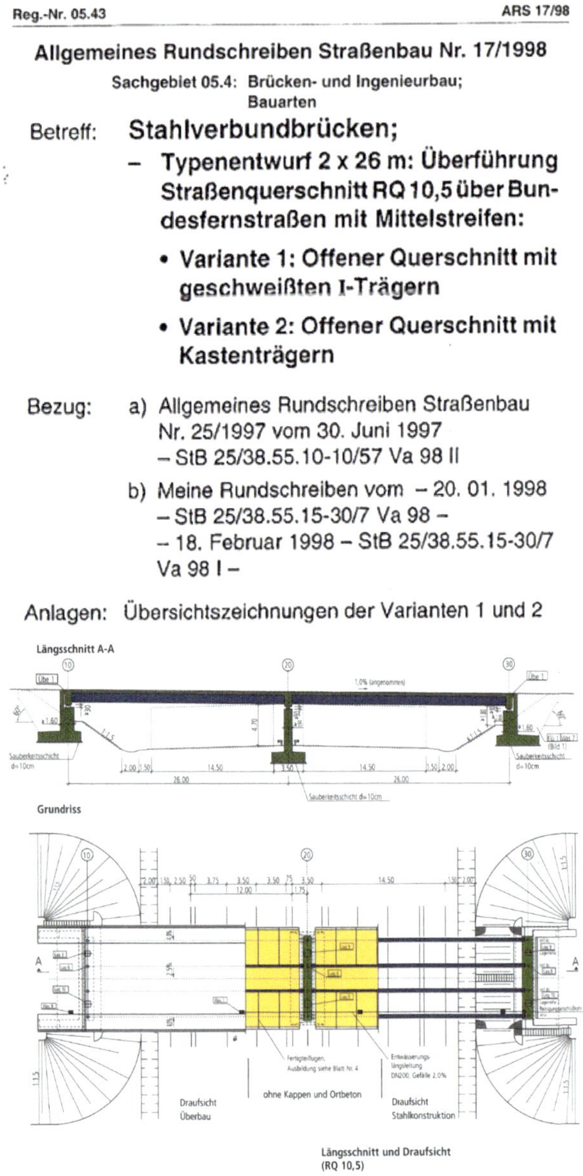
Reg.-Nr. 05.43 ARS 17/98

Allgemeines Rundschreiben Straßenbau Nr. 17/1998

Sachgebiet 05.4: Brücken- und Ingenieurbau; Bauarten

Betreff: **Stahlverbundbrücken;**
– **Typenentwurf 2 x 26 m: Überführung Straßenquerschnitt RQ 10,5 über Bundesfernstraßen mit Mittelstreifen:**
- **Variante 1: Offener Querschnitt mit geschweißten I-Trägern**
- **Variante 2: Offener Querschnitt mit Kastenträgern**

Bezug: a) Allgemeines Rundschreiben Straßenbau Nr. 25/1997 vom 30. Juni 1997 – StB 25/38.55.10-10/57 Va 98 II
b) Meine Rundschreiben vom – 20. 01. 1998 – StB 25/38.55.15-30/7 Va 98 – – 18. Februar 1998 – StB 25/38.55.15-30/7 Va 98 I –

Anlagen: Übersichtszeichnungen der Varianten 1 und 2

Abb. 4: Typenentwürfe aus dem Jahr 1998

Die Typenentwürfe sollten einen Beitrag leisten den immensen Bedarf an Infrastrukturbauten in kurzer Zeit, wirtschaftlich, robust und auch ästhetisch mit abzudecken.
Um die Vielfalt unterschiedlicher Bauweisen besser nutzen zu können, wurden für die Überführung eines Wirtschaftsweges und des häufigsten Bundesstraßen-querschnittes RQ 10,5 Varianten erarbeitet und 1998 mit dem ARS 17 eingeführt.
Es folgten noch weitere Typenentwürfe für den Autobahnsonderquerschnitt SQ 27 m. Diese stellten einfeldrige, integrale Konstruktionen in Stahlverbundbauweise dar.

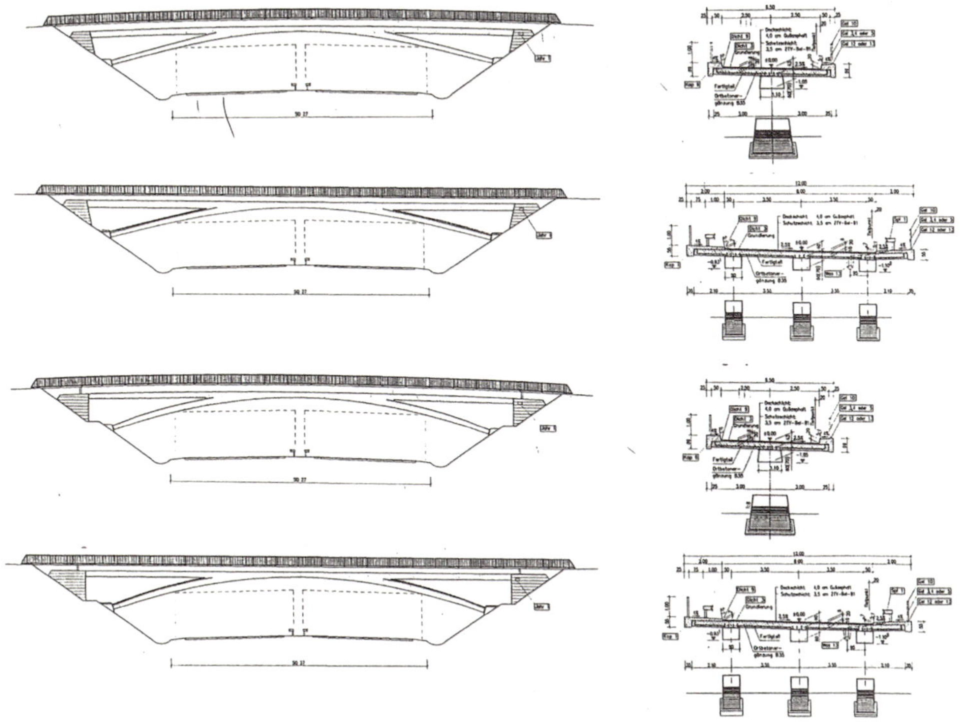

Abb. 5: Rahmenkonstruktionen für den SQ 27

Die in den 90er Jahren entwickelten Typenentwürfe wurden in unterschiedlichen Leistungsphasen auf Basis der DIN 1072 mit der Klassifizierung BK 60/30 erarbeitet.
Die zweifeldrige Wirtschaftswegebrücke über die Autobahn mit dem RQ 35,5 wurde vollständig mit allen Genehmigungs- und Ausführungsunterlagen in geprüfter Form erstellt. Für die Zweifeldträger wurde zur Mehrung des Einsatzspektrums die Einzelspannweite von 26 m bis zu 30 m als „Variable“ eingeführt.
Die einfeldrigen Musterentwürfe zu dem Autobahn-Sonderquerschnitt SQ 27 waren als Entwurfsunterlage zu beziehen. Hierbei waren die Entwürfe durch einen Prüfingenieur im Entwurfsstadium geprüft.
Die Typenentwürfe wurden durchaus beachtet und baulich umgesetzt.
Letztlich muss man aber feststellen, dass die Typenentwürfe der 90er Jahre die erhofften Erwartungen nicht erfüllt haben.

Abb. 6: Brücke der L55 über die BAB A13 bei Schwarzheide, Brandenburg

Die vom Bundesverkehrsministerium eingeführten Typenentwürfe wurden im Zuge der im Jahr 2012 erfolgten Umstellung von der Deutschen in die Europäische Normung nicht mehr angepasst. Somit liefen auch die Anwendungen und Umsetzungen der Typenentwürfe aus.
Die Frage, warum die Typenentwürfe aus den 90er Jahren nicht die Erwartungen erfüllten, ist nicht exakt zu beantworten. Hier können nur zahlreiche Vermutungen angeführt werden:

- Einführung der Typenentwürfe zu spät,
- Monotonie der Typen,
- zu wenig Flexibilität,
- etc.

3. Aktuelle Typenentwürfe

Der Aufbau Ost ist mittlerweile Geschichte und die Herausforderungen verlagern sich in die alten Bundesländer.
Die Infrastruktur im Westen zeigt einen enormen Unterhaltungsrückstand auf. Durch die verkehrliche Entwicklung (Zunahme der Verkehre/Schwerverkehre) sind die Tragfähigkeiten des älteren Brückenbestandes in Kombination mit Phänomenen wie der Ermüdung und/oder Spannungsrisskorrosion nicht mehr gegeben.
Die Aufgabe der Erneuerung aus den 90er Jahren im Osten scheint sich nun im Westen zu wiederholen.

3.1 Idee

Mit der aktuellen Situation und den stetigen Diskussionen zu den „maroden“ Brücken in Deutschland, wurden die „alten“ Typenentwürfe wieder aktiviert.
Grundsätzlich basiert die Idee der Entwicklung der „neuen“ Typenentwürfe auf den Erfahrungen der bisherigen, alten Typenentwürfe.

Die Idee zu den neuen Typenentwürfen verfolgt aber einen anderen Ansatz: mit wenig, möglichst viel erreichen. Übersetzt auf die Typenentwürfe bedeutet es, dass möglichst wenige Typen mit größtmöglichem Einsatzspektrum. Hierbei sollen die Planungen weitestgehend unabhängig von örtlichen und projektspezifischen Randbedingungen sein. Zur Erreichung eines breiten Einsatzspektrums, werden zudem unterschiedliche variable Szenarien betrachtet und verschiedene Randbedingungen (Einsatzgrenzen) definiert.

Abb. 7: Visualisierung Typenentwurf 120 gon

Im Anwendungsfall sind diese Randbedingungen mit den projektspezifischen Gegebenheiten abzugleichen und zu verifizieren. Hierbei ist das Ziel, für eine Vielzahl von Bauwerken eine standarisierte Lösung zu finden.

3.2 Grundlagen, -daten

Zur Umsetzung der Idee mit möglichst wenigen Typen eine möglichst große Bandbreite von Einsatzmöglichkeiten abzudecken, wurden datentechnische Analysen und Auswertungen vorgenommen.
Auf Basis der Datenbanken des Bundes und der BASt zu den Brückenbeständen, wurden umfangreiche Recherchen und Auswertungen erstellt, um eine Bandbreite von Parametern festzulegen, mit denen ein Maximum des Bauwerksbestandes abgedeckt werden kann.
Stand bei den Typenplanungen der 90er Jahre noch die Vielzahl von unterschiedlichen Querschnittstypen im Vordergrund, so wurde aktuell nur ein Querschnittstyp betrachtet.
Die integrale Rahmenkonstruktion, welche frei über 6-streifige Autobahnen spannt, steht im Vordergrund der Betrachtung.
Die zweifeldrige Konstruktion wird als Ergänzung für speziellere Randbedingungen gesehen und bei den Planungen mitgeführt.
Bei dem Typenentwurf handelt es sich um eine Art von „Fiktiventwurf". Die Typenplanung ist unabhängig des jeweiligen möglichen Einsatzortes zu planen und muss adaptiv eingepasst werden können.

3.3 Parametrisierung des Typs

Die Grundlagen für den vorliegenden Typenentwurf sind folgende vordefinierte Entwurfsparameter der sich kreuzenden Verkehrswege:

- Verkehrsweg unten: 6-streifiger Straßenquerschnitt, RQ 36 einschl. Entwässerungsmulden und Wartungswege, Längsgefälle Gradiente ≤ 2 % (steigend/fallend), Querprofil ≤ 3 % (Sägezahn-/Dachprofil)
- Verkehrsweg oben: 2-streifiger Straßenquerschnitt, RQ 11B mit einseitigem Geh- und Radweg, bzw. RQ 11B bzw. WW Wirtschaftsweg, Längsgefälle Gradiente ≤ 3 % (steigend/fallend/Kuppe), Quergefälle ≤ 3 % (steigend/fallend)
- Kreuzungswinkel: 100 gon ± 20 gon, bei gleichbleibender lichter Weite (orthogonaler Überbauabschluss).

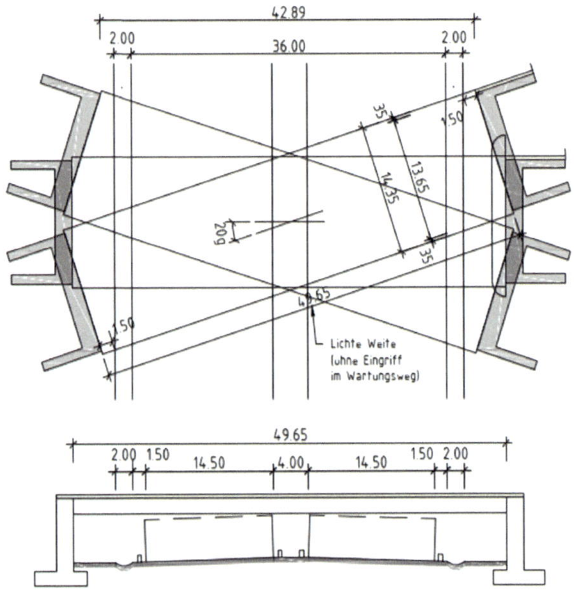

Abb. 8: Bandbreite des Kreuzungswinkel 80 bis 120 gon

- Tief- und Flachgründungen

3.4 Bauwerksgestaltung

Denkt man im Baugewerbe an Typisierung assoziiert man unweigerlich hiermit Bilder wie z. B. die der Plattenbauten. Daher kommt einer guten Bauwerksgestaltung eine wesentliche Bedeutung zu.
Der Grundtyp wird, robust und wartungsarm, als einfeldrige, integrale Rahmenkonstruktion ausgebildet. Lager und Übergangskonstruktionen werden hierdurch nicht erforderlich.
Für den Typ der Rahmenkonstruktion findet der Überbau mit den gevouteten Stahlträgern eine elegante Fortsetzung in den geneigten, massiven Widerlagerwänden. Die Neigung der Widerlagerwände zur Autobahn erzeugen ein optisch gefälliges Gesamterscheinungsbild.

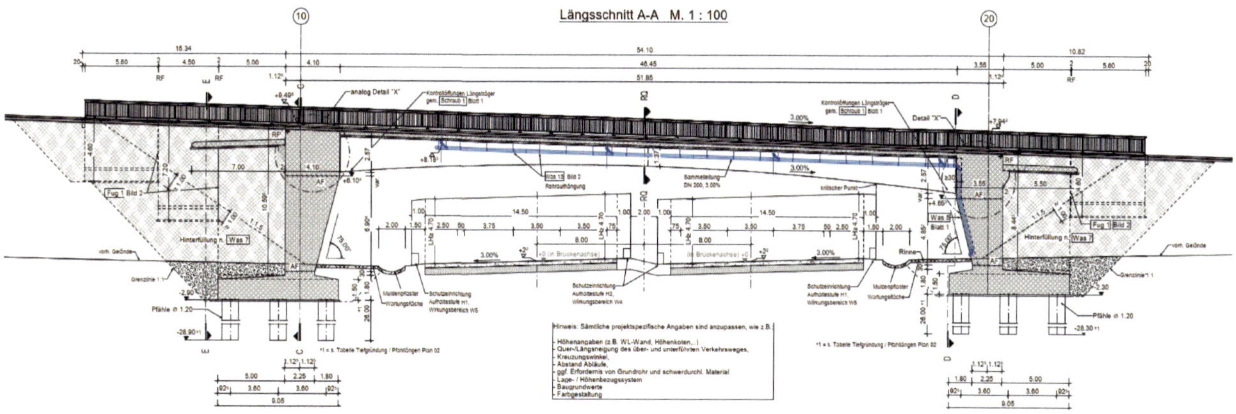

Abb. 9: Längsschnitt

Bei dem Grundtyp wurde bewusst auf einen Mittelpfeiler verzichtet. Der Verzicht auf den Mittelpfeiler hat wesentliche Vorteile. Hier sind insbesondere die größere Variabilität des Verkehrsraums, die erhöhte Sicherheit und auch der Entfall von bauzeitlichen, verkehrlichen Eingriffen (Stauvermeidung) für Prüf-, Instandsetzungs- und Erneuerungsmaßnahmen im Mittelstreifenbereich, zu nennen.

Der Überbau besteht aus Verbundfertigteilen (VFT) mit Ortbetonergänzung, wobei dicht geschweißte Stahlhohlkästen zur Anwendung kommen. Durch die mittlere Überbauschlankheit von ca. l/h = 22 wirkt die Brücke sehr schlank.

An den Brückenenden bilden kastenförmige Widerlager den Übergang zwischen der Brücke und den anschließenden Straßendämmen. Die in der Länge begrenzten Flügel der Kastenwiderlager werden durch hochgesetzte und modular einsetzbare Stützwandelemente verlängert.

Die Gründung des Überführungsbauwerkes erfolgt gemäß den örtlichen Gegebenheiten als Tief- oder Flachgründung.

Der Typenentwurf ist einschließlich der Ausstattung gemäß ZTV-ING, RE-ING und RiZ-ING regelkonform ausgebildet.

Die Bauwerksgestaltung kann im konkreten Anwendungsfall z. B. mit einem übergeordneten Gestaltungskonzept überlagert werden. Hierdurch ist auch die Adaption der Typenentwürfe im Zuge von gestalteten Autobahnabschnitten gegeben.

3.5 Bodenverhältnisse, Gründung

Der Baugrund stellt eine der bauwerksbestimmenden Planungsgrundlagen dar. Dem Konzept der Typenentwürfe liegt eine ortsunabhängige Bauteilbemessung zugrunde. Hierfür wurde durch einen Sachverständigen für Geotechnik, auf Grundlage häufig anzutreffender Bodenverhältnisse, ein Spektrum von repräsentativen Baugrundparametern vorgegeben.

Diese Baugrundparameter sind im Zuge der konkreten Anwendung durch einen ortskundigen Sachverständigen für Geotechnik, mit dem lokal vorhandenen Baugrund abzugleichen. Dabei ist sowohl die Eignung der gewählten Bauart (integral bzw. gelagert) und Gründungart (Tief- bzw. Flachgründung) als auch die nachfolgend angenommenen Bodenverhältnisse (z. B. Bodenparameter, Schichten, Grundwasser) auf hinreichende Übereinstimmung zu verifizieren.

Bei hinreichender Überstimmung der angesetzten Bodenverhältnisse, Grundwasserstände, etc. sind diese im Zuge der jeweiligen Anwendung durch einen verifizierenden, geotechnischen Bericht projektspezifisch zu bestätigen.

In Abhängigkeit von den anstehenden Baugrund- und Grundwasserverhältnissen kann eine Flach- oder Tiefgründung zur Ausführung kommen.

Der Typenentwurf verfolgt den Ansatz eine Flachgründung dann vorzusehen, wenn eine tragfähige Gründungsebene bei ≤ 3,0 m unter Unterkante Fundament ansteht. Ggf. vorhandene, nicht tragfähige Bodenschichten sind unterhalb der Fundamente mit tragfähigen Bodenpolstern auszutauschen. Bei einer Gründungsebene > 3,0 m ist eine Tiefgründung vorgesehen.

Für die vorliegende Bauwerksdimensionierung wurden beide Gründungsvarianten unter Annahme verschiedener Baugrundverhältnisse und definierter Randbedingungen untersucht.

Der Baugrund ist ein wesentlicher Faktor bei integralen Bauwerken und unterliegt gem. RE-ING (T2, Abs. 5) gesonderten Planungsanforderungen. Das vorliegende Bauwerk ist in die Anforderungsklasse 3 einzustufen. Da die Bauwerksbemessung ohne Kenntnis des lokalen Baugrundes erfolgt, sind für die Varianten als Flach- oder Tiefgründung gängige Bodenkennwerte definiert.

3.6 Überbau

Für den Überbau wurden grundsätzlich drei Querschnitte fixiert:

- RQ 11B mit einseitigem Geh- und Radweg
- RQ 11B
- WW Wirtschaftsweg

Abb. 10: Darstellung der möglichen Querschnitte

Der Überbau wird als Stahlverbundtragwerk ausgeführt. Die Herstellung als Verbund-Fertigteil-Träger (VFT) wird gewählt, um auf Traggerüste weitgehend verzichten zu können.

Die Stützweite beträgt l = 51,85 m bei einer Mindestkonstruktionshöhe der Stahlhohlkästen von h = 1,37 m zzgl. der Betongurte mit einer Höhe von 12 cm. Vor den Widerlagern werden die Stahlhohlkästen leicht gevoutet und weisen hier eine maximale Konstruktionshöhe von 2,57 m zzgl. 12 cm Betongurt auf.

Die Dicke der Ortbetonergänzung beträgt 26 cm. Die Anordnung der Kästen und der Verlauf der Stahlbetonverbundplatte folgen der Querneigung der Fahrbahn, sodass die Verbundplatte mit einer nahezu konstanten Konstruktionsdicke hergestellt werden kann.

Bei dem RQ 11B mit einseitigem Geh- und Radweg beträgt der Achsabstand der 5 Stahlhohlkästen 2,73 m. Die Stegbleche haben in Abhängigkeit von Stütz- bzw. Feldbereich eine Dicke von 18 bzw. 25 mm. Die Obergurtbreite beträgt 570 mm und hat eine Dicke in Abhängigkeit von Stütz- bzw. Feldbereich von 18 bis 35 mm. Die Untergurtbreite beträgt 450 mm abzgl. der Stegdicken und hat eine Dicke in Abhängigkeit von Stütz- bzw. Feldbereich von 18 bis 80 mm.

Die kraftschlüssige Verbindung zwischen den Hauptträgern und der Ortbetonplatte wird über Kopfbolzen realisiert.

Für den vorgefertigten Betongurt ist ein Beton C 50/60 und für die Ortbetonergänzung ein Beton C 35/45 vorgesehen. Die Bewehrung erfolgt mit Betonstahl B500B. Der Überbaubeton wird mit Expositionsklassen XC4, XD1, XF2 ausgeführt. Die Hauptträger werden aus S355 nach ZTV-ING 4-1 hergestellt. Für die Kopfbolzen ist die Stahlsorte S235J2+C450 vorgesehen.

Der Überbau wird biegesteif an die Unterbauten angeschlossen. Die Anordnung von Lagern entfällt.

Die Ausbildung der Konstruktion als integrales Bauwerk macht die Anordnung von Schleppplatten im Anschluss an die Widerlager zum Ausgleich der Verformung gegenüber der Hinterfüllung erforderlich. Die Gesamtverformungen der Überbauenden betragen < 20 mm. Die Ausbildung der Schleppplatten erfolgt deshalb gemäß RiZ Int 1, Blatt 1 Typ I mit einem Überbauabschluss nach RiZ Abs 4 (alternativ auch nach RiZ Abs 5).

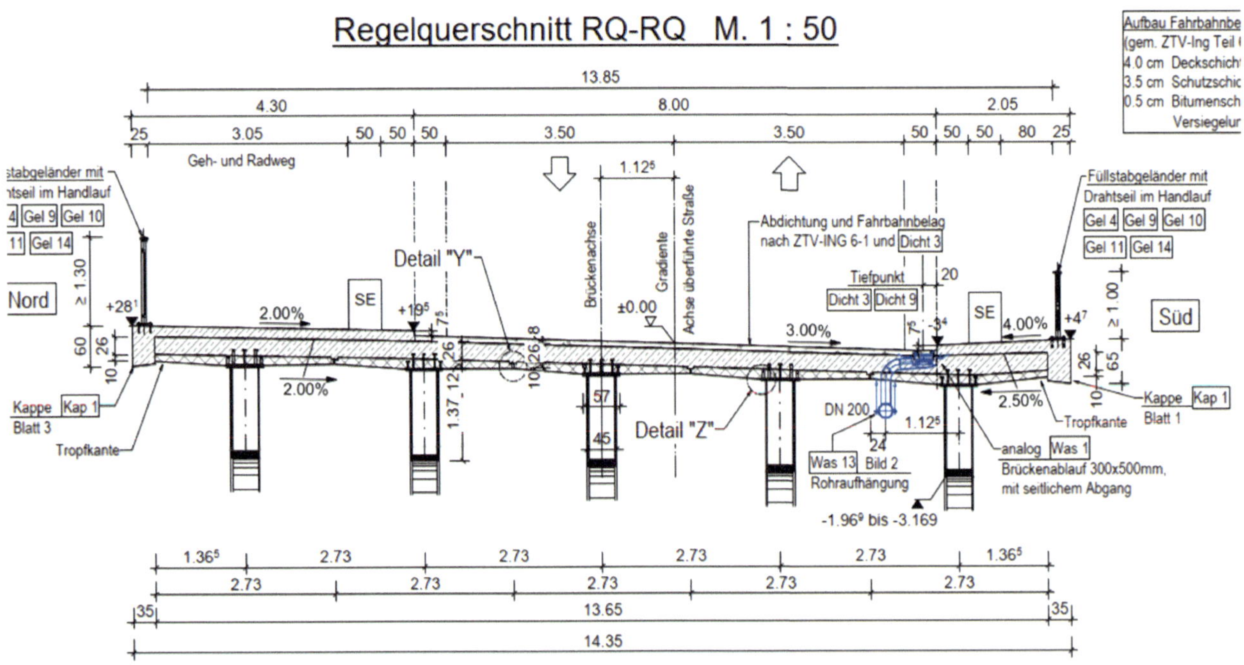

Abb. 11: Regelquerschnitt RQ 11B mit einseitigem Geh- und Radweg

3.7 Unterbauten

Aus ästhetischen und konstruktiven Gründen erhalten die Widerlagerwände eine Wandneigung von 75° in Richtung der Autobahn. Im Anschluss zum Fundament/zur Pfahlkopfplatte bzw. im Einbindungsbereich der Träger geht diese Wandneigung dann in eine Lotrechte über. Die Widerlagerwände müssen für die Einbindung der Verbundträger an der oberen Rahmenecke in der Stärke erhöht werden.

Für die Schleppplatte ist an der Widerlagerrückseite eine Konsole gemäß RiZ Int 1 Blatt 1 vorgesehen. Die Flügel enden senkrecht mit den Fundamenten bzw. Pfahlkopfplatten, sodass im weiteren Verlauf zusätzliche Stützwandelemente vorgesehen sind, um den Böschungsverlauf abzudecken. Für Widerlager, Flügel, Stützwände und Schleppplatten ist ein Beton C 30/37 und als Bewehrung Betonstahl der Sorte B500B vorgesehen. Die aufgehenden Unterbauten und Stützwände sowie die Schleppplatten werden mit den Expositionsklassen XC4, XD2 und XF2 ausgeführt.

Die Flügel und Stützwände werden analog RiZ Flü 1 ausgebildet, wobei die Unterschneidung entfällt. Die Wanddicke beträgt konstant 1,00 m.

3.8 Ausstattung, Sonstiges

Der Überbau wird ordnungsgemäß über Quergefälle entwässert. Das Wasser wird über Abläufe einer Sammellängsleitung zugeführt. Die Stahlbauteile, die Geländer und die Schutzeinrichtungen erhalten einen Korrosionsschutz gemäß den Regelwerken. Der Überbau wird abgedichtet und erhält einen Belag gemäß ZTV-ING 6-1 und RiZ Dicht 3.

Weitere Ausstattungen wie Fahrzeugrückhaltesysteme, Geländer, Böschungstreppen, Messpunkte bis hin zur Jahreszahlmatrize komplettieren das Bauwerk.

3.9 Parametrische Planung

Die Typenplanungen werden anhand parametrischer objektorientierter Modellierungsansätze erstellt.

Die Typenplanungen basieren hierbei auf Bauteilbibliotheken, in denen Objektvorlagen für die Modellierung angelegt sind.

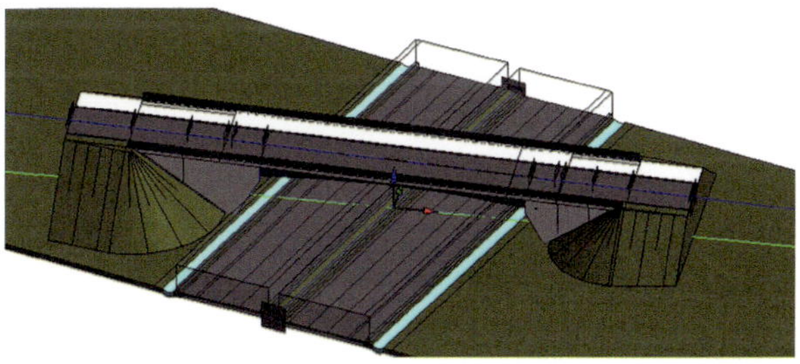

Abb. 12: BIM-Modell

Die Bauwerkskonstruktionen als auch die statischen Berechnungen sind innerhalb der gesetzten Parameter bzw. deren Bandbreite flexibel.

Die Parametrik ist im Vergleich zu einer direkten Modellierung schneller und effizienter. Eine direkte Verknüpfung der Modelle existiert derzeit noch nicht.

3.10 Herstellung, Bauzeit

Zur Herstellung des Brückenbauwerkes ist für die konkrete Anwendung des Typenentwurfes jeweils ein angepasstes Ablaufkonzept zu entwickeln.

Insbesondere bei dem Brückenüberbau wurde auf einen hohen Grad an Vorfertigung und Werksfertigung geachtet. Hiermit sind die Bauzeiten vor Ort minimiert und die Bauprozesse von der Baustelle in die stationären Werke verlagert.

Bei den Unterbauten, welche hier zunächst in klassischer Bauart, in Ortbeton, geplant sind, ist ein weiteres Optimierungspotential vorhanden.

Nach der Erstellung der Unterbauten können für die Herstellung des Überbaus die werksseitig vorgefertigten Verbundträger ohne Anordnung von Traggerüsten auf den Unterbauten verlegt und temporär ausgesteift werden. Es wird eine bauzeitlich höhenjustierbare Auflagerung vorgesehen. Nach Verlegung der Träger erfolgt die Herstellung des Verbundquerschnitts durch Betonage der Ortbetonergänzung und der Rahmenecke. Bei der Herstellung ist die Wirksamkeit der kraftschlüssigen Verbindung besonders zu überwachen.

Bei der Dimensionierung wurde von einer Betonierreihenfolge ausgehend, von Feldmitte, jeweils gleichzeitig in Richtung der beiden Widerlager ausgegangen.

Nach Durchführung aller Restarbeiten (Hinterfüllung, Schleppplatten Abdichtung, Kappen, Schutz-einrichtungen, Geländer, Belag, etc.) kann die Brücke für den Verkehr freigegeben werden.

Die Bauzeit zur Herstellung des Brückenbauwerkes wird ohne Berücksichtigung von witterungsbedingten Einflüssen auf ca. 8 Monate geschätzt. Die Gesamtbauzeit ist im Zuge der konkreten Anwendung des Typenentwurfes festzustellen.

4. Ausblick

Aktuell steht der Erneuerungsbedarf bei Infrastrukturprojekten im krassen Gegensatz zur Entwicklung des Baugewerbes mit drastisch schwindenden, personellen Ressourcen. Dies gilt gleichermaßen sowohl für die Planung als auch für den Bau.

Die aktuellen Typenentwürfe sind dafür gedacht sogenannte „Standard-Brücken“ zu ersetzen. Hier könnten die geschonten Ressourcen bei einer Vielzahl von verbleibenden hochkomplexen Bauwerken in einer Win-Win-Situation genutzt werden.

Das Typenentwürfe gestalterisch ansprechend sein können, wurde unter Beweis gestellt. Die scheinbar paradoxe Verknüpfung der Adjektive „einheitlich“ und „gestalterisch“ ist aufgrund der Parametrik aufgehoben. Die Typenentwürfe folgen mit den variierenden Parametern einer gewissen Individualität jedes einzelnen Bauwerks. So kann auch durch Normierung gestalterische Individualität entstehen.

Die Einsatzmöglichkeiten von Typenentwürfen sind bereits in sehr frühen Planungsphasen (z. B. Streckenfindungen, Ausbauquerschnitten, etc.) zu berücksichtigen. Hiermit können die grundsätzlichen Voraussetzungen für eine mögliche Anwendung geschaffen werden.

Die aktuellen Planungen zu den Typenentwürfen zeigen insbesondere bei den Unterbauten noch Optimierungspotentiale in Bezug auf den Einsatz von vorgefertigten Bauelementen (z. B. Anwendung der Fertigteilbauweise) auf. Hierdurch kann nicht nur die Bauzeit, sondern auch die Qualität und die Wirtschaftlichkeit, optimiert werden. Die Umsetzung der Bauleistung von den Typenentwürfen könnte über Rahmenverträge, mit qualifizierten Baufirmen, erfolgen. Hierdurch besteht die Chance die Effizienz bei der Bewältigung der Erneuerung von Infrastrukturmaßnahmen zu steigern.

Der aktuelle Stand der Typenentwürfe zeigt viel Potential. Mit den vorgestellten Planungen wurde über die integrierte Parametrik die grundlegende Idee aus den 90er Jahren in die Gegenwart transferiert.
Wir sind gespannt auf die weiteren Entwicklungen.

Literatur

[1] INTERNET (https://www.tip-berlin.de/wp-content/uploads/2021/10/imago0050308811h-scaled.jpg)

Innovative und nachhaltige Bauweise mit Widerlagern aus kunststoffbewehrter Erde (KBE) – ein prämiertes Schnellbausystem für Brücken

Dipl.-Ing. Thorsten Balder
HEITKAMP Brückenbau GmbH, Herne

Abstract
Um die Infrastruktur in Deutschland wieder zukunftsfähig zu machen, sind viele marode Bestandsbrücken in Deutschland durch neue Bauwerke, mit entsprechend höheren Lastanforderungen, zu ersetzen. Diese ambitionierte Aufgabenstellung mit möglichst wenig negativen Auswirkungen auf den Verkehr umzusetzen, erfordert innovative Bauweisen, die eine deutliche Reduzierung der Bauzeit und weniger Eingriffe in den Verkehrsraum ermöglichen. Langwierige und aufwendige Einschalarbeiten für die Herstellung von konventionellen Ortbetonwiderlagern gilt es hierbei zu ersetzen durch neue Technologien, die einen deutlich schnelleren Baufortschritt und damit auch ein Minimum an Verkehrsbehinderungen mit sich bringen. Mit der „HEITKAMP Schnellbaubrücke®" wurden genau diese Aspekte bei dem Pilotprojekt erfolgreich umgesetzt. Eine deutlich reduzierte CO_2-Bilanz und vollständige Rückbaubarkeit bei vollständiger Wiederverwendung der eingesetzten Materialien sind weitere zukunftsweisende Aspekte dieser modernen Bauweise, die im Juni 2023 beim Deutschen Brückenbaupreis mit dem Sonderpreis für nachhaltiges Bauen ausgezeichnet wurde.

Für den Ersatzneubau der Brücke „Stokkumer Straße" wurde der Stahlverbundüberbau inklusive Abdichtung und Kappen auf einem benachbarten Parkplatz abseits der Autobahn ohne Verkehrsbehinderungen hergestellt. Der ca. 40 m lange und 400 t schwere Überbau wurde mit Hilfe des SPMT-Einsatzes während einer Wochenendsperrung in die BAB A3 eingefahren und auf den Widerlagern abgesetzt. Die große Besonderheit dieses Ersatzneubaus bilden die Widerlager aus geokunststoffbewehrter Erde. Diese Baumethode ermöglicht es, die Widerlager innerhalb von wenigen Tagen herzustellen. Da es sich um eine noch nicht geregelte Bauweise handelte, wurden in enger Abstimmung mit dem BMVI und Straßen.NRW die entsprechenden Anforderungen und Nachweise zum Trag- und Verformungsverhalten der bewehrten Erde ausgearbeitet. Das Widerlager wurde mit einer umfassenden Messtechnik ausgestattet, um die Rechenannahmen zu verifizieren. Um alle zeitlichen Abläufe, technischen Schnittstellen und geometrischen Vorgaben im Vorfeld genau planen zu können, wurde dieses Projekt mit Hilfe der BIM-Methode geplant und modelliert. Mittweile wurde diese Bauweise sowohl nach der Flutkatastrophe im südlichen NRW (Swistbachbrücke L 182 bei Heimerzheim und die Brücke im Zuge der B56 über die Erft in Euskirchen) als auch im Bereich der Autobahn (z. B. BAB A43 Hochlarmarkstr., Recklinghausen und A40 Duisburg „Hafenbahn") erfolgreich umgesetzt.

1. Grundlagen

1.1 Ausgangssituation

In NRW hat das Verkehrsministerium in Zusammenarbeit mit Straßen.NRW ein 8-Punkte-Programm vereinbart, mit dem Ziel, Verkehrseinschränkungen durch Baustellen zu reduzieren [1]. Ein Baustein des 8-Punkte-Programms ist die funktionale Ausschreibung von Bauleistungen, in welcher keine detaillierte Leistungsbeschreibung vorgegeben wird, sondern im Wesentlichen Ziele definiert werden. Im Rahmen einer solchen Funktionalausschreibung wurde das Projekt „Ersatzneubau Stokkumer Straße" an die HEITKAMP Brückenbau GmbH aus Herne vergeben. Ziel von HEITKAMP war die Minimierung der Bauzeit durch innovative Bauverfahren. Im Rahmen eines Vorentwurfs wurden verschiedene Varianten diskutiert und schließlich in Abstimmung mit Straßen.NRW und dem BMDV festgelegt, die Brücke auf Widerlagern aus geokunststoffbewehrter Erde zu gründen. Zudem sollte der Brückenüberbau in Seitenlage auf einem benachbarten Parkplatz hergestellt und mit Hilfe des SPMT-Einsatzes (self propelled modular transporter) in Endlage transportiert werden. Die Sperrung des überführten Wirtschaftsweges sollte nicht länger als 80 Tage andauern, und der Verkehr auf der BAB A3 nur an zwei Wochenendsperrungen beeinflusst werden.

1.2 Das Brückenbauwerk

1.2.1 Das Bestandsbauwerk

Das zu ersetzende Bestandsbauwerk dient der Überführung eines Wirtschaftsweges über die BAB A3 bei Emmerich an der niederländischen Grenze. Der einfeldrige, ca. 6,5 m breite Brückenüberbau ist in Längsrichtung vorgespannt und wurde als zweistegiger Plattenbalken ausgeführt. Bei einer Stützweite von 34 m und einer Konstruktionshöhe von 1,5 m ergibt sich eine Schlankheit von 22,7. Das Bestandsbauwerk wurde im Jahr 1961 erbaut und als Brückenklasse 12 nach DIN 1072 bemessen. Die vorhandene geringe Brückenklasse war Auslöser für Abbruch und Neubau der Brücke.

1.2.2 Neubau

Als Ersatzneubau wurde ein einfeldriger Verbundüberbau mit zwei dichtgeschweißten Stahlkästen und Ortbetonergänzung gewählt. Die Querschnittshöhe beträgt 1,45 m bei einer Stützweite von 36,8 m. Die Stützweite wurde im Vergleich zum Bestandsbauwerk vergrößert, da die Belastung nicht direkt an der Kante der bewehrten Erde-Konstruktion eingeleitet werden sollte. Es ergab sich somit eine Schlankheit von 25. Die dichtgeschweißten Kästen wurden in S355, die 25 cm dicke Ortbetonergänzung mit Beton der Festigkeitsklasse C35/45 ausgeführt. Die Bemessung erfolgte nach DIN EN 1993 für das LM1 nach DIN EN 1991.

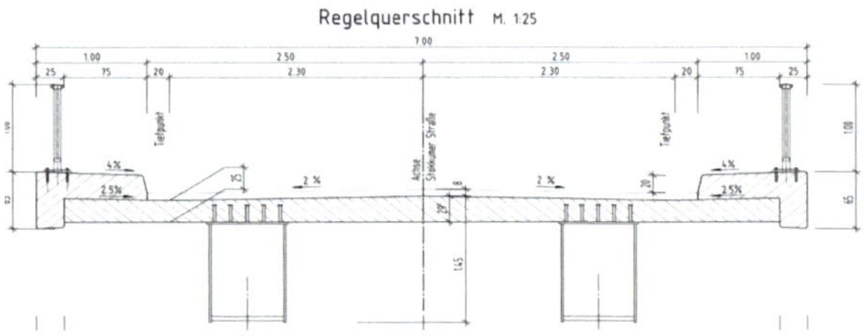

Abb. 1: Bauwerksentwurf – Regelquerschnitt

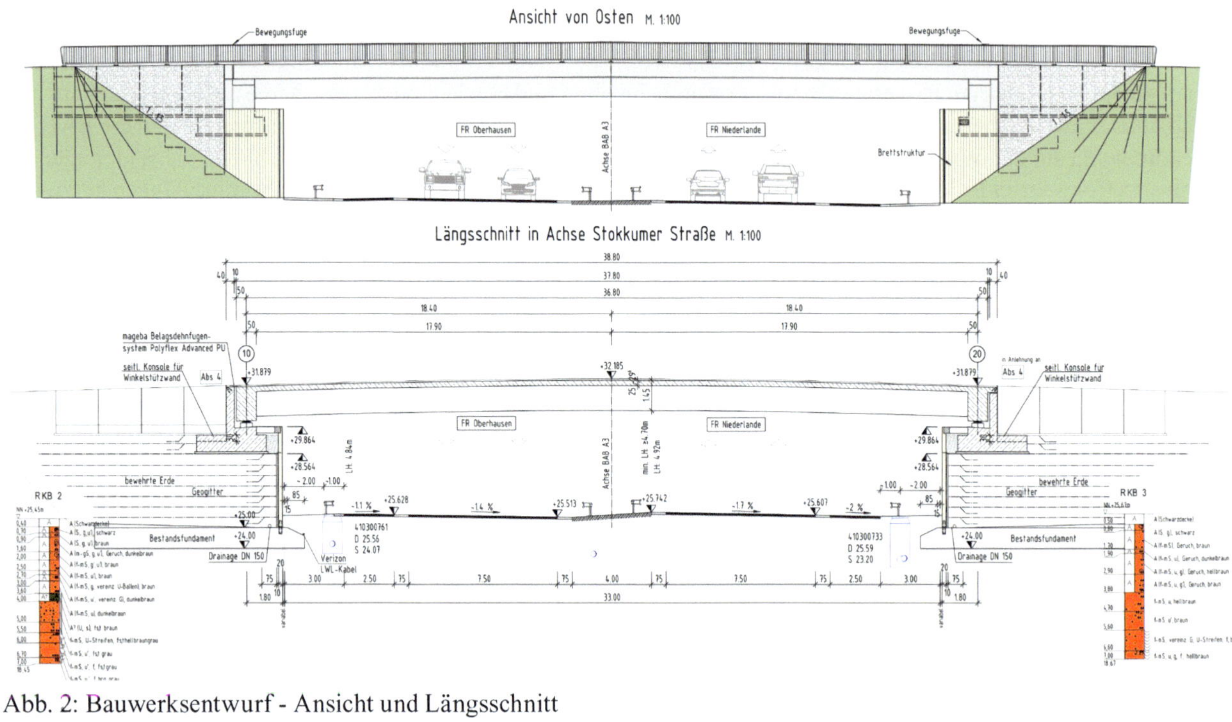

Abb. 2: Bauwerksentwurf - Ansicht und Längsschnitt

Der Brückenüberbau lagert auf Stahlbetonbalken in Ortbetonbauweise auf. Die Stahlbetonbalken wurden oberhalb der bewehrten Erde angeordnet und ermöglichen die Unterbringung von Lagersockeln, Pressenansatzpunkten sowie den Einbau der Übergangskonstruktion in Kammerwand und Überbau. Im Endausbau wurde die bewehrte-Erde-Konstruktion mit Stahlbetonfertigteilen verkleidet. Diese wurden auf Konsolen, die an das Bestandsfundament angeschlossen waren, aufgestellt und an der Oberseite durch einen U-förmigen Ortbetonbalken ausgesteift. Die Bemessung der Fertigteile erfolgte für Windlasten und Silodruck.

Im Bereich der Flügelwände, die durch Winkelstützwände gebildet werden, erfolgte eine Verkleidung mit Gabionenwänden, die horizontal an die bewehrte Erde-Konstruktion angeschlossen wurden. Dazu wurden Geogitter in die Gabionenfugen eingelegt und im Erdkörper verankert.

2. Widerlager aus geokunststoffbewehrter Erde

2.1 Grundlagen

Geokunststoffbewehrte Stützkonstruktionen sind eine seit langem etablierte Bauweise als Alternative zu klassischen Bauweisen, z. B. Ortbetonstützwänden. Die Verwendung geosynthetischer Bewehrungsprodukte hat hier sowohl ökologische als auch ökonomische Vorteile.

KBE (Kunststoff Bewehrte Erde) Konstruktionen zeichnen sich im Vergleich zu konventionellen Bauweisen im Wesentlichen durch folgende Vorteile aus:

1. Duktiles Tragverhalten ermöglicht reduzierte Anforderungen an Baugrund und Hinterfüllmaterialien.
2. Schnelle und daher kostengünstige Herstellung oder Entsorgung (bei temporären Konstruktionen) mit konventionellem Erdbaugerät.
3. Geringes globales Erwärmungspotenzial (GWP) durch deutlich weniger Einsatz von Beton in der Konstruktion (gegenüber klassischem Stahlbetonwiderlager hier Einsparung von ca. 67 % CO_2) bei minimalen Eingriffen in den Verkehr und sehr kurzer Bauzeit.
4. Vielfältige architektonische Gestaltungsmöglichkeiten.

2.2 Geokunststoffbewehrte Brückenwiderlager

Im benachbarten europäischen Ausland (Niederlande, Polen, Großbritannien etc.) ist der Einsatz von KBE-Konstruktionen bereits an einigen Projekten auch in Brückenwiderlagern erfolgreich umgesetzt worden. Die hohe Belastbarkeit derartiger Bauwerke bei gleichzeitig geringen Verformungen ist bereits aus diversen Stützbauwerken, anderen Referenzbauwerken und Untersuchungen nachgewiesen. Daher sollte in Abstimmung mit dem BMDV und Straßen.NRW diese Bauweise auch im Pilotprojekt an der Stokkumer Straße als zentraler Bestandteil der Widerlager des Ersatzneubaus erstmalig in Deutschland eingesetzt werden. Dies ist für ein Brückenbauwerk mit den bereits beschriebenen Abmessungen und Randbedingungen bisher einzigartig. Nach den außerordentlich guten Erfahrungen aus dem Pilotprojekt konnten 2021 mit dieser Bauweise im Verantwortungsbereich von Straßen.NRW drei zerstörte Brücken im Bereich der Flutkatastrophe sehr schnell durch Neubauten ersetzt werden (u. a. Swistbachbrücke L182 bei Heimerzheim, Brücke B56 über die Erft in Euskirchen) als auch mittlerweile bei der Autobahn GmbH (z. B. BAB A43 Recklinghausen A-BW Hochlarmarkstraße und in der A40 Duisburg Neuenkamp A-BW Hafenbahn) wichtige Ersatzneubauten in kürzerer Zeit als nach Bauherrenentwurf umgesetzt werden. Durch die Maßnahmen konnte die Bauzeit um ein erhebliches Maß reduziert werden. In der neuen Überarbeitung der ZTV-Ing wird die Bauweise dann auch als Regelbauweise aufgeführt.

2.3 Materialien

Geokunststoffbewehrte Erdkörper sind grundsätzlich in der Lage, hohe Vertikalspannungen bei geringer Verformung abzutragen. Voraussetzung hierfür ist jedoch, dass der Erdkörper mit scherfestem und gut verdichtbarem Bodenmaterial ausgeführt wird. Außerdem sollten Geogitterbewehrungen verwendet werden, welche sich durch eine hohe Dehnsteifigkeit und geringes Kriechverhalten auszeichnen. Im vorliegenden Projekt wurde entschieden, diese Anforderungen mit Hilfe eines relativ stark schluffigen, leicht kiesigen Fein- bis Mittel-sandes zu erfüllen, welcher durch Zugabe von Mischbindemittel insbesondere zur Erhöhung der Steifigkeit verbessert wurde. Ein wesentlicher Grund für die Wahl dieses Erdstoffes war dessen Verfügbarkeit in geringer Transportentfernung. Als Geogitter kam ein hochzugfestes biaxiales Geogitter aus dem Rohstoff PVAL (Polyvinylalkohol) zur Anwendung. Die Kurzzeitfestigkeit dieses Materials beträgt 400 kN/m, ferner zeichnet sich das gewählte Geogitter durch seine Langzeitbeständigkeit in alkalischem Milieu aus. Geogitter aus dem Rohstoff PET hingegen verlieren in alkalischer Umgebung sehr schnell an Festigkeit und konnten daher nicht verwendet werden. Alle Materialien sind vollständig rückbau- und recyclebar.

2.4 Messprogramm

Aufgrund der nicht geregelten Bauweise von Brückenwiderlagen als KBE-Konstruktion war für die Maßnahme die Erteilung einer Zustimmung im Einzelfall (ZiE) und damit verbunden eine geeignete messtechnische Begleitung erforderlich. Ziel des Messprogramms ist die Verifizierung der Berechnungsansätze bzw. der Verformungsprognosen und die Gewährleistung des Sicherheitsniveaus im Sinne der Beobachtungsmethode nach DIN 1054. Es wurden auch umfangreiche Belastungstests (u. a. auch Horizontalbremsversuch mit Verformungsmessungsmessungen) durchgeführt, um die Tragreserven der Konstruktion bewerten zu können. Alle gemessenen Werte lagen deutlich unterhalb der Prognosen. Setzungen treten aus der Konstruktion an sich durch die hohen Anforderungen an den Verdichtungsgrad des Erdkörpers im Wesentlichen gar nicht auf. Aus den durchgeführten Messungen wurden die in den Berechnungen prognostizierten Messungen um den Faktor 10 unterschritten (im IST ca. 4 mm). Diese Anteile kommen sogar im Wesentlichen aus dem Baugrund unterhalb der Konstruktion.

Abb. 3: 3D-Visualisierung Widerlagerkonstruktion Widerlager Stokkumer Straße

3. Bauausführung

3.1 Widerlager

Die Bauarbeiten im Bereich des Bestandsbauwerkes begannen mit den Rückbauarbeiten im Bereich des vorhandenen Wirtschaftsweges auf den Rampen und dem Freilegen des Brückenbauwerkes.
Für die später erforderliche Aufstellfläche der Fertigteilverkleidung wurde eine Fundamentverbreiterung erstellt. Am Wochenende ab dem 20.09.2019 um 22:00 Uhr wurde das alte Spannbetonbauwerk bis auf die Bodenplatte der Widerlager in einer ersten Vollsperrung der BAB A3 abgerissen und das Abbruchmaterial von der Baustelle gefahren. Am Sonntagmittag konnte die Autobahn wieder für den Verkehr freigegeben werden. Gänzlich ohne Beeinträchtigung des Autobahnverkehrs wurde dann in der darauffolgenden Woche parallel an beiden Achsen mit der Erstellung der geogitterbewehrten Erdwiderlager begonnen.
Für die schnelle und reibungslose Ausführung wurden im Vorfeld in einem 1:1 maßstäblichen Probefeld die Einbautechniken und Geräteeinsätze optimiert und das Personal geschult. Durch diese Maßnahmen konnten die erforderlichen Einbaulagen des geogitterbewehrten Erdkörpers innerhalb von nur einer Woche bis UK Auflagerbalken fertiggestellt werden. Mit den einzelnen Schüttlagen erfolgte die Baugrubenverfüllung. Im östlichen Widerlager musste mit der geogitterbewehrten Erde umfangreiche Messtechnik in unterschiedlichen Lagen für das spätere Monitoring der Konstruktion eingebaut werden.
Oberhalb der KBE-Konstruktion wurden dann die Stahlbetonauflagerbalken mit den Kammerwänden und den späteren Lagersockeln in Ortbetonbauweise errichtet. Auch diese Arbeiten wurden parallel an beiden Achsen durchgeführt. Es folgte die Montage der dahinterliegenden Winkelstützelemente, die als Flügelersatz dienen.
Diese Arbeiten nahmen ein Zeitfenster von ca. einem Monat in Anspruch. Danach wurden die hinter dem Auflagerbalken liegenden Bereiche der geogitterbewehrten Erde aufgebaut und die Baugruben weiter verfüllt. Währenddessen wurde auch die unabhängig vor dem Erdwiderlager stehende Betonvorsatzschale aus Stahlbetonfertigteilen als Widerlagerverkleidung an beiden Seiten der Autobahn montiert, die Gabionen im Flügelbereich aufgestellt, verfüllt und die Bauwerksausstattung (Entwässerungsrinne und Böschungstreppen) komplettiert

3.2 Überbau

Die Arbeiten an dem aus zwei Stahlhohlkästen bestehenden Stahlverbundüberbau begannen Anfang August mit der Sperrung des zum Brückenbauwerk nahegelegenen Autobahnparkplatzes „Hohe Heide“. Nach einigen vorbereitenden Tätigkeiten wurde hier das Traggerüst für die Herstellung des Überbaus aufgebaut. Mit der Anlieferung und dem Ablegen der Stahlhohlkästen auf den Stütztürmen und dem Aufbau der Schalung für die Verbundbetonplatte wurden die Leistungen fortgeführt. Es folgten der Einbau der Bewehrung für die Fahrbahnplatte und der Endquerträger. Die Lager wurden ebenso schon im Bereich der Endquerträger montiert, wie auch die Fahrbahnübergangskonstruktion an einem Überbauende eingebaut wurde. Die Fertigung des Überbaus erfolgte somit konventionell, lediglich räumlich versetzt zum späteren Brückenbauwerk. Die weiteren Arbeitsschritte waren das Aufbringen der Abdichtung, die Herstellung der Kappen samt Geländer und das Aufbringen der Schutzschicht.
Wichtig für die korrekte und passgenaue Herstellung des Überbaus waren die korrekten Vorgaben der Verformungen in den unterschiedlichen Bauzuständen, die damit im Zusammenhang stehenden Bauteilabmessungen und die sorgfältige Bauvermessung, damit der Überbau später in der Endlage zwischen die Widerlager passt.

3.3 Transport

Während der Planungsphase der Bauausführung spielte das später für das Einfahren des Überbaus nötige Transportkonzept eine wesentliche Rolle. Der sehr weiche Stahlverbundüberbau musste die aus den unterschiedlichen Transport- u. Lagerungszuständen auftretenden Belastungen schadensfrei überstehen. Daher musste das Transportkonzept frühzeitig festgelegt werden, damit diese Angaben in der Statik berücksichtigt werden konnten. Die Herstellung des ca. 400 Tonnen schweren Überbaus auf dem Parkplatz in Endhöhe hätte ein sehr hohes Traggerüst erfordert, unnötige Schwierigkeiten bei der Andienung des Bauteils mit allen erforderlichen Baustoffen verursacht und die Zugänglichkeit für die Arbeiter verkompliziert. Daher sah das Konzept vor, den Überbau auf einem tiefliegenden Traggerüst herzustellen und das fertige Bauteil mit einem Hubgerüst unter den Endquerträgern auf Einbauhöhe anzuheben, in der dann die Übernahme auf die SPMTs erfolgte. Die Anordnung der SPMTs für den darauffolgenden Längstransport konzentrierte sich in den Drittelspunkten des Überbaus mit frei auskragenden Endquerträgern. Diese unterschiedlichen Verformungen mussten planerisch in der Statik ebenso abgesichert und berücksichtigt werden, wie Setzungsdifferenzen in den Auflagerpunkten während der Fahrt. Durch mehrere gekoppelte Hydraulikkreise konnte für den Längstransport eine statisch bestimmte Lagerung erreicht werden.
Nur zwei Monate nach dem Brückenabbruch konnte der komplette Überbau in einem Stück in Endlage eingefahren werden. Dazu wurde am Vortag der zweiten Vollsperrung der BAB A3 der Überbau mit dem Hubgerüst angehoben und auf den SPMTs abgesetzt. In der Nacht wurde dann die Mittelstreifenüberfahrt für das Einfahren in Endlage hergestellt. Am Samstagmorgen des 23.11.2019 wurde in nur ca. 5 Stunden der Längstransport der Brücke über ca. 500 m und das Einfahren in Endlage erfolgreich durchgeführt. Der Überbau wurde auf temporären Absetzstapeln und Hydraulikpressen abgesetzt. In diesem Zustand konnten die vorbereiteten Lagersockel und die Lager vergossen werden. Es folgten die Rückbauarbeiten an der Mittelstreifenüberfahrt, be-

vor dann die Autobahn am Sonntagmorgen wieder freigegeben werden konnte.
Nachfolgend zum Einfahren des Überbaus wurden dann die letzten Arbeiten an der Übergangskonstruktion durchgeführt und der Straßenbau des Wirtschaftsweges komplettiert, so dass die Maßnahme innerhalb der 80 Tage-Vorgabe erfolgreich abgeschlossen werden konnte.

Abb. 4: Einfahren Überbau in Endlage in 2. Vollsperrung acht Wochen nach Abbruch

4. Zusammenfassung

Aus dem umgesetzten Pilotprojekt an der Stokkumer Straße, den zwischenzeitlich ausgeführten Projekten für erforderliche Ersatzneubauten im Rahmen der Flutkatastrophe von Straßen.NRW und den erstellten Ersatzneubauten in der Bundesautobahn A43 und A40 in NRW lässt sich zuverlässig ableiten, dass geogitterbewehrte Erdwiderlager eine sehr gut geeignete Bauweise sind, um den Abbau des in Deutschland vorhandenen Sanierungsstaus bei vielen kleinen und mittleren Brücken (Stützweiten bis ca. 40 m) effizienter voranzubringen. Neben einer deutlichen Bauzeitverkürzung erfordert die Bauweise weniger und kürzere Eingriffe in den Verkehr. Die Bauweise hat neben wirtschaftlichen Vorteilen auch eine deutlich bessere CO_2-Bilanz gegenüber der klassischen Stahlbetonbauweise (Einsparung bis zu 67 %). Durch die 100 % Quote der Rückbaubarkeit und die Verwendung örtlich zur Verfügung stehender Erdmassen, ist die Bauweise auch als besonders nachhaltig zu bewerten. «Wegweisend in Baugeschwindigkeit, Ressourcenschonung und CO_2-Einsparung – ein beachtenswerter Schritt auf dem Weg zum klimaneutralen Bauen», so das Urteil der Jury zum Deutschen Brückenbaupreis im Juli 2023, bestehend aus VBI und Bundesingenieurkammer unter der Schirmherrschaft des Bundesministeriums für Digitales und Verkehr, das die HEITKAMP Schnellbaubrücke® mit dem erstmalig vergebenen Sonderpreis für nachhaltiges Bauen auszeichnete.

5. Projektbeteiligte

Bauherr: Straßen.NRW, ANL Krefeld (nun Autobahn GmbH Rheinland)
Baufirma: HEITKAMP Brückenbau GmbH
Planung Bauwerk: Thomas & Bökamp Ingenieurgesellschaft mbH
Lieferant Systemkomponenten KBE: HUESKER Synthetic GmbH
Geotechnischer Prüfer: Prof. Dr.-Ing. Dietmar Placzek, c/o ELE Beratende Ingenieure GmbH, Essen
Bautechnische Prüfung: Dr.-Ing. Renato Eusani EZI Ingenieure, Solingen
Messtechnik: Fachhochschule Münster
BIM Begleitung: TU Dortmund

Literaturverzeichnis

Regelwerke, Normen, Vorschriften und Verordnungen

[1] Handout Infrastrukturpaket, 8. Mai 2018, Ministerium für Verkehr des Landes Nordrhein-Westfalen

TAE

Messwertgestützte Tragsicherheitsbewertung

Monitoring während der Bauphase einer Spannbetonbrücke: Änderung der modalen Bauwerksparameter und Optimierung der Referenzphase

Jan-Hauke Bartels, M. Sc.
Institut für Massivbau, Technische Universität Dresden

Dipl.-Ing. Arne Klimt
MKP GmbH, Lübeck

Prof. Dr.-Ing. Steffen Marx
Institut für Massivbau, Technische Universität Dresden

Zusammenfassung
Brücken sind wesentliche Infrastrukturbauwerke, die Mobilität und Handel ermöglichen. In Deutschland und auch international ist ein besorgniserregender Trend der Verschlechterung von Brücken zu beobachten, der die Instandhaltung vor große Herausforderungen stellt. Ein vielversprechender Ansatz für eine effizientere Instandhaltung ist der Einsatz von Bauwerksmonitoringsystemen zur kontinuierlichen Überwachung. Da dieser Messprozess ein Vergleichsprozess ist, hat sich in der Praxis die Messung einer einjährigen Referenzphase etabliert, um Zustandsänderungen am Bauwerk zuverlässig erfassen zu können. Bei Massivbrücken ist jedoch aufgrund des Abbindeprozesses des Betons unklar, wann der Endzustand für den Beginn dieser Referenzphase erreicht ist. In diesem Beitrag wird die Veränderung der modalen Bauwerksparameter an einer Spannbetonbrücke während der Herstellungsphase untersucht sowie der Zeitpunkt bestimmt, wann die Referenzphase des Bauwerksmonitorings beginnen sollte. Dazu wurden an einer Spannbeton-Forschungsbrücke über einen Zeitraum von 99 Tagen kontinuierlich Temperatur- und Beschleunigungsmessdaten erfasst und ausgewertet. Die Ergebnisse zeigen eine Änderung der Biegeeigenfrequenz um bis zu 28 % während der Bauphase, eine negative Korrelation zwischen Eigenfrequenz und Temperatur sowie eine positive Korrelation zwischen Eigenfrequenz und Entwicklung der Betondruckfestigkeit. Der schadensfreie Endzustand des Bauprozesses wurde 70 Tage nach Beginn der Messungen erreicht, was den Beginn der Referenzphase ab diesem Zeitpunkt empfiehlt. Festzuhalten ist, dass ein besseres Verständnis über den optimalen Startzeitpunkt von Bauwerksmessungen deren Betrieb zuverlässiger und robuster gegenüber Fehlinterpretationen macht und die Ergebnisse des Beitrags die Bedeutung einer ingenieurmäßigen Analyse der Messdaten unterstreichen.

1. Einleitung

Brücken sind essentielle Infrastrukturbauwerke, die Mobilität und effizienten Handel ermöglichen. Aufgrund seiner zentralen Lage in Europa spielt Deutschlands Verkehrsinfrastruktur eine Schlüsselrolle im europäischen Binnenmarkt. Allerdings zeigt sich sowohl international als auch in Deutschland ein besorgniserregender Trend zum Verfall von Brücken, was die Instandhaltung der Tragwerke vor erhebliche Herausforderungen stellt [1]. Statistiken der Bundesanstalt für Straßenwesen zeigen, dass über 60 % der Brücken an Bundesstraßen älter als 30 Jahre sind, wobei 4,6 % einen unbefriedigenden Zustand haben [2]. Um diesen Sanierungsstau abzubauen, soll die Zahl der zu modernisierenden Brücken im Vergleich zu 2021 verdreifacht werden [3]. Trotz eines positiven Trends bei der Zustandsbewertung des Gesamtbestands wird der Bauwerkserhalt in den kommenden Jahrzehnten an Bedeutung gewinnen. Dabei spielen Massivbrücken aus Spann- oder Stahlbeton eine entscheidende Rolle, da sie etwa 86 % des Bestands im Bundesfernstraßennetz abdecken [2], siehe Abb. 1. Um die Funktionsfähigkeit dieser Strukturen zu gewährleisten, sind immer größere Anstrengungen im Bauwerkserhalt erforderlich. In diesem Zusammenhang haben sich neben konventionellen Inspektionen auch Monitoringsysteme zur kontinuierlichen Überwachung etabliert, die Einwirkungen und Bauwerksreaktionen in Echtzeit erfassen und in die Sicherheitsbewertung einbeziehen.

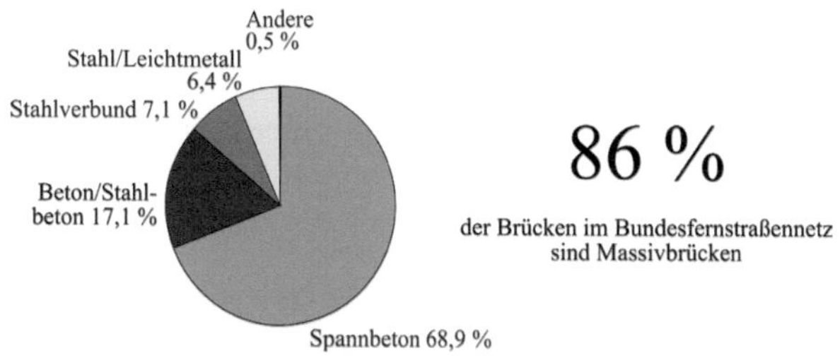

Abb. 1: Flächenanteil der Baustoffe von Brücken im Zuge von Bundesfernstraßen in Anlehnung an [2]

Der Bedarf an Brückeninstandhaltungsmaßnahmen wird voraussichtlich zunehmen, um die Lebensdauer zu verlängern und Ressourcen zu schonen, sodass der Einsatz effektiver Monitoringmaßnahmen entscheidend sein wird. Die Grundlagen des Monitoringprozesses (engl. *Structural Health Monitoring*, SHM) werden von Farrar und Worden (2013) in [4] beschrieben und als vierstufiger Prozess zur datenbasierten, kontinuierlichen Überwachung eines Bauwerks definiert:

1. Operative Bewertung der Messaufgabe
2. Datenerfassung und -vernetzung
3. Datenverarbeitung und Datenanalyse
4. Bewertung und Entscheidungsfindung

In der operativen Bewertung wird festgelegt, welche Bauteile des Tragwerks überwacht und welche Zustandsänderungen detektiert werden müssen. Dabei werden geeignete Messprinzipien und Sensoren ausgewählt. Die Sensoren werden am Bauwerk installiert und das Monitoringsystem kalibriert. Das Tragwerksverhalten wird kontinuierlich gemessen und die Daten werden in eine Datenbank übertragen sowie zeitsynchronisiert. In der Datenverarbeitung werden die Rohdaten gefiltert, bereinigt und normalisiert. Auf Basis dieser vorverarbeiteten Daten werden Überwachungsmerkmale definiert, mit denen der aktuellen Bauwerkszustand zu bewerten ist und Zustandsänderungen erkannt werden sollen. Bei signifikanten Änderungen wird eine Vor-Ort-Inspektion durchgeführt, um notwendige Instandhaltungsmaßnahmen zu ergreifen. Dieses Vorgehen ermöglicht eine frühzeitige Erkennung von Zustandsänderungen, was Vor-Ort-Inspektionen in weiter auseinander liegenden Intervallen erlaubt sowie Ressourcen sparen kann [5].

In dieser Arbeit wird ein Augenmerk auf den dritten Schritt im Monitoringprozess gelegt. In der Datenverarbeitung ist die Datennormalisierung ein essenzieller Schritt für die Bewertungsqualität einer Messung. Einwirkungen wie Temperatur oder Verkehr haben nachweislich einen erheblichen Einfluss auf die Messung [6], [7] und können, bei nicht durchgeführter Kompensation dieser Einflüsse, zu falschen Schlussfolgerungen zum Zustand führen. So sinkt beispielsweise der Elastizitätsmodul von Beton mit steigender Temperatur [8]. Häufig werden Beschleunigungssensoren für das Monitoring eingesetzt, um modale Bauwerksparameter wie Eigenfrequenzen und Eigenformen zu berechnen sowie ein numerisches Modell des Bauwerks an das reale Bauwerksverhalten anzupassen (engl. Model Updating) [9], [10]. Lokale Schäden beeinflussen die Eigenfrequenzen aber nur selektiv, während Temperaturänderungen einen globalen Einfluss haben. Um Umwelteinflüsse daher zuverlässig zu erfassen und aus den Rohdaten kompensieren zu können, wird oft eine einjährige Referenzphase als Trainingsphase verwendet. Bei Massivbaubrücken ist jedoch aufgrund des Abbindeprozesses des Betons unklar, welche inhärenten Unsicherheiten im dynamischen Bauwerksverhalten vorliegen und wann der Endzustand für den Beginn der Referenzphase erreicht ist.

Ziel dieses Beitrags ist es somit, die Veränderung der modalen Bauwerksparameter an einer Spannbetonbrücke während der Herstellungsphase zu bestimmen und basierend auf diesem Indikator eine Empfehlung für den Start der Monitoring-Referenzphase bei Spannbetonbrücken zu geben. Hierzu ist die Arbeit in fünf weitere Kapitel gegliedert. In Kap. 2 wird das Bauwerk mit seinen Randbedingungen und das verwendete Monitoringsystem beschrieben. Darauf aufbauend wird in Kap. 3 die messdatenbasierte Analyse der Bauwerkseigenfrequenzen analysiert. Diese Ergebnisse werden verwendet, um in Kap. 4 das numerische Modell abzugleichen. Die Arbeit schließt mit einem Fazit und einem Ausblick in Kap. 5. Mit dieser Arbeit wird die Auslegung von Monitoringsystem an Brückenbauwerken noch zuverlässiger, indem für die Anwenderinnen und Anwender ein Bewusstsein geschaffen wird, wann ein Monitoringsystem an Spannbetonbrücken initialisiert werden sollten, um eine sinnvolle Ergänzung in der Instandhaltungsstrategie von Brücken abzubilden.

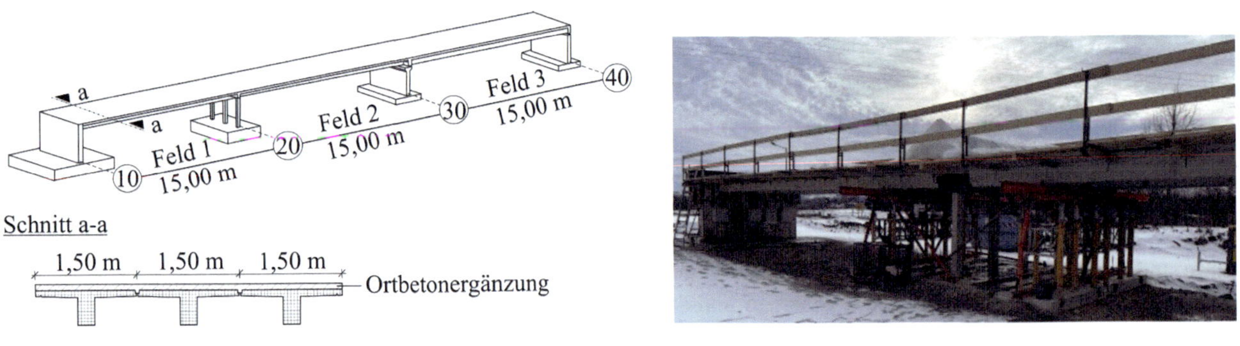

(a) (b)

Abb. 2: Darstellung des openLAB. (a) Isometrie und Querschnitt; (b) Aufnahme zum Zeitpunkt der Monitoringsystem-Installation

2. Das openLAB und sein Monitoringsystem

2.1 Das Bauwerk

Die Monitoringmaßnahmen werden an einer Forschungsbrücke, dem sogenannten openLAB, durchgeführt, welche konzipiert ist, um bis in den Bereich der starken Schädigung belastet zu werden. Es handelt sich um eine dreifeldrige Spannbetonbrücke mit einer Gesamtlänge von 45 m (3 × 15 m) und einer Breite von 4,5 m (Abb. 2). Die seit kurzem fertiggestellte Brücke steht auf dem Firmengelände der HENTSCHKE BAU GMBH in Bautzen. Die Felder 1 und 2 bestehen aus drei, jeweils 1,5 m breiten Fertigteilen (FT), die als Plattenbalkenquerschnitte realisiert sind. Verbunden werden die FT mit einer klassischen Ortbetonergänzung. Für Feld 3 werden hingegen FT eines Schnellbausystems ohne Aufbeton verwendet. Es werden lediglich Fugenvergüsse (bewehrt) durchgeführt, um die Lastverteilung in Querrichtung sicherzustellen. Durch die Integration zylindrischer Hohlkörper kann das Eigengewicht der Schnellbausysteme reduziert werden [11].

Bei der Bemessung des openLABs werden nur 25 % des Lastmodells 1 angesetzt, um relevante Beanspruchungszustände bis an den Grenzzustand der Tragfähigkeit zu erreichen. Daraus resultiert eine verhältnismäßig hohe Schlankheit von l/d = 15 m/0,59 m ≈ 25, wobei l die Spannweite und d die Querschnittshöhe (mit Ortbetonergänzung) ist.

Das openLAB verfügt über nennenswerte bauliche Besonderheiten. Zum einen sind über monolithische Anschlüsse die FT in den Achsen 10 und 20 kraftschlüssig mit den Unterbauten verbunden. Für den Übergang von Feld 2 zu Feld 3 in Achse 30 ist eine Verbindung aus einem zementgebundenen Ultra-Hochleistungs-Faserverbund-Baustoff (UHFB) vorgesehen. Die Fuge wird somit wasserdicht und lastabtragend überbrückt und eine schnelle Befahrbarkeit ist sichergestellt. Eine weitere Besonderheit stellt das Fundament in Achse 20 dar. Über eine Flächengleitlagerung können kontrollierte Verschiebungen in das Bauwerk eingetragen werden. Durch die Simulation der entstehenden Zwangsbeanspruchung kann die Auswirkung auf die semiintegrale Brücke beurteilt werden [11].

Jedes der drei Brückenfelder deckt einen eigenen Forschungsschwerpunkt ab. In Feld 1 werden typische bestandsprägende Schadensmechanismen für Spannbetonbrücken abgebildet. So werden im FT 1.1 Untersuchungen zur Koppelfugenproblematik und im FT 2.2 zur Spannungsrisskorrosion durchgeführt. Im FT 1.3 sind Bereiche mit reduzierter Querkrafttragfähigkeit realisiert. Ferner enthält das Feld 1 planmäßig Lunker und Kiesnester für diagnostische Untersuchungen. Es ist geplant, weitere Schäden, bspw. an den Spanngliedern, einzubringen. Das Feld 2 ist nach dem derzeitigen Stand der Technik errichtet und soll als Referenzgrundlage für den Vergleich mit spezifischen Schädigungsmechanismen im Spannbetonbrückenbau dienen. Das Feld 3 wird maßgeblich dazu genutzt die neuartige Fertigteilbauweise zu erproben und einen Beitrag zum ressourceneffizienten Bauen zu leisten.

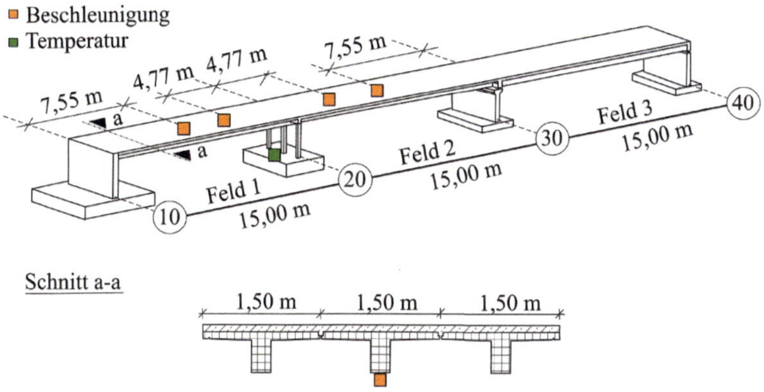

(a)

(b)

Abb. 3: Das Monitoringsystem am openLAB während des Bauprozesses. (a) Verortung der Beschleunigungssensoren und des Temperatursensors in isometrischer Darstellung und im Schnitt; (b) Foto eines an der Unterseite des mittleren Steges angebrachten Beschleunigungssensors

2.2 Das Monitoringsystem und die Zielgröße der Messung

Während der Bauphase werden vier Beschleunigungssensoren und ein Temperatursensor am Bauwerk eingesetzt, um Änderungen im globalen Tragwerksverhalten zu identifizieren. Die Verortung der Sensoren ist in Abb. 3 dargestellt. Die vier Beschleunigungssensoren werden in den Feldern 1 und 2 jeweils in Feldmitte und im Viertelspunkt an den mittleren Plattenbalken FT 1.2 und FT 2.2 mithilfe eine Zweikomponentenklebers appliziert. Die Sensorplatzierung ist mithilfe der Methode zur optimalen Sensorplatzierung und der Zugrundelegung der Fisher-Informationsmatrix bestimmt. Mit dieser Methode wird jeder potenzielle Sensorstandort mit einem Unabhängigkeitswert ausgestattet, der die Effektivität des Sensors darstellt. Der Wert gibt an, wie signifikant der Beitrag eines Sensors zum Gesamtergebnis der Eigenmoden ist. Zusammengenommen werden die Effektivitätswerte der einzelnen Sensoren in die Fisher-Informationsmatrix eingetragen und die Spur dieser Matrix kann berechnet werden, was eine Aussage über die Effektivität des gesamten Messsystems erlaubt. In diesem Verfahren geht eine steigende Effektivität des Messsystems mit einer sinkenden Spur der Matrix einher. Der Iterationsprozess wird so lange durchgeführt, bis die vorgegebenen Kriterien erfüllt sind, also bspw. die maximale Anzahl der Sensoren (hier vier Beschleunigungssensoren) oder die Unabhängigkeit aller Sensoren einen Mindestwert (z. B. 95 %) übersteigen. Weitere Erläuterung hierzu können bspw. in [12] nachgelesen werden. Ein Temperatursensor ist am Fundament der Achse 20 angebracht, um die Betonoberflächentemperatur zu messen. Ziel der Beschleunigungsmessung ist es, das dynamische Tragverhalten des Brückenüberbaus über die Zeit zu erfassen und eine Aussage darüber zu treffen, ab wann die Referenzphase des Monitorings bei Spannbetonbrücken beginnen sollte. Hierzu werden die Eigenfrequenzen der Felder 1 und 2 als Ergebnisgrößen analysiert.

Tab. 1: Messzeitraum und Informationen zum Herstellungsprozess

Datum	Tag	Anmerkung
22.01.2024	–10	Installation des Monitoringsystems
01.02.2024	0	Betonage der Ortbetonergänzung
22.02.2024	21	Traggerüstabsenkung
28.02.2024	27	Erreichen der 28-Tage-Betondruckfestigkeit
30.04.2024	89	Ende der Messung

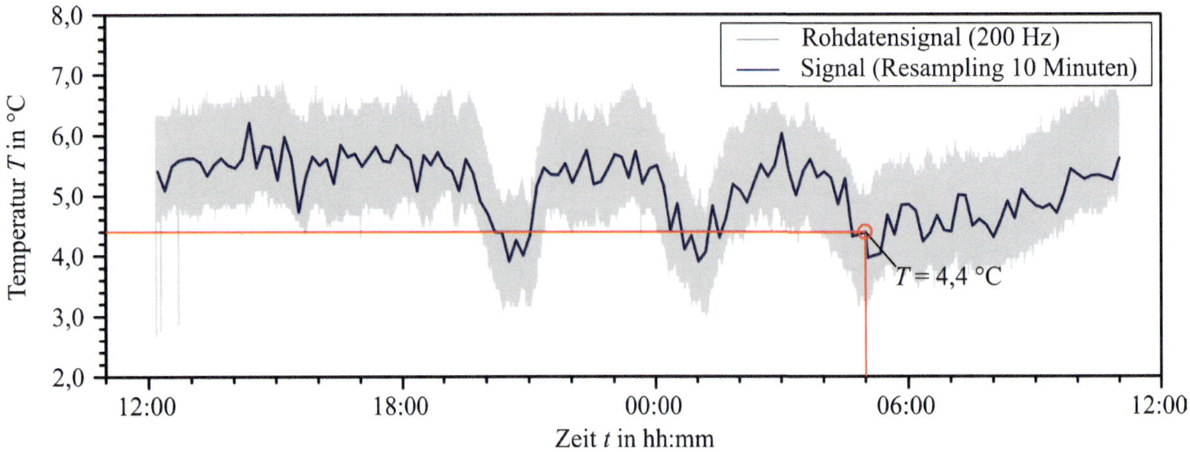

Abb. 4: Betonoberflächentemperatur vom 22.01.–23.01.2024 im Tag-Nacht-Wechsel als Rohdatensignal mit einer Abtastrate von 200 Hz und im 10-Minuten-Intervall

Für die Messung des dynamischen Bauwerksverhaltens werden IEPE-Beschleunigungssensoren (engl. Integrated Electronics Piezo Electric) eingesetzt. Dieser Sensortyp bietet gegenüber MEMS-Beschleunigungs¬sensoren (engl. Micro Electro Mechanical Systems) den Vorteil, dass sie niederfrequente Bauwerks¬schwingungen zuverlässiger und rauschärmer erfassen können. Konkret werden einachsige IEPE-Sensoren verwendet, die die Beschleunigung in vertikaler Überbaurichtung messen. Experimentelle Untersuchungen mit diesen IEPE-Sensoren zeigen, dass im Vergleich zu den MEMS-Sensoren besonders niedrige Eigenfrequenzen und weniger verrauschte Messungen aufgezeichnet werden können. Eine detaillierte Untersuchung zum spezifischen Sensorverhalten wurde durch die Autoren in [13] vorgenommen. Die Temperatur wird mit einem PT 100 gemessen. Der Sensor funktioniert nach dem Prinzip, dass sich der elektrische Widerstand proportional der Temperatur ändert, wobei ein Widerstand von 100 Ω einer Temperatur von 20 °C entspricht. Der Zeitraum, in dem das dynamische Bauwerksverhalten ermittelt wird, ist in Tab. 1 aufgelistet.

Insgesamt wird über 99 Tage kontinuierlich mit einer Abtastrate von 200 Hz gemessen, ohne dass es zu Verkehrseinwirkungen auf der Forschungsbrücke kommt, wobei die Betonage der Ortbetonergänzung als Tag 0 interpretiert wird, da ab diesem Zeitpunkt die sukzessive Veränderung des Bauwerksverhaltens im Herstellungsprozess beginnt. Traggerüstabsenkung und Erreichung der 28-Tage-Betondruckfestigkeit sind ebenfalls wesentliche Zeitpunkte, die zu einer abrupten Zustandsänderung des Bauwerks führen. Alle Rohdaten der Beschleunigungs- und Temperaturmessungen, einschließlich einer ausführlichen Dokumentation des Testprogramms sind im Datenarchiv Zenodo hochgeladen [14]. Die Daten sind unter dem folgenden Link abrufbar:

https://doi.org/10.5281/zenodo.10782663

Die Daten sind als interoperable *.CSV-Dateien hochgeladen und downloadbar. Die erfassten Rohdaten seien für die Temperatur und für einen Beschleunigungssensor beispielhaft in Abb. 4 und Abb. 5 gezeigt.

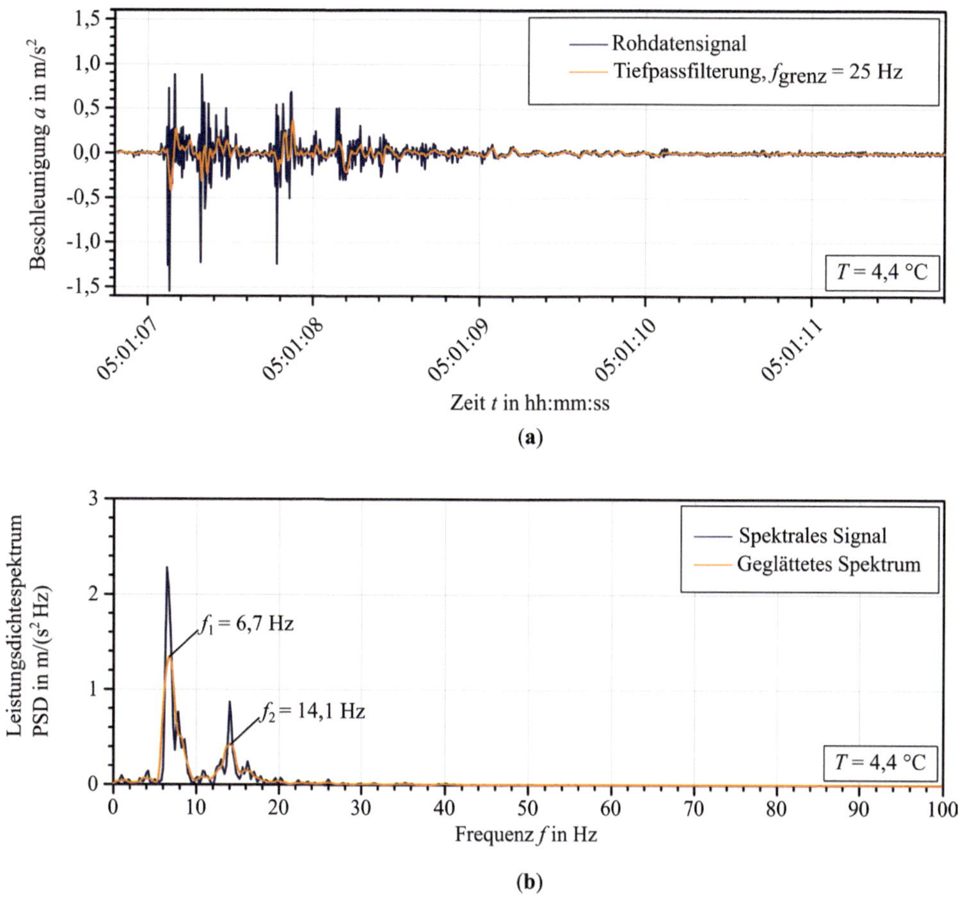

Abb. 5: Typische Beschleunigungsmessdaten, hier am 23.01.2024 um 05:01 Uhr in Feld 2 bei einer Betonoberflächentemperatur von $T = 4{,}4$ °C. (**a**) Messdaten im Zeitbereich (ohne und mit Tiefpassfilterung); (**b**) Leistungsdichtespektrum (ohne und mit Glättung). Die Abtastrate beträgt 200 Hz

Der Temperaturgradient beträgt für den betrachteten Tag-Nacht-Wechsel vom 22.01.2024 bis zum 23.01.2024 ca. 2 K, wobei die Temperaturmessung selbst einer Streuung von ca. ± 1 K unterliegt. Die Messung der Temperatur ist wichtig, da das Bauwerk mit seinen mechanischen Eigenschaften wie Elastizitätsmodul auf Temperaturwechsel reagiert und damit auch die Eigenfrequenz des Tragwerks verändert wird. Für die Bewertung des dynamischen Tragverhaltens des Brückenüberbaus sind die Beschleunigungsmessdaten über die Zeit mithilfe der Fast-Fourier-Transformation (FFT) in den Frequenzraum zu überführen, da hiermit die modalen Eigenfrequenzen des Systems identifiziert werden können. Die Überführung aus dem Zeit- in den Frequenzbereich erfolgt über das Fourier-Integral:

$$\underline{X}(f) = F\{x(t)\} = \int_{-\infty}^{\infty} x(t) e^{-i2\pi f t}\, dt. \tag{1}$$

In dieser Gleichung ist $\underline{X}(f)$ die Fourier-Transformierte aus dem Zeitsignal $x(t)$, die über die komplexe Form (komplexe Schwingungen und komplexe Fourier-Koeffizienten) als Exponentialfunktion und der komplexen Zahl i sowie mit der Frequenz f beschrieben wird. Diese Integration über die Zeit überführt das Rohdatensignal aus dem Zeitbereich in den Frequenzbereich. Nähere Angaben zur Fourier-Transformation können bspw. in [15] und [16] nachgelesen werden. Das Bauwerk selbst wird durch ambiente Schwingungen angeregt, d. h. ausschließlich infolge Anregungen aus der Umgebung. In unmittelbarer Nähe des Bauwerks führt die Bundesstraße B156, die zwischen den sächsischen Orten Großräschen und Bautzen verläuft. Durch den landwirtschaftlichen Verkehr und insbesondere durch den Schwerlastverkehr werden Schwingungen im Baugrund übertragen, die das Bauwerk dynamisch anregen. Die Ermittlung der Biegeeigenfrequenzen des Brückenüberbaus erfolgt in mehreren Schritten, beginnend mit der Analyse des Rohdatensignals im Zeitbereich. Es werden manuell Signalfenster identifiziert, die signifikante Schwingungsänderungen aufweisen. In Abb. 5 (**a**) ist ein Zeitbereich von etwa 5 Sekunden dargestellt, in dem ein vorbeifahrendes Fahrzeug die Brücke dynamisch anregt. Eine vorausgegangene numerische Modellierung der Brücke hat ergeben, dass die ersten beiden Biegeeigenfrequenzen unterhalb von 25 Hz liegen. Daher wird das Rohdatensignal einer Tiefpassfilterung mit einer Grenzfrequenz von $f_{grenz} = 25$ Hz unterzogen, um Störsignale aus der Umgebung zu minimieren. Die gemessene Temperatur während dieser dynamischen Brückenanregung beträgt $T = 4{,}4$ °C, vgl. Abb. 4 und Abb. 5. Mithilfe der Fourier-Transformation wird das gefilterte Rohdatensignal in das Frequenzspektrum überführt und als Leistungsdichtespektrum dargestellt, siehe Abb. 5 (**b**). Da das Spektrum einer gewissen Unsicherheit unterliegt (alle Beschleunigungsmessungen und die daraus resultierenden Größen unterliegen einer gewissen statistischen Unsicherheit), wird es geglättet, um die Peaks besser identifizieren zu können. Dieses Vorgehen ermöglicht die Definition der Biegeeigenfrequenzen des Brückenüberbaus. Das Leistungsdichtespektrum zeigt die erste Biegeeigenfrequenz bei etwa $f_1 = 6{,}7$ Hz und die zweite Biegeeigenfrequenz bei $f_1 = 14{,}1$ Hz. Das dynamische Verhalten des Überbaus dient als Grundlage für die numerische Modellierung und die damit verbundene Modellaktualisierung in Kap. 4. Für Letztere ist vor allem zu klären, wie die Randbedingungen des Brückentragwerks während des Bauprozesses definiert sind.

2.3 Randbedingungen des Brückentragwerks

Die Auswertung der Messdaten erfolgt unter Berücksichtigung verschiedener Ereignisse im Bauprozess. Insgesamt sind drei statische Systeme im Messzeitraum zu unterscheiden, welche nachfolgend näher beschrieben werden und in Abb. 6 dargestellt sind. Zustand 1 beschreibt den Zeitpunkt, an dem die FT eingehoben werden. Gelagert werden die FT im Feld 1 auf dem zuvor fertiggestellten Widerlager (Achse 10) und einem Traggerüst, welches 2,5 m vor der eigentlichen Stütze in Achse 20 positioniert wird. Die FT im Feld 2 lagern ebenfalls auf einem 2,5 m eingerückten Traggerüst und der Stütze in Achse 30. Da die FT in diesem Zustand nicht auf der Stütze in Achse 20 aufliegen, handelt es sich um einen Einfeldträger mit Kragarm (Abb. 6 (**a**)). Mit der Anfang Februar 2024 aufgebrachten Ortbetonergänzung auf die FT startet der Betonabbindeprozess, der zu einem monolithischen Verbund zwischen Überbau und Widerlager (Achse 10) sowie der Stütze (Achse 20) führt, vgl. hierzu Tab. 1. In Achse 10 stellen die Widerlagerwand und die FT eine Rahmenecke dar und in Achse 20 bildet sich ein biegesteifer Anschluss an die Stütze. In Achse 30 besteht keine kraftschlüssige Verbindung zum Feld 3, weswegen an dieser Stelle eine gelenkige Auflagerung angenommen wird.

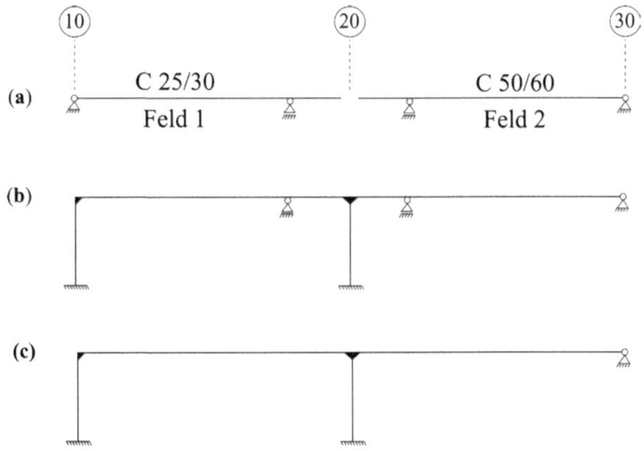

Abb. 6: Statische Systeme im Bauzustand: (a) Zustand 1: Einheben der FT; (b) Zustand 2: Ortbetonergänzung; (c) Zustand 3: Zustand nach Absenkung des Traggerüsts

Das neue statische System spiegelt den Zustand 2 wider (Abb. 6 (**b**)), bei dem die FT allerdings noch auf den Traggerüsten links und rechts der Stütze (Achse 20) aufliegen. Das Absenken der Traggerüste am 22.02.2024 realisiert den Endzustand des Tragsystems. In Abb. 6 (**c**) verdeutlicht dies der Zustand 3.

3. Die Veränderung der Eigenfrequenzen durch die Ortbetonergänzung

Entsprechend der Vorgehensweise in Kap. 2.2 wird die erste Biegeeigenfrequenz über die Zeit analysiert, um den Einfluss von Systemveränderungen während der Bauphase zu analysieren. Es kann durchaus sinnvoll sein, die zweite oder dritte Biegeeigenfrequenz als Analysemetrik hinzuzuziehen, da die Berücksichtigung mehrerer Eigenfrequenzen empfindlicher auf Zustandsänderungen im Bauwerk reagieren als nur eine Biegeeigenfrequenz [17], [18]. In diesem Beitrag wird nur die erste Biegeeigenfrequenz gewählt, da die tatsächlichen Bauwerksschwingungen aufgrund der ambienten Anregung für die Bestimmung dieser Biegeeigenfrequenz groß genug sind, um die modalen Frequenzen mit geringer Unsicherheit zu identifizieren. Die Ergebnisse dieser Systemidentifikation sind in Abb. 7 dargestellt. Abb. 7 (**a**) zeigt die Eigenfrequenz als Funktion der Zeit. In Abb. 7 (**b**) ist die Temperatur zum Zeitpunkt der jeweiligen Eigenfrequenzmessung dargestellt. Über den gesamten Zeitraum werden Eigenfrequenzen zwischen 4,6 Hz und 7,25 Hz gemessen, was einer prozentualen Änderung von bis zu 28 % gegenüber der Anfangsmessung entspricht.

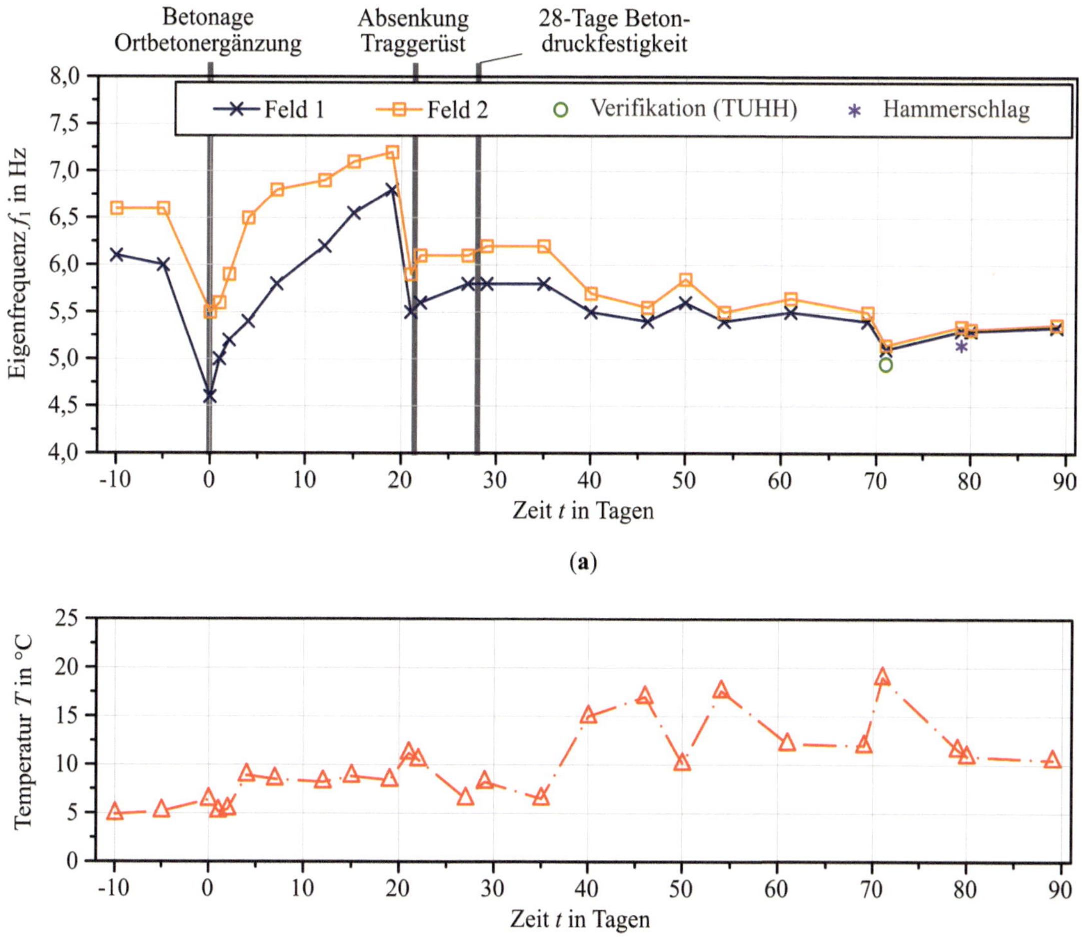

(b)

Abb. 7: Zeitinvariantes Tragwerksverhalten des Überbaus. (**a**) Eigenfrequenz f_1 über die Zeit mit relevanten Zeitpunkten in der Baumaßnahme; (**b**) Temperatur T über die Zeit

Eine Vergleichsmessung der Technischen Universität Hamburg-Harburg (TUHH) an Tag 71 mit einem anderen piezoelektrischen Beschleunigungsaufnehmer verifiziert die mit den eingesetzten IEPE-Sensoren ermittelten Eigenfrequenzen. Da die ambiente Anregung relativ schwache Schwingungen am Überbau hervorruft, wurde der Überbau an Tag 80 zusätzlich mit einer Kopfpunktanregung durch einen Hammerschlag angeregt. Trotz einer minimalen Abweichung zwischen Eigenfrequenz infolge Hammerschlags und ambienter Anregung wird das Vorgehen zur Berechnung der modalen Eigenfrequenz als valide angesehen. Aus Abb. 7 lassen sich drei wesentliche Aspekte ableiten.

Der erste Aspekt zeigt, dass sich das dynamische Verhalten des Überbaus im Laufe der Bauzeit ändert. Zu Beginn der Messungen sind die beiden Felder (Feld 1 und Feld 2) der Brücke voneinander entkoppelt und nicht monolithisch mit dem Unterbau verbunden, sodass sich die FT der beiden Felder getrennt voneinander bewegen können. Es ist zu beobachten, dass die Eigenfrequenz von Feld 1 niedriger ist als die von Feld 2, was auf die geringere Betonfestigkeit und den damit verbundenen geringeren Elastizitätsmodul von Feld 1 (C25/30) im Vergleich zu Feld 2 (C50/60) zurückzuführen ist. Bleibt der Fokus auf einem der beiden Felder, z. B. Feld 1, zeigt es signifikante Änderungen der Eigenfrequenzen während des Bauprozesses. Am Tag 0 wurde die Ortbetonschicht gegossen, was die Eigenfrequenz aufgrund der zusätzlichen Masse ohne Steifigkeitserhöhung deutlich verringert. Das Absenken des Traggerüsts am Tag 22 bewirkt eine weitere Abnahme der Eigenfrequenz, da die Stützweite von Feld 1 abrupt zunimmt. Mit dem Überschreiten der 28-Tage-Betondruckfestigkeit, und dem sukzessiven Abbinden des Betons, werden die ehemals konstruktiv getrennten FT zu einem Zweifeldträger mit einer starren Rahmenecke in Achse 10 und Achse 20, was zu einem Anstieg der Eigenfrequenz bis zum Tag 35 führt. Der Vergleich zwischen Feld 1 und Feld 2 zeigt, dass sich die Eigenfrequenzen im Laufe der Zeit annähern, da die getrennten Felder durch das fortschreitende Abbinden der

Ortbetonergänzung zu einem monolithischen Tragsystem werden.
Neben der Zeitabhängigkeit der Eigenfrequenz ist auch eine Temperaturabhängigkeit der Eigenfrequenz in Abb. 7 sichtbar. Diese Beobachtung stellt den zweiten signifikanten Aspekt der Untersuchung dar. Die Temperatur schwankt im betrachteten Zeitraum zwischen 5 °C und 20 °C. Zwischen Tag –10 und Tag 20 steigt die Temperatur sukzessive um 3 K an, was infolge der negativen Korrelation zwischen Temperatur und modaler Eigenfrequenz (höhere Temperatur bedingt geringere Steifigkeit des Materials) zu einer Abnahme der Eigenfrequenz führen sollte.

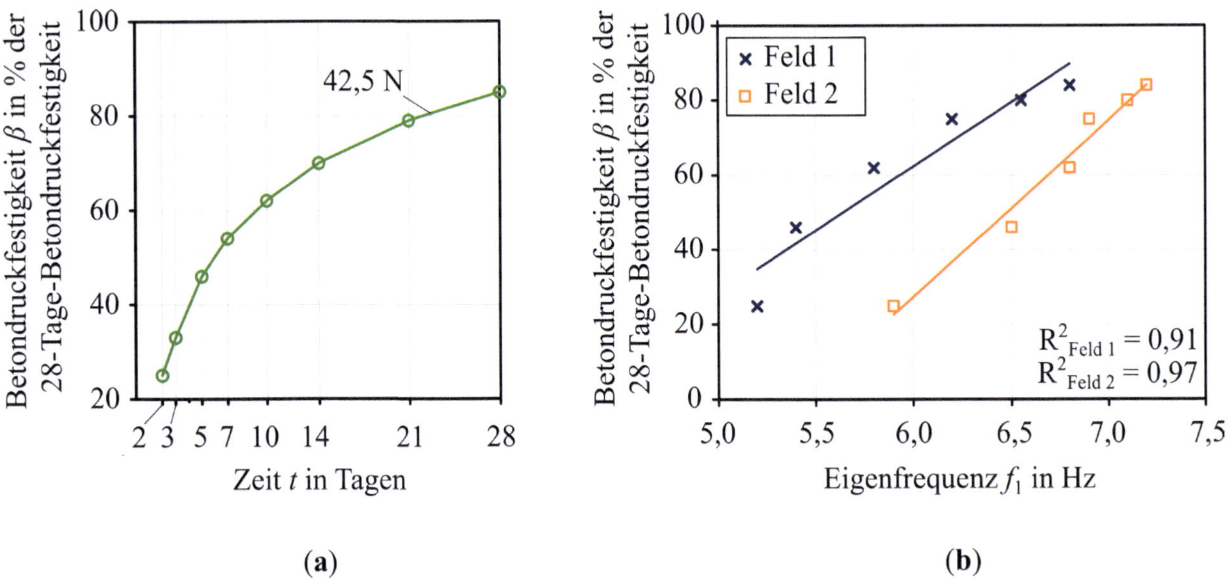

Abb. 8: Korrelationsanalyse zwischen Eigenfrequenz und Betondruckfestigkeitsentwicklung. (a) Entwicklung der Betondruckfestigkeit in % über die Zeit bei einer Lagertemperatur von 5 °C in Anlehnung an [18]; (b) Korrelation zwischen Eigenfrequenz und Betondruckfestigkeitsentwicklung

Dies ist jedoch nicht der Fall, da der Abbindeprozess des Betons einen größeren Einfluss auf die Eigenfrequenzänderung hat. Die Eigenfrequenz verändert sich somit infolge der Überlagerung aus Temperatur und Betonabbindeprozess. Mit zunehmender Messdauer überwiegt der Effekt der Temperaturschwankungen, da der Abbindeprozess abklingt. Dies ist bspw. am Tag 50 sichtbar, wo die Eigenfrequenz infolge Temperaturabfall signifikant zunimmt. Die Temperaturabhängigkeit der Bauwerkseigenfrequenz wurde erstmals in [8] beschrieben, die das hier beobachtete Verhalten des Brückenüberbaus bestätigt. Je höher die Temperatur, desto weicher wird der Überbau und desto geringer wird die modale Bauwerks-Eigenfrequenz.
Der dritte Aspekt, der im Zuge dieser Untersuchungen offensichtlich wird, ist die Korrelation zwischen Eigenfrequenz und Betondruckfestigkeitsentwicklung. Die Felder 1 und 2 gleichen sich nicht nur mit ihrer Eigenfrequenz an. Es wird auch in den einzelnen Feldern sichtbar, dass der Abbindeprozess des Betons einen Einfluss auf die Steifigkeit des Systems hat. Abb. 8 verdeutlicht dies. In Anlehnung an die DIN EN 12390-3 und DIN 1045-3:2023-08 werden in den Betontechnischen Daten, Abschnitt 10.5, Anhaltswerte für die Festigkeitsentwicklung des verwendeten Zements in Abhängigkeit von der Betontemperatur angegeben [19]. Die Betondruckfestigkeitsentwicklung des hier verwendeten Zements der Zementfestigkeitsklasse 42,5 N mit normaler Hydratationswärmeentwicklung zeigt in Abb. 8 (**a**), dass die Festigkeit nichtlinear ansteigt und zu Beginn einen höheren Zuwachs in der Festigkeit aufweist als am Ende der 28-Tage-Betonfestigkeit. Die Einflüsse wirken sich besonders stark auf die Anfangserhärtung in den ersten Tagen aus und sind in Abb. 7 vor allem zwischen Tag 0 und Tag 20 sichtbar. In diesem Zeitraum zeigt Abb. 8 (**b**) eine positive lineare Korrelation zwischen Eigenfrequenz und Betondruckfestigkeit für beide Felder. Je höher die Betondruckfestigkeit und damit die Steifigkeit des Materials, desto höher auch die Eigenfrequenz.
Eine abschließende Bemerkung in diesem Kapitel soll die ursprüngliche Forschungsfrage dieses Beitrags beantworten. Mit den drei genannten Aspekten zeigt sich, dass infolge der Temperaturabhängigkeit, der Betonfestigkeitsentwicklung und der Ausbildung des monolithischen Verbundes zwischen Über- und Unterbau eine gewisse Zeit vergehen muss, bevor die Monitoring-Referenzphase bei Spannbetonbrücken initialisiert werden sollte. In diesem Fall sind es bis zu 70 Tage nach Betonage der Ortbetonergänzung, bevor von einem finalen Referenzzustand ausgegangen werden kann. Diese konkrete Tagesangabe sollte als grober Richtwert verstanden werden und kann bei unterschiedlichen Herstellungsverfahren variieren.

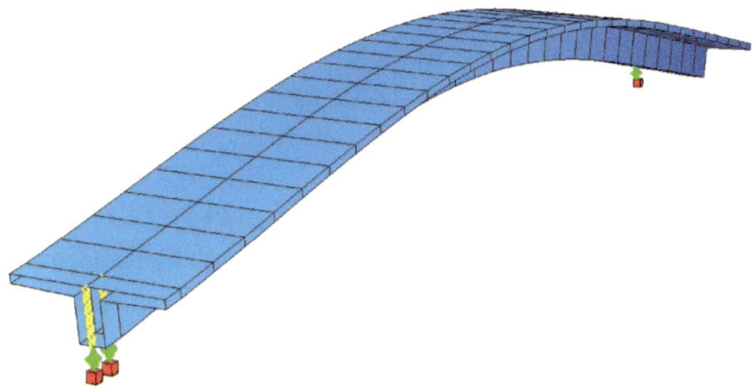

Abb. 9: Überhöhte Darstellung der ersten Biegeeigenfrequenz im Zustand 1

Dennoch zeigt das Ergebnis die Wichtigkeit einer ingenieurmäßigen Entscheidung über den Beginn einer Monitoring-Referenzphase, um Fehlinterpretationen in den Messdaten, wie z. B. die falsche Interpretation einer signifikanten Eigenfrequenzänderung als Bauwerksschaden, zu vermeiden. Ein anderer Anwendungsfall kann bspw. die Realisierung eines sogenannten Brücken-Geburtszertifikats sein, mit dem in Zukunft der gesunde Brücken-Referenzzustand zertifiziert werden könnte.

4. Finite-Elemente-Modellabgleich während des Bauprozesses

Auf der Grundlage der in Kap. 3 beschriebenen Änderungen der Eigenfrequenzen wird mittels der Software SOFiSTiK (Version 2024) ein Finite-Elemente (FE-)Modell erstellt und unter Beachtung der drei verschiedenen (Bau-)Zustände (siehe Kap. 2.3) modelliert. Der Zustand 1 (Einheben der FT) ist aufgrund der unterschiedlichen Betonsorten und dementsprechend unterschiedlichen Elastizitätsmodule im Feld 1 und 2 gesondert zu betrachten, wobei das statische System für beide Felder identisch ist (siehe Abb. 6 (**a**). Als Modellierungsansatz wird ein Stabelement gewählt, dem ein Plattenbalken als Querschnitt zugewiesen wird. Um die Eigenfrequenz im Zustand 2 (Ortbetonergänzung) möglichst realistisch numerisch abzubilden, muss das FE-Modell erweitert werden. Zur Erweiterung zählen die verbleibenden FT links und rechts neben dem bereits modellierten Plattenbalken, die Widerlagerwand und Stützen sowie deren biegesteife Verbindung zum Überbau. Die Kopplung der drei nebeneinander liegenden FT im Feld 1 und 2 wird durch die Eingabe von FE-Plattenelementen erzielt.

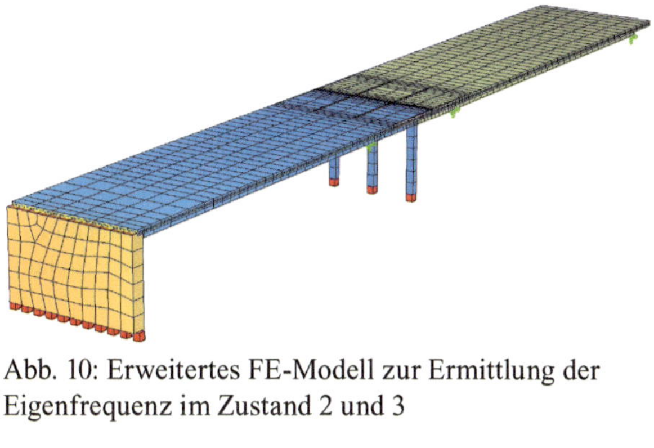

Abb. 10: Erweitertes FE-Modell zur Ermittlung der Eigenfrequenz im Zustand 2 und 3

Bei der Ausgabe der Eigenfrequenz im Zustand 2 sind links und rechts neben den Stützen Auflager modelliert, welche das noch stehende Traggerüst darstellen.

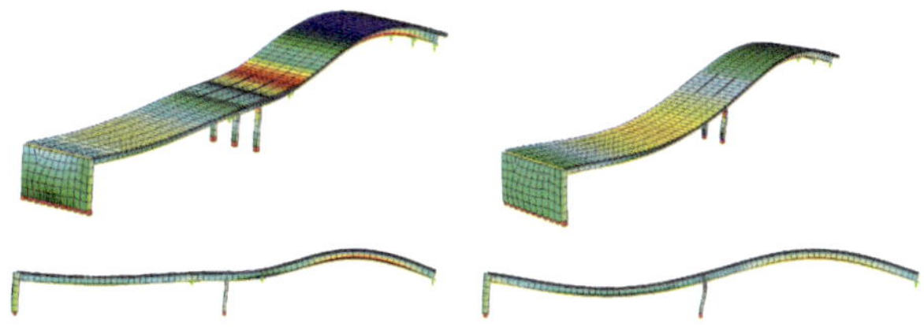

Abb. 11: Überhöhte Darstellung der ersten Biegeeigenfrequenz im Zustand 2 (**a**) und 3 (**b**)

Im Zustand 3 (Absenkung des Traggerüsts) werden diese Auflagerbedingungen ausgeschaltet – es wird der Endzustand erreicht. Die Ergebnisse sind in der nachfolgenden Tab. 2 zusammengefasst. Mit dem Abgleich der Biegeeigenfrequenzen aus Messung und FE-Modellierung erfolgt die Anpassung der Bauwerksparameter im numerischen Modell (bspw. Elastizitätsmodul und Auflagerelastizitäten), sodass das tatsächliche Tragverhalten im gesunden Endzustand (= Beginn der Monitoring-Referenzphase) mithilfe des FE-Modells beschrieben werden kann.

Tab. 2: Zusammenfassung der berechneten Eigenfrequenzen im Vergleich zur Messung (Abweichung in %)

Bauzustand	Feld 1	Feld 2
1	6,06 (0,8 %)	6,45 (2,2 %)
2	7,12 (–4,7 %)	7,12 (1,8 %)
3	4,97 (6,2 %)	

Mit dem abgeglichenen FE-Modell ist dann eine Prognose über das Bauwerksverhalten bei variierenden Umgebungsbedingungen und Einwirkungen möglich. In diesem Fall kann auf Basis des FE-Modells bspw. ein robustes, optimal platziertes Sensor-Setup ausgelegt werden, indem mithilfe der numerischen Modellierung neuralgische Bauwerkspunkte identifiziert werden und potenziell auftretende lokale Schädigungsmechanismen besser überwacht werden können. Dieser Schritt wird in zukünftigen Untersuchungen durchgeführt.

5. Fazit und Ausblick

Dieser Beitrag beschäftigte sich mit der Frage, wie signifikant die Veränderungen der modalen Bauwerksparameter an einer Spannbetonbrücke während der Herstellungsphase sind und, basierend auf dem Indikator der ersten Biegeeigenfrequenz des Überbaus, ab wann der Start einer Bauwerksmonitoring-Referenzphase bei Spannbetonbrücken (bspw. für die Vergabe eines Brücken-Geburtszertifikats) beginnen sollte. Hierzu wurde während der Bauphase einer Spannbeton-Forschungsbrücke über einen Zeitraum von 99 Tagen kontinuierliche Temperatur- und Beschleunigungsmessdaten erhoben und analysiert. Die Ergebnisse können folgendermaßen zusammengefasst werden:

- Die erste modale Biegeeigenfrequenz verändert sich während des Herstellungsprozesses der Brücke signifikant um bis zu 28 %. Würde die Monitoring-Referenzphase in dieser Zeit beginnen, können Fehlinterpretationen auftreten und Schäden in einem späteren Stadium des Bauwerkslebens schlechtestenfalls nicht erkannt werden.
- Es zeigt sich eine positive lineare Korrelation zwischen Betondruckfestigkeitsentwicklung und Biegeeigenfrequenz, die zu nennenswerten Änderungen in der Eigenfrequenz führen. Mit dem Abklingen des Hydratations- bzw. Abbindeprozesses des Betons wird ein monolithisches Tragverhalten realisiert, das einem gesunden Endzustand des Bauwerks gleichkommt. Erst wenn dieser gesunde Endzustand erreicht ist, sollte mit einer Monitoring-Referenzphase begonnen werden. In diesem konkreten Fall ist dieser Zustand nach ca. 70 Tagen erreicht. Abhängig vom Bauverfahren und Umgebungsbedingungen ist dieser Zeitraum lediglich als grober Richtwert zu verstehen. In der Praxis kann bspw. eine Beschleunigungsmessung mithilfe eines reduzierten Sensor-Setups am Bauwerk Abhilfe schaffen, um den gesunden Endzustand zu definieren.
- Die Messung der Biegeeigenfrequenzen im gesunden Endzustand ermöglicht einen Modellabgleich des numerischen Bauwerksmodells, mit dem eine Prognose über das Bauwerksverhalten bei variierenden Umgebungsbedingungen und Einwirkungen möglich ist.

In zukünftigen Arbeiten wird mithilfe des FE-Bauwerksmodells untersucht, wie nach der Identifikation des gesunden Endzustands (=Beginn der Monitoring-Referenzphase) und der Aktualisierung des numerischen Modells auf Basis der Beschleunigungsmessungen eine Auslegung eines optimalen Monitoringsystems für die Brücke realisiert werden kann, indem mithilfe numerischer Analysen neuralgische Bauwerkspunkte identifiziert werden. Schon jetzt zeigen die hier vorgestellten Ergebnisse, wie wichtig die ingenieurmäßige Bewertung gegenüber der bloßen mathematischen Quantifizierung der Monitoringdaten ist. Mit dem Wissen der Anwenderinnen und Anwender darüber, wann ein Monitoringsystem initialisiert werden sollte, wird das Betreiben von Brückenmonitoringsystemen zuverlässiger und robuster gegenüber Fehlinterpretationen.

Danksagung

Die Ergebnisse dieser Arbeit wurden innerhalb des Forschungsprojektes ANYTWIN erarbeitet, welches vom Bundesministerium für Digitales und Verkehr im Rahmen des Förderprogramms mFUND (Förderkennzeichen: 19FS2248A-F) gefördert wird.

Literatur

[1] C.-H. Jeon, C.-S. Shim, Y.-H. Lee, und J. Schooling, „Prescriptive maintenance of prestressed concrete bridges considering digital twin and key performance indicator“, *Eng. Struct.*, Bd. 302, S. 117383, März 2024, doi: 10.1016/j.engstruct.2023.117383.

[2] BASt, „Brückenstatistik“. Bundesanstalt für Straßenwesen, 1. September 2023. [Online]. Verfügbar unter: https://www.bast.de/DE/Statistik/Bruecken/Brueckenstatistik.pdf;jsessionid=9A031E3E4C6CDB06723192B801A933A6.live21321?__blob=publicationFile&v=21

[3] Bundesrechnungshof, Brückenmodernisierungsprogramm des Bundes für Autobahnbrücken“, Bundesrechnungshof – Marode Autobahnbrücken vorrangig modernisieren. Zugegriffen: 6. Mai 2024. [Online]. Verfügbar unter: https://www.bundesrechnungshof.de/SharedDocs/Downloads/DE/Berichte/2024/br%C3%BCckenmodernisierungsprogramm-volltext.pdf?__blob=publicationFile&v=4

[4] C. R. Farrar und K. Worden, *Structural health monitoring: a machine learning perspective*, 1. ed. Chichester: Wiley, 2013.

[5] A. Turnbull und J. Carroll, „Cost Benefit of Implementing Advanced Monitoring and Predictive Maintenance Strategies for Offshore Wind Farms“, *Energies*, Bd. 14, Nr. 16, S. 1–14, 2021, doi: 10.3390/en14164922.

[6] J.-H. Bartels, M. Kitahara, S. Marx, und M. Beer, „Environmental influence on structural health monitoring systems“, in *Life-Cycle of Structures and Infrastructure Systems*, 1. Aufl., London: CRC Press, 2023, S. 662–669. doi: 10.1201/9781003323020-80.

[7] E. Cross, K. Koo, J. Brownjohn, und K. Worden, „Long-term monitoring and data analysis of the Tamar Bridge“, *Mech. Syst. Signal Process.*, Bd. 35, Nr. 1, S. 16–34, Feb. 2013, doi: 10.1016/j.ymssp.2012.08.026.

[8] B. Peeters und G. De Roeck, „One-year monitoring of the Z24-Bridge: environmental effects versus damage events“, *Earthq. Eng. Struct. Dyn.*, Bd. 30, Nr. 2, S. 149–171, 2001, doi: 10.1002/1096-9845(200102)30:2<149::AID-EQE1>3.0.CO;2-Z.

[9] X. X. Cheng und Z. Y. Song, „Modal experiment and model updating for Yingzhou Bridge“, *Structures*, Bd. 32, S. 746–759, Aug. 2021, doi: 10.1016/j.istruc.2021.03.025.

[10] N. R. Polanco, G. May, und E. M. Hernandez, „Finite element model updating of semi-composite bridge decks using operational acceleration measurements“, *Eng. Struct.*, Bd. 126, S. 264–277, Nov. 2016, doi: 10.1016/j.engstruct.2016.07.057.

[11] M. Herbers *u. a.*, „openLAB – Eine Forschungsbrücke zur Entwicklung eines digitalen Brückenzwillings“, *Beton- Stahlbetonbau*, Bd. 119, Nr. 3, S. 169–180, 2024, doi: 10.1002/best.202300094.

[12] S. Hassani und U. Dackermann, „A Systematic Review of Optimization Algorithms for Structural Health Monitoring and Optimal Sensor Placement“, *Sensors*, Bd. 23, Nr. 6, S. 3293, März 2023, doi: 10.3390/s23063293.

[13] J.-H. Bartels, B. Gündogdu, R. Herrmann, und S. Marx, „Beschleunigungssensoren zur Zustandsüberwachung von Ingenieurbauwerken unter Einfluss von Umweltfaktoren bei tiefen Frequenzen“, *Bautechnik*, S. bate.202300056, Juli 2024, doi: 10.1002/bate.202300056.

[14] J.-H. Bartels, S. Dunkel, und S. Marx, „Dataset for acceleration measurements at the research bridge openLAB in Bautzen, Germany – Change of dynamic behavior in the concrete hardening process“. Zenodo. [Online]. Verfügbar unter: https://doi.org/10.5281/zenodo.10782663

[15] I. Rennert und B. Bundschuh, *Signale und Systeme: Einführung in die Systemtheorie; mit 119 Beispielen und 52 Übungsaufgaben.* München: Fachbuchverl. Leipzig im Carl-Hanser-Verl, 2013.

[16] P. Duhamel und M. Vetterli, „Fast fourier transforms: A tutorial review and a state of the art“, *Signal Process.*, Bd. 19, Nr. 4, S. 259–299, Apr. 1990, doi: 10.1016/0165-1684(90)90158-U.

[17] M. Rucka, „Damage detection in beams using wavelet transform on higher vibration modes“, *J. Theor. Appl. Mech.*, Bd. 49, Nr. 2, Art. Nr. 2, 2011.

[18] G. Y. Xu, W. D. Zhu, und B. H. Emory, „Experimental and Numerical Investigation of Structural Damage Detection Using Changes in Natural Frequencies“, *J. Vib. Acoust.*, Bd. 129, Nr. 6, S. 686–700, Jan. 2007, doi: 10.1115/1.2731409.

[19] Heidelberg Materials, „Betontechnische Daten von Heidelberg Materials“. Zugegriffen: 1. Juli 2024. [Online]. Verfügbar unter: https://www.betontechnische-daten.de/de

ANYTWIN – Identifikation wesentlicher Einflussparameter für – auf Grundlage von Auswertungen des Nachrechnungsbestandes – ausgewählte Versagensmechanismen

Marco Maibaum, M. Sc.
Technische Universität Berlin, Fachgebiet Entwerfen und Konstruieren – Stahlbau

Dr.-Ing. Zheng Li
Technische Universität Berlin, Fachgebiet Entwerfen und Konstruieren – Stahlbau

Lydia Puttkamer, M. Sc.
Bundesanstalt für Straßenwesen, Bergisch Gladbach

Zusammenfassung
Infolge des schlechten Zustands zahlreicher Straßenbrücken und zunehmender Verkehrslasten in Deutschland müssen viele Bestandsbauwerke neu bewertet werden. Die Nachrechnungsrichtlinie ermöglicht ab Nachweisstufe 3 die Berücksichtigung von Messdaten. Geregelte Vorgaben für die Erhebung und Auswertung existieren allerdings bislang nicht, was zu heterogenen Vorgehensweisen bei den Nachrechnungen führt. Ein Ziel des Forschungsvorhabens ANYTWIN ist es, für fünf ausgewählte Versagensmechanismen standardisierte Mess- und Auswertekonzepte zu entwickeln. Die Auswahl der Versagensmechanismen erfolgt durch Analyse des Nachrechnungsbestands hinsichtlich aufgetretener Nachweisdefizite. Im Anschluss werden Zustandsfunktionen aufgestellt und untersucht, wie sensitiv sich die enthaltenen, messbaren Komponenten auf den Auslastungsgrad auswirken. Sensitive Parameter bilden die Grundlage für die Entwicklung der Messkonzepte. In diesem Beitrag wird die Vorgehensweise bis zur Identifikation der Parameter exemplarisch an den Versagensmechanismen Beulen und Koppelankerermüdung erläutert.

1. Einleitung

Zahlreiche Straßenbrücken in Deutschland befinden sich in einem ungenügenden Zustand. Die Gründe dafür sind einerseits auf einen zum Zeitpunkt der Erstellung eingeschränkten Wissensstand über die Versagensmechanismen, andererseits auf die Unterschätzung von Einwirkungen zurückzuführen. Eingetretene Schäden veranlassten die Infrastrukturbetreiber zu routinemäßigen Nachrechnungen von Bestandsbrücken auf Grundlage fortgeschrittener Normen und Richtlinien. Eine wesentliche Rolle spielt hierbei die Richtlinie zur Nachrechnung von Straßenbrücken im Bestand (NRR) [1]. Da sich insbesondere bei Bestandsbrücken unterschiedlich große Herausforderungen bei der Nachweisführung ergeben, können die Nachweise in vier verschiedenen Stufen geführt werden, wobei die Komplexität mit jeder Stufe zunimmt. Die erste Stufe sieht eine Nachweisführung nach Eurocode oder DIN-Fachbericht vor. Die zweite Stufe ergänzt die erste mit weiterführenden Regelungen aus der NRR. In der dritten Stufe können Bauwerksmessungen berücksichtigt und in der vierten wissenschaftliche Methoden angewendet werden. Im Rahmen des Forschungsprojekts ANYTWIN wird an die Stufe 3 der NRR angeknüpft. Das Forschungsvorhaben begann im September 2023 und wird für 3 Jahre vom Bundesministerium für Digitales und Verkehr (BMDV) gefördert. Wesentliche Aufgabe ist es, die messwertgestützte Nachweisführung zu standardisieren und weiterzuentwickeln. Für fünf ausgewählte Versagensmechanismen werden dafür Messkonzepte und Vorgehensweisen für eine automatisierte Datenauswertung im digitalen Zwilling entwickelt. Die entwickelten Konzepte werden u. a. durch Versuche am geplanten openLAB validiert. Mit diesem ganzheitlichen Ansatz soll die Nachhaltigkeit und Dauerhaftigkeit von Bauwerken erhöht und somit ein Beitrag zum nachhaltigen Infrastrukturmanagement geleistet werden.

Um einen Überblick über den aktuellen Stand der Verbreitung messwertgestützter Nachweisführung zu erhalten, führte die Bundesanstalt für Straßenwesen (BASt) eine Umfrage durch. Befragt wurden Mitarbeitende von Infrastrukturbetreibern, die sich mit der Nachrechnung von Brückenbauwerken befassen. Im Ergebnis haben mehr als die Hälfte der Befragten (52,5 %) noch keine Erfahrungen mit messwertgestützter Nachrechnung sammeln können. Von den Befragten, die äußerten, bereits Erfahrungen gesammelt zu haben, gaben ca. 65 % an, dass sie durch regelmäßige bzw. dauerhafte Messungen als Kompensation vorhandener rechnerischer Defizite die weitere Nutzungsdauer von Bauwerken gewährleisten konnten. Weitere 23,5 % gaben an, dass die Nachweise der Nachrechnung unter Berücksichtigung von Bauwerksmessungen erbracht werden konnten und somit die Lebensdauer der Bauwerke verlängert werden konnte, vgl. Abb. 1. Der Bedarf an einer Optimierung der Nachweisformate auf Anwenderseite zeigte sich im Rahmen der Umfrage beispielsweise am Versagensmechanismus Koppelanker-

ermüdung: Zwei Drittel der Befragten gaben an, dass sie das Potential zur Verbesserung des Nachweisergebnisses durch zusätzliche messwertgestützte Informationen als erheblich einschätzen.
Da den Versagensarten völlig unterschiedliche Mechanismen zugrunde liegen, müssen die Messkonzepte auf den jeweiligen Versagensmechanismus zugeschnitten sein. Vor diesem Hintergrund erfolgt im Rahmen von ANYTWIN zunächst die Identifikation der Versagensmechanismen, die besonders häufig zu rechnerischen Defiziten in der Nachrechnung führen. Im Anschluss werden die Zustandsfunktionen aufgestellt und diese auf ihre messbaren, sensitiven Parameter untersucht. Insbesondere für die Parameter mit den höchsten Sensitivitäten ist eine genauere messtechnische Erfassung sinnvoll, da ihre Variation verhältnismäßig große Auswirkungen auf das Ergebnis der Zustandsfunktion hat. Im Rahmen dieses Beitrags werden die Versagensmechanismen Plattenbeulen als Tragfähigkeitsnachweis im Stahlbau und Koppelankerermüdung als Ermüdungsnachweis im Spannbetonbau in den Fokus genommen.

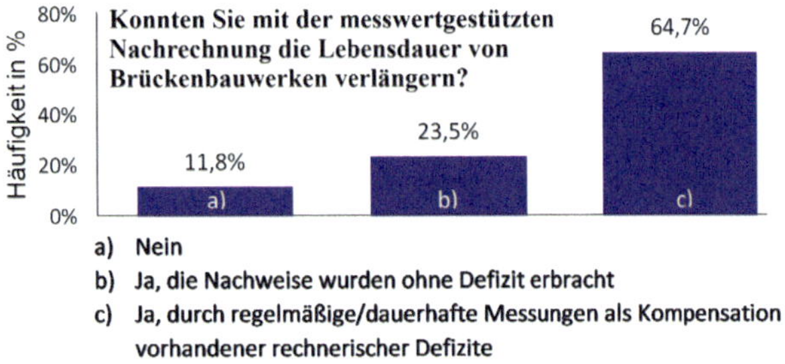

Abb. 1: Umfrageergebnis zur verlängerten Lebensdauer bei messwertgestützter Nachrechnung

2. Auswertung des Nachrechnungsbestands

Das Ziel der Auswertung des Nachrechnungsbestands ist es, Versagensmechanismen hinsichtlich der Häufigkeit der aufgetretenen rechnerischen Defizite auszuwählen und zu analysieren. Damit soll die Relevanz der gewählten Versagensmechanismen verdeutlicht und die Ursachen der Defizite ermittelt werden. Die fünf im Rahmen des Forschungsvorhabens ANYTWIN gewählten Versagensmechanismen (Koppelankerermüdung, Spannungsrisskorrosion, Querkraftversagen, Plattenbeulen, Stahlermüdung), führen in der Praxis häufig zu rechnerischen Defiziten ([2], [3]) und haben eine hohe Relevanz für Bauwerke im Bundesfernstraßennetz.
Nach Einführung der NRR im Jahr 2011 wurden zunächst priorisierte Bauwerke nachgerechnet. Priorisierungskriterien waren das Bauwerksalter, die Zustandsnote sowie bei Spannbetonbrücken eine Mehrfeldrigkeit und das Vorliegen von spannungsrisskorrosionsgefährdetem Spannstahl. Die Ergebnisse der ersten Nachrechnungen wurden im Auftrag der BASt in Forschungsprojekten systematisch ausgewertet. Der Großteil der festgestellten Defizite von Stahl- und Stahlverbundbrücken ist demnach bei Nachweisen im Grenzzustand der Tragfähigkeit und der Ermüdung aufgetreten [2]. Erste Nachrechnungen von älteren Spannbetonbrücken führten in vielen Fällen in Stufe 2 der Nachrechnung zu erheblichen rechnerischen Defiziten beim Querkraft- und Torsionstragfähigkeitsnachweis sowie beim Ermüdungsnachweis im Bereich von Koppelfugen [3]. Insbesondere die Nachweise für Betonbrücken wurden durch die Einführung der ersten Ergänzung der NRR im Jahr 2015 [4] grundlegend angepasst. Vor diesem Hintergrund wurde im Rahmen von ANYTWIN eine erneute Auswertung des Nachrechnungsbestands durchgeführt.

2.1 Methodisches Vorgehen

Für die Auswahl der Versagensmechanismen wurden zunächst die Forschungsberichte [2] und [3] im Hinblick auf die Überschreitungshäufigkeit der Nachweise ausgewertet und im Anschluss mögliche Gründe für die Entstehung von Defiziten herausgearbeitet. Dabei wurde die Historie der Regelwerke im Zusammenhang mit den statistischen Auswertungen der Nachrechnungen betrachtet. Ergänzend dazu wurde im Dezember 2023 eine Umfrage unter Mitarbeitenden der Straßeninfrastrukturbetreiber, die sich mit der Nachrechnung von Brückenbauwerken beschäftigen, durchgeführt. Die Umfrage wurde entwickelt, um u. a. die aktuellen Erfahrungen mit den geltenden Regelwerken hinsichtlich der Defizithäufigkeit zu ermitteln und die Ergebnisse der Forschungsberichte mit aktuellen Erfahrungen vergleichen zu können. Einzelne Fragen konnten von den 54 Teilnehmenden übersprungen werden.
Darüber hinaus wurden bei den Infrastrukturbetreibern Nachrechnungsunterlagen für seit 2016 durchgeführte Nachrechnungen von Stahl-, Stahlverbund- und Spannbetonbrücken der Bundesfernstraßen angefragt. Insbesondere Nachrechnungen mit den bereits herausgearbeiteten häufigsten Defiziten wurden gesammelt. Insgesamt konnten Nachrechnungen von 300 Teilbauwerken aus Beton und 30 Teilbauwerken aus Stahl- und Stahlverbund statistisch ausgewertet werden.

2.2 Auswahl der Versagensmechanismen

Plattenbeulen

In der systematischen Auswertung der ersten durchgeführten Nachrechnungen von Stahl- und Stahlverbundbrücken nach Forschungsbericht [2] lag bei 4 von 5 untersuchten Teilbauwerken ein rechnerisches Defizit in Stufe 2 der NRR beim Nachweis des Gurtbeulens in Brückenlängsrichtung vor. Auch der Nachweis des Stegbeulens wurde bei 11 von 17 untersuchten Teilbauwerken nicht erfüllt. In Querrichtung der Teilbauwerke führte der Beulnachweis nur selten zu Defiziten. Neben den Normal- und Vergleichsspannungsnachweisen in den Hauptträgern sowie dem Nachweis des Biegeknickens und Biegedrillknickens ist das Beulen von Stegen und Gurten in Brückenlängsrichtung der Versagensmechanismus, der am häufigsten zu rechnerischen Defiziten führt. Das Baujahr, das statische System sowie die Querschnittsform sind nach [2] entscheidend für die Defizitwahrscheinlichkeit. Für Stahlbrücken mit Einfeld- und Durchlaufträgern sowie geschlossenen und offenen Querschnitten sind vor dem Baujahr 1976 Defizite bei den Beulnachweisen für das Stegblech wahrscheinlich. Dagegen sind Defizite bei der Beulsicherheit des Bodenblechs – außer bei Durchlaufträgern mit geschlossenen Querschnitten vor dem Baujahr 1976 – weniger wahrscheinlich. Bei Stahlverbundbrücken weisen alle geschlossenen Querschnitte, die vor 1976 errichtet wurden, in beiden Beulnachweisen eine hohe Wahrscheinlichkeit für Defizite auf. Ab dem Baujahr 1984 (Stahlverbundbrücken) bzw. 1980 (Stahlbrücken) sinkt die Defizitwahrscheinlichkeit, wobei die höchste Wahrscheinlichkeit bei einem Baujahr vor 1976 erreicht wurde. Der Zusammenhang zwischen Baujahr und Defizit kann auf die Regelwerksanpassungen sowie die damals verwendeten Bauarten zurückgeführt werden.

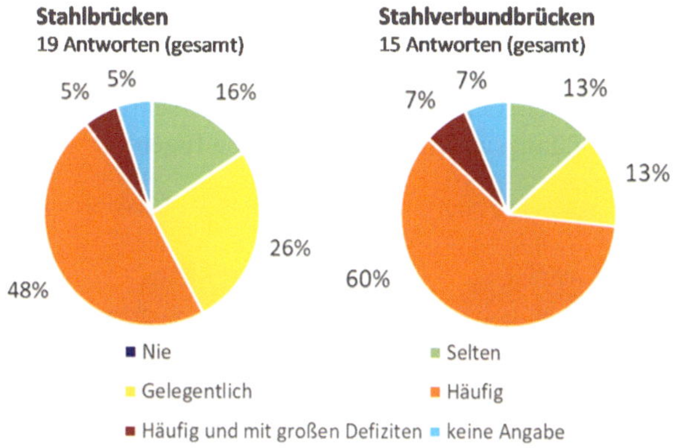

Abb. 2: Umfrageergebnis zur Häufigkeit rechnerischer Defizite bei Beulnachweisen

In der durchgeführten Umfrage gaben über 50 % an, dass der Beulnachweis bei Stahlbrücken häufig bzw. häufig und mit großen Defiziten nicht erfüllt ist. Für die Stahlverbundbrücken gaben 2/3 der Befragten an, dass der Beulnachweis häufig bzw. häufig und mit großen Defiziten nicht erfüllt ist, siehe Abb. 2.

Unter den seit 2016 durchgeführten Nachrechnungen lagen in Brückenquerrichtung zu 9 Teilbauwerken Ergebnisse zum Beulnachweis vor. Von den drei Stahlbrücken wies ein Teilbauwerk ein großes Defizit auf (70 % Überschreitung); bei zwei Teilbauwerken wurde der Nachweis noch knapp erbracht (100 % Ausnutzung). Jeweils eins der sechs Stahlverbundteilbauwerke wies kein Defizit, ein Defizit mit einer Überschreitung kleiner als 10 % und ein Defizit mit einer Überschreitung bis 20 % auf. Bei drei Teilbauwerken wurde eine Überschreitung von über 20 % festgestellt. Sowohl bei den Stahl- (Baujahre 1967 und 1974) als auch bei den Stahlverbundteilbauwerken (Baujahr 1986) haben die jeweils jüngsten Teilbauwerke kein rechnerisches Defizit. Sofern Angaben in den vorhandenen Daten gemacht wurden, wurden Beuldefizite an den Stegblechen oder in Rahmenecken festgestellt. Es konnte kein Zusammenhang mit der Querschnittsform festgestellt werden, was auch auf die geringe Datenmenge zurückzuführen sein kann.

In Brückenlängsrichtung lagen für 20 Stahlverbundbrücken und 7 Stahlbrücken Ergebnisse zum Beulnachweis vor. Von den Stahlverbundbrücken wiesen lediglich zwei Teilbauwerke kein, zwei Teilbauwerke ein geringes (Überschreitung < 20 %) und 16 Teilbauwerke ein Defizit mit mehr als 20 % Überschreitung auf. Die Teilbauwerke aus Stahlverbund ohne oder mit geringem Defizit wurden alle nach dem Jahr 1971 gebaut. Unter den Teilbauwerken mit großem Defizit befanden sich jedoch auch Bauwerke späterer Baujahre. Bei zwei Teilbauwerken der untersuchten Stahlbrücken konnte der Beulnachweis erbracht werden, bei einem weiteren Teilbauwerk wurde die Tragfähigkeit um weniger als 20 % und bei vier Teilbauwerken um mehr als 20 % überschritten. Ein Zusammenhang mit dem Baujahr der Stahlbrücken konnte an dieser Stelle nicht festgestellt werden, was auf die geringe Anzahl der verfügbaren Nachrechnungen zurückzuführen sein kann. Bei gemeinsamer Betrachtung der Stahl- und Stahlverbundbrücken, wurde der Beulnachweis häufig deutlich überschritten, siehe Abb. 3. Zu 17 Teilbauwerken waren Angaben zum Ort des Beuldefizits verfügbar. In 12 Fällen war das Stegblech betroffen, in 4 Fällen das Steg- und Gurtblech und in nur einem Fall hatte lediglich der Gurt ein Defizit vorzuweisen. Zudem ließ sich in den Daten die leichte Tendenz erkennen, dass Hohlkastenbrücken eine geringere Defizithöhe aufweisen als offene Querschnitte. Die hohe Defizitwahrscheinlichkeit bzw. die große Defizithöhe im Nachweis des Beulens konnte durch alle drei Methoden (vergangene Auswertungen, Umfrage, aktuelle Auswertungen) bestätigt werden. Der Einfluss des Baujahres auf ein zu erwartendes Defizit konnte bei den statistischen Auswertungen ebenfalls validiert werden. In Brückenquerrichtung waren rechnerische Defizite durch Beulen seltener als in Brückenlängsrichtung und die Stegbleche wiesen häufiger ein Defizit auf als die Gurtbleche.

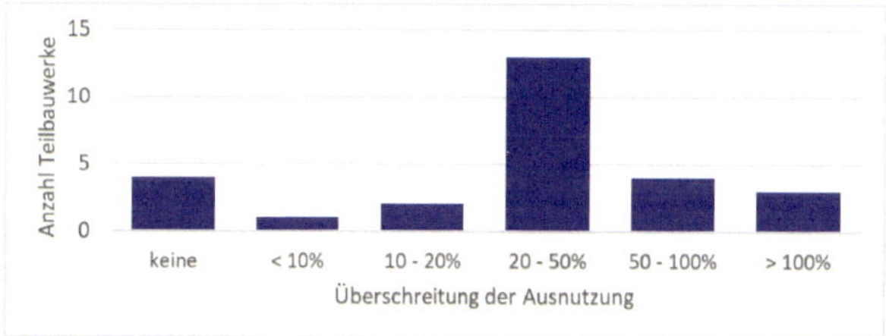

Abb. 3: Anzahl der Teilbauwerke (Stahl- und Stahlverbund) mit Überschreitungen des Beulnachweises in Brückenlängsrichtung

<u>Koppelankerermüdung</u>

Im Zuge der Auswertung nach [3] wurden 126 Nachrechnungen von Spannbetonbrücken ausgewertet. In der Untersuchung wiesen 43 % der Bauwerke mit Koppelfuge ein rechnerisches Defizit der Ermüdung an den Koppelfugen auf. Damit führt der Ermüdungsnachweis von Koppelfugen am zweithäufigsten (nach dem Nachweis der Querkraft- und Torsionstragfähigkeit) zu rechnerischen Defiziten. Bei rund 88 % der Bauwerke mit Koppelfugendefizit wurde die Ermüdungstragfähigkeit um über 50 % überschritten. Alle untersuchten Bauwerke mit einem Defizit wurden vor dem Jahr 1978 gebaut. Dies ist darauf zurückzuführen, dass nach einem Schadensfall an der Hochbrücke Prinzenallee im Jahr 1976 die Regelwerke angepasst wurden und schon im Bau befindliche Bauwerke aufgrund schneller Übergangsregelungen (Mindestlängsbewehrung, linearer Temperaturgradient) angepasst wurden. Der Zusammenhang zwischen Baujahr und Schäden bzw. Schädigungspotential konnte bereits in weiteren Forschungsvorhaben festgestellt werden, siehe z. B. [5] und [6]. Ein signifikanter Zusammenhang mit der Querschnittsform des Überbaus konnte in [3] nicht festgestellt werden. Demnach wiesen 43 % der Hohlkastenquerschnitte und 40 % der Plattenbalkenquerschnitte ein rechnerisches Ermüdungsdefizit auf. In [5] dagegen wurde der tatsächliche Schaden am Bauwerk untersucht. Hohlkastenquerschnitte wiesen deutlich größere und breitere Risse in den Koppelfugen auf als Plattenbalkenüberbauten. Das Herstellungsverfahren hat nach [3] keinen Einfluss auf die Defizithäufigkeit. Nach [5] konnte eine vermehrte Schadensbildung bei Bauwerken, die mit Vorschubrüstung hergestellt wurden, festgestellt werden.

Bei der durchgeführten Umfrage gaben 45 % der Befragten an, dass der Nachweis der Ermüdung an Koppelfugen infolge Biegebeanspruchung häufig bzw. häufig und mit großen Defiziten nicht erfüllt ist. Ein weiteres Drittel schätzte die Häufigkeit der Defizite als gelegentlich ein.

Die im Rahmen von ANYTWIN ausgewerteten Nachrechnungen wurden unter Berücksichtigung der ersten Ergänzung der NRR erstellt. Der Nachweis der Koppelfugenermüdung wurde bei 63 Teilbauwerken geführt, von den 33 Teilbauwerke Defizite aufwiesen. Bei 37 % der Nachrechnungen mit Koppelfugendefizit lag die Überschreitung des Ermüdungswiderstandes bei über 50 %, siehe Abb. 4. Die Teilbauwerke mit Koppelfugendefizit wurden alle vor 1979 errichtet. Bei Bauwerken mit späterem Baujahr wurde kein Defizit festgestellt. Der Anteil der Nachrechnungen mit und ohne Defizit war bei den Bauverfahren „auf Traggerüst hergestellt“ und „Abschnittsweise längsverschoben“ sowie „sonstige Bauverfahren“ ähnlich hoch (55–62 % mit Defizit). Lediglich bei Bauwerken, die im Freivorbau hergestellt wurden, lagen keine Defizite vor. In den vorliegenden Nachrechnungen waren jedoch nur drei Teilbauwerke mit diesem Herstellverfahren vorhanden, daher ist dieses Ergebnis vorsichtig zu bewerten.

Insgesamt wiesen 64 % der Plattenbalkenbrücken bzw. Trägerrostbrücken und 50 % der Hohlkastenbrücken ein Defizit auf. Deutlicher wurde der Einfluss der Bauwerksart, wenn nur die Baujahre 1960-1974 betrachtet wurden. In diesen Baujahren wiesen die Plattenbalken- bzw. Trägerrostbrücken 20 % häufiger ein Defizit auf als Hohlkastenbrücken, siehe Abb. 5. Von anderen Bauwerksarten war die Anzahl der vorliegenden Nachrechnungen für eine Bewertung zu gering.

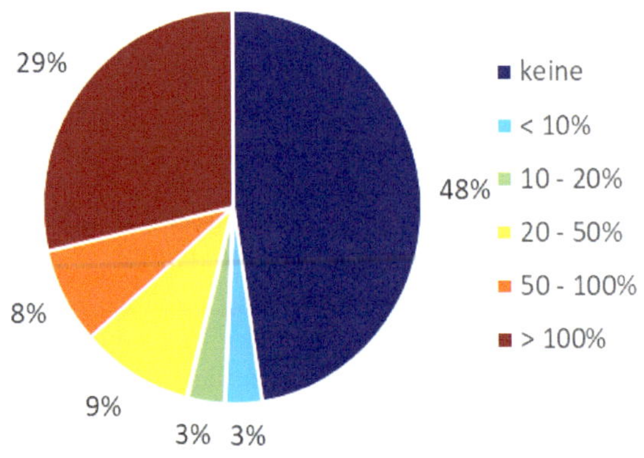

Abb. 4: Anteil der Teilbauwerke mit Überschreitung des Ermüdungswiderstandes an Koppelfugen

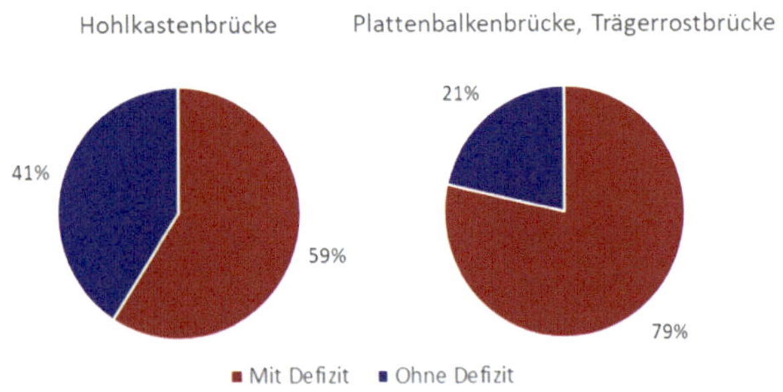

Abb. 5: Häufigkeit der rechnerischen Ermüdungsdefizite in den Koppelfugen für Teilbauwerke mit den Baujahren 1960–1974 nach Bauwerksart

In den beiden statistischen Analysen konnte ein Zusammenhang zwischen Baujahr und Defizithäufigkeit festgestellt werden. Ab den Baujahren 1978/1979 kann in der Regel davon ausgegangen werden, dass die Bauwerke in den Koppelfugen nicht ermüdungsgefährdet sind. Die Baujahre sind somit der wichtigste Einflussfaktor auf die Defizitwahrscheinlichkeit. Ein Zusammenhang mit der Bauwerksart oder dem Herstellverfahren konnte nicht eindeutig hergestellt werden. Die Nachweisformate für Ermüdung sind mit Bekanntgabe der ersten Ergänzung der NRR nur geringfügig modifiziert worden. Die Ergebnisse der Analysen der Nachrechnungen ab 2015 bestätigen im Allgemeinen die Ergebnisse der Auswertungen erster Nachrechnungen in [3].

3. Identifikation wesentlicher Einflussparameter für die ausgewählten Versagensmechanismen

Tragwerke werden in der Regel durch Zustandsfunktionen bewertet. Diese werden auf Grundlage mechanischer Zusammenhänge im Grenzzustand der Tragfähigkeit, im Grenzzustand der Gebrauchstauglichkeit oder für die Ermüdung aufgestellt. Die Zustandsgleichungen beinhalten Einwirkungs- und Widerstands- bzw. Beanspruchungs- und Beanspruchbarkeitskomponenten. Ihr konkreter Aufbau ist vom betrachteten Mechanismus abhängig und für die Neubemessung – sowohl für den Hoch- als auch für den Brückenbau – in den derzeit gültigen Eurocodes festgeschrieben. Zustandsfunktionen für die Bewertung von Straßenbrücken im Bestand sind in der NRR enthalten. Sie entsprechen (z. T. in modifizierter Form) in der Regel denen der Eurocodes (EC) oder der DIN-Fachberichte.

3.1 Theoretische Grundlagen

Plattenbeulen

Bestehende Stahlbrücken weisen häufig Beulprobleme auf, da die damaligen Stabilitätsnachweise nicht das heute geforderte Sicherheitsniveau erreichen und die Zunahme der Verkehrslasten unterschätzt wurde.

Das wichtigste Merkmal des Plattenbeulens, das es vom Stabknicken und Schalenbeulen unterscheidet, ist das überkritische Tragverhalten (siehe Abb. 6). Im Jahre 1932 schlug von Kármán [7] auf der Grundlage experimenteller Erkenntnisse eine halbempirische Methode zur Lösung dieses Problems in der Praxis vor, die später von Winter [8] verbessert wurde. Dieses Verfahren hat sich für praktische Anwendungen als geeignet erwiesen. Im Wesentlichen kombiniert der Ansatz die aus der linearelastischen Theorie erhaltenen kritischen Spannungen mit Abminderungsfaktoren, die durch phänomenologische Annahmen des Modellkonzepts und experimentelle Daten bestimmt werden, und stellt somit eine halbempirische Theorie dar. Für die Bemessung z. B. nach Eurocode (EC) 315 [9] wird auf diesen Ansatz zurückgegriffen und die über die Plattenbreite ungleichmäßige Spannungsverteilung im Nachbeulbereich auf zwei Arten vereinfacht: a) Methode der reduzierten Spannungen: Bei dieser Bemessungsmethode wird eine gegenüber der Streckgrenze abgeminderte Grenzspannung über die gesamte Breite des Beulfeldes zugelassen; b) Methode der wirksamen Breiten: Bei diesem Bemessungsverfahren wird davon ausgegangen, dass die Spannung im Bereich der steiferen Plattenränder über eine wirksame Breite verteilt ist, wobei die Streckgrenze erreicht werden darf. Generell werden mit der Methode der effektiven Breiten unter Biegebeanspruchungen höhere Tragfähigkeiten erreicht, da Effekte der Spannungsumlagerung berücksichtigt werden. Sie darf im Brückenbau allerdings nur im Einzelfall angewendet werden. Beide Verfahren berücksichtigen den Einfluss der Vorverformung – allerdings nicht direkt, sondern über empirische Ansätze – und das überkritische Tragverhalten über den Abminderungsfaktor.

Der Tragfähigkeitsnachweis für Bestandsbrücken aus Stahl und Stahlverbund erfolgt in Stufe 1 nach DIN-Fachbericht 103 und in Stufe 2 unter Berücksichtigung zusätzlicher Regelungen der NRR. In einer höheren Nachweisstufe darf bei Überschreitung der Toleranzanforderungen nach ZTV-ING, Teil 4 [10] in Abstimmung mit der Straßenbauverwaltung der Nachweis nach EC 315, Anhang C geführt werden. Der Nachweis erfolgt mittels Finite-Elemente-Methode (FEM), wobei die tatsächlich vorliegenden geometrischen Imperfektionen mithilfe von Messungen erfasst werden. Eine bei toleranzüberschreitender Verformung gegenüber der FE-Berechnung vorgelagerte Vorgehensweise wird im Obmann-Schreiben vom März 2023 [11] vorgestellt. Im Rahmen eines vereinfachten Verfahrens können längsausgesteifte Beulfelder durch Modifizierung der Abminderungsfaktoren nach EC 315 nachgewiesen werden. Alternativ wird auch im Obmann-Schreiben auf EC 315, Anhang C verwiesen.

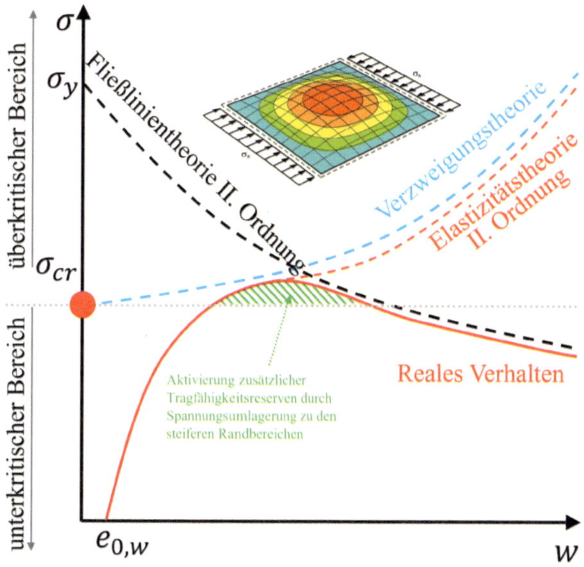

Abb. 6: Darstellung des Tragverhaltens beim Stabilitätsproblem Plattenbeulen

Zur Lösung nichtlinearer Zusammenhänge wird die FEM als ein leistungsfähiges Werkzeug verwendet. Das Grundprinzip besteht darin, eine lineare Analyse in sehr kleinen Inkrementen durchzuführen, um die nichtlinearen Zusammenhänge näherungsweise zu erfassen. Seit Ende der 80er Jahre wird die geometrisch-materiell-nichtlineare Analyse unter Berücksichtigung von Imperfektionen (GMNIA) verwendet, die Ergebnisse liefert, die sehr gut mit experimentellen Daten übereinstimmen. Durch kontinuierliche iterative Berechnung wird sich dem realen Ergebnis schrittweise angenähert, wodurch die Beziehung zwischen der Verformung aus der Ebene und dem Spannungszustand genau erfasst werden kann.

Um bewerten zu können, welche Parameter (Beulfeldabmessungen, Spannungsverhältnisse, Steifenanor-dnung, Streckgrenze) sich sensitiv auf den Beulnachweis auswirken, sodass eine Messung am Bauwerk einen sinnvollen Mehrwert darstellt, wird im Rahmen der Sensitivitätsanalyse auf die GMNIA zurückgegriffen.

Koppelankerermüdung

Die Ermüdungsprobleme an Koppelankern von Spannbetonbrücken, die vor 1980 erbaut wurden, resultieren einerseits aus dem Einbau von zu wenig schlaffer Bewehrung, andererseits aus der Nichtberücksichtigung des Temperaturgradienten bei der Bemessung [12]. Aus der Vernachlässigung des Temperaturgradienten resultiert eine Unterschätzung des Grundmomentes. Infolgedessen kann der Querschnitt ggf. unplanmäßig bereits unter Gebrauchslasten in den gerissenen Zustand übergehen. Insbesondere bei geringem Bewehrungsgrad nimmt die Spannstahlspannung in diesem Fall überproportional zu, was sich signifikant auf die Ermüdungsbeanspruchung auswirkt. Der Einfluss unterschiedlicher Grundmomente auf die Spannungsschwingbreite des Spannstahls ist in Abb. 7 dargestellt.

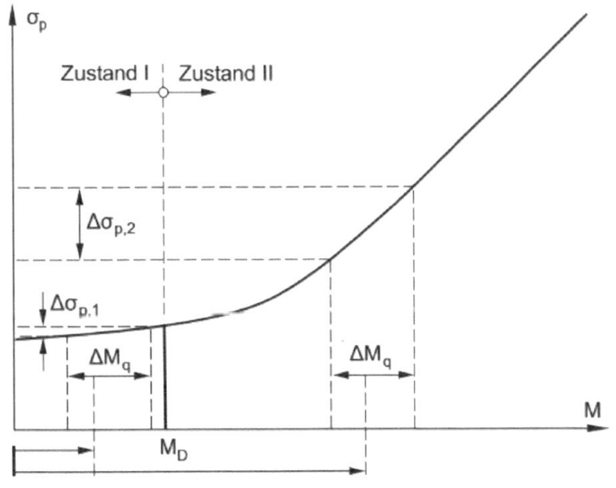

Abb. 7: Zusammenhang zwischen einwirkendem Moment und Spannstahlspannung [13]

Die Ermüdungsnachweise werden nach Eurocode, DIN-Fachbericht und NRR entweder auf Grundlage einer schadensäquivalenten Schwingbreite oder der linearen Schadensakkumulation nach Palmgren-Miner geführt. Für eine messwertgestützte Nachweisführung bietet sich die lineare Schadensakkumulation an, da die messbaren Parameter (Schwerverkehrs- und Temperaturzusammensetzung) in der Zustandsfunktion (Gl. 3) nach NRR direkt enthalten sind. Die Fahrzeugtypen basieren auf dem Ermüdungslastmodell 4 (ELM 4) nach EC 1-2 [14].

Die aufgestellte Zustandsfunktion wird um die Berücksichtigung des Tagesverlaufs von Schwerverkehrsaufkommen und Temperaturbeanspruchung entsprechend (Gl. 4) erweitert und basiert damit auf einem Ansatz nach Zilch [15]. Schwerverkehrszusammensetzung, Jahresaufkommen des Schwerverkehrs (SV) sowie Tagesverlauf von Schwerverkehrsaufkommen und Temperaturgradient haben einen direkten Einfluss auf die Zustandsfunktion. Die aufsummierten Teilschäden D_i ergeben sich hingegen nach (Gl. 2) aus der Spannungsschwingbreite des Spannstahls. Die Größe der Schwingbreite ist von System- und Querschnittsabmessungen, der genauen Lage der Koppelfuge, Setzungen, Vorspannkraft, Temperaturgradient und Fahrzeugtyp abhängig. Zusätzlich beeinflussen auf Querschnittsebene der Bewehrungsgrad und der Hebelarm der inneren Kräfte die Spannstahlspannungen, weshalb auch der Vertikalversatz des Spannankers berücksichtigt werden muss. Die über die Schwingbreite in die Zustandsfunktion eingehenden Komponenten werden im Folgenden als indirekte Parameter bezeichnet.

$$g(x) = D_{grenz} - D_{ges} \quad [1]$$

$$D_{ges} = \sum_i D_i = \sum_i \frac{n_i}{N_i} = \frac{1}{\Delta\sigma_{Rsd}^{k_i} \cdot N^*} \cdot \sum_i n_i \cdot \Delta\sigma_i^{k_i} \quad [2]$$

$$D_{ges} = N \cdot \sum_{\Delta T = min\Delta T}^{max\Delta T} \sum_{i=1}^{5} \lambda_{\Delta T} \cdot p_i \cdot D_{\Delta T,i} \quad [3]$$

D_{grenz} Grenzschadenssumme (= 1)
N Anzahl der Fahrzeuge im Nutzungszeitraum
$\lambda_{\Delta T}$ Auftretenswahrscheinlichkeit des Temperaturgradienten ΔT
p_i Anteil des Fahrzeugtyps i
$D_{\Delta T,i}$ Teilschaden des Fahrzeugtyps i bei gleichzeitigem Temperaturgradienten ΔT

$$D_{ges} = N \cdot \sum_{\Delta T=\Delta T_{min}}^{\Delta T_{max}} \sum_{i=1}^{5} \sum_{h=1}^{24} \lambda_{V,h} \cdot \lambda_{\Delta T,h} \cdot p_i \cdot D_{\Delta T,i} \quad [4]$$

$\lambda_{V,h}$ Anteil des Schwerverkehrs während der Stunde h am gesamten Tagesaufkommen
$\lambda_{\Delta T,h}$ Auftretenswahrscheinlichkeit des Temperaturgradienten ΔT zur Tagesstunde h

3.2 Sensitivitätsanalyse

Für die Entwicklung standardisierter Messkonzepte werden als Vorarbeit mithilfe der Durchführung von Sensitivitätsanalysen die Parameter identifiziert, die sich sensitiv auf die Zustandsfunktion auswirken. Nur Parameter mit großem Einfluss auf die Zustandsfunktion können (bei großer Streubreite) auch sensitiv auf diese reagieren. Für Parameter mit geringer Sensitivität genügt es, sich auf näherungsweise Ansätze (z. B. normative Angaben) zu beschränken. Für die Durchführung einer Sensitivitätsanalyse sind die in der Zustandsfunktion enthaltenen Parameter innerhalb realistischer Grenzen zu variieren. Die beiden zu analysierenden Versagensmechanismen weisen grundsätzliche Unterschiede auf. Beim Plattenbeulen wird ein Nachweis im Grenzzustand der Tragfähigkeit geführt. Die maximale Beanspruchung muss kleiner als die Grenztragfähigkeit bleiben, um den Nachweis zu erfüllen. Im Falle eines Ermüdungsnachweises mittels linearer Schadensakkumulation spiegelt die Zustandsfunktion hingegen einen kumulativen Schädigungsprozess wider. Hierbei akkumuliert sich der durch wiederholt aufgebrachte Lasten entstehende Schaden. Der Schadenssumme wird eine Grenzschadenssumme gegenübergestellt, die nach den im Bauingenieurwesen gültigen normativen Vorgaben bei 1,0 liegt.

Vorgehensweise

In der aktuellen Forschung der Bauingenieurwissenschaften wurden Abhängigkeiten zwischen Output- und Inputmodellen durch den Einsatz von Sensitivitätsanalysen untersucht [16]. Dabei wurde die globale Sensitivitätsanalyse (GSA) entwickelt, welche dazu beiträgt, den Einfluss von Inputparametern auf den Output bei komplexen Modellen zu identifizieren. Mithilfe der GSA können die sensitiven Parameter identifiziert und mittels Sobol-Index quantitativ bewertet werden.

In der Regel ist es erforderlich, die nachweisrelevanten Beanspruchungen über ein FE-Modell zu bestimmen. Je nach Komplexität sind für die Durchführung einer FE-Simulation Rechenzeiten erforderlich, die bei mehreren Tausend Berechnungsdurchläufen zu viel Zeit in Anspruch nehmen, als dass eine effiziente GSA möglich wäre. Infolgedessen wird mittels Machine-Learning-Methoden aus dem physikalischen FE-Modell ein numerisches Ersatzmodell (Metamodell) abgeleitet, mit dem die GSA erheblich beschleunigt wird. Dafür werden auf Grundlage von FE-Modellen ausreichende Mengen an Trainingsdaten generiert. Das anschließende Training des Ersatzmodells mit den aus der FE-Berechnung gewonnenen Daten zielt darauf ab, das Verhalten des ursprünglichen, komplexeren Berechnungsmodells zu approximieren, was zu einer Reduzierung von Rechenressourcen und -zeit führt.

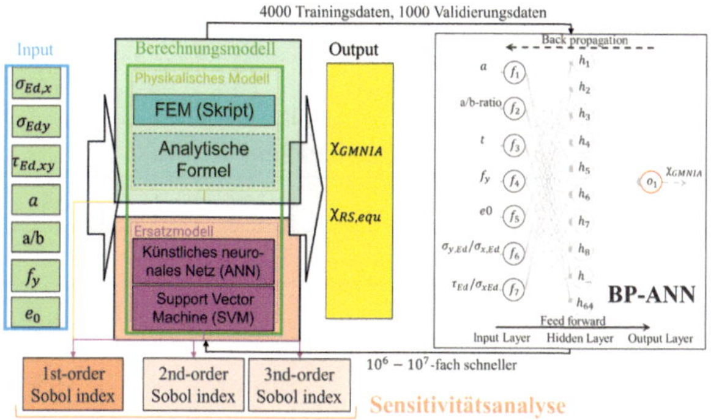

Abb. 8: Schema für die Durchführung einer GSA in Verbindung mit einem Ersatzmodell

Diese grundsätzliche Vorgehensweise (siehe Abb. 8) wird für alle im Rahmen des ANYTWIN-Projekts zu untersuchenden Versagensmechanismen angewendet. Die Besonderheiten der einzelnen Versagensmechanismen werden im Folgenden erläutert.

Plattenbeulen

Im Rahmen der GSA wurden Beulfelder mit und ohne Steifen untersucht und mit unterschiedlichen Längs-, Quer und Schubspannungen beansprucht. Zunächst wurde die FEM zur Modellierung verwendet und ca. 5000 Trainingsdatensätze erzeugt. Das Ersatzmodell wurde im Anschluss mit den Datensätzen trainiert. Beim Vergleich mit den 1000 Testdaten lagen die Abweichungen bei maximal 10 %.

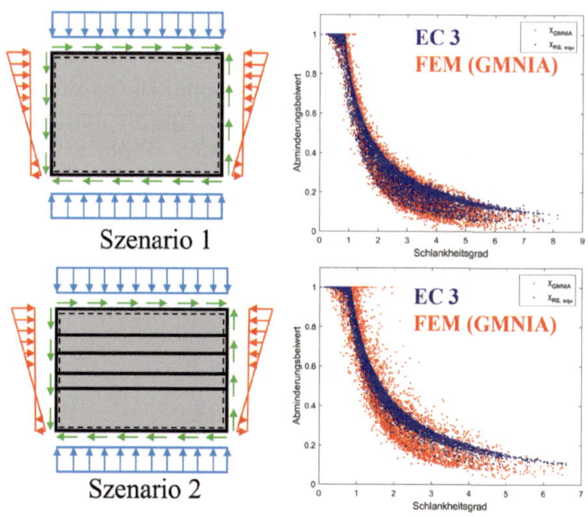

Abb. 9: Vergleich der Abminderungsfaktoren mittels Methode der reduzierten Spannungen und FEM

Die Trainingsdaten wurden mit Ergebnissen verglichen, die sich bei einer Berechnung mit der Methode der reduzierten Spannungen ergaben. In Szenario 1 lieferten beide Verfahren ähnliche Ergebnisse, was die Gültigkeit der Methode der reduzierten Spannungen bestätigt, siehe Abb. 9. Bei Szenario 2 mit Längssteifen zeigten sich jedoch deutliche Unterschiede, deren Ursachen momentan noch analysiert werden.

Die Heatmap in Abb. 10 zeigt die Ergebnisse einer GSA für Szenario 2. Da die Ergebnisse für Szenario 1 ähnlich ausfallen, wird auf ihre Darstellung verzichtet. Die Farbintensität stellt die Größe des Sobol-Index dar; höhere Werte bedeuten, dass der Abminderungsfaktor für das Plattenbeulen sensitiv auf den Parameter reagiert. Die vier Diagramme veranschaulichen die Sensitivität der Parameter Vorverformung, Längs- zu Querspannungsverhältnis, Verhältnis von Schubspannung zu Normalspannung und Längsspannungsverhältnis. Auf der Abszisse ist jeweils der Schlankheitsgrad und auf der Ordinate das Seitenverhältnis des Beulfeldes aufgetragen. Die Analyse zeigt, dass bei einem Schlankheitsgrad unter ca. 1,5 der Abminderungsfaktor sehr sensitiv auf die Vorverformung reagiert. Bei höherem Schlankheitsgrad ist hingegen das Längs- zu Querspannungsverhältnis entscheidend. Andere Parameter wie das Schub- und Normalspannungsverhältnis sowie die Stahlgüte führen zu keiner sensitiven Reaktion des Abminderungsfaktors.

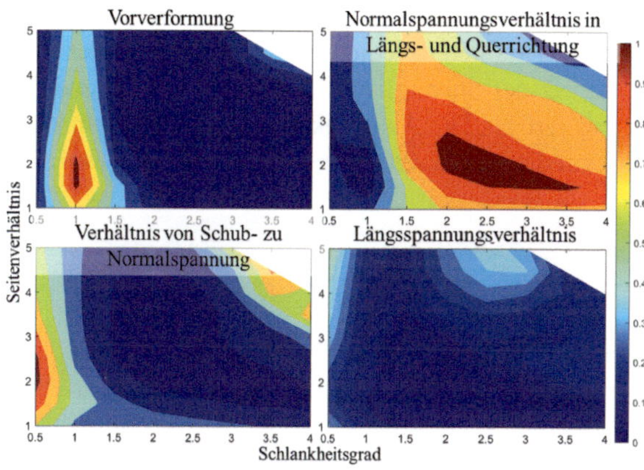

Abb. 10: Ergebnis der GSA für Szenario 2

Koppelankerermüdung

Die GSA erfolgte am Beispiel eines symmetrischen Zweifeldträgers mit konstantem Plattenbalkenquerschnitt (siehe Abb. 11). Für die Durchführung wurden die in Gleichung (Gl. 4) enthaltenen direkten und indirekten Parameter entsprechend Tab. 1 variiert. Die direkten Parameter wurden an [15] angelehnt, wobei die dort für jede Tagesstunde enthaltenen Auftretenshäufigkeiten des Temperaturgradienten für Plattenbalken durch eine Weibullverteilung und das über den Tag verteilte Schwerverkehrsaufkommen durch eine Normalverteilung beschrieben werden konnten.

Für die Bestimmung der Schwingbreite wurde erneut auf ein Ersatzmodell zurückgegriffen. Die Trainingsdaten wurden aus einem Volumenmodell abgeleitet, da die Schwingbreite auf Querschnittsebene neben dem Bewehrungsgrad vom Hebelarm der inneren Kräfte, der im Wesentlichen aus der mitwirkenden Breite resultiert, abhängig ist. Die üblichen Handrechnungsformeln zur Bestimmung der mitwirkenden Breite gelten allerdings nur für gleichmäßig verteilte Einwirkungen und sind insbesondere im Bereich der Momentennulldurchgänge, an denen in der Regel die Koppelfugen angeordnet werden, wenig aussagekräftig [17]. Für eine präzise Berechnung der Schwingbreite wurde aus diesem Grund das FE-Modell mit Volumenelementen und unter Berücksichtigung des CDP-Modells (Concrete Damage Plasticity) generiert, wobei die Betonzugfestigkeit in der Koppelfuge aufgrund des Bauablaufs auf eine vernachlässigbare Größe reduziert wurde. Die Vorspannkraft wird über den Dekompressionsnachweis nach heutigen Standards gesteuert. Dabei blieben die aus dem linearen Temperaturgradienten resultierenden Beanspruchungen – analog zu Bemessungen vor 1980 [12] – unberücksichtigt. Die ungünstigsten Laststellungen für die Fahrzeuge des ELM 4 wurden näherungsweise in einem vorgelagerten Berechnungsschritt mithilfe der an einem Stabmodell ermittelten Einflusslinie bestimmt. Mithilfe dieses Ansatzes wurden für verschiedene Spannweiten und Querschnittsabmessungen für die fünf Fahrzeugtypen unter Berücksichtigung variabler Temperaturgradienten und Setzungen die Schwingbreiten der Spannstahlspannung am FE-Modell bestimmt und diese als Trainingsdaten für das Ersatzmodell genutzt. Zur Einschränkung des Umfangs der GSA wurden von den indirekten Parametern lediglich die Spannweite, der Vertikalversatz der Spannglieder in der Koppelfuge und die Setzung variiert. Die Aussagekraft der GSA ist somit zunächst auf diese konkreten Randbedingungen beschränkt.

Abb. 11: Querschnitt des für die GSA verwendeten Zweifeldträgers

Tab. 1: Parametereinschränkung als Grundlage für die GSA

Parameter		min.	max.
Parameter mit direktem Einfluss			
Temperaturgradient ΔT	[K]	-4	10
Zufallszahl für den Temperaturfaktor	[-]	0,5	1,5
Zufallszahl für den Formparameter der Weibullverteilung von ΔT	[-]	0,5	3
Zufallszahl für die Auftretenshäufigkeit je SV-Typ (Summe = 1)	[-]	0	1
Tagesgang des SV Mittelwert (Normalverteilung)	[h]	10	18
Tagesgang des SV Standardabweichung (Normalverteilung)	[h]	2	8
Vorfaktor f für jährliches SV-Aufkommen ($f \cdot 5 \cdot 10^5$)	[-]	0,8	1,2
Parameter mit indirektem Einfluss			
Spannweite	[m]	15	45
L/H-Verhältnis	[-]	20	
Lage der Koppelfuge	[-]	$0{,}18 \cdot L$	
Abstand zwischen Koppelanker und Schwerachse	[mm]	H/9	H/5
Setzung	[mm]	0	10
Vorfaktor für die Vorspannkraft	[-]	0,8	

Auch für die Koppelankerermüdung wurde das Ersatzmodell mit 5000 Datensätzen des FE-Modells trainiert, von denen 1000 zur Überprüfung verwendet wurden. Es ergaben sich Abweichungen von bis zu 30 %, was im Vergleich zum Versagensmechanismus Beulen auf eine eingeschränkte Genauigkeit hindeutet. Begründen lässt sich dies mit der Wahl der Inputparameter, die in der Trainings- und Testphase größtenteils zu kleinen Schwingbreiten führten, was darauf hindeutet, dass die Rissschnittgröße in den meisten Fällen nicht überschritten wurde. Somit wurde das Ersatzmodell bereichsweise mit weniger Datensätzen trainiert. Des Weiteren können die Ungenauigkeiten aus der höheren Nichtlinearität resultieren, die sich aus dem inhomogenen Materialverhalten von Beton bei Beanspruchungen auf Druck und auf Zug sowie der Verwendung verschiedener Materialien (Beton, Betonstahl, Spannstahl) ergeben. Es ist davon auszugehen, dass die Genauigkeit des Ersatzmodells durch Steigerung des Trainingsdatenumfangs (insbesondere im Zustand II) deutlich erhöht werden kann. Trotz der Abweichungen wurde das Ersatzmodell für die Durchführung der GSA verwendet, da relevante Sensitivitäten auch bei einer bereichsweisen Ungenauigkeit erkennbar sind.

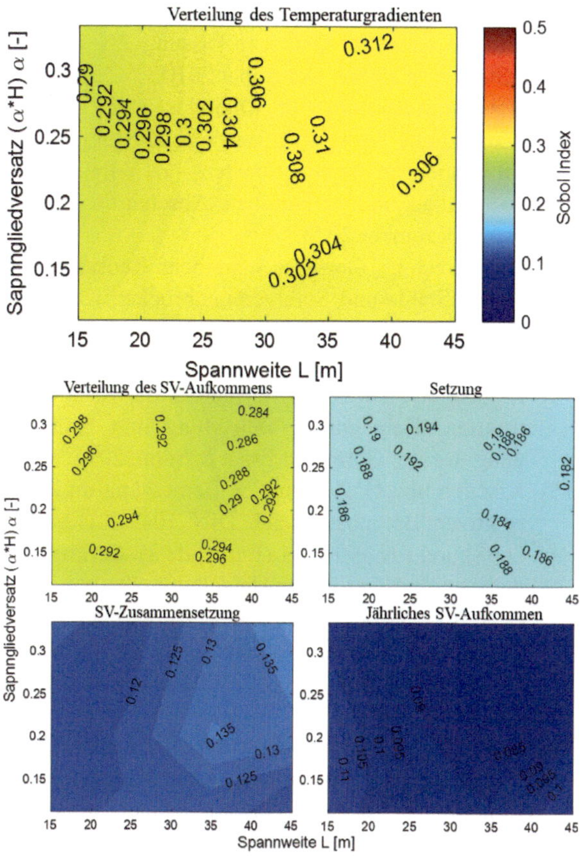

Abb. 12: Ergebnis der GSA für direkte und indirekte Parameter der Zustandsfunktion (Gl. 4)

Die Auswertung wurde erneut mittels Heatmap durchgeführt (siehe Abb. 12). In allen Diagrammen ist auf der Abszisse die Spannweite und auf der Ordinate der Vertikalversatz des Spanngliedes aufgetragen. Die Ergebnisse deuten darauf hin, dass in Hinblick auf Gleichung (Gl. 4) weder die Spannweite noch der Vertikalversatz des Spanngliedes die Sensitivität der betrachteten Parameter beeinflussen, da die Farbgebung der Diagramme nahezu konstant ist. Der normierte Sobol-Index liegt parameterübergreifend zwischen 8,5 % und 31,2 %.
Aus diesem Grund existieren – im Gegensatz zum Versagensmechanismus Beulen – keine geometrischen Randbedingungen, bei der nur ein Parameter dominiert. Die Zustandsfunktion reagiert mit im Mittel 30 % besonders sensitiv auf die Verteilung des linearen Temperaturgradienten. In ähnlicher Größenordnung befindet sich mit 29 % der Sobol Index für die Verteilung des Schwerverkehrsaufkommens über den Tag. Es folgen die Parameter Setzung (ca. 19 %), Schwerverkehrszusammensetzung (ca. 13 %) und das jährliche Schwerverkehrsaufkommen (ca. 9,5 %). In selbiger Reihenfolge ist nach aktuellem Kenntnisstand die Priorisierung der messtechnischen Erfassung sinnvoll.

4. Zusammenfassung und Ausblick

Die Auswertung von Nachrechnungen hat ergeben, dass die Versagensmechanismen Koppelfugenermüdung von Spannbetonbrücken sowie Plattenbeulen von Stahl- und Stahlverbundbrücken häufig zu rechnerischen Defiziten in der Nachrechnung führen. In ANYTWIN wird das Potential der Verbesserung des Nachweisergebnisses durch zusätzliche messwertgestützte Informationen genutzt und es werden Handlungsempfehlungen für die messwertgestützten Nachweise entwickelt. Die Versagensmechanismen werden mithilfe von Zustandsfunktionen beschrieben, deren Parameter sich in Abhängigkeit gegebener Randbedingungen unterschiedlich sensitiv auf die Funktionen auswirken. Für eine effiziente Messkonzeptgestaltung sollten insbesondere die sensitiven Parameter messtechnisch erfasst werden.
Beim Beulen deuten erste Untersuchungsergebnisse sowohl für längs ausgesteifte als auch nicht ausgesteifte Platten darauf hin, dass sich die Vorverformung und das Längs- zu Querspannungsverhältnis insbesondere in Abhängigkeit vom Schlankheitsgrad sensitiv auf die Zustandsfunktion auswirken. Bei geringeren Schlankheitsgraden dominiert die Vorverformung und bei größeren Schlankheitsgraden das Spannungsverhältnis.
Die GSA für den Versagensmechanismus Spannstahlermüdung im Bereich der Koppelfugen wurde anhand eines ungevouteten, symmetrischen Zweifeldträgers mit Plattenbalkenquerschnitt durchgeführt. Erste Ergebnisse weisen darauf hin, dass Spannweite und Vertikalversatz des Spannglieds keinen nennenswerten Einfluss auf die Sensitivität der Parameter haben. Die Zustandsfunktion reagiert am sensitivsten auf die Verteilung des linearen Temperaturgradienten. Allerdings liegt die Sensitivität aller Parameter zwischen 10 % und 30 %, ohne dass sich in Abhängigkeit geometrischer Randbedingungen vergleichbare Dominanzen wie beim Versagensmechanismus Beulen ergeben.
Die Untersuchungen sind noch nicht abschließend. Beim Versagensmechanismus Beulen werden weitere Analysen für das quersteifenübergreifende Gesamtfeldbeulen und bei der Koppelfugenermüdung eine Verallgemeinerung der Sensitivitätsanalyse angestrebt. Insbesondere sollte der Faktor für die Vorspannkraft reduziert werden, um bewerten zu können, inwieweit mehr Ergebnisse im Zustand II die GSA beeinflussen.

Danksagung

Dieser Artikel präsentiert Ergebnisse des Forschungsprojekts ANYTWIN (Entwicklung und Standardisierung von Methoden zur messdatengestützten Tragsicherheitsbewertung von Straßenbrücken und die Integration in digitale Zwillinge), gefördert durch das Bundesministerium für Digitales und Verkehr im Rahmen des mFUND-Förderprogramms (Förderkennzeichen: 19F2248A-F).

Literatur

[1] Bundesministerium für Verkehr, Bau und Stadtentwicklung (BMVBS), Richtlinie zur Nachrechnung von Straßenbrücken im Bestand (Nachrechnungsrichtlinie). 2011.

[2] W. Neumann und A. Brauer, Nachrechnung von Stahl- und Verbundbrücken: Systematische Datenauswertung nachgerechneter Bauwerke, Bd. B 144. in Berichte der Bundesanstalt für Straßenwesen – Brücken- und Ingenieurbau, vol. B 144. Bremen: Fachverlag NW in der Carl Schünemann Verlag GmbH, 2018.

[3] O. Fischer, T. Lechner, M. Wild, A. Müller, und K. Kessner, Nachrechnung von Betonbrücken – systematische Datenauswertung nachgerechneter Bauwerke, Bd. B 124. in Berichte der Bundesanstalt für Straßenwesen – Brücken- und Ingenieurbau, vol. B 124. Bremen: Fachverlag NW in der Carl Schünemann Verlag GmbH, 2016.

[4] Bundesministerium für Verkehr, Bau und Stadtentwicklung (BMVBS), Richtlinie zur Nachrechnung von Straßenbrücken im Bestand, 1. Ergänzung (Nachrechnungsrichtlinie, 1. Ergänzung). 2015.

[5] G. König, R. Maurer, und T. Zichner, Spannbeton – Bewährung im Brückenbau. Analyse von Bauwerksdaten, Schäden und Erhaltungskosten. Frankfurt: Springer-Verlag, 1986.

[6] M. Schnellenbach-Held, M. Peeters, und G. Miedzinski, Intelligente Brücke – Schädigungsrelevante Einwirkungen und Schädigungspotenziale von Brückenbauwerken aus Beton, Bd. B 110. in Berichte der Bundesanstalt für Straßenwesen – Brücken- und Ingenieurbau, vol. B 110. Bremen: Fachverlag NW in der Carl Schünemann Verlag GmbH, 2015.

[7] T. Von Kármán, E. E. Sechker, und L. H. Donnell, „The strength of thin plates in compression", Transactions of the American society of mechanical engineers, Bd. 54, S. 53.57, 1932.

[8] G. Winter, „Strength of thin steel compression flanges", American society of civil engineers, S. 339–387, 1946.

[9] DIN EN 1993-1-5, Eurocode 3: Bemessung und Konstruktion von Stahlbauten – Teil 1-5: Plattenförmige Bauteile; Deutsche Fassung EN 1993-1-5:2006 + AC:2009, Dezember 2010.

[10] Bundesministerium für Digitales und Verkehr, „Zusätzliche Technische Vertragsbedingungen und Richtlinien für Ingenieurbauten – ZTV-ING – Teil 4 -Stahlbau, Stahlverbundbau -Abschnitt 1 – Stahlbau". Dezember 2023.

[11] G. Marzahn, „Obmann-Schreiben. Beulverhalten älterer Stahl- und Stahlverbundbrücken – Vereinfachungen und Reduzierung des Nachweisumfanges", 3. März 2023.

[12] K. Geißler, Handbuch Brückenbau: Entwurf, Konstruktion, Berechnung, Bewertung und Ertüchtigung. Berlin, Germany: Ernst & Sohn, 2014.

[13] K. Zilch und G. Zehetmaier, Bemessung im konstruktiven Betonbau: Nach DIN 1045-1 (Fassung 2008) und EN 1992-1-1 (Eurocode 2). Berlin, Heidelberg: Springer Berlin Heidelberg, 2010.

[14] DIN EN 1991-2, Eurocode 1: Einwirkungen auf Tragwerke – Teil 2: Verkehrslasten auf Brücken; Deutsche Fassung EN 1991-2:2003 + AC:2010, Dezember 2010.

[15] K. Zilch, M. Hennecke, und R. Buba, Kombinationsregeln für Ermüdung – Untersuchung der Grundlagen für Betriebsfestigkeitsnachweise bei Spannbetonbrücken. in Forschung Straßenbau und Straßenverkehrstechnik, no. 824. Bonn: Bundesministerium für Verkehr, Bau- und Wohnungswesen, Abteilung Straßenbau, Straßenverkehr, 2001.

[16] Z. Kala und J. Valeš, „Global sensitivity analysis of lateral-torsional buckling resistance based on finite element simulations", Engineering Structures, Bd. 134, S. 37–47, März 2017.

[17] G. A. Rombach, Anwendung der Finite-Elemente-Methode im Betonbau: Fehlerquellen und ihre Vermeidung, 2. Aufl. in Bauingenieur-Praxis. Berlin: Ernst, 2007.

ANYTWIN – Charakterisierung Digitaler Brückenzwillinge zur Integration messwertgestützter Tragsicherheitsnachweise

Pauline Esser, M. Sc.
MKP GmbH, Hannover

Dipl.-Ing. Maria Walker
Institut für Massivbau, Technische Universität Dresden

Alex Lazoglu, M. Sc.
MKP GmbH, Hannover

Lisa Ulbrich, M. Sc.
Hentschke Bau GmbH, Bautzen

Prof. Dr.-Ing. Steffen Marx
Institut für Massivbau, Technische Universität Dresden

Zusammenfassung
Mit dem Zukunftsbild „Digitaler Zwilling“ visioniert der „Masterplan BIM Bundesfernstraßen“ des BMDV [1] die digitale Repräsentation und Vernetzung aller bauwerksrelevanten Daten der realen Infrastruktur. Insbesondere für Brücken als neuralgische Bestandteile der Verkehrsinfrastruktur ermöglichen digitale Zwillinge eine optimierte Zustandsbewertung. Die erfolgreiche Einbindung digitaler Brückenzwillinge in das Erhaltungsmanagement erfordert standardisierte Konzepte für deren Entwicklung. Hier knüpft das vom BMDV geförderte Forschungsprojekt ANYTWIN [2] mit dem Ziel an, messwertgestützte Tragsicherheitsnachweise in digitale Brückenzwillinge einzubinden. Die Konzeptentwicklung umfasst eine umfangreiche, branchenübergreifende Recherche vorhandener Definitionen und Charakteristika. Es wurden reifegradabhängige Merkmale digitaler Brückenzwillinge herausgearbeitet und deren Einfluss auf die messwertgestützte Nachweisführung untersucht. BPMN-Prozessdiagramme dienen als anschauliches Werkzeug zur Beschreibung, wie die jeweiligen Reifegrade auf Prozessebene umgesetzt werden.

1. Einleitung

Die Verkehrsinfrastruktur ist zugleich Eckpfeiler und Schwachpunkt des Wirtschaftsstandortes Deutschland. Bedingt durch das hohe Bauwerksalter und die starke Zunahme des Schwerlastverkehrs befand sich im Jahr 2024 rund 5 % der Brückenfläche in einem nicht ausreichenden Zustand [3]. Die Schäden können aus einem defizitären Erhaltungsmanagement oder Unzulänglichkeiten in den damaligen Bemessungsansätzen resultieren. Problematisch sind insbesondere jene Versagensmechanismen, die zunächst im Verborgenen bleiben und sich in einem plötzlichen tragsicherheitsrelevanten Bauteilversagen äußern. Auch bei einem inspizierten mängelfreien Zustand ist eine rechnerische Nachweisführung daher für die Bewertung des strukturellen Zustands unabdingbar. Einem i. d. R. vorherrschenden Informationsmangel bei Bestandsbrücken wird mit konservativen Rechenannahmen begegnet.

Die Nachhaltigkeitsstrategie Deutschlands [4] fokussiert den Aufbau einer „widerstandsfähigen Verkehrsinfrastruktur“. Dabei gilt der Strategie „Erhalt vor Aus- und Neubau“ und der verkehrsträgerübergreifenden Optimierung des Verkehrsflusses besonderer Vorrang. Für den Erhalt von Bauwerken, vor allem bei hoher strategischer Bedeutung im Infrastrukturnetz, sind innovative Forschungsansätze erforderlich. Insbesondere die sensorgestützte Überwachung kann genutzt werden, um Nachweise realitätsnäher zu führen und im Rahmen einer Dauerüberwachung, Veränderungen frühzeitig zu detektieren.

Der BIM-Masterplan Bundesfernstraßen [1] visioniert dafür das Zukunftsbild des Erhaltens und Betreibens auf der Basis Digitaler Zwillinge (DZ). Nachdem sich der Einsatz von Building Information Modeling (BIM) im Planen und Bauen etabliert hat, sollen durch die Entwicklung von Testfeldern DZ ab ca. 2025 als eine Erweiterung der BIM-Methodik entwickelt, erprobt und aus dem Erfahrungsschatz ein Masterplan zum Aufbau und Betrieb von DZ abgeleitet werden.

DZ erhalten u. a. Betriebsdaten relevanter Bauwerksbereiche aus sensorischer Überwachung, um zukünftig prädiktive Erhaltungsstrategien auf Einzelobjekt- und Netzebene umzusetzen. Damit werden auch rechnerische Nachweise, die einmalig im Rahmen einer Nachrechnung oder fortlaufend durch ein Dauermonitoring geführt werden, in einen DZ integriert [5].

2. Definition und Charakterisierung digitaler Zwillinge

Auf branchenübergreifender Ebene existiert bereits eine Vielzahl umgesetzter DZ, wobei die Fertigungsindustrie die Thematik dominiert [6]. Bislang bestehen in der Wissenschaft und Praxis keine einheitlichen Definitionen für DZ [5], [6]. Der Begriff wird u. a. aufgrund der Assoziation mit einer innovativen Technologie häufig für Marketingzwecke verwendet, wodurch heterogene und vielfältige Definitionen entstehen. Für eine perspektivisch nachhaltige Integration der DZ in das Instandhaltungsmanagement der Infrastrukturbetreiber ist eine standardisierte Definition erforderlich. Im Rahmen des Projekts ANYTWIN wurde folgende Definition entwickelt:

Ein Digitaler Zwilling ist eine dynamische, virtuelle Repräsentation eines physischen Objekts über eine oder mehrere Lebenszyklusphasen. Dieses physische Objekt kann von einer Teilkomponente eines Bauwerks bis hin zu einem Prozess oder einem Netzwerk aus Bauwerken variieren. Das physische Objekt und sein Digitaler Zwilling sind über einen bidirektionalen und (teilweise) automatisierten Datenaustausch verknüpft. Der Digitale Zwilling strukturiert heterogene Daten und kann eine Entscheidungsgrundlage für die vorausschauende Wartung und Instandhaltung des physischen Objektes abbilden.

Die Definition beinhaltet folgende drei Dimensionen der DZ-Klassifikation:

- Zeitlich: Die Lebenszyklusphase des physischen Objektes
- Räumlich-Kontextuell: Die Betrachtungsebene als Position und geometrische Struktur des Objektes sowie der Kontext, indem das Objekt operiert
- Funktional: Der Reifegrad als Umfang und Komplexität der Fähigkeiten des Digitalen Zwillings

In Anlehnung an [7] wurde ein Klassifikationswürfel für die Einordnung der DZ im Bauwesen entwickelt (Abb. 1). Dieser ermöglicht eine Einordnung der DZ unter Berücksichtigung der o. g. Dimensionen.

Bei der Einteilung nach der Betrachtungsebene können DZ in Komponenten-, Objekt-, Prozess-. System- und vernetzte Systemzwillinge eingeteilt werden [7]. Übertragen auf Brückenbauwerke, können einzelne Bauteile wie z. B. Stützen oder auch Sensoren als Komponentenzwillinge dargestellt werden. Aus diesen setzt sich der Objektzwilling zusammen, der das Gesamtbauwerk repräsentiert. Die Darstellung von einzelnen Prozessen, wie z. B. Überfahrten von Fahrzeugen, erfolgt anhand von Prozesszwillingen. Werden mehrere Objektzwillinge miteinander verknüpft, entsteht ein Systemzwilling. Bei der Kombination von Systemzwillingen unterschiedlicher Domänen bspw. bei der Verknüpfung von Brückenzwillingen mit den darüberfahrenden Fahrzeugen entstehen vernetzte Zwillinge. Für die meisten Anwendungsfälle im Bauwesen ist eine exakte Abbildung des physischen Objektes mit all seinen Informationen nicht erforderlich. So beschränkt sich bspw. der Einsatz von Sensoren zur Informationsgewinnung im Bauwesen aktuell v. a. anlassbezogen auf neuralgische Bereiche und spezifische Schadens- bzw. Versagensmechanismen eines Objekts.

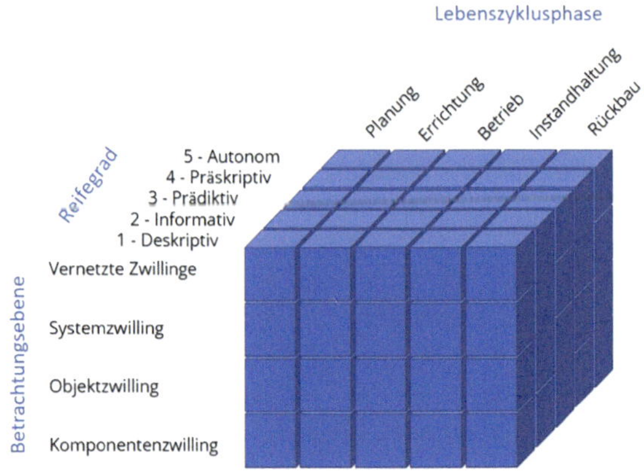

Abb. 1: Klassifikationswürfel zur Beschreibung von DZ nach [7]

In der Idealvorstellung repräsentiert der DZ den gesamten Lebenszyklus der Bauwerke. In der Betriebs- und Instandhaltungsphase, auf denen der Fokus in ANYTWIN liegt, stehen der Erhalt bzw. die rechnerischen Tragsicherheitsnachweise durch sensorische Überwachung und die Entwicklung von Prognosen im Fokus.

Für eine Einstufung eines DZs je nach Umfang und Komplexität seiner Fähigkeiten wurden in [8] als Erweiterung der BIM-Methodik Reifegrade für DZ definiert. Die Reifegrade beschreiben die Fähigkeiten eines DZ, wobei höhere Reifegrade Fähigkeiten von niedrigeren Reifegraden inkludieren. Der deskriptive DZ im Reifegrad 1 entspricht einem BIM-Modell, in dem aktuelle Zustandsdaten wie z. B. Messdaten von IoT-Sensoren verortet sind (As-maintained-Modell). Die höheren Reifegrade unterscheiden sich primär in der Ausprägung der Datenverarbeitung (Data Analytics). Der DZ im Reifegrad 2 ist in der Lage, die gesammelten Daten zu aggregieren, analysieren und informativ bereitzustellen. In Reifegrad 3 kommen Vorhersagen zur Zustandsentwicklung hinzu. Im Reifegrad 4 generiert der DZ Handlungsempfehlungen und im Reifegrad 5 handelt der DZ autonom.

Das vorgestellte Konzept der Reifegrade ist jedoch nicht detailliert genug, um konkrete Anforderungen an die Implementierung der DZ daraus ableiten zu können. Das erschwert eine Standardisierung der DZ, sodass für jedes Bauwerk und für jeden Anwendungsfall der DZ von Grund auf neu entwickelt wird. Um dieser Problematik zu begegnen, wurden im Projekt ANYTWIN konkrete Merkmale von DZ herausgearbeitet und diese anschließend in Bezug auf ihre Reifegradabhängigkeit bewertet. Die Merkmale der DZ werden im Folgenden als Twinning Indicators (TI) bezeichnet. Es resultiert daraus ein Anforderungskatalog, der näher beschreibt, anhand welcher Merkmale die Charakterisierung eines DZ im Straßenbrückenbau erfolgen kann und welche Fähigkeiten in welchem Reifegrad nach [8] erfüllt sein sollen. Als mögliche Basis für eine künftige Standardisierung von DZ soll perspektivisch eine Handlungsempfehlung entstehen. Im nachfolgenden Kapitel wird das Konzept der TIs näher erläutert.

3. Twinning Indicators - Konzept zur Charakterisierung digitaler Zwillinge

Die Wahl des zu erreichenden Reifegrades hängt individuell von den Anforderungen der Ingenieure und Anlagenbetreiber ab. Eine wichtige Grundlage ist die Komplexität des Objekts sowie die objektspezifische geschuldete Sicherheit und Relevanz für Gesellschaft und Umwelt. So sind DZ höherer Reife insbesondere für hochfrequentiert befahrene Bauwerke geeignet, die eine besondere strategische Bedeutung im Verkehrsnetz besitzen.

In ANYTWIN wurden TIs entwickelt, welche die Funktionalitäten und die Merkmale eines digitalen Brückenzwillings beschreiben. Die TIs gelten zunächst unabhängig von dem jeweiligen Anwendungsfall. Es wird dabei zwischen reifegradabhängigen und -unabhängigen TIs unterschieden. Reifegradabhängige TIs werden ferner in diskrete Merkmale (erfüllt/nicht erfüllt) sowie in graduelle Merkmale eingeteilt. Die Einteilung der TIs ist in Abb. 2 schematisch dargestellt. Reifegradunabhängige Merkmale definieren grundlegende Anforderungen, die in jedem Reifegrad des DZs zu erfüllen sind. Diese sind in vier Cluster eingeteilt: Datenbereitstellung, Sicherheit, Vernetzung und Leistungsfähigkeit. Die Datenbereitstellung erfolgt über die Mensch-Maschine-Schnittstelle (z. B. webbasierte Plattform), die eine Vielzahl von Informationen über den Bauwerkszustand auf einen Blick zugänglich macht. Die Einhaltung von Sicherheitsanforderungen ist ein zentrales Thema bei DZ. Es ist eine strenge Zugangskontrolle zu sensiblen Datensätzen einzurichten. Die Struktur eines DZ sollte im Optimalfall übertragbar auf andere Bauwerke ähnlicher Bauart sein und so die Vernetzung mehrerer DZ ermöglichen. Die Leistungsfähigkeit eines DZ steht für die Effizienz und Geschwindigkeit, mit der der DZ Daten verarbeitet. Dies hängt von der Verfügbarkeit der aktuellen Daten, von der IT-Infrastruktur sowie von den Auswertelogiken ab. Leistungsverluste können insbesondere beim Anfallen dynamischer Monitoringdaten und einer fehlenden Archivierung beim langfristigen Betrieb eines DZ zum Problem werden [9].

Als reifegradabhängige Merkmale wurden die Merkmale identifiziert, deren Vorliegen sowie Ausprägung sich je nach Reifegrad des DZ unterscheidet. In der Gesamtschau gibt es nur wenige Merkmale, deren Erfüllung oder Nichterfüllung sich eindeutig feststellen lässt. Diese Merkmale wurden als diskrete Merkmale bezeichnet, die den kognitiven Fähigkeiten eines DZ zur Datenverarbeitung und zur Mensch-Maschinen-Interaktion entsprechen. In der nachfolgenden Tab. 1 wird beispielhaft eine Auswahl diskreter reifegradabhängiger Merkmale mit ihrer Zuordnung zu den Reifegraden präsentiert.

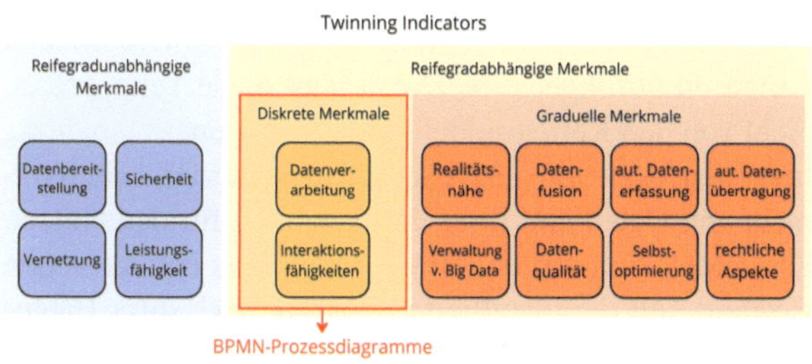

Abb. 2: Twinning Indicators (eigene Darstellung)

Tab. 1: Auszug aus der Zuordnung von diskreten Merkmalen zu den Reifegraden (O – nicht erforderlich; X – erforderlich)

Reifegrad:	1	2	3	4	5
Datenverarbeitung					
Aggregation der Daten	O	X	X	X	X
Zustandsbewertung	O	X	X	X	X
Prognose des Zustands	O	O	X	X	X
Interaktionsfähigkeiten					
Warnsystem	O	X	X	X	X
Handlungsempfehlungen	O	O	O	X	X
Autonome Handlungen	O	O	O	O	X

Mit der Prüfung der Erfüllung dieser diskreten Merkmale soll eine Klassifizierung in die Reifegrade ermöglicht werden. Analog zum Konzept der Reifegrade in [10] inkludieren die höheren Reifegrade die Funktionalitäten der niedrigeren Reifegrade. Damit nimmt die Komplexität des DZ mit steigendem Reifegrad zu. So ist die Formulierung von Handlungsempfehlungen wie z. B. die Durchführung einer Sonderinspektion auf Basis von Zustandsbewertung erst ab Reifegrad 4 zu erwarten. Das Einrichten eines Warnsystems, das proaktiv den Nutzer des DZ auf mögliche Schäden am Bauwerk oder im Monitoringsystem hinweist, ist schon ab dem Reifegrad 2 zu empfehlen.

Die graduellen Merkmale wiederum unterscheiden sich zwar in ihrer Ausprägung bei Steigerung der Reifegrade, jedoch sind diese Unterschiede einer qualitativen Art und können nicht anhand einer quantifizierbaren Metrik bewertet oder eindeutig den Reifegraden zugeordnet werden. Zu diesen Merkmalen zählen zum Beispiel die Realitätsnähe oder die Datenqualität. Je höher der Reifegrad eines DZ ist, desto höher werden die Anforderungen an die graduellen Merkmale eines DZ. Die konkrete Ausgestaltung sowie eine Festlegung prüfbarer Kriterien oder Schwellenwerte bei graduellen Merkmalen muss projektspezifisch erfolgen.

Mit steigendem Reifegrad des DZ verändert sich auch die Integration der messwertgestützten Nachweisführung in den DZ. Insbesondere die diskreten reifeabhängigen Merkmale der Datenverarbeitung und der Interaktionsfähigkeiten beeinflussen den Prozess der Nachweisführung. Zunehmende Funktionalitäten des DZ führen zur Verlagerung von Aufgaben von menschlichen Akteuren auf den DZ und erhöhen somit den Automatisierungsgrad. Dies geht allerdings mit einem höheren Implementierungsaufwand einher. Im nächsten Kapitel wird eine standardisierte Methode zur Beschreibung der Prozesse, in die der DZ involviert wird, vorgestellt. Es handelt sich dabei um Diagramme in der BPMN-Notation (Business Process Model and Notation). Im Folgenden wird die Motivation und die Vorgehensweise bei der Erstellung der BPMN-Diagramme erläutert.

4. Entwicklung und Verwendung von BPMN-Prozessdiagrammen für digitale Zwillinge

Um den DZ effektiv in den Prozess der messwertgestützten Nachweisführung einbinden zu können, ist zunächst eine generalisierte Beschreibung des Workflows notwendig, die alle wesentlichen Schritte einer derartigen Nachweisführung nach derzeitigem Praxisstand zusammenfasst. Des Weiteren wird auf Basis der reifeabhängigen diskreten TIs untersucht, auf welche Weise der DZ in den unterschiedlichen Reifegraden den Workflow der messwertgestützten Nachweisführung beeinflusst. Dies ist Gegenstand des Kapitels 4.1. Im darauffolgenden Kapitel 4.2 wird die BPMN-Notation vorgestellt und eine beispielhafte Umsetzung für die Nachweisführung gezeigt.

4.1 Prozess der messwertgestützten Nachweisführung

Die messwertgestützte Nachweisführung ist in ihrem Ablauf komplex. Zur Veranschaulichung der sich unabhängig vom Nachweis oder Bauteil wiederkehrenden Teilprozesse wurde im Rahmen von ANYTWIN der Gesamtprozess anhand von Nachweisberichten beteiligter Projektpartner im Forschungsvorhaben ANYTWIN in 7 untergeordnete Teilprozesse untergliedert, siehe Abb. 3.

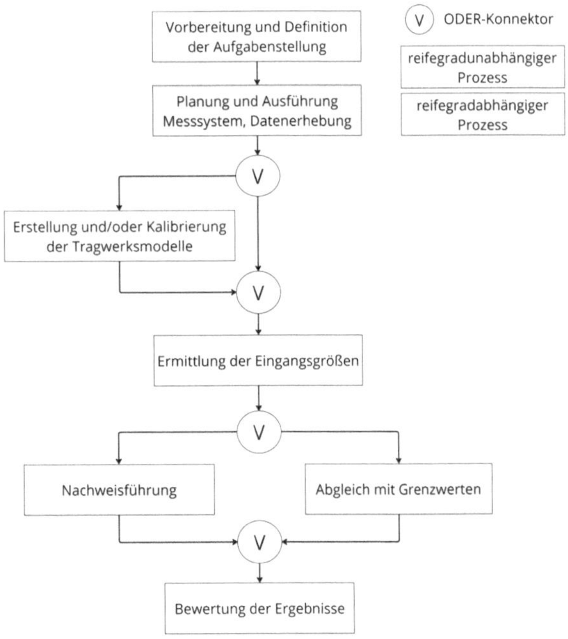

Abb. 3: Workflow der messwertgestützten Nachweisführung mit Einteilung in reifegradabhängige und -unabhängige Prozesse (eigene Darstellung)

Bei der Aufteilung und Zusammenführung des Workflows in bzw. aus zwei Pfaden wurde der inklusive ODER-Konnektor zur Verdeutlichung des optionalen Charakters verwendet. Dieser bedeutet, dass mindestens einer der Pfade gewählt werden muss.

Anlass einer messwertgestützten Nachweisführung sind Nachweisdefizite in der Stufe 1 und 2 nach [11]. Zunächst muss die messwertgestützte Nachweisführung vorbereitet und die Aufgabenstellung zielgerichtet formuliert werden. Zu den vorbereitenden Aufgaben zählen u. a. die Untersuchungen der Ursache/Wirkungs-Mechanismen, die Defizite der Nachweisführung zur Folge haben, die Abstimmung mit der obersten Straßenbaubehörde und die Sichtung der Bestandsunterlagen. Ist dieser Teilprozess abgeschlossen, wird mit der Planung und dem Aufbau des Messsystems fortgefahren, was in der fortlaufenden Datenerhebung am Bauwerk mündet. In Abhängigkeit davon, ob ein Tragwerksmodell bei der Nachrechnung genutzt werden soll bzw. ob bereits ein geeignetes Tragwerksmodell aus den vorherigen Stufen der Nachrechnung vorliegt, muss eine Erstellung und/oder Kalibrierung der bereits bestehenden Tragwerksmodelle durchgeführt werden. Sobald im Anschluss die modifizierten Tragwerksmodelle sowie die erhobenen Messdaten vorliegen, können daraus die Eingangsgrößen für die Nachweisführung ermittelt werden. Zu den messtechnisch erfassten Eingangsgrößen zählen veränderliche Bauwerksreaktionen und damit reale Beanspruchungen des Tragwerkes. Häufig werden auch Einwirkungen gemessen, um das Tragwerksmodell zu kalibrieren. Beanspruchungen aus ständigen Lasten sowie die Eigenschaften auf der Widerstandsseite sind oftmals nur mit einem erheblichen Aufwand zu ermitteln. Mithilfe dieser direkt erfassten oder der indirekt aus den Tragwerksmodellen ermittelten Größen wird auf die Beanspruchungen eines Bauteils geschlossen. Nach dem Abschluss dieses Teilprozesses, erfolgt die eigentliche Nachweisführung. Alternativ oder zusätzlich zu der messwertgestützten Nachweisführung ermöglicht die Messdatenerhebung am Bauwerk einen Abgleich mit vordefinierten Grenzwerten (z. B. aus Regelwerken). Dieser Grenzwertabgleich kann im Falle eines Langzeit- oder Dauermonitorings in Form eines Warnsystems automatisiert werden, sodass der zuständige Baulastträger oder der Tragwerksplaner über die potenziell kritischen Zustände am Bauwerk rechtzeitig informiert wird. Auf Basis des Nachweises und eines möglichen Grenzwertabgleichs erfolgt die abschließende Bewertung der Ergebnisse. Dies schließt bei den Ermüdungsnachweisen auch die Ermittlung der Restnutzungsdauer sowie die Ableitung notwendiger Interventionsmaßnahmen ein.

Dieser Workflow wurde weiterführend dazu genutzt, um die Einbindung der messwertgestützten Nachweisführung in den DZ von Brücken zu beschreiben. Dazu wurde untersucht, welche der dargestellten Teilprozesse vom Reifegrad des DZ beeinflusst werden. In ANYTWIN werden DZ von Brücken in den Reifegraden 1 bis 3 betrachtet, da deren Implementierung bereits in der Forschung und Praxis gelungen ist. Die Teilprozesse „Vorbereitung und Definition der Aufgabenstellung", „Erstellung und /oder Kalibrierung der Tragwerksmodelle" sowie die abschließende „Bewertung der Ergebnisse" finden in den ersten drei Reifegraden außerhalb des DZ statt und werden manuell bis teilautomatisiert (z. B. unterstützt durch FE-Programme) von den menschlichen Akteuren durchgeführt. Daher sind diese Teilprozesse nicht von den Reifegraddefinition betroffen.

Im ersten, deskriptiven Reifegrad dient der DZ dem Sammeln von Daten und ihrer Bereitstellung für den Nutzer. Es handelt sich um ein BIM-Modell, das den aktuellen Bestand und die installierte Sensorik inkl. ihrer Eigenschaften abbildet. In diesem werden Monitoringdaten, verarbeitete Daten und Berichte zu den durchgeführten Nachweisen manuell hinterlegt. Aus diesem Grund ist der erste Reifegrad vor allem beim zeitlich begrenzten Kurzzeit- oder Langzeitmonitoring sinnvoll. Die Datenverarbeitung und die Nachweisführung erfolgen auf die konventionelle Art und Weise außerhalb des DZ. Der Mehrwert eines DZ besteht in der strukturierten Datenablage, die als Single Source of Truth für alle Stakeholder dient und aktuelle Informationen zum Bauwerk bereitstellt.

Im zweiten, informativen Reifegrad wird eine automatisierte Nachweisführung auf Basis der gesammelten Monitoringdaten im DZ implementiert [9]. Damit wird eine regelmäßige Führung der Nachweise in vordefinierten Zeitabständen möglich. Hierzu ist jedoch ein Dauermonitoring und eine automatisierte Datenübertragung an den DZ erforderlich. Bei einer Überschreitung von festgelegten Schwellenwerten sendet der DZ eine Mitteilung an den Anlagenbetreiber. Des Weiteren findet im DZ des zweiten Reifegrads über die Führung der Nachweise zugleich eine Aggregation der Daten zu einer Zustandsinformation statt. Dank der Verkürzung zeitlicher Intervalle wird die Informationsdichte und die Realitätsnähe der Bewertung vom aktuellen strukturellen Bauwerkszustand wesentlich erhöht.

Im dritten, prädiktiven Reifegrad kommt die Vorhersage des künftigen strukturellen Zustands hinzu. Die Vorhersage basiert auf den gesammelten historischen Monitoringdaten sowie auf den geführten Nachweisen. Für die Erkennung von Mustern und Trends sowie für die Simulation verschiedener Szenarien können die Methoden des Maschinellen Lernens eingesetzt werden. Das Warnsystem weist nun nicht nur auf die aktuellen, sondern auch auf die möglichen künftigen, kritischen Zustände hin, sodass der Anlagenbetreiber befähigt wird, vorausschauend Maßnahmen zu planen und durchzuführen.

Die Verwendung der Reifegrade ermöglicht eine stufenweise Weiterentwicklung eines DZ und damit einen niederschwelligen Einstieg für die Einbindung der DZ in die bestehenden Instandhaltungsprozesse in der Praxis. Damit wird klargestellt, dass der Aufbau und der Betrieb eines DZ nicht zwangsläufig mit einem hohen Aufwand und hohen Kosten verbunden sein muss. Komplexe DZ, deren Implementierung ein kompetentes Expertenteam erfordert, werden mit hoher Wahrscheinlichkeit auch in Zukunft eher Einzelfälle bleiben. Für den Großteil der kleinen und mittelgroßen Brückenbauwerke ist ein niedriger Reifegrad ausreichend. Die Betreiber der Infrastrukturanlagen können zunächst den Nutzen eines DZ in einem niedrigen Reifegrad erproben und den Reifegrad nach Bedarf erhöhen, um weitere Funktionalitäten nutzen zu können. Welche Komponenten hierfür im Anwendungsfall der messwertgestützten Nachweisführung notwendig sind und wie die Interaktion der einzelnen Akteure inkl. des DZ aussieht, lässt sich u. a. mithilfe von BPMN-Diagrammen standardisiert darstellen. Die Vorgehensweise und Motivation werden im nächsten Kapitel erläutert.

4.2 BPMN-Prozessdiagramme: Grundlagen und Motivation

Business Process Model and Notation (BPMN) ist ein weltweit anerkannter ISO-Standard [12] für die Prozessmodellierung, der von der Object Management Group (OMG) entwickelt wurde [13]. Er bietet eine grafische Darstellung von Geschäftsprozessen und ermöglicht es Organisationen, ihre Arbeitsabläufe zu dokumentieren, zu analysieren und zu optimieren. Im Gegensatz zu den herkömmlichen Flussdiagrammen (wie in Abb. 3) verwendet BPMN über 150 spezifische Symbole, um die Komplexität moderner Geschäftsaktivitäten zu erfassen [14]. Diese Standardisierung wird als ein wichtiger Schritt angesehen, um die Fragmentierung unter bestehenden Prozessmodellierungswerkzeugen und Notationen zu verringern [15].

Ein BIM-basierter DZ liegt der kollaborativen und standardisierten Arbeitsweise der BIM-Methodik zu Grunde [5]. Im Rahmen des Forschungsprojektes IDA-KI wurde eine Forschungsbrücke „openLAB" errichtet, die abschnittsweise in einen geplanten Zustand der Schädigung gebracht wird und auf diese Weise eine Untersuchung bestandsprägender Schadensmechanismen ermöglicht [16]. Sowohl das Konzept des DZ in ANYTWIN als auch der umgesetzte DZ für das openLAB sind BIM-basierte DZ. In der BIM-Methodik werden die vom Auftragnehmer zu erbringende Prozesse in BIM-Anwendungsfällen (BIM-AwF), wie z. B. der messwertgestützten Nachweisführung, zusammengefasst. Die Beschreibung der Prozesse erfolgt im Information Delivery Manual (IDM), welches aus der Prozessbeschreibung selbst und den Austauschanforderungen (Exchange Requirements – ER) für die BIM-Fachmodelle besteht. Die Erfüllung der Austauschanforderungen im BIM-Modell erfolgt automatisiert mit Hilfe von Model View Definitions (MVD), welche maschinenlesbar beschreiben, wie Informationen im BIM-Modell abzubilden sind [17].

Nach Definition der Anwendungsfälle bildet das IDM den Kern der BIM-Methodik. Um die Prozesse der umzusetzenden BIM-AwF zu beschreiben sowie Art und Kontext des Informationsaustausches festzulegen, bietet es sich an, mit Prozessdiagrammen zu arbeiten. Nach VDI 2552 Blatt 11.1 [17] wird für die Darstellung von Prozessdiagrammen die Business Process Model Notation (BPMN) nach ISO/IEC 19510 [12] als Standard empfohlen. Prozessdiagramme dienen sowohl als Grundlage für die Festlegung von Austauschanforderungen als auch für die Implementierung eines BIM-basierten DZ.

Für das openLAB wurden fünf zum Teil aufeinander aufbauende BIM-AwF definiert (siehe Abb. 4).

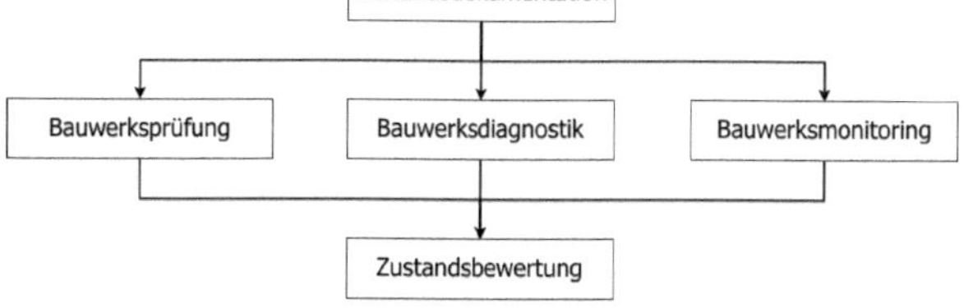

Abb. 4: BIM-AwF für die Forschungsbrücke openLAB (Hentschke Bau GmbH)

Für die BIM-AwF wurden jeweils Prozessdiagramme in der BPMN entworfen. Aus den Prozessdiagrammen gehen die Rollenverteilung sowie Art und Zeitpunkt des Informationsaustausches hervor. Daraus wurden die ER für die jeweiligen BIM-AwF sowie das Softwarekonzept abgeleitet. Aufbauend auf die ER kann die Umsetzung der MVD unter Anwendung der Software BIMQ erfolgen. Als Ergebnis entsteht ein BIM-basierter Digitaler Zwilling im Reifegrad 2 (siehe Abb. 5).

Die Erstellung eines Prozessdiagramms mit ausreichender Informationstiefe für den Aufbau eines DZ ist zeitaufwändig und erfordert einen Überblick über die Aufgaben aller beteiligten Akteure sowie ihr detailliertes Verständnis. Jedoch wurde am Beispiel des openLABs festgestellt, dass die Verwendung von Prozessdiagrammen in der BPMN einige Vorteile bietet. Das Prozessdiagramm stellt den Prozess mit allen Aufgaben und Verantwortlichkeiten für alle Beteiligten verständlich dar, bildet somit eine gute Kommunikationsgrundlage und ermöglicht eine frühzeitige Abstimmung aller Akteure. Zudem bildet das Prozessdiagramm mit Hilfe der ER und MVD die Grundlage für die Sicherung der Qualität der im DZ hinterlegten Informationen.

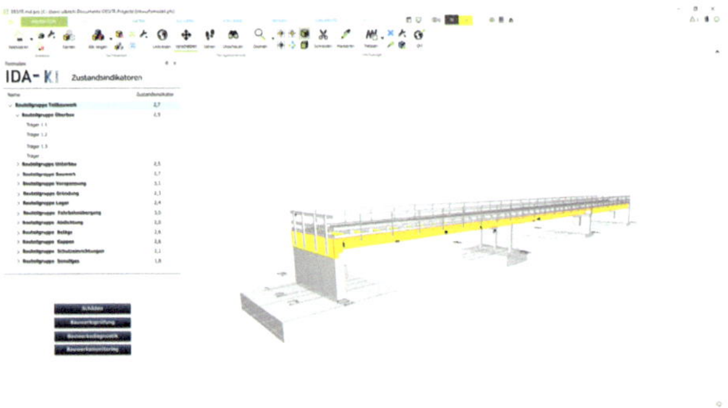

Abb. 5: Übersichtsansicht des DZs der Forschungsbrücke openLAB (Hentschke Bau GmbH)

Des Weiteren zeigt es Aufgaben des DZ auf und kann als Grundlage für dessen Planung, Implementierung und Betrieb dienen. Aufgrund der positiven Erfahrung wurde auch für ANYTWIN der Einsatz von BPMN als sinnvoll bewertet. Dabei lag der Fokus jedoch nicht auf den Austauschanforderungen für Informationen, sondern auf der Zuweisung der Aufgaben zu den jeweiligen Akteuren, wobei der DZ als ein eigenständiger Akteur auftritt.

4.3 BPMN in ANYTWIN

Ausgehend von den in Kapitel 3.1 herausgearbeiteten Teilprozessen einer messwertgestützten Nachweisführung wurden einzelne BPMN-Prozessdiagramme erstellt. Die reifegradunabhängigen Teilprozesse werden je anhand eines BPMN-Diagramms abgebildet. Zu den reifegradabhängigen Teilprozessen hingegen gehören je drei Prozessdiagramme für die ersten drei Reifegrade. Die Aufgaben sowie Interaktionen beteiligter Akteure sollen auf diese Weise herausgearbeitet werden. Diese Prozessdiagramme beziehen sich nur auf den Betrieb des DZ und nicht auf seine Implementierung, die in einem gesonderten BMPN-Diagramm darzustellen ist. Zielstellung ist die Identifikation von Schnittstellen, Datenübergabepunkten und Abhängigkeiten. Der DZ wird dabei als eigener Akteur im Anwendungsfall der messwertgestützten Nachweisführung betrachtet, da dieser Aufgaben des Menschen übernimmt. Die vom Menschen ausgeführten Prozessschritte der messwertgestützten Nachweisführung werden in Anlehnung an [18] benannten Akteuren (z. B. Fachplaner Monitoring, Tragwerksplaner, usw.) zugeordnet. Diese ganzheitliche Betrachtung des Anwendungsfalls und seiner Akteure ermöglicht ein näheres Verständnis der Mensch-Maschinen-Interaktion bei zunehmendem Reifegrad.

In Abb. 6 ist beispielhaft ein BPMN-Diagramm zur Beschreibung des Teilprozesses „Nachweisführung" (gemäß der Unterteilung in Abb. 3) dargestellt. Es handelt sich dabei um das Prozessdiagramm eines DZ im Reifegrad 2, der in der Lage ist, selbständig Daten zu verarbeiten und daraus Zustandsinformationen zu gewinnen. Daher findet hier die messwertgestützte Nachweisführung automatisiert statt.

Der Prozess startet mit dem Abschluss des vorangegangenen Teilprozesses, in dem eine Erstellung und Kalibrierung der FE-Modelle erfolgt. Der gesamte Prozess gilt als beendet, wenn der Tragwerksplaner die Ergebnisse der Nachweisführung aus dem DZ auf Plausibilität geprüft hat. Im dargestellten BPMN-Diagramm sind zwei Pools definiert worden: Tragwerksplaner und digitaler Zwilling im Reifegrad 2, die jeweils eine eigenständige Organisationseinheit bilden. Damit wird deutlich gemacht, welche Aufgaben, die üblicherweise von einem Tragwerksplaner ausgeführt werden, durch den DZ übernommen werden. So ist der Tragwerksplaner nach wie vor für die Validierung bzw. Kalibrierung der FE-Modelle anhand der Monitoringdaten zuständig, die im DZ in einer Datenbank gespeichert sind. Darauf legt der Tragwerksplaner die Intervalle fest, mit denen die Nachweisführung im DZ stattfinden soll, und führt die Plausibilitätskontrolle der Ergebnisse durch, die der DZ ausgibt. Der DZ wiederum greift auf die aktualisierten FE-Modelle und die Monitoringdaten zur automatisierten Nachweisführung zu, führt die Nachweise und dokumentiert deren Ergebnisse. Die Sequenzflüsse legen die Reihenfolge von Aktivitäten fest und werden mithilfe von durchgezogenen Pfeilen dargestellt, die horizontal angeordnet sind. Sequenzflüsse sind auf einen einzelnen Pool beschränkt, während Nachrichtenflüsse verschiedene Pools verbinden können und somit den Informationsaustausch zwischen verschiedenen organisatorischen Einheiten sowie die Interaktionen der Pools untereinander darstellen. Nachrichtenflüsse werden mit gestrichelten Pfeilen dargestellt, die vertikal zwischen den Pools verlaufen. Beispiele für Nachrichtenflüsse sind im Beispieldiagramm das Auslösen der Nachweisführung im DZ durch den Tragwerksplaner und die Übergabe der Ergebnisse der Nachweisführung vom DZ an den Tragwerksplaner zu deren Überprüfung. Datenobjekte wie Modelle, Dokumente oder auch Datenbanken können mit Aktivitäten verknüpft werden und zeigen an, welche Daten verwendet, benötigt oder generiert werden.

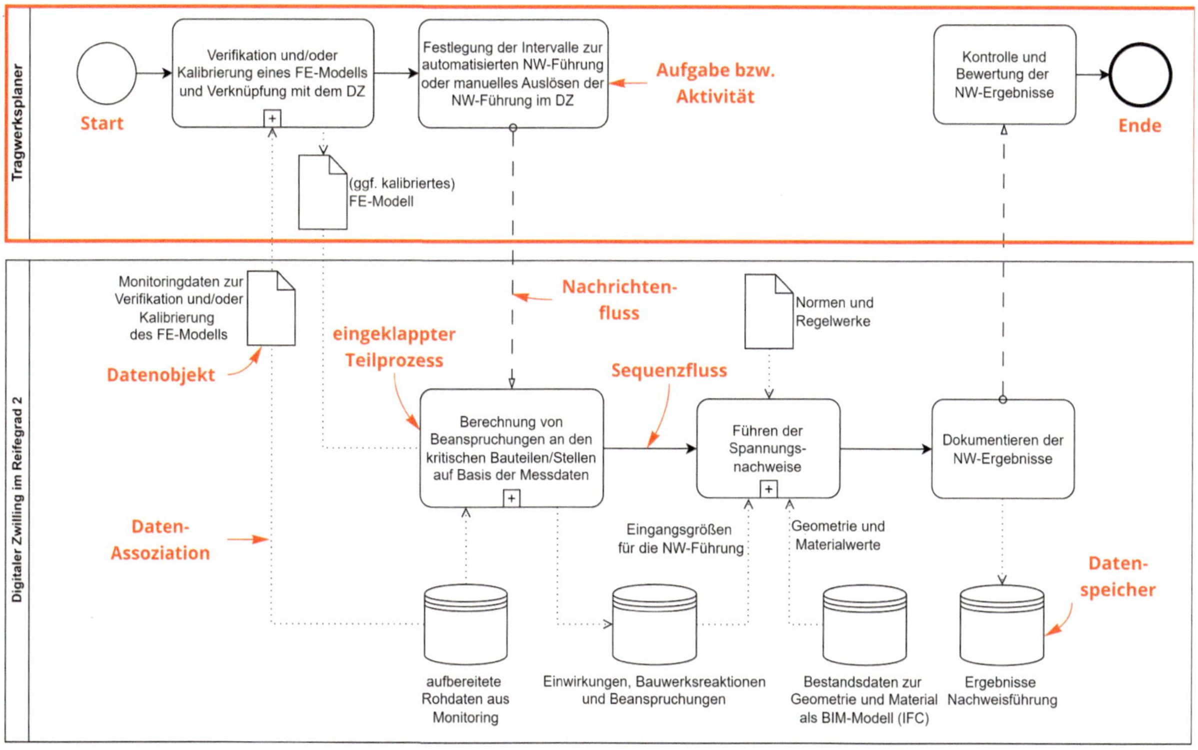

Abb. 6: BPMN-Prozessdiagramm für den Teilprozess „Nachweisführung" mithilfe eines DZ im Reifegrad 2 (eigene Darstellung)

Diese werden mithilfe einer Daten-Assoziation mit der Aktivität verknüpft werden, dargestellt als gepunktete Linie oder Pfeil. So greift der DZ bspw. auf die Datenbank mit den notwendigen Eingangsgrößen für die Nachweisführung und die Bestandsdaten zum Material und Geometrie des Bauwerks zur Führung der Nachweise zu. Letztere sind im IFC-Format eines BIM-Bestandsmodells gespeichert, das die Basis des DZ bildet.
Die vollständige Ausarbeitung aller BPMN-Prozessdiagramme wird dem Abschlussbericht des Projekts ANYTWIN zu entnehmen sein.

5. Fazit und Ausblick

Die Auseinandersetzung mit dem Ausdruck „Digitaler Zwilling" zeigt auf, dass es zum einen an einer einheitlichen Definition der Begrifflichkeit mangelt. Zum anderen bestehen daraus resultierend keine standardisierten Vorgehensweisen, DZ für bestimmte Anwendungsfälle einzusetzen und auf diese Weise das Erhaltungsmanagement bestehender Infrastruktur nachhaltig zu digitalisieren. Um diesem Mangel entgegenzuwirken, wurde im vorliegenden Paper ein standardisiertes Konzept zur Einbindung messwertgestützter Nachweise in DZ vorgestellt. Zur einheitlichen Charakterisierung von DZ wurden Merkmale (sog. „Twinning Indicators") herausgearbeitet und diese in reifegradabhängig und -unabhängig eingeteilt. Ausgehend von den mit zunehmendem Reifegrad steigenden Funktionalitäten des DZ wurde der Einfluss auf die Interaktion zwischen beteiligten menschlichen Akteuren und dem DZ beschrieben. Mithilfe von reifegradabhängigen BPMN-Prozessen wurde ferner eine Möglichkeit aufgezeigt, Prozessketten, Abhängigkeiten, Informationsflüsse sowie Aufgabenverteilungen in standardisierter Form abzubilden. Die Beschreibung der Prozesse mithilfe der standardisierten BPMN-Diagramme erleichtert dabei den Übergang zur Automatisierung der Prozesse, die heute überwiegend manuell stattfinden und in der Praxis häufig sehr heterogen sind. Dieser Übergang ist bereits exemplarisch an der Forschungsbrücke openLAB gelungen.
Darauf aufbauend wird sich die Erarbeitung eines standardisierten Datenstrukturmodells zur Einbindung heterogener Daten in einen DZ anschließen. Dazu werden Schnittstellen für externe Datenquellen definiert und Informationsaustauschanforderungen formuliert. Darüber hinaus werden Qualitätsanforderungen an die Messdaten sowie Anforderungen an die Metainformationen für messwertgestützte Nachweisführungen erarbeitet. Die Validierung der Konzepte erfolgt durch die Integration der Nachweisergebnisse in den vorhandenen DZ der Köhlbrandbrücke aus dem Projekt smartBRIDGE Hamburg [19].
Das weitere Projektvorhaben bildet auf diese Weise die Basis zur nachhaltigen Integration und interoperablen Nutzung heterogener Daten und setzt einen Grundstein für eine realitätsnahe und zuverlässige Tragsicherheitsbewertung.

Danksagung
Dieser Artikel präsentiert Ergebnisse des Forschungsprojekts ANYTWIN (Entwicklung und Standardisierung von Methoden zur messdatengestützten Tragsicherheitsbewertung von Straßenbrücken und die Integration in digitale Zwillinge), gefördert durch das Bundesministerium für Digitales und Verkehr im Rahmen des mFUND-Förderprogramms (Förderkennzeichen: 19F2248A).

Literatur
[1] BMDV, „Masterplan BIM Bundesfernstraßen - Digitalisierung des Planens, Bauens, Erhaltens und Betreibens im Bundesfernstraßenbau mit der Methode Building Information Modeling (BIM)". September 2021. [Online]. Verfügbar unter: https://www.bim-bundesfernstrassen.de/fileadmin/user_upload/BIM_Masterplan_Bundesfernstrassen_barrierefrei.pdf
[2] BMDV, „Entwicklung und Standardisierung von Methoden zur messdatengestützten Tragsicherheitsbewertung von Straßenbrücken und die Integration in digitale Zwillinge - ANYTWIN". Zugegriffen: 5. Juli 2024. [Online]. Verfügbar unter: https://bmdv.bund.de/SharedDocs/DE/Artikel/DG/mfund-projekte/anytwin.html
[3] BASt, „Brückenstatistik". Bundesanstalt für Straßenwesen, 1. September 2023. [Online]. Verfügbar unter: https://www.bast.de/DE/Statistik/Bruecken/Brueckenstatistik.html
[4] „Deutsche Nachhaltigkeitsstrategie Weiterentwicklung 2021". Die Bundesregierung, 15. Dezember 2020. [Online]. Verfügbar unter: www.bundesregierung.de/publikationen.
[5] BMDV, „Digitaler Zwilling von Brücken - Beitrag zum Masterplan Digitaler Zwilling Bundesfernstraßen". Bundesministerium für Digitales und Verkehr, 2023.
[6] N. Julien und E. Martin, „How to characterize a Digital Twin: A Usage-Driven Classification", IFAC-PapersOnLine, Bd. 54, Nr. 1, S. 894–899, 2021, doi: 10.1016/j.ifacol.2021.08.106.
[7] IoT Analytics, „How the world's 250 Digital Twins compare? Same, same but different.", The 250 classifications of Digital Twin technology. Zugegriffen: 10. Mai 2024. [Online]. Verfügbar unter: https://iot-analytics.com/how-the-worlds-250-digital-twins-compare/
[8] buildingSMART, „Take BIM Processes to the next level with Digital Twins - buildingSMART International". Zugegriffen: 10. Mai 2024. [Online]. Verfügbar unter: https://www.buildingsmart.org/take-bim-processes-to-the-next-level-with-digital-twins/
[9] A. Lazoglu, A. Bartsch, H. Naraniecki, D. Oberhauser, und S. Marx, „Ein Digitaler Zwilling für die Filstalbrücken entsteht – Erweiterung der Konzepte aus smartBRIDGE Hamburg". Tagungsband des 2. Fachkongress Digitale Transformation der Verkehrsinfrastruktur, 2023.
[10] ARUP, „Digital Twin towards a meaningful framework". Zugegriffen: 13. Mai 2024. [Online]. Verfügbar unter: https://www.arup.com/perspectives/publications/research/section/digital-twin-towards-a-meaningful-framework
[11] BMVBS, „Richtlinie für die Nachrechnung von Straßenbrücken im Bestand (Nachrechnungsrichtlinie)", Jan. 2011.
[12] „ISO/IEC 19510:2013 - Information technology — Object Management Group Business Process Model and Notation". ISO/IEC JTC 1, Juli 2013.
[13] „Business Process Model & NotationTM (BPMNTM) | Object Management Group". Zugegriffen: 7. August 2024. [Online]. Verfügbar unter: https://www.omg.org/bpmn/
[14] „What is BPMN? The Easy Guide to Business Process Modeling Notation". Zugegriffen: 16. Juni 2024. [Online]. Verfügbar unter: https://creately.com/guides/what-is-bpmn/
[15] Gustav Aagesen, John Krogstie, „BPMN 2.0 for Modeling Business Processes", in Handbook on Business Process Management 1, Berlin Heidelberg: Springer Verlag, S. 219–250.
[16] M. Herbers u. a., „openLAB – Eine Forschungsbrücke zur Entwicklung eines digitalen Brückenzwillings", Beton und Stahlbetonbau, Bd. 119, Nr. 3, S. 169–180, März 2024, doi: 10.1002/best.202300094.
[17] „VDI 2552 Blatt 11.1, Informationsaustauschanforderungen zu BIM-Anwendungsfällen", Verein Deutscher Ingenieure, Düsseldorf, Okt. 2021.
[18] Deutscher Beton- und Bautechnikverein, „DBV -Merkblatt Brueckenmonitoring". August 2018.
[19] M. Wenner, M. Meyer-Westphal, M. Herbrand, und C. Ullerich, „The Concept of Digital Twin to Revolutionise Infrastructure Maintenance: the Pilot Project smartBRIDGE Hamburg", gehalten auf der 27th ITS World Congress, Hamburg, Germany, Okt. 2021.

TAE

Schnelles Bauen

Planungshilfe zur Umsetzung modularer Brückenbausysteme in Deutschland

Christian Dommes, M. Sc.
Institut für Massivbau (IMB), RWTH Aachen University

Benjamin Camps, M. Sc.
CBI Center Building and Infrastructure Engineering GmbH

Univ.-Prof. Dr.-Ing. Dr.-Ing. E. h. Josef Hegger
H+P Ingenieure GmbH Aachen; ehemals Institut für Massivbau (IMB) der RWTH Aachen University

Zusammenfassung
Eine hohe Verfügbarkeit und Leistungsfähigkeit der Verkehrsinfrastruktur ist von entscheidender Bedeutung für den Wirtschaftsstandort Deutschland, besonders in Zeiten stetig wachsender Verkehrszahlen. Ein wesentlicher Teil der 4060 Jahre alten Brücken in Deutschland muss in den nächsten Jahren entweder verstärkt oder kurzfristig ersetzt werden. Zur Beschleunigung von Ersatzneubauten unter laufendem Verkehr bieten sich modulare Brückenbausysteme an, die eine sehr kurze Bauzeit ermöglichen und wenige Sperrzeiten benötigen. Die Weiterentwicklung modularer Brückenbausysteme wird zurzeit durch die Autobahn GmbH des Bundes und einige Straßenbauverwaltungen der Länder forciert. Zusammen mit Akteuren aus Wirtschaft und Wissenschaft sowie von Seiten der öffentlichen Auftraggeber wird im Projekt „Planungshilfe für den modularen Brückenbau" aktuell eine Hilfestellung zur Umsetzung von modularen Brücken in Deutschland erarbeitet. Neben technischen Lösungen in Form von Konstruktionsprinzipien für alle Bestandteile einer modularen Brücke (Gründung, Unterbau, Überbau und Ausstattung) werden ebenfalls Hinweise zu bauaufsichtlichen und vergaberechtlichen Fragestellungen gegeben. Auf der Basis dieser Planungshilfe können die geltenden Regelwerke für Brückenbauwerke gezielter betrachtet und gegebenenfalls zukünftig angepasst werden.

1. Einleitung

Insbesondere die Entwicklung des Straßengüterverkehrs hat im Laufe der Jahre eine signifikante Veränderung durchlaufen. Mit Beginn des Wiederaufbaus nach dem Zweiten Weltkrieg verzeichnete der Schwerlastverkehr seit den 1950er Jahren einen stetigen Zuwachs. Der Aufschwung der Wirtschaft, die Globalisierung und die damit einhergehende steigende Nachfrage nach Gütertransporten sowie die Weiterentwicklung hin zu immer schwereren Nutzfahrzeugen trugen zu einer kontinuierlichen Zunahme der Einwirkungen auf die Verkehrsinfrastruktur bei. Der Schwerlastverkehr spielt dabei eine entscheidende Rolle für die wirtschaftliche Leistungsfähigkeit Deutschlands, da er maßgeblich zur Versorgung und Verteilung von Gütern beiträgt. Insbesondere für die exportorientierte deutsche Industrie ist ein gut funktionierendes Straßen- und Brückennetz essenziell, um Produkte zeitnah und zuverlässig zu transportieren. Neben der Entwicklung effizienterer und umweltfreundlicherer Technologien für den Straßengüterverkehr wird auch die Verfügbarkeit der Infrastruktur in Deutschland und insbesondere der Brücken die weitere Entwicklung des Schwerlastverkehrs in den kommenden Jahren maßgeblich beeinflussen.

Aktuell gibt es in Deutschland schätzungsweise über 100.000 Straßenbrücken. Hinzukommen in etwa 26.000 Brücken im Netz der Deutschen Bahn. Genaue Zahlen zu den Straßenbrücken sind sehr schwer zu ermitteln, da die Datenlage bei den kommunalen Brücken unvollständig ist. Die Daten zu den Brücken der Bundesfernstraßen werden von der Bundesanstalt für Straßenwesen (BASt) erhoben und online veröffentlicht [1]. Aus diesem Grund beziehen sich die nachfolgend genannten Zahlen nur auf die Brücken an Bundesfernstraßen. Es kann jedoch davon ausgegangen werden, dass diese prinzipiell auch auf die kommunalen Brücken übertragen werden können. Von den circa 40.000 Brücken an Bundesfernstraßen sind über 4.300 Brücken in einem schlechten Zustand (Zustandsnoten IV und V gemäß regelmäßiger Bauwerksprüfungen nach DIN 1076 [2]). Dies entspricht einem Anteil von über 10 % und einer Gesamtbrückenfläche von sechs Millionen Quadratmetern. Daraus lässt sich ableiten, dass in den kommenden Jahren mehr als 400 Brücken pro Jahr erneuert werden müssen, was ohne Innovationen und dringend erforderlichen Produktivitätssteigerungen auf dem Gebiet des Brückenbaus nicht möglich ist.

Ein Ansatzpunkt zum Erreichen dieses Ziels ist der Einsatz modularer Brückenbausysteme. Die Vorteile von vorgefertigten Brücken liegen dabei vor allem in der deutlichen Reduzierung der Bauzeiten vor Ort. Dabei können sowohl der Zusammenbau der werkseitig hergestellten Fertigteile unter laufendem Verkehr stattfinden als auch die Sperrzeiten auf ein Mindestmaß reduziert werden. Durch verkürzte Bauzeiten verringern sich nicht nur die Stauzeiten, sondern auch die Unfallgefahr im Baustellenbereich sowie die CO_2-Emissionen durch Stop-and-

Go-Verkehr oder weiträumige Umleitungsstrecken. Die modulare Bauweise senkt so die volkwirtschaftlichen Kosten der Baumaßnahme und trägt zur Einsparung von Emissionen bei. In Deutschland wurden modulare Bauweisen im Brückenbau im Gegensatz zum europäischen Ausland und Nordamerika bisher nur eingeschränkt eingesetzt. Erfolgreich ausgeführte und richtungsweisende Pilotprojekte in Deutschland bestätigten die Vorteile modularer Brückenbausysteme und können als Vorbilder für diese Bauweise dienen.

2. Ausgeführte Pilotprojekte

Nachfolgend werden exemplarisch ausgewählte Beispiele modularer Brücken kurz vorgestellt. Dabei handelt es sich nicht um eine abschließende Benennung aller am Markt verfügbaren Systeme. Neben den äußeren Randbedingungen soll auch auf die technischen Besonderheiten der jeweiligen Systeme der verschiedenen Hersteller eingegangen werden. Diese Pilotprojekte unterscheiden sich beispielsweise hinsichtlich wichtiger Randbedingungen wie Spannweite, Querschnittsbreite oder Kreuzungswinkel. Eine Übersicht der wichtigsten Randbedingungen ist in den Tabellen 1 bis 4 gegeben. Zu den nennenswerten technischen Besonderheiten, durch die sich diese modularen Brücken unterscheiden, gehören die Bauart, der Grad der Vorfertigung und der Anteil notwendiger Ortbetonergänzungen, das statische System sowie die Ausführung der späteren Fahrbahn. Ergänzend zu den vorgestellten Grundsystemen wurden in der Zwischenzeit von den Herstellern zudem verschiedene Variationen an den Systemen vorgenommen und ausgeführt, sodass noch vielfältigere Randbedingungen bedient werden können.

2.1 Modulbrücke Bögl

Die Modulbrücke Bögl der Firmengruppe Max Bögl ist eine modulare Verbundbrücke, die sich durch das gewählte Tragwerk und die Bauweise auszeichnet. Ausgeführt wurde diese modulare Brücke erstmals im Jahr 2014 über die Bundesstraße B299 bei Greißelbach in Bayern [3]. Die wichtigsten Kenndaten der Modulbrücke Bögl sind in Tab. 1 zusammengefasst. Die Tragwirkung wird durch zwei getrennte Tragsysteme in Längs- und Querrichtung erreicht. Zwei Verbundfertigteilträger, bestehend aus luftdicht verschweißten Stahlhohlkästen und einem Betonobergurt bilden zusammen mit den Widerlagerwänden ein Rahmensystem in Brückenlängsrichtung. Um die Rahmentragwirkung zu erreichen, werden die Verbundfertigteile vor Ort in die Widerlager einbetoniert. Das Tragsystem in Brückenquerrichtung wird durch vorgespannte Fertigteilplatten aus selbstverdichtendem Beton realisiert. Die einzelnen Fahrbahnplatten werden auf die Betonobergurte der Stahlhohlkästen aufgelegt. Die Lagerung erfolgt dabei verschieblich, wobei die Ausbildung einer durchgängigen Fahrbahn durch die nachträgliche Längsvorspannung mittels austauschbarer Spannglieder erreicht wird. Die dauerhafte Abdichtung der Fugen wird durch Dichtelemente zwischen den werksmäßig und mittels CNCSchleifmaschinen bearbeiteten Fahrbahnplatten sichergestellt. Eine weitere Besonderheit bei der Modulbrücke Bögl sind die direkt in die Fahrbahnplatten integrierten Brückenkappen für die Geh- und Radwege. Parallel zur Vorfertigung des Brückenüberbaus im Werk werden auf der Baustelle die Gründungen und speziell für dieses System angepasste Unterbauten realisiert. Danach erfolgen die Anlieferung der Verbundfertigteilträger zum Einbauort und deren Montage mittels Autokranen auf die vorbereiteten Unterbauten. Hierbei spielen die Lage und höhenmäßige Vermessung eine wesentliche Rolle. Anschließend werden die Verbundfertigteilträger in die Unterbauten einbetoniert und die Auflagerflächen für die Fahrbahnelemente im Flügelbereich ergänzt. Die bis zu 30 t schweren Fahrbahnplattenelemente werden anschließend vor Ort auf den zuvor vorbereiteten Auflagerflächen verlegt (Abb. 1). Unmittelbar danach werden diese in Längsrichtung zu einer quasi-homogenen Fahrbahnplatte zusammengespannt. In beiden Widerlagerkammern sind Kontroll- und Nachspanneinrichtungen vorgesehen. Abschließend erfolgt der Brückenausbau mit Geländern, Schutzplanken und Markierung. Sobald die Straßenbauarbeiten bis zur Modulbrücke ausgeführt sind, kann diese für den Verkehr freigegeben werden.

Abb. 1: Montage der direkt befahrenen Fahrbahnplatten bei der Modulbrücke Bögl, Foto: Firmengruppe Max Bögl (mod.)

Da die Bauweise mit einer direkt befahrenen Betonfahrbahn in der Vergangenheit nicht geregelt war, erteilte das Deutsche Institut für Bautechnik (DIBt) im Jahr 2022 eine allgemeine Bauartgenehmigung für die Modulbrücke Bögl [4].

Tab. 1: Kenndaten der Modulbrücke Bögl am Beispiel der Brücke Greißelbach

Brückenlänge	38,0 m
Breite	10,1 m
Bauart	Verbundbau
Tragsystem	Rahmenbrücke
Kreuzungswinkel	11 gon
Typ	ÜBauwerk

2.2 Bausteinbrücke HEITKAMP

Die von der Sweco GmbH geplante und von der HEITKAMP Unternehmensgruppe gebaute Stahlverbundbrücke ist die erste ausgeführte modulare Brücke in Nordrhein-Westfalen und wurde im Jahr 2018 über die Bundesautobahn A46 bei Hagen errichtet [5]. Dabei bilden vier parallele Stahlhohlkästen und in Längsrichtung vorgespannte Stahlbetonfahrbahnplatten den Stahlverbundüberbau. Der Überbau ist kraftschlüssig mit dem Widerlager verbunden und bildet so ein Rahmensystem (Abb. 2).

Abb. 2: Eingebaute Stahllängsträger der Bausteinbrücke, Foto: HEITKAMP Unternehmensgruppe

Die Fundamente der Bausteinbrücke bestehen ebenfalls aus Fertigteilen. In die Fertigteile der Widerlagerwände werden vertikal Gewinde-Zugstangen eingefädelt und vorgespannt. Mittels dieser Zugstangen werden die Stahlhohlkästen mit dem Widerlager verbunden und so die Rahmentragwirkung ausgebildet. Die Verlegung der insgesamt 14 Fahrbahnplatten erfolgt passgenau zu rasterförmig angeordneten Kopfbolzen auf den Stahlhohlkästen. Untereinander werden die Fahrbahnplatten auf der Baustelle mit Epoxidharzmörtel verklebt und im Endzustand im Litzenspannverfahren in Längsrichtung vorgespannt. Der Verbund zwischen den Stahlhohlkästen und den Fahrbahnplattenelementen wird im Anschluss durch das nachträgliche Vergießen der Dübeltaschen erreicht. Die Abdichtung erfolgt konventionell mit Bitumenschweißbahnen vor der Montage der Kappenfertigteile. Eine Besonderheit der Bausteinbrücke ist die Ausführung der Flügelwände als bewehrte Erde, wodurch große Mengen an Beton eingespart werden konnten. Die wichtigsten Kenndaten der Bausteinbrücke sind in Tab. 2 gegeben.

Tab. 2: Kenndaten der Bausteinbrücke bei Hagen

Brückenlänge	42,8 m
Breite	11,6 m
Bauart	Verbundbau
Tragsystem	Rahmenbrücke
Kreuzungswinkel	0 gon
Typ	ÜBauwerk

2.3 Expressbrücke Echterhoff

Die Expressbrücke der Bauunternehmung Gebr. Echterhoff GmbH & Co. KG [6], wie sie im Jahr 2020 als Überführung der Bundesautobahn A1 über den Afferder Weg in Unna gebaut wurde, ist ein Stahlbetonrahmen mit einer Schiefe von 55 gon (Tab. 3). Die Herstellung der Unterbauten erfolgte aus Halbfertigteilplatten mit Ortbetonfüllung für die Widerlagerwände sowie in die Bodenplatte eingespannte Vollfertigteile für die Flügelwände. Insgesamt haben die Widerlagerwände eine Länge von knapp 24 m und bestehen aus paarweise angeordneten Halbfertigteilwänden, die als verlorene Schalung dienen eine hochwertige Sichtbetonqualität bieten. Im Bereich der Fugen der Halbfertigteile sorgen innen aufgeklebte Bitumendichtbänder während der Betonage vor Ort für die notwendige Dichtigkeit. Im fertigen Zustand überdecken eingeklemmte Sichtfugenbänder die Fugen der Ansichtsflächen. Die Flügel setzen sich aus einem Vollfertigteil (Abb. 3), das auf eine vorbereitete Gründungsebene aufgestellt wurde, und einer nachträglich betonierten Bodenplatte zusammen. Über eine Rückbiegebewehrung binden die Vollfertigteile in die Bodenplatte ein. Für ein gleichmäßiges Verformungsverhalten der Flügelwandfertigteile untereinander sorgen nachträglich vergossene und bewehrte Mörteltaschen. Auch im Bereich dieser Fugen stellen erdseitig aufgeklebte Bitumenbänder die notwendige Abdichtung im Bereich der Hinterfüllung sicher.

Der Überbau besteht aus Halbfertigteilplatten (PI-Platten), die während der Bauphase temporär gestützt werden. Zusammen mit einer Ortbetonergänzung wird die Fahrbahnplatte ausgebildet. Bereits im Fertigteilwerk werden geformte und ausgesteifte Stahlbleche als verlorene Schalung an den Randträgen befestigt, wodurch eine schnelle Ausführung der Ortbetonkappen möglich wird (Abb. 3). Ein weiterer Vorteil ist, dass an diese Stahleinbauteile bereits Geländer oder Lärmschutzwände installiert werden können, sodass aufwendige Absturzsicherungen während der Bauphase entfallen können. Die Herstellung der fertigen Fahrbahn erfolgt in konventioneller Weise mit einer Bitumenabdichtung und einer Asphaltdeckschicht.

Abb. 3: Flügelwände und Fertigteile der Randlängsträger mit Stahlblechen als verlorene Kappenschalung und montiertem Geländer bei der Expressbrücke, Foto: Bauunternehmung Gebr. Echterhoff GmbH & Co. KG

Tab. 3: Kenndaten der Expressbrücke über den Afferder Weg in Unna

Brückenlänge	17,6 m
Brückenbreite	23,6 m
Bauart	Massivbau
Tragsystem	Rahmenbrücke
Kreuzungswinkel	55,5 gon
Typ	ABauwerk

Ein weiterer deutlicher Zeitgewinn bei der Herstellung lässt sich durch die Fertigung des Überbaus in Seitenlange und das nachträgliche Einheben bzw. Einfahren erreichen. Dies wurde bereits mit dem System Expressbrücke bei einer Überführung der Bundesautobahn A2 über die Münsterstraße in Kamen durchgeführt [7].

2.4 n.Brücke nesseler

Die zunehmende Herausforderung, eine Vielzahl von Brücken zu ersetzen und gleichwohl die Funktionalität der Verkehrsinfrastruktur aufrecht zu erhalten, hat die nesseler Gruppe 2017 dazu bewegt, ein modulares Brückensystem aus Betonfertigteilen zu entwickeln. In Kooperation mit dem Institut für Massivbau der RWTH Aachen wurde eine integrale Systembrücke konzipiert, die mit einer Spannweite von bis zu 45 m 6-spurige Autobahnen ohne Mittelpfeiler überspannen kann [8]. Das Forschungsprojekt konnte im Jahr 2022 erstmalig als Pilotprojekt bei einem Ersatzneubau für Straßen.NRW umgesetzt werden.

Die sogenannte n.Brücke ist eine Systembrücke, die auf einem hohen Anteil von Vollfertigteilen im Überbau als auch im Unterbau basiert. Durch die variable Kombination von entwickelten Konstruktionsprinzipien kann die Fertigteilbauweise als Tief- und Flachgründung umgesetzt werden. Bei der im Pilotprojekt eingesetzten Flachgründung werden Fundamente, Widerlager und Flügelwände als Vollfertigteil-L-Winkel realisiert und zur Lagesicherung mit Ortbeton ergänzt.

Der Überbau wird bei der n.Brücke als Plattenbalken ausgeführt, wobei die Binder und die Fahrbahnplatten zur Optimierung von Produktion und Transport und zum Ausgleich von Toleranzen getrennt hergestellt werden. Eine monolithische Verbindung der beiden Bestandteile erfolgt über eine Schubverbindung. Die Binder besitzen eine vertikale Anschlussbewehrung, die in die rechteckigen Aussparungen der Fahrbahnplatten einbinden (Abb. 4). Durch den nachträglichen Verguss der einzelnen Schubtaschen wird die Tragwirkung als Plattenbalken ausgebildet. Im Bereich der Rahmenecken werden Halbfertigteilplatten aufgelegt (Abb. 4), die durch Ortbetonergänzungen an die Widerlager angeschlossen werden, wodurch eine Rahmentragwirkung erreicht wird. Die Abdichtung der Fahrbahn erfolgt anschließend konventionell. Die Fertigteilkappen werden über Edelstahlverbindungsmittel kraftschlüssig mit der Fahrbahnplatte verbunden. Eine Übersicht der wichtigsten Kenndaten der Brücke sind in Tab. 4 gegeben.

Abb. 4: Auflegen der Fahrbahnplatten als Vollfertigteile in Feldmitte und als Halbfertigteile in den Bereichen der Rahmenecken beim System n.Brücke, Foto: nesseler Gruppe

Tab. 4: Kenndaten der n.Brücke beim Pilotprojekt in Brachelen

Brückenlänge	17,9 m
Brückenbreite	14,3 m
Bauart	Massivbau
Tragsystem	Rahmenbrücke
Kreuzungswinkel	36 gon
Typ	A-Bauwerk

3. Planungshilfe für modulare Brücken

Die erfolgreich durchgeführten Pilotprojekte zur Errichtung modularer Brücken haben neben einer erheblichen Reduzierung der Bauzeit und der derzeit nur unzureichend ansetzbaren externen Kosten z. B. infolge von Verkehrsbeeinträchtigungen weitere Vorteile aufgezeigt. So sind die in Abschnitt 2 beschriebenen Brücken in der Lage, eine große Bandbreite von verschiedenen Randbedingungen abzudecken. Neben Brückenlängen von bis zu 50 m und Brückenbreiten, mit denen eine Vielzahl der gängigen Straßenquerschnitte abgedeckt werden können, sind auch schiefwinklige Brückenbauwerke realisierbar. Modulare Brücken eignen sich sowohl für A- als auch für ÜBauwerke. Ebenfalls stehen mit modularen Brückenbausystemen der verschiedenen Hersteller unterschiedliche Bauarten (Verbund-, Stahlbeton- oder Spannbetonbrücken) und Tragsysteme (integrale Brücken oder statisch bestimmte Einfeldsysteme) zur Verfügung. Damit können wichtige Anforderungen an Ersatzneubauten bezüglich höherer Verkehrslasten bei gleicher Bauhöhe und ggf. größeren Stützweiten erfüllt werden, die sich aus der Streckenführung, den einzuhaltenden Durchfahrtshöhen und – so gewünscht – dem Verzicht auf eine Mittelunterstützung ergeben.

Aufgrund fehlender Langzeiterfahrungen mit modularen Brücken in Deutschland wurden anhand der Pilotprojekte jedoch auch Hemmnisse bei der Durchführung solcher Projekte identifiziert. So werden Brücken aus Fertigteilen in den aktuellen Regelwerken des Bundesministeriums für Digitales und Verkehr (BMDV) zu Entwurf (z. B. RE-ING [9] und RAB-ING [10]) und Bauausführung (z. B. ZTV-ING [11]) aufgrund schlechter Erfahrungen mit Fertigteilen in der Vergangenheit [12] im Vergleich zu konventionell errichteten Brücken nicht gleichwertig behandelt. Hinsichtlich einer modularen Ausführung sind die

aktuellen Regelwerke derzeit zum Teil nicht vollständig, sodass spezifische Regelungen für modulare Brücken (z. B. Fertigteilfugen, Kappen, Dauerhaftigkeit) fehlen. Darüber hinaus erlauben die derzeit ansetzbaren Vergabekriterien keine vollumfängliche Berücksichtigung der verringerten externen Kosten modularer Brückenbausysteme, die sich beispielsweise aus verkürzten Bau- und Sperrzeiten und der Vermeidung von Stauzeiten oder Umleitungsstrecken und auch infolgedessen eingesparter CO_2-Emissionen ergeben.
Auf Grundlage von Brückendaten der BASt wird deutlich, welche Randbedingungen von modularen Brückenbauwerken erfüllt werden müssen, sodass ein vermehrter Einsatz ermöglicht wird. Die Verteilung der Brückenlängen im Netz der Bundesfernstraßen gibt bspw. Aufschluss darüber, dass ca. 80 % aller Brücken Längen von bis zu 50 m aufweisen (Abb. 5). Die Pilotprojekte haben gezeigt, dass diese Brückenlängen mit den vorgestellten Systemen realisiert werden können.
Vor diesem Hintergrund erarbeitet ein Konsortium mit Vertretern aus Baufirmen, Planungsbüros, öffentlichen Auftraggebern und der RWTH Aachen University eine Planungshilfe für den modularen Brückenbau in Deutschland. Der Anwendungsbereich der Planungshilfe ergibt sich sowohl in Abgrenzung als auch in Ergänzung zu den vorhandenen Regelwerken. Die Planungshilfe soll in Zukunft eine geeignete Grundlage für Erweiterungen der bestehenden Regelwerke sein und so zu einer Akzeptanzsteigerung für modulare Brücken auf allen Ebenen beitragen.

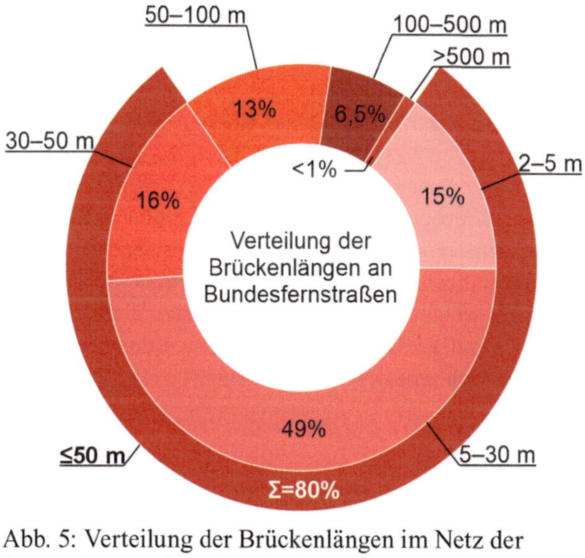

Abb. 5: Verteilung der Brückenlängen im Netz der Bundesfernstraßen, Grafik: CBI Center Building and Infrastructure Engineering GmbH, nach [1]

Der Fokus der Planungshilfe liegt auf der Ausarbeitung und Darstellung von technischen Konstruktionsmerkmalen. In einem ersten Schritt erfolgt dies in Form eines Katalogs von bereits erprobten Details bei der Planung und Umsetzung modularer Brücken. Auf diese Weise wird das in den Pilotprojekten gesammelte Fachwissen einem breiten Fachpublikum zur Verfügung gestellt. Darüber hinaus soll aufgezeigt werden, für welche Randbedingungen der Einsatz einer modularen Brücke wirtschaftlich sinnvoll ist und wann eine konventionelle Bauart favorisiert werden sollte. Dazu werden Kriterien definiert, die eine Entscheidung über die wirtschaftlichste Lösung, auch unter Berücksichtigung der externen Kosten, zulassen, um neben den konstruktiven Randbedingungen u. a. auch die Auswirkungen der Baustelle auf den umliegenden Verkehr zu berücksichtigen.

3.1 Konstruktionsmerkmale

Grundlage für die Planungshilfe sind die erfolgreich ausgeführten modularen Brückenbauwerke der beteiligten Unternehmen inklusive der zugehörigen Details, wie Fertigteilfugen, dauerhafte Abdichtungen oder Brückenkappen. Diese erprobten Details werden wissenschaftlich beleuchtet und herstellerneutral abstrahiert, um als allgemeine Konstruktionsmerkmale in die Planungshilfe aufgenommen zu werden. Die Darstellung der Konstruktionsmerkmale erfolgt dabei in Anlehnung an die Richtzeichnungen des BMDV [13]. Hierbei erleichtern eindeutige Verweise auf vorhandene Richtzeichnungen die Bewertung der neuen Konstruktionsmerkmale modularer Brücken. Die Konstruktionsmerkmale enthalten Definitionen zu Mindestabmessungen der einzelnen Bestandteile (z. B. Dicke von Fertigteilen und Ortbetonergänzungen). Somit können mögliche Abweichungen zu den bestehenden Regelwerken identifiziert und mit den entsprechenden Akteuren diskutiert werden.
Des Weiteren sollen neben der technischen Ausarbeitung der Konstruktionsmerkmale auch übergeordnete Themen wie z. B. verschiedene statische Systeme oder unterschiedliche Gründungsarten Inhalt der Planungshilfe werden. Zudem werden wichtige Hinweise zu geometrischen Randbedingungen von modularen Brückenbaumaßnahmen und zu einem reibungslosen Bauablauf gegeben. Die Gliederung der Planungshilfe mit den Konstruktionsmerkmalen erfolgt anhand der einzelnen Bauteile einer exemplarischen modularen Brücke (vgl. Abb. 6).

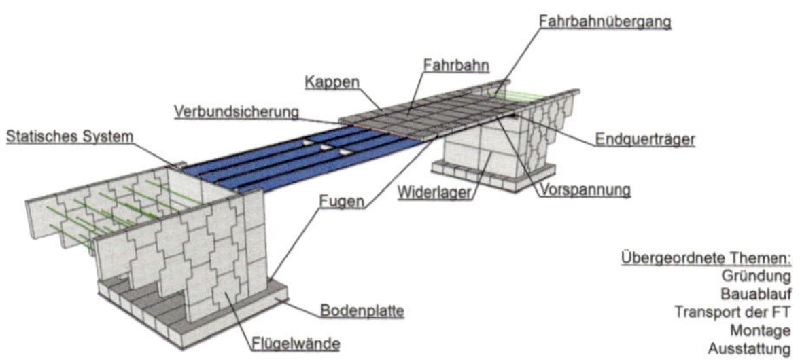

Abb. 6: Bestandteile einer modularen Brücke als Gliederung für die Planungshilfe, Grafik: CBI Center Building and Infrastructure Engineering GmbH

Nachfolgend werden erste Studien zu den Konstruktionsmerkmalen vorgestellt. Dabei wird auf verschiedenen Ausführungen des Unterbaus und des statischen Systems eingegangen. Der endgültige Detailierungsgrad der Konstruktionsmerkmale ist derzeit noch Gegenstand der Diskussionen und wird im Laufe des Projektes weiter verfeinert.

In Abb. 7 sind verschiedene Ausführungsvarianten für den Brückenunterbau aus Betonfertigteilen vereinfacht dargestellt. Die drei gezeigten Unterbauten, bestehend aus einer Bodenplatte, der Widerlagerwand und den Flügelwänden, unterscheiden sich durch den notwendigen Materialeinsatz, insbesondere die erforderliche Menge Ortbeton. Während die Flügelwände in Abb. 7 a) und b) aus Vollfertigteilen bestehen, kommt bei Abb. 7 c) bewehrte Erde (z. B. mit Geotextilien) zum Einsatz, wodurch nur eine Verkleidung mit dünnen Betonplatten erforderlich ist. Der grundlegende Unterschied zwischen den Ausführungen nach Abb. 7 a) und b) besteht im Verbindungsprinzip. Während die Fertigteile der Variante in Abb. 7 a) mit Spannstangen zusammengespannt werden, erfolgt die Verbindung der Fertigteile in Abb. 7 b) durch Ortbetonverguss im Bereich der Fugen (Flügelwände) oder durch das Ausbetonieren der Halbfertigteile (Widerlagerwand). Durch die Darstellung allgemeingültiger Konstruktionsmerkmale können die verschiedenen Arten des Unterbaus nach Bedarf mit verschiedenen statischen Systemen kombiniert werden.

Bei der Auswahl der verschiedenen Bestandteile einer modularen Brücke und den zugrundeliegenden Konstruktionsmerkmalen spielen die Toleranzen bei der Herstellung der Fertigteile eine wichtige Rolle. Auch hier soll die Planungshilfe in geeigneter Weise Hilfestellungen für Planende und Ausführende geben, sodass ein reibungsloser Bauablauf und eine sehr kurze Bauzeit realisiert werden können.

3.2 Hinweise für die Bemessung

Die ausgeführten Pilotprojekte haben gezeigt, dass die technischen Voraussetzungen für die modulare Bauausführung von Brücken vorhanden sind. Da es aufgrund der fehlenden Erfahrung im modularen Brückenbau in Deutschland bisher nur wenig Routine in der Planung und Ausführung der spezifischen Details gibt, werden in der Planungshilfe ebenfalls Hinweise zur Bemessung der für modulare Brücken wichtigen Details gegeben. Neben der reinen Darstellung der Konstruktionsmerkmale werden an den betreffenden Stellen Erläuterungstexte weitere Hilfestellungen geben. Ziel ist es, die Konstruktionsmerkmale nach den anerkannten Regeln der Technik (z. B. Eurocodes für Deutschland) zu bemessen und zu konstruieren, sodass zeit- und kostenintensive Zulassungsverfahren nach Möglichkeit vermieden werden. Diese Hinweise zur Bemessung führen zu einer einheitlichen Grundlage bei der Planung, Bemessung und Konstruktion wichtiger Details und machen so eine Vergleich-

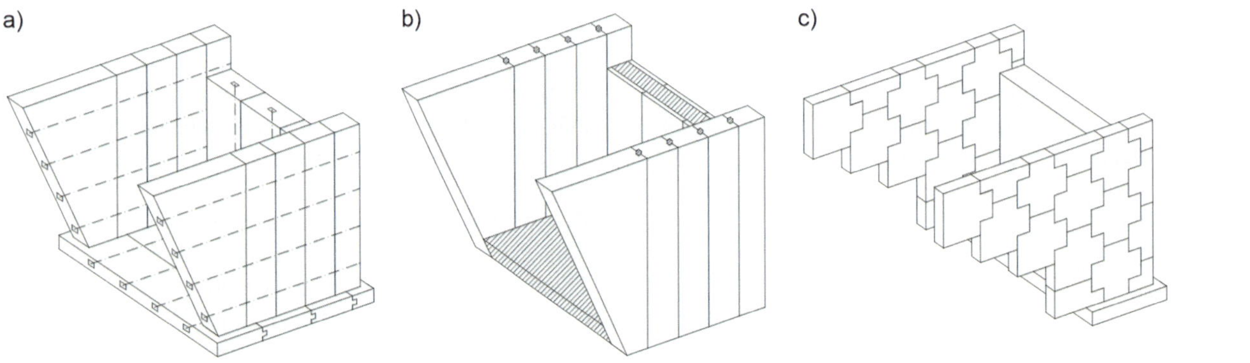

Abb. 7: Vereinfachte Darstellung verschiedener Ausführungsvarianten für den Unterbau einer modularen Brücke, Grafik: CBI Center Building and Infrastructure Engineering GmbH

Verschiedene Varianten des statischen Systems sind in Abb. 8 in vereinfachter Weise abgebildet. Abb. 8 a) zeigt die Ausführung als statisch bestimmtes Einfeldsystem, die Abb. 8 b) und c) Varianten zur Ausbildung von Rahmentragwerken. Alle Varianten können sowohl in Massivbau- als auch in Stahl- oder Verbundbauweise ausgeführt werden.

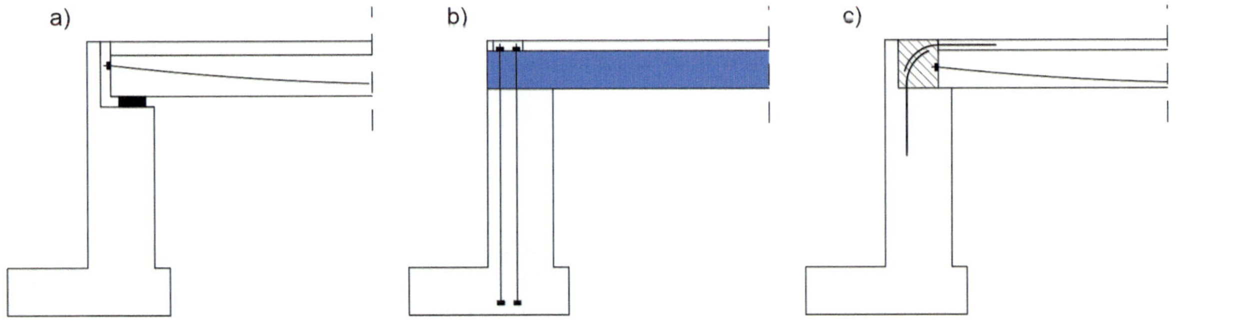

Abb. 8: Vereinfachte Darstellung verschiedener statischer Systeme einer modularen Brücke, Grafik: CBI Center Building and Infrastructure Engineering GmbH

barkeit zwischen den verschiedenen Varianten im Bezug auf die Leistungsfähigkeit möglich.

3.3 Hinweise für Ausschreibung und Vergabe

Neben der technischen Ausarbeitung der Planungshilfe mit Konstruktionsmerkmalen und Hinweisen für die Bemessung werden darüber hinaus auch wichtige Impulse zu den Themen Ausschreibung und Vergabe behandelt. Durch die aktuelle Praxis bei der Ausschreibung und Vergabe von Ersatzneubauten wird das Innovationspotential der Bauindustrie nur sehr unzureichend gefördert. Wird festgestellt, dass ein Ersatzneubau für eine Brücke notwendig ist, vergibt der Auftraggeber die Erstellung der Entwurfsplanung. Auf Grundlage dieser Entwurfsplanung wird im Folgenden ein ausführliches Leistungsverzeichnis erstellt und ausgeschrieben. Dabei konnte man in den vergangenen Jahren beobachten, dass Nebenangebote mit abweichenden Bauwerksentwürfen in den meisten Fällen nicht zugelassen wurden, um die Gefahr von zeit- und kostenintensiven Vergabenachprüfungsverfahren zu vermeiden. Erschwerend kommt hinzu, dass das Hauptkriterium für die Vergabe die Herstellkosten sind und andere Faktoren wie kurze Bau- und Sperrzeiten nur eine untergeordnete Rolle spielen. Die derzeit ausgeführten modularen Brücken wurden allesamt als Pilotprojekte ausgeführt, da eine klassische Ausschreibung und Vergabe nicht ohne Weiteres möglich waren.
Um eine Beschleunigung auch bei der Ausschreibung und Vergabe zu erreichen und gleichzeitig die innovativen Ideen der Ausführenden mit einzubeziehen, bietet sich eine funktionale Ausschreibung an. Dabei werden zu Beginn die wichtigsten Randbedingungen (u. a. Länge und Breite der Brücke, Kreuzungswinkel, Durchfahrtshöhe, Gradiente) als Grundlage der Ausschreibung definiert. Bei der funktionalen Ausschreibung übernimmt der Auftragnehmer neben der Ausführung der Baumaßnahme auch die gesamte Planung und Konzeption. Auf diese Weise können die Anbieter ihre eigenen innovativen Systeme einbringen und umsetzen. Hierbei nimmt die Autobahn GmbH des Bundes aktuell eine Vorreiterrolle ein und hat für ihre Niederlassungen einen Handlungsleitfaden für funktionale Ausschreibungen [14] erarbeitet, der zusammen mit der aktuellen Fassung des Handbuchs für die Vergabe und Ausführung von Bauleistungen im Straßen- und Brückenbau (HVA BStB, [15]) veröffentlicht wurde. Für den eigentlichen Wettbewerb und die spätere Vergabe müssen jedoch weitere neue, nachvollziehbare und auch rechtssichere Vergabekriterien angewendet werden. Neben einer stärkeren Gewichtung der Bau- und Sperrzeiten zur Reduzierung der Stau- und Unfallgefahr zählt dazu die Berücksichtigung weiterer externer Kosten, die aktuell nicht Teil der Vergabekriterien sind. Darüber hinaus sollten ebenfalls die CO_2-Emissionen nicht nur für die Errichtung der Brücke, sondern auch infolge von Stauzeiten und eventueller Umleitungsstrecken über die Bauzeit berücksichtigt werden. Diese Kriterien sind dann für alle eingereichten Vorschläge anzuwenden und erlauben die Auswahl des geeigneten Systems in Abhängigkeit definierter Kriterien. Hierzu sollen in der Planungshilfe auch erste Vorschläge für die Berücksichtigung der externen Kosten und der CO_2-Emissionen in Verbindung mit den Empfehlungen zur funktionalen Ausschreibung der Autobahn GmbH des Bundes gegeben werden.

4. Zusammenfassung und Ausblick

Aufgrund der hohen Anzahl zu erneuernder Straßenbrücken werden neue Verfahren benötigt, um diese Bauvorhaben kurzfristig umzusetzen. Ein vielversprechender Ansatz ist dabei der Einsatz modularer Brückenbausysteme. Durch eine werkseitige Vorfertigung und spätere Montage auf der Baustelle lässt sich die Bauzeit erheblich reduzieren. Zudem lassen sich solche modularen Brückenbausysteme mit nur sehr wenigen Sperrpausen realisieren. Dadurch wird der Eingriff in den laufenden Verkehr minimiert und neben der Unfallgefahr im Baustellenbereich auch die CO_2-Emissionen reduziert.
Mit den vorgestellten Pilotprojekten konnten wertvolle Erfahrungen gesammelt und Verbesserungspotenziale nicht nur bei der technischen Planung und Ausführung, sondern auch hinsichtlich Ausschreibung und Vergabe identifiziert werden. An dieser Stelle setzt die Planungshilfe für den modularen Brückenbau an, die derzeit gemeinschaftlich von Akteuren aus Wirtschaft und Wissenschaft sowie von Seiten der öffentlichen Auftraggeber erarbeitet wird. Neben technischen Ausarbeitungen in Form von Konstruktionsmerkmalen und Hinweisen für die Bemessung werden auch Hinweise für die Ausschreibung und Vergabe gegeben, sodass eine erste Grundlage für mögliche Anpassungen der einschlägigen Regelwerke vorliegt. Durch die Planungshilfe werden einheitliche Vorgaben für modulare Brücken erarbeitet, die zudem eine Vergleichbarkeit der unterschiedlichen Systeme der verschiedenen Hersteller ermöglichen. In Zukunft soll die Planungshilfe dazu beitragen das Fachwissens auf allen Ebenen zu fördern, wobei die Verbreitung von Erfahrungen zur Planung und Ausführung von modularen Brücken im Vordergrund steht. Durch eine gezielte Wissensvermittlung soll eine breite Akzeptanz und Anwendung dieser innovativen Bauweise sichergestellt werden. Dadurch wird vor allem die praktische Umsetzung vereinfacht und beschleunigt, sodass neben der konventionellen Errichtung von Brücken eine alternative Regelbauweise etabliert wird.

Projektkonsortium

Im 2019 gegründeten Center Building and Infrastructure Engineering auf dem RWTH Aachen Campus hat sich ein Konsortium gefunden, welches sich von Beginn an mit dem Thema des modularen Brückenbaus beschäftigt. Das Projektkonsortium besteht aus Vertretern der Hochschule, unterschiedlicher Unternehmen und der öffentlichen Hand. Von Seiten der RWTH Aachen University sind das Institut für Stahlbau (Prof. Feldmann) und das Institut für Massivbau (Prof. Hegger und Prof. Claßen) aktiv an der technischen Ausarbeitung beteiligt. Das Institut für Straßenwesen (Prof. García Hernandez) steht dabei in beratender Funktion zur Seite. Aus der Industrie sind ECHTERHOFF (Westerkappeln), Hentschke (Bautzen), HEITKAMP (Herne), Max Bögl (Neumarkt) und nesseler (Aachen) als Anbieter eigener modularer Brückenbausysteme vertreten. Darüber hinaus wird das Projekt von HOCHTIEF (Essen) und FILIGRAN (Leese) unterstützt. Das Ingenieurbüro H+P Ingenieure (Aachen) mit umfassenden Erfahrungen auf dem Gebiet des Brückenbaus hat sich ebenfalls dem Konsortium angeschlossen. Aus Sicht der (behördlichen) Auftraggeber arbeiten neben der Autobahn GmbH des Bundes das Bundesministerium für Verkehr und Digitales (BMDV), die Bundesanstalt für Straßenwesen (BASt), die Deutsche Einheit Fernstraßenplanungs- und -bau (DEGES), der Landesbetrieb Straßenbau Nordrhein-Westfalen (Straßen.NRW) und die DB Netz AG an dem Projekt aktiv mit.

Danksagung
Besonderer Dank gilt der Autobahn GmbH des Bundes für die Förderung des Projekts „Erarbeitung einer Planungshilfe für den modularen Brückenbau" sowie den beteiligten Unternehmen für die inhaltliche und finanzielle Unterstützung bei der Erarbeitung einer Planungshilfe für den modularen Brückenbau.

Literatur
[1] Bundesanstalt für Straßenwesen (2023) Fokus: Brücken – Brückenstatistik und Zustandsnoten der Brücken [online]. Bundesanstalt für Straßenwesen (BASt). https://www.bast.de/DE/Ingenieurbau/Fachthemen/brueckenstatistik/bruecken_hidden_node.html.
[2] DIN 1076:1999-11, Ingenieurbauwerke im Zuge von Straßen und Wegen - Überwachung und Prüfung. Berlin: Beuth Verlag GmbH.
[3] Seidl, G. et al. (2016) Segmentbrücke Greißelbach als Stahlverbundbrücke ohne Abdichtung und Asphalt in: Stahlbau 85, H. 2, S. 126–136. https://doi.org/10.1002/stab.201610357
[4] Max Bögl Stiftung & Co. KG (6.7.2022) Allgemeine Bauartgenehmigung Z-13.4-161 – Direkt befahrene Fahrbahnplatte aus zusammengespannten Fertigteilplatten für Modulbrücken.
[5] Balder, T. (2020) Der Ersatzneubau Hammacher Straße über die BAB A46: Realisierung eines innovativen Brückenbaukonzepts in Fertigteilbauweise in: Beton 70, H. 5.
[6] Reddemann, T. (2022) Schnellbausystem „Expressbrücke" in: Krieger, J.; Isecke, B. [Hrsg.]. Ostfildern: Technische Akademie Esslingen, S. 287–291.
[7] Klotz, K. (2023) 50 statt 228 Tage vom Abbruch bis zum Brückenneubau – Expressbrückenbausystem [online]. https://www.ingenieur.de/fachmedien/bauingenieur/special-infrastrukturbau/50-statt-228-tage-vom-abbruch-bis-zum-brueckenneubau/ [Zugriff am: 09.07.24].
[8] Knorrek, C.; Bosbach, S.; Hegger, J. (2020) Untersuchungen zum Tragverhalten neuartiger modularer Baukastenbrücken aus Betonfertigteilen in: Krieger, J.; Isecke, B. [Hrsg.]. Ostfildern: Technische Akademie Esslingen, S. 107–118.
[9] Bundesministerium für Digitales und Verkehr (2023) Richtlinien für den Entwurf, die konstruktive Ausbildung und Ausstattung Ingenieurbauten – RE-ING. 2023/03.
[10] Bundesministerium für Digitales und Verkehr (2023) Richtlinien für das Aufstellen von Bauwerksplanungen für Ingenieurbauten – RAB-ING. 2023/01.
[11] Bundesministerium für Digitales und Verkehr (2022) Zusätzliche Technische Vertragsbedingungen und Richtlinien für Ingenieurbauten – ZTV-ING. 2022/10.
[12] Wirker, A. et al. (2020) Innovativer und nachhaltiger Ersatzneubau von Betonbrücken – Fördernummer FE 15.0596. Brücken- und Ingenieurbau Heft B 155.
[13] Bundesministerium für Digitales und Verkehr (2022) Richtzeichnungen für Ingenieurbauten – RiZ-ING. 2022/01.
[14] Die Autobahn GmbH des Bundes (17.01.2023) Handlungsleitfaden für funktionale Ausschreibungen.
[15] Bundesministerium für Digitales und Verkehr (2023) Handbuch für die Vergabe und Ausführung von Bauleistungen im Straßen- und Brückenbau – HVA B-StB. 2023/03.

Schnellbausysteme als Beitrag zum nachhaltigen Brückenbau – Nutzung von weitgespannten Fertigteilen aus C80/95

Dipl.-Ing. Theo Reddemann
Bauunternehmung Gebr. Echterhoff GmbH & Co. KG, Westerkappeln

Dipl.-Ing. Dipl.-Wirtsch.-Ing. Till Schnetgöke
Bauunternehmung Gebr. Echterhoff GmbH & Co. KG, Westerkappeln

Univ.-Prof. Dr.-Ing. Reinhard Maurer
KHP König und Heunisch Planungsgesellschaft mbH, Dortmund

Dr.-Ing. Jens Heinrich
KHP König und Heunisch Planungsgesellschaft mbH, Dortmund

Zusammenfassung
Schnelles Bauen mit möglichst geringen Verkehrsbehinderungen in Verbindung mit einer Minimierung staubedingter CO_2 Emissionen stellen heute in Deutschland im Zeichen des nachhaltigen Bauens und Klimaschutzes ein neues Entwurfsziel für Betonbrücken dar. Im nachfolgenden Beitrag wird über das Potential des vorgespannten hochfesten Betons C80/95 für Fertigteilträger bei einem Überführungsbauwerk über eine 6-spurige Autobahn ohne die Notwendigkeit einer Zwischenstütze in Kombination mit dem Einsatz von Fertigteilen auch bei den Widerlagern als Pilotprojekt berichtet. Der Beitrag schließt mit dem bemerkenswerten Ergebnis einer Studie, wieviel CO_2 Emissionen durch die Verkürzung der Bauzeit bei derartigen Bauwerken potenziell vermieden werden können.

1. Einführung

Durch den Einsatz von hochfestem Beton in Verbindung mit einer Vorspannung werden die Möglichkeiten des Bauens mit Beton auch im Brückenbau erheblich erweitert, wie das in diesem Beitrag vorgestellte Pilotprojekt in Fertigteilbauweise mit Ortbetonergänzung zeigt. Zur Minimierung der Verkehrsbehinderungen sowie der staubedingten CO_2 Emissionen wurde die Bauweise mit den weitgespannten Fertigteilträgern aus C80/95 bei dem Pilotprojekt mit der *Echterhoff Expressbauweise* kombiniert. Dadurch entstand eine in Deutschland wegweisende und innovative neue Bauweise für Fertigteilbrücken. Grundsätzlich resultieren aus den hohen Festigkeiten des C80/95 die folgenden Vorteile:

- Erhöhung des Tragwiderstands
- In Kombination mit einer Vorspannung deutlich größere Spannweiten bzw. Schlankheiten
- Reduktion der Eigenlasten und geringere Betonmengen durch kleinere Querschnittsabmessungen
- Einsparungen im Gründungsbereich durch geringere Eigenlasten

Dieses Potential ermöglicht beispielsweise Überführungsbauwerke über 6-spurige Autobahnen ohne Zwischenstütze als Einfeldträger mit ca. 45 m Spannweite. Anwendungen von hochfestem Beton bei Brücken erfolgten international zunächst vor allem in Nordamerika, Frankreich und Norwegen. Motivation waren dabei keineswegs nur Festigkeitsaspekte, sondern die immensen Möglichkeiten zur Verbesserung der Dauerhaftigkeit. Beispielhaft für das Potential des hochfesten Betons sei an dieser Stelle nur die 1998 in Norwegen hergestellte Raftsundbrücke, ein gevouteter Balken mit einer Hauptspannweite von ca. 300 m, genannt [1].
In Deutschland wurden zunächst einige kleinere Bauwerke als Pilotprojekte in Hochleistungsbeton ausgeführt [2]. 2002 wurde die Brücke über die Zwickauer Mulde bei Glauchau als erstes Pilotprojekt zur Anwendung von Hochleistungsbeton im Großbrückenbau in Ortbetonbauweise realisiert [3]. Das Bauwerk weist bei einer maximalen Spannweite von 39,00 m eine Konstruktionshöhe des Querschnitts von nur 1,05 m auf, entsprechend einer maximalen Biegeschlankheit von

$$\lambda = \frac{39,00}{1,05} = 37\ (!)$$

An diesem Bauwerk erfolgte nach Fertigstellung ein umfangreiches Monitoring unter statischen und dynamischen Probebelastungen sowie zur Unter-suchung des Langzeitverformungsverhaltens des hochfesten Betons C70/85 [4]. Das Monitoring ergab ein einwandfreies Bauwerksverhalten unter den Probebelastungen sowie im Wesentlichen eine Bestätigung der normgemäßen Bemessungsansätze für das Kriechen und Schwinden. Von entscheidender Bedeutung für die zielsichere Herstellung des C70/85 als Ortbeton waren die begleitenden Maßnahmen zur Qualitätssicherung.
Prinzipiell sind bei der Überführung über eine 6-spurige Autobahn ohne Zwischenstütze sowohl ein integraler

Rahmen als auch ein Einfeldträger machbar. Die integrale Bauweise ermöglicht größere Schlankheiten, bringt jedoch zusätzliche Zwangsschnittgrößen mit sich, die in ihrer Größe entscheidend auch von den Baugrundsteifigkeiten beeinflusst werden. Der Baugrund ist Bestandteil des integralen Bauwerks. Bezüglich der anzusetzenden Steifigkeiten beinhaltet er die größten Unschärfen im Gesamtsystem, was bei der Schnittgrößenermittlung in geeigneter Form zu berücksichtigen ist, beispielsweise durch den Ansatz oberer und unterer Grenzwerte.

Da im Ruhrgebiet in weiten Bereichen potentiell mit Bergsenkungen zu rechnen ist, werden statisch bestimmte Tragsysteme bevorzugt. Daher wurde als Tragwerk für das Pilotprojekt ein statisch bestimmtes Einfeldträgersystem gewählt.

2. Pilotprojekt Amelsbürener Straße

2.1 Bauwerksbeschreibung

Im Zuge des geplanten 6-streifigen Ausbaus der BAB A1 wurden im Autobahnabschnitt zwischen den Auffahrten Ascheberg und Münster-Hiltrup insgesamt 15 Ersatzneubauten von Überführungsbauwerken erforderlich. Bei dem Überführungsbauwerk der Amelsbürener Straße wurde dabei ein weiteres Pilotprojekt realisiert, bei dem die Fertigteilbauweise außerhalb des bisherigen Erfahrungsbereichs erprobt werden sollte. Hierbei wurde die bestehende Zweifeldbrücke mit Spannweiten den von 2 x 20,65 m durch eine Einfeldbrücke mit Fertigteilen mit einer Gesamtlänge von 45 m ersetzt. Die Amelsbürener Straße stellt damit in Deutschland das erste Überführungsbauwerk als statisch bestimmter Einfeldträger über eine Autobahn ohne Mittelstütze in Betonbauweise mit Fertigteilen von 45 m Spannweite dar.

Die Unterbauten wurden als kastenförmige Widerlager ausgeführt. Die Mittelstütze des Bestandsbauwerks entfiel vollständig für den Ersatzneubau. Die Widerlager wurden flach gegründet.

Normativer Bezug für Bemessung und Konstruktion war *Eurocode 2* [5], in der für Deutschland gültigen Fassung.

2.2 Planung und Ausführung

2.2.1 Unterbauten

Ein wesentlicher Planungsgrundsatz dieser Baumaßnahme war die Bauzeitenminimierung. Diese lässt sich insbesondere durch Verlagerung von Arbeitsschritten von der Baustelle in die Vorfertigung erzielen. Daher wurde nach Möglichkeiten gesucht, wie ein großer Anteil an Fertigteilen verwendet werden kann, ohne jedoch durch zu viele Fugen das monolithische Tragverhalten zu stark zu beeinflussen.

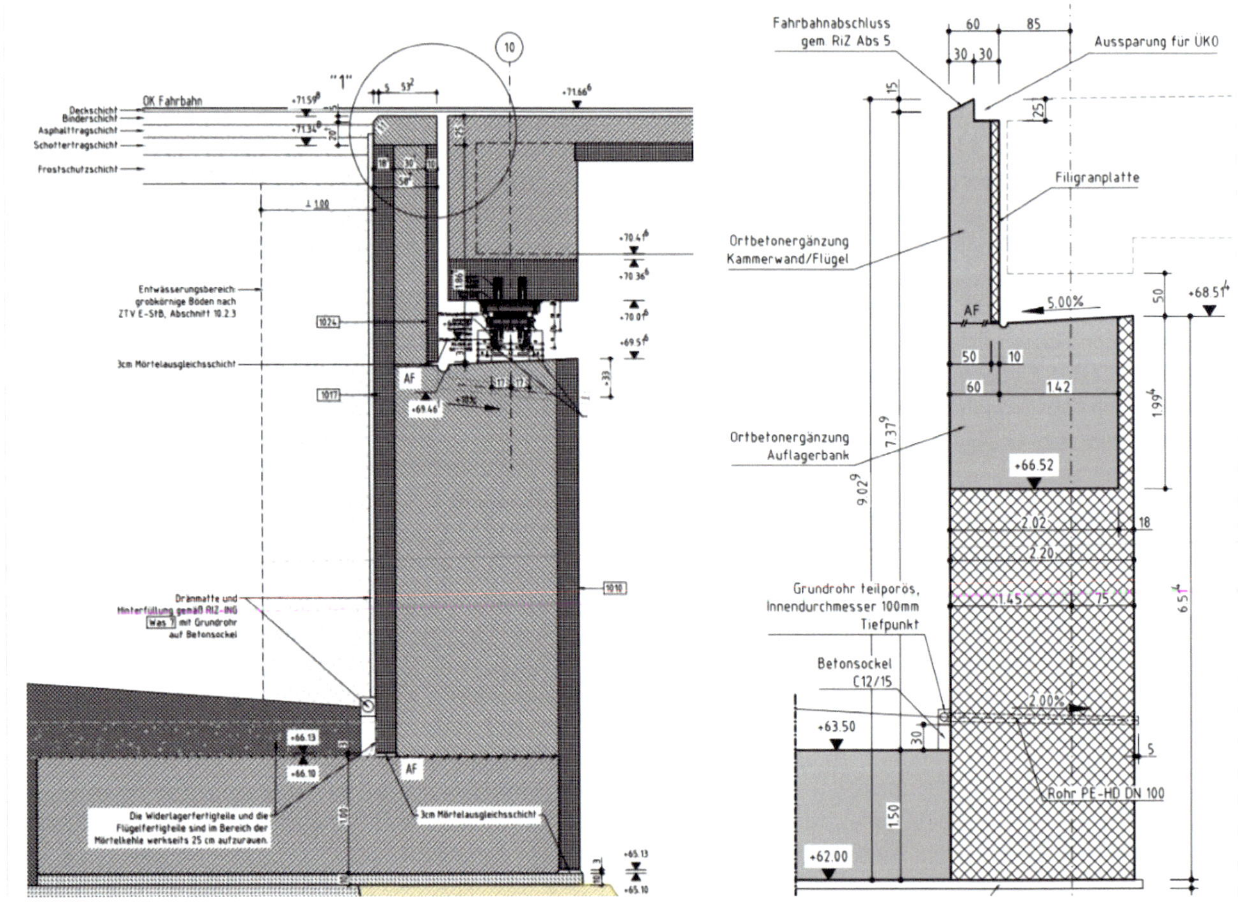

Abb. 1: Ausführungsvarianten der Widerlager in modularer Expressbauweise (Systeme der Unternehmensgruppe Echterhoff), links: Münster Straße, rechts: Amesbürener Straße Quelle: KHP Dortmund/ Echterhoff

Bei den Unterbauten der Expressbauweise Echterhoff wurden grundsätzlich zwei unterschiedlich Ausführungsvarianten entwickelt, die in diesem Bericht kurz beschrieben werden (Abb. 1). Bei Variante 1 bestehen die Flügelwände aus Vollfertigteilen mit einer einseitigen Anschlussbewehrung im unteren Bereich zur kraftschlüssigen Verbindung mit der Ortbetonplatte. Die Gründungsplatte wird in Ortbeton hergestellt. Die Flügelelemente dienen dabei als seitliche Schalung. Diese sind somit untereinander über die Gründungs-platte verbunden. Damit die relativen Verformungen im Kopfbereich der Flügelwandelemente unter Nutzung klein bleiben, sind zwischen den einzelnen Elementen in profilierten Fugen bewehrte Betonplomben zur Querkraftübertragung angeordnet (Abb. 2). Für die Herstellung der Widerlager- und Kammerwände werden Halbfertigteile verwendet, die als verlorene Schalung dienen und lediglich zur Aufnahme der Betonierlasten statisch angesetzt werden. Der aus Ortbeton hergestellte Wandkern übernimmt den gesamtem Traganteil. Die Halbfertigteile werden schubfest an den monolithischen Wandquerschnitt angebunden.

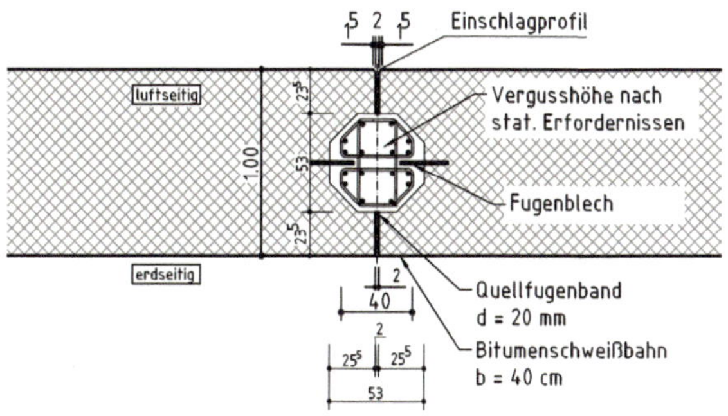

Abb. 2: Planauszug zur wasserdichten Betonplombe zwischen den Flügelwandelementen (System der Unternehmensgruppe Echterhoff), hier: Ausführung Amelsbürener Straße Quelle: KHP Dortmund/ Echterhoff

Bei der Brücke Amelsbürener Straße wurden die Unterbauten nach der Variante 2 erstellt. Während die Widerlagerflügelwände wie bei Variante 1 mittels Vollfertigteilen mit Ortbeton-Plomben errichtet wurden, erfolgte die Herstellung der Widerlager nach einer modifizierten Ausführung. Dabei werden die Widerlagerwände nun im Werk zu einem größeren Teil vorgefertigt. Der untere Bereich der Wandelemente wurde dabei bereits im Werk vorbetoniert, so dass deutlich massivere Wandelemente entstehen. Der Anschluss in die Bodenplatte erfolgt wie bei den Flügelelementen über eine entsprechende Anschlussbewehrung. Im oberen Bereich der Widerlager wird nur noch ein ca. 1,50 m hoher Auflagerbalken in Ortbetonbauweise realisiert, der die Widerlagerwände untereinander schubfest verbindet und die Lasteinleitung aus den Lagern sicherstellen kann (Abb. 1). Die luftseitigen Vorsatzschalen, die als Schalung des Auflagerbalken dienen, sind in den Fertigteilen bereits angeordnet, wodurch eine hohe Sichtbetonqualität gewährleistet wird.

Die Montage der Stahlbetonfertigteile dieser Widerlagerkonstruktion, einschließlich der Flügelwände, konnte bei dieser Baumaßnahme je Widerlagerseite innerhalb von 20 Arbeitsstunden realisiert werden. Die anschließenden Ergänzungsarbeiten im Bereich der Stahlbetonsohle sowie des Ortbetonergänzungsbalkens konnten in einem sehr kurzen Zeitfernster von ca. 6 Arbeitstagen ausgeführt werden. Während der Ausführungszeiten zum Bau der Brückenwiderlager entstanden keine Verkehrsbeeinträchtigungen auf der BAB A1 (Abb. 3).

Abb. 3: Aufstellen der modularen Widerlagerelemente, Amelsbürener Straße Quelle: Echterhoff

2.2.2 Überbau

Um das Eigengewicht der Fertigteilträger zu begrenzen, wurde ein hochfester Beton der Güte C80/95 verwendet. Zusätzlich war es erforderlich die Querschnittsform der Fertigteile zu optimieren, damit ein zulässiges Gesamt-gewicht für die Herstellung im Fertigteilwerk von ca. 110 to nicht überschritten wird. Dazu wurde der Stegquerschnitt im Feldbereich auf 35 cm reduziert und im Bereich der Auflager auf die Gesamtquerschnittsbreite von 85 cm aufgeweitet. Um schädliche Ablagerungen auf den Fußaufweitungen der Untergurte zu vermeiden, wurde der Übergang von den hammerkopf-förmigen Fußaufweitungen der Untergurte zum Stegbereich unter 60° angevoutet (Abb. 4).

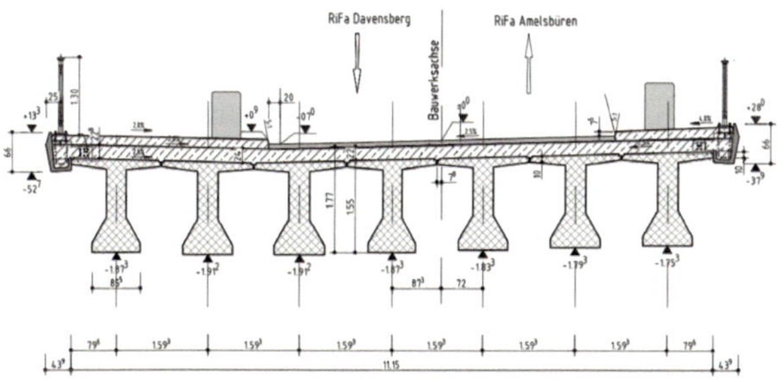

Abb. 4: Regelquerschnitt des Ersatzneubaus Amelsbürener Straße Quelle: KHP Dortmund

Die Vorspannung der Fertigteile bestand aus einer Spannbettvorspannung sowie zwei parabelförmig angeordneten Spanngliedern in Stahlhüllrohren (nachträglicher Verbund). Die Spannbettvorspannung konnte in der Fußaufweitung angeordnet werden. Das Eigengewicht der Fertigteile war jedoch so groß, dass die Spannbettvorspannung gerade ausreichend dimensioniert werden konnte, um die Dekompression beim Ausheben aus der Schalung sicherzustellen (Abb. 5). Um zu große Durchbiegung der Fertigteile während der Lagerung zu verhindern, wurde bereits kurz nach Herstellung aller Träger, eine Teilvor-spannung der nachträglichen Vorspannung aufgebracht. Das Auf-bringen der verbleibenden Vorspannkraft und das Verpressen dieser Spannglieder erfolgte erst auf der Baustelle nach dem Aushärten der Ortbetonergänzung.

Abb. 5: Ausbau der Fertigteilträger nach Herstellung im Fertigteilwerk Quelle: KHP Dortmund

Mit einem Achsabstand der Fertigteile untereinander von 1,60 m waren für den ca. 12 m breiten Überbau insgesamt 7 Längsträger erforderlich.

2.2.3 Hybridekappe

Der Ursprung der Hybridkappen kommt aus der Forderung bzw. den Überlegungen, die Eingriffe des laufenden Verkehrs durch die Bauarbeiten so gering wie möglich zu halten. Bei Ausführung konventioneller Bauweisen werden die Kappen über dem fließenden Verkehr mittels Schalungsgerüsten hergestellt. Die hierzu notwendigen Arbeitsprozesse, zumindest für die Ausschalarbeiten und teilweise Brückenausstattungen, erfordern während der Bauzeit Verkehrssperrungen der darunterliegenden Fahrwege. Bei der Herstellung einer Straßenüberführung über eine Bahnstrecke wird allein für die Ausschalarbeiten der Kappenschalungen eine Sperrung der darunterliegenden Bahnstrecke erforderlich. Gleiches gilt beim Bau einer Straßenüberführung über eine Autobahn bzw. Straße. Um diesen Verkehrsbeschränkungen entgegenzuwirken, wurde die Hybridkappe konzipiert, um einerseits als formgebende Schalung für den Betoneinbau und andererseits gleichzeitig auch als Trägerelement für Geländer, Berührschutz- oder Lärmschutzwände zu dienen. Mit dem Anbau der Hybridkappenkonstruktion und z. B. aufgesetztem Geländer, welches bereits während der Bauphase als Absturzsicherung dient, können alle weiteren Brückenbauarbeiten aus einem geschützten Raum von der Brückenplatte, ohne weitere Verkehrs-sperrungen der darunterliegenden Fahrwege, ausgeführt werden. Üblicherweise werden die hybriden Kappen als reine Stahlkonstruktion nach den Regeln des Stahlbaus bemessen, konstruiert und ausgeführt. Das stählerne Schalungselement der Hybridkappe bildet die äußere Begrenzung der Kappenkonstruktion als verlorene Schalung. Die Konstruktion aus Schalungselement und Schwertern zur Befestigung am Überbau dient zugleich als Trägerelement von Geländer-, Berührungsschutz- oder Lärmschutzwandkonstruktionen im Montage-zustand. Die Kappen werden bewehrt und sind mittels Kappenanschlussbewehrung mit dem Überbau verbunden. Daher entspricht der Lastabtrag der ausbetonierten Kappen dem allgemeinen Stand der Technik in Deutschland.
Die von außen sichtbaren Schalungselemente aus Stahl weisen eine Korrosionsschutzbeschichtung auf.
Einen weiteren Pilotaspekt in diesem Brückenbauprojekt stellt die Ausbildung der Hybridkappenkonstruktion aus Carbonbeton dar. Da bei Anfahrschäden die Beschichtungen der Stahlhybrid-Kappenkonstruktionen in Mitleidenschaft gezogen werden können und somit entsprechend zu Korrosionsschäden führen, wurde auf Wunsch der Auftraggeberseite eine Kappenkonstruktion mittels Carbonbeton entwickelt, welche nicht anfällig für Korrosion ist (Abb. 6).

Abb. 6: Hybridkappe mit Schalungselement aus Carbonbeton (System der Unternehmensgruppe Echterhoff), Bauwerk Amelsbürener Straße Quelle: Echterhoff

Die Bewehrung der Kappe mittels Carbon (Kohlefasern) wurde bewusst aus Korrosionsschutzgründen gewählt, da Carbonfasern nicht korrodieren können. Ein weiterer Vorteil liegt in der Mindestbetondeckung, die bei der Verwendung von Carbon aus vorgenanntem Grund wesentlich geringer ausfallen kann und somit deutlich zur Gewichts- und Querschnittsreduzierung der Wandstärken der Hybridkappe beiträgt, bzw. diese zulässt.
Da eine Vormontage der Carbonbetonkappe im Fertigteilwerk zu einer deutlichen Vergrößerung der Transportgewichte für die Brückenträger geführt hatte, wurden die Brückenrandträger 2 Tage vor dem Montagetermin auf einem der Baustelle nahe gelegenen Autobahnplatz mit den Carbonbetonkappen einschl. der Geländerkonstruktionen ausgestattet und anschließend in Endlage montiert (Abb. 7). Durch diese Vorgehens-weise, Montage der Brückenträger einschließlich der Geländer als Absturzsicherung, konnten alle weiteren Arbeiten wie Ergänzung der Bewehrung der Endquerträger sowie Fahrbahntafel, als auch des Ergänzungsbetons für die Brückenplatte, von oben aus dem geschützten Raum erfolgen (Abb. 8). Weitere Autobahnsperrungen wurden aus diesem Grund nicht mehr erforderlich.

Bei der patentgeschützten Konstruktion „hybride Kappe“ handelt es sich um eine Entwicklung des Bauunternehmens Echterhoff.

Abb. 7: Einheben eines Randträgers mit bereits vormontierter Carbonkappe und Geländer, Bauwerk Amelsbürener Straße Quelle: Echterhoff

Abb. 8: Betonage der Ortbetonschicht unter laufendem Verkehr, Bauwerk Amelsbürener Straße Quelle: Echterhoff

3. Beitrag zur Nachhaltigkeit und Klimaschutz

Bei der Zementherstellung entstehen 8 % bis 9 % der weltweiten CO_2-Emissionen. Zu Recht müssen wir uns aus diesem Grund mit neuen, CO_2 reduzierten Zementherstellungsmethoden beschäftigen. Doch welchen Einfluss haben Brückenbauarbeiten im Zuge der Autobahn auf Verkehrsbehinderungen und somit auf die Entstehung von CO_2-Emissionen durch Verkehrsstaus? Wie sieht hierzu der Vergleich von Ersatzbrückenbauarbeiten in Modulbauweise mit 6 bis 8 Monaten Gesamtbauzeit im Vergleich zu konventionellen Bauweisen mit 24 Monaten Bauzeit aus? Die voneinander unabhängigen Studien der Ruhr Universität Bochum [6] sowie der RWTH Aachen [7] in Zusammenarbeit mit der Bauunternehmung Gebr. Echterhoff kommen hierbei zu einem gemeinsamen, sehr erstaunlichem (prägnantem) Ergebnis. Prof. Mark kommt in seiner Studie [6], einer Lebenszyklus-betrachtung über 100 Jahre vom Baubeginn bis zum Rückbau einer Brücke im Zuge einer Autobahn, zu dem Ergebnis, dass mit der Zunahme der Bauzeit auch die CO_2-Emissionen als Folge der mit der Bauzeit einhergehenden Verkehrsstaus, drastisch ansteigen. Grundlage für diese Erkenntnis sind die über einen Zeitraum von 24 Monaten erfolgten Aufzeichnungen von Verkehrsstaus beim Bau eines 200 m langen Ersatzbrückenbauwerks. Bei einer täglichen Verkehrs-belastung von 45.000 KFZ, ergibt sich der gesamte Anteil der CO_2-Emissionen in den ersten 2 Jahren während der Bauzeit im Verhältnis zu dem gesamten Lebenszyklus von 100 Jahren zu 83 %.

Zu vergleichbaren Ergebnissen kommen die RWTH-Aachen und die Bauunternehmung Gebr. Echterhoff in ihrer Studie, über den Einfluss von kurzen Bauzeiten auf die entstehenden CO_2-Emissionen. Bei der Betrachtung der Baumaßnahme „Afferder Weg“, BAB A1 zwischen den Autobahnkreuzen Dortmund/Unna und Kamen, wurden zwei Brückenteilbauwerke als Ersatzbauwerke im Zuge der BAB A1 in nur 8 Monaten Gesamtbauzeit hergestellt. Die für solche Bauwerke sonst übliche Bauzeit in konventioneller Bauweise beträgt normalerweise 24 Monate. Die Autobahn wird in diesem Streckenabschnitt täglich von 120.000 KFZ frequentiert. Anhand der Studie sollte ermittelt werden, wieviel CO_2-Emissionen durch die Zementherstellung der für beide Teilbauwerke benötigten Betonmenge von 2.070 m^3 entstanden sind und welche Menge CO_2 durch die Bauzeitverkürzung von 16 Monaten vermieden wurde. Das Ergebnis war sehr eindeutig! Während die CO_2-Emissionen durch die Zementherstellung für 2.070 m^3 Beton, mit 595 kg/CO_2 pro Tonne Zement und 395 kg Zement je m^3 Beton zu einer Gesamtmenge CO_2 von 476 to CO_2-Emissionen führte, ergab sich die Vermeidung von CO_2-Emissionen durch die 16-monatige Bauzeitverkürzung zu 52.400 to. Der Berechnung lag die Annahme von 120.000 KFZ mit 20 % LKW und 80 % PKW sowie einem täglichen Verkehrsstau je KFZ von 30 Minuten durch die Fahrbahnverengung der 6+0 Verkehrsführung zu Grunde. Bei genauerer Betrachtung beträgt die CO_2-Emission in diesem Fall also weniger als 1 % der CO_2-Emission aus der Zementherstellung. Auch wenn diese Berechnungen gewisse Unschärfen beinhalten mögen, so ist die Tendenz doch eindeutig.

Zusammenfassung

Mit der Planung und Ausführung der Brücke Amelsbürener Straße in Fertigteilbauweise wurde eine modulare Expressbauweise sowohl für die Überbauten als auch für die Unterbauten erfolgreich umgesetzt. Für die Herstellung der Unterbauten wurden zwei verschiedene Ausführungsvarianten vorgestellt, die durch eine große werkseitige Vorfertigung die Bauzeiten deutlich verkürzen können. Mit beiden Pilotprojekten wurde jeweils immense Bauzeiten-verkürzungen erzielt.

Die Überbauten beider Bauwerke wurden mit vorgespannten Fertigteilen aus hochfestem Beton (C80/95) ausgeführt. Der Überbau der Münster Straße diente hierbei mit moderaten Spannweiten von ca. 16,26 m der Erfahrungssammlung und als Test bei der Planung und Ausführung. Mit dem Ersatzneubau Amelsbürener Straße wurden anschließend das gesamte Potential dieser hochfesten vorgespannten Fertigteilträger ausgeschöpft, als eine Überführung einer 6-spurigen Autobahn ohne Zwischenunterstützung realisiert wurde. Das Gesamtgewicht dieser Fertigteil-Längsträger betrug dabei bis zu 110 to. Durch den Einsatz von speziellen Hybridkappen aus Stahl oder Carbonbeton kann die Bauzeit nochmals reduziert werden. Die Hybridkappen können bereits vor dem Einhub der Randträger auf diesen montiert werden, wodurch zusätzliche Schalarbeiten entfallen. Auch Geländer und Lärmschutzwände können bereits vormontiert sein. Welch großen Einfluss die Bauzeit auf die CO_2-Emmision hat konnte in verschiedenen Studien aufgezeigt werden. Hieraus geht eindeutig hervor: Je kürzer die Bauzeit von Ersatzbrückenbauwerken unter laufendem Verkehr, umso geringer die enormen CO_2-Belastungen aus Verkehrsstaus.

Literatur

[1] Ewert, S. (2003) Brücken – Die Entwicklung der Spannweiten und System. Ernst & Sohn.

[2] Bernhardt, K.; Brameshuber, W.; König, G.; Krill, A.; Zink, M. (1998) Vorgespannter Hochleistungsbeton: Erstanwendung in Deutschland beim Pilotprojekt Sasbach. Beton- und Stahlbetonbau 94, H. 5, S. 216-223. Erst und Sohn.

[3] König, G.; Weigel, F.; Zink, M.; Arnold, A.; Maurer, R. (2002) Erste deutsche Großbrücke aus Hochleistungsbeton - Brücke über die Zwickauer Mulde bei Glauchau. Beton- und Stahlbetonbau 97, H. 6, S. 303-307. Erst und Sohn.

[4] Maurer, R.; Weigel, F.; Arnold, A.; (2005) Bauwerksmonitoring an einer Brücke aus Hochleistungsbeton. Beton- und Stahlbetonbau 100, H. 3, S. 195-206. Erst und Sohn.

[5] Eurocode 2: Bemessung und Konstruktion von Stahlbeton- und Spannbetontragwerken – Teil 2: Betonbrücken, Bemessungs- und Konstruktionsregeln.

[6] Richter, C.; Reddemann, T. (2022) Einsparung CO2-Emissonen durch Bauzeitverkürzung am Beispiel Baumaßnahme Afferder Weg / BAB A1. Studie. Center Building an Infrastructure Engineering des RWTH Aachen Campus.

[7] Hoppe, J., Forman, P., Mark, P. (20222) CO2-Bilanzierung über den Bauwerkslebenszyklus. Lehrstuhl für Massivbau, Ruhr-Universität Bochum.

Schnelle Errichtung von Autobahnbrücken mit dem LT-Brückenbauverfahren

Prototyp und geplante Projekte

Prof. Dr.-Ing. Johann Kollegger
Technische Universität Wien, Österreich

Dipl.-Ing. Franz Untermarzoner
Technische Universität Wien, Österreich

Prof. Dr.-techn. Patrick Huber
Technische Universität Wien, Österreich

Zusammenfassung
Bauherren von Infrastrukturbauwerken stehen in den kommenden Jahren vor enormen Herausforderungen. Viele Ingenieurbauwerke, insbesondere Brücken, müssen saniert oder neu gebaut werden. Sie halten entweder den aktuellen Belastungen nicht mehr stand oder weisen Dauerhaftigkeitsprobleme auf. Gespräche mit Bauherren haben gezeigt, dass ein zügiger Baufortschritt bei Ersatzneubauten von entscheidender Bedeutung ist. Die Baustellen sollen den normalen Verkehrsfluss so wenig wie möglich beeinträchtigen. Demzufolge wurde ein neues, ressourcenschonendes und schnelles Bauverfahren für Brücken entwickelt. Um den genannten Anforderungen gerecht zu werden, wurden innovative Fertigteilelemente für die Längsträger und die Fahrbahnplatte entworfen. Diese werden durch Anschlussbewehrung und eine Ortbetonschicht auf der Baustelle verbunden. Ein Vergleich der Umweltauswirkungen basierend auf den Baustoffen (Lebenszyklusphasen A1–A3) zwischen einem Bauabschnitt einer LT-Brücke und einer typischen deutschen Autobahnbrücke zeigt ein geringeres Treibhauspotenzial der neuen Brückenbaumethode aufgrund der Einsparung von Baustoffen.

1. Einleitung

Die Auswertung der Brückenstatistik 2023 der Bundesanstalt für Straßenwesen (BASt) [1] hat gezeigt, dass der größte Teil der Brückenflächen der Bundesfernstraßen in den 1960er und 1970er Jahren gebaut und in Betrieb genommen wurde. Die ältesten Brücken aus dieser Zeit sind rund 60 Jahre alt, was 60 % der geplanten Nutzungsdauer nach heutiger Normenlage entspricht. Für rund 940 Brücken wird jedoch derzeit ein Ersatzneubau geplant oder ist bereits in Ausführung. Zwei Drittel dieser Bauwerke wurden in den oben genannten Zeiträumen errichtet.
Diese Zahlen zeigen, dass Bauherren, Bauingenieure und Bauunternehmer in den kommenden Jahren vor einer erheblichen Herausforderung stehen werden, um die derzeitige Infrastruktur mit ausreichender Sicherheit für die Verkehrsteilnehmer zu erhalten.
In Gesprächen mit Bauherren wurde deutlich, dass die Geschwindigkeit des Baufortschritts eine entscheidende Rolle für den erfolgreiche Abwicklung des Projekts spielt, wenn eine Brücke ersetzt werden muss. Auf diese Weise können erhebliche Verkehrsbehinderungen vermieden werden, was sich erheblich auf die Ökobilanz auswirkt. Darüber hinaus wird die Ressourceneffizienz von Brückenbauwerken in absehbarer Zeit zu einem immer wichtigeren Bewertungskriterium bei der Auftragsvergabe werden.
Für Brückenbauwerke über bestehende Infrastrukturen sind bereits verschiedene Lösungen entwickelt worden. Ein Beispiel ist die VFT®-Bauweise [2], mit der zwei Richtungsfahrbahnen mit mehreren Fahrspuren schnell, mit geringer Bauhöhe und ohne Mittelstützen überspannt werden können. Eine neue Entwicklung, die durch die zukünftige Version des BEM-ING in Deutschland [3] ermöglicht wird, ist der Einsatz von Hochleistungsbetonen mit einer Qualität von bis zu C80/95 [4]. Mit dieser Technologie können Fertigteile mit Spannweiten von 45 m als Einfeldträger ohne Zwischenstützen sechsspurige Autobahnen überspannen [5]. Für Brücken mit noch größeren Spannweiten von bis zu 80 m werden UHPFRC-Fertigteilbrücken vorgeschlagen [6]. Im Gegensatz zu Segmenten mit konventionellen Betongüten (z. B. C40/50) kann der Ressourcenverbrauch bei besonders dünnwandigen Segmenten mit Rippenstrukturen und Hochleistungsbeton deutlich reduziert werden.
Am Institut für Tragkonstruktionen (TU Wien) wurde eine neue Brückenbauweise für Autobahn- und Eisenbahnbrücken im Spannweitenbereich von 30 bis 50 m entwickelt. Besonderes Augenmerk wurde dabei auf die Ressourceneffizienz und die Bauzeit gelegt.

2. LT-Brückenbaumethode

Der Name der Brückenbauweise leitet sich von den Spannrichtungen der Fertigteile ab. Die Längsträger spannen in Längsrichtung (L) der Brücke, während die Fahrbahnplattenelemente in transversaler Richtung (T) der Brücke spannen.

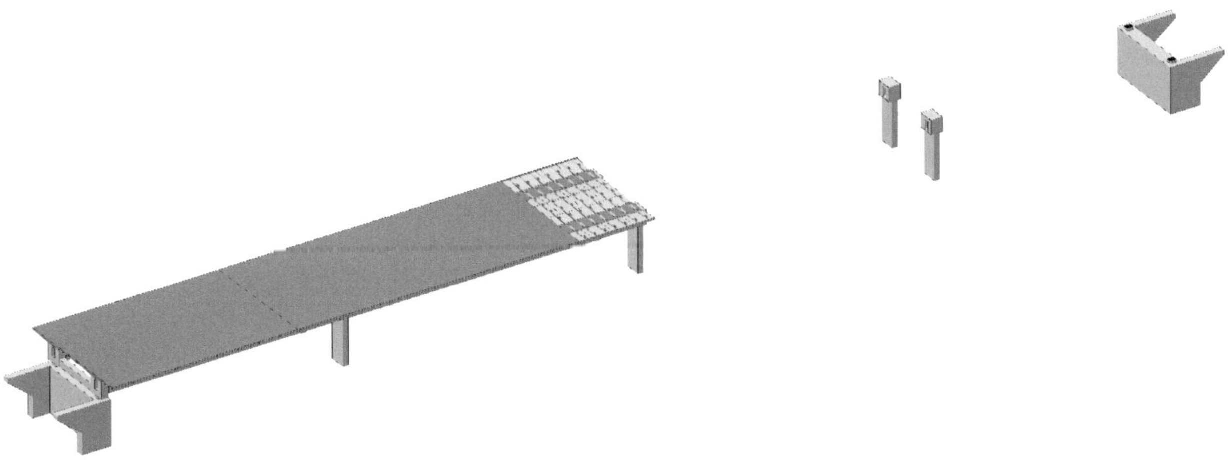

Abb. 1: LT-Brücke: 3D Ansicht mit Darstellung der Fertigteile und Ortbetonschicht

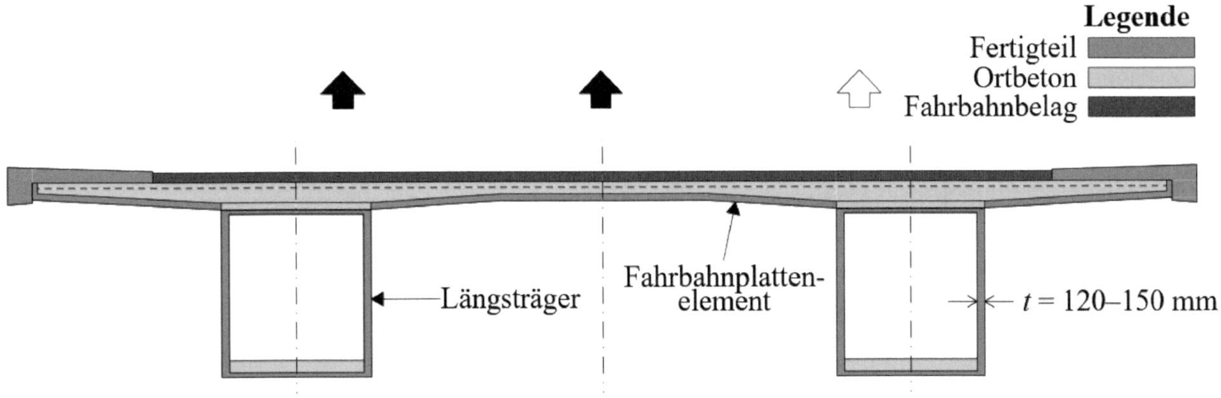

Abb. 2: LT-Brücke: Querschnitt

2.1 Fertigteile

2.1.1 Längsträger

Ein Längsträger besteht aus Wandelementen, einer Bodenplatte und einer Deckplatte. Die Länge eines Längsträgers entspricht in etwa der Spannweite der Brücke abzüglich der Dicke der Vergussfugen. Ist es nicht möglich, den Längsträger in seiner gesamten Länge zur Baustelle zu transportieren, so kann er aus mehreren Teilsegmenten mit Spanngliedern auf der Baustelle verbunden werden. Der Längsträger wird aus hochfestem Beton (C80/95) hergestellt. Dadurch ist es möglich, das Gewicht für den Transport und die Hebearbeiten gering zu halten. Ausschlaggebend für die Wanddicke der Längsträger sind die maximale Tragfähigkeit der Betondruckstreben (Querkraft- und Torsionseinwirkung) und das Zusammenwirken von Querkraft und Querbiegung in den dünnwandigen Elementen. Die Verwendung von hochfestem Beton ermöglicht den Bau von sehr dünnwandigen Elementen (t = 120-150 mm). Eine weitere Maßnahme, um das Gewicht des Längsträgers zu minimieren, ist die Verwendung von dünnen Deck- und Bodenplatten (t = 60-70 mm).

Die Einbauteile eines Längsträgers sind Spanngliedverankerungen und Umlenkpunkte. Abbildung 3 zeigt einen Längsträger mit Verankerungen, Umlenkungen und Spanngliedern. Der hintere Teil des Bildes zeigt den Längsträger, wie er vom Fertigteilwerk auf die Baustelle kommt, während die vordere Abbildung den Längsträger im eingebauten Zustand zeigt. Wird der Längsträger erst auf der Baustelle aus Segmenten zusammengesetzt, werden die Spannglieder (blau) vor Ort auf einem Montageplatz vorgespannt. Nach dem Einbau des Längsträgers wird zunächst eine Lage Ortbeton auf die Bodenplatte und dann, nach Versetzen der Fahrbahnplattenelemente, auf die Deckplatte aufgebracht.

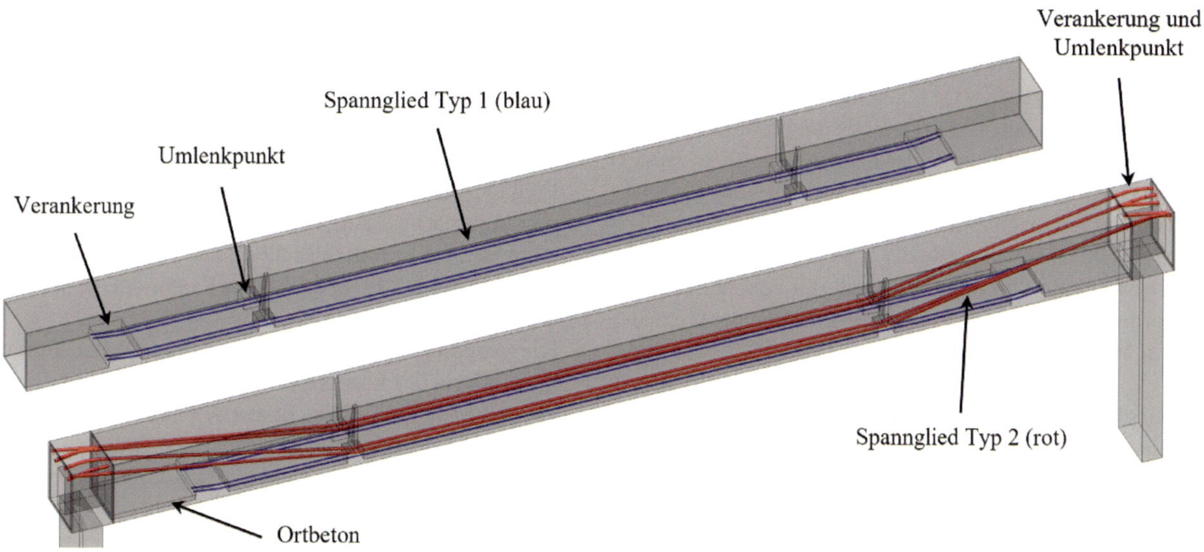

Abb. 3: Längsträger im Fertigteilwerk (hinten) und im eingebauten Zustand (vorne)

Um sicherzustellen, dass die Brücke eine durchgehende Längsbewehrung hat, werden in den Pfeilersegmenten Schraubmuffen eingebaut. Mit diesen Kupplungen wird die untere Längsbewehrung, die sich auf der Bodenplatte des Längsträgers befindet, in der Ortbetonschicht verbunden. Die obere Längsbewehrung wird erst nach dem Auflegen der Fahrbahnplattenelemente auf die Längsträger eingebaut. Auf der Oberseite der Längsträger ragt die Schubbewehrung aus den Wandelementen heraus. Sie dient als Anschlussbewehrung, um die Längsträger und die Fahrbahnelemente mit Ortbeton zu verbinden.

2.1.2 Fahrbahnplattenelement

Das Fahrbahnplattenelement stellt das untere Element der Fahrbahnplatte dar und wird ebenfalls im Fertigteilwerk hergestellt (siehe Abbildung 4). Es besteht aus dünnen Platten (t = 80 mm), die durch Querbalken miteinander verbunden sind. An den seitlichen Enden des Fahrbahnplattenelements sind Aufkantungen angeordnet, die als vertikale Schalung für die Ortbetonschicht dienen. Im Bereich der Längsträger befinden sich Aussparungen, in denen die Anschlussbewehrung (Bügel und Gitterträger) des Längsträgers Platz findet. Die Deckplatte des Längsträgers dient in diesem Bereich als untere Schalung für die Betondecke. Die Fahrbahnplattenelemente sind mit Elastomerlagern auf dem Längsträger gelagert.

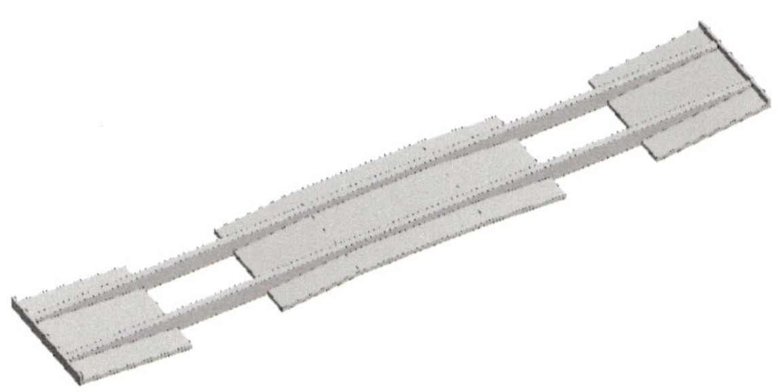

Abb. 4: Fahrbahnplattenelement

2.2 Vorspannung

Bei der LT-Brückenbauweise werden verschiedene Arten von Spanngliedern verwendet:

- Spannglieder des Typs 1 (innenliegend, Litzen in PE-Hüllrohren, verpresst mit Zementmörtel)
- Spannglieder Typ 2 (extern, Monolitzen in PE-Hüllrohren, mit Zementmörtel verpresst)
- Spannglieder für die Fahrbahnplatte (innenliegend, ohne Verbund)

Wenn der Längsträger in einem Stück vom Fertigteilwerk zur Baustelle transportiert werden kann, erfolgt die Vorspannung mit den Spanngliedern Typ 1 bereits im Fertigteilwerk. Ansonsten werden die einzelnen Segmente auf der Baustelle zu einem Längsträger verbunden, der in etwa der Länge eines Feldes entspricht. Die Spannglieder des Typs 1 sind gerade und verlaufen knapp oberhalb der Bodenplatte des Längsträgers. Ausgehend von den Pfeilerachsen werden die Spannglieder um etwa 10 % der Spannweite nach innen verschoben. Nach dem Vorspannen werden die PE-Hüllrohre verpresst. Die Hüllrohre sind in diesem Stadium noch nicht von Ortbeton umgeben. Der Beton wird erst beim Einbau des Längsträgers auf die Bodenplatte aufgebracht.
Spannglieder des Typs 2 sind erforderlich, um ein durchgehendes Brückenbauwerk zu schaffen. Sie verlaufen im Hohlraum der Längsträger. Die Hochpunkte der Spannglieder befinden sich in den Pfeilersegmenten, während die Tiefpunkte an den Umlenkstellen des Längsträgers liegen, die sich bei 25 % und 75 % der Spannweite befinden. Einige Vorschriften verlangen, dass die externen Spannglieder entspannbar, austauschbar und nachspannbar sein müssen. Die Zugänglichkeit mit einer Spannpresse muss daher sowohl während des Baus als auch später gewährleistet sein. Daher werden die Spannverankerungen so positioniert, dass nachträglich eine Spannpresse angesetzt werden kann. Während der Bauphase

werden die Spannglieder des Typs 2 schrittweise vorgespannt, um sicherzustellen, dass keine Zugspannungen in den Fertigteilen und den Ortbetonergänzungen auftreten. In der Fahrbahnplatte wird eine Quervorspannung ohne Verbund angeordnet. Dadurch ist es möglich, die Dicke am Beginn der Auskragung der Fahrbahnplatte zu reduzieren. Darüber hinaus ergeben sich weitere Vorteile, wie z. B. ein verbesserter Ermüdungswiderstand in Querrichtung [7]. Die Dicke am Ende der Kragplatten kann durch die Verwendung von Spanngliedern mit nebeneinander angeordneten Litzen in den Verankerungskonstruktionen auf ein Minimum reduziert werden.

3. Vergleich der Umweltauswirkungen auf Basis der Baumaterialien

In diesem Abschnitt werden die Umweltauswirkungen eines Bauabschnitts einer mittels Kranmontage errichteten LT-Brücke und einer typischen deutschen Autobahnbrücke in Ortbetonbauweise auf einem Gerüst verglichen. Abbildung 5 zeigt die Querschnitte der beiden Brückenvarianten. Der Ressourcenverbrauch, der durch die Baustoffe des Überbaus entsteht, wird durch die Lebenszyklusphasen A1-A3 dargestellt und berücksichtigt die Beschaffung von Rohstoffen, den Transport und die Herstellung.
Der folgende Verbrauch von Baumaterialien wird analysiert:

- Beton
- Bewehrungsstahl
- Spannstahl

Mit den Daten aus den Schalungs-, Bewehrungs- und Spanngliedplänen in Kombination mit ausgewählten Umweltproduktdeklarationen (siehe Tabelle 1) kann für die beiden Brückenvarianten das Treibhauspotenzial (GWP) berechnet werden, das in der Einheit „CO2-eq." angegeben wird.

Tab. 1: Kennwerte des Erderwärmungspotentials (GWP) der verwendeten Baustoffe in den Lebenszyklusphasen A1–A3

Material	Einheit	GWP in kg CO2-eq.	Quelle
Beton (C40/50)	m³	293	[8]
Beton (C80/95)	m³	389	[6]
Bewehrung (B500 B)	kg	0,64	[9]
Spannstahl (Y1860 C)	kg	2,3	[10–13]

3.1 Berechnungsmodell der LT-Brücke

Das Berechnungsmodell für die LT-Brücke wurde mit der Software SOFiSTiK 2022 erstellt. SOFiSTiK 2022 und das nichtlineare Querschnittsberechnungsprogramm INCA2 wurden für den Nachweis der Gebrauchstauglichkeit und der Grenzzustände der Tragfähigkeit verwendet. Es wurde eine 152 m lange LT-Brücke mit vier Feldern modelliert. Die Längen der beiden Endfelder betragen 34 m, die der Mittelfelder 42 m. Die Topographie des zu überspannenden Tals erlaubt eine Kranmontage. Der Vorbau erfolgt feldweise.
Die grundlegenden Normen für die statischen Berechnungen sind der Eurocode 1 und Eurocode 2 mit den dazugehörigen nationalen deutschen Anwendungsdokumenten. Der zweite Bauabschnitt mit einer Spannweite von 42 m wird zur Bewertung des Treibhauspotenzials untersucht.

3.2 Ergebnisse

Die Volumina und Gewichte der Baustoffe für die Ortbetonbrücke wurden den Schalungs-, Bewehrungs- und Spanngliedplänen einer typischen deutschen Autobahnbrücke mit 34 m langen Endfeldern und 42 m langen Mittelfeldern entnommen. Für den Vergleich wurden die Massen aus dem zweiten Bauabschnitt herangezogen. Auf der Grundlage der statischen Berechnungen der LT-Brücke wurden Schalungs-, Bewehrungs- und Spanngliedpläne erstellt, aus denen die Volumina und Gewichte der Baustoffe ermittelt werden konnten. Eine Zusammenfassung der Baustoffmassen des zweiten Bauabschnittes für die beiden Varianten ist in Tabelle 2 dargestellt. Abbildung 5 zeigt die Datenauswertung aus Tabelle 1 und Tabelle 2.

Tab. 2: Volumina und Gewichte der Baustoffe des zweiten Bauabschnitts für die beiden Bauvarianten

Variante	Material	Volumen in m³	Masse in t
Ortbetonbrücke	Ortbeton (C40/50)	620,6	1489,3
	Bewehrung (B500 B)	8,2	64,1
	Spannstahl (Y1860 C)	3,2	25,2
LT-Brücke	Beton	379,0	909,6
	Fertigteilbeton (C40/50)	75,6	181,4
	Fertigteilbeton (C80/95)	81,3	195,0
	Ortbeton (C40/50)	222,1	533,2
	Bewehrung (B500 B)	6,2	48,4
	Spannstahl (Y1860 C)	1,7	13,2

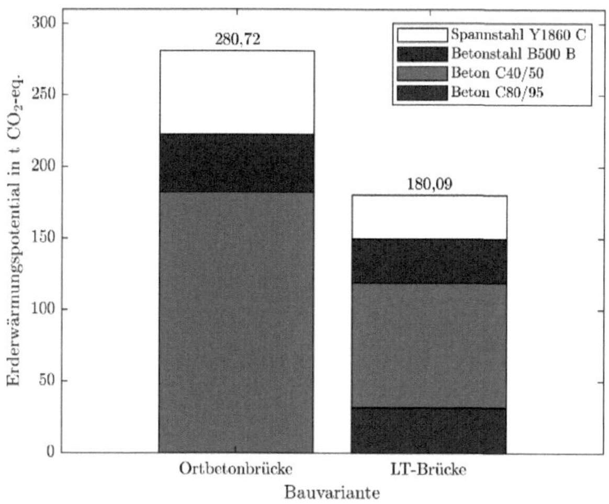

Abb. 5: Erderwärmungspotential in den Lebenszyklusphasen A1-A3 der beiden Bauvarianten für den zweiten Bauabschnitt

Ein direkter Vergleich der beiden Bauvarianten zeigt eine Reduzierung des Treibhauspotenzials um 35,9 % für die LT-Brücke. Einsparungen sind vor allem beim Verbrauch von Beton und Spannstahl zu verzeichnen. Dies resultiert aus der Verwendung von Hochleistungsbeton bei gleichzeitiger Volumenreduzierung durch einen Hohlquerschnitt mit größerer Bauhöhe. Das daraus resultierende geringere Eigengewicht des Überbaus wirkt sich positiv auf die Dekompressionsnachweise des Querschnitts aus, so dass weniger Spannstahl benötigt wird. Eine Verringerung des Treibhauspotenzials wirkt sich auch auf den Verbrauch von Betonstahl aus. Dieser fällt in der Bilanz jedoch nicht so stark ins Gewicht wie die Einsparungen bei Beton und Spannstahl. Dies ist auf die Regelungen im Eurocode 2 bezüglich der Mindestbewehrungsmengen zurückzuführen. Die Tragwerkshöhe der LT-Brücke wurde im Vergleich zur Ortbetonbrücke um 80 cm erhöht, was zu günstigeren Werten bei der Berechnung der Widerstandsmomente führt, da die Höhe in diesen Berechnungen quadratisch ist. Allerdings geht diese Erhöhung mit einer Verringerung der Schlankheit der LT-Brücke einher.

4. Zusammenfassung und Ausblick

Mit der LT-Brückenbauweise wird eine Bauweise mit vorgefertigten Elementen und Ortbeton vorgestellt, die den aktuellen Anforderungen im Brückenbau entspricht. Gegenüber der etablierten Ortbetonbauweise ergeben sich Vorteile sowohl hinsichtlich des Ressourcenverbrauchs als auch der Baugeschwindigkeit. Ein direkter Vergleich mit einer typischen deutschen Autobahnbrücke hat gezeigt, dass der Einsatz von Hochleistungsbeton und einer größeren Bauhöhe (günstigere Querschnittswerte) zu einem geringeren Treibhauspotenzial in den Lebenszyklusphasen A1-A3 führt. Der nächste Schritt ist die Betrachtung des Treibhauspotenzials in den übrigen Lebenszyklusphasen mit anschließender Überprüfung im Klimagrenzzustand. Nach Einschätzung der Autoren wird die Geschwindigkeit des Bauprozesses in den Lebenszyklusphasen A4-A5 (Bau) die Umweltbilanz positiv beeinflussen. Bei Ersatzneubauten sind Transport, Einbau und Montage sowie die Umweltauswirkungen von Staus und des erhöhten Verkehrsaufkommens bei Umleitungen zu bewerten.

Die LT-Brückenbauweise stellt in Österreich und Deutschland eine vielversprechende Alternative zu herkömmlichen Ortbetonbrücken dar. Aus internationaler Sicht bietet diese innovative Bauweise eine Alternative zur Segmentbauweise.

Literatur

[1] Bundesanstalt für Straßenwesen (2023) Datenlizenz Deutschland – Namensnennung – Version 2.0. https://www.bast.de/DE/Ingenieurbau/Fachthemen/brueckenstatistik/bruecken_hidden_node.html (Accessed on: 22-01-2024).

[2] Doss, W. et al. (2001) VFT – Bauweise – Entwicklung von Verbundfertigteilträgern im Brückenbau in: Beton- und Stahlbetonbau 96, H. 4, S. 171–180. https://doi.org/10.1002/best.200100280

[3] Bundesministerium für Verkehr und digitale Infrastruktur (expected 2024) Regelungen und Richtlinien für die Bemessung von Ingenieurbauten – BEM-ING – Teil 1 Berechnung und Bemessung von Brückenneubauten – Abschnitt 2 Betonbrücken. Dortmund: Verkehrsblatt Verlag.

[4] Heinrich, J. et al. (2023) Schnellbauweise für Brücken mit weitgespannten Fertigteil-trägern aus C80/95 in: Beton- und Stahlbetonbau 118, H. 11, S. 779–787. https://doi.org/10.1002/best.202300063

[5] Reddemann, T. (2021) Schnellbausystem „Expressbrücke" – Systematische Entwicklung von Brückenschnellbausystemen als Antwort auf den Sanierungsstau der Verkehrsinfrastruktur und die damit verbundenen Probleme in: Beton- und Stahlbetonbau 116, S2, S. 48–59. https://doi.org/10.1002/best.202100072

[6] Wilkening, M. et al. (2023) UHPFRC – Fertigteilsegmente für einen nachhaltigen und ressourcenschonenden Betonbrückenbau in: Beton- und Stahlbetonbau 118, H. 11, S. 788–802. https://doi.org/10.1002/best.202300054

[7] Haveresch, K. (2021) Innovationen bei Betonbrücken in: Bautechnik 98, H. 2, S. 105–114. https://doi.org/10.1002/bate.202000104

[8] Interbeton (2022) Environmental Product Declaration for Ready Mixed Concrete C40/50 S-P-06974. EPD International AB, Stockholm.

[9] thinkstep AG (2018) oekobau.dat Prozess-Datensatz: Bewehrungstahl (de). Ökobaudat, Berlin

[10] Severstal-metiz (2021) For PC-strand: Prestressed steel for reinforcement of concrete, Environmental Product Declaration S-P-02295. EPD International AB, Stockholm.

[11] Siderurgica Latina Martin S.p.A. (2020) PC Strand Construction steel products, Environmental Product Declaration EPD-SLM-081-EN. Kiwa BCS Öko-Garantie GmbH – Ecobility Experts, Nürnberg.

[12] Hjulsbro Steel AB (2020) PC-strand – Prestressed steel for reinforcement of concrete, Environmental Product Declaration S-P-02400. EPD International AB, Stockholm.

[13] D&D Wire Industrial and Trading Co. Ltd. (2020) Stabilized wires and strands for prestressing of concretes, Environmental Product Declaration EPD-DD-001-20. ICMQ-001/15 rev 2.1, EPDITaly.

TAE

Innovative Bauweisen,
Bauverfahren
und Bauprodukte

Fuß- und Radwegbrücke über den Seeblickweg in Stuttgart

70 Meter lange integrale Holz-Carbonbeton-Verbundbrücke

Julian Frede, M. Eng.
Technische Hochschule Augsburg

Dipl.-Ing. Timo Krämer
Harrer Ingenieure GmbH, Zweigbüro Ostfildern-Nellingen

Prof. Dr.-Ing. Sergej Rempel
Technische Hochschule Augsburg

Zusammenfassung
Durch den Einsatz innovativer Materialien wie Carbon und glasfaserverstärktem Kunststoff, kombiniert mit der unterhaltungsarmen integralen Holz-Beton-Verbundbauweise, war es notwendig, außerhalb bestehender brückenbaulicher Grundlagen zu bemessen. Mit mehrfachen experimentellen Ansätzen, aber auch der Anwendung neu erschienener Richtlinien konnte ein Bauwerk umgesetzt werden, das zukunftsorientiert das Potenzial dieser Bauweisen aufzeigt.

1. Einführung

Mehrfach wurden bereits Brückenkonstruktionen in Holz-Beton-Verbundbauweise hergestellt, wodurch die werkstoffspezifischen Vorteile der beiden Baustoffe in effektiver Weise den beanspruchten Querschnittsbereichen zugeordnet werden. So wird der Beton in der Druckzone des Querschnitts platziert, sowie das Holzbauteil in der Zugzone angeordnet. Die Betondeckschicht übernimmt dabei gleichzeitig auch eine schützende Funktion, sodass das Holz vor direkter Bewitterung abgeschirmt ist.
Oftmals handelt es sich dabei um nicht integrale Brücken, die als Einfeldträger geplant wurden und so keinen Lagewechsel der Zug- bzw. Druckzone aufweisen. Die Fuß- und Radwegbrücke über den Seeblickweg zwischen Stuttgart-Neugereut und Stuttgart-Steinhaldenfeld wurde hingegen als integrales Zweifeldsystem konzipiert, bei dem das volle Potenzial der Konstruktion nicht durch ein Anordnen zweier Einfeldträger, sondern einer Wirkung als eingespannter Durchlaufträger ausgeschöpft wird.
Die Fahrbahnplatte wird hier mit einer Carbonbewehrung ausgeführt, wodurch auf eine Abdichtung des Bauwerks verzichtet werden kann. Diese Bewehrung wird ebenfalls im Bereich des mittleren Auflagers, sowie den Endauflagern verwendet, um die hohen Stützmomente adäquat aufnehmen und den erhöhten Anforderungen an die zulässigen Rissbreiten der Konstruktion gerecht werden zu können.

2. Bauwerk

2.1 Entwurf

Bei der Gestaltung der Brücke wurde besonders Wert daraufgelegt, das Bauwerk harmonisch in die vorhandene Landschaft zu integrieren. Die neue Brücke verläuft mit einem sanften Gefälle über die Straße und folgt der natürlichen Topografie des Geländes. Radfahrer und Fußgänger können so in sicherem Abstand über den Gefahrenbereich hinweggeführt werden. Die lichte Durchfahrtshöhe und die vorgegebenen Gradienten wurden bei der Planung berücksichtigt, was die verfügbare Höhe des Überbaus begrenzte. Dank der V-förmigen Mittelstütze konnte die Spannweite der Hauptfelder verringert werden, sodass der Überbau gemäß den statischen Anforderungen in Verbundbauweise ausgeführt werden konnte.

Abb. 1 Brückenentwurf in der Planungsphase

Um den schwebenden Charakter der Brücke zu betonen, wurde die Mittelstütze sowohl in ihrer Geometrie als auch in ihrem Material vom Überbau abgesetzt, wodurch die horizontale Linienführung nicht unterbrochen wird. Diese Wirkung wird durch die reduzierte Ansichtsfläche des Brückengesimses und die horizontale Ausrichtung des Geländers verstärkt. In der Seitenansicht ist die Mittelstütze auf ein Minimum reduziert. Die kantige Formensprache der Mittelstütze spiegelt sich in abgewandelter Weise in den Widerlagern wider. Die leicht geschwungene Unterkante des Überbaus veranschaulicht dabei die statischen Anforderungen.

2.2 Tragstruktur

Die Ausbildung des Bauwerks als integrale Brücke bedingt eine nachgiebige Gründung in den Widerlagerbereichen, welche über die elastische Bettung der Tiefgründungen sichergestellt wird. Der Überbau ist in den Bereichen mit positivem Moment als HBV-Querschnitt konzipiert und mit einer variablen Höhe des Holzquerschnitts entsprechend den statischen Belastungen angepasst. In den Bereichen der Rahmenecken und den Stützbereichen der Mittelstütze wird ein reiner Betonquerschnitt ausgeführt (siehe Abb. 2)

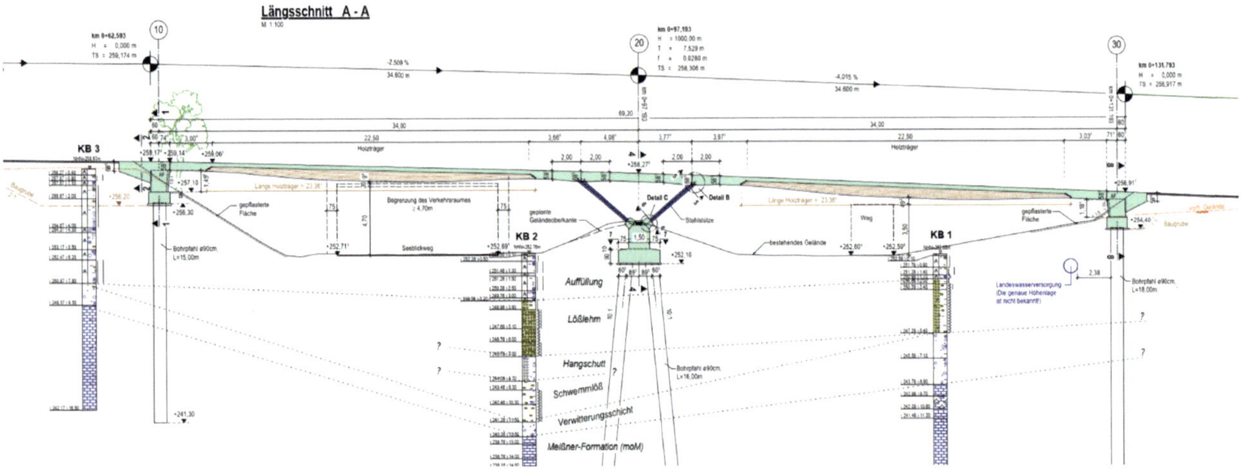

Abb. 2 Längsschnitt durch das Bauwerk

Zur Sicherstellung des Verbundes zwischen Holz- und Betonquerschnitt werden eingeklebte HBV-Schubverbinder verwendet. Seitlich wird der Holzquerschnitt aufgrund der Erfordernisse zur Vermeidung von Schlagregen nach innen geneigt ausgeführt. Der aus mehreren Lagen bestehende blockverleimte Holzquerschnitt wird mittels CNC-Fräse so bearbeitet, dass sich eine gestalterisch ansprechende und statisch erforderliche Linienführung ergibt. Der Binder wurde so aufgebaut, dass die angeschnittene Faser entlang der Oberseite des Holzträgers verläuft. Da der Beton im Bereich des Holzquerschnitt hauptsächlich überdrückt ist und sich infolge der Belastung damit keine Risse einstellen können, ist für diese Bereiche der vertikale Feuchtetransport von oben unterbunden, was im Sinne der Dauerhaftigkeit des Holzträgers von großer Bedeutung ist. Auf Wunsch des Bauherrn werden zur Verifizierung dieser ingenieurmäßigen Überlegungen in den Endbereichen der Holzträger noch zusätzliche Holzfeuchtesensoren verbaut.

In den Endbereichen des HBV-Querschnitts werden die Querkräfte über eingeklebte glasfaserverstärkten Kunststoffstäbe mit Kopfausbildung in die Betonplatte hochgehängt. Die Bemessung der Hochhängung erfolgte in Abhängigkeit zu den Steifigkeiten der Schubverbinder.

3. Material

3.1 Beton

Für den Beton wurde die Festigkeitsklasse C50/60 festgelegt, um zum einen das mechanische Potenzial der Druckfestigkeit nutzen zu können, zum anderen auch um den Überbau den Umwelteinflüssen entsprechend anzupassen, da auf eine Abdichtung verzichtet werden soll. Besondere Relevanz hatte die richtige Konsistenz des Betons, um ein vollständiges Umschließen der engmaschigen nichtmetallische Bewehrungsgitter gewährleisten zu können. Daher wurde im Zuge der Ausschreibung bereits Betonierproben verlangt, um die richtige Betonkonsistenz und das richtige Bearbeitungsverfahren testen und festlegen zu können.

Abb. 3 Aufgeschnittener Betonkörper einer Probebetonage mit vollständigem Umschließen der acht Bewehrungslagen

3.2 Biegebewehrung

Für die Biegebewehrung wurde das Carbongelege HTC 28-6/45-2/80 der Fa. Hitexbau GmbH verwendet. Im Zuge der Beurteilung der Tragfähigkeit wurden Zugversuche an der Technischen Hochschule Augsburg durchgeführt und folgende Bemessungsbruchspannungen und mittlere E-Moduli ermittelt.

Tab. 1: Materialkennwerte der verwendeten Carbonbewehrung

Kennwert	Kettrichtung	Schussrichtung
$f_{nm,d}$	1.360 N/mm²	1.321 N/mm²
E_{nm}	218.250 N/mm²	207.204 N/mm²

Abb. 4 Besandete Längsbewehrung mit Querkraftbügeln

Die Carbonbewehrung mit einer Dispersion auf Acrylatbasis wurde für ein verbessertes Verbundverhalten und eine Verringerung der Rissweite zusätzlich besandet.

3.3 Querkraftbewehrung

Die Querkraftbewehrung wurde aus gebogenen Carbonstäben des Typs REBAR Form D10-CCE der Fa. Solidian GmbH gefertigt, da im Entwurf zur DAfStb-Richtlinie zu Betonbauteilen mit nichtmetallischer Bewehrung keine Gelege mitaufgenommen sind. Ein Biegerollendurchmesser von 120 mm führt hierbei zu einer Reduktion der charakteristischen Kurzzeittragfähigkeit von knapp 50 %, wie anhand von Versuchen des Herstellers ermittelt wurde.

3.4 Rückhängebewehrung

Die Widerlager der Brücke sind monolithisch mit dem Überbau verbunden. Dadurch muss der Holzquerschnitt am Auflager in die Deckschicht rückverankert werden. Dies wurde mithilfe von glasfaserverstärkten Kunststoffstäben des Typs Combar der Fa. Schöck GmbH umgesetzt, die zur verbesserten Verankerung im Beton einen aufgeweiteten Kopfaufsatz aus Polymerbeton aufweisen. Die Klebung in ein Brettschichtholz wurde in Versuchen an der Technischen Hochschule Augsburg vorgenommen und ein charakteristischer Kurzzeit-Zugwiderstand von $F_{ComBAR,k}$ = 58,52 kN geprüft. Als 2K-PUR-Klebstoff wurde der LOCTITE CR PURBOND der Fa. Henkel & Cie. AG verwendet.

3.5 Holz

Verwendet wurde ein blockverleimter Brettschichtholzträger der Festigkeitsklasse GL30c. Durch das unterschiedliche Verformungsverhalten von Holz und Beton bei Temperatur- und Feuchteänderungen muss bei der Bemessung besonders auf deren Einfluss geachtet werden, um die entstehenden Zwängungen in der Konstruktion zu erfassen. In Hinblick auf die ‚DIN CEN/TS 19103 – Berechnung von Holz-Beton-Verbundbauteilen‘ wurde unterschieden zwischen einer ständig wirkenden Einwirkung aus der Differenz von Einbau- und mittlerer Ausgleichsfeuchte und der mittelfristigen Belastung aus jährlichen Holzfeuchteänderungen. Die Ausgleichsfeuchte wird in der Nutzungsklasse 2 mit 10 bis 20 % angegeben, weshalb auch im Sinne einer wirtschaftlichen Produktion die maximal mögliche Einbaufeuchte von 15 % gewählt wurde, um so die entstehende ständige Zwängung zu minimieren. Die jährliche Holzfeuchteänderung wurde ortsabhängig zu 3,0 % ermittelt und im Rechenmodell über eine Temperatur-Ersatzlast angesetzt.

Abb. 5 Holzquerschnitt mit HBV-Schubverbindern und Aufhängebewehrung

4. Nachweisführung

4.1 Holz-Beton-Verbundquerschnitt im Feldbereich

In den Feldbereichen der Brücke wurde ein gekrümmter blockverleimter Brettschichtholzträger eingesetzt, der innerhalb der Momenten-Nullpunkte des Zweifeldsystems liegt und folglich ähnlich einem Einfeldträger bemessen werden kann. Für die Ermittlung der Schnittgrößen im Holz-bzw. Betonquerschnitt und den Verbindungsmitteln wurde die Stabwerkmodellierung nach Rautenstrauch [1] verwendet. Eine Besonderheit stellt dabei die Modellierung des gekrümmten Holzquerschnitts dar, die abschnittsweise die anwachsenden Querschnittsabmessungen erfasst, um so dem sich verändernden Faseranschnittswinkel gerecht zu werden. Die abrupten Höhensprünge zwischen den einzelnen Abschnitten mit konstanter Querschnittshöhe werden in der Modellierung über Koppelstäbe miteinander verbunden, um so eine gleichmäßige Verformung zu erzwingen. Die schematische Modellierung des Holzquerschnitts wird in Abb. 6 gezeigt und bildet den unteren Teil der Modellierung nach Rautenstrauch.

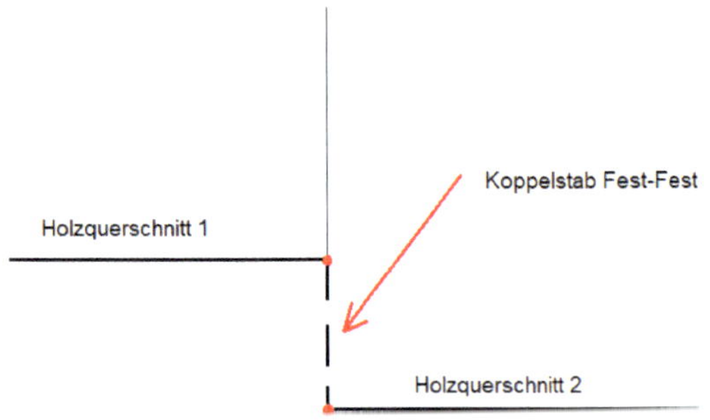

Abb. 6 Modellierung des gekrümmten Holzträgers im Stabwerkmodell nach Rautenstrauch

Der Schubverbund wird durch eingeklebte HBV-Verbinder entsprechend abZ Z-9.1-557 hergestellt, die in Gruppen von 8 bis 26 nebeneinander positionierten Verbindungsmitteln, dem Schubverlauf entsprechend, eingeklebt wurden (siehe Abb. 5).

Ebenfalls sind in Abb. 5 die eingeklebten Glasfaserstäbe zu erkennen, die neben der Rückverankerung des Holzträgers in den Beton auch die Funktion der Querkraftaufnahme im Anschnittbereich der Carbonbetonplatte am Widerlager und über dem Mittelauflager übernehmen. Da die Konstruktion aufgrund der Boden-Bauwerks-Interaktion und der unterschiedlichen Steifigkeiten der Komponenten einen starken Einfluss auf die Schnittgrößenverteilung hat, wurden für die Bemessung verschiedene Grenzbetrachtungen durchgeführt. Neben einer variierenden Bettung der Widerlager, die einen großen Einfluss auf die integrale Konstruktion hat, wurden ebenso die Parameter der Steifigkeit der Verbundkomponenten untersucht. Zum einen wurde mit einem Beton im ungerissenen Zustand mit vollem E-Modul gerechnet, der maßgebend wird für die Bemessung des Betonquerschnitts über dem Mittelauflager, zum anderen wurde von einem gerissenen Beton und einer Momentenumlagerung in die Felder und somit einer erhöhten Beanspruchung der Holzquerschnitte ausgegangen.

Um dem rheologisch unterschiedlichem Verhalten der Baustoffe Holz und Beton gerecht zu werden, wurde entsprechend der ‚DIN CEN/TS 19103 – Berechnung von Holz-Beton-Verbundbauteilen' zudem noch der Zeitraum von 3 bis 7 Jahren untersucht, da in diesem Zeitraum das maximale Betonkriechen stattfindet [2] und der Beton sich der Last entzieht. Dies ist maßgeblich für die Bemessung des Holzquerschnitts.

4.2 Carbonlängsbewehrung im Stützbereich

Zum Witterungsschutz der darunterliegenden Holzträger wurde eine maximale Rissweite von 0,1 mm für die ständige bzw. 0,15 mm für die häufige Lastkombination festgelegt. Die Bemessung auf Rissbildung wurde experimentell in Vier-Punkt-Biegeversuchen an der TU Dortmund mit einem Versuchsträger von 6,00 x 0,585 x 0,5 m durchgeführt und mittels optischem Messsystem analysiert. Dazu wurde mit einem Sicherheitsaufschlag das Biegemoment zum Zeitpunkt der Rissbildung von 0,1 bzw. 0,15 mm gemessen und daraus die Textilspannung rückgerechnet.

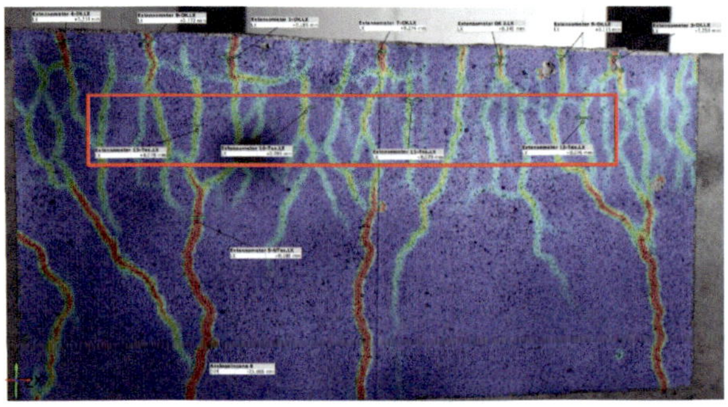

Abb. 7 Abgeschlossenes Rissbild bei einem Stützmoment von 320 kNm

Durch die geringen Abstände der Faserstränge zueinander wurde jeder achte Faserstrang zu einer Öffnung hin herausgetrennt, um so eine Betonageöffnung sowie eine Möglichkeit des Verdichtens zu schaffen.

4.3 Querkraftbewehrung im Stützbereich

Durch die Ausführung der Querkraftbewehrung mit den in 3.3 beschriebenen Steckbügeln wurde sich an der ‚DAfStb Richtlinie – Betonbauteile mit nichtmetallischer Bewehrung' orientiert. In diesem ist ein maximaler Druckstrebenwinkel cot $\theta = 0{,}8$ festgelegt, wodurch die reinen Carbonbügel nicht mehr ausreichend bemessen waren. Zusätzlich wurden demnach die glasfaserverstärkten Kunststoffstäbe an der Querkraftaufnahme beteiligt, die ebenso den Holzträger in die Betonplatte rückverankern. Die Querkraftbemessung erfolgte additiv, d. h. ein reiner Betontraganteil wird mit einem Fachwerkanteil addiert. In Abb. 8 sind die 8-lagige Carbonlängsbewehrung, die glasfaserverstärkten Kunststoffstäbe und die gebogenen Carbonschubbügel zu sehen.

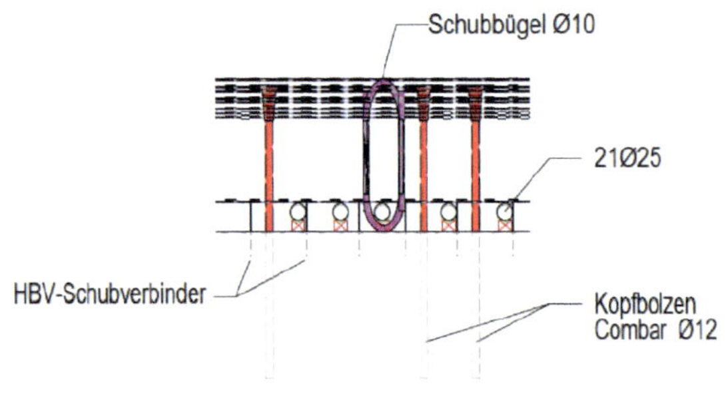

Abb. 8 Schnitt durch den Übergang vom HBV-Träger zur Betonvoute

Ebenfalls ist der Abbildung zu entnehmen, dass im Übergangsbereich eine Druckbewehrung aus Stahl angeordnet wurde.

Eine Besonderheit der nichtmetallischen Querkraftbewehrung ist, dass sich aufgrund der veränderten Dehnsteifigkeit im Gegensatz zur Stahlbewehrung ein Biegeschubversagen ergeben könnte, ohne dass sich ein Versagen der Carbonbewehrung beobachten lässt. Daher wurde eine Begrenzung der Faserdehnung auf 7 ‰ nach DAfStb-Richtlinie vorgesehen. Ebenfalls wurde das

Zusammenwirken der Carbon- und Glasfaserstäbe über einen Vergleich der Dehnungen untersucht, um zu verhindern, dass die Grenzdehnung eines Stabes überschritten wird, bevor das andere Material sich überhaupt am Lastabtrag beteiligen kann.

5. Herstellungs- und Bauverfahren

Eine Besonderheit beim Bauen mit Carbonbewehrung stellt zweifelsohne das Erfordernis dar, dass das Gelege nicht direkt betreten werden darf. Hierzu wurde bereits im Zuge der Entwurfsplanung entsprechende Überlegungen hinsichtlich des Umgangs damit angestellt. Im Zuge des Bieterverfahrens konnte dieser Themenpunkt bereits mit den Bietern selbst diskutiert werden, um etwaige ggf. übervorsichtige Annahmen bieterseits zu entkräften aber auch auf evtl. Risiken bei der bautechnischen Umsetzung hinzuweisen.

Abb. 9 Verschubplattform zum Einbau der Bewehrung

Dennoch ist hier vor allem das handwerkliche Geschick und auch der Erfindungsreichtum der ausführenden Akteure gefragt. Der Bau von eigenentwickelten Verschubplattformen erleichterte zum Beispiel den Einbau der erforderlichen kraftschlüssigen Mattenverbindungen mit Kabelbindern erheblich.
Eine weitere Besonderheit stellte das Einfädeln der großformatigen Matten (3,40 m x 15,0 m) über die Schubbewehrung dar. Durch den geschickten Einsatz von einfachsten Hilfsmitteln und durch eine stetig steigende Routine konnte das Auffädeln der Matten zusehends beschleunigt werden.
Bei der Herstellung der Einfüllöffnungen im Bewehrungsgitter zeigte sich, dass z. B. das Heraustrennen mit einem Winkelschleifer mit einem zu großen Risiko für ungewollte Schädigungen des verbleibenden Materials verbunden war. Auch hier sind das handwerkliche Geschick und die richtige Werkzeugwahl von entscheidender Bedeutung, um die Bewehrung vor bauzeitlichen Beschädigungen bestmöglich zu bewahren.

6. Monitoring

Es wurden jeweils zwei faseroptische Messstränge über die gesamte Brückenlänge eingebaut. Aufgrund der hohen Genauigkeit des Messverfahrens erlauben die Messergebnisse dezidierte Rückschlüsse über das tatsächliche Rissverhalten an den entsprechenden Carbonmatten (Messpunkte über den gesamten Faserstrang im Abstand von 2,0mm bei einer Genauigkeit von 1mm), deren Verbundverhalten sicherlich noch nicht abschließend erforscht ist und daher noch viel Potential für weitere Materialoptimierungen bietet. Infolge der inzwischen wirtschaftlichen Verfügbarkeit stellt die faseroptische Messung eine für das Baugewerbe noch nicht ausgeschöpfte Methode des building learnings dar, um unsere Bauwerke besser verstehen und damit effizienter und dauerhafter bauen und betreiben zu können.
Durch das eingebaute Temperaturmonitoring können die im Carbonbetonbau noch ungeklärten Fragestellungen beantwortet werden. Mit den eingebauten Temperatursensoren im Bereich der oberen Mattenlage kann über ein Tracking geklärt werden, welche maximalen Temperaturen an der direkt beschienen exponiertesten Bewehrungslage bei einer unbeschichteten Betonoberfläche und einer Betondeckung von ~2,5 cm tatsächlich auftreten können. Hieraus können Schlüsse bzgl. der erforderlichen Temperaturbeständigkeit gezogen werden, um das Bewehrungsmaterial ggf. weiter optimieren zu können.
Sollte der unwahrscheinliche Fall eintreten, dass Feuchtigkeit durch den Beton bis auf der Holzträger durchdiffundiert, wäre die Dauerhaftigkeit des Holzträgers ggf. eingeschränkt. Um die Option eines proaktiven Gegensteuerns garantieren zu können, ist ein entsprechendes Monitoring hierzu ein zielführendes Instrument. Die an der oberen Lamelle des Holzträgers eingebauten Holzfeuchtesensoren sind daher ein elementarer Bestandteil zur Überprüfung der getroffenen Annahmen und um die Dauerhaftigkeit sicherstellen zu können.

7. Zusammenfassung

Durch den Einsatz von Carbonbeton in Kombination mit einer integralen HBV-Konstruktion werden im Brückenbereich neue Wege beschritten, was aufgrund des aktuellen Forschungsstandes nur in enger Abstimmung mit allen Beteiligten und der innovativen Einstellung des Bauherrn gelingen konnte. Wir hoffen, dass dieses Projekt einen weiteren Baustein liefern kann, um diese neuartige Konstruktionsart mit wichtigen Erkenntnissen voranzubringen.

Dank und Beteiligte

Dank gilt allen Projektbeteiligten, die mit ihrem Fachwissen und Engagement einen Beitrag zum Gelingen des Projektes beigetragen haben. Ein besonderes Dankeschön gilt aber dem Bauherrn, der durch seine Offenheit hinsichtlich neuer innovativer Bauweisen erst das Umsetzen des Projektes ermöglicht hat.

Abb. 10 Abgelassene Brückenkonstruktion

Literatur

[1] Rautenstrauch et. al.: Modellierung von diskontinuierlich verbundenen Holz-Beton-Verbundkonstruktionen - Teil 1: Kurzzeittragverhalten Bautechnik 80 (2003), Heft 8, S. 534-541

[2] Schänzlin, J.: Zum Langzeitragverhalten von Brettstapel-Beton-Verbunddecken, Universität Stuttgart, Dissertation, 2003

Ersatz der Überführung von Mely VD durch eine UHFB-Rahmenbrücke über die Nationalstraße A1 Lausanne-Genf

Jean-Marc Waeber, Bauingenieur HES
Bundesamt für Straßen, Ittigen, Schweiz

Stéphane Cuennet, Bauingenieur HES
Bundesamt für Straßen, Ittigen, Schweiz

Zusammenfassung
Die meisten Kunstbauten der Nationalstraße A1 wurden in den frühen 1960er Jahren errichtet. Diese Bauwerke haben heute ein Durchschnittsalter von fast 60 Jahren erreicht. Dies gilt auch für die alte Überführung RC de Mély, eine 1963 errichtete V-Stiel-Brücke aus vorgespanntem Stahlbeton, die aufgrund ihres schlechten Zustands im Oktober 2019 vorübergehend durch eine Stahlbrücke vom Typ «Bailey» ersetzt wurde. Eine neue integrale Rahmenbrücke mit einer vor Ort vorgefertigten UHFB-Brückenplatte (Ultra-Hochleistungs-Faserbeton) und pfahlgegründeten Widerlagern aus Stahlbeton wird 2024 auf der gleichen Achse wie die alte Brücke errichtet.

1. Ideenauftrag für die A1 zwischen Genf-Lausanne

Die im Rahmen des Generellen Projekts für einen Autobahnabschnitt zwischen Genf und vorgesehenen Autobahnausbauten führen zu Ersatzneubauten von Überführungen (UEF), deren heutiges Lichtraumprofil den künftigen Ausbau der Autobahn auf 2x3 Fahrspuren nicht.

Zu diesem Zweck wurde ein Ideenwettbewerb zur architektonischen und landschaftlichen Integration der neuen UEF in diesen Abschnitt durchgeführt, aus dem ein Entwurf für eine neue Generation von Bauwerken hervorging.

Der Preisträger schlug ein bi-eingespannte Bauwerk mit mehreren Trägern aus UHFB vor, dass sich durch eine offene, ästhetische und skulpturale Gestaltung, mit einer historischen Reminiszenz an die Stützen und einer Neuinterpretation ihrer statischen Effizienz.

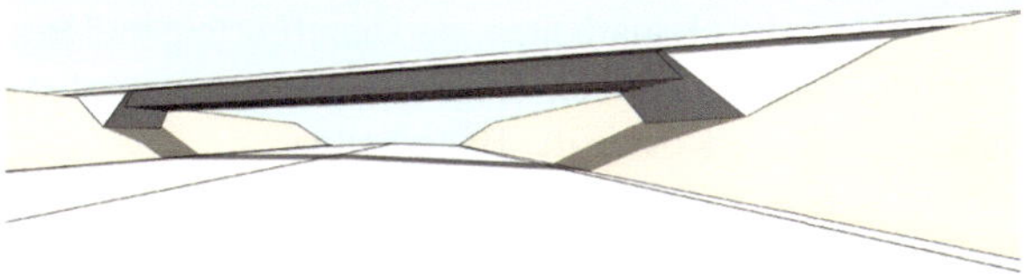

Abb. 1: 3D-Ansicht der neuen Generation von UEF mit UHFB-Brückenplatte - © ASTRA

Abbildung 2 zeigt den evolutionären Ansatz auf der Grundlage bestehender V-Stiel-Brücken in Bezug auf die Anpassung der Form und die Verwendung eines innovativen, dauerhaften Baustoffs wie UHFB, um eine zeitgemäße Generation von integralen UEF zu schaffen.

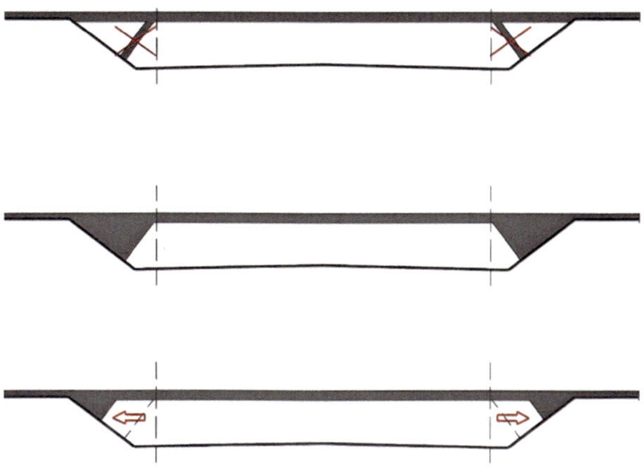

Abb. 2: Konzeptidee - © ASTRA

Wir hielten die Wahl dieses Konzepts für sinnvoll und innovativ, aber auch für gewagt. Deshalb haben wir uns für eine Pilotanwendung entschieden.

2. Ziele der Pilotanwendung

Das ASTRA beabsichtigt, die bestehende provisorische Brücke durch ein neues Bauwerk zu ersetzen, das den Anforderungen des Ideenauftrags entspricht. Die vorliegende Studie definiert die geometrischen Eigenschaften der künftigen Überführungen der Nationalstraße A1 zwischen Lausanne und Genf:

- Entwurf einer integralen Brücke ohne Zwischenstützen.
- Einheitliche Materialien und UHFB-Brückenplatte (Fahrbahnplatte, Brückenränder und Hauptträger)
- Statische Spannweite, die die zukünftige Durchfahrt der Nationalstraße auf 2x3 Fahrspuren ermöglicht.

Zur Unterstützung und Bestätigung des Ausführungsvorschlags für eine neue UHFB-Überführung wurde zu Beginn des Projekts eine Variantenstudie durchgeführt.

Dies geschah, um keine strukturellen Alternativen auszuschließen und um die Eignung der geplanten Basislösung im Vergleich zu anderen strukturellen Optionen zu bewerten.

3. Lage

Der PS de Mély überquert die Nationalstraße A1 zwischen den Autobahnanschlüssen Gland und Rolle. Er hat die Besonderheit, dass er sich in unmittelbarer Nähe der Raststätte La Côte befindet.
Sie stellt die Haupterschließung des Gebietes der in der unmittelbaren Umgebung der Gebietseinheit der Nationalstraßen in Bursins sicher.

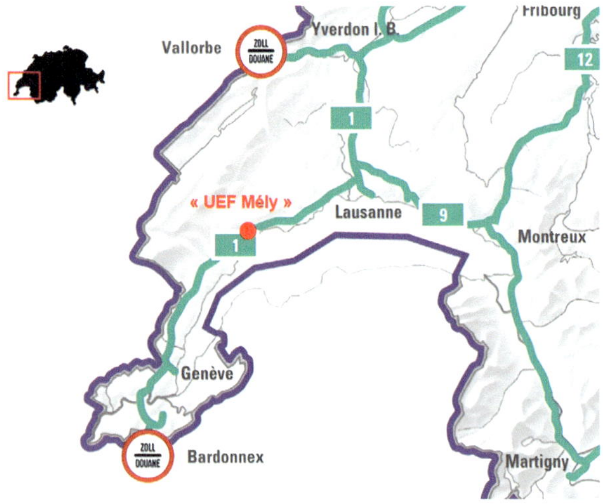

Abb. 3: Geografische Lage des Bauwerks - © ASTRA

4. Historische Zusammenfassung

3 Generationen von UEF folgen am selben Standort aufeinander.
Die alte, 1963 errichtete «UEF Mély» befand sich in einem schlechten Zustand und es mussten Lastbeschränkungen eingeführt werden.

Abb. 4: Ansicht der alten «UEF Mély» – V-Stiel-Brücke aus vorgespanntem Stahlbeton - © ASTRA

Aus Sicherheitsgründen wurde sie im Oktober 2019 durch eine provisorische Stahlbrücke vom Typ «Bailey» ersetzt, die derzeit in Betrieb ist. Diese provisorische Brücke wurde ausgeführt, bis zum Abschluss der Studien und öffentlichen Anhörungsverfahren errichtet, um den Bau des neuen endgültigen Bauwerks an derselben Stelle zu ermöglichen.

Abb. 5: Ansicht der provisorischen Brücke, die die alte «UEF Mély» ersetzt hat - © ASTRA

Die neue integrale UHFB-Brücke mit einer Spannweite von 42 m wird ab 2024 auf der gleichen Achse wie die alte Brücke gebaut. Die Verlängerung der Beschleunigungsspur auf der Genfer Seite der Tankstelle wirkt sich auf das Lichtraumprofil aus.

Abb. 6: Visualisierung der Architekturstudie - Vereinheitlichung der Übergänge Lausanne-Genf - © ASTRA

Andere UEF, die in diesem Abschnitt ersetzt werden sollen, haben eine geringere Spannweite, wodurch die statischen Belastungen verringert werden. Ihr Design, einschließlich der Wahl der Betonart, wird entsprechend optimiert.

5. Variantenstudie

Um die Relevanz der im Ideenmandat empfohlenen Lösung zu bestätigen, wurde zu Beginn des öffentlichen Auflageprojekts eine Multi-Kriterien-Analyse von vier strukturellen Optionen für die Brückenplatte durchgeführt.

- Vorgespannter C30/37-Beton,
- Vorgespanntes UHFB,
- Stahl-Beton-Verbundbau,
- Holz-Beton-Verbundbau.

Die Analyse umfasste folgende Bewertungskriterien: technische Aspekte, geometrische Aspekte, Bauphasen und die Dauer der Bauarbeiten, Verkehrsführung und Beeinträchtigung der Nutzer, Tragverhalten und Dauerhaftigkeit sowie die Kosten der Bauarbeiten.

6. Auswahl für die Realisierung

Die Untersuchung der verschiedenen strukturellen Optionen für die Realisierung einer neuen UEF hat die Vorteile einer neuen Vollrahmenbrücke mit einer vorgespannten UHFB-Fahrbahnplatte klar aufgezeigt.
Die Verwendung dieses Hightech-Baustoffs ermöglicht eine Verfeinerung der Tragstruktur (gerippte Brückenplatte mit einer strukturellen Schlankheit von 1/34). Darüber hinaus ermöglicht die Planung einer UEF mit einer statischen Spannweite von 42 m die Überquerung der Nationalstraße, ohne dass das Längenprofil der Kantonsstraße wesentlich erhöht werden muss.

Die gerippte Brückenplatte und ergänzt mit Querträgern wird in massive Widerlager aus Stahlbeton eingespannt, die beidseitig der Fahrbahnen der Nationalstraße auf verrohrten Bohrpfählen gegründet werden.

6.1 Baustellenlogistik und Behinderungen für die Nutzer

Aufgrund der mechanischen Eigenschaften von UHFB kann das Eigengewicht der Brückenplatte um ca. 40 % reduziert werden. Dies reduziert nicht nur die auf das Brückenfundament einwirkenden Kräfte, sondern ermöglicht auch eine effiziente Baustellenlogistik und einen effizienten Arbeitsablauf, der es erlaubt, die provisorische Brücke in zwei Arbeitsschritten von jeweils einer Nacht durch die neue Brückenplatte zu ersetzen. Dies kann mit Hilfe von «SPMT»-Wagen (Self-Propelled Modular Transporter) geschehen, die für den Transport schwerer Lasten entwickelt wurden.

Die Optimierung der Baustellenlogistik und der Bauphasen ermöglicht eine Reduzierung der Investitionskosten und garantiert somit eine erhebliche finanzielle Einsparung im Vergleich zu den anderen baulichen und logistischen Varianten. Die anderen Varianten erfordern eine komplexere Verkehrsführung mit direkten und umfangreichen Eingriffen in die Fahrbahnen der Nationalstraße. Die UHFB-Variante ermöglicht eine deutliche Optimierung der Baustellenorganisation und eine erhebliche Reduzierung der Beeinträchtigungen für die Nutzer auf der Nationalstraße.

6.2 Wirtschaftliches Kriterium

Entgegen dem ersten Eindruck, der durch die relativ hohen Produktionskosten des UHFB-Baustoffs beeinflusst wurde, fällt der Kostenvergleich mit einem eher klassischen Spannbetonbauwerk letzlich zugunsten der UHFB-Lösung aus.

Die Einsparungen bei den Anschlüssen an die Zugangsrampen des Bauwerks, die Vereinfachung der Baustellenlogistik und die Einsparungen bei den Eingriffen in die Verkehrsführung führen letztlich zu einer finanziellen Einsparung der UHFB-Brückenplatte von ca. 1 bis 2 % der Baukosten der Betonvariante.

Betrachtet man die Instandhaltungskosten über die gesamte Lebensdauer des Bauwerks (Total «Life Cycle Cost»), so erhöht sich die Einsparung durch die UHFB-Variante auf über 12 % der Gesamtkosten einer klassischen Spannbetonvariante.

Die Option einer UHFB-Brückenplatte ist somit die kostengünstigste Variante der untersuchten Bauwerke.

6.3 Dauer der Bauarbeiten

Die vorgeschlagene Lösung für die Ausführung dieser neuen UEF ermöglicht die Herstellung der gesamten Brückenplatte ausserhalb des Autobahnbereichs. Die Herstellung der vorgespannten Brückenplatte, der UHFB-Brückenränder und die Montage der Rückhaltesysteme sind parallel zu den Arbeiten an den Widerlagern der künftigen Brücke vorgesehen. Dies verkürzt die Gesamtbauzeit erheblich und ermöglicht die Errichtung des neuen Bauwerks in weniger als einem Jahr.

Die gewählte Variante ermöglicht eine Verkürzung der Gesamtbauzeit um mehr als 2 Monate im Vergleich zu einer klassischen Betonvariante. Das Baustellenprogramm ist auch besser gegen unvorhergesehene Ereignisse abgesichert und beinhaltet grössere Reserven, die die Verpflichtungen der Unternehmen absichern.

7. Strukturelle Aspekte

7.1 Pfähle und Fundamente

Das bestehende Bauwerk ist auf einem schlechten Baugrund gegründet. Die tieferen Schichten unter der Brücke bestehen aus schluffigem Schwemmland, das sich hauptsächlich aus Schluff, Ton und feinem Sand zusammensetzt. Dieses Material ist wenig tragfähig und enthält organisches Material. Bei den Arbeiten ist auch das Grundwasser zu berücksichtigen, das sich in geringer Tiefe unter der Autobahnplattform befindet (ca. 2,00-2,50 m unterhalb der Autobahn).

Aufgrund der vorhandenen Bodenverhältnisse entschied man sich für eine Tiefgründung.

Zwei Reihen von je drei Pfählen unter jedem Fundament ermöglichen es dem Bauwerk, sich tiefer auf der Moränenschicht abzustützen. Dies ermöglicht eine stabilere Gründung und verhindert zu große oder differentielle Setzungen auf beiden Seiten des Bauwerks.

Die Einspannung der Brückenplatte in die Widerlager ist aus Sicht der Dauerhaftigkeit sehr günstig. Allerdings werden die Widerlager stark beansprucht, so dass sie zwangsläufig relativ massiv ausgeführt werden müssen. Die integralen Widerlager werden aus Stahlbeton hergestellt. Um die Einheitlichkeit mit der übrigen UHFB-Brückenplatte zu gewährleisten, wird der sichtbare Teil der Widerlager mit einer vorgefertigten UHFB-Schalhaut als verlorene Schalung verkleidet.

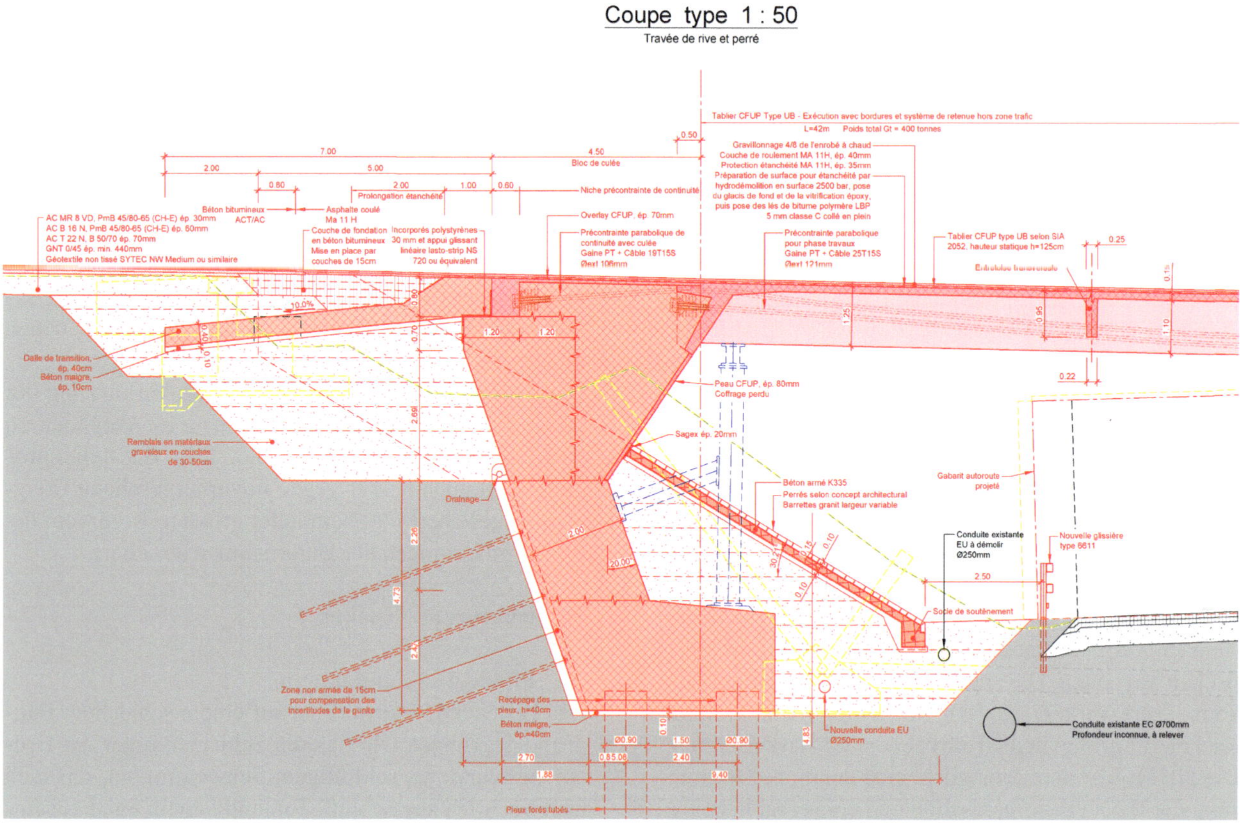

Abb. 7: Schnitt durch ein integrales Widerlager (Geometrie vor der Optimierung) - © ASTRA

Die Geometrie der Widerlager wurde seit der Anfangsphase des Projekts einer «Schlankheitskur» unterzogen, wodurch das einzubauende Betonvolumen drastisch reduziert werden konnte. Dies ist jedoch mit einer relativ großen und komplexen Bewehrung verbunden. Mit den vorgeschlagenen Optimierungen liegt die vertikale Resultierende der Kräfte immer in der Mitte der zwei Reihen von Gründungspfählen.

Die Betoneinsparung beträgt ca. 25 m3 pro Widerlager, was einer Einsparung von ca. 30 % des gesamten Betonvolumens pro Widerlager entspricht.

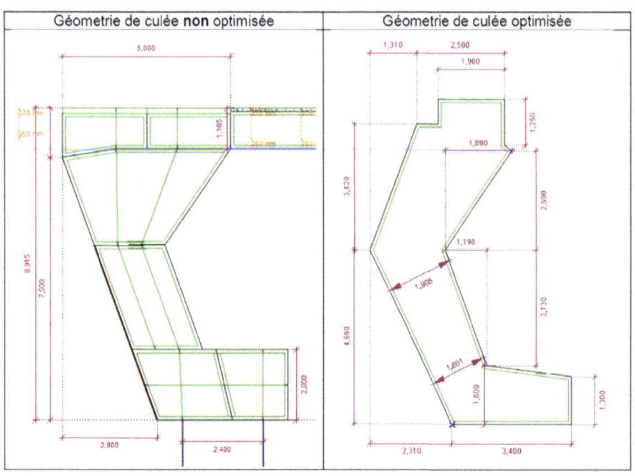

Abb. 8: Optimierung der Widerlager (Links: ohne Optimierung, Recht: mit Optimierung) - © ASTRA

7.2 Vorgefertigte Brückenplatte aus bewehrtem UHFB

Die bewehrte UHFB-Brückenplatte der neuen UEF wird im Bereich der Baustelleneinrichtung in der Nähe der UEF gebaut. Eine in-situ UHFB-Produktionsanlage mit zwei oder drei Mischern, kann eingesetzt werden.

Um eine ausgezeichnete Dauerhaftigkeit und ein gutes Verhalten der Brückenplatte zu gewährleisten, wurde dem Unternehmen vorgeschrieben, die gesamte Brückenplatte, ohne die Brückenränder in maximal zwei Etappen zu betonieren. Es wurden Reserve-Mischer, Reserve-Generatoren und Reserve-Arbeiter in jeder Schicht gefordert, um den reibungslosen Ablauf dieser entscheidenden Schritte zu gewährleisten. In einem ersten Schritt wurden die fünf Träger und die Querträger gleichzeitig betoniert, im zweiten Schritt die Bodenplatte. Zuletzt werden die Brückenränder betoniert. Die Querträger werden mit komprimierbaren Schichten, z. B. Polystyrol, eingeschalt, um Risse durch Schwindspannungen zu vermeiden.

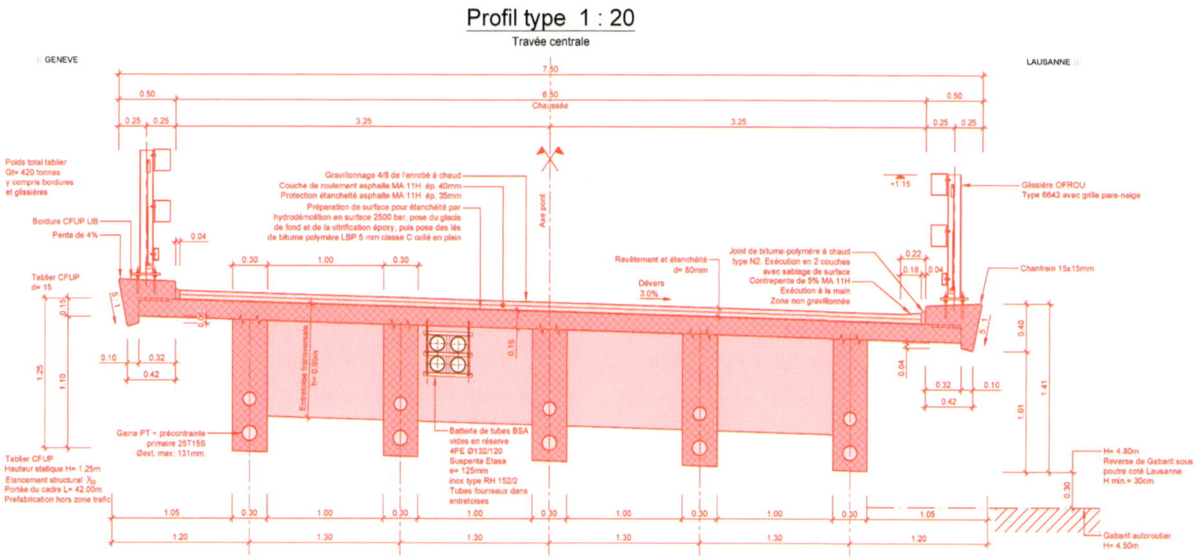

Abb. 9: Querschnitt der Brückenplatte - © ASTRA

Die Planung eines Bauwerks ist ein iterativer Prozess. In diesem Sinne wurde in enger Zusammenarbeit zwischen dem Planer, dem Experten und der ASTRA-Fachunterstützung nach der optimalen Lösung für dieses gewagte Bauwerk mit einer Schlankheit von 1/34 (1/20 zwischen den Nullmomenten) gesucht.
Eine Erhöhung der statischen Höhe war keine attraktive Option, da sie die Ästhetik beeinträchtigt hätte und eine Anpassung des Längsprofils mit großen Rampen und mehr Platz erfordert hätte.
Ziel war es, die Eigenschaften von UHFB optimal zu nutzen, um das Volumen zu reduzieren und gleichzeitig die Auswirkungen auf das optische Erscheinungsbild, die Robustheit, die Dauerhaftigkeit und die Kosten zu berücksichtigen.
Durch diesen Optimierungsprozess konnte die äquivalente Dicke (ohne Brückenränder), die dem Verhältnis von Querschnitt zu Gesamtbreite entspricht, zwischen dem endgültigen Ausführungsprojekt AP und dem Detailprojekt DP von 45 auf 38 cm reduziert werden.
In einigen Veröffentlichungen zeigen Referenzen von UHFB-Brücken mit einer äquivalenten Dicke in der Größenordnung von nur 20 bis 30 cm. Ein direkter Vergleich ist sehr schwierig, da die meisten Beispiele eine etwa halb so große Spannweite wie das vorliegende Projekt aufweisen. Darüber hinaus sind diese Bauwerke in der Regel mit einer Vorspannung durch anhaftende Drähte versehen. Dieses Verfahren ist mit der Größe und der Bauart der «UEF Mély» unvereinbar. Es erscheint in der Tat unvernünftig, 42 m lange Träger in der Firma vorzubereiten und zu transportieren. Ausserdem würde eine solche Bauweise zahlreiche Arbeitsfugen in Längsrichtung erfordern, die Schwachstellen in Bezug auf die Dauerhaftigkeit darstellen würden. Hinzu kommt, dass in der Schweiz nur wenige Fertigteilhersteller für diese Art der Vorspannung ausgerüstet sind.
Die Anwendung einer „klassischen" parabolischen Vorspannung gemäß dem vorliegenden Projekt der «UEF Mély» ist zweckmäßig und effizient, auch wenn dadurch die Stegbreite vergrößert wird.
Wenn man die Breite der Stege deutlich reduzieren wollte, hätte man sich für eine externe Vorspannung entscheiden müssen. Es erschien uns inkonsequent, ein extrem dauerhaften UHFB zu verwenden und die Vorspanneinheiten ausserhalb des Querschnitts anzuordnen. Im Falle eines Brandes oder Vandalismus wäre die Vorspannung nicht geschützt.

7.3 Abdichtung

Muss eine PBD-Abdichtung auf der UHFB-Fahrbahnplatte angeordnet werden?
Da UHFB auch eine wasserdichte Funktion hat, optimierten wir das Projekt, indem wir zwischen den folgenden zwei Bereichen unterschieden:

- Die Bereiche, in denen die Fahrbahnplatte auf einer Länge von 10 m in die Widerlager eingespannt ist, werden mit einer Epoxidharzversiegelung und einer PBD-Abdichtung versehen. Dies sind die Bereiche, in denen die UHFB-Brückenplatte Zugkräften ausgesetzt ist, die die wasserdichten Eigenschaften des UHFB verringern kann.
- Die mittleren Bereiche der Fahrbahnplatte, in denen die UHFB-Brückenplatte auf Druck beansprucht wird, erfordern keine zusätzliche Abdichtung.

7.4 Einige Aspekte der Bauphasen

Während des Betonierens der Brückenplatte wird das Lehrgerüst auf seiner gesamten Länge abgestützt. Das Hauptvorspannkabel der Träger wird aktiviert, bevor diese Stützen entfernt werden. Zwischen dem Ende des Betonierens der Brückenplatte und dem Entfernen der Lehrgerüststützen ist ein Zeitraum von mindestens 40 Tagen vorgesehen. Während dieses Zeitraums wird die Nachbehandlung der Brückenplatte durchgeführt, die Brückenränder werden betoniert und nachbehandelt, die Leitplanken und die elektrischen Leitungen durchgeführt. Danach werden die Lehrgerüststützen entfernt und nur die Endstützen verbleiben als Vorbereitung für das Einheben und Verschieben der Brückenplatte von unten.

Das statische System des Bauwerks während der Phasen der Vorbereitung des Einhebens, des Einhebens der Brückenplatte und des Verschiebens der Brückenplatte unterscheidet sich vom endgültigen System und wurde durch Berechnungen validiert.

Die Brückenplatte wird mit Hilfe von „SPMT"-Wagen, die die Brückenplatten tragen, vom Baustelleneinrichtungsbereich zu ihrem endgültigen Standort bewegt. Die Brücke wird zunächst mithilfe von zwei Portalkränen angehoben, damit die „SPMTs" darunter gleiten und die Brückenplatte mit Stabilisierungsstrukturen abstützen können. Eine Alternative zu den Portalkränen für das Heben der Brückenplatte auf „SPMT" ist mit Hilfe von selbstkletternden Zylindern des Typs „Jack-up" oder gleichwertig denkbar.

Während des Hebens und des Transports der Struktur durch die „SPMT"-Wagen wird das statische System praktisch dasselbe sein wie bei der Vorfertigung der Brückenplatte.

Die „SPMT"-Wagen werden das Bauwerk vorsichtig an seinen endgültigen Standort auf den Auflagentürmen in der Nähe der Widerlager bringen. Diese Türme werden auf den Fundamenten der Widerlager abgestützt. Die Türme stützen die Brückenplatte unter den Randquerträgern ab.

Zuvor müssen die unteren Teile der Widerlager in-situ mit Beton C30/37 betoniert werden. Die Baugruben der Widerlager werden sorgfältig verfüllt und in Schichten von 30 cm bis zur Oberkante der Nagelwände verdichtet. Nachdem die Brückenplatte in ihre endgültige Position gebracht wurde, erfolgt die Betonage zur Verbindung der Widerlager mit der Brückenplatte. Anschließend wird das Kontinuitätsvorspannkabel aktiviert, um die Verbindungsphase abzuschließen. Der Verbindungsbereich wird mit einem vor Ort gegossenen UHFB-Overlay d = 70 mm bedeckt, um den Verankerungsbereich der Kontinuitätsvorspannung zu schützen.

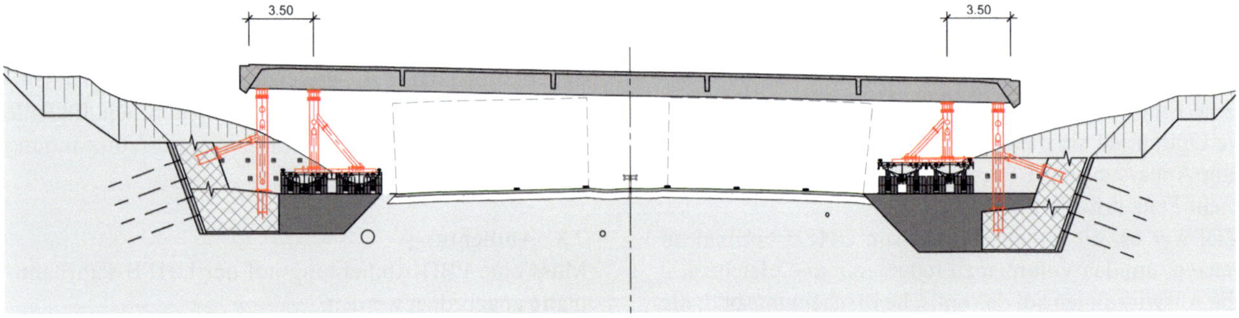

Abb. 10: Schema des Transports der neuen UHFB-Brückenplatte - © ASTRA

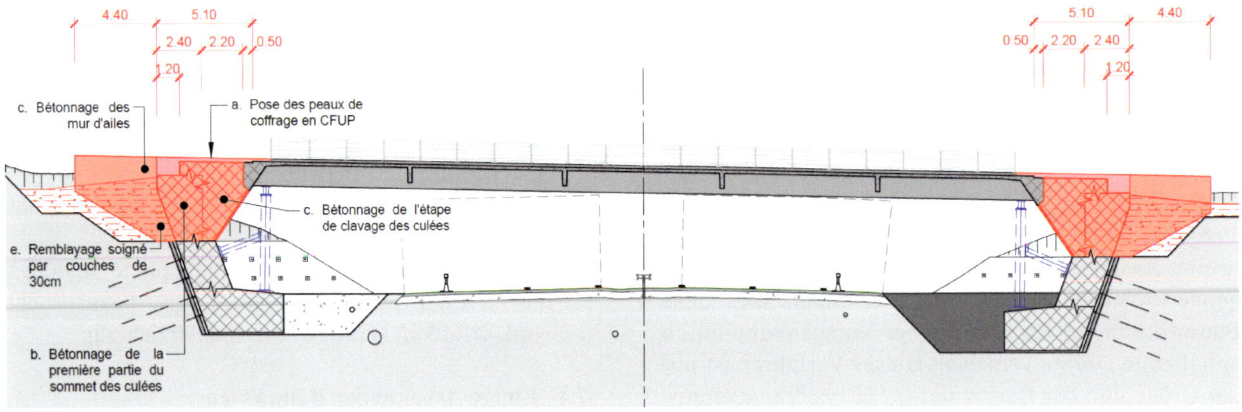

Abb. 11: Verbindung der Brückenplatte an den Widerlagern - © ASTRA

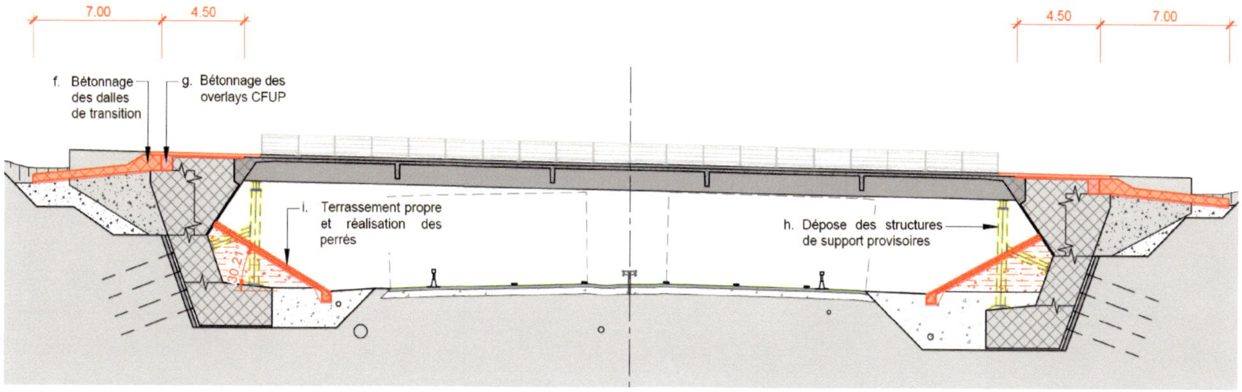

Abb. 12: Schleppplatte - UHFB-Overlay - © ASTRA

8. Einige Inputs für zukünftige UEF-Projekte aus UHFB

Die Einspannung der Brückenplatte in die Widerlager ist aus Sicht der Dauerhaftigkeit sehr günstig (Integrale Brücke). Im Gegenzug werden die Widerlager stark beansprucht und sind daher zwangsläufig massiv, trotz aller Optimierungen, die der Projektverfasser in den verschiedenen Projektphasen vorgenommen hat.

Die Integration von V-Stützen, die dem architektonischen Konzept völlig widerspricht und im Fall der «UEF Mély» inakzeptabel ist, wäre praktisch die einzige Option, wenn das Ziel darin bestünde, das Betonvolumen der Widerlager zu reduzieren.

Es versteht sich von selbst, dass diese Stützen potenziell einem Fahrzeuganprall ausgesetzt wären, dass sie Elemente darstellen würden, die stark dem Chloridhaltigen Spritzwasser ausgesetzt wären, und dass die Montage des Bauwerks deutlich komplexer wären. Dennoch erscheint es uns sinnvoll, diese Option für zukünftigen UHFB-UEF-Projekten zu untersuchen.

9. Schlussfolgerungen

Das architektonische Konzept der «UEF Mély» ist attraktiv, erfordert jedoch eine Vergrößerung der Spannweite und erfordert eine Einspannung der Brückenplatte in die Widerlager, um die statische Höhe nicht unangemessen zu erhöhen.

Die Wahl von UHFB wird es der Brücke ermöglichen, den Prüfungen der Zeit für viele weitere Generationen zu trotzen. Sie wird unseren Nutzern ein Erlebnis bieten, das nicht durch wiederkehrende Instandhaltungsarbeiten beeinträchtigt wird.

Bauen bedeutet, mit der Erde zusammenzuarbeiten: Es bedeutet, ein menschliches Zeichen in eine Landschaft zu setzen, die dadurch für immer verändert wird.

Marguerite Yourcenar (1903 - 1987) – Erinnerungen des Hadrian

- Bauherr: Bundesamt für Straßen (ASTRA)
- Entwurf: NIB-Arbeitsgemeinschaft: IUB Engineering SA - Perret-Gentil SA - Schopfer & Niggli SA - Robert-Grandpierre et Rapp SA - Ecoscan SA
- Tragwerksplanung: IUB Engineering SA - Projektleiter: Claude Chappuis
- Prüfingenieur : Blaise Fleury von OPAN Concept SA
- Ausführung: Implenia Suisse SA (Glattpark (Opfikon))
- Datum der Fertigstellung: Oktober 2024
- Standort: 1183 Bursins (CH) - Kanton Waadt

Neubau und Instandsetzung von Brücken mit CPC-Betonelementen

CPC – Die neue Betonbauweise

Dipl.-Ing. Simon Liebl
Holcim (Deutschland) GmbH, Hamburg

Andreas Borgstädt
Holcim (Deutschland) GmbH, Hamburg

Zusammenfassung
Bei der Instandsetzung von Brückenbauwerken aus Beton wird immer häufiger nichtmetallische Bewehrung verwendet. Es wurden auch schon einige Neubauten in diversen Pilotprojekten damit errichtet. Eine der leistungsfähigsten nichtmetallischen Bewehrungen ist Carbon, welches insbesondere vorgespannt seine Vorteile, wie die hohe Zugfestigkeit, ausspielen kann. Mit den CPC-Elementen stehen für den Neubau und die Instandsetzung von Fuß- und Radwegbrücken seriell gefertigte Fertigteile mit vorgespannter Carbonbewehrung in sehr geringen Materialstärken zur Verfügung. Dadurch können Bauwerke ertüchtigt oder neu errichtet werden, welche einen deutlich reduzierten CO_2-Fussabdruck aufweisen und über eine Lebensdauer von 100 Jahren fast keine Wartungsarbeiten benötigen.

1. Einführung

CPC steht für Carbon Prestressed Concrete. Inhaltlich aber steht CPC für ressourcenschonende und klimafreundliche Betonbauteile. Denn statt wie gewöhnlich mit Stahl wird der Beton von CPC-Elementen ausschließlich mit vorgespannten Carbonfasern bewehrt, wodurch sehr schlanke Bauteile realisiert werden können. Der Ersatz der Stahlbewehrung im Beton durch Carbon wird seit vielen Jahren erforscht. Entwicklungen mit schlaff eingelegten Fasern, Netzen oder Stäben aus Carbon und Glas erfahren unter dem Namen Textilbeton oder Carbonbeton reges Interesse und es konnten bereits bei einigen Brückenbauwerken Erfahrungen gesammelt werden. CPC-Betonelemente basieren auf der «carbon prestressed concrete»-Technologie, die aus einem langjährigen Forschungsprojekt der Zürcher Hochschule für Angewandte Wissenschaften Winterthur (ZHAW) und Industriepartnern, wie der Silidur AG, Andelfingen, hervorging. Seit November 2021 verfügen die CPC-Betonelemente über eine allgemeine bauaufsichtliche Zulassung (abZ) beim Deutschen Institut für Bautechnik (DIBt): abZ Nr. Z-71.3-42 [1]. In der Zulassung ist eine komplette statische Bemessung der CPC-Betonplatten enthalten. Die Großplatten werden seit Sommer 2022 in einem Betonfertigteilwerk der Holcim (Deutschland) GmbH produziert. Damit lassen sich verschiedene Bauteile, wie Treppenstufen, Beläge, Balkonplatten und Außenwandbekleidungen individuell produzieren. Vor allem bei der Sanierung von Brücken werden die CPC- Elemente als Brückenbeläge, sowie als ganze CPC-Modulbrücken für Neubauten und als Ersatzbauwerke verwendet.

2. Die Herstellung der CPC-Elemente

Die CPC-Großplatten werden seit Sommer 2022 in einem dafür umgebauten Betonfertigteilwerk der Holcim (Deutschland) GmbH, in Deutschland produziert. Die Elemente können laut Zulassung in Dicken zwischen 20 mm und 70 mm hergestellt werden. Die CPC-Elemente werden derzeit in den Stärken 40 mm und 69 mm produziert.

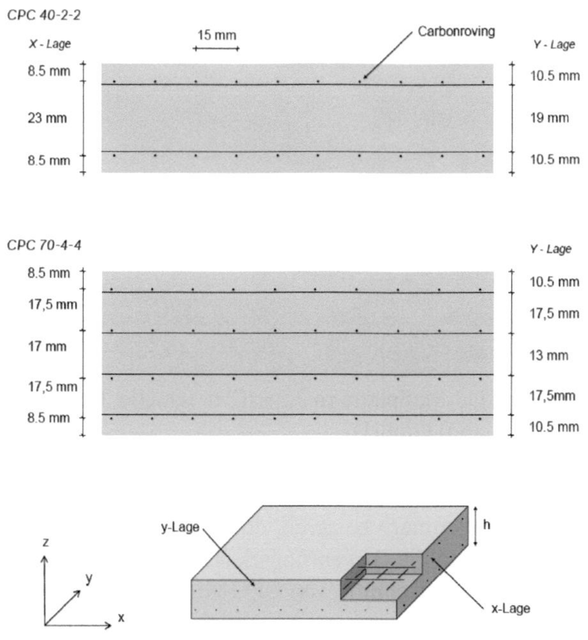

Abb. 1: CPC-Maßplatte mit 40 und 69 mm Stärke (Quelle: Holcim (Deutschland) GmbH)

Die Carbonbewehrung besteht aus Carbonrovings, welche mit einer Matrix getränkt sind. Die Carbonrovings sind vollständig gestreckt und orthogonal über die gesamte Platte mit einem konstanten Bewehrungsgehalt je Richtung angeordnet. Die sich kreuzenden Bewehrungslagen dürfen sich berühren. Der Achsabstand der Carbonrovings in einer Lage beträgt im Mittel 15 mm. Der Achsabstand des äußeren Carbonrovings zum Außenrand beträgt ≥ 5 mm. Es sind je x- und y-Richtung ein bis vier Lagen Carbonbewehrung orthogonal zueinander angeordnet, die stets eine zentrische Vorspannung in beide Richtungen erzeugen. Bezogen auf den Plattenquerschnitt beträgt die Gesamtvorspannung pro Richtung ≥ 1 N/mm² bzw. ≤ 5 N/mm². Pro Richtung ist die Vorspannung der Carbonrovings konstant. Die Vorspannung vor dem Ablassen beträgt 2000 MPa (+/-5 %), die planmäßige elastische Vordehnung der Rovings zum Zeitpunkt der Vorspannung entspricht 8,7 ‰. Die Mindestbetondeckung zur Verbundsicherung c_{min} beträgt fünf Millimeter. Die CPC-Großplatten sind mit den Materialien Carbonbewehrung, Vergussbeton oder selbstverdichtendem Beton nach den beim DIBt hinterlegten verfahrenstechnischen Parametern des Herstellungsprozesses in dem beim DIBt hinterlegten Herstellwerk zu fertigen. Die Fertigungsgröße der CPC-Großplatte liegt bei 65 x 10 m und die Herstellung der CPC-Großplatten darf den Grundsätzen der Herstellung und Verwendung von Vergussbeton nach der DAfStb-Richtlinie „Herstellung und Verwendung von zementgebundenem Vergussbeton und Vergussmörtel", Fassung Juli 2019 [2] nicht widersprechen. Die CPC-Maßplatten sind aus den CPC-Großplatten mit festbetonbearbeitenden, erschütterungsarmen Verfahren, die auf Schneiden, Fräsen, Bohren (kein Schlagbohren), Schleifen, Sägen, Bürsten und Strahlen basieren, zu fertigen.

Abb. 2: CPC-Maßplatte in 3,5 x 17 m (Quelle: Holcim (Deutschland) GmbH)

Klopfende Verfahren, die zum Beispiel auf Stocken, Meißeln und Hämmern basieren, dürfen nicht angewendet werden. Wenn die Bewehrungsrichtung der CPC-Großplatten oder Anschnitte von CPC-Großplatten nicht sicher festgestellt werden kann und die Kennzeichnung unvollständig ist, dürfen diese für die Fertigung der CPC-Maßplatten nicht verwendet werden. Bei der Herstellung von Oberflächenprofilierungen sind die Vorgaben des Herstellers der CPC-Großplatten zu beachten. Die Herstellverfahren müssen mechanisch und erschütterungsarm sein. Öffnungen in den CPC-Maßplatten sind mittels mechanischer, erschütterungsarmer Verfahren herzustellen.

Abb. 3: Ausfräsung in einer CPC-Maßplatte (Quelle: Holcim (Deutschland) GmbH)

2.1 Materialkennwerte

Ein einzelner, ca. 1,0 mm dünner, Carbonroving besteht aus mehreren tausend Carbonfillamenten, die mit einer Matrix getränkt sind. Das linear-elastische Materialverhalten der Carbonbewehrung ist durch die in Abbildung 4 dargestellte Spannungs-/Dehnungs-Linie charakterisiert.

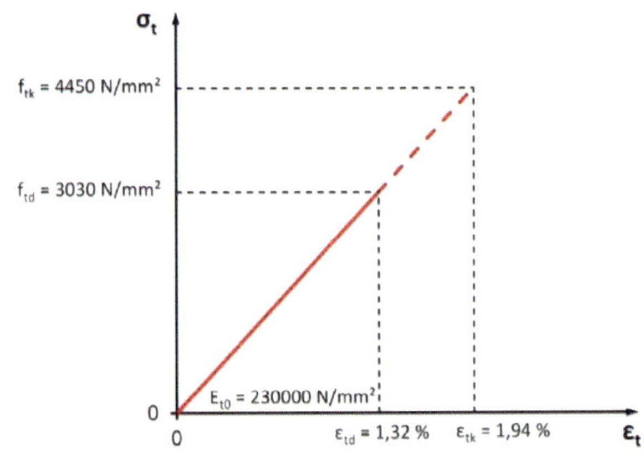

Abb. 4: Spannungs-Dehnungslinie gemäß der Zulassung (aus [1])

Die wichtigsten Materialkennwerte der Bewehrung sind in der nachfolgenden Tabelle aufgelistet.

Tab. 1: Materialkennwerte der Carbonbewehrung gemäß der Zulassung [1]

Nettoquerschnittsfläche eines Carbonrovings	*A*t= 0,445 mm2
charakteristische Zugfestigkeit eines Carbonrovings	*f*tk = 4.450 N/mm2
Teilsicherheitsfaktor Carbonbewehrung	*γ*t = 1,25

Dauerstandfaktor	αt = 0,85
Bemessungswert der Zugfestigkeit	ftd,100a = 3.030 N/mm2
Elastizitätsmodul	$Et0m$ = 230.000 N/mm²
Charakteristische Dehnung	$\varepsilon tk0$ = 1,94 %
Dehnung bei Erreichen der Bemessungs-zugfestigkeit	εtd = 1,32 %
Spannung im Roving zum Zeitpunkt t = 0 nach Absetzen der Vorspannkraft	$\sigma p0m$ = 2.000 N/mm²

Der anrechenbare Wert der Vorspannkraft für die Bemessung unter Berücksichtigung der zeitabhängigen Spannkraftverluste beträgt:

$\sigma p0,100a,fav$ = 1.800 N/mm² (günstig wirkend)

$\sigma p0,100a,unfav$ = 2.100 N/mm² (ungünstig wirkend)

Der verwendete selbstverdichtende Beton weist ein Größtkorn von 5 mm auf. Die wichtigsten Materialeigenschaften des Betons sind in der nachfolgenden Tabelle 2 aufgelistet.

Tab. 2: Materialeigenschaften des SVBs gemäß der Zulassung [1]

Charakteristische Zylinderdruckfestigkeit	fck = 80 N/mm2
Mittelwert der zentrischen Betonzugfestigkeit	5,2 N/mm²
Elastizitätsmodul	43.000 N/mm²
Dehnung beim Höchstwert der Betondruckspannung	0,35 %

Die Bauteile aus den CPC-Elementen dürfen im Innen- und Außenbereich in den Expositionsklassen X0, XC1 bis XC4, XF4, XD3, XS3 sowie XM2 ausgeführt werden. Der verwendete Vergussbeton oder selbstverdichtende Beton, der mit Matrix- getränkten Carbon-Rovings bewehrt ist, erfüllt bei Einhaltung der Anforderungen an die Ausführung der Carbonbewehrung die Anforderungen an das Brandverhalten von Baustoffen der Baustoffklasse A2 nach DIN 4102-1 [3]

2.2 Bemessung

Zurzeit liegt das Einsatzgebiet der CPC-Platten hauptsächlich bei sekundären Tragelementen. Bohlenbeläge bei Steganlagen oder Brücken, Balkonplatten und Treppentritte werden daraus gefertigt. Es gibt aber auch aktuelle Projekte, wo Decken- bzw. Dachkonstruktionen, Modulbrücken und Fassadenelementen aus 4 bzw. 7 cm dünnen CPC-Elementen zum Einsatz kommen.

Die rechnerischen Nachweise werden unter der Annahme des Ebenbleibens der Querschnitte (Bernoulli-Hypothese) geführt. Generell sind statische Nachweise in den Grenzzuständen der Tragfähigkeit (GZT) und der Gebrauchstauglichkeit (GZG) zu führen. Im GZT ist neben der Biege- und Querkrafttragfähigkeit eine ausreichende Verankerungslänge nachzuweisen.

Unter Gebrauchslasten sind verschiedene Spannungsnachweise zu erbringen. Hierzu zählen die Rissfreiheit der Platte, der Dekompressionsnachweis sowie die Begrenzung der Betondruckspannungen und der Rovingzugfestigkeit. Ein Nachweis der Rissbreite ist aufgrund der geführten Spannungsnachweise nicht erforderlich. Für den Durchbiegungsnachweis darf ein ungerissener Zustand zugrunde gelegt werden.

In vielen Fällen wird der Nachweis der Rissfreiheit maßgebend für die Bemessung. Sofern größere Durchbrüche oder Öffnungen in der Platte vorhanden sind, sind diese statisch nachzuweisen.

3. Beispiele aus der Praxis

3.1 Modulbrücken aus Carbonbeton

Seit mittlerweile über zwei Jahrzehnten forscht die Fachgruppe Faserverbundkonstruktionen der Zürcher Hochschule für Angewandte Wissenschaften ZHAW an Komposit-, Carbon- und Naturfaserbaustoffen. Davon ausgehend hat sie zusammen mit Industriepartnern in den letzten gut zehn Jahren über 170 Projekte mit CPC umgesetzt.

Ergebnis einer Forschungsarbeit der ZHAW ist auch eine patentierte multifunktionale Kappa-Verbindung, die ausschließlich aus CPC-Elementen und hochfestem Mörtel besteht. Diese innovative Keilverbindung gewährleistet nicht nur eine stabile und dauerhafte Verbindung zwischen den Platten, sondern bewahrt auch alle positiven Eigenschaften des CPC-Materials. Durch mehrere Bauteilversuche und den Bau von Prototypen konnte eindeutig nachgewiesen werden, dass diese Verbindungsmethode erfolgreich ist und die Verbindung stärker ist als das Grundmaterial [4].

Ein herausragendes Beispiel für die Größe und Leistungsfähigkeit der CPC-Elemente ist die eigens für die Swissbau konzipierte Fußgänger- und Radwegbrücke. Mit einer Länge von 17 Metern, einer Breite von knapp 3,0 Metern (mit einer lichten Weite von 2,5 Metern) und lediglich 7,0 Zentimetern Bauteilstärke demonstriert sie eindrucksvoll das enorme Potenzial dieser fortschrittlichen Bauweise.

Abb. 5: CPC-Trogbrücke 17x3m (Quelle: CPC AG)

Zunächst wurde die Brückenplatte, die in einem Stück mit den Maßen 17 × 3 Meter gefertigt wurde, mittig in eine leichte Überhöhung von 50 Millimeter gebracht. Die Brüstungselemente (vertikale Bauteile) bestehen je Seite aus drei Bauteilen, aus zwei Randelementen und einem mittig angeordneten «Schlussstein». Die Dreiteilung der Brüstung wurde wegen der einfacheren und wirtschaftlicheren Bearbeitung durch Wasserstrahlschneiden vorgenommen, um die zahlreichen kreisförmigen Öffnungen zu fertigen. Produktionstechnisch kann diese wie die Brückenplatte auch nur aus einem Stück bestehen. Zur Montage wurden die Brüstungselemente in die entsprechenden Aussparungen der Brückenplatte eingeführt und sorgfältig ausgerichtet.

Abb. 6: CPC-Steg Kappa-Verbindung (Quelle: CPC AG)

Abb. 7: CPC-Brückenplatte mit Aussparungen (Quelle: CPC AG)

Im letzten Arbeitsschritt konnten die so entstandenen Verbindungen mit einem selbstverdichtenden Mörtel verfüllt werden.

Abb. 8: Vermörtelung der Stege mit der Brückenplatte (Quelle: CPC AG)

Die Verbindungselemente spielen eine entscheidende Rolle bei der Stabilität und Festigkeit der Brücke. Erst durch die Verbindung zwischen Brückenplatte und Steg entsteht die Wirkung einer sogenannten Trogbrücke, an der die Brückenplatte die aus dem globalen Moment entstehenden Zugkräfte übernimmt und die Brüstungen die Druckkräfte. Entscheidend ist dabei die sogenannte Kappa-Verbindung, welche die Kräfte zuverlässig übertragen kann [4]. Zusätzlich fungiert die Brüstung als Geländer. Dieses kann in 1,3 m Höhe ausgeführt werden und ist ohne Öffnungen ideal als Radwegbrücke, da sich das Fahrrad nicht im Geländer verhaken kann. Eine bemerkenswerte Eigenschaft dieser Brücke ist, dass sie vollständig ohne den Einsatz von Stahl realisiert wurde. Dies bietet einen erheblichen Vorteil in Bezug auf den Unterhalt des Bauwerks, da Korrosion und Abplatzungen vermieden werden können. Darüber hinaus erfordert die Brückenoberfläche keine zusätzliche Abdichtung, was zu einer Reduzierung der Wartungskosten führt.

Ein weiterer wichtiger Aspekt ist die Rutschfestigkeit der Brückenoberfläche, die mit einem R13-Wert bewertet wurde. Diese hohe Rutschfestigkeit gewährleistet die Sicherheit von Fußgängern und Fahrrädern, insbesondere unter schwierigen Witterungsbedingungen.

Überzeugende Argumente für diese Brücke sind der geringe Ressourcenverbrauch und der minimale CO_2-Fußabdruck, die im Vergleich zu konventionellen Brücken deutlich niedriger sind. Darüber hinaus benötigt sie lediglich etwa 30 Prozent der Ressourcen einer Stahlbetonbrücke und weist eine fünfmal höhere Lebenserwartung als eine Holzbrücke auf. Der Einsatz des richtigen Bausystems spielt eine entscheidende Rolle bei der Schonung der Umwelt.

Die Wahl dieser CPC-Brücke trägt somit maßgeblich zur Reduzierung von Treibhausgasemissionen und zum sparsamen Umgang mit natürlichen Ressourcen bei. Durch die Kombination von Langlebigkeit, geringem Wartungsaufwand und einem umweltfreundlichen Herstellungsprozess setzt diese Brücke einen wichtigen Maßstab für nachhaltige Infrastrukturprojekte.

Auch Unterhaltsfahrzeuge von über 6,0 Tonnen können die Brücke befahren. Mit diesen hohen Punktlasten kann die schlanke Brücke problemlos umgehen. Neben dem Unterhaltsfahrzeug ist die Brücke für Menschenansammlungen mit einer Last von bis zu 400 kg/m^2 und einer Geländerlast von 160 kg/m^2 ausgelegt, was den Vorgaben der SIA-Norm 358 entspricht.
Die Brücke, die ein Eigengewicht von unter 14 Tonnen aufweist, ist in der Lage, eine Last von über 17 Tonnen zu tragen. Im Vergleich dazu ist eine Stahlbetonbrücke mit ca. 47,5 Tonnen mehr als dreimal so schwer.

3.2 Sanierung von Brücken mit CPC-Belägen

Neben den Modulbrücken werden die CPC-Elemente für die Sanierung von Fuß- und Radwegbrücken als Brückenbeläge eingesetzt. Dabei bleibt die Tragkonstruktion erhalten und nur der Belag wird ausgetauscht. Insbesondere bei Holzkonstruktionen müssen die frei bewitterten Holzbohlen oft schon nach wenigen Jahren erneuert werden. Die CPC-Elemente eignen sich als Ersatz für marode Holzbohlen sehr gut. Sie garantieren über eine Lebensdauer von 100 Jahren eine hohe Verkehrssicherheit durch die Rutschhemmklasse R 13, sind sehr dauerhaft durch die hohe FT-Beständigkeit und schützen dabei die Unterkonstruktion vor Witterungseinflüssen.

Abb. 9: Morsche Holzbohlen auf der Brücke am Rajen in Rhauderfehn (Quelle: Holcim (Deutschland) GmbH)

Abb. 10: Einheben ganzer CPC-Elemente mittels Vakuumtraverse in Rhauderfehn (Quelle: Holcim (Deutschland) GmbH)

Abb. 11: Fertig sanierte Brücke am Rajen in Rhauderfehn (Quelle: Holcim (Deutschland) GmbH)

Abb. 12: Sanierung Brücke in Oldenburg (Quelle: Holcim (Deutschland) GmbH)

Abb. 13: Sanierung Brückenbelag Steg in Unterägeri, Schweiz (Quelle: CPC AG)

Oft werden bei der Sanierung von Fuß- und Radwegbrücken aus Holz die zu ersetzenden Holzbohlen in den gleichen kleinteiligen Abmessungen durch CPC-Bohlen ersetzt. Am wirtschaftlichsten ist allerdings der Einsatz von möglichst großformatigen CPC-Elementen, da diese am leistungsfähigsten sind, weniger Befestigungen benötigt werden und durch einen geringeren Fugenanteil der Unterbau am besten geschützt wird. Die Beispiele zeigen die variablen Gestaltungsmöglichkeiten mit CPC. Bei der Sanierung der Brücke in Rhauderfehn wurden die Holzbohlen durch ganze CPC-Platten ersetzt (Abb. 9-11). Für die Brücke in Oldenburg kamen großformatige CPC-Bohlen zum Einsatz (Abb. 12), während für die Sanierung des Stegs in Unterägeri das ursprüngliche Format der Holzbohlen beibehalten wurde (Abb. 13).

Literatur

[1] Carbonbewehrte, vorgespannte CPC-Platten aus Vergussbeton oder selbstverdichtendem Beton, Deutsches Institut für Bautechnik, allgemeine bauaufsichtliche Zulassung / allgemeine Bauartgenehmigung Z-71.3-42

[2] DAfStb-Richtlinie „Herstellung und Verwendung von zementgebundenem Vergussbeton und Vergussmörtel", Fassung Juli 2019

[3] DIN 4102-1:1998-05 Brandverhalten von Baustoffen und Bauteilen - Teil 1: Baustoffe; Begriffe, Anforderungen und Prüfungen

[4]Lutz, R.; Kurath, J; Lowiner, C.; Bühler, M; Entwicklung eines hochbelastbaren, korrosionsfreien Verbindungssystems für tragende Bauten in CPC, Beton- und Stahlbetonbau, Heft Juni 2024

…eizbare Brückenbeläge in Anlehnung an ZTV-ING 6-5

Innovation durch Weiterentwicklung und Kooperation

Mario Wettengel
Bauschutz GmbH & Co. KG, Asperg

Dipl.-Ing. Chemie Joachim Pflugfelder
Sherwin-Williams Coatings Deutschland GmbH, Vaihingen/Enz

Zusammenfassung
Die Kosten und Folgen für Umwelt, Verkehrsmittel und Bauwerke lassen Bauherren von Brücken über Alternativen zum Einsatz von Streusalz im Winter nachdenken. Die Weiterentwicklung von Flächenheizsystemen für Parkhausrampen in Kombination mit reaktionsharzgebundenen Dünnbelägen verhalf zu einer praxistauglichen Lösung von Freiflächenheizungen, die überwiegend auf Stahl- und Stahlbetonbrücken zum Einsatz kommt. Wenngleich eine konkrete Ökobilanzierung beheizbarer Brückenbeläge in Anlehnung an ZTV-ING 6-5 noch aussteht, sind der Einsatz von Strom aus erneuerbaren Quellen, die längere Lebensdauer der Brücken sowie ihre ganzjährig uneingeschränkte Nutzungssicherheit Argumente für die Anwendung dieser Innovation.

1. Definition von RHD-Belägen

Reaktionsharzgebundene Dünnbeläge (RHD) werden bevorzugt auf beweglichen Brücken (z. B. Klappbrücken), Festbrückengeräten, Fußgängerbrücken sowie Nebenbereichen von Brücken (z. B. Geh- und Radwege, Dienststege, Mittel- und Randkappen, Schrammborde), Seebrücken, Fähr- und RoRo-Anlegern, Pontons, Rampen wie z. B. Verladerampen usw. aus Stahl eingesetzt.

Es dürfen nur RHD-Beläge verwendet werden, die nach den TL RHD-ST geprüft sind. Aktuell stehen dem Markt dafür Systeme von vier Herstellern zur Verfügung. Sie bestehen jeweils aus einer Grundierungsschicht aus Reaktionsharzen (Polyurethan, Epoxidharz/Polyurethan oder Polymethylmethacrylatharz) mit Korrosionsschutzpigmenten sowie einer ein- oder zweilagigen Deckschicht aus Reaktionsharzen und Gesteinskörnungen. Die Deckschicht wird jeweils mit Quarzsand, Chromerzschlacke oder Korund abgestreut, um die Haftung der zweiten Lage sicherzustellen bzw. um Oberflächeneigenschaften wie z. B. Griffigkeit und Verschleißfestigkeit zu erzielen. Für Dienststeg-, Geh- und Radwegflächen ist eine Belagsdicke von 4 bis 6 mm festgelegt, für befahrene Flächen von 6 bis 10 mm.

Diese Angaben sind in den „Zusätzlichen Technischen Vertragsbedingungen und Richtlinien für Ingenieurbauten, Teil 6 Bauwerksausstattung, Abschnitt 5 Reaktionsharzgebundene Dünnbeläge auf Stahl“ (ZTV-ING 6-5) festgeschrieben. [1]

2. Herstellung von RHD-Belägen

Beim Einbau von RHD-Belägen ist die ordnungsgemäße Ausführung zu beachten –insbesondere die Einhaltung der vorgeschriebenen

Witterungsbedingungen: Die Baustoffe dürfen nicht bei Niederschlag, Taubildung oder Nebelnässe eingebaut werden. Außerdem müssen die Arbeiten bei Oberflächen-, Luft- und Stofftemperaturen zwischen 12 °C und 40 °C ausgeführt werden, um auch bei Neigungen bis zu 8 % standfest zu sein. Die Oberflächentemperatur der Unterlage muss mindestens 3 K über der Taupunkttemperatur der umgebenden Luft liegen. [1]

3. Vorteile von RHD-Belägen

Entsprechend der ZTV-ING 6-5 ausgeführte RHD-Beläge können eine Lebensdauer von mehr als 20 Jahren ohne Instandsetzungsmaßnahmen erreichen. Bei der Verwendung von Chromerzschlacke und Korund als Zuschlag und Abstreuung kann sich diese Lebensdauer weiter verlängern. [2]

Abb. 1: Der RHD-Belag der beheizbaren Geh- und Radwegbrücke in Marquartstein ist auch nach einer Lebensdauer von 12 Jahren völlig intakt.

Bei einer Dicke von maximal 10 mm kann mit einem RHD-Belag gegenüber Asphalt einer üblichen Dicke von bis zu 2 x 35 mm Gewicht eingespart werden. Asphalt fließt und verformt sich zudem bei hohen Temperaturen. Vor allem bei Klappbrücken sind diese beiden Faktoren von Bedeutung. Der flachere Belagsaufbau und die geringere Auflast ermöglichen zudem filigranere und architektonisch anspruchsvollere Baukörper. Die ZTV-ING 6-5 erlaubt die Einstellung der Rutschhemmung über die Wahl der Korngröße des Abstreumaterials entsprechend der gewünschten Rutschhemmungsklasse. RHD-Beläge können durch farbige Einstreumittel oder Kopfversiegelungen in Farbe ausgeführt werden, was vor allem bei Geh- und Radwegbrücken von Bedeutung ist. Zudem wirkt sich eine entsprechende Farbgebung positiv auf das Stadtklima im Sommer aus, weil im Vergleich zu Asphalt mehr Sonneneinstrahlung reflektiert wird und sich die Oberfläche dadurch weniger stark erhitzt (siehe Kapitel 8.2 Geh- und Radwegbrücken in Tübingen).

4. Der Innovationssprung

Die Planung der Geh- und Radwegbrücke in Marquartstein sah einen reaktionsharzgebundenen Dünnbelag (RHD-Belag) auf Stahl vor. Eine besondere Anforderung lag darin, die Brücke auch in den Wintermonaten schnee- und eisfrei und damit ganzjährig ohne Rutschgefahr begeh- und befahrbar zu halten. Um dies zu realisieren, setzte man sich mit dem Dresdener Unternehmen STL Heizsysteme GmbH in Verbindung, das bereits verschiedene Freiflächenheizsysteme der STELO-Serie entwickelt hatte. Seit mehreren Jahren wurde das STELO-System in Parkhausrampen eingesetzt in Kombination mit den speziellen Beschichtungslösungen des Stuttgarter Bauchemie-Herstellers Sika Deutschland GmbH. Bei diesem Flächenheizsystem kam die auch im Stahlbau verwendete robuste Verschleißschicht Elastomastic TF zum Einsatz. So entstand die Idee, das STELO-System in modifizierter Form erstmals bei einem Brückenbauwerk aus Stahl einzusetzen. Die Firma STL Heizsysteme GmbH entwickelte daraufhin die 1 mm dicken, hochbelastbaren, flächenhaften Heizelemente, die in verschiedenen Geometrien und mit unterschiedlichen Leistungsparametern produziert werden können. Zusammen mit einer speziell entwickelten Steuer- und Regeltechnik entstand so eine neue, TÜV-sicherheitsgeprüfte Flächenheizung in Anlehnung an einen geprüften Dünnbelag nach ZTV-ING 6-5, die im Pilotprojekt Marquartstein 2012 erstmals in Betrieb ging. Die Kombination aus RHD-Belag und Flächenheizung funktioniert ähnlich wie bei den Parkhausrampen: Auf dem vorbereiteten und mit der Systemgrundierung versehenen Untergrund wird die Heizebene aus vorher passgenau konfektionierten STELOpreg-Heizelementen verklebt. Diese bestehen aus mehreren Lagen eines speziellen Kunstharzes, in denen sowohl die Heizmatten als auch ein Potenzialausgleich eingearbeitet ist. Das robuste Epoxid-Polyurethan-Hybrid Elastomastic TFN mit einer rutschhemmenden Abstreuung bildet die abschließende Verschleißschicht. Sie ist [...] rieb-, stoß- und schlagfest. [3]

Abb. 2: Die STELOpreg-Heizelemente werden vollflächig mit der RHD-Zwischenbeschichtung verklebt. Sie sind eine Weiterentwicklung des für Parkhäuser bewährten Systems.

5. Vorteile von Freiflächenheizungen für Brücken

Auf deutschen Straßen werden im langjährigen Mittel 1,6 Millionen Tonnen Streusalz im Jahr eingesetzt und je nach Härte des Winters Mengen von mehr als vier Millionen Tonnen erreicht. [4] Neben Schäden an der Vegetation können hohe Salzgehalte die Stabilität der Bodenstruktur beeinträchtigen (Verschlämmung) und Bodenlebewesen schädigen. An Fahrzeugen und Bauwerken verursacht Streusalz Korrosion, die zu erheblichen Sanierungskosten und insgesamt zur Verkürzung ihrer Lebensdauer führt. Zudem fallen Kosten für das Streusalz selbst und die Ausbringung an. Eine Alternative für Brücken ist die Freiflächenheizung. Sie ermöglicht die automatisch gesteuerte und uneingeschränkte Nutzungssicherheit ganz ohne Personaleinsatz. Frostschäden im Untergrund der Bauwerke und Beschädigungen der Oberfläche durch Einsatz von Sand oder Splitt werden vermieden. Selbstverständlich muss auch hier die Ökobilanz bewertet werden. Günstige Auswirkungen auf das Ergebnis haben der Einsatz von Strom aus erneuerbaren Energien und Geothermie.

Abb. 3: Durch Streusalz verdoppelt sich die Korrosionsgeschwindigkeit von Stahl.

6. Systemvergleich von Freiflächenheizungen

Grundsätzlich stehen zwei unterschiedliche Konstruktionsformen für die Freiflächenheizungen zur Verfügung: die elektrische Variante und die warmwasserführende inerte Ausführung.

Die direkten Betriebskosten der Freiflächenheizung sind niedriger, wenn Bauherren die wasserführende Variante wählen. Jedoch sind hier die Vorhaltungskosten höher, sofern nicht vorhandene Abwärme genutzt wird, weil von November bis März eine Wassertemperatur von 15 °C rund um die Uhr sichergestellt sein muss. Die elektrische Bauart reagiert bei Frostgefahr schneller. Ebenso gelangt die eingesetzte Energie schneller an die Oberfläche, wo sie auch benötigt wird. Außerdem sind die Installationskosten geringer und das Funktionsprinzip ist einfacher.

Bei der elektrischen Variante gibt es je nach Hersteller Ausführungen mit mechanisch empfindlichen Heizmatten, in denen sich Heizschleifen befinden, oder Heizelemente, die aus einem Heizgewebe und einem Potenzialausgleichsgewebe bestehen. Beide Systeme sind in chemikalienbeständigem, schwerentflammbarem Kunststoff eingebettet, der gleichzeitig der Isolierung dient. Die Heizelemente haben den Vorteil, dass sie mechanisch stabil, einbausicher und bei einem Defekt leicht austauschbar sind. Zudem sind sie neben verschiedenen Standardgrößen auch in Sonderformaten erhältlich.

Bei der Auswahl einer Freiflächenheizung ist vor allem die Systemtechnik zu bewerten, die letztendlich einen maßgeblichen Einfluss auf die Wirtschaftlichkeit hat. Parameter wie der Energieverbrauch, die mechanische Festigkeit der Heizelemente oder -matten, das Steuer- und Regelsystem für ein kontrolliertes Heizverhalten, modernste Sensortechnik zur Heizleistungsoptimierung sowie die Frage, ob das Heizsystem in oder auf der Fläche eingebaut wird, haben Einfluss auf die Höhe der Betriebskosten.

Freiflächenheizungen sind für die verschiedensten baulichen Untergründe geeignet; im Fall von Brücken können sie auf Beton- oder Stahlflächen installiert werden.

7. RHD-Systemaufbau von Freiflächenheizungen mit Heizelementen

Für einen beheizbaren RHD-Belag auf einer stählernen Brückentafel in Anlehnung an die ZTV-ING 6-5 haben sich für die Systeme der Hersteller STL Heizsysteme GmbH sowie Sherwin-Williams (die Korrosions- und Brandschutzbeschichtungssparte der Sika AG wurde im Jahr 2022 von Sherwin-Williams übernommen) folgende Verarbeitungsschritte bewährt: Die Stahloberfläche wird zunächst durch Strahlen im Norm-Vorbereitungsgrad Sa 2½ nach DIN EN ISO 12944-4 vorbereitet. Anschließend wird die Grundbeschichtung Macropoxy HM Primer Plus im Airless-Spritzverfahren oder durch Steichen und Rollen appliziert. Es folgt das Aufspachteln der Zwischenbeschichtung Elastomastic TFN, einem Epoxid-Polyurethan-Hybrid-Flüssigkunststoff, in einer Schichtdicke von mindestens 4 mm. Nach der vorgegebenen Trocknungszeit in Abhängigkeit von der Temperatur werden der zweikomponentige Kleber STELObond auf Polyurethan-Basis appliziert und die hochbelastbaren, 1 mm dicken STELOpreg-Heizelemente darauf verklebt. Anschließend erfolgt der Einbau der Sensoren mit Dichtmanschette, das Herstellen der elektrischen Anschlüsse und das Ausspachteln der Zwischenräume. Zum Schluss wird die Deckbeschichtung Elastomastic TFN mit einer Schichtdicke von mindestens 2 mm appliziert und mit Chrmerzschlacke, Korund oder Quarzsand abgestreut.

Das STELO-Heizsystem hat die Dauerschwellbiegeprüfung nach TL-RHD-ST bestanden. Dies ist die wichtigste Prüfung, der auch der RHD-Belag neben 23 weiteren zu unterziehen ist. Damit rückt das Ziel näher, dass die Dünnbeläge von Sherwin-Williams in Kombination mit dem STELO-Heizsystem bei der BASt gelistet werden.

Abb. 4: RHD-Systemaufbau einer Freiflächenheizung mit Heizelementen: Stahlbrückentafel, Grundbeschichtung Macropoxy HM Primer Plus und Zwischenbeschichtung Elastomastic TFN, STELOpreg-Heizelemente, mit Quarzsand abgestreute Deckbeschichtung Elastomastic TFN (von unten nach oben).

8. Referenzbeispiele

Im Rahmen der Zusammenarbeit zwischen den beiden Partnerfirmen für Freiflächenheizungen und Bauchemie sind bislang sechs beheizbare Brücken mit RHD-Belägen und einer Gesamtfläche von 2007 m² realisiert worden. Das Pilotprojekt in Marquartstein und das Tübinger Radwegkonzept mit seinen beheizbaren Brücken werden nachfolgend beschrieben.

8.1 Geh- und Radwegbrücke Marquartstein

Im Rahmen der Ortsentwicklung in Marquartstein beschloss die Gemeindeverwaltung, eine Brücke über die Tiroler Achen für Fußgänger und Radfahrer zu errichten. Das Bauwerk sollte darüber hinaus zu einem wesentlichen Bestandteil des geplanten Uferrundweges mit Erlebnischarakter werden. Das Traunsteiner Büro für Ingenieur-Architektur von Richard J. Dietrich plante die moderne Stahlrundrohrkonstruktion der freitragenden Brücke. Trotz einer Gesamtlänge von 73 m kommt das Tragwerk mit einem einseitigen Stabbogen an der Nordseite aus, nach Süden hin kann sich der Blick frei öffnen. Die im Werk vorgefertigten Brückenelemente wurden in drei Teilstücken mit Schwertransportern angeliefert und mit einem Spezialkran in Millimeterarbeit auf die vorbereiteten Widerlager an den Flussufern aufgesetzt.
Nach der abgeschlossenen Montage wurde die Brücke mit einer befahrbaren, rutschfesten Korrosionsschutzbeschichtung versehen. Die Planung sah einen RHD-Belag auf Stahl vor. Eine besondere Anforderung lag darin, die Brücke auch in den Wintermonaten schnee- und eisfrei und damit ganzjährig ohne Rutschgefahr begeh- und befahrbar zu halten. Um dies zu realisieren, wurde das neu für diese Brücke entwickelte STELO-Freiflächenheizsystem eingesetzt in Kombination mit den speziellen Beschichtungslösungen des Bauchemie-Herstellers Sika – und damit die erste Flächenheizung für Brücken in Anlehnung an einen geprüften Dünnbelag nach ZTV-ING 6-5.

Abb. 5: Die beheizbare Geh- und Radwegbrücke Marquartstein im Winter.

Um die elektrotechnischen Sicherheitsanforderungen der Freiflächenheizung zu erfüllen, ist ein zweifacher Potenzialausgleich in das System integriert – unterhalb und oberhalb der Heizebene. Objektbezogene Wärmebedarfsberechnung und eine Stromlaufplanung wurden durchgeführt.
Für die gesamte Fahrbahnfläche waren insgesamt zwölf elektrische Heizkreise erforderlich, die je nach Bedarf modular angesteuert werden können. Dabei kam die von STL neu entwickelte Sensorik für den Dünnbelag von 10 mm Gesamtschichtdicke zum Einsatz, die zahlreiche Temperatur- und Feuchtigkeitssensoren enthält und so das Ein- und Abschalten der Flächenheizung steuert. Die nicht durch Fußgänger oder Radfahrer genutzten Flächen der Brückenkonstruktion wurden mit dem 2-komponentigen EG-System, einem hochwertigen Korrosionsschutz nach TL/TP-KOR-Stahlbauten, Blatt 87, beschichtet. Dieses System ist für hohe Beanspruchungen geeignet und setzt sich aus einer Epoxidharz-Zinkstaub-Grundierung, einer zweimaligen Zwischenschicht aus Epoxidharz-Eisenglimmer und einer Polyurethan-Deckbeschichtung im Farbton RAL 9006 zusammen. EG-4 bzw. -5 verfügt über eine sehr gute Kreidungs- und Farbtonstabilität mit dauerhaft dekorativer Wirkung.

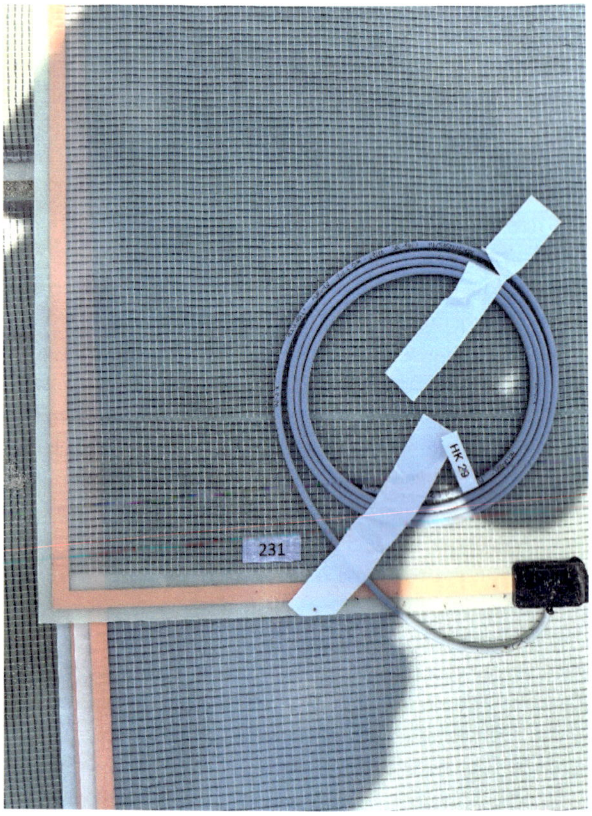

Abb. 6: STELOpreg-Heizelement mit elektrischem Anschluss

Abb. 7: Feuchtesensor, der bei Frostgefahr und entsprechender Feuchtigkeit den Heizprozess in Gang setzt.

Für die Gemeinde Marquartstein war es von enormem Vorteil, dass Flächenheizung und Beschichtung aus einer Hand installiert wurden, und das in einer äußerst kurzen Zeitspanne. Für die Umsetzung des Gesamtpakets – von der Energieberechnung über die elektro- und bautechnische Planung bis hin zum Abschluss der Belagsarbeiten – wurden insgesamt nur zwei Monate benötigt. Die Brücke konnte im Oktober 2012 offiziell eingeweiht werden – noch vor Beginn der kalten Jahreszeit.

Abb. 8: Durch zusätzliche Bodentemperatursensoren an der Heizfläche werden Heizleistung und Energieverbrauch optimiert.

Für die Vertriebspartnerschaft der beteiligten Firmen eröffnete das Pilotprojekt des Flächenheizungssystems auf der Stahlbrücke ganz neue Perspektiven für weitere Einsätze bei unterschiedlichen Stahlkonstruktionen.[3]
Wichtig ist dabei, dass die Entscheidung für beheizbare Brückenbeläge in Anlehnung an die ZTV-ING 6-5 in enger Abstimmung mit den Architekten und Ingenieurbüros erfolgt und frühzeitig in der Bauplanung berücksichtigt wird. Die Partner STL Heizsysteme GmbH und Sherwin-Williams stehen hier mit ihrem Know-how vor allem hinsichtlich Heizkreisberechnung, Verlege- und Stromlaufplanung sowie Auswahl der Beschichtungssysteme beratend zur Seite.

8.2 Geh- und Radwegbrücken in Tübingen

Mit gleich vier beheizbaren, vier Meter breiten Geh- und Radwegbrücken setzt die Stadt Tübingen aktuell neue Maßstäbe bei der Realisierung ihres umweltfreundlichen Mobilitätskonzepts. Die Finanzierung der Brücken ist mit Bundes- und Landesmitteln gefördert.

Abb. 9: Übersicht der vier Fahrradbrücken im Radwegenetz. Dunkelblau dargestellt ist das Blaue Band. (Bild: Universitätsstadt Tübingen)

Die Radbrücken West, Mitte und Ost schließen wichtige Verbindungslücken für Fahrradfahrer. Bisherige Barrieren wie der Neckar, die Steinlach oder die Bahngleise werden überwunden. Gleichzeitig entsteht dadurch eine neue Nord-Süd-Radverbindung. Das 1,5 km lange und überwiegend vier Meter breite „Blaue Band“, eine zentrale Radvorrangroute von Ost nach West, vernetzt sie miteinander und bindet sie an die geplanten überörtlichen Radschnellverbindungen an. Pendlerverkehre und die Alltagsverkehre mit Fahrrad werden dadurch systematisch gefördert.
Die Radbrücke Mitte wurde als erste im Juli 2021 fertiggestellt. Sie ist aus Beton und rund 35 Meter lang. Im Juli 2023 wurde die Radbrücke Ost eröffnet. Sie ermöglicht es den Fahrradfahrenden, den Neckar schnell und komfortabel zu überqueren. Südlich des Neckars führt die Verbindung auf das Blaue Band. Die Brücke ist rund 85 Meter lang. Die Überbauteile für die Brücke sind jeweils bis zu 33 Meter lang und 25 Tonnen schwer und bestehen aus drei Brückenabschnitten, sogenannten Tragwerks-Schüssen. Der Fahrbahnbelag besteht aus Gussasphalt. Das Freiflächenheizsystem der beiden Brücken besteht aus elektrischen Heizschleifen.
Die Radbrücke West ist inklusive der Rampen rund 378 Meter lang. Am höchsten Punkt ist sie elf Meter hoch. Baubeginn der vom Ingenieurbüro Mayr Ludescher Partner aus Stuttgart geplanten Brücke war im April 2022, die Fertigstellung der Radbrücke ist für Oktober 2024 geplant. Sie ist aus Kostengründen in Stahl ausgeführt. Der RHD-Belag sowie die integrierte Flächenheizung wurden mit denselben Systemen hergestellt wie bei der Geh- und Radwegbrücke in Marquartstein. Die elektrotechnische Planung erfolgte durch das Ingenieurbüro Neher Butz Plus aus Konstanz. Bei der Radbrücke West sind an jedem der 82 Heizkreise acht Heizelemente angeschlossen. Damit die Heizelemente auf der geschwungenen Brückentafel flächendecken installiert werden konnten, musste jedes Element mit einer individuellen Geometrie maßangefertigt werden. Um das Design des Blauen

Bandes fortzusetzen, wurde abschließend die optionale Acryl-Polyurethan-Kopfversiegelung Acrolon EG-5 im Blauton RAL 5015 appliziert.
Bei Frostgefahr und entsprechender Feuchtigkeit reagieren die Sensoren und setzen den Heizprozess in Gang. Sobald die Feuchtigkeitsfühler – auch bei Minustemperaturen – Trockenheit signalisieren, schaltet sich die Heizung automatisch wieder ab. So kann sich auf der Brücke weder Glätte durch Blitzeis noch durch abtauenden Schnee bilden.
Das STELO-System auf der Stahlbrücke hat neben dem Sicherheitsaspekt weitere Vorteile: Diese Lösung ist mit einem Gesamtstrombedarf von 228 kW äußerst energiesparend, da die Steuerung ausschließlich auf die Referenztemperaturen aus der Fahrbahnoberfläche

Abb. 10: Die Radbrücke West in Tübingen mit der Acryl-Polyurethan-Kopfversiegelung im Blauton RAL 5015.

reagiert und sich die Heizung erst bei zusätzlichem Aufkommen von Feuchtigkeit einschaltet. Daher kostet das Abtauen laut Oberbürgermeister Boris Palmer kaum Strom, der in Tübingen ohnehin zu 70 Prozent aus erneuerbaren Energien kommt. Die Stadtverwaltung rechnet durch die Beheizung anstelle von Streusalz mit einer wesentlich längeren Lebensdauer der Brücke von 50 Prozent bei akzeptablen Einbau- und Wartungskosten.
Die beheizbaren Radbrücken in Tübingen kühlen nach Angaben von Oberbürgermeister Boris Palmer die Stadt ab. Der Grund liegt laut Palmer im blauen Fahrbahnbelag. Nach Angaben des Herstellers, der an den Radbrücken Mitte und Ost beteiligt war, reflektiert eine traditionelle schwarze Asphaltfläche lediglich 10 Prozent der Sonnenstrahlen. Die restlichen 90 Prozent werden in Wärme umgewandelt und erhitzen somit die Oberflächen und die Umgebung. Das können an einem warmen Sommertag bis zu 900 Watt pro Quadratmeter sein. Messungen in Tübingen hatten laut Hersteller eine Oberflächentemperatur von 52,5 Grad Celsius auf der normalen Straße ergeben. Die blaue Farbe hingegen habe 31 Prozent der Sonnenstrahlen reflektiert und die Oberflächentemperatur bei 38,2 Grad Celsius gelegen.
Im Rahmen des Blauen Bands geplant ist weiterhin der Bau der 5,50 Meter breiten, ebenfalls beheizbaren Fuß- und Radbrücke Lustnau in nachhaltiger Holzbauweise mit einer Brückentafel aus Beton. Auch hier hat sich die Stadt Tübingen für einen RHD-Belag in Verbindung mit dem STELO-Heizsystem entschieden. Denn im Vergleich zu herkömmlichen Heizsystemen, bei denen die Heizebene im Beton verbaut ist und mindestens 350 W/m² verbraucht, benötigt das beauftragte, auf dem Beton verklebte Freiflächenheizsystem nur 200 W/m². Der Baubeginn der Brücke ist für 2024 geplant. [5,6,7]

Literatur

[1] ZTV-ING 6-5
[2] Erfassung und Bewertung von reaktionsharzgebundenen Dünnbelägen auf Stahl, BASt
[3] Allgemeine Bauzeitung 2014
[4] Statista
[5] www.aktivmobil-bw.de 2021
[6] dpa/lsw 2021, Webseite der Stadt Tübingen
[7] Reutlinger Generalanzeiger, 27.07.2021

Spezialpolyurethanharz für die Abdichtung unter Asphaltbelägen

Fahrbahntafeln sicher abdichten – auch bei widrigen Witterungsbedingungen

Dr. rer. nat. Jonas Tendyck
MC-Bauchemie Müller GmbH & Co. KG, Bottrop

Zusammenfassung
Die Abdichtung der Fahrbahntafel von Brücken ist von wesentlicher Bedeutung, um die komplexen Bauwerke dauerhaft vor Oberflächenwasser und Tausalzen zu schützen. Die gebräuchlichste Methode mit langjährigem Erfahrungshintergrund ist gemäß den ZTV-ING Teil 6-1 Brückenbeläge auf Beton mit einer Dichtungsschicht aus einer Polymerbitumen-Schweißbahn herzustellen.[1] Die Behandlung der Betonoberfläche mit einem hitzebeständigen Epoxidharz vor dem Applizieren der Schweißbahn erhöht die Abdichtungsqualität signifikant. Epoxidharze sind jedoch gegenüber hoher Luftfeuchte empfindlich, hierdurch werden Bauzeitenfenster für die o. g. Betonbehandlung im Frühjahr und Herbst erheblich verkürzt. Das Spezialpolyurethanharz MC-DUR LF 680 – geprüft nach dem neuen Hinweisblatt H V-PUR (2024) – ermöglicht kurze Neubau- oder Sanierungszeiten und härtet weitestgehend unabhängig von Feuchte- und Witterungseinflüssen aus. Es bietet kurze Reaktions- und Überarbeitungszeiten und ermöglicht – abhängig von der Objektgröße – die Durchführung kompletter Abdichtungen an einem Tag.

1. Einführung

Steigende Verkehrsaufkommen, höhere Achslasten und aggressivere Umwelteinflüsse führen zu einer zunehmenden und verstärkten Beanspruchung bestehender Brückenbauwerke. Auch nehmen mit zunehmendem Alter die Schäden erheblich zu, wodurch eine bedeutende Anzahl der bestehenden Brückenbauwerke einer dringenden Instandsetzung bedarf. Der Schutz und die Instandsetzung von Brückenbauwerken spielen eine entscheidende Rolle für deren Sicherheit, Funktionalität und Langlebigkeit. Da Brückenbauwerke zu den anspruchsvollsten Bauwerken des Ingenieurbaus zählen, setzt deren Bau und Sanierung eine umfassende Expertise voraus, die neben den planerischen und ausführungstechnischen Aspekten besonders die Materialseite betrifft. Marode Brücken-bauwerke stellen unsere Infrastruktur zunehmend vor massive Probleme. Volkswirtschaftliche Schäden in Milliardenhöhe wie sie zum Beispiel durch mehrjährige Autobahnsperrungen verursacht werden, verlangen nach möglichst kurzen Neubau- oder Sanierungszeiten.

Um die Fahrbahntafel als wesentliches Bauteil der Brückenkonstruktion, zum Beispiel vor tausalzhaltigem Wasser und so vor Korrosion der Bewehrung, zu schützen wird eine Abdichtung als Schutz benötigt. Um einen guten Haftverbund zwischen der Abdichtung aus Polymerbitumen-Schweißbahnen und dem Untergrund herzustellen, ist eine Behandlung der Betonoberfläche mit einem Reaktionsharz unerlässlich.

2. Fahrbahntafelabdichtung

2.1 Klassische Reaktionsharze

Für den Einsatz gemäß ZTV-ING sind seit vielen Jahrzehnten Epoxidharze das Bindemittel der Wahl. [1, 2] Die vorgegebenen Verarbeitungs- und Witterungsbedingungen sind speziell auf die Eigenschaften dieses Materials abgestimmt. Es ist von entscheidender Bedeutung, dass ausschließlich fertig aufeinander abgestimmte Komponenten verwendet werden. Zusätzliche Dosierbehälter oder Messbecher sind nicht erforderlich, da die Komponenten bereits optimal dosiert und vorbereitet sind, um eine einfache und präzise Anwendung zu gewährleisten. Produkte dieser Art werden nach TL/TP-BEL-EP geprüft. [2] Zugelassen sind ausschließlich Epoxidharze und keine anderen Reaktionsharze. Mit der Verwendung von Epoxidharzen sind jedoch auch einige Herausforderungen verbunden. Dazu zählt die starke Witterungsabhängigkeit des Materials, die die Planung und Durchführung der Arbeiten beeinflussen kann. Zudem sind lange Überarbeitungszeiten erforderlich, die sich in der Regel an einem Tagesrhythmus orientieren. Dies führt zu langen Sperrzeiten, was wiederum hohe Kosten für die Baustellensicherung verursacht.

Eine weitere Möglichkeit besteht seit 2018 mit dem Einsatz von Polymethylmethacrylaten (PMMA) für diesen Einsatzzweck. Die Anwendung wird im Hinweisblatt für die Herstellung von Abdichtungs-systemen aus einer Polymerbitumen-Schweißbahn auf einer Versiegelung,

Grundierung oder Kratzspachtelung aus PMMA für Ingenieurbauten aus Beton beschrieben. Praktische Erfahrungen gibt es hierzu seit 2015. [3] Die Anwendung ist identisch zu Epoxidharzen, allerdings ist hier bauseits der Härter stets manuell zu dosieren, welches ein gewisses menschliches Fehlerpotential birgt.

2.2 Spezialpolyurethan zur Versiegelung und Kratzspachtelung von Fahrbahntafeln

Ein möglicher Ansatz, um die zuvor genannten Probleme zu umgehen, ist die Nutzung von Versiegelungen oder Kratzspachtelungen auf Basis speziell für diesen Einsatzbereich optimierter Polyurethane. Aufgrund der schnellen Reaktionszeit dieser Polyurethane wird das System schon nach kurzer Zeit unempfindlich gegenüber Feuchtigkeit (wie Regen oder Tauwasser). Zudem können diese Polyurethan-Versiegelungen unter bestimmten Voraussetzungen bereits bei Bauteiltemperaturen ab 2 °C angewendet werden. Dies erweitert die möglichen Ausführungs-zeiträume erheblich, sodass Arbeiten auch im Frühjahr und Herbst möglich sind. Mit diesem Abdichtungssystem wurden sechs Jahre lang Erfahrungen auf Betonbrücken gesammelt. [4] Seit diesem Jahr steht mit dem Hinweisblatt für die Herstellung von Abdichtungssystemen aus einer Polymerbitumen-Schweißbahn auf einer Versiegelung oder Kratzspachtelung aus Polyurethan für Ingenieurbauten aus Beton (H V-PUR 2024) auch eine entsprechende Grundlage für Prüfungen als auch die Ausführung zur Verfügung.

Abb. 1: Applikation eines nach H V-PUR (2024) geprüften Reaktionsharzes auf einer vorbereiteten Brückenfahrbahntafel.

Mit dem rot-transparentes Spezialpolyurethanharz MCDUR LF 680 steht bereits seit 2017 ein Produkt als Grundierung, Versiegelung und Kratzspachtelung von Fahrbahntafeln und Parkdecks zur Verfügung, welches bereits in Anlehnung an die TL/TP-BEL-EP geprüft ist, jedoch aufgrund eines abweichenden Bindemittels trotz vollständiger Erfüllung sämtlicher technischer Anforderungen, nicht vollständig durch dieses Regelwerk abgedeckt ist. Durch die Einführung des H VPUR ist das Bindemittel nun ebenfalls abgedeckt. So konnte MC-DUR LF 680 gemäß des neuen H V-PUR erfolgreich geprüft werden. Mit MC-DUR LF 680 ist die Durchführung einer kompletten Abdichtung an einem Tag möglich. Im Gegensatz zu den zuvor genannten Reaktionsharzen auf Epoxid- oder PMMA-Basis härtet MC-DUR LF 680 weitestgehend unabhängig von Feuchte- und Temperatureinfluss schnell und sicher aus. Es kann auf leicht feuchtem Untergrund eingesetzt werden und bietet dennoch kurze Reaktions- und Überarbeitungszeiten. Zusätzlich ist MC-DUR LF 680 auf jungem Beton geprüft. Entgegen der in der Norm geforderten Anwendung erfüllt das Spezialharz die Anforderungen bereits nach fünf statt nach sieben Tagen vollumfänglich. MC-DUR LF 680 weist bei 20 °C und einer relativen Luftfeuchtigkeit von 50 Prozent eine Überarbeitungszeit von einer Stunde auf. Bei 2 °C beträgt die Überarbeitungszeit circa zweieinhalb Stunden. Dies ermöglicht auch in den Herbst- und Wintermonaten eine sehr schnelle Applikation der Abdichtungsbahnen, die einmalig in diesem Segment ist; und das ohne eine minderfeste und haftungsstörende Carbamatschicht zu bilden, wie sie bei Epoxidharzen auftreten kann.

Abb. 2: Aufbrennen einer Schweißbahn auf dem Spezialpolyurethanharz MC-DUR LF 680 bereits 2 Stunden nach Applikation der Versiegelung.

MC-DUR LF 680 ist wie ein konventionelles Epoxidharz zu verarbeiten, dabei ist aber weder auf die Dosierung von Katalysatoren zu achten noch auf andere Hilfsmittel zurückzugreifen. Das Spezialharz hat in aktuell über sechs Jahren seine Wirksamkeit zum einen in externen Tests als auch in der Praxis bei vielen Projekten und auf mehreren 10.000 m² eindrucksvoll unter Beweis gestellt.

3. Fazit

Mit den Polyurethanen nach H V-PUR steht nun eine weitere Bindemittelart für die Herstellung von Abdichtungssystemen aus einer Polymerbitumen-Schweißbahn auf einer Versiegelung oder Kratzspachtelung für Ingenieurbauten aus Beton zur Verfügung. Diese ermöglichen gerade bei kritischen Randbedingungen wie z. B. niedrigen Temperaturen und hoher Luftfeuchte, dass Abdichtungsbahnen äußerst schnell appliziert werden können. Das Bauzeitenfenster verlängert sich in die Herbst- und Wintermonate und ermöglicht die rechtzeitige Fertigstellung der sensiblen Infrastrukturprojekte. Dabei entstehen keine minderfesten und haftungsstörenden Nebenprodukte, wie sie bei anderen Reaktionsharzen vorkommen können. Die Produkte bieten damit Planern und Verarbeitern neben der enormen Zeitersparnis auch eine höhere Planungssicherheit sowie Wirtschaftlichkeit bei ihrer Abdichtungsmaßnahme.

Literatur

[1] ZTV-ING Teil 6-1 Brückenbeläge auf Beton mit einer Dichtungsschicht aus einer Polymerbitumen-Schweißbahn, FGSV, 2022.

[2] TL/TP-BEL-EP Technische Lieferbedingungen und Technische Prüfvorschriften für Reaktionsharze für Grundierungen, Versiegelungen und Kratzspachtelungen unter Asphaltbelägen auf Beton, FGSV, 1999.

[3] Hinweise für die Herstellung von Abdichtungssystemen aus einer Polymerbitumen-Schweißbahn auf einer Versiegelung, Grundierung oder Kratzspachtelung aus PMMA für Ingenieurbauten aus Beton, FGSV, 2024.

[4] Hinweise für die Herstellung von Abdichtungssystemen aus einer Polymerbitumen-Schweißbahn auf einer Versiegelung oder Kratzspachtelung aus Polyurethan für Ingenieurbauten aus Beton, FGSV, 2024.

Innovatives Brückenharz mit verbesserter Performance und reduziertem CO_2-Fußabdruck

Cenk Uslu, M. Sc.
Sika Deutschland GmbH, Stuttgart

Zusammenfassung
Die Nachfrage nach Produkten, welche einen reduzierten Product Carbon Footprint (PCF) haben und zur Defossilisierung beitragen, ist seit einigen Jahren in vielen Wirtschaftsbereichen gestiegen. Bei zahlreichen Infrastrukturbauwerken besteht zudem ein hoher Nachholbedarf bezüglich ihrer Sanierung. Um die damit verbundenen Emissionsentstehungen zu reduzieren, wurde ein neues Epoxidharz mit reduzierter CO_2-Bilanz entwickelt. Die Produktlösung soll einen Beitrag zur Erreichung der Emissionsziele der am Bau Beteiligten leisten. Die Emissionen werden durch die Verwendung dieser Neuentwicklung im Vergleich zum aktuellen Vorgängerprodukt gesenkt und die Abhängigkeit von fossilen Rohstoffen wird verringert. Insbesondere für die Anwender ist der integrierte Carbamatschutz von klarem Nutzen. Der erhöhte Schutz vor Carbamatbildung führt zu einer gleichermaßen erhöhten Witterungsbeständigkeit des Materials.

1. Einführung

Aufgrund des im November 2016 in Kraft getretenen Pariser Klimaabkommens [1] haben sich 195 Staaten dazu verpflichtet, so bald wie möglich den Scheitelpunkt der Emissionen von Treibhausgasen zu erreichen, den Klimawandel einzudämmen und die Erderwärmung auf möglichst 1,5 °C gegenüber dem vorindustriellen Niveau zu begrenzen. Dies soll durch innerstaatlich festgelegte Minderungsmaßnahmen verwirklicht werden. Zudem soll ab der zweiten Jahreshälfte dieses Jahrhunderts eine Treibhausgasneutralität erreicht werden.

Die drei Hauptziele des Abkommens können wie folgt zusammengefasst werden:

- Beschränkung des Anstiegs der weltweiten Durchschnittstemperatur.
- Senkung der Emissionen und Anpassung an den Klimawandel.
- Lenkung von Finanzmitteln im Einklang mit den Klimaschutzzielen.

Um die Ziele des Pariser Klimaabkommens zu erreichen und damit den Wandel einzuleiten, wurde im Jahr 2019 auf europäischer Ebene der European Green Deal [2] beschlossen. Durch den Deal haben sich alle 27 EU-Mitgliedsstaaten dazu verpflichten, Europa zu einem klimaneutralen Kontinent zu transformieren, durch die Erreichung einer Treibhausgasneutralität bis 2050. Zur Erreichung des Ziels wurde im Jahr 2021 das Europäische Klimagesetzt [3] verabschiedet. Eines der wichtigsten Ziele daraus ist die Reduktion der Emissionen in der EU bis 2030 um mindestens 55 %. Bis zum Jahr 2040 sollen die Emissionen um mindestens 90 % gegenüber dem Stand von 1990 reduziert werden.

Zur Erreichung der europäischen Klimaziele ist in Deutschland das Bundes-Klimaschutzgesetzt (KSG) [4] durch Verkündung im Bundesgesetzblatt am 17. Juli 2024 in Kraft getreten und definiert in §3 die Nationalen Klimaschutzziele als prozentuale Minderung der Emissionen gegenüber den Emissionen aus dem Jahr 1990 [Abb. 1]. Zusammen mit den Maßnahmen aus dem im Jahr 2023 beschlossenen Klimaschutzprogramms sollen die Ziele aus dem Klimaschutzgesetzt verfolgt werden.

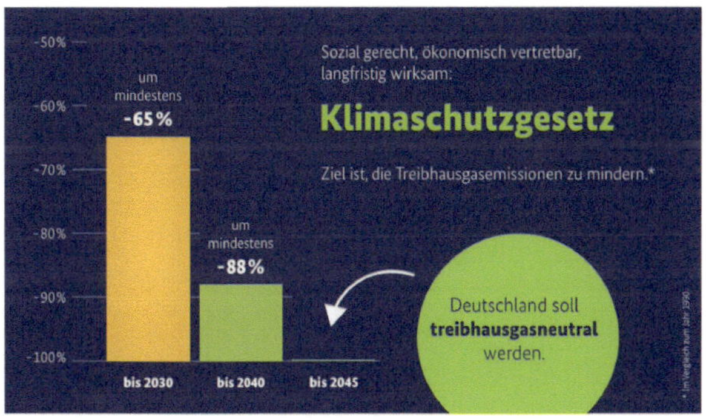

Deutschland auf dem Weg zur Treibhausgasneutralität.
Grafik: Bundesregierung

Abb. 1: Emissionsziele aus dem Bundesklimaschutzgesetz

Unternehmen verpflichten sich durch Unterstützung der Science Based Targets initiative (SBTi) [5], ihre Emissionen in dem Umfang zu verringern, den die Wissenschaft als notwendig erachtet, um das Netto-Null-Ziel bis 2050 zu erreichen. Eine Liste der unterstützenden Unternehmen kann auf der Seite der SBTi eingesehen werden [5].

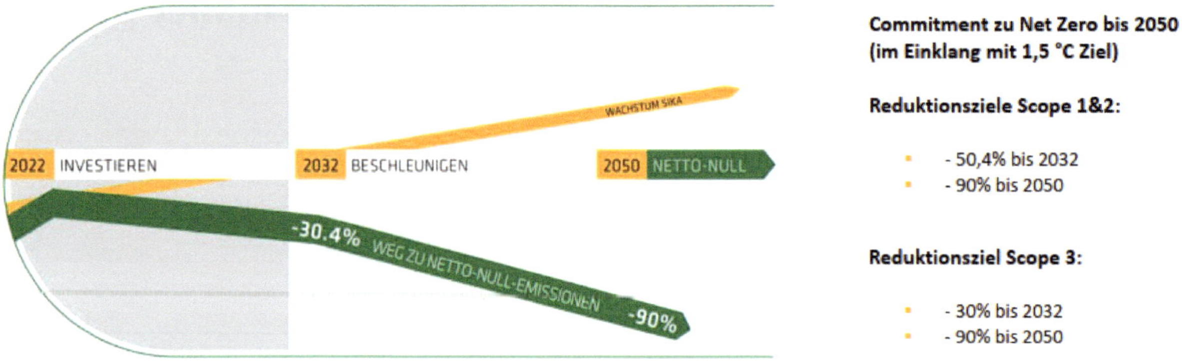

Abb. 2: Sika-Strategie zur Erreichung der Netto-Null-Verpflichtung 2050

Eine konsequente Kombination von Nachhaltigkeit und Innovation ist der klare Fokus von Sika in der Strategie 2028. Ein zentraler Teil ist hierbei das Netto-Null-Versprechen, durch welche sich Sika gegenüber der Science Based Targets initiative (SBTi) verpflichtet hat, die Unternehmensemissionen zu senken [Abb. 2]. Diese Emissionsreduktion entspricht dem Ziel, die Erderwärmung um nicht mehr als 1,5 °C zu überschreiten. Dadurch ist der Fokus auf Lösungen gerichtet, die dieses Ziel unterstützen. Eines davon stellt das neu entwickelte Produkt SikaShield®-501 Primer Pro dar.
Auf Unternehmensebene werden die Treibhausgas-emissionen nach dem Standard des Greenhouse Gas Protocol (GHGP) in Scope 1, 2 und 3 unterteilt [Abb. 3].

Scope 1: Direkte Emissionen aus eigenen und kontrollierten Quellen (z. B. Kraftstoffverbrennung, Fuhrparkfahrzeuge).

Scope 2: Indirekte Emissionen aus der Erzeugung von bezogenem Strom, Wärme, Dampf und Kälte.

Scope 3: Alle weiteren indirekten Emissionen aus der vor- und nachgelagerten Wertschöpfungskette des Unternehmens. Diese werden nach dem GHG-Protocol in 15 Kategorien eingeteilt, wie beispielsweise eingekaufte Rohstoffe, Transportwege und Entsorgung der verkauften Produkte.

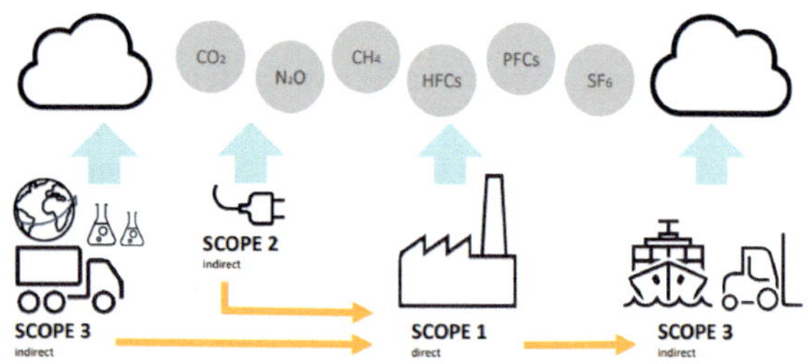

Abb. 3: Grafische Erläuterung der Scopes 1, 2 und 3

Die Emissionen aus eingekauften Rohstoffen gehören bei der Sika Deutschland GmbH zu den Scope 3 Emissionen und bieten einen großen Hebel für Emissionseinsparungen [Abb. 4].

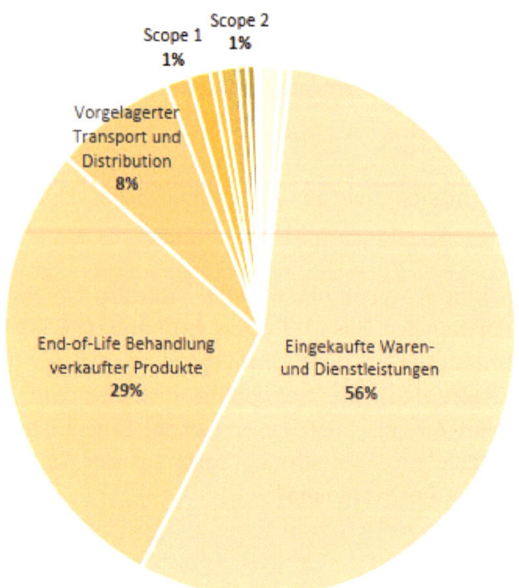

Kategorie			%
Scope 1			1
Scope 2			1
Scope 3	1	Eingekaufte Waren- und Dienstleistungen	56
	12	End-of-Life Behandlung verkaufter Produkte	29
	4	Vorgelagerter Transport und Distribution	8
	2	Kapitalgüter	1
	9	Nachgelagerter Transport und Distribution	1
	5	Abfall	1
	11	Nutzung verkaufter Produkte	1
	3	Energie- und brennstoffbezogene Aktivitäten	1
	7	Pendeln	1
	8	Angemietete oder geleaste Sachanlagen	0
	6	Geschäftsreisen	0
Summe			100

Abb. 4: Scopes 1, 2 und 3 auf Unternehmensebene Sika

2. Die SPM-Methode (Sustainability Portfolio Management)

Die Kommunikation der Nachhaltigkeitsaspekte eines Produktes muss wahrheitsgemäß, genau und transparent sein. Sie muss auf einer rationalen und vertretbaren Methodik beruhen. Die Methodik, die zur Bereitstellung von Informationen für die Umwelterklärungen verwendet wird, muss weithin anerkannt und akzeptiert oder anderweitig vertretbar sein, um Vertrauen zu schaffen. Die Methodik muss geeignet sein, um genaue und reproduzierbare Ergebnisse zu erzielen.
Die SPM-Methode ist die von Sika angewandte Methodik zur Bewertung, Klassifizierung und Vermarktung der Produkte in definierten Marktsegmenten in Bezug auf zwölf Nachhaltigkeits- und sechs Leistungskategorien [Abb. 5, 6]. Jede Kategorie beinhaltet mehrere Kriterien, sodass in Summe ca. 60 davon durch die jeweiligen Experten aus den Fachabteilungen beantwortet bzw. belegt werden müssen.

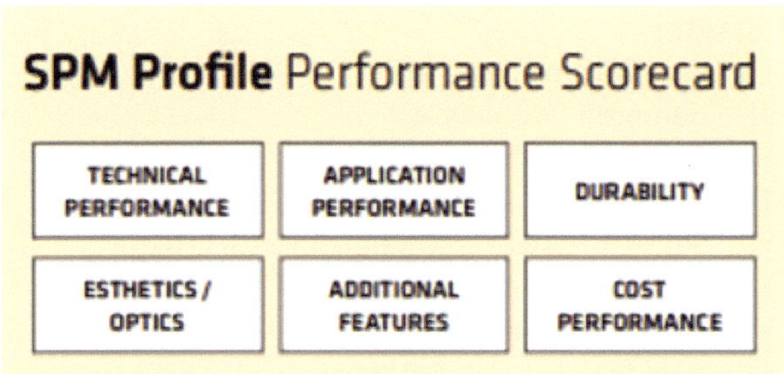

Abb. 5: SPM-Leistungskategorien

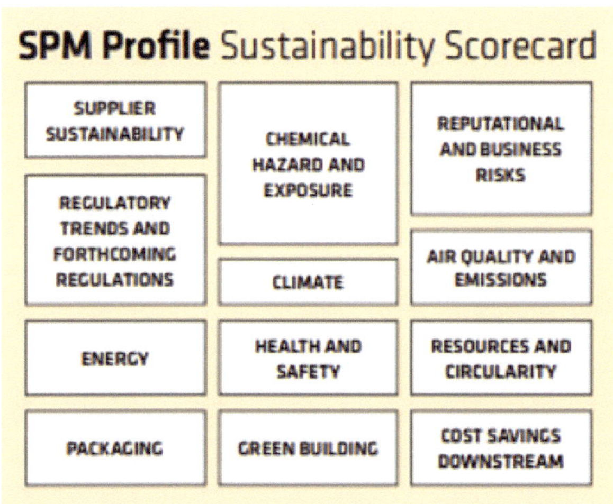

Abb. 6: SPM-Nachhaltigkeitskategorien

Zur Beantwortung der Kriterien ist ein Team aus den unterschiedlichsten Fachabteilungen notwendig, welche ihren Beitrag zur Evaluation leisten müssen, um das Produkt bestmöglich zu klassifizieren. Durch diese Methode können Produkte faktenbasiert, transparent und zuverlässig bewertet werden. Die Produktevaluation über das SPM ist international anerkannt und extern geprüft sowie im Einklang mit dem PSA-Standard des World Business Council for Sustainable Development (WBCSD). Nach vollständiger Durch-führung der Evaluation erhält das Produkt eine der Klassifizierungen A bis F [Abb. 7].

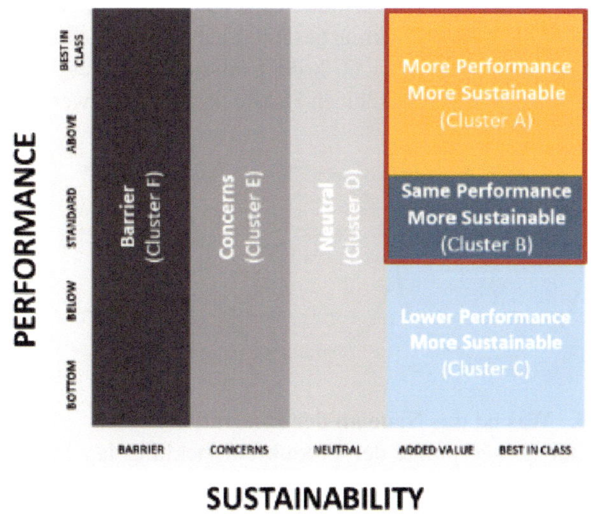

Abb. 7: SPM-Label für die Klassifizierung von Produkten

Ausschließlich Produkte der Bestklassifizierung A dürfen das Logo „More Performance More Sustainable" bei der Außenkommunikation nutzen [Abb. 8].

MORE **PERFORMANCE**
MORE **SUSTAINABLE**

Abb. 8: Logo „More Performance More Sustainable"

Die unterstützenden Informationen müssen den Kunden und der Zielgruppe öffentlich zugänglich sein oder auf Anfrage unter Anwendung einer Vertraulichkeitserklärung bereitgestellt werden. Die vorgesehenen Kunden und Zielgruppen benötigen Informationen über die kommunizierte Umwelterklärung, damit sie die ihr zugrunde liegenden Prinzipien, Annahmen und Randbedingungen verstehen. Diese Informationen müssen ausreichend und hinreichend verständlich sein. Zu finden sind sie in einem Sustainability Fact Sheet für die jeweiligen Produkte.

3. Wo wird das Produkt angewendet?

Bei SikaShield®-501 Primer Pro handelt es sich um ein Epoxidharzbasis für befahrbare Abdichtungssysteme mit Polymerbitumen-Schweißbahnen und Gussasphalt nach ZTV-ING 6-1 und DIN 18532-2. Das Harz findet Anwendung als Versiegelung oder Kratzspachtelung in der Behandlung von Fahrbahntafeln aus Beton bei Ingenieurbauwerken wie Brücken oder Parkbauten.

4. Welchen Beitrag leistet das Produkt zum Klimaschutz?

Im Vergleich zum aktuellen Vorgängerprodukt Sika Ergodur®-500 Pro ist der gemäß ISO 14044 berechnete CO_2-Fußabdruck um 10 % geringer.
Das Produkt leistet zudem einen Beitrag zur Kreislaufwirtschaft. Bei dem in der neuen Formulierung enthaltenen Biopolymer handelt es sich um ein Nebenprodukt, durch dessen Einsatz fossile Rohstoffe eingespart werden können.

Neben der Rohstoffformulierung wurde auf eine emissionsärmere Verpackung gesetzt. Laut des Verpackungsherstellers können ca. 60 % der Emissionen im Vergleich zum vorherigen Weißblech-Hobbock eingespart werden.

5. Was ist das Neue an der Innovation?

Der Schwerpunkt der Produktentwicklung lag in der Verbesserung der Formulierung. Während die Transport- und Herstellungsprozesse bei dem Referenzprodukt und der Neuentwicklung vergleichbar sind, konnte durch den Rohstoffaustausch ein großer Hebel zur Emissionsreduktion bedient und gleichzeitig die Leistung verbessert werden.

Die Besonderheit der innovativen Produktlösung ist der Anteil an Biopolymer, welcher zu einem reduzierten CO_2-Fußabdruck des Produktes führt.

Zudem kommt das neue Bauprodukt mit einem erhöhten Schutz vor Carbamatbildung auf den Markt. Carbamate entstehen oft beim Aushärtungsprozess von Epoxidharzen, bei Temperaturen unter 15 °C und in Anwesenheit von Wasser und CO_2. Neben einer optischen Veränderung kann sich das Carbamat je nach Intensität negativ auf die Zwischenhaftung einzelner Beschichtungen auswirken und dadurch die Dauerhaftigkeit des Beschichtungsaufbaus einschränken. Durch die Verwendung der Neuentwicklung kann der Entstehung bestmöglich vorgebeugt werden. Dies spart Ressourcen, Zeit und Kosten.

Es vereint die Aspekte Leistung und Nachhaltigkeit miteinander, indem es in beiden Aspekten einen Vorteil gegenüber dem aktuellen Vorgängerprodukt aufweist und somit als „More Performance More Sustainable"-Lösung die Akzeptanz auf dem Markt steigert.

6. Was ist die Zielgruppe der Innovation?

Die Innovation richtet sich an professionelle Anwender, Planer und Architekten, welche sich mit Parkbauten und Brückenbauwerken beschäftigen und welche durch den Einsatz von Produkten mit reduziertem ökologischem Fußabdruck ihre eigenen Emissionsziele erreichen, die Abhängigkeit von fossilen Rohstoffen senken und damit einen Beitrag zu einer lebenswerten Zukunft leisten möchten.

Literatur

[1] Pariser Klimaabkommen.
[2] European Green Deal.
[3] EU-Klimagesetz.
[4] Bundes-Klimaschutzgesetz (KSG).
[5] Science-Based Targets Initiative (SBTi).
[6] Greenhouse Gas Protocol (GHGP).
[7] SPM – Sustainability Portfolio Management.
[8] ZTV-ING 6-1 (2022-01).
[9] DIN 18532-2 (2017-07).

TAE

Querkraft- und Torsionstragfähigkeit

Erkenntnisse zur Torsionstragfähigkeit bei kombinierter Beanspruchung (M+V+T) aus Versuchen an Durchlaufträgern

Eva Stakalies, M. Sc.
Technische Universität Dortmund

Dipl.-Ing. Vladimir Lavrentyev
Technische Universität Dortmund

Univ.-Prof. Dr.-Ing. Reinhard Maurer
Technische Universität Dortmund

Zusammenfassung

Im Rahmen von Brückennachrechnungen ergeben sich bei älteren Spannbetonbrücken infolge einer kombinierten Beanspruchung aus Biegung, Querkraft und Torsion häufig Defizite hinsichtlich der erforderlichen Bügel- und Torsionslängsbewehrung. Bei einer Bewertung bestehender Spannbetonbrücken durch eine Nachrechnung muss die Nachweisführung folglich bei einer kombinierten Beanspruchung an die Nachweisformate der Stufe 2 und 4 angepasst werden, um Tragfähigkeitsreserven zu aktivieren.

Im Rahmen von zwei Forschungsvorhaben [1], [2] im Auftrag der BASt wurden hierzu an der TU Dortmund, in Kooperation mit der RWTH Aachen und der TU München, Versuche an Spannbeton-Durchlaufträgern mit kombinierter Beanspruchung aus Biegung, Querkraft und Torsion (M+V+T) durchgeführt. An vier großformatigen Versuchsträgern konnten aufgrund unterschiedlicher Torsionsbügel- und -längsbewehrung je Feld acht verschiedene Varianten hinsichtlich der Torsionsbewehrung und Größe der Torsionsmomente experimentell untersucht werden. Alle Versuchsträger wurden mit einem Bemessungsmodell für die Torsionslängsbewehrung bei kombinierter Beanspruchung ausgelegt. Bei dieser Vorgehensweise wird für überwiegend biegebeanspruchte Bauteile der positive Effekt aus der Überdrückung der Torsionslängszugkräfte im Bereich der Biegedruckzone infolge Biegung, sowie der Tragwirkung der Spannglieder entsprechend ihrer Lage im Querschnitt bei der Bemessung berücksichtigt. Darüber hinaus wurden von den heutigen Konstruktionsregeln in DIN EN 1992-2/NA abweichende konstruktive Durchbildungen bei der Bügelbewehrung sowie der Abfall der Torsionssteifigkeit infolge Rissbildung untersucht.

In diesem Beitrag werden alle gewonnenen Erkenntnisse und die daraus abgeleiteten Nachweisformate, die in der zweiten Ergänzung der Nachrechnungsrichtlinie (BEM-ING-Teil 2) ihren Niederschlag gefunden haben, vorgestellt.

1. Einleitung

Bei der Bewertung bestehender Spannbetonbrücken durch eine Nachrechnung besteht häufig das Problem, dass die älteren Bauwerke nach heutigem Stand der Normung keinen ausreichenden Widerstand gegen Schubbeanspruchungen aus Querkraft und Torsion aufweisen. Daher besteht ein Bedarf nach genaueren Berechnungsverfahren, um weniger kritische Bauwerke auf der Grundlage einer Stufe 2 Nachrechnung ggf. mit Verstärkungsmaßnahmen weiter nutzen zu können und um kritische Bauwerke mit einer Stufe 4 Nachrechnung noch so lange unter Verkehr halten zu können, bis sie durch einen Ersatzneubau ersetzt werden können.

Durch ein Forschungskonsortiums der Technischen Universitäten Aachen, Dortmund und München sowie den Ingenieurgesellschaften H&P, Aachen und ZMI, München wurden und werden im Rahmen von FE-Aufträgen der BASt genauere Nachweisverfahren mittels experimenteller und theoretischer Untersuchungen entwickelt. Diese sollen in der fortgeschriebenen Fassung der Nachrechnungsrichtlinie (BEM-ING, Teil 2) ihren Niederschlag finden.

2. Bemessung der Bewehrung bei Torsion

2.1 Empfehlung für den Nachweis bei kombinierter Querkraft und Torsion

Bei der Nachrechnung einer bestehenden Spannbetonbrücke werden im ersten Schritt die statisch erforderlichen Torsionsbügel ermittelt und von der vorhandenen Bügelbewehrung abgezogen. Mit der verbleibenden Bügelbewehrung wird der Nachweis der Querkrafttragfähigkeit geführt. Bei der Ermittlung der Torsionsbügel kann kein Betontraganteil in Ansatz gebracht werden.

Die statisch erforderliche Torsionslängsbewehrung kann bei der Biegebemessung unter Berücksichtigung der Tragreserven der Spannglieder über eine zur Torsionslängsbewehrung äquivalente Längszugkraft gemeinsam mit der Biegebewehrung ermittelt werden.

2.2 Torsionsbügelbewehrung

Die Torsionsbügelbewehrung wird auf Grundlage eines räumlichen Fachwerkmodells nach DIN EN 1992-2 ermittelt und muss in voller Größe berücksichtigt werden.

$$\mathrm{erf}\, a_{sw} = \frac{T_{Ed}}{2 \cdot A_k \cdot f_{yd}} \cdot \tan\theta$$

Die gesamte erforderliche Bügelbewehrung resultiert aus der Querkraftbewehrung basierend auf einem idealisierten Fachwerkmodell mit Betontraganteil (z. B. Druckbogenmodell) zuzüglich der vollen Torsionsbügelbewehrung. Bei der Torsionsbügelbewehrung erfolgt keine Reduzierung durch einen Betontraganteil.

2.3 Torsionslängsbewehrung

Infolge der umlaufenden Druckstreben im räumlichen Fachwerk will sich der Balken strecken, d. h. verlängern. Daran wird er durch die Torsionslängsbewehrung gehindert, die die Kraftkomponenten der umlaufenden Druckstreben in Längsrichtung der Stabachse ins Gleichgewicht setzt (Bild 1). Durch das Aufbringen einer Vorspannkraft wird die erforderliche Torsionslängsbewehrung reduziert (Bild 2). Die horizontalen Kraftkomponenten der geneigten Druckstrebenkräfte können anteilig oder vollständig durch die Vorspannung ins Gleichgewicht gesetzt werden.

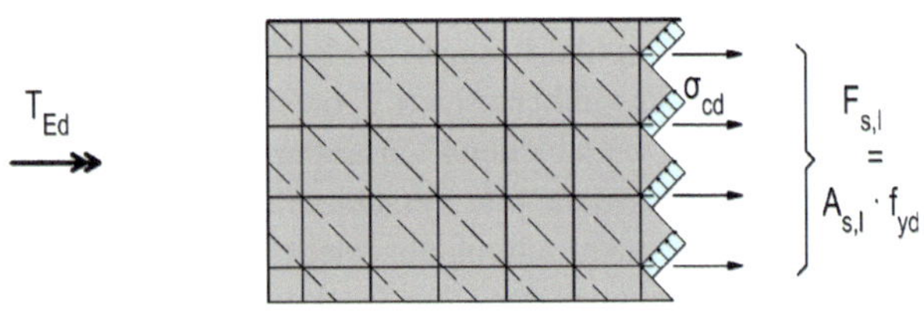

Bild 1: Erforderliche Torsionslängsbewehrung bei reiner Torsion – Stahlbeton

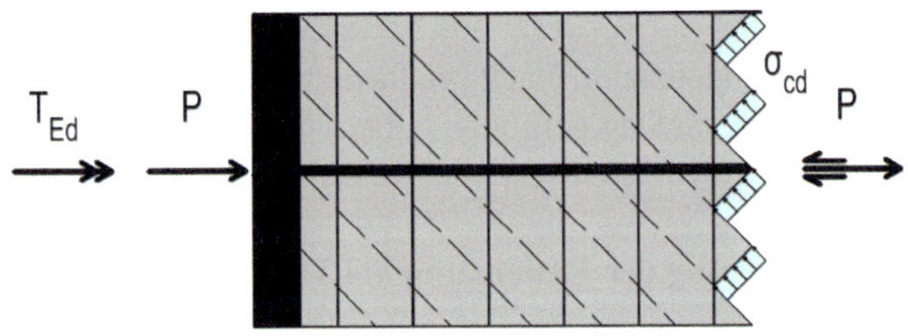

Bild 2: Reduzierte Torsionslängsbewehrung durch die Vorspannwirkung. Idealisierte Krafteinleitung von P durch starre Platte

Bei dem aus diesen mechanischen Zusammenhängen entwickelten Bemessungsmodell wird zunächst aus der Torsionslängsbewehrung eine resultierende Längskraft ($N_{Ed,T}$) berechnet. Diese wird dann zentrisch im Schwerpunkt des Querschnitts angesetzt und bei der Biegebemessung berücksichtigt (Bild 3). Diese Idealisierung wurde durch die nachfolgend beschriebenen Versuche verifiziert. Die Idealisierung ist anwendbar bei einer Beanspruchung überwiegend durch Biegung.

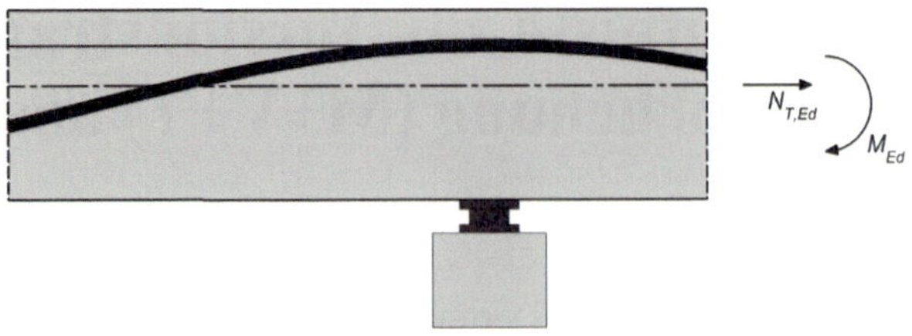

Bild 3: Bemessung der Längsbewehrung infolge M_{Ed} und $N_{Ed,T}$: erf $A_{s,M+NT}$

Bei der Ermittlung wird zunächst von der Gleichung für das durch die Längsbewehrung aufnehmbare Torsionsmoment ausgegangen:

$$T_{Ed} = \frac{A_{sl}}{u_k} \cdot f_{yd} \cdot 2 \cdot A_k \cdot \tan\,\theta$$

Durch Umstellen der Gleichung geht daraus die äquivalente Längskraft hervor, die bei der Biegebemessung für M_{Ed} im Schwerpunkt des Querschnitts zusätzlich angesetzt wird (Bild 3).

$$N_{Ed,T} = A_{sl} \cdot f_{yd} = \frac{T_{Ed}}{2 \cdot A_k} \cdot u_k \cdot \cot\theta$$

Dabei wird der positive Effekt aus der Überdrückung der Torsionslängszugkräfte im Bereich der Biegedruckzone sowie der Tragwirkung der Spannglieder entsprechend ihrer Anordnung im Querschnitt automatisch mitberücksichtigt.

3. Schließen der Torsionsbügel

Durch die Umlenkung der Druckstreben bei der räumlichen Fachwerktragwirkung besteht die Gefahr eines Ausbrechens der Ecken, dargestellt im Bild 4 für einen Rechteckquerschnitt. Das Ausbrechen der Ecken soll durch einen engen Bügelabstand und steife Längsstäbe in den Ecken, auf die sich die Druckstreben abstützen können, verhindert werden. Zudem fordert DIN EN 1992-2/NA, dass bei Torsion nur geschlossenen Bügel verwendet werden dürfen.

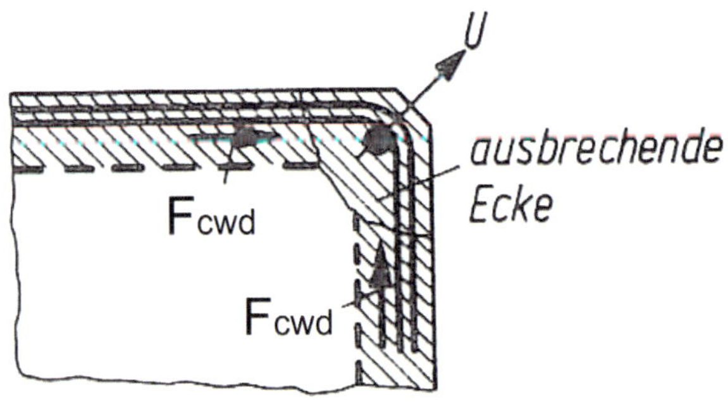

Bild 4: Ausbrechende Ecken infolge Umlenkung der Druckstreben (aus [3])

Die Konstruktionsregeln für die Torsionslängs- und Torsionsbügelbewehrung in DIN EN 1992-2 mit zugehörigem NA gelten für reine Torsion und Rechteckquerschnitte. Bei Brücken tritt allerdings immer eine kombinierte

Beanspruchung aus überwiegender Querkraftbiegung mit zugehöriger Torsion auf. Daher ist eine Anpassung dieser Regeln an die brückenspezifischen Verhältnisse sinnvoll. Bei Brückenquerschnitten wird durch die in Querrichtung durchlaufende Fahrbahnplatte ein seitliches Ausbrechen der Ecken infolge Umlenkung der Druckstreben bei Torsion im oberen Stegbereich verhindert, weil die Querbewehrung der Fahrbahnplatte als starkes Zugband durchläuft und sich darunter die Biegedruckkraft aus der Quertragwirkung abstützt. Zusätzlich erfolgt die vertikale Verankerung der Ecken durch die Haken oder Winkelhaken als Verankerungselemente der Bügelschenkel. Bei den nachfolgen beschriebenen Versuchen an vorgespannten Plattenbalken wurde diese Form der konstruktiven Durchbildung untersucht. Das Schließen der Bügel erfolgte durch die obere Querbewehrung.

Das Schließen der Bügel in den Stegen von Plattenbalkenbrücken, die durch Torsion beansprucht werden, darf durch die obere Querbewehrung in der durchlaufenden Fahrbahnplatte erfolgen. Im Zusammenwirken mit den Verankerungselementen der Bügelschenkel verhindert sie das Ausbrechen der oberen Eckbereiche, durch die Umlenkung der Druckstreben im räumlichen Fachwerkmodell (Bild 5).

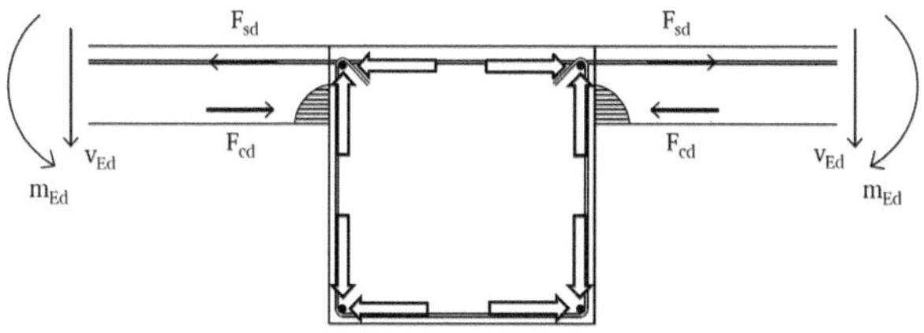

Bild 5: Schließen der Querkraft- und Torsionsbügel bei Plattenbalkenbrücken

4. Nachweis der Hauptdruckspannungen im Beton

Bei einigen Versuchen an Durchlaufträgern wurde im Bereich unmittelbar vor den Innenstützen ein Betondruckversagen beobachtet, was durch Abplatzungen und einem Ablösen zunächst der seitlichen Betondeckung bis hinein in die Biegedruckzone eingeleitet wurde. Dabei kam es auch zum Ablösen der Betondeckung auf der Trägerunterseite in Verbindung mit einem tiefer gehenden lokalen Betonausbruch. Infolge der Querschnittsschwächung in der Biegedruckzone kam es in der Folge zu einem Biegebruch. In diesem Zusammenhang muss allerdings zwischen einem primären und einem sekundären Versagen des Betons unterschieden werden.

Ein sekundäres Betonversagen im Bereich der Innenstützen der Durchlaufträger erfolgt, wenn die Bügel mit großen plastischen Dehnungen (10–20 ‰) Fließen, wodurch große Querdehnungen und Zugspannungen in die geneigten Betondruckstreben eingeleitet werden (Bild 6). Dadurch kommt es im Wirkungsbereich der Bewehrung zu einem deutlichen Festigkeitsabfall des Betons, der umso ausgeprägter ist, je flacher die Betondruckstreben geneigt sind. In der Folge löst sich zunächst die Betondeckung außerhalb der Bügel ab, was eine Querschnittsschwächung zur Folge hat. Es besteht dann die Gefahr eines anschließenden Versagens der Biegedruckzone auch innerhalb der Bügel, wie es bei den in [4] beschriebenen Versuchen teilweise zu beobachten war.

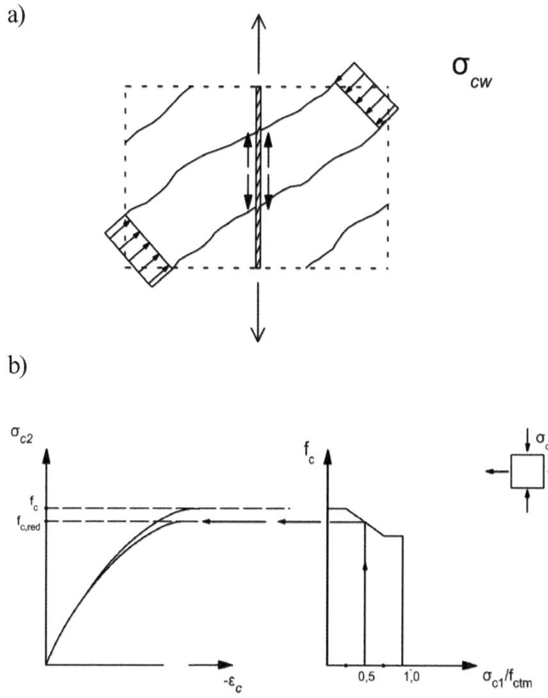

Bild 6: a) Einleitung von Querzugspannungen in die Druckstreben im Steg; b) Abminderung der Betondruckfestigkeit infolge gleichzeitig auftretender Querzugbeanspruchung (schematisch)

Ein primäres Betonversagen liegt vor, wenn die Bügel nicht Fließen oder nur mit geringen plastischen Dehnungen Fließen und es zu einem echten Druckstrebenbruch durch Überschreiten der Druckfestigkeit kommt.

DIN EN 1992-2 mit zugehörigem NA sieht zur Vermeidung eines Druckstrebenbruchs eine Interaktionsbedingung für Querkraft und Torsion vor. Da die Hauptdruckspannungen im Beton auch vom gleichzeitig wirkenden Biegemoment M beeinflusst werden, stellt sich die Frage, ob das Biegemoment ebenfalls dabei berücksichtigt werden muss.

Um all diesen Fragen nachzugehen, wurden in einer Versuchsreihe entsprechend konzipierte Versuche durchgeführt [4].

5. Verifikation der Bemessungsmodelle durch Versuche an Durchlaufträgern

5.1 Konzeption

Das hier vorgestellte Versuchsprogramm zur Verifikation der in Abschnitt 2 und Abschnitt 3 vorgestellten Bemessungsmodelle und konstruktiven Durchbildung durch Versuche umfasst in Summe vier großformatige Durchlaufträger mit kombinierter Beanspruch aus Biegung, Querkraft und zusätzlicher Torsion, die an der TU Dortmund im Rahmen von Forschungsvorhaben der BASt [1], [2] getestet wurden.

Wie bereits teilweise in [5] vorgestellt, wurden an jedem der zweifeldrigen Spannbetonträger zwei Teilversuche durchgeführt. Dazu weisen die beiden Felder unterschiedliche Querkraft- und Längsbewehrungsgrade oder unterschiedlichen Bewehrungsformen für die Torsionsbügel auf. Eine Übersicht über das Versuchsprogramm der Versuche mit kombinierter Beanspruchung aus Biegung, Querkraft und Torsion an Durchlaufträgern ist in Tabelle 1 dargestellt.

Grundlage für die Versuche mit kombinierter Beanspruchung aus Biegung, Querkraft und Torsion stellen Versuche mit reiner Querkraftbiegung dar [6], [7], [8], die hinsichtlich der Trägergeometrie, der Bewehrung (bis auf die zusätzliche Torsionsbügel und Torsionslängsbewehrung) sowie dem Vorspanngrad in Übereinstimmung mit den Versuchen unter kombinierter Beanspruchung sind. Sie können als Referenzversuche mit bekannter Versuchstraglast herangezogen und den Versuchstraglasten aus den Versuchsträgern DLT 5 – DLT 8 gegenübergestellt werden (Tabelle 2).

Die Versuchslasten der Versuchsträger DLT 5 – DLT 7 wurden durch zwei kraftgesteuerte hydraulische Pressen mit einer Kapazität von 2,0 MN aufgebracht. Die Einzellasten sind jeweils in einem Abstand von 3,50 m von der Innenstützte exzentrisch zur Längsachse des Trägers angeordnet. Dadurch entsteht im Bereich zwischen Lasteinleitung und Innenstütze eine konstante Torsionsbeanspruchung mit wechselndem Vorzeichen an der Innenstütze, vergleichbar mit der Beanspruchung an den Innenstützten von Plattenbalkenbrücken mit Querträgern. Der Versuchsträger DLT 8 wurde durch 11 hydraulische Zylinder, die über einen Ölkreislauf miteinander verbunden belastet. Auf Grund der Vielzahl an Einzellasten kann dabei in guter Näherung von einer Streckenbelastung ausgegangen werden.

Die so belasteten Balken wurden über nachträglich anbetonierte Querträger an der Innenstütze zur Aufnahme der Torsion ins Gleichgewicht gesetzt.

Während bei den Versuchsträgern DLT 5 – DLT 7 primär das Bemessungskonzept für eine kombinierte Beanspruchung aus M+V+T (vgl. Abschnitt 3) verifiziert werden sollte, wurde bei dem Versuchsträger DLT 8 zusätzlich der direkte Vergleich einer unterschiedlichen konstruktiven Ausbildung der Bügelbewehrung in der Gurtplatte getestet (vlg. Abschnitt 4). Hierzu wurde ein Feld mit offenen und ein Feld mit nach Norm geschlossenen Bügeln ausgeführt (Bild 7). Die offenen Bügel wurden durch die Querbewehrung der Gurtplatte geschlossen.

Tabelle 1 Versuchsprogramm – Kombinierte Beanspruchung aus Biegung, Querkraft und Torsion

Versuch	Querschnitt	Längsbewehrung	Schubbewehrung Feld 1	Schubbewehrung Feld 2	Belastung Feld 1	Belastung Feld 2
DLT 5	T	$A_{s,o}$ = 14Ø12 + 2Ø20 $A_{s,u,Feld}$ = 3Ø16 + 2Ø20 $A_{s,u,Stütz}$ = $A_{s,u,Feld}$ + 2Ø20 $A_{s,T,Steg}$ = 4Ø12 je Seite	$a_{sw,V+T}$ Ø8/20	$a_{sw,V+T}$ Ø10/20	Einzellast e = 7,5 cm	
DLT 6	T	$A_{s,o}$ = 14Ø12 + 2Ø20 $A_{s,u,Feld}$ = 3Ø16 + 2Ø20 $A_{s,u,Stütz}$ = $A_{s,u,Feld}$ + 2Ø20	$a_{sw,V+T}$ Ø8/20 (ohne Torsionslängsbewehrung)	$a_{sw,V+T}$ Ø10/20	Einzellast e = 7,5 cm	
DLT 7	T	$A_{s,o}$ = 14Ø12 + 2Ø20 $A_{s,u,Feld}$ = 3Ø16 + 2Ø20 $A_{s,u,Stütz}$ = $A_{s,u,Feld}$ + 2Ø20 $A_{s,T,Steg}$ = 4Ø16 je Seite	$a_{sw,V+T}$ Ø8/10	$a_{sw,V+T}$ Ø10/10	Einzellast e = 11 cm	e* = 20 cm
DLT 8	T	$A_{s,o}$ = 14Ø12 + 2Ø20 $A_{s,u,Feld}$ = 3Ø16 + 2Ø20 $A_{s,u,Stütz}$ = $A_{s,u,Feld}$ + 2Ø20 $A_{s,T,Steg}$ = 4Ø16 je Seite	$a_{sw,V+T}$ Ø8/10	$a_{sw,V+T}$ Ø10/10	Streckenlast e = 15 cm	

* geplant und bemessen mit e = 15 cm, getestet mit e = 20 cm

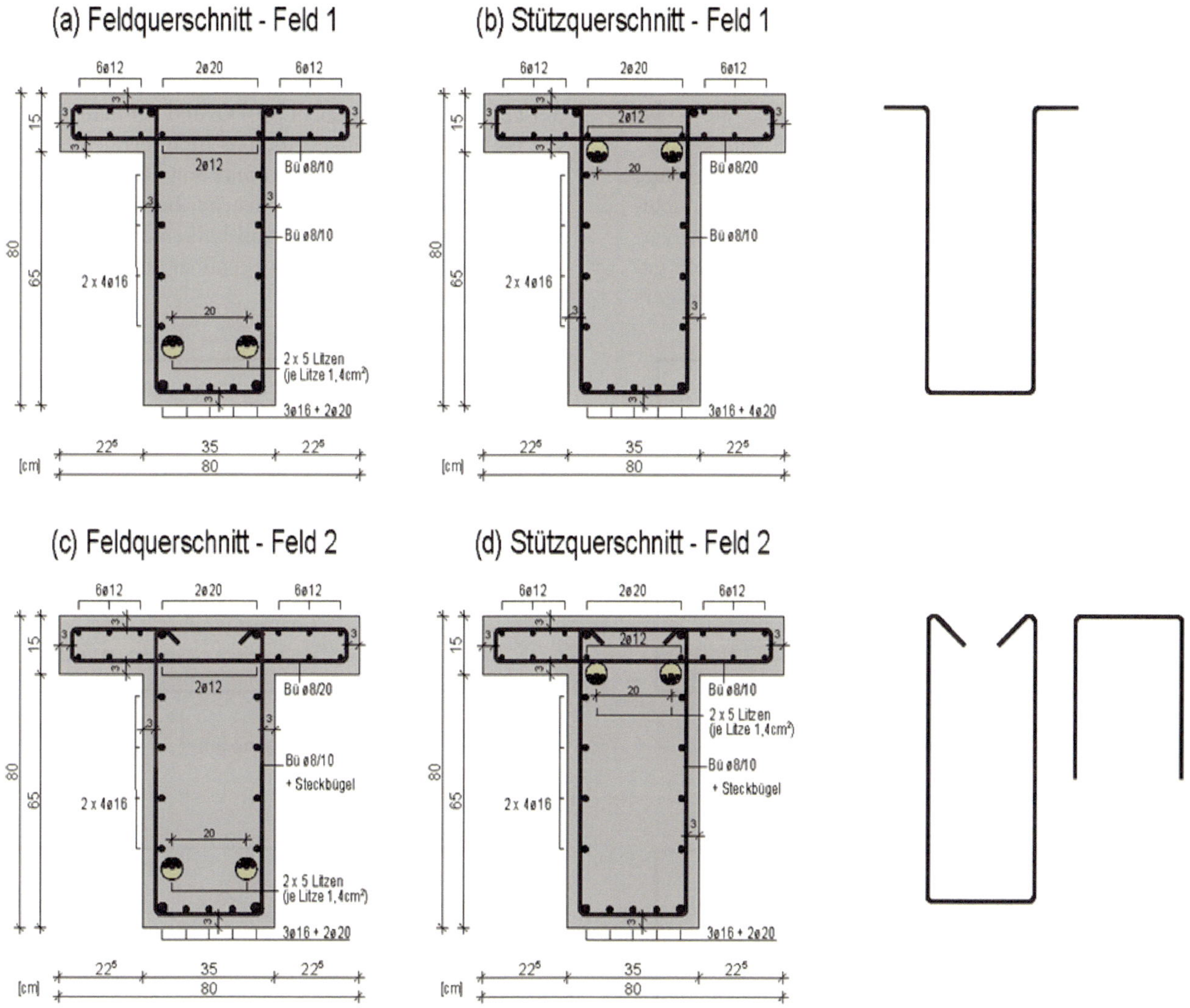

Bild 7: Querschnittsgeometrie und Bewehrung Versuchsträger DLT 8

5.2 Last-Durchbiegungskurven

In Bild 8 sind die Last-Durchbiegungskurven der Träger DLT 5 bis DLT 8 jeweils für den ersten Teilversuch, bis zum Einbau der Verstärkung des schwächer bewehrten Feldes und den zweiten Teilversuch, bis zum Bruch des stärker bewehrten Feldes, dargestellt.

Das Versagen der Versuchsträger DLT 5 und DLT 6 trat jeweils im stärker bewehrten Feld an der Lasteinleitung letztlich durch den Bruch der stark eingeschnürten Betondruckzone auf. Primäre Ursache für das Versagen war das Fließen der Bewehrung in Verbindung mit großen Stahldehnungen (vgl. Abschnitt 4).

Bei dem Versuchsträger DLT 7 trat das Versagen an der Innenstütze durch Druckstrebenbruch in Feld 2 auf.

Bei DLT 8 waren beide Felder für die gleiche Traglast ausgelegt und unterschieden sich lediglich hinsichtlich der konstruktiven Ausbildung der Bügel (Bild 7). Da sich bei DLT 8 bis zum Eintreten der Bruchlast keine Unterschiede im Tragverhalten anhand von Rissbildung, Dehnungsmessungen oder Verformungen erkennen ließen, kam es zu keiner Verstärkung des vermeintlich konstruktiv schwächer ausgebildeten Feldes 1 mit offenen Bügeln, die über die Bewehrung der Gurtplatte geschlossen wurden. Das endgültige Versagen trat im Feld mit den offenen Bügeln an der Innenstütze auf.

Das Bemessungskonzept aus Abschnitt 3 für die Bewehrung konnte bei Versuchsträger DLT 5 durch das Erreichen von 97 % der Traglast im Vergleich zu den Referenzversuchen bestätigt werden. Der Versuchsträger DLT 6 konnte dagegen erwartungsgemäß nur ca. 90 % der Traglast der Referenzversuche erreichen (Tabelle 2), da DLT 6 gänzlich ohne zusätzliche Torsionslängsbewehrung ausgeführt worden war. Dies hatte gegenüber dem Referenzversuch einen Abfall der Versuchstraglast um 9,2 % (Feld 1) bzw. 6,1 % (Feld 2) zur Folge.

Bei dem Versuchsträger DLT 7 wurde die Exzentrizität im Versuch gegenüber der Bemessung von 15 cm auf 20 cm vergrößert, um etwaige vorhandene Tragreserven auszuloten. Dadurch wurde die Versuchstraglast um 14 % verfehlt.

5.3 Versuchstraglasten

Eine Übersicht über die erreichten Traglasten im Vergleich zu den Referenzversuchsträgern aus [1] gibt Tabelle 2. Beim Streckenlastversuch DLT 8 wurde die Traglast des Referenzversuchs entsprechend dem Bemessungsvorschlag für die zusätzliche Torsionsbewehrung nicht nur erreicht, sondern wie aus Tabelle 2 ersichtlich, sogar um 26.4 % übertroffen. Diese höhere Versuchstraglast lässt sich allerdings auf die deutlich geringere Druckfestigkeit des Referenzversuchsträgers zurückführen, bei dem es zu einem frühen Versagen der Biegedruckzone kam. Bei dem Referenzversuchsträger wurde die Zielfestigkeit des bestellten Betons der Festigkeitsklasse C35/45 auf Grund der mangelhaften Qualität des Transportbetons nicht erreicht (f_{cm} = 26,7 MN/m²). Dieser Fehler konnte erst nach Erhärtung und Prüfung der ersten Probekörper bemerkt werden, wodurch der gesamten Versuchsbalken eine um 53 % reduzierten Druckfestigkeit gegenüber dem angestrebten Wert aufwies.

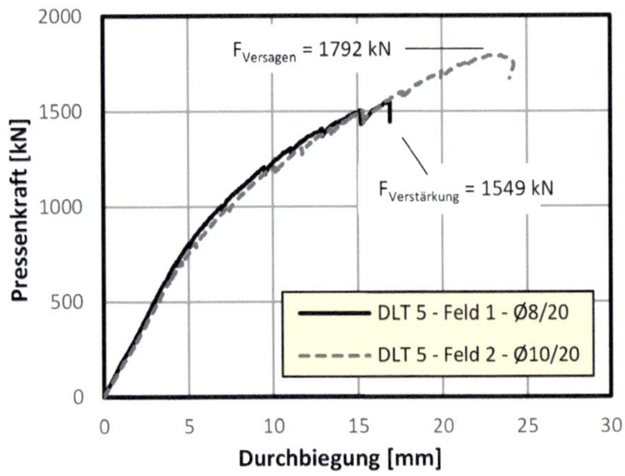

(a) DLT 5

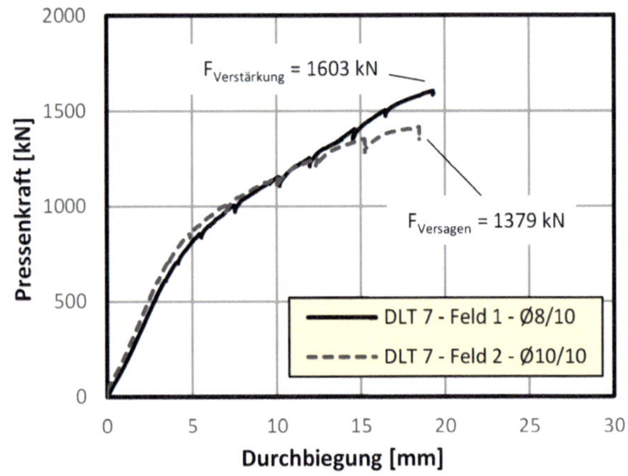

(c) DLT 7

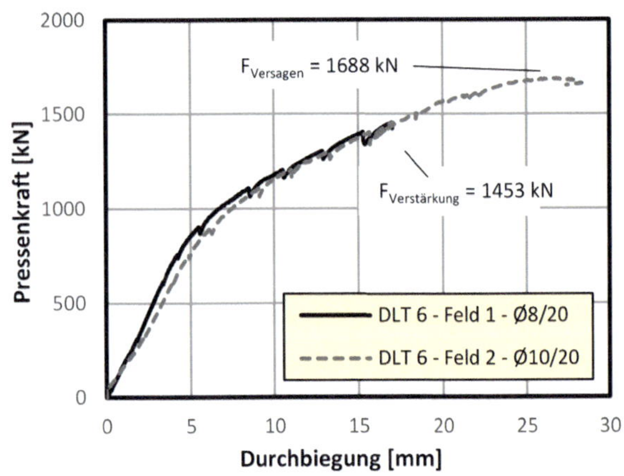

(b) DLT 6

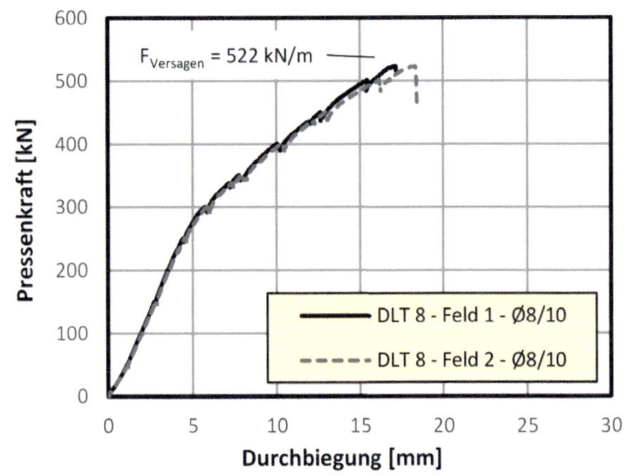

(d) DLT 8

Bild 8: Experimentell bestimmte Last- Durchbiegungskurven – DLT 5-8

Tabelle 2: Experimentell ermittelte Versuchstraglasten

Träger	Feld	Versuchstraglast	Referenz-versuch	Abweichung	Merkmal
DLT 5	1	1549 kN	1607 kN	–3,2 %	zus. Torsionsbügel- und Längsbewehrung e = 7,5 cm
	2	1792 kN	1798 kN	–0,20 %	
DLT 6	1	1453 kN	1607 kN	–9,20 %	ohne zus. Torsionslängsbewehrung e = 7,5 cm
	2	1688 kN	1798 kN	6,10 %	
DLT 7	1	1603 kN	1607 kN	–0,25 %	Bemessung e = 11 cm Versuch: e = 11 cm
	2	1379 kN	1607 kN	–14,0 %	Bemessung: e = 15 cm Versuch: e = 20 cm
DLT 8	1	522 kN/m	413 kN/m	+26,4 %	DLT 4 (Ref.) f_{cm} = 26,7 MN/m² DLT 8: f_{cm} = 48,9 MN/m² e = 15 cm
	2	522 kN/m	413 kN/m	+26,4 %	

Dieser Problematik geschuldet, kam es bei dem Versuchsträger DLT 8 mit f_{cm} = 48,9 MN/m² noch nicht zum Fließen der Bügelbewehrung als die Versagenslast des Referenzversuchsträgers erreicht war. Erst bei weiterer Steigerung der Last wurde die Streckgrenze der Bügelbewehrung erreicht, die plastischen Dehnungen nahmen zu und in der Folge kam es unter einer deutlich höheren Laststufe als beim Referenzversuch auf Grund einer Querschnittsschwächung durch Abplatzen der seitlichen Betondeckung ebenfalls zu einem sekundären Druckstrebenversagen. Primäre Versagensursache war das Fließen der Bügel.
Insgesamt konnte das Bemessungsmodell aus Abschnitt 2 durch die Versuche bestätigt werden.

5.4 Rissbilder

In Bild 9 sind die Rissbilder der Versuchsträger im Bruchzustand dargestellt. Im Bruchzustand sind die Versuchsträger über die gesamte Länge gerissen, wobei die kritischen Risse, die im jeweils stärker bewehrten Feld zum endgültigen Bruch geführt haben, rot eingezeichnet sind. Während der Versuchsträger DLT 5 durch eine Überbeanspruchung der Bügelbewehrung versagte, zeigte sich bei dem Versuchsträger DLT 6 ohne zusätzliche Torsionslängsbewehrung eine deutliche Zunahme der Rissbildung bis in den Bereich der Druckzone an der Innenstütze hinein. Dies ließ ein bevorstehendes gleichzeitiges Versagen sowohl der Bügel als auch der Druckzone an der Innenstütze vermuten.
Beim Versuchsträger DLT 7 führte letztlich ein Versagen der Druckstreben in Feld 2 zum Bruchzustand. Ursache war eine größere Exzentrizität der Belastung im Versuch mit e = 20 cm gegenüber e = 15 cm bei der Bemessung.
Bei dem Versuch mit Streckenlast (DLT 8) stellt sich ein gänzlich anderen Rissbild ein. Aufgrund der gegenüber den Einzellasten veränderten Schnittgrößenverteilung konzentriert sich die Ausbildung der schrägen Schubrisse im Wesentlichen auf den Bereich der Innenstütze, während sich im Feldbereich hauptsächlich vertikale Biegerisse einstellen.
Das Versagen des Trägers DLT 8 erfolgte schlussendlich an der Innenstütze im Feld mit offener Bügelbewehrung infolge eines sekundären Druckzonenversagens. Auf Grund großer plastischer Dehnungen im Zuge des Fließens der Bügelbewehrung (10–20 ‰) kam es zu großen Querdehnungen und Zugspannungen in den geneigten Betondruckstreben und dementsprechend zu einen Festigkeitsabfall des Betons. Durch flächenhafte Betonabplatzungen kam es in der Folge zur Querschnittsschwächung, die schlussendlich das sekundäre Druckzonenversagen eingeleitet hat (Vgl. Abschnitt 5).
Bis zum Versagen war kein Einfluss der Bügelbewehrungsform auf das Tragverhalten zwischen den Feldern erkennbar.

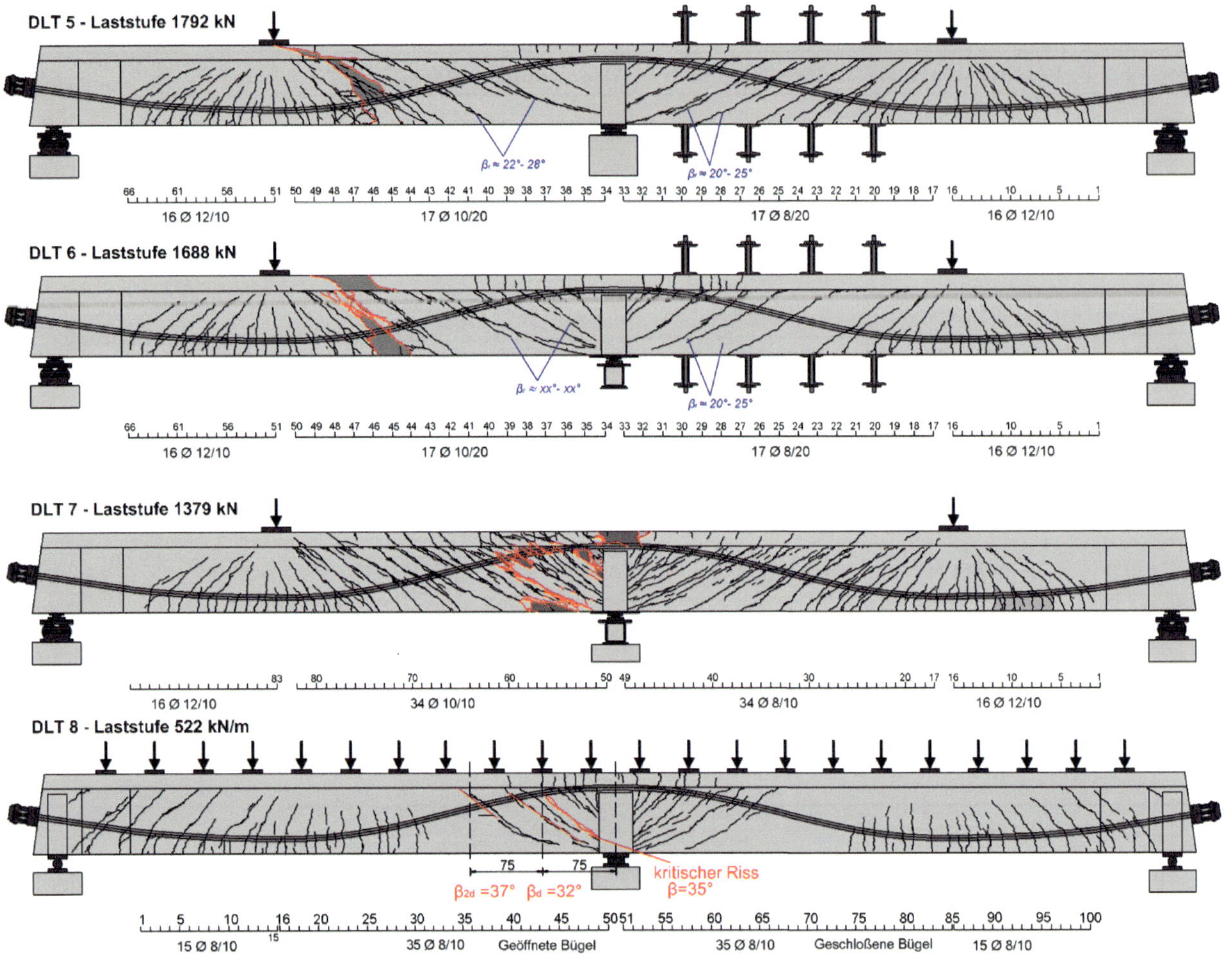

Bild 9: Rissbilder im Bruchzustand (Versagensrisse rot)

5.5 Torsionssteifigkeit

In statisch unbestimmten Systemen ist die Verteilung der Schnittgrößen abhängig von den Steifigkeitsverhältnissen. Bei Plattenbalkenbrücken beeinflusst die Torsionssteifigkeit der Längsträger sowohl die Querverteilung als auch die absolute Größe der Torsionsmoment der Hauptträger. Daher ist es bei der Nachrechnung von bestehenden Plattenbalkenbrücken von Interesse, die Torsionssteifigkeit der Hauptträger für die Schnittgrößenermittlung im Grenzzustand der Tragfähigkeit aufgrund der Rissbildung abzumindern, um das Tragverhalten möglichst realitätsnah abzubilden.

Anhand der vorgestellten Versuchsträger unter kombinierter Beanspruchung aus Biegung, Querkraft und Torsion konnte der Abfall der Torsionssteifigkeit durch kontinuierliche Messung der Torsionsmomenten-Verdrillungs-Beziehung (M, ϑ') analysiert werden und der rechnerischen Torsionssteifigkeit nach Zustand I gegenübergestellt werden (Tabelle 3).

Tabelle 3: rechnerische Torsionssteifigkeit im Zustand I – DLT 5-8

Träger	G [MN/m²]	I_T [m4]	$GI_{T(cal)}$ [MNm²]
DLT 5	14.518	$8{,}498*10^{-3}$	123
DLT 6	14.533	$8{,}498*10^{-3}$	124
DLT 7	15.495	$8{,}498*10^{-3}$	132
DLT 8	15.403	$8{,}498*10^{-3}$	131

Im Anschluss kann mit der nichtlinearen Torsionsmomenten-Verwindungs-Zuordnung im gerissenen Zustand II und mithilfe der mechanischen Zusammenhänge aus den Versuchen eine Tangenten- und Sekanten-Torsionssteifigkeit bestimmt werden. Dabei ist der grundsätzliche Unterschied zwischen Sekanten- und Tangentensteifigkeit zu beachten.

$$GI^{II}_{T,tan} = \frac{\Delta T}{\Delta \vartheta'}(tan) \text{ bzw. } GI^{II}_{T,sek} = \frac{\Delta T}{\Delta \vartheta'}(sek)$$

Die unterschiedlich definierten Torsionssteifigkeiten werden in Bild 10 und Bild 11 veranschaulicht.

Die für einen Trägerabschnitt in Längsrichtung dargestellte Torsionsmomenten- Verwindungs- Beziehung, exemplarisch für den Versuchsträger DLT 5, weist ähnlich den

Momenten-Krümmungs-Linien bei Biegebeanspruchung drei charakteristische Phasen auf: den ungerissenen Zustand I, den gerissenen Zustand II und den plastischen Bereich durch das Fließen der Bewehrung (Bild 12). Bei allen Versuchsträgern ist ein deutlicher Übergang vom linear-elastischen ungerissenen Zustand I in den gerissenen Zustand II zu erkennen. Auch der Übergang zum Fließen der Bewehrung unter deutlicher Zunahme der Verdrehung bei nur noch sehr geringer Laststeigerung ist deutlich für alle Versuchsträger zu erkennen.

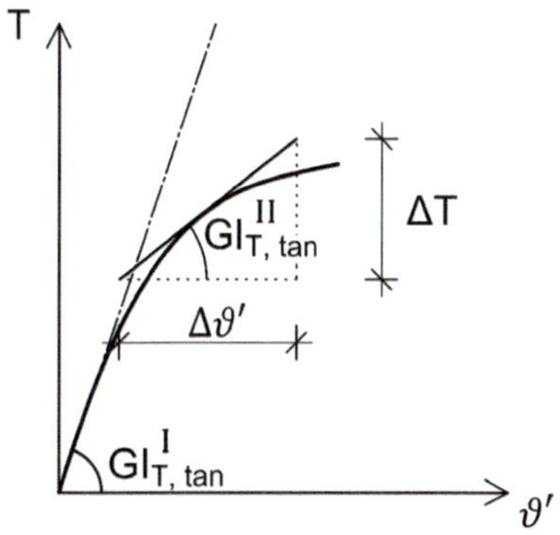

Bild 10: Tangentensteifigkeit

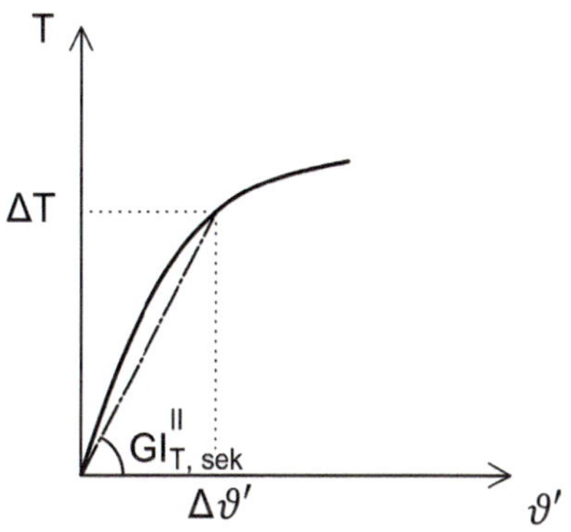

Bild 11: Sekantensteifigkeit

Zur Quantifizierung des Abfalls der Torsionssteifigkeit wurde die Entwicklung der effektiven Torsionssteifigkeit in Abhängigkeit vom Torsionsmoment anhand der im Versuch ermittelten Verdrillung auf Basis von Differenzenquotienten in Bild 13 sowohl für die Tangenten- als auch für die Sekantensteifigkeit exemplarisch für den Versuchsträger DLT 5 gegenübergestellt.

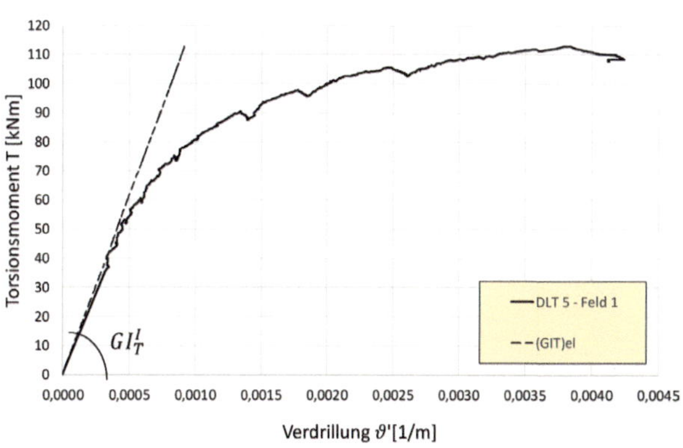

Bild 12: Torsionsmomenten-Verwindungs-Beziehung – exemplarisch für DLT 5 (Feld 1)

Zu erkennen ist, dass die Torsionssteifigkeit der Versuchsträger bereits im Zustand I auf Werte zwischen 85–90 % der Torsionssteifigkeit nach Elastizitätstheorie bedingt durch eine Mikrorissbildung reduziert wurde.

Wie in Bild 13 zu erkennen erfolgt der Abfall der Torsionssteifigkeit im gerissenen Zustand II bei 40 bis 60 % der Traglast zunächst aufgrund von Biegerissen. Durch fortschreitende Biege- und zusätzliche Torsionsrissentwicklung setzte sich der Abfall der Torsionssteifigkeit bis zu einem Lastniveau von etwa 60–80 % der Traglast auf 20–60 % des Ausgangswertes fort. Es wird deutlich, dass der Unterschied von Tangenten– zur Sekantensteifigkeit mit zunehmendem Torsionsmoment T größer wird.

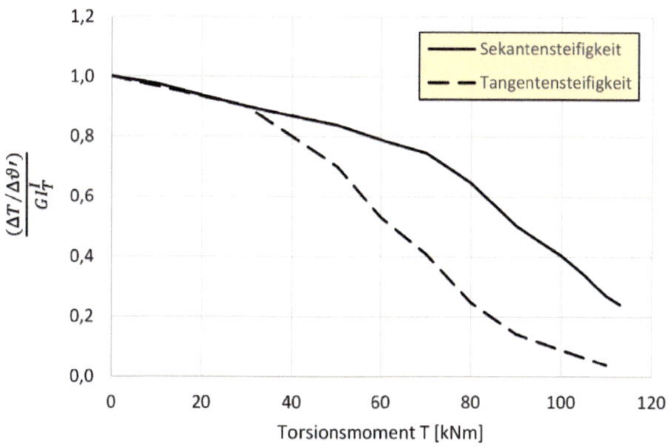

Bild 13: Entwicklung der effektiven Torsionssteifigkeit – (beispielhaft für den Versuchsträger DLT 5)

6. Erkenntnisse für die 2. Ergänzung der Nachrechnungsrichtlinie (BEM ING – Teil 2)

Die Erkenntnisse aus der hier präsentierten Versuchsreihe wurden im Zuge der zweiten Ergänzung der Nachrechnungsrichtlinie aufgenommen, so dass künftig mit der Einführung der BEM-ING, Teil 2 für die Nachrechnung von Spannbetonbrücken folgendes gilt:

- Bei der Nachrechnung bestehender Betonbrücken darf für die Bemessung bei Torsion der Druckstrebenwinkel θ in den Grenzen entsprechend $1{,}0 \le \cot\theta \le 2{,}5$ frei gewählt werden.
- Der Druckstrebenwinkel θ bei der Torsionsbemessung darf unabhängig vom Druckstrebenwinkel bei der Querkraftbemessung gewählt werden.
- Die Torsionsbügelbewehrung wird ohne Abminderung nach DIN-Fachbericht 102 ermittelt und ist zusätzlich zur Bügelbewehrung aus Querkraft in voller Größe vorzusehen
- Bei überwiegender Biegebeanspruchung darf der Spannstahl auf die Torsionslängsbewehrung angerechnet werden. Dabei wird die infolge Torsion entstehende Längszugkraft $N_{Ed,T}$, die im Schwerpunkt des Querschnitts wirkt, bei der Biegebemessung zusätzlich berücksichtigt. Der Druckstrebenwinkel entspricht dem bei der Ermittlung der Torsionsbügelbewehrung angesetzten Wert.

Darüber hinaus wurden in dem Forschungsvorhaben [2], anhand einer weiteren Versuchsreihe, Textvorschläge hinsichtlich der wirksamen Betondruckfestigkeit und effektiven Wanddicke erarbeitet, die in [9] und [10] dieses Tagungsbandes näher erläutert werden.

7. Fazit und Ausblick

Im vorliegenden Beitrag wurden erweiterte Ansätze und konstruktive Details thematisiert, die im Rahmen der Bewertung bestehender Spannbetonbrücken durch eine Nachrechnung bei einer kombinierten Beanspruchung für Nachweisformate der Stufe 2 und 4 von großem Interesse sind.

Zum einen wurde durch einen Bemessungsvorschlag zur Ermittlung der Torsionslängsbewehrung bei überwiegender Biegung gezeigt, dass im Zuge einer genaueren Nachweisführung unter Berücksichtigung von Interaktionsbedingungen Tragfähigkeitsreserven aktiviert werden können. Dabei wurden Ergebnisse von insgesamt vier Versuchsträgern mit kombinierter Beanspruchung aus Biegung, Querkraft und Torsion vorgestellt, über die der Ansatz für die Bestimmung einer reduzierten Torsionslängsbewehrung verifiziert werden konnte. Aufgrund unterschiedlicher Torsionsbügel- und -längsbewehrung in beiden Felder, konnten acht verschiedene Varianten hinsichtlich der Torsionsbewehrung und Größe der Torsionsmomente experimentell untersucht werden.

Alle Versuchsträger wurden mit dem vorgestellten erweiterten Bemessungsmodell für die Torsionsbügel- und Torsionslängsbewehrung bei kombinierter Beanspruchung ausgelegt. Bei dieser Vorgehensweise wird für überwiegend biegebeanspruchte Bauteile der positive Effekt aus der Überdrückung der Torsionslängszugkräfte im Bereich der Biegedruckzone infolge Biegung sowie die Tragwirkung der infolge Biegung nicht voll ausgenutzten Spannglieder entsprechend ihrer Lage im Querschnitt bei der Bemessung berücksichtigt. Auf diese Weise kann die Längsbewehrung gegenüber einer Bemessung bei reiner Torsion deutlich reduziert werden.

Zum anderen wurde gezeigt, dass die, beispielsweise aus dem analytischen Druckbogenmodell ermittelte Bügelbewehrung für Querkraft, mit der vollen Torsionsbügelbewehrung nach EC2 für die gesamte erforderliche Bügelbewehrung unter der kombinierten Beanspruchung aus Biegung, Querkraft und Torsion überlagert werden muss. Darüber hinaus konnte durch den Versuchsträger DLT 8 bestätigt werden, dass die Torsionsbügel auch durch die Querbewehrung in der Gurtplatte ohne Verlust an Tragfähigkeit geschlossen werden können.

Abschließend wurde gezeigt, dass die Abminderung der Torsionssteifigkeit GI_T für die Nachweise im Grenzzustand der Tragfähigkeit auf 40 % des linearelastischen Wertes nach Zustand I bei der Schnittgrößenermittlung im Zuge der Nachrechnung von Plattenbalkenbrücken berechtigt ist. Damit kann das Tragverhalten zutreffend und realitätsnah abgebildet werden.

Literaturverzeichnis

[1] Hegger, J.; Maurer, R.; Fischer, O.; Zilch, K. et. al.: *Beurteilung der Querkraft- und Torsionstragfähigkeit von Brücken im Bestand – erweiterte Bemessungsansätze*, Schlussbericht zu BASt FE 15.0591/2012/FRB, 2018.

[2] Hegger, J.; Maurer, R.; Fischer, O.; Zilch, K. et. al.: *Experimentelle und theoretische Untersuchungen zur Querkraft- und Torsionstragfähigkeit von Betonbrücken im Bestand*, Schlussbericht zu BASt FE 15.0664/2019/DRB, 2023.

[3] Leonhardt, F.: *Vorlesungen über Massivbau – Teil 1 Grundalgen zur Bemessung im Stahlbetonbau*, Springer Verlag, 1984.

[4] Lavrentyev, V.; Stakalies, E.; Maurer, R.: *Erweiterte experimentelle und theoretische Untersuchungen zur kombinierten Beanspruchung aus Biegung, Querkraft und Torsion.* Beitrag zum Tagungsband des 5. Brückenkolloquium der TAE, Esslingen, September 2022.

[5] Stakalies, E.; Maurer, R.: *Zur Anrechenbarkeit von Spanngliedern auf die Torsionslängsbewehrung.* Beitrag zum Tagungsband des 4. Brückenkolloquiums der TAE, Esslingen, September 2020.

[6] Hegger, J.; Maurer, R.; Zilch, K.; Rombach, G.: *Beurteilung der Querkraft und Torsionstragfähigkeit von Brücken im Bestand – kurzfristige Lösungsansätze.* Schlussbericht zu BASt FE 15.0482/2009/FRB, 2014.TAE 2020, ES.

[7] Maurer, R.; Gleich, P.; Zilch, K.; Dunkelberg, D.: *Querkraftversuche an einem Durchlaufträger aus Spannbeton.* Beton- und Stahlbetonbau (2014), Heft 10.

[8] Gleich, P; Maurer, R.: *Querkraftversuche an Spannbetondurchlaufträgern mit Plattenbalkenquerschnitt, In:* Bauingenieur 93 (2018), Heft 2.

[9] Maurer, R.; Stakalies, E.; Lavrentyev, V.: *Kombinierte Beanspruchung aus Biegung, Querkraft und Torsion aus zwei BASt-Forschungsvorhaben.* Beitrag zum Tagungsband des 6. Brückenkolloquium der TAE, Esslingen, Oktober 2024.

[10] Lavrentyev, V.; Stakalies, E.; Maurer, R.: *Abschließende Forschungsergebnisse zu den experimentellen und theoretischen Untersuchungen unter der kombinierten Beanspruchung aus Biegung, Querkraft und Torsion.* Beitrag zum Tagungsband des 6. Brückenkolloquium der TAE, Esslingen, Oktober 2024.

Abschließende Forschungsergebnisse zu den experimentellen und theoretischen Untersuchungen unter der kombinierten Beanspruchung aus Biegung, Querkraft und Torsion

Dipl.-Ing Vladimir Lavrentyev
Technische Universität Dortmund

Eva Stakalies, M. Sc.
Technische Universität Dortmund

Univ.-Prof. Dr.-Ing. Reinhard Maurer
Technische Universität Dortmund

Zusammenfassung
Im Rahmen von Brückennachrechnungen ergeben sich bei den bestehenden älteren Spannbetonbrücken infolge einer Beanspruchung aus Querkraft und Torsion häufig Defizite hinsichtlich der erforderlichen Bügel- und Torsionslängsbewehrung. Dies liegt zum einen an höheren Verkehrslasten infolge des kontinuierlich gestiegenen Schwerverkehrs und zum anderen an den im Laufe der Zeit weiterentwickelten Nachweisverfahren für Querkraft und Torsion. Zurzeit existieren nur relativ wenige experimentelle Untersuchungen an vorgespannten Versuchsbalken als Durchlaufträger mit der kombinierten Beanspruchung aus Biegung, Querkraft und Torsion. Im Rahmen eines Forschungsvorhabens der BASt, durchgeführt in Kooperation mit der RWTH Aachen und TU München, wurden an der TU Dortmund Großversuche an Spannbetonbalken mit realistischer Schubschlankheit durchgeführt, die Plattenbalkenbrücken möglichst gut repräsentieren sollen. Dabei ist u.a. die Interaktion der Schnittgrößen in der Biegedruckzone an der Innenstütze, wo die resultierenden Hauptdruckspannungen aus Biegung, Querkraft und Torsion wirksam sind, Gegenstand der derzeitigen Forschung.

1. Einleitung

Im Rahmen von Brückennachrechnungen [1] ergeben sich bei den bestehenden älteren Spannbetonbrücken infolge einer kombinierten Beanspruchung aus Querkraft, Biegung und Torsion häufig Defizite hinsichtlich der erforderlichen Schub- und Torsionsbewehrung [2, 3]. Zur möglichst realitätsnahen Abschätzung der Tragfähigkeit von Bestandsbrücken wurden im Rahmen des BASt Projekts FE 15.0664/2019/DRB an der TU Dortmund experimentelle Untersuchungen an fünf großformatigen Versuchsträgern mit jeweils zwei Teilversuchen durchgeführt. Dabei war das Ziel die noch ungenutzten Tragreserven aufzudecken sowie die neu entwickelten theoretischen Ansätze zu verifizieren.

In der vorliegenden Arbeit werden die Forschungsergebnisse der experimentellen Untersuchungen vorgestellt und verfeinerte Nachweisverfahren für Stufe 2 der zweiten Ergänzung der Nachrechnungs-richtlinie (BEM-ING Teil 2) vorgeschlagen. Die Verfahren basieren auf einer genaueren Erfassung der Interaktion zwischen Biege-, Querkraft- und Torsionsbeanspruchung. Die aktuell gültigen Interaktionsbedingungen hinsichtlich eines Versagens des Betons auf Druck unter einer kombinierten Beanspruchung (V+T) werden überprüft.

Die Berücksichtigung des Zusammenwirkens von Gurtplatte und Steg in einem Plattenbalkensystem bei zusätzlicher Torsionseinwirkung aktiviert Tragreserven und verringert die erforderliche Torsionsbewehrung im Steg, was bei den Brückennachrechnungen zu ökonomischen und ökologischen Ergebnissen führt. Die durchgeführten Versuche konnten die Kraftumlagerung und somit die Aktivierung der Gurte bei kombinierter Beanspruchung aus M+V+T verifizieren.

2. Versuchsprogramm ETK

2.1 Versuchskörper

Die Versuchsreihe ETK „Einfeldträger mit Kragarm" unterscheidet sich von der DLT - Versuchsreihe durch einen größeren Untersuchungsbereich, größere geometrische Schubschlankheiten sowie eine Belastung durch Streckenlasten. Der neu konzipierte Versuchsträger und der Versuchsaufbau sollen den Bereich einer Innenstütze eines Durchlaufträgers als Plattenbalkenbrücke möglichst realitätsnah abbilden. Abb.1 zeigt das Ersatzsystem des Innenfeldes eines unendlich langen Durchlaufträgers unter konstanter Streckenlast.

Durch Kalibrierung der Einzellast am Kragarmende sowie der Streckenlast im Feld kann die sich einstellende Schubschlankheit an der Innenstütze gezielt gesteuert werden. Bei Ergänzung der Schnittgrößenverläufe für ein volles Feld, repräsentiert der Versuchsträger ein deutlich längeres Feld als es seiner eigentlichen Länge entspricht.

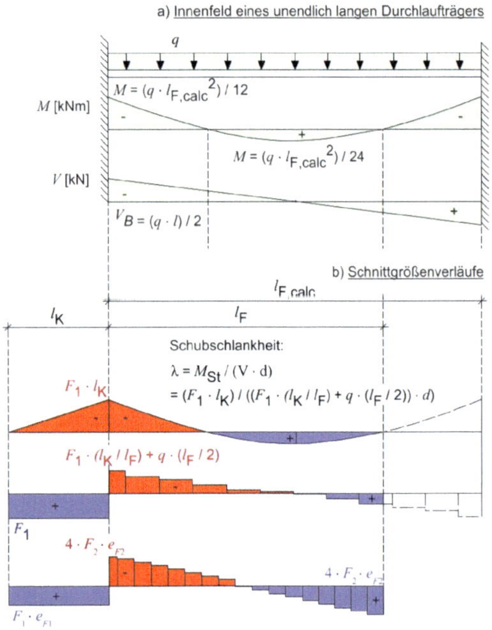

Abb. 1: Konzeption der Versuchsträger ETK

Die Querschnittsform sowie die -Abmessung wurden analog zu den Torsionsversuchen des an der TU - Dortmund abgeschlossenen BASt-Projekts FE 15.0591 [4] gewählt und sind in der Abb. 2 dargestellt.

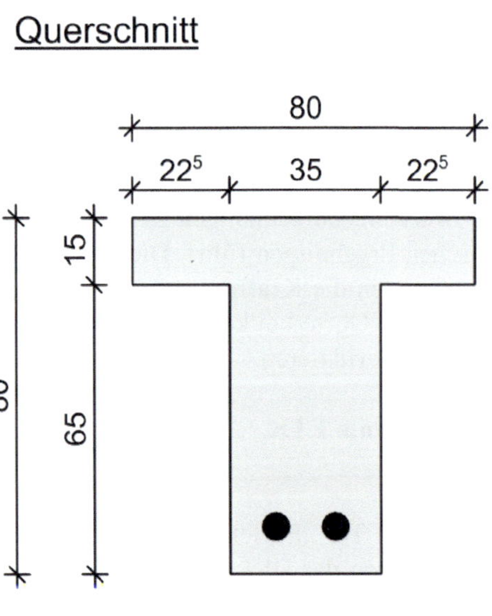

Abb. 2: Querschnitt der Versuchsträger

Die neue Versuchsreihe (ETK) besteht aus insgesamt fünf vorgespannten Versuchsträgern. Die Vorspannung wurde in Anlehnung an die alte nationale Norm DIN 4227:1953 mit 55% der Zugfestigkeit der Spanstahls aufgebracht. Jeder Versuchsträger wurde für zwei Teilversuche genutzt. Im jeweiligen Teilversuch 1 wurde die Querkrafttragfähigkeit unter zusätzlicher Torsionsbeanspruchung im Stützbereich zum Feld hin untersucht. Der Referenzversuch ETK1 wurde durch reine Querkraftbiegung ohne Torsion getestet. In den Versuchen ETK2 bis ETK5, mit zusätzlicher Torsion, wurde jeweils ein Parameter variiert, um seine Auswirkung auf die Tragfähigkeit zu untersuchen.

Bei den Versuchsträgern ETK2 und ETK3 wurde die Auswirkung einer zunehmenden Exzentrizität unter der gewählter Druckstrebenneigung von cot θ=2,5 untersucht. In ETK4 wurde die Auswirkung einer Variation der Druckstrebenneigung (cot θ=2,0) und in ETK5 die Auswirkung einer Querschnittsform ohne Gurtplatte untersucht. Die wesentlichen Parameter sind in Tabelle 1 dargestellt. Die Teilversuche 1 im Feldbereich dienen der Verifikation des Bemessungsmodells bei zusätzlicher Torsion für schwach bewehrte Querschnitte (Abschnitt 2), bei dem die Torsionslängsbewehrung durch Berücksichtigung einer Torsionslängszugkraft bei der Biegebemessung ermittelt wird.

Tabelle 1: Versuchsprogram ETK (TV 1)

Versuch	Querschnitt + Belastung	Schubbewehrung Feld [cm²/m]	cot q [-]
ETK1	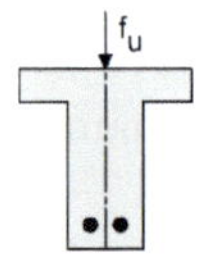	$a_{sw,V}$: gew.: Ø8/25 (4,02)	2,5
ETK2 e_1=7,5cm	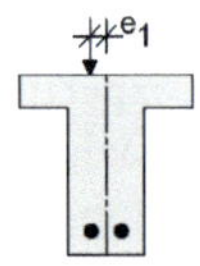	$a_{sw,V}$ = 4,02 + $a_{sw,T}$ = 2,50 gew.: Ø8/15 (6,70)	2,5
ETK3 e_2=15cm	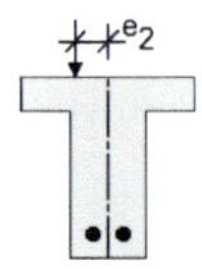	$a_{sw,V}$ = 4,02 + $a_{sw,T}$ = 5,30 gew.: Ø10/17,5 (9,18)	2,5
ETK4 e_2=15cm	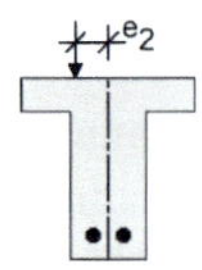	$a_{sw,V}$ = 4,02 + $a_{sw,T}$ = 6,64 gew.: Ø10/15 (10,48)	2,0
ETK5 e_1=7,5cm		$a_{sw,V}$ = 4,02 + $a_{sw,T}$ = 2,66 gew.: Ø8/15 (6,70)	2,5

Im jeweiligen Teilversuch 2 erfolgte die Untersuchung der Druckzone unter der kombinierten Belastung aus M+V+T am stark bewehrten Kragarm. Hierbei stand ein mögliches Versagen infolge der Hauptdruckspannungen im Beton im Fokus.

2.2 Bemessung der Versuche

2.2.1 Allgemeines

Bei der Nachrechnung bestehender Spannbetonbrücken werden im ersten Schritt die statisch erforderlichen Torsionsbügel ermittelt und von der vorhandenen Bügelbewehrung abgezogen. Mit der verbleibenden Bügelbewehrung wird der Nachweis der Querkrafttragfähigkeit geführt. Bei der Ermittlung der Torsionsbügel kann kein Betontraganteil in Ansatz gebracht werden.

Die statisch erforderliche Torsionslängsbewehrung kann bei der Biegebemessung unter Berücksichtigung der

Tragreserven der Spannglieder über eine zur Torsionslängsbewehrung äquivalente Längszugkraft gemeinsam mit der Biegebewehrung ermittelt werden.
Die Versuche wurden so konzipiert, dass ein vorzeitiges Biegeversagen ausgeschlossen war und ein Querkraftversagen erfolgte. Es wurde ausreichend Längsbewehrung vorgesehen, um die notwendige Biegetragfähigkeit zu erreichen. In der Vorbemessung hat sich die Betondruckzone im Bereich der Innenstütze als kritisch herausgestellt. Daher wurde im Stützbereich eine Druckbewehrung eingelegt.
Die Schubbewehrung der Versuchsträger im Kragarm und im Feld wurde im Hinblick auf beide Teilversuche ausgelegt. Die Mindestquerkraftbewehrung unter zugrundenahme der Mittelwerte der Materialfestigkeiten beträgt . Der Stabdurchmesser im Feldbereich wurde auf Ø8 festgelegt mit , dies entspricht 62% der Mindestquerkraftbewehrung. Das angestrebte Schubversagen im Feldbereich wurde auf diese Weise vorgegeben.
Entgegen dem Feldbereich wurde ein vorzeitiges Schubversagen durch Fließen der Bügel am Kragarm rechnerisch ausgeschlossen. Die vorhandene Querkraftbewehrung mit betrug 484% der Mindestquerkraftbewehrung. Drei Bügel aus dem Kragarm wurden über die Auflagerachse hinaus ins Feld geführt.
Die gewählte Bewehrung wurde bei der gesamten Versuchsserie verwendet.
In den nachfolgenden Versuchen mit einer kombinierten Beanspruchung aus Biegung, Querkraft und zusätzlicher Torsion wurde zusätzlich zu der Bewehrung des Referenzträgers eine entsprechende Torsionslängs- und -bügelbewehrung eingebaut.

2.2.2 Ermittlung der zusätzlichen Bügelbewehrung infolge Torsion (M+V+T).

Grundlage für die Bemessung der Versuchsträger mit kombinierter Beanspruchung aus Biegung, Querkraft und Torsion (M+V+T) bildet der Referenzversuchsträger ETK1 mit reiner Querkraftbiegung (M+V).
Nach EC2-2/NA [5] wird die Bewehrungsermittlung für Querkraft und Torsion getrennt voneinander durchgeführt und nach Superpositionsprinzip miteinander überlagert, wie bereits in [6] erläutert. Da bei Torsion kein günstiger Betontraganteil wirksam ist, muss die ermittelte Torsionsbügelbewehrung vollständig eingebaut werden.
Die Bemessung erfolgt unter Ansatz der Mittelwerte der Materialfestigkeiten über folgende Gleichung:

$$erf\,a_{sw.T} = \frac{T_{\mathrm{u}}}{2 \cdot A_{\mathrm{k}} \cdot f_{\mathrm{ym}}} \cdot \tan\theta$$

Die gesamte Bügelbewehrung je Bügelschenkel ergibt sich demnach zur:

$$erf\,a_{sw.ges} = \frac{erf\,a_{sw.V}}{2} + erf\,a_{sw.T}$$

Die gewählte Bügelbewehrung kann der Tab. 1 entnommen werden.

2.2.3 Ermittlung der zusätzlichen Längsbewehrung infolge Torsion (M+V+T).

Die Ermittlung der erforderlichen Torsionslängsbewehrung für die Versuchsträger unter Ansatz der Mittelwerte der Materialfestigkeiten erfolgt gemäß EC2-2 [5] wie folgt:

$$erf\,a_{sl} = \frac{A_{sl}}{u_k} \geq \frac{T_u}{f_{ym} \cdot 2A_k \cdot tan\theta}$$

Durch die in [6] vorgeschlagenen Umstellung der Gleichung nach

$$A_{sl} \cdot f_{ym} = \frac{T_u}{2A_k \cdot tan\theta} \cdot u_k$$

lässt sich eine resultierende äquivalente Längszugkraft N_{Tu} ermitteln:

$$N_{Tu} = A_{sl} \cdot f_{ym}$$

Index u: Schnittgrößen unter der Versuchstraglast

Diese fiktive Längszugkraft wird im Schwerpunkt des Querschnitts angesetzt und bei der Bemessung der Biegung als eine zusätzliche Zugkraft berücksichtigt.
Bei einer überwiegenden Biegebeanspruchung entsteht ein positiver Effekt aus der Überdrückung der Torsionslängszugkraft im Bereich der Biegedruckzone infolge Biegung. Darüber hinaus wird die Tragwirkung der Spannglieder entsprechend ihrer Lage im Querschnitt unter Ausnutzung ihrer Tragreserven bei der Bemessung automatisch mitberücksichtigt.
Die angepasste Ermittlung der Torsionslängsbewehrung erfordert im vorliegenden Fall eine um ca. 20% geringere Bewehrungsmenge als dies bei der konservativen Berechnungsweise nach [5] der Fall ist.

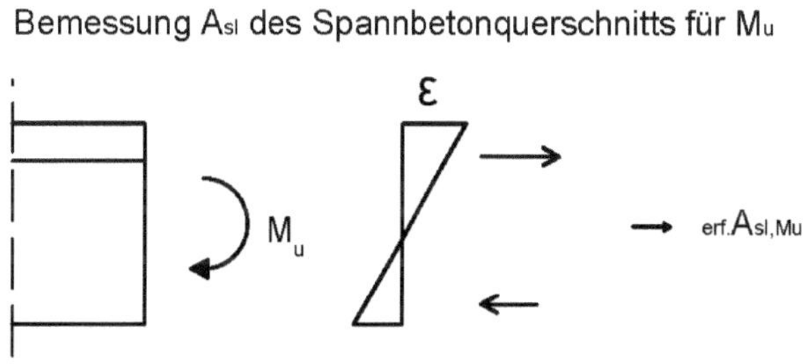

Abb. 3:Bemessung A_{sl} für M_u

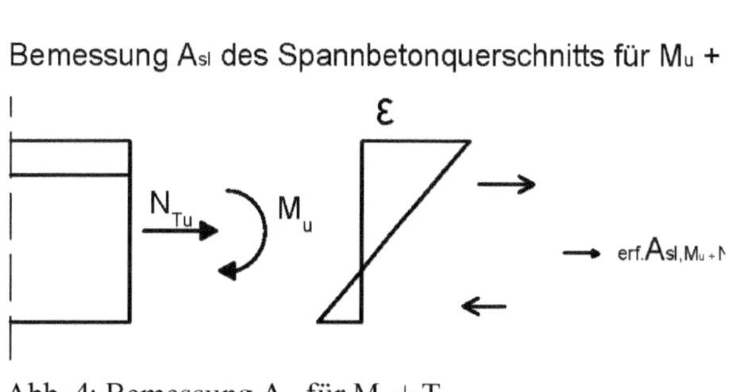

Abb. 4: Bemessung A_{sl} für $M_u + T_u$

2.3 Bauliche Durchbildung Einfluss der Bügelform

Um den Einbau der Längsbewehrung sowie der Spannglieder zu erleichtern, wurden bei Plattenbalkenbrücken oben offene Bügel mit nach innen oder außen gerichteten Haken verwendet. Diese wurden durch die Querbewehrung geschlossen. Hinsichtlich der Torsionstragfähigkeit ist diese Biegeform nicht EC2 [5] konform, da die Bügel nicht mittels Übergreifung geschlossen sind. In der Abb. 5 ist die Gegenüberstellung der beiden Bügelformen dargestellt. Da im Brückenbau i.d.R. eine kombinierte Beanspruchung aus Biegung, Querkraft und Torsion auftritt, bei der sich in der Fahrbahnplatte durch die dort vorhandene obere Querbewehrung in Querrichtung ein starkes Zugband ausbildet, wird ein Ausbrechen der oberen Ecken mit den Bügelhaken und durch die Querbewehrung der Fahrbahnplatte verhindert. Somit ist fraglich, inwieweit die Querschnitte mit geschlossenen Bügeln eine größere Tragfähigkeit gegenüber den oft in der Praxis eingesetzten offenen Bügel bieten.

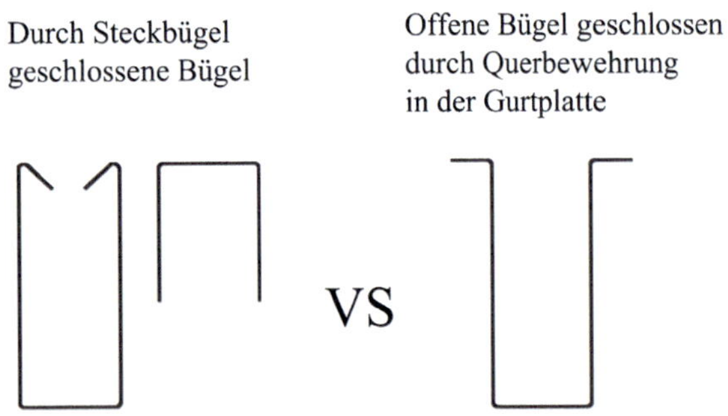

Abb. 5: Gegenüberstellung der Bügelformen

Diese Bewehrungsform wurde an einem Vorversuch getestet, in dem bei einem Zweifeldträger feldweise, offene und geschlossene Bügel verbaut wurden.
Als Ergebnis der Untersuchung kann zusammenfassend festgehalten werden, dass bei diesem Vorversuch kein signifikanter Unterschied hinsichtlich der Tragfähigkeit aus der unterschiedlichen baulichen Durchbildung der Bügel resultierte.
Für die Versuchsserie „Einfeldträger mit Kragarm" wurden weiterhin die geöffneten, nicht EC2 konformen Torsionsbügel verwendet.

2.4 Versuchsstand

Versuchsträger für den Referenzversuch ohne Torsion
Bild 1 zeigt den Versuchsstand des Referenzträgers ETK1. Die Einzellast am Kragarm wurde im Abstand von 2,0 m vom Auflager über einen Hydraulikzylinder eingeleitet. Die Streckenlast im Feld wurde durch 16 Einzellasten im Abstand von 50 cm, erzeugt durch 8 Hydraulikzylinder, aufgebracht.
Der Referenzversuch wurde unter reiner Querkraftbiegung (M+V) ohne zusätzliche Torsionseinwirkung durchgeführt. Im ersten Teilversuch wurde ein rechnerisches Schubversagen feldseitig im Stützbereich durch Fließen der Bügel initiiert. Beim Referenzversuch kam es durch ausgeprägte plastische Dehnungen der Bügel infolge der Querzugspannungen in den flach geneigten Betondruckstreben zu einem Ablösen der Betondeckung und Ausbruch der Druckzone und dadurch zu einem sekundären Versagen der Druckzone. Primäre Versagensursache war das Fließen der Bügel.

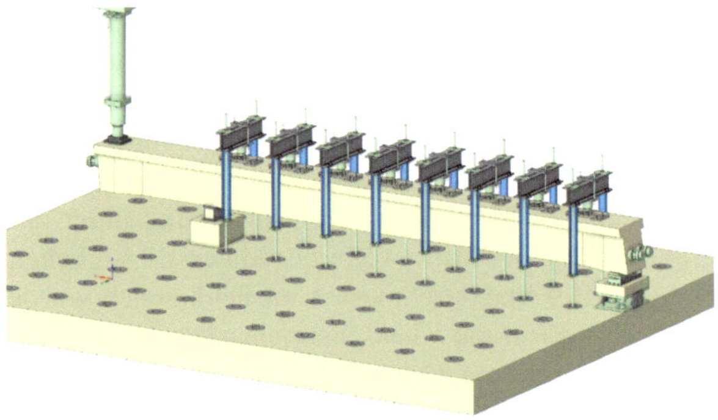

Bild 1: Versuchsstand des Referenzträgers ohne Torsion - ETK1

Versuchsträger mit Torsion
Die Versuche mit zusätzlicher Torsion wurden aus Stabilitätsgründen im Hinblick auf die Lagesicherheit an den Auflagerpunkten durch zwei nachträglich anbetonierten Querträger gegen Kippen gesichert. Bild 2 zeigt den Versuchsstand mit Querträgern.

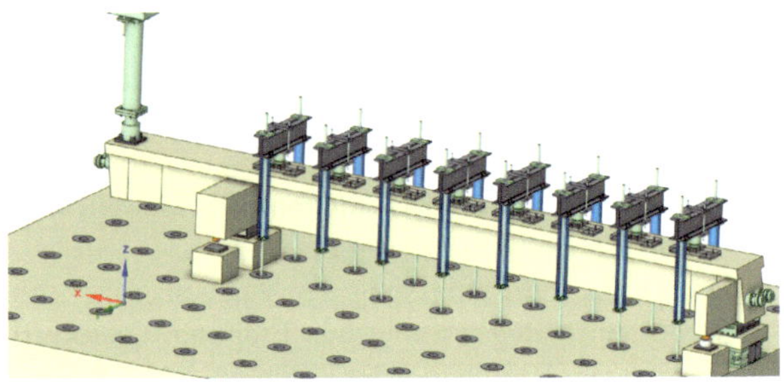

Bild 2: Versuchsstand mit Torsion - ETK2-ETK5

Ab dem Versuchsträger ETK2 mit zus. Torsion wurde zur Vermeidung einer Abplatzung der Betondeckung und eines dadurch vorzeitigen Versagens der Druckzone eine stählerne Konstruktion zur Druckzonenumschnürung eingesetzt. Eigentliches Ziel der Versuche war, die Tragfähigkeit, die durch die schwache Bewehrung begrenzt wird, zu bestimmen.

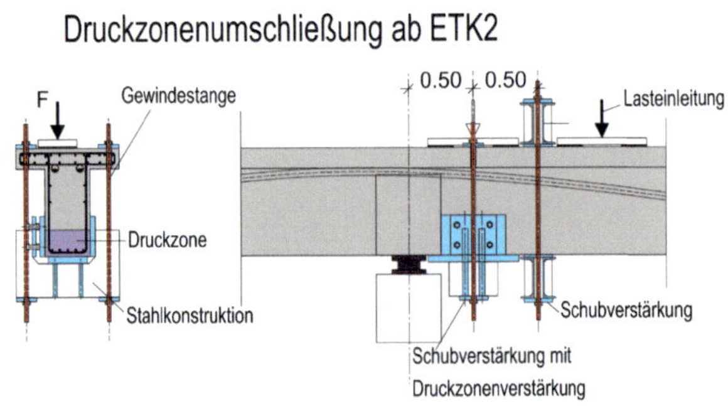

Bild 3: Druckzonenumschließung / Schubverstärkung

Bild 3 stellt die Umschnürung der Druckzone im kritischen Bereich mittels einer Stahlkonstruktion dar. Die abgebildeten Gewindestangen wurden im ersten Teilversuch nicht angespannt, sodass ein Hochhängen der Querkraft in die Gurtplatte als Querkraftverstärkung ausgeschlossen wurde. Im anschließend durchgeführten 2. Teilversuch wurden die Gewindestangen vorgespannt, sodass die Stahlkonstruktion auch als Querkraftverstärkung wirkte und die Belastung des Kragarms weiter gesteigert werden konnte.

Bei den Versuchen wurde umfangreiche Messtechnik in Anlehnung an die vorherigen Großversuche wie Dehnmessstreifen (DMS), Wegaufnehmer, Photogrammmetrie sowie eine Vermessung der räumlichen Verformung mittels eines digitalen Leica Tachymeters eingesetzt.

3. Auswertung der Versuche

3.1 Versuchstraglasten

Das Versuchsprogram ETK besteht insgesamt aus 5 Versuchsträgern mit jeweils zwei Teilversuchen (TV 1, TV 2). Nachfolgend werden in der Tabelle 2 die Versuchsergebnisse vorgestellt. Beim Referenzversuch ETK1 kam es im Auflagerbereich nach vorausgegangenem Fließen der Bügel in Verbindung mit großen plastischen Verformungen und einer ausgeprägten Rissbildung zu einem sekundären Betonversagen. Für den TV 2 war daher keine weitere Laststeigerung am Kragarm möglich. Die Referenztraglast aus TV 1 wurde als Streckenlast im Feld angenommen, sie betrug 198 kN/m. Aufgrund der ausgeprägten Rissbildung in Verbindung mit dem Fließen der Bügel wäre zum Zeitpunkt des Bruchzustands keine bedeutende Laststeigerung darüber hinaus möglich gewesen.

3.1.1 Last-Durchbiegungskurven

Im Bild 4 sind beispielhaft die lastabhängigen Verformungen an der Kragarmspitze dargestellt.

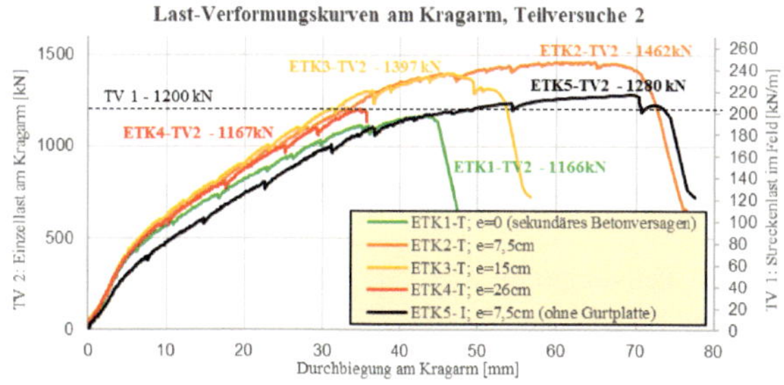

Bild 4: Last-Verformungskurven der Teilversuche 2 (ETK1 bis ETK5)

3.1.2 Teilversuche 1

Die Traglast im TV 1 des Referenzversuchs ETK1 betrug im Feld 198 kN/m. Die Träger ETK2 bis ETK5 wurden jeweils im TV 1 bis zu der gewünschten Traglast im Feld von 204 kN/m belastet, um die Aufnahme der Torsion durch die zusätzliche Bügel- und Längsbewehrung mittels des im Kapitel 2.2 beschriebenen Bemessungsmodells zu bestätigen. Die Druckzonenumschließung verhinderte ein vorzeitiges sekundäres Betonversagen.

Die Messung der Bügeldehnungen während der Versuche ergab bei jedem Versuchsträger ein Schubversagen durch Fließen der Bügel.

Während bei den Versuchen ETK1, ETK2 und ETK3 die Druckstrebenneigung für die Bemessung mit angesetzt wurde, wurde bei ETK4 der Neigungswinkel mit angesetzt. Daraus resultierten eine größere Torsionsbügelbewehrung und eine kleinere Torsionslängsbewehrung. Mit ETK4 wurde zusätzlich gezeigt, dass eine Umlagerung

Tabelle 2: Experimentell ermittelte Versuchstraglasten ETK1 - ETK5

Versuch	Traglast	Ref. Versuch	Diff.	Merkmal
ETK1 – TV 1	198 kN/m			Referenzversuch, Streckenlast im Feld, e = 0
ETK1 – TV 2	1166 kN			Referenzversuch, Einzellast am Kragarm, e = 0
ETK2 – TV 1	204 kN/m	198 kN/m	+3 %	Exzentrizität: e = 7,5 cm cot θ = 2,5
ETK2 – TV 2	1462 kN	1166 kN	+25 %	Exzentrizität: e = 7,5 cm
ETK3 – TV 1	204 kN/m	198 kN/m	+3 %	Exzentrizität: e = 15 cm cot θ = 2,5
ETK3 – TV 2	1397 kN	1166 kN	+20 %	Exzentrizität: e = 15 cm
ETK4 – TV 1	204 kN/m	198 kN/m	+3 %	Exzentrizität: e = 15 cm cot θ = 2,0
ETK4 – TV 2	1167 kN	1166 kN	0 %	Exzentrizität: e = 26 cm
ETK5 – TV 1	204 kN/m	204 kN/m (ETK2)	+3 %	Exzentrizität: e = 7,5 cm cot θ = 2,5
ETK5 – TV 2	1280 kN	1462 kN (ETK2)	- 13 %	Exzentrizität: e = 7,5 cm

der inneren Kräfte durch eine Rotation der Druckstreben im Umfang von bis möglich war.
Die Versuchsträger ETK2 und ETK5 wurden für gleichen Schnittgrößenverhältnisse bemessen. Dabei sollte der Einfluss der Gurtplatte untersucht werden, die bei ETK5 nicht vorhanden war. Bei ETK5 konnten eindeutige Tragfähigkeitsdefizite gegenüber dem ETK2 festgestellt werden. Im TV1 wurde unter der Last von 204 kN eine Durchbiegungszunahme von gemessen.

3.1.3 Teilversuche 2

Mit den TV 2 sollten die Interaktionsbedingungen in DIN EN 1992-2/NA für die Druckzone überprüft werden. Tabelle 3 stellt eine Übersicht der ermittelten Schnittgrößen unter der Bruchlast im TV 2 sowie der rechnerisch ermittelten Tragwiderstände (M_{Rm}, V_{Rm}, T_{Rm}) dar.

Tabelle 3: Versuchsergebnisse Teilversuche 2

Versuch	F_u [kN]	M_u [kNm]	V_u [kN]	e [cm]	T_u [kNm]
ETK1-2	1166	2028	1166	-	-
ETK2-2	1462	2558	1462	7,5	110
ETK3-2	1397	2445	1397	15	209
ETK4-2	1167	2042	1167	26	304
ETK5-2	1280	2240	1280	7,5	96

Die Ermittlung der rechnerischen Tragwiderstände erfolgte auf Mittelwertniveau der an den Versuchsbalken bestimmten Festigkeiten, gemäß Tabelle 4. Dabei wurde der Torsionswiderstand T_{Rm} mit den aus Versuchen gemessenen Risswinkeln $\beta r \approx 25°$ auf der Kragarmseite bestimmt.

Tabelle 4: Tragwiderstände Teilversuche 2

Versuch	T_u [kNm]	M_{Rm} [kNm]	V_{Rm} [kN]	T_{Rm} [kNm]
ETK1-2	-	2207	1486	-
ETK2-2	110	2435	1574	316
ETK3-2	209	2540	1655	316
ETK4-2	304	2232	1869	316
ETK5-2	96	2242	1857	316

Das Versagen im jeweiligen TV 2 bei ETK2 bis ETK5 erfolgte stets im Kragarm vor dem Auflager durch den Bruch der Druckstrebe.
Die Mitwirkung der Gurtplatte bei ETK2 spielgelt sich in der Zunahme der Bruchlast gegenüber dem ETK5 mit

$$\frac{F_{u,ETK2}}{F_{u,ETK5}} = \frac{1462\ kN}{1280\ kN} = +14\%$$ wieder.

3.1.4 Rissbildung

Wie bereits bei DLT2.8 zu sehen war [7], konzentrieren sich die Risse bei einer Streckenlast um das innere Auflager (Bild 5). Die Lage des Momentennullpunkts im Feld war so gewählt, dass sich der Beobachtungsbereich über dem Auflager möglichst groß einstellt. So hatten die geneigten Schubrisse die Möglichkeit einen flachen Risswinkel < 45° zu entwickeln. Im Feldbereich ist es dagegen nur zur Bildung von Biegerissen gekommen.
Der Risswinkel βr beträgt bei ETK1 im kritischen Schnitt ca. 25°. Die Träger ETK2 bis ETK5 wurden vor Erreichen der Bruchlast im TV 1 zur Aufnahme der Schubkräfte verstärkt, sodass ein kritischer Riss nicht festzustellen war. Jedoch verlaufen die feldseitigen Risse insgesamt steiler mit einem Risswinkel von ca. 37°.
Basierend auf der eingesetzten Photogrammmetrie wurde für ausgewählte Risse die Risskinematik in Form von Rissöffnung und Rissgleitung gemessen. Die auf dieser Grundlage bestimmten Rissverzahnungskräfte führten allerdings zu keinem bedeutsamen Querkrafttraganteil infolge Rissverzahnung.

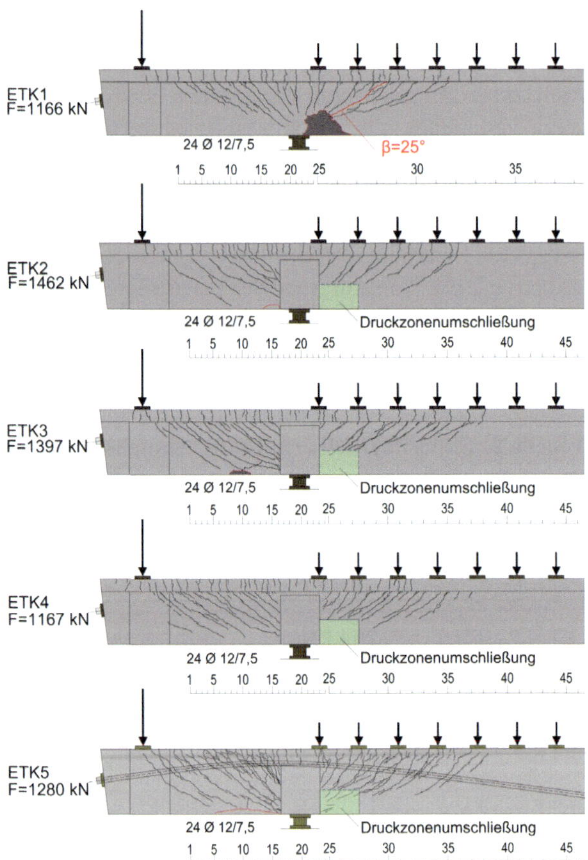

Bild 5: ETK Rissbilder im Bruchzustand

3.1.5 Mitwirkung der Gurtplatte

In der Gurtplatte der Spannbetonbalken mit Plattenbalkenquerschnitt bilden sich unter der kombinierten Beanspruchung geneigte Risse aus. Diese verlaufen umlaufend bis zur der rückwärtigen Kannte der Gurtplatte. Auf der Trägerrückseite kehrt sich der Rissverlauf um. Das Bild 6 stellt die Trägerabwicklung mit dem Rissverlauf dar.

Die geneigte Druckstrebe in der Gurtplatte steht mit der Plattenbewehrung im Gleichgewicht. Somit kann der Torsionsschub anteilig in die obere Plattenbewehrung eingeleitet werden was wiederum die Torsionsbügel im Steg entlastet. Bei der Nachrechnung von Bestandsbrücken kann der Anteil der erforderlicher Torsionsbügelbewehrung bei vorhandener Platte um mindestens 10% reduziert werden. Vorausgesetzt, dass die Plattenbewehrung noch Reserven für eine Lastumlagerung aufweisen.

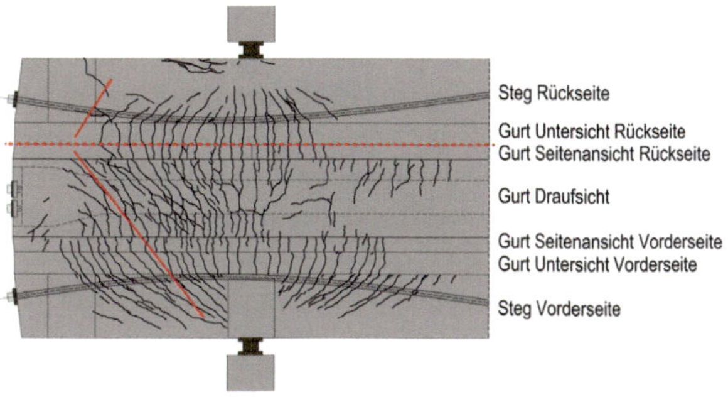

Bild 6: Rissabwicklung exemplarisch am ETK4

Somit wird die Gurtplatte bei dem Lastabtrag zwangsläufig aktiviert. Der umlaufender Torsionsschub beschränkt sich nicht auf den Steg sondern breiter sich in der Gurtplatte entsprechend Bild 7 aus.

Bei der Ermittlung der Torsionsbewehrung für den Steg kann näherungsweise eine Abminderung im Verhältnis der Torsionssteifigkeit des Steges im Zustand I zum Gesamtquerschnitt vorgenommen werden.

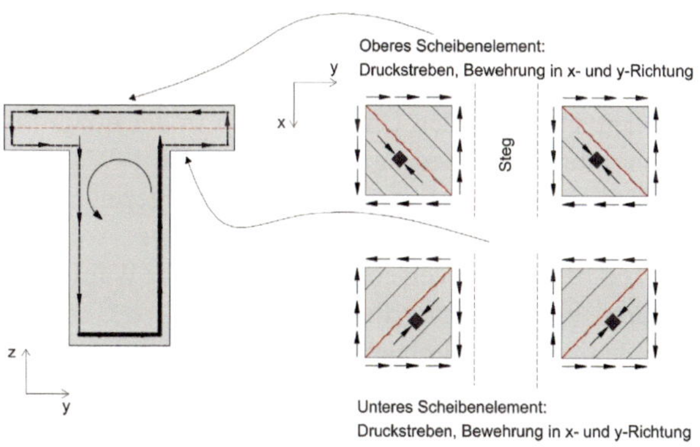

Bild 7: Torsionsschub im Plattenbalkenquerschnitt

3.1.6 Interaktion M+V+T

Bild 8 stellt für die Versuchsträger ETK2 bis ETK5 die Interaktion der bezogenen Schnittgrößen im Bruchzustand dar. Die Querkraft und Torsionstragfähigkeit V_{Rm} und T_{Rm} wurde nicht vollständig ausgenutzt, lediglich bei ETK4 mit sehr großer Torsion (e=26cm) wurde T_{Rm} zur 96% erreicht. In diesem Fall wurde die maximale Momententragfähigkeit auf 91 % reduziert. Maßgebend war dabei das primäre Druckversagen des Betons. Mit anwachsenden Torsionsmoment T_u geht auch eine geringere Bruchlast F_u einher. Abgesehen vom ETK4 erfolgte im dargestelltem Interaktionsbereich allerdings keine nennenswerte Reduktion der bezogenen Momententragfähigkeit M_u/M_{Rm} infolge Torsion.

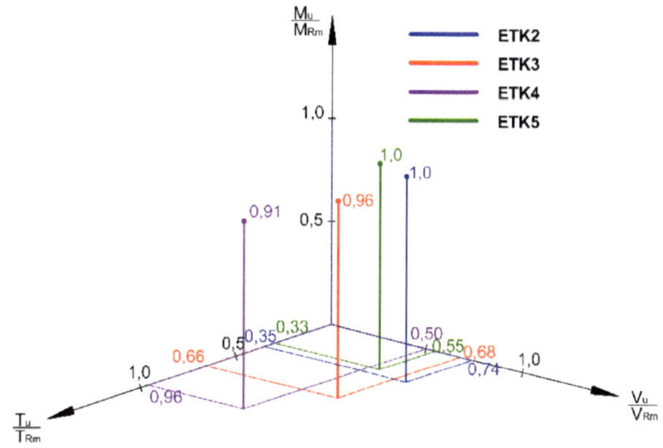

Bild 8: Interaktion $M + V + T$ als bezogene Schnittgrößen (M_u/M_{Rm}; V_u/V_{Rm}; T_u/T_{Rm})

Im Gegensatz zur Querkraft verlaufen die umlaufenden Betondruckstreben infolge der Torsion auch durch die Biegedruckzone, so dass sie sich dort bei den Hauptdruckspannungen überlagern.

Eine signifikante Interaktion erfolgt in der Ebene V_u/V_{Rm} und T_u/T_{Rm}. Durch die hier durchgeführten Versuche kann die in DIN EN 1992-2/NA [5] gegenüber DIN EN 1992-2 [8] zusätzlich enthaltene quadratische Interaktionsbedingung für Vollquerschnitte nicht bestätigt werden (Bild 9). Durch die lineare Interaktionsbedingung werden die Versuche zutreffender abgebildet, während die quadratische Interaktionsbedingung für Vollquerschnitte auf unsichere Bemessungsergebnisse führt.

Eine Abminderung des Tragwiderstands bei Biegung (M_u) infolge einer Querkraft (V_u) ist dagegen nicht zu erwarten.

Zusammenfassend werden in der Tabelle 5 die unterschiedlichen Interaktionsbedingungen im deutschen NA ausgewertet. Bei einem Interaktionswert < 1,0 liegt das Ergebnis für die Versuche auf der unsicheren Seite.

Aufgrund der Versuchsergebnisse wird empfohlen sowohl bei Vollquerschnitten als auch bei Hohlkastenquerschnitten die lineare Interaktionsbedingung nach DIN EN 1992-1-1 zu verwenden. Der vom Beton innerhalb des fiktiven Ersatzholkastens gebildete Kernquerschnitt, liefert offensichtlich keinen bedeutenden Traganteil für $T_{Rd,max}$.

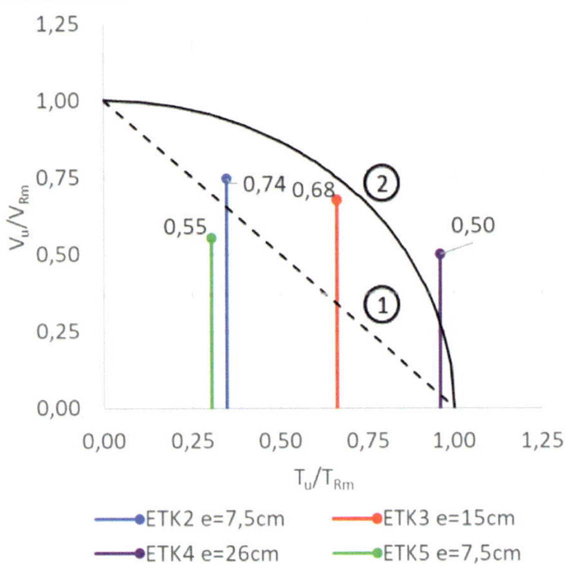

① $$\frac{V_u}{V_{Rm}} + \frac{T_u}{T_{Rm}} = 1$$

② $$\left(\frac{V_u}{V_{Rm}}\right)^2 + \left(\frac{T_u}{T_{Rm}}\right)^2 = 1$$

(≙ Kreis mit R = 1)

Bild 9: Interaktion V+T mit bezogenen Schnittgrößen

Tabelle 5: Auswertung der Interaktionsbeding gem. DIN EN 1992-2/NA mit .= 0,75

	Interaktion gem. DIN EN 1992-2/ NA mit .= 0,75	ETK2	ETK3	ETK4	ETK5
1)	$\left(\frac{V_u}{V_{Rm}}\right)^2 + \left(\frac{T_u}{T_{Rm}}\right)^2$	0,68	0,90	1,17	0,40
2)	$\left(\frac{V_u}{V_{Rm}}\right)^2 + \left(\frac{T_u}{T_{Rm}}\right)^2$ $\frac{V_u}{V_{Rm}} + \frac{T_u}{T_{Rm}}$	1,09	1,34	1,46	0,86

Gem. DIN EN 1992-2/NA beträgt für Betone bis C50/60 bei Querkraft der Abminderungswert für die wirksame Druckstrebenfestigkeit = 0,75, allerdings mit zugehöriger konservativer Begrenzung von cotθ≤1,75. Der empfohlene Wert gem. EN 1992-2 beträgt bei freier Wahl der Druckstrebenneigung .= 0,60. Wie in der Tabelle 6, dargestellt, entsteht mit .= 0,60 bei der linearen und quadratischen Interaktionsbedingung eine bessere Übereinstimmung mit den durchgeführten Versuchen mit cotθ=2,5 bzw. 2,0. Dennoch liegt die quadratische Interaktionsbedingung bei dem Versuchsträger ohne Gurtplatte weiterhin weit auf der unsicheren Seite.

Tabelle 6: Auswertung der Interaktionsbeding gem. DIN EN 1992-2/NA mit .= 0,60.

	Interaktion gem. DIN EN 1992-2/ NA mit .= 0,60	ETK2	ETK3	ETK4	ETK5
1)	$\left(\frac{V_u}{V_{Rm}}\right)^2 + \left(\frac{T_u}{T_{Rm}}\right)^2$	0,99	1,15	1,31	0,57
2)	$\frac{V_u}{V_{Rm}} + \frac{T_u}{T_{Rm}}$	1,28	1,51	1,58	0,99

4. Zusammenfassung

Im vorliegenden Beitrag wurden Ergebnisse von insgesamt fünf Versuchsträgern (ETK1 bis 5) mit kombinierter Beanspruchung aus Biegung, Querkraft und Torsion vorgestellt, über die das Bemessungsmodell für die Bestimmung der Torsionslängsbewehrung verifiziert werden konnte.

Alle Versuchsträger wurden mit dem vorgestellten erweiterten Bemessungsmodell für die Torsionsbügel- und Torsionslängsbewehrung ausgelegt. Bei dieser Vorgehensweise wird für überwiegend biegebeanspruchte Bauteile der positive Effekt aus der Überdrückung der Torsionslängszugkräfte im Bereich der Biegedruckzone, sowie der Tragwirkung aus den Tragreserven der Spannglieder entsprechend ihrer Lage im Querschnitt berücksichtigt. Auf diese Weise kann die Längsbewehrung unter Ausnutzung der Tragreserven der Spannglieder deutlich reduziert werden.

Durch die Teilversuche ETK2-1 bis ETK5-1 konnte durch Variation der Druckstrebenneigung im ETK4 von cotθ=2,5 auf cotθ=2,0 gezeigt werden, dass eine Umlagerung der inneren Kräfte durch Rotation der Druckstrebe möglich ist.

Mit den TV 2 wurden Unsicherheiten in der quadratischen Interaktionsbedingung in DIN EN 1992-2/NA für Vollquerschnitte festgestellt. Es wurde gezeigt, dass durch ein Anpassen des Abminderungswerts von 0,75 auf 0,60 bei Werten von cotθ>1,75 sowie der Wahl einer linearen Interaktionsbedingung eine bessere Übereinstimmung zu den durchgeführten Versuchen vorliegt.

An den Versuchsträgern ETK2 und ETK5 konnten vorhandenen Tragreserven bei der Mitwirkung der Gurtplatte aufgedeckt werden. Diese betrugen bei untersuchten Randbedingungen +14% gemessen an der Bruchlast.

Die gewonnenen Versuchsdaten in Form der Dehnungsmessungen am Beton und Bewehrung sowie der Aufnahme der räumlichen Verformung ermöglichen eine spätere Kalibrierung der FE-Simulationen. Durch Nachrechnung der Versuche mit einem nichtlinearen FE-Programm lassen sich das Tragverhalten und der Verlauf der inneren Spannungen unter einer kombinierten Beanspruchung aus Biegung, Querkraft und Torsion besser verstehen.

Literatur

[1] Maurer, R.; Kattenstedt, S.; Gleich, P. et al.: Nachrechnung von Betonbrücken - Verfahren für die Stufe 4 der Nachrechnungsrichtlinie – Tragsicherheitsbeurteilung von Bestandsbauwerken, Forschung Straßenbau und Straßenverkehrstechnik, Heft 1120, Fachverlag NW in der Carl Schünemann Verlag GmbH, 2016.

[2] Haveresch, K.-H.; Maurer, R.; Frass, S.: Bemessung und Konstruktion von Betonbrücken nach Eurocode 2-2. In: Bauingenieur (2012).

[3] Hegger, J.; Maurer, R.; Fischer, O. et al.: Beurteilung der Querkraft- und Torsionstragfähigkeit von Brücken im Bestand - erweiterte Bemessungsansätze – Schlussbericht zu BASt FE 15.0591/2012/FRB. In: BASt 2018.

[4] Hegger, J.; Maurer, R.; Fischer, O. et al.: Beurteilung der Querkraft- und Torsionstragfähigkeit von Brücken im Bestand - erweiterte Bemessungsansätze. BASt Fördernummer FE 15.0591/2012/FRB, Aachen Ausgabe 2018.

[5] DIN EN 1992-2/NA:2013-04, Nationaler Anhang_-National festgelegte Parameter_- Eurocode_2: Bemessung und Konstruktion von Stahlbeton- und Spannbetontragwerken_- Teil_2: Betonbrücken_-Bemessungs- und Konstruktionsregeln.

[6] Maurer, R.; Stakalies, E.: Versuche und Bemessungsvorschlag zur Anrechenbarkeit von Spanngliedern auf die Torsionslängsbewehrung/Tests and design proposal for creditability of tendons as torsional longitudinal reinforcement. In: Bauingenieur 95 (2020), Heft 01, S. 1-11. https://doi.org/10.37544/0005-6650-2020-01-25.

[7] Stakalies, E.; Lavrentyev, V.; Maurer, R.: Erkenntnisse zur Torsionstragfähigkeit bei kombinierter Beanspruchung (M+V+T) aus Versuchen an Durchlaufträgern. In: Tagungsband TAE (2024).

[8] DIN EN 1992-2:2010-12, Eurocode_2: Bemessung und Konstruktion von Stahlbeton- und Spannbetontragwerken_- Teil_2: Betonbrücken_- Bemessungs- und Konstruktionsregeln; Deutsche Fassung EN_1992-2:2005_+ AC:2008.

Ermittlung von Traglastreserven in 16,5 m Spannbetonträgern unter Querkraftbeanspruchung

Christian Dommes, M. Sc.
Institut für Massivbau (IMB), RWTH Aachen University

Univ.-Prof. Dr.-Ing. Dr.-Ing. E. h. Josef Hegger
H+P Ingenieure GmbH Aachen; ehemals Institut für Massivbau (IMB) der RWTH Aachen University

Zusammenfassung
Anhand von Querkraftversuchen an 16,5 m langen Spannbetonträgern werden die Einflüsse von Lastart, Querschnittsform, Einspanngrad, Bügelbewehrung und Vorspannung auf die Querkrafttragfähigkeit herausgearbeitet. Die experimentellen Untersuchungen bestätigten die neuen Bemessungsansätze für die Querkrafttragfähigkeit nach der BEMING Teil 2. Um noch zutreffendere Nachrechnungen von Spannbetonbrücken zu ermöglichen, wird anschließend ein verfeinerter Bemessungsansatz der BEMING Teil 2 vorgestellt, der auf der Basis von neuen großformatigen Querkraftversuchen verschiedener Forschungseinrichtungen hergeleitet und durch Vergleiche mit Versuchsdatenbanken validiert wurde. Die Erweiterungen umfassen die Aktivierung bisher rechnerisch nicht genutzter Tragfähigkeitsreserven des verbreiterten Druckgurtes und die Abminderung auflagernaher Streckenlasten bei der Bestimmung der Querkrafttragfähigkeit von Spannbetonträgern.

1. Einführung

Die Anforderungen an die Infrastruktur der Straßen werden aufgrund des stets steigenden Güterverkehrs zunehmend höher [1; 2]. Dadurch ergeben sich häufig Defizite in der rechnerischen Querkraft- und Torsionstragfähigkeit vieler älterer Bestandsbrücken [2–4]. Zur zutreffenden Bewertung der Tragfähigkeit von Brücken im Bestand ist die Frage nach einer möglichst realistischen Berechnung der Bauteiltragfähigkeiten immer wichtiger geworden [5]. Da ein Großteil der für die Herleitung und Kalibrierung der Querkraftbemessungsansätze zugrunde gelegten Versuche an Einfeldträgern mit Einzellasten durchgeführt wurde [6], ergeben sich in realen Tragstrukturen oftmals erhebliche rechnerisch ungenutzte Tragfähigkeitsreserven. Auf Grundlage experimenteller und numerischer Untersuchungen konnte die Bewertung der Tragfähigkeit bestehender Spannbetonbrücken bereits verfeinert (z. B. [7–14]) und den Tragwerksplanern in Form der Nachrechnungsrichtlinie (NRR) zur Verfügung gestellt werden ([15; 16]), für die eine weitere Fortschreibung in Form BEMING Teil 2 [17] aktuell in Bearbeitung ist. Obwohl die NRR im Zuge der verankerten vierstufigen Vorgehensweise einige Modifikationen zur Ermittlung höherer Widerstände zulässt, scheinen bei der Querkraftbemessung immer noch signifikante Tragfähigkeitsreserven von Bestandsbrücken vorhanden zu sein, deren rechnerische Erfassung weiterhin nur in Nachweisstufe 4 möglich ist [18]. Über neue Versuche mit für die Praxis relevanten Untersuchungsparametern an den Forschungseinrichtungen RWTH Aachen University, TU München und TU Dortmund wird die Basis für die erforderliche Weiterentwicklung der Bemessungsansätze in Stufe 2 der NRR geschaffen. Im vorliegenden Artikel werden die am Lehrstuhl und Institut für Massivbau – IMB der RWTH Aachen University durchgeführten Versuche vorgestellt und erläutert, inwieweit sich derzeit ungenutzte Traglastreserven von Bestandsbrücken rechnerisch berücksichtigen lassen. Darauf aufbauend werden Vorschläge für eine Erweiterung der Bemessungsansätze auf Stufe 2 erarbeitet.

2. Experimentelle Untersuchungen

2.1 Versuchskörper und Versuchsaufbau

Mit den am IMB durchgeführten Versuchen wird das Querkrafttragverhalten von Spannbetonträgern mit geringen Querkraftbewehrungsgraden vertiefter betrachtet. Insgesamt werden 16 Teilversuche (TV) an acht Trägern mit Vorspannung im nachträglichen Verbund durchgeführt. Als maßgebende Parameter wurden die Querschnittsform, die Lastart und die Vorspannung variiert. Zusätzlich wurden in TV 1 verschiedene Momenten-QuerkraftVerhältnisse, die in realen Bauwerken aus unterschiedlichen Feldweiten sowie Laststellungen resultieren, und in TV 2 verschiedene Bügelbewehrungsgrade getestet.

Um den Einfluss der einwirkenden Schnittgrößen am Balken mit im Brückenbau üblichen Biegeschlankheiten bewerten zu können, wurde nur ein Feld vollständig abgebildet und die Durchlaufwirkung anhand unterschiedlicher Einspanngrade am Zwischenauflager durch eine separate Einzellast auf den Kragarm F_{Krag} simuliert. Die Lasten im Feld und am Kragarm wurden unter Einhaltung eines konstanten Kräfteverhältnisses (F_{Test} bzw. q_{Test}) / F_{Krag} = *const.* während eines Versuchs jeweils simultan gesteigert. Durch die gezielte Variation dieses Kräfteverhältnisses in den verschiedenen Versuchen war es so möglich, unterschiedliche Schnittgrößenkombinationen zu erzeugen und somit verschiedene Einspanngrade d_r zu untersuchen. Über den Einspanngrad d_r wird das Verhältnis des aktuell einwirkenden Stützmomentes zu dem Stützmoment abgebildet, das sich in einem Zweifeldträger mit gleicher Spannweite und symmetrischer Belastung einstellen würde. Während $d_r = 1{,}0$ einer vollen Einspannung mit einem Momentennulldurchgang im Abstand $0{,}25 \cdot L_1$ vom Mittelauflager entspricht, stellt $d_r = 0$ einen Einfeldträger ohne resultierendes Stützmoment dar. Ein Einspanngrad $d_r = 0{,}6$ bildet ein Stützmoment ab, das 60 % des Stützmoments in einem Zweifeldträger mit gleicher Stützweite bei voller Last in beiden Feldern entspricht. Dementsprechend stellt sich bei $d_r = 0{,}6$ ein Momentennulldurchgang im Abstand von $0{,}6 \cdot (0{,}25 \cdot L_1)$ vom Auflager entfernt ein.

Die Versuchsaufbauten mit den jeweiligen Untersuchungsbereichen in TV 1 und TV 2 sind in Abb. 1 dargestellt. Durch die Ausbildung der Versuchskörper als Einfeldträger mit Kragarm konnten die Spannweite des Hauptfeldes in TV 1 aufgrund des kürzeren Kragarms bei einer Gesamtlänge von 16,5 m auf 13 m vergrößert und somit realitätsnähere Schlankheiten untersucht werden. Die Testlast wurde entweder durch eine Streckenlast q_{Test}, die durch mehrere, nah beieinander wirkende Einzellasten realisiert wurde, oder eine weitere Einzellast F_{Test} aufgebracht.

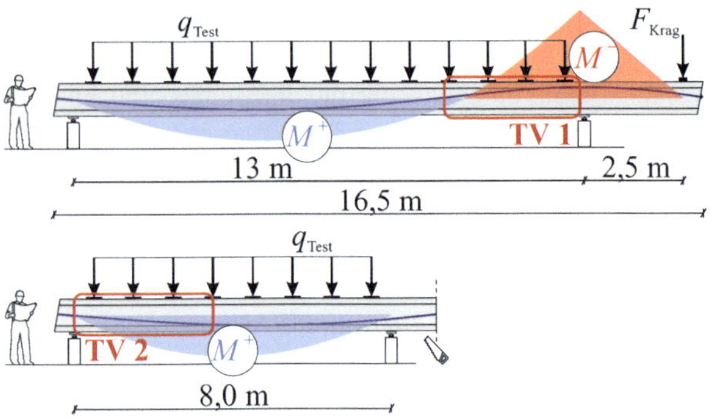

Abb. 1. Momentenverlauf infolge q_{Test} in TV 1 (oben) und TV 2 (unten) mit gekennzeichneten Untersuchungsbereichen

Vor TV 2 wurde der rechte Teil des Trägers mit der Bruchzone aus TV 1 durch einen Sägeschnitt abgetrennt, sodass ein Einfeldträger von 8 m Länge zur Verfügung stand, dessen Querkrafttragfähigkeit in TV 2 in der Nähe des Randauflagers bestimmt wurde. Aufgrund der geringen Biege- und Querkraftbeanspruchung am Randauflager während TV 1, war der Prüfbereich am Randauflager vor TV 2 weitestgehend ungerissen, wie es auch bei Versuchen von [19] der Fall war. Die untersuchten Trägerquerschnitte und die Sägeschnitte, anhand deren sowohl die Lage der Längsbewehrung als auch ein vollständiges Verpressen der Spannglieder überprüft werden konnte, sind in Abb. 2 dargestellt. Die Abmessungen des Stegs im gegliederten Querschnitt entsprechen denen des Rechteckquerschnitts. Die Betondeckung c_{nom} beträgt umlaufend 1,5 cm.

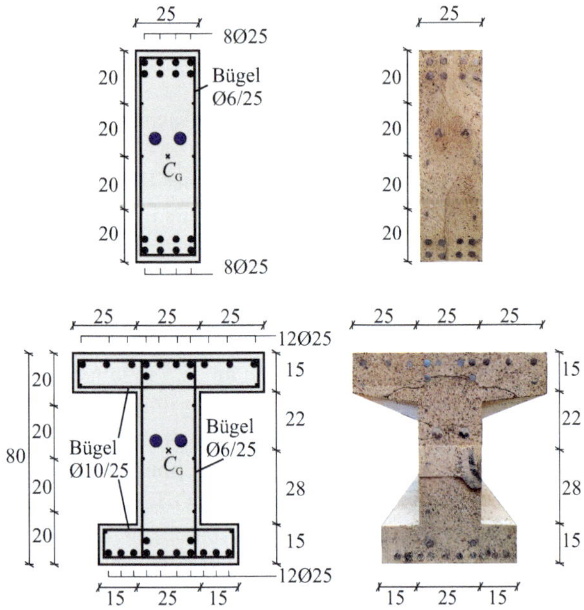

Abb. 2. Querschnitt mit Bewehrung, Sägeschnitte der Versuchskörper

Das vollständige Versuchsprogramm ist in Tab. 4 zusammengefasst. In allen Versuchskörpern wurde die Längsbewehrung über die gesamte Länge mit Ø25 mm ohne Übergreifungen ausgebildet und von vertikalen Bügeln umschlossen. In den gegliederten Querschnitten wurden zusätzlich horizontale Bügel in den Flanschen vorgesehen. Der Kragarm sowie der nicht betrachtete Auflagerbereich in TV 2 wurden zur Vermeidung eines Querkraftversagen mit einer dichteren Bügelbewehrung ausgeführt. Im Endbereich der Spannkrafteinleitung war zusätzliche Bewehrung zur Aufnahme der Spaltzugkräfte vorgesehen. In den Untersuchungsbereichen wurde die in Tab. 4 angegebenen Querkraftbewehrungen angeordnet.

2.2 Materialparameter und Vorspannung

2.2.1 Beton

Um den Brückenbestand realitätsnah abzubilden, wurde zur Herstellung aller Träger ein Transportbeton der Festigkeitsklasse C30/37 mit einem Größtkorndurchmesser $d_g = 8$ mm verwendet. Die begleitend ermittelten Baustoffkennwerte sind in Tab. 1 zusammengefasst. Zur Bestimmung der Materialeigenschaften wurden die Mittelwerte aus ≥ 3 Einzelprüfungen gebildet. Sowohl im direkten als auch im Vergleich zu den jeweiligen Mittelwerten wird deutlich, dass der in Träger 8 eingesetzte Beton trotz einheitlicher Rezeptur deutlich geringe Materialkennwerte aufweist und die Zielfestigkeit nicht erreicht. Bei den Trägern 5 und 8 wurden am Versuchstag von TV 2 trotz des höheren Betonalters geringfügig niedrigere Betonfestigkeiten ermittelt als in TV 1.

Tab. 1: Mittelwerte der Betonkennwerte aus versuchsbegleitenden Baustoffprüfungen

Träger / Versuch		Alter	$f_{cm,cyl(150/300)}$	E_{cm}	$f_{cm,cube150}$
		[d]	[N/mm²]	[N/mm²]	[N/mm²]
Ø		26	33,3	22635	41,3
1	TV 1	17	33,0	24812	43,2
	TV 2	24	32,8	23758	44,6
2	TV 1	22	34,0	21983	44,5
	TV 2	30	35,7	22503	48,4
3	TV 1	21	39,1	24474	49,7
	TV 2	25	38,9	24657	49,7
4	TV 1	15	31,1	22509	43,6
	TV 2	22	34,5	22886	43,9
5	TV 1	47	33,7	22142	38,2
	TV 2	54	33,1	21327	37,4
6	TV 1	17	32,7	22519	36,3
	TV 2	28	35,2	22170	39,2
7	TV 1	14	34,2	25236	40,4
	TV 2	33	34,9	24546	44,8
8	TV 1	18	25,3	18178	28,9
	TV 2	22	24,1	18465	28,1

2.2.2 Betonstahlbewehrung

Für die Betonstahlbewehrung der Versuchsträger wurde die Festigkeitsklasse B500B verwendet. Die Mittelwerte der Betonstahleigenschaften aus jeweils vier Baustoffproben sind in Tab. 2 zusammengefasst.

Tab. 2: Mittelwerte der Betonstahleigenschaften

Ø	Art	$f_{y0,2}$	f_{yu}	R_m / R_e	E_s
[mm]	[-]	[N/mm²]	[N/mm²]	[-]	[N/mm²]
6	Bügel	555	612	1,10	193565
8	Bügel	566	645	1,14	200078
10	Bügel	543	632	1,16	200555
12	Bügel	553	622	1,12	195348
25	Längsstab	550	651	1,18	195577

2.2.3Spannstahl und Aufbringung der Vorspannung

Die Vorspannung der Versuchsträger bestand aus zwei Spanngliedern mit jeweils drei 0,6"Litzen (A_p = 140 mm², $A_{P,Gesamt}$ = 840 mm²) der Festigkeitsklasse St 1570/1770 im nachträglichen Verbund. Die Festigkeitswerte sind in Tab. 3 dargestellt. Alle Träger wurden stufenweise mit zwei hydraulischen Pressen vorgespannt. Neben der Kontrolle der Spannwege am Spannanker wurde die Kraft am Festanker in ausgewählten Versuchen kontinuierlich mit einer Hohlkraftmessdose dokumentiert. Hierdurch war eine genauere Bestimmung der Spannkraftverluste infolge Reibung möglich. Da die Spannglieder gleichzeitig durch zwei Zylinder, die sich in einem Hydraulikkreislauf befanden, vorgespannt wurden und die gemessenen Spannwege identisch waren, kann von einer gleichen Vorspannkraft in beiden Spanngliedern ausgegangen werden.

Tab. 3: Mittelwerte der Spannstahleigenschaften

St 1570/1770	A_p	$f_{p0,1}$	$f_{p,0,2}$	f_{pt}	E_p
	[mm²]	[N/mm²]			
0,6"Litze	140	1729	1764	1950	190000

2.3 Versuchsdurchführung

Die Versuchskörper wurden nach dem Vorspannen und Verpressen der Spannglieder in den Versuchsrahmen eingefahren und anschließend auf Rollenlagern abgesetzt. Zwischen Rollenlager und Versuchskörper wurde jeweils eine Stahlplatte (*l*/*b*/*h* = 60/25/2 [cm]) angeordnet, die Lasten wurden über in Gips gebettete Stahlplatten (*l*/*b*/*h* = 40/40/4 [cm]) in den Versuchskörper eingeleitet. Die Belastung wurde durch hydraulische Zylinder auf die Prüfkörper aufgebracht. Die Kragarmlast F_{Krag} wurde simultan dazu in einem festen Verhältnis durch einen zweiten Ölkreislauf aufgebracht. Ein Versuchskörper mit gegliedertem Querschnitt und Beanspruchung durch Streckenlast ist in Abb. 3 dargestellt.

Abb. 3. Ansicht des Trägers 3 nach Schubversagen in TV 1; oben: Spannanker mit der Streckenlast im 13 m langen Feld; unten: Festanker mit der Einzellast auf der Kragarmspitze

3. Versuchsergebnisse

3.1 Übersicht

In allen 16 Teilversuchen trat ein Querkraftversagen im geplanten Untersuchungsbereich ein. In Tab. 4 sind die Versuchsparameter und Querkrafttragfähigkeiten $V_{Test,d}$ für TV 1 und TV 2 jeweils im Abstand d vom Auflagerrand dargestellt. $V_{Test,d}$ beinhaltet die Beanspruchung aus den äußeren Lasten und dem Eigengewicht, der vertikale Anteil der Vorspannkraft V_p wird in Kapitel 4 auf der Widerstandsseite berücksichtigt. Der Mindestquerkraftbewehrungsgrad $\varrho_{w,min}$ in Gl. 1 wurde entsprechend [20] in Kombination mit Tab. 1 ermittelt.

$$\rho_{w,min} = \begin{matrix} 1{,}0 \cdot 0{,}16 \cdot 0{,}3(f_{cm} - 4)^{2/3}/f_{yk} & \text{für} \\ 1{,}6 \cdot 0{,}16 \cdot 0{,}3(f_{cm} - 4)^{2/3}/f_{yk} & \text{für} \end{matrix} \quad (1)$$

Der Einfluss der untersuchten Parameter auf die Querkrafttragfähigkeiten $V_{Test,d}$ wird anhand Abb. 4 verdeutlicht. Für die Auswertung sind die einwirkenden Querkräfte bei Maximallast $V_{Test,d}$ auf der Ordinate über den untersuchten Parameter auf der Abszisse aufgetragen. Neben der Querschnittsform, der Lastart und der Vorspannung wurde in TV 1 zusätzlich der Einspanngrad d_r variiert (Abb. 4 oben), während in TV 2 der Einfluss des Querkraftbewehrungsgrades $\varrho_{w,vorh} / \varrho_{w,min}$ untersucht wurde (Abb. 4 unten). In den Diagrammen werden die Punkte entsprechend ihrem Querschnitt, der Lastart und der Höhe der Vorspannung dargestellt. In jedem Diagramm ist eine Trendlinie angegeben, die sich auf die Versuche bezieht, die sich allein in dem auf der Abszisse dargestellten Parameter unterscheiden. Der Vergleich der Bruchlasten $V_{Test,d}$ der Durchlaufträger in TV 1 und der Einfeldträger in TV 2 liefert u. a. die folgenden Erkenntnisse:

- Ein erhöhter Einspanngrad d_r führt zu einer höheren Querkrafttragfähigkeit.
- Ein gegliederter Querschnitt erreicht eine höhere Querkrafttragfähigkeit als ein Rechteck-Querschnitt.
- Eine Belastung durch Streckenlasten erreicht eine höhere Querkrafttragfähigkeit als eine Belastung mit Einzellasten.
- Eine höhere Vorspannung σ_{cp} vergrößert die Querkrafttragfähigkeit.
- Die in TV 1 gewonnen Erkenntnisse an Durchlaufträgern lassen sich auf die Einfeldträger in TV 2 übertragen.

Tab. 4: Experimentelle Querkrafttragfähigkeiten $V'_{Test,d}$ im Abstand *d* vom Auflagerrand

Versuchskörper	Querschnitt	TV 1: Vorspannung σ_{cp}	TV 1: Statische Nutzhöhe d Längsbewehrungsgrad ϱ_l	TV 1: System und max. Pressenlast	TV 1: Abstand M = 0 infolge äußerer Lasten	TV 1: Einspanngrad d_r	TV 1: $\varrho_{w,vorh} / \varrho_{w,min}$ $(Ø_{sw}/s_{sw})_{vorh}$	TV 1: $V_{Test,d}$	TV 2: Vorspannung σ_{cp}	TV 2: Statische Nutzhöhe d Längsbewehrungsgrad ϱ_l	TV 2: System und max. Pressenlast	TV 2: $\varrho_{w,vorh} / \varrho_{w,min}$ $(Ø_{sw}/s_{sw})_{vorh}$	TV 2: $V_{Test,d}$
[-]	[-]	[N/mm²]	[cm] [%]	[kN/m] / [kN]	[L_{Feld}]	[-]	[-]	[kN]	[N/mm²]	[cm] [%]	[kN/m] / [kN]	[-]	[kN]
1		2,41	74,2 2,1	q_{max} = 62,9	0,24	0,95	1,11 (Ø6/25)	482	2,18	74,2 2,1	q_{max} = 176,0	1,11 (Ø6/25)	565
2		2,41		F_{max} = 416,0	0,20	0,80	1,08 (Ø6/25)	410	2,18		F_{max} = 580,3	1,04 (Ø6/25)	415
3		2,47	76,7 3,1	q_{max} = 94,8	0,23	0,94	0,61 (Ø6/25)	727	2,25	76,7 3,1	q_{max} = 249,5	0,61 (Ø6/25)	804
4		2,46		F_{max} = 526,0	0,21	0,85	0,72 (Ø6/25)	537	2,25		F_{max} = 773,7	0,67 (Ø6/25)	557
5		2,47		q_{max} = 92,0	0,19	0,75	0,68 (Ø6/25)	679	2,24	76,5 3,1	q_{max} = 297,7	1,25 (Ø8/25)	954
6		2,46		q_{max} = 88,1	0,15	0,60	0,70 (Ø6/25)	631	2,25	76,1 3,1	q_{max} = 376,8	2,63 (Ø12/25)	1201
7		0,96		q_{max} = 75,2	0,19	0,76	0,67 (Ø6/25)	565	0,86	76,7 3,1	q_{max} = 206,1	0,66 (Ø6/25)	669
8		2,43		q_{max} = 84,0	0,07	0,29	0,85 (Ø6/25)	562	2,21	76,3 3,1	q_{max} = 300,2	2,40 (Ø10/25)	962

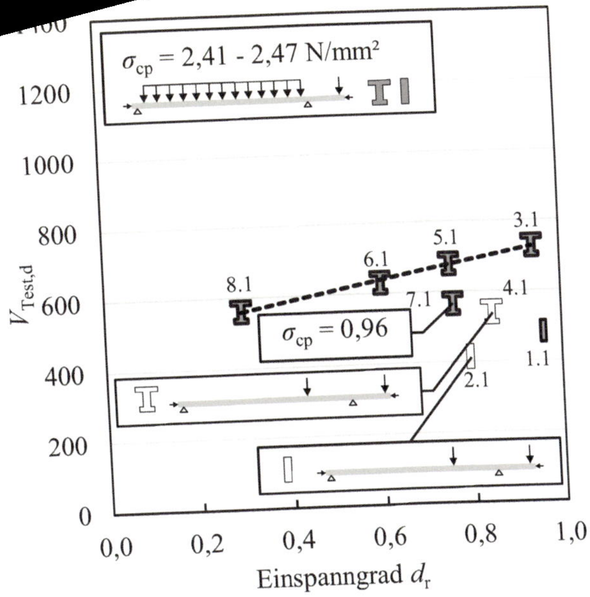

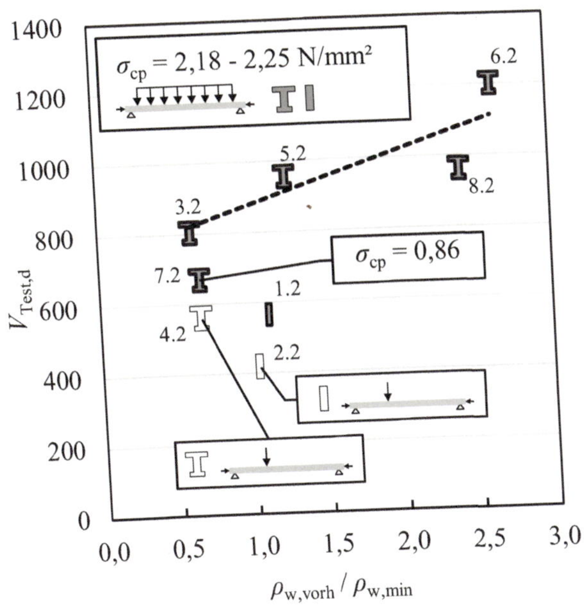

Abb. 4. Querkrafttragfähigkeiten $V_{Test,d}$ im Abstand d vom Auflager für TV 1 (oben) und TV 2 (unten)

Nachfolgend werden die Einflüsse aus Querschnittsform und Lastart auf die Querkrafttragfähigkeit diskutiert. Weitere Untersuchungen, u. a. zu den Einflüssen aus Querkraftbewehrungsgrad $\varrho_{w,vorh} / \varrho_{w,min}$, Vorspannung σ_{cp} sowie Einspanngrad d_r sowie eine Untersuchung der Schubrissbildung können [21; 22] entnommen werden. Anschließend werden die experimentellen mit den rechnerischen Tragfähigkeiten nach der NRR mit 1. Ergänzung [16] (im Folgenden: NRR 2015) sowie BEMING Teil 2 [17] (i. F.: BEM-ING/T2) verglichen. Um für die Auswertung den Einfluss der unterschiedlichen Betonfestigkeiten bei den experimentellen Querkrafttragfähigkeiten zu berücksichtigen, werden die absoluten Querkrafttragfähigkeiten im Abstand d vom Auflagerrand in normierte Schubspannungen umgerechnet. Dazu wird die einwirkende Querkraftbeanspruchung $V_{Test,d}$ zusätzlich um den vertikalen Anteil des geneigten Spannglieds $V_{P+\Delta P}$ reduziert und anschließend über die Betondruckfestigkeit f_{cm}, den Längsbewehrungsgrad ϱ_l, den Maßstabsfaktor k und die Schubfläche $b_w \cdot d$ auf Grundlage der NRR normiert (vgl. Gl. (2)). Die obere Grenze des Längsbewehrungsgrades ϱ_l mit $\varrho_l \leq 0{,}02$ wurde dabei vernachlässigt, da diese trotz des positiven Einflusses eines erhöhten Längsbewehrungsgrades auf die Querkrafttragfähigkeit eingeführt wurde, um in Längsrichtung überbewehrte Bauteile mit sprödem Bruchtragverhalten ohne Querkraftbewehrung zu verhindern [23].

$$\tau_{Test,d,norm} = (V_{Test,d} - V_{P+\Delta P})/((f_{cm} \cdot \varrho_l)^{1/3} \cdot k \cdot b_w \cdot d) \qquad (2)$$

Neben der ursprünglich aufgebrachten Vorspannung σ_{cp} wurde die zusätzliche Vorspannung $\Delta\sigma_{cp}$ aus dem Spannungszuwachs infolge Rissbildung und Verformung kurz vor dem Querkraftversagen bei der Ermittlung des Querkrafttraganteils aus dem geneigten Spannglied $V_{P+\Delta P}$ berücksichtigt (vgl. Tab. 5). Die zusätzliche Vorspannung $\Delta\sigma_{cp}$ wurde über die Dehnungsebene auf Spanngliedhöhe durch eine iterative Biegebemessung mit der Software INCA2 [24] ermittelt. Der Querkrafttraganteil aus dem geneigten Spannglied $V_{P+\Delta P}$ ergibt sich nach Gl. (3) zu:

$$V_{P+\Delta P} = (\sigma_P + \sigma_{\Delta P}) \cdot A_P \cdot \sin \alpha \qquad (3)$$

Tab. 5: Zusätzliche Vorspannung infolge Dehnung im Abstand *d* zum Auflagerrand

	TV 1			TV 2		
Versuchskörper	**Vorspannung σ_{cp}**	**Zusätzliche Vorspannung $\Delta\sigma_{cp}$**	**Querkraft der Vorspannung $V_{P+\Delta P}$ nach Gl. (3)**	**Vorspannung σ_{cp}**	**Zusätzliche Vorspannung $\Delta\sigma_{cp}$**	**Querkraft der Vorspannung $V_{P+\Delta P}$ nach Gl. (3)**
[-]	**[N/mm²]**		**[kN]**	**[N/mm²]**		**[kN]**
1	2,41	1,19	28,1	2,18	0,48	38,3
2	2,41	0,81	25,5	2,18	0,15	34,4
3	2,47	1,22	41,7	2,25	0,52	61,3
4	2,46	0,75	38,4	2,25	0,25	57,8
5	2,47	0,49	36,8	2,24	0,67	62,7
6	2,46	0,27	35,2	2,25	0,91	65,7
7	0,96	0,80	18,4	0,86	0,54	27,4
8	2,43	0,01	33,2	2,21	0,41	58,8

Die normierten Schubspannungen $\tau_{Test,d,norm}$ im Abstand d zum Auflagerrand sind in Abb. 5 oben für TV 1 über den Einspanngrad d_r dargestellt. Der positive Einfluss hoher Einspanngrade auf die Querkrafttragfähigkeit wird bestätigt, ebenso wie die Zunahme der Querkrafttragfähigkeit durch gegliederte Querschnitte, höhere Vorspannungen und Streckenlasten. Die Darstellung der normierten Schubspannungen $\tau_{Test,d,norm}$ über $\varrho_{w,vorh}$ / $\varrho_{w,min}$ in Abb. 5 unten bestätigen die positiven Einflüsse dieser Parameter am Beispiel eines Einfeldträgers. Die etwas geringere Querkrafttragfähigkeit von Versuch 8.2 mit einem Querkraftbewehrungsgrad von $\varrho_{w,vorh}$ / $\varrho_{w,min}$ = 2,40 (vgl. Abb. 4 unten) ist maßgeblich auf die deutlich geringere Betondruckfestigkeit f_{cm} (24,1 N/mm² im Vergleich zur mittleren Festigkeit aller Versuche von = 33,3 N/mm², vgl. Tab. 1) zurückzuführen, da der Versuch nach der Normierung deutlich näher an der Trendlinie liegt.

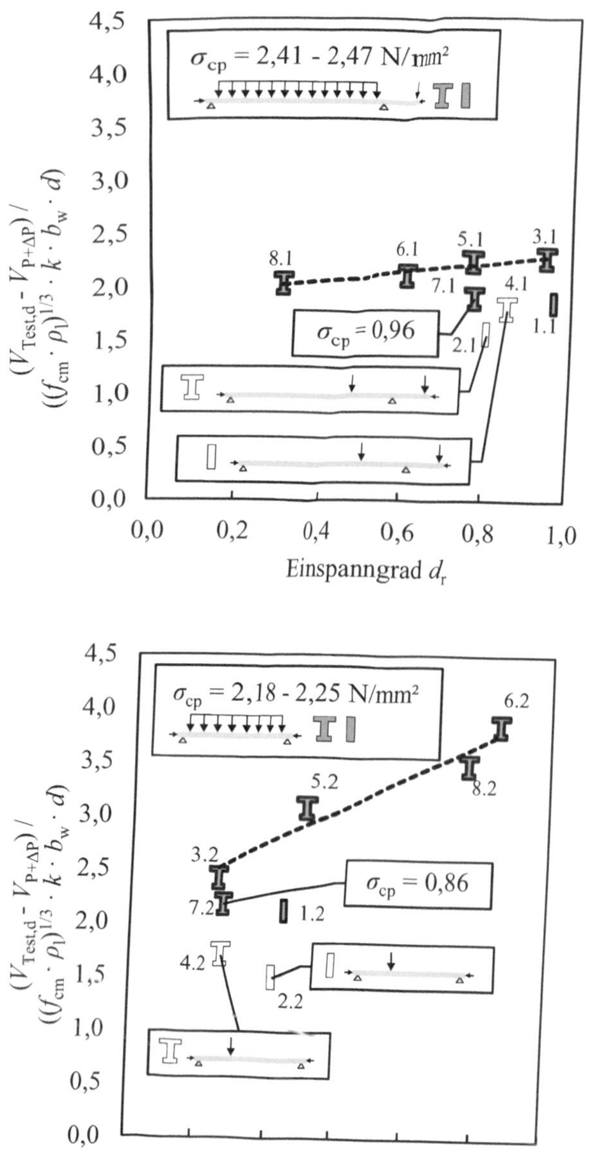

Abb. 5. Normierte Schubspannungen im Abstand d vom Auflager für TV 1 (oben) und TV 2 (unten)

3.2 Einfluss der Querschnittsform

Um den Einfluss der Querschnittsform auf die Querkrafttragfähigkeit zu untersuchen, werden die normierten Schubspannungen von Trägern mit unterschiedlichen Querschnittsformen und sonst sehr ähnlichen Parametern paarweise in Säulendiagrammen dargestellt (Abb. 6). Das statische System, die Lastart, der Querkraftbewehrungsgrad $\varrho_{w,vorh}$ / $\varrho_{w,min}$ und die Vorspannung σ_{cp} sind unterhalb der Säulen dargestellt. Je Paar zeigt die hellere Säule die normierte Schubspannung des Rechteckprofils und die dunklere Säule die des gegliederten Querschnitts. Obwohl die gegliederten Querschnitte bei identischer Bügelbewehrungsmenge im Vergleich zu den Rechteckquerschnitten einen geringeren Querkraftbewehrungsgrad $\varrho_{w,vorh}$ / $\varrho_{w,min}$ aufweisen (siehe Gl. 1), erreichten die gegliederten Querschnitte für alle Systeme und Lasten eine höhere Querkrafttragfähigkeit. Im Mittel ergibt sich für die durchgeführten Versuche eine um 17 % höhere Querkrafttragfähigkeit für die gegliederten Querschnitte.

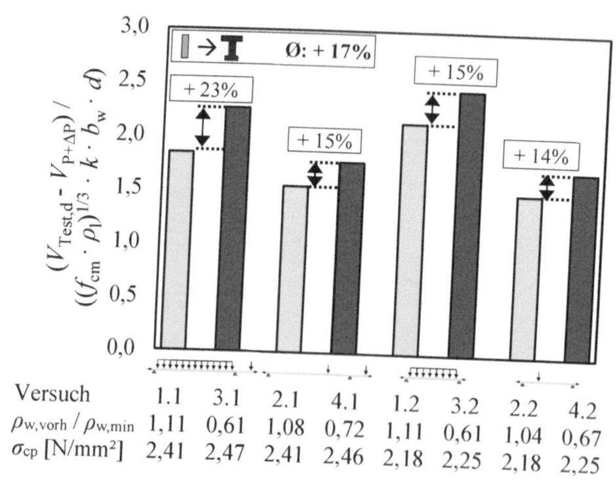

Abb. 6. Normierte Schubspannung in Abhängigkeit der Querschnittsform

3.3 Einfluss der Lastart

Zur Untersuchung des Einflusses der Lastart auf die Querkrafttragfähigkeit werden die normierten Schubspannungen von Versuchspaaren mit Einzeln- und Streckenlasten verglichen. Die Querschnittsform, der Querkraftbewehrungsgrad $\varrho_{w,vorh}$ / $\varrho_{w,min}$, die Vorspannung σ_{cp} und die Schubschlankheit λ je Versuchspaar sind unterhalb der Säulen angegeben. Die hellere Säule je Paar zeigt die Tragfähigkeit des mit einer Einzellast beanspruchten Trägers, während die dunklere Säule die Tragfähigkeit des mit Streckenlast beanspruchten Trägers angibt. Insgesamt wird deutlich, dass unabhängig von der Querschnittsform und dem statischen System eine höhere Querkraft bei einer Belastung durch eine Streckenlast abgetragen werden kann. Im Mittel ergibt sich eine um 24 % höhere Traglast bei einer Streckenlast. Aufgrund der erhöhten Schubschlankheit λ in TV 2 bei Beanspruchung durch eine Einzellast im Vergleich zur Streckenlast (λ ≈ 3,2 infolge F_{Test} und λ ≈ 2,6 infolge q_{Test}) wurden die Versuchspaare 2.2 und 1.2 sowie 4.2 und 3.2 nicht in die Berechnung der mittleren Tragfähigkeitssteigerung einbezogen und sind in Abb. 7 schraffiert dargestellt.

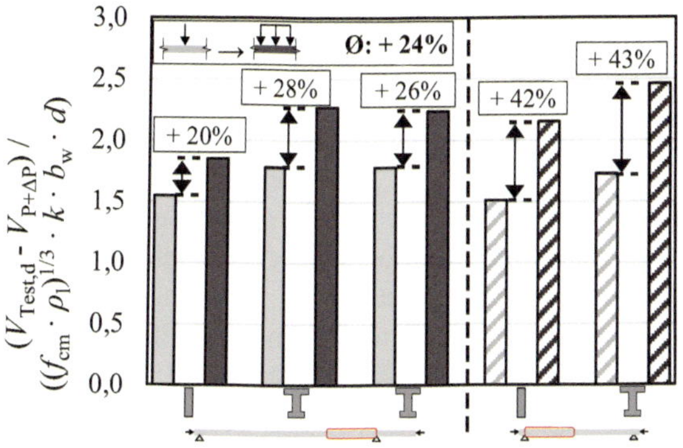

Versuch	2.1	1.1	4.1	3.1	4.1	5.1	2.2	1.2	4.2	3.2
$\rho_{w,vorh} / \rho_{w,min}$	1,08	1,11	0,72	0,61	0,72	0,68	1,04	1,11	0,67	0,61
σ_{cp} [N/mm²]	2,41	2,41	2,46	2,47	2,46	2,47	2,18	2,18	2,25	2,25
λ	3,1	3,8	3,2	3,7	3,2	3,3	3,3	2,7	3,1	2,5

Abb. 7. Normierte Schubspannung in Abhängigkeit der Lastart

3.4 Zusammenfassung

Es wurden 16 Teilversuche an Spannbetonträgern mit geringen Querkraftbewehrungsgraden durchgeführt. Die Auswirkungen der untersuchten Parameter auf die Querkrafttragfähigkeit sind in Tab. 6 zusammengefasst. Inwieweit diese Parameter und die aus den Versuchen gewonnenen Erkenntnisse durch die analytischen Bemessungsansätze nach NRR 2015 und BEMING/T2 erfasst werden, wird in Kapitel 4 untersucht.

Tab. 6: Einflüsse der experimentellen untersuchten Parameter auf die vereinfachte normierte Schubspannung

Einfluss				$\tau_{est,d,norm}$ (Gl. (2))
Querschnitt	RProfil	→	IProfil	+ 17 %
Lastart	Einzellast	→	Streckenlast	+ 24 %
$\rho_{w,vorh}$ / $\rho_{w,min}$	= 0,61	→	= 2,63	+ 59 %
σ_{cp}	≈ 1	→	≈ 2,5	+ 15 %
d_r	d_r = 0,29	→	d_r = 0,94	+ 12 %

4. Vergleich mit verschiedenen analytischen Verfahren

In diesem Abschnitt werden die experimentell ermittelten Tragfähigkeiten mit den analytischen Werten auf Mittelwertniveau nach der NRR 2015 [16] und BEMING/T2 [17] verglichen. Während die rechnerische Querkrafttragfähigkeit nach NRR 2015 auf einem Fachwerkmodell mit Rissreibung basiert, wird die Querkrafttragfähigkeit nach BEMING/T2 auf ein Fachwerkmodell mit additivem Betontraganteil zurückgeführt (vgl. Tab. 7). Die obere Grenze des Längsbewehrungsgrades ϱ_l mit $\varrho_l \leq 0{,}02$ wurde entsprechend Kapitel 3.1 vernachlässigt. Der vertikale Anteil der Vorspannung $V_{P+\Delta P}$ wurde entsprechend Gl. (3) auf der Widerstandsseite $V_{calc,d}$ berücksichtigt. Zur Auswertung werden Diagramme mit dem Quotienten $V_{Test,d}/V_{calc,d}$ auf der Ordinate in Abhängigkeit des untersuchten Parameters auf der Abszisse erstellt.

In den Bildern 14a) und c) werden die Quotienten $V_{Test,d}/V_{calc,d}$ für TV 1 nach NRR 2015 mit den entsprechenden Werten nach BEMING/T2 verglichen. Die Diagramme verdeutlichen, dass sowohl die positive Wirkung gegliederter Querschnitte im Vergleich zu Rechteckquerschnitten als auch die erhöhte Querkrafttragfähigkeit bei Belastung durch Streckenlasten durch die Bemessungsansätze noch nicht ausreichend berücksichtigt werden, da sich für alle profilierten Querschnitte mit einer Belastung aus Streckenlasten ein steigender Quotient $V_{Test,d}/V_{calc,d}$ ergibt. Zudem wird der Einfluss eines höheren Einspanngrades d_r durch die Bemessungsansätze für profilierte Querschnitte nicht ausreichend genau abgebildet. Während die experimentelle Traglast für alle Versuche über der Tragfähigkeit nach der NRR 2015 liegt, werden die Tragfähigkeiten für Rechteckquerschnitte mit der BEMING/T2 auf Mittelwertniveau teilweise leicht überschätzt. Für alle gegliederten Querschnitte liegt die analytische Tragfähigkeit nach der BEMING/T2 unterhalb der experimentell ermittelten Bruchlasten. Ein Vergleich über alle Versuche zeigt eine deutlich höhere Ausnutzung der vorhandenen Querkrafttragfähigkeit nach der BEMING/T2.

In den Bildern 14 b) und d) werden die Quotienten $V_{Test,d}/V_{calc,d}$ nach NRR 2015 und BEMING/T2 für den TV 2 auf Mittelwertniveau verglichen. Analog zu TV 1 werden auch hier die Tragfähigkeiten der gegliederten Querschnitte durch die Bemessungsansätze im Vergleich zu den Rechteckprofilen unterschätzt. Ebenfalls bestätigt sich, dass die höhere Tragfähigkeit bei einer Beanspruchung aus Streckenlasten im Vergleich zur Belastung mit Einzellasten durch die Bemessungsansätze nicht ausreichend abgebildet wird. Je ausgeprägter der Fachwerktraganteil bei steigenden Querkraftbewehrungsgraden wird, desto zutreffender kann die Querkrafttragfähigkeit sowohl nach der NRR 2015 als auch nach der BEMING/T2 ermittelt werden. Analog zu TV 1 ergibt sich für den Rechteckquerschnitt mit Belastung durch eine Einzellast in TV 2 eine geringfügige Überschätzung der Querkrafttragfähigkeit nach BEMING/T2 auf Mittelwertniveau. Alle übrigen Querschnitte werden nach BEMING/T2 besser abgebildet als nach NRR 2015. Insgesamt lassen sich aus den Vergleichen der experimentellen mit den analytischen Tragfähigkeiten folgende Schlüsse ziehen:

- Die BEMING/T2 bildet das tatsächliche Tragverhalten deutlich besser ab als NRR 2015.
- Der positive Einfluss gegliederter Querschnitte wird weder nach NRR 2015 noch nach BEMING/T2 erfasst.
- Der positive Einfluss einer Belastung durch Streckenlasten im Vergleich zu Einzellasten wird durch die Ansätze nicht zutreffend abgebildet.
- Der Einspanngrad bleibt in beiden Ansätzen unberücksichtigt.
- Bei Bauteilen mit geringeren Querkraftbewehrungsgraden $\varrho_{w,vorh}$ / $\varrho_{w,min}$ wird der Betontraganteil unterschätzt.

Da die Anwendung von BEMING/T2 eine gute Übereinstimmung zwischen rechnerischen und experimentellen Traglasten zeigt, wird dieser Ansatz durch weitere Faktoren verfeinert. Ziel war es, einen erweiterten Ansatz zur Querkrafttragfähigkeit von Spannbetonbrücken herzuleiten, der eine Aktivierung bislang rechnerisch ungenutzter Tragfähigkeitsreserven ermöglicht. Daraus ergeben sich die folgenden Anforderungen:

- Erhöhung der rechnerischen Querkrafttragfähigkeit von gegliederten Querschnitten.
- Berücksichtigung der erhöhten Querkrafttragfähigkeit unter der Einwirkung von Streckenlasten im Vergleich zu Einzellasten.
- Berücksichtigung des infolge Biegung auftretenden globalen Spannkraftzuwachses im Spannglied.

Untersuchungen des Betontraganteils in [21] zeigen, dass die erhöhten Querkrafttragfähigkeiten gegliederter Querschnitte vor allem auf einen vergrößerten Betontraganteil und von Trägern mit Streckenlasten auf einen direkten Lastabtrag im Auflagerbereich zurückzuführen sind. Um den positiven Einfluss einer vergrößerten Druckzone bei gegliederten Querschnitten durch eine größere am Querkraftabtrag beteiligten Schubfläche zu erfassen, wurde zum einen die Stegbreite b_w in Abhängigkeit des Druckgurtes zu $b_{V,eff}$ erweitert. Zum anderen wurde eine Abminderung der einwirkenden Querkraft V_{Ed} im Bemessungsschnitt infolge Streckenlasten und Eigengewicht durch einen Abzugswert ΔV_{Ed} eingeführt. Tab. 7 verdeutlicht die Verfeinerungen von BEMING/T2* im Vergleich zu BEMING/T2 und NRR 2015. Die Symbole ① und ⓑ kennzeichnen die Stellen, an denen BEMING Teil 2 und die Erweiterung unterschiedliche Gleichungen oder Definitionen verwenden.
Die Anwendung des verfeinerten Bemessungsmodells BEMING/T2* auf die am IMB durchgeführten 16 Teilversuche ist in den Bildern 12e) und f) dargestellt. Im Vergleich zur BEMING/T2 ist gut zu erkennen, dass die Rechteck- und gegliederten Querschnitte durch die Berücksichtigung von $b_{V,eff}$ und ΔV_{Ed} näher aneinander rücken. Zudem liegen die durch Streckenlasten beanspruchten Träger (ausgefüllte Symbole) näher an den mit Einzellasten beanspruchten Trägern (helle Symbole). Die positiven Auswirkungen der vorgeschlagenen Verfeinerung werden durch die statistischen Kennwerte bestätigt. Durch die Berücksichtigung des Druckgurtes und die Abminderung für Streckenlasten senkt sich der Mittelwert μ in TV 1 von 1,24 auf 1,06 bei einer gleichzeitig geringeren Streuung (*CoV* sinkt von 14 % auf 8 %). Diese bei der Nachrechnung der Durchlaufträger in TV 1 gewonnenen Erkenntnisse werden durch die Anwendung der BEMING/T2* mit $b_{V,eff}$ und ΔV_{Ed} auf die Einfeldträger in TV 2 bestätigt. Hier verringert sich der Mittelwert μ von 1,36 auf 1,13 und der *CoV* von 17 % auf 10 %. Für die Versuche der RWTH Aachen University liefert die Erweiterung der Querkraftbemessung nach BEMING/T2* demnach eine erkennbare Verbesserung.

Tab. 7: Querkrafttragfähigkeit in Abhängigkeit der Querkraftbewehrungsmenge nach verschiedenen Modellen

NRR 2015 [16]	BEM-ING/T2 [17]	BEM-ING/T2* [21]
$V_{Ed} \leq V_{Rd} + V_P \leq V_{Rd,max}$		$V_{Ed} - \boldsymbol{\Delta V_{Ed}} \leq V_{Rd} + V_{P+\Delta P} \leq V_{Rd,max}$
$\boldsymbol{\rho_{w,vorh} \geq \rho_{w,min}}$	**für alle $\boldsymbol{\rho_{w,vorh}}$**	
$V_{R,s} = A_{sw}/s_w \cdot z \cdot f_{ywd} \cdot cot\theta$	$V_{R,s} = k_{ct} \cdot V_{Rd,ct} + A_{sw}/s_w \cdot z \cdot f_{ywd} \cdot cot\beta_r$	
$\frac{4}{7} \leq cot\theta \leq cot\beta_r + \frac{V_{Rd,c}}{a_{sw} \cdot z \cdot f_{yd}} \leq 2{,}5$	$k_{ct} = 1{,}0 + 0{,}3 \cdot \rho_{w,vorh}/\rho_{w,min} \leq 1{,}3$	
$cot\beta_r = 1{,}2 + \frac{f_{cd}}{70\rho_w \cdot f_{yd}} - 1{,}4\frac{\sigma_{cd}}{f_{cd}} \leq 2{,}25$	$cot\beta_r = min\left\{\begin{matrix} 1{,}2 + \frac{f_{cd}}{70 \cdot \rho_w \cdot f_{yd}} - 1{,}4\frac{\sigma_{cd}}{f_{cd}} \\ \text{Gleichung ①} \\ 2{,}25 \end{matrix}\right\}$	
$\boldsymbol{\rho_{w,vorh} < \rho_{w,min}}$	①: $3{,}0 - 10 \cdot \frac{k_{ct} \cdot V_{Rd,ct}}{b_w \cdot z \cdot \nu \cdot f_{cd}}$	①: $3{,}0 - 10 \cdot \frac{k_{ct} \cdot V_{Rd,ct}}{\boldsymbol{b_{V,eff}} \cdot z \cdot \nu \cdot f_{cd}}$
$V_{Rd,c} = \left[\frac{0{,}15}{\gamma_C}\kappa(100\rho_l \cdot f_{ck})^{1/3} - 0{,}12\sigma_{cd}\right] \cdot b_w \cdot d$	$V_{Rd,ct} = \left[\frac{0{,}15}{\gamma_C}\kappa(100\rho_l \cdot f_{ck})^{1/3} - 0{,}15\sigma_{cd}\right] \cdot d \cdot$ ⓑ	
	ⓑ: b_w	ⓑ: $\boldsymbol{b_{V,eff}}$

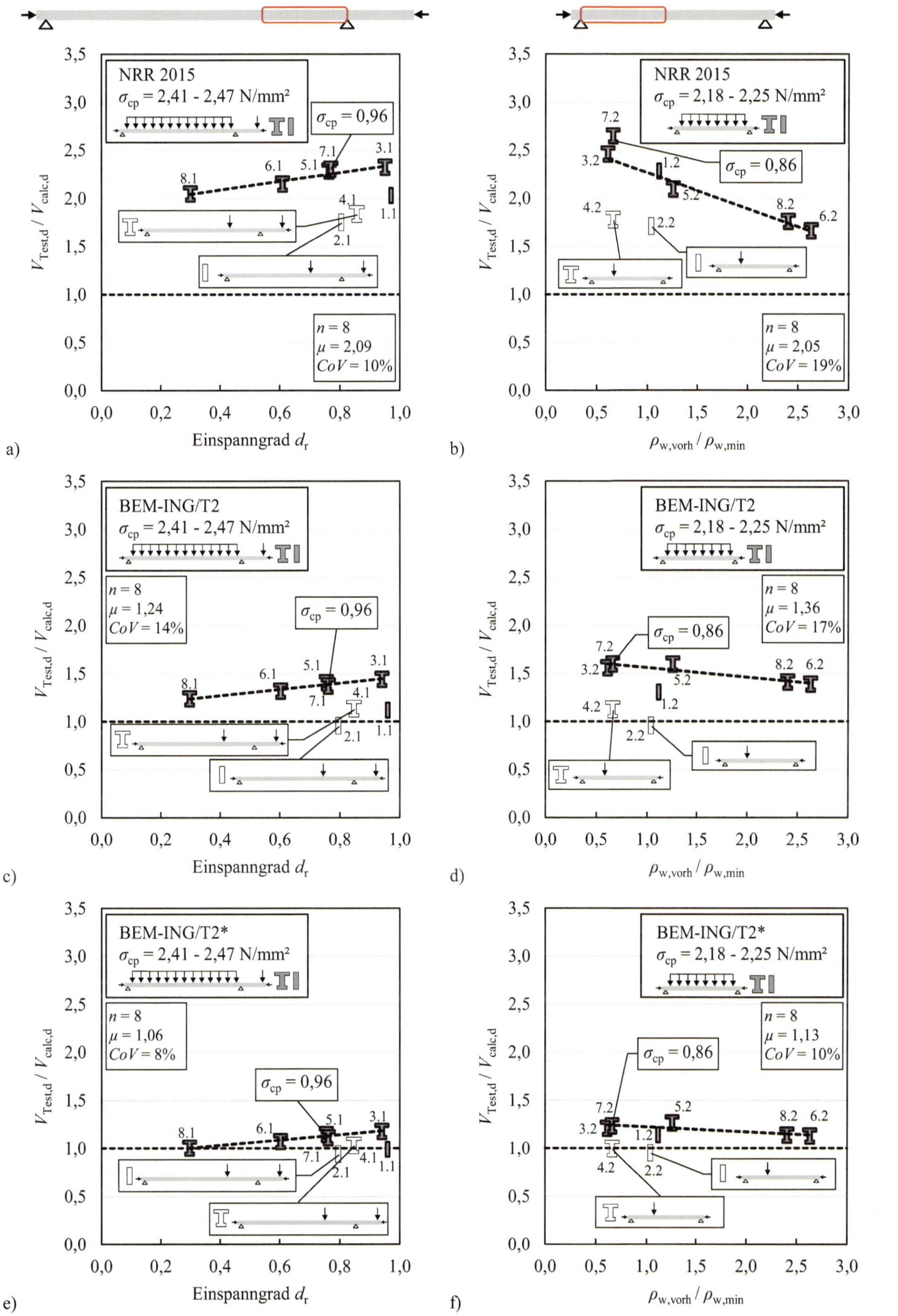

Abb. 8. Vergleich der experimentellen und analytischen Tragfähigkeit im Abstand d vom Auflager nach verschiedenen Ansätzen

Der Formelapparat sowie dessen Herleitung sind in [21] und [25] im Detail wiedergegeben. Der anhand großformatiger Querkraftversuche (RWTH Aachen University, Technische Universität München) hergeleitete Ansatz wurde durch Auswertungen mit Querkraftversuchen aus der ACI/DAfStb [26–28] Querkraftdatenbank kalibriert.

5. Fazit und Ausblick

In diesem Beitrag werden zunächst die Querkraftversuche an 16,5 m langen Spannbetonträgern vorgestellt. In der Analyse der experimentellen Querkrafttragfähigkeiten werden die Einflüsse aus Art der Belastung (Einzel- und Streckenlasten), Querschnittsform (Rechteck- und IProfile), Höhe des Einspanngrades d_r (Übergang vom Einfeldträger zum Durchlaufträger), Bügelbewehrung (0,6- bis 2,6facher Wert der Mindestquerkraftbewehrung $\rho_{w,min}$) und Vorspannung ($\sigma_{cp} \approx 1$ N/mm²; $\sigma_{cp} \approx 2{,}5$ N/mm²) herausgearbeitet. Die Berechnungsansätze nach BEMING Teil 2 bilden die experimentellen Querkrafttragfähigkeiten deutlich besser ab als die NRR von 2015. Um eine noch zutreffendere und wirtschaftlichere Nachrechnung von Spannbetonbrücken zu ermöglichen, wird anschließend ein verfeinerter Bemessungsansatz auf Basis der BEMING/T2 vorgestellt. Die Verfeinerung besteht aus der rechnerischen Erhöhung der Querkrafttragfähigkeit für gegliederte Querschnitte, der Abminderung der Querkräfte aus auflagernahen Streckenlasten und der Berücksichtigung des Spannungszuwachses geneigter Spannglieder im maßgebenden Bemessungsschnitt. Mit diesen Ansätzen lassen sich die rechnerischen Defizite der Querkrafttragfähigkeit vieler älterer Spannbetonbrücken im Bestand bereits in Stufe 2 der Nachrechnung deutlich reduzieren.

Danksagung

Der Bundesanstalt für Straßenwesen (BASt) wird für die Finanzierung des Projekts und den Mitgliedern des Betreuungsausschusses für die anregenden Diskussionen gedankt. Diesem Bericht liegen Teile der im Auftrag des Bundesministeriums für Digitales und Verkehr, vertreten durch die Bundesanstalt für Straßenwesen, unter FE 15.0664/2019/DRB durchgeführten Forschungsarbeit zugrunde.

Die Verantwortung für den Inhalt liegt allein bei den Autoren.

Literatur

[1] Bundesministerium für Verkehr, Bau und Stadtentwicklung (22.05.2013) Strategie zur Ertüchtigung der Straßenbrücken im Bestand der Bundesfernstraßen [Bericht].

[2] Naumann, J. (2010) Brücken und Schwerverkehr - Eine Bestandsaufnahme in: Bauingenieur 85, H. 1, S. 1–9.

[3] Maurer, R.; Bäätjer, G. (2007) Sicherheit von Spannbetonbrücken - Entwicklung von Konstruktions- und Bemessungsgrundsätzen in Deutschland in: Bauingenieur 82, H. 1, S. 14–24.

[4] Teworte, F.; Herbrand, M.; Hegger, J. (2015) Structural Assessment of Concrete Bridges in Germany—Shear Resistance under Static and Fatigue Loading in: Structural Engineering International 25, Nr. 3, pp. 266–274. https://doi.org/10.2749/101686615X14210663188411

[5] Steinbock, O.; Garibaldi, M. P.; Curbach, M. (2016) Der Umgang mit dem Brückenbestand - ein Vergleich zwischen Deutschland und den USA in: Bauingenieur 91, H. 6, S. 215–226. https://doi.org/10.37544/0005-6650-2016-06-33

[6] Reineck, K.-H. et al. (2013) ACI-DAfStb Database of Shear Tests on Slender Reinforced Concrete Beams without Stirrups in: ACI Structural Journal 110, Nr. 5, pp. 867–875.

[7] Hegger, J. et al. (2014) Beurteilung der Querkrafttragfähigkeit des Längssystems von Spannbetonbrücken im Bestand in: Bauingenieur 89, S. 500–510.

[8] Hegger, J. et al. (2020) Beurteilung der Querkraft- und Torsionstragfähigkeit von Brücken im Bestand - erweiterte Bemessungsansätze – Fördernummer FE 15.0591/2012/FRB. Brücken- und Ingenieurbau Heft B 150.

[9] Adam, V.; Herbrand, M.; Hegger, J. (2020) Querkrafttragfähigkeit von Brückenträgern aus Spannbeton mit geringen Querkraftbewehrungsgraden in: Bauingenieur 95, H. 11, S. 397–407. https://doi.org/10.37544/0005-6650-2020-11-55

[10] Schramm, N.; Fischer, O. (2020) Zur Anrechenbarkeit von nicht normgemäßen Bügelformen auf die Querkrafttragfähigkeit von Bestandsbrücken in: Bauingenieur 95, H. 11, S. 408–418. https://doi.org/10.37544/0005-6650-2020-11-66

[11] Adam, V. et al. (2020) Querkrafttragfähigkeit von Stahlbetonfahrbahnplatten ohne Querkraftbewehrung von Brücken im Bestand unter vorwiegend konzentrierten Radlasten in: Bauingenieur 95, H. 11, S. 419–429. https://doi.org/10.37544/0005-6650-2020-11-77

[12] Gleich, P.; Maurer, R. (2020) Das Erweiterte Druckbogenmodell für die Nachrechnung von Spannbetonbrücken – Theoretische Hintergründe in: Bauingenieur 95, H. 11, S. 430–439. https://doi.org/10.37544/0005-6650-2020-11-88

[13] Kolodziejczyk, A.; Maurer, R. (2020) Erweitertes Druckbogenmodell: Anwendungsbeispiel in: Bauingenieur 95, H. 11, S. 440–445. https://doi.org/10.37544/0005-6650-2020-11-98

[14] Müller, M.; Maurer, R. (2020) Nachweis des Druckgurtanschlusses bei der Nachrechnung von Betonbrücken in: Bauingenieur 95, H. 11, S. 446–454. https://doi.org/10.37544/0005-6650-2020-11-104

[15] Bundesministerium für Verkehr, Bau und Stadtentwicklung Abteilung Straßenbau (05/ 2011) Richtlinie zur Nachrechnung von Straßenbrücken im Bestand – Nachrechnungsrichtlinie.

[16] Bundesministerium für Verkehr und digitale Infrastruktur Abteilung Straßenbau (04 / 2015) Richtli-

nie zur Nachrechnung von Straßenbrücken im Bestand 1. Ergänzung – Nachrechnungsrichtlinie.

[17] Bundes ministerium für Verkehr und digitale Infrastruktur (2024) Regelungen und Richtlinien für die Berechnung und Bemessung von Ingenieurbauten (BEM-ING) Entwurf.

[18] Hegger, J. et al. (2024) Nachrechnungen von Spannbetonbrücken mit Verfahren der Nachrechnungsstufe 4 in: Bauingenieur 99, 1/2, S. 12–21. https://doi.org/10.37544/0005–6650–2024–01–02–34

[19] Huber, P.; Huber, T.; Kollegger, J. (2018) Influence of loading conditions on the shear capacity of post-tensioned beams with low shear reinforcement ratios in: Engineering Structures 170, S. 91–102. https://doi.org/10.1016/j.engstruct.2018.05.079

[20] DIN-Fachbericht 102:2009-03 (März 2009) DIN-Fachbericht 102 - Betonbrücken. Berlin: Beuth.

[21] Hegger, J. et al. (August 2023) Experimentelle und theoretische Untersuchungen zur Querkraft- und Torsionstragfähigkeit von Betonbrücken im Bestand – Fördernummer FE 15.0664/2019/DRB. Abschlussbericht 492/2023.

[22] Dommes, C.; Hegger, J. (2024) Ermittlung von Traglastreserven in 16,5 m Spannbetonträgern unter Querkraftbeanspruchung in: Bauingenieur 99, 1/2, S. 22–34. https://doi.org/10.37544/0005–6650–2024–01–02–44

[23] Fingerloos, F.; Hegger, J.; Zilch, K. (2016) Eurocode 2 für Deutschland – DIN EN 1992-1-1 Bemessung und Konstruktion von Stahlbeton- und Spannbetontragwerken : Teil 1-1 : Allgemeine Bemessungsregeln und Regeln für den Hochbau mit Nationalem : Anhang Kommentierte Fassung. 2. Aufl. Berlin, Berlin: Beuth.

[24] Uwe Pfeiffer (2022) INCA2 – Interactive Nonlinear Cross-Section Analysis Biaxial. https://www.u-pfeiffer.de/inca2/inca2-09.html.

[25] Hegger, J. et al. (2024) Querkraft und Torsion – zukünftige Ansätze und Potenziale in Stufe 2 der Nachrechnungsrichtlinie in: Bauingenieur 99, 1/2, S. 1–11. https://doi.org/10.37544/0005–6650–2024–01–02–23

[26] Deutscher Ausschuss für Stahlbeton (2012) DAfStb-Heft 597: Erweiterte Datenbanken zur Überprüfung der Querkraftbemessung für Konstruktionsbauteile mit und ohne Buegel. Ernst & Sohn.

[27] Reineck, K.-H.; Dunkelberg, D. (2017) ACI-DAfStb databases 2015 with shear tests for evaluating relationships for the shear design of structural concrete members without and with stirrups – DAfStb-Heft 617. Berlin: Beuth.

[28] Reineck, K.-H.; Dunkelberg, D. [Hrsg.] (2022) ACI-DAfStb databases 2020 with shear tests for evaluating relationships for the shear design of structural concrete members without and with stirrups – DAfStb-Heft 635: Volume 1 + 2. Berlin: Beuth.

Der Einfluss unterschiedlicher Vorspannung auf die Querkrafttragfähigkeit von großformatigen Spannbetonträgern

Sebastian Lamatsch, M. Sc.
Technische Universität München

Prof. Dr.-Ing. Oliver Fischer
Technische Universität München

Zusammenfassung

Bei der Nachrechnung von mehrfeldrigen Spannbetonbrücken führt ein rechnerisches Defizit des Nachweises der Querkrafttragfähigkeit häufig zu teuren Ertüchtigungsmaßnahmen oder gar zu Einschränkungen des Verkehrs oder einem Ersatzneubau. Neuen Modellen zur realitätsnahen Beurteilung der Schubtragfähigkeit dieser häufig gering querkraftbewehrten Spannbetonbrücken kommt deshalb eine große Bedeutung zu. Aufgrund der geringen Anzahl an Querkraftversuchen unter realen Belastungsbedingungen am inneren Auflager von Mehrfeldbrücken fehlt eine ausreichende Datenlage zur Verifizierung. In diesem Beitrag werden die Ergebnisse von jeweils sechs Querkraftversuchen an T- und Rechteckquerschnitten mit großer Querschnittshöhe und geringem Schubbewehrungsgrad vorgestellt. Hauptaugenmerk der Untersuchungen waren die Vorspannung und der Einfluss eines begrenzten Dehnungszuwachses im Spannglied. Ein Vergleich der experimentell ermittelten Traglasten mit bestehenden und zukünftigen Modellen zur Nachrechnung von Brückenbauwerken zeigt die Potentiale neuer Ansätze auf.

1. Einleitung

Die Brückeninfrastruktur Deutschlands wurde überwiegend zwischen den Jahren 1965 und 1985 erbaut und steht heute vor erheblichen Herausforderungen [1]. Sowohl die über die Jahre stark angestiegene Verkehrsbelastung, insbesondere durch den zunehmenden Schwerlastverkehr, sowie die fortschreitende Weiterentwicklung der Normen und Nachweiskonzepte führen dazu, dass bei der Nachrechnung bestehender Brückenbauwerke häufig rechnerische Defizite festgestellt werden. Bei Brückenprüfungen wird jedoch oft ein guter Zustand der Bauwerke festgestellt. Dieser Widerspruch zeigt sich besonders ausgeprägt bei den Nachweisen der Querkrafttragfähigkeit und der Schubübertragung am Druckgurtanschluss [2].

Im Zuge der Fortschreibung der Nachrechnungsrichtlinie [3, 4] wurden innerhalb einiger Forschungsvorhaben der Bundesanstalt für Straßenwesen (BaSt) Untersuchungen zur Identifikation und Berücksichtigung von noch nicht ausreichend genau erfassten Tragmechanismen durchgeführt und die bestehenden Nachweiskonzepte validiert [5-7]. Experimentelle Untersuchungen konzentrierten sich aufgrund der geringen Versuchsdatenlage insbesondere auf vorgespannte Durchlaufträger mit geringem Bügelbewehrungsgrad [8-16]. Um von Versuchen auf den realen Brückenbestand schließen zu können, müssen diese möglichst viele Randbedingungen abdecken. Dabei wurden einige Einflüsse experimentell nur wenig bis gar nicht untersucht und fanden in neuartigen Modellvorstellungen keine oder nur eine pauschale Berücksichtigung. Deshalb wurden an der Technischen Universität München (TUM) Querkraftversuche an 12 Trägerausschnitten mit einer Querschnittshöhe von 120 cm und einem – zusätzlich zum geringen Querkraftbewehrungsgrad – geringen Längsbewehrungsgrad durchgeführt. Der Fokus der Untersuchungen lag jedoch auf dem Einfluss der Vorspannung und des Spannungszuwachses im Spannglied. Zusätzlich wurden die Querschnittsform, der Querkraftbewehrungsgrad und die Ausbildung des Zuggurts mit glatter Längsbewehrung mit Endhaken untersucht.

2. Experimentelle Untersuchungen

2.1 Konzeption und Versuchsprogramm

Für die Versuchsdurchführung wird ein innovativer Versuchsstand (vgl. [17, 18, 19]) verwendet, der aus dem globalen System eines Durchlaufträgers den zu untersuchenden Bereich zwischen Mittelauflager und Feldbereich herausgelöst untersucht. Dabei wirken unter Beibehaltung der Randbedingungen an den Schnittufern die Schnittgrößen, die einem Mehrfeldträger unter Einzellast entsprechen. Durch Verringerung des Materialeinsatzes können somit an vorgespannten Balkenelementen mit praxisnahen Querschnittsabmessungen Querkraftversuche durchgeführt werden, die ein gleichwertiges Tragverhalten eines konventionellen Balkenversuchs an einem Durchlaufträger aufweisen. Genauere Informationen zur Substrukturtechnik und den Kapazitäten des Versuchsstands sind in [19] zu finden. In Abb. 1 ist der Schnittgrößenverlauf eines Referenz-Durchlaufträgers unter Einzellasten und der Bereich, der im Versuchsstand geprüft wird zu erkennen.

Die in diesem Beitrag vorgestellte Versuchsserie mit jeweils 6 Rechteck- und T-Trägern weist eine gleichbleibende Schubschlankheit von ca. 3,0 auf. Der Schubbewehrungsgrad wird bei den meisten Versuchen im Übergang zum erforderlichen Mindestquerkraftbewehrungsgrad gewählt (vgl. Tab. 1)

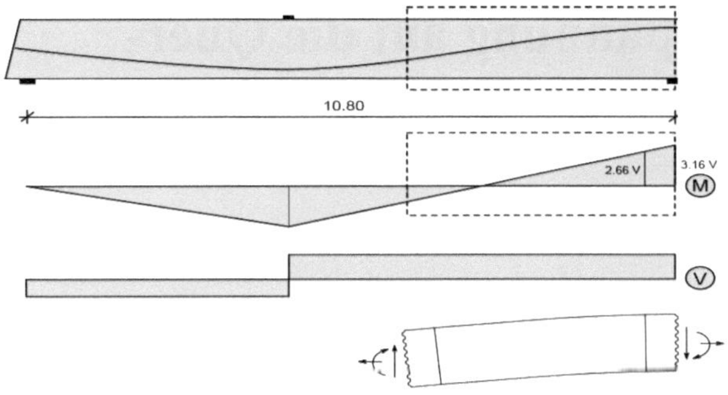

Abb. 1: Ableitung der Substrukturgeometrie und Schnittgrößen eines halben Referenz-Durchlaufträgers unter Einzellast im Feld

Tab. 1: Versuchsprogramm

ID	QS	$\frac{\rho_{sw}}{\rho_{sw,min}}$	ρ_{sl} [-]	σ_{cp} [MPa]	σ_{pm0} [MPa]
R-L5-S1.7		0,90 (ø6/25)	0,01 (6ø25)	1,78	$0{,}44 \cdot f_{p0,1k}$
R-L3-S1.7		0,90 (ø6/25)	0,01 (6ø25)	1,76	$0{,}72 \cdot f_{p0,1k}$
R-L9-S3.1		0,90 (ø6/25)	0,01 (6ø25)	3,06	$0{,}42 \cdot f_{p0,1k}$
R-L5-S3.1		0,90 (ø6/25)	0,01 (6ø25)	3,00	$0{,}74 \cdot f_{p0,1k}$
R-L5-S1.7g		0,90 (ø6/25)	0,01 glatt (6ø25)	1,74	$0{,}43 \cdot f_{p0,1k}$
R-L5-S1.7f		1,50 (ø8/25)	0,01 (6ø25)	1,73	$0{,}42 \cdot f_{p0,1k}$
T-L5-S1.2		0,90 (ø6/25)	0,01 (6ø25)	1,15	$0{,}41 \cdot f_{p0,1k}$
T-L3-S1.2		0,90 (ø6/25)	0,01 (6ø25)	1,02	$0{,}60 \cdot f_{p0,1k}$
T-L9-S2.1		0,90 (ø6/25)	0,01 (6ø25)	1,82	$0{,}36 \cdot f_{p0,1k}$
T-L5-S2.1		0,90 (ø6/25)	0,01 (6ø25)	1,90	$0{,}68 \cdot f_{p0,1k}$
T-L5-S1.2g		0,90 (ø6/25)	0,01 glatt (6ø25)	1,16	$0{,}41 \cdot f_{p0,1k}$
T-L5-S1.2f		1,50 (ø8/25)	0,01 (6ø25)	1,17	$0{,}42 \cdot f_{p0,1k}$

Im Fokus der Untersuchungen steht der Einfluss der Vorspannung, der differenziert bezogen auf den wirksamen Normalkraftanteil der Vorspannung und die Ausnutzung des Spannstahls und der daraus resultierenden variierenden Reserve für einen potentiellen Dehnungszuwachs im Spannglied betrachtet wird. Dafür wird bei gleicher Betondruckspannung aus Vorspannung sukzessive die Litzenanzahl variiert. Allen Versuchen ist eine möglichst realitätsnahe konstruktive Ausbildung entsprechend bestehender Brückenbauwerke gemein. Der geringe Längsbewehrungsgrad von = 1,0 zusammen mit bereits initial hoch ausgenutzten Spanngliedern führt zu hohen Längsdehnungen des Zuggurts und einer damit je nach Steifigkeit des gemischt bewehrten Zuggurts starken Aktivierung der Spannglieder. Zusätzlich wird jeweils ein Versuch mit erhöhtem Bügelbewehrungsgrad (f) und ein Versuch mit glatter Längsbewehrung (g), die durch Endhaken verankert ist, getestet. Die gewählten Versuchsparameter sind Tab. 1 zu entnehmen. Die Versuchsbezeichnung enthalt dabei die wichtigsten Parameter, wie QS (T-/Rechteckträger), die Litzenanzahl (L5) und die planmäßige Betondruckspannung aus Vorspannung (S1.2 = 1,2MPa). Die Abmessungen, die konstruktive Durchbildung und die Spanngliedlage der Balkenelemente findet sich in Abb. 2.

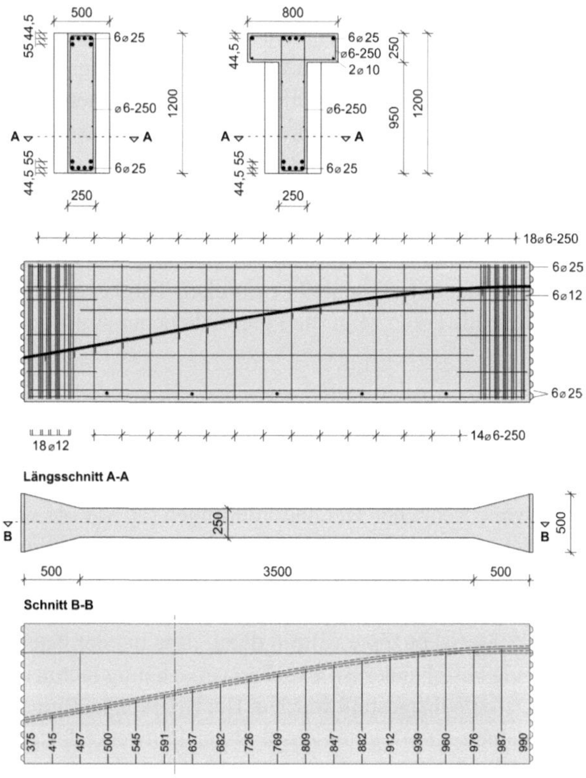

Abb. 2: Bewehrung, Abmessungen und Spanngliedlage der Balkenelemente

2.2 Materialparameter

Für alle Versuchskörper wurde Transportbeton mit der angestrebten Festigkeitsklasse C30/37 verwendet. Der Größtkorndurchmesser betrug 8 mm. Die in begleitenden Kleinkörperversuchen ermittelten Betoneigenschaften sind als Mittelwert aus mindestens drei Versuchen in Tab. 2 zusammen mit der erreichten maximalen Versuchsquerkraft der einzelnen Großversuche angegeben. Die mittleren Stahlparameter wurden aus jeweils sechs Zugversuchen jeder Charge bestimmt. Es wurden zwei Chargen der Bügel mit 6 mm Durchmesser verwendet und ein anderer Stahl für die glatte Längsbewehrung eingesetzt. Die Versuche mit 3 Litzen sollten mit einem Spannstahl der Klasse Y 1770 ausgestattet werden, es ergaben sich jedoch nahezu gleiche Festigkeiten, wie bei den anderen Versuchen. Die entsprechenden Parameter sind in Abhängigkeit ihres Durchmessers in Tab. 3 dargestellt.

Tab. 2: Materialeigenschaften des Betons und des Verpressmörtels (m) und maximale Querkraft

ID	$f_{c,cyl}$ [MPa]	$f_{c,sp}$ [MPa]	E_c [MPa]	$f_{ct,BZ,m}$ [MPa]	$f_{c,cu,m}$ [MPa]	V_{max} [kN]
R-L5-S1.7	42,6	3,6	30 049	6,88	57,3	774,8
R-L3-S1.7	46,2	3,7	30 157	6,86	60,6	829,4
R-L9-S3.1	43,7	3,5	27 999	4,59	62,7	926,6
R-L5-S3.1	43,3	2,8	27 991	6,62	57,6	982,0
R-L5-S1.7g	41,6	2,9	27 499	7,03	57,2	774,9
R-L5-S1.7f	41,0	3,1	27 688	6,76	53,8	989,4
T-L5-S1.2	47,6	3,2	29 727	7,31	62,8	862,4
T-L3-S1.2	50,4	3,3	30 361	4,39	62,2	776,3
T-L9-S2.1	48,4	3,8	29 721	5,61	66,5	971,3
T-L5-S2.1	47,7	3,2	29 641	4,50	63,4	902,0
T-L5-S1.2g	44,8	3,2	28 075	9,76	60,4	804,3
T-L5-S1.2f	48,8	4,0	29 114	8,39	64,6	1 088,9

Tab 3: Stahleigenschaften von Bewehrung und Spannstahl je Charge

ø [mm]	$R_{0,2}$ [MPa]	R_m [MPa]	E_s [MPa]	A_{gt} [%]
6 (R)	566,7	622,9	195 644	4,4
6 (T)	536,6	628,4	202 908	6,8
8	555,7	633,0	200 157	5,6
25	570,5	687,4	198 894	8,2
25 glatt	400,7	554,1	205 567	15,7
15,7	1 675	1 891	194 760	6,0
15,7 (L3)	1 681	1 894	195 150	6,1

2.3 Versuchsdurchführung

Nach dem Einbau und kraftschlüssigen Anschluss wurden die Balkenelemente jeweils vom Mittelauflager aus mittels Bündelspannpresse vorgespannt und anschließend verpresst. Nach Erreichen einer ausreichenden Druckfestigkeit der begleitenden Würfel wurde der Versuchsträger weggesteuert mit einem Querkraftziel von 0,2 kN/sek feldseitig mit simultan ansteigendem Biegemoment bis zu einem deutlichen Kraftabfall belastet und anschließend rein weg- und rotationsgesteuert bis zum endgültigen Versagen gefahren. Das Rissbild wurde über die gesamte Versuchsdauer dokumentiert.

3. Versuchsergebnisse

3.1 Trag- und Bruchverhalten

Bei allen Versuchen konnte – trotz einer sehr hohen Dehnung der Biegebewehrung von mindestens 80 % der Dehngrenze – ein klassisches Biegeschubversagen mit markanter Biegeschubrissbildung und starker Ausnutzung des Zuggurts festgestellt werden. Die hohen Verzerrungen wurden dabei mit auf der Längsbewehrung am Anschnitt der Voute applizierten Dehnmessstreifen gemessen. Abb. 3 zeigt die Ausnutzung aller Träger. Das Tragverhalten aller Versuchskörper ist durch fächerartig von der Trägeroberseite am Mittelauflager ausgehender Biegeschubrissbildung geprägt, wobei vereinzelte Stegzugrisse vor allem bei den Plattenbalken unter höherer Querkraftbeanspruchung auftraten.

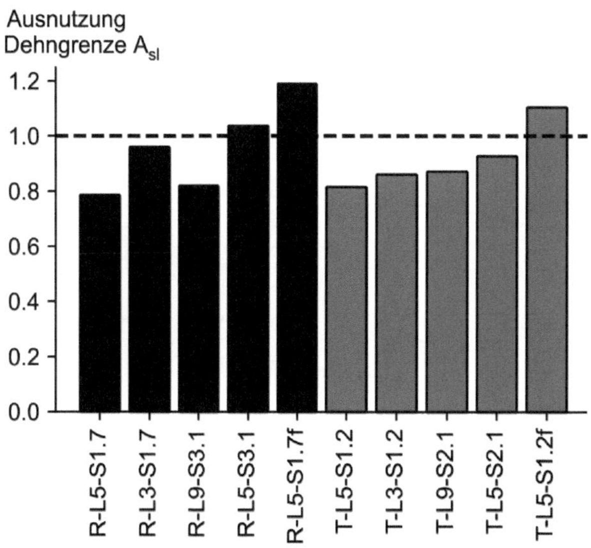

Abb. 3: Ausnutzung der Längsbewehrung

Durch den geringen Biegebewehrungsgrad und die teils hohe initiale Ausnutzung des Spannglieds sind die Versuche durch eine starke Rissbildung mit großen Rissöffnungen charakterisiert. Die sich in einem kritischen Schubriss zunehmend konzentrierende Kinematik führt ausgehend vom Fließen der Bügel und der Umlagerung in andere Tragmechanismen wie einer Druckbogenwirkung oder dem Zuwachs der geneigten Spanngliedkraft schlussendlich zum abrupten Versagen durch die Zerstörung der Druckzone und das Reißen nahezu aller den kritischen Schubriss kreuzender Bügel.

3.2 Rissbildung

Die Bruchbilder aller Versuche sind in Abb. 4 zusammen mit dem mittels faseroptischer Dehnungsmessung bestimmtem Dehnungsprofil dargestellt. Dabei wird deutlich, dass die Plattenbalken einen etwas gekrümmteren Rissverlauf aufweisen und dieser am Gurtanschluss horizontal versetzt ist. Dies ist auf den Steifigkeitssprung zwischen Steg und Gurt und der Erfordernis einer Kompatibilität der Verzerrungen zurückzuführen. Die beiden Träger mit erhöhtem Querkraftbewehrungsgrad (Endung f) weisen eine etwas stärkere Rissbildung, vor allem auch im Bereich positiver Momente auf. Die Rissneigung korreliert größtenteils mit der Höhe der Vorspannung oder der Verwendung von glatter Längsbewehrung (Endung g) und fällt in diesem Fall meist flacher aus. Die Versuche mit glatter Längsbewehrung haben überdies weniger Biege- und Schrägrisse.

Die gemessene Rissneigung des kritischen Schubrisses aller Versuche wird in Abb. 5 der rechnerischen Schubrissneigung (formuliert auf Mittelwertniveau) gemäß Gleichung (1) aus [20, 21, 22] gegenübergestellt.

$$cot\beta_r = 1{,}2 + \frac{f_{cm} - 4}{150 \cdot \rho_w \cdot f_{ym}} - \frac{2{,}4\sigma_{cp}}{f_{cm} - 4} \leq 2{,}25 \quad (1)$$

Es lässt sich feststellen, dass die vorgeschlagenen Rissneigungen auf der sicheren Seite liegen. Ein Trend in Abhängigkeit der Betonparameter oder der Vorspannung kann jedoch nicht festgestellt werden.

auf, die in gleicher Größenordnung bereits in Untersuchungen von Huber [14] festgestellt wurden (vgl. Abb. 6). Betrachtet man die Spitzen der faseroptischen Dehnungsmessungen der robusten Faser im Hüllrohr (vgl. Abb. 4), ergibt sich eine gute Übereinstimmung der Lage und Größe der Peaks mit dem Rissbild. Besonders in Versuch R-L5-S3.1 wird der größte Dehnungszuwachs, wie auch die größte Rissbreite aufgezeichnet. Aufgrund derart großer Rissöffnungen, verbunden mit verhältnismäßig geringen tangentialen Verschiebungen der Rissufer, kann

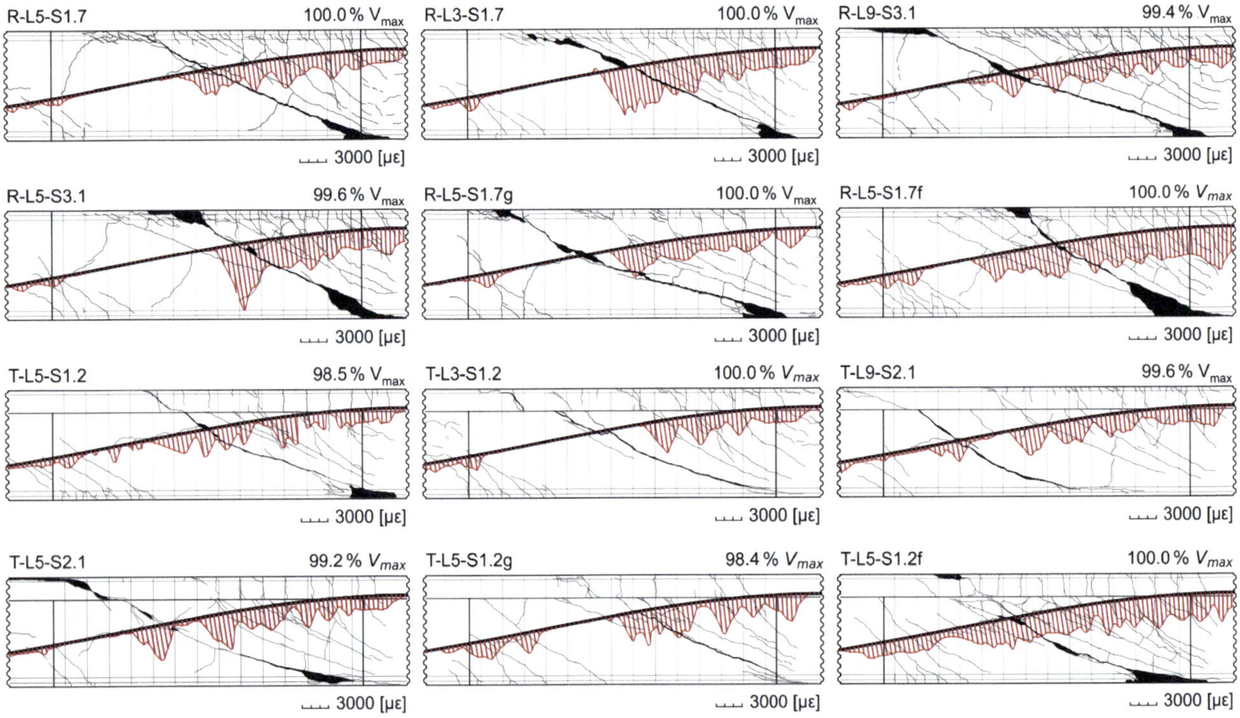

Abb. 4: Bruchbild und Verzerrung des faseroptischen Sensors im Hüllrohr bei maximaler Querkraft

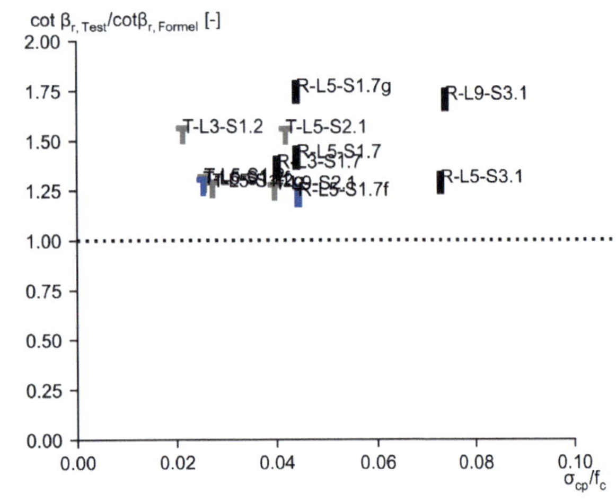

Abb. 5: Vergleich des experimentellen Kotangens der Schubrisswinkel mit Gleichung (1)

Die markante Schubrissbildung führt durch den hoch ausgenutzten, gemischt bewehrten Zuggurt zu erheblichen Rissbreiten, die auf Höhe der Schwereachse bei Versuch R-L5-S3.1 einen Wert von ca. 9 mm beträgt. Auch alle anderen Versuche weisen sehr große Rissbreiten von 46 mm

davon ausgegangen werden, dass Tragmechanismen aus Rissreibung zum Zeitpunkt der maximalen Querkraft ein sehr geringer Anteil zuzuschreiben ist.

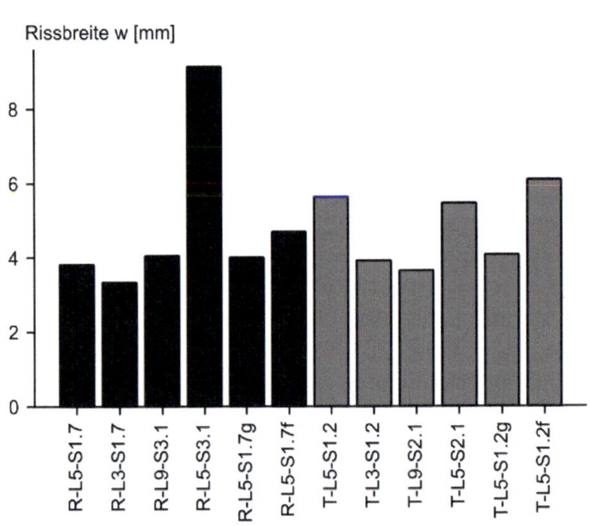

Abb. 6: Rissbreiten auf Höhe der Schwereachse

3.3 Einfluss der Vorspannung

In der Versuchsserie werden die Betondruckspannung aus Vorspannung, als auch der nach initialer Vorspannung zur Verfügung stehender mobilisierbare Dehnungszuwachs im Spannglied variiert. Durch eine höhere Vorspannung entstehen mehrheitlich flachere Schubrisse, wobei der kritische Schubriss dadurch etwas mehr Bügel kreuzt und damit einen zusätzlichen Bügeltraganteil bewirkt. Die Rissbildung wird durch das Überdrücken der Hauptzugspannungen grundsätzlich etwas verzögert, was sich auch messtechnisch mithilfe der Definition einer Schrägrisslast belegen lässt. Dazu wird sowohl mit Hilfe eines Schwellenwerts der Bügeldehnung (500), als auch durch photogrammetrische Daten für jeden Versuch die Querkraft bestimmt, bei der ein erster sichtbarer, schräger Riss entsteht. Für die Versuchsserie zeigen sich insbesondere bei höher vorgespannten Versuchen höhere Schrägrisslasten (vgl. Abb. 7). Bezogen auf die maximal erreichte Querkraft heben sich die Versuche jedoch nicht sonderlich hervor. Einzig die beiden Versuche mit einer höheren Anzahl an Litzen verhindern bezogen auf die maximale Querkraft das Auftreten des ersten Schrägrisses bis zu einer höheren bezogenen Querkraft. Insgesamt tritt dieser bei 40 60 % der maximalen Querkraft auf.

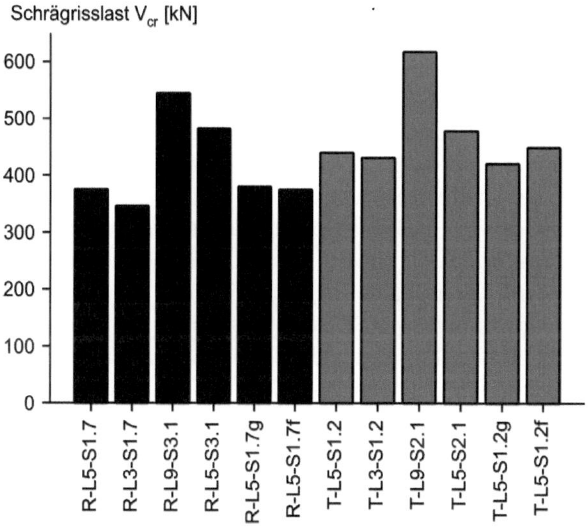

Abb. 7: Schrägrisslasten der Balkenelemente

Erwartungsgemäß führt eine höhere Vorspannung aufgrund der flacheren Risse und der dadurch initiierten Aktivierung von mehr Bügeln und der längeren Kompression der Zugspannungen zu einem Anstieg der Querkrafttragfähigkeit. Dies zeigt sich auch anhand von Abb. 8. Es werden alle Versuche mit gerippter Längsbewehrung und Bügeln ø 6 mm dargestellt und jeweils die Trendlinie der beiden unterschiedlichen Querschnittstypen angegeben. Aus Gründen der Vergleichbarkeit sind die auf der y-Achse angetragenen maximalen Querkräfte in normierter Form dargestellt. Wird der zwangsläufig vorhandene vertikale Traganteil der initialen Spannkraft V_{P0} von der maximalen Querkraft subtrahiert, liegen die Trendlinien beider Querschnittstypen nahezu auf einer Gerade. Die dennoch vorhandene Steigung in Abhängigkeit der Betondruckspannung aus Vorspannung weist auf zusätzlich positive Effekte unabhängig von der initialen Vorspannung hin. Betrachtet man in einer ähnlichen Darstellung den Einfluss eines – durch bereits initial hoch ausgenutzte Spannglieder – nur begrenzt mobilisierbaren Dehnungszuwachses im Spannglied, fällt die Bewertung nicht mehr eindeutig aus (vgl. Abb. 9). Für Rechteckträger und Plattenbalken ergeben sich unterschiedliche Einflüsse, wobei die aufgezeigten Trendlinien eine nur sehr geringe Steigung aufweisen. Bereits initial hoch ausgenutzte Spannlitzen ermöglichen bei gleicher absoluter Spannkraft bei den Rechteckträgern eine geringfügige Steigung der maximalen Querkraft, wohingegen diese bei den T-Querschnitten mit zunehmender initialer Ausnutzung sinkt.

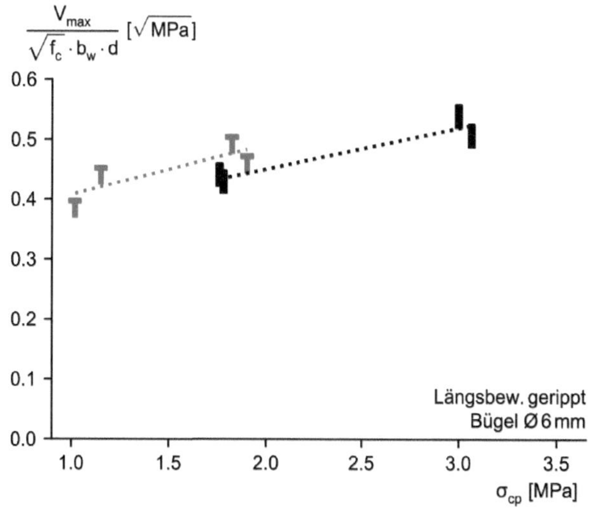

Abb. 8: Einfluss der Vorspannung

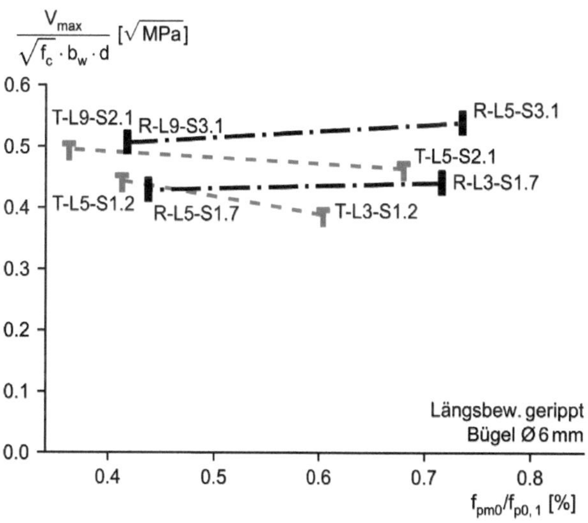

Abb. 9: Normierte Querkraft in Abhängigkeit der initialen Ausnutzung des Spannglieds

Vor allem die bereits festgestellten Abweichungen der Rissbildung und der Steifigkeitssprung scheinen dafür verantwortlich zu sein. Nach erheblicher Rissbildung ermöglicht der homogene Rechteckquerschnitt Umlagerungsmöglichkeiten, die beim T-Querschnitt aufgrund der erforderlichen Kompatibilität der Verzerrungen von Steg und Gurt nicht mehr möglich zu sein scheinen. Aufgrund der geringen Datenlage lassen sich jedoch keine allgemeingültigen Aussagen treffen.

3.4 Vergleich der experimentellen und analytischen Tragfähigkeiten

Im Folgenden sollen die experimentellen Traglasten den analytischen Ansätzen nach der Nachrechnungsrichtlinie mit ihrer 1. Ergänzung (NRR) [3,4] und dem Entwurf der BEM-ING Teil 2 (BEM-ING/T2) [22] gegenübergestellt werden, um die Verfeinerungen des Nachweiskonzepts zu verdeutlichen. Die größte Veränderung von NRR zu BEM-ING/T2 ist der explizite Betontraganteil, der zusätzlich zur Bügeltragfähigkeit addiert wird. Zur Bewertung der analytischen Ansätze wird jeweils ein in den Versuchen variierender Parameter der in den Bemessungsansatz miteingeht, auf der x-Achse dargestellt. Die Auswertung erfolgt auf Mittelwertniveau im Abstand d vom Lager, wobei die Gleichung zur Berechnung des Schubrisswinkels an Bemessungswerten kalibriert wurde und deshalb hier auch der Bemessungswert eingesetzt wird. Auf eine Überprüfung der Mindestquerkraftbewehrung wird verzichtet, da sich bei gleicher Zielfestigkeit ansonsten stark unterschiedliche Querkrafttragfähigkeiten ergeben würden, die rein auf diese Begrenzung zurückzuführen wären.

In Abb. 10 wird die Modellsicherheit beider Verfahren der Betondruckspannung aus Vorspannung gegenübergestellt. Es zeigt sich, dass für die höher querkraftbewehrten Versuche eine relativ gute Modellsicherheit der NRR berechnet wird. Alle anderen Versuche mit Bügeln ø 6 mm ergeben sehr konservative Werte, die für sich zusätzlich eine zu konservative Berücksichtigung von Effekten aus der Vorspannung σ_{cp} aufweisen. Im Entwurf der BEM-ING/T2 wird insbesondere durch den expliziten Betontraganteil die Tragfähigkeit eben dieser gering schubbewehrten Versuche besser approximiert und es werden auch nahezu trendfreie Ergebnisse (auch bezogen auf die einzelnen Querschnittsformen) erzielt. Durch weitere kleinere Anpassungen kann zusätzlich ein insgesamt besseres Niveau von $\mu = 1{,}34$ erreicht werden.

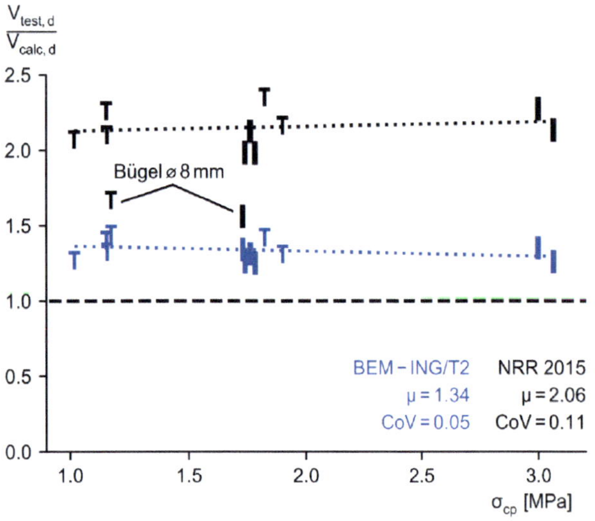

Abb. 10: Vergleich der experimentellen Querkrafttragfähigkeit mit analytischen Modellen zur Nachrechnung von Bestandsbrücken in Bezug auf den Einfluss der Betondruckspannung aus Vorspannung

Die zuvor für die NRR diskutierten konservativen Ergebnisse der Versuche mit geringen Bügelbewehrungsgraden (schwarze Trendlinie), werden explizit in Abb. 11 noch einmal deutlich, in der die Modellsicherheiten dem auf die Mindestquerkraftbewehrung bezogenen Schubbewehrungsgrad gegenübergestellt ist. Versuche mit kleinerem Bügeldurchmesser und damit geringem bezogenen Schubbewehrungsgrad zeigen hier erwartungsgemäß für die NRR sehr konservative Ergebnisse. Die Modellsicherheiten der BEMING/T2 liegen dagegen auch hinsichtlich des Querkraftbewehrungsgrads auf einer nahezu trendfreien Gerade mit sehr kleiner Streuung.

4. Zusammenfassung

In diesem Beitrag wurden die Versuchsergebnisse von 12 Querkraftversuchen an vorgespannten Balkenelementen eines Durchlaufträgers mit großen Querschnittsabmessungen und geringem Querkraft- und Längsbewehrungsgrad vorgestellt. Im Fokus stand die Variation der Vorspannung in Bezug auf die vorhandene Betondruckspannung aus Vorspannung und die initiale Ausnutzung der Spannlitzen. Es konnte gezeigt werden, dass eine Skalierung der Balkenelemente auf baupraktische Dimensionen und die konstruktive Auslegung entsprechend bestehender Brückenbauwerke durch das Bemessungskonzept der BEM-ING/T2 sehr gut abgebildet werden kann. Ferner weist der Modellansatz sehr geringe Trendabhängigkeiten und einen geringen Variationskoeffizienten auf. Die Untersuchungen zeigten außerdem, dass eine höhere Vorspannung das Tragverhalten und die maximale Querkrafttragfähigkeit positiv beeinflusst. Eine initial hohe Ausnutzung der Spannlitzen führt dabei nicht zwangsläufig zu einer Reduktion der Tragfähigkeit. Vor allem die große Rotationskapazität ermöglicht den homogenen Rechteckquerschnitten weitere Umlagerungen in andere Tragmechanismen und damit eine geringfügige Lasterhöhung trotz höherer initialer Ausnutzung der Litzen. Bei den T-Querschnitten begrenzt die nötige Kompatibilität der Verzerrungen von Steg und Gurt weitere Umlagerungsmöglichkeiten bei markanter Schubrissbildung und die Maximaltragfähigkeit von Versuchen mit initial hoch ausgenutzten Spannlitzen fällt hier etwas geringer aus.

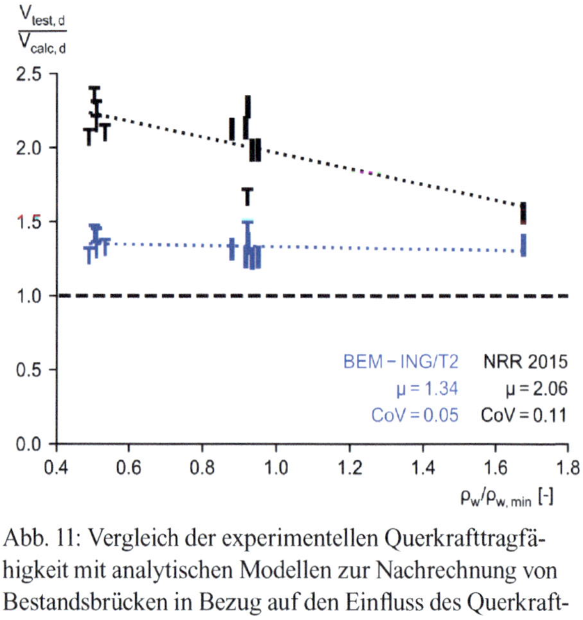

Abb. 11: Vergleich der experimentellen Querkrafttragfähigkeit mit analytischen Modellen zur Nachrechnung von Bestandsbrücken in Bezug auf den Einfluss des Querkraftbewehrungsgrades

Danksagung
Der Bundesanstalt für Straßenwesen (BASt) wird für die Finanzierung des Projekts und den Mitgliedern des Betreuungsausschusses für die anregenden Diskussionen gedankt. Diesem Bericht liegen Teile der im Auftrag des Bundesministeriums für Digitales und Verkehr, vertreten durch die Bundesanstalt für Straßenwesen, unter FE 15.0664/2019/DRB durchgeführten Forschungsarbeiten zugrunde.
Die Verantwortung für den Inhalt liegt allein bei den Autoren.

Literatur

[1] BASt – Bundesanstalt für Straßenwesen (Hrsg.): Brücken an Bundesfernstraßen, Brückenstatistik 08.2023. Bergisch Gladbach, (2024). www.bast.de/DE/Statistik/Bruecken/Brueckenstatistik.html.

[2] Fischer, O. et al.: Ergebnisse und Erkenntnisse zu durchgeführten Nachrechnungen von Betonbrücken in Deutschland. In: Beton- und Stahlbetonbau 109 (2014), Heft 2, S. 107–127

[3] Bundesministerium für Verkehr, Bau und Stadtentwicklung (BMVBS): Richtlinie zur Nachrechnung von Straßenbrücken im Bestand (Nachrechnungsrichtlinie). Berlin, Mai 2011.

[4] Bundesministerium für Verkehr und digitale Infrastruktur (BMVI): 1. Ergänzung zur Richtlinie zur Nachrechnung von Straßenbrücken im Bestand (Nachrechnungsrichtlinie). Berlin, April 2015

[5] Hegger, J.; Maurer, R.; Zilch, K. et.al.: Beurteilung der Querkraft- und Torsionstragfähigkeit von Brücken im Bestand - Kurzfristige Lösungsansätze. Fördernummer FE 15.0482/2009/FRB, Bundesanstalt für Straßenwesen (BASt), Bergisch Gladbach, 2014

[6] Hegger, J.; Maurer, R.; Fischer, O. et.al.: Beurteilung der Querkraft- und Torsionstragfähigkeit von Brücken im Bestand - erweiterte Bemessungsansätze. Fördernummer FE 15.0591/2012/FRB. Brücken- und Ingenieurbau Heft B150, Bundesanstalt für Straßenwesen (BASt), Bergisch Gladbach, 2020.

[7] Fischer, O.; Hegger, J.; Thoma S. et al.: Weiterentwicklung der Nachrechnungsrichtlinie – Validierung erweiterter Nachweisformate zur Ermittlung der Schubtragfähigkeit bestehender Spannbetonbrücken. Fördernummer FE 15.0661/2018/FRB. Brücken- und Ingenieurbau Heft B189, Bundesanstalt für Straßenwesen (BASt), Bergisch Gladbach, 2023

[8] Rupf, M.; Fernández Ruiz, M.; Muttoni, A.: Post-tensioned girders with low amounts of shear reinforcement: Shear strength and influence of flanges. In: Engineering Structures (2013), Heft 56, S. 357-371, https://doi.org/10.1016/j.engstruct.2013.05.024

[9] Maurer, R.; Zilch, K.; Gleich, P. et.al.: Querkraftversuch an einem Durchlaufträger aus Spannbeton. In: Beton- und Stahlbetonbau 109 (2014), Heft 10, S. 654665, https://doi.org/10.1002/best.201400054

[10] Herbrand, M.; Classen, M.; Adam, V.: Querkraftversuche an Spannbetondurchlaufträgern mit Rechteck- und I-Querschnitt. In: Bauingenieur 92 (2017), Heft 11, S. 465473.

[11] Schramm, N.; Fischer, O.; Scheufler, W.: Experimentelle Untersuchungen an vorgespannten Durchlaufträger-Teilsystemen zum Einfluss nicht mehr zugelassener Bügelformen auf die Querkrafttragfähigkeit. In: Bauingenieur 94 (2019), Heft 1, S. 112.

[12] Schramm, N.; Gehrlein, S.; Fischer, O.: Querkrafttragverhalten von großformatigen Spannbetonbalkenelementen mit Plattenbalkenquerschnitt. In: Beton- und Stahlbetonbau 114 (2019), Nr. 2, S. 107127; https://doi.org/10.1002/best.201900036

[13] Maurer, R.; Stakalies, E.: Versuche und Bemessungsvorschlag zur Anrechenbarkeit von Spanngliedern auf die Torsionslängsbewehrung, In: Bauingenieur 96 (2020), Heft 1, S. 111.

[14] Huber, P.; Huber, T.; Kollegger, J.: Experimental and theoretical study on the shear behavior of single- and multi-span T- and I- shaped post-tensioned beams. Structural Concrete (2020); https://doi.org/10.1002/suco.201900085

[15] Thoma, S.; Fischer, O.: Experimental investigations on the shear strength of prestressed beam elements with a focus on the analysis of crack kinematics. Structural Concrete. (2023). https://doi.org/10.1002/suco.202200699.

[16] Fischer, O., Schramm, N., Gehrlein, S.: Labor-und Feldversuche zur realitätsnahen Beurteilung der Querkrafttragfähigkeit von bestehenden Spannbetonbrücken. In: Bauingenieur (2017), 92 (11), S. 455-463.

[17] Schramm, N.; Fischer, O.: Querkraftversuche an profilierten Spannbetonträgern aus UHPFRC. In: Beton- und Stahlbetonbau 114 (2019), Heft 9, S. 641–652

[18] Schramm, N.; Fischer, O.; Scheufler W.: Experimentelle Untersuchungen an vorgespannten Durchlaufträger-Teilsystemen zum Einfluss nicht mehr zugelassener Bügelformen auf die Querkrafttragfähigkeit. In: Bauingenieur 94 (2019), Heft 1, S. 1–12.

[19] Schramm, N.: Zur Querkrafttragfähigkeit von Spannbetonbalkenelementen unter besonderer Berücksichtigung der Bügelform, Technische Universität München, Dissertation, 2021

[20] Hegger, J.; Maurer, R.; Zilch, K.; Herbrand, M.; Kolodziejczyk, A.; Dunkelberg, D.: Beurteilung der Querkrafttragfähigkeit des Längssystems von Spannbetonbrücken im Bestand. In: Bauingenieur 89 (2014), Nr. 12, S. 500–509

[21] Herbrand, M.: Shear strength models for reinforced and prestressed concrete members/ Querkraftmodelle für Bauteile aus Stahl- und Spannbeton, RWTH Aachen University, Dissertation., 2017. http://dx.doi.org/10.18154/rwth-2017-06170.

[22] Bundesministerium für Digitales und Verkehr (BMDV): Teil 2 - Nachrechnung von Straßenbrücken im Bestand: (in Vorbereitung). In: Regelungen und Richtlinien für die Berechnung und Bemessung von Ingenieurbauten (BEM-ING) Entwurf, Bonn, 2021.

TAE Innovative Technologien

Intelligente Sensorik in Spanngliedern mit nachträglichem Verbund für die ortsauflösende Spannkraftermittlung und Zustandsbewertung von Bauwerken

Dipl.-Ing. Kay Löffler
DYWIDAG-Systems International GmbH – Bereich Instandsetzung und Verstärkung, Langenfeld

Dr.-Ing. Christian Gläser
DYWIDAG-Systems International GmbH – Leiter der Entwicklungsabteilung des Gesamtunternehmens, Unterschleißheim

1. Einführung

Bei dem überwiegenden Großteil ingenieurtechnischer Spannbetonbauwerke kommen Spannverfahren mit nachträglichem Verbund zum Einsatz. Eine Aussage über die Entwicklung der Vorspannkraft nach Abschluss der Spannarbeiten bzw. während der Nutzungszeit der Systeme innerhalb des Bauwerkes ist systembedingt durch das Verpressen des Ringraumes mit Zementsuspension und die lokalen Spannungszuwächse infolge des Verbunds zwischen Spannstahl und Beton nur sehr eingeschränkt möglich.

Durch die Entwicklung neuer, robuster Glasfasersensoren die werksseitig in die Hohlräume zwischen den Einzeldrähten der Spannstahllitzen eingearbeitet werden, wird eine ortsauflösende Dehnungsauswertung entlang des Spanngliedstrangs mittels einer Ausleseeinheit unter Nutzung der Brillouin-Rückstreuung ermöglicht [1] (smart tendons).

Durch die Dehnungsermittlung sind quantitative Aussagen über die Spannkraft, den Spannkraftverlauf während des Spannens und nach Abschluss der Spannarbeiten sowie über die gesamte Nutzungszeit und über die gesamte Spanngliedlänge möglich.

Bisher nur rechnerisch ermittelte Werte, wie die Spannkraftverluste infolge Reibung und Ankerschlupf, können durch die Dehnungsauswertung für jeden Spanngliedstrang individuell, ortsbezogen ermittelt werden.

Eine Dehnungsmessung über die Glasfasersensorik während der Erhärtungsphase des Einpressmörtels kann örtliche Unterschiede im Quellverhalten des Einpressmörtels detektieren und damit Rückschlüsse auf die Verpressqualität oder sogar auf mögliche Hohlräume innerhalb des Spannkanals liefern.

Über das Verhalten des Spannsystems hinaus können Glasfasersensoren aufgrund der ortlauflösenden Dehnungsermittlung und des direkten Verbunds zwischen Zugglied und Bauwerk bei entsprechender Ausstattung z. B. mehrerer Spannglieder auch Rückschlüsse auf das Rissverhalten in der Biegezugzone eines Bauteilquerschnittes ermöglichen.

Da Spannsysteme mit nachträglichem Verbund in der Regel über die volle Länge und alle relevanten Tragrichtungen eines Bauwerkes verlegt werden, kann die ortsauflösende Dehnungsmessung mit Glasfasersensoren ausgestatteter Spannsysteme dazu dienen, computergestützte Vergleichsmodelle zu justieren und somit aktuelle Zustandseinschätzungen, sowie Entwicklungsprognosen zu verbessern. Bisherige Sensorik war in der Regel auf lokale, ortsgebundene Messwerterfassung ausgelegt. Eine ungeeignete Anordnung der Sensorik oder eine nicht ausreichende Anzahl an Messwertaufnehmern konnte in solch einem Fall relevante Zustandsänderungen nicht oder nur verspätet erfassen.

Bei der Entwicklung der Spannsysteme mit integrierten Glasfaserkabeln wurden verschiedene Lösungsansätze untersucht. Der Einbau der Glasfaser Sensorik sollte dabei den Bauablauf zum Einbau der Spannsysteme nicht beeinflussen. Auch darf die Sensorik beim Einbau der Zugglieder keinem erhöhten Beschädigungspotenzials auszusetzt werden. Somit wurde das lose Einfädeln der Glasfaserkabel in die Wellhüllrohre des Spannsystems verworfen. Außen auf der Litze angebrachte Fasern müssten zur Aufnahme der Dehnungseigenschaften z. B. mit Epoxidharzen mit dem Zugglied verklebt werden [2]. Die Beschichtung von Litzen mit Epoxidharzen ist in Deutschland unüblich und sowohl die Applikation als auch die Alkaliresistenz bzw. das Langzeitverhalten dieses Klebers würde hohe Anforderungen an eine außen angeordnete Faser stellen. Da der Einbau in der Regel in Litzenbündeln von bis zu 31 Litzen je Spanngliedstrang erfolgt, kann bei außen aufgeklebten Fasern z. B. während des Einstoßens der Litzen in das Hüllrohr, eine Beschädigung nicht ausgeschlossen werden.

Aus den o. g. Gründen wurde daher die Anordnung der Glasfaser innerhalb des Litzenquerschnitts favorisiert. Die handelsübliche, in Deutschland verwendete Spannstahllitze besteht aus sieben Einzeldrähten mit einem Gesamtquerschnitt von 150 mm^2. Diese im Herstellprozess verseilte Litze kann durch spezielle Geräte aufgespleißt und eine entsprechende Glasfaser eingefädelt werden. Diese Faser kommt dann im Zwickelbereich zwischen dem Litzenkerndraht und den Außendrähten zu liegen. Die Geometrie der Litze, sowie die mechanischen Eigenschaften werden dabei nicht verändert.

Durch die Wahl einer geeigneten Geometrie und Aufbau der Faser kann der zugfeste Verbund der Faser mit der Litze sichergestellt und auf das Verkleben z. B. mit Harz verzichtet werden. Eine entsprechende Faser wurde durch den Forschungspartner Solifos AG im Rahmen des durch mfund geförderten Forschungsprojektes „smart tendon" bereitgestellt. Die Faser wird dabei durch eine Polyamidschicht sowie einem Edelstahlmantel insbesondere während des Einbringens in den Zwickelbereich der Litze geschützt. Auch die Querdruckempfindlichkeit auf der freien Spangliedlänge (Umlenkpressung) und im Verankerungsbereich (Keilpressung) wird hierdurch reduziert. Durch die Wahl eines Faserdurchmessers von 0,8 mm konnte in Versuchen gezeigt werden, dass der Verbund zwischen der Faser und der Litze ausreichend vorhanden ist bzw. ein Herausziehen der Faser aus dem Zwickelbereich vermieden wird. Bei größeren Faserdurchmessern kann der Querdruck zwischen den Außendrähten und dem Kerndraht zu Beschädigungen und damit fehlerhaften Messergebnissen führen.

Zum Anschluss an die Ausleseeinheit kann die Litze inklusive der Faser aus dem Bereich der Keilverankerung herausgeführt und anschließend durch kontrolliertes Abtrennen der Spannstahldrähte freigelegt werden. Nach Terminierung kann diese mit einer Spleißverbindung mit einem Kabel mit Steckverbinder verbunden und aus dem Bereich der Verpresskappe herausgeführt werden. Sollen bereits Messungen während des Spannvorgangs erfolgen, kann ein entsprechender Zugang zur Faser temporär auch hinter der Spannpresse erfolgen.

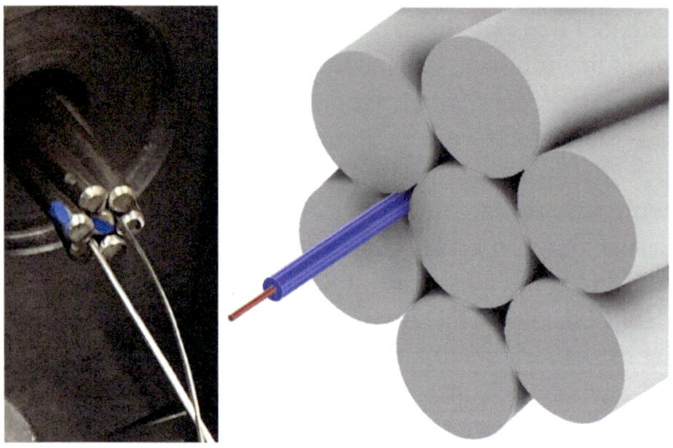

Bild 1: Litze mit Glasfaserkabel

2. Bauteilversuche an mit Glasfasersensoren ausgestatteten Einzellitzen

Im Rahmen des durch mfund geförderten Projektes „smart tendon" wurden in Vorversuchen sowohl die außenliegende Applikation als auch die im Bereich der Zwickeln liegende Anordnung der Glasfasersoren in Bauteilversuchen untersucht. Dabei wurden an der HWTK Leipzig und in Kooperation mit der IexB Ingenieurgesellschaft für experimentelle Bauwerksuntersuchung mbH Zugversuche an Einzellitzen ohne Endverankerungen durchgeführt und mit Messwerten von z. B. induktiven Wegaufnehmers verglichen. Die Ergebnisse zeigten bei allen Versuchen eine gute Übereinstimmung zwischen der in den Glasfasern gemessenen Dehnungen und der Referenzmessung. Aufgrund der o. g. Vorteile der im Zwickel angeordneten Glasfasersensoren wurden alle weiteren Versuche ausschließlich an dieser Applikationsvariante durchgeführt.

In einer weiteren Versuchsserie wurden mit Glasfasern ausgestattete Einzellitzen in ein übliches Wellhüllrohr eingebracht, auf ca. 0,6 Fpk vorgespannt und mit Keilen verankert. Der Ringraum zwischen den Litzen und dem Hüllrohr wurden anschließend mit Zementleim verpresst. Zur Kompensation des Verankerungsschlupfes wurden unter den Verankerungselementen Tellerfedern angeordnet.

Zusätzlich wurden bei einzelnen Prüfkörpern die Litzen mechanisch geschwächt bzw. durch Verdrängungskörper Verpressfehler simuliert.

Durch eine Dehnungsmessung bereits während der Erhärtungsphase des Verpresszementes konnten an den mit Verdrängungskörpern ausgestatteten Prüfkörpern Fehlstellen ab ca. 10 cm detektiert werden.

Nach Abschluss der Erhärtungsphase wurden die vorgespannten Litzen über die zuvor eingebrachte Vorspannkraft hinaus bis zum Spannstahlbruch belastet.

In allen Versuchsergebnissen konnte eine sehr gute Korrelation zwischen den Ergebnissen der faseroptischen Messung und einer herkömmlichen Messung mit Wegaufnehmern festgestellt werden. Sowohl die vorzeitigen Drahtbrüche in den mechanisch vorgeschädigten Litzen, als auch die bei der weiteren Belastung der Proben im Verpresskörper auftretenden Risse, konnten eindeutig und ortsauflösend erkannt werden.

Bild 2: Vorspannen der mit Glasfaser versehenen Litzen in einer Rahmenkonstruktion

Bild 3: Zugversuch der mit Glasfaser versehenen Einzellitzenspannglieder

3. Biegeversuche an einem mit Glasfasersensoren ausgestatteten Spannbetonträger

Im Anschluss an die Versuche an Einzellitzen, wurde die baupraktische Umsetzung von mit Glasfasern ausgestatteten Spannsystemen u. a. an einem 15 m langen Spannbetonträger untersucht [3]. Im Rahmen des Forschungsprojektes IDA-KI bzw. der Forschungsbrücke openLAB wurde der 1,5 m breite, vorgespannte T-Träger neben einzelnen Litzen im direkten Verbund auch mit einem DYWIDAG-Litzenspannsystem des Typs SUSPA-Litze DW 6-4 bestehend aus vier Litzen mit einem Querschnitt von je 150 mm² ausgestattet.

Aufgrund des gemeinschaftlichen Forschungsprojektes wurden der Träger neben den in den Zwickeln der Litzen angeordneten Glasfasersensoren auch im Bereich des Betons, sowie angeklebt an die Bewehrung mit Glasfasersensoren ausgestattet.

In einer ersten Testphase werden an diesem einzelnen Fertigteilträger erste Biegeversuche durchgeführt. Anschließend erfolgt der Aufbau mehrerer Fertigteilträger zu einer Testbrücke, sowie die Belastung der Brücke in einer einjährige Referenzphase unter moderater Last, bevor in der letzten Phase die Brücke kontrolliert bis zum Bauteilversagen belastet wird.

Der in der Betongüte C50/60 hergestellte Fertigteilträger, wurde mit einer Längs- und Schubbewehrung in der Güte B500 mit einem Durchmesser von 10 mm bewehrt. Die Spanngliedführung folgt parabelförmig dem Momentenverlauf des Trägers.

Im Rahmen eines 4-Punkt Biegeversuche wurde der Träger jeweils ca. 1,5 m beidseitig der Trägermitte kraftgesteuert in verschiedenen Kraftstufen bis max. 80 kN belastet.

Die Auslesung der Glasfasersensoren in den Litzen erfolgt durch eine auf der Brillouin-Rückstreuung basierenden Ausleseeinheit (fTB 5020, fibrisTerre Systems GmbH, 2019). Die Auflösung wurde dabei auf 0,2 m eingestellt, was zu einer räumlichen Abtastung von ungefähr 5 cm führte. Wenn auch durch die eingestellte Auflösung die Rissbildung im Träger nicht detektiert werden kann, so zeigt die in den Litzen eingebrachten Glasfasersensoren eine sehr gute Übereinstimmung mit dem gemessenen Dehnungsverhalten der Glasfasern im Beton sowie auf der Bewehrung.

Weitere Untersuchung zum Verhalten der in die Litzen eingebrachten Glasfasersensoren werden derzeit durchgeführt. Die Ergebnisse sollen einem abschließenden Bericht zusammengestellt werden.

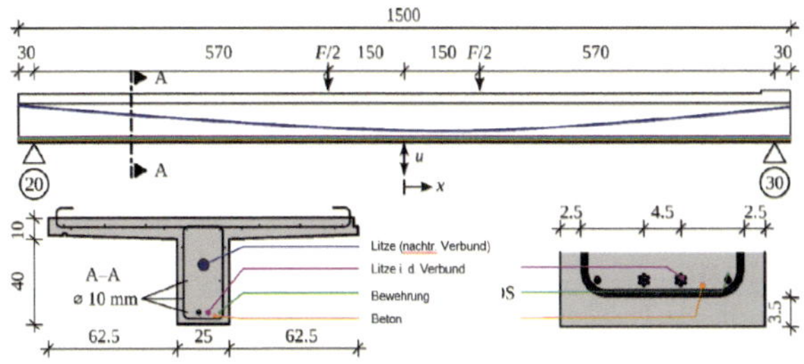

Bild 4: Spannbetonträger und Lage der Glasfasersensoren

Bild 5: Ermittlung der Dehnungsverteilung - Ausleseeinheit fTB 5020, fibrisTerre Systems GmbH

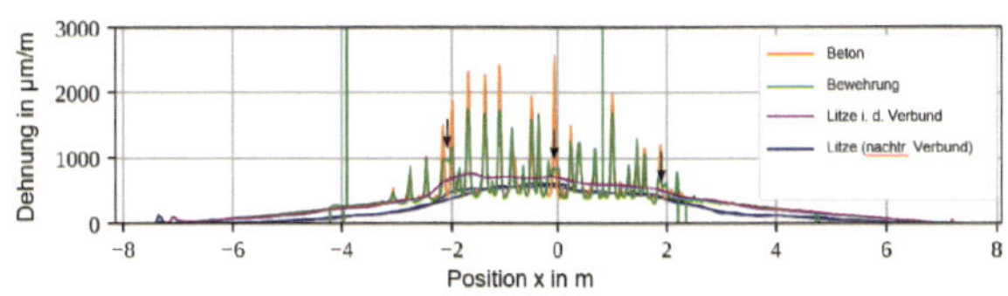

Bild 6: Vergleich der Dehnungsverteilung der unterschiedlichen Glasfasersensoren (F=80 kN)

4. Faseroptischen Messung für die Beurteilung des Bauteilzustandes

Anders als z. B. mechanisch belastete Sensoren (z. B. Kraftmessdosen) unterliegen faseroptische Sensoren keiner Alterung. Damit sind sie geeignet, insbesondere in der fortgeschrittenen Nutzungsphase eines Bauwerkes, in dem mögliche Änderungen des Tragverhaltens beobachtet werden sollen, eingesetzt zu werden.

Aufgrund der derzeit noch hohen Anschaffungskosten für Auslesegeräte ist von einem kontinuierlichen Monitoring

nicht auszugehen. Im Rahmen der üblichen Hauptprüfungen nach DIN 1076 kann jedoch ohne große Kosten ein Auslesegerät angeschlossen und mit den Ergebnissen einer Referenzmessung direkt nach Aufbringen der Vorspannung verglichen werden.
Neben der aktuellen Vorspannkraft entlang des Spanngliedes können bei einer entsprechenden Auflösung der Ausleseeinheit auch Aussagen über eine etwaige Rissbildungen insbesondere in unzugänglichen Bereichen (z. B. im Bereich der Fahrbahnplatte) gewonnen werden.
Als Eingangsparameter in rechnergestützten Modellen können die gewonnenen Dehnungsverteilungen auch dazu dienen, mögliche kritische Bereiche eines Bauwerkes zu identifizieren und frühzeitig Instandsetzungs- bzw. Verstärkungsmaßnahmen einzuleiten.
Bereits die mit geringen Mehrkosten verbundene Ausstattung einzelner Litzen in relevanten Spanngliedsträngen können dazu beitragen, in einer späteren Nutzungsphase des Bauwerkes eine ortsauflösende Dehnungsverteilung und somit Wesentliche Aussagen über das Tragverhalten des Bauwerkes zu erhalten.

5. Fazit

Durch die Integration von Glasfasersensoren in Spannglieder von Spannbetonneubauten können, ohne Eingriff in den allgemeinen Bauablauf und bei minimaler Steigerung der Herstellkosten über die gesamte Lebensdauer des Bauwerkes hinweg, wichtige Informationen zur ortsauflösenden Dehnungsverteilung im Spannsystem, aber auch im Bauteilquerschnitt des Gesamtbauwerkes geliefert werden.
Direkt während des Spannvorgangs und nach Abschluss der Spannarbeiten kann die Spannkraftverteilung und somit der Verankerungs- und Reibungsverlust über die Spanngliedlänge ermittelt werden. Durch Messungen während der Erhärtungsphase des Verpresszementes können Verpressfehler festgestellt und in Ihrer Lage detektiert werden.
Bei einer Einbindung in vorhandene Bauwerksprüfnormen (DIN 1076 [4], Ri-EBW-Prüf [5] etc.), einer regelmäßigen Messung der Dehnungsverteilung über die Nutzungszeit des Bauwerkes hinweg und in Kombination mit rechengestützten Vergleichsmodellen, können frühzeitig Veränderungen im Tragverhalten festgestellt und Instandsetzungs- bzw. Verstärkungsmaßnahmen frühzeitig eingeleitet werden.
Erste Pilotanwendungen im Rahmen von weiteren Forschungsvorhaben sowie in realen Brückenbauwerken sind geplant bzw. befinden sich derzeit in der Ausführung.

Literatur

[1] Samiec, D.: Verteilte faseroptische Temperatur- und Dehnungs-messung mit sehr hoher Ortsauflösung. In: Photonik 6/2011.

[2] Masashi Oikawa, Shinji Nakaue, Naoki Sogabe, Michio Imai: "SmART Strand" Prestressing Steel Strand with Optical Fiber Sensor for Tension Monitoring. Im Tagungsband des „13th - Japanese-German Bridge Symposium", 01/2023, Osaka.

[3] Monitoring of a prestressed bridge girder with integrated distributed fiber optic sensors, Bertram Richter, Dennis Messerer, Max Herbers, Kerstin Speck, Jakob Laukner, Christian Gläser, Frank Jesse, Steffen Marx, Smar 2024 – 7th International Conference on Smart Monitoring, Assessment and Rehabilitation of Civil Structures

[4] DIN 1076: „Ingenieurbauwerke im Zuge von Straßen und Wegen - Überwachung und Prüfung", 11/1999, Berlin.

[5] Bundesministerium für Verkehr und digitale Infrastruktur: Richtlinie zur einheitlichen Erfassung, Bewertung, Aufzeichnung und Auswertung von Ergebnissen der Bauwerksprüfungen nach DIN 1076, Stand 22.02.2017

Datenbasierte Vorfertigung von parametrisierten Sonderschalungselementen mit Holz-Holz-Verbindungen

Dipl.-Ing. Marc-Patrick Pfleger
DataB GmbH, Biedermannsdorf, Österreich

Univ.-Prof. Dr. techn. Patrick Huber
DataB GmbH, Biedermannsdorf, Österreich
TU Wien, Institut für Tragkonstruktionen, Fachbereich Stahlbeton- und Massivbau, Österreich

Zusammenfassung
Die Herstellung von Betonkonstruktionen und die Gestaltungsfreiheiten bei diesen Konstruktionen stehen in direktem Zusammenhang mit dem Einsatz unterschiedlicher Schalungselemente bzw. vorhandener Einschränkungen durch Schalungssysteme. Besonders im Infrastrukturbau und vereinzelt auch im Hochbau werden komplexe Geometrien, bspw. einfach oder doppelt gekrümmte Flächen, aus Beton bzw. Stahlbeton hergestellt. Dazu ist die aufwändige, maßgenaue Anfertigung von formgebenden Schalungsboxen erforderlich, die dort eingesetzt werden, wo wiederverwendbare Systemschalungen eine ungenügende Anpassbarkeit aufweisen. Der Beitrag zeigt Möglichkeiten zur deutlichen Effizienzsteigerung bei der Herstellung von Sonderschalungen durch durchgängige, vollautomatisierte Softwareprozesse zur Bereitstellung von CNC-Daten aus 3D-Geometrien auf. Die Schalungselemente werden mittels eines statisch wirksamen Holz-Stecksystems aus Sperrholz hergestellt und erfüllen durch die automatisch dimensionierten Zapfen-Verbindungen hohe Ansprüche an Genauigkeit und Steifigkeit. Der Beitrag stellt den Prozess inkl. ausgewählter praktischer Beispiele dar.

1. Einführung und Problemstellung

Im Bereich des konstruktiven Ingenieurbaus, speziell im (Groß-)Brückenbau, ergeben sich häufig Herausforderungen im Zusammenhang mit der Herstellung von komplexen Betongeometrien. Durch sich ändernde Querschnittsgestaltungen bzw. Sonderquerschnitte im Bereich von Widerlagern bzw. Pfeilern, Endquerträgern von Brückentragwerken oder beispielsweise Zwischenstützen mit Verankerungselementen der Spannbewehrung (Lisenen) ergeben sich Formen, die nicht über den alleinigen Einsatz von gängigen Systemschalungen herzustellen sind. Ähnlich finden sich auch im Hochbau etliche Problemstellungen wieder, die die Herstellung von komplexen, filigranen Bauteilen erforderlich machen. Oftmals werden daher in solchen Situationen Schalungseinlageboxen zur Herstellung der zu erzielenden Betongeometrie angefertigt. Sie dienen als formgebende Elemente zwischen Standard- bzw. Systemschalungselementen und der späteren Betonoberfläche. Daher ergeben sich sowohl statische (Aufnahme und Weiterleitung des Betondrucks), als auch optische Anforderungen (gewünschte Betonqualität und Oberflächenstruktur). Speziell bei der Herstellung von doppelt-, aber auch einfach gekrümmten oder feingliedrigen Strukturen ergeben sich bei herkömmlicher Umsetzung hohe Planungs- und damit Kostenaufwände für geeignete Sonderschalungselemente. Zusätzlich stellt sich die konventionelle Ausführung oft als problematisch dar, da die Fertigung der Schalungselemente handwerklich komplexe und zeitintensive Arbeitsschritte bedingt. Es entstehen dadurch häufig auch deutliche Hürden in der praktischen Umsetzung von materialeffizienten und ressourcenoptimierten Betonbauteilen.

Bauwerksplanungen als 3D-Modelle sind inzwischen weit verbreitet und sind im Zunehmen, jedoch werden die Potenziale der vorhandenen Daten nur zu kleinen Teilen bei der Umsetzung genutzt. Vor allem im Neubau ist die Grundlage für einen durchgängigen digitalen Prozess inkl. der Automatisierung von Herstellungs- und Produktionsprozessen bereits gegeben. Aufgrund aktuell fehlender Möglichkeiten und Werkzeuge im Bereich der Digitalisierung und Automatisierung in der Bauindustrie bleiben die genannten Optimierungspotenziale der Herstellungsprozesse ungenutzt.
Zusätzliche Dringlichkeiten zur Effizienzsteigerung von Tragwerken entstehen aus den allgemeinen Klimaschutz-Bestrebungen und der dazu nötigen Reduktion von klimarelevanten Emissionen. Die Betonherstellung, dabei vor allem die Produktion des nötigen Zements, ist für einen hohen Anteil der menschlich verursachten CO_2 Emissionen verantwortlich. Aktuelle Veröffentlichungen gehen von einem Anteil von ca. 6 bis 10 % der anthropogenen Treibhausgase aus, die vorwiegend beim Brennen der Rohstoffe zu Portlandzementklinker entstehen. Bei technisch zeitgemäßen Zementproduktionsanlagen belaufen sich die Emissionen auf ca. 680 - 760 kg CO_2 pro Tonne Klinker. Bei solchen Brennverfahren entstehen rund ⅔ der Emissionen aus der Entsäuerung des Kalksteins und sind damit chemisch bedingt. Rund ⅓ entsteht durch die Verbrennung von Energieträgern, wobei die chemisch bedingten Abgase bei gleichbleibendem Produkt nicht vermindert werden können. Über die reduzierte Querschnittsgestaltung, mithilfe entsprechender Schalungslösungen zum gezielten, statisch-konstruktiv relevanten Materialeinsatz, sollen effektiv zusätzliche Po-

tenziale zur Ökologisierung von Betonbauteilen genutzt werden [1], [2].
Der vorliegende Beitrag beschäftigt sich anhand von konkreten Praxisprojekten damit, wie der gezielte Einsatz von hochgradig digitalisierten Planungs- und Produktionsprozessen mit zusätzlicher Einbindung von KI-Technologien dazu führen kann, den beschriebenen Aufwand im Sonderschalungsbau gravierend reduzieren zu können. Die Bereitstellung der notwendigen Datengrundlagen kann dabei auf verschiedene Weise erfolgen, bspw. Skizzen, 2D oder 3D Plangrundlagen oder Punktewolken. Der nachgelagerte Verarbeitungsprozess verläuft einheitlich über die automatisierte Umwandlung der vorhandenen Daten in 3D-Geometrien. Die integrierten Konstruktions- und Bemessungsalgorithmen zur Generierung der Produktionsdaten der Schalungsteile arbeiten auf Basis des vorgegebenen Betonagekonzepts. Die Einzelteile der Schalungsboxen werden, ohne eine zusätzlich nötig werdende Werkplanung aus Holzwerkstoffplatten mit passgenauen Holz-Steckverbindungen, die auch zur Kraftübertragung innerhalb der Bauteile dienen, CNC-gefräst. Diese Holzsteckverbindungen führen zu einer deutlichen Verkürzung der Montagezeiten und erhöhen den Vorfertigungsgrad [3], [4].

2. Ökologische und ökonomische Potenziale im Betonbau durch Materialreduktion und Automatisierung

Durch die Optimierung von Bauteilen auf ihre einfache und kostengünstige Herstellbarkeit ergeben sich im Zuge vieler Bauvorhaben reduzierte, einfache, geometrische Formen. Dies geschieht häufig in Abstimmung mit verfügbaren Systemschalungen und deren Rastermaßen und damit verbundenen gestalterischen Einschränkungen. Die hohe Wiederverwendbarkeit von Systemschalungen (siehe Abb. 1.) und deren einfache Montage führen gegenüber anderen Lösungen zu großen ökonomischen Vorteilen.

Abb. 1: Systemschalungselemente mit Unterstellung zur effizienten Herstellung von Flachdecken

Historische Beispiele zeigen jedoch anschaulich, wie ressourcenschonende Betonkonstruktionen umgesetzt werden können. Durch Auflösen der vollen Bauteilquerschnitte von bspw. Flachdecken in Rippenkonstruktionen, die in ihrer Anordnung dem Kraftfluss bzw. der Lastableitung entsprechen, entstehen deutlich materialreduzierte Deckensysteme. Hierbei wären vor allem Beispiele des Hochbaus aus dem 20. Jahrhundert nach der Planung von Pier Luigi Nervi zu nennen (siehe Abb. 2 und 4).

Abb. 2: Querschnittsoptimierte, kraftfluss-angepasste Rippendecke nach Pier Luigi Nervi

Im modernen Betonbau, der typologisch häufig einem Skelettbau entspricht, findet sich der größte Materialbedarf in den flächigen, vorwiegend den horizontalen, Bauteilen wieder, Abb. 3. Die erforderlichen Aussparungskörper zur Herstellung der Quer- und Längsrippen sind individuelle, ergänzende Schalungselemente, die bei klassischer Fertigung aufwändig an die jeweiligen Bauteilabmessungen und den Einbauort angepasst werden müssen.

Abb. 3: Gewichts- und materialreduzierter, aufgelöster Stützen-Decken-Knoten entsprechend der technischen Form

Wie beschrieben, steht einer materialeffizienten Konstruktion ein hoher Schalungsaufwand gegenüber, Abb. 4. Eine Abwägung der Vorteile und des Mehraufwands sollte nicht rein aus ökonomischen Gesichtspunkten stattfinden, da wichtige Klimaschutzziele durch eine Reduktion der Gewinnung von primären Rohstoffen und damit eine verringerte Ressourcennutzung und -verarbeitung aktiv verfolgt werden können.

Abb. 4: Aufwendiger Schalungsbau zur Herstellung einer strukturoptimierten Kuppel in Turin nach P. L. Nervi

Anders als im Hochbau, wo Sonderschalungen zur Ressourcenoptimierung eingesetzt werden können oder für die Herstellung von Sonderbauten nötig werden, steht man im Infrastrukturbau häufig vor der Herausforderung, schalungstechnisch aufwendige Geometrien herstellen zu müssen. Diese ergeben sich im Neubau bspw. aus der Anpassung der Bauwerke an die natürlichen Gegebenheiten, grundlegenden technischen Notwendigkeiten oder architektonischen Anforderungen. Als Beispiele können der Bau von Tragwerken mit (veränderlich) gekrümmter Achse, die Herstellung von Vouten, Endquerträgern oder Spannankernischen, sowie konische Pfeilerquerschnitte bzw. Pfeilerköpfe mit Aufweitungen genannt werden, Abb. 5, Abb. 6.

Abb. 5: Verjüngter Pfeilerschaft und doppeltgekrümmte Pfeilerkopfaufweitung, hergestellt mit Kletterschalsatz mit Brettbelegung

Abb. 6: Sonderschalungen zur Herstellung von gekrümmten Untersichten und des Endquerträgers

Neben den technischen Herausforderungen im Zuge der Herstellung von Neubauten, tritt die Notwendigkeit der Bestandssanierung immer mehr in den Vordergrund. Der Brückenbestand des hochrangigen Straßennetzes in Deutschland und Österreich wurde zum größten Teil bis Ende der 1970er Jahre hergestellt, wodurch immer umfangreichere Instandsetzungsmaßnahmen erforderlich werden. Die Arbeiten finden dabei an Bestandskonstruktionen statt, die bspw. bei Querschnittsergänzungen eine exakte Anpassung der Schalungsgeometrie erforderlich machen. Dadurch ist der Einsatz von Systemkomponenten oftmals nicht oder nur in begrenztem Ausmaß möglich. Es wird folglich an den Bestand angepasstes, für den Anwendungsfall gesondert hergestelltes Schalungsmaterial nötig. Aufgrund aktuell noch mangelnder Automatisierung bezogen auf die Bestandsaufnahme mittels 3D-Scan, das Zusammenführen mit den Soll-Geometrien aus der Planung und die direkte Weiterverarbeitung der Daten zur Produktion, kann die Vorfertigung der Schalungen zum Teil nur in sehr eingeschränktem Maß ausgeführt werden.
Es ergeben sich dadurch große ökonomische Potenziale zur Beschleunigung des Bauablaufs durch die automatische Bestandsdatenverarbeitung zur Auslegung und Bereitstellung des nötigen Schalungsmaterials. Als Beispiele können in diesem Zusammenhang Schalungselemente für Pfeiler- oder Tragwerksverstärkung bzw. Ersatz der Brückenkappen genannt werden.

3. Material- und Systembeschreibung

Das Prinzip des Konstruktionssystems basiert auf einem hochautomatisierten, digitalen Prozess. Grundsätzliches Ziel war es, ein robustes und skalierbares Ökosystem für die digitale Planung, Fertigung, Herstellung und den Bau von Holzleichtbauelementen zu schaffen. Die vorgefertigten Bauteile bzw. Schalungselemente werden aus Holzwerkstoffplatten mit Standardformaten gefräst. Die Holz- bzw. Werkstoffart kann nach den jeweiligen Anforderungen frei gewählt werden, eine nähere Beschreibung wird unter Abschnitt 3.1 angegeben. Die einzelnen Frästeile werden automatisch generiert und mittels einer speziell entwickelten Software so auf die Rohplatten angeordnet, dass ein möglichst idealer Materialausnutzungsgrad erreicht wird. Die Positionierung und die Übertragung der Kräfte zwischen den einzelnen Teilen werden durch Holz-Holz-Verzahnungen gewährleistet. Der Einsatz von metallischen Verbindungsmitteln wird nur zur Lagefixierung der Einzelteile erforderlich.

Der zugrundeliegende Softwareprozess und die Detailausbildung der Holzverbindungen entstammen der automatisierten Konstruktion und Produktion von Holzleichtbauelementen für den Hochbau. Das System erlaubt es 3D-Volumen, die bspw. Wände, Decken, Stützen, etc. darstellen, in Bauteile und deren Einzelkomponenten umzuwandeln. Über die Berücksichtigung eingebetteter statisch-konstruktiver Regeln wird automatisiert ein, den Gegebenheiten angepasstes, tragfähiges Bauteil dimensioniert und die nötigen Produktionsdaten erstellt.

3.1 Materialien

Zur Fertigung können verschiedene Holzwerkstoffplatten verwendet werden, die mittels CNC-Maschinen bearbeitet werden können. Oftmals bestehen unterschiedliche Anforderungen an Unterkonstruktionsmaterial und Schalhaut, die für eine optimale Betonoberflächenqualität geschliffen oder gar beschichtet sein muss. Die Wahl des formgebenden Unterkonstruktionsmaterials wird einerseits aufgrund statischer Erfordernisse und andererseits aufgrund der Belastung durch äußere Einflüsse getroffen. Durch die Verzahnung der Einzelteile können lastverteilende Elemente oder Tragrippen in die Schalungsboxen integriert werden, wobei besonders auf die Materialkennwerte des Holzwerkstoffs zu achten ist und diese in die integrierte Bemessung eingebunden werden müssen. Bewährte Werkstoffe zur Herstellung von tragenden Elementen und Unterkonstruktionen sind Fichten- und Kiefernsperrhölzer mit wasserfester Verklebung und 7-schichtigem Aufbau. Vorwiegend kommen Materialstärken zwischen 18 und 21 mm zur Anwendung, wobei die Materialdicke automatisch, aufgrund der hinterlegten Parameter (Grundkonstruktion, Riegel- oder Ankerabstände, Betonierdruck, etc.) und der Schalungsboxgeometrie, gewählt wird.

Das eingesetzte Sperrholz besitzt zumeist 4 Längs- und 3 Querlagen, wodurch sich unterschiedliche Tragfähigkeiten bzw. Festigkeiten in Abhängigkeit der Beanspruchungsrichtung ergeben. Die Einzelteile werden daher softwaregesteuert so auf dem Rohmaterial angeordnet und hergestellt, dass die Furnierausrichtung der Hauptbeanspruchung jedes einzelnen Frästeils entspricht. Die Wahl der Verbindungsgeometrie und jene der Passung der Steckverbindungen ergibt sich aus statischen Anforderungen und Aspekten der leichten Zusammenbaubarkeit. Vor allem die Passung der Verbindungen, sowie die vorhandene Scherfläche bzw. die Zapfen-/Nutlänge haben durch den sich ergebenden Schlupf wesentlich Einfluss auf die Nachgiebigkeit der Verbindung und somit auf das Verformungsverhalten sowie die Lastableitung. Um das Verhalten von mittels Steckverbindungen zusammengesetzten Bauteilen ideal prognostizieren zu können, sind umfangreiche Versuchsreihen an Einzelzapfenverbindungen durchgeführt worden, wobei die Verbindungsparameter variiert worden sind. Die Versuche sind, aufgrund besserer Vergleichbarkeit, in Anlehnung an spezifische Referenzprojekte durchgeführt worden [5] - [7].

Um das aus den Versuchsergebnissen des Einzelzapfen-Verhaltens erstellte Berechnungsmodell zur Durchbiegungs- und Verschiebungsprognose kalibrieren zu können, wurden ergänzende Versuche an Biegeträgern, auf Basis der vorhandenen Referenzen, durchgeführt [8].

3.2 Maschinen und Produktion

Nachdem zur Bauteilfertigung nur Standardplattenformate verwendet werden, beschränkt sich der Maschineneinsatz auf herkömmliche CNC-Bearbeitungszentren, die mit unterschiedlichen Werkzeugen in einem automatischen Werkzeugwechsler bestückt sind. Die Einzelteilfertigung findet aufgrund der guten Automatisier- und Skalierbarkeit mit CNC-Maschinen statt, die für die Verarbeitung von Plattenmaterialien optimiert sind. Größtenteils ist die Materialbearbeitung mit 3-Achsmaschinen ausreichend und aufgrund der hohen Fräsgeschwindigkeit zu bevorzugen. Zur Herstellung von Gehrungen, die häufig zur fugenlosen Fertigung der Schalhaut erforderlich werden, ist eine Materialbearbeitung in 5 Achsen nötig. Dafür werden grundsätzlich technisch komplexere Maschinen eingesetzt, die neben dem Einsatz von verschiedenen Fräsen auch die Aufnahme von Kreissägeaggregaten erlauben, um Kurvenschnitte auszuführen.

Abb. 7: CNC-bearbeitetes und beschriftetes Grundmaterial zur Herstellung von Schalungsboxen mit 2 schrägen Flächen, UK-Material (o.) und Schalhaut (u.)

3.3 Zusammenbau des Stecksystems

Die sortierten und nummerierten Teile können manuell mit einem Schonhammer zum fertigen Bauteil montiert und anschließend an definierten Stellen zur Lagesicherung verschraubt werden, Abb. 8.

Abb. 8: Zusammenbau einer Rippenkonstruktion aus gefrästen Einzelteilen mit einem Schonhammer und anschließender Lagesicherung per Verschraubung

Zur Herstellung einer für das Betonieren geeigneten Oberfläche können rein formgebende Schalungsboxen mit einer zusätzlichen Schalhaut versehen werden, bspw. durch eine Brettbelegung oder mit einer dünnen, beschichteten Holzwerkstoffplatte ohne Anforderungen an ihre Biegefestigkeit, Abb. 9.

Abb. 9: Knaggenkasten eines Kletterschalsatzes zur Brettbelegung mit Zapfenverbindungen bei Querstößen und Schwalbenschwanzverbindern in Plattenebene

4. Prozesskette

Die Datengrundlage für das automatische Generieren der Schalungsboxen stellt ein 3D-Modell der herzustellenden, fertigen Betongeometrie dar. Durch die ergänzende Vorgabe des Grundschalungssystems mit seinen lastableitenden Elementen kann in Kombination mit dem softwareintegrierten Flächenanalyse-Tool ein Schalkörper erzeugt werden, Abb. 10.

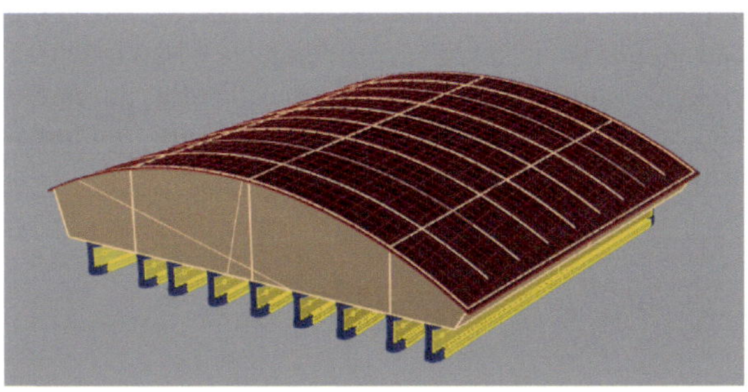

Abb. 10: Vereinfachte Darstellung des 3D-Modells einer doppelt gekrümmten Schalungsbox mit vorgegebenem Schalungsträgerraster zur Dimensionierung der Verbindungen und Erzeugung der Produktionsdaten

Das Modell wird unter Berücksichtigung verschiedener weiterer Randbedingungen, die zuvor definiert werden können, automatisch konstruiert. Beim Erzeugen der Schalungsbox werden Verformungen der Schalhaut, daraus resultierender nötiger Rippenabstand, die Anordnung von Queraussteifungen, um das Beulen der Knaggen zu verhindern, etc. berücksichtigt. Alle auf diese Weise erzeugten Modelle sind parametrisiert aufgebaut, wodurch Maßanpassungen oder Änderungen der Konstruktion jederzeit und leicht möglich sind. Die parametrische Grundlage bietet vor allem große Vorteile, wenn gleichartige Geometrien, mit jedoch jeweils unterschiedlichen Abmessungen, hergestellt werden sollen. Die Kombination von voll-automatisierten Fertigungsverfahren mit parametrischen Produktionsdaten bietet den Vorteil, die Herstellung von gleichartigen Einzelstücken als Serienproduktion ansehen zu können. Es entsteht auf dieser Basis eine ideale Grundlage für einen wirtschaftlichen Prozess für die Fertigung von Sonderschalungsteilen.

Die auf Basis des 3D-Modells erzeugte Schalfläche muss entsprechend der vorhandenen Krümmung nachbearbeitet werden, um die Soll-Geometrie zu erreichen. Die Nachbearbeitung ist softwaremäßig integriert und führt in Abhängigkeit der Krümmungsverläufe zum Einschlitzen der Schalhautplatte in Längs- und Querrichtung und der Anordnung von Zapfenverbindern zur Unterkonstruktion zur Positionierung der Schalhaut. Zusätzlich muss die gewölbte Schalhaut möglichst exakt auf eine 2-dimensionale Fläche abgewickelt werden. Die dabei entstehenden Fehler durch die Projektion werden mittels mathematischer Operationen auf ein tolerierbares Maß reduziert.

Abb. 11: Unterkonstruktion des Schalungselements mit Quer- und Längsrippen, entsprechend dem 3D-Modell aus Abb. 10.

Die Aufteilung der Unterkonstruktionsrippen ergibt sich einerseits aus der Dicke der Schalhaut bzw. ihrer Steifigkeit zur Begrenzung der Durchbiegung, andererseits aus dem Raster bzw. dem Aufbau und den Lasteinleitungspunkten des Grundschalungssystems. Durch die direkte Schnittstelle zu FEM-Anwendungen können auch Beulanalysen und daraus resultierend Queraussteifungen eingebunden werden, vgl. Abb. 11, Abb. 12.

Abb. 12: Fertiges Schalungselement mit doppelt gekrümmter Fläche mit Durchfräsungen zur Positionierung der obersten Schalhaut

5. Anwendung und Praxisbeispiele

Zur Beurteilung der Effizienz des beschriebenen Systems wurden verschiedene Anwendungsfälle anhand konkreter Bauprojekte ausgeführt und untersucht. Der neuartige Ansatz tritt dabei in direkte Konkurrenz mit bekannten konventionellen Methoden und Verfahren.

5.1 Freitragende Kappenschalung

Das Ziel des Einsatzes von parametrisierten Schalelementen war die Optimierung des Schalaufwands bei einer Brückensanierung mit u. a. Erneuerung der Kappen (in Österreich Randbalken) durch die Vorfertigung von wiederverwendbaren, in sich steifen Schalelementen. Grundlegende Anforderung war die Herstellung von auf einem Schalboden selbststehenden L-förmigen Schalkästen, Abb. 13. Zur zusätzlichen Optimierung des Bauablaufs konnten die Schalungsteile mit unterseitigen Tragrippen ausgestattet werden, die über die Verzahnung mit der Schalhaut ein freitragendes System bilden. Auf Basis der Bestandsgeometrie wurden die Einzelelemente so hergestellt, dass eine gute Mehrfachverwendbarkeit, trotz abweichender Querschnittsabmessungen erreicht werden konnte. Die biegesteifen Rippen ermöglichen den Einbau und die Lagesicherung rein über eine außenseitige Verschiebesicherung. Durch dieses neuartige Schalungselement ist aufgrund des geringen Einbauaufwands eine raschere Herstellung der Kappen möglich. Im Rahmen von Instandsetzungen von Brücken ist der Ersatz der Kappen in vielen Fällen der Bauzeit der bestimmende Faktor.

Abb. 13: Freitragendes Kappenschalelement mit Längstragrippen auf einem Konsolensystem

5.2 Schalungsboxen für Pfeilerverstärkung

Im Zuge einer Tragwerksinstandsetzung mit Lagertausch war die Verbreiterung von Flusspfeilern erforderlich, um die nötigen Platzverhältnisse (Pressenaufstandsfläche) zum Aus- und Einbau von großen Kalottenlagern zu schaffen, Abb. 14.

Abb. 14: Übersicht über die Einbausituation der Schalungsboxen innerhalb von Systemschalungs-elementen

Aufgrund schlechter Zugänglichkeit und hohem Wasserstand mussten die vorgefertigten Einlegeboxen, Abb. 15, zur Herstellung der Soll-Geometrie innerhalb einer System-Wandschalung manuell zum Einbauort gebracht werden. Softwaregestützt wurde die Knaggenkastengeometrie in Einzelkomponente aufgeteilt, sodass die bauseitige Gewichtsvorgabe zur einfachen Manipulation eingehalten werden konnte und gleichzeitig, durch die vorgesehenen Steckverbindungen, eine kraft- und formschlüssige Konstruktion gegeben war.

Abb. 15: Eingebaute Schalboxen für eine Pfeilerverstärkung (li.) und eingebaute Spanngliedverankerung (re.)

5.3 Triebwasserkanal und Turbineneinlauf eines Wasserkraftwerks

Die Umsetzung von Wasserkraftanlagen erfordert, vor allem in den Bereichen der wasserführenden Bauteile, die Herstellung verschiedener Sondergeometrien mit veränderlichen Radien und Krümmungen. In Abhängigkeit der Leistung bzw. Auslegung des Kraftwerks müssen bspw. Turbinenzuläufe im Gefälle mit mehreren Metern Durchmesser hergestellt werden. Die Effizienz der Anlage steht in direktem Zusammenhang mit möglichst nahtlosen, fließenden Übergängen der einzelnen Bauteile. Zusätzlich ist eine qualitativ hochwertige Betonoberfläche zu gewährleisten. Die Bauwerke unterscheiden sich aufgrund der notwendigen Anpassung an die natürlichen Gegebenheiten oftmals stark und es sind nur wenige Referenzprojekte direkt vergleichbar. Durch diese Umstände kann in der Angebotsphase mit einer hohen Kostenunsicherheit gerechnet werden.

Demgegenüber steht, dass aufgrund der Komplexität der Querschnitte 3D-Planungsdaten aktuell bereits Stand der Technik sind. Die unter Abschnitt 4 beschriebene automatisierte Geometrieanalyse inkl. der algorithmisch generierten Unterkonstruktion trägt dazu bei, bereits in der frühen Angebotsphase eine detaillierte Planung als Grundlage für die Kostenermittlung zur Verfügung zu haben, Abb. 16.

Abb. 16: 3D- Modell eines Schalungselements zur Herstellung des Turbinenvergusses und Teile der Einlaufschnecke

Die Systemeffizienz kann mitunter durch ergänzende Nachbearbeitungsschritte weiter gesteigert werden. Im dargestellten Ausarbeitungsgrad sind jedoch bereits alle nötigen Daten zur Fertigung inkl. den wesentlichen Werten zum Materialbedarf und -ausnutzungsgrad bekannt.

6. Fazit

Der vorliegende Beitrag beschreibt den Ansatz der parametrisierten, voll automatisierten Planung und digitalen Fertigung mittels CNC-Fräsen von Holzbauteilen mit Steckverbindungen in einem durchgängigen Prozess. Das eigens entwickelte System führt zur deutlichen Aufwandsreduktion im Sonderschalungsbereich. Die Betrachtungen zur Effizienzbeurteilung des vorgestellten Bausystems im Bereich des Schalungsbaus konnten anhand einiger praktischer Beispiele erläutert und unter Beweis gestellt werden. Der durchgängige Prozess vom digitalen Modell zur tatsächlichen Fertigung zeigt hinsichtlich der Faktoren Bauzeit, Wirtschaftlichkeit und Nachhaltigkeit in vielen Einsatzbereichen deutliche Vorteile gegenüber der konventionellen Fertigung von Sonderschalungselementen.

Die parametrisierte Planung der Bauteile bzw. Schalkörper schafft die Basis für eine effiziente Einzelstückfertigung im Sinne einer Serienproduktion. Bspw. lassen sich abweichende Abmessungen und Geometrien schnell und unkompliziert anpassen. Dadurch kann auf Sonderformen im Neubau, aber auch auf Bestandsgeometrien ideal reagiert werden. Die integrierten, algorithmischen Konstruktionsregeln und die statischen Nachweise führen zusätzlich aufgrund der flexiblen technischen Auslegung der einzelnen Bauteile zu einer verbesserten Materialausnutzung. Die Möglichkeiten der automatisierten Flächenanalyse und Abwicklung gekrümmter Flächen in planare Fertigungsdaten erleichtern die fugenlose Herstellung von gekrümmten Geometrien erheblich. Das zur Anwendung kommende Stecksystem mit Holz-Holz-Verbindungen führt aufgrund der passgenauen Fertigung mittels CNC-Maschinen zu hoher Ausführungsgenauigkeit. Die so geschaffene Lagegenauigkeit der Einzelteile ergibt ein fehlervermeidendes Gesamtsystem mit kurzen Montagezeiten. Die Konstruktionsweise bettet sich zusätzlich in ein konstruktives Holzbausystem ein, wodurch selbsttragende Schalelemente hergestellt werden können. Der Einsatz von Systemteilen zur Herstellung einer Grundschalung und der verbundene Montageaufwand kann, sowie die vorzuhaltende Materialmenge, maßgeblich reduziert werden.

Neben der Herstellung von Sondergeometrien aufgrund technischer Erfordernisse bietet die ökonomische Fertigung von Spezialschalungen die Möglichkeit, materialreduzierte Betonkonstruktionen, entsprechend bekannten historischen Beispielen, zeitgemäß umzusetzen. Durch die allgemeine Effizienzsteigerung von Betontragwerken im Hoch- und Ingenieurbau, im Sinne der kraftflussangepassten Querschnittsgestaltung, können aktiv wichtige Ziele des Klima- und Umweltschutzes durch Ressourcenschonung und Emissionsreduktion verfolgt werden.

Literatur

[1] Ressourcennutzung in Österreich 2020.
Hrsg.: Bundesministerium Klimaschutz, Umwelt, Energie, Mobilität, Innovation und Technologie, Bundesministerium Landwirtschaft, Regionen und Tourismus. Wien 2020.

[2] Werner, Sobek: non nobis – über das Bauen in der Zukunft.
Band 1: Ausgehen muss man von dem, was ist. 3.Auflage. Stuttgart: avedition GmbH 2022.

[3] Schwärzler, A.; Schwärzler, D.; Dabic, D.; Blazek P.: BYLD - Breaking new Ground for the Construction Industry.
10th International Conference on Mass Customization and Personalization – Community of Europe (MCP - CE 2022) Toward the Sustainable, User-Centric and Smart Industry 5.0 September 21-23, 2022, Novi Sad, Serbia.

[4] Pfleger, M.; Radl, E.; Pejic, D.; Polzer, C.: Increasing Efficiency of Timber Structures Using Digital Fabrication Methods for Demand-Specific Cross-Section Prefabrication.
CARV 2023: Production Processes and Product Evolution in the Age of Disruption. Proceedings of the 9th Changeable, Agile, Reconfigurable and Virtual Production Conference (CARV2023) and the 11th World Mass Customization & Personalization Conference (MCPC2023), hrsg. v. Francesco Gabriele Galizia und Marco Bortolini, S. 652-660
Springer, Cham, 2023.

[5] Gamerro, J.; Ingebrigt/Weinand, Y.: Mechanical Characterization of Timber Structural Elements Using Integral Mechanical Attachments.
WCTE 2018. Proceedings. Seoul: Republic of Korea 2018.

[6] Gamerro, Julien/Bocquet, Jean Francois/Weinand, Yves: Experimental investiga-tions on the load-carrying capacity of digitally produced wood-wood connec-tions.
Engineering Structures 213/2020.

[7] Gamerro, Julien/Bocquet, Jean/Weinand, Yves: A Calculation Method for Intercon-nected Timber Elements Using Wood-Wood Connections.
Buildings, H. 3 10/2020.

[8] Heimeshoff, B.: Zur Berechnung von Biegeträgern aus nachgiebig miteinander verbundenen Querschnittsteilen im Ingenieurholzbau.
European Journal of Wood and Wood Products, H. 6 45/1987.

Bauzeitenverkürzung durch maschinengestützte Materialvorlage bei der Versiegelung unter der Schweißbahn

Arnd Laber
Triflex GmbH & Co. KG

Zusammenfassung
Um ausführendes Personal zu entlasten und dabei gleichzeitig die Ausführungssicherheit zu erhöhen und die Ausführungszeit deutlich zu verkürzen, wurde eine Maschine entwickelt, die so für Flüssigkunststoffe auf PMMA-Basis bisher einmalig ist. Das durch die Verwendung von Großgebinden damit auch noch ein konkreter Beitrag zur Nachhaltigkeit in der Leistungserbringung erfolgt, ist ein weiterer Pluspunkt.

„Mischung" – Wer Baustellen begleitet, auf den mit Reaktionsharzen beschichtet wird, kennt diesen manchmal befehlsmäßigen, manchmal schon fast flehentlichen Ruf. Egal ob Industrieboden, Parkhausbeschichtung oder eben die Versiegelung auf einer Brückentafel. Es gibt eine Vorgabe für die m² und es gibt eine vorgegebenen und einzuhaltende Auftragsmenge und es gibt dann die Strecke zwischen Mischplatz und dem jeweiligen Ort des Geschehens. Bei einer Industriehalle lässt sich das je nach Größe noch planen. Auf einer Brücke sind die örtlichen Rahmenbedingungen und der Bauablauf letztlich im Sinne des Wortes die Leitplanken.

Regelwerksseitig bewegen wir uns im Umfeld der ZTV-ING, Teil 6 Abschnitt1 in Verbindung mit der H PMMA (siehe FGSV 775). Seit 2018 ist in dieser Kombination der Einsatz von PMMA (Polymethylmethacrylat)-Harzen *„für Erneuerung- und Instandsetzungsarbeiten, bei denen kurze Ausführungszeiten benötigt werden, sowie für Baumaßnahmen im Frühjahr und im Herbst, bei denen Versiegelung und Grundierung aus Epoxidharz aufgrund der niedrigen Temperaturen beim Einbau nicht eingesetzt werden können ...*" (siehe S. 6 Pkt. Baugrundsätze der H PMMA) möglich und Bedarf danke des ARS Nr. 21/2023 auch keiner Zustimmung im Einzelfall mehr, wenn die im ARS genannten Voraussetzungen erfüllt sind.

Da das Hinweisblatt für PMMA sich rein auf das Bindemittelmittel und die an es gerichteten Anforderungen bezieht, müssen wir zu den Vorgaben der Verwendung in die ZTV-ING Teil 6-1 schauen. Im Kapitel 4 wir unter Pkt. 4.3.3.2 hier die seit den 80er Jahren gelebte Praxis der Handapplikation beschrieben. Ein Status-Quo der mangels Alternativen bisher auch nicht in Frage gestellt wurde und mit den eingespielten Kolonnen sicher auch kalkulationssichere m²-Leistungen erzielen können. Dass es dabei vielleicht auch mal zu Unterschreitung der geforderten Auftragsmenge oder zu Mischfehlern kommt, ist ärgerliche aber nur schwer zu vermeidende Baustellenrealität.

Letztlich auch eine Frage der Qualifikation der ausführenden Mitarbeiter, denn auch hier ist der an vielen Stellen diskutierte Fachkräftemangel teilweise spürbar. An dieser Stelle sein hier nur auf den AB BA-Schein verwiesen.

Könnte man also in diese reine Handverarbeitung eingreifen und über die Nutzung einer entsprechenden Spritzanlage entweder den Bedarf an Personal reduziere oder die m²-Leistung der Kolonne signifikant steigern?

Dazu muss erst einmal die Frage geklärt werden, ob eine solche maschinenunterstützte Materialvorlage überhaupt durch die Regelwerke abgedeckt wird.

In Kapitel 4.3.3.1 steht unter Punkt 14: *„Die ... Verfahren der Behandlung können manuell oder bei gleicher Wirkungsweise auch maschinell durchgeführt werden.*"

Aber was bedeutet diese „Gleichwertigkeit" der ZTV-ING? Dazu sollten wir einmal schauen, was PMMA-Harze eigentlich von den bisher verwendeten EP-Harzen unterscheidet.

Eigenschaften	EP-Systeme	PUR-Systeme
Wartezeit zwischen den Arbeitsgängen	> 8 Stunden (20 °C)	> 8 Stunden (20 °C)
Verarbeitungstemperatur	ab 5 °C	ab 8 °C
Luftfeuchtigkeit	max. 85 %	max. 80 %
Regensicher	nach 16 Stunden	nach 16 Stunden
Befahrbar	nach 2-5 Tagen	nach 2-5 Tagen
UV-Beständig	nein (-)	nein (-)
Haftung an Asphalt	nein (-)	bedingt

Bei PMMA-Harzen werden die Mehrfachbindungen der Monomere durch die Zugabe von Katalysatoren aufgelöst um langkettige Verbindungen (Polymere) zu bilden. Es kommt also auf den Katalysator an, der bei den bisherigen Produkten der BAST-Listung in der Regel in Pulverform vorliegt.

Ein Pulver in einem automatisierten Mischvorgang zielsicher zu dosieren und einer Flüssigkomponente gleichmäßig zuzugeben ist theoretisch möglich aber eher nicht baustellentauglich.

Nun kennen wir über die kalt verarbeiteten Markierungswerkstoffe auf PMMA-Basis ja die Wirkweise sog. Flüssigkatalysatoren. Diese beiden unterschiedlichen Flüssigkeiten in einem 98:2-Mischungsverhältnis zielsicher zu mischen und zu applizieren ist heute auf vielen hundert Kilometer Fahrbahnmarkierung Stand der Technik. Also – Flüssigkatalysator. Im Grunde wäre ein relativ einfacher Ansatz, auf der Grundlage der bestehenden Grundprüfung eines Abdichtungsharzes zu untersuchen, wie sich die relevanten Parameter ändern, wenn statt eines Pulver- ein Flüssigkatalysator eingesetzt wird. Ein solcher Nachweise wurde über das Prüfinstitut nach Rücksprache mit der BAST erbracht.

Für das reine Produkt wäre damit eigentlich die Anforderung der H PMMA nachgewiesen. Aber wirkt sich der Flüssigkat vielleicht unter Hitze auf die Verbindung zu den Polymer-Bitumenschweißbahnen aus?

Um auch diese Frage letztlich vertragssicher beantworten zu können, wurden hierzu erneute Grundprüfungen nach den Anforderungen der TL/TP BEL-EP (Ausgabe 1999) bzw. Verträglichkeitsprüfungen mit definierten Polymerbitumen-Schweißbahnen nach der TL/TP BEL-B1 jeweils i.V. m. den H PMMA (Ausgabe 2018) durchgeführt. Nach dem Vorliegen dieser Prüfnachweise war die erneute Grundlage für eine zusätzliche Listung seitens der BAST gegeben.

Wie werden Harz und Flüssigkatalysator aber nun in der Maschine zu einem fertig zu verarbeitenden Material?

Bei der Konstruktion einer solchen Anlage kann man grundsätzlich an verschiedene Wirkprinzipien denken. Naheliegend, weil in der Praxis häufiger angewendet sind druck- und drehzahlgesteuerte Pumpen. Für unseren Anwendungsfall haben sie allerdings ein paar Nachteile. Ein gleichmäßiger Materialfluss ist bei wechselnden Viskositäten ist hier nur sehr schwierig herzustellen. Die Alternative sind volumengesteuerte Aggregate. Die haben den Vorteil, dass sich sehr genau einstellen lassen und man die Zugabe der zweiten Komponente über die Pumpen gut einstellen kann.

Je nach zu förderndem Basisharz ist das jeweiligen spez. Volumen bekannt und witterungsunabhängig. Es braucht also nicht eine regelmäßige Viskositätsbestimmung auf der Baustelle und auch denkbare Schwankungen durch jahreszeitliche Temperaturunterschiede können vernachlässigt werden.

Aber nicht nur das zahlt auf die Qualität der Arbeit ein. Die Maschine ist so konzipiert, dass sie fortlaufend überwacht, ob Material gefördert wird. Mischfehler sind somit nahezu ausgeschlossen. Zudem sind Warneinrichtung für die Dieselversorgung verbaut.

Damit wird das Bedienpersonal deutlich entlastet. Überhaupt war bei der Konzeption und Konstruktion auch das ausführende Personal und die aktuelle Situation bei Fachkräften und Altersdurchschnitt der Branche ein wichtiges Kriterium.

SAM ermöglicht ein ergonomisches Verarbeiten durch die stehende Verlegung. Damit entstehe attraktivere Arbeitsbedingungen, die einen stressfreien Baustellenfortschritt mit erhöhter Flächenleistung ermöglichen. Dass das Personal dabei mit einer angemessenen PSA ausgerüstet sein sollte, versteht sich von selbst. Allerdings gehen die Anforderung eigentlich nicht über das hinaus, was auch schon für die händische Verarbeitung angeraten ist.

Eine Flächenleistung von 12 m²/Minute bei einlagigem Aufbau ist ohne weiteres zu erreichen. Damit hat SAM nachgewiesen, dass die Arbeiten 4-mal schneller ausgeführt werden können als bei der manuellen Verarbeitung.

Dies ermöglicht natürlich auch wieder eine effizientere Personaleinsatzplanung aufgrund der verkürzten Bauzeiten.

Ein weiterer Aspekt, der auf Flächen > 1.500 m² für den Einsatz von SAM spricht, ist der damit leistbare Beitrag zur Nachhaltigkeit.

Haben Sie schon einmal gesehen, wieviel Gebinde nach einer solchen Maßnahme entsorgt werden müssen. Egal ob Blech oder Kunststoff. Und haben Sie schon mal überschlagen, wieviel wertvolles Material als Restanhaftung dabei ebenfalls verloren geht?

Durch den Einsatz von IBC reduziert sich nicht nur der Gebindemüll deutlich. Auch die Baustellenlogistik wird vereinfacht, weil wenige Palettenplätze auf der oft so kritischen letzten Meile gebraucht werden.

Nun ist das Arbeiten aus und mit solchen Mehrwegcontainern noch nicht Alltag. Deshalb haben wir ein spezielles Containerhandbuch erstellt, in dem alle wichtigen Punkte anschaulich erklärt und bebildert dargestellt werden.

Ein weiterer Nachhaltigkeitsaspekt aber auch ein Aspekt für den Schutz der Mitarbeiter ist die notwendige Reinigung. Bei Rührwerken und Werkzeug für die händische Verarbeitung ist zum Ende eines Tages immer ein aufwendiger Reinigungsprozess erforderlich. Er kostet Zeit und die Tropfverluste, die sich beim Umgang mit dem Reiniger kaum vermeiden lassen, belasten die Umwelt an der Baustelle.

Die sehr einfache Reinigung des Austraggerätes verbraucht deutlich weniger Zeit und Reiniger.

Somit ermöglicht SAM mehr Leistung, mehr Fläche und ergibt weniger Abfall. Zahlt also auf die Kriterien Qualität, Geschwindigkeit, Nachhaltigkeit und Personal ein.

Ab welcher Flächengröße ist der Einsatz einer Maschine sinnvoll?

Tagesleistungen liegen je nach aufzubringendem System (Anzahl der Lagen) bei bis zu 1.500 m². Dabei sind die Rüstzeiten zu vernachlässigen (< 1 Stunde). Große Parkhausflächen auch mit Aufkantungen oder eben große Brückentafeln sind optimale Anwendungsgebiete für solche Anlagen.

Bei der Brücke sind wir dann wieder am Anfang und der Zuordnung zum Regelwerk.

Im ARS Nr. 21/2023 wird in mehreren Absätzen zurecht das Temperaturthema behandelt.

Die bereits zitierten Baugrundsätze regeln sehr klar den eigentlich Einsatzbereich und natürlich muss es auch Obergrenze für die Verarbeitung geben. Die in den Ausführungsanweisungen der Hersteller angegebenen Werte in Bezug auf Luft UND Untergrund sind in jedem Fall zu beachten.

Aber gerade in Bereich der oberen Temperaturgrenze hat die maschinengestütze Materialvorlage durchaus Vorteile!

Wir konventionell gemischt und händisch verarbeitet, kostet alleine der Weg vom Mischplatz zur Einbaustelle schon wertvolle Reaktionszeit.
Wird dann das Material ausgekippt „muss" es auch aufgebracht werden. Egal wie schnell die Gelphase dann einsetzt.
Bei der maschinellen Verarbeitung sind hohe Lufttemperaturen nur bedingt ein Problem. Sicher muss man darauf achten, dass sich das Material in den Zuleitungen bereits erhitzt aber zwischen Mischvorgang und dem unmittelbaren Auftreffen auf die Fläche vergeht kaum Zeit. So dass man daran denken könnte, hier bei höheren Temperaturen im Grenzbereich des Regelwerkes arbeiten zu können.

Und was kommt danach? Sicher kann man auch bei der systembedingt notwendigen Zwischenabsandung das ausführende Personal technisch aufrüsten. Entsprechende Prototype Marke Eigenbau sind entweder schon im Einsatz oder befinden sich in der Erprobungsphase.

Literatur

[1] ZTV-ING Teil 6, Abschnitt 1.
[2] H PMMA des FGSV (Ausgabe 2018).
[3] ARS Nr. 21/2023.

Anhang

Programmausschuss

Der Programmausschuss für das Brückenkolloquium setzt sich aus anerkannten Experten aus Forschung und Entwicklung, Industrie und Praxis zusammen. Zu seinen Aufgaben gehören die Formulierung der Zielsetzung und Festlegung der Themenschwerpunkte der Fachtagung, die Begutachtung und Auswahl der eingereichten Vortragsvorschläge für das Tagungsprogramm und die fachliche Beratung des Veranstalters.

Vorsitz

Dr.-Ing. Matthias Müller
Bundesanstalt für Straßenwesen, Bergisch Gladbach

Mitglieder

Dipl.-Ing. Nina Baden-Wassmann
Schüßler-Plan Ingenieurgesellschaft mbH, Düsseldorf

Dr.-Ing. Thorsten Eichler
CORR-LESS Isecke & Eichler Consulting GmbH & Co. KG, Teltow

Prof. Dr.-Ing. Oliver Fischer
Technische Universität München

Prof. Dr.-Ing. Ursula Freundt
Ingenieurbüro Prof. Dr. Ursula Freundt, Weimar

Dipl.-Ing. Susanne Gieler-Breßmer
IGF Ingenieurgesellschaft für Bauwerksinstandsetzung Gieler-Breßmer & Fahrenkamp GmbH, Süßen

Univ.-Prof. Dr.-Ing. Josef Hegger
RWTH Aachen University

DI Dr. Michael Kleiser
ASFINAG Baumanagement GmbH, Wien (Österreich)

Prof. Dr.-Ing. Gero Marzahn
Bundesministerium für Verkehr und digitale Infrastruktur, Bonn

Univ.-Prof. Dr.-Ing. Reinhard Maurer
Technische Universität Dortmund

PD Dr. rer. nat. Ernst Niederleithinger
Bundesanstalt für Materialforschung und -prüfung, Berlin

Dipl.-Bauing. (FH) Daniel Oberhänsli
suicorr AG, Dietikon (Schweiz)

Autorenverzeichnis